Die Elektrizität

ihre Erzeugung und ihre Anwendung in Industrie und Gewerbe

Arthur Wilke

Die Elektrizität

ihre Erzeugung und ihre Anwendung in Industrie und Gewerbe

Sechste, gänzlich umgearbeitete Auflage

Unter Mitwirkung mehrerer Fachgenossen bearbeitet und herausgegeben von

Dr. Willi Hechler, Oberingenieur

Mit 2 Tafeln und 629 Textabbildungen

Springer-Verlag Berlin Heidelberg GmbH
1914

Druck
der Spamerſchen
Buchdruckerei in Leipzig

Vorwort.

Mit der vorliegenden VI. Auflage erscheint Wilkes „Elektrizität" in gänzlich neuer Gestalt.

Da bei der ununterbrochenen gewaltigen Entwicklung aller Zweige der Elektrotechnik nur der in beständiger Fühlung mit ihnen befindliche Fachmann eine, dem neuesten Stande der Technik entsprechende anschauliche Darstellung der Spezialgebiete zu geben vermag, so wurden die Hauptabschnitte dieser neuen Auflage von verschiedenen, den einzelnen Zweigen in der Praxis nahe stehenden Verfassern bearbeitet.

Das Hauptgewicht der Darstellung ruht auf der Beschreibung der Konstruktion und Wirkungsweise der elektrischen Generatoren, und auf der Schilderung ihrer Anwendung zur Umwandlung der mannigfaltigsten Energieformen in elektrische Energie.

Die Fortleitung der in den „Kraftstationen" verschiedenster Größe gewonnenen elektrischen Energie zu den Verbrauchsstellen, die Möglichkeiten und Methoden ihrer Verteilung, und schließlich die so vielseitige Art ihrer praktischen Anwendung sind mit derjenigen Ausführlichkeit behandelt worden, welche erforderlich ist, um dem Leser ein möglichst lückenloses Gesamtbild der Elektrizität und ihrer Anwendung in Industrie und Gewerbe zu bieten.

Wer sich über die inneren Vorgänge bei den hier in Frage kommenden Energieumwandlungen, ihre Gesetzmäßigkeiten und die Methoden der experimentellen Verfolgung und Ermittlung der letzteren eingehender zu unterrichten beabsichtigt, ohne sich in ein Spezialfachwerk vertiefen zu wollen, findet eine zusammenfassende Darstellung derselben in den neu aufgenommenen Abschnitten „Physikalische Grundlagen" und „Elektrische Meßmethoden und Meßinstrumente".

Das ebenfalls neu angefügte Kapitel „Elektrizitätsdurchgang durch Gase und Radioaktivität" bietet eine kurze Übersicht über jene Erscheinungen, welche in den letzten Jahren tiefgehende Umwälzungen in unserer Vorstellung vom Wesen der elektrischen Vorgänge verursacht haben.

Durch die Beschränkung der Darstellung auf die rein elektrischen Gebiete wurde die Einheitlichkeit des Aufbaues des Werkes ebenfalls wesentlich gefördert; so schied die Beschreibung von Hilfsfabrikationszweigen der Elektrotechnik aus, wie z. B. diejenige der Kabelfabrikation, der Herstellung von Bogenlampenelektroden usw.

Auch wurde von der ausführlichen Behandlung solcher Zweige der Elektrotechnik Abstand genommen, welche heute nur noch eine mehr historische Bedeutung besitzen, oder welche nicht mehr derartig im Vordergrunde des allgemeinen Interesses stehen, als zur Zeit ihrer ersten Einführung und Entwicklung, wie z. B. die transatlantische Telegraphie, die Verlegung von Unterseekabeln und a. m.

Dem Gründer des vorliegenden Werkes, welches in der ersten Entwicklungszeit der Elektrotechnik so manchem Wissensdurstigen als liebgewordener Führer durch die weitverzweigten Gebiete der Elektrizität und ihrer Anwendungen in Industrie und Gewerbe diente, ist es leider nicht vergönnt gewesen, diese umfassende Neugestaltung ganz zu Ende zu führen. So wurde diese Aufgabe von dem unterzeichneten Mitarbeiter an der Neuauflage nach den von dem Verstorbenen gewiesenen Richtlinien vollendet.

Die reiche Ausstattung des Buches mit den auch die jüngsten Fortschritte berücksichtigenden Abbildungen, welche von den in Betracht kommenden Firmen in dankenswerter Weise bereitwilligst zur Verfügung gestellt wurden, dürfte die Benutzung von Wilkes „Elektrizität" in der neuen Gestalt wesentlich erleichtern, und den Kreis der Freunde und Leser des Buches erweitern.

Berlin-Pankow, September 1913.

Willi Hechler.

Inhaltsverzeichnis.

Seite

Physikalische Grundlagen.

Von Oberingenieur **Dr. W. Hechler.**

Leiter und Nichtleiter der Elektrizität. Versuche zur Ermittelung der Wirkung, welche die verschiedenartigsten Körper nach dem Reiben auf eine, um eine vertikale Achse leicht drehbare Metallnadel ausüben, führten den englischen Arzt W. Gilbert (1540—1603) zu der Folgerung, daß sich alle Körper in zwei Hauptgruppen einteilen lassen: elektrisierbare und nicht elektrisierbare. Zu den ersteren gehörten nach Gilberts Meinung Glas, Siegellack, Schwefel, zu den letzteren vor allen Dingen die Metalle.

Später (1727) wies Gray nach, daß dieser Unterschied nur scheinbar war. Auch Metalle nehmen eine elektrische Ladung auf, wenn sie durch Glas oder Hartgummi gehalten werden. Berührt man sie jedoch mit der Hand, so „fließt" die Ladung über den menschlichen Körper zur Erde und verteilt sich daselbst, und ist dann nicht mehr bemerkbar.

Man kann also die Körper nach ihrer Fähigkeit unterscheiden, elektrische Ladungen fortzuleiten oder zu halten, und man gelangt so zu der Einteilung der Körper in Leiter und Nichtleiter oder Isolatoren. Eine scharfe Grenze besteht nicht zwischen diesen beiden Gruppen; die Geschwindigkeit, mit welcher die verschiedenen Körper eine ihnen an irgendeiner Stelle mitgeteilte elektrische Ladung verlieren, und welche als ein Maß ihrer Leitfähigkeit für elektrische Ladungen gelten kann, schwankt in den weitesten Grenzen.

Positive und negative Ladungen. Im Jahre 1773 entdeckte Dufay, daß sich die Wirkungen eines geriebenen Glasstabes ganz wesentlich von denjenigen eines geriebenen Ebonitstabes unterscheiden. Teilt man kleinen Kügelchen aus Holundermark, welche an Seidenfäden frei beweglich aufgehängt sind, durch Berührung mit einem geriebenen Glasstabe eine elektrische Ladung mit, so stoßen sie sich gegenseitig ab; ebenso verhalten sich derartige Kügelchen — sog. elektrische Pendel — nach der Berührung mit einem geriebenen Ebonitstabe. Nähert man aber ein durch einen geriebenen Glasstab geladenes Pendel einem solchen, welchem Ladung von einem geriebenen Ebonitstab zugeführt worden ist, so ziehen sich die beiden Pendel an.

Man hat aus dem geschilderten Verhalten auf die Existenz zweier Arten von Elektrizität geschlossen, und diese unterschieden in positive oder Glaselektrizität und negative oder Harzelektrizität. Wie der Versuch lehrt, stoßen sich Körper mit gleichartigen elektrischen Ladungen gegenseitig ab, solche mit ungleichartigen Ladungen ziehen sich an.

Vorstellungen von dem Wesen der elektrischen Ladungen. Wir werden uns in einem späteren Kapitel ausführlicher mit den Anschauungen der Physiker von der inneren Natur der elektrischen Vorgänge beschäftigen und mit den Wandlungen, welche dieselben im Laufe der Zeit erfahren haben. Hier sei vorweggenommen, daß gewisse Erscheinungen zu der gegenwärtig herrschenden Annahme geführt haben, daß sich in Körpern, welche keine elektrische Wirkung zeigen, in jedem Molekül gleichstarke positive und negative Ladungen befinden, welche sich in ihrer Wirkung nach außen gegenseitig aufheben. Durch gewisse Mittel kann man diese beiden Ladungen voneinander trennen. So wird z. B. von einem Teil der Moleküle eines Glasstabes durch Reiben mit einem Seidentuch die negative Ladung befreit; die zurückbleibenden positiven Molekülreste verleihen alsdann dem Glasstabe die Eigenschaften des positiv geladenen Körpers. Die negativen Ladungen werden bei der Reibung von einem Teil der ursprünglich neutralen Moleküle des Reibzeugs festgehalten, wodurch dieses die Eigenschaften negativ geladener Körper erhält, wie man durch die Wirkung des Reibzeugs auf elektrische Pendel leicht nachweisen kann, welchen man das Seidentuch kurz nach dem Reiben nähert. Andererseits geht von einem Teil der Moleküle des Pelzwerks, mit welchem man einen Ebonitstab reibt, die negative Ladung auf neutrale Moleküle des Ebonitstabs über, wodurch dieser die Eigenschaften negativ geladener Körper annimmt, während die positiven Molekülreste des Pelzwerks diesem die ebenfalls leicht nachweisbare Wirkung positiv geladener Körper verleihen.

Erhaltung der Elektrizität. Es handelt sich also bei diesen elektrischen Vorgängen einzig und allein um eine Änderung der Verteilung der beiden, den elektrischen Zustand des Körpers bedingenden Bestandteile. Elektrische Ladungen werden weder durch die bereits erwähnten Mittel noch durch alle im folgenden zu beschreibenden Vorrichtungen „erzeugt", sondern lediglich der elektrische Zustand eines Körpers wird geändert. In einem neutralen Körper heben sich die elektrischen Wirkungen der positiven und negativen Ladungen nach außen hin auf. Im Innern der Moleküle üben beide ebensolche Wirkungen aufeinander aus, wie eine positiv und ein negativ geladenes Pendel.

Ein positiv erscheinender Körper enthält weniger negative Ladung, ein negativer mehr als ein neutraler Körper. Es sei ferner hier bereits bemerkt, daß sich auf Grund gewisser Erscheinungen für die nicht mehr weiter zerlegbaren Teilchen, welche als Träger der negativen Ladung anzusprechen sind, eine Größe ergibt, welche dem tausendsten Teil eines Wasserstoffatoms, des leichtesten bekannten Elements, entspricht, während die Größe der nicht mehr weiter teilbaren Träger der positiven Ladung derjenigen der Atome vergleichbar ist. Diese außerordentlich kleinen Träger der negativen Ladung nennt man Elektronen; wir werden uns später ausführlich mit ihren Eigenschaften befassen.

Der Äther. Außer den elektrischen Ladungen ist zur Erklärung der elektrischen Vorgänge noch die Annahme eines Mediums erforderlich, welches die Wirkungen der Ladungen aufeinander auch durch den luftleeren Raum hindurch vermittelt. Dieses Medium, welches nicht nur den Raum zwischen den Körpern erfüllt, sondern auch alle Poren der Körper selbst durchdringt, welches sich zwischen den Molekülen und Atomen befindet, und welches wir auch noch in den Atomen annehmen müssen, das nennen wir Äther.

Coulombsche Drehwage. Zur Ermittelung der Stärke der Wirkung, welche elektrische Ladungen aufeinander ausüben, verwendet man eine, 1785 von Coulomb angegebene Vorrichtung, die sog. Drehwage (vgl. Abb 1). Dieselbe besteht aus einem, an einem langen sehr dünnen Draht horizontal aufgehängten Stäbchen, etwa einem, mit Schellack überzogenen Glasfaden, welcher an einem Ende eine kleine, vergoldete Holundermarkkugel trägt, und am anderen in geeigneter Weise ausbalanziert ist, so daß er sich um die Drahtachse frei drehen kann. In gleichem Abstande von der Achse und in der Ebene des Stäbchens kann eine zweite, gleich große Kugel, die Standkugel, fest angeordnet werden. Die ganze Vorrichtung befindet sich in einem Glaszylinder, auf dessen, an den erforderlichen Stellen durchbohrten Glasdeckel in der Mitte eine Glaröhre aufgesetzt ist. Diese letztere trägt am oberen Ende einen sog. Torsionskopf, mit dessen Hilfe dem an ihm befestigten Draht und damit auch dem Stäbchen mit der Kugel in dem unteren Zylinder eine Drehung erteilt werden kann. Die Drehung am Torsionskopf wird an einer auf demselben befindlichen Skala abgelesen, die entsprechende Winkelbewegung der Kugel an einer auf dem Glaszylinder in geeigneter Weise angebrachten Skala.

Befindet sich der Torsionskopf in der Nullage, und wirkt auf die Kugel am horizontalen Stäbchen — dem Wagebalken — keine Kraft, so befindet sich auch die Kugel an dem letzteren in ihrer Ruhelage. In dieser berührt sie ganz leicht die Standkugel. Erteilt man dem Drahte am Aufhängeende durch Drehung des Torsionskopfes um einen bestimmten Winkel eine Torsion, so macht die frei bewegliche Kugel eine gleichgroße Winkelbewegung, wie die Ablesung an der Skala auf dem Glaszylinder ergibt.

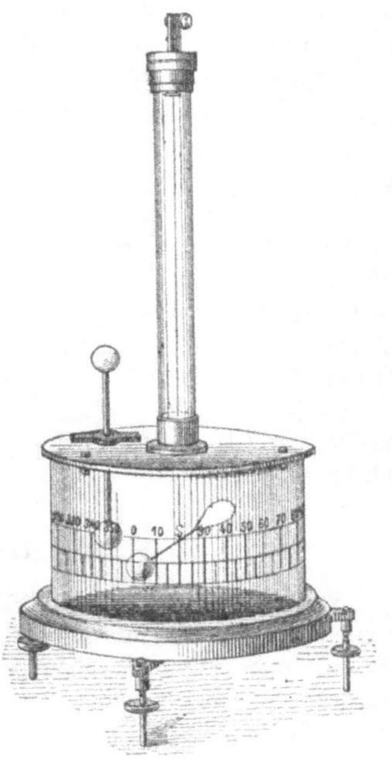

1. Coulombsche Drehwage.

Das Coulombsche Gesetz. Wird den beiden Kugeln der Drehwage, etwa durch Berührung mit einem geriebenen Glasstabe eine Ladung erteilt, während sich die bewegliche Kugel in der Nullstellung, also in Berührung mit der Standkugel befindet, so verteilt sich die Ladung gleichmäßig auf beide Kugeln und diese stoßen sich infolgedessen ab.

Nehmen wir an, die bewegliche Kugel käme unter dem Einfluß dieser gegenseitigen Abstoßung unter einem Winkel von 36° zur Nullage zur Ruhe. Der Aufhängedraht ist alsdann um 36° tordiert und strebt, die Kugel in die Nullage zurückzubringen. Nun soll der Draht mit Hilfe des Torsionskopfes derart und so weit tordiert werden, daß sich die bewegliche Kugel entgegen der Wirkung der abstoßenden Kräfte der Standkugel auf 18° nähert. Eine Ablesung der Teilung ergibt, daß diese Stellung der beweglichen Kugel bei einer Gesamttorsion des Aufhängedrahtes von 144° (also von $4 \times 36°$) erreicht wird. Um eine weitere Verringerung des Ausschlags auf 9° zu erreichen, muß der Faden entgegen der Wirkung der abstoßenden Kräfte um 576° (also um $16 \times 36°$) gedreht werden.

Der Abstand der beiden Kugeln ist den Ablenkungswinkeln des Wagebalkens nahezu proportional. Unter den angenommenen Bedingungen verhalten sich diese Abstände wie 36° : 18° : 9°, also wie 4 : 2 : 1. Die Winkel, um welche man den Draht tordieren muß, um diese Abstände zu erreichen, sind den zwischen den Kugeln wirkenden Kräften proportional; diese Winkel verhalten sich wie 1:4:16, oder wie $1^2:2^2:4^2$. Hieraus ergibt sich: Die Kräfte, welche zwei Ladungen aufeinander ausüben, sind dem Quadrate ihres Abstandes umgekehrt proportional.

Berührt man die geladene Standkugel mit einer anderen, gleichgroßen ungeladenen Kugel, so verteilt sich, wie bereits erwähnt, die Ladung gleichmäßig auf beide. Entzieht man auf diese Weise mit Hilfe einer dritten Kugel der Standkugel die Hälfte ihrer Ladung, so sinkt der Ausschlag der beweglichen Kugel auf die Hälfte. Daraus geht hervor, daß die Kräfte, mit welchen geladene Körper aufeinander wirken, den Ladungen direkt proportional sind. Beide Gesetzmäßigkeiten kommen in dem Coulombschen Grundgesetz zum Ausdruck; nach diesem ist die Kraft, welche zwei geladene Körper aufeinander ausüben, den freien Ladungen oder Elektrizitätsmengen, welche diese Körper enthalten, direkt und dem Quadrate ihres Abstandes umgekehrt proportional.

Einheit der Elektrizitätsmenge. Um die Größe der freien Ladung oder Elektrizitätsmenge eines Körpers angeben zu können, bedürfen wir einer Einheit, in welcher wir dieselbe ausdrücken, wie wir etwa Längen in Metern, Zentimetern oder dgl. angeben. Zu einer derartigen Einheit bietet das Coulombsche Gesetz die Grundlage. Man bezeichnet danach diejenige Elektrizitätsmenge als die **elektrostatische** Einheit, welche auf eine ihr gleiche, in 1 cm Entfernung befindliche, die Einheit der Kraft, d. i. ein Dyn ausübt. (Ein Dyn ist diejenige Kraft, welche der Einheit der Masse, also 1 Gramm, in der Zeiteinheit — der Sekunde —, die Geschwindigkeit 1 erteilt; sie entspricht $\frac{1}{981}$ Grammgewicht.) In der Praxis rechnet man, wie wir später sehen werden, mit einer 3000 Millionen mal so großen Einheit, welche man 1 Coulomb nennt. Um sich eine Vorstellung von dieser Größe machen zu können, sei angegeben, daß zwei Körper, von welchen jeder die freie Ladung oder Elektrizitätsmenge von 1 Coulomb trägt, noch in 1 km Abstand mit einer Kraft von 900 kg aufeinander wirken.

Die Umgebung geladener Körper.

Das elektrische Feld einer Ladung. Intensität des Feldes. Eine Elektrizitätsmenge bestimmter Größe übt also nach den vorstehenden Ausführungen in einer bestimmten Entfernung auf eine andere Ladung oder Elektrizitätsmenge eine bestimmte Kraft aus. Praktisch ist die Wirkung elektrischer Ladungen meistens in endlicher Entfernung schon so gering, daß sie in einigem Abstande von dem geladenen Körper gleich Null gesetzt werden kann. Den Raum, innerhalb dessen die Wirkung einer Ladung in Erscheinung tritt, nennt man ihr elektrisches Feld; die Kraft, welche an irgendeiner Stelle desselben auf die Einheit der positiven Elektrizitätsmenge ausgeübt wird, bezeichnet man als elektrische Feldstärke, elektrische Kraft, oder Intensität des Feldes.

Um in einem solchen Felde eine andere Ladung gegen die in ihm wirkenden Kräfte fortzubewegen, muß Arbeit geleistet werden. Dagegen wird Arbeit gewonnen, wenn sich die fremde Ladung unter dem Einfluß der Kräfte derjenigen Ladung bewegt, welche das Feld bewirkt. also bei der Anziehung oder Abstoßung. Diese Vorgänge im elektrischen Felde haben eine gewisse Ähnlichkeit mit denjenigen, welche bei der gegenseitigen Anziehung neutraler Massen unter der Wirkung der Gravitation in Erscheinung treten. Während man Arbeit leisten muß, um etwa eine Wassermenge entgegen der Wirkung der Schwere zu heben, kann diese Arbeit zurückgewonnen werden, wenn die Wassermasse auf ihr ursprüngliches Niveau zurückfällt. Solange ein Körper durch Verringerung seines Abstandes von den ihn anziehenden Massen unter der Einwirkung der Gravitation noch Arbeit zu leisten vermag, solange besitzt er potentielle Energie.

Potential. Die Arbeit, welche erforderlich ist, um eine elektrische Ladung von irgendeinem Punkte außerhalb eines elektrischen Feldes entgegen der Wirkung der in dem letzteren herrschenden Kräfte an einen bestimmten Punkt innerhalb desselben zu bringen, nennt man das Potential des Punktes. Diese Arbeit ist ebenso groß, als diejenige, welche von der das Feld erzeugenden Ladung geleistet werden muß, um die fremde Ladung von dem Punkte des Feldes, an welchen sie gebracht worden ist, wieder aus dem Felde herauszuschaffen. Ist die Einheit der Arbeit (d. i. 1 Erg = 1 Dyn pro 1 cm) erforderlich, um die Einheit der positiven Ladung aus unendlicher Entfernung auf einen bereits geladenen Körper zu bringen, so besitzt der letztere die Einheit des Potentials.

Kraftlinien. Die Richtung der von einem geladenen Körper ausgehenden Kräfte ist bestimmt durch die Richtung, in welcher sich eine kleine, frei bewegliche positiv geladene Kugel im Felde bewegt, oder wenigstens bewegen würde. Zeichnet man für irgendeine durch den geladenen Körper gelegte Ebene die Richtungen auf, welche eine solche Probekugel an verschiedenen Stellen des Feldes weist, so erhält man Linien, welche alle auf dem geladenen Körper zusammenlaufen, und welche also die Richtung der von ihm ausgeübten Kräfte in jedem Punkte dieser Ebene angeben. Man nennt derartige Linien Kraftlinien. Hier sei über dieselben nur soviel gesagt, daß sie sich niemals frei im Raume verlieren, sondern stets in einer Ladung enden, welche entgegengesetzter Art ist, als diejenige, von welcher sie ausgehen. Wir werden bei einer späteren Gelegenheit auf ihre Eigenschaften zurückkommen.

Niveauflächen, Äquipotentialflächen. In dem elektrischen Felde, welches einen geladenen Körper umgibt, existieren in verschiedenen Richtungen Punkte, für welche die gleiche Arbeit erforderlich ist, um ein und dieselbe Ladung von Stellen außerhalb des Feldes an diese Punkte zu schaffen, also Punkte gleichen Potentials. Im allgemeinen werden diese Punkte verschiedenen Abstand von dem geladenen Körper haben. Eine Fläche, welche dieselben verbindet, auf welcher also überall dasselbe Potential herrscht, nennt man Niveaufläche oder Äquipotentialfläche. Die Niveauflächen einer punktförmigen Ladung sind Kugelflächen mit der Ladung als Mittelpunkt.

Kapazität eines Leiters. Die Arbeit, welche erforderlich ist, um die Wirkung der Ladung eines Körpers bei der Annäherung einer anderen, gleichartigen Ladung zu überwinden, d. h. das Potential in irgendeinem Punkte des von dem geladenen Körper erzeugten Feldes wächst mit der Ladung dieses Körpers. Das Potential ist also der Ladung des Körpers proportional oder, anders ausgedrückt, das Verhältnis der Ladung eines Körpers zu dem Potential in irgendeinem Punkte des von ihr erzeugten Feldes ist konstant. Man nennt dieses konstante Verhältnis die Kapazität des Körpers; speziell bei der in der Praxis meistens in Frage kommenden Ladung isolierter Leiter spricht man von der Kapazität des Leiters.

Potentialdifferenz. In der Praxis kommt es nun nicht auf die absolute Größe eines Potentials an, sondern vielmehr auf die Differenz der Potentiale zweier Punkte eines Feldes, oder zweier Leiter, auf die zwischen ihnen herrschende Potentialdifferenz. Gemessen werden stets nur Potentialdifferenzen, nicht die Potentiale selbst. Als Nullpunkt des Potentials hat man dasjenige der Erde gewählt, ähnlich, wie man als willkürlichen Nullpunkt der Temperaturskala den Gefrierpunkt des Wassers angenommen hat. Um einem Körper das Potential Null zu erteilen, wird er in gut leitende Verbindung mit der Erde gebracht, „geerdet", etwa dadurch, daß man ihn durch einen Draht mit der Wasserleitung verbindet. Man kann die Wirkung eines geladenen Körpers auf einen beliebigen Raum beschränken, indem man den Körper in der gewünschten Entfernung mit einem, zur Erde abgeleiteten, also auf das Potential Null gebrachten Drahtkäfig umgibt.

Einheit der Potentialdifferenz. Die Einheit der Potentialdifferenz zwischen zwei Punkten eines Feldes oder zwischen zwei Leitern ist dann vorhanden, wenn zur Überführung der Einheit der Elektrizitätsmenge von dem einen auf den anderen die Einheit der Arbeit (1 Erg) aufgewendet werden muß resp. geleistet wird. Die in der Elektrotechnik gebräuchliche praktische Einheit der Potentialdifferenz, das Volt, ist der dreihundertste Teil dieser absoluten elektrostatischen Einheit.

Elektroskop. Zum Nachweis freier elektrischer Ladungen kann man sich, wie eingangs erwähnt, sog. elektrischer Pendel bedienen.

2. Elektroskop.

Zur schnellen und bequemen Bestimmung der Größe der Ladungen verwendet man das Elektroskop (vgl. Abb. 2). Dasselbe besteht meistens aus einem Metallzylinder mit horizontaler

Achse, welcher an beiden Seiten durch Glasplatten verschlossen ist, und in welchem an einem Metallstabe zwei schmale Streifen dünnen Blattgoldes dicht nebeneinander hängen. Der Metallstab ist isoliert durch den Metallzylinder hindurchgeführt und trägt am oberen freien Ende einen Metallknopf. Wird diesem letzteren eine Ladung zugeführt, so verteilt sich dieselbe über den Stab und die beiden Blättchen. Infolge der gleichartigen Ladungen, welche dieselben hierbei annehmen, stoßen sie sich gegenseitig ab; ihre Divergenz bildet ein Maß für die Größe der ihnen erteilten Ladung. Zur genauen Messung von Potentialdifferenzen dient das Elektrometer, bei welchem der unter dem Einfluß von elektrischen Ladungen erfolgende Ausschlag freibeweglicher Metallteile des Instruments mit Hilfe der sog. Spiegelablesung bestimmt wird (vgl. S. 87).

3. Apparat zum Nachweis der Ansammlung ruhender elektrischer Ladungen an der Oberfläche von Leitern.

Ruhende elektrische Ladungen befinden sich nur an der Oberfläche von Leitern. Dieser Satz folgt aus der gegenseitigen Abstoßung gleichartiger Ladungen. Dieselben suchen sich so weit als möglich voneinander zu entfernen, und das ist dann erreicht, wenn sie auf der Oberfläche von Leitern an der Trennungsschicht zwischen Leiter und Isolator (Luft) ins Gleichgewicht gekommen sind.

Experimentall läßt sich dieser Satz auf verschiedene Weise bestätigen. Faraday baute einen großen Käfig aus Drahtgeflecht, welcher mit Staniolpapier verkleidet war. Während er sich mit einem empfindlichen Elektroskop im Innern des Käfigs befand, konnte er an dem Instrument keinerlei Ausschlag beobachten, wenn auch der Staniolbelegung die größtmöglichste Ladung zugeführt wurde. Einfacher ist der Nachweis mit Hilfe der in Abb. 3 dargestellten Vorrichtung. Auf die isoliert aufgestellte, geladene Metallkugel werden die beiden genau passenden Kugelschalen aufgesetzt; nach dem Abhaben derselben befindet sich die Ladung nicht mehr auf der Kugel, wie eine Prüfung am Elektroskop ergibt, sondern auf der Außenseite der beiden Kugelschalen.

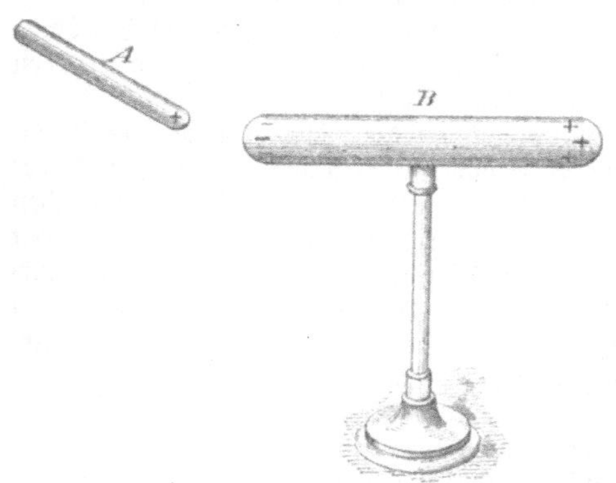

4. Apparat zum Nachweis der Influenzelektrizität.

Flächendichte. Die elektrische Ladung pro Quadratzentimeter Oberfläche eines Körpers nennt man seine Flächendichte. Dieselbe ist nur auf geschlossenen Kugelflächen überall gleich. Bei Flächen anderer Form ist sie von der Krümmung an der betreffenden Stelle abhängig und zwar ist dieselbe um so größer, je kleiner der Krümmungshalbmesser ist. Je größer die Flächendichte an einer Stelle ist, desto größer sind auch die Kräfte, welche die Ladungen aufeinander ausüben. An Spitzen, an welchen die Flächendichte die größtmöglichsten Werte erreicht, können diese Kräfte leicht derartige Werte annehmen, daß die Ladungen von den Spitzen ab und in den Isolator, die Luft, hineinströmen.

Man kann die Dichte der Ladung an einer beliebigen Stelle eines Körpers mit Hilfe einer kleinen „Probekugel" feststellen, welche man an der betreffenden Stelle mit dem Körper berührt, und deren Ladung man am Elektroskop bestimmt; der Ausschlag desselben ist der zu untersuchenden Dichte proportional.

Influenzelektrizität. Man kann den elektrischen Zustand eines Leiters nicht nur durch Berührung, sondern bereits durch Annäherung eines geladenen Körpers beeinflussen, und bei geeigneter Anordnung auch dauernd geändert erhalten. Nähert man z. B. einem isoliert aufgestellten zylindrischen Leiter von der in der Abb. 4 dargestellten Form eine geriebene Glasstange, also einen positiv geladenen Körper, so tritt unter dessen Einfluß eine Trennung der Bestandteile der neutralen Moleküle des Leiters ein; die positiven Ladungen werden, der Abstoßung folgend, zum entgegengesetzten Ende getrieben, die negativen dagegen werden angezogen. Entfernt man den geladenen Körper wieder, so stellt sich der ursprünglich neutrale Zustand des Leiters wieder her. Ist der letztere aber aus zwei sich berührenden Hälften zusammengesetzt, welche man auseinander nimmt, während sich der Leiter unter der Einwirkung der ihm genäherten Ladung befindet, so bleiben die Ladungen des Leiters dauernd getrennt, und lassen sich mit Hilfe eines Elektroskops leicht nachweisen. Man kann auch die elektrische Ladung der entfernten Hälfte zur Erde ableiten, während der Leiter unter dem Einflusse des ihm genäherten geladenen Körpers steht. Alsdann bleibt nach dem Entfernen des letzteren auf dem Leiter die entgegengesetzte Ladung zurück.

Die Wirkung geladener Körper auf andere ohne direkte Berührung nennt man Influenz. Die durch Influenz erreichte Ladung eines Leiters bezeichnet man als Influenzelektrizität und zwar diejenige, welche dem geladenen Körper, von welchem die Influenzwirkung ausgeht, benachbart, und also von entgegengesetzter Art ist, als Influenzelektrizität erster Art, die andere, welche ev. zur Erde abgeleitet wird, um die erstere frei zu erhalten, als Influenzelektrizität zweiter Art.

Elektrisiermaschinen, Reibungs= und Influenzelektrisiermaschine. Zur Herstellung größerer Elektrizitätsmengen, als es mit geriebenen Glasstangen und Ebonitstäben möglich ist, sowie zur Erzeugung großer Potentialdifferenzen für gewisse Zwecke bedient man sich der sog. Elektrisiermaschinen, von welchen zwei Hauptarten zu unterscheiden sind, die Reibungs= und die Influenzelektrisiermaschine.

Die erstere (vgl. Abb. 5) besteht aus einer, um eine horizontale Achse drehbaren Glasscheibe, welche zwischen dem sog. Reibzeug — zwei mit Zink=Zinn=Amalgam bestrichene Lederkissen — rotiert. Infolge der dabei entstehenden Reibung zwischen Scheibe und Lederkissen sammelt sich auf dem Glas positive Ladung, auf dem Reibzeug die entsprechende negative; diese letztere strömt zu einem sog. Konduktor, an welchem die Haltevorrichtung für das Reibzeug befestigt ist, und kann von da zur Erde abgeleitet werden. Die positive Ladung der Scheibe gelangt bei der Rotation der letzteren zwischen zwei metallische Spitzenkämme, welche ebenfalls in leitende Verbindung mit einem Konduktor stehen. Unter dem Einfluß der positiven Ladung der Scheibe sammelt sich an den Spitzen negative Influenzelektrizität erster Art, während solche zweiter Art, also positive Elektrizität zum Konduktor strömt. Infolge der hohen Flächendichte an den Spitzen tritt negative Ladung von den letzteren aus und auf die rotierende Scheibe über, wobei deren überschüssige positive Ladung neutralisiert wird. Die beiden Konduktoren werden also auf die geschilderte Weise mit entgegengesetzten Elektrizitäts= mengen geladen, es entsteht eine Potentialdifferenz zwischen ihnen.

Die Influenzelektrisiermaschine wurde zuerst im Jahre 1865 von Holtz entworfen. Auf einer feststehenden Glasscheibe A (vgl. Abb. 6) sind zwei diametral gegenüber angeordnete Kartonbelegungen c und d aufgeklebt; diese laufen in Spitzen aus, welche in Ausschnitte a und b der Scheibe hineinragen. Vor dieser feststehenden ist eine gefirnißte Scheibe B drehbar angeordnet. Den Kartonausschnitten gegenüber, von diesen durch die bewegliche Scheibe getrennt, stehen Spitzenkämme g und i, welche mit Metallstäben k verbunden sind, die in kleine Metallkugeln n und p endigen.

Soll diese Maschine Elektrizität liefern, so werden die beiden Kugeln n und p zunächst in leitende Verbindung miteinander gebracht. Der Kartonbelegung C wird alsdann, etwa durch einen geriebenen Ebonitstab, eine negative Ladung erteilt, und die bewegliche Scheibe in der Richtung des Pfeils gedreht. Die negative Ladung von C wirkt durch Influenz auf den Kamm g, dessen negative Influenzelektrizität zweiter Art nach n strömt. Gleichzeitig wird die rotierende Scheibe B zwischen Belegung und Kamm durch Influenzelektrizität erster Art positiv geladen. Bei der Rotation wird diese positive Ladung vor den Ausschnitt b geführt, und dort von der

Spitze der Belegung d aufgesaugt; sie verteilt sich dann auf d, erzeugt in dem Kamm i positive Influenzelektrizität, welche nach p strömt, während die negative Ladung des Kammes auf die rotierende Scheibe übergeht, von dieser vor den Ausschnitt a geführt, von der Spitze der Belegung g aufgesaugt wird, und n zuströmt. Die ursprüngliche negative Ladung der letzteren, und damit auch die Intensität der elektrischen Strömung wird bei fortschreitender Rotation immer mehr verstärkt, bis die Isolationsfähigkeit der rotierenden Scheibe, auf welcher sich doch an verschiedenen Stellen entgegengesetzte Ladungen befinden, einem weiteren Anwachsen der letzteren eine Grenze setzt, und diese Ladungen sich auf der rotierenden Scheibe selbst ausgleichen. Unterbricht man nun die leitende Verbindung zwischen den Kugeln n und p, so setzt sich die elektrische Strömung von p nach n durch die Luft fort, es entsteht eine Funkenentladung zwischen den Kugeln. Vergrößert man die Entfernung dieser beiden Kugeln immer mehr, so hört

5. Reibungselektrisiermaschine.

die Entladung schließlich auf, da die von der Maschine erzeugte Potentialdifferenz nicht mehr genügt, um die durch die Luft gebildete Isolierschicht zwischen den Kugeln zu durchschlagen. Es findet jetzt kein Elektrizitätstransport von p nach n mehr statt; es braucht also auch keine Arbeit mehr zur Nachlieferung der abfließenden elektrischen Energie geleistet zu werden, die Maschine „läuft leer". Dieser Zustand wird leicht dadurch bemerkbar, daß der zum Drehen der beweglichen Scheibe erforderliche Energieaufwand sehr gering ist; denn es braucht nur noch eine zur Überwindung der mechanischen Reibungswiderstände in der Maschine erforderliche Arbeitsleistung aufgewendet zu werden. Die von einer Holtzschen Maschine bei einer Umdrehung gelieferte Elektrizitätsmenge wächst mit dem Durchmesser der Scheibe. Jedoch kann man diesen aus Gründen der Stabilität der letzteren nicht über ein gewisses Maß ausdehnen.

Man kann sich einen Begriff von den enormen Potentialdifferenzen machen, welche in einer solchen Maschine auftreten, wenn man bedenkt, daß unter gewissen Voraussetzungen an der Spitze der Belegung g eine Spannung von — 70000 Volt, und an der Spitze der

Belegung d eine solche von + 70 000 Volt, also zwischen beiden eine Spannungsdifferenz von 140 000 Volt herrscht; bei dieser letzteren wird zwischen p und n noch eine Luftstrecke von 4—5 cm durch einen Funkenstrom überbrückt.

Wir haben hier diejenige Form der Influenzelektrisiermaschine beschrieben, welche ihre Wirkungsweise am deutlichsten erkennen läßt. Bei Influenzmaschinen neuerer Bauart rotieren beide Scheiben gegeneinander; beide sind so ausgebildet, daß die eine die Funktion der Standscheibe der ersten Holtzschen Maschine für die andere übernimmt. Durch die Reibung zwischen Metallsegmenten und Metallpinseln, welche auf den Scheiben angeordnet sind, wird die zur anfänglichen Erregung erforderliche, Elektrizitätsmenge bei den Maschinen von Wimshurst den Belegungen der Scheiben direkt zugeführt, so daß die Erregung nicht durch Berührung mit besonderen geladenen Körpern vor der Inbetriebsetzung der Maschine in der oben beschriebenen Weise bewirkt zu werden braucht. Diese Maschinen sind also „selbsterregend". An Stelle eines einzigen Plattenpaares werden auch mehrere, bis zu 10 Paaren auf einer Achse angeordnet. Die Abb. 7 zeigt eine derartige Maschine mit 20 rotierenden Scheiben.

Kondensator. Wird einer geladenen Metallscheibe eine zweite, zur Erde abgeleitete derart genähert, daß die Ebenen beider Scheiben parallel sind, so sammelt sich auf der, der ersten Scheibe gegenüberliegenden Oberfläche der Scheibe II Influenzelektrizität erster Art an; die Ladung der ersten Scheibe „bindet" die ihr äquivalente Menge Elektrizität auf der zweiten Scheibe. Gleichzeitig zieht sich die ganze Ladung der Scheibe I, welche vorher gleichmäßig auf ihrer Oberfläche verteilt war,

6. Influenz-Elektrisiermaschine von Holtz.

auf die, der zweiten Scheibe gegenüberliegenden Seite von I zusammen, wie das Verhalten eines Elektroskops beweist, dessen Plättchen man mit den verschiedenen Stellen der Scheibe in leitende Verbindung bringt. Entfernt man beide Scheiben wieder so weit voneinander, daß praktisch keine Einwirkung zwischen ihnen mehr stattfinden kann, nachdem man die Erdverbindung wieder aufgehoben hat, so zeigt ein Elektroskop, welches nacheinander mit den beiden Platten in leitende Verbindung gebracht wird, daß beide Scheiben gleiche, aber entgegengesetzte Ladungen enthalten, und zwar über ihre ganze Oberfläche verteilt. Durch die Näherung eines geerdeten Leiters an einen geladenen Leiter erfährt also die Verteilung des elektrischen Feldes des letzteren eine wesentliche Veränderung: das Feld zieht sich in den Raum zwischen den beiden Leitern zusammen.

Eine Anordnung, wie die beschriebene, bei welcher zwei Leiter gleicher Gestalt in geringem Abstande voneinander durch einen Isolator, im vorliegenden Falle Luft, getrennt sind, nennt man einen Kondensator; er dient zur Ansammlung größerer Elektrizitätsmengen. Die hier erörterte spezielle Anordnung stellt einen sog. Plattenkondensator dar. Die ursprünglich geladene Platte resp. Scheibe wird Kollektorplatte genannt, die zur Erde abgeleitete Kondensatorplatte.

In der Praxis verwendet man meistens an Stelle von Luft als isolierende Zwischenschicht Glas, Glimmer oder paraffiniertes Papier, und als Leiter Stanniol. Ein einfacher Plattenkondensator dieser Art ist die Franklinsche Tafel (vgl. Abb. 8), bei welcher auf beiden Seiten einer Glasplatte die Stanniolbelegungen aufgeklebt sind. Sehr viel in Gebrauch speziell auf den Sendestationen der drahtlosen Telegraphie sind die sog. Leidener Flaschen (Abb. 9) während auf den Empfangsstationen Plattenkondensatoren der in Abb. 10 wiedergegebenen Bauart häufig zur Verwendung gelangen. In der Schwachstromtechnik werden häufig Papierkondensatoren benutzt, welche aus einem langen Streifen von präpariertem Papier bestehen, auf dessen beiden Seiten dünnes Stanniolpapier aufgepreßt ist. Dieser Streifen wird aufgewickelt, in eine passende Form gepreßt, und in einen Papiermachébehälter eingesetzt, welcher schließlich mit einer Isoliermasse ausgegossen wird.

Die Kapazität eines Kondensators wächst mit der Größe seiner Belegungen. Anstatt nun die Belegungen eines einzigen Kondensators soweit zu vergrößern, bis man die

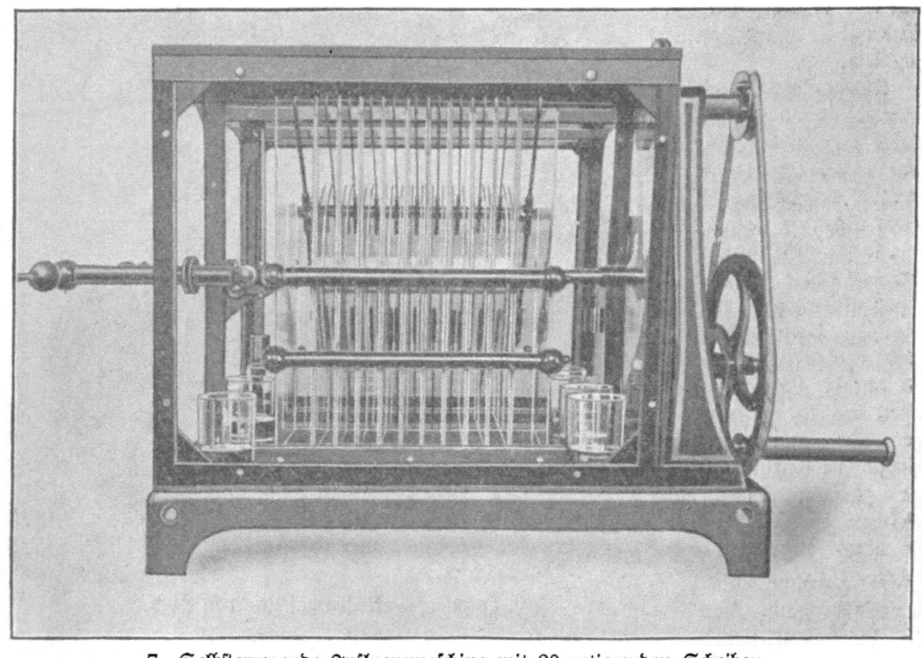

7. Selbsterregende Influenzmaschine mit 20 rotierenden Scheiben.

für einen bestimmten Zweck erforderliche Kapazität erreicht, kann man auch mehrere Kondensatoren in geeigneter Weise miteinander vereinigen, eine Methode, welche in der Praxis meistens in Frage kommt. Zu diesem Zwecke verbindet man die Belegungen jeder Seite der Kondensatoren unter sich, also z. B. alle äußeren Belegungen der Leidener Flaschen unter sich, und alle inneren Belegungen ebenfalls. Eine derartige Schaltung nennt man Parallelschaltung (vgl. 11). Bei einer solchen ist die Kapazität der gesamten Kondensatoren gleich der Summe der Kapazitäten aller einzelnen. Die Gesamtkapazität von n parallelgeschalteten Kondensatoren gleicher Kapazität ist gleich der n=fachen Kapazität des einzelnen Kondensators.

Man kann aber auch die Kondensatoren derart schalten, daß auf zwei miteinander verbundene Belegungen ungleicher Art eine isolierende Zwischenschicht, dann wieder zwei miteinander verbundene Belegungen und so fort folgen, also z. B. die innere Belegung einer Leidener Flasche mit der äußeren der folgenden usf.; man erhält in diesem Falle eine Serienschaltung, Reihenschaltung oder Kaskadenschaltung.

Bei dieser ergibt sich die Gesamtkapazität C aller Kondensatoren mit den Einzelkapazitäten c_1, c_2, c_3 usw. aus

$$\frac{1}{C} = \frac{1}{c_1} + \frac{1}{c_2} + \frac{1}{c_3} \text{ usw.,}$$

d. h.: der reziproke Wert der Gesamtkapazität ist gleich der Summe der reziproken Werte der Kapazitäten der einzelnen Kondensatoren. Daraus folgt, daß die Gesamtkapazität von n in Serie geschalteten Kondensatoren gleicher Kapazität den n=ten Teil der Kapazität jedes einzelnen Kondensators beträgt.

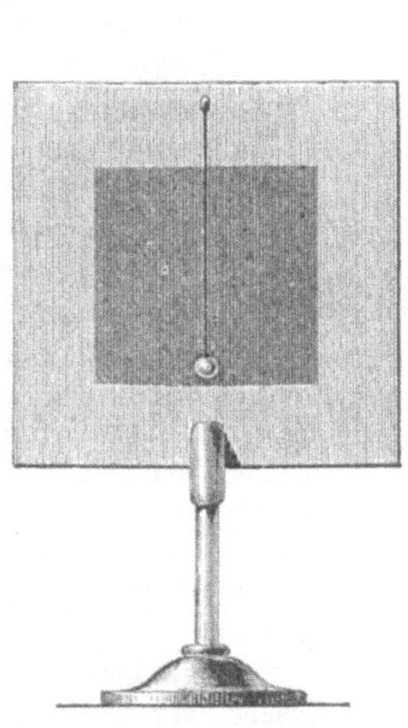

8. Franklinsche Tafel.

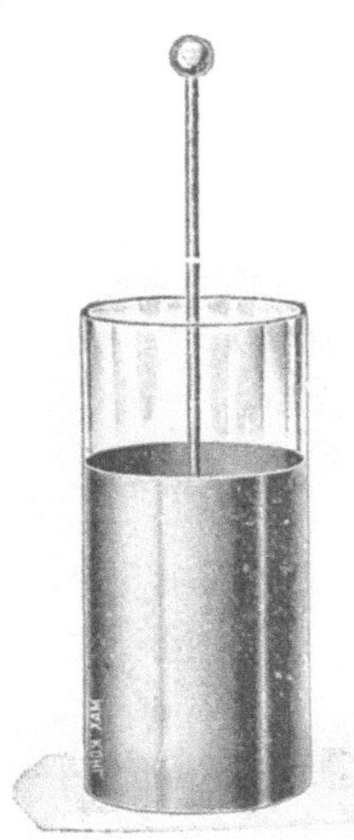

9. Leidener Flasche.

Wie die theoretische Untersuchung ergibt, und die Messung bestätigt, ist die Kapazität eines Kondensators um so größer, je geringer der Abstand der Belegungen voneinander ist. Die unterste Grenze für diesen Abstand wird durch die Isolationsfähigkeit der Zwischenschicht bestimmt; dieselbe muß derart bemessen sein, daß sie dem Spannungsunterschied zwischen den beiden Belegungen standhalten kann, ohne durchzuschlagen.

Dielektrizitätskonstante. Bereits Faraday hatte durch eingehende Untersuchungen festgestellt, daß die Natur der isolierenden Zwischenschicht, des sog. Dielektrikums auf die Kapazität eines Kondensators von wesentlichem Einfluß ist. Die Zahl, welche angibt, wieviel mal größer die Kapazität eines Kondensators ist, wenn statt Luft irgendein anderes Medium als

10. Schema eines Plattenkondensators.

Zwischenschicht benutzt wird, nennt man Dielektrizitätskonstante oder seltener nach Faraday spezifisches Induktionsvermögen.

Nach neueren Messungen hat die Dielektrizitätskonstante für Glas je nach der Sorte den Wert 5,5—9, für Hartgummi 2,8, für Paraffin 2,0.

Die in dem vorhergehenden Abschnitte beschriebenen Methoden zur Erzeugung von Potentialdifferenzen sind nun wenig geeignet zur Untersuchung jener Vorgänge, welche sich in einem metallischen Leiter und in seiner Umgebung abspielen, wenn an seinen Enden eine Potentialdifferenz hergestellt wird, so daß eine Elektrizitätsmenge durch den Leiter von Stellen höheren zu denen niederen Potentials abströmen kann.

Einerseits sind die Elektrizitätsmengen, welche beim Ausgleich der auf die beschriebene Art erzeugten Spannungsdifferenzen durch die Leitung fließen äußerst gering im Vergleich zu denjenigen, welche bei den im folgenden zu besprechenden Methoden auftreten, andererseits ist die Aufrechterhaltung konstanter Potentialdifferenzen, auf welche es hier besonders ankommt, verhältnismäßig umständlich, und schließlich ist die Methode der Erzeugung von Spannungsdifferenzen durch Reibung oder Influenz auch zu unwirtschaftlich — von der aufgewendeten mechanischen Energie wird ein zu geringer Bruchteil in elektrische Energie übergeführt.

Auch diejenigen Methoden zur Erzeugung von Potentialdifferenzen, deren Betrachtung wir uns nunmehr zunächst zuwenden, haben nur ein geringes Interesse für die Technik, sie spielen nur noch eine gewisse Rolle in der sog. Schwachstromtechnik, speziell in manchen Zweigen des elektrischen Signalwesens. Immerhin sind sie zur experimentellen Prüfung der Grundgesetze, nach welchen die Strömung von Elektrizitätsmengen durch Leiter infolge einer an ihren Enden herrschenden Potentialdifferenz stattfindet, wohl geeignet, und die Entdeckung und Aufstellung dieser wichtigen Grundgesetze der Elektrotechnik erfolgte

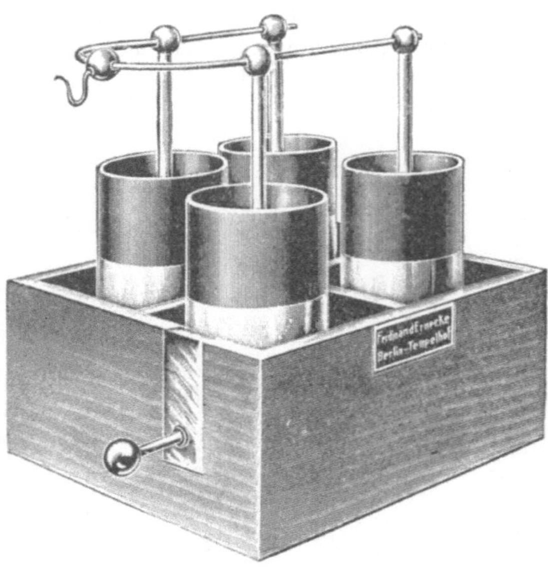

11. Vier parallel geschaltete Leidener Flaschen.

auch größtenteils mit ihrer Hilfe. Außerdem haben die Vorgänge, welche sich bei dieser sog. elektrochemischen Erzeugungsart von Spannungsunterschieden im Innern des Erzeugungsapparates abspielen, die Grundlage sowohl für die Entwickelung eines gewaltigen Zweiges der Elektrotechnik im allgemeinen — der Elektrochemie — gebildet, als auch im besonderen, eines in der Elektrotechnik heute unentbehrlichen Hilfsmittels zur Aufspeicherung fast beliebiger Elektrizitätsmengen: des Akkumulators.

Die galvanischen Elemente.

Die hier zu erörtende Erzeugungsart von Spannungsdifferenzen beruht auf der chemischen Wechselwirkung zwischen Metallen und Säuren oder Salzlösungen. Infolge dieser chemischen Prozesse sammelt sich auf dem Metall eine Ladung, deren Größe und Art nur durch die Natur der aufeinander wirkenden Bestandteile — des Metalls und der Säure resp. Salzlösung — bestimmt wird.

Derartige Vorrichtungen zur Erzeugung von Potentialdifferenzen nennt man galvanische Elemente. Zwar hat Galvani dieselben nicht zuerst verwendet; jedoch hat die von ihm im Jahre 1780 gemachte Entdeckung, daß ein frisch präparierter Froschschenkel zusammenzuckt, sobald zwei genügend weit voneinander entfernte Stellen desselben durch einen, aus zwei verschiedenen Metallen bestehenden Leiter verbunden werden, die Grundlage für die Untersuchungen Voltas gebildet, durch welche dieser Gelehrte zur Konstruktion des nach ihm benannten „Elements" geführt wurde. Dieses Voltasche Element enthält in einem Becherglase verdünnte Schwefelsäure ($H_2SO_4 + H_2O$) in welche eine Kupferplatte (Cu) und eine Zinkplatte (Zn) eintauchen. Die erstere wird infolge des chemischen Prozesses bei der Berührung mit der verdünnten Säure positiv geladen, die letztere negativ, wie sich mit Hilfe eines genügend empfindlichen Elektroskops oder eines Elektrometers leicht nachweisen läßt.

Die beiden Metallplatten bezeichnet man als die Elektroden des Elements, und zwar diejenige, welche die negative Ladung annimmt, also das Zink, als die Kathode, die andere, die positive — beim Voltaschen Element das Kupfer — als die Anode. Die Flüssigkeit, in welcher die chemischen Prozesse stattfinden — die verdünnte Schwefelsäure — heißt Elektrolyt.

Die Potentialdifferenz, welche man mit dem Elektrometer an einem „offenen" Element — d. h. an einem Element, dessen Elektroden nicht außerhalb des Elektrolyten durch einen Leiter verbunden sind — ermittelt, nennt man die elektromotorische Kraft des Elements, abgekürzt als EMK. Es ist diejenige Kraft, welche die Elektrizitätsmenge von Orten höheren Potentials durch den Leiter zu solchen niederen Potentials treibt.

Verbindet man die aus den Elementen herausragenden Enden der beiden Elektroden — die sog. Pole — durch einen Leiter, so „strömt" die auf der positiven Elektrode angesammelte Elektrizitätsmenge durch den Leiter zur negativen Elektrode; und dieser elektrische „Strom" hält so lange an, als eine Potentialdifferenz zwischen den beiden Elektroden besteht, und die leitende Verbindung der Pole nicht unterbrochen wird.

Im Voltaschen Element kommt die EMK durch folgende chemischen Vorgänge in seinem Innern zustande. Das Zink (Zn) der Kathode wird in der Schwefelsäure (H_2SO_4) gelöst, wobei sich Zinksulfat ($ZnSO_4$) und Wasserstoff (H_2) bildet; das Zinksulfat löst sich in dem Wasser, mit welchem die Schwefelsäure verdünnt ist, während der Wasserstoff mit dem Strom zur Kupferplatte wandert und sich auf dieser absetzt. Bei der Ansammlung des Wasserstoffgases an der Anode entsteht eine EMK zwischen Kupfer und Wasserstoff, welche der ursprünglichen des Elements entgegengerichtet ist, und welche dieselbe daher schwächt. Man nennt diese EMK die elektromotorische Kraft der Polarisation. Sie ist die Ursache der schnellen Abnahme der Spannung an den Klemmen des Voltaschen Elements, sobald dasselbe Strom liefert. Derartige Elemente sind für den praktischen Gebrauch ungeeignet; für diesen benötigt man konstante Elemente mit gleichbleibender EMK.

In diesen konstanten Elementen wird die schädliche Ansammlung des bei der chemischen Reaktion an der negativen Elektrode freiwerdenden Wasserstoffs an der positiven Elektrode dadurch vermieden, daß man die letztere mit einer sauerstoffreichen Verbindung in flüssiger oder fester Form — Mangansuperoxyd (Braunstein), Salpetersäure, Chromsäure — umgibt, welche einen Teil ihres Sauerstoffs leicht abspaltet. Der Wasserstoff (H_2) verbindet sich alsdann mit dem Sauerstoff (O) zu Wasser (H_2O), er wird „zu Wasser oxydiert". Dieses Wasser bewirkt lediglich eine Verdünnung des Elektrolyten, deren ev. Nachteile auf einfache Weise vermieden werden, wie wir sehen werden. Die sauerstoffreichen Verbindungen, welche die positive Elektrode umgeben, verhindern also die Polarisation der letzteren, sie wirken als Depolarisatoren. Sie werden meistens durch geeignete Scheidewände von der negativen Elektrode und dem sie umgebenden Elektrolyten getrennt. Als solche Scheidewände dienen ungebrannte Tonzylinder, in deren Poren sich die beiden Flüssigkeiten — der Elektrolyt und der Depolarisator — berühren, so daß die leitende Verbindung zwischen den Elektroden innerhalb des Elements bestehen bleibt. Einige Depolarisatoren können auch mit dem eigentlichen Elektrolyten vermischt werden, so daß sich die Verwendung von Scheidewänden erübrigt.

Die konstanten Elemente.

Das Daniell-Element. Eines der bekanntesten konstanten Elemente ist das Daniell-Element. Dasselbe enthält ein in einer Kupfersulfat ($CuSO_4$) -Lösung stehendes Kupferblech als positive Elektrode und einen Zinkstab von meistens kreuzförmigem Querschnitt in einer Lösung von verdünnter Schwefelsäure; die beiden Flüssigkeiten sind durch eine poröse Tonzelle getrennt. Der Aufbau des Elements ist aus Abb. 12 ersichtlich.

Werden die Pole des Daniell-Elements durch einen Leiter verbunden, so wird Zink von der Schwefelsäure aufgelöst, es entsteht Zinksulfat und Wasserstoff. Der letztere kommt in den Poren der Tonzelle mit der Kupfersulfatlösung in Berührung; dabei entsteht ein Austausch zwischen Kupfer und Wasserstoff, indem sich neue Schwefelsäure bildet, während Kupfer frei wird, und mit dem Strom an Stelle von Wasserstoff zur Kupferplatte wandert und sich auf derselben niederschlägt. Somit gehen im Daniell-Element bei der Stromlieferung folgende Hauptveränderungen vor sich:

1. Das metallische Zink der negativen Elektrode geht in Lösung, wird also praktisch verbraucht; nach einer gewissen Zeit ist die Zinkplatte von der Schwefelsäure verzehrt, und muß durch eine neue ersetzt werden;

2. gleichzeitig schlägt sich auf der positiven Elektrode metallisches Kupfer aus der Kupfersulfatlösung nieder und zwar, wie wir in einem späteren Kapitel sehen werden, in einer dem verbrauchten Zink genau entsprechenden „äquivalenten" Menge.

Die Kupfersulfatlösung wird mithin immer ärmer an Kupfersulfat; um zu vermeiden, daß schließlich die depolarisierende Wirkung derselben erlischt, werden in die anfangs konzentrierte Kupfersulfatlösung noch überschüssige Kupfersulfatkristalle gelegt, welche sich bei fortschreitender Kupferabscheidung auf der Anode auflösen, und die Konzentration der Lösung aufrechterhalten. Der Zinkstab wird mit Quecksilber überzogen — amalgamiert—, wodurch er vor der Auflösung durch die Schwefelsäure im Ruhezustand des Elements, d. h. während dasselbe keinen Strom liefert, geschützt ist.

Die EMK des Daniell-Elements beträgt konstant ca. 1 Volt. Zur Lieferung stärkerer Ströme ist dasselbe jedoch wegen seines verhältnismäßig hohen inneren Widerstandes (vgl. S. 23) nicht geeignet.

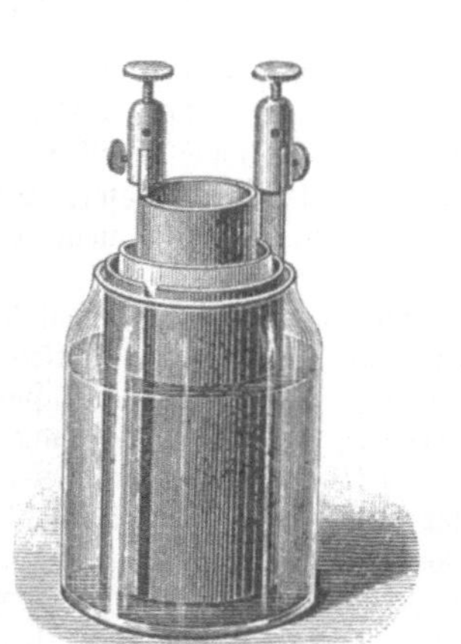

12. Daniell-Element.

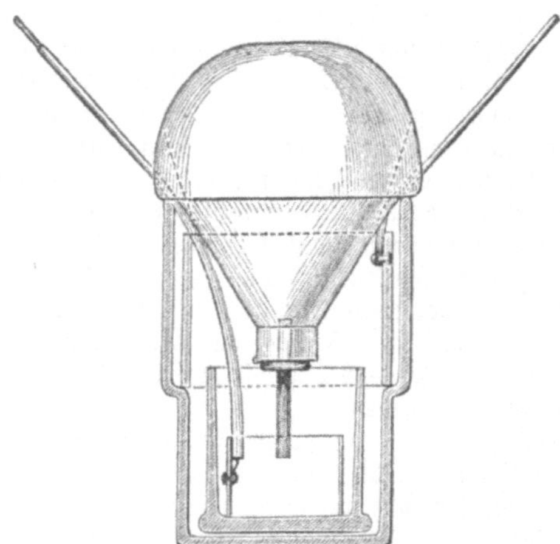

13. Meidinger-Element.

Das Meidingersche Element. Von den zahlreichen Abarten des Daniellschen Elements sei das im Eisenbahntelegraphenbetrieb verwendte Meidingersche Element näher beschrieben. Die poröse Scheidewand wird bei diesem Element dadurch vermieden, daß man als Elektrolyten für die Zinkelektrode eine Lösung von Bittersalz (Magnesiumsulfat ($MgSO_4$) verwendet), welche spezifisch leichter ist, als die im unteren Teil eines geeignet geformten Glasgefäßes (vgl. Abb. 13) in einem besonderen Becher enthaltene Kupfersulfatlösung, und deshalb auf der letzteren schwimmt. In diesem inneren Becher steht der Kupferzylinder, während der Zinkzylinder auf einem höheren Absatze des größeren Gefäßes ruht. Auf dem Rande des letzteren liegt ein trichterförmiges Glasgefäß auf, dessen Mündung bis zum Rande des inneren Bechers hinabragt, und durch einen Korken verschlossen ist, durch welchen ein Glasrohr führt.

Das trichterförmige Gefäß wird mit Kupfersulfatkristallen und Wasser gefüllt und dann in das bis zu einer gewissen Höhe mit Magnesiumsulfatlösung gefüllte große Gefäß eingesetzt. Die Kupfersulfatlösung sinkt nach unten, umgibt den Kupferzylinder und drängt die Magnesiumsulfatlösung in den oberen Teil des Gefäßes. Nimmt die Konzentration der Kupfersulfatlösung während der Stromlieferung des Elements in der Umgebung des Kupferzylinders ab, so wird eine entsprechende Menge Kupfersulfat in dem trichterförmigen Reservoir gelöst und so die Konzentration selbsttätig aufrecht erhalten. Von dem Kupferzylinder führt eine leitende Verbindung, gegen die Magnesiumsulfatlösung im oberen Teil des Gefäßes gut isoliert, aus dem Element heraus.

Die EMK des Meidingerſchen Elementes iſt derjenigen des Daniellſchen gleich; zur Lieferung ſtärkerer Ströme iſt dasſelbe ebenfalls nicht geeignet; es zeichnet ſich aber durch außerordentliche Konſtanz der EMK aus.

Eine Vereinfachung des Meidingerſchen Elementes ſtellt das ebenfalls in Telegraphenanlagen viel verwendete Element von Callaud dar (vgl. Abb. 14). Bei dieſem wird die poſitive Elektrode durch eine am Boden des Glasgefäßes liegende Kupferplatte oder verkupferte Bleiplatte gebildet, welche von einer Löſung von Kupferſulfat und von Kupferſulfatkriſtallen umgeben iſt, während der als negative Elektrode dienende Zinkzylinder auf dem Rande des Gefäßes hängt. Dieſer Zinkzylinder befindet ſich in einer Löſung von Zink- oder Magneſiumſulfat, welche auf die Kupferſulfatlöſung am Boden des Gefäßes geſchichtet iſt. Die Ableitung von der Kupferplatte führt gut iſoliert durch die obere Löſung. Auch bei dieſem Element bleiben die beiden Flüſſigkeiten infolge ihrer ſpezifiſchen verſchiedenen Gewichte getrennt. Seine EMK beträgt ebenfalls ca. 1 Volt.

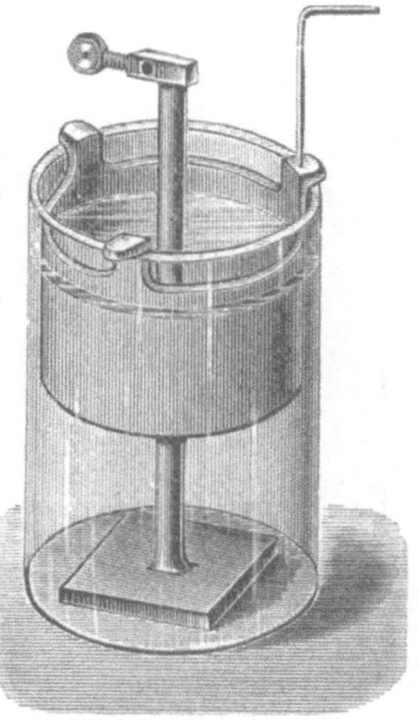

14. Callaud-Element.

Einen beſonderen Typus der galvaniſchen Elemente bilden das Grovesche Element und ſeine Abarten.

Das Grovesche Element (vgl. Abb. 15) enthält als negative Elektrode Zink in verdünnter Schwefelſäure, und als poſitive Elektrode Platin in konzentrierter Salpeterſäure; beide Flüſſigkeiten ſind durch eine poröſe Tonzelle getrennt. Das an dem Porzellandeckel der letzteren befeſtigte dünne Platinblech iſt zur Erreichung einer größeren Steifigkeit S-förmig gebogen (vgl. Abb. 15 b). Während der Stromlieferung werden bei der Einwirkung der Salpeterſäure auf den freiwerdenden Waſſerſtoff Sticoxyde (NO_2 und N_2O_2) gebildet, welche als braunrote giftige Dämpfe dem Elemente entſtrömen. Bunſen verwendete an Stelle von Platin Kohle (vgl. Abb. 16), wodurch die Anſchaffungskoſten des Elements weſentlich verringert werden. Die Salpeterſäure kann nach dem Vorgange Poggendorfs durch Chrom-

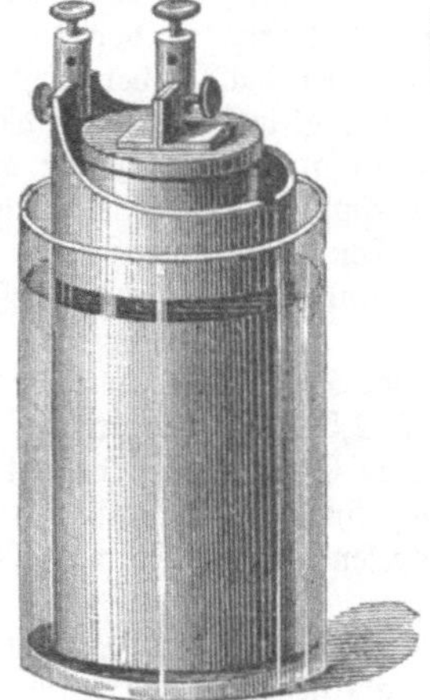

15 a. Grove-Element.

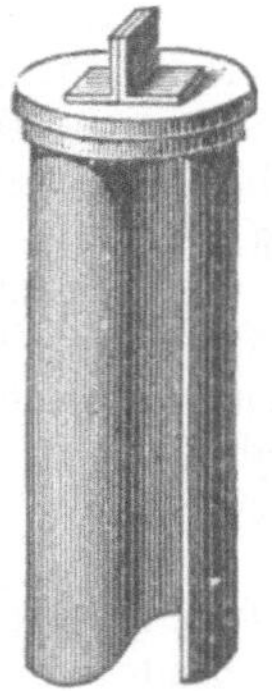

15 b. Platinelektrode des Grove-Elements.

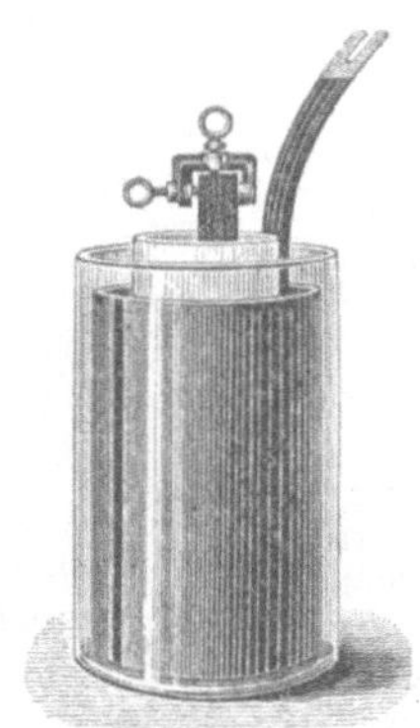

16. Bunſen-Element.

ſäure erſetzt werden. Es empfiehlt ſich jedoch, dieſe Säure nicht im fertigen Zuſtande zu verwenden, ſondern dieſelbe im Element durch die Einwirkung von Schwefelſäure auf ein chromſaures Salz, am beſten auf doppeltchromſaures Natrium entſtehen zu laſſen.

Auch bei den letzteren beiden Elementen iſt eine Trennung der beiden Flüſſigkeiten durch eine Tonzelle — ein ſog. Diaphragma — erforderlich.

Das Bunsensche Tauchelement enthält nur eine Säure, nämlich Chromsäure, welche praktisch auch in der soeben beschriebenen Weise im Element selbst erzeugt wird. Die beiden Elektroden: Kohle und Zink sind an einem Rahmen voneinander isoliert befestigt und werden nur in die Säure hinabgelassen, wenn das Element benutzt werden soll.

Die Elemente vom Groveschen Typus besitzen eine ziemlich konstante EMK von 1,9—2,2 Volt; sie sind alle zur Lieferung stärkerer Ströme geeignet.

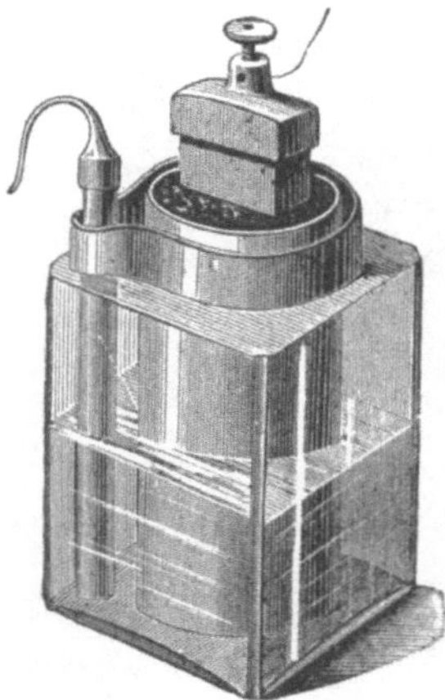

17. Leclanché-Element.
Ältere Form.

Die Leclanché = Elemente (vgl. Abb. 17) besitzen als Elektroden Kohle und Zink. Die erstere ist von Braunsteinstücken (MnO_2) umgeben, welche als Depolarisator wirken und den Wasserstoff zu Wasser oxydieren, während der Braunstein zu einer sauerstoffärmeren Verbindung (Mn_2O_3) „reduziert" wird. Der Braunstein umgibt die Kohle entweder in einem besonderen porösen Gefäß, oder er wird mit der Kohle zusammen zu Briketts gepreßt. Als Elektrolyt kommt eine konzentrierte Lösung von Salmiak (NH_4Cl) zur Verwendung.

Der chemische Vorgang im Element bei der Stromlieferung ist verhältnismäßig verwickelt; das Zink bildet mit dem Salmiak ein sog. Doppelsalz, welches in konzentrierter Salmiaklösung löslich, aber in verdünnter unlöslich ist, und sich daher aus der letzteren niederschlägt und zwar am leichtesten als Kruste auf der negativen Elektrode; infolgedessen findet der Strom im Innern des Elements einen verhältnismäßig hohen Widerstand.

Die EMK der Leclanché-Elemente beträgt ca. 1,4 Volt. Dieselben eignen sich nicht für Dauerbetrieb und zur Entnahme stärkerer Ströme, und finden daher meistens Verwendung für Haustelegraphen und =telephonanlagen sowie für Klingelanlagen, in welchen die Beanspruchung nur eine kurzdauernde, durch Pausen unterbrochene ist.

Trockenelemente. Den Leclanché-Elementen in bezug auf die Zusammensetzung ähnlich sind die Trockenelemente. Auch bei diesen werden die Elektroden meistens aus Kohle und Zink gebildet; das letztere dient zugleich als Behälter für den aus Salmiak (NH_4Cl) oder Chlorzink ($ZnCl$) bestehenden Elektrolyten, welcher mit irgendeiner pulverförmigen porösen Masse — feinem Sand, Sägemehl, Infusorienerde oder dgl. — vermischt, und feucht in den Behälter eingeführt wird. Dieser trägt in seiner Mitte die von ihm gut isolierte Kohleelektrode. Als Depolarisator dient häufig die in einem Beutel befindliche Chlor- oder Sauerstoffverbindung eines geeigneten Materials. Das ganze Gefäß wird oben durch eine Wachs- oder Asphaltschicht abgedichtet und in eine den Zinkbecher eng umschließende Hülle aus Pappe gesetzt.

Die EMK von Trockenelementen neuester Konstruktion wird je nach der Herkunft des Elements zwischen 1,3 und 1,5 Volt angegeben.

Die Trockenelemente werden als tragbare Stromquellen benutzt, wie sie in der Meßtechnik häufig Verwendung finden; aber auch in der Telephonie und besonders im Haussignalwesen werden sie mit Vorteil verwendet.

18. Latimer Clarksches Normalelement.

Die Lalandeschen Elemente. Eine besondere Gruppe bilden die Lalandeschen Elemente und ihre Abarten. Dieselben enthalten eine Zinkplatte als negative und Kupferoxyd als positive Elektrode; diese letztere Substanz, welche leicht Sauerstoff abgibt, wirkt zugleich als Depolarisator. Als Elektrolyt dient Natron- oder Kalilauge. Das Kupferoxyd kommt entweder in Form von porösen Platten zur Verwendung wie in dem Cupronelement von Umbreit und Matthes, oder es befindet sich am Boden oder auf der Innenwandung des eisernen Elementgefäßes wie bei dem Lalandeschen und dem Wedekindschen Element. Bei der Stromlieferung wird das Zink von der Kali- resp. Natronlauge unter Bildung eines „Hydrates" gelöst; der freiwerdende Wasserstoff entzieht dem Kupferoxyd Sauerstoff, er reduziert es zu Kupfer. Sobald das ganze vorhandene Kupferoxyd reduziert ist, sinkt die bis dahin sehr konstante EMK des Elements von 0,85 Volt sehr schnell. Um das Element wieder zu „regenerieren", das Kupfer wieder zu Kupferoxyd zu oxydieren, werden die Platten einige Zeit unter Luftzutritt erwärmt. Die Elemente vermögen Ströme beträchtlicher Stärke zu liefern, so das Cupronelement bei 3 kg Gewicht des leeren Elektrodengefäßes 25 Stunden lang ununterbrochen 16 Amp. (über den Begriff „Ampere" vgl. S. 18).

Normalelemente. In der Meßtechnik spielen die sog. Normalelemente eine wichtige Rolle, weil mit ihrer Hilfe eine Potentialdifferenz von genau bekannter Größe leicht immer wieder hergestellt werden kann, sobald man die Elemente nach den sorgfältig ausgearbeiteten Vorschriften zusammensetzt.

Das älteste Element dieser Art, das Clarkelement, besitzt als positive Elektrode Quecksilber; dieses letztere ist mit einer Paste bedeckt, welche aus einem Brei von Merkurosulfat (Hg_2SO_4), Quecksilber, reinen Zinksulfatkristallen und wenig Zinksulfatlösung hergestellt ist. Als negative Elektrode dient reines Zinkamalgam, welches mit Zinksulfatkristallen bedeckt ist. Der Elektrolyt besteht aus konzentrierter Zinksulfatlösung. Jede der beiden Elektroden befindet sich in einem Schenkel eines vollständig verschlossenen H-förmigen Glasgefäßes (vgl. Abb. 18). Die Zuleitung zu den Elektroden erfolgt durch Platindrähte, welche in den Boden der beiden Schenkel eingeschmolzen sind. Der Elektrolyt steht durch das horizontale Verbindungsrohr der beiden Schenkel mit beiden Elektroden in Berührung.

Sobald dieses Element in Wirkung tritt, wird durch das Zink aus der konzentrierten Lösung von Merkurosulfat Quecksilber an der positiven Elektrode ausgefällt unter gleichzeitiger Bildung von Zinksulfat.

Die EMK des Clarkelements ist gut konstant, aber von der Temperatur ziemlich stark abhängig; dieselbe beträgt bei der Temperatur t°

$$1{,}434 - 0{,}0012\ (t - 15)\ \text{Volt.}$$

Wegen dieser Temperaturempfindlichkeit wird an Stelle des Clarkelements häufig das Cadmium-Normalelement benutzt, dessen EMK von der Temperatur fast unabhängig ist. Dasselbe ist dem Clarkelement vollkommen ähnlich, nur tritt überall an Stelle von Zink, Cadmium. Seine EMK beträgt 1,0186 Volt.

Das Westonelement unterscheidet sich hauptsächlich dadurch von dem eigentlichen Cadmiumelement, daß die festen Kristalle von Cadmiumsulfat über der negativen Elektrode aus Cadmiumamalgam fehlen. Seine EMK beträgt unabhängig von der Temperatur 1,0189 Volt.

Alle Normalelemente dürfen nur in solchen Schaltungen verwendet werden, in welchen sie nur einen äußerst geringen Strom liefern, da sich ihre EMK andernfalls ändert. Derartige, in der Meßtechnik häufig verwendete Schaltungen werden wir später kennen lernen.

19. Zambonische Säule.

Schließlich sei noch eine Spannungsquelle erwähnt, welche lediglich dazu dient, kleineren Körpern auf möglichst einfache Weise eine beträchtliche Spannungsdifferenz gegenüber ihrer Umgebung oder gegen die Erde zu erteilen, z. B. der Nadel eines Elektrometers. Hierzu verwendet man die sog. Zambonische Säule. Dieselbe besteht aus einer großen Zahl aufeinandergelagerter, einseitig mit einem feinen Metallüberzug versehener Papierblättchen (vgl. Abb. 19); ein Teil derselben ist mit einer Kupferhaut überzogen (unechtes Goldpapier), der andere mit einer dünnen Zinnschicht (unechtes Silberpapier). Die unbelegten Seiten zweier verschiedenartiger, meistens in Form kreisrunder Scheibchen von 3—5 cm Durchmesser verwendeter Metallpapierblättchen werden zusammengeklebt, und dann die Plattenpaare oft zu mehreren Tausenden so aufeinandergelegt, daß immer eine Kupferschicht auf eine Zinkschicht folgt. Die so entstehende Säule wird zwischen zwei Metallplatten gepreßt, und meistens in eine Glasröhre eingeschlossen. Die Potentialdifferenz zwischen den Endplatten kommt ähnlich wie bei den galvanischen Elementen durch Vermittlung der geringen Feuchtigkeit zustande, welche die Papierschichten zwischen den Metallüberzügen hygroskopisch binden. Die geringen EMKe jedes einzelnen Plattenpaares addieren sich in der Säule. Dieselbe darf lediglich zur Ladung benutzt werden; eine auch nur geringe Stromentnahme macht die Säule auf längere Zeit unwirksam.

Die Vorgänge in der Verbindungsleitung einer Stromquelle.

Wie bereits erwähnt, setzt sich die Elektrizitätsmenge, welche sich auf der positiven Elektrode eines Elements infolge der chemischen Vorgänge in seinem Innern ansammelt, in Bewegung, sobald man die beiden Elektroden außerhalb des Elements durch einen ununterbrochenen metallischen Leiter verbindet. Es entsteht in diesem sog. „äußeren" Schließungskreise ein elektrischer Strom und zwar ein Gleichstrom, welcher immer in derselben Richtung fließt: außerhalb des Elements von der positiven Elektrode zur negativen, innerhalb desselben von der negativen zur positiven.

Unter der Stärke oder Intensität des Stromes versteht man die in der Zeiteinheit durch den Querschnitt des Leiters fließende Elektrizitätsmenge; es fließt der Strom „Eins", wenn in jeder Sekunde die Einheit der Elektrizitätsmenge den Querschnitt des Leiters passiert. Ein Strom besitzt die Intensität der praktischen Einheit, nämlich 1 Ampere, wenn pro Sekunde durch den Querschnitt des Leiters die praktische Einheit der Elektrizitätsmenge: ein Coulomb fließt (vgl. S. 4).

Die Arbeitsfähigkeit des elektrischen Stromes. Der elektrische Strom vermag wieder diejenige Arbeit zu leisten, welche zur Erzeugung der Potentialdifferenz erforderlich war, die ihn durch den Stromkreis treibt.

Die verschiedenartige Arbeitsfähigkeit des elektrischen Stromes wird in der Elektrotechnik hauptsächlich nach zwei Richtungen hin praktisch ausgenutzt: einmal bei der Umwandlung elektrischer Energie in mechanische in den Motoren und dann bei der Umwandlung in Wärmeenergie speziell in der elektrischen Beleuchtungstechnik.

Der Arbeitswert eines Gleichstromes ist gegeben durch das Produkt aus der Potentialdifferenz, welche ihn durch einen bestimmten Leiter treibt, der Stärke, welche er in demselben erreicht, und der Zeit, während welcher er fließt. Die bei der Potentialdifferenz e von dem Strome i in der Zeit t geleistete Arbeit ist

$$A = e \cdot i \cdot t.$$

Wird e in Volt, i in Ampere und t in Stunden gemessen, so erhält man A in „Volt-Ampere-Stunden" oder „Wattstunden".

Die pro Sekunde vom Strome verrichtete Arbeit, die Leistung oder der Effekt wird gemessen in Watt; 1 Watt ist der 10-millionenfache Betrag der absoluten Einheit des Effekts, des Erg pro Sekunde. Die ältere technische Einheit des Effekts, die Pferdekraft $= \dfrac{75\ \text{mkg}}{\text{sec}}$ ist gleich 736 Watt.

Die Umwandlung elektrischer Energie in Wärmeenergie, welche in jedem vom Strome durchflossenen Leiter stattfindet, tritt bei Verwendung verhältnismäßig dünner Drähte als Leiter deutlich in Erscheinung. Die Drähte werden je nach dem Material, aus welchem sie bestehen, glühend, oder sie schmelzen sogar durch. Von dieser letzten Eigenschaft macht man bei der elektrotechnischen Installation durch Verwendung sog. Sicherungen (vgl. S. 222 f) Gebrauch, welche durchschmelzen, sobald der Strom in der Leitung, in welche sie eingeschaltet sind, eine gewisse, unbeabsichtigte Intensität überschreitet.

Das Joulesche Gesetz. Führt man einen stromdurchflossenen Leiter durch ein mit einer bekannten Gewichtsmenge Wasser beschicktes Becherglas, welches so aufgestellt ist, daß es praktisch keine Wärme während des Versuches ableitet, so beobachtet man an einem eingetauchten Thermometer eine Temperaturerhöhung des Wassers.

Ist die Gewichtsmenge des Wassers g gr., die Temperaturerhöhung, also die Temperaturdifferenz desselben vor und nach dem Versuch $T_2 - T_1$, so ist nach den Gesetzen der Wärmelehre die dem Wasser zugeführte Wärmeenergie

$$W = g(T_2 - T_1)\ \text{gcal.};$$

dieselbe ist von der den Leiter durchfließenden elektrischen Energie

$$A = e \cdot i \cdot t_{\text{sec}}\ \text{Wattsekunden}$$

geliefert worden. Bedeutet c einen Proportionalitätsfaktor, so kann man setzen:

$$W = c \cdot e \cdot i \cdot t = c \cdot w \cdot i^2 t \qquad (\text{da } e = i \cdot w).$$

Die Tatsache, daß die vom Strome entwickelte Wärme dem Quadrate der Strom-
stärke und dem Widerstande des durchflossenen Leiters proportional ist, wurde 1841 von
Joule festgestellt. Man nennt daher diese vom Strome entwickelte Wärme auch Joulesche
Wärme und das durch die vorstehende Formel ausgedrückte Gesetz Joulesches Gesetz.

Der Versuch ergibt für c den runden Wert 0,24 (genauer $0,2386_5$).

Wird von 1 Volt 1 Sekunde lang ein Strom von 1 Ampere durch den Querschnitt
eines Leiters befördert, so wird in dem letzteren die Einheit der elektrischen Arbeit geleistet,
nämlich 1 Wattsekunde oder 1 Joule.

Aus dem Vorstehenden folgt, daß 1 Joule gleich rund 0,24 gcal. ist; da nun ferner

$$1 \text{ gcal.} = 0{,}427 \text{ mkg}$$

ist, so ergibt sich

$$1 \text{ Joule} = 0{,}24 \times 0{,}427 = 0{,}102 \text{ mkg}$$

und mithin

$$1 \text{ mkg} = 9{,}81 \text{ Joule.}$$

Eine Anordnung, bei welcher die Wärmewirkung des Stromes zur Beurteilung seiner
Intensität ausgenutzt wird, ist das Rießsche Luftthermometer. Dasselbe besteht aus einer

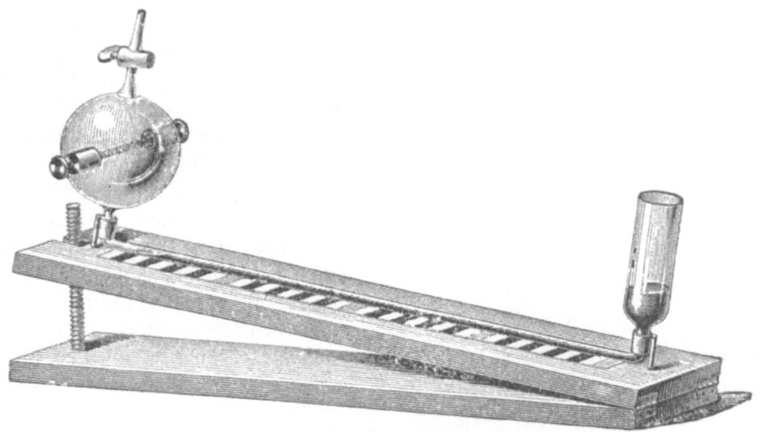

20. Rießsches Luftthermometer.

Glaskugel von etwa 10 cm Durchmesser, an welche eine Glasröhre von etwa 50 cm Länge
und geringem, möglichst gleichmäßigem inneren Durchmesser angesetzt ist. Diese, zur Horizontalen schwach geneigt angeordnete und in ihrer Neigung verstellbare Röhre trägt am anderen
Ende ein kleines Glasgefäß, welches mit einer Flüssigkeit, etwa Wasser, zum Absperren des
Luftvolumens in der Kugel und der Röhre gefüllt ist. Durch zwei gegenüberliegende Öffnungen
in der Kugel (vgl. Abb. 20) ist ein spiralförmig aufgewundener Platindraht geführt, welcher
in den zu messenden Stromkreis eingeschaltet werden kann. Sobald ein Strom die Platin-
spirale durchfließt, wird dieselbe erwärmt. Infolge dieser Erwärmung steigt die Temperatur
der abgeschlossenen Luft, dieselbe dehnt sich aus und drängt dabei die Flüssigkeit im Rohr zurück.
Aus der meßbaren Ausdehnung des Luftvolumens läßt sich die Erwärmung des Drahtes und
daraus mittelbar die Stromstärke feststellen.

Ein wesentlich bequemeres Mittel zur Beurteilung der Intensität des in einem Leiter
fließenden Stromes bietet seine Wirkung auf die Magnetnadel.

Bekanntlich stellt sich eine Magnetnadel, welche um eine vertikale Achse frei drehbar ist,
in die Nord-Süd-Richtung ein (vgl. S. 26). Führt man nun einen stromdurchflossenen Leiter
in der Nähe der Nadel vorbei, so erfährt die letztere eine Ablenkung aus ihrer ursprünglichen
Richtung. Wir werden uns später eingehend mit den Gesetzen dieser Wirkung stromdurchflossener Leiter und mit der praktischen Anwendung, welche dieselben in der Meßtechnik

erfahren haben, geschäftigen. Hier sei nur kurz das Folgende vorausgeschickt, um Methoden anzudeuten, durch welche die in dem vorliegenden Abschnitte zu erörternden Gesetzmäßigkeiten geprüft werden können.

Die erwähnte Ablenkung der Magnetnadel ist ein Maß für die Intensität des Stromes, welcher den in ihrer Nähe vorbeigeführten Leiter durchfließt; sie kann dadurch vergrößert werden, daß man den stromdurchflossenen Leiter in mehreren Windungen um die Nadel herumlegt und die Windungsebene mit derjenigen der Nadel im unbeeinflußten Zustande übereinstimmend anordnet. Eine solche Vorrichtung dient jedoch in der hier angedeuteten Form weniger zur Messung der Intensität des Stromes, als vielmehr dazu, das Vorhandensein schwacher Ströme überhaupt nachzuweisen; sie führt den Namen Galvanoskop.

Zum Nachweis stärkerer Ströme und zur Prüfung ihrer Gesetzmäßigkeiten bedient man sich besser der Wirkung, welche stromdurchflossene, zu Spulen aufgewickelte Leiter auf weiches Eisen ausüben. Kerne aus dem letzteren Material werden nämlich in den von einer Drahtspule gebildeten Hohlraum hineingezogen, sobald ein Strom durch die Spule fließt. Ist ein solcher Kern an einer Feder aufgehängt, so kehrt er in seine Ruhelage zurück, sobald der Strom in der Spule unterbrochen wird. Je stärker der Strom ist, desto tiefer wird der Kern entgegen der Wirkung der Feder in die Spule hineingezogen. Die Stellung des Kerns zur Spule, welche an einer Skala leicht abgelesen werden kann, bildet somit ein Maß für die Intensität des Stromes in der Leitung, in welche die Spule eingeschaltet ist. Man nennt diese, von Fr. Kohlrausch im Jahre 1884 zuerst angegebene Vorrichtung zur Messung der Intensität von Strömen ein Federgalvanometer (vgl. Abb. 21 und 21a).

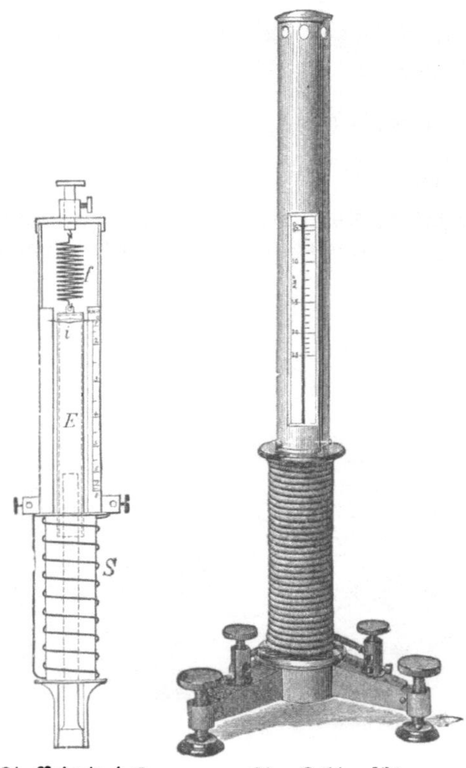

21. Prinzip des Federgalvanometers.

21a. Kohlrauschs Federgalvanometer.

Die Gesetze des Gleichstroms.

Die Stromstärke ist an den verschiedenen Stellen eines von Gleichstrom durchflossenen Leiters zu ein und derselben Zeit dieselbe, oder anders ausgedrückt, in derselben Zeiteinheit ist die Elektrizitätsmenge, welche verschiedene Querschnitte ein und desselben Stromkreises passiert, die gleiche. Dieselbe Elektrizitätsmenge, welche den positiven Pol einer Stromquelle verläßt, tritt gleichzeitig am negativen Pol wieder in dieselbe ein.

Das Ohmsche Gesetz. Wird die Potentialdifferenz an den Enden eines Leiters verdoppelt, so fließt durch ein und denselben Leiter ein doppelt so starker Strom; die Stromstärke ist also in einem Leiter unter sonst gleichen Verhältnissen der an seinen Enden wirksamen Potentialdifferenz proportional.

Ganz ähnlich ist die pro Zeiteinheit durch den Querschnitt des Verbindungsrohres zweier Reservoire fließende Wassermenge — welche der Stromstärke entspricht — der Niveaudifferenz der Flüssigkeitsspiegel in beiden Gefäßen proportional. Um die Ähnlichkeit zu vervollständigen, denke man sich die Stromquelle, welche die Spannungsdifferenz an den Enden der Leitung konstant hält, in dem Beispiel aus der Hydrodynamik durch ein

Pumpwerk ersetzt, welches den Höhenunterschied der Wasserspiegel in den beiden Reservoiren aufrechterhält (vgl. S. 25).

Die in der Verbindungsleitung zweier Punkte von konstanter Potentialdifferenz herrschende Stromstärke ist von dem Material, der Länge und dem Querschnitt des Leiters abhängig. Diese drei Größen bedingen den Widerstand des Leiters. Je größer dieser Widerstand ist, desto geringer ist bei ein und derselben Potentialdifferenz der in der Leitung fließende Strom.

Die beiden angeführten Gesetzmäßigkeiten sind in dem die Elektrotechnik beherrschenden Grundgesetz von Ohm zusammengefaßt, nach welchem die Stromstärke in einem Leiter der an seinen Enden angelegten Potentialdifferenz direkt und dem Widerstand des Leiters umgekehrt proportional ist. Dieses Gesetz wird durch die Formel ausgedrückt:

$$i = \frac{e}{w},$$

in welcher i die Stromstärke, e die Spannung und w den Widerstand bedeutet. An Stelle des Widerstandes wird auch wohl sein reziproker Wert, die Leitungsfähigkeit benutzt; wird die letztere mit $\varkappa$ bezeichnet, so ist:

$$\varkappa = \frac{1}{w}$$

und

$$i = e \cdot \varkappa.$$

Fließt durch einen Leiter ein Strom von 1 Ampere, wenn an seinen Enden eine Spannungsdifferenz von 1 Volt herrscht, so hat der Leiter die technische Einheit des Widerstandes nämlich 1 Ohm.

Der Widerstand eines Leiters ist, wie bereits erwähnt, bedingt durch das Material, durch seine Länge und seinen Querschnitt; und zwar ist er der Länge direkt und dem Querschnitt umgekehrt proportional, so daß sich für seine Berechnung die Formel ergibt:

$$w = \sigma \frac{l}{q};$$

in dieser ist σ eine von dem Material des Leiters abhängige Konstante, der sog. spezifische Widerstand, l ist die Länge, und q der Querschnitt des Leiters. σ bedeutet den Widerstand eines Drahtes von 1 m Länge und 1 qmm Querschnitt ausgedrückt in Ohm. Derselbe beträgt für hartes Silber 0,0175, für Platin 0,094, reines Kupfer 0,0162, reines Eisen 0,104, Quecksilber 0,9532 Ohm. Man mißt auch wohl l in cm und q in qcm, so daß σ den Widerstand eines Würfels von 1 cm Seitenlänge angibt.

Temperaturkoeffizient. Der Widerstand eines Körpers ist von der Temperatur abhängig; bei den meisten Metallen nimmt er mit steigender Temperatur zu, derjenige von Kohle und von gewissen Sauerstoffverbindungen, welche z. B. für die Glühkörper der Nernstlampe Verwendung finden, nimmt mit steigender Temperatur ab. Die vorstehenden Werte für den spezifischen Widerstand einiger Metalle beziehen sich auf 15°. Die Zahl, welche angibt, um wieviel sich der Widerstand eines Leiters bei der Erhöhung seiner Temperatur um 1° C ändert, nennt man den Temperaturkoeffizienten des Leiters; man bezeichnet denselben mit α. Ist der Widerstand eines Leiters bei der Temperatur 0° w_0, so ist er bei der Temperatur t°

$$w_t = w_0 \left(1 + \alpha t\right);$$

kennt man, wie hier, nicht den Widerstand w_0 bei 0° sondern denjenigen w_{15} bei 15°, so findet man den Widerstand w_t bei der beliebigen Temperatur t zu

$$w = w_{15} \left(t + \alpha \left[t - 15\right]\right).$$

Für die vorstehend aufgeführten Materialien ist der tausendfache Temperaturkoeffizient, also die Widerstandszunahme in Ohm bei einer ev. Temperaturveränderung um 1000° C bei Silber 3,6, Platin 2,35, Kupfer 4,0, Eisen 4,8, Quecksilber 0,87.

Man kann aus der Widerstandsänderung von Metallen die Änderung der Temperatur des Raumes bestimmen, in welchem sie sich befinden, oder welchen sie einschließen. Aus der angegebenen Formel zur Berechnung des Widerstandes bei einer beliebigen Temperatur aus dem Widerstande bei einer bestimmten Temperatur (etwa 0°) folgt nämlich die gesuchte Temperatur t, aus den bekannten Widerständen w_0 (bei 0°), w_t (bei t°) und dem Temperaturkoeffizienten α zu:

$$t = \frac{w_t - w_0}{\alpha \cdot w_0}.$$

Metalle, welche zu den in der Meßtechnik und im Instrumentenbau viel verwendeten Widerständen benutzt werden, müssen einen möglichst kleinen Temperaturkoeffizienten besitzen, damit ihr Widerstand bei der schwankenden Temperatur des Raumes, in welchem sie Verwendung finden sollen möglichst konstant bleibt. Hierzu eignen sich für diesen Zweck besonders hergestellte Legierungen, wie Manganin (eine Legierung aus 84% Kupfer, 12% Mangan und 4% Nickel)

dessen spezifischer Widerstand 0,41 —0,46 Ohm $\frac{mm^2}{m}$ (= pro m Länge und qmm Querschnitt)

und dessen tausendfacher Tamperaturkoeffizient 0,01 beträgt, oder Konstantan (Kupfer-Nickel-Legierung) mit $\sigma = 0,488$ und $\alpha = -0,005$; der Temperaturkoeffizient dieser letzteren Legierung ist also negativ, d. h. ihr Widerstand nimmt mit steigender Temperatur ab statt zu, allerdings nur ganz wenig.

Der spezifische Widerstand von Kohlenstäben, welche in den elektrischen Bogenlampen Verwendung finden, beträgt je nach der Sorte 40—100 Ohm $\frac{mm^2}{m}$, der tausendfache Temperaturkoeffizient ist —3 bis —0,8; der spezifische Widerstand von Kohlefäden in Glühlampen beträgt etwa 60 Ohm $\frac{mm^2}{m}$.

Der Temperaturkoeffizient von reinem Eisen ist für verschiedene Temperaturintervalle verschieden; der oben angegebene Wert von 4,8 für den tausendfachen Betrag desselben gilt nur unterhalb 100°; oberhalb dieser Temperatur nimmt er zu, bis er bei etwa 850° den Wert 18 erreicht, um darauf wieder ziemlich schnell auf 6,7 zu fallen. Die Widerstandszunahme ist besonders stark zwischen 400° und 800°; die Folge derselben ist, daß zwischen diesen Grenzen die Stromstärke in einem Stromkreise, welcher derartige Widerstände enthält bei schwankender Spannung der Stromquelle in gewissen Grenzen konstant bleibt. Diese Eigenschaft des Eisens wird in der Elektrotechnik bei den sog. Variatoren überall dort ausgenutzt, wo es sich darum handelt, die Stromstärke in einem Verbraucher also z. B. in Glühlampen oder Nernstlampen bei schwankender Spannung der zur Verfügung stehenden Stromquelle konstant zu halten. Derartige Variatoren sind dünne Eisendrähte, welche in mit Wasserstoff gefüllte Glasröhren eingeschlossen sind. Der Wasserstoff führt infolge seiner großen Wärmeleitfähigkeit die sich entwickelnde Wärme von den Drähten schnell ab, und verhindert außerdem eine chemische Veränderung der Drahtoberfläche.

Ein besonders eigenartiges Verhalten zeigt das Element Selen. Sein spezifischer Widerstand beträgt im Dunkeln etwa 400 Millionen Ohm; im zerstreuten Tageslicht sinkt derselbe auf die Hälfte, und im direkten Tageslicht sogar bis auf $^1/_{10}$. Nach der Belichtung erreicht das Selen im Dunkeln seinen ursprünglichen hohen Widerstand erst nach längerer Zeit wieder. Dieses Verhalten des Selens wird in der Fernphotographie und in der Lichttelephonie praktisch ausgenutzt.

Spannungsverlust. In den Leitungen, welche eine Stromquelle — die Generatoren des Elektrizitätswerks — mit dem Verbraucher — einer Licht- oder Motorenanlage — verbinden, besteht ein bestimmter Widerstand, welcher nach den obigen Ausführungen von dem Material der Leitung, ihrer Länge und ihrem Querschnitt abhängt. Als Material kommt meistens Kupfer in Frage, die Länge ist ebenfalls bestimmt, und der Querschnitt muß mit Rücksicht auf die Kosten der Anlage innerhalb gewisser Grenzen gehalten werden. Da andererseits die durchschnittliche

Stromstärke in der Leitung durch den Energiekonsum in der Anlage bestimmt ist, so läßt sich diejenige Spannung berechnen, welche erforderlich ist, um den Strom durch die Leitung zu transportieren. Nach dem Ohmschen Gesetze ist nämlich

$$e = i\,w,$$

d. h. die erforderliche Spannung ist gleich dem Produkt aus dem Widerstande der Leitung und der Intensität des in ihr fließenden Stromes. Damit also an der Verbrauchsstelle diejenige Spannung zur Verfügung steht, welche für den normalen Betrieb der Anlage erforderlich ist, muß an den Enden der Leitung in der Zentrale eine Spannung erzeugt werden, deren Höhe gleich ist der Verbrauchsspannung plus der zur Überwindung des Leitungswiderstandes erforderlichen Spannung. Die letztere bedeutet offenbar einen Verlust für die Anlage; man bezeichnet sie daher als Spannungsverlust oder Spannungsabfall der Leitung.

Innerer Widerstand der Stromquelle, EMK und Klemmenspannung. Die Stromquelle selbst besitzt natürlich ebenfalls einen Widerstand, welchen man als inneren Widerstand (w_i) bezeichnet, zum Unterschiede von dem äußeren Widerstande (w_a) des Verbrauchers und der zu diesem führenden Leitungen, so daß sich der Widerstand des gesamten Stromkreises zusammensetzt aus $w_a + w_i$. Die Spannung E, welche erforderlich ist, um den Strom i durch den Kreis mit diesem Widerstande zu treiben, ergibt sich nach dem Ohmschen Gesetz zu

$$E = i\,(w_a + w_i)\,.$$

Diese Spannung E ist die elektromotorische (EMK) Kraft der Stromquelle, während die für den äußeren Teil des Stromkreises zur Verfügung stehende Spannung e als Klemmenspannung bezeichnet wird.

Ist der äußere Widerstand w_a eines Stromkreises sehr groß im Verhältnis zu dem inneren Widerstand w_i der Stromquelle, etwa eines Elements, so wächst der Strom praktisch proportional der Zahl der in Serie geschalteten Elemente, da dieser die Klemmenspannung proportional wächst. Ist aber umgekehrt der Widerstand des äußeren Stromkreises verschwindend klein gegenüber dem inneren Widerstand des Elements, so läßt sich eine Erhöhung der Stromstärke nicht durch Serienschaltung von Elementen erreichen. In diesem Falle wächst nämlich der Widerstand des Stromkreises, als welcher praktisch ja nur der innere Widerstand der Elemente in Frage kommt, proportional der Zahl der Elemente; proportional der letzteren steigt auch die verfügbare Klemmenspannung, so daß also die Stromstärke praktisch konstant bleibt; denn in dem Ausdruck für die Stromstärke nach dem Ohmschen Gesetz wird in diesem Falle Zähler und Nenner mit derselben Zahl, der Anzahl der Elemente multipliziert. Werden dagegen die Elemente parallel geschaltet, so wird, wie wir bald sehen werden, der innere Widerstand der Stromquelle gegenüber dem Widerstand eines einzelnen Elements verringert und demzufolge auch der Widerstand $w_i + w_a$ des ganzen Kreises, so daß bei konstanter Klemmenspannung die Stromstärke steigt.

Die Gesetze der Stromverzweigung.

Der erste Kirchhoffsche Satz. Ist die Verbindungsleitung zwischen den Polen einer Stromquelle an irgendeiner Stelle in mehrere Zweige geteilt, so ist die Summe aller Ströme in den einzelnen parallelgeschalteten Leiterteilen gleich dem Strom in der Hauptleitung, da die gleiche Elektrizitätsmenge, welche den einen Pol einer Stromquelle verläßt, zur selben Zeit an dem anderen Pol in die Stromquelle wieder eintritt. Mit Rücksicht auf Abb. 22 ist also

$$i_1 + i_2 + i_3 = i\,.$$

Einen allgemeinen Ausdruck findet dieses Gesetz in dem ersten Kirchhoffschen Satze, welcher besagt: in jedem Verzweigungspunkt stromdurchflossener Leiter ist die Summe der zufließenden Ströme gleich der Summe der abfließenden, oder, wenn man die abfließenden Ströme als zufließende im negativen Sinne betrachtet, so lautet der erste Kirchhoffsche Satz: in einem Verzweigungspunkte ist die algebraische Summe aller zu- und abfließenden Ströme gleich Null. Es ist also nach Abb. 23, in welcher die Pfeile die Stromrichtung in den von O ausgehenden Leitungen angibt

$$i_1 + i_2 = i_3 + i_4 + i_5$$

oder, was schon aus dieser Gleichung ohne weiteres folgt:

$$i_1 + i_2 - i_3 - i_4 - i_5 = 0 \,.$$

Der zweite Kirchhoffsche Satz. Verfolgt man einen geschlossenen Stromkreis vom positiven Pole der Stromquelle ausgehend zum Stromverbraucher und von da zum negativen Pole der Stromquelle, so findet man, daß die Potentialdifferenz zwischen irgendeinem Punkte des Leiters und dem negativen Pol der Stromquelle am positiven Pol den größten Wert besitzt, daß dieselbe immer geringer wird, je weiter die betrachteten Punkte des Stromkreises vom positiven Pol entfernt liegen; am negativen Pol der Stromquelle sinkt diese Potentialdifferenz auf Null.

Die Spannungsabfälle in den einzelnen Leiterteilen, welche sich nach dem Ohmschen Gesetz aus dem Widerstande dieser Teile und der in ihnen herrschenden Stromstärke ergeben, können als Spannungen aufgefaßt werden, welche der EMK der Stromquelle entgegenwirken, wie

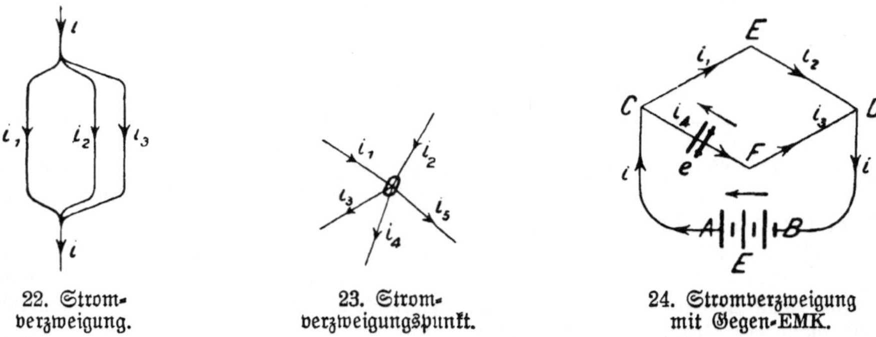

22. Strom-
verzweigung.

23. Strom-
verzweigungspunkt.

24. Stromverzweigung
mit Gegen-EMK.

eine, in einen Leiterteil eingeschaltete besondere Stromquelle, welche in diesem Leiterteil einen Strom von entgegengesetzter Richtung hervorruft, als die Hauptstromquelle. Diese Spannungen sind also in bezug auf die EMK der Hauptstromquelle als negativ zu betrachten.

Die vorstehenden Ausführungen umfassen den Inhalt des zweiten Kirchhoffschen Satzes, welcher lautet: In jedem geschlossenen Leiterkreis, welcher aus beliebig vielen einzelnen Teilen bestehen kann, ist die Summe aller in ihm wirkenden elektromotorischen Kräfte gleich der Summe der Spannungsabfälle. Oder: In jedem geschlossenen Leiterkreis ist die Summe aus den elektromotorischen Kräften und den Spannungsabfällen gleich Null; die letzteren sind in der Richtung des Stromes negativ zu nehmen.

Ein Beispiel möge die Anwendung dieses Gesetzes erläutern. In der in Abb. 24 dargestellten Stromverzweigung wirke als Hauptstromquelle die Batterie AB mit der EMK E; in den Leiterteil CF sei eine Stromquelle mit der EMK e derartig eingeschaltet, daß sie E entgegenwirkt; die bekannten Widerstände der einzelnen Leiterteile seien mit demselben Index bezeichnet wie die in diesen Leiterteilen fließenden Ströme. In den 3 geschlossenen Stromkreisen herrschen nun zwischen den Endpunkten der einzelnen Leiterteile folgende Potentialdifferenzen:

Leiterkreis:	ACEDBA	ACFDBA	CEDF
EMK der Stromquelle:	$+ E$	$+ E$	$- i_1 w_1$
AC	$- i\,w$	$- i\,w$	$- i_2 w_2$
CE	$- i_1 w_1$	$- i_4 w_4$	$+ i_3 w_3$
ED	$- i_2 w_2$	$- e$	$+ i_4 w_4$
DB	$- i\,w$	$- i_3 w_3$	$+ e$
		$- i\,w$	

Aus diesen Potentialdifferenzen lassen sich nach dem zweiten Kirchhoffschen Satze die Stromstärken in den einzelnen Leiterteilen von bekanntem Widerstande berechnen, wenn man berücksichtigt, daß nach dem ersten Satze $i = i_1 + i_4$ und $i_2 + i_3$ ebenfalls gleich i ist.

Vergleich mit der Hydrodynamik. Die Potentialverteilung in einem geschlossenen elektrischen Stromkreise ist der Druckverteilung in der Rohrleitung zweier, in verschiedener Höhe gelegener Wasserreservoire vergleichbar. An Stelle des Stromverbrauchers (Motor, Glühlampe oder dgl.) in dem elektrischen Stromkreise denke man sich als Verbraucher der potentiellen Energie des strömenden Wassers eine Wasserturbine in die Rohrleitung eingeschaltet. Der Niveauunterschied in beiden Reservoiren möge wie oben (vgl. S. 21) angedeutet, durch eine Pumpe aufrecht erhalten werden. Die Druckunterschiede an verschiedenen Stellen der Rohrleitung werden dadurch sichtbar gemacht, daß man an das Rohr senkrecht stehende, am oberen Ende offene Glasrohre ansetzt, in welche das Wasser von der Hauptleitung frei eintreten kann (vgl. Abb. 25). Das Wasser steigt in diesen Rohren bis zu einer Höhe, welche dem Unterschiede des Druckes an der betreffenden Stelle und dem als Nullpunkt des Druckes zu betrachtenden Flüssigkeitsniveau in dem tieferen Reservoir entspricht.

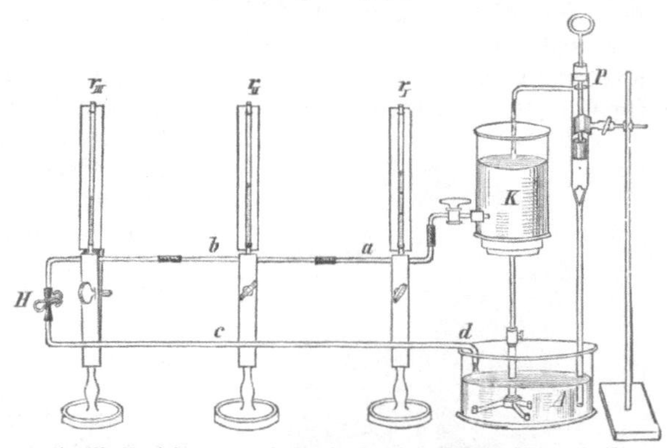

25. Wasserleitungsmodell eines elektrischen Stromkreises.

Diese Wassermanometer zeigen in der Nähe des oberen Reservoirs den größten, und in der Nähe des unteren den geringsten Druck an; die Summe aller Druckdifferenzen in der Rohrleitung ist gleich dem von der Pumpe aufrechtzuerhaltenden Niveauunterschied des Wassers in den beiden Reservoiren. Die algebraische Summe aller Druckdifferenzen in dem ganzen geschlossenen System ist also Null.

Gesamtwiderstand einer Kombination von Widerständen. Wie eine einfache Überlegung ergibt, ist der Gesamtwiderstand mehrerer in Reihe geschalteter Einzelwiderstände gleich der Summe der letzteren.

Der Widerstand einer Kombination von parallelgeschalteten Widerständen, von welchen zunächst nur zwei angenommen werden mögen, und zwar mit Bezug auf die Abb. 26 der Widerstand w der beiden Widerstände bekannter Größe w_1 und w_2 ergibt sich nach den vorstehenden Ausführungen wie folgt:

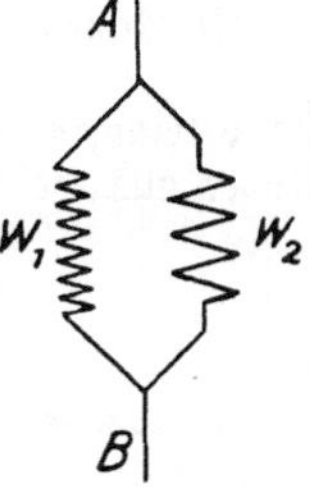

26. Kombinationswiderstand.

Ist die Spannungsdifferenz zwischen A und B „e", der Strom in der Hauptleitung i, im Zweige mit dem Widerstande w_1 i_1 und in demjenigen mit dem Widerstande w_2 i_2, so ist

$$i = \frac{e}{w}, \qquad i_1 = \frac{e}{w_1}, \qquad i_2 = \frac{e}{w_2}$$

und nach dem ersten Kirchhoffschen Satz

$$i = i_1 + i_2$$

also

$$\frac{e}{w} = \frac{e}{w_2} + \frac{e}{w_2},$$

woraus folgt

$$\frac{1}{w} = \frac{1}{w_1} + \frac{1}{w_2};$$

d. h. der Gesamtwiderstand von zwei parallelgeschalteten einzelnen Widerständen ergibt sich als der reziproke Wert der Summe der reziproken Werte der Einzelwiderstände. Den reziproken Wert eines Widerstandes bezeichnet man (vgl. S. 21) als seine Leitungsfähigkeit oder sein Leitungsvermögen, so daß man das gefundene Ergebnis, welches sich leicht für eine beliebige Zahl parallelgeschalteter Widerstände verallgemeinern läßt, auch folgendermaßen aussprechen kann:

Das Gesamtleitungsvermögen parallelgeschalteter Widerstände ist gleich der Summe der Leitungsvermögen aller einzelnen Widerstände.

Magnetismus.

Natürliche und künstliche Magnete. Gewisse Mineralien besitzen die Eigentümlichkeit, kleine Eisenstückchen, z. B. Eisenfeilspäne und Eisenpulver anzuziehen und dauernd festzuhalten. Das wichtigste dieser Mineralien ist der Magneteisenstein, eine Vereinigung zweier verschiedener Sauerstoffverbindungen des Eisens, nämlich von Eisenoxyd (FeO) und Eisenoxydul (Fe_3O_4). In Schweden, Lappland und im Ural bildet dieses weitverbreitete Eisenerz sog. Magnetberge. Der Name stammt vermutlich von der Stadt Magnesia in Kleinasien, in deren Nähe der Magneteisenstein zuerst gefunden worden sein dürfte.

Um die anziehende Wirkung eines Mineralstückes zu konzentrieren, spannt man dasselbe zwischen zwei Eisenplatten (vgl. Abb. 27), man „armiert" das Mineral. Ein Eisenstück, welches die Ränder der Eisenplatten überbrückt, ein sog. Anker, wird von den Eisenplatten angezogen und festgehalten.

Entfernt man das Eisenstück durch Anwendung der erforderlichen Kraft von der Armatur des Magneteisenerzes und legt es auf eine Glastafel oder ein Papierblatt, welche gleichmäßig mit Eisenpulver bestreut sind, so ordnet sich dieses letztere bei leichtem Klopfen in ganz bestimmten, genau hervortretenden Kurven an. Hatte der Anker eine prismatische Gestalt nach Art der Abb. 28, so verlaufen die Kurven nach Abb. 29;

27. Armierter natürlicher Magnet.

sie vereinigen sich alle an zwei Stellen, welche nahe den Enden des Stabes liegen. Diese beiden ausgezeichneten Stellen des künstlichen Magneten nennt man seine Pole.

Hängt man einen stabförmigen Magneten an einem Faden freibeweglich auf, so stellt er sich ungefähr in die astronomische Nord-Süd-Richtung ein, das eine Ende weist nach Norden, das andere nach Süden; man nennt das erstere den Nordpol, das letztere den Südpol des Magneten.

Nähert man einem freibeweglichen Magnetstab einen zweiten, so stoßen sich die Enden gleicher Polarität gegenseitig ab, diejenigen ungleicher Polarität ziehen sich an.

28. Paket von Stabmagneten.

Bricht man einen Magnetstab in der Mitte zwischen seinen beiden Polen — in der neutralen Zone — durch, so enthalten von den entstehenden beiden Hälften nicht etwa jede nur die eine Art von Magnetismus, welche sie vor der Trennung des Stabes zeigte, sondern jede Stabhälfte ist jetzt ein Magnet für sich. An der ehemaligen Verbindungsstelle, an welcher keine magnetischen Wirkungen nach außen bemerkbar waren — in der neutralen Zone —, treten nunmehr die den Polen an den bisherigen freien Enden entsprechenden Pole auf. Eine Wiederholung der Teilung jeder der beiden Hälften führt stets zu derselben Erscheinung, soweit man die Teilung auch durchführen mag. Während also jede der beiden Elektrizitätsarten für sich existenzfähig ist und von der anderen isoliert werden kann, wie wir auf Seite 7 sahen, erscheint eine Trennung der beiden Magnetismusarten nach dem Vorstehenden nicht durchführbar. Man nimmt daher an, daß bereits die kleinsten Bestandteile des Eisens, die Moleküle, beide Magnetismusarten enthalten und als Magnete wirken. Dieser Annahme zufolge besteht jeder Magnet aus regelmäßig gelagerten Elementarmagneten, bei welchen die entgegengesetzten Pole stets regelmäßig aufeinander folgen; diese sind alle von gleicher Stärke, und heben sich daher in ihrer Wirkung nach außen hin auf; nur die freien Pole der an den Enden des Stabes befindlichen Elementarmagnete üben nach außen hin eine Wirkung aus; sie bedingen die magnetische Gesamtwirkung des Stabes. Aus dem Vorstehenden ergibt sich, daß in einem Magneten die beiden Magnetismusarten stets gleich groß sind.

Auch in unmagnetisch erscheinendem Eisen sind die Moleküle magnetisch; ihre Pole nehmen in ihm aber alle möglichen Richtungen ein, so daß sich die Wirkung der einzelnen Molekular-

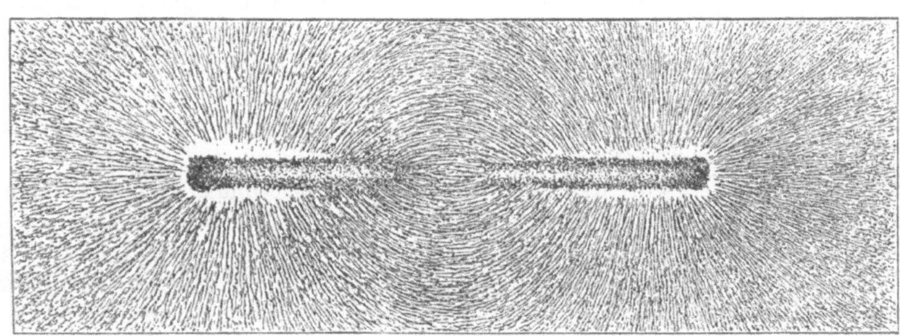

29. Magnetische Pole.

magnete gegenseitig aufhebt, und deshalb nach außen hin keine Gesamtwirkung zustande kommt. Nähert man einem unmagnetischen Eisenstück einen Magneten, so werden unter dem Einflusse des letzteren die Molekularmagnete aus ihrer unregelmäßigen Richtung in eine mehr oder weniger regelmäßige gedreht. Je nach der Stärke der von dem Magnetstab ausgeübten Wirkung und nach der Art des Eisens bleibt diese Richtungsänderung der Elementarmagnete und damit der Magnetismus des ganzen Eisenstückes auch nach dem Entfernen des Magnetstabes längere Zeit bestehen oder nicht. So verliert weiches Eisen seine magnetischen Eigenschaften wesentlich schneller als Stahl. Dieses letztere Material eignet sich infolgedessen besonders zur Herstellung sog. permanenter Magnete, welche für Meßinstrumente und für verschiedene Apparate ausgedehnte Anwendung finden.

Mit zunehmender Temperatur nimmt der Magnetismus des Eisens allmählich ab, und bei Rotglut — 300 bis 400° — ist er ganz verschwunden. Man kann also das Eisen durch Glühen von seinem Magnetismus vollständig befreien. Auch mechanische Erschütterungen bewirken eine Änderung des magnetischen Verhaltens. Um derartige Einflüsse auf die bei Meßinstrumenten verwendete Magnete möglichst auszuschalten, werden die letzteren vor der Verwendung künstlich gealtert, d. h. sie werden starken Er= schütterungen und Temperaturschwankungen innerhalb gewisser Grenzen unterworfen.

30. Hufeisenmagnet.

Je nach der Form unterscheidet man Stabmagnete (vgl. Abb. 28) und Hufeisenmagnete (vgl. Abb. 30).

Coulombsches Gesetz des Magnetismus. Die Kraftwirkungen freier magnetischer Mengen lassen sich nicht unmittelbar untersuchen, da man nach dem Vorstehenden die magnetischen Mengen nicht isolieren kann. Die Gesetzmäßigkeiten können jedoch an verhältnismäßig langen Magnetstäben geprüft werden, deren freier, nach außen in Wirkung tretender Magnetismus in den beiden Polen der Stäbe konzentriert angenommen werden kann. Bezeichnet man die Stärke eines Pols oder die in ihm konzentrierte Menge freien Magnetismus mit m_1 resp. m_2 und den gegenseitigen Abstand der beiden aufeinander wirkenden Pole mit r, so ist die Kraft, mit welcher sich die beiden Pole anziehen resp. abstoßen

$$f = \frac{m_1 \cdot m_2}{r^2} \text{ Dyn.}$$

Die Einheit der magnetischen Menge oder der Polstärke hat derjenige Pol, welcher auf einen ihm gleichen im Abstand 1 cm die Kraft von 1 Dyn ausübt. Man nennt dieses Gesetz das Coulombsche Gesetz für Magnetismus.

Magnetisches Feld, Feldstärke, magnetische Kraftlinien. Den einen Pol umgebenden Raum, innerhalb dessen sich noch magnetische Wirkungen nachweisen lassen, nennt man das magnetische Feld. Innerhalb des Feldes herrscht an jedem Punkt eine bestimmte Kraft, welche auf magnetische Mengen je nach der Natur der letzteren und des, das Feld erzeugenden Pols eine abstoßende oder anziehende ist, also auf den letzteren zu oder von ihm weggerichtet ist. Die Einheit der Feldstärke herrscht in einem Punkte, wenn in demselben auf die magnetische Menge Eins oder auf einen Pol mit der Polstärke Eins eine Kraft von ein Dyn ausgeübt wird. Die Kraft, mit welcher ein Pol von bestimmter Stärke in einem magnetischen Felde eine Ablenkung erfährt, ist der Stärke des Poles und der Intensität des Feldes proportional.

Verfolgt man den Weg, welchen eine kleine, freibewegliche Magnetnadel an verschiedenen Stellen des von einem Magneten herrührenden gesamten Feldes weist, so gelangt man zu denselben Kurven, zu welchen sich das Eisenpulver in dem oben beschriebenen Versuch anordnet. Diese Kurven geben die Wege an, auf welchen die magnetischen Kraftlinien das Feld durchziehen. Ihre Richtung ist durch die Festsetzung bestimmt, daß diejenige als positiv zu betrachten ist, in welcher ein freibeweglicher magnetischer Nordpol fortschreiten würde; d. i. also vom Nordpol des Magneten, von welchem er abgestoßen wird, weg, und zum Südpol, von welchem er angezogen wird, hin. Die Kraftlinien treten also nach dieser Festsetzung aus dem Nordpol eines Magneten aus, und in den Südpol ein.

Legt man durch Punkte gleicher Stärke eines magnetischen Feldes eine Fläche, so erhält man eine sog. Niveaufläche. Die Kraftlinien schneiden diese Niveauflächen in senkrechter Richtung. Die von einem Pol ausgehende Kraftlinienzahl wächst mit der Stärke des Pols, und mit der Polstärke wächst natürlich auch die Feldstärke. Daher ist die Zahl der Kraftlinien, welche die Flächeneinheit einer Niveaufläche schneiden, ein Maß für die in ihr herrschende Feldstärke. Man kann daher die Feldstärke definieren als die Kraftlinienzahl pro qcm an der betreffenden Stelle, oder als die Kraftliniendichte. Wie wir bald sehen werden, kommt dem von einem Magneten, oder auf eine andere, noch ausführlich zu besprechende Art erzeugten magnetischen Feld und den Vorgängen in demselben eine fundamentale Bedeutung in der Elektrotechnik zu.

Nach dem Coulombschen Gesetz für Magnetismus bewirkt der (natürlich nur hypothetisch angenommene) Pol von der Stärke Eins in einem Abstande von 1 cm die Feldstärke Eins; denn er übt auf einen anderen Pol gleicher Stärke, also ebenfalls von der Polstärke Eins, die Kraft 1 Dyn aus; und wenn an einem Punkte des Feldes eine derartige Kraft herrscht, so besitzt dieser Punkt nach den vorstehenden Ausführungen die Feldstärke Eins. Die Kraftlinien breiten sich vom Einheitspol strahlenförmig aus; die Niveauflächen des von ihm erzeugten Feldes sind konzentrische Kugelflächen mit dem Pol als Mittelpunkt. Durch jedes Flächenelement von 1 qcm der mit dem Radius 1 cm um den Pol beschriebenen Kugelfläche, auf welcher also die Feldstärke Eins herrscht, geht mithin 1 Kraftlinie; da die Oberfläche dieser Kugelfläche 4π qcm beträgt, so gehen mithin im ganzen 4π Kraftlinien durch dieselbe, d. h. ein Pol mit der Polstärke Eins sendet 4π Kraftlinien aus. Ein Pol der Polstärke m sendet $4\pi m$ Kraftlinien aus.

Unter dem magnetischen Moment eines Magneten versteht man das Produkt aus dem Abstand seiner beiden Pole und der Stärke eines derselben (der Polstärke).

Zwischen zwei gleichgroßen, entgegengesetzt magnetischen Polen gleicher Stärke ist die Kraftliniendichte überall konstant, das Feld ist homogen, in ihm verlaufen die Kraftlinien parallel.

Magnetische Induktion.

Bringt man in ein lufterfülltes Magnetfeld verschiedene Körper, so werden auch diese von Kraftlinien durchdrungen. Manche von ihnen vermögen bei gleichen äußeren Verhältnissen des Feldes mehr Kraftlinien in sich aufzunehmen, als der lufterfüllte Raum von gleichen Abmessungen, andere dagegen weniger. Die Kraftliniendichte (Zahl der Linien pro Flächeneinheit) ist im ersteren Falle größer, im letzteren kleiner, als im lufterfüllten Raum. Die Körper der ersteren Art verhalten sich so, als besäßen sie eine bessere Leitfähigkeit für die magnetischen Kraftlinien, die letzteren, als wäre ihre Leitfähigkeit geringer als die der Luft. Die ersteren bezeichnet man als paramagnetische Körper, die letzteren als diamagnetische.

Das Verhältnis der Kraftliniendichte in einem bestimmten Körper zu derjenigen in Luft, oder streng genommen im luftleeren Raum, nennt man nach W. Thomson die magnetische Leitfähigkeit des Körpers oder Permeabilität (Durchlässigkeit) oder die Magnetisierungskonstante. Diese Verhältniszahl wird mit μ bezeichnet.

Während μ für dia- und paramagnetische Körper nur wenig von dem Werte für Luft nämlich 1 abweicht, erreicht es bei den sog. ferromagnetischen Körpern sehr hohe Werte. Diese Gruppe von Körpern, zu welchen vor allen Dingen die verschiedenen Eisensorten gehören, außerdem Kobalt, Nickel, sowie gewisse Mangan-Kupferlegierungen (Heuslersche Legierungen), weisen die besondere und wichtige Eigentümlichkeit auf, daß der Wert ihrer Permeabilität nicht konstant ist, wie bei den para- und diamagnetischen Körpern. Er hängt vielmehr von der Stärke des Feldes ab, in welchem sich die Körper befinden. So ergab sich für eine Probe von Grusonstahl bei einer Feldstärke $\mathfrak{H} = 0{,}9$ eine Permeabilität $\mu = 1260$, bei der Feldstärke $\mathfrak{H} = 1{,}55$ wuchs μ auf 3350 und fiel bei $\mathfrak{H} = 3{,}75$ auf 3020.

Man betrachtet nun gewöhnlich nicht die Abhängigkeit der Permeabilität μ von der Feldstärke $\mathfrak{H}$, sondern diejenige des Produktes $\mu \cdot \mathfrak{H}$, der magnetischen Induktion von der Feldstärke. Diese magnetische Induktion $\mu \cdot \mathfrak{H}$ wird mit $\mathfrak{B}$ bezeichnet, so daß

$$\mathfrak{B} = \mu \cdot \mathfrak{H} \quad \text{oder} \quad \mu = \frac{\mathfrak{B}}{\mathfrak{H}} \ \text{ist.}$$

Bei der vorerwähnten Stahlprobe entsprach der Feldstärke $\mathfrak{H} = 0{,}9$ die Induktion $\mathfrak{B} = 1130$, dem Werte $\mathfrak{H} = 1{,}55$, $\mathfrak{B} = 5200$; $\mathfrak{H} = 3{,}75$, $\mathfrak{B} = 9480$; hatte also z. B. in dem von Luft erfüllten Felde die Kraftliniendichte den Wert 0,9, so betrug sie an derselben Stelle in der Stahlprobe 1260.

Erhöht man die Feldstärke ($\mathfrak{H}$) immer mehr, so erreicht die Induktion $\mu \cdot \mathfrak{H} = \mathfrak{B}$ in dem im Felde befindlichen Körper schließlich einen konstanten maximalen Grenzwert, welcher durch noch so große Feldstärken nicht erhöht werden kann. Der im Felde befindliche Körper hat alsdann den Zustand der Sättigung erreicht; er ist bei der für ihn größtmöglichsten Kraftliniendichte angelangt; er vermag nicht mehr Kraftlinien aufzunehmen, er ist magnetisch gesättigt.

Durchdringt das Kraftlinienfeld eine senkrecht zu den Kraftlinien stehende Fläche von q qcm des Körpers mit der Induktion $\mathfrak{B}$, so wird dieser Körper von der Gesamtkraftlinienzahl $q\,\mathfrak{B}$ durchdrungen; diese Zahl bezeichnet man mit Φ.

Eine Folge der wesentlich höheren Dichte der Kraftlinien in Eisen als in Luft ist die Schirmwirkung eiserner Platten. Bringt man einen geschlossenen Eisenring in ein magnetisches Feld, so drängen sich die in die Außenwand eintretenden Kraftlinien alle in dem eisernen Mantel zusammen, während an der Innenwand des Ringes keine Linien austreten. Der innere Raum eines solchen Ringes ist also frei von Induktionslinien außerhalb desselben befindlicher Magnetpole.

Hysterese. Wird die Stärke eines magnetischen Feldes ($\mathfrak{H}$), also die zwischen zwei Magnetpolen in Luft erzeugte Kraftliniendichte geändert, so ändert sich nach den vorstehenden Ausführungen auch die Permeabilität μ eines Stückes Eisen, — allgemein aller ferromagnetischer Körper —, welche sich in dem Felde befinden, und damit also auch die Größe $\mu \cdot \mathfrak{H} = \mathfrak{B}$. Nun kann μ und damit $\mathfrak{B}$ aber auch noch für ein und denselben ferromagnetischen Körper bei gleicher Feldintensität $\mathfrak{H}$ verschieden groß sein, je nachdem, ob dieser Wert $\mathfrak{H}$ bei zunehmender oder abnehmender Feldstärke erreicht wird. Das Eisen setzt gewissermaßen der Änderung seines magnetischen Zustandes einen Widerstand entgegen.

Geht man von der Stärke Null eines Feldes aus, in welchem sich ein völlig unmagnetisches Stück Eisen befindet, und vergrößert die Feldstärke $\mathfrak{H}$ bis zu einem Maximalwerte A', vgl. Abb. 31, so nimmt auch die Induktion $\mathfrak{B}$ in dem Eisen von Null bis zu einem Maximalwerte A zu; läßt man die Feldstärke daraufhin wieder bis Null abnehmen, so sinkt die Induktion nicht auch auf Null, vielmehr zeigt das Eisenstück noch beträchtliche magnetische Wirkung, wenn die magnetisierende Ursache, die Feldstärke H bereits wieder auf den Anfangswert Null zurückgekehrt ist. Diesen restierenden Magnetismus OC in dem Eisenstück nennt man Remanenz. Kehrt man die Feldrichtung um, so wird B bei einem gewissen, in bezug auf die bisherige Feldrichtung negativen Wert von H bei D zu Null. Diese negative magnetisierende Kraft OD, welche erforderlich ist, um die Remanenz OC in dem Eisenstück zum Verschwinden zu bringen, nennt man die Koerzitivkraft. Wird die negative Magnetisierung bis zu einem Maximalwert OB' fortgesetzt, so erreicht auch

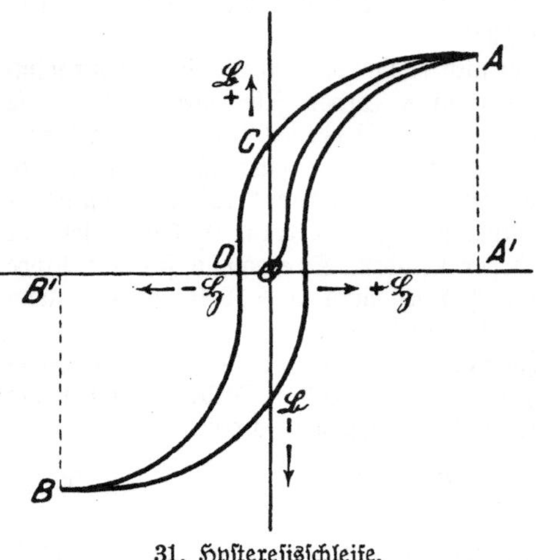

31. Hysteresisschleife.

die Induktion ein Maximum bei B; bei der Rückkehr der Feldstärke auf Null besitzt das Eisen wiederum eine bestimmte Remanenz, welche bei einem entsprechenden positiven Wert der Feldstärke verschwindet. Bei weiterer Zunahme der Feldstärke bis zu dem ersten positiven Maximum erreicht dann auch die Induktion wieder ihr positives Maximum.

Trägt man für die verschiedenen Werte der Feldstärke H die zugehörigen Werte von B auf, und verbindet dieselben durch eine geschlossene Kurve, so erhält man eine Schleife nach Art der Abb. 31; dieselbe wird Hysteresisschleife genannt. Die Kurve, welche die Änderung der Induktion des vollständig unmagnetischen Materials darstellt, OA, nennt die jungfräuliche Kurve.

Das magnetische Feld der Erde.

Aus dem bereits beschriebenen Verhalten eines frei beweglich aufgehängten Stabmagneten ist zu schließen, daß die Erde einen magnetischen Einfluß ausübt. Aus verschiedenen Gründen welche wir noch kennen lernen werden, müssen wir annehmen, daß die Erde von einem Kraftlinienfelde umgeben ist, wie ein Magnetstab.

Eine durch die Richtung der Kraftlinien gelegte, zur Erdoberfläche senkrechte Ebene — die Ebene des sogen. magnetischen Meridians — bildet mit dem astronomischen Meridian (der astronomischen Nord—Süd-Richtung) einen Winkel, die sogen. Deklination, welche in Mitteleuropa etwa 10° beträgt. Dieser Winkel wird vom astronomischen zum magnetischen Nordpol gezählt; bei uns ist die Deklination westlich. Der magnetische Nordpol liegt bei 70° 30′ n. Br. und 97° 40′ w. L., der magnetische Südpol bei 73° 39′ s. Br. und 146° 15′ ö. L.

Eine in jeder Richtung frei beweglich aufgehängte Magnetnadel bildet mit der Horizontalebene ebenfalls einen Winkel, die sog. Inklination; dieselbe beträgt in Mitteleuropa 60 bis 70°.

Von der gesamten Feldstärke, der sogen. Totalintensität des Erdfeldes ist besonders die Größe der in horizontaler Richtung verlaufenden Komponente von Wichtigkeit, da sie die Richtkraft für die Magnetnadel des Kompasses darstellt, und die Ablenkung der um eine senkrechte Achse drehbaren Magnetsysteme beeinflußt. Wie sich nämlich die Intensitäten zweier, in verschiedenen Richtungen wirksamer magnetischer Kraftfelder nach dem Parallelogramm der Kräfte nach Größe und Richtung zu einer Resultierenden zusammensetzen, so kann natürlich umgekehrt auch ein Magnetfeld bestimmter Stärke und Richtung in zwei Komponenten beliebiger Richtung zerlegt werden; bei dem Erdfeld wird als Richtung der einen Komponente, der sog. Horizontalkomponente, die Horizontale gewählt. Diese Horizontalkomponente schwankt für Mitteleuropa zwischen 0,175—0,225 absoluten Einheiten (Kraftlinien pro qcm); für Berlin beträgt dieselbe gegenwärtig 0,189 absolute Einheiten. Deklination, Inklination und Feldstärke sind regelmäßigen jährlichen und täglichen, sowie unregelmäßigen Schwankungen unterworfen. Innerhalb eines Zimmers kann das Erdfeld als konstant angesehen werden.

Wirkung stromdurchflossener Leiter auf einen Magneten.

Im Frühjahre 1820 stellte der dänische Physiker Oersted als erster einwandfrei fest, daß ein in der Nähe einer beweglichen Magnetnadel vorbeigeführter stromdurchflossener Leiter eine Ablenkung aus ihrer Ruhelage bewirkt. Diese für die Elektrotechnik äußerst wichtige Erscheinung läßt sich mit Hilfe des in Abb. 32 dargestellten Apparates leicht demonstrieren. Der Strom tritt in die rechte Klemme ein und fließt durch einen vertikalen Leiter, welcher an seinem oberen Ende einen kleinen, mit Quecksilber gefüllten Napf trägt. An einem Gestell ist ein Rahmen mit zwei parallelen gleichgerichteten Stabmagneten derartig drehbar aufgehängt, daß sich ihre Mitten in der Höhe des oberen Endes des Leiters befinden, so daß also nur ihre unteren Hälften unter dem Einfluß dieses stromdurchflossenen Leiters stehen. Der Verbindungssteg der beiden Magnete trägt ein Metallstück, welches in das Quecksilber des erwähnten Napfes taucht; an diesem Metallstück ist ein Kupferdraht leitend befestigt, welcher in eine ebenfalls mit Quecksilber gefüllte ringförmige Rinne taucht; das Quecksilber dieser letzteren steht in leitender Verbindung mit der zweiten Klemme. In dem Apparat besteht also ein Stromweg von der rechten Klemme durch den Leiter, das Quecksilber in der an seinem oberen Ende befindlichen Höhlung, den Kupferarm, das Quecksilber in der Rinne zur linken Klemme.

32. Rotation eines Magneten unter dem Einfluß eines stromdurchflossenen Leiters.

Befinden sich auf dem unteren Teil der Magnete deren Nordpole, und wird ein Strom auf dem vorbeschriebenen Wege von unten nach oben durch den Leiter in der Mitte gesandt, so umkreisen die Magnete den Leiter von rechts nach links, wenn man von oben, also gegen die Stromrichtung auf das Gestell sieht. Diesen Drehungssinn kennzeichnet man häufig auch als dem Sinne der Drehung des Uhrzeigers entgegengesetzt. Kehrt man die Richtung des Stroms in dem ganzen Stromweg um, etwa durch Vertauschen der Anschlüsse des Elements oder der Batterie, so drehen sich die Magnete in entgegengesetzter Richtung, als bisher; dieselbe Wirkung erreicht man, wenn man die Magnete so in das Gestell hängt, daß die Südpole nach unten weisen. In diesem Apparat ist also die ablenkende Wirkung des stromdurchflossenen Leiters auf einen Magneten zur Erzielung einer dauernden Rotation der Magnete ausgenutzt.

Ampere, welcher die Gesetzmäßigkeiten der magnetischen Wirkungen stromdurchflossener Leiter eingehend untersucht hat, gelangte zu der nach ihm benannten, ganz allgemein anwendbaren Schwimmregel, welche folgendermaßen lautet: Denkt man

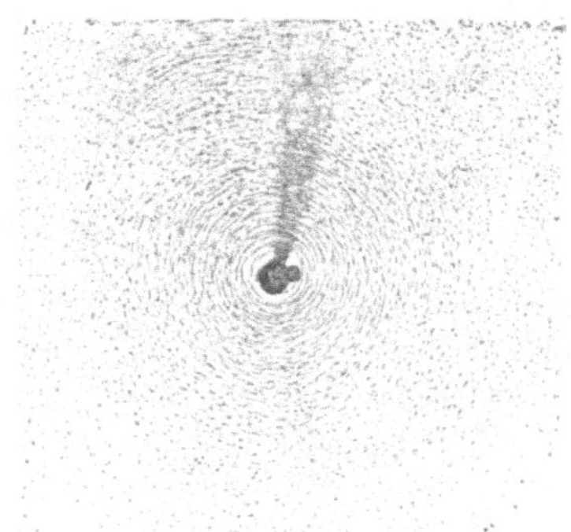

33[1]). Kreisförmiges Kraftlinienfeld um einen geraden stromdurchflossenen Leiter.

sich in einem Stromkreise mit dem Strome schwimmend, das Gesicht dem Magnetstabe (oder der Magnetnadel) zugekehrt, welcher unter dem Einfluß des Leiters steht, so wird der Nordpol des Magneten stets nach links abgelenkt. Auf die Verhältnisse bei dem beschriebenen Apparat angewendet, hätte man sich also im ersten Falle von unten nach oben schwimmend zu denken; blickt man auf einen der beiden, im Bereiche des stromdurchflossenen Leiters befindlichen Nordpole der beiden Magnete, so erfährt derselbe eine Ablenkung nach links, unter deren Einwirkung er die oben beschriebene Rotation ausführt. Bei der entgegengesetzten

---

[1]) Aus Zenneck, Elektromagnetische Schwingungen, Verlag von Ferdinand Enke in Stuttgart.

Stromrichtung, oder bei Umkehrung der Magnete im erſteren Falle ergibt ſich eine Ablenkung, welche eine Rotation im entgegengeſetzten Sinne bewirkt.

Führt man einen Leiter durch eine kleine Öffnung in einem Stück ſteifen Papier, welches
gleichmäßig mit feinem Eiſenpulver beſtreut iſt, ſo ordnet ſich dieſes in konzentriſchen Kreiſen
um den Leiter an, ſobald derſelbe vom Strom durchfloſſen wird (vgl. Abb. 33). Die Richtung der
Kraftlinien iſt nach den Ausführungen auf S. 28 durch diejenige Richtung gegeben, in welcher
ein frei beweglicher Nordpol fortſchreiten würde. Dieſelbe läßt ſich mit Hilfe der Ampereſchen
Regel leicht feſtſtellen. Denkt man ſich in dem in Abb. 34 dargeſtellten Leiter mit dem Strome
ſchwimmend, alſo von rechts nach links, das Geſicht dem hinter dem Leiter gedachten Nordpol
zugewendet, ſo wird derſelbe nach links abgelenkt, d. h. er bewegt ſich auf der angedeuteten Kraftlinie hinter dem Leiter von oben nach unten, vor demſelben von unten nach oben, wie die Pfeile
angeben.

Statt der Ampereſchen Regel wendet man bei der Unterſuchung der Richtung des Kraftlinienfeldes ſtromdurchfloſſener Leiter einfacher die ſog. Korkzieherregel an. Wenn man

nämlich einen Korkzieher in der Stromrichtung vorwärts dreht,
ſo iſt der Drehungsſinn derſelbe wie derjenige der Kraftlinien,
wovon man ſich durch Anwendung der Ampèreſchen und der
Korkzieherregel auf ein und denſelben oben beſchriebenen Fall
leicht überzeugen kann.

34. Richtung der Kraftlinien
um einen geraden, ſtrom-
durchfloſſenen Leiter.

An Stelle der perſpektiviſchen Darſtellung des Strom- und
Kraftlinienlaufs wählt man häufig vorteilhafter die Darſtellung
im Schnitt. Um in dieſem Falle die Stromrichtung angeben zu
können, kennzeichnet man einen auf den Leſer zufließenden
Strom nach dem Vorſchlage von S. P. Thompſon durch einen
Punkt in dem Drahtquerſchnitt ·, den Strom entgegengeſetzter
Richtung durch ein Kreuz in demſelben ✕; der Punkt deutet die
Spitze und das Kreuz das Gefieder eines Pfeiles an. Unter Be-
nutzung dieſer Bezeichnung ergibt ſich die Darſtellung der Abb. 35.
Die Kraftlinien paralleler Leiter, welche in gleicher Richtung vom
Strom durchfloſſen werden, vereinigen ſich zu Linien, welche alle
Leiter gemeinſam umſchließen; in Abb. 35 ſind dieſe Verhältniſſe

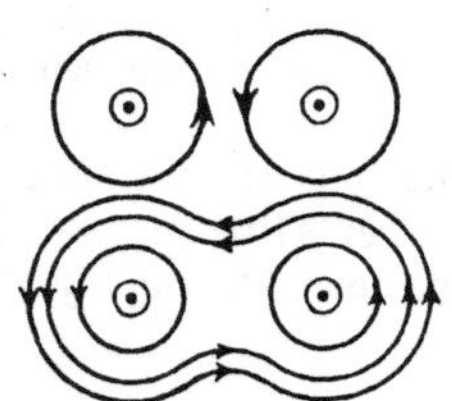

35. Kraftlinienverlauf in der
Umgebund von zwei paralle-
len, in gleicher Richtung vom
Strome durchfloſſenen
Leitern.

für zwei ſtromdurchfloſſene Leiter dargeſtellt, ſie laſſen ſich ohne
weiteres auf beliebig viele Leiter übertragen.

Wird der gerade ſtromdurchfloſſene Leiter derartig gebogen,
daß er eine ebene Fläche, alſo z. B. einen Kreis umfließt, ſo
treten die Kraftlinien, welche den Leiter nach dem Vorſtehenden umſchließen, alle auf der
einen Seite dieſer Fläche ein — und auf der anderen aus (vgl. Abb. 36a und b). Eine ſolche
„Stromſchleife“ kann alſo als ein Magnet vom Querſchnitt der ſtromdurchfloſſenen Fläche und
von einer ſehr geringen, der Dicke des ſtromdurchfloſſenen Drahtes gleichen Längenausdehnung angeſehen werden, als ſog. magnetiſche Doppelfläche. Die Richtung des von
der Stromſchleife erzeugten Magnetfeldes läßt ſich an jeder beliebigen Stelle mit Hilfe der
obenerwähnten Korkzieherregel ermitteln.

Nun iſt nach den Ausführungen auf S. 28 die Austrittsſtelle der Kraftlinien eines Magneten ein Nordpol, die Eintrittsſtelle ein Südpol. Dementſprechend kann man auch bei bekannter
Richtung der Kraftlinien des von einer Stromſchleife erzeugten magnetiſchen Feldes ermitteln,
welche Seite der ſtromumfloſſenen Fläche als Nordpol und welche als Südpol zu betrachten iſt.
Man gelangt ſo zu einer einfachen Regel, welche ſowohl die Polarität derartiger ſtromumfloſſener
ebener Flächen, als auch diejenige gekrümmter Flächen, mit welchen wir uns im folgenden
noch eingehender zu beſchäftigen haben, leicht zu beſtimmen geſtattet. Dieſe Regel beſagt nämlich: Blickt man auf eine Fläche, welche vom Strom im Sinne des Uhrzeigers um-
floſſen wird, ſo hat man einen Südpol vor ſich, im anderen Falle einen Nordpol.

Das magnetiſche Verhalten einer ſtromdurchfloſſenen Drahtſchleife läßt ſich leicht nachweiſen,
wenn man dieſelbe frei beweglich aufhängt und ihr einen konſtanten Stabmagneten nähert.
Befindet ſich etwa der Nordpol des Magnetſtabes auf derjenigen Seite der Drahtſchleife, auf

welcher für einen Beschauer der Strom im Sinne des Uhrzeigers die eingeschlossene Fläche umkreist, so wird die Schleife angezogen, sie verhält sich also so, als wäre die dem Nordpol des permanenten Magneten gegenüberliegende Seite ein Südpol. Wird die Stromrichtung in der Drahtschleife umgekehrt, etwa durch Vertauschung der Zuleitungen zu der Stromquelle, so wird die Drahtschleife von dem Nordpol des Magnetstabes abgestoßen; sie verhält sich also jetzt so, als wäre die dem letzteren zugewandte Seite ebenfalls ein Nordpol.

Auf Grund eines von Laplace mathematisch entwickelten und von Biot und Savart aus Experimentaluntersuchungen abgeleiteten Gesetzes kann man die Stärke des magnetischen Feldes ermitteln, welches von einem stromdurchflossenen, zu einer Schleife gebogenen Leiter verursacht wird. Umfließt ein Strom von der Stärke i eine Kreisfläche vom Radius r, so ist in deren Mittelpunkt nach dem erwähnten Gesetz die Feldstärke

$$\mathfrak{H} = \frac{2\,\pi\,i}{r} \ \text{Kraftlinien pro qcm.}$$

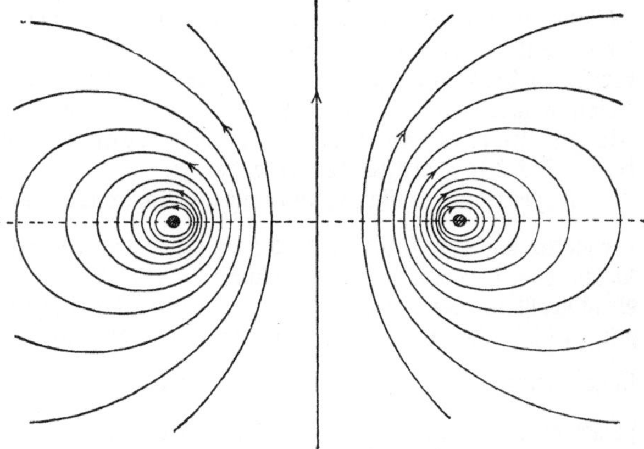

36 a.[1]) Kraftlinienverlauf in der Umgebung einer stromdurchflossenen Leiterschleife (konstruierter Schnitt).

Eine um eine vertikale Achse drehbare Magnetnadel erfährt im magnetischen Felde der senkrecht stehenden Stromschleife eine Ablenkung aus ihrer Ruhelage. Die Größe des Ablenkungswinkels ist bei konstanter Stromstärke und konstanten Abmessungen des Ringes von der Stellung der Nadel zur stromdurchflossenen Ebene sowie von der Intensität des Erdfeldes an der betreffenden Stelle abhängig. Die Verhältnisse werden für die Berechnung am einfachsten, wenn man die Ablenkung einer möglichst kleinen Magnetnadel im Mittelpunkt eines kreisförmigen, stromdurchflossenen Leiters betrachtet, dessen Ebene sich im magnetischen Meridian befindet. Eine solche Nadel steht einerseits unter dem Einflusse des von dem Kreisstrom erzeugten Feldes, welches die Nadel senkrecht zu seiner Ebene zu stellen strebt und andererseits unter demjenigen des Erdfeldes, welches sie in die Meridian-

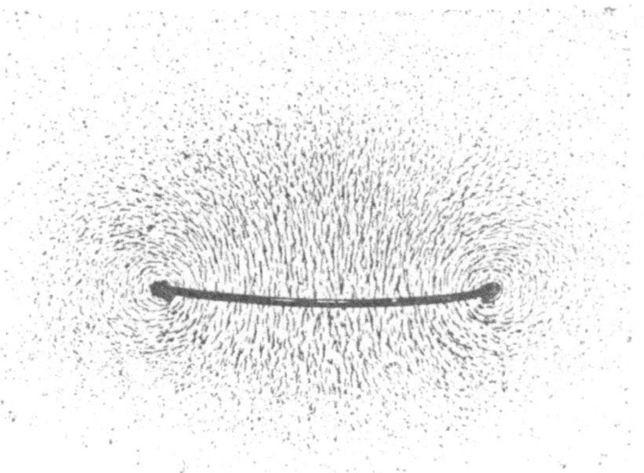

36 b.[1]) Kraftlinienverlauf in der Umgebung einer stromdurchflossenen Leiterschleife.

richtung und damit in die Ebene der Stromschleife zurückzudrehen versucht. Die Einstellung der Nadel ist durch die Intensität dieser beiden Felder bestimmt. Die Intensität des Erdfeldes, speziell die hier in Frage kommende Horizontalkomponente desselben, läßt sich leicht messen. Man kann infolgedessen aus dem Ausschlag, welchen die Magnetnadel im Mittelpunkte eines kreisförmigen, stromdurchflossenen Leiters erfährt, den von der Stromschleife erzeugten Anteil der Feldstärke bestimmen. Aus dieser letzteren läßt sich dann auf Grund der obigen Gleichung die Intensität des die Kreisfläche vom Radius r umfließenden Stromes

---

[1]) Siehe Anmerkung S. 31.

in absolutem Maße berechnen, wenn man die einzelnen Größen der Formel ebenfalls in absolutem Maße einsetzt. Die Bestimmung der Intensität des Stromes erfolgt also hier auf Grund seiner Eigenschaft, magnetische Felder zu erzeugen, auf Grund elektromagnetischer Vorgänge.

Die elektromagnetischen Einheiten. Wir hatten oben (S. 18) die Einheit der Stromstärke auf die elektrostatische Einheit der Elektrizitätsmenge zurückgeführt. Im elektrostatischen Maßsystem besitzt der in einem Leiter fließende Strom die Stärke Eins, wenn in der Zeiteinheit die Einheit der Elektrizitätsmenge den Querschnitt passiert. Die elektromagnetische Einheit der Stromstärke ergibt sich aus der obigen Gleichung für die Feldstärke im Mittelpunkt eines kreisförmigen Leiters, wenn man i und r gleich Eins setzt. Es besitzt danach derjenige Strom die Intensität Eins, welcher im Mittelpunkt eines von ihm durchflossenen Leiterkreises die Feldstärke 2π erzeugt.

Die elektromagnetische Stromeinheit beträgt nur den dreißigtausendmillionsten Teil $\left(\frac{1}{3 \cdot 10^{10}}\right)$ der elektrostatischen Einheit resp. die letztere ist 3×10^{10} mal so groß als die erstere. Diese Zahl, welche das Verhältnis der elektrostatischen zur elektromagnetischen Einheit angibt und welche ebensowohl für die absolute Einheit der Potentialdifferenz wie für diejenige der Stromstärke gilt, ist gleich der Lichtgeschwindigkeit v. Nach den Ausführungen auf S. 5 ist die praktische Einheit der Potentialdifferenz — 1 Volt = $\frac{1}{300}$ elektrostatische Einheiten; nach Vorstehendem ist die elektromagnetische (abgekürzt: e. m.) Einheit der $\frac{1}{3 \cdot 10^{10}}$ Teil der elektrostatischen; mithin ist 1 Volt = $\frac{3 \cdot 10^{10}}{3 \cdot 10^2} = 10^8$ e. m. Einheiten.

Als praktische Einheit der Stromstärke ist der zehnte Teil der e. m. Einheit, das Ampere gewählt worden. Gesetzlich wird das Ampere durch die elektrochemische Wirkung des Stromes definiert (vgl. S. 77), und zwar hat derjenige Strom die Stärke eines Ampere, welcher beim Durchgang durch eine Lösung eines Silbersalzes in einer Sekunde 1,118 mg Silber ausscheidet.

Die Ableitung der Einheiten der Spannung und des Widerstandes im e. m. Maßsystem wird auf S. 63 ff. zusammenfassend behandelt.

Das magnetische Feld stromdurchflossener Spulen. Aus der Formel für die Feldstärke im Mittelpunkte eines stromdurchflossenen Leiterkreises ergibt sich, daß dieselbe der Stromstärke proportional ist. Man kann nun bei gegebener Stromstärke die Feldstärke an derselben Stelle auch dadurch vergrößern, daß man den Strom in mehreren Windungen um die Kreisfläche leitet.

Von großer Bedeutung für die gesamte Elektrotechnik ist die magnetische Wirkung eines stromdurchflossenen Leiters, welcher in Form einer Spirale aufgewickelt ist. Die einzelnen Windungen einer solchen Spirale oder Spule werden alle in demselben Sinne vom Strome durchflossen. Von den Kraftlinien, welche die einzelnen, nebeneinanderliegenden Leiterteile umfassen, werden sich also nach der Darstellung auf S. 32 die von den Leitern entfernteren zusammenschließen. Nach der Spulenachse zu besitzen diese gemeinsamen Kraftlinien geradlinige Gestalt (vgl. Abb. 37); dieselbe ist auch in nächster Nähe der Windungen um so mehr vorhanden, je näher die letzteren nebeneinander liegen. Die von einer stromdurchflossenen Spule erzeugten Kraftlinien verlaufen also im Innern der Spule im wesentlichen parallel der Spulenachse; an der positiven Endfläche der Spule treten sie aus und verlaufen im Bogen um den äußeren Mantel der Spule, um an der negativen Endfläche wieder in das Innere derselben zurückzukehren und so in sich geschlossene Kurven zu bilden, ganz wie die Kraftlinien eines Stabmagneten.

Die Richtung des Kraftlinienfeldes im Innern einer stromdurchflossenen Spule wird ebenso bestimmt wie diejenige einer einzigen Drahtschleife (vgl. S. 32); durch die Richtung der Kraftlinien ist dann auch die Polarität der stromdurchflossenen Spule gegeben, welche sich in magnetischer Hinsicht wie ein Stabmagnet verhält. Wird dieselbe in horizontaler Richtung frei beweglich aufgehängt, so stellt sie sich derart ein, daß ihre Achse in die Ebene des magnetischen Meridians fällt. Bei der Annäherung eines Magneten wird sie aus dieser Richtung abgelenkt, und zwar je nach der Polarität der benachbarten Endflächen von Magnet und Spule entweder angezogen oder abgestoßen.

Die Feldstärke im Innern einer stromdurchflossenen Spule, deren Länge im Verhältnis zum Durchmesser ihres Querschnitts groß ist, ergibt sich zu

$$\mathfrak{H} = \frac{4\pi\,\mathrm{N}\,\mathrm{i}}{10\cdot\mathrm{l}} \text{ Kraftlinien pro qcm;}$$

in dieser Formel bedeutet i die Stromstärke in Ampere, N die Anzahl der Windungen und l die Länge der Spule (Entfernung zwischen ihren Endflächen) in Zentimetern.

Bringt man in die Spule einen Eisenstab, so verlaufen die von der Spule in ihrem Innern erzeugten Kraftlinien größtenteils im Eisen, und dieses wird magnetisch, man erhält einen Elektromagneten; die Polarität desselben ist naturgemäß derjenigen der Spule gleich; sein Nord= resp. Südpol liegt an derselben Seite wie derjenige der Spule.

Besitzt dieser Eisenstab, der sog. Kern, die Permeabilität μ (vgl. S. 29), d. h. also, vermag er μ mal soviel Kraftlinien aufzunehmen, als eine Luftsäule von gleichem Querschnitt, so ist die von der Spule im Eisen erzeugte Induktion

$$\mathfrak{B} = \mu\cdot\mathfrak{H} = \frac{4\,\mu\cdot\pi\cdot\mathrm{N}\cdot\mathrm{i}}{10\,\mathrm{l}}$$

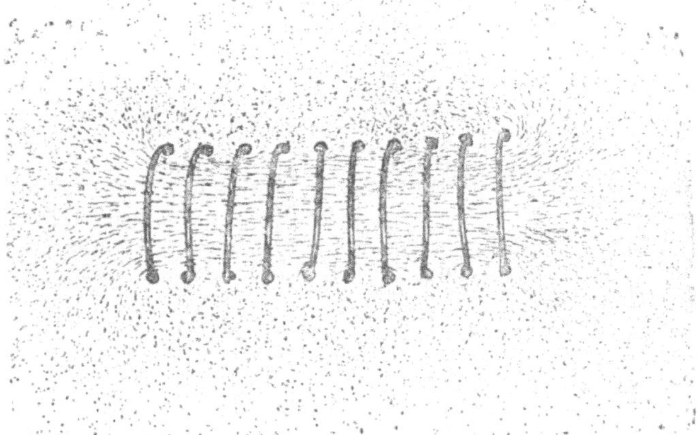

37.*) Magnetisches Feld einer stromdurchflossenen Spule.

Kraftlinien pro qcm.

Füllt der Eisenkern den ganzen Hohlraum der Spule vom Querschnitt q qcm aus, so ist die Zahl der den Kern durchdringenden Kraftlinien

$$\Phi = \mathrm{q}\cdot\mathfrak{B} = \frac{4\pi\cdot\mu\cdot\mathrm{q}\cdot\mathrm{N}\cdot\mathrm{i}}{10\,\mathrm{l}}\,.$$

Diese Kraftlinienzahl kann, wie die Formel zeigt, bei konstantem Querschnitt und konstanter Länge des Eisenkerns durch Vergrößerung der Stromstärke i oder durch Vermehrung der Windungszahl N vergrößert werden, und zwar so lange, bis das Eisen gesättigt ist, d. h. (vgl. S. 29) bis die höchstmöglichste, von der Querschnittseinheit, dem Quadratzentimeter, aufnehmbare Kraftlinienzahl, d. h. die größtmöglichste Kraftliniendichte erreicht ist.

Aus dem Vorstehenden erhellt, daß die Kraftlinienzahl unter sonst gleichen Verhältnissen durch das Produkt aus der Stromstärke i und der Windungszahl N der Spule bedingt ist. Wird die Stromstärke in Ampere gemessen, so bezeichnet man dieses Produkt als die Ampere = Windungszahl (abgekürzt „AW") der Spule.

Der Ausdruck $\frac{4\pi}{10}$, welcher aus der Formel für Φ abgesondert werden kann, stellt eine reine Zahl (1,257) dar. Zieht man dieselbe zu den Amperewindungen, also $0.4\,\pi\cdot\mathrm{i}\cdot\mathrm{N}$ oder $1{,}257\,\mathrm{i}\,\mathrm{N}$, so verbleibt in der Formel für Φ noch der Quotient

$$\frac{\mu\cdot\mathrm{q}}{\mathrm{l}} \text{ oder } \mu\cdot\frac{\mathrm{q}}{\mathrm{l}},$$

---

¹) Siehe Anmerkung S. 31.

die sog. Magnetisierungsfähigkeit. Der reziproke Wert derselben $\frac{1}{\mu} \cdot \frac{1}{q}$, welcher eine gewisse Ähnlichkeit mit der Formel für den elektrischen Widerstand eines Leiters $\left(w = \sigma \cdot \frac{1}{q}\right)$ besitzt (vgl. S. 21) wird, als magnetischer Widerstand (w_m) des Kraftlinienpfades von der Länge l, und dem Querschnitt q bezeichnet, so daß man also setzen kann

$$w_m = \frac{l}{\mu \cdot q} .$$

Das Ohmsche Gesetz für Magnetismus. Führt man diesen Ausdruck in die Formel für $\Phi = 0.4\,\pi \cdot i \cdot N \cdot \frac{\mu \cdot q}{l}$ ein, nachdem man die einfache algebraische Umformung

$$\Phi = \frac{0.4 \cdot \pi \cdot i \cdot N}{\dfrac{l}{\mu \cdot q}}$$

vorgenommen hat, so erhält man

$$\Phi = \frac{0.4\,\pi \cdot i \cdot N}{w_m} .$$

Man bezeichnet den im Nenner dieser Formel stehenden Ausdruck $0.4\,\pi \cdot i \cdot N$, welcher diejenige Kraft darstellt, welche die Φ-Kraftlinien durch den Widerstand w_m treibt, als die magnetomotorische Kraft (abgekürzt MMK), und die Gesamtheit der Kraftlinien Φ als den Kraftlinienfluß oder kurz Kraftfluß. Die obige Formel nimmt bei Einführung der MMK die einfache Gestalt an

$$\Phi = \frac{MMK}{w_m} ,$$

in welcher ihre Ähnlichkeit mit dem Ohmschen Gesetz für stromdurchflossene Leiter auffällt; infolge dieser Ähnlichkeit bezeichnet man die Formel auch wohl als das Ohmsche Gesetz des Magnetismus. Es muß jedoch betont werden, daß diese Ähnlichkeit nur eine rein äußerliche ist. Die inneren Vorgänge sind gänzlich verschieden voneinander. Während z. B. wie bekannt, ein Energieaufwand erforderlich ist, um einen elektrischen Strom in einem Leiter aufrecht zu erhalten, wird zur Erhaltung eines einmal bestehenden, konstanten, gleichgerichteten Magnetfeldes keine Energie verbraucht. Die Energieaufnahme einer Spule ist genau die gleiche, wenn sich in derselben Luft oder Eisen befindet, obgleich im letzteren Falle die zu erhaltende Kraftlinienzahl ganz wesentlich größer ist, als im ersteren.

Für die rechnerische Behandlung vieler praktischer Aufgaben der Elektrotechnik hat das Ohmsche Gesetz für Magnetismus aber unverkennbare Vorteile.

Der magnetische Kreis.

Wir haben bisher die Betrachtung der magnetischen Vorgänge im wesentlichen auf das Innere der mit Eisen ausgefüllten Spule beschränkt. Für praktische Fragen der Elektrotechnik ist es aber häufig von Wichtigkeit, die Verhältnisse des ganzen, von den geschlossenen Kraftlinien durchlaufenen „magnetischen Kreises" zu kennen.

Umwickelt man einen in sich geschlossenen Eisenring mit Windungen und sendet einen Strom durch dieselben, so verlaufen die von der MMK der Spule erzeugten Kraftlinien fast ausschließlich im Innern des Ringes. Zur Berechnung des Kraftflusses dienen die vorstehenden Formeln, in welcher für l die mittlere Kraftlinienlänge, in diesem Falle die Länge der Achse des Ringes einzusetzen ist.

Handelt es sich um einen magnetischen Kreis, welcher aus einzelnen Teilen von verschiedener Permeabilität und von verschiedenem Querschnitt besteht, so werden die magnetischen Widerstände dieser einzelnen Teile des Kraftlinienpfades gesondert berechnet, und ihre Summe in die Berechnung für Φ eingeführt. Meistens wird gerade der durch eine Unterbrechung des

Eisenweges in Luft verlaufende Teil des Kraftlinienpfades in der Elektrotechnik praktisch ausgenutzt und die MMK, welche zur Erzeugung einer bestimmten Induktion $\mathfrak{B}$ in diesem Luftspalt erforderlich ist, nimmt den Hauptteil der für den ganzen Kraftlinienweg benötigten MMK in Anspruch.

Die zu ermittelnde Größe im Ohmschen Gesetz des Magnetismus ist nun meistens nicht die Kraftlinienzahl Φ, sondern die MMK, die Zahl der Amperewindungen. Der magnetische Widerstand ist durch die festgelegten Abmessungen des Eisenkörpers gegeben; für die Induktion $\mathfrak{B}$ in den verschiedenen Teilen nimmt man Werte an, welche sich in der Praxis für den vorliegenden Zweck als günstig erwiesen haben; dadurch ist Φ als Produkt aus dem bekannten Querschnitt q der einzelnen Teile und der Induktion $\mathfrak{B}$ in denselben gegeben.

Bei dem Übertritt der Kraftlinien aus einer Polfläche des Eisens in Luft biegen die Kraftlinien seitwärts aus; der von ihnen umschlossene Querschnitt im Luftspalt ist größer, als derjenige der Stirnflächen des Eisens, welche den Luftspalt einschließen. Diesen Hergang nennt man Streuung; das Verhältnis der etwa in den Polen einer Dynamomaschine erzeugten, zu den im Anker derselben ausgenutzten Kraftlinien nennt man Streuungskoeffizient.

Die EMK der Induktion.

Bereits Faraday hatte festgestellt, daß in einem geschlossenen Leiter ein Strom entsteht, wenn man ihn in einem magnetischen Kraftlinienfelde bewegt; oder, wenn man einen Magneten in der Nähe des Leiters bewegt.

Führt man einen geraden Leiter derart durch ein Magnetfeld, daß er die Kraftlinien schneidet, so zeigt ein mit den Enden des Leiters verbundenes Elektroskop einen Ausschlag; in dem Drahte wird also eine EMK erzeugt, induziert. Der Ausschlag des Elektroskops bleibt so lange bestehen, als die Bewegung des Leiters dauert und solange bei derselben Kraftlinien geschnitten werden. Unter sonst gleichen Verhältnissen ist der Ausschlag um so größer, je schneller der Draht bewegt wird. Die Größe der induzierten EMK ist also durch die pro Zeiteinheit geschnittene Zahl der Kraftlinien bedingt. Werden in der sehr kleinen Zeit „dt" die sehr wenigen Kraftlinien $d\Phi$ von einem Leiter geschnitten, so ist die in ihm induzierte EMK

$$E = \frac{d\Phi}{dt} \quad \text{e. m. Einheiten.}$$

Die Einheit der EMK im e. m. Maßsystem wird in einem Leiter induziert, welcher in 1 Sekunde 1 Kraftlinie schneidet. Wie bereits auf S. 34 erwähnt wurde, ist die praktische Einheit der EMK, das Volt, hundert Millionen (10^8) mal so groß, so daß also zur Erzeugung einer EMK. von 1 Volt pro Sekunde 10^8 Kraftlinien geschnitten werden müssen.

Um den Wert für E in obiger Formel in Volt zu erhalten, muß die rechte Seite derselben durch 10^8 dividiert werden, so daß man also erhält

$$E = \frac{d\Phi}{dt} \cdot 10^{-8} \text{ Volt.}$$

Wird ein gerader Leiter von der Länge 1 cm mit der Geschwindigkeit v cm pro Sekunde durch ein Feld von der Intensität $\mathfrak{H}$ senkrecht zu den Kraftlinien und senkrecht zu sich selbst bewegt, so ist die in der Sekunde von ihm bestrichene Fläche $v \cdot 1\,\mathrm{cm}^2$, und die dabei durchschnittene Kraftlinienzahl und infolgedessen die induzierte EMK

$$E = \mathfrak{H} \cdot v \cdot 1 \quad \text{e. m. Einheiten}$$

oder

$$E = \mathfrak{H} \cdot v \cdot 1 \cdot 10^{-8} \text{ Volt.}$$

Wie bereits angedeutet, ist es für das Zustandekommen der EMK ganz gleichgültig, ob sich der Leiter durch das Feld eines ruhenden Magneten bewegt, oder ein Magnet mit seinem Felde vor dem ruhenden Leiter vorbei, oder schließlich beide gegeneinander. Es kommt nur darauf an, daß der Leiter Kraftlinien schneidet.

Die Richtung der induzierten EMK und des von ihr erzeugten Stromes. Werden die Enden des Leiters außerhalb des induzierenden Feldes miteinander verbunden, so fließt ein Strom durch denselben. Von den verschiedenen Regeln zur Ermittelung der Richtung dieses Induktionsstromes sei hier die sog. Dreifingerregel der rechten Hand erläutert (Flemingsche Regel). Man strecke Daumen, Zeige- und Mittelfinger der rechten Hand ungezwungen derartig aus, daß sie senkrecht aufeinander stehen, wie die drei Kanten eines Würfels (vgl. Abb. 38). Weist dann der Daumen in die Richtung der Bewegung des Leiters, und der Zeigefinger in diejenige der Kraftlinien, so gibt der Mittelfinger die Richtung der in dem Leiter induzierten EMK und damit auch des in dem geschlossenen Leiter auftretenden Stromes an.

Wird z. B. der Leiter L (vgl. Abb. 39) von rechts nach links durch das von dem oberen Nordpol zum unteren Südpol verlaufende Kraftlinienfeld bewegt, so ist die induzierte EMK in dem Leiter L auf den Leser zugerichtet, wie der Punkt im Querschnitt des Leiters nach den Ausführungen auf S. 32 anzeigt.

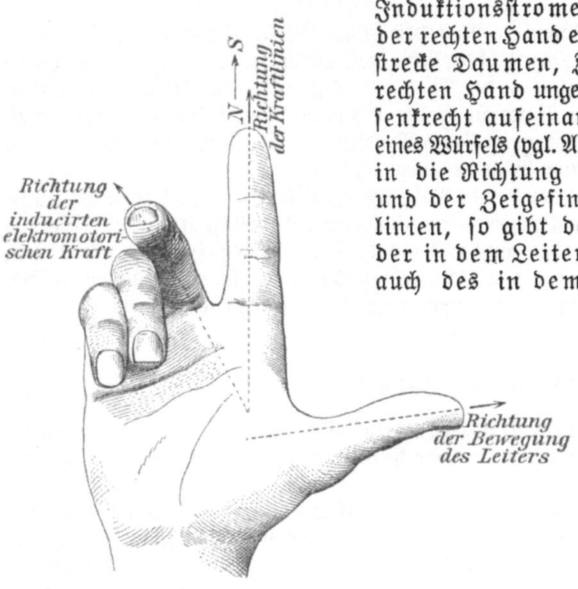

38. Die Flemingsche Regel.

Es wurde oben ausdrücklich darauf hingewiesen, daß zum Hervorrufen des Induktionsstromes der Leiter außerhalb des Magnetfeldes geschlossen werden muß. Bewegt man nämlich einen geschlossenen, etwa zum Rechteck gebogenen Leiter durch ein homogenes Magnetfeld, so kommt in dem geschlossenen Kreise überhaupt

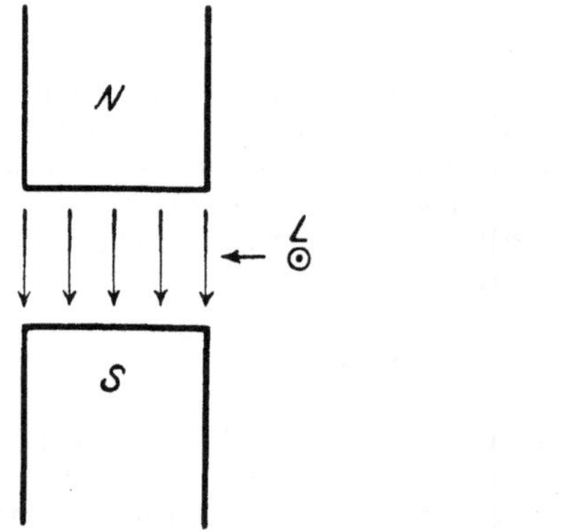

39. Richtung der induzierten EMK in einem durch ein Magnetfeld bewegten Leiter.

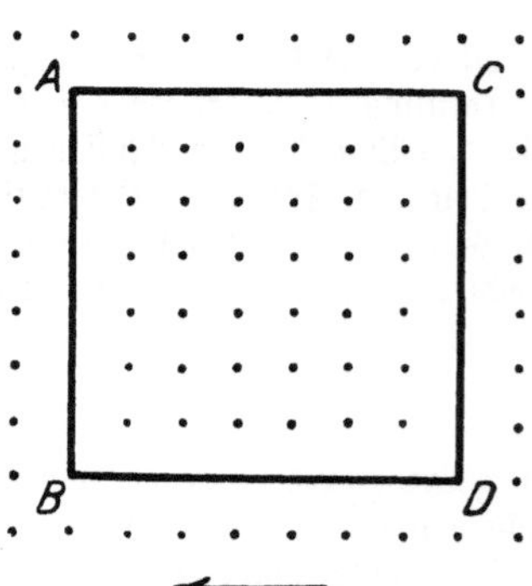

40. Zu einem Rechteck gebogener geschlossener Leiter im homogenen Magnetfelde.

kein Strom zustande. Denn in denjenigen beiden Leiterteilen (AB und CD in Abb. 40), welche die Kraftlinien des Feldes schneiden, werden gleichgroße und gleichgerichtete EMKe induziert, da jeder von ihnen in derselben Zeit die gleiche Anzahl Kraftlinien schneidet; die Leiterteile AC und BD kommen nicht in Betracht, da sie keine Kraftlinien schneiden, also in ihnen auch keine EMK induziert wird. Es bleiben also nur die gleichen und einander entgegengerichteten Induktionen in den Leitern AB und CD, welche sich gegenseitig aufheben.

Anders ist dagegen das Ergebnis bei der Bewegung eines geschlossenen Leiters in einem ungleichförmigen, inhomogenen Magnetfelde, in welchem in einem bestimmten Augenblicke der Leiterteil AB etwa mehr Kraftlinien schneidet, als der Leiterteil CD, weil AB gerade eine Stelle größerer Feldstärke durchstreicht, als CD. Die in den Teilen AB und CD induzierten EMKe heben sich nicht auf, eine von ihnen überwiegt und bedingt einen Induktionsstrom, dessen Richtung sich nach folgender Regel bestimmen läßt: Nimmt, wie unter den vorliegenden Voraussetzungen, die Zahl der von dem geschlossenen Leiter umfaßten Kraftlinien bei der Bewegung desselben zu, so ist die induzierte EMK und damit auch der Strom dem Drehungssinn des Uhrzeigers entgegengesetzt gerichtet, wenn man in der Richtung der Kraftlinien durch den geschlossenen Leiterkreis blickt. Nimmt dagegen bei der Bewegung des Leiters die von ihm umschlossene Kraftlinienzahl ab, so wird eine EMK resp. ein Strom im Drehungssinn des Uhrzeigers induziert.

Erfolgt die Bewegung des Leiters nicht senkrecht zu den Kraftlinien, wie bisher angenommen wurde, sondern unter einem bestimmten Winkel zu denselben, so kommt für die in ihm induzierte EMK nur die zu den Kraftlinien senkrechte Komponente der Geschwindigkeit in Betracht. Bildet die Richtung der Geschwindigkeit v in irgendeinem Punkte mit der Richtung der Kraftlinien den Winkel α, so ist die für die Berechnung der Induktion maßgebende Komponente gleich $v \cdot \sin\alpha$ (vgl. Abb. 41). Solche, zu den Kraftlinien nicht senkrechte Bewegungen eines Leiters bestehen bei der Rotation desselben um eine zu ihm parallele Achse in einem homogenen Magnetfelde. Rotiert der gerade offene Leiter L (vgl. Abb. 42) im Sinne der Drehung des Uhrzeigers mit gleichförmiger Geschwindigkeit um die Achse O in dem homogenen Felde zwischen den Polen N und S, so ist im Punkte A eine Bewegung den Kraftlinien parallel gerichtet, die zu den Kraftlinien senkrechte Komponente der Bewegung des Leiters ist also Null; es werden mithin keine Kraftlinien geschnitten, und infolgedessen wird auch an dieser Stelle in dem Leiter keine EMK erzeugt. Auf seinem Wege von A nach B schließt die Bewegungsrichtung des Leiters einen immer größer werdenden Winkel mit der Kraftlinienrichtung ein; dadurch wächst die pro Zeiteinheit geschnittene Zahl von Linien und damit die EMK im Leiter. Vor dem Nordpol, vor welchem der Leiter mit der ganzen Geschwindigkeit die Kraftlinien senkrecht schneidet, weil hier $\alpha = 90°$ und $\sin\alpha = 1$ ist, erreicht die EMK ihren größten Wert. Bei der weiteren Bewegung des Leiters nimmt die EMK wieder ab, bis sie im Punkte B auf Null gesunken ist. Ihre Richtung auf dem Wege von A nach B ist durch die Dreifingerregel gegeben: Weist der Daumen der rechten Hand in die Richtung, in welcher die Kraftlinien vom Leiter L geschnitten werden, also von A nach B, und der Zeigefinger in die Richtung der Kraftlinien, also in der Ebene des Papiers von oben nach unten, wie die Pfeile angeben, so ist die EMK in dem Leiter auf dem Wege von A nach B von der Vorderseite des Papiers zur Rückseite, also vom Leser weg gerichtet.

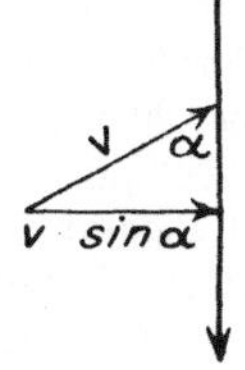

41. Ermittlung der maßgebenden Geschwindigkeitskomponente.

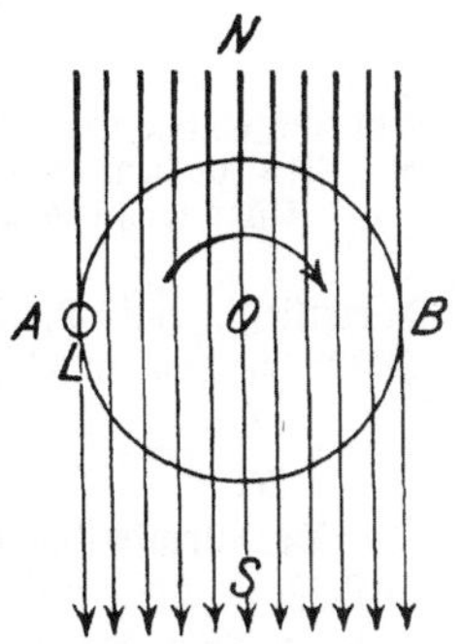

42. Rotation eines geraden, offenen Leiters in einem homogenen Magnetfelde.

Sobald nun bei weiterer Rotation der Leiter den Punkt B überschreitet, wächst auch die Größe der induzierten EMK wieder, und zwar bis zu einem Maximum vor dem Südpol, um bei seiner Bewegung darüber hinaus abermals auf Null zu fallen. Die Richtung der induzierten EMK ergibt sich in dem Teil des Feldes unterhalb einer durch AB gedachten Geraden mit Hilfe der Dreifingerregel, wenn man berücksichtigt, daß die Kraftlinien in diesem Teile von rechts nach links geschnitten werden. Weist also der Daumen der rechten Hand in diese Richtung und der Zeigefinger wie bisher von oben nach unten, so zeigt die Richtung des ausgestreckten Mittelfingers, daß die in dem Leiter induzierte EMK nunmehr auf den Leser zugerichtet sein muß, also aus der Papierebene nach vorn heraus, d. h. gerade umgekehrt, wie bei der Bewegung des Leiters im oberen Teil des Feldes.

Während eines vollen Umlaufs eines geraden Leiters im Magnetfelde wird also in ihm eine EMK erzeugt, welche bei einer bestimmten Stellung des Leiters von dem Werte Null beginnt, zu einem Maximalwerte ansteigt, darauf wieder bis zu Null abnimmt und dann die Richtung wechselt, um wieder zu einem Maximalwert anzuwachsen und schließlich zu dem anfänglichen Wert Null zurückzukehren. Bezeichnet man die Richtung der EMK im ersten Teil der Bewegung als positiv, so ist sie im zweiten Teile negativ.

Um diesen eigenartigen Vorgang anschaulich zu machen, bedient man sich der graphischen Darstellung. Man trägt auf einer horizontalen Linie, der Abszissenachse, die Grade von 0—360 auf (vgl. Abb. 43), welche der Leiter bei seiner Rotation durchläuft; jeder Punkt dieser Linie entspricht einer bestimmten Stellung des Leiters im Felde. So der Anfangspunkt dem Punkte A in der Abb. 42. Der Punkt, in welchem das positive Maximum der Induktion erreicht wird, befindet sich in einem Winkelabstand von 90° von A; demgemäß muß sich das Maximum in dem Diagramm über demjenigen Punkte befinden, welcher den Winkel 90° darstellt, wie es in der Abb. 43 auch der Fall ist. Das Entsprechende gilt für den zweiten Wert Null der Induktion im Punkte B (Abb. 42) nach einer Rotation um 180°, für das negative Maximum vor dem Südpol S in 270° Winkelabstand vom Nullpunkt und schließlich von dem mit 0 identischen Punkte 360°. Die momentanen Werte der EMK, welche in dem bewegten Leiter an den ver-

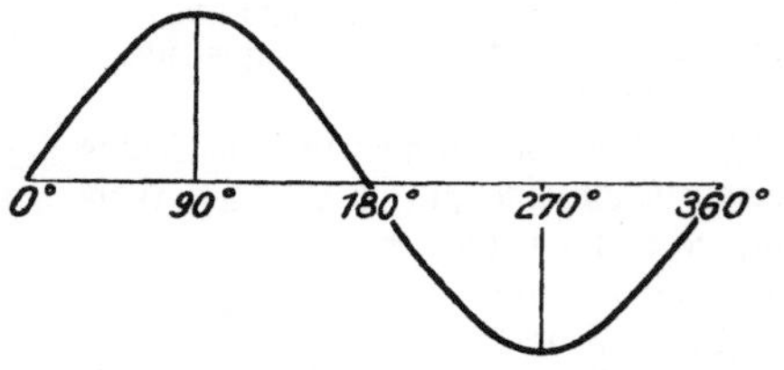

schiedenen Stellen des Feldes induziert wird, werden als Ordinaten in den betreffenden Punkten der Abszissenachse errichtet; ihre Länge ist dem Augenblickswerte der EMK in dem Leiter proportional. Die bei irgendeinem Winkel α in dem bewegten Leiter induzierte EMK ergibt sich als die Länge derjenigen Ordinate, welche in einem Punkte der Abszissenachse errichtet ist, der dem Winkel α entspricht.

Statt der Winkeleinteilung benutzt man vorteilhafter die Zeiteinteilung. Bezeichnet man nämlich die Zeit, während welcher die induzierte EMK alle in der Abb. 43 dargestellten Werte

43. Graphische Darstellung des Verlaufs der EMK in dem in Abb. 43 dargestellten Leiter während eines Umlaufs.

durchfließt, mit T, so entspricht dieselbe in dem vorliegenden Falle einem Winkel von 360°; die dem beliebigen Winkel α entsprechende Stellung des Leiters wird also zu der Zeit $t = \alpha \, \dfrac{T}{360}$ erzielt, das positive Maximum zur Zeit $t = \dfrac{T}{4}$, das negative zur Zeit $t = \tfrac{3}{4}\,T$.

Der Wechselstrom. Verbindet man die Enden des rotierenden Leiters außerhalb des Feldes, so fließt in ihm ein Strom, welcher ebenso pulsiert, wie die im bewegten Leiter induzierte EMK. Einen solchen Strom nennt man einen Wechselstrom und die Spannung an den Enden des offenen Leiters, welche einen derartigen Strom bewirkt, eine Wechselspannung. Die Zeit T, während welcher die in dem rotierenden Leiter induzierte EMK die Werte von Null über das positive und negative Maximum und wieder bis Null durchläuft, nennt man die Periode des Wechselstroms. Charakteristisch für einen Wechselstrom ist die Zahl ν der Perioden pro Sekunde, $\dfrac{1}{T} = 25, 50, 100\ \nu$. Bei dem bisher betrachteten zweipoligen Felde ist die Zahl der Perioden pro Sekunde identisch mit der Zahl der Umläufe des Leiters im Felde pro Sekunde. Während jeder Periode finden zwei Polwechsel statt; bei einer Maschine, welche fünfzigperiodischen Wechselstrom liefert, finden also 100 Polwechsel pro Sekunde statt. Den Wert, welchen die EMK zu einer bestimmten Zeit besitzt und welcher der Länge der Ordinaten in dem Diagramm Abb. 43 proportional ist, nennt man seinen Momentanwert, den Wert zur Zeit $t = \dfrac{T}{4}$ die positive Amplitude.

Die Größe der EMK, welche in einem Leiter von der Länge l induziert wird, wenn derselbe in einem homogenen Magnetfelde von der Stärke $\mathfrak{H}$ in einem Abstande r cm von der Achse mit der konstanten Umlaufgeschwindigkeit v_u rotiert, läßt sich aus der Grundgleichung (S. 37)

$$E = \mathfrak{H} \cdot v \cdot l \cdot 10^{-8}\ \text{Volt}$$

ableiten, wenn man die Geschwindigkeit v, mit welcher die Kraftlinien vom Leiter geschnitten werden, aus der Umlaufsgeschwindigkeit v_u berechnet und in die Formel einsetzt. Diese Geschwindigkeit ergibt sich durch folgende Überlegung: Der von dem Leiter bei einem Umlauf zurückgelegte Weg ist $2\pi r$ cm; beträgt nun die Zahl der Umläufe pro Minute (die Tourenzahl) n, also pro Sekunde $\frac{n}{60}$, so ist der pro Sekunde von dem Leiter zurückgelegte Weg, d. h. die Umlaufsgeschwindigkeit $v_u = 2\pi r \frac{n}{60}$; von dieser Geschwindigkeit kommt jedoch nur die zu den Kraftlinien senkrechte Komponente für die Kraftlinienschnitte in Betracht, so daß also nach den Ausführungen auf S. 39

$$v = v_u \cdot \sin\alpha = 2\,\pi r \cdot \frac{n}{60} \cdot \sin\alpha \qquad \text{und} \qquad E_{mom} = \mathfrak{H} \cdot 2\,\pi r \cdot 1 \cdot \frac{n}{60} \cdot \sin\alpha \cdot 10^{-8}\ \text{Volt}$$

ist. Das Produkt $\mathfrak{H} \cdot 2\,r\,l$ stellt die gesamte, bei der Rotation des Leiters durchschnittene Kraftlinienzahl Φ dar, so daß man auch setzen kann:

$$E_{mom} = \Phi \cdot \pi \cdot \frac{n}{60} \cdot \sin\alpha \cdot 10^{-8}\ \text{Volt}.$$

Diese Formel besagt, daß sich der Augenblickswert der induzierten EMK mit dem Sinus des Winkels α ändert, also nach einer sog. Sinusfunktion. Die Kurve der Abb. 43, welche den Verlauf von E_{mom} graphisch darstellt, ist eine Sinuslinie. Kennt man den Wert von E_{mom} für irgendeinen Winkel α, so kann man alle anderen Werte von E für die ganze Periode T auf Grund dieser Formel leicht berechnen. Wie bereits dargelegt wurde, tritt das Maximum von E bei $\alpha = 90°$ auf; in diesem Falle ist $\sin\alpha = 1$ und mithin:

$$E_{max} = \Phi \cdot \pi \cdot \frac{n}{60} \cdot 10^{-8}\ \text{Volt}$$

setzt man diesen Wert in die letzte Gleichung ein, so erhält man:

$$E_{mom} = E_{max} \cdot \sin\alpha.$$

Anstatt die Augenblickswerte gesetzmäßig veränderlicher Größen als Funktion des Winkels α darzustellen, welchen die Verbindungslinie zwischen dem rotierenden Leiter und seinem Drehungsmittelpunkt mit der Nullinie bildet, drückt man sie auch als Funktion der Zeit aus, in welcher der Leiter den dem Winkel α entsprechenden Bogen zurücklegt.

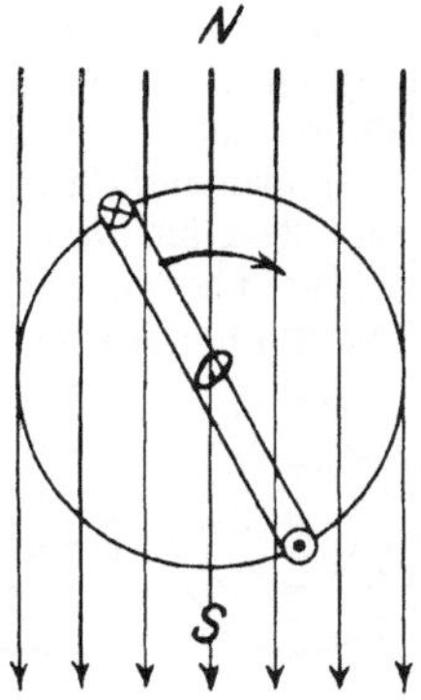

44. Rotation einer Drahtschleife in einem Magnetfelde.

Bezeichnet man nämlich die Winkelgeschwindigkeit, also den in der Zeiteinheit durchlaufenen Bogen mit ω, so ist der dem Winkel α entsprechende, in der Zeit t zurückgelegte Bogen ωt, so daß also an Stelle von

$$E_{mom} = E_{max} \cdot \sin\alpha$$

zu schreiben ist

$$E_{mom} = E_{max} \cdot \sin(\omega t).$$

Da die Länge einer Periode in Bogengraden gleich $2\,\pi$ ist und die Zahl der Perioden pro Sekunde gleich ν, so ist der in der Sekunde zurückgelegte Bogen, die Winkelgeschwindigkeit

$$\omega = 2\,\pi\,\nu.$$

Rotiert statt eines einzigen Leiters eine Schleife in einem homogenen Magnetfelde (vgl. Abb. 44), so wird in dem vor dem Nordpol befindlichen Teil derselben eine EMK induziert, welche nach den Ausführungen auf S. 39 von dem Beschauer weggerichtet ist; gleichzeitig wird in dem vor dem Südpol bewegten Leiterteil eine auf den Beschauer zugerichtete EMK induziert; beide EMKe wirken demnach in der Schleife in demselben Sinne; ihrem absoluten Werte nach sind sie in beiden Teilen der Schleife stets gleich, so daß also die gesamte, in der letzteren induzierte EMK doppelt so groß ist, als wenn nur ein einzelner Leiter rotiert.

Rotiert nicht nur eine einzige Leiterschleife in dem bisher angenommenen Felde, sondern bewegen sich mehrere fortlaufende Windungen in demselben, welche eine Spule mit z der Induktion unterliegenden einzelnen Leitern bilden, bei welcher also z gleich der doppelten

Zahl von Windungen ist, so ist die gesamte induzierte EMK z mal so groß, als bei der Rotation eines einzigen Leiters, also:

$$E_{mom} = \Phi \cdot \pi \cdot \frac{n}{60} \cdot z \cdot \sin\alpha \cdot 10^{-8} \text{ Volt.}$$

Wir haben bisher angenommen, daß die induzierten Leiter nur in einem, von zwei Magnetpolen herrührenden Felde rotieren und die bisher angegebenen Formeln für die EMK gelten auch nur für diesen speziellen Fall. Durchschneiden die Leiter bei ihrer Rotation die Kraftlinien mehrerer Polpaare, von welchen etwa p Paare gleichmäßig vor der Bahn der rotierenden Leiter angeordnet sind, so ist die Periodenzahl der induzierten EMK p mal so groß, als wenn die rotierenden Leiter mit derselben Umfangsgeschwindigkeit ein nur von einem einzigen Polpaar gebildetes Gesamtfeld durchlaufen.

Alle bisherigen Ausführungen behalten, wie bereits auf S. 37 ausgeführt, ihre Gültigkeit, wenn die Leiter feststehen und die Magnetpole mit gleichförmiger Geschwindigkeit um dieselben rotieren.

Die in diesem Abschnitte behandelte „Magnetinduktion" bildet die Grundlage für den Bau der Generatoren für Gleich- und Wechselstrom; ihre praktische Anwendung auf diesem wichtigen Gebiete wird auf S. 103ff. und 256ff. näher dargestellt.

Gegenseitige Induktion.

Die Induktion in einem Leiter ist nun nicht nur auf die relative Bewegung desselben zu denjenigen Kraftlinien beschränkt, welche von einem Magneten ausgehen. Auch bei der Relativbewegung eines Leiters zu den von einem anderen, stromdurchflossenen Leiter erzeugten Kraftlinien entsteht in dem ersteren eine EMK der Induktion. So z. B. wird in dem Leiter B eine EMK induziert, wenn man denselben in der Richtung des Pfeils dem Leiter A nähert, welcher in der angedeuteten Richtung vom Strome durchflossen wird und damit ein magnetisches Feld um sich erzeugt, dessen Kraftlinien in der eingezeichneten Richtung verlaufen. Mit Hilfe der Dreifingerregel der rechten Hand ergibt sich, daß die in B induzierte EMK auf den Leser zugerichtet, also dem ursprünglichen Strome entgegengerichtet ist. Die gleichen Verhältnisse gelten natürlich auch, wenn der stromdurchflossene Leiter A dem ruhenden Leiter B (Abb. 45) genähert wird.

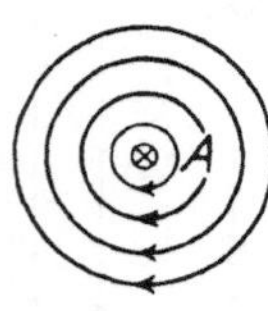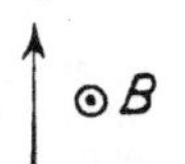

45. Gegenseitige Induktion.

Entfernt man umgekehrt die beiden Leiter voneinander, so werden die Kraftlinien des stromdurchflossenen Leiters A von B in entgegengesetzter Richtung geschnitten, wie bei der Annäherung; die Richtung der induzierten EMK ist demgemäß auch derjenigen entgegengesetzt, welche bei der Annäherung von A und B in B entsteht, d. h. sie ist dem Strome im induzierenden Leiter A gleichgerichtet.

Ganz ähnliche Verhältnisse wie bei der gegenseitigen Bewegung eines stromdurchflossenen, an eine äußere Spannungsquelle angeschlossenen und eines offenen, nicht an eine äußere Spannungsquelle angelegten Leiters treten auf, wenn der gegenseitige Abstand der beiden Leiter konstant gehalten, aber die Stromstärke in dem einen Leiter geändert wird. Wächst z. B. der Strom in A (vgl. Abb. 45), so lösen sich immer mehr Kraftlinien von A ab und wandern auf B zu; dabei wird B von ihnen in derselben Richtung geschnitten, wie bei der Annäherung der Leiter, die in B induzierte EMK hat also auch dieselbe Richtung, wie bei der Annäherung von A und B, d. h. sie ist der Richtung des Stromes in A entgegengesetzt. Andererseits ergibt dieselbe Betrachtung bei einer Abnahme des Stromes in A eine induzierte EMK in B, welche dem Strome in A gleichgerichtet ist.

Wird der Leiter B zu einem Stromkreise geschlossen, so bewirkt die unter den verschiedenen, im Vorstehenden erörterten Bedingungen in ihm induzierte EMK einen dieser letzteren gleichgerichteten Strom.

Die elektrischen Vorgänge bleiben dieselben, wenn man an Stelle geradliniger Leiter 2 Spulen mit beliebig vielen Windungen aufeinander wirken läßt.

Man kann die Ergebnisse der vorstehend erörterten Fälle in folgenden Satz zusammenfassen: Bei der Annäherung eines Leiters an einen anderen stromdurchflossenen Leiter, oder bei der Zunahme der Stromstärke in dem letzteren wird in dem erſteren eine EMK induziert, welche die entgegengeſetzte Richtung hat, als der induzierende Strom; werden die beiden Leiter voneinander entfernt, oder wird die Stromſtärke in dem einen Leiter verringert, ſo wird in dem anderen eine dem induzierenden Strome gleichgerichtete EMK induziert.

Die hier erörterten Vorgänge finden in der Elektrotechnik mannigfaltige praktiſche Anwendung. In den Induktionsapparaten und Induktorien (vgl. S. 136 u. 449) wird in einer von zwei übereinanderliegenden Spulen dadurch eine wechſelnde EMK induziert, daß der durch die andere Spule fließende Gleichſtrom durch einen ſelbſttätigen Unterbrecher periodiſch ein- und ausgeſchaltet wird (vgl. S. 449). Im Augenblick des Einſchaltens wächſt der Strom von Null auf ſeinen Maximalwert; dabei treten die erzeugten Kraftlinien aus der ſtromdurchfloſſenen Spule heraus, durchſchneiden die Windungen der zweiten Spule und induzieren in dieſer eine dem urſprünglichen Strome entgegengeſetzt gerichtete EMK; ſobald der Strom ſeinen Maximalwert erreicht, die Stromänderung und damit die Kraftlinienbewegung alſo zum Stillſtand kommt, ſinkt die induzierte EMK plötzlich auf Null. Zu der gleichen Zeit wird der Strom in der induzierenden Spule durch einen automatiſchen Unterbrecher ausgeſchaltet; die von dieſer erzeugten Kraftlinien ziehen ſich in ſie zurück und ſchneiden dabei die zweite Spule in entgegengeſetzter Richtung wie zuvor, ſo daß alſo nunmehr auch die in der letzteren induzierte EMK ihre Richtung wechſelt; dieſelbe ſinkt auf Null, ſobald ſämtliche von der erſten Spule erzeugten Kraftlinien verſchwunden ſind. Die Bewegung der Kraftlinien iſt beim Ausſchalten des Stromes in der Spule viel plötzlicher, als beim Einſchalten desſelben; infolgedeſſen iſt auch die EMK im erſteren Falle weſentlich größer, als im letzteren.

Sendet man durch eine von zwei möglichſt nahe beieinander angeordneten Spulen einen Wechſelſtrom, ſo wird in der anderen Spule eine EMK induziert, welche ebenſo periodiſch wechſelt, wie der ſie erzeugende Strom. Dieſer letztere Vorgang findet eine wichtige Anwendung bei der Umwandlung von Wechſelſtrömen niederer Spannung in ſolche höherer oder umgekehrt, welche in dem Abſchnitte „Transformatoren“ S. 136 ff. ausführlich behandelt wird.

Bei Transformatoren, für die in der Starkſtromtechnik üblichen Periodenzahlen verlaufen die Kraftlinien im Eiſen. Die beiden Spulen befinden ſich auf einem Eiſenkern, welcher den von ihnen eingeſchloſſenen Hohlraum möglichſt ausfüllt. Nun wird natürlich auch in dieſem Eiſenkörper unter dem Einfluß des von der ſtromdurchfloſſenen Spule erzeugten Kraftlinienfeldes eine EMK erzeugt, wie in allen von deſſen Linien geſchnittenen Metallmaſſen. Dieſe EMK bewirkt in dem Eiſenkörper Ströme, welche bei dem verhältnismäßig geringen Widerſtand ihrer Bahn eine beträchtliche Intenſität erzielen können. Um dieſe „Wirbelſtröme“ oder „Foucaultſtröme“ und den durch ſie verurſachten Energieverluſt möglichſt klein zu halten, beſtehen die Eiſenkerne nicht aus einem maſſiven Stück, ſondern aus Paketen dicht nebeneinander liegender, voneinander iſolierter dünner Bleche, welche derart angeordnet ſind, daß die Wirbelſtröme ſenkrecht zu den Zwiſchenräumen zwiſchen den Blechen verlaufen, alſo einen, mit vielen durch die aus Lack, einer Eiſenoxydſchicht oder dünnen Papierſchichte gebildeten Widerſtänden verſehenen Stromweg zu paſſieren haben und daher nur geringe Intenſität annehmen können.

Aber auch in den Metallmaſſen der wechſelſtromführenden Leiter ſelbſt treten infolge der periodiſchen Kraftlinienbewegungen beſondere Ströme auf, welche allerdings erſt bei Wechſelſtrömen höherer Perioden ſtörend wirken. Dieſelben werden dadurch auf geringe Intenſität gebracht, daß man den Leiter ſelbſt nicht aus maſſivem Draht herſtellt, ſondern aus möglichſt dünnen, an der Oberfläche mit einem iſolierenden Überzug verſehenen Drähten.

Selbſtinduktion.

Nicht nur in benachbarten Leitern wird eine EMK induziert, wenn ſich die Intenſität des in einem Stromkreiſe fließenden Stromes ändert, ſondern auch in dem von einem Strome veränderlicher Stärke durchfloſſenen Leiter ſelbſt.

Dieſe EMK der Selbſtinduktion tritt in jeder Leitung auf in dem Augenblicke, in welchem dieſelbe an eine Spannungsquelle angelegt oder von ihr abgeſchaltet wird, in jedem Stromkreiſe im Moment des Ein- und Ausſchaltens, ſie herrſcht dauernd in denjenigen geſchloſſenen Leitern, welche von Strömen periodiſch veränderlicher Intenſität und Richtung, alſo von Wechſelſtrömen durchfloſſen werden.

Die große Bedeutung der EMK der Selbstinduktion für viele Fragen der Elektrotechnik im allgemeinen und für die Vorgänge in Wechselstromkreisen im besonderen erfordern ein näheres Eingehen auf diese Erscheinung bereits an dieser Stelle, während die ausführlichere Behandlung der im vorigen Abschnitt besprochenen gegenseitigen Induktion im Zusammenhange mit der Darstellung der Transformatoren erfolgt.

Das Zustandekommen der EMK der Selbstinduktion wird verständlich, wenn man sich vergegenwärtigt, daß jede Stromänderung in einem Leiter von gegebenen Abmessungen eine Änderung der Zahl der Induktionslinien in der Umgebung des Leiters zur Folge hat. Beim Anwachsen des Stroms quellen fortgesetzt neue Linien von der Achse des Leiters ausgehend, aus diesem hervor und schneiden dabei den Leiter. Beim Abnehmen des Stromes ziehen sich die Induktionslinien in den Leiter zurück, bis sie gleichsam in seiner Achse verschwinden; auch hierbei wird der Leiter geschnitten, aber in umgekehrter Richtung, wie bei der Entstehung neuer Linien.

In jedem Falle wird also nach den Ausführungen auf S. 37 in dem Leiter eine EMK erzeugt. Die Größe derselben ist durch die Geschwindigkeit bedingt, mit welcher die Stromab- oder -zunahme erfolgt — d. h. durch den Wert $\dfrac{dt}{di}$ —, ferner durch die Zahl der neu entstehenden oder verschwindenden Induktionslinien. Sie ist besonders groß beim plötzlichen Ausschalten von Stromkreisen, welche auf Eisenkerne gewickelte Spulen enthalten, so z. B. beim plötzlichen Abschalten von Stromkreisen, welche die Wicklungen von Motoren enthalten.

Die Richtung der EMK der Selbstinduktion ergibt sich aus folgender Überlegung. In Abb. 46 stellt der innerste, kleinste Kreis den Querschnitt des Leiters dar, in welchem der Strom vom Leser wegfließt, wie es das eingezeichnete Kreuz anzeigt; dieser Strom hat ein Kraftlinienfeld zur Folge, dessen Linien nach der Korkzieherregel die in Abb. 46 angedeutete Richtung besitzen, also in der vertikalen Achse des Leiterquerschnitts von links nach rechts verlaufen. Beim Anwachsen des Stromes treten neue Kraftlinien aus dem Leiter hervor und drängen die bereits vorhandenen auseinander, so daß also z. B. oberhalb des Leiters in der vertikalen Achse des Leiterquerschnitts eine Wanderung von Kraftlinien in der Richtung des ausgezogenen, senkrecht nach oben zeigenden Pfeils stattfindet. Die Wirkung dieser Bewegung der Kraftlinien ist dieselbe, als wenn der Leiter sich in umgekehrter Richtung, also senkrecht von oben nach unten, wie der punktierte Pfeil angibt, durch den oberhalb des Leiters gelegenen Teil des Kraftlinienfeldes bewegen würde. Für die Ermittelung der Richtung der EMK der Selbstinduktion, welche durch das Anwachsen des Stromes bedingt ist, kennen wir nunmehr alle erforderlichen Angaben. Die Bewegung der Kraftlinien oberhalb des Leiters entspricht einer Bewegung des letzteren von oben nach unten, in diese Richtung muß also der Daumen der rechten Hand weisen; die Kraftlinien verlaufen oberhalb des Leiters von links nach rechts, in diese Richtung muß der Zeigefinger der rechten Hand deuten; der Mittelfinger ist dann auf den Leser zugerichtet und demzufolge nach der Dreifingerregel der rechten Hand auch die induzierte EMK der Selbstinduktion. Da der Strom in dem angenommenen Falle vom Leser wegfließt, so ist also die EMK der Selbstinduktion dem anwachsenden Strome in dem Leiter entgegengerichtet, sie sucht die Stromzunahme und damit das Anwachsen der Zahl der Kraftlinien zu verhindern.

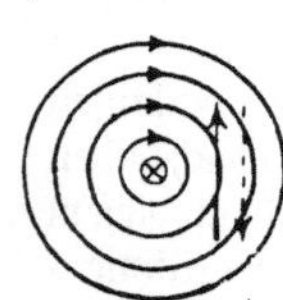

46. Richtung der EMK der Selbstinduktion.

Nimmt der Strom in dem Leiter ab, so ziehen sich die Kraftlinien in denselben zurück, sie schneiden dabei den Leiter derart, als würde er von unten nach oben durch das über ihm befindliche Feld bewegt, dessen Linien wie zuvor von links nach rechts verlaufen. Zur Ermittelung der Richtung der EMK der Selbstinduktion mit Hülfe der Dreifingerregel der rechten Hand hat man also in diesem Falle den Daumen parallel der Papierebene nach oben, den Zeigefinger nach rechts zu halten, dann weist der Mittelfinger vom Leser weg und zeigt dadurch an, daß bei abnehmendem Strome und verschwindendem Felde eine EMK induziert wird, welche dieselbe Richtung hat, wie der induzierende Strom. In diesem Falle wirkt also die EMK der Selbstinduktion der Änderung des Stromes und der Zahl der Induktionslinien ebenfalls entgegen, denn sie sucht den abnehmenden Strom zu verstärken und damit die Abnahme der Linien zu verhindern. Wird die Stromrichtung in dem Leiter umgekehrt, so führt eine ähnliche Betrachtung wie die soeben angestellte zu demselben Endresultat: stets wirkt die EMK der Selbstinduktion der sie erzeugenden Änderung des Stromes und der Zahl der Induktionslinien ebenfalls entgegen, sie verzögert das Anwachsen sowie das Abfallen des Stromes. Diese Gesetzmäßigkeit bringt man in der bekannten Grundformel für die induzierte EMK:

$$E = \frac{d\,\Phi}{d\,t} \text{ abjol. Einheiten}$$

dadurch zum Ausdruck, daß man die rechte Seite mit dem negativen Vorzeichen versieht, so daß also die Formel für die EMK der Selbstinduktion die Gestalt annimmt:

$$E_s = -\frac{d\,\Phi}{d\,t} \text{ abf. Einheiten} \quad \text{oder:} \quad E_s = -\frac{d\,\Phi}{d\,t}\,10^{-8} \text{ Volt.}$$

Die EMK der Selbstinduktion ist die Ursache dafür, daß der Strom in einer Leitung erst eine gewisse Zeit nach dem Einschalten seinen durch die Spannung der Spannungsquelle, etwa Batterie, und den Widerstand des Stromkreises bedingten Wert annimmt. Auf Erscheinungen, welche bei der plötzlichen Unterbrechung eines Stromkreises auftreten und welche ebenfalls durch die Selbstinduktion bedingt sind, kommen wir noch zurück.

Wir haben unsere Betrachtungen auf einen einfachen Leiter beschränkt, in welchem der Strom eine einmalige Zu= oder Abnahme erfährt. Die Vorgänge bleiben dieselben, wenn dieser Leiter zu einer Windung oder zu einer Spule von mehreren Windungen aufgewickelt wird.

Von besonderer Wichtigkeit ist das Auftreten der EMK der Selbstinduktion in Wechselstromkreisen, in welchen ja eine kontinuierliche, periodische Änderung der Intensität und Richtung des Stromes stattfindet.

Die Größe der EMK der Selbstinduktion läßt sich für eine Spule von N Windungen, welche auf einen 1 cm langen Eisenkern von q qcm Querschnitt und der Permeabilität μ aufgewickelt sind, folgendermaßen ableiten.

Nach den Ausführungen auf S. 35 erzeugt ein in diesen N Windungen fließender Strom von der Intensität i Amp. in dem Eisenkern eine Gesamtkraftlinienzahl

$$\Phi = \frac{4\pi\mu \cdot N \cdot i}{10\,1} \cdot q.$$

Ändert sich nun dieser Strom i um den sehr kleinen Wert di, so ändert sich Φ um einen entsprechenden, ebenfalls außerordentlich kleinen Betrag dΦ. Diese Änderung von Φ ist so lange allein durch die Änderung von i bedingt, als alle anderen Größen auf der rechten Seite der obigen Gleichung konstant bleiben, was von 1, N und q ohne weiteres gilt. Auch μ ist unter gewissen Bedingungen, welche im vorliegenden Falle als erfüllt angenommen werden können, konstant, so daß also:

$$d\,\Phi = \frac{4\pi\mu\,N\,q}{10\,1}\,di \text{ ist.}$$

Diese beim Anwachsen des Stromes um di neu entstehenden oder bei der Abnahme um di verschwindenden Kraftlinien dΦ schneiden die einzelnen Windungen der Spule, während sie aus der Wandung des Drahtes, aus welchem die letzte aufgewickelt ist, hervorquellen resp. sich durch dieselbe zurückziehen.

Schneiden die dΦ-Kraftlinien bei diesem Vorgange jede Windung der Spule in der sehr kurzen Zeit dt, so wird nach den Ausführungen auf S. 37 in jeder Windung die EMK

$$E = \frac{d\,\Phi}{d\,t}\,10^{-8} \text{ Volt}$$

erzeugt; die EMKe der einzelnen N-Windungen addieren sich, so daß die gesamte EMK, welche in der Spule infolge der Stromänderung di entsteht,

$$E = N\,\frac{d\,\Phi}{d\,t}\,10^{-8} \text{ Volt beträgt.}$$

Nach den vorstehenden Erörterungen muß die rechte Seite dieser Gleichung mit dem negativen Vorzeichen versehen werden, sobald es sich um die EMK der Selbstinduktion handelt, so daß wir also erhalten:

$$E_s = -\,N\,\frac{d\Phi}{dt}\,10^{-8}\ \text{Volt.}$$

Setzt man in diese Formel den oben angegebenen Wert für $d\Phi$ ein, so geht dieselbe über in:

$$E_s = -\,\frac{N\,4\,\pi\,\mu\,N\,q}{10\,1}\cdot 10^{-8}\cdot\frac{di}{dt}\ \text{Volt}$$

oder:

$$E_s = -\,\frac{4\,\pi\,\mu\,N^2\,q}{1}\cdot 10^{-9}\,\frac{di}{dt}\ \text{Volt.}$$

Den aus konstanten Werten gebildeten Faktor

$$\frac{4\,\pi\,\mu\,N^2\,q}{1}\,10^{-9},$$

mit welchem die zeitliche Stromänderung $\frac{di}{dt}$ multipliziert werden muß, um die EMKe der Selbstinduktion zu erhalten, nennt man den Selbstinduktionskoeffizienten der Spule; man bezeichnet denselben mit L; die technische Einheit desselben ist das Henry, so daß

$$L = \frac{4\,\pi\,\mu\,N^2\,q}{1}\,10^{-9}\ \text{Henry}$$

und:

$$E_s = -\,L\,\frac{di}{dt}\ \text{Volt.}$$

ist. Diejenige Spule besitzt die Einheit der Selbstinduktion in technischem Maße (L = 1 Henry), in welcher eine Stromänderung von 1 Amp. pro Sekunde eine EMK von 1 Volt erzeugt; es ist also:

$$1\ \text{Volt} = 1\ \text{Henry}\,\frac{1\ \text{Ampere}}{1\ \text{Sekunde}}.$$

Geht man bei der Entwickelung der letzten Formel für E nicht, wie es oben geschah, von Ampere und Volt, sondern von absoluten Einheiten aus, setzt also in die Formel für Φ die Stromstärke in abs. Einheiten ein, so erhält man für die gesamte Kraftlinienzahl

$$\Phi = \frac{4\,\pi\,\mu\,N i_{abs}\,q}{1}$$

und

$$L = \frac{4\,\pi\,\mu\,N^2\,q}{1}\ \text{abs. Einheiten.}$$

Dividiert man die letztere der beiden Gleichungen durch die erstere, so ergibt sich nach Ausführung der möglichen Streichungen:

$$\frac{L}{\Phi} = \frac{N}{i}$$

oder:

$$L = \frac{N\Phi}{i}\ \text{abs. Einheiten.}$$

Physikalische Bedeutung des Selbstinduktionskoeffizienten. Ist in der letzten Formel N = 1, d. h. bezieht sich diese Gleichung auf eine einzige Drahtwindung, so bedeutet der Selbstinduktionskoeffizient L diejenige Anzahl Kraftlinien, welche pro Stromeinheit die von der Windung umschlossene Fläche durchsetzen; dabei ist zu berücksichtigen, daß sowohl L als auch i in absoluten Einheiten dargestellt sind; werden die beiden Größen in technischen Einheiten in die

Formel eingeführt, so wird die rechte Seite der letzteren 10^{-8} mal so groß, wie eine einfache Durchrechnung ergibt.

Werden ferner in der Formel:

$$1 \text{ Volt} = 1 \text{ Henry} \frac{1 \text{ Ampere}}{1 \text{ Sekunde}}$$

für die technischen Einheiten ebenfalls die absoluten Einheiten (1 Volt $= 10^{-8}$ abs. Einheiten und 1 Amp. $= 10^{-1}$ abs. Einheiten) eingesetzt, so erhält man auch den Selbstinduktionskoeffizienten in abs. Einheiten, und zwar:

$$1 \text{ Henry} = 10^{9} \text{ abs. Einheiten.}$$

Selbstinduktion in Wechselstromkreisen. Wir haben unsere Betrachtungen bisher im wesentlichen auf die in einem Stromkreise infolge einer beliebigen Stromänderung $\frac{di}{dt}$ auftretende EMK der Selbstinduktion beschränkt. Erfolgt die Stromänderung regelmäßig, wie in Wechselstromkreisen, so ist auch beständig die EMK der Selbstinduktion vorhanden. Sie tritt dadurch in Erscheinung, daß die Stromstärke in einem Selbstinduktion enthaltenden Wechselstromkreise nicht diejenige Intensität erreicht, welche dem Ohmschen Gesetze gemäß der von der Wechselstrommaschine gelieferten Spannung und dem Widerstand des Kreises entspricht.

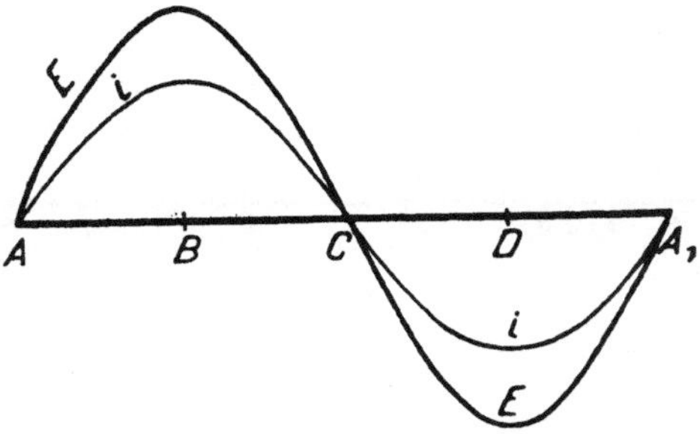

Enthält der zu betrachtende Teil eines Wechselstromkreises nur reinen Ohmschen Widerstand (zur Unterscheidung von Widerstand mit Selbstinduktion — induktiven Widerstand — wie ihn z. B. ein auf einen Eisenzylinder aufgewickelter Draht besitzt), so gilt in jedem Augenblick

$$i_{mom} = \frac{e_{mom}}{w},$$

resp.

$$e_{mom} = i_{mom} w,$$

47. Wechselspannung E an den Enden eines induktionsfreien Widerstandes und Strom i in demselben.

wie bei Gleichstrom. Hat die Klemmenspannung der Wechselstrommaschine Sinusform d. h. wird dieselbe dargestellt durch die Formel:

$$e_{mom} = e_{max} \sin \omega t \text{ (vgl. S. 41),}$$

so hat der Strom die gleiche Form:

$$i_{mom} = i_{max} \sin \omega t.$$

Strom und Spannung erreichen zur gleichen Zeit ihren größten Wert, also zur Zeit $t = \frac{1}{4} T$ und $t = \frac{3}{4} T$ und gehen zur selben Zeit durch Null, nämlich zu den Zeiten $t = 0$, $\frac{1}{2} T$ und T.

In Abb. 47 stellt E den zeitlichen Verlauf der Maschinenspannung während einer Periode dar und gleichzeitig, dem Ohmschen Gesetze gemäß, den Verlauf des Produktes iw; der Verlauf von i ist ganz ähnlich demjenigen von E, nur die Maßstäbe sind verschieden.

Von periodischen Vorgängen nach Art der soeben besprochenen, welche zur gleichen Zeit ihren größten Wert erreichen, und zu derselben Zeit durch Null gehen, sagt man, sie besitzen gleiche Phase, sie sind phasengleich oder gleichphasig. Fallen die Maximalwerte oder die Durchgänge durch Null zweier Strom= oder Spannungskurven nicht zusammen, wie wir es im folgenden kennen lernen werden, so herrscht zwischen dem zeitlichen Verlauf der beiden Vorgänge eine Phasenverschiebung.

Durchfließt der sinusförmige Wechselstrom von der Form $i_{mom} = i_{max} \sin (\alpha) = i_{max} \sin (\omega t)$ einen Leiter mit Selbstinduktion, also z. B. eine auf Eisen gewickelte Spule, so wird in derselben eine EMK induziert, deren Größe nach den Ausführungen auf S. 46.

$$E_s = - L \frac{di}{dt} \text{ Volt}$$

ist; führt man in diese Gleichung für i den Ausdruck i_{max} sin α ein, so erhält man nach Ausführung der Rechenoperation als zeitlichen Verlauf der EMK der Selbstinduktion die Gleichung

$$E_s = -\,L \cdot \omega \cdot i_{max} \cdot \cos \alpha\,.$$

Ändert sich also der Strom nach einer Sinusfunktion, so ändert sich die von ihm bewirkte EMK der Selbstinduktion nach einer Cosinusfunktion; daraus folgt, daß die EMK der Selbstinduktion stets um $90° = \frac{1}{4}$ Periode ($\frac{1}{4}$ T) hinter dem Strome zurückbleibt, welcher sie hervorruft. Hat der Strom seinen Maximalwert erreicht, so ist die EMK der Selbstinduktion in demselben Augenblick Null, geht der Strom durch Null, so ist E_s im Maximum, zwischen Strom und E_s besteht eine Phasenverschiebung von 90°, und zwar eilt der Strom der E_s voraus.

Der zeitliche Verlauf des Stromes resp. des mit ihm gleichphasigen Produktes iw, der von ihm induzierten EMK der Selbstinduktion E_s, sowie der Maschinenspannung E, welche erforderlich ist, um die Spannung iw und die EMK der Selbstinduktion zu überwinden, oder mit anderen Worten diejenige Maschinenspannung, welche durch einen Kreis vom Widerstand w

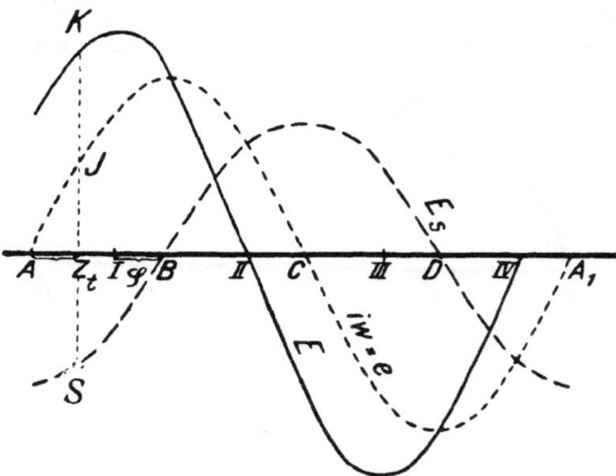

48. Zeitlicher Verlauf von Maschinenspannung E, Strom J und EMK der Selbstinduktion E_s in einem Wechselstromkreise.

und der Selbstinduktion L den Strom i zu treiben vermag, ist in der Abb. 48 dargestellt. Aus den Kurven e = iw und E_s ergibt sich die Kurve für E auf Grund folgender Überlegung: Im Punkte A der Zeitlinie des Kurvendiagramms, in welchem iw und damit auch i und e den Wert Null passieren, hat E_s seinen größten negativen Wert; diese Spannung $E_{s\,max}$ muß von der Maschinenspannung überwunden werden, also muß dieselbe in diesem Zeitpunkte E_s gleich- und entgegengesetzt gerichtet sein. Sobald der Momentanwert des Stromes zunimmt, also von A bis B, hat die Maschine eine Spannung zu liefern, welche gleich der Summe des Ohmschen Spannungsverlustes e = iw und der Spannung E_s ist. Wenn i und damit iw seinen Maximalwert

in B erreicht, ist E_s Null, daher hat die Maschine in diesem Zeitpunkt nur die Spannung iw zu überwinden; für diesen Zeitpunkt gilt also E = iw. Von B bis C, während der Strom von seinem Maximum bis Null abnimmt, wächst E_s von O bis zu seinem positiven Maximalwerte. E_s liefert in diesem Zeitraum einen Teil der Spannung, welche erforderlich ist, um den Strom i durch den Stromkreis zu treiben. In dem Zeitpunkte II, in welchem iw = E_s ist, passiert die Maschinenspannung die Nullinie. Von C bis A_1 wiederholen sich alsdann die Vorgänge der ersten halben Periode mit umgekehrtem Vorzeichen. Wie Abb. 48 erkennen läßt, besteht zwischen der Maschinenspannung E und der „Ohmschen" Spannung iw eine Phasenverschiebung; da iw in Phase mit i ist, so besteht also auch dieselbe Phasenverschiebung zwischen E und i. Die Kurve der Klemmenspannung eilt der Kurve des Stromes vor.

Ob in einem bestimmten Falle eine Voreilung oder Nacheilung zwischen Spannungen oder Strömen, oder zwischen Spannungen und Strömen besteht, ergibt die Prüfung der zeitlichen Folge der Maxima innerhalb einer Periode; erreicht die Spannung der Maschine ihren Maximalwert eher, als der Strom den seinigen, so hat die Maschinenspannung eine Voreilung. Die Größe der Phasenverschiebung kann in der Kurvendarstellung aus dem Abstande der Maximalamplituden bestimmt werden.

Vektordiagramm. Die bisher benutzte Kurvendarstellung gewährt einen Überblick über den zeitlichen Verlauf der in Frage stehenden Veränderungen von Spannungen und Strömen. In vielen Fällen wird jedoch eine schnellere Beurteilung der augenblicklichen Verteilung von einander abhängigen Wechselstromgrößen durch das sog. Vektordiagramm ermöglicht. Um den Gebrauch dieser Darstellungsweise verständlich zu machen, bedienen wir uns der Verhältnisse, welche der Abb. 48 zugrunde liegen. In Abb. 49 sei der Radius OF des Kreises gleich dem Maximalwert von $iw = e$. Wir nehmen an, daß dieser „Vektor" OF mit der gleichförmigen Winkelgeschwindigkeit ω um O im Uhrzeigersinne rotiert. Als Nullstellung wählen wir die negative Abszissenachse OA, und betrachten die Verhältnisse in dem Zeitpunkte t, in welchem der Vektor OF mit der negativen Abszissenachse den Winkel $\alpha = \omega t$ bildet. Die Projektion von $OF = iw_{max}$ auf die Ordinatenachse ist in diesem Augenblicke $OJ = OF \cdot \sin \alpha$, also gleich $iw_{max} \cdot \sin \alpha$. Die Projektion hat dieselbe Größe, wie die demselben Zeitpunkte entsprechende Ordinate der Kurvendarstellung $Z_t J$.

Die EMK der Selbstinduktion hat eine Phasenverschiebung von 90° gegen den sie erzeugenden Strom resp. gegen die Spannung $e = iw$. Sie wird in dem Vektordiagramm durch eine Gerade dargestellt, deren Länge gleich dem Maximalwert von E_s ist und welche in O senkrecht auf OF steht (vgl. Abb. 49). Die Länge der Projektion OS von $E_{s\,max}$ auf die Ordinate des Vektordiagramms ist wieder dem Momentwert $Z_t S$ in dem Kurvendiagramm gleich, und zwar $E_{s\,mom} = E_{s\,max} \cdot \cos \alpha$ (wie eine einfache Prüfung an Hand des Vektordiagramms zeigt). Aus dem Vektordiagramm ergibt sich der Maximalwert und die dem jeweiligen Winkel α entsprechenden Momentanwerte der erforderlichen Maschinenspannung, indem man aus den beiden Spannungen $e = iw$ und E_s das Kräfteparallelogramm in ähnlicher Weise konstruiert, wie bei der Zusammensetzung von Kraftfeldern. Die Maximalamplitude der Maschinenspannung kann als die Resultierende zweier, aufeinander senkrechter Komponenten betrachtet werden, von welchen die eine die Ohmsche Spannung $e = iw$ und die andere den negativen Wert der EMK der Selbstinduktion darstellt, jene Spannung, welche erforderlich ist, um die ihr stets entgegengerichtete EMK der Selbstinduktion zu überwinden (vgl. Abb. 49). Der jeweilige, von dem Winkel α abhängige Momentanwert von E ergibt sich ebenso wie derjenige von E_s resp. von $iw = e$ als Projektion des Vektors E_{max} auf die Ordinatenachse. In dem in der Abb. 49 dargestellten Falle ist der Momentanwert von E gleich OK; ein Vergleich mit der Kurvendarstellung ergibt natürlich auch hier Übereinstimmung mit der Größe der entsprechenden Ordinate $Z_t K$ im Zeitpunkt t, welcher dem Winkel α entspricht.

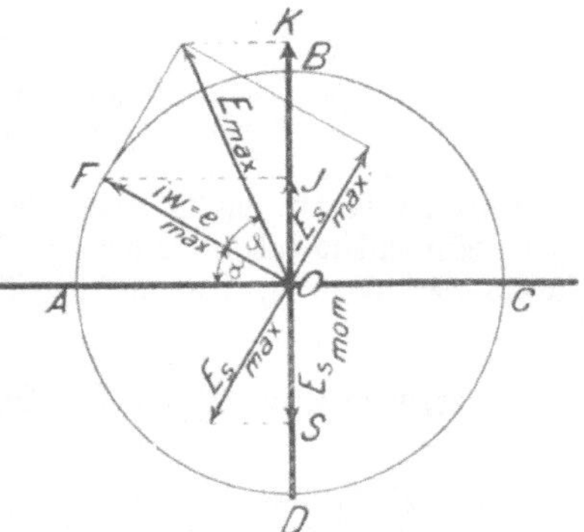

49. Vektordiagramm zu Abb. 48.

Schließlich ergibt sich aus dem Vektordiagramm in einfacher Weise die Phasenverschiebung zwischen E und iw resp. i als der Winkel φ zwischen den beiden Vektoren; dieser Winkel entspricht also dem zeitlichen Abstande der Amplitude von E, deren Fußpunkt in J fällt, von derjenigen von i mit dem Fußpunkt in B. Mit Hilfe des $\sphericalangle \varphi$ läßt sich der Momentanwert von E für jeden beliebigen $\sphericalangle \alpha$ angeben, als $E_{mom} = E_{max} \cdot \sin (\alpha + \varphi)$.

In Abb. 50 a und b sind noch zwei besonders charakteristische Zeitpunkte aus der Kurvendarstellung mit Hilfe des Vektordiagramms wiedergegeben, nämlich der Zeitpunkt A, in welchem i und damit iw Null ist, also die Maschinenspannung E allein die EMK der Selbstinduktion E_s zu überwinden hat, und der Zeitpunkt B, in welchem E_s Null ist und E also nur den Ohmschen Verlust iw decken muß.

Experimentelle Prüfung. Die vorstehenden Betrachtungen und graphischen Darstellungen lassen erkennen, daß die EMK der Selbstinduktion in einem Wechselstromkreise wie ein besonderer Widerstand wirkt; der Strom erreicht nicht diejenige Intensität, welche der Maschinenspannung und dem Ohmschen Widerstand des Stromkreises, d. h. dem Werte $\dfrac{E}{w}$ entspricht, er ist kleiner.

Diese Eigentümlichkeit Selbstinduktion enthaltender Wechselstromkreise läßt sich durch folgendes Experiment veranschaulichen.

Ein in Abb. 51 dargestellter Stromkreis bestehe aus der Wechselstrommaschine M, einer Glühlampe L und den zu dieser führenden Zuleitungen; eine von den letzteren enthält die

Unterbrecherstelle U, in welche entweder ein induktionsloser Widerstand W von bestimmter Größe oder eine Selbstinduktion S eingeschaltet werden kann, deren Drahtwindungen genau denselben Ohmschen Widerstand wie W besitzen. Die Maschine liefert eine derartige Spannung, daß die Lampe L beim Einschalten des induktionsfreien Widerstandes W mit normaler Helligkeit brennt; sobald nun an Stelle von W die Selbstinduktion S eingeschaltet wird, brennt die Lampe mit wesentlich geringerer Helligkeit, trotzdem die Höhe der Maschinenspannung und der Ohmsche Widerstand des Kreises in beiden Fällen gleich sind. Der Unterschied im Verhalten

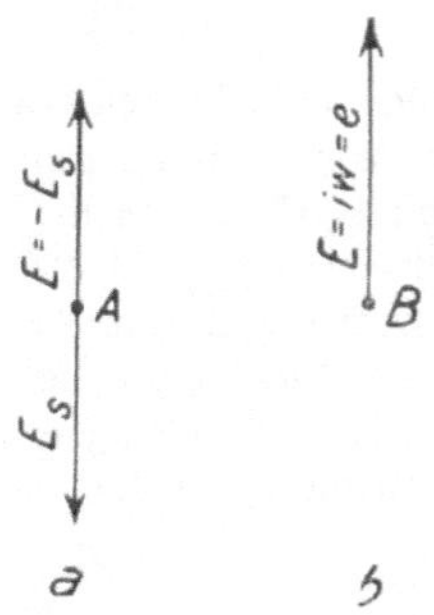

50. Spezielle Fälle des Diagramms 49.

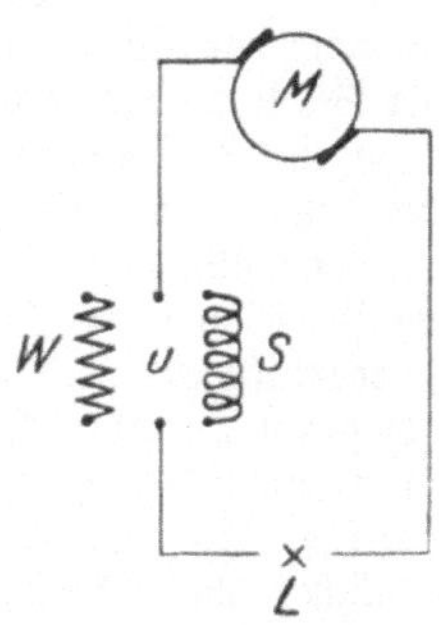

51. Anordnung zur experimentellen Prüfung des Einflusses der Selbstinduktion in Wechselstromkreisen.

der Lampe besteht nur bei Wechselstrom; ersetzt man M durch eine Gleichstrommaschine oder eine Akkumulatorenbatterie gleicher Spannung, so brennt die Lampe mit derselben Helligkeit, ob S oder W in die Leitung eingeschaltet wird.

Leistung und Effekt bei Wechselstrom. Effektivwert von Strom und Spannung.

Bei Wechselstrom ist die Leistung $\mathfrak{E}$ in jedem Augenblick durch das Produkt $E_{mom} \cdot i_{mom}$ gegeben; da nach dem Ohmschen Gesetze $E_{mom} = i_{mom} \cdot w$ ist, wenn w den Ohmschen Widerstand des Stromkreises bedeutet, so gilt auch:

$$\mathfrak{E} = i^2_{mom} \cdot w .$$

Während der sehr kurzen Zeit dt wird von einem Wechselstrom dieser Leistung in dem Widerstand w die Wärmemenge

$$dA = i^2_{mom} \cdot w \; \; dt \; \text{Joule}$$

entwickelt. Diese Wärmemenge ist nach den Ausführungen auf S. 18 ein Äquivalent für die vom Strom geleistete Arbeit. Setzt man in die letzte Formel an Stelle des Momentanwertes von i dessen Maximalwert ein, so erhält man

$$dA = i^2_{max} \cdot \sin^2\alpha \cdot w \cdot dt \; \text{Joule}.$$

Für die während der Zeit T einer ganzen Periode geleistete Arbeit resp. entwickelte Wärmemenge ergibt die mathematische Berechnung

$$A_0^T = \tfrac{1}{2} i^2_{max} \cdot w \cdot T \; \text{Joule}.$$

Dieselbe Wärmeentwickelung wird während der Zeit T in dem nämlichen Stromkreise mit dem Widerstande w von einem Gleichstrom erzeugt, dessen Intensität i_{gl} sich aus der Formel ergibt:

$$A = i^2_{gl} \cdot w \cdot T \; \text{Joule},$$

so daß also:

$$\tfrac{1}{2} i^2_{max} \cdot w \cdot T = i^2_{gl} \cdot w \cdot T$$

ist, woraus folgt:

$$i_{gl} = \frac{i_{max}}{\sqrt{2}} = 0,707 \, i_{max}.$$

Diese Gleichung ergibt also den Wert, welchen ein Gleichstrom haben muß, um in ein und demselben Stromkreis in derselben Zeit die gleiche Arbeit zu leisten oder Wärmemenge zu entwickeln, wie ein sinusförmiger Wechselstrom, dessen Amplitude i_{max} ist, nämlich $\frac{i_{max}}{\sqrt{2}}$; diesen Wert nennt man den Effektivwert (i_{eff}) des Wechselstroms. Für eine sinusförmige Wechselspannung ergibt sich $e_{eff} = \frac{e_{max}}{\sqrt{2}}$.

Die Momentanwerte von Strom und Spannung in Wechselstromkreisen haben für die Praxis direkt wenig Interesse; allen praktischen Berechnungen z. B. werden nur die Effektivwerte von Strom und Spannung zugrunde gelegt; die in Maschinenanlagen und bei praktischen Messungen verwendeten Meßinstrumente geben auch stets den Effektivwert an.

Zu einer anderen Definition des Effektivwertes der Stromstärke, als der oben gegebenen, gelangt man, wenn man aus der obigen Gleichung für die während einer Periode geleistete Arbeit A_0^T die mittlere Leistung berechnet, indem man die Gleichung durch T dividiert; man erhält dann:

$$\mathfrak{E}_{mittel} = \frac{i_{max}^2}{2}\, w\ \text{Watt};$$

dafür kann man setzen:

$$\mathfrak{E}_{mittel} = \frac{i_{max}}{\sqrt{2}} \cdot \frac{i_{max}}{\sqrt{2}}\, w\ \text{Watt};$$

die Ausführung der Multiplikation auf der rechten Seite der letzten Gleichung zeigt ihre Übereinstimmung mit der rechten Seite der vorletzten Gleichung. Nun ist $\frac{i_{max}}{\sqrt{2}} = i_{eff}$, so daß man die effektive Stromstärke auch als diejenige definieren kann, welche ins Quadrat erhoben und mit dem Widerstand multipliziert, die mittlere Leistung ergibt, also:

$$\mathfrak{E}_{mittel} = i_{eff}^2 \cdot w\ \text{Watt}.$$

Nun ist:

$$i_{eff} \cdot w = E_{eff},$$

so daß man erhält:

$$\mathfrak{E}_{mittel} = i_{eff} \cdot E_{eff}\ \text{Watt}.$$

Man erhält also den in einem selbstinduktionsfreien Wechselstromkreise verzehrten Effekt, wenn man den mit einem Wechselstrom-Amperemeter bestimmten Effektivwert des Stromes mit dem Effektivwert der an den Enden des Kreises herrschenden Spannung multipliziert, welche mit einem Wechselstrom-Voltmeter ermittelt wurde (vgl. Abschnitt Meßinstrumente). Man kann auch $\mathfrak{E}_{mittel}$ direkt mit Hülfe eines sog. Wattmeters (vgl. S. 93 f.) messen und erhält dann natürlich einen Effekt von der gleichen Größe, als ihn das Produkt aus den Effektivwerten von Strom und Spannung, die Volt-Amperezahl, ergibt, genau wie in einem Gleichstromkreise.

Die vorstehenden Ausführungen gelten nur, so lange keine Phasenverschiebung zwischen Strom und Spannung besteht; sobald das jedoch der Fall ist, wie in Stromkreisen, welche Selbstinduktion enthalten, wird der Mittelwert des Effektes dargestellt durch die Formel:

$$\mathfrak{E}_{mittel} = i_{eff} \cdot E_{eff} \cdot \cos\varphi\ \text{Watt},$$

in welcher φ den Winkel zwischen dem Strom- und Spannungsvektor bedeutet. Diese letztere Formel für $\mathfrak{E}$ ergibt sich auf ganz ähnliche Weise, wie diejenige für induktionsfreie Stromkreise.

Bei Phasenverschiebung ist also der von einem Wattmeter angezeigte Effekt nicht gleich dem Produkte aus den Effektivwerten von Strom und Spannung; das letztere muß vielmehr noch mit dem Cosinus des Winkels der Phasenverschiebung multipliziert werden, um die Leistung zu ergeben; man nennt diesen Faktor $\cos\varphi$ daher Leistungsfaktor des Stromkreises.

Durch die Messung von Strom, Spannung und Effekt eines Wechselstromkreises läßt sich also die in demselben herrschende Phasenverschiebung berechnen aus der Gleichung:

$$\cos \varphi = \frac{\mathfrak{E}}{i_{eff} \cdot E_{eff}}.$$

Ist keine Phasenverschiebung vorhanden, wie in induktionsfreien Stromkreisen, so ist $\varphi = 0$ und $\cos \varphi = 1$; dann geht die zweite Formel für $\mathfrak{E}$ in die erstere über. Ist dagegen $\varphi = 90°$, wie es in Stromkreisen mit rein induktiver „Belastung" der Fall wäre, so ist $\cos \varphi = 90° = 0$ und infolgedessen $\mathfrak{E} = 0$. Während Ampere- und Voltmeter Strom und Spannung in einem solchen Stromkreise anzeigen, schlägt der Zeiger des Wattmeters nicht aus, man hat einen sog.

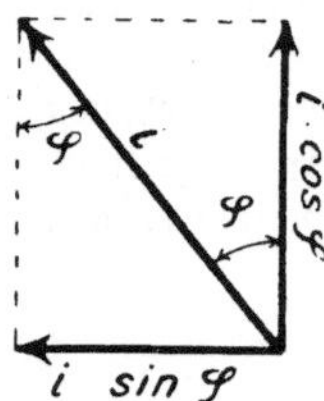

52. Zerlegung eines Stromes i in eine Wattkomponente i cos φ und in eine wattlose Komponente i sin φ.

wattlosen Strom. Bei einer Phasenverschiebung zwischen 0 und 90° kann der Strom in zwei aufeinander senkrechte Komponenten zerlegt werden (vgl. Abb. 52), von welchen die eine, $i_{eff} \cdot \cos \varphi$, mit der Spannung E_{eff} multipliziert, nach den vorstehenden Ausführungen den Effekt ergibt; man nennt diese Komponente daher die Wattkomponente. Die andere Komponente, welche für den Effekt nicht in Betracht kommt und deren Größe sich aus der Abb. 52 zu $i \cdot \sin \varphi$ ergibt, wird als wattlose Komponente bezeichnet. In der Abb. 52 wurden zur Konstruktion des Parallelogramms Effektivwerte benutzt, während bei der Bestimmung der Maschinenspannung auf S. 49 mit Hilfe des Parallelogramms Maximalwerte verwendet wurden. Da sich nach den Ausführungen auf S. 51 die Effektivwerte von den Maximalwerten nur durch den Faktor $\frac{1}{\sqrt{2}} = 0{,}707$ unterscheiden, so gelangt man bei der graphischen Ermittelung der Resultierenden aus den Komponenten oder einer Komponente aus der anderen und der Resultierenden oder bei der Bestimmung der Phasenverschiebung zu demselben Ergebnis, wenn man von Maximal- oder von Effektivwerten ausgeht; im allgemeinen ist die Verwendung der letzteren üblicher, da dieselben, wie bereits erwähnt, von den Meßinstrumenten direkt angegeben werden und auch das größere direkte praktische Interesse besitzen.

Das Ohmsche Gesetz für Wechselstrom.

Nach den Ausführungen auf S. 51 ergibt sich, daß zur Aufrechterhaltung eines Wechselstromes von der Intensität i_{eff} in einem rein Ohmschen Widerstande w eine Klemmenspannung

$$E_{eff} = i_{eff} \cdot w$$

erforderlich ist. Damit derselbe Strom in einer Spule mit der Selbstinduktion L fließt, muß die Spannung

$$E_{eff} = L \cdot \omega \cdot i_{eff}$$

an ihre Klemmen gelegt werden, wie aus der auf S. 47f. entwickelten Formel für die EMK der Selbstinduktion E_s folgt, welche von der Klemmenspannung E überwunden werden muß.[1])

Diejenige Spannung, welche erforderlich ist, um den Strom i durch einen Stromkreis zu drücken, welcher aus dem rein Ohmschen Widerstande w und einer mit diesem in Serie geschalteten Spule von der Selbstinduktion L besteht, ergibt sich graphisch aus dem in Abb. 53

---

[1]) Auf Seite 47 wurde der Momentanwert der EMK der Selbstinduktion zu

$$E_s = -L \omega \, i_{max} \cos \alpha$$

ermittelt; der Maximalwert von E_s, $E_{s_{max}}$ wird erreicht, wenn $\cos \alpha$ seinen größten Wert hat, d. i. für $\omega t = \alpha = 0$, in welchem Falle $\cos \alpha = 1$ wird, so daß

$$E_{s_{max}} = -L \omega \cdot i_{max}$$

ist; daraus ergibt sich durch Multiplikation mit $\frac{1}{\sqrt{2}} = 0{,}707$ auf beiden Seiten

$$E_{s_{eff}} = -L \omega \, i_{eff}.$$

auf S. 49 dargestellten Vektordiagramm, von welchem die für die vorliegenden Betrachtungen allein interessierenden Größen in Abb. 53 nochmals zusammengestellt sind. (In Abb. 53 ist $\alpha = 0$ angenommen, so daß sich der Vektor iw in der Nullage befindet.)

Da E_s und iw als die Seiten eines Rechtecks betrachtet werden können, zu welchem E die Diagonale bildet, so ist auch die punktiert gezeichnete Linie, welche die Endpunkte der Vektoren iw und E_s verbindet, gleich E. Für das auf diese Weise aus E_s, iw und E gebildete Dreieck (vgl. Abb. 54) gilt nach einem bekannten Satze der Planimetrie

$$E^2 = (i\,w)^2 + E_s^2,$$

und da

$$E_s^2 = (L\,\omega\,i)^2$$

ist,

$$E^2 = i^2 w^2 + L^2 \omega^2 i^2 = i^2 (w^2 + L^2 \omega^2)$$

woraus folgt:

$$i = \frac{E}{\sqrt{w^2 + L^2 \omega^2}}.$$

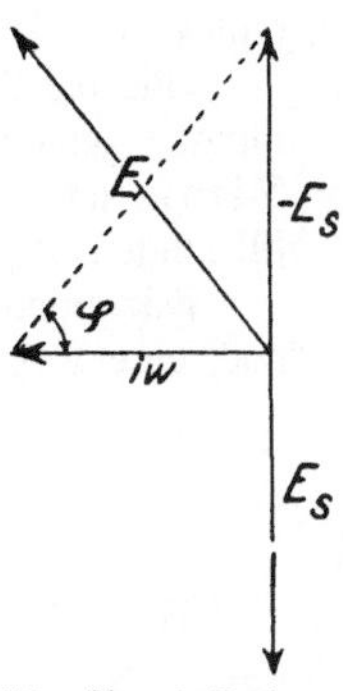

53. Spezialfall von Abb. 49 für $\alpha = 0$.

Diese Gleichung stellt das **Ohmsche Gesetz für Wechselstrom** dar; sie geht in die bekannte Form für Gleichstrom $i = \dfrac{E}{w}$ über, sobald der Stromkreis keine Selbstinduktion enthält, so daß $L\omega = 0$ ist. Der Nenner $\sqrt{w^2 + L^2\omega^2}$ wird als scheinbarer Widerstand oder Impedanz des Stromkreises bezeichnet und das Produkt $L\omega$ als induktive Reaktanz, Induktanz oder induktiver Widerstand.

Dividiert man die Seitenlängen des in Abb. 54 dargestellten Dreiecks durch i, so erhält man dasjenige der Abb. 54a (die angeschriebenen Werte ergeben sich aus den letzten Gleichungen durch einfache Rechenoperationen.) Dieses Dreieck, das sog. **Flemingsche Diagramm**, ist dem Dreieck der Abb. 54 ähnlich, also ist der Winkel zwischen den Seiten w und $\sqrt{w^2 + L^2\omega^2} = \varphi$. Dieser Phasenwinkel φ kann mithin auch mit Hilfe der Werte w und $L\omega$ bestimmt werden, da

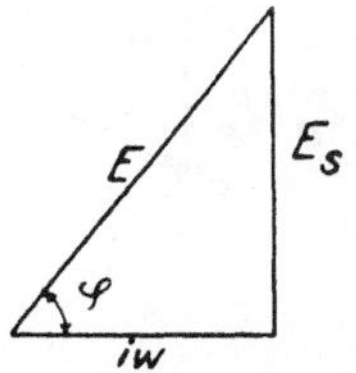

54. Besondere Darstellung der Abb. 53.

$$\operatorname{tg}\varphi = \frac{L\omega}{w}$$

ist. Oder es kann aus dieser Gleichung der Selbstinduktionskoeffizient L des Stromkreises ermittelt werden, wenn φ durch die auf S. 52 beschriebene Wattmessung und w durch eine Widerstandsmessung bekannt ist; ω ergibt sich aus der Gleichung $\omega = 2\pi\nu$ (vgl. S. 41); ist ν z. B. gleich 50, so ist $\omega = 314$.

Der Kondensator im Wechselstromkreise. In den vorstehenden Abschnitten wurden lediglich die durch die Selbstinduktion des Stromkreises oder einer besonderen Spule bedingten Wechselströme und -spannungen ermittelt. — Wird an die Belegungen eines Kondensators von der Kapazität C eine sinusförmige Wechselspannung e gelegt, so durchfließt den Kondensator ein Wechselstrom, dessen Momentanwert sich zu

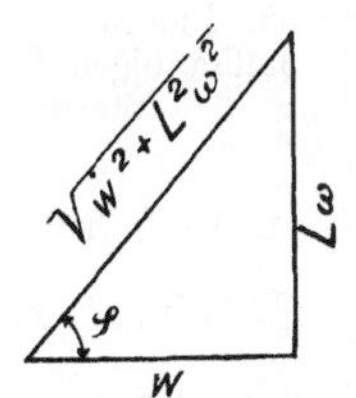

54 a. Dreieck, welches entsteht, wenn man die Seiten des Dreiecks Abb. 54 durch i dividiert.

$$i_{mom} = C \cdot \omega \cdot e_{max} \cos\alpha$$

ergibt. Der Maximalwert von i tritt ein, wenn $\alpha = 0$, also $\cos\alpha = 1$ wird, so daß

$$i_{max} = C \cdot \omega \cdot e_{max}$$

ist; daraus ergibt sich durch Multiplikation mit $\dfrac{1}{\sqrt{2}} = 0{,}707$ (vgl. S. 51)

$$i_{eff} = C \cdot \omega \cdot e_{eff}.$$

Wie die Klemmenspannung einer auf einen Eisenkern gewickelten Spule eine ihr numerisch gleiche EMK der Selbstinduktion E_s entgegenwirkt, so hat auch die Klemmenspannung eines Kondensators eine ihr numerisch gleiche, ihr entgegengerichtete Kapazitätsspannung E_c zu überwinden, deren Größe sich aus der letzten Gleichung zu

$$E_c = \frac{i}{\omega\,C}$$

ergibt.

Wie die Rechnung und die Untersuchung des zeitlichen Verlaufs der Ströme und Spannungen zeigen, eilt diese Kapazitätsspannung dem den Kondensator durchfließenden Strom um 90° voraus, im Gegensatz zur EMK der Selbstinduktion, welche nach den Ausführungen auf S. 48 dem Strome um 90° nacheilt.

Für einen Stromkreis, welcher außer dem Ohmschen Widerstande und der Selbstinduktion noch eine Kapazität enthält, wie sie z. B. Kabel besitzen, ergibt sich aus dem in Abb. 55 für diesen Fall dargestellten Diagramm[1]), nach dem Einsetzen der Werte für E_c und E_s und den erforderlichen Umformungen das vollständige Ohmsche Gesetz für Wechselstrom:

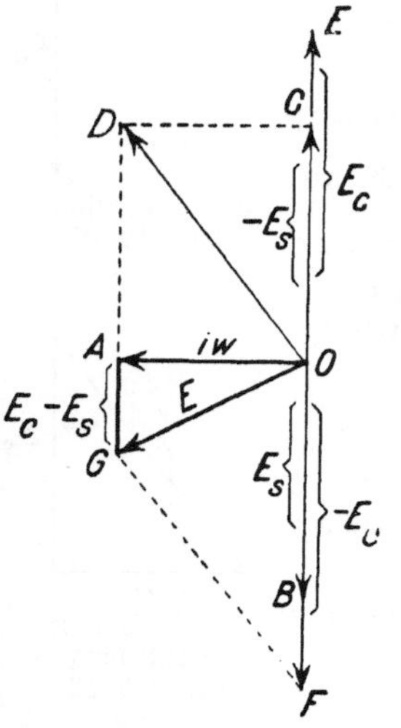

$$i = \frac{E}{\left|\sqrt{w^2 + \left(L\,\omega - \dfrac{1}{\omega\,C}\right)^2}\right.}.$$

Es gibt nun eine ganz bestimmte Periodenzahl, für welche der Klammerausdruck unter der Wurzel Null wird. Dieser Fall tritt, wie leicht ersichtlich, ein, wenn

$$\frac{1}{\omega\,C} = L\,\omega$$

ist; aus dieser Gleichung folgt,

$$\omega = \frac{1}{\sqrt{L\,C}},$$

oder, da

$$\omega = 2\,\pi\,\nu$$

ist (vgl. S. 41), die Periodenzahl

$$\nu = \frac{i}{2\,\pi\,\sqrt{L\,C}}.$$

55. Diagramm zu dem vollständigen Ohmschen Gesetz.

Dieses ist die kritische Periodenzahl, für welche der Klammerausdruck Null wird und bei welcher für den Wechselstromkreis trotz der in ihm enthaltenen Selbstinduktion und Kapazität das einfache Ohmsche Gesetz $i = \dfrac{E}{w}$ gilt, gerade als wenn es sich nur um einen Stromkreis mit reinem Ohmschen Widerstande handelte. Für diese Periodenzahl erreicht also die Stromstärke ihren höchstmöglichsten Wert.

Stromdurchflossener Leiter im magnetischen Felde.

In dem vorhergehenden Kapitel wurden die Erscheinungen erörtert, welche in Leitern auftreten, die von Kraftlinien geschnitten werden, und es wurden einige Gesetze dieser für die Elektrotechnik äußerst wichtigen Erscheinungen entwickelt. Die praktischen Anwendungen

---

[1]) Dieses Diagramm ergibt sich folgendermaßen. Hinter dem Vektor der Ohmschen Spannung i w (O A) eilt der Vektor der EMK der Selbstinduktion E_s (= O B) mit einer Phasenverschiebung von 90° her; diesem Vektor E_s muß die Klemmenspannung —E_s entgegenwirken; aus E_s und i w ergibt sich die für beide erforderliche Gesamtspannung O D. Der Vektor der Kapazitätsspannung E_c eilt dem Vektor i w um 90° voraus (vgl. oben); ihm wirkt die Klemmenspannung —E_c entgegen. Die Gesamt-Klemmenspannung E ergibt sich dann als Resultierende O G aus den beiden Komponenten O D und O F. Bei der rechnerischen Ermittelung ihrer Größe ist zu berücksichtigen, daß die Länge der Kathete A G des rechtwinkligen Dreiecks O A G gleich der Differenz E_c—E_s ist.

derselben bei der Konstruktion der Generatoren für Gleich= und Wechselstrom werden wir in einem späteren Abschnitte kennen lernen.

Wir wenden uns nunmehr der Betrachtung von Vorgängen zu, welche in engstem grund= sätzlichen Zusammenhange mit den bisher erörterten stehen und welche in der Technik eine ebenso wichtige Rolle spielen, als jene.

Bei der Untersuchung der Wirkung stromdurchflossener Leiter auf einen Magneten (vgl. S. 31) ergab sich, daß ein Magnet von einem stromdurchflossenen Leiter in Bewegung gesetzt werden kann; es wurde dabei angenommen, daß der Leiter fest und der Magnet beweglich angeordnet war. Auf S. 34 wurde aber auch bereits beiläufig erwähnt, daß ein beweglicher Stromleiter unter dem Einflusse eines Magneten eine Bewegung ausführt. Auf Grund des für alle physi= kalischen Vorgänge geltenden Gesetzes von der Wirkung und Gegenwirkung ist eine derartige Bewegung auch ohne weiteres zu erwarten. Bewegt sich ein Magnet unter dem Einfluß eines fest angeordneten stromdurchflossenen Leiters, so muß sich auch ein beweglicher Leiter unter der Wirkung eines Magneten bewegen.

Die Gesetzmäßigkeiten dieser Bewegung ergeben sich aus den folgenden Betrach= tungen. Wir nehmen einen geraden Leiter an, welcher sich in einem konstanten, homogenen Magnetfelde der in Abb. 56 dargestellten Form und Richtung befindet. Dem Leiter wird von einer außerhalb des Feldes gelegenen Spannungsquelle eine Spannung zugeführt, so daß in ihm ein Strom der angedeuteten Richtung fließt. Infolge dieses Stromes erzeugt der Leiter um sich ein Kraftlinienfeld, dessen Richtung in der Abb. 56 angedeutet ist. Dieses Feld des Stromleiters setzt sich mit dem ursprünglichen Felde des Magneten zu einem resultierenden Felde zusammen, welches in der Abb. 56 rechts vom Leiter wesentlich stärker ist als das ursprüngliche Magnetfeld und links wesentlich schwächer; denn rechts vom Leiter haben die Kraftlinien des Leiters und der Magnete gleiche Richtung, die ursprüngliche Feldstärke nimmt an dieser Stelle zu, links vom Leiter sind die beiden entgegengesetzt gerichtet und heben sich daher zum Teil auf. Die Wechselwirkung zwischen dem Kraftfeld des strom= durchflossenen Leiters und dem Magnetfelde hat also ein Überwiegen des resultierenden Feldes auf der rechten Seite über dasjenige auf der linken Seite zur Folge und damit auch eine Bewegung des stromdurchflossenen Leiters nach links. Würde bei gleicher Feldrichtung die Stromrichtung um= gekehrt sein oder bei gleicher Stromrichtung die Feldrichtung, so würde sich eine Bewegung des Leiters nach rechts ergeben.

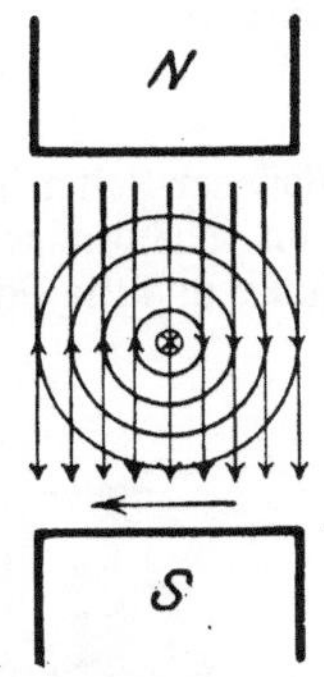

56. Beweglicher stromdurchflos= sener Leiter im ruhenden homogenen Magnetfelde.

Dreifingerregel der linken Hand. Ähnlich, wie sich mit Hilfe der Drei= fingerregel der rechten Hand aus der Richtung des Feldes und der Bewegung die Richtung der in einem bewegten Leiter induzierten EMK ermitteln läßt (vgl. S. 38), so ergibt sich die Richtung der Bewegung eines in bekannter Richtung vom Strome durchflossenen Leiters in einem Felde bekannter Richtung mit Hilfe der Dreifinger= regel der linken Hand, welche folgendermaßen lautet: Streckt man Daumen, Zeige= finger und Mittelfinger der linken Hand derartig aus, daß sie senkrecht auf= einander stehen, wie die Kanten eines Würfels, und weist der Zeigefinger in die Richtung der Kraftlinien und der Mittelfinger in diejenige des Stromes, so gibt der Daumen die Richtung der Bewegung an.

Richtung der Bewegung. Die Prüfung dieses Gesetzes kann in anschaulicher Weise an dem in Abb. 57 dargestellten Apparate, dem sog. Barlowschen Rade, erfolgen. Ein um eine horizontale Achse leicht drehbares, sternförmiges Metallrad taucht mit derjenigen Speiche, welche senkrecht nach unten ragt, in das in einer schmalen Holzrinne befindliche Quecksilber. Diese Speiche befindet sich außerdem in dem schmalen Luftzwischenraum der Pole eines Hufeisenmagneten, also in dem Kraftlinienfeld. Verbindet man die metallische Tragsäule des Rades mit dem positiven und eine mit dem Quecksilber der Rinne in leitender Verbindung stehende Klemme mit dem negativen Pol einer Spannungsquelle, so fließt ein Strom von der Tragsäule über die in das Quecksilber tauchende Speiche des Rades durch das Quecksilber und die Verbindungsleitung zur Spannungsquelle. Es befindet sich also ein beweglicher, vom Strom durchflossener Leiter — nämlich die in das Quecksilber ragende Speiche des Rades — in einem Magnetfelde; dieser Leiter muß nach den obigen Ausführungen aus dem Felde herausgedrängt werden. Tatsächlich rotiert das Rad, sobald Strom durch den Apparat fließt. Wenn nämlich eine Speiche des Rades das Quecksilber infolge der Wirkung des Feldes verläßt, taucht die folgende ein und dieser Vorgang wiederholt sich beständig, so daß eine dauernde Rotation stattfindet. Die Richtung der letzteren stimmt mit derjenigen überein, welche sich bei der herrschenden Strom- und Feldrichtung aus der oben angegebenen Regel der linken Hand ergibt.

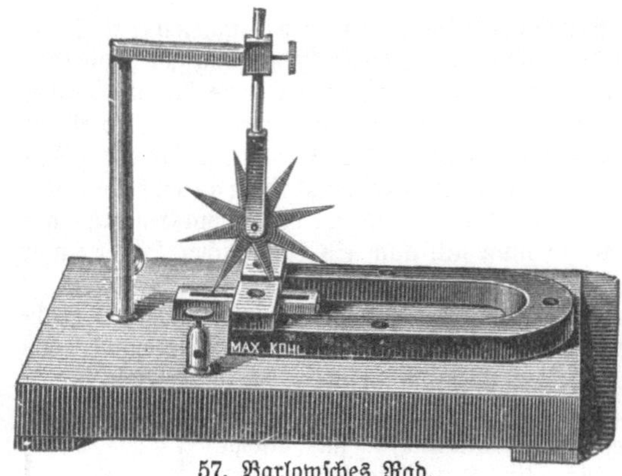

57. Barlowsches Rad.

Das hier beschriebene Prinzip zur Erzeugung dauernder Rotation liegt der Konstruktion gewisser Elektrizitätszähler, sog. Quecksilbermotorzähler, zugrunde.

In Abb. 58 ist ein Apparat dargestellt, welcher ebenfalls zur Demonstration der Bewegung stromdurchflossener Leiter im Magnetfelde dienen kann. Auf den einen Schenkel eines Hufeisenmagneten von kreisförmigem Eisenquerschnitt ist eine Hülse aus Holz aufgesetzt, welche eine mit Quecksilber gefüllte Rinne trägt. Der Magnetschenkel besitzt am oberen Ende einen kleinen Quecksilbernapf, in welchem ein Bügel aus Kupferdraht auf einer Spitze ruht; der Bügel wird von einem Gestell derart gehalten, daß er leicht um die Achse des Magnetschenkels rotieren kann. Wird dem Bügel durch die Haltevorrichtung Strom zugeführt, so verteilt sich derselbe gleichmäßig auf die beiden Arme des Bügels, deren Enden in das Quecksilber tauchen, und fließt durch das Quecksilber der Rinne wieder ab, wenn das letztere mit dem negativen Pol der Spannungsquelle verbunden wird. Werden die beiden Schenkel des Bügels vom Strom durchflossen, so rotiert der Bügel um die Achse des Magnetschenkels. Diese Rotation kommt durch die Wirkung der von dem Pol sich strahlenförmig ausbreitenden Kraftlinien auf die stromdurchflossenen Bügelarme zustande; man muß sich vorstellen, daß ein großer Teil der Kraftlinien direkt von einem Pol des Hufeisenmagneten zum anderen verläuft, dabei aber schneiden die Kraftlinien die vertikalen Leiter in horizontaler Richtung, falls sich dieselben zwischen den Polen befinden.

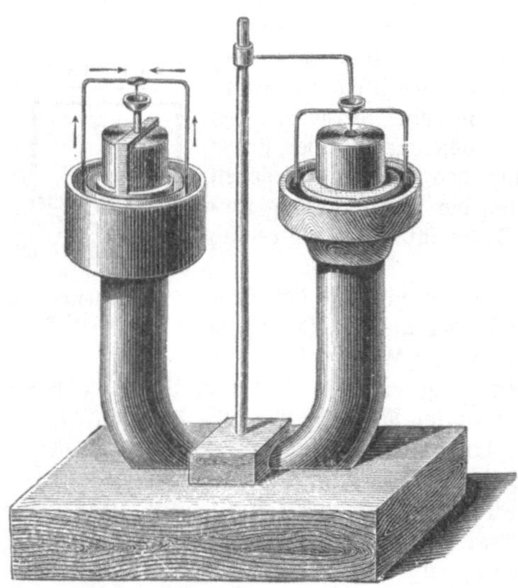

58. Apparat zum Nachweis der Bewegung stromdurchflossener Leiter in magnetischen Feldern.

Einige Streulinien treten aber auch nach allen anderen Richtungen horizontal und schräg aus und schneiden dabei auch die gerade nicht in der Ebene der beiden Pole befindlichen Bügelarme. Nehmen wir z. B. an, der in Frage stehende Pol sei ein Nordpol und das Gestell sei mit dem positiven Pol der Spannungsquelle verbunden, so daß also der Strom von oben in den Bügel träte, so würde eine beständige Rotation des Bügels im Uhrzeigersinne zustande kommen, wie die Prüfung des in Abb. 59 dargestellten Schemas des Vorganges mit Hilfe der Dreifingerregel der linken Hand ergibt.

Auf dem zweiten Schenkel des Magneten befindet sich an Stelle der Holzhülse eine ringförmige Rinne aus Zink. In derselben schwebt ein zur Rinne konzentrischer Kupferring, welcher an einem Bügel derartig aufgehängt ist, daß er um die Achse des Magnetschenkels frei rotieren kann. Wird die Zinkrinne mit verdünnter Schwefelsäure gefüllt, so stellt die erstere mit dem in ihr schwebenden Kupferring ein galvanisches Element dar, dessen äußerer Stromkreis aus dem kupfernen Aufhängebügel des Kupferringes und dem mit diesem in metallischer Verbindung stehenden Zinkbügel gebildet wird, mit welchem die Zinkrinne auf dem Magnetschenkel ruht. Die Abb. 60 zeigt einen schematischen Schnitt durch diesen Teil des Apparates. Da wir annahmen, daß der vorher betrachtete Magnetschenkel einen Nordpol darstellt, so haben wir also hier einen Südpol. Die

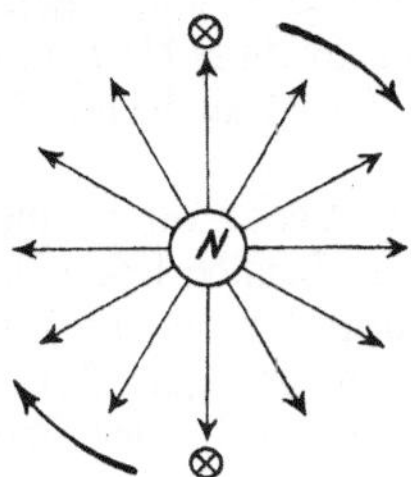

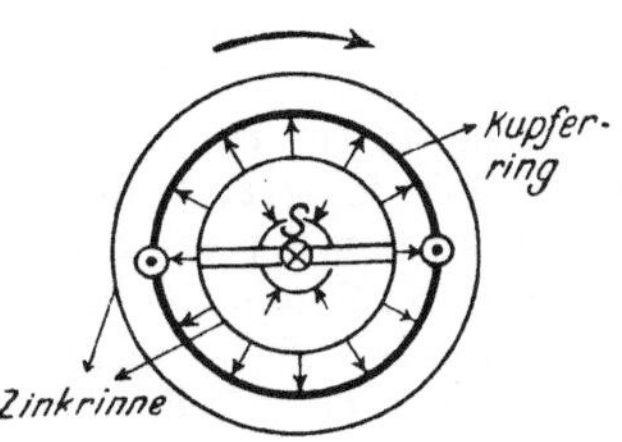

59. Schema zu den Vorgängen am Nordpol des in Abb. 58 dargestellten Apparates.

60. Schema zu den Vorgängen am Südpol des in Abb. 58 dargestellten Apparates.

Kraftlinienverteilung ist ähnlich derjenigen am Nordpol, die Richtung der Linien ist naturgemäß hier entgegengesetzt, wie dort; und zwar laufen dieselben auf den Südpol zu, wie die inneren Pfeile andeuten. Da außerhalb des Elements der Strom vom Kupfer zum Zink fließt, also in den beiden Bügelhälften von unten nach oben, so sind auf dieser Apparathälfte sowohl Stromals auch Kraftlinienrichtung umgekehrt, als auf der zuerst betrachteten Hälfte; die Richtung der Rotation ist also in beiden Fällen die gleiche. (Die äußeren radialen Pfeile in Abb. 60 geben die Stromrichtung innerhalb des Elements an.)

Auch das Prinzip des ersteren dieser beiden soeben beschriebenen Rotationsapparate ist in der Elektrotechnik praktisch verwandt worden. Allerdings nicht in erster Linie, um eine rotierende Bewegung zu erhalten, sondern vielmehr umgekehrt, bei erzwungener Rotation zur Erzeugung einer EMK in dem rotierenden Leiter, in der sog. Unipolarmaschine. Nun können aber alle jene Vorrichtungen, welche zur Erzeugung von elektromotorischen Kräften durch Rotation von Leitern in magnetischen Feldern dienen, auch zur Gewinnung einer rotierenden Bewegung verwendet werden, wenn man diesen Leitern von einer äußeren Spannungsquelle Spannung zuführt. Jede Dynamo läuft auf diese Weise als Motor und in den Wickelungen jedes Motors entsteht bei jeder auf irgendeine Weise bewirkten Rotation des Ankers eine EMK nach den auf S. 37 ff. entwickelten Gesetzen.

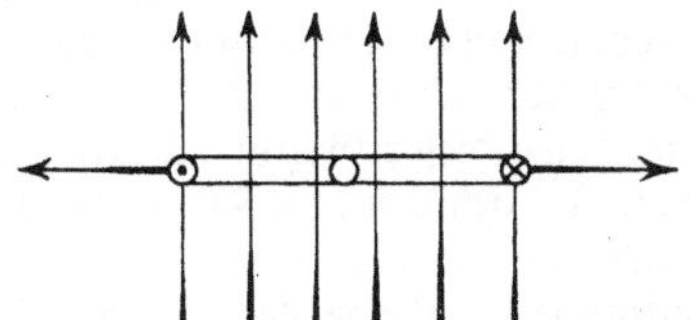

61. Stromdurchflossene, um eine Achse drehbare Windung in einem homogenen, ruhenden Magnetfeld, dessen Richtung senkrecht auf der Ebene der Windung steht.

Bei der praktischen Ausnutzung der auf stromdurchflossene Leiter in magnetischen Feldern ausgeübten Kräfte für Antriebsmaschinen irgendwelcher Art handelt es sich fast ausschließlich darum, eine dauernde Rotation zu erhalten. Zu diesem Zwecke können die stromdurchflossenen Leiter in Windungen symmetrisch zu einer Achse angeordnet werden, ähnlich, wie es die Abb. 44 auf S. 41 für eine einzige Windung zeigt. Der dort eingezeichnete Pfeil für die Richtung der Rotation hat im vorliegenden Falle keine Gültigkeit; vielmehr kommt eine Bewegung gerade im entgegengesetzten Sinne zustande, falls das Feld und der in dem Leiter fließende, hier durch eine äußere Spannungsquelle verursachte Strom dieselbe Richtung haben wie dort. Die auf die beiden Hälften einer Windung ausgeübten Zugkräfte wirken in demselben Sinne und unterstützen sich daher.

Sobald eine, immer im gleichen Sinne vom Strome durchflossene Windung jedoch eine derartige Lage in einem Magnetfelde einnimmt, daß die Kraftlinien desselben ihre Ebene senkrecht durchdringen, so wird kein Drehmoment mehr auf die Windung ausgeübt; die Kräfte wirken jetzt auf jeder Hälfte der Windung in deren Ebene in diametral entgegengesetzten Richtungen, wie die Abb. 61 zeigt. Falls der Körper, welcher eine Windung oder mehrere in derselben Ebene angeordnete und hintereinander vom Strom durchflossene Windungen trägt — der Anker — vermöge seiner lebendigen Kraft die Windungen über diese kritische Lage hinausträgt, so würden nunmehr auf diese Windungen Kräfte ausgeübt, welche eine Rückwärtsdrehung in die vorerwähnte kritische Lage bewirken, wie eine Überlegung auf Grund der bekannten Regeln ergibt. Wird jedoch die Stromrichtung in den Windungen gewechselt, sobald die letzteren infolge ihrer lebendigen Kraft oder infolge anderer Wirkung die kritische Lage überschreiten, so ist eine dauernde Rotation gewährleistet. Die Mittel zu dieser Stromwendung oder Kommutierung werden auf S. 108 besprochen.

Die Größe der Kräfte, welche auf stromdurchflossene Leiter im magnetischen Felde ausgeübt werden, ergeben sich aus dem auf S. 33 erwähnten Grundgesetze von Laplace und Biot-Savart: Fließt ein Strom von der Intensität i abs. Einheiten durch einen geraden Leiter von 1 cm Länge, welcher sich in einem magnetischen Felde von der Intensität $\mathfrak{H}$ Linien pro Quadratzentimeter senkrecht zu dessen Kraftlinien befindet, so wird auf diesen Leiter eine Kraft

$$f = \mathfrak{H} \cdot i_{abs.} \cdot 1 \text{ Dyn}$$

ausgeübt; setzt man in diese Formel die Stromstärke in Ampere ein und berücksichtigt, daß 1 Dyn $= \dfrac{1}{981\,000}$ kg ist, so erhält man

$$f = \frac{\mathfrak{H} \cdot i \cdot 1}{981\,000 \cdot 10} \text{ kg.}$$

Beträgt der Abstand des rotierenden Leiters von seiner Drehachse r cm $\left(= \dfrac{r}{100} \text{ m}\right)$, so ist das auf den Leiter im Felde ausgeübte Drehmoment (= Kraft mal Hebelarm)

$$M = r \cdot f = \frac{\mathfrak{H} \cdot i \cdot 1 \cdot r}{981\,000 \cdot 100 \cdot 10} \text{ mkg.}$$

Die Gegenelektromotorische Kraft. Bei der Rotation stromdurchflossener Leiter im magnetischen Felde wird in diesen Leitern eine EMK induziert nach den gleichen Gesetzen, welche auf S. 41ff. für stromlose Leiter entwickelt wurden. Wie aus den Bemerkungen auf S. 55 hervorgeht und wie die Anwendung der bekannten Richtungsgesetze ergibt, ist die in dem rotierenden Leiter induzierte EMK dem die Rotation bewirkenden Strome stets entgegengerichtet. Die Folge dieser Gegen-EMK ist, daß der die Windungen eines in Bewegung befindlichen Motors durchfließende Strom nicht diejenige Intensität erreicht, welche der an die Klemmen des Motors gelegten Spannung, der Klemmenspannung E und dem Widerstande der Wickelung entspricht. Solange der Anker des Motors etwa festgehalten wird, ist der Strom natürlich durch das Ohmsche Gesetz $i = \dfrac{E}{w}$ gegeben. Sobald sich der Anker jedoch in Bewegung befindet, wirkt der Klemmenspannung E die in der Wickelung bei der Rotation erzeugte Gegen-EMK E_g entgegen, so daß für die Berechnung der Stromstärke nur die Differenz $E - E_g$ in Frage kommt. Die Stromstärke ergibt sich also zu

$$i = \frac{E - E_g}{w} \text{ Amp.}$$

Gegen-EMK und Drehmoment. Das von einem Motor ausgeübte Drehmoment ist während des gleichmäßigen Betriebs, d. h. im Beharrungszustande, numerisch gleich dem von der Last ausgeübten, entgegengesetzt gerichteten Drehmoment. Aus der oben für die Größe des Drehmoments angegebenen Formel, auf deren rechten Seite außer der Stromstärke i nur konstante Größen stehen, folgt, daß sich die Intensität des in den rotierenden Windungen fließenden Stromes stets nach dem Drehmoment einstellt. Die Ursache für diese wichtige Erscheinung ist die in den rotierenden Windungen induzierte Gegen-EMK. Wenn nämlich die Belastung des Motors beispielsweise plötzlich verringert wird, so fließt wenigstens eine kurze Zeitlang noch ein Strom derjenigen Intensität, welcher der bisherigen höheren

Belastung und damit dem größeren Drehmoment entspricht, welcher also für das neue Drehmoment zu groß ist. Die Folge davon ist eine plötzliche Zunahme der Tourenzahl des Motors und damit ein Anwachsen der Gegen=EMK. Die Steigerung der letzteren bedeutet aber eine Verringerung der für die Stromstärke maßgebenden Spannungsdifferenz $E\,E_g$, und damit der Stromstärke selbst. Die Gegen=EMK wächst so lange an, bis diejenige Stromstärke erreicht ist, welche für das im Beharrungszustande herrschende neue Drehmoment erforderlich ist. Andererseits tritt bei einer Zunahme der Belastung in entsprechender Weise eine Abnahme der Gegen=EMK und demzufolge ein Anwachsen der Stromstärke ein, bis die durch das vergrößerte Drehmoment geforderte Stromstärke erreicht ist. Die Gegen=EMK wirkt also gewissermaßen als Regulator für die Stromstärke, sie bewirkt, daß sich stets diejenige Stromstärke einstellt, welche zur Schaffung des jeweiligen Drehmoments erforderlich ist.

Ein ganz entsprechender Vorgang findet statt, wenn Wickelungen, welche in Magnetfeldern infolge eines äußeren Antriebs rotieren und in welchen daher eine EMK induziert wird, über einen äußeren Stromverbraucher geschlossen werden. Solange die Wickelungen an ihren Enden nicht durch irgendeinen Leiter verbunden sind, wird zur Rotation derselben die gleiche Arbeit verbraucht, ob die Wickelungen in einem magnetischen Felde rotieren oder in einem Luftraum, welcher von keinerlei Kraftlinien durchsetzt wird. Im ersteren Falle wird lediglich eine EMK in der Wickelung induziert, ein Strom kann natürlich nicht zustande kommen. Werden jedoch die Enden der Wickelung durch einen Leiter verbunden, so bewirkt die in der Wickelung induzierte EMK naturgemäß einen Strom. Es liegt also dann der in diesem Abschnitte eingehend erörterte Fall vor: eine stromdurchflossene Windung im magnetischen Felde. Die Überlegung ergibt, wie nach dem Gesetze von der Erhaltung der Energie nicht anders zu erwarten ist, daß das Drehmoment, welches die stromdurchflossenen Windungen erzeugen, demjenigen entgegengerichtet ist, welches zur Rotation der Windungen durch die äußere Antriebsvorrichtung aufgewendet werden muß. Im Beharrungszustande ist die zur Rotation eines Generators (Spannungserzeugers) von der Antriebsmaschine (Dampfmaschine, Turbine usw.) aufzuwendende mechanische Leistung, abgesehen von den elektrischen und mechanischen Verlusten gleich der von dem Generator abgegebenen elektrischen Leistung.

Elektrodynamische Wirkung stromdurchflossener Leiter.

In den vorstehenden Abschnitten wurde die Wirkung magnetischer Felder auf stromlose und stromdurchflossene ruhende und in Bewegung befindliche Leiter dargestellt. Es bleibt nun noch die Wirkung stromdurchflossener Leiter aufeinander zu betrachten.

Nach den Ausführungen auf S. 32 verhalten sich stromdurchflossene Drahtschleifen und Spulen wie Magnete. Es ist daher auch verständlich, daß zwei stromdurchflossene Drahtschleifen oder Spulen wie zwei Magnete eine anziehende oder abstoßende Wirkung aufeinander ausüben. Ob in einem bestimmten Falle eine Anziehung oder Abstoßung stattfinden wird, läßt sich mit Hilfe der auf S. 32 gegebenen Regel zur Ermittelung der Richtung der von stromdurchflossenen Drahtschleifen oder Spulen erzeugten Kraftlinien vorausbestimmen. Die Richtung der Kraftlinien gibt an, welchen magnetischen Polen die benachbarten Endflächen zweier Spulen entsprechen, und daraus folgt dann die Art der Wirkung. Stehen sich Endflächen gleicher Polarität gegenüber, so stoßen sich die Spulen ab, im anderen Falle ziehen sie sich an.

Natürlich üben auch einfach stromdurchflossene Leiter eine solche elektrodynamische Wirkung aufeinander aus. Auf S. 32 ist das von zwei parallelen, in gleichem Sinne vom Strome durchflossenen Leitern erzeugte gemeinsame Kraftfeld dargestellt; zwischen den beiden Leitern ist, wie die Abb. 35 zeigt, eine wesentlich geringere Felddichte, als außerhalb desselben. Nach den früheren Ausführungen ist in der Richtung der Kraftlinien ein Zug vorhanden, infolgedessen sich die Kraftlinien stets zu verkürzen suchen, während senkrecht zu ihnen ein Druck herrscht, der ihre gegenseitige Abstoßung verursacht. Die Berechnung ergibt als Größe der beiden Kräfte $\frac{\mu}{8\pi}\mathfrak{H}^2$, also in Luft ($\mu=1$), $\frac{\mathfrak{H}^2}{8\pi}$, d. h. die Kräfte sind dem Quadrate der Feldstärke ($\mathfrak{H}$) proportional. Nach den vorstehenden Ausführungen muß also der Zug in der Richtung der Kraftlinien zwischen den beiden, im gleichen Sinne vom Strome durchflossenen parallelen Leitern geringer sein als außerhalb desselben; infolgedessen werden die Leiter gegeneinander gedrückt. Diese Annäherung erscheint als gegenseitige Anziehung paralleler, im gleichen Sinne vom Strome durchflossener Leiter.

Sind die Ströme einander entgegengerichtet, so haben die Kraftlinien beider Leiter in dem Zwischenraum zwischen den letzteren gleiche Richtung und addieren sich. Die Feldstärke ist daher zwischen den Leitern größer, als außerhalb derselben und demzufolge überwiegt nach den vorstehenden Ausführungen die gegenseitige Abstoßung der Kraftlinien zwischen den Leitern über diejenige außerhalb derselben. Die von entgegengesetzt gerichteten Strömen durchflossenen parallelen Leiter werden daher auseinandergedrängt, sie stoßen sich gegenseitig ab.

Die hier festgestellten Wirkungen stromdurchflossener Leiter aufeinander werden meistens kurz in den Satz zusammengefaßt: Gleichgerichtete Ströme ziehen sich an, entgegengesetzt gerichtete Ströme stoßen sich ab.

Das Amperesche Gestell. Experimentell läßt sich die Wirkung stromdurchflossener Leiter aufeinander mit Hilfe des in Abb. 62 dargestellten rechteckigen Drahtbügels nachweisen. Derselbe ist in einer Spitze frei beweglich aufgehängt, so daß er eine Drehung um eine vertikale Achse ausführen kann. Von den freien, nahe bis zur vertikalen Drehachse zusammengeführten Enden des Bügels taucht

62. Amperesches Gestell.

jedes in eine mit Quecksilber gefüllte, halbringförmige Rinne, welche beide voneinander isoliert sind. Die beiden Rinnen werden mit einer geeigneten Spannungsquelle verbunden, so daß ein Strom von der einen Rinne über den Bügel zur anderen fließt. Wird nun einem der vertikal stehenden Leiterteile des Gestells ein ihm paralleler, stromdurchflossener Leiter genähert, so wird der Drahtbügel angezogen, wenn die Stromrichtung in dem geraden Leiter dieselbe ist, wie in dem benachbarten parallelen Bügelteil, er wird abgestoßen, wenn die beiden Ströme entgegengesetzt verlaufen.

Der vorstehend beschriebene einfache Apparat wurde zuerst von Ampere zur Demonstration des gegenseitigen Verhaltens stromdurchflossener Leiter benutzt und führt daher den Namen Amperesches Gestell.

Rogetsche Spirale. Auch die in Abb. 63 dargestellte Vorrichtung kann zum Nachweis der Anziehung benutzt werden, welche in gleicher Richtung vom Strome durchflossene Leiter aufeinander ausüben. Ein zu einer federnden Spirale aufgewickelter Draht ist mit seinem oberen Ende an einem Gestell befestigt, während das untere, mit einem kleinen Gewicht belastete Ende in einen Napf mit Quecksilber taucht. Wird das eingespannte Drahtende mit dem einen und das Quecksilber mit dem anderen Pole einer Spannungsquelle verbunden, so fließt ein Strom durch die Spirale. Die einzelnen Windungen derselben stellen vom Strome in gleicher Richtung durchflossene parallele Leiter dar, welche sich nach den obigen Ausführungen gegenseitig anziehen. Die Spirale zieht sich also zusammen, sobald sie vom Strome durchflossen wird; dabei wird die Berührung des unteren Drahtendes mit dem Quecksilber unterbrochen, die Spirale wird infolgedessen stromlos und das Gewicht am unteren Ende zieht sie wieder auseinander, bis ein neuer Stromschluß durch die Berührung zwischen dem unteren Ende der Spirale und dem Quecksilber eintritt und sich der geschilderte Vorgang wiederholt. Diese unter dem Namen Rogetsche Spirale bekannte Vorrichtung stellt also einen automatischen Stromunterbrecher dar.

Eine der wichtigsten praktischen Anwendungen finden die elektrodynamischen Wirkungen stromdurchflossener Leiter aufeinander bei der Konstruktion der elektrodynamischen Meßinstrumente — Voltmeter, Amperemeter und Wattmeter — welche auf S. 93ff. eingehend behandelt werden.

Das Lenzsche Gesetz.

Die in den vorstehenden Abschnitten behandelten Erscheinungen der Induktion werden von einem gemeinsamen Gesetze beherrscht, welches als ein besonderer Ausdruck des Gesetzes von der Gleichheit von Wirkung und Gegenwirkung zu betrachten ist. Dieses, von Lenz im Jahre 1834 aufgestellte und nach ihm benannte Gesetz lautet:

Der induzierte Strom hat stets eine solche Richtung, daß die Kraftlinien**änderung,** welcher er seine Entstehung verdankt, vermindert wird.

Als besondere Beispiele für die Prüfung dieses Gesetzes sei verwiesen auf die geschilderten Vorgänge bei der gegenseitigen Induktion (S. 42), auf die in den in Magnetfeldern rotierenden Leitern induzierte Gegen-EMK (S. 58) das in Generatoren auftretende, dem Drehmoment der Antriebsmaschinen entgegenwirkende Drehmoment (S. 59).

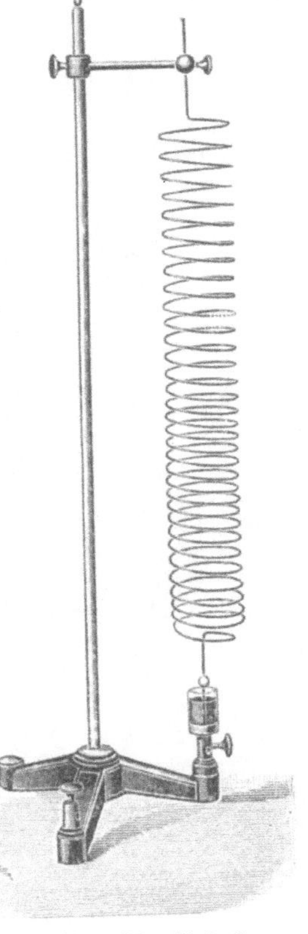

63. Rogetsche Spirale.

Sehr augenfällig läßt sich die Richtigkeit des Gesetzes mit dem in Abb. 64 dargestellten Apparat, dem sog. v. Waltenhofenschen Pendel nachweisen. Zwischen den Polen eines Elektromagneten vermag eine Kupferscheibe Pendelschwingungen auszuführen. Wird der Elektromagnet erregt, während sich die Kupferscheibe in Schwingungen befindet, so hemmt dieselbe plötzlich ihre Bewegung, sobald sie in die Nähe der Pole gelangt und gleitet dann ganz langsam in ihre Ruhelage, als wenn sie sich in einer breiigen Masse befände. Dieses Verhalten ist durch die Foucaultströme (vgl. S. 43) zu erklären, welche in dem bewegten Kupferstück entstehen, sobald dasselbe in das Kraftlinienfeld des Elektromagneten eintritt. Infolge der Wechselwirkung zwischen der stromdurchflossenen Kupferscheibe und dem Magnetfelde wird auf die erstere eine Kraft ausgeübt, welche nach den oben gegebenen Regeln der ursprünglichen Bewegung entgegengerichtet ist, also in Übereinstimmung mit dem Sinn des Lenzschen Gesetzes.

Das Prinzip der beschriebenen Erscheinung hat mehrfach praktische Anwendung gefunden, so z. B. bei den sog. Wirbelstrombremsen, ferner zur Dämpfung der Bewegung rotierender Metallscheiben in Meßinstrumenten (Ferrarisinstrumenten, vgl. S. 98). Zählern usw.

Die ersten Beobachtungen von Erscheinungen, welche durch das Lenzsche Gesetz bedingt sind, wurden im Jahre 1824 von Arago beschrieben. Er hatte gefunden, daß die Schwingungen einer Magnetnadel dadurch gedämpft werden können, daß man die Nadel über oder unter einer Kupferplatte aufstellt und später gelang ihm auch der Nachweis, daß ein horizontale gelagerte, ruhende Magnetnadel in Rotation versetzt wird, wenn eine Kupferscheibe um die Drehungsachse der Nadel in der Nähe der letzteren schnell rotiert (vgl. Abb. 65, Aragosche Scheibe). — Die erstere Wirkung kommt dadurch zustande, daß die schwingende Nadel in der Kupferplatte Ströme induziert, welche ihre Bewegungen hemmt. Auch die Rotation der Magnetnadel ist auf die Induktionsströme zurückzuführen, welche infolge der Relativbewegung zwischen Scheibe und Nadel in der ersteren entstehen; da die Nadel die zwangsläufige Bewegung der Scheibe nicht zu hemmen vermag, so wird sie mitgeführt, wodurch die Relativbewegung verzögert und die Zahl der Kraftlinienschnitte verringert wird, wie es nach dem Lenzschen Gesetze zu erwarten ist.

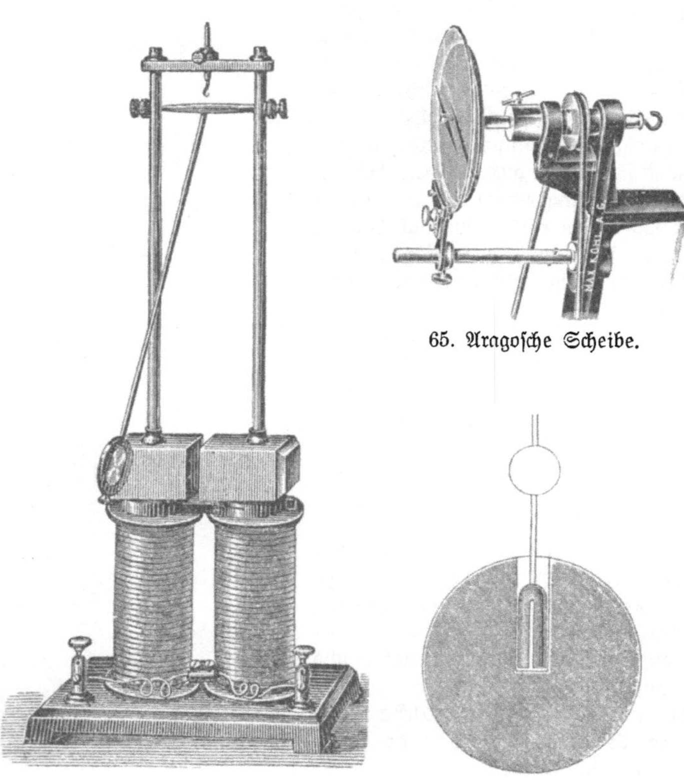

65. Aragosche Scheibe.

64. Waltenhofens Apparat.   66. Siemensscher Glockenmagnet.

Auch diese Dämpfung der Schwingungen von Magneten im Bereiche von Metallmassen findet in der Praxis speziell im Meßinstrumentenbau Anwendung. So läßt man bestimmte Magnete von Galvanometern, welche wegen ihrer Form den Namen Glockenmagneten führen, in einem massiven Kupferblock schwingen (vgl. Abb. 66), um ihre Schwingungen bei der Einstellung, welche die Messungen erschweren, zu „dämpfen". Bei den sog. Drehspulengalvanometern (vgl. S. 90f.) befindet sich die vom Strome durchflossene Wickelung auf einem Metallrähmchen, welches sich mit der Wickelung im Felde eines permanenten Magneten bewegt. In diesem Rähmchen werden Induktionsströme erzeugt, sobald die Spule aus ihrer Ruhelage abgelenkt wird; um die Dämpfung der Bewegung, welche durch die Intensität der Induktionsströme und damit durch den Widerstand des Stromweges bedingt ist, auf ein bestimmtes Maß zu beschränken, ist das Rähmchen mit einem Schlitz senkrecht zum Stromweg versehen und dieser Schlitz ist durch einen Draht von entsprechendem Widerstande überbrückt.

Das absolute Maßsystem.

Von Oberingenieur **Dr. W. Hechler.**

Mechanische Einheiten. — Geschwindigkeit. — Beschleunigung. — Kraft. — Arbeit. — Leistung oder Effekt. S. 63.

Magnetische Größen. Polstärke. — Feldstärke. — Kraftlinienzahl. S. 65.

Elektrische Größen. Elektromotorische Kraft, Spannung. — Stromstärke. — Widerstand. — Elektrostatische Einheit der Stromstärke. — Verhältnis der elektrostatischen zu den elektromagnetischen Einheiten. S. 65.

Mechanische Einheiten.

Im folgenden sind die wichtigsten absoluten Einheiten kurz abgeleitet und die Beziehungen zu den praktischen Einheiten zusammengestellt, welche sich aus den im vorstehenden Abschnitte entwickelten Gesetzmäßigkeiten ergeben und auch dort zum Teile bereits behandelt wurden.

Im absoluten Maßsystem werden alle Begriffe auf die angenommene Einheit der Länge (l), Masse (m) und Zeit (t) zurückgeführt. Einen Ausdruck, welcher nur aus diesen Grundeinheiten zusammengesetzt ist, nennt man Dimension.

Als Einheit der Länge wird im absoluten Maßsystem das Zentimeter (cm) angenommen, als Einheit der Masse das Gramm (g) und als Einheit der Zeit die Sekunde (sec).

Ein Zentimeter ist der 100. Teil des in Paris aufbewahrten Normalmaßstabes, welcher selbst ungefähr gleich dem 10 millionsten Teil des Erdquadranten ist. Ein Gramm ist die Masse eines Kubikzentimeters Wasser bei 4° C und 760 mm Barometerstand. Eine Sekunde ist der 86400. Teil eines mittleren Sonnentags.

Aus diesen Grundeinheiten werden die Dimensionen der folgenden Begriffe der Mechanik abgeleitet, von welchen einige bei der Entwickelung der absoluten elektrischen Maßeinheiten verwendet werden.

Zur Unterscheidung von gewöhnlichen Beziehungsgleichungen pflegt man die beiden Seiten von Dimensionsgleichungen in eckige Klammern einzuschließen.

Geschwindigkeit ist der in der Zeiteinheit zurückgelegte Weg:

$$c = \frac{l}{t};$$

die Dimension der Geschwindigkeit ist:

$$[c] = [l \cdot t^{-1}].$$

Beschleunigung ist die Geschwindigkeitsänderung pro Zeiteinheit:

$$p = \frac{c}{t};$$

die Dimension der Beschleunigung ergibt sich zu:

$$[p] = \frac{[l \cdot t^{-1}]}{[t]} = [l \cdot t^{-2}].$$

Kraft ist gleich dem Produkte aus Masse und der ihr erteilten Beschleunigung, also

$$f = m \cdot d;$$

die Dimension von f erhält man also durch Einsetzen derjenigen von p in die vorstehende Formel zu

$$[f] = [m \cdot l \cdot t^{-2}].$$

Die absolute Einheit der Kraft, also diejenige, welche der Masse 1 die Beschleunigung 1 erteilt, heißt 1 Dyn. Es ist

$$1 \text{ Dyn} = g \cdot cm \cdot sec^{-2}.$$

Die Kraft, mit welcher die Masse m auf ihre Unterlage drückt, das Gewicht, ist

$$f = m \cdot g;$$

hier ist g die sog. Erdbeschleunigung, $981 \frac{cm}{sec^2}$. 1 Grammgewicht ist mithin gleich 981 Dyn resp.

$$1 \text{ Dyn} = \frac{1}{981} \text{ Gramm}.$$

Arbeit. Multipliziert man die Kraft mit der Länge des Weges, auf welchem sie wirkt, so erhält man die von der Kraft geleistete Arbeit. Es ist also

$$A = f \cdot l;$$

die Dimension von A ergibt sich durch Multiplikation der Dimension von f mit l, also

$$[A] = [m \cdot l^2 \cdot t^{-2}].$$

Die absolute Einheit der Arbeit wird von ein Dyn auf der Strecke von 1 cm verrichtet und heißt Erg (oder Zentimeterdyn). Es ist also

$$1 \text{ Erg} = 1 \text{ Dyn} \cdot 1 \text{ cm} = g \cdot cm^2 \cdot sec^{-2}.$$
$$10^7 \text{ Erg nennt man 1 Joule.}$$
$$1 \text{ mkg} = 100 \text{ cm} \cdot 981\,000 \text{ Dyn} = 9{,}81 \cdot 10^7 \text{ Erg} = 9{,}81 \text{ Joule.}$$

Leistung oder Effekt. Die Arbeit pro Zeiteinheit wird als Leistung oder Effekt bezeichnet. Es ist also

$$\mathfrak{E} = \frac{A}{t}$$

und mithin die Dimension

$$[\mathfrak{E}] = [m \cdot l^2 \cdot t^{-3}].$$

Die absolute Einheit der Leistung ist das Erg pro Sekunde; 10^7 solcher Einheiten sind gleich 1 Watt oder 1 Joule pro Sekunde.

Häufig rechnet man in der Mechanik noch mit dem Begriffe Pferdestärke (PS); die Beziehung desselben zu dem in der Elektrotechnik fast ausschließlich gebrauchten Watt, resp. dessen höheren Einheiten (Kilowatt) ergibt sich mit Hilfe der vorstehend abgeleiteten Beziehungen folgendermaßen.

$$1 \frac{\text{mkg}}{\text{sec}} = 9{,}81 \frac{\text{Joule}}{\text{sec}} = 9{,}81 \text{ Watt};$$

$$1 \text{ PS} = 75 \frac{\text{mkg}}{\text{sec}},$$

mithin

$$1 \text{ PS} = 75 \cdot 9{,}81 \text{ Watt} = 736 \text{ Watt.}$$

Mit Hilfe der im vorstehenden entwickelten absoluten mechanischen Einheiten lassen sich die wichtigsten absoluten magnetischen und elektrischen Einheiten aus den in den Grundlagen behandelten Grundgesetzen wie folgt ableiten:

Magnetische Größen.

Polstärke. Nach dem Coulombschen Gesetz für Magnetismus (vgl. S. 27) ist die Kraft, mit welcher zwei Pole der Polstärke M_1 und M_2 im Abstande r aufeinander wirken,

$$\mathfrak{f} = \frac{M_1 \cdot M_2}{r^2},$$

für den Fall $M_1 = M_2$ ergibt sich

$$M = r \cdot \sqrt{\mathfrak{f}}\,;$$

setzt man für $\mathfrak{f}$ die oben abgeleitete Dimensionsformel, und für r die absolute Längeneinheit ein, so folgt:

$$[M] = [l] \cdot \left[\sqrt{l \cdot m \cdot t^{-2}}\right] = [l^{\frac{3}{2}} \cdot m^{\frac{1}{2}} \cdot t^{-1}].$$

Feldstärke. Von dem Pole M gehen nach den Ausführungen auf S. 28

$$4\,\pi\,M \text{ Kraftlinien}$$

aus. Die Feldstärke $\mathfrak{H}$ an einer bestimmten Stelle des von M herrührenden Feldes ist (vgl. S. 28)

$$\mathfrak{H} = \frac{4\,\pi\,M}{l^2}\,;$$

als Dimension von $\mathfrak{H}$ ergibt sich also unter Verwendung der oben abgeleiteten Dimensionsformel für die Polstärke sowie unter Berücksichtigung, daß $4\,\pi$ als reine Zahl dimensionslos ist:

$$[\mathfrak{H}] = \frac{[l^{\frac{3}{2}} \cdot m^{\frac{1}{2}} \cdot t^{-1}]}{[l]^2} = [l^{-\frac{1}{2}} \cdot m^{\frac{1}{2}} \cdot t^{-1}].$$

Kraftlinienzahl. Die gesamte, von einem Pol ausgehende Zahl von Kraftlinien wird mit Φ bezeichnet (vgl. S. 29); es ist dann

$$\Phi = 4\,\pi\,M\,;$$

da die reine Zahl $4\,\pi$ dimensionslos ist, so folgt, daß die Dimension von Φ gleich der Dimension von M ist, so daß

$$[\Phi] = [l^{\frac{3}{2}} \cdot m^{\frac{1}{2}} \cdot t^{-1}].$$

Elektrische Größen.

Elektromotorische Kraft (EMK), Spannung. Nach S. 37 ist die in einem Drahte induzierte EMK gleich der pro Sekunde geschnittenen Anzahl Kraftlinien, also

$$E = \frac{\Phi}{t}\,;$$

daraus ergibt sich die Dimension von E als der Quotient aus der Dimension von Φ durch t:

$$[E] = \frac{[l^{\frac{3}{2}} \cdot m^{\frac{1}{2}} \cdot t^{-1}]}{[t]} = [l^{\frac{3}{2}} \cdot m^{\frac{1}{2}} \cdot t^{-2}].$$

Wie bereits auf S. 37 ausgeführt, wird die absolute Einheit der EMK im elektromagnetischen Maßsystem (vgl. weiter unten) in einem Leiter induziert, welcher pro Sekunde eine Kraftlinie schneidet. Die praktische Einheit, das Volt, ist 10^8 mal so groß, als die absolute Einheit.

Stromstärke. Die absolute Einheit der Stromstärke läßt sich aus der auf S. 33 angegebenen Formel für die Feldstärke im Innern einer stromdurchflossenen Schleife ableiten; dieselbe ist

$$\mathfrak{H} = \frac{2\,\pi\,i}{r}\,,$$

wo r der Radius des vom Strom i durchflossenen Kreises ist. Da 2π dimensionslos ist, so erhält man die Dimension von i, wenn man diejenige von $\mathfrak{H}$ mit der absoluten Einheit der Länge multipliziert, also

$$[i] = [l^{\frac{1}{2}} \cdot m^{\frac{1}{2}} \cdot t^{-1}];$$

die praktische Einheit der Stromstärke, das Ampere, ist der 10. Teil der absoluten.

Widerstand. Nach dem Ohmschen Gesetze ist

$$w = \frac{E}{i};$$

daraus folgt die Dimension von w als der Quotient aus der Dimension von E durch diejenige von i, d. h.

$$[w] = \frac{[E]}{[i]} = \frac{[l^{\frac{3}{2}} \cdot m^{\frac{1}{2}} \cdot t^{-2}]}{[l^{\frac{1}{2}} \cdot m^{\frac{1}{2}} \cdot t^{-1}]} = [l \cdot t^{-1}];$$

der Widerstand hat also die Dimension einer Geschwindigkeit. Die Einheit des Widerstandes besitzt ein Leiter, wenn die Einheit der Spannungsdifferenz an seinen Enden die Einheit der Stromintensität in ihm hervorruft. Die praktische Einheit, das Ohm, ist 10^9 mal so groß, als diese absolute Einheit.

Im vorstehenden sind die Dimensionen der elektrischen Größen aus den Gesetzmäßigkeiten entwickelt worden, welche sich aus den magnetischen Wirkungen stromdurchflossener Leiter resp. bei der Bewegung von Leitern in magnetischen Feldern ergeben. Das auf diese Gesetzmäßigkeiten aufgebaute Maßsystem nennt man das elektromagnetische, wie bereits auf S. 34 ausgeführt wurde.

Man kann nun auch bei der Entwickelung der absoluten elektrischen Einheiten von Wirkung ruhender statischer Ladungen aufeinander ausgehen und gelangt alsdann zum elektrostatischen Maßsystem, und zwar auf folgendem Wege:

Einheit der Elektrizitätsmenge. Gemäß den Ausführungen auf S. 4 ist die zwischen zwei im Abstande r voneinander befindlichen, mit den Elektrizitätsmengen Q und Q′ geladenen Körpern wirkende Kraft nach dem Coulombschen Gesetze

$$f = \mathrm{const}\, \frac{Q \cdot Q'}{r^2};$$

setzt man in dieser Formel const $= 1$ und nimmt $Q = Q'$ an, so ergibt sich für die Kraft

$$f = \frac{Q^2}{r^2};$$

in diesem Ausdrucke sind die Dimensionen für f und r bekannt, nämlich

$$[f] = [l \cdot m \cdot t^{-2}],$$
$$[r] = [l];$$

mithin ergibt sich als Dimension der Elektrizitätsmenge

$$[Q] = [l] \cdot [\sqrt{l \cdot m \cdot t^{-2}}] = [l^{\frac{3}{2}} \cdot m^{\frac{1}{2}} \cdot t^{-1}].$$

Elektrostatische Einheit der Stromstärke. Wie auf S. 18 ausgeführt wurde, kann die Intensität eines Stromes definiert werden, als die in der Zeiteinheit durch den Querschnitt des Leiters fließende Elektrizitätsmenge. Es ist also

$$i = \frac{Q}{t};$$

da

$$[Q] = [l^{\frac{3}{2}} \cdot m^{\frac{1}{2}} \cdot t^{-1}]$$

ist, so folgt

$$[i]_{\text{elektrost.}} = \frac{[l^{\frac{3}{2}} \cdot m^{\frac{1}{2}} \cdot t^{-1}]}{[t]} = [l^{\frac{3}{2}} \cdot m^{\frac{1}{2}} \cdot t^{-2}].$$

Verhältnis der elektrostatischen zur elektromagnetischen Stromeinheit. Die Einheit der Intensität des Stromes in elektrostatischem Maßsystem ist nach vorstehendem

$$[i]_{\text{elektrost.}} = [l^{\frac{3}{2}} \cdot m^{\frac{1}{2}} \cdot t^{-2}],$$

diejenige im elektromagnetischen Maßsystem

$$[i]_{\text{elektrom.}} = [l^{\frac{1}{2}} \cdot m^{\frac{1}{2}} \cdot t^{-1}];$$

es ist also

$$[i]_{\text{elektrom.}} = c \cdot [i]_{\text{elektrost.}},$$

wo

$$c = \frac{l}{t}$$

ist. Dieser Ausdruck $c = \frac{l}{t}$ hat die Dimension einer Geschwindigkeit $[l \cdot t^{-1}]$; sein Absolutwert ist gleich der Lichtgeschwindigkeit

$$c = 3 \cdot 10^{10} \, \frac{\text{cm}}{\text{sec}}.$$

Das soeben abgeleitete Verhältnis zwischen elektrostatischer und elektromagnetischer Einheit gilt, wie bereits auf S. 34 bemerkt, sowohl für die Stromstärke, als auch für die EMK und auch für alle anderen elektrischen Größen.

Elektrische Meßmethoden und Meßinstrumente.

Von Oberingenieur **Dr. W. Hechler.**

Meßmethoden.

Widerstandsmessungen. — Widerstandsvergleichung in der Wheatstoneschen Brückenschaltung. — Messung des Widerstandes von Flüssigkeiten. — Widerstandsmessung mit dem Differentialgalvanometer. — Die Thomsonsche Doppelbrücke. Indirekte Widerstandsbestimmung durch Strom- und Spannungsmessung. Bestimmung der Temperaturerhöhung von Wicklungen mit Hilfe von Widerstandsmessungen. S. 68.

Strommessungen. — Absolute Messungen. — Voltametrische Bestimmung der Stromstärke. S. 76.

Vergleich elektromotorischer Kräfte und Spannungen. — Ermittlung der EMK durch Substitution. — Kompensationsmethoden. S. 78.

Wechselstrommessungen. — Bestimmung der Selbstinduktion. — Bestimmung der Kapazität. — Magnetische Messungen. S. 81.

Elektrische Meßinstrumente.

Einleitung. — Instrumente mit beweglichem Magnetsystem. Nadelgalvanometer. Spiegelablesung. — Allgemeines über Zeigerinstrumente. — Elektromagnetische Instrumente. Weicheiseninstrumente. Meßtransformatoren. — Drehspuleninstrumente. System Deprez d'Arsonval. — Dynamometrische Instrumente. Effektmessung in Drehstromanlagen. Einfluß äußerer Felder. — Ferrodynamische Instrumente. — Induktions- oder Ferrarisinstrumente. — Hitzdrahtinstrumente — Elektrostatische Instrumente. — Frequenzmesser. S. 85.

A. Meßmethoden.

Die elektr. Meßmethoden ermöglichen eine genaue Ermittelung elektrischer Größen wie z. B. des Widerstandes von Leitern, der EMK galvanischer Elemente, der Intensität von Strömen, der Selbstinduktion und Kapazität von Energieverbrauchern, sowie der magnetischen Eigenschaften von Materialien.

Bei den Messungen handelt es sich entweder um einen Vergleich unbekannter Größen, mit genau geeichten Normalien unter Verwendung geeigneter Schaltungen, oder aber um die Ermitelung dieser unbekannten Größen mit Hilfe von Apparaten und Instrumenten, welche die gesuchten Werte direkt abzulesen gestatten.

Die Eichung der Normalien und Normalinstrumente erfolgt auf Grund der durch internationale Vereinbarung festgelegten Vorschriften, nach welchen z. B. die praktische Einheit des Widerstandes, das Ohm, als der Widerstand einer Quecksilbersäule von 1,063 m Länge und 1 qmm Querschnitt bei 0° definiert ist, und die praktische Einheit der Stromstärke, das Ampère, als derjenige Strom, welcher in der Sekunde 1,118 mg Silber aus einer Silbersalzlösung ausscheidet, während die Einheit der Spannung aus den beiden vorerwähnten Einheiten auf Grund des Ohmschen Gesetzes gegeben ist.

I. Widerstandsmessungen.

Während zu Strom- und Spannungsmessungen im praktischen Betriebe und in vielen Fällen auch im Laboratorium direkt zeigende Instrumente Verwendung finden, bei welchen die Stellung eines Zeigers über einer Skala die Intensität des Stromes oder der Spannung angibt, sind zur direkten Bestimmung des Widerstandes, der Selbstinduktion und Kapazität fast ausschließlich besondere Meßschaltungen erforderlich, mit deren Hilfe z. B. der unbekannte Widerstand eines Leiters mit einem Widerstand genau bekannter Größe verglichen, und dadurch ermittelt werden kann.

Widerstandsvergleichung in der Wheatstoneschen Brückenschaltung. Werden vier Widerstände in der in Abb. 67 angedeuteten Weise zu einer Stromverzweigung vereinigt, welche an den beiden Punkten A und B mit einer Spannungsquelle E in Verbindung stehen, während D mit C direkt verbunden ist, so gelten nach den auf Seite 23 f. entwickelten Gesetzen die folgenden Gleichungen (die Widerstände der einzelnen Zweige und die in ihnen fließenden Ströme werden durch die Indices der Zweige voneinander unterschieden):

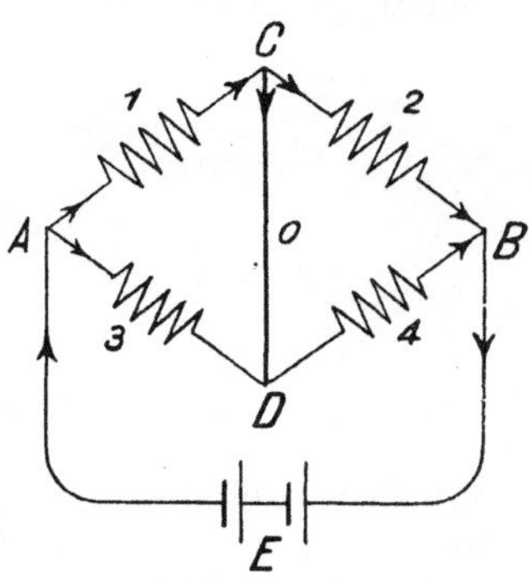

67. Brückenschaltung mit vier veränderlichen Widerständen.

$$I - i_1 - i_3 = 0 \qquad IW + i_1 w_1 + i_2 w_2 = 0$$
$$I - i_2 - i_4 = 0 \qquad IW + i_3 w_3 + i_4 w_4 = 0$$
$$i_0 + i_2 - i_1 = 0 \qquad i_1 w_1 + i_0 w_0 - i_3 w_3 = 0$$
$$i_0 + i_3 - i_4 = 0 \qquad i_0 w_0 + i_4 w_4 - i_2 w_2 = 0$$

für $i_0 = 0$ folgt aus den vorstehenden Gleichungen

$$i_1 w_1 : i_2 w_2 = i_3 w_3 : i_4 w_4 ;$$

da für $i_0 = 0$, $i_1 = i_2$, und $i_3 = i_4$ wird, so ergibt sich als Bedingung für die Stromlosigkeit des Leiters CD

$$w_1 : w_2 = w_3 : w_4.$$

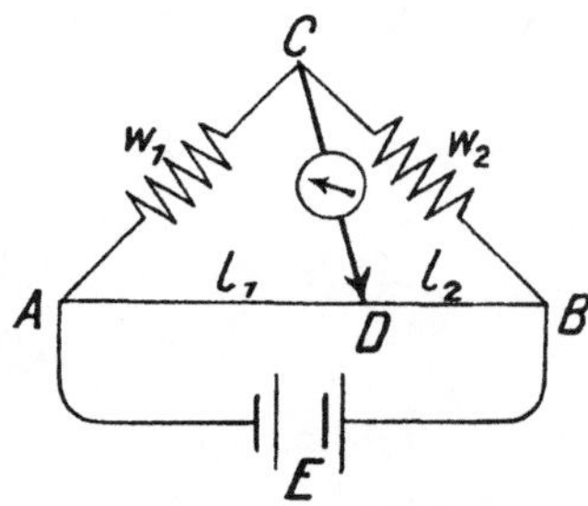

68. Brückenschaltung mit Schleifkontakt.

Ein in die Leitung CD eingeschaltetes Galvanometer (vgl. S. 86) zeigt also keinen Strom an, wenn die vorstehende Bedingung erfüllt ist. Ist dieselbe nicht erfüllt, so kann der in diesem Falle in der Leitung CD fließende Strom zum Verschwinden gebracht werden, wenn man bei unveränderlicher Größe von w_1 und w_2 das Verhältnis von $w_3 : w_4$ entsprechend ändert. Ist dieses Verhältnis bei Stromlosigkeit der Leitung CD und die Größe eines der Widerstände w_1 oder w_2, beispielsweise des letzteren bekannt, so ist der andere, also hier w_1 gegeben durch die Gleichung

$$w_1 = w_2 \frac{w_3}{w_4}.$$

Man nennt eine Stromverzweigung der betrachteten Art eine Wheatstonesche Brückenschaltung. Dieselbe dient zur Ermittelung der Größe eines unbekannten Widerstandes durch Vergleich mit einem bekannten.

Häufig wird an Stelle der Widerstände w_3 und w_4 ein gerade ausgespannter Draht von hohem Widerstand verwendet. Auf diesem Drahte (vgl. Abb. 68) läßt sich ein Schleifkontakt verschieben, welcher mit C über einen empfindlichen Stromzeiger (ein Galvanometer) verbunden ist. Man verschiebt den Gleitkontakt D solange auf dem straff ausgespannten Drahte, bis das Instrument im Zweige CD keinen Ausschlag mehr zeigt. In diesem Falle verhält sich $w_1 : w_2$, wie der Widerstand des Drahtstückes AD zu demjenigen von DB. Besteht der Draht aus vollkommen homogenem Material, und besitzt er über seine ganze Länge gleichen Querschnitt, so verhalten sich die Widerstände AD : DB wie die Längen $l_1 : l_2$. Ist also der Draht über einer Millimeterskala ausgespannt, so dient das Längenverhältnis zur Berechnung des unbekannten Widerstandes. Häufig ist die Skala direkt in dem Verhältnis $l_1 : l_2$ geteilt, so daß man nach erfolgter Einstellung des Gleitkontaktes den etwa bekannten Widerstand w_2 nur mit dem abgelesenen Verhältnis $l_1 : l_2$ zu multiplizieren braucht, um den unbekannten Widerstand w_1 zu erhalten. Eine weitere Erleichterung besteht darin, daß der Vergleichswider-

stand w_2 aus einzelnen, leicht ein= und auszuschaltenden Widerstandseinheiten von 1, 10, 100 oder 1000 Ohm besteht, so daß sich eine umständliche Rechnung erübrigt.

In manchen Fällen ist es vorteilhaft, die Batterie mit dem Galvanometer zu vertauschen, wodurch die Brückengleichung keine Änderung erfährt.

Als Spannungsquelle dient eine Batterie kleiner Trockenelemente. Dieselben werden durch einen einfachen Schalter an die Brückenverzweigung angelegt.

69. Doppel= oder Sukzessivschlüssel.

Auch in dem Galvanometerzweig befindet sich ein Schalter, welcher notwendig wird, sobald der zu messende Widerstand Selbstinduktion besitzt; in diesem Falle würde beim An= und Abschalten der Spannung in w_1 eine EMK der Selbstinduktion erzeugt werden, und demzufolge ein besonderer Strom durch das Galvanometer fließen, welcher die Messung erheblich stört. Wird die Verbindung zwischen C und D erst hergestellt, nachdem die Spannung an A und B bereits angelegt ist, resp. wird CD nach erfolgter Einstellung unterbrochen, bevor die Spannungsquelle abgeschaltet wird, so passieren die Induktionsströme das Galvanometer naturgemäß nicht. Sehr bequem lassen sich diese zeitlich aufeinanderfolgenden Ein= und Ausschaltungen mit einem sogen. Doppelschlüssel oder Sukzessivschlüssel (vgl. Abb. 69) bewerkstelligen, mit dessen Hilfe durch einen Druck auf

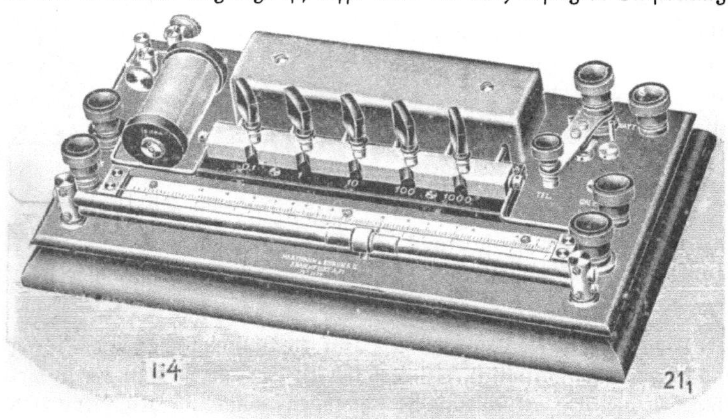

70. Universal-Meßbrücke nach F. Kohlrausch.

zwei übereinander angeordnete Kontaktfedern erst der Batteriezweig und dann der Galvanometerzweig eingeschaltet wird; die Ausschaltung geht in umgekehrter Reihenfolge vor sich.

Die Genauigkeit der Vergleichung der Widerstände w_1 und w_2 hängt von der Gleichmäßigkeit des Querschnittes des Brückendrahtes ab. Die bei ungleichem Querschnitt infolge der Benutzung des Verhältnisses $\dfrac{l_1}{l_2}$ entstehenden Meßfehler kann man durch eine Eichung des Drahtes, eine Kalibrierung, vermeiden, bei welcher auch für w_1 ein leicht veränderlicher Widerstand von genau bekannter Größe verwendet wird. Besitzt der Draht an verschiedenen Stellen ungleichen Querschnitt, so wird das Einstellungsverhältnis $\dfrac{l_1}{l_2}$ nicht mit dem Widerstandsverhältnis $\dfrac{w_1}{w_2}$ übereinstimmen. Man kann nun in ein Koordinatensystem die abgelesenen Längenverhältnisse als Abszissen und die denselben entsprechenden Widerstandsverhältnisse $\dfrac{w_1}{w_2}$ für verschiedene Einstellungen des Kontaktes D als Ordinaten auftragen.

Die Verbindungslinie der so erhaltenen Punkte liefert eine Korrektionskurve, aus welcher für irgendeine Einstellung des Gleitkontaktes D das dem Längenverhältnis $\frac{l_1}{l_2}$ entsprechende wahre Widerstandsverhältnis der Drahtabschnitte abgelesen und zur Ermittelung eines unbekannten Widerstandes verwendet werden kann.

Eine für Widerstandsmessungen häufig verwendete sog. Meßbrücke, welche einen Brückendraht mit Schleifkontakt, sowie einen Satz dekadisch abgestufter Vergleichswiderstände enthält, zeigt die in Abb. 70 dargestellte Universal-Meßbrücke nach F. Kohlrausch. Dieselbe ist sowohl zur Benutzung mit Batterie und Galvanometer eingerichtet, als auch für die noch zu beschreibende Messung mit unterbrochenem Gleichstrom und Telephon speziell für die Bestimmung des Widerstandes von Elektrolyten. Batterie, Stromzeiger resp. Telephon und der zu messende Widerstand werden durch kurze Leitungen an entsprechende Klemmen der Meßbrücke angeschlossen.

Eine sehr gedrungen gebaute Meßbrücke, welche auch noch ein empfindliches Drehspulenzeigergalvanometer als Stromzeiger enthält, ist das in Abb. 71 dargestellte Universalgalvanometer. Der Meßdraht des-

71. Universalgalvanometer.

selben ist um den Rand der Grundplatte aus Serpentin gelegt; auf ihm schleift ein Kontakt, welcher von einem, um die Achse des Instruments drehbaren Hebel getragen wird. Das Instrument dient sowohl als Meßbrücke zur Bestimmung von Widerständen und zur Ermittelung

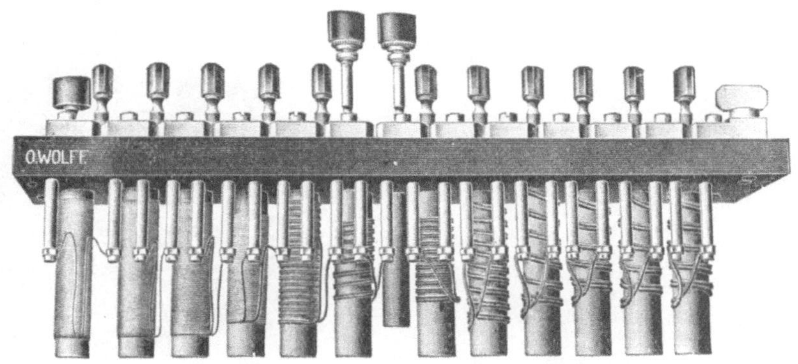

72. Widerstandsspulen eines Widerstandskastens.

des Isolationswiderstandes von Leitungen, als auch, nach bequem auszuführenden einfachen Schaltungsänderungen als Strom- und Spannungszeiger, wodurch sich sein Name rechtfertigt.

Häufig verwendet man an Stelle eines gerade ausgespannten einen, in mehreren Windungen auf eine Walze aus Serpentin oder Marmor spiralförmig gelegten Widerstandsdraht. Die Enden desselben führen zu zwei auf der Walzenachse isoliert angebrachten Metallringen, welchen die Spannung durch Kupferfedern zugeführt wird. Der Gleitkontakt wird durch ein kleines, federnd an den Draht gedrücktes Rädchen gebildet, welches sich längs der Walze auf einer Metallschiene leicht verschiebt; das Rädchen ist durch diese Schiene mit dem einen Pol der Spannungsquelle verbunden, während der andere Pol an die Verbindungsleitung zwischen w_1 und w_2 angeschlossen ist; bei dieser Schaltung ist das Galvanometer mit der Batterie vertauscht gegenüber der Schaltung nach Abb. 67. Die Einstellung dieser Walzenbrücke erfolgt durch Drehung der Walze, bis das Galvanometer, welches mit den beiden Enden des auf ihr ausgespannten Brückendrahtes in leitender Verbindung steht, keinen Ausschlag mehr zeigt. Das Längenverhältnis der durch den Gleitkontakt gebildeten Abschnitte des Brückendrahtes kann mit Hilfe einer Skala am Rande der Walze, sowie eine Teilung auf der Gleitschiene des Kontakträdchens bestimmt werden; die erstere gestattet Teile einer vollen Umdrehung abzulesen, und die letztere die Zahl der vollen Umdrehungen der Walze von einer Endstellung. Statt eines Brückendrahtes mit Schleifkontakt verwendet man besonders bei Messungen, bei welchen es auf große Genauigkeit ankommt, auch in den Zweigen 3 und 4 (Abb. 67) der Brücke fein abgestufte, regulierbare Präzisionsstöpsel- oder -Kurbelwiderstandssätze (vgl. weiter unten!).

Als Vergleichswiderstände (w_2 Abb. 67) werden zu Spulen aufgewickelte Drähte von genau bekanntem Widerstande verwendet. Diese Spulen werden „bifilar" gewickelt, indem der aufzuwindende Draht entweder in der Mitte geknickt, und dann auf den Spulenkörper aufgewunden wird, oder, indem man zwei Drähte parallel aufwickelt und ihre inneren Enden miteinander verlötet. Der Strom durchfließt nebeneinanderliegende Windungen einer der-

73. Kurbelrheostat.

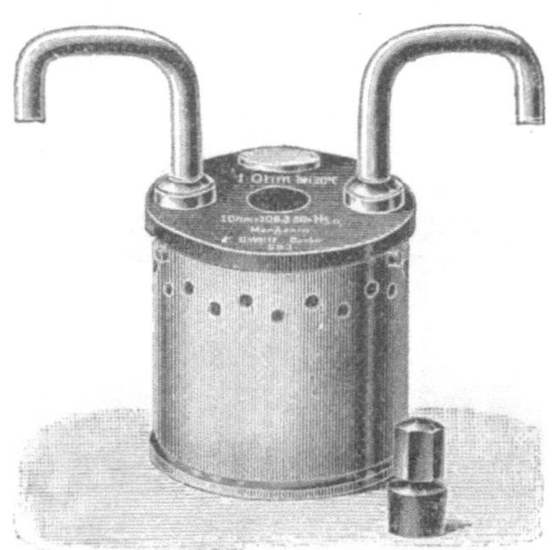

74. Widerstandsnormale
(Außenansicht).

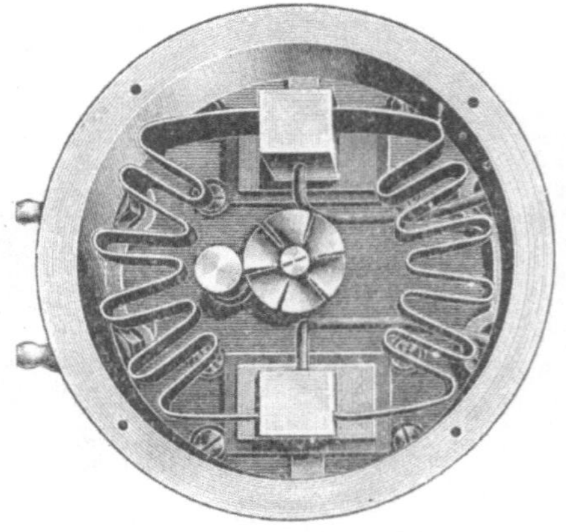

75. Widerstandsnormale von 0,001 Ohm.
Anordnung des Widerstandsbandes.

artigen Wickelung in beiden Richtungen, so daß sich die entstehenden magnetischen Felder gegenseitig aufheben; infolgedessen tritt in diesen Spulen bei veränderlichen Strömen keine EMK. der Selbstinduktion auf, welche die Messungen außerordentlich stören würde. Mehrere derartige Spulen von verschiedenem Widerstande (0,1—10000 Ohm) werden in einem Kasten zusammengebaut (vgl. Abb. 72). Die Enden der Widerstandsdrähte führen zu Metallstücken, welche auf dem Deckel des Widerstandskastens derartig angeordnet sind, daß man sie durch einen schwach konischen Metallstöpsel mit isoliertem Griff auf einfache Weise in gute leitende

Verbindung miteinander bringen kann. Zwischen denjenigen Metallstücken, welche nicht durch einen solchen Stöpsel kurzgeschlossen sind, liegt der Widerstand der entsprechenden Drahtrolle im Innern des Kastens, dessen Größe auf der entsprechenden Stelle des Deckels vermerkt ist. Die äußersten Metallstücke dieser Widerstandskästen oder Rheostaten sind mit starken Klemmschrauben versehen, durch welche die Widerstände in die betreffenden Stromkreise eingeschaltet werden können.

Die auf dem Deckel der Kasten vermerkten Angaben über die Größe der einzelnen Widerstände gelten nur für eine bestimmte Temperatur und zwar meistens für 20° C. Zur Kontrolle sowie zur Feststellung der tatsächlich herrschenden Temperatur kann ein Thermometer durch eine Öffnung im Deckel des Widerstandskastens eingeführt werden. Mit Hilfe der so ermittelten Temperatur der Widerstandsrollen läßt sich deren wahrer Widerstand berechnen (vgl. S. 21).

Statt der vorstehend beschriebenen Stöpselrheostaten verwendet man auch häufig sog. Kurbelrheostaten. Bei diesen erfolgt die Widerstandseinstellung mit Hilfe einer Kurbel, welche an ihrem freien Ende Kontaktfedern trägt, die auf Kontaktknöpfen schleifen (vgl. Abb. 73).

Für die Eichung von Widerstandssätzen, Strommessern und dgl. verwendet man Widerstandsnormalen der aus den Abb. 74—76 ersichtlichen Form,

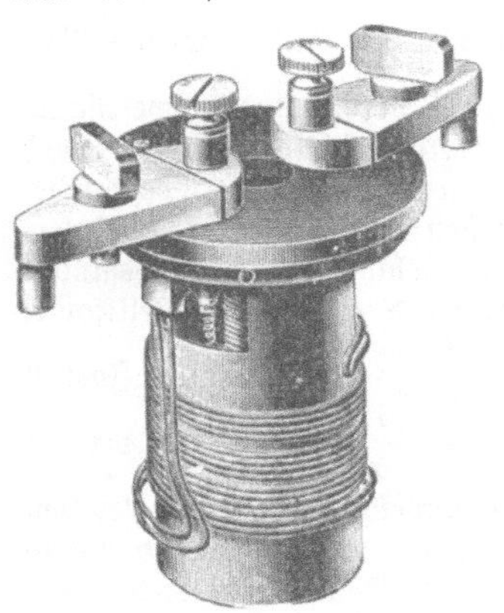

76. Widerstandsnormale von 1 Ohm, Innenansicht (bifilare Wickelung).

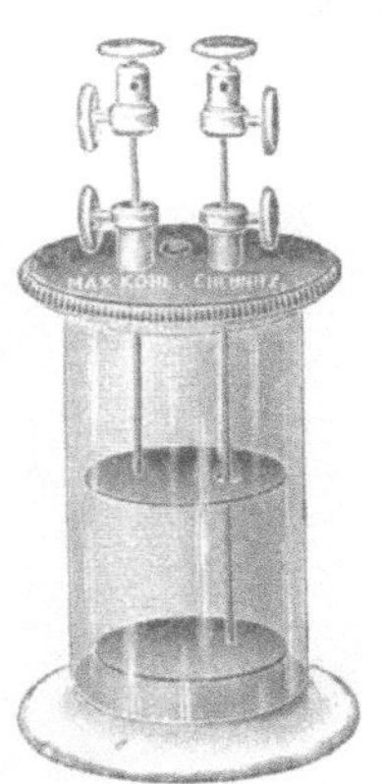

77. Normalgefäß zur Bestimmung des Widerstandes von Flüssigkeiten.

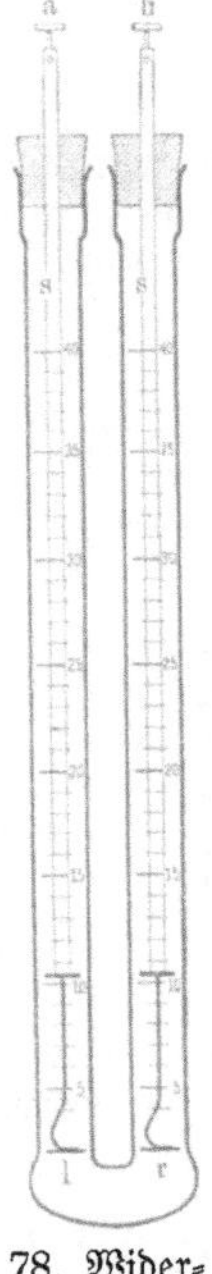

78. Widerstandsgefäß.

welche in Einheiten von 0,0001 bis 100 000 Ohm angefertigt werden für Belastungen von entsprechend 100—0,003 Ampere. Den inneren Aufbau eines solchen Normalwiderstandes von 0,001 Ohm für eine höchstzulässige Belastung von 30 Ampere zeigt Abb. 75, während die Abb. 76 die Anordnung des Widerstandsdrahtes der Normalien von 1 oder 0,1 Ohm erkennen läßt.

Die beiden Stromzuführungsbügel am Deckel der Widerstandsnormalen werden in Quecksilbernäpfe eingehängt, durch welche der Widerstand in den betreffenden Stromkreis eingeschaltet wird. Zur Konstanthaltung und Bestimmung der für die Messung wichtigen Temperatur kann das ganze Widerstandsgefäß in ein „Bad" aus einer elektrisch nichtleitenden Flüssigkeit (z. B. Petroleum) eingesetzt werden; diese letztere tritt durch Öffnungen im Schutzmantel der Normalwiderstände in deren Inneres, so daß das Widerstandsmaterial von der Flüssigkeit umspült wird.

Messung des Widerstandes von Flüssigkeiten. Bei der Bestimmung des Widerstandes von Flüssigkeiten oder Lösungen, welche sich beim Stromdurchgang zersetzen, ist die Wheatstonesche Brücke in der bisher beschriebenen Form nicht verwendbar, da infolge der auftretenden Polarisationserscheinungen (vgl. S. 13) große Meßfehler entstehen würden. Dieselben werden durch Verwendung von Wechselstrom vermieden, welcher von einem kleinen Induktionsapparat geliefert wird. An Stelle des Galvanometers im Zweige CD (vgl. Abb. 68) wird ein Telephon eingeschaltet, welches die Stromlosigkeit dieses Zweiges an einem Minimum des Tones leicht zu erkennen gestattet.

Die zu messende Flüssigkeit wird in ein Gefäß gefüllt, in welchem sich zwei Platinscheiben meßbarer Größe in einem genau zu bestimmenden Abstande voneinander befinden (vgl. Abb. 77). Es kann so die Leitfähigkeit $\varkappa$ der zwischen den parallelen und konzentrischen Platten (Elektroden) eingeschalteten Flüssigkeitssäule aus dem in der Brücke gemessenen Widerstande und den ermittelten Dimensionen (Querschnitt q cm² und Länge l cm) mit Hilfe der Beziehung

$$\varkappa = \frac{l}{q} \cdot \frac{1}{w}$$

bestimmt werden. Den Widerstand

$$w = \frac{l}{q},$$

welchen eine Flüssigkeit mit dem Leitvermögen $\lambda = 1$ in einem bestimmten Gefäße besitzt, nennt man die Widerstandskapazität des Gefäßes; dieselbe wird mit C bezeichnet.

Benutzt man Gefäße, bei welchen sich das Volumen der zwischen den Elektroden befindlichen Flüssigkeitssäule nicht aus ihren Abmessungen ermitteln läßt (vgl. z. B. Abb. 78), so bestimmt man die Widerstandskapazität $C = \frac{l}{q}$ des Gefäßes mit Hilfe einer sog. Normalflüssigkeit, z. B. verdünnter Schwefelsäure oder gesättigter Kochsalzlösung, deren Leitfähigkeit in einem Gefäß der zuerst beschriebenen Art gemessen und durch viele Untersuchungen genau bekannt ist. Man bestimmt dazu den Widerstand w der Flüssigkeitssäule, worauf sich $C = \frac{l}{q} = w \cdot \varkappa$ aus obiger Formel ergibt. Dieser Wert $\frac{l}{q}$ wird alsdann bei der Bestimmung der unbekannten Leitfähigkeit von Lösungen verwendet. Da sich die letztere noch weit mehr mit der Temperatur ändert, als

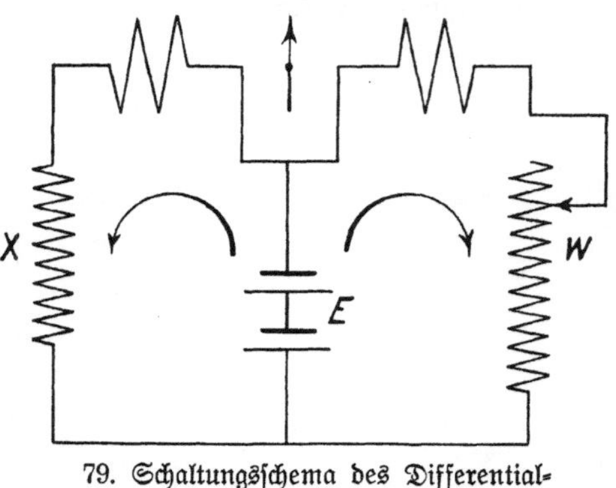

79. Schaltungsschema des Differentialgalvanometers.

diejenige fester Leiter, so ist auf die Bestimmung und Konstanthaltung der Temperatur während der Widerstandsmessung besondere Sorgfalt zu verwenden.

Widerstandsmessung mit dem Differentialgalvanometer. Ein Differentialgalvanometer ist ein Instrument mit zwei parallelen Spulen von genau gleichem Widerstande, zwischen welchen eine Magnetnadel an einem Faden derart aufgehängt ist, daß sie Schwingungen in der Horizontalebene ausführen kann. Werden die beiden Spulen von gleichen und entgegengesetzten Strömen durchflossen, so heben sich ihre Wirkungen auf die Magnetnadel auf, und dieselbe bleibt in Ruhe; sind die Ströme ungleich, so erfährt die Nadel eine entsprechende Ablenkung. Zur Vergleichung unbekannter Widerstände mit bekannten kann das Differentialgalvanometer in der in Abb. 79 wiedergegebenen Schaltung verwendet werden, in welcher w den bekannten und x den unbekannten Widerstand darstellt. E ist eine Spannungsquelle, welche in jedem der beiden Kreise einen Strom von der angedeuteten Richtung sendet. Der Widerstand w wird so lange geändert, bis die Nadel des Galvanometers in ihre Nullstellung zurückgekehrt ist; in diesem Falle ist x = w. — Bedingung für die Anwendbarkeit dieser Methode der Widerstandsbestimmung ist, daß die zu messenden Widerstände größer sind als diejenigen der Galvanometerspulen.

Die Thomsonsche Doppelbrücke.

Wenn es sich um die Bestimmung kleiner Widerstände handelt, bei welcher der Widerstand der Zuleitung nicht zu vernachlässigen ist, so bedient man sich am einfachsten der Thomsonschen Doppelbrücke. Das Prinzip ihrer Schaltung ist aus Abb. 80 ersichtlich.

Der zu messende Widerstand x liegt mit einem Normalwiderstand N, einer Spannungs=
quelle E und eventuell einem Strommesser I sowie einem Regulierwiderstand R in Serie.
Von den Enden des zu messenden Widerstandes sowie von denjenigen des Vergleichswider=
standes führen Verbindungsleitungen zu den Meßwiderständen A—B und a—b, wie die
Abb. 80 erkennen läßt. Zwischen geeigneten Punkten von a—b und A—B liegt die Galvano=
meterleitung. Es läßt sich nun aus der Stromverteilung und den Spannungsabfällen in den
einzelnen Teilen der Strom= verzweigung mit Hilfe der Kirchhoffschen Gesetze zeigen,
daß im Falle der Stromlosig= keit des Galvanometerzweiges, d. h. für den Fall, daß die
Nadel des Galvanometers in Ruhe bleibt, die Beziehung gilt

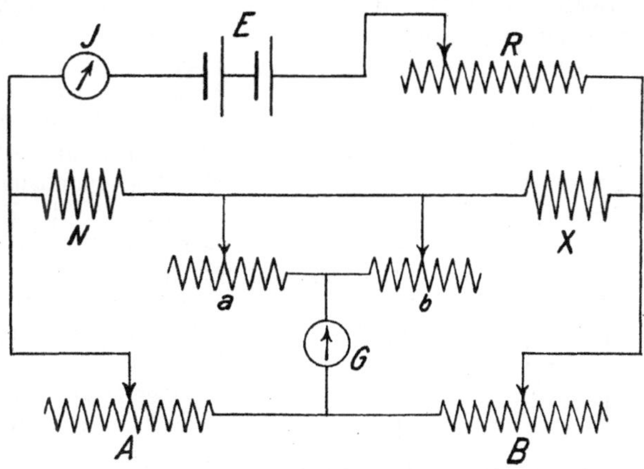

$$\frac{N}{x} = \frac{a}{b} = \frac{A}{B}.$$

80. Schaltungsschema der Thomsonschen Doppelbrücke.

Bei dem praktischen Ge=
brauch der Brücke werden die Widerstandsverhältnisse $\frac{a}{b}$ und $\frac{A}{B}$ solange geändert, bis das Gal=
vanometer keinen Ausschlag mehr zeigt. In manchen Ausführungsformen ist der Normalwider=
stand durch einen Schleifdraht ersetzt; dessen eingeschaltete Länge leicht geändert werden kann.

Eine meistens verwendete praktische Form der Thomsonschen Doppelbrücke ist in Abb. 81
wiedergegeben. Die Widerstände a und A sind als Stöpselrheostaten ausgebildet, während
die einzelnen Abteilungen der Widerstände b und B durch Kurbeln mit Schleifkontakten ein= und aus=
geschaltet werden. An die mit G bezeichneten Klemmen wird das
Galvanometer angeschlossen, an die mit N bezeichneten ein Normal=
widerstand und an die mit x be= zeichneten Klemmen der zu messende
Widerstand. Außerdem wird an die linke Klemme von N und an die rechte
von x der die Spannungsquelle enthaltende Zweig angeschlossen.

**Indirekte Widerstandsbestim=
mung durch Strom= und Spannungs=
messung.** In praktischen Betrieben
bedient man sich häufig einer in=
direkten Methode besonders zur Er=
mittelung des Widerstandes strom=
durchflossener Leiter. Man bestimmt
mit Präzisionsmeßinstrumenten die

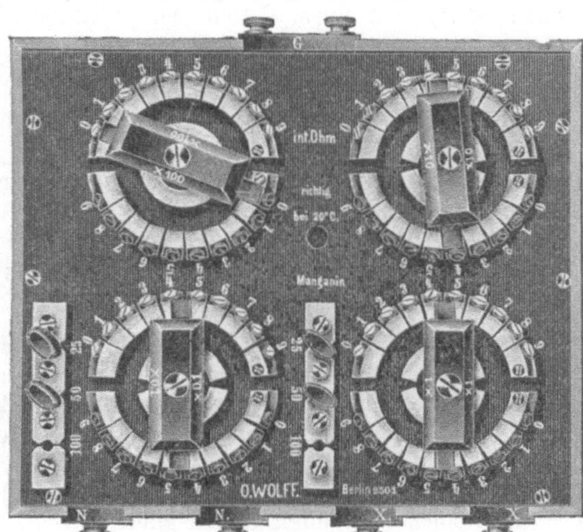

81. Thomsonsche Doppelbrücke (Ansicht der Widerstandskontakte).

Intensität des den Leiter durchfließenden Stromes (i), sowie die Spannung (e) an seinen Enden
und erhält dann den Widerstand aus der durch das Ohmsche Gesetz gegebenen Beziehung $w = \frac{e}{i}$.

Bei dieser indirekten Widerstandsbestimmung sind Korrektionen zu berücksichtigen, welche
durch die Schaltung der Instrumente erforderlich werden. Wird z. B. das Voltmeter nach

Art der Abb. 82a geschaltet, so zeigt dasselbe den Spannungsabfall in dem Amperemeter mit an; ist der zu messende Widerstand klein, so muß dieser zusätzliche Widerstand des Amperemeters berücksichtigt werden. Andererseits kommt bei der Schaltung 82b bei der Strommessung der das Voltmeter durchfließende Strom in Betracht, derselbe läßt sich aus dem Widerstand des Voltmeters — welcher stets auf dem Instrumente verzeichnet ist — und der abgelesenen Spannung leicht bestimmen und von den Angaben des Amperemeters in Abzug bringen.

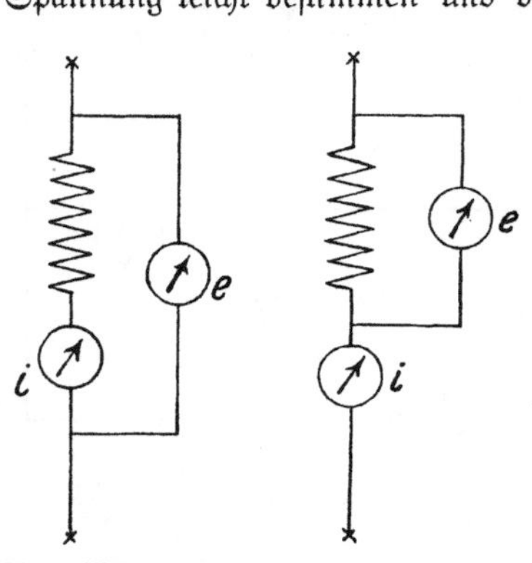

82 a. Widerstandsbestimmung durch Strom und Spannungsmessung.

82 b. Widerstandsbestimmung durch Strom und Spannungsmessung.

(Vgl. auch Widerstandsbestimmung mit dem Kompensationsapparat, Seite 81).

Bestimmung der Temperaturerhöhung von Wicklungen mit Hilfe von Widerstandsmessungen. Die Widerstandsmessungen können dazu benutzt werden, um die Temperaturerhöhung von Leitern zu ermitteln, welche von dem durchfließenden Strom erwärmt werden. Nach den Ausführungen auf Seite 22 steht der Widerstand (w_t) eines Leiters mit dem Temperaturkoeffizienten α bei der Endtemperatur $t°$ zu dem Widerstande ($w_{t'}$) bei der Anfangstemperatur $t'°$ in der Beziehung:

$$w_t = w_{t'} \, (1 + \alpha \, (t - t');$$

aus dieser Gleichung ergibt sich die Temperaturerhöhung

$$t - t' = \frac{w_t - w_{t'}}{\alpha \, w_{t'}}.$$

II. Strommessungen.

1. Absolute Messungen.

Nach Seite 33 ist die Feldstärke im Mittelpunkt einer kreisförmigen Drahtschleife vom Radius r, welche von einem Strome der Intensität i durchflossen wird

$$\mathfrak{H} = \frac{2 \pi \, i}{r}.$$

Diese Gleichung kann zur Bestimmung der Intensität i des den Leiter durchfließenden Stromes in absolutem Maße benutzt werden.

Befindet sich nämlich im Mittelpunkt der senkrecht aufgestellten kreisförmigen Leiterschleife ein im Verhältnis zu r sehr kurzer, um eine vertikale Achse schwingbarer Magnet von der Polstärke m, so würde auf diesen im Felde $\mathfrak{H}$ eine Kraft ausgeübt von der Größe

$$f = m \, \mathfrak{H} = m \cdot \frac{2 \pi \, i}{r}.$$

Diese Kraft versucht den Magneten senkrecht zur Ebene der Schleife zu stellen.

Auf den Magneten wirkt nun aber auch noch die Horizontalkomponente des Erdmagnetismus.

Wird die Drahtschleife derartig aufgestellt, daß ihre Ebene in die magnetische NordSüdRichtung fällt, so nimmt der Magnet in ihrem Mittelpunkt dieselbe Richtung ein, solange kein Strom die Schleife durchfließt. Sobald jedoch der Strom eingeschaltet wird, erfährt der Magnet eine Ablenkung aus dieser Ruhelage, infolge deren seine Achse mit der Ebene der Schleife einen bestimmten Winkel bildet.

Auf den Pol von der Polstärke m wirkt die Horizontalintensität des Erdfeldes $\mathfrak{H}_e$ mit der Kraft $m \cdot \mathfrak{H}_e$. Beträgt der erwähnte Winkel $\alpha°$, so ist die der Ablenkung durch die stromdurchflossene Schleife entgegenwirkende Komponente der vom Erdfeld ausgeübten Kraft

$$m \cdot \mathfrak{H}_e \cdot \sin \alpha,$$

und diejenige, welche von der stromdurchflossenen Schleife ausgeübt wird,

$$m \cdot \mathfrak{H} \cdot \cos \alpha = m \cdot \frac{2 \pi \, i}{r} \cdot \cos \alpha.$$

Gleichgewicht herrscht, sobald beide Kräfte gleich sind, wenn also

$$m \cdot \mathfrak{H}_e \cdot \sin\alpha = m \cdot \frac{2\,\pi\,i}{r} \cdot \cos\alpha$$

ist. In diesem Falle befindet sich der Magnet unter dem Einfluß beider Kräfte in Ruhe. Die Auflösung der letzten Gleichung nach i ergibt

$$i = \frac{\mathfrak{H}_e \cdot r}{2\,\pi} \cdot \mathrm{tg}\,\alpha\,.$$

Die Polstärke m des Magneten kommt in dieser Gleichung gar nicht vor; ihre Kenntnis ist also zur Bestimmung von i nicht erforderlich.

Wird $\mathfrak{H}_e$ in absoluten Einheiten und r in Zentimetern in die Formel eingesetzt, so erhält man i auch in absoluten Einheiten; um i in Amperen zu erhalten, muß man die rechte Seite der Gleichung mit 10 multiplizieren.

Der Quotient

$$\frac{\mathfrak{H}_e \cdot r}{2\,\pi}$$

stellt für ein und denselben Apparat an ein und demselben Orte eine Konstante dar; er wird Reduktionsfaktor des Instruments genannt. Bezeichnet man ihn mit C, so erhält man für die Stromstärke

$$i = C \cdot \mathrm{tg}\,\alpha\,.$$

Für ein und dasselbe Instrument ist die Stromstärke also dem Tangens des Ablenkungswinkels proportional; diesem Umstande verdankt das Instrument, von welchem Abb. 83 eine praktische Ausführungsform zeigt, seinen Namen Tangentenbussole.

Zur Ermittelung von i mit Hilfe derselben ist die Kenntnis von $\mathfrak{H}_e$ an dem Orte der Messung erforderlich. Ohne auf die Einzelheiten der Bestimmung dieser Größe einzugehen, sei kurz erwähnt, daß dieselbe berechnet werden kann aus der Beobachtung der Schwingungsdauer eines Magneten (d. h. der Zeit, welche verfließt, bis der um eine vertikale Achse schwingende Magnetstab von der größten Ablenkung auf der einen Seite der Ruhelage bis zu derjenigen auf der anderen Seite gelangt) von bekanntem Trägheitsmoment, und der Ablenkung, welche derselbe Magnet in

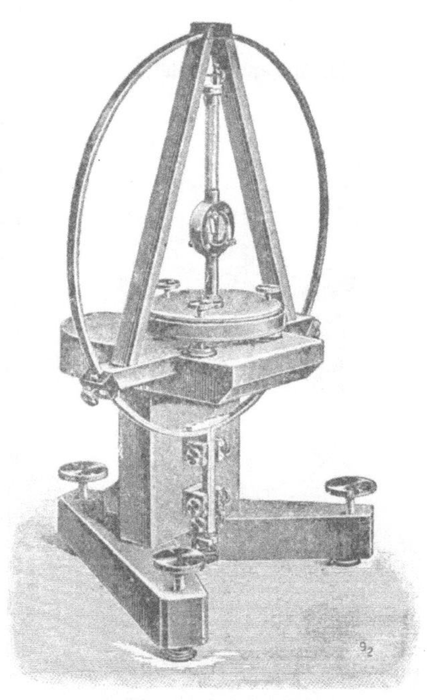

83. Tangentenbussole.

verschiedenen Lagen auf eine Magnetnadel ausübt. Die Beobachtung der Schwingungsdauer gibt das Produkt aus dem magnetischen Moment des Magnetstabes (vgl. S. 28) und der Horizontalintensität; die Ablenkungsbeobachtung gibt den Quotienten magnetisches Moment durch Horizontalintensität, so daß man also aus beiden Beobachtungen $\mathfrak{H}_e$ ermitteln kann.

2. Voltametrische Bestimmung der Stromstärke.

Gesetzlich ist die technische Einheit der Stromstärke — das Ampere — definiert als derjenige Strom, welcher in der Sekunde 1,118 mg Silber aus der Lösung eines Silbersalzes abscheidet. Werden in t Sekunden m mg Silber abgeschieden, so hatte der in dieser Zeit durch die Lösung gebildete Strom die Intensität

$$i = \frac{m}{1,118\,t}\ \mathrm{Amp.}$$

Bei der Bestimmung der Intensität des Stromes mit Hilfe seiner elektrochemischen Wirkung bedient man sich eines sog. Silbervoltameters (vgl. Abb. 84). Dasselbe besteht aus

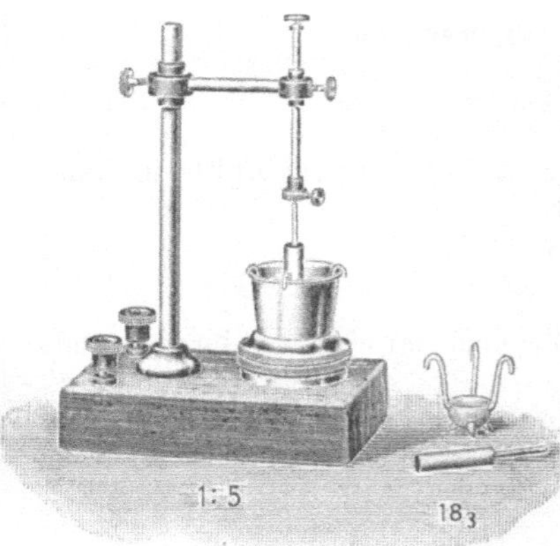

84. Silbervoltameter.

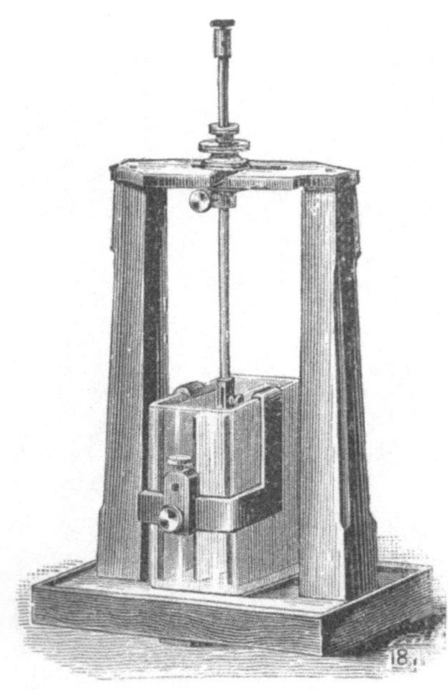

85. Kupfervoltameter.

einer Platinschale als negativer Elektrode (Kathode) und einem reinen Silberstab als positiver Elektrode (Anode). Diese letztere taucht in eine neutrale zirka 30 proz. Lösung von Silbernitrat ($AgNO_3$). Unter dem Silberstabe hängt ein Glasschälchen, in welchem feste Teile aufgefangen werden, welche sich etwa mechanisch von dem Silberstab loslösen. Das Meßergebnis würde naturgemäß fehlerhaft sein, wenn derartige Teilchen bei der Bestimmung der Gewichtszunahme des Tiegels mitgewogen würden. Die Stromdichte soll an der Kathode höchstens 0,02 Amp. pro Quadratzentimeter und an der Anode höchstens 0,2 Amp. pro Quadratzentimeter betragen.

Zur voltametrischen Messung stärkerer Ströme verwendet man das sog. Kupfer-Voltameter (vgl. Abb. 85). Bei diesem befindet sich zwischen zwei parallel geschalteten, als positive Elektroden dienenden Kupferplatten die als Kathode dienende Platinplatte; alle drei Elektroden tauchen in eine nicht gesättigte Lösung von reinem Kupfersulfat ($CuSO_4$) von etwa 1,1 spez. Gew. Die Stromdichte soll an der Kathode höchstens 0,04 Amp. pro Quadratzentimeter betragen. Die Gewichtszunahme der Kathode in einer bestimmten Zeit t ergibt die Intensität des Stromes, welcher das Voltmeter durchfließt, wenn man in obige Formel für das Äquivalentgewicht des Silbers dasjenige des Kupfers 0,3294 mg/Amp.-Sek. einsetzt.

Über indirekte Strommessung mit Hilfe des Kompensationsapparates vgl. S. 80.

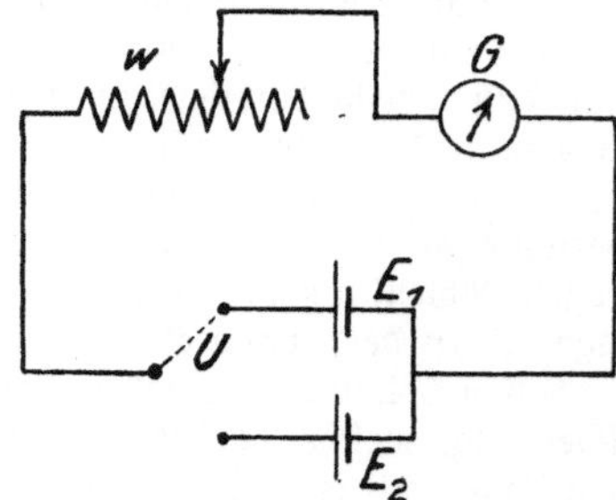

86. Schaltungsschema für Spannungsvergleichung durch Substitution.

III. Vergleich elektromotorischer Kräfte und Spannungen.

Die Bestimmung der EMK elektrochemischer Spannungsquellen wie galvanischer Elemente, Sammler usw. gründet sich in den meisten Fällen auf einen Vergleich ihrer EMK mit derjenigen von Normalelementen (vgl. S. 17).

1. Ermittlung der EMK durch Substitution.

Schließt man die Pole eines Elements von bekannter EMK E_1 durch einen Widerstand von w_1 Ohm und ein Galvanometer G vom Widerstande w_g zu einem Stromkreise (vgl. Abb. 86), so erfährt die Nadel des Galvanometers eine Ablenkung, welche einem, dasselbe durchfließenden Strome $i = \dfrac{E_1}{w_1 + w_g}$ entspricht.

Schaltet man mit Hilfe des Umschalters U an Stelle von E_1 das Element E_2 von unbekannter EMK und reguliert den Widerstand nunmehr derart, daß das Galvanometer wieder denselben Ausschlag zeigt, wie zuvor, so durchfließt den Stromkreis wieder derselbe Strom i; beträgt der Widerstand nach der zweiten Einstellung w_2 Ohm, so besteht jetzt die Beziehung

$$i = \frac{E_2}{w_2 + w_g};$$

aus beiden Gleichungen folgt:

$$\frac{E_2}{E_1} = \frac{w_2 + w_g}{w_1 + w_g};$$

da man w_1 und w_2 sehr groß wählt, um möglichst kleine Ströme zu erhalten, so kann der Galvanometerwiderstand diesen Widerständen gegenüber vernachlässigt werden, und die letzte Gleichung geht über in

$$\frac{E_2}{E_1} = \frac{w_2}{w_1} \quad \text{oder} \quad E_2 = E_1 \frac{w_2}{w_1}.$$

2. Kompensationsmethoden.

Das wichtigste Verfahren zur Vergleichung elektromotorischer Kräfte ist die von Poggendorf eingeführte Kompensationsmethode. Das Prinzip derselben sei an Abb. 87 erläutert. Die Pole einer Batterie von konstanter Spannung E werden durch einen Leiter AC von gewissem Widerstande geschlossen. Ist die EMK der Spannungsquelle E größer als diejenige der zu messenden Spannungsquelle e, so muß sich zwischen A und C eine Stelle B finden lassen, welche gegen A dieselbe Spannungsdifferenz besitzt wie die Pole der zu messenden Spannungsquelle e, oder mit anderen Worten: der Spannungsabfall zwischen A und B muß gleich e sein. Wenn man also e über ein Galvanometer an die Punkte A und B derart anschließt, daß die EMKe der Spannungsquellen gegeneinander gerichtet sind, so fließt unter den angenommenen Bedingungen durch das Galvanometer kein Strom, und der Zeiger desselben bleibt in Ruhe. Man kann also mit Hilfe der Kompensationsmethode die Klemmenspannung von Spannungsquellen im stromlosen Zustande messen, eine Bedingung, welche besonders für die Verwendung von Normalelementen unerläßlich ist, bei welchen die Stromentnahme 50 Mikroampere nicht überschreiten darf, um eine Polarisation zu verhüten.

Unter Benutzung der in Abb. 87 eingeschriebenen Bezeichnungen ergibt sich für den Stromkreis der Spannungsquelle E (wenn der Widerstand der Spannungsquellen mit w_E resp. w und der Widerstand des Galvanometers mit w_g bezeichnet wird)

$$E = i_1 (w_E + w_b) + i w_a,$$

und für denjenigen von e

$$e = i_2 (w_e + w_g) + i w_a.$$

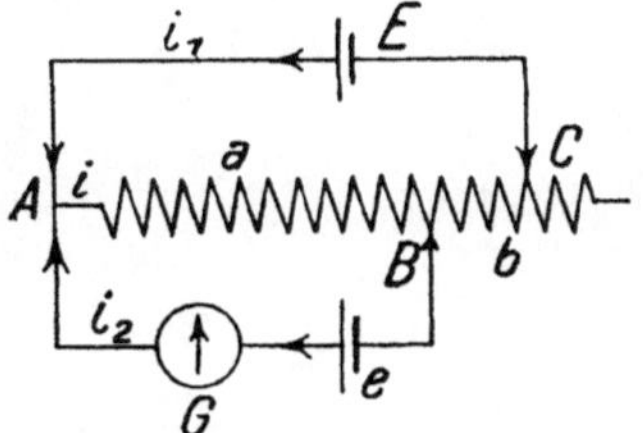

87. Schaltungsschema der Kompensationsmethode von Poggendorf.

Wird der Schleifkontakt derart eingestellt, daß das Galvanometer keinen Ausschlag gibt, i_2 also Null ist, so ist $i_1 = i$, und die vorstehenden Gleichungen gehen über in

$$E = i_1 (w_E + w_b + w_a) \quad \text{und} \quad e = i_1 w_a,$$

woraus durch Division beider Gleichungen folgt:

$$\frac{E}{e} = \frac{w_E + w_b + w_a}{w_a}.$$

In dieser Gleichung stört der besonders zu bestimmende innere Widerstand w_E der Batterie E. Diese Messung kann umgangen werden, wenn man durch Verschiebung des Kontaktes C den Gesamtwiderstand von AC ändert, etwa verringert, und dann durch eine neue Einstellung des Kontaktes B den bei der Verstellung von C auftretenden Ausschlag des Galvanometers wieder zum Verschwinden, also i_2 wieder auf Null bringt.

Die Widerstände von AB resp. BC mögen bei der neuen Einstellung w_a' und w_b' sein, so daß nunmehr die Gleichung besteht

$$\frac{E}{e} = \frac{w_E + w_b' + w_a'}{w_a'}.$$

Bei der Kombination der beiden letzten Gleichungen fällt der innere Widerstand w_E des Vergleichselements heraus, und wir erhalten die zur Ermittelung von e dienende Gleichung

$$e = E\,\frac{w_a - w_a'}{(w_a - w_a') + (w_b - w_b')}.$$

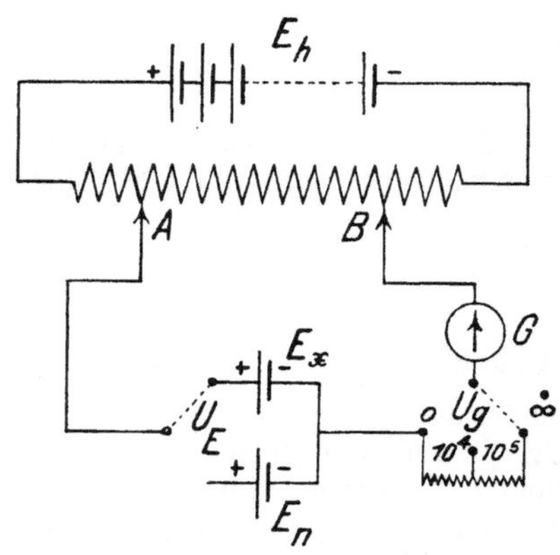

88. Schaltungsschema der Kompensationsmethode nach Du Bois-Reymond.

In der Praxis kommt statt dieser von Bosscha angegebenen Modifikation der Poggendorffschen Kompensationsmethode die Schaltung von Du Bois-Reymond zur Anwendung, welche auf einfache Weise die zu messende EMK der Spannungsquelle mit der bekannten EMK eines Normalelements unter Verwendung einer konstanten Hilfsspannungsquelle zu vergleichen gestattet. Die Abb. 88 läßt die prinzipielle Schaltung erkennen, welche den in der Praxis gebräuchlichen Apparaten zugrunde liegt. Die Hilfsspannungsquelle E_h — eine Akkumulatorenbatterie von 10—12 Volt — wird durch einen Widerstand von solcher Größe geschlossen, daß die Stromstärke in diesem Kreise 0,1 Milliampere beträgt. Alsdann wird zunächst das Normalelement E_n mit Hilfe des Umschalters U_E an zwei Punkte A und B dieses Widerstandes gelegt, während dem Galvanometer ein Widerstand von 100000 Ohm vorgeschaltet ist, damit der dem Normalelement vor vollendeter Kompensation entnommene Strom möglichst klein bleibt. Hat man durch geeignete Einstellung der Kontakte A und B einen

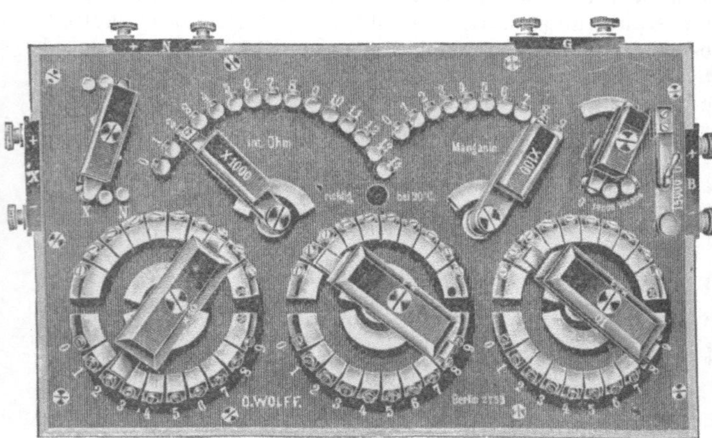

89. Kompensationsapparat nach Feußner.

eventl. vorhandenen Ausschlag des Galvanometers beseitigt, so vermindert man den Galvanometervorschaltwiderstand durch entsprechende Stellung des Schalters U_g zunächst auf 10 000 und dann auf 0 Ohm, während man gleichzeitig den meistens bei dieser Vergrößerung der Empfindlichkeit des Galvanometers wieder auftretenden Ausschlag des letzteren durch

Korrektion der Einstellung der Kontakte A und B wieder zum Verschwinden bringt.

Beträgt bei vollendeter Kompensation der Widerstand zwischen A und B w_n Ohm, und bezeichnet man den Strom im Kreise der Hilfsspannungsquelle mit i, so herrscht zwischen A und B der Spannungsabfall $i\,w_n$; dieser ist also der Spannung des Normalelements gleichzusetzen, so daß man erhält

$$E_n = i\,w_n.$$

Nachdem man zunächst wieder den gesamten Vorschaltwiderstand von 100000 Ohm vor das Galvanometer gelegt hat, schaltet man mit Hilfe des Umschalters U_E an Stelle des Normalelements E_n die zu messende Spannungsquelle E_x ein und kompensiert deren Spannung

genau wie die des Normalelements durch entsprechende Einstellung der Kontakte A und B, zwischen welchen nach vollendeter Kompensation der Widerstand w_x eingeschaltet sein möge. Da i unverändert bleibt, so ist
$$E_x = i\,w_x;$$
durch Division der beiden letzten Gleichungen erhält man
$$\frac{E_x}{E_n} = \frac{w_x}{w_n} \qquad \text{oder} \qquad E_x = E_n \cdot \frac{w_x}{w_n}.$$

Die praktische Ausführungsform des Kompensationsapparates in der von Feußner gegebenen Konstruktion ist aus Abb. 89 ersichtlich.

Der Kompensationsapparat dient auch zur genauen Bestimmung von Stromstärken und Widerständen. Zur Ermittelung der Intensität von Strömen schaltet man in den betreffenden Stromkreis einen Widerstand von genau bekannter Größe w; die Enden dieses Widerstandes verbindet man mit den Klemmen + und —E_x des Kompensationsapparates und bestimmt die Spannung an den Enden des Widerstandes genau, wie die Klemmspannung resp. die EMK von Elementen in der oben beschriebenen Weise. Aus der gefundenen Spannung E und dem bekannten Widerstande w ergibt sich die Stromstärke nach dem Ohmschen Gesetz.

Ähnlich verfährt man bei der Bestimmung eines Widerstandes mit Hilfe des Kompensationsapparates durch eine kombinierte Strom- und Spannungsmessung. Man kann durch dieses Verfahren die Widerstände bei Belastung messen, was bei der Brückenmethode nicht möglich ist.

IV. Wechselstrommessungen.
1. Bestimmung der Selbstinduktion.

Von den verschiedenen Methoden zur Ermittelung der Selbstinduktion der Spulen von Apparaten und Maschinen sei hier diejenige beschrieben, welche sowohl in bezug auf das Meßverfahren, als auch in bezug auf den äußeren zur Verwendung gelangenden Aufbau der „Brücke" der bekannten Wheatstoneschen Brückenanordnung zur Messung des Ohmschen Widerstandes sehr ähnlich ist.

Auch bei der Bestimmung der Selbstinduktion handelt es sich um die Vergleichung mit Normalien genau bekannter Größe. Wie das Schaltungsschema in Abb. 90 erkennen läßt, enthält der eine Brückenzweig den zu messenden Apparat von der Selbstinduktion L_x, sowie einen regulierbaren induktionsfreien Präzisionswiderstand bekannter Größe w, der andere Brückenzweig enthält die Induktionsnormale. Die Vergleichung geschieht durch Einstellung eines Schleifkontaktes auf dem Brückendraht und durch Einschaltung eines geeigneten Widerstandes w. Als Spannungsquelle dient eine

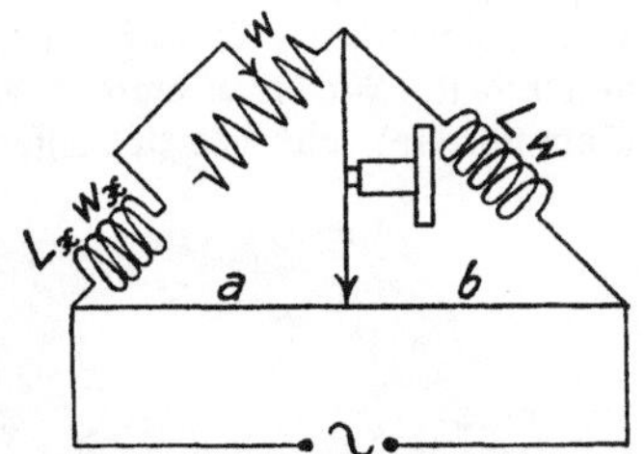

90. Brückenschaltung zum Vergleich von Selbstinduktionen.

Maschine oder ein Apparat, welche möglichst reine sinusförmige Wechselströme passender Periodenzahl liefern (vgl. weiter unten). Die kritische Einstellung des Gleitkontakts wird an dem Tonminimum im Telephon erkannt, welches in die Verbindungsleitung zwischen Schleifkontakt und Verzweigungspunkt der beiden Brückenzweige eingeschaltet ist. Sobald dieses erreicht ist, besteht die Gleichung
$$\frac{L_x}{L} = \frac{a}{b}.$$

Außer durch den rein Ohmschen Widerstand der zu untersuchenden Spule wird ein Energieverbrauch durch Hysteresis und Wirbelströme in derselben verursacht, falls sich in ihrer Nähe Eisen- und sonstige Metallmassen befinden. Durch diese zusätzlichen Verluste erscheint der rein Ohmsche Widerstand der zu messenden Spule vergrößert, sobald dieselbe von Wechselstrom durchflossen wird. Bezeichnet man den rein Ohmschen Widerstand mit w_x und ihren Gesamt-Wechselstromwiderstand unter Berücksichtigung der durch Hysteresis und Wirbelströme verursachten zusätzlichen Verluste durch w_x', so stellt die Differenz $w_x' - w_x$ den sog. Verlustwiderstand der Spule dar. Ist der Ohmsche Widerstand der Selbstinduktionsnormale w_n

— Verlustwiderstand besitzt dieselbe infolge ihrer Konstruktion nicht — so gilt natürlich bei eingestelltem Tonminimum im Telephon für Wechselstrom

$$\frac{w_x' + w}{w_n} = \frac{a}{b}.$$

Vertauscht man nach vollendeter Einstellung der Brücke bei Wechselstrom den Wechselstromgenerator durch eine Gleichstromquelle (Batterie) und das Telephon durch ein Galvanometer, so zeigt das letztere einen Ausschlag, welcher erst verschwindet, wenn man den ein-

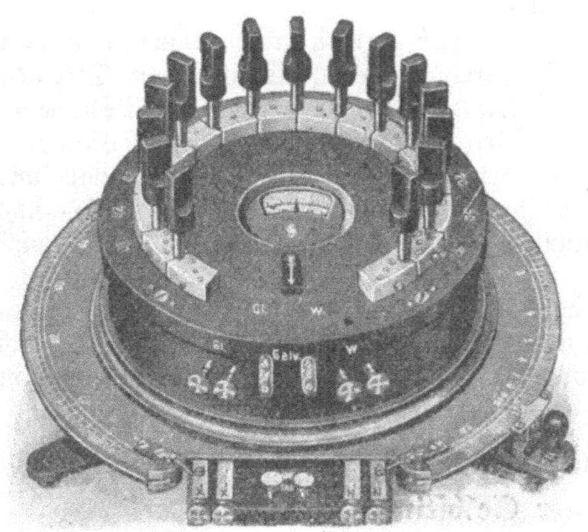

gestellten Widerstand w vergrößert. Diese Abweichung zwischen Gleich- und Wechselstromeinstellung erklärt sich daraus, daß bei Gleichstrom der Verlustwiderstand in der zu messenden Spule fehlt, welcher nur durch Wechselstrom verursacht ist. Der Widerstand, welcher in w bei Gleichstrom zugeschaltet werden muß, um Stromlosigkeit im Galvanometerzweige zu erreichen, ist gleich dem Verlustwiderstand $w_x' - w_x$.

Die Abb. 91 zeigt eine komplette Meßbrücke, welche alle vorerwähnten Messungen einfach auszuführen gestattet. Der Brückendraht liegt in einer Nut auf dem Rande der Grundplatte aus Serpentin, wie bei dem Universalgalvanometer (vgl. S. 71). Auf der Grundplatte sind die Widerstände w im Kreise angeordnet; dieselben umgeben das Galvanometer für die Gleichstrom-

91. Wechselstrommeßbrücke.

messung. Die Klemmen „Gl" an der linken Seite des Aufbaues werden mit der Gleichstromquelle, diejenigen „W" auf der rechten Seite mit der Wechselstromquelle (vgl. weiter unten) verbunden. An die Klemmen x auf der linken Seite des an der Grundplatte befestigten Klemmbrettes wird der zu messende Apparat, an diejenigen auf der rechten Seite N wird die

Selbstinduktionsnormalie angeschlossen, an das Klemmenpaar in der Mitte zwischen den vorerwähnten beiden Paaren wird das Telephon gelegt. Ein Umschalter auf der Deckplatte ermöglicht die wahlweise Einschaltung der Apparate für Gleich- oder Wechselstrommessung.

Wie bereits erwähnt, sind für die letzteren möglichst rein sinusförmige Ströme erforder-

92. Summerumformer.

lich. Ein zur Lieferung derselben geeigneter Apparat ist der in Abb. 92 in Außenansicht dargestellte Summerumformer, dessen Schaltungsschema aus der Abbildung im Deckel zu erkennen ist. Durch die Bewegungen der Telephonmembran dieses Summerumformers werden Widerstandsschwankungen in dem mit ihr mechanisch verbundenen Mikrophon hervorgerufen, und demzufolge Stromschwankungen in der Primärwickelung eines kleinen Transformators, welche mit dem Mikrophon und einer kleinen Akkumulatorenbatterie in Serie geschaltet ist. Diese Stromschwankungen bewirken in der Sekundärwickelung des Transformators eine periodisch veränderliche EMK, welche in einem geschlossenen Leiterkreise einen periodisch veränderlichen Strom verursacht. Dieser Strom durchfließt die Magnetisierungsspule eines Eisenzylinders, durch dessen magnetische Wirkung auf die Telephonmembran die Schwingungen der letzteren gleichsam gesteuert werden. Der Umstand, daß in dem Primärkreise keine Stromunterbrechungen, sondern nur Stromschwankungen auftreten, hat im Sekundärstromkreise einen Wechselstrom von der für die in Frage stehenden Messungen erforderlichen Sinusform zur Folge. Die Periodenzahl des erzeugten Wechselstroms beträgt je nach der Dicke der verwendeten Membran 300—1000 pro Sekunde.

Eine sog. Hochfrequenzmaschine zur direkten Erzeugung des für die Messung geeigneten Wechselstromes zeigt die Abb. 93. Die wesentlichen Teile dieser Maschine sind ein von einem Motor getriebenes, aus dünnen Blechen zusammengesetztes Zahnrad von 30 Zähnen, vor welchen in sehr geringem Abstande ein hufeisenförmiger Elektromagnet gelagert ist. Durch die abwechselnde Verringerung und Vergrößerung des magnetischen Widerstandes zwischen den spitz zulaufenden Polen des Elektro-

93. Hochfrequenzmaschine.

magneten und den Zähnen des Rades bei der Drehung des letzteren durch den Motor entstehen in dem magnetischen Kreise periodische Schwankungen des Kraftlinienflusses, welche in den beiden Induktionsspulen auf den beiden Kernen des Elektromagneten eine Wechselspannung erzeugen. Diese letztere wird der Meßbrücke ebenso zugeführt, wie die vom Summerumformer erzeugte Spannung. Die Periodenzahl kann durch Änderung der Umlaufsgeschwindigkeit des Antriebsmotors zwischen 450 und 1800 pro Sekunde reguliert werden.

Die bei der Messung von Selbstinduktionen verwendeten Normalien (vgl. Abb. 94) sind Spulen aus Kupferlitze, welche aus vielen, äußerst feinen, durch einen geeigneten Überzug voneinander isolierten Kupferdrähten gewirkt ist. Diese Litze ist auf einen imprägnierten zylinderischen Marmorkörper aufgewickelt und durch geeigneten Guß auf demselben befestigt. Selbst die Stromzuführungsklemmen sind möglichst klein gehalten, so daß schädliche Wirbelströme, welche mit der Periodenzahl des Wechselstromes veränderlich sind, in diesen Normalien vermieden werden.

94. Selbstinduktionsnormale.

2. Bestimmung der Kapazität.

Auch zur Messung der Kapazität von Kondensatoren kann die Wechselstrommeßbrücke verwendet werden, und zwar in der in Abb. 95 dargestellten Schaltung. Zwei Zweige der Brücke werden durch induktionsfreie, kontinuierlich regelbare Widerstände w_1 und w_2 gebildet. Der Kondensator, dessen Kapazität bestimmt werden soll (K_x), ist in einem der beiden anderen Zweige eingeschaltet, während der vierte Zweig einen Normalkondensator (K_n) enthält, entsprechend der Induktionsnormalen in der Brückenschaltung zur Bestimmung von Induktionskoeffizienten.

Die Brücke wird in der aus Abb. 95 ersichtlichen Weise mit den Klemmen einer Hochfrequenzmaschine verbunden. Alsdann werden die Widerstände w_1

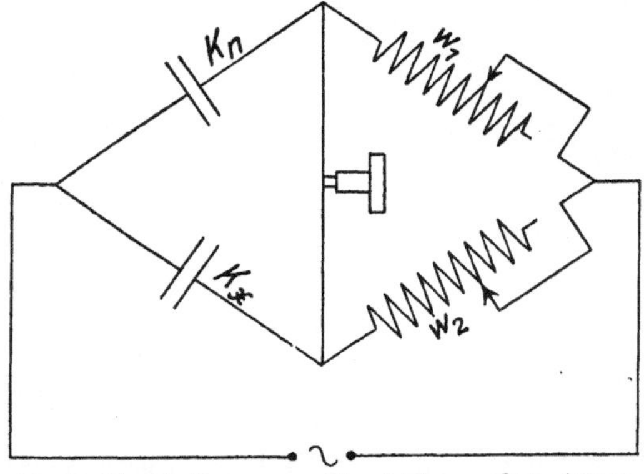

95. Brückenschaltung zum Vergleich von Kapazitäten.

6*

und w_2 derart abgeglichen, daß im Telephon ein scharf ausgeprägtes Minimum des Tones herrscht. In diesem Falle besteht des Verhältnis

$$K_n : K_x = w_2 : w_1 ;$$

daraus folgt:

$$K_x = K_n \cdot \frac{w_1}{w_2} .$$

Als Normalkondensatoren werden solche mit Glimmer als Dielektricum verwendet, von welchen Abb. 96 einen von unveränderlicher Größe zeigt; bezüglich des inneren Aufbaus vgl. Abb. 10, S. 11. Mehrere derartige Kondensatoren können in einem gemeinsamen Kasten zu einem Stöpselkondensator vereinigt werden.

Der letztere besteht aus mehreren parallel geschalteten Abteilungen, von welchen einzelne je nach Bedarf durch Verbindung der betreffenden Klemmen durch einen Stöpsel kurzgeschlossen und damit für die Messung unwirksam gemacht werden können.

Die Bestimmung der Kapazität der Normalkondensatoren kann z. B. durch eine sog. absolute Messung erfolgen, welche sich darauf

96. Normalkondensator.

gründet, daß die Ladung (Q) eines Kondensators (d. h. die von seinen Belegungen aufgenommene Elektrizitätsmenge) bei einer, an seinen Klemmen herrschenden Spannung E aus der Gleichung

$$Q = K \cdot E$$

folgt. Hier bedeutet K die Kapazität, welche aus der Gleichung leicht ermittelt werden kann, sobald E und Q bekannt sind; die Messung dieser beiden Größen bietet also keine Schwierigkeiten.

Man kann in der Wechselstrombrücke das Telephon und die Wechselstromquelle auch miteinander vertauschen, ohne daß eine prinzipielle Änderung der Meßmethode eintritt. Auch kann an Stelle der beiden besonderen Widerstände w_1 und w_2 ein einziger, fein abgestufter Widerstand treten, welcher entsprechend der Abb. 95 mit dem einen Pol der Hochfrequenzmaschine verbunden ist. An Stelle der in die beiden Zweige der Brücke eingeschalteten Widerstände w_1 resp. w_2 werden dann die, auf die beiden Zweige der Brücke entfallenden Abteilungen des einen Widerstandes in die Rechnung eingeführt.

In besonderen Brückenschaltungen kann man auch Kapazitäten mit Selbstinduktionen vergleichen, so daß zur Bestimmung der unbekannten Kapazität eines Kondensators eine Selbstinduktionsnormale benützt werden kann.

Magnetische Messungen.

Von den verschiedenen magnetischen Meßmethoden sei hier diejenige besprochen, welche die Intensität magnetischer Felder, z. B. im Luftspalt zwischen Magneten und Anker von Dynamomaschinen, schnell und einfach zu messen gestattet.

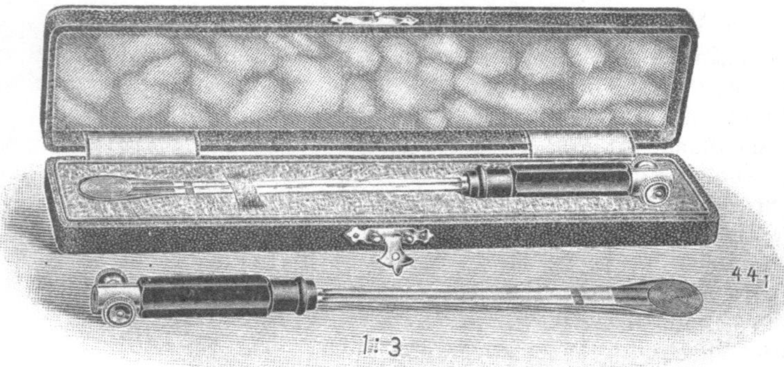

97. Wismutspirale für magnetische Messungen.

Dieselbe beruht auf der von Righi entdeckten Eigenschaft des Wismuts, seinen elektrischen Widerstand zu ändern, sobald sich die Intensität des magnetischen Feldes ändert, in welchem sich das Wismut befindet. Die Eigentümlichkeit wurde von Lennard und Howard zur Grundlage einer praktischen Meßmethode gemacht.

Das Wismut wird in Form eines feinen Drahtes zu einer flachen Spirale bifilar aufgewickelt (vgl. Abb. 97), deren einzelne Windungen sorgfältig voneinander isoliert sind. Die Enden des Wismutdrahtes sind mit zwei flachen Kupferstäben verlötet, welche durch einen Hartgummigriff zusammengehalten werden und in zwei Stromzuführungsklemmen endigen. Die Spirale, welche zum Schutze gegen Bruch zwischen zwei Glimmerplatten eingebettet ist, hat eine Dicke von nur zirka 1 mm, so daß sie auch in sehr schmale Luftspalte eingeführt werden kann.

Die Widerstandsänderung des Wismutdrahtes beträgt zirka 5 %, wenn sich die Intensität des magnetischen Feldes um 1000 Linien pro qcm ändert. Das Verhältnis der beiden Größen ist aus der Eichkurve zu entnehmen, welche jeder Spirale von der Fabrik beigegeben wird.

B. Elektrische Meßinstrumente.

Einleitung.

Bei den elektrischen Meßinstrumenten dient zur Bestimmung elektrischer Größen — des Stromes, der Spannung und des Effektes — entweder

die Wirkung stromdurchflossener Leiter auf bewegliche Magnetsysteme — Nadel-Galvanometer —, oder

die Wirkung, welche bewegliche, stromdurchflossene Leiter

im Felde permanenter Magnete — Drehspulen-Instrumente nach System Deprez d'Arsonval — oder

im Felde stromdurchflossener Spulen — elektrodynamische und ferrodynamische Instrumente — erfahren

In den Hitzdraht-Instrumenten wird die Längenausdehnung dünner Drähte infolge der Temperaturerhöhung beim Stromdurchgang ausgenutzt, bei den Induktions-Instrumenten die Wirkung sog. magnetischer Drehfelder auf bewegliche Metallscheiben, bei den elektrostatischen Instrumenten die abstoßende resp. anziehende Wirkung elektrisch geladener Metallteile.

Die physikalischen Grundlagen, auf welchen die Wirkungen beruhen, sind im ersten Abschnitt behandelt worden. In dem vorliegenden Kapitel soll die praktische Anwendung der physikalischen Gesetze im Meßinstrumentenbau dargelegt und der mechanische Aufbau der Instrumente verschiedener Wirkungsweise und verschiedener Herkunft beschrieben werden.

Je nachdem, ob die Ablenkung des beweglichen Systems der Meßinstrumente aus seiner Ruhelage mit Hilfe eines mit ihm starr verbundenen kleinen Spiegels bestimmt wird, wie bei gewissen Galvanometern oder durch den Ausschlag eines Zeigers direkt angegeben wird, wie bei den meisten in der Technik verwendeten Meßinstrumenten, unterscheidet man Spiegel-Instrumente und Zeiger-Instrumente.

Den auf das bewegliche System ausgeübten, seine Ablenkung bedingenden elektrischen Kräften wirkt die sog. Richt- oder Direktionskraft von Federn oder Gewichten entgegen, welche das bewegliche System im stromlosen Zustande des Instruments wieder in die Nulllage zurückdreht.

Um eine möglichst schwingungsfreie Einstellung des beweglichen Systems zu erreichen, ist eine wirksame Dämpfung seiner Bewegungen erforderlich. Man unterscheidet Luftdämpfung, Flüssigkeitsdämpfung und magnetische resp. elektromagnetische Dämpfung. Bei der Luftdämpfung bewegt sich ein geeignet geformter Metallflügel, welcher mit dem beweglichen System fest verbunden ist, in einer Luftkammer mit möglichst engem Spielraum (vgl. z. B. Abb. 104 S. 88, Abb. 134 S. 97). Bei der Flüssigkeitsdämpfung, welche nur bei einigen empfindlichen stationären Laboratoriumsinstrumenten angewendet wird, findet die Bewegung des Dämpferflügels in einer geeigneten Flüssigkeit statt. Die magnetische oder elektromagnetische Dämpfung beruht auf der, auf S. 62 besprochenen Wirkung von Magnetfeldern auf bewegte Metallmassen (vgl. Waltenhofensches Pendel ebenda). Bei dieser Dämpfungsart schwingt eine Metallscheibe, meistens aus Aluminium oder Kupfer zwischen den Polen eines permanenten Magneten. Bei gut gedämpften Instrumenten nimmt das bewegliche System und damit der Zeiger sofort die den elektrischen Verhältnissen entsprechende Stellung ein, ohne um die Stellung zuvor hin und her zu schwingen. Derartige Instrumente werden als aperiodisch bezeichnet.

Instrumente mit beweglichem Magnetsystem.
Nadelgalvanometer.

Zu den Instrumenten dieser Gruppe gehören die empfindlichsten elektrischen Laboratoriums-instrumente. Ein Instrument einfachster Art dieses Systems haben wir bereits in der auf S. 77 beschriebenen Tangentenbussole kennen gelernt. Für den Nachweis geringerer Ströme, wie sie bei den im vorhergehenden Abschnitte beschriebenen verschiedenen Brückenmethoden auftreten, dienen Instrumente, bei welchen der permanente Magnet in dem Felde stromdurch-flossener Spulen eine Ablenkung erfährt. Ein solches Instrument ältester Bauart ist das in Abb. 98 dargestellte Nobilische Galvanometer. Dasselbe enthält ein sog. astatisches

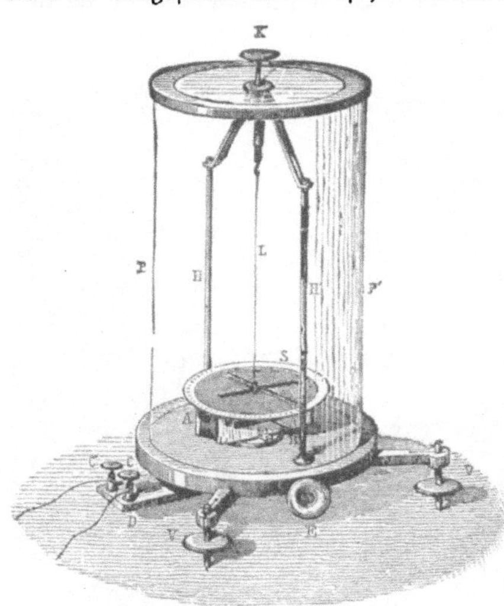

98. Nobilisches Galvanometer.

Nadelpaar, — zwei parallele, in einigem Abstande voneinander befindliche, starr mit-einander verbundene dünne Stabmagnete von möglichst gleicher Polstärke, welche derart be-festigt sind, daß dem Nordpol der einen Nadel der Südpol der anderen gegenübersteht und umgekehrt. Die eine Nadel dieses astatischen Nadelpaars, auf welches das Erdfeld nur eine sehr geringe Wirkung ausübt, ist innerhalb der strom-durchflossenen Spule angeordnet (vgl Abb. 99), die andere direkt über derselben. Das Nadel-system ist an einem Kokonfaden frei beweglich aufgehängt. Seine Abweichung von der Nullage kann an einer Skala abgelesen werden, über welcher die obere Nadel schwingt. Abb. 100 zeigt ein Instrument neuerer Bauart, welches weniger zur Messung der Intensität schwacher Ströme, als vielmehr dazu bestimmt ist, das Vorhandensein derselben in einer Leitung nach-zuweisen; man bezeichnet diese Instrumente daher als Galvanoskop. Das in Abb. 100 dar-gestellte Instrument dieser Art besitzt an Stelle des Nadelpaars einen sog. Siemensschen Glockenmagneten (vgl. Abb. 66, S. 62), welcher zur Erreichung einer wirksamen Dämpfung in einem Kupferblock schwingt.

Das empfindlichste Instrument mit beweglichem Magnetsystem ist das in Abb. 101 dar-

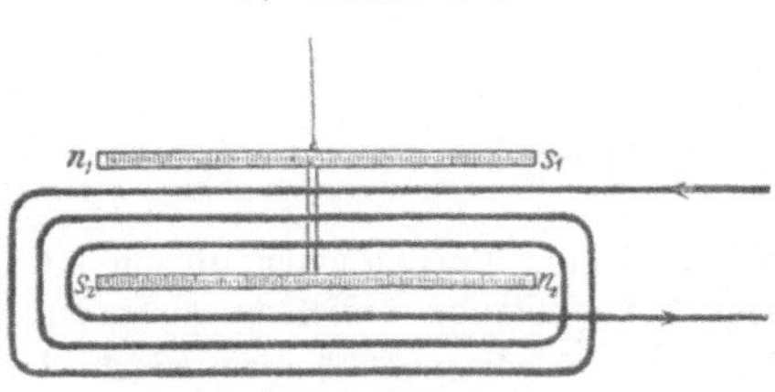

99. Astatisches Nadelpaar.

gestellte Panzergalvanometer nach Du Bois-Rubens. Dasselbe ist durch einen Kugelpanzer und einen Zylinderpanzer aus Stahlguß gegen äußere magnetische Störungen so gut als irgend möglich geschützt. Die Spulen, welche das aus mehreren, äußerst kleinen Stabmagneten be-stehende Magnetgehänge umgeben, befinden sich ebenfalls in einer Stahlgußhülle. Bei Verwen-dung eines hochempfindlichen leichten Magnet-gehänges von 40 mg Gewicht beträgt der Aus-schlag des von dem Spiegel des Galvanometers auf eine 1 m entfernte Skala projizierten Lichtstreifens 1 mm bei $2 \cdot 10^{-11}$ Amp. Die Ablenkung des Spiegels aus der Ruhelage wird durch eine ovale Öffnung im unteren Teile des Zylinderpanzers beobachtet; durch dieselbe sind auch die beiden, in dem abgebildeten Instrumente zusammengeschobenen kreisförmigen Platten zu erkennen, zwischen welchen die Dämpferplatte schwingt.

Spiegelablesung. Zur Bestimmung der Ablenkung des beweglichen Systems der Spiegelinstrumente bedient man sich entweder einer subjektiven oder einer objektiven Methode. Bei der ersteren, vgl. Abb. 102, beobachtet man durch ein Fernrohr mit Faden-kreuz das Bild der Skala in dem Planspiegel, welcher von dem beweglichen System des Galvano-

meters getragen wird. In der Ruhelage dieses Systems wird der Faden im Fernrohr auf einen bestimmten Teilstrich des Skalenbildes eingestellt; nach erfolgtem Ausschlage wird seine Stellung ebenfalls abgelesen. Beträgt der Ausschlag w mm, so ist der Ablenkungswinkel α des beweglichen Systems bei 1 mm Abstand der Skala vom Spiegel aus der Gleichung zu berechnen

$$w = 1 \cdot \mathrm{tg}\, 2\,\alpha.$$

Bei der objektiven Spiegelablesung läßt man auf den Spiegel des Instruments einen möglichst scharfen, schmalen Lichtstreifen fallen, welcher von

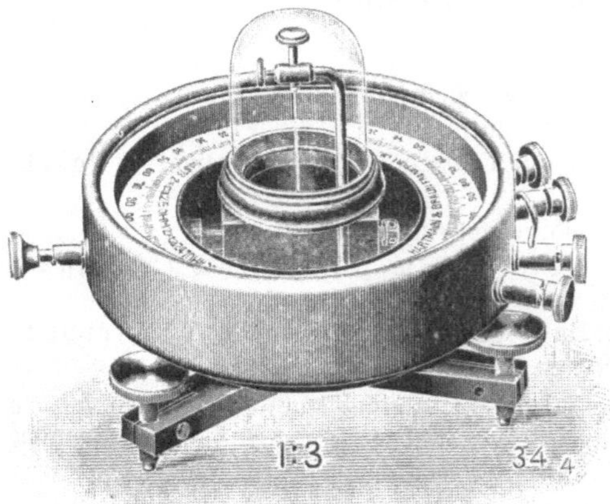

100. Galvanoskop.

101. Panzer-Galvanometer nach Du Bois-Rubens.

dem Spiegel auf die Skala zurückgeworfen wird und sich auf derselben entsprechend der Ablenkung des beweglichen Systems bewegt, so daß die Ablenkung also auch, besonders wenn die Skala durchscheinend ist, einem größeren Kreise von Beobachtern gleichzeitig sichtbar gemacht werden kann.

Allgemeines über Zeigerinstrumente.

Die in dem vorhergehenden Abschnitte beschriebenen Instrumente dienen zur Ermittelung der Intensität resp. zum Nachweis nur sehr schwacher Ströme. Zur Messung von Strömen beliebiger Stärke sowie von Spannungsdifferenzen, wie sie im praktischen Betriebe vorkommen, werden die in den folgenden Abschnitten beschriebenen Instrumente verwendet. Während die Messungen mit Galvanometern besondere Vorrichtungen zur Ermittelung der Ablenkung des beweglichen Systems aus der Ruhelage erforderlich machen, wird bei den Ampere-, Volt- und Wattmetern (bezüglich dieser letzteren Instrumente vgl. S. 93) die Ablenkung durch einen Zeiger angegeben, welcher sich über einer Skala bewegt, deren Teilung häufig direkt in der zu messenden Größe erfolgt (Ampere, Volt, resp. Watt). Man kann also, wie es besonders bei Schalttafelinstrumenten erforderlich ist, den in einer Leitung fließenden Strom, die Klemmenspannung elektrischer Maschinen oder schließlich die von den letzteren abgegebene Leistung unmittelbar an den betreffenden Instrumenten ablesen. Bei Laboratoriums-Präzisionsinstrumenten später zu beschreibender Typen ist die Skala lediglich mit einer in Abständen von 10 zu 10 Teilstrichen

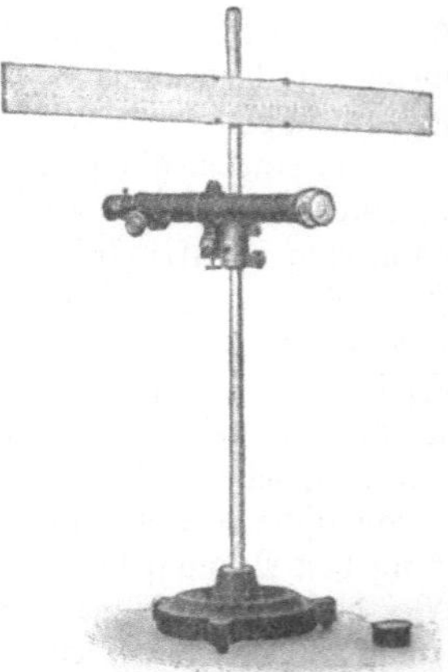

102. Fernrohr mit Skala zur subjektiven Bestimmung der Spiegelablenkung.

vermerkten Zahl der letzteren versehen (0—120 oder 0—150). Die Anzahl der Skalenteile, welche der Zeiger bei einer Messung von seiner Nullstellung abweicht, muß mit dem für einen bestimmten Meßbereich konstanten Wert eines Skalenteils multipliziert werden. Diese konstanten Werte eines Skalenteils für verschiedene Meßbereiche sind auf den betreffenden Instrumenten verzeichnet.

Elektromagnetische Instrumente.
Weicheiseninstrumente.

Die einfachsten Zeigerinstrumente beruhen auf der Wirkung fest angeordneter, stromdurchflossener Spulen auf bewegliche Körper aus weichem Eisen (Weicheiseninstrumente). Die auf den Eisenkörper wirkende Kraft ist dem Quadrate der Stromstärke in der Spule proportional, da dieselbe einmal durch die Intensität des Stromes in der Spule und zweitens durch die ebenfalls von der Stromstärke abhängige Feldstärke im Eisen bedingt ist.

Die älteste Type dieser Instrumente stellt das bereits auf S. 20 erwähnte Kohlrausch sche Federgalvanometer dar. Bei diesem wird

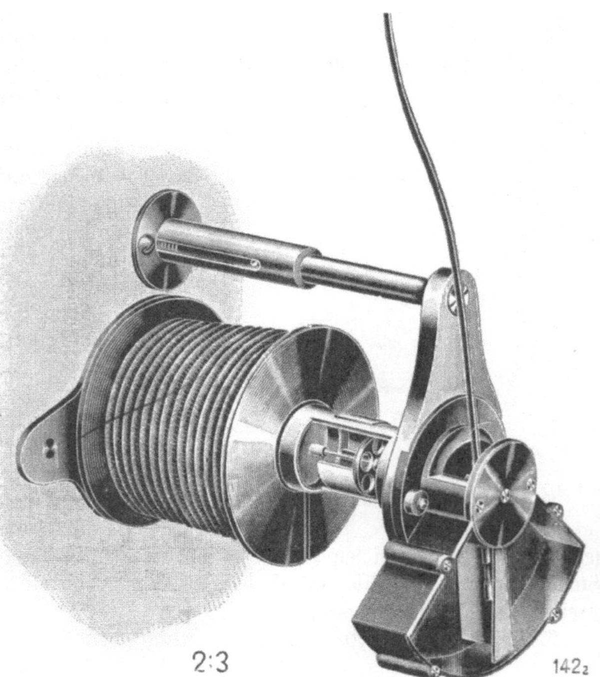

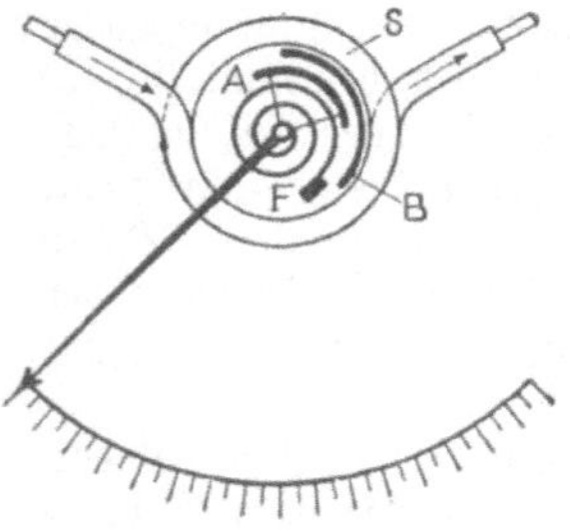

103. Schematische Darstellung des beweglichen Systems eines Weicheiseninstruments.

104. Anordnung der festen Spule und des beweglichen Systems eines Weicheiseninstruments.

der an einer Spiralfeder aufgehängte Eisenkern in eine Spule hineingezogen, sobald die letztere vom Strome durchflossen wird. Im stromlosen Zustande desselben zieht die Feder den Eisenkern wieder in seine Nullage zurück. Die jeweilige durch den Strom in der Spule bedingte Eintauchtiefe des Kerns wird durch einen auf dem letzteren befestigten Zeiger auf einer Skala angegeben. Bei neueren Instrumenten dieser Bauart wird die vertikale Bewegung des Kerns auf einen, um eine horizontale Achse drehbaren Zeiger übertragen.

Bei den meisten elektromagnetischen Instrumenten neuerer Bauart werden zwei oder mehrere zum Teil fest, zum Teil beweglich angeordnete Weicheisenkörper von der feststehenden, stromdurchflossenen Spule derart magnetisiert, daß die beweglichen von den feststehenden Eisenkörpern abgestoßen werden. Abb. 103 zeigt schematisch die Anordnung des beweglichen Weicheisensegmentes A, sowie des festen B, welche beide von der Spule S magnetisiert werden; die Feder F bringt den Zeiger im stromlosen Zustande des Instruments wieder in die Ruhelage zurück. Die praktische Anordnung der wirksamen Teile eines solchen elektromagnetischen Instruments ist aus Abb. 104 ersichtlich. Die beiden Eisenkörper befinden sich in dem

Hohlraum der Spule; wird die letztere vom Strome durchflossen, so werden die beiden Eisen=
körper gleichartig magnetisiert, wodurch der bewegliche von dem feststehenden abgestoßen,
und so der mit ihm fest verbundene Zeiger aus seiner Ruhelage abgelenkt wird. Die Be=
wegungen des Zeigers werden durch einen, aus der Abb. 104 ersichtlichen Flügel gedämpft,
welcher mit sehr geringem Spielraum in einer bogenförmigen Kammer schwingt. Im strom=
losen Zustande des Instruments wird das bewegliche System unter dem Einfluß der Schwer=
kraft wieder in seine Ruhelage zurückgebracht.

105. Kombiniertes elektromagnetisches Volt= und
Amperemeter von Siemens & Halske.

106. Elektromagnetisches Amperemeter
von Weston.

Bei einigen Ausführungsformen der elektromagnetischen Instrumente wird ein ge=
eignet geformter und gelagerter Weicheisenkern in eine vom Strome durchflossene Spule
hineingedreht, so bei den Instrumenten dieses Systems von Siemens & Halske.

Die elektromagnetischen Instrumente sind für Gleich= und Wechselstrommessungen ge=
eignet. Infolge der bei Wechselstrom in den Eisenteilen auftretenden Hysterese sowie der
Wirbelströme ist der Zeigerausschlag für ein und dieselbe Stromstärke bei Gleich= und Wechsel=
strom nicht derselbe, und zwar sind die Angaben bei Wechsel=
strom infolge des Verlustes geringer als bei Gleichstrom.
Soll ein Weicheiseninstrument sowohl für Gleich= als auch
für Wechselstrommessungen verwendet werden, so erhält es
zwei getrennte Skalen, welche in der Teilung um 1—2% von=
einander abweichen.

Da das bewegliche System der Weicheiseninstrumente
durch äußere gleichgerichtete magnetische Felder, z. B. be=
nachbarter Starkstromleitungen beeinflußt wird, so müssen
die Instrumente möglichst außerhalb des Bereiches derselben
montiert werden. Dieser störende Einfluß kann durch eiserne
Gehäuse der Instrumente vermindert werden.

Einige praktische Ausführungsformen von Weicheisenin=
strumenten zeigen die Abb. 105 bis 107, und zwar gibt Abb. 105
ein transportables kombiniertes Volt= und Amperemeter von
Siemens & Halske und Abb. 106 ein tragbares elektromagnetisches Instrument von Weston
wieder.

107. Elektromagnetisches
Schalttafel=Amperemeter mit
rückseitigem Anschluß.

Die Schalttafelinstrumente verschiedener Herkunft sind für denselben Verwendungs=
zweck äußerlich nur wenig voneinander verschieden. Abb. 107 zeigt ein derartiges Instrument,
mit rückseitigem Stromanschluß.

Meßtransformatoren. Elektromagnetische Schalttafelinstrumente werden mit direktem
Anschluß für Stromstärken bis zu 100 Amp., und für Spannungen bis zu 600 Volt, Instru=
mente mit Stabilitgehäuse bis zu 1000 Volt gebaut.

Zur Messung von Wechselströmen hoher Intensität, zumal in Hochspannungsanlagen,
verwendet man sog. Stromtransformatoren oder Stromwandler. Dieselben besitzen

zwei getrennte Wickelungen, von welchen die primäre geringer Windungszahl in die Leitung eingeschaltet wird, in welcher der Strom gemessen werden soll, während die sekundäre Wickelung hoher Windungszahl an ein Instrument mit einem bestimmten verhältnismäßig geringen Meßbereich (1 oder 5 Amp. maximal) angeschlossen wird; durch dieses Instrument fließt ein Strom von einer dem Übersetzungsverhältnis der Wickelungen entsprechenden Intensität.

Abb. 108 stellt einen Stromtransformator von Siemens & Halske für Primärstromstärken bis maximal 1500 Amp. und sekundär maximal 5 Amp. dar; alle Angaben des Instruments sind also mit 300 zu multiplizieren, um die einem Ausschlage seines Zeigers entsprechende Stromstärke in der Hauptleitung zu erhalten. Abb. 109 zeigt einen Stromwandler der AEG.

Ähnlich werden zur Messung hoher Spannungen mit Hilfe von Niederspannungsinstrumenten Spannungstransformatoren verwendet, welche ebenfalls zwei getrennte Wickelungen besitzen, von welchen die eine mit den Klemmen verbunden wird, zwischen welchen

108. Stromtransformator von Siemens & Halske.

109. Stromtransformator der AEG für niedere Primär-Stromstärken.

110. Spannungstransformator von Siemens & Halske.

die zu messende Hochspannung herrscht, während die andere an das Niederspannungsvoltmeter angeschlossen wird. Abb. 110 zeigt einen Spannungstransformator von Siemens & Halske für eine Spannung von maximal 15 000 Volt primär und 100 Volt sekundär.

Drehspuleninstrumente.
System Deprez d'Arsonval.

Diese Instrumente, welche zuerst um 1880 von Deprez und d'Arsonval konstruiert wurden, besitzen eine Spule aus dünnem Draht, welche zwischen den Polschuhen eines kräftigen permanenten Hufeisenmagneten drehbar angeordnet ist. Die zylindrisch ausgebohrten Polschuhe umschließen einen Eisenzylinder mit so geringem Luftzwischenraum, daß die in Spitzen gelagerte, oder an einem feinen Metallband aufgehängte Spule sich frei in demselben drehen kann.

Wird die Spule von einem Strome durchflossen, so erfährt sie in dem konstanten Felde des Hufeisenmagneten eine Ablenkung, welche dem Strome direkt proportional ist. Dieser ablenkenden Kraft wirken bei den Zeigerinstrumenten zwei Spiralfedern entgegen, durch welche der Spule der Strom zugeführt wird. Bei den Spiegelinstrumenten übt der Aufhängefaden die Richtkraft aus, durch welche die Spule im stromlosen Zustande in die Nullstellung zurückgedreht wird.

Abb. 111 zeigt das Gestell mit den beweglichen Teilen eines Drehspulenspiegelgalvanometers, welches aus dem Magnetsystem (Abb. 112) herausgenommen ist; das letztere wird von mehreren nebeneinanderstehenden Hufeisenmagneten gebildet. Das Gestell trägt eine Röhre, an deren oberem Ende das Metallband befestigt ist, welches die Spule hält, und durch welches der letzteren der Strom zugeführt wird, während er durch eine dünne Spirale im unteren Teil des Gestells wieder fortgeleitet wird. Sobald der herausnehmbare Teil in die Magnete eingesetzt ist, besteht eine metallische Verbindung der Spulenenden mit den Stromzuführungsklemmen, welche auf dem Sockel des Instruments angebracht sind. Das Aufhängeband trägt eine geeignete Klammer zur Aufnahme des kleinen Spiegels, dessen Ablenkung durch ein Fenster in dem Schutzzylinder beobachtet werden kann.

Die Empfindlichkeit dieser Spiegelgalvanometer beträgt bei einem Widerstande des beweglichen Systems von zirka 250 Ω, $8 \cdot 10^{-10}$ Amp., d. h. auf einer 1 m entfernten Skala wird eine Bewegung eines, vom Spiegel des Instruments zurückgeworfenen Lichtstreifens von 1 mm durch einen Strom von $8 \cdot 10^{-10}$ Amp. bewirkt. (Über Spiegelablesung vgl. S. 87).

Die Anordnung der Drehspule bei Zeigerinstrumenten in dem Magnetfelde, der die Richtkraft ausübenden und den Strom zu- resp. ableitenden Spiralfedern läßt die Abb. 113 erkennen, bei welcher ein Teil der Polschuhe entfernt ist, um die Spule erkennen zu können.

Die Drehspuleninstrumente eignen sich nur für Gleichstrommessungen. Äußerlich sind besonders die Schalttafelinstrumente den elektromagnetischen Instrumenten ähnlich. Während die letzteren aber eine im Anfang der Skala sehr ungleiche Teilung aufweisen, ist dieselbe bei den Drehspuleninstrumenten über die ganze Skala fast vollkommen gleichmäßig.

Durch äußere magnetische Felder werden die Angaben der Drehspuleninstrumente infolge des starken eigenen Feldes nur wenig beeinflußt.

Der äußerst dünne Draht der Drehspule kann naturgemäß nur mit sehr geringen Strömen belastet werden. Die Drehspuleninstrumente zur Messung stärkerer Ströme werden daher parallel zu einem geeigneten Widerstande geschaltet. Dieser Nebenschluß oder Shunt ist so bemessen, daß bei der höchsten Stromstärke, für welche das Instrument bestimmt ist, die zulässige Strombelastung der Spulendrähte nicht überschritten wird. Die Instrumente werden mit dem Nebenschluß und den beiden Verbindungsleitungen zu dem-

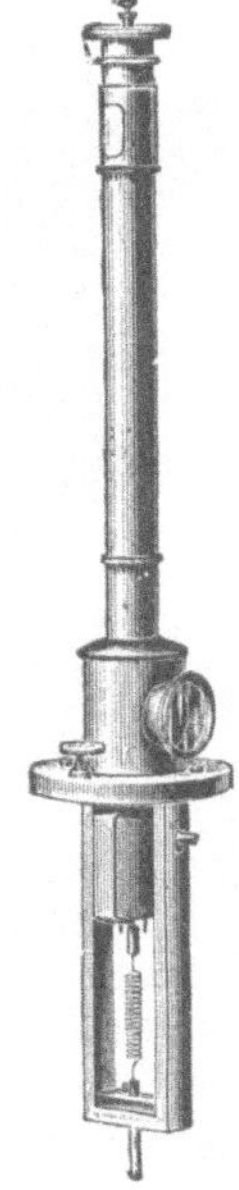

111. Bewegliches System ein. Drehspulenspiegelgalvanometers.

112. Magnetsystem eines Drehspulenspiegelgalvanometers.

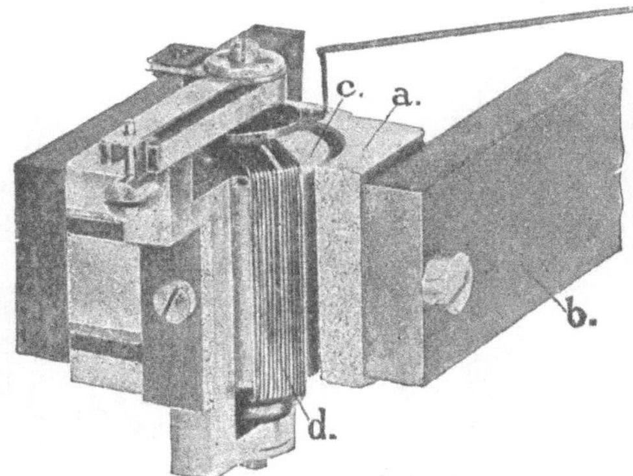

113. Anordnung des beweglichen Systems bei Drehspulenzeigerinstrumenten.

selben zusammen geeicht. Der Nebenschluß wird in die Leitung eingeschaltet, in welcher der zu messende Strom fließt; auf der Skala des Instruments ist direkt die Stromstärke in der Leitung abzulesen. Ein und dasselbe Instrument kann durch Verwendung geeigneter Nebenschlüsse für verschiedene Meßbereiche benutzt werden.

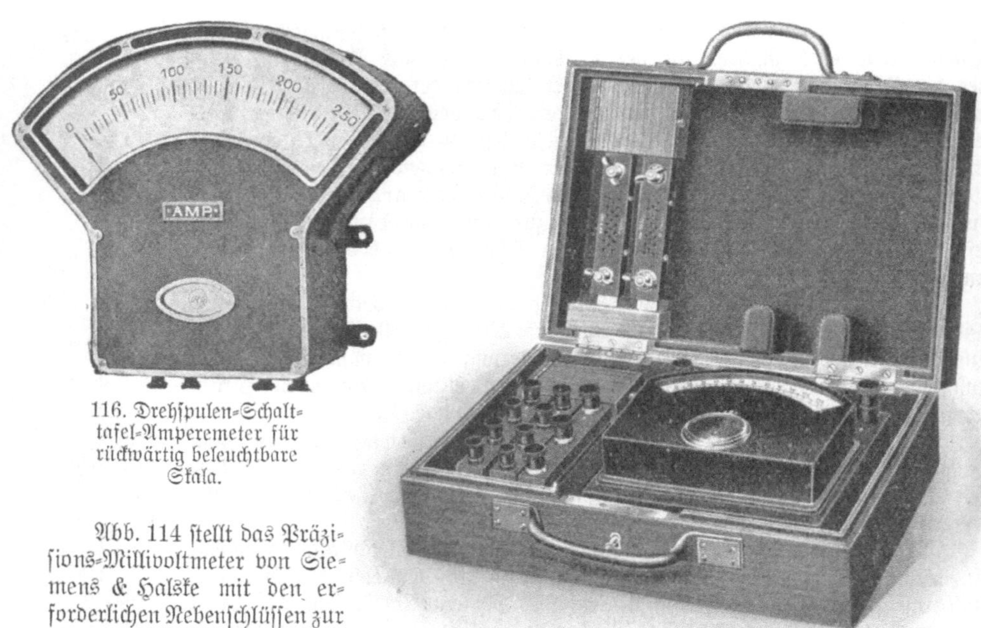

116. Drehspulen-Schalt-
tafel-Amperemeter für
rückwärtig beleuchtbare
Skala.

114. Drehspulen-Präzisions-Millivoltmeter von Siemens & Halske
mit verschiedenen Nebenschlüssen zur Verwendung als
Präzisions-Amperemeter.

Abb. 114 stellt das Präzi-
sions-Millivoltmeter von Siemens & Halske mit den er-
forderlichen Nebenschlüssen zur
Verwendung als Präzisions-
Amperemeter für verschiedene
Meßbereiche, und Abb. 115 mit
den nötigen Vorschaltwiderständen als Präzisionsvolt-
meter ebenfalls für verschiedene Meßbereiche dar.

Von den Schalttafelinstrumenten gibt
Abb. 116 ein Instrument wieder, dessen Skala
durch dahinter angebrachte Glühlampen beleuchtet werden kann, und Abb. 117 ein Instrument in sog. Profilform.

117. Drehspulen-Schalttafel-
Amperemeter (Profilform).

115. Drehspulen-Präzisions-Millivoltmeter von Siemens & Halske mit
Vorschaltwiderständen zur Verwendung als Präzisions-Voltmeter.

Dynamometrische Instrumente.

In den dynamometrischen oder elektrodynamischen Instrumenten bewegt sich die Draht-spule im Felde einer feststehenden, vom Strome durchflossenen Spule. Die von der letzteren erzeugten Kraftlinien verlaufen vollständig in Luft. Die Empfindlichkeit der elektrodyna-mischen Instrumente ist infolgedessen wesentlich geringer als diejenige der Instrumente nach dem System Deprez d'Arsonval, bei welchem sich die Drehspule in dem starken Felde eines permanenten Magneten befindet.

Die Richtung der Ablenkung des beweglichen Systems ist durch die Stromrichtung in der beweglichen und der festen Spule bedingt. Wird die Stromrichtung in beiden gleichzeitig geändert, so bleibt die Richtung der Ablenkung dieselbe. Die dynamometrischen Instrumente sind also für Gleich- und Wechselstrom verwendbar. Infolgedessen gilt auch die Gleichstrom-eichung der Instrumente für Wechselstrommessungen. Dieser Umstand ist deshalb von Vor-teil, weil die Gleichstromeichung wesentlich einfacher durchführbar ist als die Eichung mit Wechselstrom.

Da für Strom- und Spannungsmessungen bei Gleichstrom die sehr empfindlichen In-strumente nach dem Deprez d'Arsonvalschen Prinzip zur Verfügung stehen, so kommen die dynamometrischen Instrumente für diese Messungen fast nur bei Wechselstrom in Frage. Nur das dynamometrische Wattmeter wird ebensowohl für Gleichstrommessungen verwendet, als wie für Wechselstrommessungen.

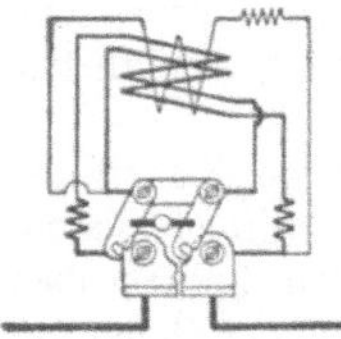 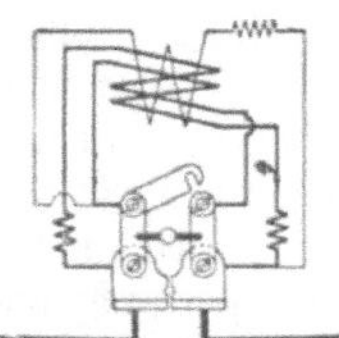 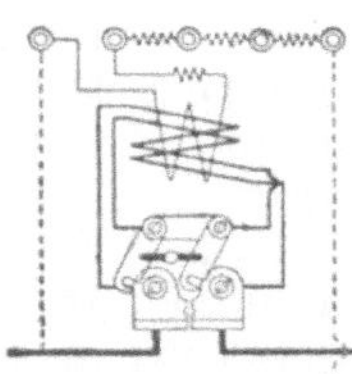 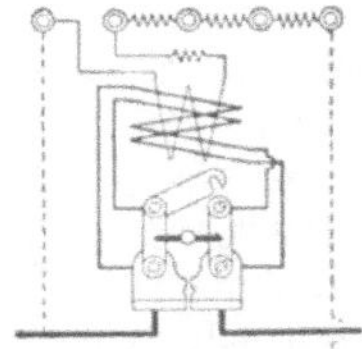

| 118. Serienschaltung der beiden festen Spulenhälften des dynamometrischen Amperemeters. | 119. Parallelschaltung der beiden festen Spulenhälften des dynamometrischen Amperemeters. | 120. Serienschaltung der beiden festen Spulenhälften des dynamometrischen Wattmeters. | 121. Parallelschaltung der beiden festen Spulenhälften des dynamometrischen Wattmeters. |

Um das Gewicht der beweglichen Spule der dynamometrischen Instrumente möglichst gering zu halten, kann dieselbe nur aus verhältnismäßig dünnem Drahte hergestellt und demzufolge nur mit schwachen Strömen belastet werden. Bei Spannungsmessern, bei welchen' der das Instrument durchfließende Strom nur gering ist, wird die feste und die bewegliche Spule in Serie mit einem induktionsfreien Widerstande geschaltet, so daß beide Spulen von ein und demselben Strome durchflossen werden. Der Vorschalt-widerstand ist für verschiedene Meßbereiche passend unterteilt. Da die mechanische Wirkung auf die bewegliche Spule dem Produkte der in den beiden Spulen fließenden Ströme pro-portional ist, so ist also die Ablenkung der beweglichen Spule im vorliegenden Falle dem Quadrat des Stromes proportional, resp. der an die Klemmen des Instruments gelegten Spannung, welche den Strom bedingt. Die Folge dieses quadratischen Verhältnisses ist, daß besonders im Anfang der Skala die Teilung keine so gleichmäßige ist, wie diejenige der Instrumente nach dem Deprez d'Arsonvalschen Prinzip. Bei den meisten Präzisionsin-strumenten ist dieselbe jedoch etwa von einem Fünftel des Meßbereiches an fast proportional geteilt.

Bei den elektrodynamischen Amperemetern und Wattmetern ist die feststehende Strom-spule in zwei Abteilungen geteilt, welche vom Strome je nach seiner Intensität entweder in Serien- oder in Parallelschaltung durchflossen werden, vgl. Abb. 118—121. Die Drehspule des Amperemeters ist parallel zu einem vom Hauptstrome durchflossenen Nebenschluß geschaltet. Der die Drehspule durchfließende geringe Strom ist der Spannung an den Enden dieses

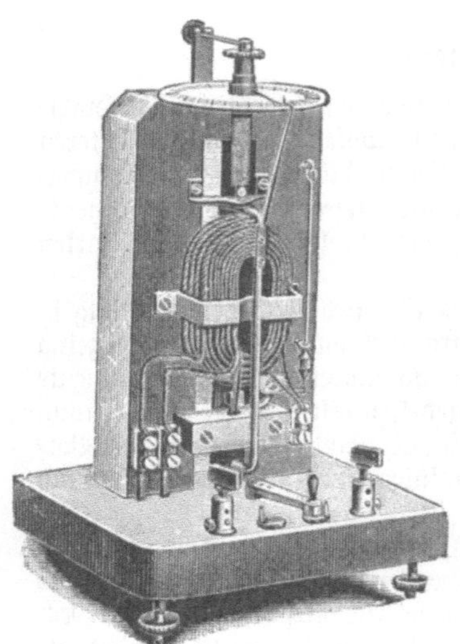

122. Torsionsinstrument für
Strommessung.

123. Ansicht des Aufbaues des Systems eines
dynamometrischen Präzisions-Voltmeters von
Siemens & Halske.

Nebenschlusses, und damit also auch dem, den letzteren durchfließenden Strom proportional. Der Spannungsspule des Wattmeters sind entsprechend unterteilte Widerstände vorgeschaltet, ähnlich wie bei dem Voltmeter, wie die Abb. 120 und 121 erkennen lassen.

Die ältesten Instrumente nach dem dynamometrischen Prinzip waren als Torsionsinstrumente gebaut. Abb. 122 zeigt eine Ausführungsform eines solchen Torsions-Elektrodynamometers für Strommessung. Im Felde einer senkrecht angeordneten, feststehenden Spule wird ein an einer Spiralfeder frei beweglich aufgehängter, bügelförmiger Leiter abgelenkt. Der ablenkenden Kraft, welche die feststehende stromdurchflossene Spule auf den beweglichen Bügel ausübt, wirkt die Spiralfeder entgegen. Das obere Ende der letzteren steht mit einem Torsionsknopf in Verbindung. Die jeweilige Ablenkung der beweglichen Spule aus der Nullage ist aus der Stellung eines, mit der Spule fest verbundenen Zeigers am Rande einer geteilten Kreisscheibe ersichtlich. Diese Ablenkung wird durch Drehung des Torsionsknopfes und dementsprechende Anspannung der Feder wieder auf Null zurückgebracht. Der Torsionswinkel bildet mittelbar ein Maß für die zu messende Spannung, resp. den zu messenden Strom.

Die neueren elektrodynamischen Instrumente werden fast ausschließlich nur noch als Zeigerinstrumente gebaut. Die Messungen mit den letzteren sind von der Geschicklichkeit des Beobachters fast vollkommen unabhängig, was bei den Torsionsinstrumenten keineswegs der Fall ist.

Den inneren Aufbau eines dynamometrischen Zeigerinstruments (Präzisions-Voltmeter von Siemens & Halske) läßt die Abb. 123 erkennen, während die Abb. 124 die Anordnung der Feld-

124. Feldspulen, Drehspule, Torsionsfedern und Zeiger
eines dynamometrischen Instruments von Weston.

spulen, der Drehspule, sowie der ihr den Strom zuführenden Torsionsfedern und des Zeigers eines dynamometrischen Instruments von Weston wiedergibt. In Abb.125 ist der Zusammenbau der frei, d. h. nicht auf ein Rähmchen gewickelten Drehspule mit dem Dämpferflügel und dem „verstrebten" Zeiger noch besonders dargestellt; dieses ganze bewegliche System wiegt 1,86 g.

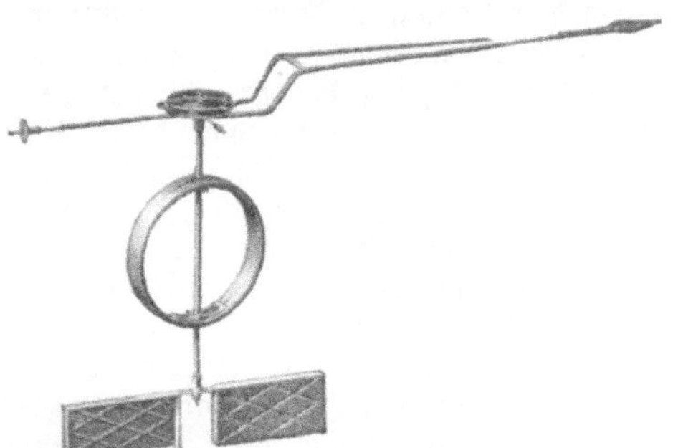

125. Freigewickelte Drahtspule, verstrebter Zeiger und Dämpferflügel eines dynamometrischen Instruments von Weston.

126. Dynamometrisches Präzisions-Wattmeter der AEG.

Abb. 126 zeigt die äußere Form eines Präzisions = Wattmeters der AEG mit zwei Strom- und mehreren Spannungsmeßbereichen. Die Umschaltevorrichtung für Serien=resp. Parallelschaltung der Stromspulen und die Anschlußklemmen für die verschiedenen Spannungsbereiche sind auf der rechten Seite der Abb.126 zu erkennen.

In Abb. 127 ist die Prüffeldtype eines elektrodynamischen Präzisions-Amperemeters von Siemens & Halske dargestellt. Das elektrodynamische Präzisions-Voltmeter von Weston ist aus Abb. 128 zu erkennen.

Die Abb. 129 zeigt das dynamometrische Schalttafelwattmeter von Weston.

Effektmessung in Drehstromanlagen. Während sich in Einphasen=Wechselstromanlagen die Schaltung des Wattmeters aus Abb. 120 resp. 121 ohne weiteres ergibt, kommt es bei Drehstromanlagen darauf an, ob die drei Leitungen derselben gleichmäßig oder ungleichmäßig belastet sind. Im ersteren Falle genügt ein einziges Wattmeter, welches bei Sternschaltung in der aus Abb. 130 ersichtlichen Schaltung verwendet wird; die Stromspule ist in eine der drei Leitungen ein=

127. Dynamometrisches Präzisions-Amperemeter von Siemens & Halske (Prüffeldtype).

128. Dynamometrisches Präzisions-Voltmeter von Weston.

geschaltet, während die Spannungsspule zwischen dem Nulleiter resp. dem Nullpunkt des Drehstromtransformators und einem Außenleiter liegt. Ist dieser Nullpunkt nicht zugänglich, oder ist der Transformator in Dreieck geschaltet, so stellt man mit einem sog. Nullpunktswiderstand einen künstlichen Nullpunkt her, vgl. Abb. 131, und führt die Schaltung im übrigen ebenso aus, wie vorstehend beschrieben.

Der Gesamtwattverbrauch der Anlage ist gleich dem dreifachen Betrage des mit dem einen Wattmeter bestimmten Wertes. Bei der in der Praxis meistens in Frage kommenden ungleichen Belastung der drei Phasen verwendet man zwei Wattmeter in der in Abb. 132 angegebenen Schaltung. Der Gesamtwattverbrauch der Anlage ist gleich der Summe der Angaben der beiden Wattmeter.

Einfluß äußerer Felder. Bei der Benutzung dynamometrischer Instrumente ist der Einfluß äußerer Felder zu beachten, welche von in der Nähe der Instrumente vorbeigeführten Starkstromleitungen herrühren können; bei Gleichstrommessungen ist die Wirkung des Erdfeldes zu berücksichtigen. Man führt zu diesem Zwecke die Messungen derart aus, daß man den Strom einmal in der einen, und einmal in der anderen Richtung durch das Instrument sendet, und aus den Ausschlägen bei beiden Richtungen, welche bei äußerer Einwirkung verschieden sind, das Mittel nimmt.

129. Dynamometrisches Schalttafel-Wattmeter von Weston.

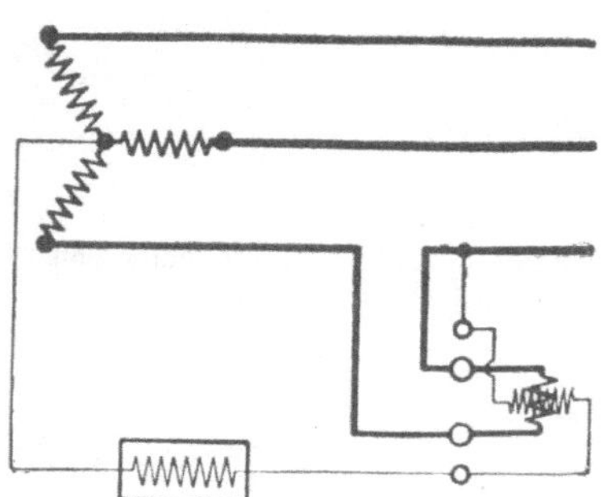

130. Schaltung des Wattmeters in einer Drehstromanlage bei zugänglichem Nullpunkt und gleichbelasteten Phasen.

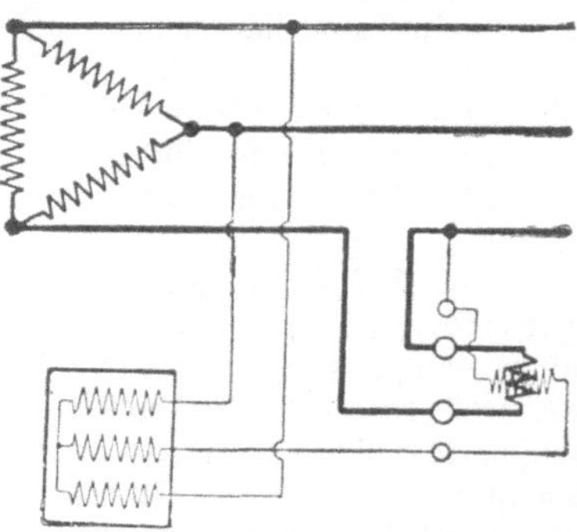

131. Schaltung des Wattmeters in einer Drehstromanlage bei nicht zugänglichem Nullpunkt und gleichbelasteten Phasen.

Ferrodynamische Instrumente.

Während bei den vorstehend beschriebenen elektrodynamischen Instrumenten das von der Stromspule erzeugte Kraftlinienfeld in Luft verläuft, ist in den ferrodynamischen Instrumenten die feststehende Spule in Eisen gebettet. Die bewegliche Spule befindet sich in dem Luftraum zwischen einem äußeren, die Stromspule enthaltenden Eisenmantel und einem inneren Eisenkern. Dieser ringförmige Luftspalt wird von den von der Stromspule erzeugten Kraftlinien in radialer Richtung durchsetzt.

Infolge dieser Verwendung von Eisen sind die auf die bewegliche Spule der ferrodynamischen Instrumente ausgeübten Drehkräfte unter sonst gleichen Verhältnissen wesentlich größer als bei den im vorstehenden beschriebenen elektrodynamischen Instrumenten.

Abb. 133 läßt den Aufbau des Systems dieser von Dolivo-Dobrowolsky entwickelten Instrumente erkennen. Abb. 134a zeigt die bewegliche Spule mit dem Zeiger, dem Dämpferflügel und den, die Richtkraft ausübenden Federn, Abb. 134b den Deckel der Dämpferkammer und Abb. 134c die in den äußeren Eisenmantel eingebaute Stromspule.

Die Instrumente dienen als Strom-, Spannungs- und Leistungsmesser für Gleich- und Wechselstrom. Sie besitzen also ebenfalls den Vorzug, mit Gleichstrom geeicht und für Wechselstrom verwendet werden zu können. Abb. 135 zeigt ein ferrodynamisches Schalttafelwattmeter.

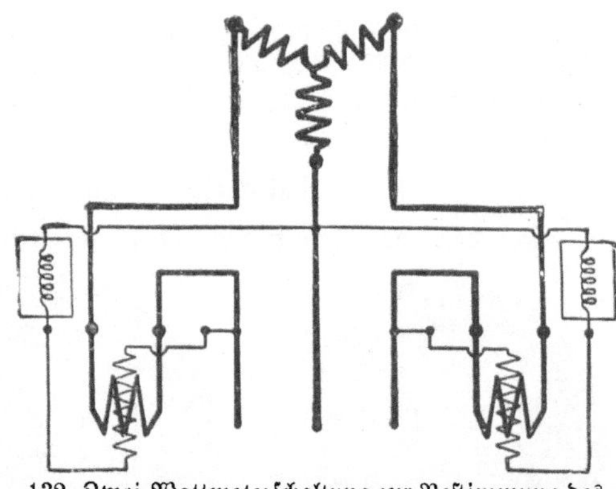

132. Zwei-Wattmeterschaltung zur Bestimmung des Effektverbrauchs in Drehstromanlagen bei ungleich belasteten Phasen mit zwei Wattmetern.

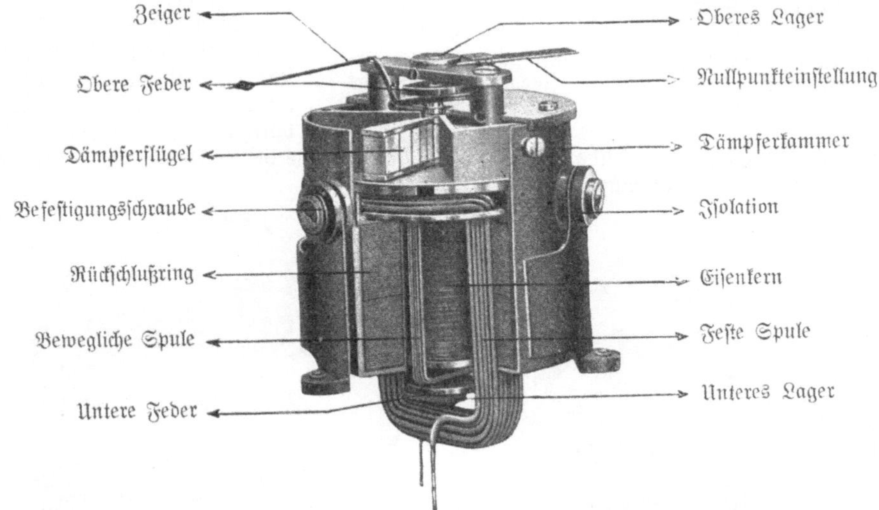

133. System eines ferrodynamischen Instruments.

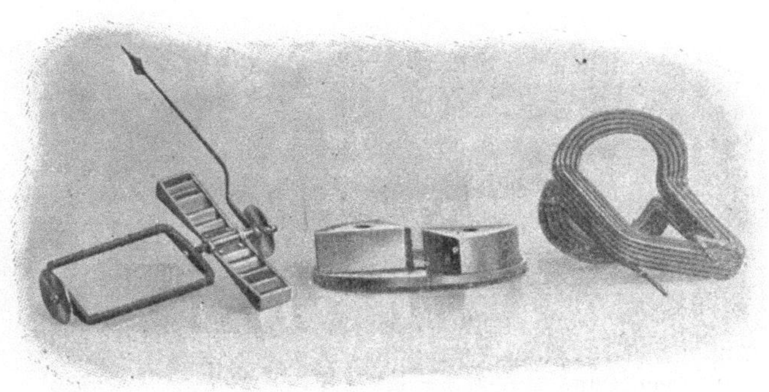

134a.   134b.   134c.

Bewegliche Spule mit Zeiger und Dämpferflügel, Deckel der Dämpferkammer, und Stromspule eines ferrodynamischen Instruments.

135. Ferrodynamisches Schalttafel-Wattmeter mit angebautem Vorschaltwiderstand für die Spannungsspule.

Der horizontale Zylinder auf der Rückseite enthält das in Abb. 133 dargestellte System. Wie aus Abb. 135 ersichtlich, ist der Vorschaltwiderstand für die Spannungsspule direkt an die Klemmen auf der Rückseite des Instruments angeschlossen.

Induktions- oder Ferrarisinstrumente.

Bei den sog. Induktions- oder Ferrarisinstrumenten (nach dem Namen eines des Entdecker der Drehfeldwirkung) wird auf eine Kupfer- oder Aluminiumscheibe- oder Trommel ein Drehmoment ausgeübt, welches durch ein sog. Drehfeld verursacht wird. Dieses letztere entsteht unter dem Einfluß von Strömen, welche in der Phase gegeneinander verschoben sind (vgl. S. 280 f.).

Dicht vor der Scheibe oder Trommel derartiger Instrumente sind lamellierte Eisenkerne fest angeordnet, welche die stromdurchflossenen Wickelungen tra-

136. Innerer Aufbau des Induktions-Amperemeters der AEG.

137. Innerer Aufbau des Induktions-Wattmeters der AEG.

gen. Die Drehung der Scheibe resp. Trommel läßt sich aus der Stellung des mit ihr fest-verbundenen Zeigers vor einer Skala erkennen.

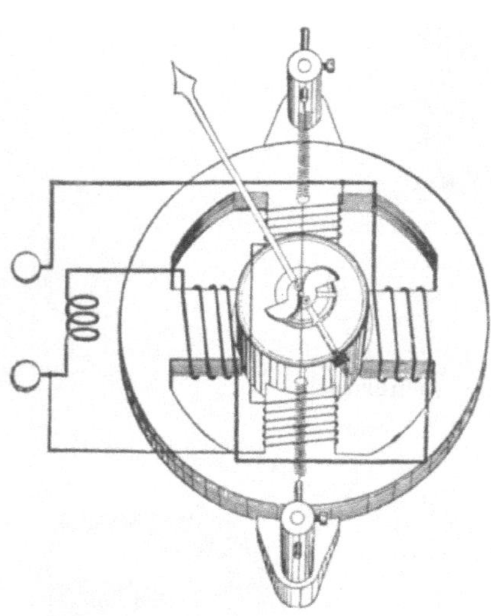

138. Innerer Aufbau der Induktions-instrumente von Siemens & Halske.

139. Induktionswattmeter von Siemens & Halske, Montageinstrument.

Die Induktionsinstrumente werden als Strom-, Spannungs- und Leitungsmesser ausgeführt. Sie sind naturgemäß nur für Wechsel- und Drehstrom geeignet. Ihr Vorteil besteht in dem Fortfall beweglicher, stromdurchflossener Wickelungen und in der Einfachheit ihres Aufbaues.

Die Angaben der Induktionsinstrumente sind von der Frequenz des zu messenden Wechselstroms abhängig.

Abb. 136 zeigt das Induktionsamperemeter der AEG; bei demselben dreht sich eine Aluminiumscheibe zwischen den Polen eines Elektromagneten, dessen Wickelung vom Strome durchflossen wird. Das Drehfeld wird durch besondere Beeinflussung des Feldes des Elektromagneten erreicht. Das Wattmeter (Abb. 137) besitzt einen Hauptstrom= und zwei symmetrisch angeordnete Spannungsmagnete. Die Bewegungen der Scheibe werden durch einen permanenten Magneten gedämpft. Den inneren Aufbau der Induktionsinstrumente von Siemens & Halske läßt Abb. 138 erkennen. Bei diesen wirkt das von zwei phasenverschobenen Strömen erzeugte Drehfeld auf eine Aluminiumtrommel; die Gegenkraft wird von einer Feder ausgeübt. Abb. 139 zeigt die Außenansicht eines nach dem Induktionsprinzip gebauten Montagewattmeters von Siemens & Halske.

Hitzdrahtinstrumente.

Die infolge der Jouleschen Wärme eintretende Verlängerung stromdurchflossener Leiter wurde zuerst in einem von Major Cardew konstruierten Hitzdrahtvoltmeter zu Meßzwecken praktisch ausgenutzt. Da die Längenänderung jedoch äußerst gering ist, so wird in den neueren Instrumenten dieses Prinzips nicht die Längenänderung selbst, sondern die durch sie bedingte Durchbiegung eines zwischen zwei festen Haltern ausgespannten äußerst dünnen Metalldrahtes mittelbar zur Messung verwendet.

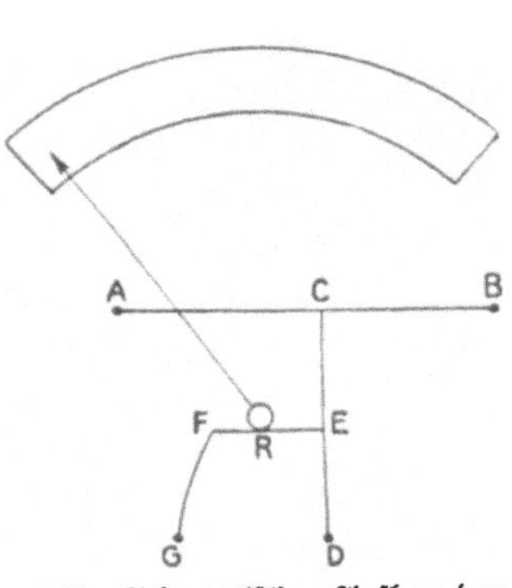

140. Schematischer Aufbau der Hitzdrahtinstrumente.

141. Schalttafel=Hitzdraht=Voltmeter von Hartmann & Braun.

Die Wirkungsweise der Hitzdrahtinstrumente veranschaulicht Abb. 140. An den, zwischen geeigneten Haltern ausgespannten Hitzdraht AB, welcher bei den weiter unten beschriebenen Instrumenten von Hartmann & Braun eine Länge von 16 cm und einen Durchmesser von zirka 0,06 mm besitzt, ist das eine Ende eines 0,5 mm dicken, 10 cm langen Messingdrahtes angeschlossen, während das andere Ende desselben in D befestigt ist. Von einem bestimmten Punkte E dieses Messingdrahtes führt ein Kokonfaden über eine Rolle R zu dem freien Ende einer Plattfeder FG, welche das ganze System spannt.

Im stromlosen Zustande des Hitzdrahtes zeigt der mit der Rolle R fest verbundene Zeiger auf den Nullpunkt der Skala des Instruments. Kleine Abweichungen von der Nullstellung werden mit Hilfe einer Korrektionsschraube ausgeglichen, durch welche der Halter A in gewissen Grenzen verschoben werden kann. Derartige Nachstellungen sind erforderlich, wenn das Instrument bei wesentlich anderer Temperatur seiner Umgebung verwendet wird, als derjenigen, bei welcher es geeicht wurde, oder wenn sich die Elastizität des Hitzdrahtes infolge Überlastung geändert hat.

Sobald der Hitzdraht vom Strome durchflossen wird, tritt infolge der Durchbiegung der gespannten Drähte eine Bewegung des Kokonfadens und damit eine Drehung der Rolle und des mit ihr starr verbundenen Zeigers ein. Die Bewegungen des letzteren werden durch eine, zwischen den Polen eines permanenten Magneten angeordnete Metallscheibe gedämpft, welche ebenfalls mit der Rolle starr verbunden ist.

Unter Verwendung von Vorschaltwiderständen dienen die Hitzdrahtinstrumente als Voltmeter, während sie als Amperemeter passende Nebenschlüsse erhalten.

Die Hitzdrahtinstrumente eignen sich ebensowohl für Gleich= als für Wechselstrom=
messungen. Ihre Angaben werden von benachbarten Feldern nicht beeinflußt und sind von
der Frequenz und der Kurvenform des zu messenden Wechselstromes unabhängig.

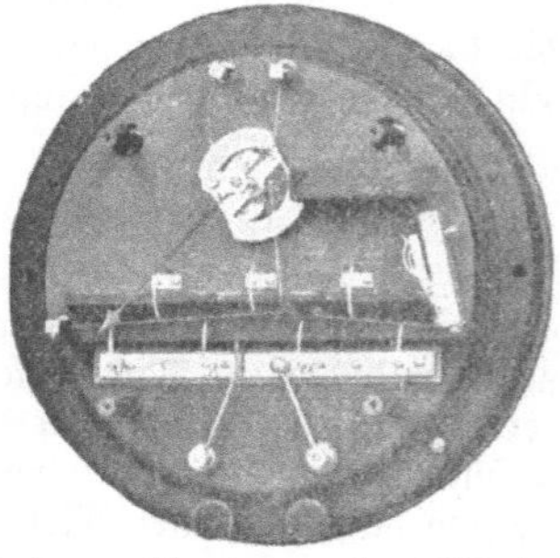

142. Innere Anordnung eines Schalttafel=
Hitzdrahtamperemeters der AEG.

143. Innere Anordnung eines Schalttafel=
Hitzdrahtvoltmeters der AEG.

145. Elektrostatisches Voltmeter von Siemens & Halske zur
direkten Messung von Spannungen bis zu 10 000 Volt.

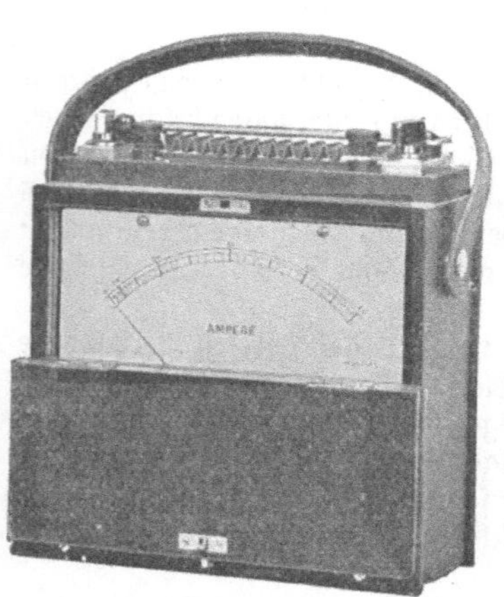

144. Transportables Hitzdraht=
Amperemeter der AEG.

146. Elektrostatisches Schalttafel=Voltmeter
der AEG.

In Abb. 141 ist ein Schalttafelvoltmeter von Hartmann & Braun dargestellt. Abb. 142
zeigt die innere Anordnung eines Schalttafel=Hitzdrahtamperemeters und Abb. 143 diejenige
eines Voltmeters der AEG, während Abb. 144 die Außenansicht eines transportablen Ampere=
meters der letzteren Firma mit einem auf demselben angeordneten Nebenschluß wiedergibt.

Elektrostatische Instrumente.

Die Wirkungsweise der elektrostatischen Instrumente beruht auf der Anziehung resp. Abstoßung, welche zwei elektrisch geladene Körper aufeinander ausüben, je nachdem ob sie entgegengesetzte oder gleichartige Ladungen tragen. Ist der eine Körper fest, der andere beweglich angeordnet, so bildet die Ablenkung des letzteren aus seiner Ruhelage mittelbar ein Maß für die Spannungsdifferenz zwischen den beiden Körpern.

Das Prinzip dieser Instrumente liegt den bereits auf Seite 5 erwähnten Elektroskopen zum Nachweis elektrischer Ladungen zugrunde.

Abb. 145 zeigt ein elektrostatisches Voltmeter von Siemens & Halske zur direkten Messung von Spannungen bis zu 10 000 V. Der um eine horizontale Achse leicht bewegliche Flügel wird in den Zwischenraum zwischen feststehenden Metallplatten hineingezogen, sobald der Flügel mit dem einen und die feststehenden Metallplatten mit dem anderen Pol der Spannungsquelle verbunden werden. Die Wirkungsweise des in Abb. 146 dargestellten elektrostatischen Schalttafelvoltmeters der AEG ist die gleiche wie bei dem vorstehend beschriebenen Instrument. Das Voltmeter der AEG enthält nur ein feststehendes Plattenpaar und einen dementsprechend gestalteten beweglichen Flügel; der letztere schwingt in dem engen Luftzwischenraum eines permanenten Magneten, wodurch eine wirksame Dämpfung seiner Bewegungen erreicht wird. Das in Abb. 147 wiedergegebene Multizellularvoltmeter von Hartmann & Braun besitzt eine größere Anzahl feststehender Platten; in die von diesen gebildeten Zellen wird ein System, um eine vertikale Achse

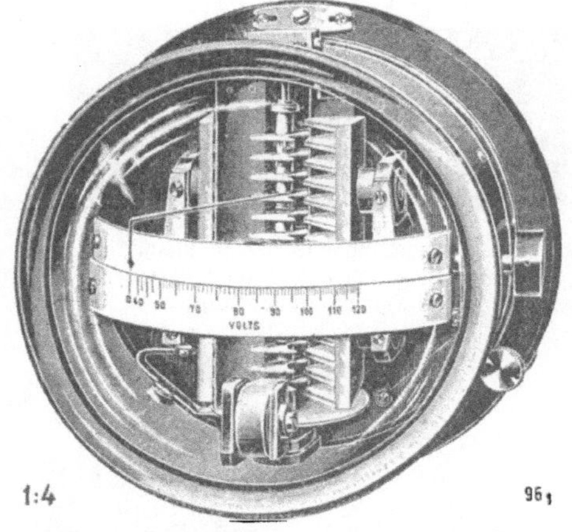

147. Multizellularvoltmeter v. Hartmann & Braun.

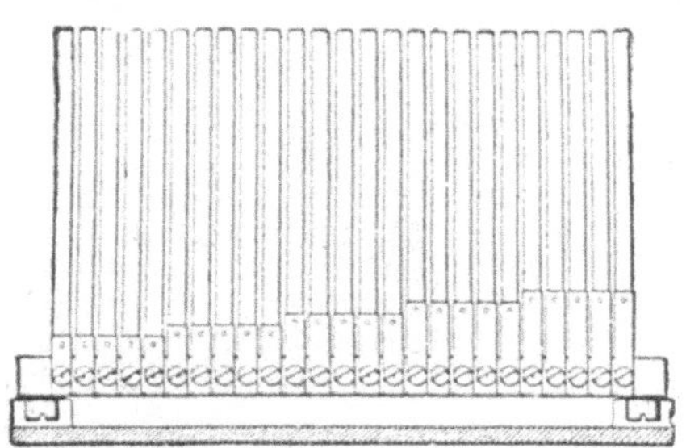

148. Stahlzungenanordnung des Frequenzmessers von Siemens & Halske.

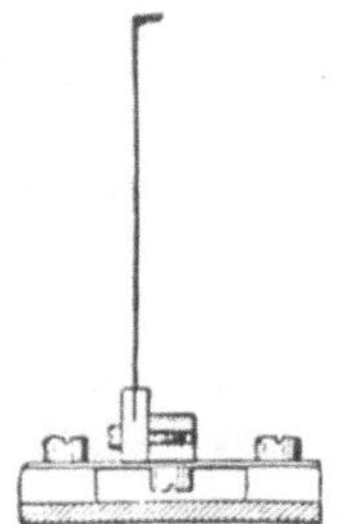

149. Seitenansicht einer Stahlzunge des Frequenzmessers von Siemens & Halske.

drehbarer Metallscheiben hineingezogen, sobald die letzteren mit dem einen und das Zellsystem mit dem anderen Pole der Spannungsquelle verbunden wird. Durch diese Anordnung wird eine derartige Empfindlichkeit erreicht, daß sich mit dem Multizellularvoltmeter Spannungen bis zu zirka 100 Volt herab messen lassen.

Frequenzmesser.

Zur Bestimmung der Frequenz oder Periodenzahl von Wechselströmen dienen die Frequenzmesser. Bei den von Siemens & Halske für diesen Zweck gebauten Instrumenten wirkt auf Stahlzungen verschiedener Länge und Stärke (vgl. Abb. 148), welche auf einem gemeinsamen Steg befestigt sind, mittelbar ein Elektromagnet. Wird dieser von einem Wechselstrom erregt,

so geraten alle Stahlfedern des Zungenkamms unter dem Einfluß der wechselnden Magneti=
sierung des Stegs in Schwingungen. Aber nur die Vibration derjenigen Federn ist deutlich
sichtbar, deren Eigenschwingung mit der Frequenz des den Elektromagneten erregenden
Wechselstromes übereinstimmt. Diese Resonanzschwingungen einer bestimmten Zunge
werden durch die Vibrationen eines Fähnchens an ihrem oberen Ende sichtbar, dessen wahre
Länge 3 mm beträgt, während die scheinbare Länge bei voller Resonanz 17 mm erreicht.

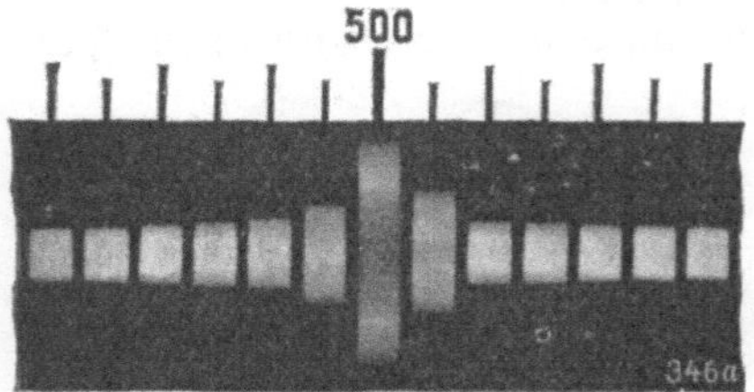

150. Schwingungsbild der in Resonanz
befindlichen Zunge eines Frequenzmessers
von Hartmann & Braun.

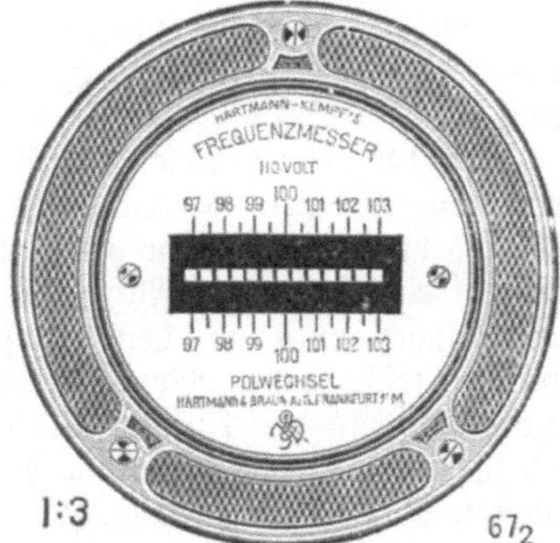

152. Schalttafel=Frequenzmesser von
Hartmann & Braun.

151. Transportabler Frequenzmesser
von Siemens & Halske.

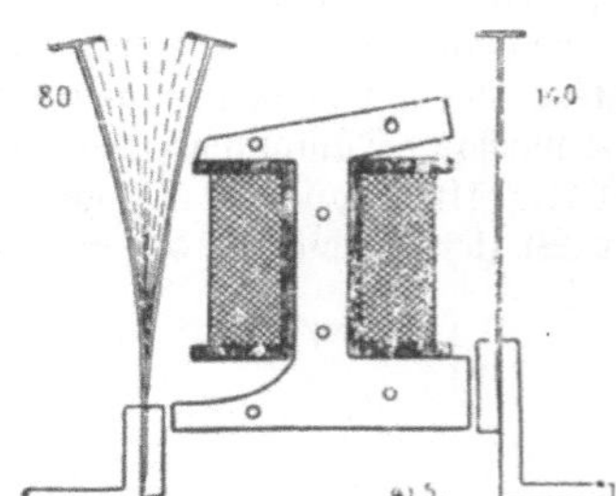

153. Anordnung des Elektromagneten
zwischen zwei Reihen von Stahl=
zungen (für verschiedene Frequenz=
bereiche) des Frequenzmessers von
Hartmann & Braun.

Abb. 150 zeigt das Schwingungsbild der in Resonanz befindlichen Zunge eines Frequenz=
messers von Hartmann & Braun, sowie der ihr unmittelbar benachbarten Zungen. Abb. 151
gibt die Außenansicht eines transportablen Frequenzmessers von Siemens & Halske wieder,
während in Abb. 152 ein für Schalttafeln bestimmter Frequenzmesser von Hartmann & Braun
dargestellt ist. Bei den Instrumenten der letzteren Firma wirkt der Elektromagnet direkt
auf das Zungensystem (vgl. Abb. 153), während er bei den Instrumenten von Siemens &
Halske den, die Stahlzungen tragenden Steg erregt.

Die Dynamomaſchine.

Von Privatdozent Dr.-Jng. **A. Brückmann.**

Die Gleichſtrommaſchine.

Die Wechſelſtrommaſchine.

Die Gleichſtrommaſchine.

Einleitung. Die Entwicklung der Starkſtromtechnik war nicht ſo ſchnell, wie man aus dem Abſchnitt des großen Aufſchwunges in den letzten Jahrzehnten des vergangenen Jahrhunderts zu entnehmen geneigt ſein kann.

Schon weit früher haben Phyſiker wie Orſtedt, Ampère, Arago und Faraday die Grundgeſetze der Elektrotechnik gelehrt, gezeigt, daß der elektriſche Strom die Magnetnadel beeinflußt, die Wirkung zweier Ströme aufeinander, d. h. die Möglichkeit, elektriſche Energie in mechaniſche umzuſetzen, nachgewieſen, dieſe Entdeckung zur Ausbildung des Elektromagneten erweitert und ſchließlich gezeigt, wie aus mechaniſcher Energie elektriſche zu erzeugen iſt.

Die Vorgänger der heutigen dynamoelektriſchen Maſchinen waren Maſchinen, bei denen als Kraftlinienſyſtem der lange bekannte permanente Magnet diente, während in einem vor den Polen rotierenden Drahtſyſtem infolge der Bewegung durch die Kraftlinien hindurch eine Spannung induziert wurde. Die erſte derartige Maſchine wurde von Pixii im Jahre 1832 konſtruiert. Nach Abb. 154, die eine Anſicht der Maſchine zeigt, beſtand ſie aus einem beweglichen aus mehreren Lamellen zuſammengeſetzten, permanenten Hufeiſenmagneten A B, der vor den feſten, mit Eiſenkernen verſehenen Spulen EE′ mittels Zahnrad-

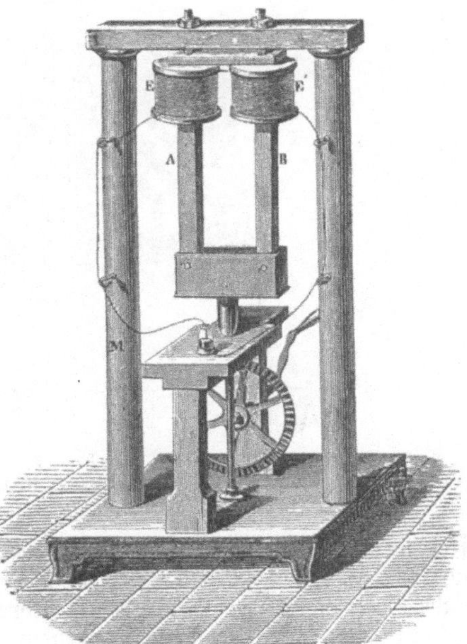

154. Pixiis magnetelektriſche Maſchine.

getriebes in Drehung verſetzt werden konnte. Die Abbildung zeigt eine Wechſelſtrommaſchine, bei der die Spulenenden direkt über Klemmen mit dem äußeren Stromkreis verbunden wurden. Daneben gab es jedoch auch durch Anwendung eines Stromwenders zur Entnahme von Gleichſtrom geeignete Maſchinen. Es war dies der erſte Apparat, der neben der bisherigen Erzeugung des elektriſchen Stromes aus chemiſcher Energie in Elementen die Gewinnung eines gleichwertigen Produktes aus mechaniſch angetriebenen Teilen ermöglichte. Das Prinzip dieſer Maſchinen iſt heute noch in den Anrufinduktoren der Fernſprechapparate in Anwendung.

Die vorbeschriebene Maschine fand wohl allseitiges Interesse, konnte aber infolge ihrer geringen Leistungsfähigkeit keine weitere technische Bedeutung gewinnen. Besonders die mit großen Elementbatterien betriebenen Galvanisierungsanstalten hatten lebhaftes Interesse daran, ihre voluminösen, viel Ersatz und Wartung erfordernden Batterien durch Maschinen zu ersetzen, die geeignet waren, wenn auch bei geringen Spannungen, hohe Stromstärken zu liefern. Als erste führte die weltbekannte Pariser Firma Christofle & Co. im Jahre 1854 eine von der Compagnie l'Alliance hergestellte Maschine ein, die sich schon zum Betrieb von Bogenlampen in Leuchttürmen bewährt hatte. Eine solche Maschine zeigt Abb. 155 in ihren unverhältnismäßig großen Dimensionen. Wie bekannt, ist die Leistung eines Gleichstromes dargestellt durch das Produkt aus Spannung und Strom, wobei die Spannung wieder von der

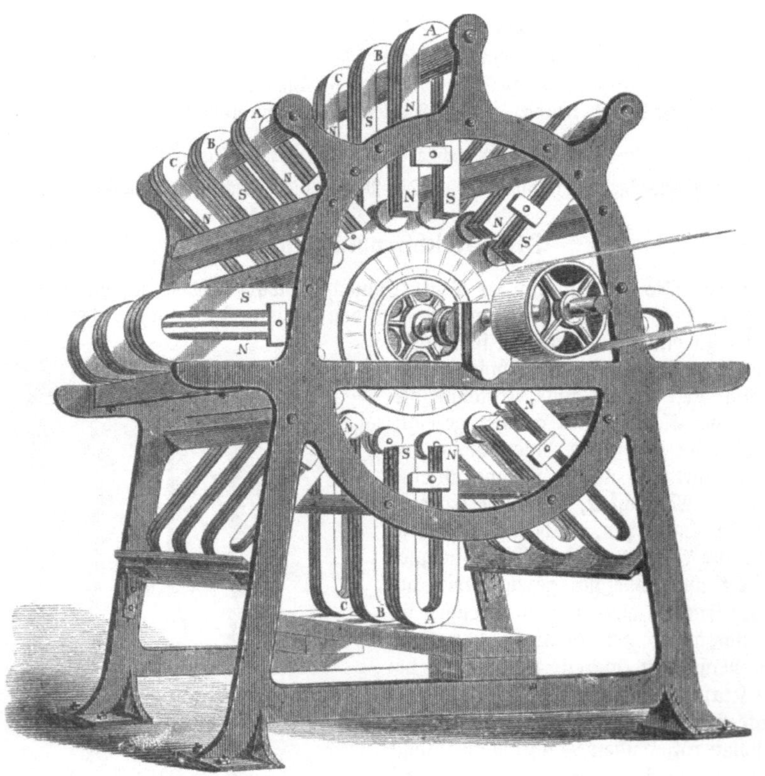

155. Alliance-Maschine in ungefähr $^1/_{10}$ natürlicher Größe.

Kraftlinienzahl und der Geschwindigkeit abhängig ist. Da nun die permanenten Magnete nur kleine Sättigungen, d. h. niedrige Kraftlinienzahlen, auf die Flächeneinheit bezogen, hervorbrachten, mußten sie lang und mit großem Querschnitt, also schwer ausgebildet werden, wodurch wieder die Geschwindigkeitsgrenzen herabgedrückt wurden. Andererseits konnten nur Spulen großer Drahtlänge die großen Querschnitte der Magnete umfassen, wodurch der Widerstand der Wicklung erheblich vergrößert werden mußte, so daß ein großer Teil der Energie in der Wicklung in Stromwärme umgesetzt wurde. Die Nachteile dieser Maschinen waren also großes Gewicht für die Einheitsleistung und geringer Wirkungsgrad.

Um diese Nachteile zu beseitigen, führte H. Wilde im Jahre 1866 an Stelle der permanenten Magnete die schon bekannten Elektromagnete ein und benutzte zur Speisung der die Magnete erregenden Wicklungen nicht, wie vor ihm einzelne Erfinder, Elemente, sondern eine besondere kleine magnetelektrische Maschine, die, wie Abb. 156 zeigt, ihren eigenen mechanischen Antrieb

erhielt. Wir sehen weiter in dieser Abbildung die Wicklungen der Elektromagnete der Haupt=
maschine mit Hilfe der Klemme a, b an die erregende Maschine angeschlossen.

An der Maschine waren verschiedene Neuerungen zur Anwendung gekommen. Zur Er=
zielung eines möglichst guten Kraftlinienpfades sind die Enden des Elektromagneten durch
Polschuhe verbreitert, deren Form nach heutigen Anschauungen allerdings wenig glücklich
gewählt erscheint. Aber auch der Kraftlinienpfad im rotierenden Teil der Hauptmaschine wurde
durch Anwendung des Siemensschen Doppelt=T=Ankers zu verbessern gesucht. Die früher be=
schriebenen Maschinen besaßen sämtlich Spulen, deren Hohlraum mit einem Eisenstab aus=
gefüllt war. Siemens erkannte nun den Vorteil, der in einem geringen magnetischen Wider=

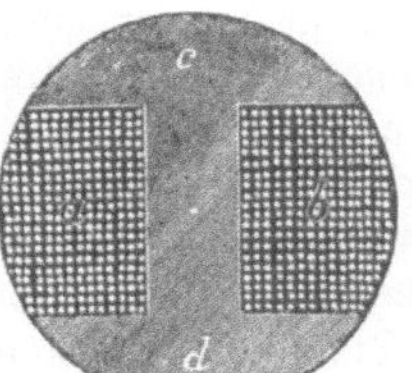

157. Siemens=Anker;
Querschnitt.

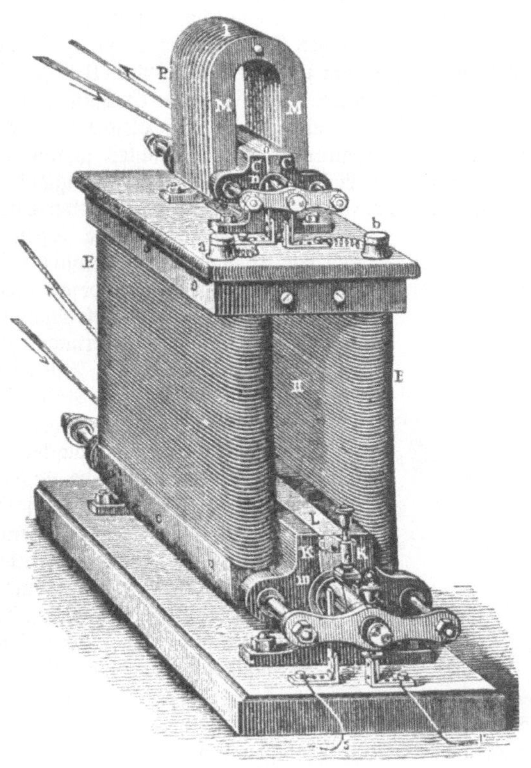

156. Wildes Elektromagnetmaschine.

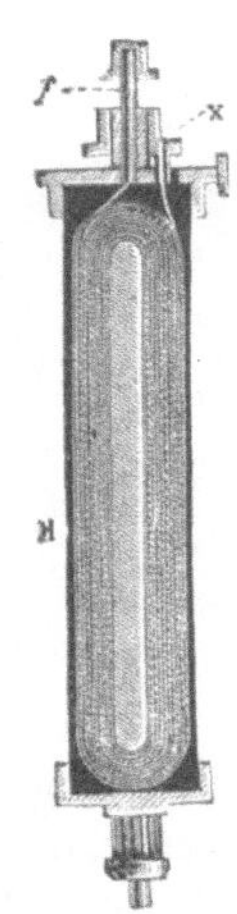

158. Siemens=Anker; Längsschnitt.

stand im Anker enthalten war, und bildete den Kern so aus, daß er mit der Spule zusammen
einen außen zylindrischen Körper nach Abb. 157 und 158 darstellte und einen doppelt T förmigen
Querschnitt zeigte. Dadurch erreichte er neben der sichereren mechanischen Herstellung des
rotierenden Teiles auch eine größere Übergangsfläche von Schenkel zu Anker für das Feld,
so daß sowohl eine höhere Kraftliniendichte im Anker wie auch eine erhöhte Geschwindigkeit
erzielt werden konnte, beides Mittel, um die von der Maschine erzeugte Spannung und damit
auch Leistung bei gleichem Strom zu erhöhen.

Die Erfindung der Dynamomaschine. Alle diese Maschinen waren nach heutigen Begriffen
noch unbrauchbar für Erzeugung elektrischer Leistungen von mehreren Tausend Kilowatt,
wie wir sie heute in den Zentralen als etwas Selbstverständliches hinnehmen. Erst einem
Werner v. Siemens war es vorbehalten, durch den genialen Übergang von fremder Hilfs=
erregung auf Selbsterregung den beispiellos schnellen Aufschwung der Elektrotechnik in den
Jahren 1870—1880 anzubahnen.

Lassen wir ihn, über seine bahnbrechende Tat selbst zu uns reden: „Dies war die Sachlage, als ich im Jahre 1866 auf den Gedanken kam, daß eine elektromagnetische Maschine (ein Elektromotor, wie sie später beschrieben werden), wenn in umgekehrter Richtung von derjenigen gedreht, in welcher sie durch einen sie durchlaufenden Strom gedreht wird, eine Verstärkung dieses Stromes erzeugen müsse. Der Gedanke lag eigentlich sehr nahe, da schon Jakobi den Nachweis geführt hatte, daß bei jeder durch den Strom bewegten Maschine ein Gegenstrom entstehen müsse, der den wirkenden Strom abschwächt und durch die umgekehrte Bewegung auch die Richtung des schwächeren, induzierten Stromes umkehren muß (also in gleicher Richtung mit dem wirkenden Strom und diesen daher verstärkend). In der Tat bestätigte sich nicht nur meine Voraussetzung, sondern es stellte sich heraus, daß der auch im weichsten Eisen zurückbleibende Magnetismus schon ausreicht, um den Verstärkungsprozeß des durch ihn erzeugten äußerst schwachen Stromes einzuleiten." Siemens war also auf dem Umweg über den Elektromotor zu dem wichtigen „dynamoelektrischen Prinzip" gelangt. Auch hier zeigt sich, wie so oft, die merkwürdige Duplizität der Ereignisse, denn neben Siemens war gleichzeitig, unabhängig von ihm, Wheatstone auf die gleiche Entdeckung gekommen, hat sie aber erst 14 Tage später zur Kenntnis der Öffentlichkeit gebracht.

Die erste für Stromerzeugung verwendbare Maschine wurde von dem Engländer Ladd im Jahre 1867 erbaut. Er benutzte allerdings noch nicht das Prinzip der Selbsterregung, sondern ordnete für die Speisung der Elektromagnete eine besondere Maschine oder richtiger einen besonderen Anker an. Abb. 159 zeigt diese Maschine. Wir sehen zwei plattenförmige Magnete, zwischen deren beiden Enden sich zwei Siemens = Doppelt = T = Anker befinden. Im Grunde genommen haben wir es mit einer Nebenschlußmaschine zu tun, denn nehmen wir beide Anker gleichartig gewickelt an, so können wir leicht beide Wicklungen auf einem Anker vereinigen, den anderen Anker durch einen Eisenschluß ersetzen und schließlich auch die Wicklungsquerschnitte beider Ankerwicklungen in einem Querschnitt zusammenfassen. Eine Maschine derartiger Schaltung wird als Nebenschlußmaschine bezeichnet. Wir werden im folgenden noch auf die Eigenschaften einer solchen Maschine näher eingehen.

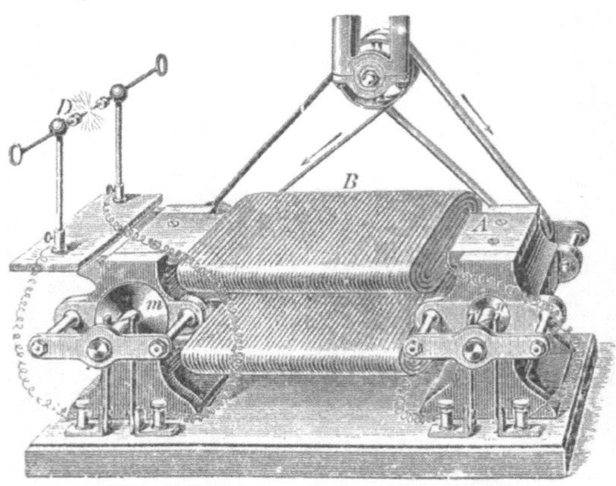

159. Ladds dynamoelektrische Maschine.

Näher lag der Gedanke, den zweiten Anker wegzulassen bzw. durch einen magnetischen Eisenschluß zu ersetzen und den vom Hauptanker erzeugten Netzstrom zur Erregung der Elektromagnete oder kürzer des Feldes heranzuziehen. Man ging deshalb zunächst daran, Maschinen mit Serienschaltung von Anker und Feldwicklung, sogenannte Serien=, Hauptstrom= oder Reihenschlußmaschinen, zu konstruieren, die gegenüber der obengenannten Nebenschlußmaschine abweichende Eigenschaften besitzen.

Mit der Erhöhung der Kraftlinienzahl, die gerade durch die Einführung des Elektromagneten gegeben war, zeigte sich aber ein Nachteil des Siemens schen Doppelt = T = Ankers, der vorher wenig in Erscheinung getreten war. Wir sehen in Abb. 157, daß der Eisenkern aus massivem Material bestand. Nun bewegt sich dieser Körper mit den Spulen im Feld, und es ist kein Grund vorhanden, daß nicht, ebenso wie in den Spulen nutzbare, gefaßte Spannungen induziert werden, auch im Eisenkörper allerdings ungefaßte, daher auch unbenutzte Spannungen und Ströme entstanden. Es zeigte sich bei den ersten Siemens-Maschinen größerer Leistung, daß nur mit Hilfe von Wasserkühlung der Anker unterhalb der gefährlichen Erwärmungsgrenze gehalten werden konnte. Es galt nun, die schädlichen Seitenströme, sogenannte „Wirbelströme", zu beseitigen, und es kam dabei eine Entdeckung von Pacinotti und Gramme zu Hilfe, die an Stelle der ausgeprägten Pole des Siemens schen Ankers einen ringförmigen

Körper als Anker verwendeten. Im Jahre 1860 hatte Dr. Pacinotti einen elektrischen Motor mit derartigem Ringanker konstruiert, und zehn Jahre später baute Zénobe Theophile Gramme, ein Belgier und Modelltischler bei der „Compagnie l'Alliance", den gleichen Ringanker in eine Dynamomaschine.

Der Pacinotti=Gramme=Anker. Es ist nämlich nicht erforderlich, wie die früheren Konstrukteure annahmen, daß die induzierte Spule mindestens zweimal bei jeder Umdrehung koaxial mit dem Felde zu liegen kommt, sondern nur nötig, daß sie die dem Felde sich darbietende

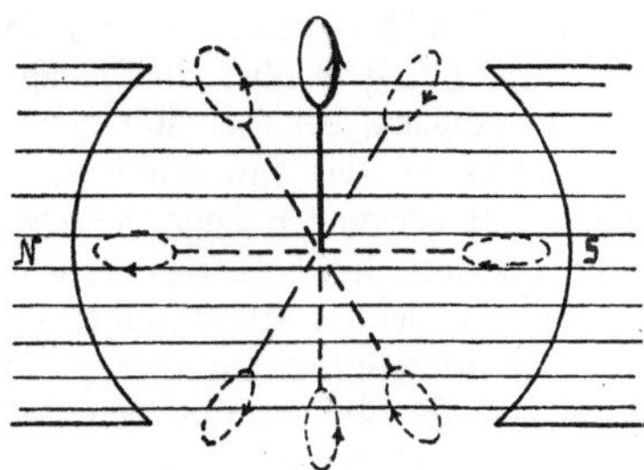

160. EMK in einem bewegten Leiter.

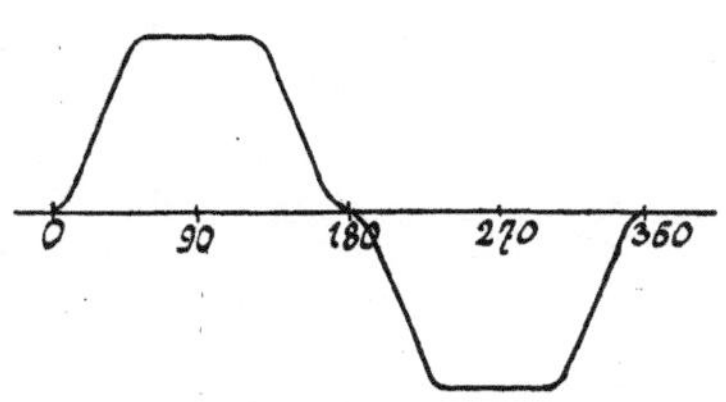

161. Kurve der EMK während einer Umdrehung.

Fläche von einem Maximum zu einem Minimum verkleinert und wieder über ein negatives Maximum und Minimum zu dem ursprünglichen Maximum erweitert. Betrachten wir zum besseren Verständnis des eben Gesagten die Abb. 160. In ihr ist ein Ring angenommen, der in Richtung des Pfeiles im Feld mit gleichem Abstand von der Achse gedreht werden soll. Bis zu einer Drehung von 90° verringert er stetig seine dem Felde dargebotene Fläche, d. h. es tritt in ihm eine dauernde Änderung an durchsetzenden Kraftlinien ein, und infolgedessen wird in ihm eine Spannung erzeugt werden, die ihr Maximum dann erreicht, wenn die Kraftlinienänderung ihren größten Wert hat, d. h. nach einer Drehung von 90°. In den anschließenden

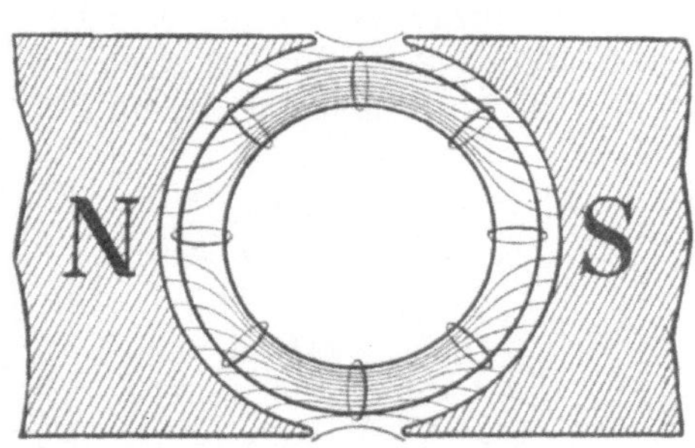

162. Durchleitung der Kraftlinien durch einen Eisenring.

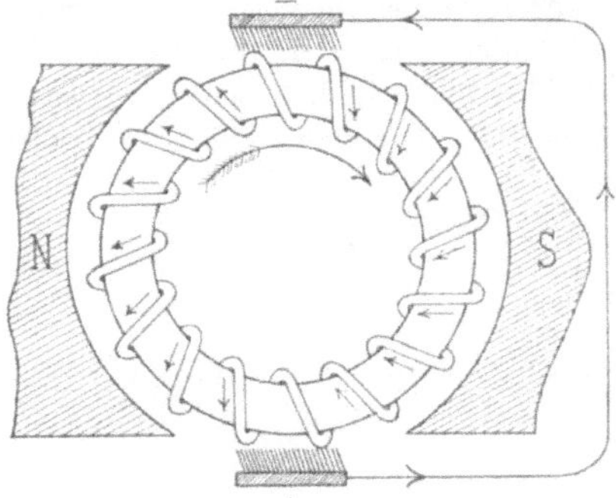

163. Die fortlaufende Umwickelung beim Gramme=Ring und die Abnahme des Stromes vom Ringe.

90° wird die Flächenänderung kleiner, bis er nach 180° seine ganze Fläche dem Kraftfluß darbietet, sie aber durch Bewegung in Richtung des Feldes nur noch wenig ändert. Die Richtung der induzierten Spannung bleibt während dieser halben Umdrehung dieselbe, denn nach den ersten 90° im Wechselpunkt bietet der Ring mit zunehmender Fläche die andere Seite den Kraftlinien dar. Ein Wechsel in der Stromrichtung tritt erst dann ein, wenn sich der Ring weiter bewegt. Wir haben dann nämlich die gleiche Flächenseite des Ringes, aber abnehmende Größe der Fläche, bis wir bei 270° das zweite Maximum erreichen und nun wieder in der letzten Viertelumdrehung auf die Ursprungslage zurückgehen. Wir erhalten in dem Wicklungselement eine nach Abb. 161 verlaufende induzierte Spannung. In dieser Abbildung sind auf der Wagerechten die Drehwinkel, auf der Senkrechten die Spannungen bzw. Ströme aufgetragen. Wir können nun auf zwei Arten die induzierte Spannung vergrößern. Einmal verbessern wir ben Kraftlinienweg durch Einfügen von Eisen, so daß der Kraftlinienverlauf nach Abb. 162 erfolgt, dann aber ordnen wir auf dem Ring mehrere Wicklungselemente, am besten so viele Platz darauf finden, an. Nun wird in jedem einzelnen dieselbe Spannung pro Umdrehung induziert, wie in dem vorbeschriebenen einzelnen Wicklungselementen, nur daß infolge des Eisenkörpers die Kraftlinienzahl in dem Ring von einem höheren Wert auf Null abnimmt und wieder anschwillt, daß also die Wellentiefe der in Abb. 161 gezeichneten Kurven zunimmt.

Betrachten wir nun die Wicklungselemente und ihre induzierten Spannungen einer Hälfte, so bemerken wir, daß ihre Spannungen alle gleicher Richtung sind, solange sie sich in der einem Pol gegenüberliegenden Ankerhälfte befinden. Die Größe ist sehr verschieden, ihre Richtung ist aber gleich. Es liegt also, um die Spannung zu erhöhen, der Gedanke nahe, mit den Spulen ähnlich zu verfahren wie mit Elementen, sie nämlich, soweit sie sich in der geeigneten Lage befinden, in Serie zu schalten. Nun befinden sich in beiden den Polen symmetrischen Hälften Spulen gleicher Spannungsrichtung. Um die in ihnen einzeln induzierten Spannungen zu addieren, müssen wir also nur die Spulen aufschneiden und sie untereinander fortlaufend verbinden. Wir erhalten dann an den Umkehrpunkten in der sogenannten neutralen Zone eine Parallelschaltung der beiden Gruppen in Serie geschalteter Wicklungselemente. Das Schema einer solchen Ringwicklung ist in Abb. 163 wiedergegeben. Der ringförmige Eisenkörper trägt eine fortlaufende, in sich geschlossene Wicklung, von der durch Bürsten die Spannung an zwei

164. Kollektor.

im Raum festliegenden Punkten abgenommen wird. An Stelle des Kommutators ist hier eine Einrichtung getreten, die die räumliche Lage der Spulen unabhängig von der Bewegung macht. In der praktischen Ausführung werden die Bürsten nicht, wie in Abb. 163 angedeutet, direkt auf den Windungen schleifen, sondern man wird, im Interesse einer einfachen Fabrikation und größerer Reparaturfähigkeit die einzelnen Verbindungsstellen der Ringe oder auch nur einen Bruchteil davon in regelmäßigen Abständen mit besonderen Schleifstücken verbinden. Dieser Weg führt zu dem heute allgemein üblichen Kollektor, wie ihn Abb. 164 zeigt. Zur Klärung seiner Wirkungsweise diene folgende Betrachtung. Wir wissen, daß zwischen zwei

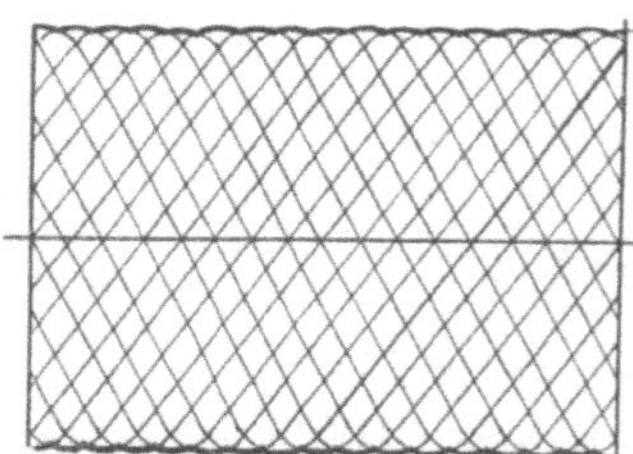

165. Wirkung des Kollektors einer
Gleichstrommaschine.

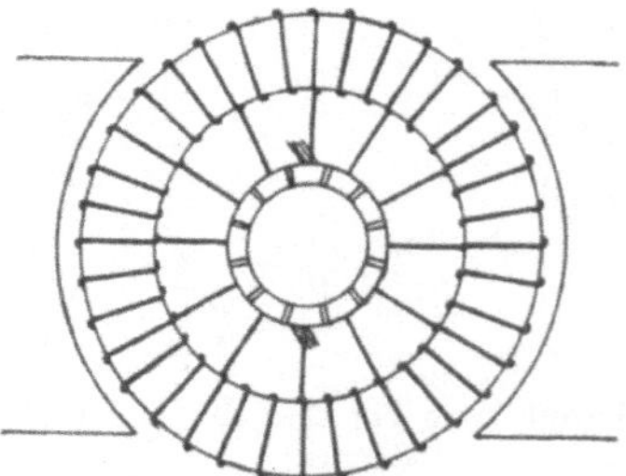

166. Schema einer Ringwicklung.

an diametralen Punkten angeschlossenen Schleifringen der Wicklung eine Wechselspannung entsteht. Ordnen wir nun mehrere solcher Schleifringe an, so würden wir eine Schar von zeitlich verschobenen Wechselspannungen zwischen den einzelnen Schleifringen erhalten. Wir beabsichtigen jedoch, dem Anker Gleichspannung zu entnehmen, deshalb können wir einen großen Teil jedes Schleifringes, nämlich den, auf dem die Bürste geringere Spannungen als das Maximum abnehmen würde, entbehren. Wir schneiden also aus jedem Schleifring ein kleines Segment heraus und setzen diese Segmente isoliert nebeneinander zum Kollektor zusammen. In Abb. 165 ist die stark ausgezogene Kurve die Spannung, die durch solche Schleifringsektoren geliefert wird. Je feiner unterteilt die Wicklung ist, und je mehr Lamellen sich auf dem Kollektor befinden, um so geringer ist die Pulsation, die durch die Schaltwirkung des Kollektors entsteht.

Im allgemeinen genügt es, nur einen Bruchteil sämtlicher Verbindungen zum Kollektor zu führen. Nur für Sonderfälle sieht sich der Konstrukteur veranlaßt, die Lamellenzahl auf die Windungszahl des Ankers zu erhöhen.

Das Schema eines Ringankers mit mehreren Windungen pro Lamelle zeigt Abb. 166, während die Ansicht einer vollständigen Grammeschen Maschine, wie sie zuerst auf den Markt kam, in Abb. 167 dargestellt ist. Die beiden seitlichen Böcke, die die Lager tragen, sind gleichzeitig zu Eisenschlüssen der beiden Feldmagnete ausgebildet. Die Wicklung, die auf der oberen und unteren Traverse sichtbar ist, ist derart in je zwei Teile getrennt, daß sich am oberen und unteren Polschuh von beiden Teilen je ein gleicher Pol ausbildet, d. h. sie sind paarweise magnetisch gegeneinander geschaltet. Der Kraftfluß beider Pfade schließt sich dann gemeinsam durch den Anker verlaufend.

Auch der von Gramme angegebene ringförmige Körper wirkte genau so wie der Siemenssche Doppelt-T-Anker als bewegter Leiter im Feld. Auch in ihm wurden Spannungen induziert, aus denen sich Wirbelströme in dem massiven Eisenkern bildeten, die einen großen Teil der zugeführten Energie vernichteten. Zur Unterdrückung dieser Wirbelströme dient das einfache Mittel, den elektrischen Widerstand für sie zu erhöhen und die auf einen bestimmten Widerstand arbeitende Spannung gering zu halten. Die Richtung der im Ankerkörper induzierten Spannung ist, wie leicht einzusehen, dieselbe wie die in der Wicklung, nämlich axial. Unterteilen wir also den Ankerkörper in elektrisch voneinander isolierte Schichten, so werden sich Wirbelströme in um so geringerem Maße ausbilden können, je feiner der Ankerkörper unterteilt ist. Dabei ist zu beachten, daß durch diese Maßnahme wohl der elektrische Widerstand des Ankerkörpers vergrößert werden, der magnetische Widerstand aber in gleicher Güte vorhanden bleiben soll. Früher erreichte man die Unterteilung einfach dadurch, daß man den ringförmigen Körper aus Eisendraht aufwickelte, der durch Tränken mit einer

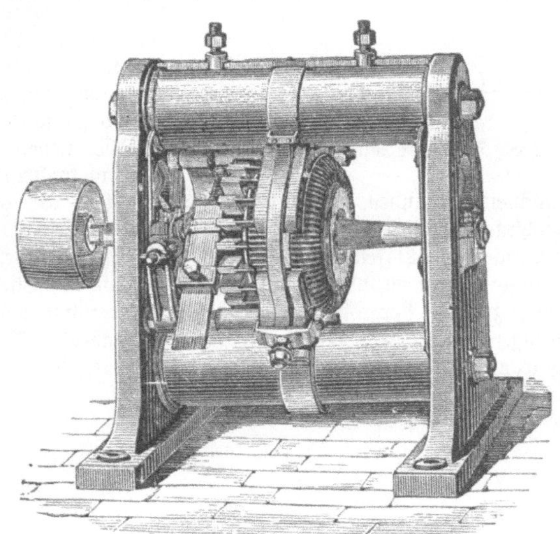

167. Dynamomaschine von Gramme.

dickflüssigen Schellackmasse neben der Isolation die nötige Festigkeit erhielt. Nachdem dann noch eine isolierende Bandbewicklung auf den Ring aufgebracht war, konnte die Wicklung begonnen werden. Bald jedoch verließ man diese Herstellungsart des unterteilten Eisenkörpers, da der Eisendraht nicht nur Isolationsschichten in Richtung der Wirbelströme, sondern auch Abstände in Richtung der Kraftlinien notwendigerweise besitzen mußte. Diese Abstände bewirkten aber eine geringere magnetische Leitfähigkeit des Ankerkörpers, was auf jeden Fall vermieden werden mußte. Man ging deshalb bald zu der einfacheren und konstruktiv sicheren Herstellung des Ringes aus einzelnen dünnen, einseitig mit Seidenpapier beklebten Blechringen aus weichem Eisen über und schob diese über einen Stern von unmagnetischem Material, der neben Stützung der einzelnen Bleche die Befestigung des Ankerkörpers auf der Welle leicht ermöglichte.

Das Aufbringen der Wicklung war nun eine Arbeit, die nur von Hand und mit großer Sorgfalt ausgeführt werden konnte. Die einzelnen Spulen mußten, nachdem der Draht auf Länge geschnitten war, unter stetigem Durchziehen des Drahtendes durch den Hohlraum Windung neben Windung und Lage auf Lage gewickelt werden. War das schon eine Arbeit, die nur den geschicktesten und zuverlässigsten Arbeitern überlassen werden konnte, so war die Reparatur eines solchen Ankers noch schwieriger. Die beschädigten Spulen mußten abgewickelt

werden, und nun hieß es, die neuen Spulen in dem vorhandenen Raum so unterbringen, daß
sie ihn gerade ausfüllten, ohne am Ankerumfang über die alte Wicklung vorzustehen. Auch die
Befestigung der Spulen gegen Verschiebung in tangentialer Richtung war konstruktiv, zumal
bei größeren Leistungen, schwierig durchzuführen, denn die Befestigung mußte die ganze von
der Arbeitsmaschine geleistete Kraft auf die Wicklung übertragen. Die Konstrukteure erkannten
bald den Nachteil, der im Ringanker enthalten war, daß nämlich durch die stark auftragende
Wicklung der Luftraum der Maschine zu groß wurde, so daß zur Erzeugung einer praktisch ausreichenden Spannung unverhältnismäßig viel Erregerkupfer notwendig war. Man ging deshalb
zu dem genuteten Ringanker über, der die Wick-
lung in zahnradartigen Einfräsungen enthielt. Dadurch
wurde eine weitgehende Verbesserung des Kraftlinienpfades erreicht, denn nun konnte nicht allein das Ankereisen bis an die Oberfläche der Wicklung fortgesetzt
werden, sondern der wegen der Unregelmäßigkeiten der
von Hand hergestellten Wicklung groß dimensionierte
Luftraum zwischen Polschuhen und Ankeroberfläche
konnte nunmehr, da die Eisenoberfläche zentrisch abgedreht
werden konnte, weit kleiner gehalten werden; außerdem
wurde die Befestigung der Wicklung in den Nuten
eine vorzügliche.

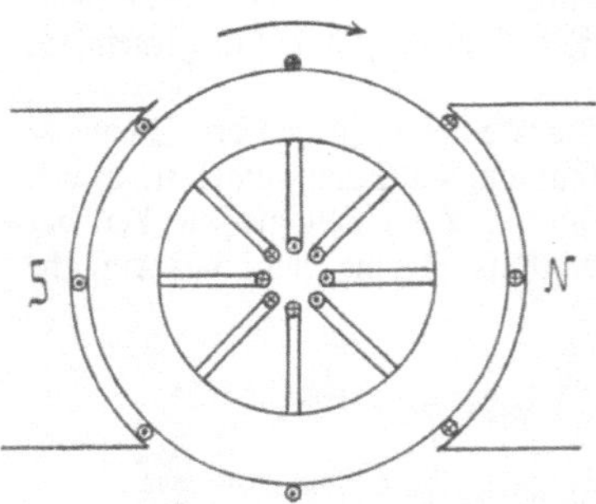

168. Erweiterte Ringwicklung.

Aber neben den erwähnten Nachteilen des Ringankers in konstruktiver Hinsicht war noch ein elektrischer
Nachteil vorhanden. Betrachten wir die Abb. 163 genauer, so sehen wir, daß die im
Hohlraum befindlichen Drähte gar nichts zur Flächenänderung des umschlungenen Feldes
beitragen. Das Feld verläuft vollständig im Eisenkörper; wo wir daher auch die inneren
Drähte anbringen, ob dicht auf der Innenseite des Eisenkörpers oder mehr nach der Wellen-
mitte zu, eine Vergrößerung der Fläche erhalten wir wohl, aber keine Vergrößerung des durchdringenden Feldes. Nehmen wir nun an, daß alle Drähte durch die Mittellinie des Ankers
gezogen werden könnten, so bemerken wir ferner, daß die mittleren Drähte sich um ihre eigene

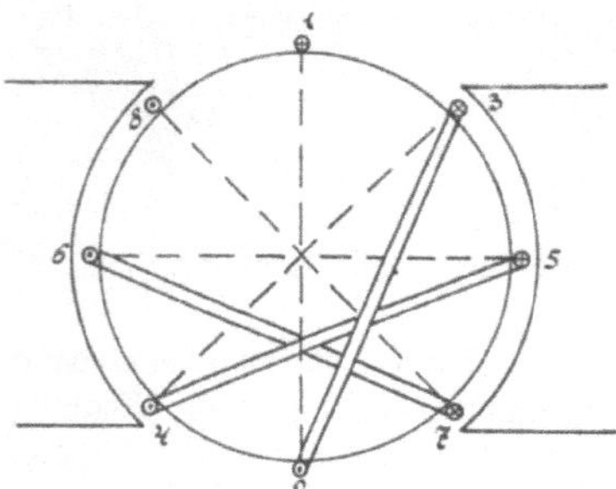

169. Erste Hälfte einer Trommelwicklung.

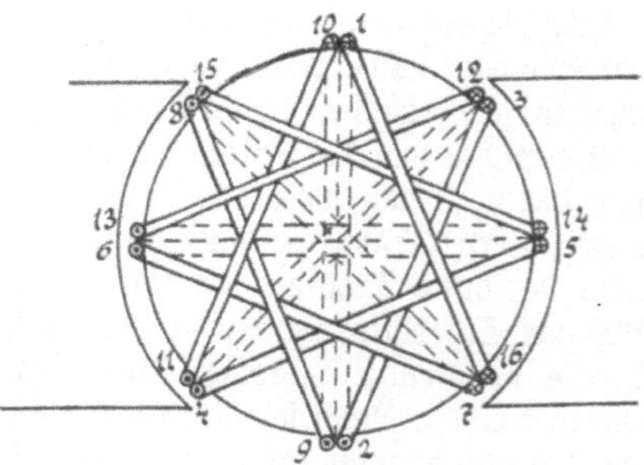

170. Vollständige Trommelwicklung.

Achse drehen, also, da nicht induziert, an dieser Stelle entbehrlich sind. Wir sehen in Abb. 168,
in der zur besseren Übersicht nur acht Spulen mit je einer Windung eingezeichnet sind, die alle
bis zur Mitte weitergeführt sind und dort als Drahtbündel den Anker durchsetzen, daß dieses
Drahtbündel wirkungslos und noch nicht einmal notwendig ist. Verbinden wir die Drähte
gleicher, aber entgegengesetzt gerichteter Spannung in der Abbildung durch verschiedene starke
Kreuze (als Pfeilfahnen) und Punkte (als Pfeilspitzen kenntlich gemacht), so gelangen wir zu
dem heute allgemein üblichen Trommelanker.

Der Trommelanker. Die Erfindung des Trommelankers verdanken wir dem damaligen
Oberingenieur der Firma Siemens & Halske, v. Hefner-Alteneck. Siemens hatte ja schon
in seinem Doppelt-T-Anker eine Art unvollkommenen Trommelankers angegeben. Er ließ
dort nicht, wie Gramme, bei seinem Ring eine Spule in gewissem Abstand von der Achse um

diese kreisen, sondern legte die Mittellinie der Spule mit der Achse zusammen, d. h. er ließ die Spule um ihre eigene Achse rotieren. Nun handelte es sich aber darum, die Windungen nicht in einem Doppelt-T-Anker, sondern gleichmäßig verteilt auf die Oberfläche eines walzenförmigen Eisenkörpers unterzubringen, und zwar so, daß die einzelnen Windungsflächen einen bestimmten Winkel miteinander bildeten, und daß die einzelnen Windungen folgerichtig hintereinander geschaltet wurden. Beim Grammeschen Ring war es nur erforderlich, den Anker mit Windung neben Windung im gleichen Sinn zu bedecken. Wir haben aber aus Abb. 168 gesehen, daß beim Trommelanker nicht mehr die nebeneinander liegenden Windungen verbunden werden können, da sie gleiche induzierte Spannungsrichtung haben, sich also die in ihnen induzierten Spannungen bei Hintereinanderschaltung gegenseitig aufheben würden, sondern wir müssen, auf die entgegengesetzte Seite des Ankerumfanges gehend, uns die Stelle für die nächste Windung suchen, die in gleicher Größe und entgegengesetzter Richtung induziert wird, dann erst addieren sich die Spannungen richtig in der Wicklung. Abb. 169 zeigt den Anfang dieser Wicklungsart. Beginnen wir bei 1 und führen den Draht nach der rückwärtigen Ankerfläche und an der diametralen Stelle bei 2 wieder nach vorne, so haben wir die erste Windung vollendet. Die nächste soll im gezeichneten Fall um 45° versetzt sein, wir führen also bei 3 den Draht nach der rückwärtigen Fläche und bei 4 wieder nach vorne. So fortfahrend kommen wir bis zum

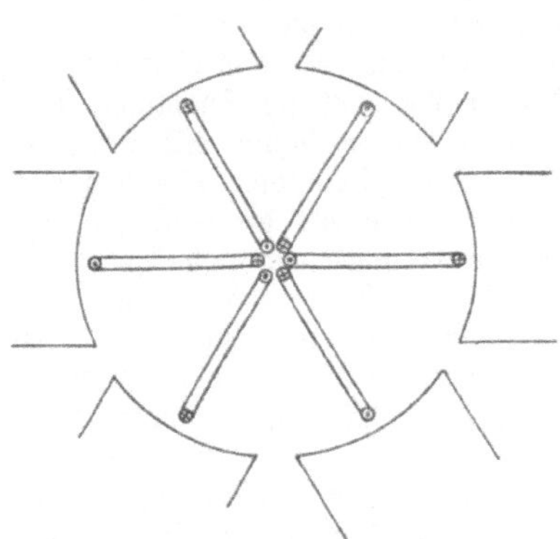

171. Schema einer Ringwicklung für
eine sechspolige Maschine.

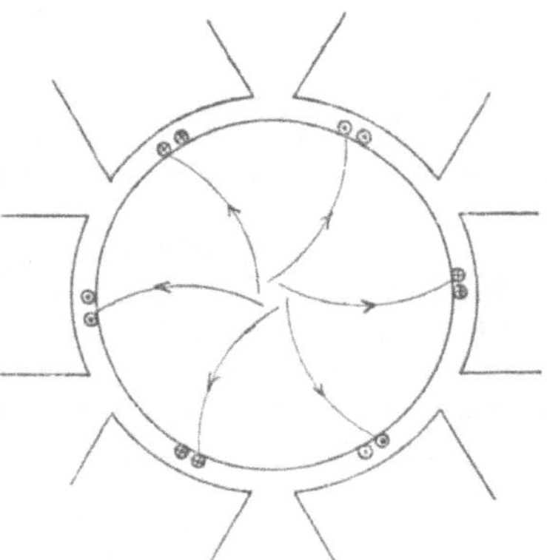

172. Übergang einer Ringwicklung in
eine Trommelwicklung.

Punkte 8 in aufwärtsgehender Richtung, wie wir bemerken, also in entgegengesetzter Richtung, die auch der Anfang besitzt. Jetzt die Wicklung zu schließen, indem wir von 8 nach 1 gehen, hieße die induzierten Spannungen in Serie halten. Es flösse wohl im Anker ein erheblicher Strom, nach außen könnten wir aber keine Spannung abgeben. Wickeln wir, wie das auch von v. Hefner-Alteneck angegeben wurde und in Abb. 170 gezeichnet ist, in dergleichen Art weiter, so kommen wir über 9 an gleicher Stelle wie 2 nach 10 an gleicher Stelle wie 1 und so fort bis zu Punkt 16, an dem die Wicklung aufwärts führt und nun nach Punkt 1 wieder abwärts. Dort ist nun schon der gleichgerichtete Anfang unserer Wicklung, um zur geschlossenen Wicklung zu gelangen, haben wir nur die beiden Enden noch zu verbinden. Wir sehen nun daß die Durchführungen des Grammeschen Ringes nutzlos waren, daß wir sie aber dadurch zur Mitwirkung heranziehen können, daß wir sie zweckmäßig dahin legen, wo auch sie zur Veränderung der Windungsfläche beitragen können, d. h. auf den Ankerumfang. Denken wir uns statt der in Abb. 168 bis zum Mittelpunkt erweiterten Schleifen solche bis zum diametral gegenüberliegenden Punkt des Umfanges ausgedehnte, so erhalten wir das gleiche Bild wie in Abb. 170. Für eine mehr als zweipolige Maschine läßt sich der Übergang von Ring zur Trommel noch leichter deutlich machen. Denken wir uns wieder eine Ringwicklung mit durch die Mitte gehenden inneren Spulenseiten als Anker einer sechspoligen Maschine beispielsweise ohne Ankerkörper, so können wir durch Umklappen der einzelnen inneren Seiten nach dem Ankerumfang ohne etwas an der Wicklung zu ändern zur Trommel gelangen. In Abb. 171 ist zunächst die Ringwicklung mit den im Innern unausgenutzten Drähten dargestellt, während in Abb. 172 die Drähte nach außen geklappt jedesmal unter den folgenden Pol geführt sind, so daß sie im richtigen Sinn induziert werden. Diese beiden Abbildungen zeigen deutlich den Unterschied zwischen Trommel und Ring. Bei gleicher Windungslänge, d. h. gleichem Ankerwiderstand besitzt die Trommel die doppelte Anzahl induzierter Windungen gegenüber dem Ring, sie arbeitet also bei sonst gleichen Verhältnissen mit der doppelten Spannung bei halbem Strom und halbem Verlust, d. h. mit höherem Wirkungsgrad. Diese Betrachtungsweise könnte nun zu der Ansicht verleiten, daß die Trommel auf die doppelte Leistung gebracht werden könnte wie der Ring. Dem ist nicht

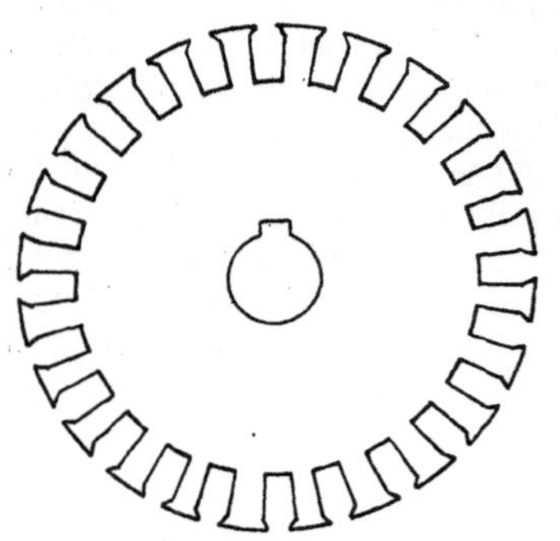

173. Ankerblech für kleine Anker.

so, denn maßgebend für die Leistung eines Ankers ist die der Wärmeentwicklung zur Verfügung stehende Oberfläche. Diese ist bei beiden, abgesehen vom Hohlraum des Ringes, die gleiche. Wir dürfen also pro Quadratzentimeter Ankeroberfläche nur eine bestimmte Stromstärke zulassen. Ist für den Ring der Anker so belastet, daß er sich bis zu einer bestimmten, z. B. der vom Verband deutscher Elektrotechniker vorgeschriebenen Temperaturgrenze erwärmt, so dürfen wir die gleiche Trommel nur mit der Hälfte des Stromes in den Drähten belasten, da nun die doppelte Lage von Drähten auf dem Ankerumfang aufgebracht ist, dafür haben wir aber wie oben erwähnt bei gleichen Verhältnissen die doppelte Spannung. Der Vorteil der Trommel beruht in bezug auf elektrische Eigenschaften darauf, daß ein Teil toter Wicklung nun zur Beteiligung an der Energielieferung mit herangezogen ist, daß also die relativen Verluste kleiner werden. In konstruktiver Hinsicht bietet aber die Trommel mannigfaltige andere Vorteile gegenüber dem Ring. Die Befestigung des Ankerkörpers, die nun für kleinere Maschinen direkt auf der Welle geschehen kann, ist eine wesentlich einfachere. Der Körper wird wie früher auch der Ring aus Blechen mit Papierisolation, häufig begnügt man sich auch mit der vom Ausglühen der Bleche vorhandenen Zunderschicht als Isolation, zusammengesetzt,

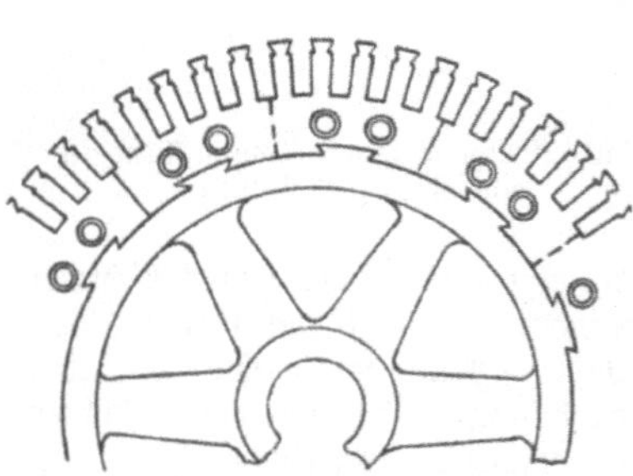

174. Aufbau größerer Anker.

die in der Mitte eine dem Wellendurchmesser und dem Federkeil entsprechende Ausstanzung tragen. Abb. 173 zeigt ein solches Blech mit Nuten. Für kleinere Maschinen kann es durch einen einzigen Schnitt aus einer auf Größe geschnittenen Blechtafel hergestellt werden und bei eingeübten Arbeitern ist es leicht möglich 180—240 Bleche in der Stunde fertig zu stellen. Größere Ankerkörper werden auf Stanzmaschinen mit regelbarem Vorschub hergestellt, in die eine rundgeschnittene Blechtafel eingespannt wird und die dann die Nutenstanze selbsttätig in dem eingestellten Abstand und der dem Umfang entsprechenden Anzahl neben-

einander ausstanzt. Nachdem der Umfang mit Nut neben Nut besetzt ist, schaltet sich die Maschine selbsttätig wieder aus, um, nachdem eine neue Blechscheibe eingesetzt ist, ihre Arbeit von neuem zu beginnen. Bei Maschinen von großem Durchmesser von ca. 1 m aufwärts wird es nicht mehr möglich sein, ganze Blechscheiben zu verwenden. Einmal werden die Bleche nur in bestimmten Dimensionen von den Walzwerken geliefert, und ferner werden die Werkzeugmaschinen für die Bearbeitung derartig großer Bleche zu groß und zu kostspielig. Man setzt deshalb den Ankerkörper, wie in Abb. 174 wiedergegeben, aus einzelnen Segmenten zusammen, die in jeder Lage so gegeneinander versetzt werden, daß das folgende Segment die Stoßfuge der beiden unter ihm liegenden Segmente überdeckt. Zur Befestigung der Bleche, die auf einen Stern aus unmagnetischem Material aufgeschoben werden, dienen je zwei Bolzen, die zur Vermeidung von Wirbelströmen durch eine Papierisolation von dem eigentlichen Eisenkörper getrennt sind. Wir haben oben gesehen, daß gegenüber dem Ringanker, bei dem die Drähte durch

den mittleren Hohlraum durchgezogen werden müssen, die Wicklung des Trommelankers sich
vollständig auf der Oberfläche des Ankers befindet. Es lag nun der Gedanke nahe, den Spulen
vor dem Aufbringen auf den Anker die erforderliche Form zu geben und sie dann in die Nuten
einzulegen. Der Vorteil einer solchen Maßnahme liegt auf
der Hand, denn dieses „Schablonenwicklung" genannte
Verfahren gestattete, auf zugerichteten Brettern oder mit
Hilfe von Schablonenscheren, die auf verschiedene Maße
verstellbar sind, durch billige Arbeitskräfte in kurzer Zeit
die Spulen eines Ankerkörpers soweit fertigzustellen, daß
sie einschließlich einer Isolation aus Bandbewicklung in
den Anker ohne Gefahr für die Spulen eingebracht werden
konnten. Heute wird für Gleichstromanker ausschließlich
Schablonenwicklung verwandt, und die Konstrukteure sind
bestrebt, auch die Wicklungen anderer Maschinen, die aus
bestimmten Gründen noch meist von Hand gewickelt wer=
den müssen, so durchzubilden, daß auch für sie Schablonen=
wicklung anwendbar wird.

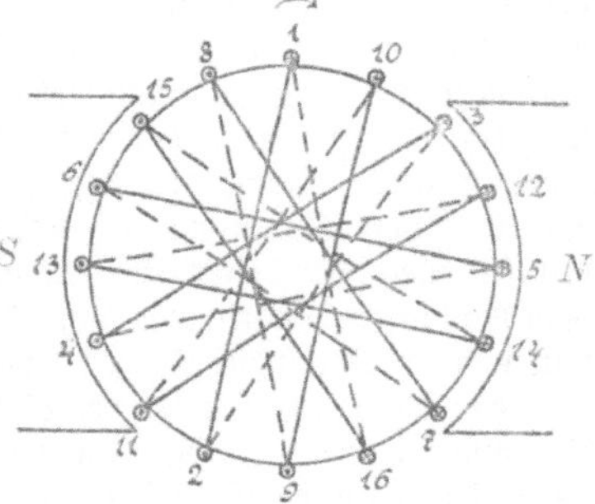

175. Trommel mit Schleifenwicklung.

    Wir müssen uns zunächst, ehe wir die konstruktiven Seiten der Trommelwicklung betrachten,
etwas eingehender mit ihrer prinzipiellen Ausführung befassen. Wir haben gesehen, daß im

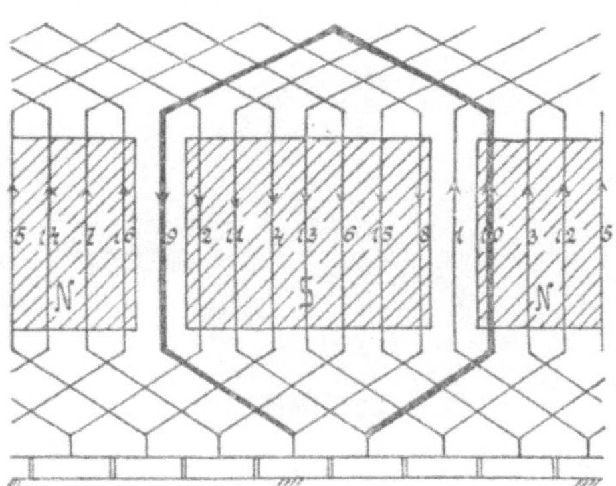

176. Abwicklung der Trommelwicklung.

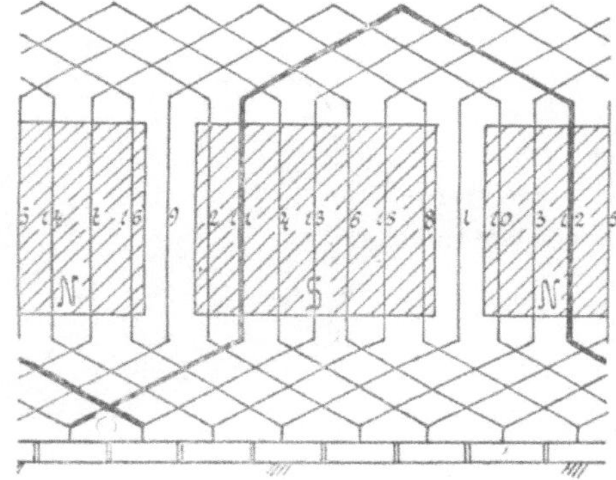

177. Wellenwicklung.

einfachsten Falle eine rundumlaufende Wicklung angewandt wird, bei der zwei Spulenseiten
verschiedener Spulen in eine Nut zu liegen kommen. Der besseren Übersichtlichkeit wegen
wollen wir aber zunächst annehmen, daß die beiden Spulenseiten in zwei nahe beieinander
liegenden Nuten untergebracht seien, wie das tatsächlich auch
der Fall sein kann.

    Um nun die beiden prinzipiellen Wicklungsarten dem Leser
klar vor Augen zu führen, sei der von den Konstrukteuren meist
angewandten Darstellungsart Raum gegeben. Dabei wird so=
wohl auf eine perspektivische Darstellung der Wicklung wie
auf eine solche auf dem Kreisumfang des Ankers verzichtet
und die Wicklung auf einer Ebene abgerollt dargestellt. Wir

178. Spulenköpfe einer
Zweiflächenwicklung.

können uns den Vorgang so verdeutlichen, daß der Anker mit der nur lose eingelegten Wicklung
auf eine Tischplatte oder dergleichen gelegt wird und nun beim Fortrollen des Ankerkörpers
auf der Platte die Wicklung aus den Nuten herausgleitet und auf der Platte liegen bleibt.
Würden wir so mit der in Abb. 170 dargestellten Wicklung verfahren, so würden immer zwei
Stäbe übereinander zu liegen kommen, d. h. der untere der beiden würde unsichtbar sein. Um
die dadurch entstehende Unklarheit zu vermeiden, wickeln wir die gleiche Anzahl Drähte auf
denselben Umfang aber in die doppelte Anzahl Nuten, wie das in Abb. 175 geschehen ist. Dem

Leſer iſt es kaum zuzumuten, ſich durch das Gewirr von Linien durchzuſuchen, deshalb wollen wir das angegebene Abwicklungsverfahren anwenden und erhalten dann auf unſerer Platte ein Bild nach Abb. 176. Wir können nun an dieſem einfacheren Linienzug die Wicklung leicht verfolgen und erkennen, daß die Wicklung jedesmal, wenn ſie an Nord= und Südpol vorüber= geführt iſt, wieder auf der Kollektorſeite an eine Lamelle angeſchloſſen iſt, ſie bildet, wie aus dem ſtark ausgezogenen Wicklungselement erſichtlich iſt, jedesmal eine Schleife, die dieſer Wick= lung den Namen Schleifenwicklung gegeben hat. Wir ſehen nun auch deutlich, an welchen Punkten der Wicklung die Gegeneinanderſchaltung der beiden Hälften ſtattfindet, d. h. die Abnahme von Spannung zu erfolgen hat. Die eingezeichneten Pfeile zeigen die Richtung des Stromes oder beſſer die Richtung der induzierten Spannung, und wir erkennen, daß bei dem Verbindungspunkt von 1 und 16 der Strom eintritt, ſich in die beiden Ankerhälften ver= teilt und im Verbindungspunkt 8 und 9 wieder vereinigt und die Wicklung verläßt. Verfolgt der Leſer die beiden Zweige der Wicklung, ſo wird er finden, daß die Richtung der induzierten Spannung ſtets in gleichem Sinn erfolgt, daß ſich alſo die einzelnen Spannungen addieren. Es ſei hier darauf aufmerkſam gemacht, daß der Einfachheit wegen nur je ein Stab pro Nut gewählt iſt, es liegt nach dem Früheren jedoch nichts im Wege, den Draht mehrere Male die gleiche Schleife beſchreiben zu laſſen und ihn erſt dann über den Kollektor zur nächſten Schleife zu führen.

Statt der in Abb. 176 angegebenen Lage der Verbindungen auf der Kollektorſeite laſſen ſich auch die in Abb. 177 enthaltenen Verbindungen wählen, die nach der Wellenform des ſtark

179. Trommelanker.

ausgezogenen Wicklungselementes den Namen Wellenwicklung erhalten hat. Sie iſt, wie ſich der Leſer leicht überzeugen kann, vollſtändig gleichartig mit Abb. 176 in bezug auf die Schaltung der einzelnen Stäbe.

Auf die Unterſchiede der beiden Wicklungsarten und die mannigfachen Variationen der= ſelben einzugehen, würde den Rahmen des Buches überſchreiten und den Leſer ermüden. Es iſt Sache des Konſtrukteurs, bei gegebenen elektriſchen Größen einer Maſchine die in jedem Einzelfall erforderliche oder beſte Wicklungsanordnung herauszufinden.

Kehren wir nun zu der konſtruktiven Seite der Wicklung zurück, ſo ſehen wir z. B. in Abb. 170, daß jedes Wicklungselement eine gleichartige Schleife darſtellt. Wir haben alſo nur nötig, Schleifen der erforderlichen Dimenſionen auf einer geeigneten Schablone herzurichten und dann in den Anker einzulegen. Nun wird aber der Leſer bemerkt haben, daß ſich die Schleifen auf beiden Seiten mehrfach kreuzen, ſo daß, wenn z. B. Spule 5, 6 im Anker liegt, die Spulenſeiten 13, 14 nicht mehr untergebracht werden können. Man hilft ſich mit dem einfachen Mittel der An= ordnung der Spulenköpfe, d. h. der aus dem Ankereiſen heraustretenden Teile der Wicklung in zwei Zylinderflächen, wobei, wie Abb. 178 veranſchaulicht, alle im Sinne der Drehrichtung nach vorne liegenden Spulenſeiten in die untere Fläche gebracht werden, alle übrigen in die obere, und ſo erreicht man es, daß ſämtliche Spulen ſich in regelmäßiger Überſchneidung in= einanderfügen. Sind alle unteren Spulenſeiten in die Nuten eingebracht, ſo werden die oberen eingelegt und die ganze Wicklung, wie aus Abb. 179 erſichtlich, durch Drahtbandagen gegen Verſchiebung in radialer Richtung geſichert. Dabei werden ſowohl die durch magnetiſchen Zug

beanspruchten Leiter im Ankereisen wie auch die durch Zentrifugalkräfte beanspruchten Wickel-
köpfe mit solchen Bandagen versehen. Schließlich werden die freien Wicklungsenden in der
in Abb. 176 angedeuteten Weise verbunden und in den Kollektor oder besondere in den Kollektor
befestigte Fahnen eingelötet.

Vergegenwärtigen wir uns nochmals kurz die Vor- und Nachteile der beiden Ankersysteme,
so ist zu beachten, daß einer bestimmten ausgenutzten Drahtlänge beim Ring, die in einfacher
Schaltung aber mit kostspieliger Handarbeit aufgebracht, schwer zu befestigen und schwer zu
reparieren ist, bei der Trommel eine besser ausgenutzte Drahtlänge bei einfacher Schablonenwicklung, die konstruktiv gut zu befestigen ist und bei Beschädigungen leicht ausgewechselt werden
kann, entgegensteht. Infolge der billigeren Herstellung nicht aber der größeren Leistungsfähigkeit hat man sich heute allgemein dem Trommelanker zugewandt.

Die Ausbildung des Magnetsystemes. Neben dem Anker hat auch die Anordnung des
Magnetsystemes mancherlei Wandlungen im Lauf der Zeit erfahren. Die erste marktfähige
Maschine von Siemens & Halske besaß,
wie uns Abb. 180 zeigt, nicht wie die
früheren Maschinen mit permanentem
Magnet ausgeprägte Polschuhe, sondern
ihr Magnetsystem bestand aus mehreren
nebeneinander gelegten Vierkantschmied-
eisenstäben, die zur Aufnahme des Ankers
eine Auskröpfung erhielten. Die Spulen
waren so gewickelt, daß die beiden oberen
den beiden unteren entgegenarbeiteten.
Die Wirkung dieser Anordnung kann
man sich am einfachsten dadurch verdeutlichen, daß man sich die Eisenstücke in
der durch die Mittellinie des Ankers gehenden Horizontalebene geteilt denkt. Jedes
Spulenpaar für sich bildet dann einen
Hufeisenmagneten, der annähernd $^2/_4$ des
Ankerumfanges umfaßt, und beide Hufeisenmagnete müssen, um die Kraftlinien
durch den Anker zu treiben, gegeneinander
geschaltet sein, d. h. so, daß Nordpol dem
Nordpol und Südpol dem Südpol gegenüber liegt.

Anfang der achtziger Jahre brachte
Edison, der berühmte amerikanische Erfinder, einen neuen Maschinentypus, der
in Abb. 181 abgebildet ist, heraus. Er

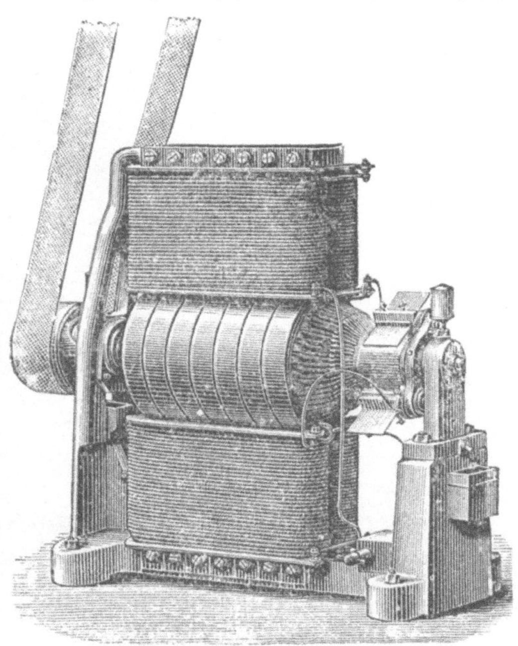

180. Trommelmaschine von Siemens & Halske mit
stehenden Magneten und mittelständigem Anker.

legte zunächst den Anker möglichst nahe an die Fundamentplatte, um eine sichere Lagerung zu erhalten. Dann aber ist als typisches Kennzeichen der Maschinen die Verbesserung des Kraftlinienpfades durch Vergrößerung der Eisenmassen zu bemerken. Der daraus entspringende Vorteil ist
an Hand von Abb. 182 leicht ersichtlich. In dieser Figur ist die Kraftlinienzahl pro Quadratzentimeter abhängig von der magnetisierenden Windungszahl pro Zentimeter des Kraftlinienweges
und zwar in Kurve a für Luft und in Kurve b für eine bestimmte Eisensorte wiedergegeben. Der
Weg der Kraftlinien in der Maschine setzt sich aber aus Luftstrecken und Eisenstrecken zusammen.
Im allgemeinen werden sogar Strecken verschiedener Eisensorten und verschiedener Querschnitte zu durchmessen sein, jedoch wollen wir in unserem Beispiel der Einfachheit halber annehmen, daß nur Luft und eine bestimmte Eisensorte mit gleichem Querschnitt und gleicher
Länge in Betracht komme. Wenden wir nun eine bestimmte Amperewindungszahl (AW.)
an, so müssen wir ihre Wirkung auf Luft und Eisen in bestimmtem Verhältnis verteilen. Aus
der Abbildung erkennen wir, daß wir für B-Kraftlinien e AW. für Eisen und 1 AW. für Luft
aufwenden müssen. Insgesamt also e + 1 Amperewindungen. Wir erkennen nun weiter,

daß wir im Eisen die erforderliche Kraftlinienzahl schon bei schwacher Magnetisierung erhalten, wogegen wir für Luft den größten Teil unserer AW. aufwenden müssen, wollen wir die induzierte Spannung, d. h. B auf B′ erhöhen, ohne an AW. zuzusetzen, so müssen wir den Luftraum verkleinern. Wir bekommen dann z. B. pro Längeneinheit die doppelte Anzahl Kraftlinien in Luft, können also unsere neue Luftmagnetisierungskurve so aufzeichnen, daß zu jeder AW. die doppelte Kraftlinienzahl gehört, d. h. sich die Ordinaten wie 1 : 2 verhalten. Legen wir dann durch die beiden Kurven eine Horizontale derart, daß ihre Abschnitte e′ und l′ zusammen wieder gleich der ursprünglichen AW.-Zahl e + l werden, dann erhalten wir durch sie die neue in der Maschine sich einstellende Kraftlinienzahl B′. Wir sehen nun, je kleiner der Luftweg im Verhältnis

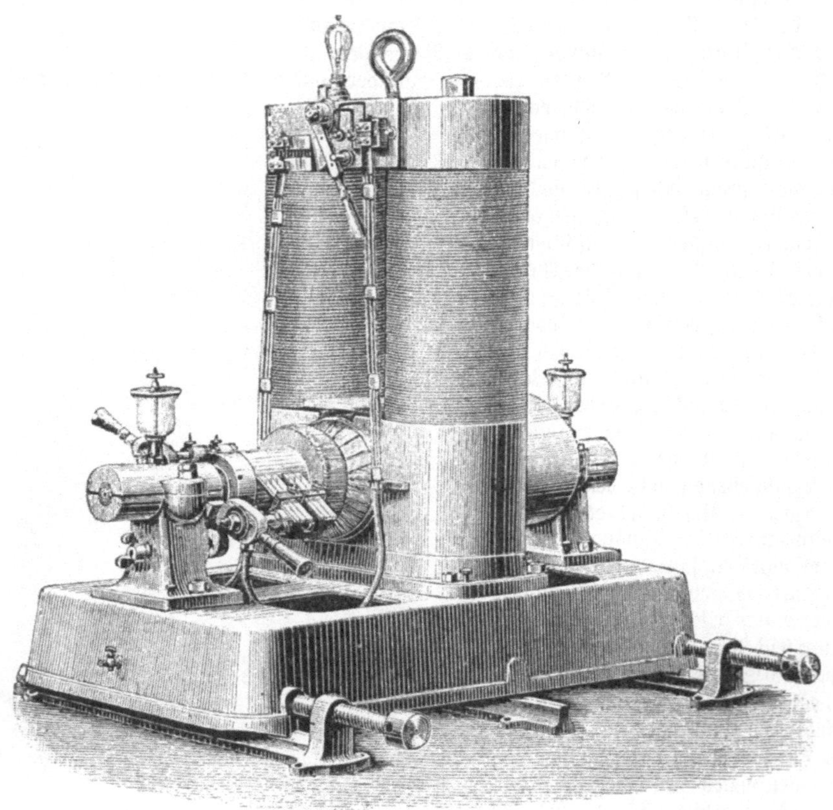

181. Edison-Maschine; unterständiger Anker.

zum Eisenweg ist, um so kleiner wird der Anteil AW., den die Luft für ihre schwach ansteigende Magnetisierungskurve in Anspruch nimmt. Von den mit der Veränderung des Luftspaltes verknüpften anderweitigen Erscheinungen werden wir später einige weitere kennen lernen. Neben der Verkleinerung des Luftweges dient wie bei jeder Mengenförderung ein großer Querschnitt zur Vergrößerung der Kraftlinienzahl. Unsere vorhergehenden Betrachtungen lassen sich ohne weiteres dadurch auf einen größeren Querschnitt, z. B. den doppelten übertragen, daß wir die Kraftlinienzahlen B und B′ mit zwei multiplizieren. Beide angegebene Wege schlug Edison in seiner Säulenmaschine ein.

Ähnliche Wege wieder verfolgten bald auch Gramme und Siemens & Halske, indem sie die Hufeisentype schufen, die nichts weiter wie eine umgekehrte Edisonmaschine darstellt, bei der aber durch Erweiterung des Joches zur Grundplatte die Lagerung immer noch hinreichend weit nach unten verlegt werden konnte, um genügende Sicherheit zu bieten. Ein wesentlicher

Fortschritt ist bei dieser Type zu verzeichnen, nämlich der, daß man erkannte, daß scharfe Kanten und Biegungen der Entstehung eines starken, den Anker durchsetzenden Feldes nicht nützlich seien. Man war daher bestrebt, den gesamten Kraftlinienpfad in abgerundete Formen zu bringen. Damit war der Übergang vom schmiedeeisernen Magnetsystem zu dem aus Gußeisen gegeben. Die Magnetisierbarkeit des Gußeisens ist zwar nicht ebensohoch wie die des Schmiedeeisens, jedoch half man sich durch größere Querschnitte leicht über diese Schwierigkeit hinweg, insbesondere da die fugenlose Herstellung des Gestelles und die gleichzeitige Anbringung der Lagerböcke bei der Herstellung aus Guß ermöglicht wurden.

Die Grundprinzipien des heutigen Dynamobaues hatten sich in der vorbeschriebenen Weise entwickelt, doch die Technik ließ es nicht dabei bewenden, brauchbare Maschinen zu liefern, sondern sie war bestrebt, sie auch in allen Einzelheiten gut durchzubilden. So wandten sich die Firmen zunächst der Verbesserung des Wirkungsgrades zu. Der Begriff des Wirkungsgrades ist, wie dem Leser bekannt sein wird, gegeben durch den Quotient aus abgegebener Leistung zu aufgewandter Leistung. Wir können nun keinen Apparat mit einem der Einheit gleichen Wirkungsgrad herstellen, der mit anderen Worten die ganze in ihm aufgewandte Leistung wieder in Form der gewünschten anderen Leistung abgibt, wie das die zahlreichen Erfinder eines Perpetuum mobile für möglich hielten, bedauernswerterweise auch heute noch für möglich halten. Je geringer aber die Verluste sind, um so mehr nähert sich der Wirkungsgrad der Einheit, um so besser ist die Maschine.

Wir werden uns daher zunächst fragen müssen, welche Arten von Verluste in einer Dynamomaschine auftreten. Wie bei allen Maschinen besitzen sie Luft- und Lagerreibungsverluste, ferner Joule'sche Verluste, d. h. Verluste durch Stromwärme. Wir haben es nämlich in der Dynamomaschine mit Widerständen zu tun, die allerdings nicht im gebräuchlichen Sinn aus Material mit hohem spezifischen Widerstand, sondern im Gegenteil aus besonders gut leitendem Material, Kupfer, hergestellt sind, aber auch dieses hat einen nicht zu vernachlässigenden spezifischen Widerstand, und

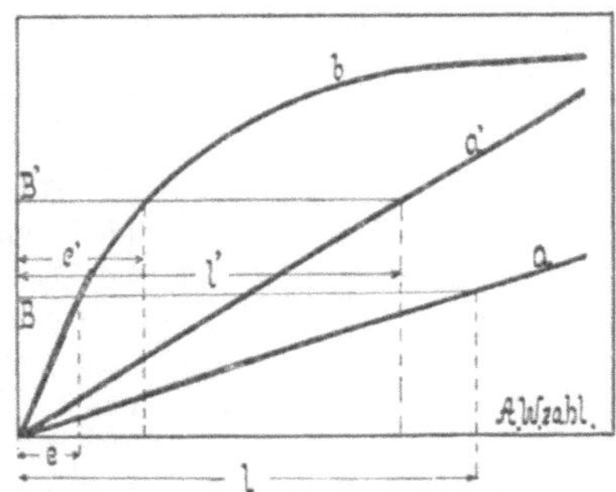

182. Magnetisierungskurve einer Maschine.

die mit dem Quadrat der Stromstärke und proportional dem Widerstand wachsenden Stromwärmeverluste sind erst recht nicht zu vernachlässigen. Als solche Ohm'sche oder Joule'sche Verluste kommen für unsere Dynamo der Verlust in der Erregerwicklung und der Verlust im Ankerkupfer in Betracht. Sie werden bei hohen Widerständen durch kleine Ströme (Nebenschlußerregung) und umgekehrt bei hohen Strömen durch kleine Widerstände (Ankerstromkreis) niedrig gehalten. Außer diesen Stromwärmeverlusten besitzt aber jede elektrische Maschine in ihrem bewegten Teil Wirbelstrom- oder Foucaultverluste, und da fast immer im bewegten Teil (Anker) Eisen zur Verbesserung des Kraftlinienpfades vorhanden ist, auch Hysteresisverluste.

Die Wirbelstromverluste wurden, wie früher erwähnt, durch Lamellierung des Eisenkörpers, die Hysteresisverluste durch Verwendung geeigneten weichen Eisens vermindert.

Auf die schließlich in der Maschine noch auftretenden Verluste im Bürstenkurzschlußkreis oder Kommutationsverluste werden wir später noch näher eingehen.

Die Schaltungen der Dynamomaschine. Wenden wir uns nun zunächst den Schaltungsarten und den daraus entspringenden besonderen Eigenschaften der Dynamos zu. Im Kindesalter der Elektrotechnik stellte man das elektromagnetische Feld einfach dadurch her, daß der Hauptstrom, d. h. der im Netz fließende Gesamtstrom um die Schenkel der Maschine in einigen Windungen herumgeführt wurde. Man erhielt den Typus der Hauptstrom- oder Serienmaschine. Betrachten wir die Spannungskurve einer solchen Maschine abhängig von der Belastung unter Annahme eines Antriebes mit konstanter Tourenzahl, so erkennen wir, daß zunächst bei offenem äußeren Stromkreis sich der Seriengenerator nicht selbst erregen kann, denn die durch den remanenten Magnetismus, d. h. die Kraftlinien, die nach Abschalten des

felderregenden Stromes im Eiſen zurückbleiben und die Rotation des Ankers in dieſem ſchwachen
Feld entſtehende EMK. genügt bei weitem nicht, um über den unendlichen Widerſtand
zwiſchen den Klemmen der Maſchine Strom zur Erregung des Elektromagneten zu ſenden.
Wir ſehen uns alſo genötigt, den Widerſtand von unendlich auf einen kleineren Wert zu verringern. Sind wir ſoweit mit dem äußeren Widerſtand herabgegangen, daß ein das remanente
Feld verſtärkender Strom entſtehen kann, ſo iſt der Punkt der Selbſterregung erreicht, der erhöhte Strom verſtärkt das Feld, dieſer Feldverſtärkung entſpricht eine erhöhte EMK. und
dieſer erhöhten EMK. entſpricht wieder ein erhöhter Strom. Wir ſehen ſomit, daß von
dieſem Punkt ab Feld, Strom und Klemmenſpannung ohne Änderung des Geſamtwider-
ſtandes wachſen, und werden uns fragen, wie lange dieſes ſtete Wachſen anhält. Wie bei jeder
Bewegung um eine ſtabile Gleichgewichtslage wird die Änderung ſo lange fortdauern, bis die
Gleichgewichtslage erreicht iſt, d. h. ſich Druck und Gegendruck das Gleichgewicht halten. Wir
haben als Druck hier die erzeugte EMK. anzuſehen, die bei konſtanter Tourenzahl eine Funktion des Feldes iſt, und da dieſes wieder eine Funktion des Stromes iſt, wird auch die EMK.
eine Funktion des Stromes ſein. Während ſie aber proportional dem Feld iſt, d. h. geradlinig anſteigt, bei doppeltem Feld ſelbſt auch den doppelten Wert annimmt, iſt ſie nicht mehr
proportional dem Strome, denn wir haben früher kennen gelernt, daß bei Anweſenheit von
Eiſen das Feld nach einer Kurve, der Magnetiſierungskurve, anwächſt. Wir können aber, vor-
ausgeſetzt, daß es ſich um geringe Sättigungen oder Kraftlinien pro Quadratzentimeter handelt,

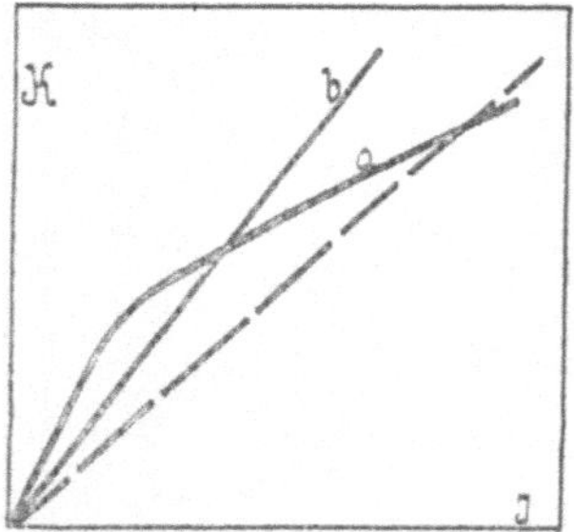

183. Erregung einer Haupt-
ſtrommaſchine.

im Anfang der Kurve mit Proportionalität rechnen. Unter
dieſer Vorausſetzung wird alſo unſere EMK. proportional
mit dem Strome wachſen.

Als Gegendruck haben wir die verſchiedenen in Serie geſchalteten, vom Hauptſtrom durchfloſſenen Widerſtände, nämlich den Ankerwiderſtand, den Magnetwicklungswiderſtand
und den äußeren Widerſtand zwiſchen den Klemmen der
Maſchine einzuſetzen. Dieſe Spannung iſt dem Produkt
aus der Summe der Widerſtände und der Stromſtärke gleich,
alſo da die Widerſtände konſtant angenommen ſind, ebenfalls proportional dem Strom. Wir werden mithin im Anfang
keine Gleichgewichtslage erhalten, wie das deutlich aus
Abb. 183 zu erkennen iſt. Es iſt dort in der Kurve a die Abhängigkeit der EMK. vom Strom und in Kurve b die Summe
der Spannungsverluſte abhängig vom Strom aufgetragen. Im Anfang überwiegt die EMK-
Kurve, d. h. der Beharrungszuſtand iſt noch nicht erreicht, der Strom wächſt. Erſt im Schnittpunkt beider Kurven iſt Gegendruck und Druck gleich, d. h. dort liegt der maximale Wert des
Stromes und der Spannung, der ſich bei dem ſelbſterregten Hauptſtromgenerator unter den
vorausgeſetzten Bedingungen einſtellen wird. Darüber hinaus kann der Strom und damit die
Spannung nicht anwachſen, da dann der Spannungsabfall im Widerſtand das Übergewicht
erhalten würde. Wir ſehen aber weiter daraus, daß wir den anfangs gewählten Widerſtand
nicht zu klein machen dürfen, da ſonſt die Spannungsverluſtkurve ſchwächer geneigt und der
Schnittpunkt höher zu liegen kommt. Dann würden wir aber eine die Maſchine gefährdende
Spannung und Stromſtärke erreichen können. Wählen wir aber den Widerſtand zu groß, ſo
daß die ihm entſprechende Kurve die Kurve der EMK. überhaupt nicht ſchneidet, ſo werden
wir auch keine Selbſterregung der Maſchine erhalten. Schließlich entnehmen wir der Betrachtung als Hauptfolgerung die Tatſache, daß die Spannung des Seriengenerators
mit der Laſt ſtark veränderlich iſt.

Für den Konſumenten iſt die Frage der Erregung ohne Intereſſe. Dagegen kommt weſentlich in Betracht, in welcher Form er die Energie geliefert bekommt. Denken wir uns z. B., der
oben beſprochene Generator würde zu Beleuchtungszwecken auf eine Anzahl Lampen geſchaltet,
die dem im erſten Fall angenommenen äußeren Widerſtand entſprechen, und die ſich einſtellende
Spannung würde der für die Lampen notwendigen gleich ſein. Nun löſcht der Beſitzer der
Beleuchtungsanlage eine Anzahl Lampen, dadurch wird, je nachdem Serien- oder Parallel-
ſchaltung der Lampen angewandt iſt, eine Verkleinerung oder eine Vergrößerung des äußeren

Widerstandes vorgenommen werden, und dementsprechend eine Erhöhung bzw. Verminderung
der Spannung und des Stromes eintreten. Die Lampen sind aber in ihrer Helligkeit stark
abhängig von der Spannung, so daß die nicht gelöschten Lampen je nach Serien= oder Parallel=
schaltung heller oder dunkler brennen würden, beides Fälle, die für einen praktischen Beleuch=
tungsbetrieb zur Unmöglichkeit gehören. Auch der Versuch, durch veränderlichen Ballastwider=
stand in der Zentrale den äußeren Widerstand stets auf gleicher Höhe zu halten, oder mittels
Nebenschlusses zum Feld das Feld unabhängig vom äußeren Strom zu regulieren, scheitert
an den Verlusten in den Regulierwiderständen und an der Empfindlichkeit der Lampen gegen
Spannungsschwankungen, die so groß ist, daß der aufmerksamste Maschinist und der empfind=
lichste automatische Regulator es nicht vermeiden könnten, daß bei Änderung der Anzahl bren=
nender Lampen die übrigen in ihrer Helligkeit schwankten. Da
nun mit fast allen Zentralanlagen Beleuchtungsanlagen verbunden
sind, haben sich solche Seriengeneratoren, die mit der Belastung
stark veränderliche Spannung aufweisen, nicht auf die Dauer halten
können, dagegen haben Gleichstrommaschinen dieser Schaltung
als Motoren für manche Zwecke besonders wünschenswerte Eigen=
schaften, so daß sie noch heute in Traktionsanlagen, Aufzügen,
Straßenbahnen u. dgl. vielfach Verwendung finden.

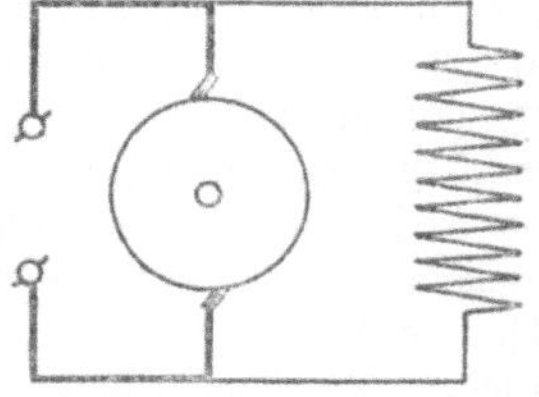

184. Schema einer Neben=
schlußmaschine.

Für Generatoren, die für Beleuchtungszwecke brauchbar sein
sollten, mußte man dagegen einen anderen Weg einschlagen und
fand ihn in der Nebenschlußschaltung. Während bei dem
Seriengenerator der ganze äußere Strom das Magnetsystem in einigen Windungen um=
fließt, wird bei der Nebenschlußmaschine nur ein Bruchteil des äußeren Stromes durch die
Magnetspulen gesandt. Wir wissen aus der Magnetisierungskurve, daß zur Erzeugung eines
bestimmten Feldes eine bestimmte AW. erforderlich ist. Wir haben es dabei in der Hand,
wenige Windungen mit hohem Strom oder viele Windungen mit geringem Strom zu ver=
wenden. Beim Seriengenerator sahen wir den ersten
Fall. Nehmen wir nun an, wir legten den äußeren
Widerstand, der zur Erreichung der gewünschten Span=
nung bei dem vorigen Beispiel des Seriengenerators ge=
geben war, noch in die Magnetwicklung als vermehrte
Windungszahl hinein, so würden wir einen erhöhten
Strom und eine erhöhte Spannung erhalten, da wir
nun mehr AW. auf der Maschine erhielten. Zur Er=
zeugung der gewünschten Spannung brauchen wir aber
nur eine bestimmte AW.=Zahl, wir müssen also in
unserem angenommenen Fall, daß die Maschine allein
auf ihre Erregung arbeitet, den Widerstand der Erregung
dadurch erhöhen, daß wir an Stelle weniger Windungen
mit großem Querschnitt viele solche kleinen Querschnitte
verwenden. Wir erreichen dadurch schließlich, daß bei

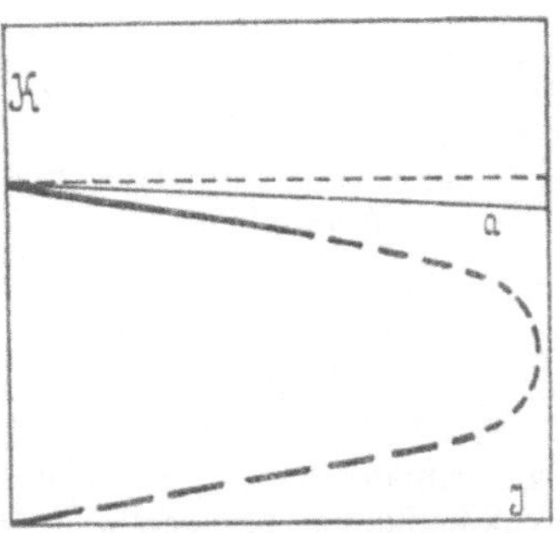

185. Belastungscharakteristik einer
Nebenschlußmaschine.

gleicher AW. und kleiner Stromstärke das gleiche Feld und damit die gleiche Spannung
erreicht wird, wie bei dem oben erwähnten Seriengenerator.

Wenn wir diese Maschine, deren Schaltungsschema in Abb. 184 wiedergegeben ist, sich selbst
erregen lassen wollen, so dürfen wir ihre Klemmen nun nicht mehr wie bei dem Hauptstrom=
generator über einen kleinen Widerstand schließen, denn in diesem Fall würde die EMK.
der Remanenz, die auch hier zur Selbsterregung herangezogen werden muß, auf zwei parallele
Widerstände arbeiten. Nach dem Prinzip der Stromverteilung fließt aber im kleineren Wider=
stand der größere Strom, so daß in dem erwähnten Fall der Hauptanteil des den Anker durch=
fließenden Stromes durch den äußeren Widerstand und nur ein geringer Bruchteil durch die
Magnetwicklung fließen würde. Mit diesem Bruchteil wäre eine Verstärkung des Feldes nicht
zu erreichen, wir müssen daher im Gegensatz zum Hauptstromgenerator den äußeren Wider=
stand möglichst groß, d. h. unendlich groß machen, so daß die EMK. der Remanenz allein
auf die Magnetwicklung arbeitet, und der ganze Strom zur Feldverstärkung benutzt wird. Bei

ber auch hier vorausgesetzten konstanten Tourenzahl wird sich dann eine bestimmte Spannung bei geöffneter Maschine, die Leerlaufspannung, einstellen.

Wir wollen nun weiter betrachten, was bei Belastung dieses Nebenschlußgenerators eintritt. Auch hier ist die EMK. des Ankers eine Funktion von Tourenzahl und Feld. Das Feld ist bei Nebenschlußschaltung jedoch nicht mehr wie beim Hauptstromgenerator eine Funktion des Belastungsstromes, sondern wird in unserem Fall von einer Spannung gespeist, die gegeben ist durch die Gleichung: Klemmenspannung = EMK. — Spannungsabfall im Anker oder in Buchstaben:

$$K = E - i_a w_a .$$

Nun wissen wir aber, daß die Verluste, zu denen auch, wie wir oben sahen, der Spannungsabfall $i_a w_a$ im Anker gehört, klein gehalten werden, wir werden also auch innerhalb der Belastungsgrenzen der Maschine, wenn wir konstantes E voraussetzen, nur ein geringes Absinken der den Erregerstrom liefernden Klemmenspannung erhalten. Damit erhalten wir ein allerdings geringes Abnehmen des Erregerstromes und damit auch eine Abnahme der EMK. im Anker. Wir sehen also, daß die Annahme eines konstanten E nicht zulässig ist, sondern daß dieses mit zunehmender Last infolge Abnehmens der Klemmenspannung durch erhöhten Spannungsabfall im Anker selbst abnimmt. In Abb. 185 ist dieser Vorgang in Form einer Kurve wiedergegeben. Bei konstantem Feld und konstanter Geschwindigkeit würden wir im Anker die konstante EMK. als Parallele zur Horizontalen erhalten. Nun sinkt aber die Klemmenspannung proportional mit dem Ankerstrom, wir müssen also eine Gerade a einzeichnen, die den Betrag von E an allen Punkten um $i_a w^a$ unterschreitet. Infolge dieser Verminderung der Klemmenspannung tritt nun wieder, wie oben gezeigt, eine Feldverminderung ein, so daß wir eine noch tiefer liegende im Anfang schwach gekrümmte Kurve K als Klemmenspannung der Nebenschlußmaschine abhängig von der Belastung bzw. dem äußeren Widerstand erhalten. Gehen wir mit der Belastung höher und höher, d. h. verringern wir den äußeren Widerstand mehr und mehr, so wird die Stromverteilung der Parallelschaltung von Feld und äußerem Widerstand mehr und mehr zu ungunsten des

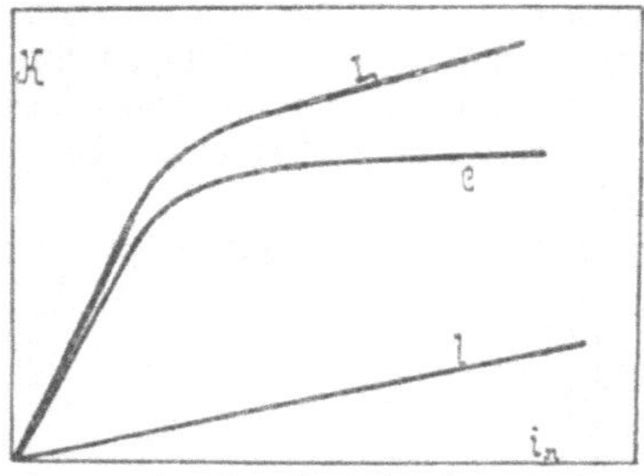

186. Leerlaufcharakteristik einer Nebenschlußmaschine.

Feldes verschoben. Die Klemmenspannung sinkt stärker ab und kehrt schließlich bei kurzgeschlossener Maschine auf Null zurück. Dieser zweite Teil der Kurve, der in Abb. 185 gestrichelt gezeichnet ist, kommt jedoch nur bei Spezialtypen von Nebenschlußgeneratoren in Frage.

Wir entnehmen also der vorhergehenden Betrachtung, daß die Nebenschlußmaschine ihre Klemmenspannung im Gegensatz zum Hauptstromgenerator mit der Belastung wenig ändert, so daß sie sich von vornherein als Lichtmaschine geeignet erweist. Wir können aber auch weiterhin die Mittel namhaft machen, die es ermöglichen, das Absinken der Klemmenspannung möglichst gering zu halten. Zu diesem Zweck müssen wir die sogenannte Leerlaufcharakteristik, d. h. die Abhängigkeit der EMK., die hierbei praktisch gleichbedeutend mit der Klemmenspannung ist, von dem Erregerstrom bei konstanter Tourenzahl betrachten. In Abb. 186 ist eine solche Leerlaufcharakteristik wiedergegeben, und der Leser wird erkennen, daß es sich hier um nichts anderes als eine Übereinanderlagerung zweier Magnetisierungskurven von Luft l und Eisen e handelt. Im Anfang überwiegt die Magnetisierungskurve für Eisen, d. h. der Hauptanteil der AW. dient dazu, um das Eisen zu magnetisieren. Mit zunehmender Magnetisierung erreichen wir aber bald den Kurvenast, in dem trotz weiterer Steigerung des Magnetisierungsstromes kein weiteres Anwachsen der Kraftlinienzahl eintritt. Von nun an magnetisiert die Maschine ihr Magnetsystem, als wenn es aus Luft bestünde nach der geradlinigen Luftmagnetisierungskurve weiter. Der Unterschied gegenüber einer tatsächlich ohne Eisen gebauten Maschine ist jedoch bedeutend, denn die Luftmagnetisierungskurve beginnt nicht bei Null, sondern einem der höchsten Eisensättigung entsprechenden höheren Wert. Wir entnehmen unserer vorhergehenden Betrachtung, daß die Leerlaufcharakteristik einer Nebenschlußmaschine aus drei Teilen besteht. Einem anfänglichen geraden Stück, einem anschließenden Knie und einem darauffolgenden geraden Stück. Auch die Neigung dieses letzten geraden Stückes hat der Konstrukteur in der Hand. Wählt er die Luftmagnetisierungskurve der Maschine schwach ansteigend, d. h. so, daß nur wenig Luftraum vorhanden ist, so wird auch die Leerlaufcharakteristik sich mehr der Magnetisierungskurve für Eisen nähern, d. h. der letzte Teil wird annähernd horizontal verlaufen. Arbeitet nun die Maschine auf diesem letzten Teil der Kurve, so wird sie unempfindlicher gegen Belastungsänderungen in bezug auf ihre Klemmenspannung sein, denn jetzt bleibt auch bei Änderung der Klemmenspannung, d. h. Änderung des Erregerstromes das Feld und die EMK. nahezu konstant, und wir erhalten als Spannungsänderung fast nur den durch den Ankerstrom verursachten Spannungsabfall im Anker.

Eine solche Maschine wird für kleine Beleuchtungsanlagen sehr gut brauchbar sein, da nur bei starker Änderung der Anzahl der eingeschalteten Lampen eine an der Helligkeit der übrigbleibenden bemerkbare Änderung der Spannung zu erwarten ist. Eine solche Anlage bedarf also nur in den Zeiten des Beginnes der Lichtnachfrage und am Schluß derselben der Nachregulierung.

Für größere Anlagen hat sie aber den Nachteil, daß sie zu teuer wird, da zur Erreichung des hohen Sättigungsgrades viel Erregerkupfer erforderlich ist. Für solche Anlagen kommen auch Gesichtspunkte wie Kosten für Wartung weniger in Frage als Höhe des Anlagekapitales. Man wird sich daher mit einem tiefer liegenden Teil der Leerlaufcharakteristik, dem Knie, be=
gnügen und trotzdem noch eine ausreichende Un=
empfindlichkeit erzielen, die dem Maschinisten ein
Nachregulieren der Spannung leicht möglich macht.

Damit eröffnet sich uns nun die Frage der
Spannungsregulierung. Bei dem Hauptstrom=
generator sind wir über diesen Punkt mit wenigen
Worten hinweggegangen, da für ihn eine Spannungs=
regulierung höchst selten in Frage kommt. Für einen
Nebenschlußgenerator tritt aber häufig die Notwendig=
keit ein, die Spannung in weiten Grenzen zu regulieren.
Nehmen wir z. B. eine kleinere Anlage an, die aus
Sicherheitsgründen als Reserve und zum Parallel=
betrieb eine Akkumulatorenbatterie besitzt, wegen der
Anlagekosten aber auf einen Doppelzellenschalter, wie
solche in allen größeren Anlagen angewandt sind,
verzichtet, so muß der Besitzer in den Stunden, in
denen kein Licht gebraucht wird, das Netz mithin
spannungslos sein darf (es wird dies meist in den

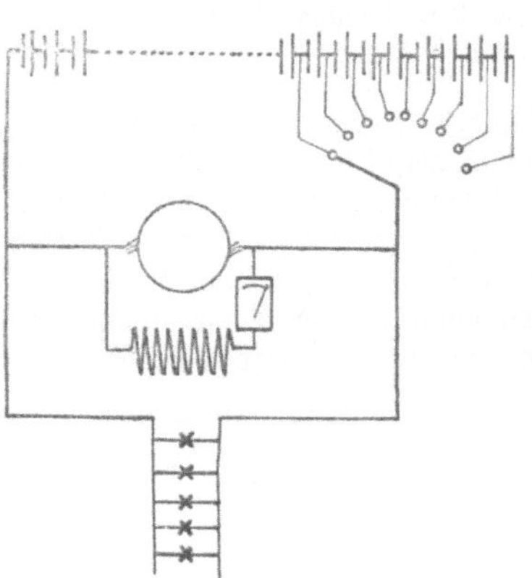

187. Schaltungsschema einer Anlage
mit Batterie.

Mittagsstunden oder nach Mitternacht der Fall sein), in der Lage sein, die Batterie aufzuladen. Zum besseren Verständnis sei in Abb. 187 das Schema einer solchen Anlage mit beispielsweise 110 Volt Netzspannung gegeben. Das Netz ist an die Maschine und parallel zu ihr über einen einfachen Zellenschalter an die Batterie angeschlossen. Die sonst noch erforderlichen Apparate und Meßinstrumente sind, da für unsere Betrachtung belanglos, im Schema weggelassen. Die Batterie sei in geladenem Zustand, es besitzt dann jede Zelle 2,2 Volt, oder es besitzen 50 Zellen 110 Volt. Ist nun die Maschine selbst auf 110 Volt Klemmenspannung erregt, so wird ihre Spannung gerade der Batteriespannung das Gleich= gewicht halten und weder Lade= noch Entladestrom die Batterie durchfließen. Die Maschine allein übernimmt die Stromlieferung für das Netz. Wächst nun die Belastung, d. h. werden mehr Lampen eingeschaltet, so sinkt die Spannung der Maschine, die Batteriespannung bleibt infolge des geringen inneren Widerstandes fast auf voller Höhe, und die Batterie übernimmt den hinzugekommenen Teil der Belastung. Damit beginnt jedoch die Entladung der Batterie, die noch schneller vor sich geht, falls in der Nacht die Maschine abgeschaltet und stillgesetzt wird, und die Spannung jeder Zelle nimmt ab. Die niedrigste Entladespannung, bei der die Batterie vor Beschädigung ihrer Kapazität noch geschützt ist, ist 1,8 Volt. Wollen wir demnach trotz Entladung 110 Volt konstant am Netz haben, so müssen wir mit Hilfe des Zellenschalters mit fortschreitender Entladung eine Zelle nach der anderen zuschalten, bis schließlich bei 1,8 Volt pro Zelle die

Gesamtzahl von 61 Zellen erreicht ist. Nun entsteht die Frage der Batterieladung. Für jede Zelle ist zur vollständigen Ladung eine Endspannung von 2,7 Volt erforderlich, mithin für 61 Zellen eine Spannung von 165 Volt. Diese Spannung brauchen wir, um alle 61 Zellen wieder aufzuladen, müssen allerdings, wie oben erwähnt, da nur ein einfacher Zellenschalter angenommen ist, das Netz, dessen Lampen für 110 Volt bestimmt sind, während der Ladeperiode abschalten. Nun fragt es sich, wie die Maschine zweckmäßig zu wählen ist. Einmal soll sie bei 110 Volt keiner zu großen Spannungsänderung bei Veränderung der Last unterworfen sein,

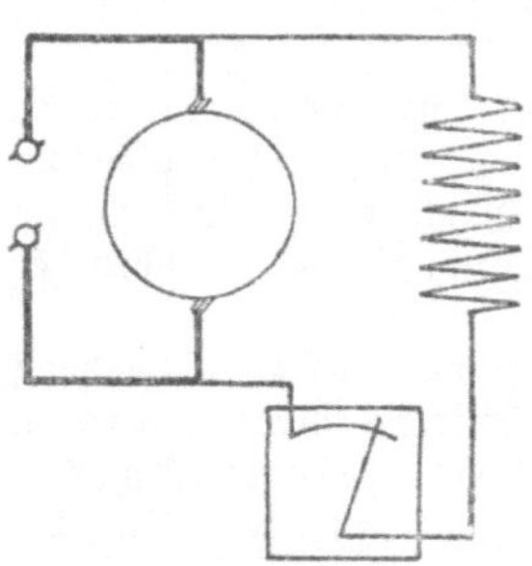

188. Nebenschlußmaschine mit Regulator.

und außerdem soll sie zeitweise die erhöhte Spannung von 165 Volt zu liefern imstande sein. Wir werden demnach unsere Maschine so ausführen, daß sie ein ziemlich stark ansteigendes Ende der Leerlaufcharakteristik aufweist, und daß sie bei 110 Volt in der Nähe des Knies arbeitet. Nun können wir aber nicht mehr ohne Regulierung von Hand auskommen und sind gezwungen, einen geeigneten und ökonomischen Regulator einzuführen. Wie bei dem Hauptstromgenerator wäre es denkbar, den äußeren Widerstand durch einen veränderlichen Ballastwiderstand im Hauptstromkreis konstant zu halten. Es würde dann die Maschine aber stets vollbelastet sein, während den Konsumenten ungünstigsten Falles fast keine Leistung zugeführt werden würde. Eine derartige Reguliermethode ist demnach von vornherein zu verwerfen. Wir haben aber bei dem Hauptstromgenerator erwähnt, daß durch Feldänderung eine rationelle Regulierung möglich gemacht wird. Nach der Gleichung: $K = E - i_a w_a$ kann die Klemmenspannung K auch bei veränderlichem Ankerstrom konstant gehalten werden, wenn wir stets E so verändern, daß die Differenz gleich bleibt. Wächst z. B. i, so müssen wir auch E vergrößern und umgekehrt. Nun ist E eine Funktion des Erregerstromes, und dieser wieder eine Funktion der Klemmenspannung und des Widerstandes im Erregerstromkreis. Wir erreichen also eine Veränderlichkeit von E, wenn wir den Widerstand im Erregerstromkreis veränderlich machen, mit anderen

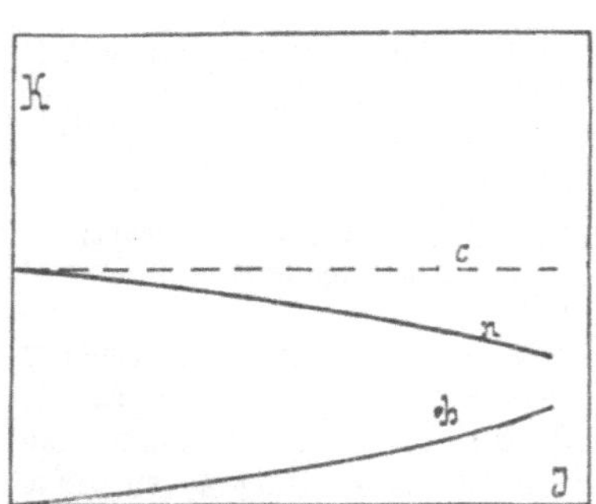

189. Belastungscharakteristik einer Compoundmaschine.

Worten nach Abb. 188 einen Nebenschlußregulator in den Erregerkreis einbauen. Der Leser wird jedoch bemerken, daß, um die Spannung zu erhöhen und erniedrigen zu können, der Widerstand nach oben und unten hin veränderlich sein muß, daß wir demnach bei Leerlauf und normaler Spannung einen bestimmten, Energie verzehrenden Widerstand im Erregerstromkreis haben müssen. Gegenüber dem Ballastwiderstand im Hauptstromkreis ist der Betrag der in Wärme umgesetzten Energie dagegen nur ein kleiner Bruchteil der Maschinenleistung.

Will man die Anlage unabhängig von besonderer Wartung machen, so liegt nichts im Wege, den Nebenschlußregulator automatisch zu betätigen, indem man ein Spannungsrelais, d. h. einen Apparat, der wie ein Spannungszeiger ausgebildet ist, einschaltet, bei dem sich in zwei äußersten Grenzlagen, z. B. bei Abweichungen von $\pm 2\%$ von der mittleren Spannung, der Zeiger gegen die Kontakte zweier Hilfsstromkreise legt, die dann den den Regulator betätigenden Motor einschalten bzw. ausschalten und umsteuern. Zahlreiche Ausführungen und Methoden solcher automatischen Regulatoren sind auf dem Markte, und es würde hier zu weit führen, wollten wir auch nur einen annähernden Überblick über sie geben.

Um vollkommen konstante Spannung bei veränderlicher Last oder sogar zunehmende Spannung bei steigender Last zu erhalten, ergibt sich schließlich das einfache Mittel, je eine Maschine mit Nebenschlußschaltung und Hauptstromcharakteristik zu einer einzigen zu vereinigen. Wir haben gesehen, daß eine Maschine der ersten Art ihre Spannung mit der Belastung sinken läßt, und bemerkt, daß wir den Grad des Absinkens durch die Abmessungen der Maschine

bestimmen können. Andererseits steigt aber mit der Belastung die Spannung einer Maschine
der zweiten Art. Auch diese Charakteristik liegt durch die Maschinendaten fest. Vereinigen wir
nun auf einer Maschine zwei Wicklungen, eine Nebenschlußwicklung, die für sich die in Abb. 189
wiedergegebene Kurve n und eine Hauptstromwicklung, die für sich eine Kurve h als Spannungskurve abhängig von der Belastung ergeben würde, so addieren sich die Spannungen, die durch
die beiden einzelnen Wicklungen im Anker erzeugt werden, und wir erhalten als resultierende
Spannung dieses Generators abhängig von der Belastung die Kurve c, die in unserem Beispiel in der Horizontalen verläuft. Eine solche wegen der Verbindung beider Schaltungsarten
in einem Magnetsystem Compound- oder Verbundgenerator genannte Maschine würde
also ohne jede Regulierung von Hand konstante Spannung ergeben. Es läßt sich nun auch
noch weiter mit einer solchen Schaltung erreichen, daß die Spannung mit der Belastung ansteigt, wenn nur die Hauptstromwicklung gegenüber der Nebenschlußwicklung überwiegt. Solche
Anforderungen werden z. B. an Generatoren gestellt, die zum Betrieb von Straßenbahnen dienen
sollen. Im Interesse eines geringen Anlagekapitales wird in solchen Anlagen ein erheblicher
Spannungsabfall im Fahrdraht zugelassen. Nehmen wir nun den Fall an, daß aus Anlaß
eines Festes oder dergleichen an einer Haltestelle außerhalb der Stadt mehrere Wagen in kurzen
Abständen abfahren sollen, so würden, wenn die
Zentrale konstante oder gar sinkende Spannung
lieferte, der Spannungsabfall im Fahrdraht durch
den Stromverbrauch aller Wagen so erhöht, daß
schließlich die weit entferntesten Wagen nur noch eine
für Fahrt unzulängliche Spannung erhielten. Um
dem vorzubeugen, werden die Compoundgeneratoren
so durchgebildet, daß sie den vermehrten Spannungsabfall in der Leitung durch Erhöhung der Gesamtspannung ausgleichen, so daß selbst bei starkem Verkehr
auf einer Außenstrecke kein Wagen auf der Strecke
liegen bleibt. Auch diese Maschinen können durch
Einbau eines Nebenschlußregulators wie Nebenschluß-
maschinen reguliert werden.

**Die Ankerrückwirkung. Die Funkenbildung am
Kollektor.** Nachdem auf den vorbeschriebenen Grundlagen technisch gut verwendbare und heute noch

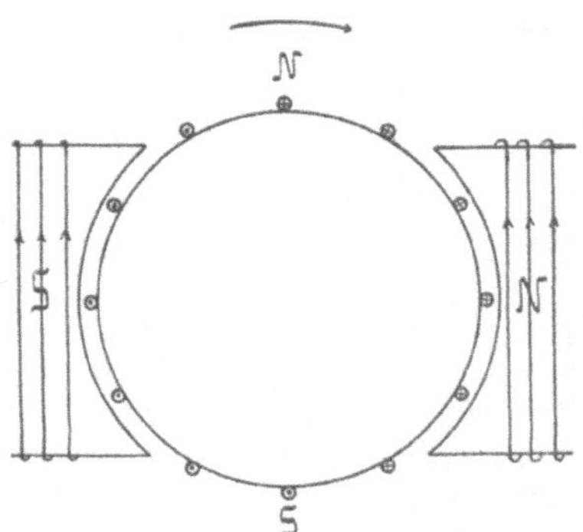

190. Stromverlauf im Anker einer
Nebenschlußmaschine.

vielfach Verwendung findende Maschinen konstruiert wurden, erkannten die Besitzer größerer
Zentralen, daß die Maschinen zwar brauchbar aber noch nicht an der Grenze ihrer Leistungsfähigkeit waren. Am Kollektor, der wie der einfache Kommutator den Zweck hat, Drähte
der positiven stromführenden Ankerhälfte ab- und sie der negativen stromführenden Hälfte
zuzuschalten, zeigte sich starkes Bürstenfeuer bei veränderlicher Last, das für jede Last nur bei
einer bestimmten Bürstenstellung verschwand. Dieses Bürstenfeuer beschädigte den Kollektor
und verzehrte auch einen nicht geringen Teil der Energie. Um es zu bessern, mußte man
sich über die Ursachen klar werden. Da fand man denn, daß das Ankerfeld eine Verzerrung
des Erregerfeldes hervorruft, wodurch die neutrale Zone, d. h. die Stelle, an der die Bürste
aufgelegt und die Spannung abgenommen werden muß, verschoben wird, und deshalb der
Übergang der Drähte von einer Ankerhälfte in die andere bezogen auf den zweipoligen Anker
nicht mehr funkenlos erfolgen kann. Diese „Ankerrückwirkung" benannte Erscheinung läßt
sich am übersichtlichsten an Hand eines Vektorendiagrammes für die Felder veranschaulichen.
Wenn es sich um gerichtete Größen handelt, wie auch in dem vorliegenden Fall, ist diese Art
der Darstellung stets die empfehlenswerteste. Nehmen wir z. B. einen Nebenschlußgenerator
nach Abb. 190 mit der dort angegebenen Drehrichtung, Strom- und Feldrichtung an, so
steht zunächst bei Leerlauf, während der Anker nur den zu vernachlässigenden Feldstrom
führt, die neutrale Zone senkrecht zu der Achse des allein in der Maschine vorhandenen
Hauptfeldes. In Abb. 191 ist dieser Betriebszustand durch die Strecke OF und die strich-
punktierte zugehörige Richtung der Bürstenachse wiedergegeben. Fließt nun im Anker
durch Belastung ein erhöhter Strom, so ist dessen Wirkung nicht mehr zu vernachlässigen,

er bildet nämlich von sich aus ein in der Bürstenachse liegendes Ankerfeld von dem Ankerstrom annähernd proportionaler Größe aus, das in Abb. 191 durch die Strecke O A′ wiedergegeben sei. Anker und Erregerfeld setzen sich zusammen zu dem den Anker durchsetzenden Hauptfeld O H′, auf dem die neutrale Zone O N′ senkrecht steht. Nimmt das Ankerfeld durch weitere Belastung aus O A″ zu, so wird auch die neutrale Zone weiter verdreht werden. Nun haben wir gesehen, daß die Bürsten in der neutralen Zone stehen sollen, wir müssen also, da diese mit zunehmender Belastung im Sinn der Drehrichtung vorrückt, die Bürsten auch in diesem Sinne verschieben. Dabei ist zu beachten, daß wir sie weiter verschieben müssen, als Abb. 191 angibt. Denn dort ist die Bürstenachse noch senkrecht auf dem Erregerfeld angenommen. Verschieben wir diese Achse, so verschieben wir damit auch die Achse des Ankerfeldes und damit auch die Richtung

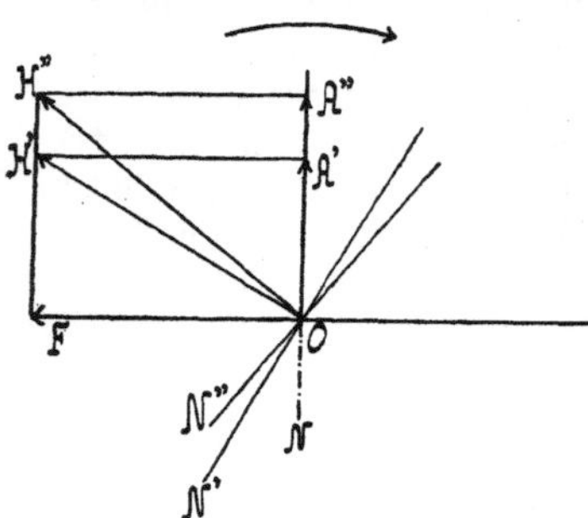

des resultierenden Hauptfeldes. Dieser Vorgang ist für den ersterwähnten Fall in Abb. 192 dargestellt. Das Erregerfeld wird wieder durch die Strecke O F wiedergegeben. Das Ankerfeld dagegen hat seine Größe auch beibehalten, die Richtung aber geändert und zwar im Sinne der Drehrichtung nach O a verschoben. Die Richtung des resultierenden Feldes wird also nicht mehr O H, sondern O h werden. Man entnimmt aus dieser Abbildung aber des weiteren die Tatsache, daß das Hauptfeld kleiner geworden ist als das ursprüngliche, trotzdem das Erregerfeld, d. h. die Erreger AW. die gleichen geblieben sind. Zerlegt man das Ankerfeld in die beiden Komponenten O g in Richtung des Erregerfeldes und O q senkrecht zu dessen Richtung, so erkennt man sofort, worauf diese

191. Diagramm der Ankerrückwirkung.

Feldschwächung zurückzuführen ist. Das Ankerfeld besitzt nämlich O g AW., die den Erregerwindungen O F entgegenarbeiten, d. h. sie zum Teil in ihrer Wirkung aufheben, weshalb dieser Teil auch die Gegenwindungen des Ankers genannt werden. Der Rest, dargestellt durch die Komponente O q, die Querwindungen, ist auf die Größe des Erregerfeldes ohne Einfluß und führt nur zur Drehung der neutralen Zone.

Nachdem die Technik die Ursache der lästig empfundenen Bürstenverschiebung erkannt hatte, war das Mittel zur Abhilfe ohne Schwierigkeit gegeben. Es mußte nur das Ankerfeld in seiner

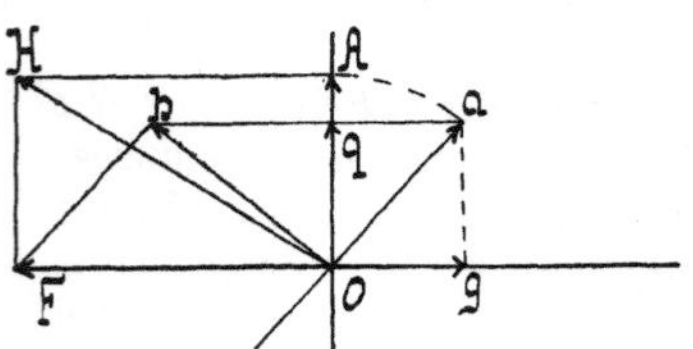

Wirkung unschädlich gemacht werden. Der Leser wird bemerkt haben, daß das Ankerfeld trotz Drehung des Ankers im Raume an der Stelle bleibt, die ihm von den Bürsten angewiesen wird, es ist daher leicht möglich, ihm ein proportionales Feld auf dem Gestell entgegenwirken zu lassen, das es aufhebt oder kompensiert. Es führte diese Betrachtung zu der in Abb. 193 wiedergegebenen Wicklung von Deri, bei der auf dem Gestell jedem Ankerdraht ein vom Ankerstrom in entgegengesetzter Richtung durchflossener Draht gegenübergestellt ist, so daß

192. Diagramm der Ankerrückwirkung mit verschobenen Bürsten.

sich beide Wicklungen in ihrer magnetischen Wirkung fast vollkommen aufheben müssen. Man erkannte aber bald, daß es gar nicht notwendig sei, das Ankerfeld derart genau zu kompensieren, sondern daß es genüge, an der Stelle größten magnetischen Druckes, d. h. größter totaler AW.-Zahl, dem Anker ein zweites Feld von gleichem Gegendruck entgegenzusetzen. Diese Änderung führt zu den in Abb. 194 schematisch wiedergegebenen Kompensationspolen.

Trotz dieser Maßnahmen werden besonders Maschinen für hohe Spannungen noch nicht funkenfrei kommutieren, aber auch dafür war Grund und Abhilfe bald gefunden. Betrachten wir den Vorgang, der sich in der Spule abspielt, die der Kommutierung augenblicklich unterworfen ist. Ihre an benachbarte Kollektorsegmente angeschlossenen Enden werden von der Bürste kurz geschlossen, bleiben während des Vorübergleitens der Bürste in diesem Zustand und werden, wenn die Bürste das Kollektorsegment wieder verläßt, geöffnet. Innerhalb dieser Zeit soll der Strom nach Abb. 195, in der in der Horizontalen die Zeit bzw. die Bewegung zweier Kollektorsegmente und in der Senkrechten der Strom abgetragen ist, von einem bestimmten positiven Wert auf den gleichen negativen Wert gewendet werden. Am günstigsten ist es, wenn diese Änderung nach Abb. 195 geradlinig mit der Zeit verläuft. Nun ist aber mit jeder Änderung des Stromes auch eine Änderung des mit ihm verketteten Feldes verbunden und damit wieder eine EMK. der Selbstinduktion, die sich der Änderung entgegensetzt. Die Folge davon ist, daß die Stromänderung nur träge dem Fortschreiten der Bürste nachkommt, so daß beim Verlassen des Segmentes der Hauptanteil des Stromes noch durch die Bürste geht und nun beim Öffnen einen Öffnungsfunken hervorruft. Auch dieser Erscheinung ist die Technik durch Einführung geeigneter Gegenmittel gerecht worden. Sie setzt der EMK. der Selbstinduktion eine sie aufhebende EMK. durch Kraftlinienschnitt entgegen dadurch, daß sie die Kommutation entweder nicht in der neutralen Zone, sondern schon im Streufeld des fol-

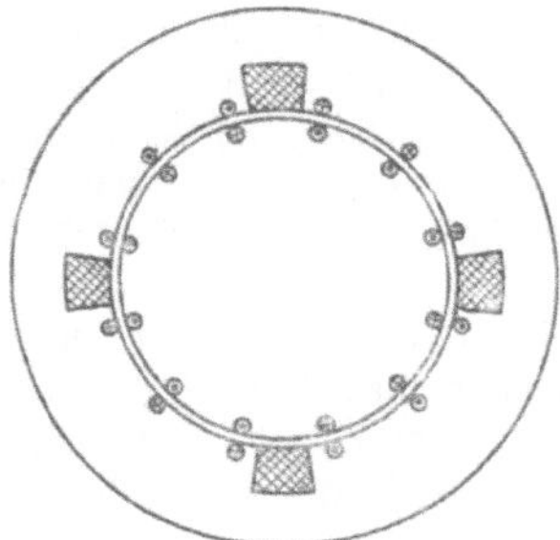

193. Kompensationspole.

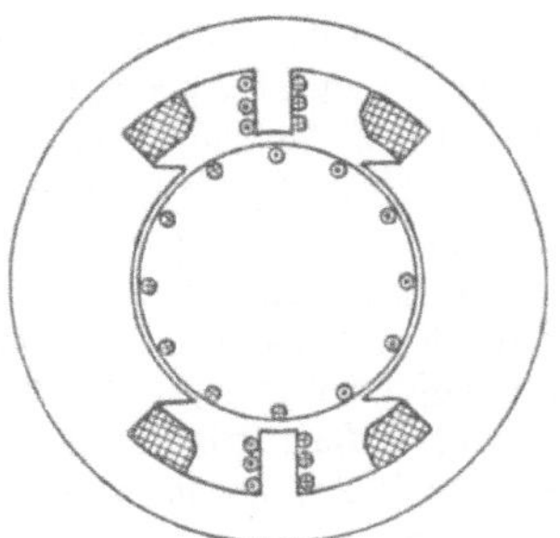

194. Stromverlauf während der Kompensation.

genden Poles sich vollziehen läßt oder dadurch, daß das Ankerfeld nicht nur durch die Kompensationspole vernichtet wird, sondern noch einige Windungen mehr auf diese aufgebracht werden, durch die dann die notwendige „Wendespannung" durch ein dem Ankerfeld entgegengesetztes Wendefeld erzeugt wird. Man bezeichnet dann derart ausgerüstete Maschinen als „Wendepolmaschinen". Sie sind in bezug auf Ausnutzung des Materiales zurzeit die am höchsten stehenden und zeigen bei vollständig fester Bürstenstellung kein Feuern innerhalb der zulässigen Belastungsgrenzen. Ohne näher auf die Berechnung solcher Maschinen einzugehen, sei nur erwähnt, daß auch nach Fertigstellung der Maschinen noch Korrekturen im Prüfraum angebracht werden können. Entweder man ändert den Luftspalt der Wendepole so, daß ihr Feld bei größerem Luftraum kleiner und bei kleinerem

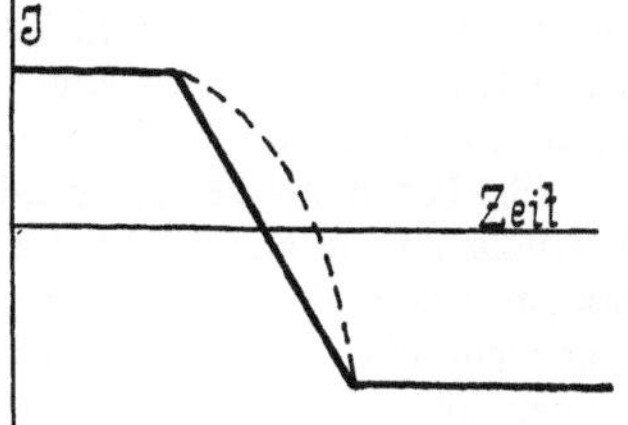

195. Stromverlauf während der Kommutation.

Luftraum größer wird, oder man dimensioniert die Wicklung reichlich und versieht sie nachträglich mit einem festen Nebenschluß, der den überschüssigen Teil des Ankerstromes an den Wendepolen vorbei dem Anker direkt zuführt.

Die Wechselstrommaschine.

Die Einphasen-Wechselstrommaschinen. Wir haben bisher der Hauptentwicklung der Elektrotechnik folgend die Gleichstrommaschine, die mit Hilfe eines Kollektors die im Anker erzeugte Wechselspannung als Gleichspannung entnimmt, betrachtet. Man hatte aber schon früh erkannt, daß für manche Zwecke, zumal für Wärme und Lichtentwicklung der Wechselstrom die gleichen Dienste leistete, bei seiner Verwendung sogar die Maschinen durch Ersatz des Kollektors durch einfache Schleifringe sehr vereinfacht werden konnten. Es stellte sich nun mit fortschreitender Entwicklung heraus, daß der Wechselstrom für manche Zwecke dem Gleichstrom sogar überlegen war. Die Erfindung des Transformators und die damit gegebene Möglichkeit der Fernübertragung der elektrischen Energie hat seit dem letzten Jahrzehnt dem Wechselstrom die Vorherrschaft gesichert.

Der erste Anlaß zur Konstruktion einer Wechselstrommaschine war Gramme durch die im Kapitel Beleuchtung näher beschriebenen Jablotschkoffschen Kerzen gegeben. Er löste die Aufgabe dadurch, daß er eine achtpolige Maschine der Innenpoltype konstruierte, indem er auf einem ringförmigen feststehenden Anker, heute meist Stator benannt, acht Spulen in abwechselndem Wicklungssinn aufbrachte. Vor diesen Spulen lief in dem Hohlzylinder des Ankers ein achtpoliges Magnetrad mit abgerundeten Polen, so daß nur ein geringer Luftraum zwischen Polen und Anker übrig blieb. Da auf einen Nordpol immer ein Südpol folgte und der Wicklungssinn zweier benachbarten Spulen umgekehrt war, so mußten sich die Spannungen in jedem Augenblick addieren. Gehen wir von der Stellung der Polmitte vor der Spulenmitte aus, so befand sich nach $^1/_{16}$ Umdrehung ein halber Nordpol und ein halber Südpol vor jeder Spule, die infolgedessen in dieser Stellung nicht induziert wurde. Nach einer weiteren $^1/_{16}$ Umdrehung befand sich der Südpol mit seiner Mitte vor der Spulenmitte, es wurde also nun ein Maximum an Spannung von umgekehrter Richtung erzeugt. Nach einer vollen Umdrehung hatten demnach die Pole achtmal ihre Lage gewechselt, es mußten acht Wechsel, bestehend aus vier positiven und vier negativen Maxima pro Umdrehung entstehen, oder, da man heute meist einen positiven und den folgenden negativen Wechsel zusammengehörig als eine Periode bezeichnet, vier Perioden bei jeder Umdrehung.

Der Vorteil dieser Abänderung gegenüber der Außenpoltype mit Schleifringen nach Art der Gleichstrommaschinen war der, daß die Wechselstrom führenden Teile ruhend waren, daher ohne irgendwelche Schleifkontakte dem Netz die Spannung durch feste Anschlüsse zugeführt werden konnte. Diese Tatsache sichert auch heute noch der Innenpoltype gegenüber den anderen Typen den Vorzug.

Neben Gramme brachte Siemens & Halske eine Wechselstrommaschine anderer Bauart auf den Markt. Zunächst wandte diese Firma den rotierenden Anker an, baute also eine Maschine der Außenpoltype. Ferner wollte sie, um die Verluste zu verringern, in den bewegten Teilen keine Eisenmassen anordnen. Um trotzdem noch praktisch verwertbare Spannungen zu erhalten, mußte sie den Luftraum klein, d. h. die Spulen kurz und den Magnetquerschnitt groß wählen, um die genügend induzierte Drahtlänge unterbringen zu können. Maschinen dieser Bauart haben zwar den Vorteil, reine Sinuskurven zu liefern, haben sich jedoch nicht halten können, da bei ihnen der Wechselstrom nur durch Schleifringe zugänglich war.

Wir haben bei beiden Maschinen vorläufig erwähnt, daß ruhende Magnete bei Siemens & Halske und rotierende bei Gramme angewandt waren. Dem Leser wird es erklärlich sein, daß dabei nach Kenntnis der Elektromagnete nur solche in Frage kommen können. Er wird sich aber weiterhin die Frage vorlegen, woher der Gleichstrom für die Magnetisierung genommen werden soll. In manchen Zentralen sind neben Wechselstrommaschinen für die Fernleitung auch Gleichstrommaschinen für Traktionszwecke vorhanden, denen der zur Erregung der Wechselstromgeneratoren erforderliche Gleichstrom entnommen werden kann. Andere Anlagen besitzen besondere Umformer, die den Gleichstrom aus dem ihnen zugeführten Wechselstrom herstellen, doch müssen sie dann auch eine Akkumulatorenbatterie kleiner Kapazität als Reserve besitzen. Schließlich aber ist meistens auf der Welle des Wechselstromgenerators eine kleine Gleichstromerregermaschine angeordnet. Auf diese Weise ist jeder Generator von dem anderen unabhängig und kann beliebig für sich in Betrieb genommen werden. Die früher in einigen Fällen angewandte Zuleitung des Gleichstromes zum Magnetrad durch die Welle zwecks Ersparnis eines Leiters ist heute allgemein fallen gelassen, da sich durch Elektrolyse des Lageröles Rostbildungen auf dem Zapfen nicht vermeiden lassen.

Wie oben erwähnt, kommen fast ausschließlich Innenpoltypen zur Ausführung wegen der bedeutend einfacheren Isolierung der ruhenden Wechselstromwicklungen gegen Gehäuse und gegen Erde. Die notwendige Folge dieser Konstruktionsart ist jedoch, daß das Gehäuse, obwohl ruhend, geblättert werden muß, um Wirbelströme und Eisenverluste möglichst gering zu halten. Es ist, wie der Leser erkennt, für die Wirkung gleichgültig, ob das Kraftliniensystem sich vor dem ruhenden Anker vorbeibewegt oder ob der Anker in einem ruhenden Feld rotiert. Beidemal werden durch Kraftlinienschnitte elektromotorische Kräfte erzeugt, die Ströme und Verluste zur Folge haben. Man bringt nun die Wicklung ebenso wie im Anker einer Gleichstrommaschine in Nuten unter, die nach Innen sich öffnen, oder auch nur einen Schlitz von der

Breite eines Drahtes besitzen. Bandagen, wie sie beim Gleichstromanker und bei der Innenpoltype gegen Fliehkraft und Anziehung der Leiter durch das Feld angewandt werden, sind in dem
Hohlzylinder nicht anzubringen, deshalb werden die Wicklungen durch Keile aus Isoliermaterial,
die in die Nuten als Abschluß eingeschoben werden, gesichert. Für besonders gut zu isolierende
Hochspannwicklungen von 2000—10 000 Volt und mehr verzichtet der Konstrukteur auf die Erleichterung der Fabrikation durch offene Nuten oder halbgedeckte und läßt in sehr sicher isolierende Glimmerrohre, die in geschlossene Nuten eingeschoben werden, die Wicklung von Hand,
Windung für Windung, einziehen.

Je nach der Art der Antriebsmaschine lassen sich Wechselstromgeneratoren in langsam
laufende Schwungradmaschinen, Generatoren für Wasserturbinen mit mittlerer Umlaufszahl
und Turbogeneratoren (vgl. S. 129 f.) für hohe Umlaufszahlen einteilen. Die Konstruktionen der einzelnen Arten sind entsprechend den verschiedenen Betriebsbedingungen ausgebildet. Zur rationellen Ausnutzung einer Maschine gehört, wie wir mehrfach betonten,
eine bestimmte Umfangsgeschwindigkeit des Ankers, die nach oben hin nur durch die Festig-
keitsbeanspruchung und die wachsenden Preise des edlen, die erforderlichen Festigkeitsziffern
aufweisenden Materiales bestimmt wird. Es ist demnach selbstverständlich, daß langsam laufende
Maschinen ein Magnetrad mit großem Durchmesser erhalten, während es für schnell laufende
kleiner und kleiner wird.

Wir haben oben bereits erwähnt, daß die Periodenzahl, d. h. die Anzahl vollständiger
Schwingungen von einem positiven Maximum bis zum nächsten positiven Maximum in einer
Sekunde proportional der Umdrehungszahl und der Polpaarzahl ist. Man hat sich nun aus rein
betriebstechnischen Gründen auf bestimmte Periodenzahlen geeinigt. Die maßgebenden Gesichtspunkte waren dabei, daß die einzelnen Wechsel in der Bogenlampen- und Glühlichtbeleuchtung nicht mehr zu unterscheiden sein dürfen, und andererseits sollte unter Vermeidung schlechter
Leistungsfaktoren, die durch höhere Periodenzahlen bedingt sind, die Gewichte der Maschinen
nicht erheblich höher als die von Gleichstrommaschinen werden. Man hat sich heute fast allgemein für Anlagen, in denen Lichtanschlüsse vorhanden sind, für 50 Perioden entschieden.
Für Kraftzwecke kommen mehr und mehr die Anlagen mit 25 Perioden in Aufnahme und für
Schmelzöfen sogenannte Induktionsöfen, werden bis hinab zu 5 Perioden verwandt. Der
letztgenannte Betrieb bedarf in allen Fällen einer besonderen Zentralanlage oder Umformerstation. Neben den normalen Periodenzahlen 50 und 25 kommen auch vereinzelt noch Zwischen-
werte, die aus älterer Zeit stammen, oder durch besondere Verhältnisse bedingt sind, vor. Nehmen
wir zunächst im folgenden stets die am häufigsten vorkommende Periodenzahl von 50 in der
Sekunde zur Grundlage, so ergibt sich aus der Gleichung

$$v = \frac{p \cdot n}{60},$$

worin v die Periodenzahl p die Polpaarzahl und n die Tourenzahl in der Minute bedeutet
direkt, daß bei gegebener Tourenzahl und Periodenzahl die Polpaarzahl eindeutig bestimmt ist.
So wird für Maschinen von 125, 500, 1500 und 3000 Touren die Polpaarzahl bzw. 24, 6, 2
und 1. Die Anzahl der Pole wird dann in jedem Fall doppelt so groß sein. Wir sehen daraus
auch die Notwendigkeit entstehen, daß wir die 48 Pole nur auf einem Kreis mit großem Durchmesser einer Schwungradperipherie anordnen können, während 4 und 2 Pole bequem als walzen-
förmige Körper hergestellt werden können.

Nachdem schon von Anfang an die Erkenntnis sich Bahn gebrochen hatte, wie vorteilhaft
ruhende Wicklungen sind, dehnte man das Prinzip sofort auch auf die Erregerwicklung aus und
konstruierte die sogenannte Induktortype, wie sie Abb. 196 zeigt. Bei einer solchen Maschine
bewegten sich nur auf das Schwungrad aufgesetzte Eisenstücke bestimmter Form durch das Maul
eines großen Glockenmagneten. An der Stelle, an der die Eisenstücke sich gerade befinden, tritt
für den Glockenmagnet magnetischer Schluß, d. h. Verbesserung des Kraftlinienpfades ein, und
damit wird an dieser Stelle das Feld verstärkt. Diese Feldverstärkung wandert nun mit den
Eisenstücken weiter und schneidet die in die Wangen des Glockenmagneten eingebetteten Wicklungen. Diese Maschinentype ist heute trotz ihrer verlockenden Einfachheit und Betriebssicherheit verlassen, da sich aus der Konstruktion verschiedene Mängel, wie schlechter Wirkungsgrad

und geringer Leistungsfaktor ergeben haben, die in der vermehrten Streuung, d. h. nutzlos durch den Raum verlaufenden Kraftlinien ihre Begründung finden.

Es ist auch nicht erforderlich, die rotierende Magnete still zu setzen, da man ihre elektrischen Eigenschaften vollständig beliebig wählen kann. Sie sollen nur eine bestimmte Kraftlinienzahl bei gegebenen Dimensionen, durch eine bestimmte Ampere-Windungszahl hervorgerufen, liefern.

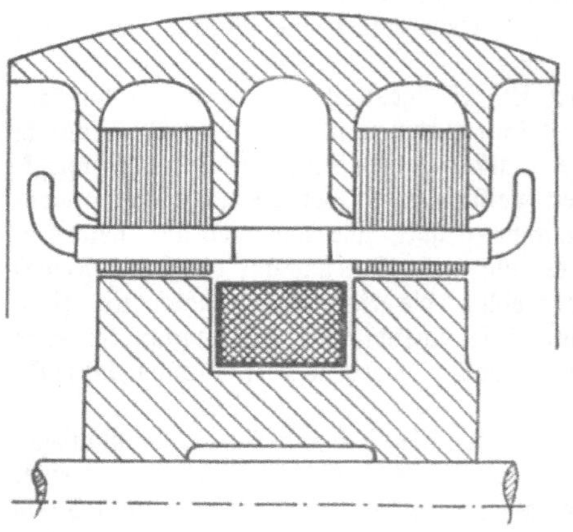

196. Induktortype.

Diese Ampere-Windungszahl läßt sich ebensogut mit niedriger Spannung und hohem Strom bei geringer Windungszahl wie durch hohe Spannung und geringem Strom bei hoher Windungszahl erreichen. Die erste Ausführung besitzt sogar noch den Vorteil, daß die für den hohen Strom erforderlichen großen Querschnitte der Beanspruchung durch Fliehkräfte besser standhalten wie Spulen aus vielen Windungen dünnen Drahtes und daß ihr Raumausnutzungsfaktor d. h. das Verhältnis des Kupfervolumens zu dem ganzen für die Wicklung verfügbaren Raum sich der Einheit mehr nähert.

Die heutigen Schwungradmaschinen sind demnach alle mit Innenpolen nach Abb. 197 ausgerüstet und besitzen nahe der Welle zwei Schleifringe, die der Magnetwicklung den Gleichstrom zuführen. Die Spannung richtet sich nach den einzelnen Fällen und ist meist 50—200 Volt. In Fällen, in denen der Anschluß an vorhandene Gleichstromnetze in Frage kommt, steigt sie auch bis 500 Volt. Für Typen kleinerer Leistung wird das Magnetrad mit den Polen aus einem Gußstück hergestellt, die aus besponnenem Rundkupfer gewickelten Spulen auf die Pole aufgeschoben und die Polschuhe aufgeschraubt. Die Polschuhe erhalten zwecks Erreichung einer

197. Schwungradmaschine mit Innenpolen.

sinusförmigen Spannungskurve eine durch Berechnung festgelegte Form, so daß sich das Luftfeld nach Form einer Sinuskurve über den Stator verteilt. Bei älteren Generatoren war man auf diese, durch praktische Erwägungen als günstig erkannte Kurvenform nicht bedacht, drehte z. B. die Polschuhe konzentrisch mit dem Gehäuse ab und erhielt dadurch Kurven, die die Oberschwingungen, d. h. Schwingungen höherer Frequenz, in starkem Maße

zeigten. Es kam dadurch nicht selten vor, daß Maschinen verschiedenen Fabrikates sich nicht zu einem einwandfreien Parallelbetrieb eigneten und daß infolge der Oberschwingungen der Leistungsfaktor von der Einheit erheblich abwich. Da durch die Nuten des Stators, je nachdem der Polschuh mit seinen Kanten gerade vor der Mitte zweier Nuten oder vor der Mitte zweier Zähne zu liegen kommt, eine verminderte oder erhöhte Leitfähigkeit des Kraftlinienpfades entsteht, so tritt in den Polschuhen eine Änderung in den Kraftlinien ein. Um die damit verbundenen Wirbelstromverluste gering zu halten, werden auch die Polschuhe lamelliert, oder man schränkt bei kleineren Maschinen die Nuten um eine Nutenbreite, so daß dem Pol stets eine gleiche Eisenfläche gegenübersteht. Für große Maschinen, bei denen die Schränkung der Statornuten mit Unbequemlichkeiten für die Wicklung verbunden ist, werden die Polschuhe rhomboidartig abgeschrägt und so der gleiche Erfolg erzielt.

Bei Schwungradmaschinen wird fast durchweg statt des Rundkupfers Flachkupfer für die Bewicklung der Pole gewählt, das auf besonderen Maschinen in die erforderliche runde oder ovale Spiralform gewalzt wird. Die Isolation geschieht durch Zwischenlegen von gestanzten Preßspan= oder Papierringen, die einseitig aufgeschnitten mit geringer Überlappung aneinander gereiht werden. Es ist dabei zu beachten, daß die Isolation der Windungen untereinander nur kleine Spannungen auszuhalten hat, da die Spannung zwischen zwei Windungen nur dem Quotienten aus Gesamtspannung und Windungszahl entspricht. Gegen das Magnet=rad wird eine stärkere Isolation durch Preßspanzylinder oder Spulenkasten mit Glimmeraus=kleidung erreicht.

Für Wasserturbinen kommen häufig Maschinen mit vertikaler Welle in Anwendung, um bei Kuppelung mit einer Turbinentype mit senkrechter Welle eine verlustbringende und die Betriebs=sicherheit herabsetzende Kegelradübersetzung zu vermeiden. Mit Ausnahme der Lagerung, die an Stelle der gewöhnlichen Halslager aus Kammlagern besteht, weisen die Maschinen nur äußerliche Unterschiede, die durch die wagerechte Lage des Magnetrades und des Stators bedingt sind, auf.

Für schnellaufende Maschinen, die zur direkten Kupplung mit Dampfturbinen bestimmt sind, sogenannte Turbogeneratoren, kommen neben den elektrischen Grundsätzen, die die gleichen sind, wie die für die vorbeschriebenen Maschinen, auch Erwägungen über Festigkeit in Betracht. Die Fliehkräfte, die mit dem Quadrat der Umfangsgeschwindigkeit wachsen, dürfen bestimmte Werte, denen das verwandte Material noch sicher standhält, nicht überschreiten. Man ist deshalb gezwungen, auf kleine Durchmesser herabzugehen, und da man ohne Erhöhung der Sättigung mit weniger Windungen im Stator gleiche Spannungen erreichen will, sieht sich der Konstrukteur gezwungen, die Maschinenlänge zu vergrößern. Es ist nun ohne weiteres ersichtlich, daß ein Magnetrad und ein Stator von gedrungener Bauart der Turbogeneratoren, wesentlich ungünstigere Abkühlungsverhältnisse zeigen muß wie ein Rad von den großen Dimensionen der Schwungradgeneratoren. Dem in einem bestimmten Verhältnis zu der Leistung stehenden Verluste bietet sich eine weit geringere Fläche dar, um die entwickelte Wärme an die Außenluft abzugeben. Man ist deshalb im Anfang soweit gegangen, Wasser=kühlung im Stator anzuordnen. Die modernen Turbogeneratoren können allerdings dieser starken künstlichen Kühlung entbehren und werden nur durch eine verstärkte Ventilation in den Grenzen der vom Verband deutscher Elektrotechniker festgelegten Maximaltemperaturen erhalten. Immerhin erfordert eine derartige Kühlung, die durch seitlich an den Magnet=rädern angeordnete Ventilatoren erreicht wird, einen erheblichen Prozentsatz der gesamten Leistung und durch den starken Luftstrom besteht die Gefahr, daß schädigende feste Körper mit in den Generator angesaugt werden. Um das zu verhindern, wird dem Generator die Luft aus kühlen Räumen durch ein Luftfilter zugeführt, dessen Zustand von einem, an dem Maschinengehäuse angebrachten Thermometer kontrolliert wird. Steigt dort die Temperatur über ein bestimmtes Maß, so hat sich das aus feinmaschigem, wolligem Gewebe bestehende Luftfilter mit Staub vollgesetzt und muß erneuert bezw. gereinigt werden. Das Zusammen=drängen großer Leistung auf kleinem Raum, wie es die Turbogeneratoren ermöglichen, gestattet in vielen Fällen nicht, die in Wärme umgesetzten Verluste in den Maschinenraum zu entlassen, da dadurch die Temperatur des Maschinenraumes erheblich gesteigert, d. h. die der Maschinen=berechnung zu Grunde gelegte Raumtemperatur und ebenso die sich einstellende Maschinen=temperatur erhöht und die Isolation gefährdet werden würde. Man legt deshalb, falls es sich um vorhandene Maschinensäle handelt, besondere Kanäle an, durch die die erwärmte Luft ins Frei gelangt, oder bei besonders wirtschaftlichen Anlagen den Feuerungen der Kessel zuge=führt wird.

Wir werden in einem späteren Abschnitte noch näher auf die bei diesen Generatoren verwendeten Antriebsmaschinen, die Dampfturbinen, eingehen, hier sei nur noch erwähnt, daß für die Lager der Dynamo wegen der hohen Umdrehungszahl die sonst übliche Ringschmierung nicht mehr ausreicht. Man stattet sie deshalb mit Preßölschmierung aus, wobei ihnen durch eine besondere Ölpumpe stets frisches, in einer Kühlanlage gekühltes Öl mit einigen Atmosphären Druck zugeführt wird. Die rotierenden Teile solcher Generatoren müssen besonders sorgfältig ausgewuchtet werden, wozu eine Reihe sinnreicher Apparate erdacht worden sind, da auch die kleinste Verschiebung des Schwerpunktes aus der Drehachse eine große Mehrbelastung für die Welle und eine Gefahr für den Generator bedeuten würde. An einem Beispiel sei dem Leser gezeigt, wie groß die Kräfte sind, die selbst bei kleinen Abweichungen entstehen können. Nehmen

198. Polrad und Turbogenerator gleicher Leistung. (B. B. C.)

wir an, daß bei einem mehrere Tausend Kilogramm schweren ausgewuchteten Anker, der für 3000 Touren bestimmt ist, ein Gewicht G im Abstand r von der Schwerpunktachse angebracht würde, so wäre dessen Fliehkraft nach der Gleichung:

$$F = \frac{m\,v^2}{r} = \frac{m \cdot \left(\dfrac{2\,\pi\,r\,n}{60}\right)^2}{r} \quad \text{zu berechnen,}$$

worin m die Masse des exzentrischen Gewichtes, v die Geschwindigkeit in m pro Sekunde, r der Radius in m und n die minutliche Umdrehungszahl bedeutet. Mit den oben angenommenen Zahlen würde

$$F = G \cdot r \cdot 10000 \text{ kg.}$$

Demnach würde die Fliehkraft bei einem Abstand des Gewichtes von 1 mm das Zehnfache des

Gewichtes erreichen, wogegen sie bei einem Abstand des Gewichtes von 1 cm bereits mit dem 100fachen Betrag des exzentrischen Gewichtes die Welle belasten würde. Dazu kommt noch, daß die Kraft periodisch schwankt, je nachdem sich die Schwerkraft addiert oder subtrahiert, wodurch ein Schwingen des Ankers eintreten kann, das durch Resonanzwirkung mit anderen Schwingungen der Welle oder des Bodens des Maschinenhauses zu Unzuträglichkeiten führen würde.

Um Geräusche durch die Ventilation des Ankers zu vermeiden, werden die Anker entweder walzenförmig ausgebildet, oder falls sie mehrpolig mit ausgeprägten Polen ausgestattet sind, so gekapselt, daß ihre Oberfläche zum Zylinder wird. Sämtliche Kanten der Ventilationsschlitze werden sorgfältig abgerundet, da durch scharfe Kanten ähnliche Wirkungen hervorgerufen würden, wie an den Schneiden der Orgelpfeifen. Einen Vergleich des Magnetrades einer Schwungraddynamo (ohne Pole) für 1000 PS zur Kupplung mit einem Großgasmotor und des gleichen Teiles eines Turbogenerators gleicher Leistung nebst dem zugehörigen Gehäuse zeigt Abb. 198.

Die Mehrphasen-Wechselstrommaschinen. Bisher haben wir nur Wechselstromgeneratoren behandelt, die eine Phase erzeugten. Mancher Leser wird aber bemerkt haben, daß bei solchen ausgeführten Generatoren der Stator dreimal soviel Nuten hat, als bewickelt sind, wobei immer jede dritte Nute von der Wicklung ausgefüllt wird. Solche Generatoren sind dafür berechnet, später je nach Bedarf zu Mehrphasengeneratoren ausgestaltet zu werden. Wie der Leser aus dem Kapitel Elektrische Beleuchtungsanlagen ersehen wird (vgl. S. 183 ff.), kommt in der Gleichstromtechnik

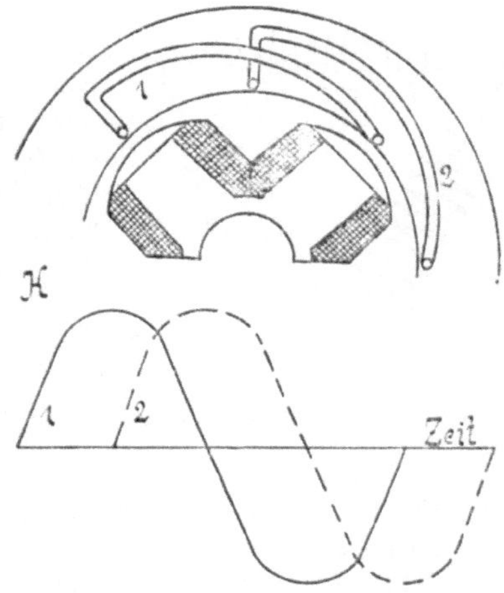

199. Zweiphasengenerator.

häufig ein Mehrleitersystem in Anwendung, bei dem die normale Spannung von beispielsweise 110 Volt n-mal erzeugt und versandt wird. Da nun jedesmal eine Leitung für 2 Spannungen gemeinsam benutzt werden kann, so werden n-Spannungen n + 1 Leiter erfordern. Das für Gleichstrom am häufigsten angewandte dieser Systeme ist das Dreileitersystem, bei dem n = 2

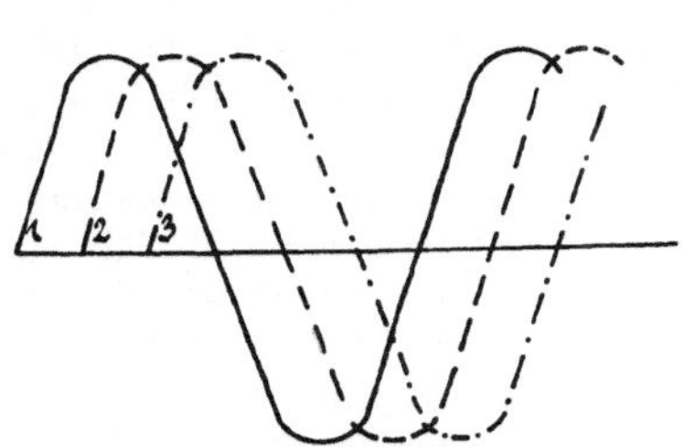

200. Dreiphasenstrom.

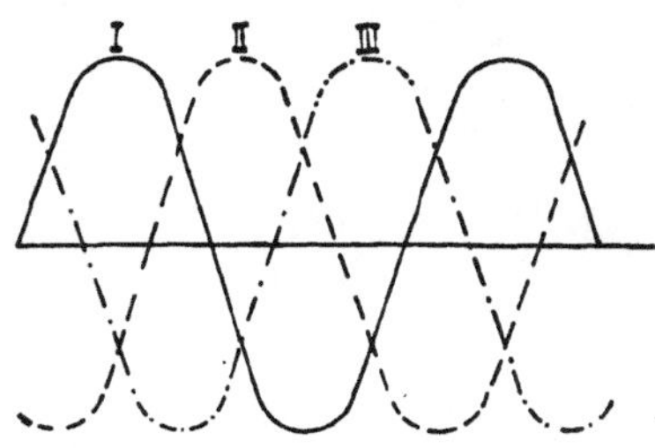

201. Drehstrom.

und dem Namen entsprechend die Leiterzahl n + 1 = 3 ist. Wir erhalten so drei Leiter, zwischen denen von außen zum Mittelleiter beispielsweise 110 Volt herrschen, während sich die beiden Außenleiter unter einer gegenseitigen Spannung von 220 Volt befinden. Ebenso könnten wir bei Wechselstrom ein Dreileitersystem anwenden, das genau wie ein Gleichstromsystem arbeitete. Wir haben es nun aber bei Wechselstrom mit zeitlich veränderlichen Spannungen zu tun, und es ist sowohl aus konstruktiven wie elektrischen Gründen richtiger, die zeitlichen Maxima, die der räumlichen Lage der Spulen entsprechen, nicht mehr zusammenfallen zu lassen, d. h. die induzierten Spulen des Generators für die gewünschte Anzahl Spannungen nicht an dieselbe Stelle zu legen, sondern sie räumlich nebeneinander anzuordnen. Abb. 199 zeigt schematisch einen Teil einer Statorwicklung auf dem symmetrisch zu der normalen Wechselstromwicklung eine zweite Wicklung, die von demselben Magnetrad induziert wird, aufgebracht ist. Die Folge dieser Anordnung sehen wir in der dazugehörigen Kurve dargestellt. Durch die räumliche Verschiebung der beiden Wicklungen wird die Phase der beiden Spannungen zueinander verschoben. Während die erste Wicklung vor der Polmitte sich befindet, d. h. ein Maximum der Spannung in ihr induziert wird, befindet sich die zweite Wicklung in der neutralen Zone zwischen je zwei Polen, ihre Spannung ist daher in diesem Augenblick Null, bewegt sich nun das Magnetrad um die Hälfte einer Polteilung weiter, so wird die zweite Wicklung vor die Polmitte kommen, d. h. ihr Spannungsmaximum erreichen, während die erste in die neutrale Zone zu liegen kommt und ihre Spannung bis auf Null verliert. In den beiden Kurven ist der zeitliche Verlauf der Spannungen in den beiden Wicklungen aufgezeichnet. Die beiden von links nach rechts laufenden Sinuswellen sind, wie man zu sagen pflegt, elektrisch um 90° gegeneinander in der Phase verschoben, womit man andeutet, daß die Zeichnung auf den zweipoligen Generator zurückzuführen ist. Die Eigenschaft dieser Art der Verkettung ist die, daß der Mittelleiter nicht mehr wie bei gleichbelasteten Gleichstromanlagen stromlos ist, sondern in jedem Augenblick die Summe der Ströme in den beiden Phasen führt. Unter der Annahme induktionsfreier Belastung stellen die Spannungskurven gleichzeitig Stromkurven dar, und unter dieser Voraussetzung ist die Stromkurve des Mittelleiters in die Figur einpunktiert.

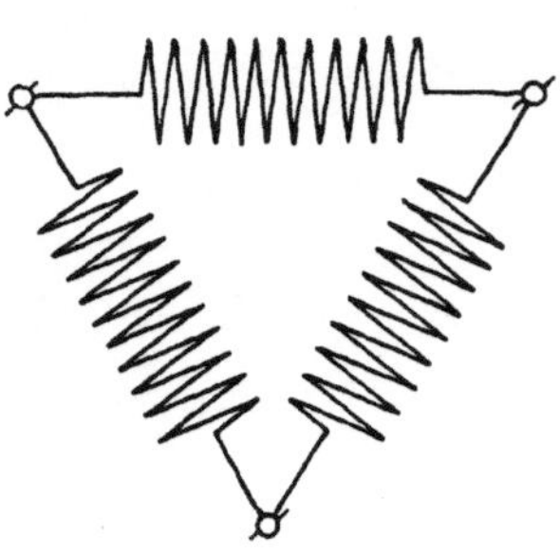

202. Dreiecksschaltung bei Drehstrom.

Statt zwei Phasen um 90° gegeneinander zu versetzen, ist es selbstverständlich ebenso gut möglich, drei Phasen um 60° bzw. 120° gegeneinander versetzt aufzubringen. Es werden dann zwischen die Wicklungen der ersten Phase zwei weitere Wicklungen symmetrisch angebracht. In Abb. 200 ist die Kurve eines Dreiphasenstromes mit 60° Phasenverschiebung wiedergegeben, der in der Praxis selten Verwendung findet. Sein naher Verwandter dagegen hat in der Wechselstromtechnik unter dem Spezialnamen „Drehstrom" weite Verbreitung gefunden. Wenden wir nämlich in Abb. 200 die mittlere Phase 2 so, daß sie an Stelle des positiven Maximums ein negatives erhält, so wird die Phasenverschiebung der drei Phasen gegeneinander 120°, und das Bild ändert sich zu der in Abb. 201 dargestellten Form. Dem Leser wird sofort die gleichmäßige Verteilung um die Nullinie auffallen, und wenn wir den resultierenden Strom aus den Momentanwerten der drei Phasen konstruieren, so kommen wir zu dem Resultat, daß die Summe der Momentanwerte bei diesem speziellen Fall des Dreiphasenstromes stets gleich Null ist. Mit anderen Worten, daß eine Phase gerade den Strom führt, der zusammen in den beiden andern Phasen fließt. Für einen Strom, der gleich Null ist, brauchen wir aber keinen Leiter

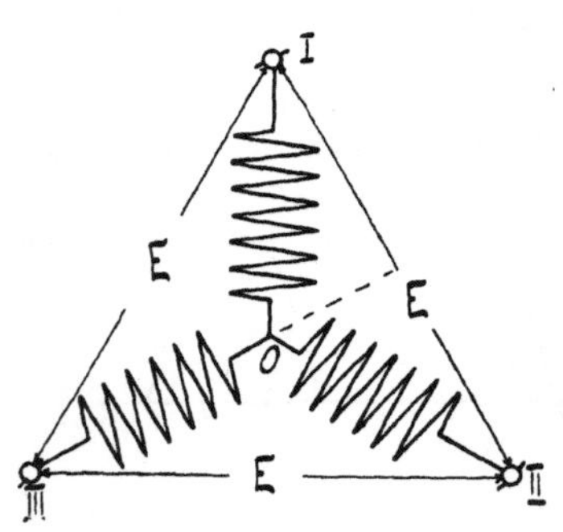

203. Sternschaltung bei Drehstrom.

vorzusehen, und so ergibt sich die wichtige Eigenschaft des Drehstromes, daß er, vorausgesetzt daß er auch bei Belastung Drehstrom bleibt, d. h. seine 120° Phasenverschiebung beibehält, nur drei Leiter braucht, während für jedes andere System mit drei Spannungen mindestens vier Leiter erforderlich wären. Man erzielt dadurch an und für sich erhebliche Kupferersparnis, die durch die besonderen, später zu behandelnden Eigenschaften des Drehstromes noch weiter gesteigert wird.

Wir werden uns nun zunächst fragen müssen, wie wir die Verkettung der Phasen, d. h. die Verbindung der beiden Enden jeder Phase mit denen einer anderen vorzunehmen haben. Bei anderen Mehrleitersystemen wurden die einzelnen Phasen mit Zwischenleitern einfach hintereinander geschaltet. Da hier die Summe der Momentanwerte gleich Null ist, können wir zunächst des vierten Leiters entraten und die beiden freien Enden der äußeren Phasen miteinander verbinden. Wir gelangen so zu der in Abb. 202 schematisch dargestellten Dreiecksschaltung. Wir können aber auch von jeder Phase ein Ende zu einem Verbindungspunkt sammenführen und die drei freien Enden an das Leitungsnetz anschließen und gelangen so zu der sogenannten Sternschaltung, die in Abb. 203 schematisch wiedergegeben ist. Zur Erkenntnis der Unterschiede zwischen beiden Schaltungsarten werden wir uns der auch später wiederkehrenden graphischen Rechnungsmethoden bedienen. In Abb. 203 seien 0 I, 0 II und 0 III die Phasenspannungen und unter der Voraussetzung induktionsfreier Last und entsprechend geändertem Maßstab auch die Phasenströme. Die Punkte I, II, III werden direkt an die Linie (Netzleitung) angeschlossen, in der notwendigerweise Linienströme J von gleicher Größe der Phasenströme i fließen müssen. Anders verhält sich die Linienspannung gegenüber der Phasenspannung. Bei Berechnung der Spannung der beiden Leiter I und II gegeneinander haben wir zu beachten, daß sie durch zwei Wicklungsgruppen 0 I und 0 II, die zu verschiedenen Zeiten verschieden induziert werden, hervorgerufen wird. Wir müssen demnach, um die Momentanwerte der verketteten Spannung zu erhalten, die Momentanwerte der Einzelspannungen addieren. Man erreicht das durch einfache geometrische Addition der Phasenspannungen und gelangt zu den Strecken I—II, II—III und III—I als Spannungen zwischen je zwei Leitern der Linie. Die Größe dieser Spannung läßt sich nach trigonometrischen Gesetzen derart berechnen, daß in dem durch Fällen der Senkrechten auf die Verbindungslinie I—III vom Nullpunkt aus entstehenden rechtwinkligen Dreieck zwei Winkel und eine Seite bekannt sind, so daß die übrigen Stücke zu berechnen sind. Es wird, wenn E die Linienspannung und e die Phasenspannung ist

$$\frac{E}{2} \cdot \frac{1}{e} = \sin 60°$$

und da der Sinus von $60° = \frac{1}{2} \sqrt{3}$ ist, so wird

$$E = e \sqrt{3} = 1{,}73\, e \,,$$

d. h. die aus zwei Phasen verkettete Spannung E wird, da die Phasenspannungen zeitlich gegeneinander verschoben sind, nicht doppelt so groß, sondern nur 1,73 mal so groß wie die Phasenspannung.

Die Leistung eines solchen Drehstromes ist gleich der Summe der Leistungen der einzelnen Phasen, mithin unter Voraussetzung induktionsfreier Belastung

$$L = e_1 \cdot i_1 + e_2 i_2 + e_3 i_3 \,,$$

da nun die Phasenspannungen und Phasenströme gleich sind, wird die Gesamtleistung gleich der dreifachen Phasenleistung, d. h.

$$L = 3 \cdot e \cdot i$$

und an Stelle der Phasenspannung die an der Linie meßbare verkettete Spannung gesetzt, erhalten wir die Gleichung:

$$L_\curlywedge = 3\, \frac{E}{\sqrt{3}} \cdot i = \sqrt{3}\, Ei = \sqrt{3}\, EJ \,,$$

die bei vorhandener Phasenverschiebung zwischen Strom und Spannung innerhalb der Phasen mit dem cos des Phasenverschiebungswinkels zu multiplizieren ist. Als allgemein gültige Formel für die Leistung eines in Stern verketteten Drehstromes erhalten wir demnach:

$$L_\curlywedge = \sqrt{3}\, EJ \cos\varphi \,.$$

Bei Dreieckschaltung wird die Phasenspannung e gleich der Linienspannung E, da zwischen je zwei Leitern des Netzes nur die Wicklung einer Phase liegt, dagegen fließt in der Linie ein Strom J, der sich aus der geometrischen Summe zweier Phasenströme zusammensetzt, genau so wie bei Sternschaltung die Spannung zweier Phasen sich zur verketteten Spannung $e \sqrt{3}$ zusammensetzte, ergibt sich für Dreieckschaltung ein „verketteter Strom" von $i \sqrt{3}$ in der Linie, d. h. in den Netzleitern fließt der 1,73 fache Strom wie in jeder Phase. Die Leistung ist auch in diesem Fall gleich der Summe der Leistungen der einzelnen Phasen

$$L_\triangle = 3 \cdot e \cdot i \,,$$

da hier $i = \dfrac{J}{\sqrt{3}}$ ist, wird die Leistung ebenfalls

$$L_\triangle = \sqrt{3}\, EJ \,,$$

unter der Annahme einer Phasenverschiebung im Netz von φ nimmt die Gleichung dieselbe Form wie die allgemeine gültige Leistungsgleichung für Sternschaltung $L = \sqrt{3}\,E\,J\cos\varphi$ an. Worin E und J die Werte sind, die an beliebigen Punkten der Leitung durch Messen der Spannung zwischen zwei Leitern und des Stromes in einem Leiter gefunden werden.

Die vorgehenden Betrachtungen galten nur unter der Voraussetzung, daß die Vorgänge in allen drei Phasen gleich sind, daß alle den gleichen Strom führen und die gleiche Phasenverschiebung besitzen. Für den Fall, daß durch Mehrbelastung einer Phase durch Lampen der Strom in ihr größer wird oder durch Belastung durch eine Drosselspule oder einen leerlaufenden Einphasenmotor der Leistungsfaktor kleiner wird, wie in den beiden anderen Phasen, gilt nicht mehr ohne weiteres das Gesetz, daß die Summe der Momentanwerte in jedem Augenblick gleich Null ist. Das symmetrische Drehstromsystem wird durch eine unsymmetrische Belastung verzerrt. Bei Dreieckschaltung wird sich die Phasenverschiebung zwischen den einzelnen Phasen so einstellen, daß das Gesetz wieder erfüllt wird, d. h. die beiden anderen Phasen werden in Mitleidenschaft gezogen und mit zusätzlichen Ausgleichströmen belastet. Bei Sternschaltung haben wir dagegen die Möglichkeit, die Symmetrie des Systems auch bei einseitiger Belastung aufrecht zu erhalten, indem wir den Sternpunkt des Generators als vierten Leiter, Nulleiter, in das Netz einführen. Schließen wir nun zwischen einem Außenleiter und dem Nulleiter allein über die eine Phase des Generators einen einphasigen Verbrauchsapparat an, so fließt der in ihm verbrauchte Strom durch den Nulleiter, so daß, abgesehen von einem erhöhten Spannungsabfall, in dieser Phase keine Störung der Symmetrie zu befürchten ist.

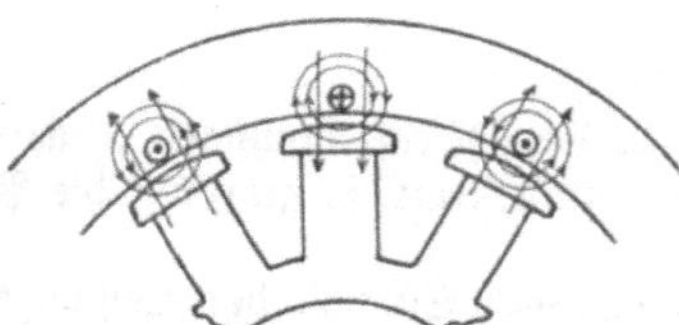

204. Ankerrückwirkung bei phasen-
gleichem Strom.

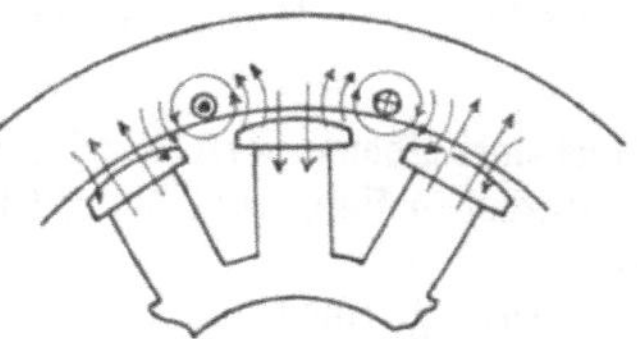

205. Ankerrückwirkung bei phasennacheilendem Strom.

Aus der Gleichwertigkeit der beiden Schaltungen geht hervor, daß ohne Schwierigkeit Generatoren der einen Schaltung mit Motoren oder Generatoren der anderen Schaltung zusammen arbeiten können, vorausgesetzt, daß ihre Linienspannungen gleich sind. Handelt es sich um Generatoren niederer Spannung und hoher Stromstärke, so wird der Konstrukteur der Dreieckschaltung den Vorzug geben und in dem häufig vorkommenden Fall hoher Spannung wird er Sternschaltung in Anwendung bringen, da dann die Spannung der Wicklung gegen das Gehäuse geringer wird und infolge der Serienschaltung zweier Phasen kleinere Felder und damit verbunden kleinere Eisenverluste auftreten und geringere Gewichte genügen.

Die Konstruktion der Mehrphasengeneratoren ist die gleiche wie die der vorbeschriebenen Einphasenmaschinen, d. h. sie werden meist als Innenpoltypen mit ruhender Wicklung im Stator und rotierendem Feld ausgeführt. Für die Spannungscharakteristik gilt das für Gleichstromgeneratoren Gesagte. Sie werden auf dem gesättigten Teil der Magnetisierungscharakteristik arbeiten, wenn besonderer Wert auf geringen Spannungsabfall von Leerlauf bis Vollast gelegt wird und auf dem steilen Teil oder am Knie, wenn starke Regulierung verlangt wird oder mit Hilfe eines automatischen Schnellreglers die mit den Belastungsänderungen verbundenen Spannungsänderungen ausgeglichen werden.

Gegenüber den Gleichstrommaschinen zeigt sich bei den Ein- und Mehrphasen-Generatoren die Ankerrückwirkung nicht nur in Form eines der Strombelastung entsprechenden Spannungsabfalles, sondern sie ist, da der Strom zeitlich verschiedene Werte besitzt, von der zeitlichen Lage des Stromes zu der Spannung, d. h. von der Phasenverschiebung abhängig. Abb. 204 zeigt ein Kraftlinienbild für induktionsfrei belasteten Anker. In diesem Fall erreichen Strom und Spannung gleichzeitig ihr Maximum, d. h. wenn die der Übersichtlichkeit wegen als aus einem Leiter bestehend gezeichneten Spulen sich vor der Polmitte befinden, hat auch der Strom seinen maximalen Wert erreicht. Es tritt demnach durch seine Rückwirkung auf das Feld eine Verzerrung ein, die bei schwachen Sättigungen im Pol nur eine Verschiebung der Kraftliniendichte über den Pol, aber keine Änderung in ihrem Gesamtwert hervorruft. Das Bild ändert sich zu Abb. 205, wenn wir eine Phasennacheilung des Stromes um 90° annehmen. Der Leiter wird dann erst, nachdem er die Stelle des Spannungsmaximums um elektrisch 90° überschritten hat, das Maximum des Stromes führen. Jetzt wirken beide Leiter auf einen Pol in demselben und zwar schwächenden Sinn ein, es sind nun reine Gegenwindungen vorhanden. Diese Tatsache äußert sich darin, daß der Generator bei phasennacheilendem Strom einen stärkeren Spannungsabfall zeigt als bei dem gleichen phasengleichen Strom. Nehmen wir nun noch den anderen extremen Fall der Phasenvoreilung des Stromes um 90° an, so erreicht der Strom schon sein Maximum, wenn die Wicklung sich in einer Lage, die der Spannung Null entspricht, d. h. in der neutralen Zone und elektrisch 90° vor der Stelle des Spannungsmaximums befindet. Beide Leiter unterstützen nun die Feldwicklung in ihrer magnetisierenden Wirkung, und die Folge davon ist, daß bei phasenvoreilendem Strom der Spannungsabfall des Generators kleiner wird als bei gleichem phasengleichen Strom. Der Fall der Phasenvoreilung kommt in der Praxis auch in kleinen Winkelwerten allerdings sehr selten vor, doch werden wir bei Behandlung des Synchronmotors auf diese Betrachtung nochmals zurückkommen.

Infolge der Abhängigkeit der Ankerrückwirkung von der Phasenverschiebung des Netzes ist die Compoundierung, d. h. der Ausgleich des Spannungsabfalles bei verschiedenen Belastungen durch zusätzliche Erregeramperewindungen nicht so einfach wie bei Gleichstrommaschinen. Bisher sind zahlreiche verschiedene Methoden erdacht und zum Teil ausgeführt worden, die zu beschreiben zu weit führen würde. Es seien nur folgende prinzipiellen Methoden erwähnt. Führt man die Wechselspannung einem Einankerumformer zu, so läßt sich durch die von der Wechselstromseite abhängige Gleichstromseite auch die Erregung in bestimmte Abhängigkeit von dem von dem

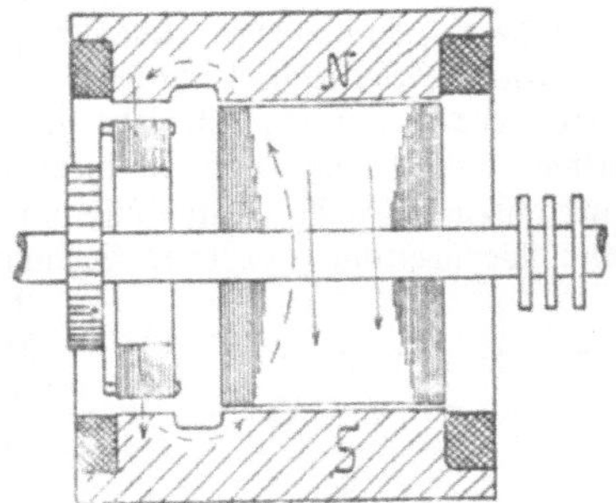

206. Compoundierung eines Wechselstromgenerators nach Heyland.

Generator gelieferten Wechselstrom bringen. Zu einer ähnlichen Wirkung führt die Verwendung von Gleichrichtern (vgl. S. 150 f.), deren Gleichstromseite die Erregung der Erregermaschine schwächend beeinflußt, und schließlich wird die Veränderlichkeit der magnetischen Leitfähigkeit in den Polen dazu benutzt, um sie zu magnetischen Nebenschlüssen zu der Erregermaschine auszugestalten. Eine der letzten Gruppe angehörende Compoundierung nach Heyland ist in Abb. 206 schematisch wiedergegeben. Für eine Außenpoltype ist eine gemeinsame Erregerwicklung für Erregermaschine und Generator ausgeführt. Je nachdem nun durch Änderung des Stromes in den Ankerleitern sowohl der Größe wie der Phase nach die Permeabilität des magnetischen Kreises des Wechselstromgenerators vergrößert oder verkleinert wird, wird das von der gemeinsamen Erregerwicklung erzeugte Feld von der Erregerseite abgelenkt oder auf sie hinüber geschoben, so daß z. B. bei phasennacheilendem Strom, bei dem ein großer Gegendruck vom Anker des Wechselstromgenerators ausgeübt wird, das dadurch entstehende Feld sich über das Magnetsystem der Gleichstrommaschine ihre Erregung unterstützend schließt. Dadurch wird die Spannung der Erregermaschine erhöht, was wieder eine Erhöhung des Erregerstromes für den Wechselstromgenerator zur Folge hat. Solche compoundierten Generatoren kommen für Bahnzentralen mit starken Belastungsschwankungen, denen selbst ein Schnellregler nicht folgen könnte, öfters in Anwendung.

Umformung der elektrischen Energie.

Von Privatdozent Dr.=Jng. **A. Brückmann.**

Transformatoren. — Konstruktion der Transformatoren. — Umformung der Stromart. S. 136.

Transformatoren. Dem Jngenieur ist bekannt, daß die beste Energieform diejenige ist, die ohne erhebliche Verluste und ohne großen Aufwand an Apparaten, d. h. Anlagekapital in andere Energieformen übergeführt werden kann.

Für die elektrische Energie, die sich in ihrer ursprünglichen Form nur in begrenzten Ge= bieten verwenden läßt, ist jede gewünschte Umformung, sowohl der elektrischen in anders= artige elektrische wie auch in mechanische oder Wärmeenergie in teilweise äußerst einfachen Apparaten möglich. Man unterscheidet demnach: Transformatoren zur Umformung vom Wechselstrom gegebener Spannung in Wechselstrom niederer oder höherer Spannung,

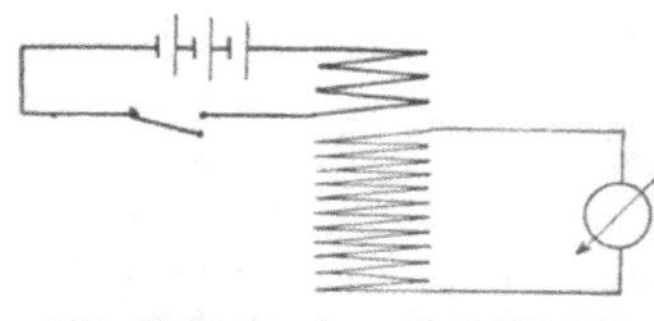

207. Schema eines Jnduktions=
apparates.

Umformer zur Umformung von Gleichstrom in Wechsel= strom und umgekehrt (dem selben Zweck dienen auch die Motorgeneratoren), und schließlich Gleichrichter zur Umformung von Wechselstrom in Gleichstrom.

Wenden wir uns zunächst dem wichtigsten Apparat, der der Wechselstromtechnik erst ihre weite Verbreitung, ja sogar Überflügelung der Gleichstromtechnik ermöglichte, dem Transformator zu.

Der heute in der Technik allgemein verbreitete Apparat besitzt weit zurückliegend Vorgänger, die auch heute noch für bestimmte Zwecke Anwendung finden. Man hatte früh erkannt, daß von einer mit Wechselstrom oder pulsierendem Gleich= strom durchflossenen Spule auf eine zweite mit ihr gleichachsige eine derartige Wirkung aus= geübt wird, daß an den Enden der zweiten (Sekundär=) Spule eine Spannung auftritt, die zur Erzeugung von Funken oder zum Betrieb von Vakuumröhren verwendet werden kann. Abb. 207 zeigt im Schema die Anwendung eines solchen Jnduktionsapparates. Notwendig zum wirksamen Arbeiten dieses Apparates ist zunächst ein Wechsel in der Feldstärke bzw. in der Kraftlinienzahl, die die Sekundärspule durchsetzt, welcher bei den mit Gleichstrom betriebenen Jnduktionsapparaten durch einen selbsttätigen Unterbrecher hervorgerufen wird, und ferner ein möglichst enger Zusammenhang, oder wie man meist zu sagen pflegt, eine innige Ver= kettung der primären mit der sekundären Spule. Der erste Jnduktionsapparat nach Faraday sollte nur die Tatsache der Jnduktionswirkung der beiden Spulen aufeinander nachweisen, besaß noch keine künstliche magnetische Verkettung und ebensowenig einen selbsttätig wirkenden Unterbrecher. Erst Rühmkorff gelang es, nachdem vorher die Konstruktionen des Amerikaners Page ohne Beachtung geblieben waren, Jnduktoren zum Zweck der Spannungserhöhung zu konstruieren. Sein Hauptverdienst bestand in der konstruktiven Ausbildung der Sekundär= spule, die bei sehr hoher Windungszahl und dünnem Draht, um den Wicklungsraum zu beschränken und eine möglichst enge Umschließung der primären Spule durch die sekundäre zu ermöglichen, eine vorzügliche Jsolation erforderte. Heute sind diese Apparate und zwar in sehr verbesserter Ausführung in der Röntgentechnik zu neuer Blüte gelangt.

Von Bedeutung für die Starkstromtechnik war jedoch erst die Jdee von Jablotschkoff aus dem Jahre 1878, die deshalb einen Fortschritt darstellte, weil sie die Verteilung einer Span= nung auf verschiedene Abschnitte der Leitung und Verwendung dieser durch Jnduktoren erhöhten Teilspannungen zur Beleuchtung ermöglichte. Er schaltete nach Abb. 208 mehrere primären Spulen in Serie in einen Wechselstromkreis und ließ zwischen den Enden der sekundären Spulen einen Funkenstrom übergehen, der ein Kaolinstückchen zur Weißglut erhitzte.

Die vorgenannten Erfinder hatten im wesentlichen eine Spannungserhöhung oder Stromabzweigung aus dem Hauptstromkreis bezweckt. Sie benutzten noch im primären Kreis die niedrige Spannung bei hoher Stromstärke, während gerade der Hauptvorteil des Transformators darin beruht, große Leistungen bei kleiner Stromstärke und damit geringem Kupferaufwand bei hoher Spannung zu übertragen. Die ersten, die diese Eigenschaft ausnutzten, waren Gaulard und Gibbs.

Der Sekundär-Generator von Gaulard & Gibbs.

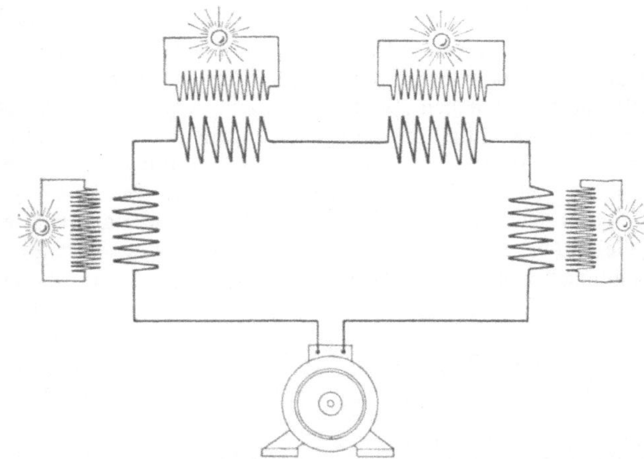

208. Schaltungsschema der von Jablotschkoff zu Beleuchtungszwecken verwendeten Induktoren.

Die früheren Erfinder hatten im wesentlichen die Erzeugung höherer Spannungen oder die abzweigende Übertragung des Stromes aus einer Hauptleitung bezweckt. Der ökonomische Vorteil, der in der Anwendung der Transformation liegt, war ihnen entgangen. Der erste, der diesen für das ganze System wichtigsten Punkt erkannte und auszunutzen suchte, war Gaulard, und ihm gebührt der Ruhm, das Transformatorensystem in die Technik eingeführt zu haben. Zur praktischen Ausnutzung seiner Erfindung hatte er sich mit einem englischen Bankier, Gibbs, verbunden, weshalb die in den weiteren Zeilen beschriebene Erfindung als das System Gaulard & Gibbs bezeichnet wurde. Auf der Turiner Ausstellung im Jahre 1884 führten sie ihr System zuerst vor und beleuchteten mit einer 80 km langen Leitung aus 4 mm starkem Bronzedraht einen Teil der Ausstellung.

Der „Sekundär-

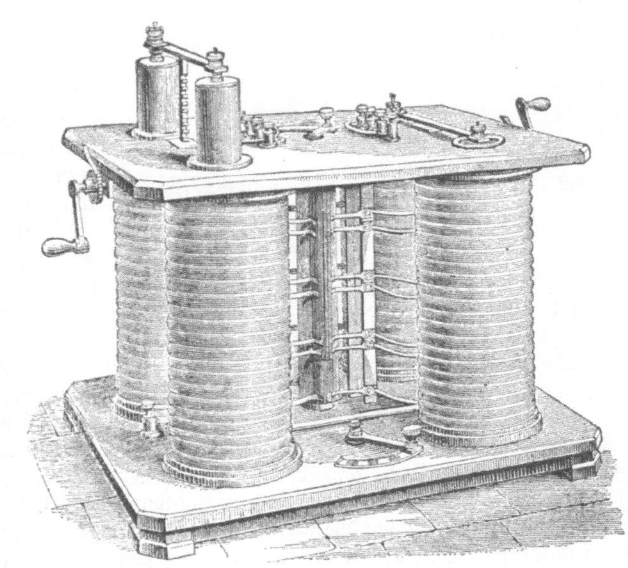

209. Sekundär-Generator von Gaulard & Gibbs.

Generator" von Gaulard & Gibbs bestand aus geraden Induktionsspulen (Abb. 209), die zu 4, 8 usw. auf einer gemeinsamen Grundplatte standen und durch eine geeignete Schaltvorrichtung in verschiedener Weise miteinander verbunden werden konnten, um die sekundären Windungen zur Änderung der Spannung parallel oder hintereinander zu schalten. In gleicher Weise konnten auch die primären Windungen der Spulen einzeln oder zu mehreren

eingeschaltet und verschieden verbunden werden. Zur Regelung der Spannung sind die Kerne
der Elekromagnete verstellbar gemacht, so daß sie mehr oder weniger tief in die Spulen
eintauchen. Ihre veränderte Stellung wird eine Veränderung der Induktionswirkung und
damit eine Änderung der elektromotorischen Kraft im sekundären Stromkreis hervorbringen.

Solche Sekundär=Generatoren werden nun an den Verbrauchsstellen aufgestellt und
hintereinander in den Stromkreis einer Wechselstrommaschine eingeschaltet. Eine Verän=
derung der Spannung fand bei der Transformation nicht statt. Der Apparat übertrug
vielmehr die an seinen Klemmen wirksame Spannung, also sozusagen einen Ausschnitt aus
der Gesamtspannung auf seinen Sekundärkreis. Wir haben es also auch hier noch mit
einer induktiven Stromabzweigung zu tun, und insofern stehen Gaulard und Gibbs
noch auf dem Standpunkte ihrer Vorgänger. Sie unterscheiden sich aber wesentlich von
denselben dadurch, daß sie durch Hintereinanderschaltung einer Anzahl von Sekundär=
Generatoren die Verwendung eines Hochspannungsstromes ermöglichten und den Hoch=
spannungsstrom zur Erzielung einer Ersparnis an Leitungskosten und mit seiner

210. Transformator von Ganz & Co.

Verwandlung auf eine niedrige und
ungefährliche Spannung verwendeten.
Hochspannung in Verbindung mit
Reihenschaltung war ja schon vor
Gaulard & Gibbs und mit bewußter
Absicht, eine Ersparnis an Leitung zu
erzielen, in Benutzung, allein diese
Systeme konnten immer nur beschränkte
Anwendung finden, und erst nachdem
Gaulard & Gibbs die Idee gefaßt und
verwirklicht haben, den Strom von der
gefährlichen Spannungsstufe auf die
ungefährliche niedersteigen zu lassen,
war dem Hochspannungssystem eine
unbeschränkte Verwendung ermöglicht
worden. Gaulards Erfindung bildet
logisch und historisch den Anfang un=
seres heutigen Wechselstromsystems, so=
fern man den ökonomischen Gesichts=
punkt als den maßgebenden anerkennt.

Gaulard & Gibbs hatten trotz
des großen Fortschrittes, den sie machten,
noch nicht die Notwendigkeit innigster Verkettung der primären und der sekundären Spule
erkannt. Ihr Apparat besaß noch Eisenkerne von ungefährer Spulenlänge, so daß die Kraft=
linien zum größten Teil ihren Weg durch die Luft nehmen mußten, in der sie sich nur schlecht
ausbilden können. Erst die Firma Ganz & Co. in Budapest hat als erste einen Transformator
konstruiert, wie er heute noch im Prinzip Verwendung findet.

Sie hatte erkannt, daß der Aufwand an Leistung für das in dem Apparat notwendige
Wechselfeld um so kleiner wird, je kleiner die Länge des Kraftlinienweges in Luft im Ver=
hältnis zu dem im Eisen gemacht wurde. Ihre Konstruktion, die in Abb. 210 wiedergegeben
ist, ging sogar so weit, den Eisenkern ringförmig auszugestalten, so daß keine Luftwege oder
Stoßfugen den Kraftlinien das Entstehen erschwerten und sich die gerundete Form des Kernes
dem natürlichen Verlauf der Kraftlinien am besten anpaßte, also sämtliche primär erzeugten
Kraftlinien die sekundären Windungen durchsetzen mußten.

Durch diese Konstruktion war die Möglichkeit gegeben, unabhängig von der Belastung
praktisch annähernd konstante Sekundärspannung bei konstanter Primärspannung zu erhalten,
so daß ein solcher Apparat innerhalb seiner Belastungsgrenzen zur Speisung einer beliebigen
Anzahl parallel, d. h. an gleiche Spannung geschalteter Glühlampen dienen konnte, ohne daß
durch Änderung der Anzahl der eingeschalteten Lampen die übrigen durch Spannungsschwan=
kungen in ihrer Helligkeit beeinflußt wurden.

Wenden wir uns nun zunächst einer kurzen Betrachtung der Wirkungsweise eines Transformators zu. Allgemein gesprochen dient er, wie eine Riemenübertragung oder eine hydraulische Presse zur Umformung der beiden Faktoren, deren Produkt die zu übertragende Energie darstellt.

Dem Leser wird die mechanische Leistung als Produkt aus Geschwindigkeit und Kraft bekannt sein. Mit Hilfe zweier Riemenscheiben erreichen wir es leicht, eine große Kraft bei kleiner Geschwindigkeit in eine kleine Kraft bei großer Geschwindigkeit zu überführen. Ist P die Kraft und v die Geschwindigkeit am Umfang der ersten Riemenscheibe, P′, v′ die entsprechenden Größen am Umfang der zweiten Scheibe, so wird:

$$P'v' = \eta\, P v,$$

worin η den durch Reibungsverluste in den Lagern und Dehnungsverlusten im Riemen verursachten Wirkungsgrad der Riemenübertragung bedeutet. η ist dabei wie bekannt stets kleiner als die Einheit. Übertragen wir das Beispiel auf den Transformator, so sehen wir in ihm einen Apparat, der das Produkt aus Strom J und Spannung K, das unter Voraussetzung induktionsfreier Stromkreise die elektrische Leistung darstellt, umformt, so daß:

$$J_2 K_2 = \eta\, J_1 K_1$$

wird. Führen wir z. B. einem Transformator primär 5000 Volt zu und bemessen seine Primärwicklung derart, daß sie einen Strom von 20 Ampere aushält, ohne sich bis zur Gefährdung der Isolation zu erwärmen, so könnten wir diesem Transformator sekundär eine Leistung von 5 × 20 Kilowatt oder wie zur Betonung der induktionsfreien Belastung zu sagen üblich ist 100 KVA. (Kilo-Volt-Ampere), entnehmen, falls bei der Umformung keine Verluste auftreten. In welcher Form wir das tun, liegt noch in unserer Hand. Nehmen wir an, der Transformator soll als Gruppentransformator in einem städtischen Beleuchtungsnetz Verwendung finden, bei dem die Niederspannung 110 Volt beträgt, so können wir ihm bei einem Wirkungsgrad von 98% einen phasengleichen Strom von $\dfrac{5000 \cdot 20 \cdot 0{,}98}{110} = 890$ Ampere entnehmen, oder bei einem durchschnittlichen Verbrauch von 0,5 Ampere pro Lampe, 1780 Lampen speisen.

Soll der gleiche Transformator dagegen in einer großen Überlandzentrale dazu dienen, die Spannung der Zentrale auf beispielsweise 35 000 Volt Leitungsspannung zu erhöhen, so können wir die Leistung von 100 KVA. mit: $\dfrac{5000 \cdot 20 \cdot 0{,}98}{35\,000} = 2{,}8$ Ampere übertragen.

Wir sehen aus diesen Beispielen deutlich die beiden Hauptvorteile des Transformators. Er ermöglicht es einmal, den Konsumenten nur die ungefährliche Niederspannung zugänglich zu machen, und ferner die Spannung der Zentrale soweit zu erhöhen, daß der Aufwand an Leitungsmaterial klein wird. Es ist leicht ersichtlich, daß man zur Übertragung der 100 KVA. bei 5000 Volt und 20 Ampere einen wesentlich größeren Kupferquerschnitt nötig hat, als bei 35 000 Volt und nur 2,8 Ampere.

Wir werden uns nun fragen, wie wird die Spannungstransformierung erreicht? Aus früherem ist bekannt, daß jede elektromotorische Kraft (EMK.) proportional der Kraftlinienschnittzahl in der Sekunde ist. Bezeichnen wir die Windungszahl mit m_1 und m_2, die Kraftlinienzahl mit Z, die Periodenzahl mit ν, so wird die EMK.

$$E_1 = c\, m_1 \cdot Z\, \nu,$$

worin c einen Proportionalitätsfaktor bedeutet, der sich aus verschiedenen einzelnen aber konstanten Faktoren zusammensetzt. Nehmen wir nun an, daß sämtliche primär erzeugten Kraftlinien die sekundären Windungen schneiden, so wird, da die Periodenzahl primär und sekundär die gleiche ist

$$E_2 = c\, m_2 Z\, \nu,$$

oder durch Division der beiden Gleichungen erhalten wir

$$\frac{E_1}{E_2} = \frac{m_1}{m_2},$$

d. h. die elektromotorischen Kräfte verhalten sich wie die Windungszahlen. Die Spannungen stehen bei Belastung wegen der Spannungsverluste in der primären und sekundären Wicklung und deswegen, weil mit zunehmender Belastung die primäre Spule zu streuen beginnt, d. h. nicht mehr alle von ihr erzeugten Kraftlinien die Sekundärspule durchsetzen, sondern sich durch die Luft vorher schließen, nicht genau in diesem Verhältnis, doch können wir für Leerlauf bei guten Transformatoren unbedenklich auch die Spannungen in obige Gleichung einführen. Wir sehen also aus ihr, daß die größere Spannung der größeren Windungszahl und ebenso die kleinere Spannung der kleineren Windungszahl zugeordnet ist.

Setzen wir in unserem Beispiel für die 5000 Voltseite 1000 Windungen, so ergeben sich für den ersten Fall 22 Windungen, für den zweiten Fall 7000 Windungen auf der Sekundärseite.

Bisher haben wir den Transformator nur bei induktionsfreier Belastung betrachtet. Nun liegt es aber in seiner Wirkungsweise begründet, daß er bei Leerlauf oder Annäherung an diesen Zustand selbst eine beträchtliche Selbstinduktion besitzt und auch in Netzen mit größeren Kraftanschlüssen teilweise induktiv belastet wird. Bleiben wir bei dem Beispiel aus der Mechanik so wird dort das Produkt P · v nur dann die Leistung darstellen, wenn P in Richtung der Geschwindigkeit liegt. Ist das jedoch nicht der Fall, d. h. bildet die Kraft mit der Bewegungsrichtung einen Winkel α, so kommt von der gesamten Kraft P nur die in Richtung der Geschwindigkeit liegende Komponente p · cosα in Frage. Genau ebenso wird das Produkt der elektrischen Leistung noch mit einem „Leistungsfaktor" zu multiplizieren sein, falls Strom und Spannung nicht wie bei induktionsfreier Belastung phasengleich sind, d. h. gleichzeitig ihr Maximum erreichen und gleichzeitig durch Null gehen, sondern eine bestimmte Phasenverschiebung um den Winkel φ gegeneinander besitzen, also nur eine Komponente des Stromes, die sogenannte Wattkomponente, in Richtung der Spannung fällt. Die Leistung ist also allgemeiner ausgedrückt durch die Gleichung:

$$L = EJ \cos\varphi,$$

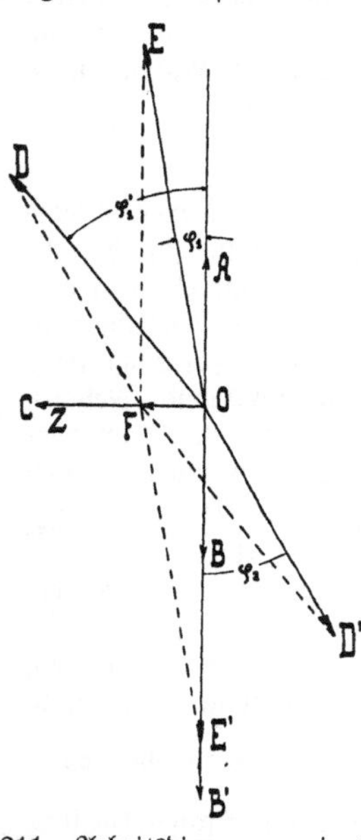

211. Arbeitsdiagramm eines verlustlosen Transformators.

worin cosφ, der Leistungsfaktor, bei Gleichstrom stets der Einheit gleich ist, während er bei Wechselstrom alle Werte zwischen der Einheit und Null annehmen kann.

Wir haben gesehen, daß nicht allein die Größe, sondern auch die Richtung der elektrischen Größen zueinander von Einfluß ist, und werden uns zur einfachen Darstellung der graphischen Methoden bedienen, die die elektrischen Größen als Strecken von bestimmter Länge und bestimmter Richtung einführen.

Nehmen wir für einen verlustlosen Transformator an, daß ihm die Spannung K zugeführt wird, so können wir diese Größe durch eine Strecke AO in Abb. 211, deren Länge ein Maß für die Spannung ist, wiedergeben. Die elektromotorischen Kräfte E_1 und die auf gleiche Weise entstehende EMK. der Sekundärwicklung E_2 sind bei verlustlosem Transformator entgegengesetzt der aufgedrückten Klemmenspannung wobei E_1 der Größe nach gleich K, dagegen E_2 im Verhältnis der Windungszahlen zu E_1 steht. Es geben daher die Strecken OB bzw. OB′ die Größen E_1 bzw. E_2 wieder. In der Erzeugung der elektromotorischen Kräfte durch ruhende Induktion ist es begründet, daß das erzeugende Feld Z um 90° zeitlich vorauseilt, denn im Augenblick des Feldmaximums ist die zeitliche Änderung und damit auch die EMK. ein Minimum und umgekehrt ist bei Durchgang des Feldes durch Null die zeitliche Änderung und damit auch die erzeugte EMK. ein Maximum. Wir können also, wenn wir uns die Strecken um O im Sinn des Uhrzeigers drehend denken, das Feld Z durch eine Strecke OC dargestellt denken. Zur Erzeugung dieses Feldes ist nun ein bestimmter „Magnetisierungsstrom" OF erforderlich, der in Phase mit dem Feld ist und sich mit dem sekundär entnommenen Strom $J_2 = OE′$, geometrisch zusammensetzt. Ist J_2 induktionsfrei, so fällt seine Richtung mit OB zusammen, und man erhält als Primärstrom J_1 die Linie OE, die um so weniger gegen OA in der Phase zurückbleibt, je geringer der Magnetisierungsstrom ist und je weniger er im Vergleich zum Sekundärstrom seiner Größe nach ins Gewicht fällt. Ist $J_2 = O$, so wird J_1 identisch mit dem Magnetisierungsstrom.

Entnehmen wir der Sekundärseite einen phasenverschobenen Strom, dargestellt durch die Strecke OD′, so wird auch der Primärstrom eine ähnliche Phasenverschiebung erfahren und in die Stellung OD wandern. Die Strecken OD und OE ergeben, in dem im Verhältnis

$$\frac{E_1}{E_2} = \frac{OB}{OB'}$$

reduzierten Maßstab gemessen, die Größe der primären Ströme.

Die Verhältnisse sind in dem Vorhergehenden nur für einen Transformator entwickelt, der keine Verluste hat, und werden durch die praktisch vorhandenen Verluste etwas geändert, in den Grundzügen mag aber das einfache Diagramm gelten. An Verlusten besitzt der Transformator zunächst wie alle elektrischen Apparate Ohmsche Verluste in primärer und sekundärer Wicklung, die durch entsprechend große Querschnitte] niedrig gehalten werden können, und Eisenverluste, die durch die Ummagnetisierung entstehen und sich aus Hysteresis- und Wirbelstromverlusten zusammensetzen. Die erstgenannten hält man dadurch niedrig, daß weiches Eisen angewandt wird, die zweiten durch Blätterung des Eisens senkrecht zu dem Weg der Wirbelströme, und da man diese als ungefaßte Spulenströme auffassen kann, senkrecht zu der Wicklungsebene.

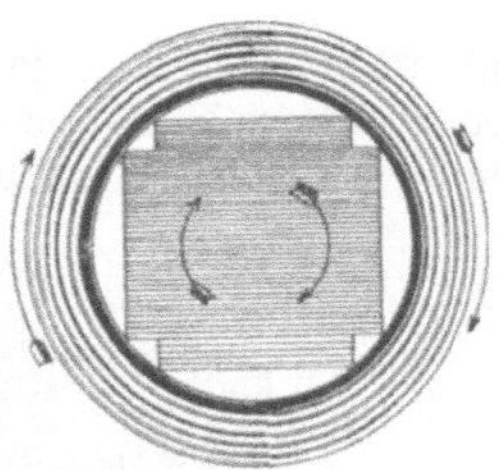

212. Wirbelströme im Transformatorkern.

Abb. 212 zeigt schematisch den Verlauf der Spulenströme und den durch Blätterung unter-

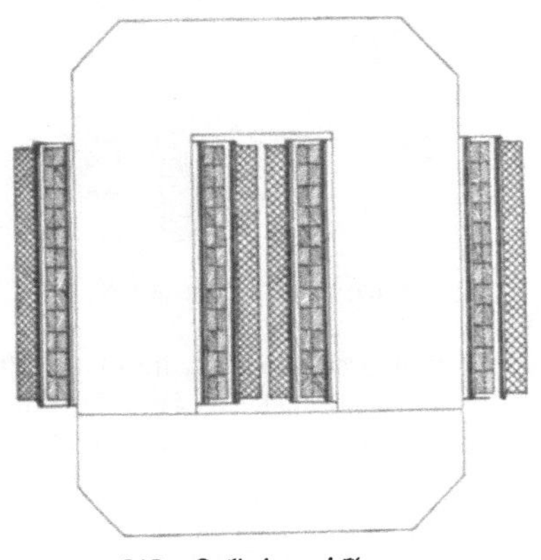

213. Zylinderwicklung.

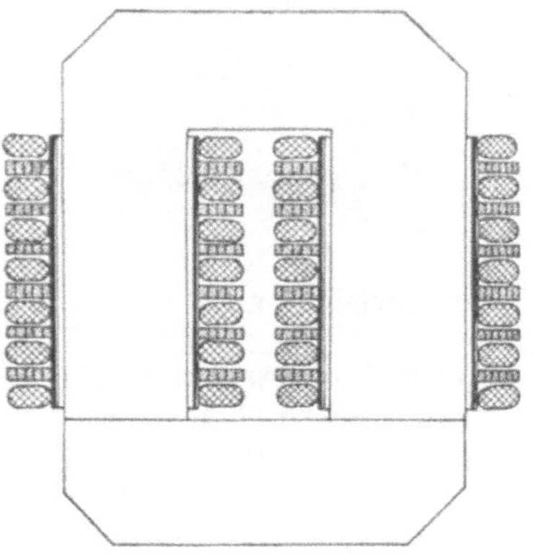

214. Scheibenwicklung.

brochenen Weg der Wirbelströme. Schließlich wird ihre Entstehung durch Anwendung von Eisenlegierungen mit besonders hohem spezifischem Widerstand erschwert.

Der Technik ist es gelungen, beide Verluste soweit zu vermindern, daß schon Transformatoren kleiner Leistung 96—98% Wirkungsgrad aufweisen, während solche größerer Leistung bis zu 99% gebracht werden können.

Konstruktion der Transformatoren. Wir haben gesehen, daß für eine gute Wirkungsweise des Transformators eine innige Verkettung der primären und sekundären Spulengruppen nötig ist. Der Ausdruck Verkettung ist dem Bilde entnommen, nach dem Kupfer und Eisen nach Art dreier Kettenglieder ineinander greifen. Es ist zunächst darauf zu achten, daß die primäre und sekundäre Spule selbst möglichst dicht beieinander liegen oder besser ineinander oder zwischen einander angeordnet sind. Der ideale Fall wäre der, daß der induzierte oder sekundäre Draht den induzierenden oder primären Draht röhrenförmig umgäbe, da dann alle Kraftlinien, die sich aus dem primären entwickeln, den sekundären durchsetzen müßten. Praktisch begnügt man sich jedoch damit, entweder die Primärspule innerhalb der sekundären anzuordnen, und gelangt damit zu der sogenannten Zylinderwicklung, die im Schema in Abb. 213 dargestellt ist, oder man unterteilt die beiden Spulen in ihrer Höhe und schiebt beide ineinander und gelangt dann zu der in Abb. 214 wiedergegebenen Scheibenwicklung.

Die erste Art ist die billigere und wohl die am häufigsten angewandte, die zweite Art kommt für sehr große Übersetzungsverhältnisse und für Transformatoren mit sogenannten Anzapfungen in Betracht. Diese Anzapfungen

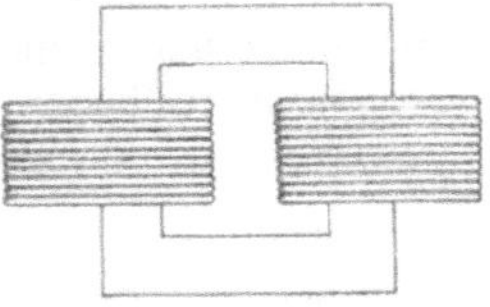

215. Schema eines Kerntransformators.

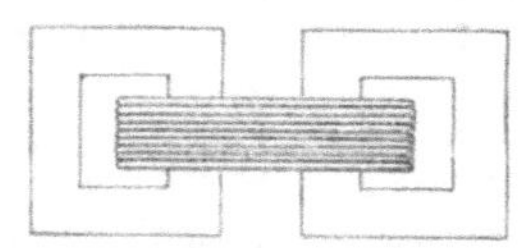

216. Schema eines Manteltransformators.

sind Abzweigstellen zwischen den Enden der Wicklung, wodurch ein Teil der Windungen abgeschaltet und dadurch das Übersetzungsverhältnis des Transformators geändert werden kann. Sie kommen hauptsächlich für größere Werke in Betracht, die infolge verschiedener

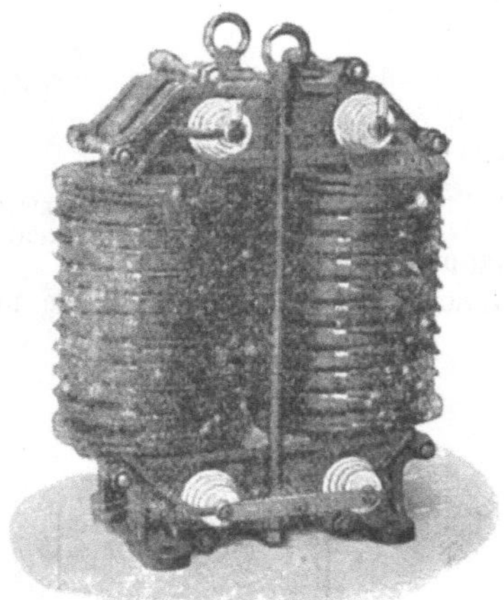

217. Kerntransformator von C. & E. Fein.

218. Manteltransformator der A. E. G.

Entfernung der Transformatorenstationen vom Werk mit verschiedenen Spannungsverlusten in der Leitung rechnen müssen. Um nun eine einheitliche auswechselbare Type zu erhalten, werden sämtliche Transformatoren so mit Anzapfungen ausgerüstet, daß sie in allen Stationen mit den entsprechenden Klemmen angeschlossen werden können.

Bisher haben wir nur bestimmt, um in dem vorerwähnten Bilde zu bleiben, daß jedes Kupferkettenglied aus Primär und Sekundärwindungen bestehen soll, wir haben aber noch die Möglichkeit, das mittlere Glied aus Eisen bestehen zu lassen nach Abb. 215 und die beiden äußeren aus Kupfer oder umgekehrt die beiden äußeren aus Eisen und das mittlere aus Kupfer (Abb. 216). Die erstere Anordnung führt zu einem Transformator der sogenannten Kerntype, wie ihn in Ansich,

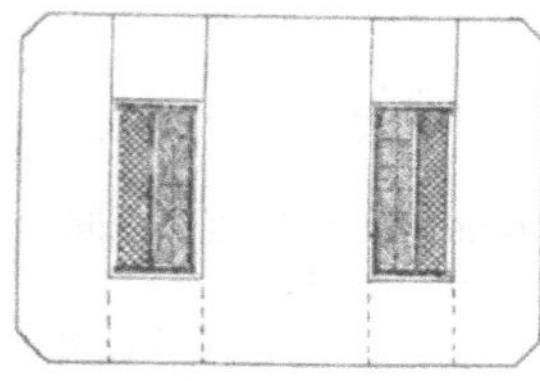

219. Manteltransformator.

Abb. 217 zeigt, die zweite zu einem solchen der Manteltype, von der eine Ausführung in Abb. 218 dargestellt ist. Bei weitem der größte Teil der neueren Ausführungen ist nach der Kerntype hergestellt, da sie Einfachheit des Aufbaues, Übersichtlichkeit der Schaltung der einzelnen Spulengruppen und leichte Reparaturfähigkeit gewährleistet. Manteltransformatoren kommen nur noch für kleinere Leistungen und besondere Zwecke in Anwendung, da im Gegensatz zu den Kerntransformatoren ihr Aufbau ebensoviel Zeit wie ihr Abbau bei notwendig werdender Reparatur erfordert. Während beim Kerntransformator rechteckige mit Löchern gestanzte Bleche durch isolierte Bolzen und Preßplatten zu einem U-förmigen und einem das U schließenden Körper vereinigt werden und der ganze Kern dann durch Spann=, vorrichtungen nach Aufbringen der fertiggewickelten Spulen zusammengepreßt wird, muß bei dem Manteltransformator jedes einzelne E-förmige Blech nach Abb. 219 in die fertig gewickelten und isolierten Spulen eingeführt werden. Man verfährt derart, daß abwechselnd der Rücken des E nach der einen und der anderen Seite zu liegen kommt, und schließt die offenen Seiten durch eingelegte Füllbleche. Ist schon der Aufbau an sich schwierig, so ist außerdem die Gefähr= dung der Isolation der Spulen beim Einlegen der Bleche nur bei größter Sorgfalt zu vermeiden, so daß diese Type zu fabrikations=

220. Öltransformator von B. B. C. mit Kühltaschen.

mäßiger Herstellung weniger geeignet erscheint.

Transformatoren niederer Span= nung und kleinerer Leistung werden meist als Trockentransformatoren in der vorbeschriebenen Art ausgeführt. Für größere Transformatoren, die nur eine geringe kühlende Oberfläche der Spulen besitzen, sieht sich der Kon= strukteur gezwungen, künstliche Kühlung anzuwenden. In vielen Fällen wird der einfache Einbau in Öl ausreichen. Man hat dadurch neben dem Vorteil der vergrößerten Abkühlungsfläche, die meist noch durch Anwendung von tiefgewelltem Blech für die Seiten= wände des Ölbehälters erhöht wird, den weiteren Vorteil der besseren Isolation, da wasser= und säure= freies Öl einen höheren Isolations= wert an sich besitzt als Luft und die Wicklung gegen Feuchtigkeitsaufnahme aus der Luft schützt. Mit zunehmender Leistung ist aber auch die einfache Öl= kühlung nicht mehr ausreichend. Es werden besondere Kühltaschen oder seitlich angesetzte Seitenkühler, wie aus Abb. 220 ersichtlich, angeordnet, die dem Öl einen bestimmten auf langer Strecke luftgekühlten Zirkulationsweg vorschreiben. Noch wirksamer ist die Kühlung mit Hilfe kleiner Zirkulationspumpen, die das Öl durch wasser= gekühlte Rohrschlangen treiben und dem Transformator wiederzuführen oder durch oben im Gehäuse eingebaute Wasserkühlung, die wie aus Abb. 221 ersichtlich von Brown Boveri & Co. nach Art der Rippenheizkörper für Zentralheizungen ausgestaltet wird. Gegenüber gewöhnlichen Kühlschlangen ist hier eine sehr intensive Berührung des Öles mit der gekühlten Oberfläche und damit eine starke Wärmeabgabe gewährleistet.

Bisher betrachteten wir nur die Wirkungsweise des Einphasentransformators, der jedoch ohne weiteres auch für Mehrphasennetze verwendbar ist, indem man ebensoviele Einphasen= transformatoren, wie Phasen vorhanden sind, zur Aufstellung bringt. Bei Drehstromnetzen benutzt man die Eigenschaft des Drehstromes, daß zufolge der symmetrischen Verschiebung der drei Phasen untereinander um 120° die Summe der elektrischen Größen der drei Phasen in jedem Augenblick gleich Null ist, indem man genau wie dem Strom der drei Phasen nur drei Leiter, auch den Feldern nur drei Kerne gibt, weil stets, wie oben erwähnt, soviele Kraft= linien positiver Richtung in einem Kern vorhanden sind, als in demselben Augenblick in den beiden anderen Kernen zusammen von negativer Richtung. Von der früher sehr häufig üblichen

Anordnung der Kerne auf den Ecken eines gleichseitigen Dreiecks ist man heute mehr und mehr abgekommen und baut die Drehstromtransformatoren wegen der Einfachheit der Herstellung fast ausschließlich mit Kernen in einer Ebene, indem man entweder die U=Stücke dreier Einphasen=transformatoren übereinander anordnet und das oberste durch ein Joch schließt, nach Abb. 222 oder jeder Phase einen besonderen Kern gibt und sie dann durch ein oberes und unteres Quer=joch nach Abb. 223 verkettet. Einen solchen Drehstromtransformator und seinen Einbau in eine Transformatorensäule, wie sie in fast allen größeren Städten zu finden ist, zeigt Abb. 224.

Neben der bisher besprochenen Anwendung der Transformatoren zur Umformung der Leistung finden diese Apparate eine weitgehende Verwendung als Meßtransformatoren, bei denen es sich nur um die zur Deckung des Verbrauchs der angeschlossenen Meßinstrumente

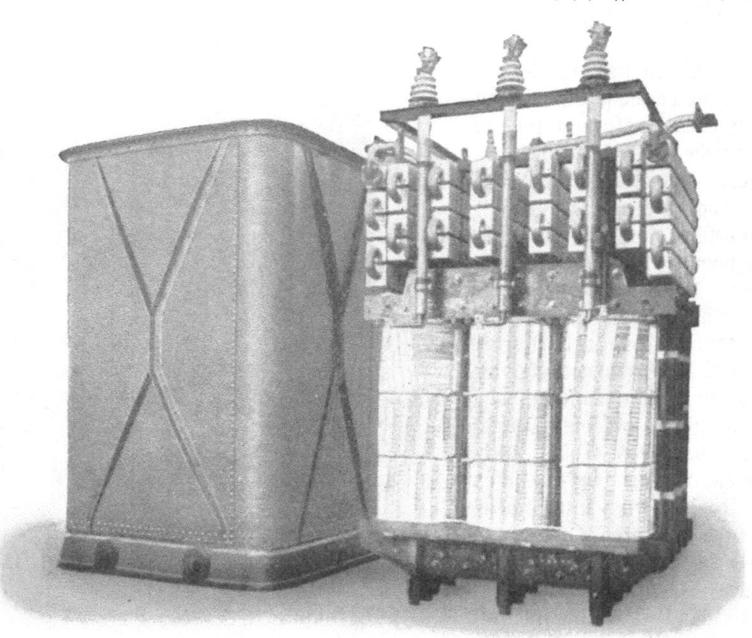

221. Öltransformator von B. B. C. mit Wasserkühlung.

nötige Leistung handelt. Für fabrikationsmäßige Herstellung der Meßinstrumente ist es von erheblichem Wert, wenige normale Typen zu haben, die durch geeignete Zusatzapparate für weite Meßbereiche verwendbar gemacht werden können. Für diesen Zweck eignet sich nun der Transformator in hervorragender Weise. Durch Änderung der Windungszahl, gegebenen Falles durch einfaches Umschalten derselben Transformatorentype lassen sich alle Spannungen auf die normale Spannung von 110 Volt zurückführen, so daß Meßinstrumente für diese Span=nung nur mit einer das Übersetzungsverhältnis berücksichtigenden Teilung versehen zu werden brauchen. Man hat ferner dadurch den Vorteil, daß den Meßinstrumenten nur die niedrige, leicht zu isolierende Spannung zugeführt wird. Die Isolation geschieht auch bei diesen Trans=formatoren durch Einbau in Öl oder durch Tränken mit einer zähflüssigen Isolationsmasse im Vakuum bei erhöhter Temperatur, die nach dem Erkalten die Spulen mit einem kompakten Körper umgibt und dadurch vor Feuchtigkeitsaufnahme schützt.

Ebenso wie für Spannungszeiger werden auch für Strommesser sogenannte Stromwandler (Abb. 225) verwandt, bei denen, umgekehrt wie bei Spannungstransformatoren, die Primärspule, in welcher der hohe Strom von niedriger Spannung fließt, häufig nur eine Windung bildet, während der aus zahlreichen (mehreren hundert) Windungen bestehenden Sekundärspule niedriger aber proportionaler Strom bei höherer Spannung entnommen und nun mit schwachen Leitungen an die Stellen der Schalttafeln geführt werden kann, an der das zugehörige Meßinstrument

Platz finden soll. Über Spannungstransformatoren für Voltmeter und Stromwandler für Amperemeter vgl. Abschnitt Meßinstrumente, S. 89 f.

In Beleuchtungsanlagen findet der Transformator als sogenannter Spar- oder Autotransformator Anwendung in Beleuchtungsanlagen, um höhere Spannungen durch eine einzige Wicklung auf niedere Spannungen herabzutransformieren. Ein Teil der primären Spule bildet dann gleichzeitig die Sekundärwicklung, von der die niedrige Spannung abgenommen werden kann. Besonders bei der ersten Einführung der Metallfadenlampen hat sich die Verwendung von Lampen niedriger Spannung von ca. 15 Volt als wünschenswert erwiesen. Die Metallfäden, die für hohe Spannungen dünn und lang sein müssen und deshalb teuer in der Herstellung und zerbrechlich im Gebrauch sind, werden für niedervoltige Lampen kurz und dick, sind daher leicht herzustellen und widerstandsfähig gegen Stöße, so daß sie auf Schiffen, in Eisenbahnzügen und Straßenbahnen Verwendung finden können. Die Transformatoren dieser Art können so klein ausgeführt werden, daß sie in einer nur mäßig vergrößerten Glühlampenfassung untergebracht werden können. Abb. 226 zeigt einen solchen Reduktor, genannten Apparat vor dem Einbau und Abb. 227 eine normale Lampenfassung mit eingebautem Reduktor.

Umformung der Stromart. Der bisher behandelte Apparat diente nur dazu, Wechselspannungen in höhere oder niedere von gleicher Periodenzahl umzuformen, eignete sich dazu allerdings in hervorragendem Maße, da er nur aus ruhenden Teilen besteht, also keinerlei Wartung erfordert.

In vielen Fällen sieht man sich nun auch gezwungen, Gleichstrom in Wechselstrom oder umgekehrt, seltener Wechselstrom hoher Frequenz in solchen niederer und schließlich auch Gleichstromspannungen in andere Gleichstromspannungen umzuformen. Die dazu erforderlichen Maschinen können nach der Natur der Sache nicht mehr aus den auf magnetischer Verkettung begründeten ruhenden Apparaten aufgebaut werden, denn bei Umformung der Frequenz ist die magnetische Verkettung unmöglich, da das die sekundäre

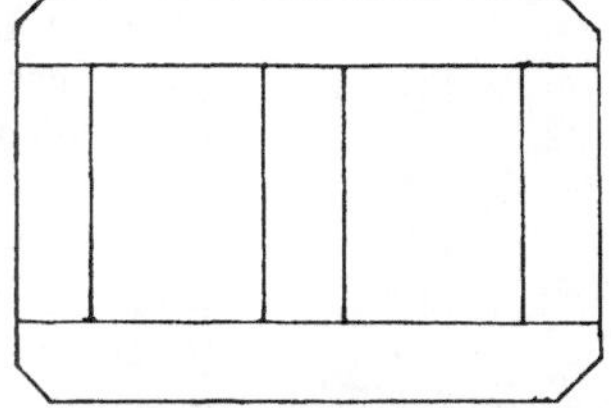

223. Kernanordnung mit gemeinsamem Joch für Drehstromtransformatoren.

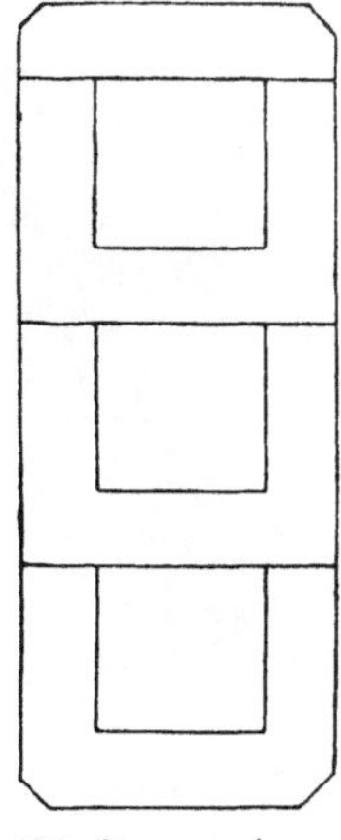

222. Kernanordnung für Drehstromtransformatoren.

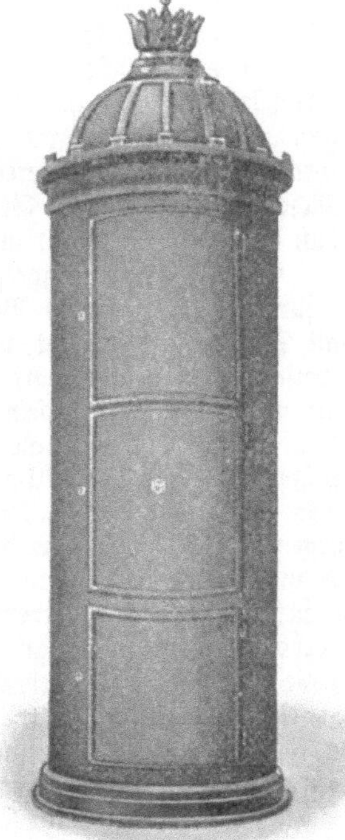

224. Drehstromtransformator der A. E. G. für städt. Verteilungsnetze.

Spannung erzeugende Feld von gleicher Periodenzahl sein muß wie der erzeugende primäre Strom.

Bei Umwandlung der Stromart gilt das Gleiche, da Gleichstrom als Wechselstrom von der Periodenzahl Null angesehen werden kann. Es bleibt dann nichts anderes übrig, als zur mechanischen oder elektrischen Verkettung überzugehen. Man gelangt im ersten Fall zu den sogenannten Motorgeneratoren, im zweiten zu den Umformern.

225. Stromtransformator von Koch & Sterzel.

Daß mit Hilfe eines Motorgenerators jede beliebige Umformung erreicht werden kann, ist aus seiner schon im Namen enthaltenen Zusammensetzung aus einem Motor und einem mit ihm gekuppelten Generator ersichtlich. Handelt es sich z. B. darum, aus einem Drehstromnetz eine galvanische Anlage zu speisen, so hat man nur einen Drehstrommotor, gegebenen Falles unter Zwischenschaltung eines Transformators, zur Herabsetzung der Netzspannung an das Netz anzuschließen und zweckmäßig auf gemeinsamer Grundplatte mit ihm einen Gleichstromgenerator aufzustellen, der bei der vom Drehstrommotor gegebenen Tourenzahl die ihm durch die Welle zugeführte mechanische Leistung in Gleichstromenergie von der gewünschten Form niederer Spannung und hoher Stromstärke liefert. Es tritt hier eine doppelte Umformung. nämlich der elektrischen Drehstromleistung in mechanische und der mechanischen wieder in elektrische, diesmal aber Gleichstromleistung ein. Daß ein solcher Apparat nur mit geringerem Wirkungsgrad arbeiten kann, wie ein Transformator ist von vornherein zu erwarten. Jede einzelne Maschine besitzt je nach Größe 75—93% Wirkungsgrad, so daß das ganze Aggregat nur mit 56—87% arbeiten wird.

226. Fassungstransformator der Reduktor der Elektr. Ges. Frankfurt a. M.

Eine besonders interessante Art von Motorgenerator stellt der „Ilgner-Umformer" für Förderbetriebe in Bergwerken dar. Bekanntlich ist der Betrieb einer Förderanlage mit Stößen stark belastet, da die einzelnen Abschnitte eines Triebes sehr verschiedenen Kraftbedarf haben. Der Ilgnerumformer übernimmt nun neben der eigentlichen Energieumformung auch noch den Ausgleich der Stöße der Zentrale gegenüber. Zu diesem Zweck besitzt er ein Schwungrad von hoher Umfangsgeschwindigkeit und hohem Gewicht. In den Abschnitten des Stillstandes des Förderhaspels wird die dem Umformer zugeführte Energie durch Erhöhung der Umlaufszahl des Aggregates und damit der kinetischen (Bewegungs-) Energie des Schwungrades in diesem aufgespeichert. Tritt nun in der Anfahrperiode eine erhöhte Anforderung an den Fördergenerator heran, so wird selbsttätig die Erregung des Antriebsmotors verstärkt, dadurch die Umlaufszahl des Aggregates um ca. 10% vermindert und das Schwungrad gezwungen, einen Teil der aufgespeicherten Energie abzugeben, so daß von der Zentrale die Belastungsschwankungen ferngehalten werden.

227. Fassung mit eingebautem Reduktortransformator.

Die weitere Eigenheit des Aggregates beruht auf dem wirtschaftlichen Anlassen des Fördermotors, das nur durch Änderung der Spannung des mit ihm elektrisch gekuppelten Generators bewirkt wird. Bei den zahlreichen Anlaßperioden, die im Förderbetrieb vorkommen, sind durch die Verbesserung schon wesentliche Ersparnisse zu erzielen.

Im allgemeinen wird man möglichst den Umweg der Umformung der elektrischen Energie in mechanische und wieder zurück in elektrische vermeiden, wenn auch dieser Weg für Gleichstromumformung der einzig gangbare ist, will man von der Aufstellung teurer Batterien und kostspieliger Schaltanlagen absehen.

Für Umformung von Wechselstrom in Gleichstrom und umgekehrt ist jedoch auch die Möglichkeit vorhanden, einen Teil der Energie direkt zu der neuen Energieform umzuformen. Maschinen dieser Art sind die Einankerumformer, die hauptsächlich in den Vereinigten Staaten weite Verbreitung besitzen, in Europa sich erst allmählich einführen.

Wir wissen aus dem Früheren, daß in jedem Gleichstromanker eine Wechselspannung erzeugt wird, die durch den Kollektor erst zu Gleichstrom gestaltet wird. Setzen wir also an die Gleichstromarmatur nach Abb. 228 etwa auf der dem Kollektor entgegengesetzten Seite zwei mit diametralen Punkten der Wicklung verbundene Schleifringe auf, so haben wir ohne weiteres die Umformung von Gleichstrom in Wechselstrom, denn der ursprünglich als Motoranker gedachte Gleichstromanker wirkt nun als Wechselstromgenerator. Wir sehen dabei aber auch sofort folgenden wichtigen Punkt. Bei Motorgeneratoren waren die beiden Teile elektrisch vollständig unabhängig voneinander und mußten nur bei direkter Kupplung mit gleicher Tourenzahl laufen. Hier ist noch eine elektrische Kupplung vorhanden, die die beiden der Umlaufszahl äquivalenten Spannungen in Abhängigkeit voneinander geraten läßt. Wir wissen, daß der Kollektor stets den Scheitelwert der Wechselspannung nimmt.

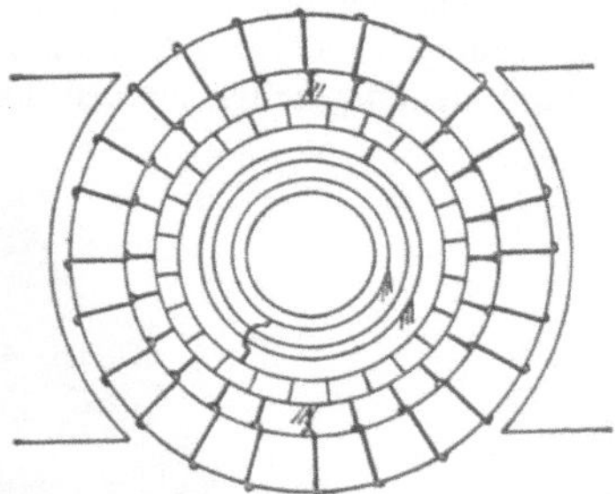

228. Schema eines Einankerumformers.

Führen wir also unserer Maschine eine Spannung K auf der Gleichstromseite zu, so wird sie auf der Wechselstromseite eine effektive Spannung liefern, deren Maximalwert gleich der Gleichstromspannung ist. Wir erhalten also die Gleichung:

$$ K_g = K_w \sqrt{2} \qquad \text{oder} \qquad \frac{K_g}{K_w} = 1{,}4\,. $$

Benutzen wir die Maschine zur Umformung von Wechselstrom in Gleichstrom, wie es häufig in Straßenbahnunterstationen geschieht, so wird demnach bei einer Gleichstromspannung von

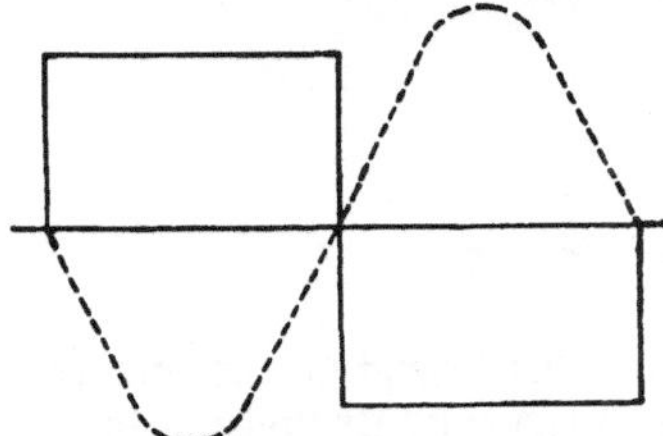

229. Stromverlauf im Anker eines Einankerumformers.

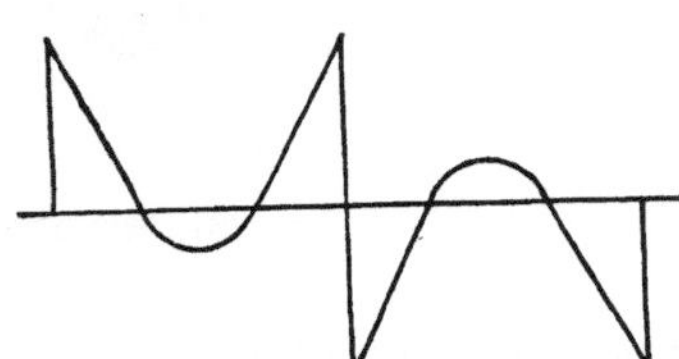

230. Übereinanderlagerung der Ströme im Anker eines Einankerumformers.

550 Volt die Wechselspannung = 390 Volt. Liefert uns, wie zu erwarten, die Zentrale eine Spannung von ca. 3000 Volt, so muß diese erst durch Zwischenschaltung eines Transformators auf 390 Volt erniedrigt werden.

Auch jede beliebige andere Phasenzahl von beliebiger Lage zueinander kann dem Anker entnommen oder aufgedrückt werden, nur müssen dann die Anschlußpunkte der entsprechend vermehrten Schleifringe räumlich so wie die Phasen zeitlich liegen. Soll z. B. Drehstrom verwandt werden, so müssen drei Schleifringe, deren Anschlußpunkte um je 120° versetzt sind, in Anwendung gebracht werden. Das Übersetzungsverhältnis ist nun, da nicht mehr die gleiche Windungszahl für Gleichstrom und Wechselspannung in Frage kommt, geändert und wird bei Drehstrom gleich 1,63. Wir müssen demnach dem obenerwähnten Straßenbahnumformer bei 550 Volt Gleichstrom 338 Volt Wechselstrom zuführen.

Die Ströme verhalten sich nicht wie bei den Transformatoren annähernd umgekehrt wie die Spannungen, da hier der Leistungsfaktor der Gleichstromseite stets der Einheit gleich ist, der der Wechselstromseite dagegen variiert. Wir erhalten somit die Gleichung:

$$K_g \cdot J_g = \eta \cdot K_w \cdot J_w \cos\varphi .$$

Unter Voraussetzung von Einphasenstrom wird somit:

$$J_g = \eta \frac{1}{\sqrt{2}} \cos\varphi \cdot J_w .$$

Die Haupteigenschaft der Einankerumformer ist ihr guter Wirkungsgrad. Die Verluste sind auf ein Minimum reduziert, denn nicht allein haben wir für zwei Maschinen nur einen Anker, ein Feld, zwei Lager, wodurch Hysteresis und Wirbelstromverluste, Erreger- und Reibungsverluste niedrig gehalten werden, sondern auch der Gleich- und Wechselstrom überlagert sich in

231. Kaskadenumformer (S. S. W.)

der gleichen Wicklung derart, daß auch eine Verminderung der Ohmschen Stromwärmeverluste im Anker eintritt. In Abb. 229 ist der Stromverlauf während einer Umdrehung für eine zweipolige Maschine und $\cos\varphi = 1$ dargestellt. Die ausgezogene Kurve gilt für Gleichstrom, sie ändert bei Durchgang unter der Bürste ihr Vorzeichen. Die gestrichelte ist die Wechselstromkurve, die als motorische Stromkurve dem dynamischen Gleichstrom entgegengesetzt sein muß. Die Übereinanderlagerung der beiden Ströme zeigt Abb. 230, aus der wir entnehmen, daß der Effektivwert weit niedriger ist als jeder der beiden einzelnen Ströme. So kommt es, daß wir den gleichen Anker als Umformeranker um so stärker bei gleicher Erwärmung wie als Gleichstromgenerator belasten können, je höher die Phasenzahl ist. Bei sechs Phasen und $\cos\varphi = 1$ tritt z. B. erst bei ca. doppelter Belastung gleiche Erwärmung ein.

In dieser Beziehung sind die neuerdings häufig in Anwendung gekommenen Kaskadenumformer weiter ausgebaut. Sie bestehen, wie Abb. 231 u. 232 zeigt, aus einem Asynchronmotor, dessen Anker mit dem auf gleicher Welle montierten Gleichstromanker mehrphasig, z. B. mit 12 Phasen verbunden ist. Durch eine Schlüpfung von 50% wird zunächst die Hälfte der Energie dem Generator mechanisch zugeführt, während die andere Hälfte über den Anker des Asynchronmotors in Mehrphasenstrom umgeformt dem Gleichstromanker direkt zugeführt wird, der dann die endgültige Umformung des Wechselstromes in Gleichstrom übernimmt. Durch die Zwischenschaltung des Asynchronmotors ist die Unabhängigkeit der Gleichstromspannung von der dem Motor zugeführten Wechselstromspannung erreicht, während durch die Anwendung erhöhter Phasenzahl im Anker des Aggregates der Wirkungsgrad gesteigert wird.

Nachdem in dem letzten Jahrzehnt der Wechselstrom mehr und mehr in Aufnahme gekommen ist, hat sich bald das Bedürfnis nach einem einfachen Apparat eingestellt, der möglichst nach Art eines Transformators ohne bewegte Teile Wechselstrom in Gleichstrom umwandeln sollte. Besonders für galvanotechnische Zwecke und zur Ladung transportabler Akkumulatorenbatterien standen häufig Wechselstromquellen zur Verfügung, doch war die Aufstellung von Motorgeneratoren kleiner Leistung unrationell und kostspielig.

Von dem Kollektor der Gleichstrommaschine ausgehend, der auch die Aufgabe hat die im Anker erzeugte Wechselspannung zu Gleichspannung umzuschalten, begann man mit Hilfe eines synchron rotierenden, von der Maschine örtlich getrennten Kollektors die „Gleichrichtung"

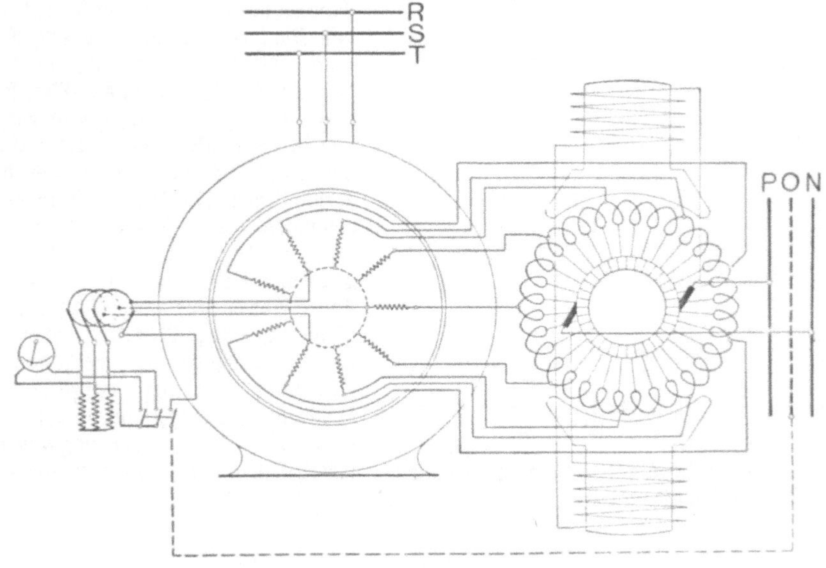

232. Schaltungsschema eines Kaskadenumformers.

zu versuchen. Wie wir sahen, sind aber zur günstigen Ausnutzung des Kollektors Hilfsfelder notwendig, die hier in Fortfall kommen mußten, und deshalb konnten diese Versuche nicht als Fortschritt bezeichnet werden.

Dagegen hat sich ein anderer mechanischer Gleichrichter gut bewährt. Die Konstruktion dieses oszillierenden Apparates, der von Koch und Sterzel = Dresden hergestellt wird, beruht auf der Erkenntnis, daß es in galvanotechnischen Anlagen zunächst nur darauf ankommt, Strom einer Richtung, wenn auch zeitlich veränderlicher Größe zu erhalten. Schalten wir, wie es in Abb. 233 angedeutet ist, durch eine automatische Vorrichtung von jeder Periode die negative Welle aus, so haben wir einen für galvanotechnische Zwecke brauchbaren Gleichrichter. Dieser automatische Vorgang wird durch die in Abb. 234 wiedergegebene einfache Schaltung ermöglicht. Es wird an die Wechselstromquelle ein geblätterter Magnet mit polarisiertem, schwingendem Anker angeschlossen. Je nachdem die Wechselstrommagnetisierung positiv oder negativ ist, öffnet oder schließt der Anker einen Kontakt im Gleichstromkreis. Handelt es sich nun um Ladung von Akkumulatorenbatterien, so genügt es nicht, nur Spannung einer Richtung der Batterie zuzuführen, sondern es darf auch eine bestimmte Spannung, die durch die Entladespannung der Batterie gegeben ist, nicht unterschritten werden, damit in den Kurvenabschnitten, in denen die pulsierende Gleichspannung kleiner als die Batteriespannung ist, keine Entladung eintritt.

Wir müssen also nach Abb. 235 nicht im Durchgangspunkt der Spannung durch Null, sondern in den Schnittpunkten der die Batteriespannung wiedergebenden Horizontalen das Öffnen und Schließen eintreten lassen. Dazu hat die genannte Firma in sinnreicher Weise eine Hilfswicklung, die von der Batterie gespeist wird, eingeführt. In Abb. 236 ist die Schaltung einer solchen Anlage dargestellt. Die Batteriewicklung erzeugt einen Nord= und einen Südpol von bestimmter Stärke und unveränderlicher Lage auf dem Magneten. Die Wechselstromwicklung dagegen abwechselnd rechts Nord=, links Südpol und umgekehrt. Diese Übereinanderlagerung

233. Gleichgerichteter Wechselstrom.

von Wechselstrom= und Gleichstrommagnetisierung hat genau den in Abb. 235 dargestellten Erfolg in der wir uns auf der Senkrechten auch an Stelle der Spannungen auch Kraftlinienzahlen aufgetragen denken können. Überwiegt das positive Wechselfeld, so zieht der Magnetanker an und schließt dadurch den Kontakt. Nimmt die Wechselstrommagnetisierung wieder ab, so kommt bald ein Punkt, in dem die Gleichstrommagnetisierung überwiegt und ein Öffnen des Stromkreises erzwingt. Um die magnetische Trägheit und die damit verbundenen Funkenerscheinungen zu beseitigen, ist noch eine Abstimmvorrichtung bestehend aus Widerstand, Drosselspule und Kondensator eingebaut. Durch Anwendung zweier Apparate, die gleichartig ausgebildet sind, aber durch einen Transformator mit doppelter sekundärer Wicklung entgegengesetzte Wechselspannung zugeführt bekommen, ist es möglich, auch den negativen ge-

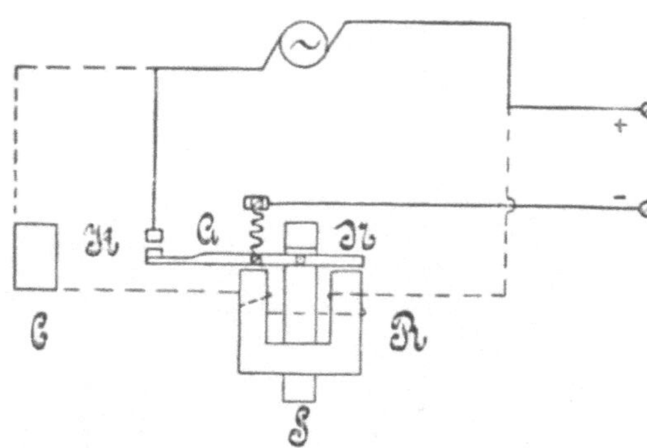

234. Schema eines Gleichrichters nach Koch & Sterzel.

wendeten Teil der Wechselspannung zu benutzen. Das Schema einer solchen Anlage für galvanotechnische Zwecke zeigt Abb. 237.

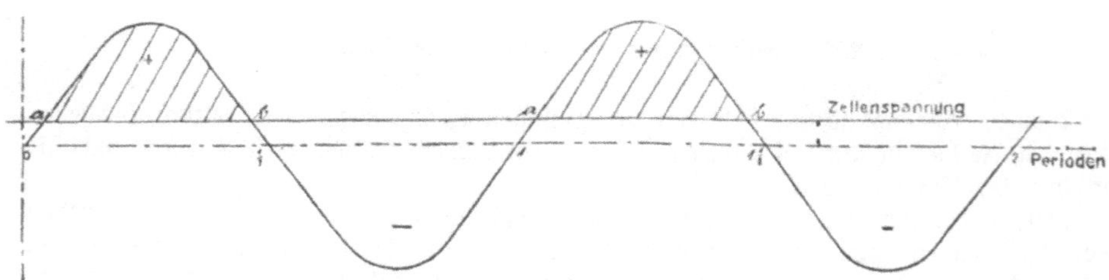

235. Spannungsverlauf bei Batterieladung.

Neben diesen mechanischen Gleichrichtern entwickelten sich die elektrolytischen Gleichrichter die heute allerdings nur noch für besondere Zwecke Verwendung finden. — Es ist eine der merkwürdigsten Erscheinungen in der Natur, daß sie dem Menschen alles das darbietet, was er im Laufe fortschreitender Erkenntnis zu besitzen wünscht. Auch hier haben wir es mit einem solchen Fall zu tun. Physikalische Forscher hatten schon um 1860 bemerkt, daß bestimmte Elektroden in bestimmten Elektrolyten Stromdurchgang bei Zersetzungsspannung nur in einer Richtung zuließen, während für den gleichen Strom der entgegengesetzten Richtung eine wesentlich höhere Spannung erforderlich war. Das war aber gerade die Eigenschaft, die man von einem Gleichrichter verlangte, er sollte nur Strom einer Richtung durchlassen und dem anderer

Richtung einen unendlich hohen Widerstand entgegensetzen. Man versuchte viele Elektroden-
materialien in Verbindung mit zahlreichen Elektrolyten und fand tatsächlich einzelne Metalle
wie Aluminium, Tantal und andere, die in bestimmten Elektrolyten 170 ja bis zu 1000 Volt
Spannung abdrosselten.

Als im Betrieb ausreichend und billig hat sich eine Zelle aus Aluminium als Anode, Eisen
als Kathode und Natriumbikarbonat als Elektrolyt erwiesen. Im neuen Zustand haben solche

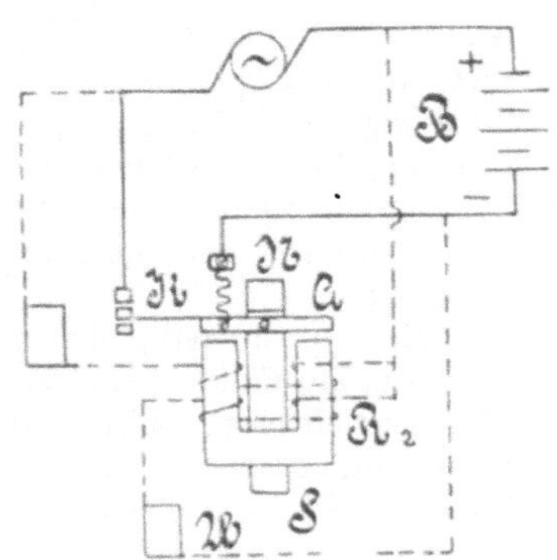

236. Schema eines Ladegleichrichters.

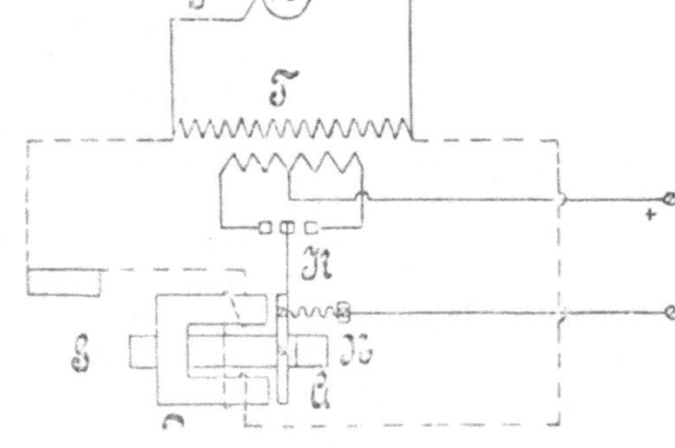

237. Galvanotechnischer Gleichrichter nach Koch & Sterzel.

Zellen noch nicht die Fähigkeit, den Strom einer Richtung zu drosseln. Sie müssen zunächst
durch schwachen Wechselstrom ähnlich wie Akkumulatoren formiert werden. Es bildet sich dabei
auf dem Aluminium eine sehr dünne, aber außerordentlich schlechtleitende schwerlösliche Schicht

von Aluminiumoxyd. Nach
längerem unbenutzten Ste-
hen verlieren die Zellen
ihre Formierung und müssen
neu formiert werden, doch
ist dies einfach durch Anschluß der Zellen an eine
Wechselstromquelle unter
Vorschaltung einer Glüh-
lampe als Widerstand und
Zustandszeiger zu erreichen.
Anfangs wird die Lampe
mit der vollen Spannung
brennen, mit fortschreitender Formierung wird sie
jedoch dunkler und dunkler,
je mehr Spannung von den
Zellen abgedrosselt wird.

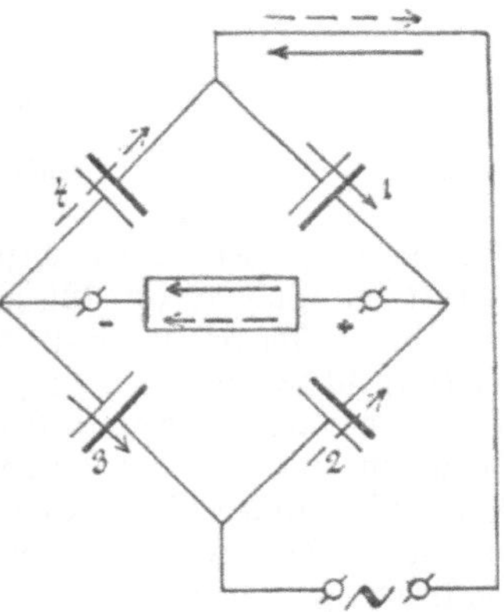

238. Brückenschaltung für elektrochemische Gleichrichter.

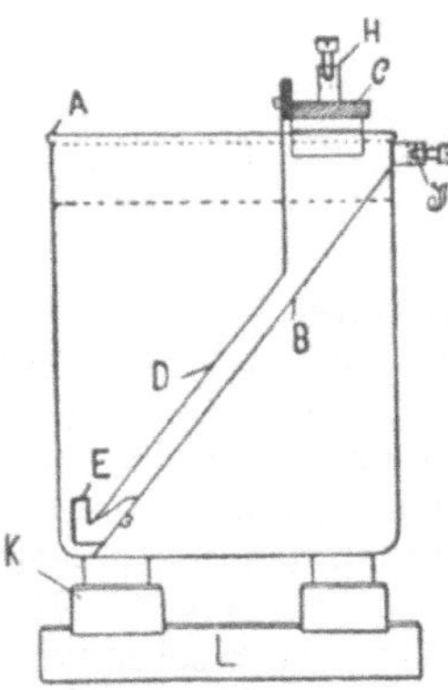

239. Grissongleichrichter von
Louis & H. Loewenstein,
Berlin.

Mit einer einzigen solchen Zelle ist wie mit einem oszillierenden Apparat nur eine Seite
der Wechselstromkurve auszunutzen. Es ist jedoch nach der von Graetz angegebenen, in Abb. 238
dargestellten Brückenschaltung durch Anwendung von vier gleichartigen Zellen die Ausnutzung
auch der zweiten Seite ohne Schwierigkeit zu erreichen. Verfolgen wir den Stromdurchgang,
ausgehend von der Wechselstromquelle und unter Voraussetzung, daß die starkgezeichnete Elektrode für in sie eintretenden Strom undurchlässig ist, so erkennen wir, daß bei der als ausgezogenen Pfeil angedeuteten Stromrichtung der Strom seinen Weg über Zelle 1 nach 3 und zur
Ausgangsstelle zurücknehmen muß, während der als Strom entgegengesetzter Richtung (Strich-
punktierter Pfeil) nur über 2 nach 4 verlaufend zur Ausgangsstelle zurückkehren kann. In
beiden Fällen wird Diagonale in der gleichen Richtung durchlaufen, wir können also
an dieser Stelle Gleichstrom entnehmen. Abb. 239 zeigt einen solchen Gleichrichter von Grisson

in seinen Einzelteilen. Die Elektroden sind hier in schräger Lage angeordnet, und zwar liegt die Aluminiumelektrode über der Eisenelektrode. Der Wirkungsgrad der Zellen ist wegen der sich aus Polarisationsspannung, Widerstand der Oxydschicht und des Elektrolyten, und des unvermeidlichen Stromdurchganges in der Fehlrichtung ein ziemlich geringer, weshalb auch neben der Unbequemlichkeit der Erneuerung und Überwachung des Elektrolyten die Zellen keine ausgedehnte Verbreitung gefunden haben; so läßt sich bei einer Wechselstromspannung von 110 Volt einer Zellenkombination bestimmter Größe ein Gleichstrom von 10 Ampere bei 94 Volt entnehmen bei einem Wirkungsgrad der Gleichrichteranlage von 75 %. Zu anderen Zwecken, z. B. als gegen Überspannungen schützende, elektrische Sicherheitsventile und als Kondensatoren haben sie in neuerer Zeit mehrfach mit Erfolg Verwendung gefunden und besitzen den Vorteil geringen Raumbedarfs bei hoher Spannung bzw. hoher Kapazität.

In den letzten Jahren findet ein von dem Amerikaner Cooper Hewitt zuerst angewandtes Prinzip zur Umformung von Wechselstrom resp. Drehstrom in Gleichstrom in dem sog. Quecksilberdampfgleichrichter auch in Europa immer weitere Verbreitung.

Der wesentlichste Teil dieses Apparates ist der sog. Kolben, vgl. Abb. 240 resp. 241, ein evakuiertes Gefäß meistens aus Glas mit einer Elektrode aus flüssigem Quecksilber und 2 resp. 3 in seitlich angesetzten röhrenförmigen Armen gehaltenen Graphitelektroden. Diese Elektroden stehen durch starke, durch die Gefäßwandungen führende Platindrähte mit äußeren Anschlüssen in Verbindung, durch deren Vermittlung der Kolben in den Stromkreis eingeschal-

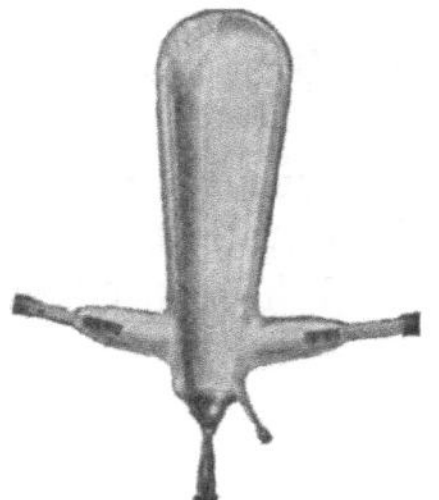

240. Einphasenkolben.

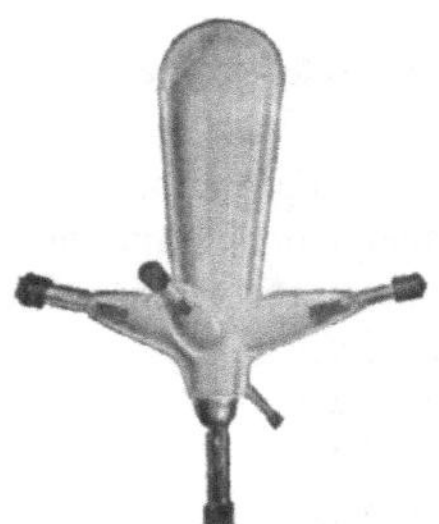

241. Drehstromkolben.

tet werden kann. An den Wandungen des großen oberen Gefäßteils kondensiert sich das verdampfte Quecksilber, welches wieder zur Kathode zurückfließt.

Um einen Lichtbogen zwischen einer Quecksilberelektrode als Kathode (negative Elektrode) und einer Graphitelektrode als Anode (positive Elektrode) zu zünden, ist eine Gleichstromspannung von mehreren 1000 Volt erforderlich. Ist der Lichtbogen aber einmal gezündet, so ist nur noch eine geringe Spannungsdifferenz zu seiner Aufrechterhaltung nötig. Dieselbe beträgt bei den für die Praxis bestimmten Apparaten 13—25 Volt, je nach der Höhe der gleichzurichtenden Wechselspannung, durch welche die Entfernung der Elektroden und damit der Spannungsabfall im Lichtbogen bestimmt ist.

Wird der der Quecksilberkathode zufließende Strom nur während $^1/_{100000}$ Sekunde unterbrochen, so stellt sich der hohe Übergangswiderstand der nichterregten Kathode wieder ein. Schaltet man z. B. einen solchen Gleichrichterkolben einfach mit Quecksilberkathode und Graphitanode in eine einphasige Wechselstromleitung, so erlischt ein ev. während einer Halbperiode künstlich erzeugter Lichtbogen, sobald der den Kolben durchfließende Strom durch Null geht.

Man vermeidet diesen Übelstand bei Einphasengleichrichtern dadurch, daß man die Kolben mit zwei Anoden versieht, denen je eine Halbperiode der Wechselspannung zugeführt wird. Zu diesem Zwecke werden Transformatoren verwendet, an welche die gleichzurichtende Wechselspannung primär angelegt wird; in der Mitte der sekundären Wicklung besitzen sie eine sog. Anzapfung, einen Anschluß, welcher mit der Kathode des Gleichrichterkolbens in leitender Verbindung steht, während die Anoden an geeignete Punkte der sekundären Wicklung angeschlossen sind. Sobald nun eine Wellenhälfte des Wechselstroms den Kolben zwischen der einen Anode und der Kathode passiert hat, geht die zweite Wellenhälfte von der anderen Anode zur Kathode. Würde dieser zweite Stromimpuls jedoch erst einsetzen, nachdem der erste wieder vollkommen auf Null gesunken ist, so wäre die Kathode nicht mehr erregt und es wäre wieder die erwähnte, sehr hohe Spannung zwischen Anode und Kathode erforderlich, um den zum Durchgang des zweiten Stromimpulses erforderlichen Lichtbogen zu zünden. Dieser Übelstand wird durch eine Drosselspule vermieden, welche man in die zur Kathode führende Leitung einschaltet; durch diese Spule wird der Abfall des ersten, den Gleichrichterkolben passierenden Stromimpulses derart verzögert, die Stromkurve wird derartig verzerrt, daß noch ein beträchtlicher Strom in der ersten Richtung fließt, die Kathode also noch erregt ist, wenn der Stromimpuls in der zweiten Richtung, also von der zweiten Anode her, beginnt. Das Ende des vorhergehenden und der Anfang des nachfolgenden Impulses „überlappen" sich infolge der Drosselspule.

Zwischen Kathode und Transformatormittelpunkt fließt nun der pulsierende Gleichstrom, welcher zur Ladung von Akkumulatoren für elektrochemische Zwecke, zum Betriebe von Bogenlampen usw. verwendet werden kann. Die Pulsationen sind bis zu einem gewissen Grade um so schwächer, je größer die verwendete Drosselspule ist.

Die erste Inbetriebsetzung nach dem Abschalten des Gleichrichters erfolgt vermittels einer sog. Hilfsanode. Das ist ein kleiner, röhrenförmiger Ansatz in der Nähe der Kathode, mit einer eingeschmolzenen Platinelektrode, welche außerhalb des Gleichrichterkolbens unter Zwischenschaltung eines Widerstandes geeigneter Größe mit einer der Anoden in leitender Verbindung steht. Wird der Kolben so weit geneigt, daß das Quecksilber der Kathode in den seitlichen röhrenförmigen Ansatz läuft, so fließt zwischen der Kathode über die Hilfsanode und den Hilfsanodenwiderstand ein Wechselstrom, zu einer der Anoden.

Diese Quecksilberbrücke wird beim Zurückdrehen des Kolbens in seine normale Stellung wieder unterbrochen. Dabei entsteht an der Trennungsstelle ein kleiner Unterbrechungsfunken, welcher zur „Erregung" der Kathode genügt, so daß einer der Hauptlichtbögen eingeleitet wird.

Ein Quecksilberdampfgleichrichter kann weder leerlaufen, noch ohne weiteres auf eine zu ladende Batterie angelassen werden. Er wird daher für diesen letzteren Verwendungszweck zunächst auf einen Hilfswiderstand angelassen. Durch einen sehr schnell wirkenden Umschalter wird die zu ladende Batterie alsdann diesem Widerstand während einer äußerst kurzen Zeit parallel geschaltet und schließlich der Widerstand selbst ganz abgeschaltet.

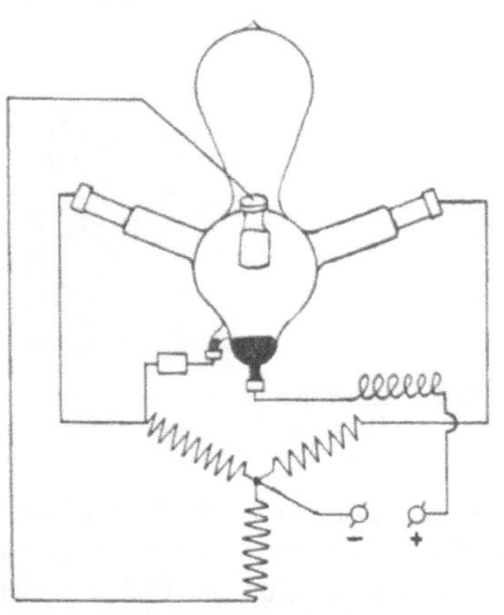

242. Quecksilbergleichrichter für Drehstrom.

Zum Betriebe von Projektions- oder Bogenlampen für Gleichstrom in Wechsel- resp. Drehstromanlagen, welche entweder bei Gleichstrom eine wesentlich höhere Lichtausbeute besitzen, als bei Wechselstrom, oder welche nur bei Gleichstrom betrieben werden können werden Quecksilberdampfgleichrichter mit automatischer Zündung verwendet, bei welchen der Quecksilberkolben durch ein Relais gekippt wird.

Abb. 242 zeigt das Schaltungsschema eines Drehstromgleichrichters, dessen drei Anoden an geeignete Punkte eines Dreiphasentransformators angeschlossen werden, während die Kathode über den Gleichstromverbraucher und ev. eine Drosselspule herüber mit dem Sternpunkt des Transformators oder einem künstlich geschaffenen Sternpunkt verbunden ist.

Abb. 243 zeigt die Vorderansicht eines von der Allgemeinen Elektrizitäts-Gesellschaft gebauten Einphasen-Quecksilberdampf-Gleichrichters für Batterieladung mit den erforderlichen Schaltern und Meßinstrumenten. Zur Erhöhung der Ladespannung, bei fortschreitender Ladung kann die Spannung des Transformators stufenweise geändert werden. Diese Änderung erfolgt mit Hilfe eines Schalters, welcher in Abb. 243 zu erkennen ist. Abb. 244 gibt die Rückseite des kompletten Apparates mit dem Glaskolben, den verschiedenen Anschlüssen des Transformators, sowie der Drosselspulen wieder.

Die Quecksilberdampf-Gleichrichter werden für Stromstärken bis zu 30 Ampere gebaut.

Für höhere Stromstärken werden eine entsprechende Anzahl einzelner Gleichrichter parallel geschaltet.

Die Quecksilberdampfgleichrichter arbeiten geräuschlos und mit hohem Wirkungsgrad, wodurch sie sich neben der Anspruchslosigkeit in bezng auf Wartung bei kleineren Leistungen den Vorzug vor rotierenden Umformern sichern.

Auch die Möglichkeit, hochgespannten Gleichstrom zu erzeugen, läßt sie besonders interessant erscheinen und eine empfindliche Lücke der Elektrotechnik ausfüllen. Das Verhältnis

243. Quecksilberdampfgleichrichter der A. E. G.
für Batterieladung (Vorderansicht).

244 Quecksilberdampfgleichrichter der A. E. G
für Batterieladung (Rückseite).

von zugeführtem Wechselstrom bzw. Drehstrom zu Gleichstrom ist ebenso wie bei dem Einankerumformer gegeben, und es ist gelungen, Apparate zu konstruieren, die bis 30000 Volt Gleichstrom liefern. Von der Größe dieser Zahl kann man sich eine Vorstellung machen, wenn man bedenkt, daß sie mit den bisherigen Mitteln nur unter hohem Aufwand nämlich mit Hilfe von 15 000 Akkumulatorenzellen oder 30 in Serie geschalteten Gleichstrommaschinen von je 1000 Volt zu erreichen war. Der hochgespannte Gleichstrom eröffnet seinerseits wieder die Möglichkeit, den Einfluß der elektrischen Ladungen auf den Pflanzenwuchs zu untersuchen und die bisherigen Versuche zeigen, daß der beschrittene Weg zu einer weiteren Steigerung der Ertragsfähigkeit des Erdbodens führen wird.

Das elektrische Licht.

Das Bogenlicht.

Von Oberingenieur **Dr. W. Hechler.**

Der Lichtbogen. — Prinzip der Bogenlampen. — Die Einteilung der Bogenlampen. — Die Kohlenarten als Unterscheidungsmerkmale der Bogenlampen. — Die regelwerklosen Lampen. — Verschiedene Mittel zur Verlängerung der Brenndauer von Flammenbogenlampen. — Flammenbogenlampen mit Metallelektroden. — Kohlensparende Flammenbogenlampen. — Indirekte Beleuchtung. — Die mittlere räumliche Lichtstärke von Bogenlampen und ihre Bestimmung. S. 155.

Die Glühlampen.

Von Patentanwalt Dr.-Ing. **B. Monasch.**

Einleitung. — Die Messung der Lichtstärke der Glühlampen. — Die Kohlefadenglühlampen. — Die Herstellung des Kohlefadens. — Die Osmiumlampe. — Die Tantallampe. — Die Wolframlampe. — Die Glühlampenfassungen. S. 173.

Das Bogenlicht.

Der Lichtbogen. Die als elektrischer Lichtbogen bekannte Entladungserscheinung wurde wahrscheinlich im Jahre 1808 von Davy zuerst beobachtet und praktisch auszunutzen versucht.

Im „Lichtbogen" fließt ein elektrischer Strom durch das aus den Elektroden sich entwickelnde heiße Gemisch von Gas und Dampf. Der zwischen sog. Reinkohlen gebildete Lichtbogen besteht aus einem bläulich leuchtenden Kern und einer denselben umgebenden, gelblich leuchtenden Hülle, der sog. „Aureole". Im Kern kann man sowohl ein von der positiven als auch ein von der negativen Elektrode ausgehendes Dampfbüschel unterscheiden, welche beide gegeneinander vordringen.

Die Einleitung des Lichtbogens setzt für gewöhnlich eine Berührung der Elektroden voraus. Seine Aufrechterhaltung verlangt für jede Stromstärke bei gegebener Entfernung der Elektrodenspitzen eine ganz bestimmte Spannung an den Elektroden.

Die Ruhe des Lichtbogens ist durch die Gleichmäßigkeit des Elektrodenmaterials bedingt, außerdem aber auch durch das Verhältnis der Stromstärke zum Querschnitt der Elektroden, die Stromdichte. Davy stellte seine ersten Versuche mit einem Lichtbogen zwischen Holzkohlen an unter Verwendung einer Batterie von 2000 Elementen. Da sich diese Elektroden aber ihres, für unsere heutigen Ansprüche ganz außerordentlich schnellen Abbrandes wegen für praktische Beleuchtungsanlagen kaum eigneten, ging man bald zur Verwendung sogen. Retortenkohle über. Diese Kohle brannte bedeutend langsamer ab; auch hatte sie ein gleichmäßigeres Gefüge als Holzkohle und lieferte daher ein verhältnismäßig ruhiges Licht. Sie wurde aus Rückständen geschnitten, welche bei der trockenen Destillation der Steinkohle bei der Gasbereitung verbleiben.

Im elektrischen Lichtbogen findet ein Transport von Elektrodenmaterial in der Richtung des Stromes statt; hierbei nehmen die Brennenden der Elektroden charakteristische Formen an, von welchen in Abb. 245 einige wiedergegeben sind. Abb. 245 a zeigt die Brennenden der Elektroden eines Gleichstromlichtbogens zwischen Reinkohlen. Dem Krater der positiven Kohle (der Anode) steht eine Spitze am Brennende der negativen Kohle (der Kathode) gegenüber. Beim Wechselstromlichtbogen, bei welchem die Polarität der Elektroden der Periodenzahl entsprechend ständig wechselt, treten die vom Gleichstromlichtbogen erzeugten Unterschiede in der Formbildung nicht auf, wie die Abb. 245 c zeigt. Auch die Beschränkung der Sauerstoffzufuhr zum Lichtbogen verhindert die charakteristische Ausbildung der Anodenspitze beim Gleichstromlichtbogen, wie Abb. 245 b erkennen läßt.

Prinzip der Bogenlampen. Die praktische Ausnutzung des Lichtes, welches beim Durchgang des Stromes durch die zwischen den Elektroden gebildete Gas- und Dampfsäule entwickelt wird, findet in den elektrischen Bogenlampen statt. Dieselben bestehen in ihrer einfachsten Gestalt aus einer Vorrichtung zur Aufnahme der Elektroden, welche zum Schutze in eine meist zylindrische Umhüllung eingeschlossen sind, während der gegen Luftzug sehr empfindliche Lichtbogen von einer Glasglocke umgeben ist.

Da die Elektroden fast ausnahmslos vom elektrischen Lichtbogen verzehrt werden, so nimmt bei allen nicht parallelen Anordnungen derselben die Entfernung der Brennenden und damit

auch die Lichtbogenlänge bei fortschreitendem Abbrande immer mehr zu, bis der Lichtbogen abreißt. Man muß deshalb für einen künstlichen Nachschub wenigstens einer der beiden Elektroden sorgen. Dieser wird am einfachsten von Hand ausgeführt, wie bei den Projektionslampen und Scheinwerfern für Handregulierung. Wie die Abb. 246 zeigt, können bei diesen die Kohlenhalter durch Schraubenspindeln in bestimmten Richtungen bewegt werden, und zwar entweder beide gleichzeitig oder auch jeder einzeln für sich allein.

Um die Aufrechterhaltung eines Lichtbogens zwischen den Enden zweier Kohlen während des ganzen Abbrandes derselben auch ohne Nachschubeinrichtung zu ermöglichen, ordnete G. Jablotschkoff im Jahre 1876 die durch eine isolierende Zwischenschicht getrennten Elektroden parallel zueinander an. Dadurch ist der gleichbleibende Abstand der Brennenden gewährleistet. Trotzdem nun immer wieder versucht wurde, das Prinzip der Jablotschkoff-Kerze ihrer Einfachheit wegen für die praktische Beleuchtung nutzbar zu machen, ist es bisher nicht gelungen, eine der Hauptschwierigkeiten der Kerze, nämlich die selbsttätige Wiederzündung des Lichtbogens nach zufälligem oder beabsichtigtem

245. Brennflächen der Kohlen
a) bei Gleichstrom unter Luftzutritt.
b) bei Gleichstrom unt. Luftabschluß.
c) bei Wechselstrom unter Luftzutritt.

Verlöschen desselben ohne Zuhilfenahme eines, wenn auch noch so einfachen Mechanismus zu überwinden. Man muß zur Wiederzündung des Lichtbogens eine vorübergehende leitende

Überbrückung der Brennenden der Elektroden herbeiführen. Bei neuen Kerzen wurde diese Strombrücke durch ein Kohlestäbchen hergestellt, welches durch eine leichtverbrennbare Masse quer über die beiden Brennenden befestigt war. Dieses Stäbchen brannte beim ersten Einschalten der Kerze durch, während sich der Lichtbogen zwischen den Kohlenspitzen bildete.

Man bedarf also im allgemeinen bei den elektrischen Bogenlampen einer mechanischen Vorrichtung zur Einleitung des Lichtbogens. Dieselbe muß die Brennenden der Kohlen nach dem Einschalten des Stromes voneinander entfernen und auf bestimmtem Abstande halten,

246. Lampe mit Handregulierung.

falls sich gemäß der Konstruktion der Lampe die Kohlenspitzen im stromlosen Zustande infolge der Wirkung von Federn oder Gewichten berühren. Ist die Konstruktion der Lampe derart, daß nach dem Ausschalten des Stromes keine Berührung der Brennenden der Kohle eintritt, so muß dieselbe durch den Zündmechanismus herbeigeführt und nach erfolgter Lichtbogenbildung wieder aufgehoben werden.

Bei Bogenlampen mit nicht paralleler Anordnung der Elektroden ist ferner eine Einrichtung zur Konstanthaltung des Abstandes der Brennspitzen der Kohlen erforderlich, da andernfalls bei fortschreitendem Abbrande die Entfernung der Brennspitzen immer mehr zunimmt, bis der Lichtbogen abreißt. Während man in der ersten Zeit der Einführung des elektrischen

Bogenlichtes den Kohlennachschub durch komplizierte Uhrwerke und Mechanismen bewerkstelligen ließ, erreicht man denselben heute bei den sog. regelwerklosen Lampen, wie weiter unten gezeigt werden wird, auf einfache Weise ohne Zuhilfenahme beweglicher Teile durch die Wärmewirkung des Stromes.

Wenn sich nun auch das Prinzip der regelwerklosen Lampe bei jeder der möglichen Kohleanordnungen anwenden läßt, so ist dasselbe bisher doch praktisch nur bei Lampen mit nebeneinander angeordneten Kohlen durchgeführt worden.

Die nicht nach diesem Prinzip gebauten Lampen besitzen einen Mechanismus, welcher:

1. die Zündung bewerkstelligt,
2. den Nachschub der Elektroden deren fortschreitendem Abbrande entsprechend regelt und
3. eine Näherung oder Entfernung der Elektroden in geringen Grenzen bewirkt.

Diese letztere wird dadurch erforderlich, daß sich die Spannung am Lichtbogen aus verschiedenen Gründen ändert. Nun ist aber die Ruhe des Lichtes einer Bogenlampe nur gewährleistet, wenn bei gegebener Netzspannung und Stromstärke einer bestimmten Spannung an den Klemmen der Lampe eine gewisse Entfernung der Brennenden entspricht. Die Kohlen müssen also nicht nur dem fortschreitenden Abbrande gemäß nachgeschoben werden, sondern es muß auch eine schnelle Näherung und Entfernung ihrer Brennenden innerhalb gewisser, verhältnismäßig kleiner Grenzen möglich sein.

Der durch den fortschreitenden Abbrand erforderliche Nachschub der Elektroden kann sich auf eine derselben beschränken, oder auf beide gleichzeitig erstrecken. Im ersteren Falle ändert der Lichtbogen dem Abbrande der nicht beweglichen Kohle entsprechend allmählich seine Stellung zur Lampenglocke. Die meisten Bogenlampen werden jedoch mit feststehendem Lichtpunkt als sog. Fixpunktlampen ausgeführt; bei ihnen müssen beide Elektroden gleichzeitig nachgeschoben werden. Da nun die positive Kohle schneller verzehrt wird, als die negative, so müßte die erstere dem schnelleren Abbrande entsprechend rascher vorwärts bewegt werden. Um einen gleich-

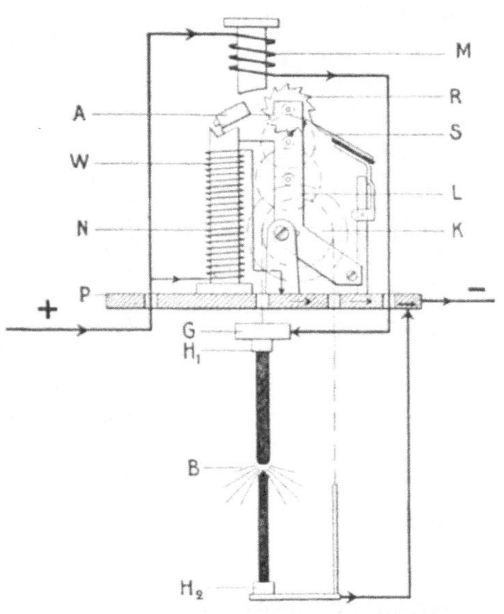

247. Regelwerk einer Gleichstromdifferentiallampe.

mäßigen Nachschub beider Elektroden bei Gleichstromlampen zu ermöglichen, verwendet man Kohlen verschiedener Durchmesser, und zwar wählt man die positive um soviel stärker, als die negative, daß beide Kohlen beim Abbrand in gleichen Zeiten um gleiche Längen vermindert werden. In diesem Falle ändert der Lichtbogen seine relative Stellung zur Lampenglocke nicht.

Bei Wechselstromlampen, bei welchen jede Kohle 2 ν-mal in der Sekunde abwechselnd positiv und negativ wird — wenn ν die Periodenzahl des Wechselstromes bedeutet (vgl. S. 40) — werden Kohlen von gleichem Durchmesser auch gleichmäßig verzehrt.

Der Mechanismus, welcher die Zündung des Lichtbogens, den Nachschub der Elektroden und die Regelung der Entfernung der Brennspitzen bewerkstelligt, besteht im wesentlichen aus einem Elektromagnetsystem N und M (Abb. 247), dessen Anker A von einem, um eine horizontale Achse schwingbaren Rahmen L getragen wird, und einem in diesem Rahmen gelagerten Zahnräderwerk; dieses enthält ein Kettenrad K, über welches eine die beiden Kohlenhalter H_1 und H_2 tragende Kette läuft. Die Bewegung der letzteren und damit auch der in den Kohlehaltern befindlichen Kohlen wird durch das Elektromagnetsystem geregelt.

Im einfachsten Falle besteht dieses System aus einer, auf eine Hülse aufgewickelten Drahtspule, in deren zylindrischen Hohlraum ein Eisenkern bis zu einer bestimmten Tiefe eintaucht. Fließt Strom durch die Spule, so wird der Eisenkern tiefer den Hohlraum hineingezogen. Die Eintauchtiefe des Kerns ist bestimmt durch das Produkt aus der Windungszahl der Spule und der Stärke des jeweils durch dieselbe fließenden Stromes, durch die sog. Ampere=Windungszahl. Man kann also unter sonst gleichen Verhältnissen dieselbe Eintauchtiefe erreichen durch geringe Windungszahl und hohe Stromstärke oder durch große Windungszahl und geringe Strom= stärke.

Verwendet man für das Regelsystem von Bogenlampen Spulen von wenig Windungen, so läßt man dieselben von dem Lampenstrom selbst durchfließen, indem man sie mit den Kohlen und dem Lichtbogen in Serie schaltet; natürlich muß in diesem Falle die Drahtstärke der Spulen der Lampenstromstärke entsprechen. Spulen hoher Windungszahl legt man parallel zu den Zuführungsklemmen der Lampe. Im ersteren Falle erhält man eine Lampe mit Stromregu= lierung, die sog. Hauptstromlampe, im letzteren eine Lampe mit Spannungsregulierung, die Nebenschlußlampe. Die günstigste Regelung für Bogenlampen wird durch eine Vereinigung der beiden erwähnten Systeme in der im Jahre 1879 von Hefner Alteneck konstruierten Differentiallampe erreicht.

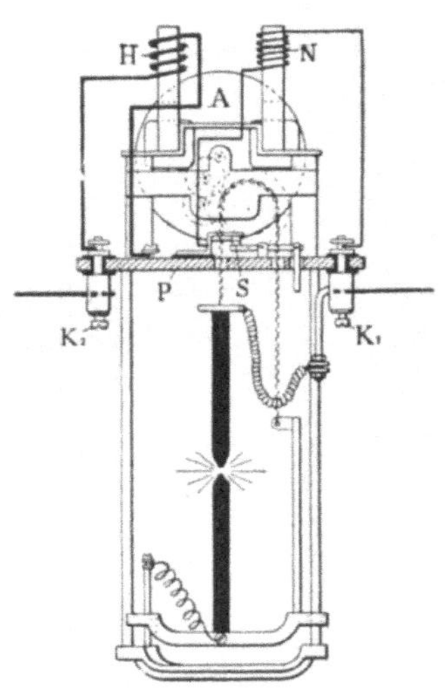

248. Regelwerk einer Wechselstrom= Differentiallampe.

Während bei der Hauptstromlampe die Stellung der Brennenden der Kohlen zueinander und damit die Länge des Lichtbogens lediglich durch den, den Lichtbogen durch= fließenden Strom, und bei der Nebenschlußlampe durch die an den Klemmen der Lampe herrschende Spannung ge= regelt wird, wirken bei der Differentiallampe Strom und Spannung gleichzeitig auf die Stellung der Brennenden ein. Fließt durch die Differentiallampe der für sie normale Strom, und herrscht an ihren Klemmen die normale Span= nung, so befindet sich der Kern des Magnetsystems in seiner Mittellage; bei einer Änderung der normalen elektrischen Verhältnisse stellt er sich entsprechend der Differenz der Zugkräfte von Haupt= und Nebenschlußspule derart ein, daß das Verhältnis der am Lichtbogen herrschenden Spannung zu dem durch denselben fließenden Strom, der sogen. scheinbare Lichtbogenwiderstand konstant bleibt.

Das Magnetsystem des Regulierwerks kann auch derart ausgebildet sein, daß sich die Spulen auf feststehenden Eisen= kernen befinden, welche der augenblicklichen Amperewin= dungszahl der Spulen entsprechend magnetisiert werden und gemäß dieser Magnetisierung einen an einem schwingbaren Rahmen befestigten Anker anziehen.

Die Wirkungsweise eines Differential=Regelwerks sei an der Abb. 247 kurz erläutert. Be= rühren sich die Brennenden der Kohlen im stromlosen Zustande nicht, und werden die Klemmen der Lampe mit einer Stromquelle passender Spannung verbunden, so fließt ein Strom durch die Nebenschlußspule N des Magnetsystems; ihr Kern wird infolgedessen mag= netisiert, und der Anker A wird von ihm angezogen. Hierbei dreht sich der Laufwerkrahmen L soweit um seine Achse, bis die Zähne des im oberen Teil des Rahmens gelagerten Sternrades R von der Arretierschneide S freigegeben werden. In diesem Augenblick setzen sich die Kohlehalter infolge des Übergewichtes des oberen in Bewegung, bis sich die Brennenden der Kohlen berühren. Sobald diese Berührung erfolgt ist, wird der zweite von den Klemmen der Lampe abgezweigte Stromweg, nämlich derjenige über die Hauptstromspule und die Kohlen geschlossen. Der Anker wird infolge der Erregung der Hauptstromspule von dem Kern derselben so weit angezogen, bis seine Stellung der gemeinsamen Wirkung der Zugkräfte von Haupt= und Nebenschlußspule entspricht. Bei der Bewegung des Ankers in der Richtung zur Hauptstromspule wird die Achse des Kettenrades K gesenkt; infolgedessen bewegt sich der untere Kohlenhalter ab= wärts, der obere aufwärts, die Brennenden der Kohlen, welche sich im Augenblicke des Ein=

schaltens berührten, werden voneinander entfernt, während sich der Lichtbogen zwischen ihnen bildet.

Einer bestimmten Lichtbogenlänge entspricht auch ein bestimmtes Verhältnis von Spannung und Strom zueinander und umgekehrt. Nimmt die Lichtbogenlänge bei fortschreitendem Kohleabbrand zu, so sinkt die Stromstärke, während die Spannung steigt. Die Zugkraft des Nebenschlußmagneten übertrifft infolgedessen diejenige des Hauptstrommagneten, und der Anker bewegt sich in der Richtung zur Nebenschlußspule; hierbei nähern sich die Brennenden der Elektroden, bis die normale Lichtbogenlänge wieder erreicht ist.] Überschreitet nun der Anker bei seiner Bewegung zum Kern der Nebenschlußspule eine gewisse Grenze, so kommen die Zähne des Sternrades aus dem Bereiche der Arretierschneide, und das Kettenrad dreht sich infolge des Übergewichtes des oberen Kohlehalters derart, daß die Kohlen zusammenlaufen. Dabei wird der Lichtbogen kürzer, die Stromstärke wächst und damit die Zugkraft des Hauptstrommagneten. Bei der dadurch hervorgerufenen Näherung des Ankers an den Kern des letzteren greift die Arretierschneide wieder in die Zähne des Sperrades ein, wodurch die Gegeneinanderbewegung der Kohlen gehemmt wird. Die Schwingungen des Ankers und damit auch diejenigen des Laufwerkrahmens werden durch die Wirkung einer kleinen einfachen Luftpumpe gedämpft.

Bei reinen Hauptstrom- oder reinen Nebenschlußlampen wird die Wirkung, welche bei den Differentiallampen das zweite Magnetsystem ausübt, durch ein Übergewicht oder durch eine Feder hervorgerufen.

Zur Regelung von Wechselstromlampen*) wird meistens ein kleiner Induktionsmotor besonders einfacher Bauart ver-

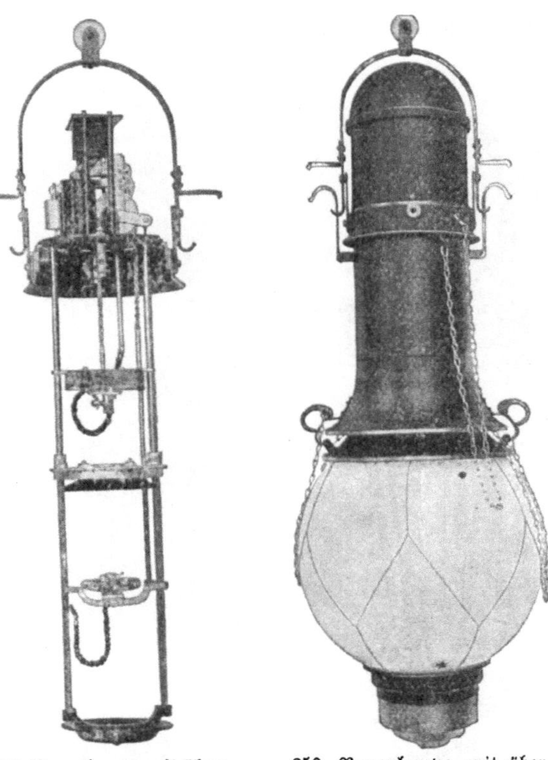

249. Bogenlampe mit übereinanderstehenden Kohlen (Innenansicht).

250. Bogenlampe mit übereinanderstehenden Kohlen (Außenansicht).

wendet. Derselbe besteht, wie die schematische Darstellung in Abb. 248 zeigt, aus einer, um eine horizontale Achse drehbaren Metallscheibe A, welche sich zwischen den Polen eines Hauptstrom- H und eines Nebenschlußmagnetsystems N dreht. Beide Systeme bewirken vermöge der besonderen Ausbildung ihrer Polschuhe beim Stromdurchgang einander entgegengesetzte Drehungen der Scheibe, welche sich bei dem für die Lampe normalen Wert von Strom und Spannung aufheben. Die Bewegungen der Scheibe werden mit Hilfe eines Räderwerks auf die an einer Kette aufgehängten Kohlehalter übertragen. Überschreitet die Stromstärke die normale Höhe, ohne daß die Spannung gleichzeitig in demselben Verhältnis wächst, so überwiegt das Drehmoment der Hauptstromspulen, die Scheibe dreht sich in einem solchen Sinne, daß eine Entfernung der Brennenden der Kohlen bewirkt wird. Eine Näherung der Kohlen tritt dagegen ein, wenn etwa bei fortschreitendem Kohleabbrand infolge zunehmender

---

*) Darüber im Kapitel: Wechselstrommotoren.

Länge des Lichtbogens und damit wachsendem Widerstand desselben die Stromstärke abnimmt, so daß die Wirkung der Nebenschlußspule diejenige der Hauptstromspule übertrifft.

Die Einteilung der Bogenlampen. Während man früher die Bogenlampen meistens nach ihrem Reguliersystem in Hauptstrom-, Nebenschluß- und Differentiallampen unterschied, ist man neuerdings dazu übergegangen, andere Unterschiedsmerkmale einer Gruppierung der Lampen zu Grunde zu legen. Einmal sind, wie schon erwähnt, die Bogenlampen auf die genannten drei Reguliersysteme sehr ungleich verteilt und dann ist es meistens schwer, das System an einer fertig montierten Lampe zu erkennen, da sich die Lampen verschiedener Reguliersysteme äußerlich wenig voneinander unterscheiden.

Was der Bogenlampe in erster Linie das äußere Gepräge verleiht, das ist die Stellung der Kohlen zueinander, wie die Abb. 249—252 erkennen lassen, von denen Abb. 249—250 Lampen mit übereinander angeordneten Kohlen darstellen, und zwar Abb. 249 die Lampe ohne sogen. Armatur. Abb. 250 dieselbe Lampe mit runder Glocke, während die Abb. 251 und 252 eine Lampe mit nebeneinander angeordneten Kohlen — ohne und mit Armatur wiedergeben.

Während bei der ersteren Lampentype die Glocke von genügender Größe sein muß, um den unteren Teil des Gestänges mit dem unteren Kohlehalter und der zugehörigen Kohle aufnehmen zu können, braucht sie bei der letzteren Type nur einen Durchmesser zu haben, bei welchem sie vor der das Glas gefährdenden Wärmewirkung des Lichtbogens geschützt ist.

Man könnte annehmen, daß sich Lampen der letzteren Type bedeutend kürzer bauen ließen, als die der ersten Type für gleiche Brenndauer einer Kohlebesteckung, da bei Lampen mit nebeneinander angeordneten Kohlen ein wesentlicher Teil des bei Lampen mit übereinander stehenden Kohlen für die untere Elektrode erforderlichen Raumes der Glocke entbehrlich wird. Doch ist die Ruhe des Lichtes bei Lampen mit nebeneinander angeord-

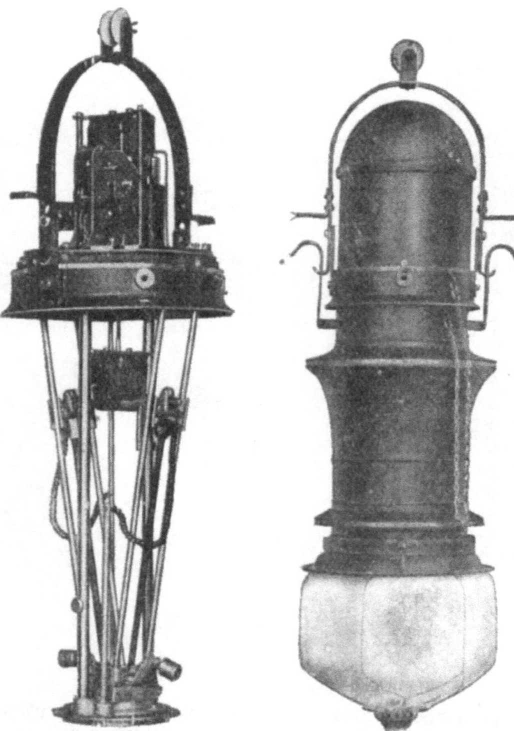

251. Bogenlampe mit
nebeneinanderstehenden
Kohlen (Innenansicht).

252. Bogenlampe mit
nebeneinanderstehenden
Kohlen (Außenansicht).

neten Kohlen nur gewährleistet, wenn der Querschnitt der letzteren ein gewisses Maß nicht überschreitet. Aus diesem Grunde verwendet man für Lampen dieser Art nur etwa halb so starke Kohlenstäbe, als für Lampen mit axialer Kohleanordnung für gleiche Stromstärke. Um nun bei beiden Lampentypen dieselbe Brenndauer zu erreichen, muß das dünnere Kohlepaar entsprechend länger sein, als das stärkere. Da bei dünneren Kohlen in gleichen Zeiten bei gleicher Stromstärke mehr Material verzehrt wird, als bei stärkeren, so sind die Lampen mit nebeneinander angeordneten Kohlen sogar verhältnismäßig noch länger, als diejenigen mit übereinander angeordneten Kohlen für gleiche Brenndauer.

Der Reguliermechanismus ist für beide Lampentypen im wesentlichen derselbe; nur die Übertragung der vom Regelwerk ausgelösten Bewegungen des Kettenrades und der Kette auf die Kohlen ist verschieden. Das an dem einen Ende der Kette aufgehängte Gewicht trägt bei den Lampen mit nebeneinander angeordneten Kohlen einen Metallstab, an welchem die beiden

Kohlehalter in Rollen derart hängen, daß sie sich bei der Auf= und Abwärtsbewegung des Ge=
wichtes gegeneinander bewegen können. Diese Seitwärtsbewegung wird durch die Führungs=
stangen, zwischen denen die Kohlehalter in Schlitten auf= und abwärtsgleiten in den zulässigen
Grenzen gehalten. Die Brennenden der Kohlen ragen durch enge Öffnungen in der den Ge=
stängeraum vom Brennraum abschließenden Platte in den letzteren hinein.

Kommt nun beim Einschalten der Lampe das Sternrad des Laufwerks in der auf S. 158
beschriebenen Weise außerhalb des Bereiches der Arretierschneide, so gleiten beide Kohlen
infolge des erwähnten Gewichtes abwärts, bis im Augenblicke der Berührung ihrer Brenn=
enden durch die dabei erfolgte Erregung des Hauptstrommagneten der Anker so weit von diesem
angezogen wird, bis die Arretierschneide die Drehung des Sternrades wieder hemmt. Gleich=
zeitig werden die Kohlenspitzen von einem mit dem schwingbaren Laufwerkrahmen gekuppelten
Hebel auseinandergezogen, wobei sich der Lichtbogen bildet. Bei fortschreitendem Abbrande
wächst die Entfernung der Brennenden und mit ihr die Spannung am Lichtbogen, während die
Stromstärke sinkt. Infolgedessen kommt der Anker des Magnetsystems in eine solche Stellung,
daß die Arretierschneide nicht mehr in die Zähne des Sternrades eingreift, worauf sich das Räder=
werk derart dreht, daß die Kohlen abwärts gleiten, bis die normale Entfernung ihrer Brenn=
enden wieder erreicht ist.

Durch einen über den Brennspitzen der Kohlen angeordneten kleinen Hohlraum mit Wän=
den aus feuerfestem Material, einen sogen. Sparer, wird der Kohleabbrand bei Lampen mit
nebeneinanderstehenden Kohlen infolge der Ansammlung sauerstoffarmer Luft in der Nähe
der Brennenden verzögert. Häufig unterstützt auch ein Blasmagnet die elektrodynamische
Wirkung der aus den beiden zueinander geneigten Kohlenstäben und dem Lichtbogen
gebildeten Stromschleife, welche bestrebt ist, die Fußpunkte des Lichtbogens an den Kohle=
spitzen zu halten, wodurch ein ruhiges Licht und ein gleichmäßiger Abbrand der Kohlen gewähr=
leistet wird.

Die Kohlenarten als Unterscheidungsmerkmal der Bogenlampen. Man kann die be=
leuchtungstechnischen Eigenarten beider Lampentypen nur betrachten, wenn man ein weiteres
Unterscheidungsmerkmal der Bogenlampen berücksichtigt, nämlich die Art der Elektroden.

Lange Zeit war man lediglich auf die sogen. Reinkohlen angewiesen. Die Leuchtkraft des
zwischen diesen gebildeten Lichtbogens ist im wesentlichen durch die Temperatur des positiven
Kraters bestimmt; der Fußpunkt des Bogens auf der negativen Kohle nimmt weit weniger an
der Lichtwirkung teil; den geringsten Anteil daran hat der Bogen selbst. Eine Intensitätszunahme
des Lichtes wird durch Erhöhung der Stromstärke erreicht; hierbei kommt man aber bald an
praktisch schwer überschreitbare Grenzen, da sowohl alle stromführenden Teile der Lampe selbst,
als auch besonders die Zuleitungen für die hohen Stromstärken dimensioniert sein müssen, um
unzulässige Erwärmungen durch den elektrischen Strom zu vermeiden.

Bei der Beurteilung einer Lampe kommt es nicht allein auf die von ihr abgegebene Licht=
stärke an, sondern vor allen Dingen darauf, mit welchem Aufwand von elektrischer Energie
dieselbe erreicht wird, und zwar bietet das Verhältnis des Energieverbrauchs der Lampe, ge=
messen in Watt, zu ihrer Lichtabgabe, gemessen in Lichteinheiten — Hefnerkerzen — ein prak=
tisches Maß für ihre Beurteilung. Man bezeichnet dieses Verhältnis als den spezifischen
Effektverbrauch einer elektrischen Lampe.

Während diese Verhältniszahl einen Vergleich verschiedener elektrischer Bogenlampen=
typen untereinander und auch von Bogenlampen mit elektrischen Glühlampen in gewisser Hin=
sicht ermöglicht, ist es zu einem Vergleich einer elektrischen Beleuchtung mit einer Gasbeleuch=
tung erforderlich für den Energieverbrauch den für ihn an das Elektrizitätswerk zu zahlenden
Preis in die Rechnung einzuführen, um zu vergleichbaren Werten zu gelangen. Dem Energie=
verbrauch der elektrischen Beleuchtung entspricht bei der Gasbeleuchtung der stündliche Gas=
verbrauch, bei den Lampen mit flüssigen Brennstoffen der stündliche Verbrauch an diesen.

Schon 1843 war erkannt worden, daß der spez. Effektverbrauch eines zwischen Reinkohlen
gebildeten Lichtbogens zunahm, wenn man Metallsalze in denselben einführte. Es gelang jedoch
jahrzehntelang nicht, eine praktisch brauchbare Lampe mit solchen „Leuchtsalzkohlen“ zu
bauen, da die an den Brennenden derselben auftretenden Schlacken bald zu erheblichen Be=
triebsstörungen führten.

Erst im Jahre 1900 konnte das Problem der „Flammenbogenlampe" als im Prinzip gelöst gelten, als H. Bremer aus Neheim a. d. Ruhr auf der Weltausstellung in Paris eine Lampe mit starkgetränkten Kohlen im praktischen Betriebe vorführte, welche sowohl durch ihre ungewöhnliche Lichtfülle als auch durch die Farbe des Lichtes allgemeines Aufsehen erregte. Außer der Art der Kohlen interessierte an dieser Lampe auch die in der Praxis bis dahin noch wenig bekannte Anordnung derselben nebeneinander. Bremer hatte diese Kohlenstellung gewählt, um die Störungen zu vermeiden, welche bei Lampen mit axialer Anordnung der mit Leuchtsalzen stark getränkten Kohlen früher dadurch entstanden, daß von der oberen Kohle Schlacken auf die Brennfläche der unteren fielen, oder daß flüssige Leuchtsalzmasse auf dieselbe tropfte, wodurch der Lichtbogen stark beunruhigt wurde.

Der gewaltige Fortschritt, welcher durch die Einführung der Leuchtsalz- oder „Effektkohlen" in der Bogenlichtbeleuchtung erreicht wurde, läßt sich beurteilen, wenn man die Lichtstärke einer Reinkohlenlampe mit derjenigen einer Effektbogenlampe vom Typus der Bremerlampe — bei gleichem elektrischen Energieverbrauch beider Lampen vergleicht. Die erstere beträgt nämlich — für moderne Lampen und modernes Elektrodenmaterial — 765 Hk, die letztere 3100 Hk, bei einem praktischen Effektverbrauch von 550 Watt pro Lampe.

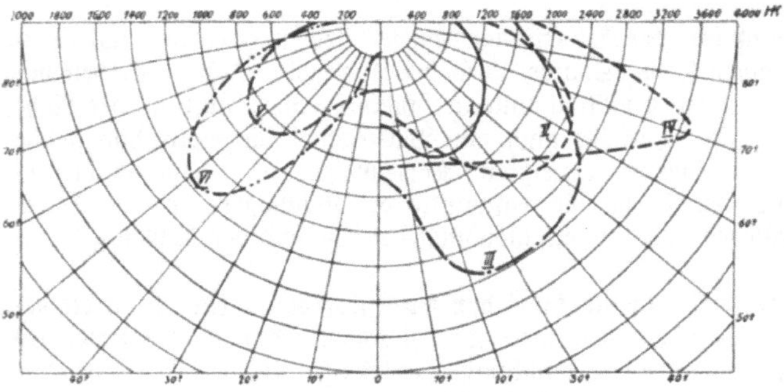

253. Lichtverteilungskurven.
I. einer Quarzlampe für 2,5 Amp. II. einer Lampe mit übereinanderstehenden Effekt-Kohlen 10 Amp. 40 V. III. einer Lampe mit nebeneinanderstehenden Effekt-Kohlen 10 Amp. 40 V. IV. Lampe III mit Diopterglocke (vgl. Abb. 10). V. Lampe mit übereinanderstehenden Reinkohlen. VI. Lampe V ohne Glocke.

Auch die Konstruktion der 1900 vorgeführten Bremerlampe hat noch manche Verbesserung erfahren müssen, bis diese Lampe zu einem betriebssicheren Beleuchtungsmittel wurde. Auch bei der von Bremer gewählten Kohlenstellung traten infolge Schlackenbildung an den Brennenden der in der ersten Zeit ganz besonders stark getränkten Kohlen Schwierigkeiten besonders bei der Zündung auf, indem die Schlacken häufig beim

Einschalten die Berührung der Kohlen an den Brennenden verhinderten.

Durch Verminderung der anfangs für die Effektkohlen verwendeten Leuchtsalzmenge, durch geeignete Auswahl dieser Salze sowie durch Zusatz von Flußmitteln gelang es mit der Zeit nicht nur, die störende Schlackenbildung bei den Lampen mit nebeneinander stehenden Kohlen zu vermeiden, sondern auch die früher aufgetretenen Schwierigkeiten bei Lampen mit übereinanderstehenden Effektkohlen zu bewältigen.

Heute dienen zur Beleuchtung von Straßen und Plätzen von Bahnhofshallen und Gleisanlagen, soweit elektrisches Licht für dieselbe in Frage kommt, zum größten Teil Effektbogen- oder Flammenlampen mit nebeneinander- oder übereinanderstehenden Effektkohlen. Diese beiden Lampentypen unterscheiden sich im wesentlichen nur durch ihre Lichtverteilung. Während bei der Reinkohlenlampe etwa 85% des ausgestrahlten Lichtes vom positiven Krater ausgehen, und auf den Bogen selbst nur etwa 15% des Lichtes entfallen, kommt dem zwischen Effektkohlen gebildeten Lichtbogen fast die gesamte Lichtemission zu. Aus diesem Grunde hat auch die Form des Lichtbogens einen erheblichen Einfluß auf die Lichtverteilung der Lampe, d. h. ihre Lichtintensität in den verschiedenen Ausstrahlungsrichtungen.

Die Lichtverteilung ist bei der Wahl einer Lampentype für eine bestimmte Beleuchtungsanlage neben ihrer Wirtschaftlichkeit von großer Bedeutung. Während für Platzbeleuchtung meist solche Lampen Verwendung finden, welche das Maximum der Lichtausstrahlung in nächster Nähe ihres Fußpunktes aufweisen, wie die Lampen mit nebeneinander stehenden Effektkohlen (vgl. Kurve III der Abb. 253), kommen für Straßen- und Gleisbeleuchtung Lampen mit einer

Hauptlichtausstrahlung zwischen 50° und 60° in Frage. Eine solche Lichtverteilung ist den Lampen mit übereinanderstehenden Effektkohlen eigen, wie die Kurve II der Abb. 253 zeigt. Sie kann aber auch durch Verwendung sogen. Diopterglocken bei Lampen mit nebeneinander angeordneten Effektkohlen erreicht werden. Diese Diopterglocken sind Glaszylinder meist konischer Form, welche auf ihrer Außenseite konzentrische Prismenringe in der aus Abb. 254 ersichtlichen Art tragen. Durch die Wahl des brechenden Winkels der Prismenringe kann man die Lichtverteilung der Lampen mit nebeneinander angeordneten Kohlen in ziemlich weiten Grenzen nach Wunsch gestalten, wie die Kurve IV der Abb. 253 erkennen läßt.

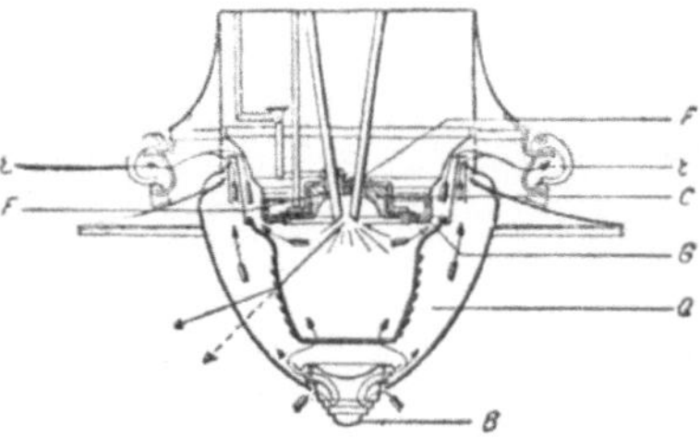

254. Lampe mit Diopterglocke.

Die Lichtbogen zwischen zueinander geneigten Effektkohlen sowie der Gleichstromlichtbogen zwischen Reinkohlen senden nahezu den gesamten Lichtstrom in den Raum unterhalb einer durch die Bogen gelegten Horizontalebene. Nur der Wechselstromlichtbogen zwischen Reinkohlen strahlt fast ebensoviel Licht in den Raum oberhalb als unterhalb (vgl. die punktierten Kurven der Abb. 255). Um das erstere für die Bodenbeleuchtung möglichst nutzbar zumachen, verwendet man bei Wechselstromreinkohlenlampen kleine Reflektoren oberhalb des Lichtbogens, wodurch eine resultierende Lichtverteilung erreicht wird, wie sie die ausgezogene Kurve der Abb. 255 zeigt.

Die von dem Lichtbogen zwischen Effektkohlen in erheblicher Menge entwickelten Rauchgase und Säuredämpfe müssen durch geeignete Ventilationseinrichtungen sowohl aus dem von der Glocke umschlossenen eigentlichen Brennraum als auch aus dem Gestängeteil der Lampe abgeführt werden. Die frische Luft tritt in den unteren Teil der Glocke durch einen Aschenteller ein und wird infolge der besonderen Konstruktion des letzteren an den Glockenwandungen hochgeleitet. Durch Öffnungen in der Laterne gelangt der Luftstrom mit den von ihm auf seinem Wege durch die Glocke angesaugten Rauchgasen und Säuredämpfen wieder ins Freie. Während sich in einer schlecht ventilierten Glocke die kondensierbaren Bestandteile der Rauchgase in einer, das Licht erheblich absorbierenden Schicht auf der inneren Glockenwand niederschlagen, bleiben die Glocken mit geeigneter Ventilation praktisch beschlagfrei.

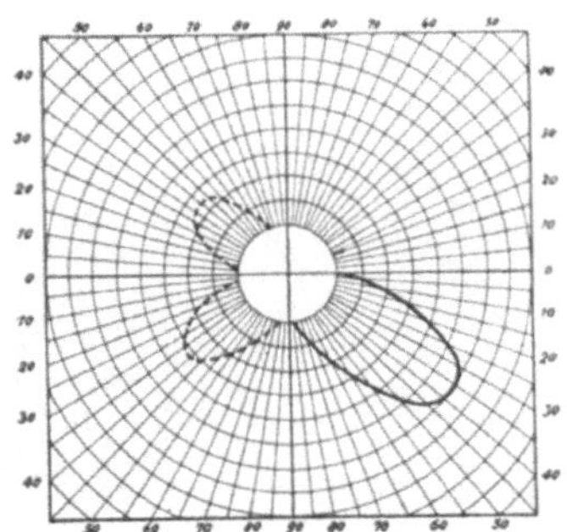

255. Lichtverteilungskurve eines Wechselstromlichtbogens zwischen Reinkohlen. Links: ohne Lichtpunktreflektor. Rechts: mit Lichtpunktreflektor.

Die regelwerklosen Lampen. Die bei den Lampen mit nebeneinander stehenden Kohlen gebotene, besonders günstige Gelegenheit zu erheblicher Vereinfachung des Regelwerks wurde bald nach der praktischen Einführung dieser Lampen zum Bau der sogen. regelwerklosen Lampen ausgenutzt.

Man kann nämlich den Nachschubmechanismus dadurch entbehrlich machen, daß man die eine der beiden zueinander geneigten Kohlen mit einem Teil ihres unteren Endes auf eine unverbrennbare Stütze stellt; bei fortschreitendem Abbrande rutscht die gestützte Kohle allmählich nach. Da die Halter beider Kohlen an einer durch ein Gewicht belasteten Stange ähnlich wie in Abb. 251 aufgehängt sind, so wird beim Abwärtsgleiten der gestützten Kohle auch die zweite Kohle mitgenommen. Eine solche „Stützkohlenlampe" bedarf lediglich einer Vorrichtung zur Zündung.

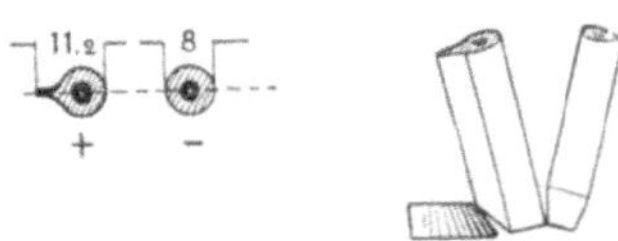

256. Kohlen mit Stützrippen für Stützkohlenlampen.

Diese wird durch einen Elektromagneten bewirkt, welcher durch Vermittlung eines einfachen Winkelhebels das Brennende der nicht gestützten, um den Aufhängepunkt ihres Kohlehalters in bestimmten Grenzen schwingbaren Kohle im Augenblick des Einschaltens von der Spitze der gestützten Kohle entfernt und während des Brennens den Abstand der normalen Lampenstromstärke entsprechend regelt.

Um einen möglichst regelmäßigen Abbrand der gestützten Kohle und damit einen gleichmäßigen Nachschub zu erreichen, bildet man den Querschnitt dieser Kohle derart aus, daß sie nur mit einer schmalen Rippe auf dem Stützkörper ruht (vgl. Abb. 256), oder man versieht die Kohle in der Längsrichtung mit einer Nut, in welche eine Stützrippe aus geeignetem Material, meistens Metall, eingeklemmt ist. Man baut auch Stützkohlenlampen mit drei Kohlen, von welchen sich zwei an den Brennenden gegeneinander stützen, wodurch ein besonderer Stützkörper entbehrlich wird. Die sich stützenden Kohlen bilden die eine Elek

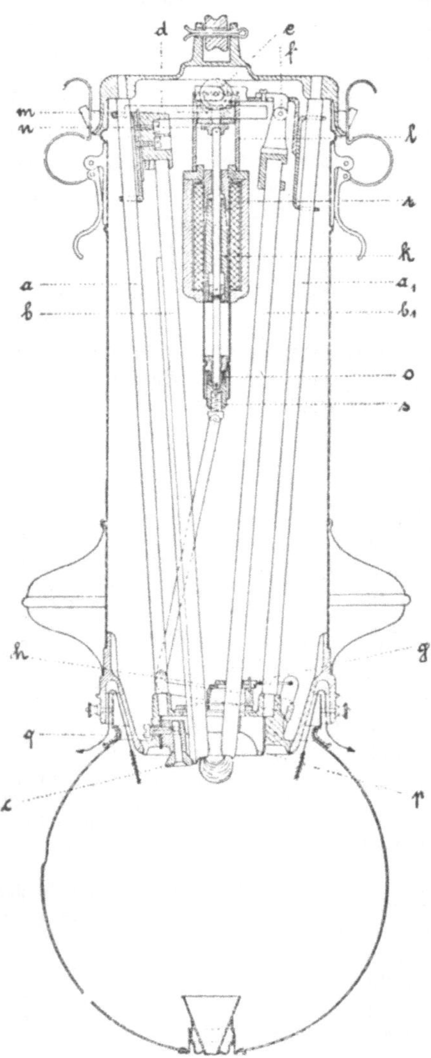

257. Stützkohlen-Lampe.

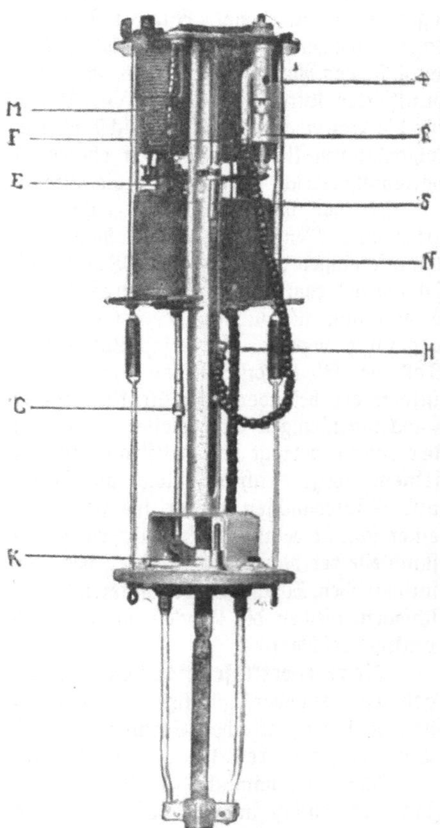

258. Regulierwerk einer Dauerbrand-Lampe.

trode, die dritte Kohle ist wie bei den beschriebenen Zweikohlenlampen schwingbar angeordnet. Den Aufbau einer der bekanntesten Stützkohlenlampen, der „Becklampe" läßt die Abb. 257 erkennen.

Einfluß der Kosten für Bedienung und Kohlenersatz auf die Wahl der Lampentype. Außer der Wirtschaftlichkeit in bezug auf den Stromverbrauch und außer der Lichtverteilung sind für die Wahl einer Lampentype für eine bestimmte Beleuchtungsanlage die Kosten für Elektrodenersatz und Bedienung von großer Wichtigkeit.

Schon frühzeitig hat man deshalb die Bedingungen zur Erreichung großer Brenndauern untersucht. Eine Brenndauerverlängerung läßt sich bei einem Kohlepaar von gegebener Länge entweder durch Vergrößerung des Kohlequerschnitts oder durch Verminderung der Zufuhr sauerstoffhaltiger Luft zum Lichtbogen erreichen. In beiden Fällen geht aber die Lichtausbeute der Lampe zurück; auch die Ruhe des Lichtes wird vermindert.

In der Praxis hat die mehr oder minder große Beschränkung der Luftzufuhr als das einfachere und wirksamere von den beiden angeführten Mitteln zur Verlängerung der Brenndauer speziell für Lampen mit Reinkohlen ausgedehnte Anwendung bei den Dauerbrandlampen und bei den Sparbogenlampen gefunden. Bei den ersteren wird die Zufuhr sauerstoffhaltiger Luft zum Brennraum dadurch möglichst beschränkt, daß der Lichtbogen von einer engen Glocke umschlossen wird, welche mit ihrem abgeschliffenen Rand durch einen federnden Bügel an eine ebene Metallplatte angepreßt wird; diese Innenglocke wird von einer weiteren, meist ebenfalls abgedichteten Außenglocke umgeben. Die Sparbogenlampen werden nur mit einer Glocke versehen; durch Öffnungen bestimmter Größe kann eine beschränkte Luftmenge in den Brennraum eintreten.

Bei Verminderung der Sauerstoffzufuhr zu dem zwischen Reinkohlen gebildeten Lichtbogen wächst die zu seiner Aufrechterhaltung erforderliche Spannung. Während für den offenen Lichtbogen zwischen diesen Kohlen eine Spannung von im Mittel 42 Volt erforderlich ist, brennen die Dauerbrandlampen und Sparbogenlampen bei 70—80 Volt. Infolgedessen kann man derartige Lampen nur einzeln an eine Netzspannung von 110 Volt schalten, während man bei derselben 2 offen brennende Reinkohlenlampen anschließen kann. Dadurch wird die Wirtschaftlichkeit der Lampen mit eingeschlossenem Lichtbogen zwischen Reinkohlen, welche an und für sich schon ein ungünstigeres Verhältnis des von der Lampe selbst aufgenommenen Effekts zur abgegebenen Lichtstärke aufweisen, als die Reinkohlenlampen mit offenem Lichtbogen, weiter verringert. Soweit sich zwei Lampentypen mit verschiedener Lichtverteilung hinsichtlich ihrer Lichtausbeute miteinander vergleichen lassen, entspricht die Lichtstärke einer 5 Ampere-Dauerbrandlampe etwa derjenigen einer offenen 7 Ampere-Gleichstromreinkohlenlampe; der praktische spezifische Effektverbrauch der ersteren beträgt 0,94 Watt pro Lichteinheit (Hefnerkerze $Hk_{\cup}$), derjenige der letzteren aber nur etwa 0,6 Watt. Dafür erreicht man bei der Dauerbrandlampe die dreifache Brenndauer der offenen Reinkohlenlampe bei gleichem Kohleverbrauch.

Die Dauerbrandlampen und Sparlampen werden meistens nicht als Fixpunktlampen ausgeführt; nur die obere Kohle gleitet dem Abbrande entsprechend von Zeit zu Zeit nach, während die untere Kohle fest angeordnet ist. Dadurch wird die Verwendung eines besonders einfachen Regulierwerks möglich; außerdem wird eine Abdichtung für die bei Fixpunktlampen erforderliche bewegliche Haltestange für den unteren Kohlehalter entbehrlich. Den Regel- und Nachschubmechanismus läßt die Abb. 258 erkennen. Zwei miteinander verbundene Eisenkerne E ragen mit ihrem oberen Teil in das Innere zweier Hauptstromspulen M, mit dem unteren in zwei Nebenschlußspulen N. Das an Federn F aufgehängte Verbindungsglied beider Kerne trägt eine Stange, an deren Ende eine die obere Kohle umfassende Klaue K beweglich angeordnet ist. Diese Klaue wird bei Auf- und Abwärtsbewegungen durch einen Stift in bestimmten Grenzen geführt. Die obere Kohle ist in dem mit der positiven Klemme verbundenen Kohlehalter H befestigt, welcher in einem geschlitzten Rohr gleitet. Im stromlosen Zustande berühren sich die Brennenden der Kohlen, und das Verbindungsstück der Eisenkerne ruht auf den Nebenschlußspulen. Beim Einschalten des Stromes werden die oberen Hälften der Magnetkerne in die Hauptstromspulen M hineingezogen. Gleichzeitig wird die Klaue K von der Stange mitgenommen. Infolge eines Spielraums in der Führung kann die Klaue eine geringe Drehung um ihren Aufhängepunkt am unteren Ende ihrer Haltestange ausführen; hierdurch entsteht eine Klemmung der oberen Kohle, so daß dieselbe hochgezogen und der Lichtbogen gebildet wird. Die Magnetkerne E schweben in einer, dem Verhältnis von Strom und Spannung sowie der Spannkraft der Feder F entsprechenden Lage. Wächst bei fortschreitendem Abbrande die Lampenspannung, während die Stromstärke abnimmt, so sinken die Kerne und mit ihnen die Klaue soweit abwärts, bis die letztere an dem vom Stift geführten Ende auf die Grundplatte der Lampe aufstößt und bei weiterer Abwärtsbewegung der Kerne in eine derartige Lage kommt, daß die

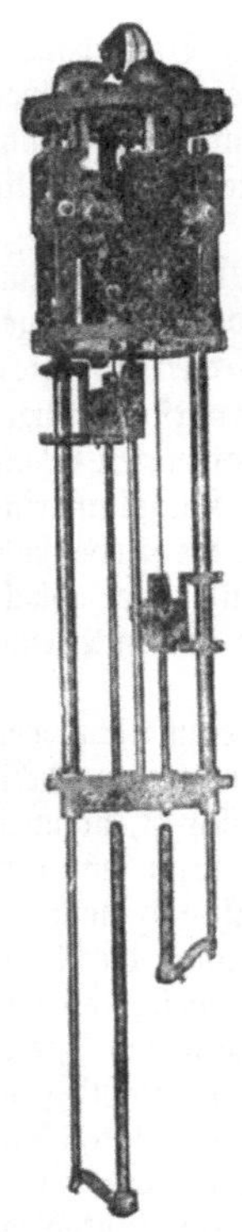

259. Bogenlampe mit zwei nacheinander abbrennenden Kohlepaaren.

Klemmung der Kohle aufgehoben wird. Bei dem hierdurch eintretenden Nachsinken der oberen Kohle wird der Lichtbogen kürzer, bis die normalen elektrischen Verhältnisse wieder erreicht sind und die Klaue ein weiteres Durchgleiten verhindert.

Verschiedene Mittel zur Verlängerung der Brenndauer von Flammenbogenlampen. Naturgemäß richteten sich die Bemühungen der Konstrukteure auch auf die Erreichung größerer Brenndauer bei Lampen mit Effektkohlen. Wie aber auf S. 163 bereits erwähnt wurde, macht die Abführung der vom Lichtbogen zwischen Effektkohlen entwickelten Rauchgase und Säuredämpfe schon bei offen brennenden Flammenbogenlampen Schwierigkeiten, so daß man bis in die jüngste Zeit gar nicht an eine Brenndauerverlängerung durch Verminderung der Luftzufuhr zum Lichtbogen zwischen Effektkohlen denken konnte; bei dem geringsten derartigen Versuche beschlägt die Glocke in kurzer Zeit.

Man gab deshalb den Lampen zunächst die größtmöglichste Länge um möglichst lange Kohlen benutzen zu können. Da man auf diesem Wege aber bald zu praktisch nicht überschreitbaren Grenzen gelangte, ordnete man in einer Lampe zwei Kohlepaare eng nebeneinander an. Das zweite Kohlepaar wird entweder erst nach dem Abbrande des ersten automatisch eingeschaltet, wie es bei den Lampen der in Abb. 259 dargestellten Art der Fall ist, oder beide Kohlepaare sind parallel geschaltet, und brennen daher wechselseitig ab. Von zwei ohne besonderen Widerstand in den einzelnen Zweigen parallel geschalteten Lichtbogen kann praktisch stets nur einer aufrecht erhalten werden. Bildet man also die Kohlehalter einer normalen Lampe (Abb. 249) in einer Weise aus, wie Abb. 260 zeigt, so daß sie zwei Kohlen gleichzeitig aufnehmen können, so bildet sich bei der Zündung der Lichtbogen zwischen denjenigen Kohlen, bei welchen gerade die bessere Berührung der Brennenden stattfindet. Bei fortschreitendem Abbrande dieses Kohlepaares berühren sich schließlich die Brennenden des zweiten Paares; in demselben Augenblick bildet sich der Lichtbogen zwischen diesen, während derjenige zwischen den ersten verlöscht, ohne daß die Umschaltung eine störende Unruhe des Lichtes zur Folge hat. Die Lampen mit nebeneinander stehenden Kohlen lassen sich in ähnlicher Weise für die Kohlepaare einrichten.

Sehr komplizierter Bauart sind die in Deutschland wenig verwendeten, aber in England ziemlich verbreiteten sogen. Magazinlampen. Nach dem Abbrand eines Kohlepaares wird bei diesen Lampen ein neues Paar durch einen sehr sinnreichen Mechanismus an die Stelle des ersten transportiert und dann automatisch eingeschaltet; die Umschaltung dauert einige Sekunden.

Flammenbogenlampen mit Metallelektroden. Bei den bisher beschriebenen Methoden der Brenndauerverlängerung handelt es sich, wenigstens soweit dieselben größere Verbreitung gefunden haben, meistens nur um eine Verdoppelung der Brenndauer der normalen Lampen durch Verdoppelung der Elektroden. Es ist also mit diesen Lampen nur eine Ersparnis an Bedienungskosten, nicht auch die angestrebte Ersparnis an Elektrodenmaterial zu erreichen. Immerhin kann diese Ersparnis bei hohen Arbeitslöhnen schon sehr ins Gewicht fallen.

Da, wie bereits ausgeführt, eine Beschränkung der Luftzufuhr, von welcher eine Lösung des Problems der kohlensparenden Flammenbogenlampe bis in die jüngste Zeit wegen des Niederschlagens der Rauchgase auf den Glockenwandungen auf scheinbar unüberwindliche praktische Schwierigkeiten stieß, so versuchte man die Kohlen durch Elektroden aus anderen Materialien zu ersetzen, welche bei Luftzutritt nur langsam verbrennen und doch eine günstige Lichtausbeute aufweisen.

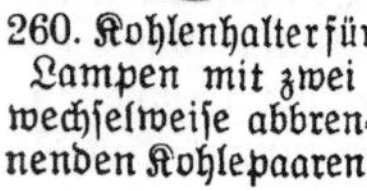

260. Kohlenhalter für Lampen mit zwei wechselweise abbrennenden Kohlepaaren.

Schon frühzeitig strebte man die Verwendung reiner Metalle an. Bisher hat sich jedoch nur Quecksilber für diese Zwecke unter bestimmten Bedingungen als brauchbar erwiesen. Da seine Verwendung in offenen Gefäßen schon dadurch ausgeschlossen erscheint, daß es bei Lichtbogenbildung bei Sauerstoffzufuhr unter Entwicklung giftiger Dämpfe verbrennt, so wird es in Glas- oder Quarzröhren eingeschlossen, aus denen der Sauerstoff sorgfältig entfernt ist und in denen ein ganz bestimmter Druck herrscht. Die Abb. 261 zeigt eine solche Quarzlampe, welche für die Erleuchtung von Fabrikhallen, Schiffswerften, Gleisanlagen usw. steigende Verwendung findet. Der in Abb. 262 dargestellte Brenner besteht aus einem 6—12 cm langen Quarzrohr mit besonderen Erweiterungen an den Enden, den sogen. Polgefäßen. Dem im Quarzrohr befindlichen Quecksilber wird der Strom durch Elektroden aus Nickelstahl zugeführt. Die Zündung des Lichtbogens erfolgt durch ein in den oberen Teil der Lampe eingebautes einfaches Magnetsystem, welches die Röhre beim Einschalten des Stromes „kippt", so daß das in den beiden Polgefäßen befindliche Quecksilber zusammenläuft. Nachdem so eine leitende Verbindung zwischen beiden Polen der Röhre hergestellt ist, fließt der Strom durch die Quecksilbersäule sowie durch einen dazu in Serie geschalteten zweiten Elektromagneten, welcher einen Ausschalter im Stromkreise des Kippmagneten betätigt. Sobald dieser stromlos wird, neigt sich die Röhre in ihre normale Lage zurück; dabei reißt der Quecksilberfaden ab und der Lichtbogen bildet sich zwischen dessen Trennflächen.

Das Licht des Quecksilberbogens ist verhältnismäßig arm an roten Strahlen, so daß dasselbe eigenartig grünlichblau erscheint. Durch lichtstreuende Glocken und nötigenfalls durch geeignete Kombination mit Glühlampen — speziell Metallfadenlampen — läßt sich jedoch die Lichtfarbe derartig beeinflussen, daß an den Verwendungsstellen,

261. Quarzlampe (Außenansicht).

an welchen nicht gerade die Eigenart des Quecksilberdampflichtes ausgenutzt werden soll, wie zur Reklamebeleuchtung, der ihm selbst eigene, meist unangenehm empfundene Farbenton kaum bemerkt wird.

Die Lebensdauer der Quarzlampenbrenner beträgt 1000—2000 Brennstunden. Da das ziemlich wertvolle Quarzglas defekter Brenner wieder verwendbar ist und beim Ankauf neuer Brenner in Zahlung genommen wird, so stellen sich die Ersatzkosten für Brenner niedriger als die Anschaffungskosten. Die Quarzlampe erfordert ebenso wenig Bedienung, wie die elektrischen Glühlampen. Je nach der Leistungsaufnahme, für welche die Lampe bestimmt ist, liefert sie eine mittlere untere räumliche Lichtstärke von 1200—3000 Hk.

Die Quarzlampe ist zurzeit nur für Gleichstrom verwendbar. Da plötzliche Stromschwankungen und -stöße die

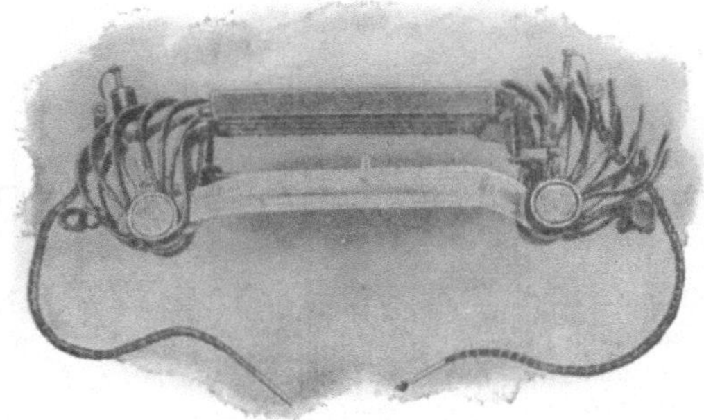

262. Quarzlampen-Brenner.

Lebensdauer der Quarzbrenner sehr herabsetzen, so werden zu den erforderlichen Vorschaltwiderständen Eisendrähte in mit Wasserstoff gefüllten Röhren, sogen. Variatoren, verwendet, welche die Eigenschaft besitzen, innerhalb gewisser Schwankungen der Spannung an ihren Enden

den Strom, welcher sie durchfließt, konstant zu halten. Diese Widerstände sind in die Lampe eingebaut, so daß diese ohne weiteres an die Netzspannung angeschlossen werden kann, für welche sie bestimmt ist.

Kohlensparende Flammenbogenlampen. In den allerletzten Jahren hat man nun auch die Schwierigkeiten zu bewältigen gelernt, welche die Beschränkung der Luftzufuhr zu dem Brennraum der Lampen mit Effektkohlen zur Folge hat.

Die Abb. 263—265 zeigen die beiden wichtigsten der bisher in der Praxis bekannt gewordenen Konstruktionen solcher „kohlensparender Flammenbogenlampen". Während sich bei der in der Abb. 263 dargestellten Lampe die kondensierbaren Bestandteile der Rauchgase zum größten Teil an den relativ kalten Wänden der beiden gußeisernen Rohre niederschlagen, welche den oberen Brennraum mit dem unteren verbinden, strömen sie bei der Lampe, welche die Abb. 264 resp. 265 zeigen, in die oberhalb und unterhalb des eigentlichen Brennraums angeordneten Kühlkammern ab. Die Kondensationsprodukte aus den vom Lichtbogen zwischen Effektkohlen entwickelten Rauchgase lagern sich nämlich hauptsächlich auf den relativ kältesten Wandungen des gesamten Raumes ab, in welchem sie eingeschlossen sind. Ist daher der Glockenteil, welcher den eigentlichen Brennraum mit dem Lichtbogen umschließt, derartig geformt, daß er von den Lichtstrahlen möglichst gleichmäßig erwärmt wird, wie bei der Lampe der Abb. 264 resp. 265, während die an ihn grenzenden Niederschlagsräume vor Erwärmung möglichst geschützt werden, so bleibt dieser Glockenteil auch bei verhält-

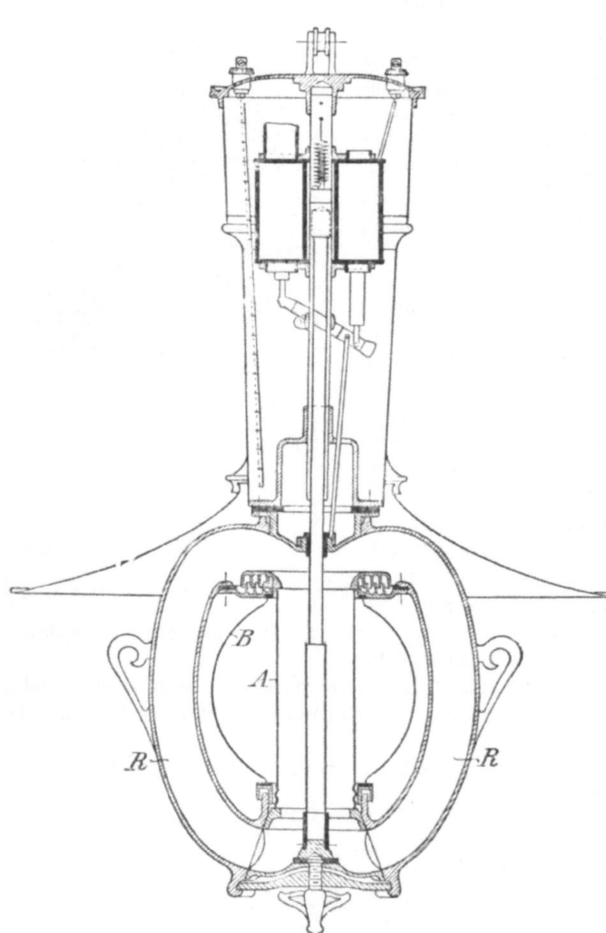

263. Kohlensparende Flammenbogenlampen mit Außenkanälen für die Rauchgase.

nismäßig großem Durchmesser und großer Höhe praktisch frei von Niederschlägen. Bei der in der Abb. 263 dargestellten Konstruktion wird die den Lichtbogen engumschließende zylindrische Glocke zur Wärmeisolation von einer weiteren, kugelförmigen Glocke umgeben.

Zu den Lampen mit oberem und unterem Kondensraum nach der Art der Abb. 264 resp. 265 kann das gesamte für die offenen Flammenbogenlampen normale Lampenwerk mit Gestänge verwendet werden, während die Lampen der Abb. 263 einen speziellen inneren Aufbau erfordern. Auch sind die kohlensparenden Lampen der ersteren Bauart für die gleichen elektrischen Verhältnisse geeignet, wie die offenen Flammenbogenlampen. Sie eignen sich daher besonders zu einem Vergleich der offenen mit der geschlossenen Lampe in beleuchtungstechnischer Hinsicht.

Während die Brenndauer einer offenen Flammenbogenlampe mittlerer Höhe 12—14 Stunden beträgt, werden mit einer geschlossenen Lampe der in Abb. 264 resp. 265 dargestellten Type bei Verwendung von Kohlen ungefähr gleicher Dimension und unter gleichen elektrischen Verhältnissen ca. 100 Brennstunden erreicht.

Wie bei der Beschränkung der Luftzufuhr zu den Reinkohlenlampen, so ist auch die Lichtausbeute der abgeschlossenen Flammenbogenlampen geringer, als die der offenen bei Verwendung derselben Kohlensorte. Die Lichtstärke der unter Luftbeschränkung brennenden Lampen mit Effektkohlen läßt sich jedoch durch geeignete Wahl und Menge der Leuchtsalzzusätze der Kohlen erhöhen.

Während z. B. die Lichtausbeute einer offenen Flammenbogenlampe bei bestimmten elektrischen Verhältnissen ca. 0,20 Watt für die Lichteinheit beträgt, steigt der „spezifische" Effektverbrauch infolge Abnahme der Lichtstärke bei Verwendung derselben Kohlensorte in Lampen mit beschränkter Luftzufuhr auf das Doppelte. Bei Verwendung einer Spezialkohle in diesen abgeschlossenen Lampen wird ihre Lichtausbeute wieder von 0,4 auf 0,3 Watt pro Lichteinheit verbessert.

Indirekte Beleuchtung. Es wurde bereits (S. 162) auf die Wichtigkeit hingewiesen, welche die Form der Lichtverteilung der verschiedenen Lampentypen bei der Wahl einer Type für eine Beleuchtungsanlage besitzt. In Innenräumen, z. B. Zeichensälen, Werkstätten usw., in welchen eine besondere Gleich-

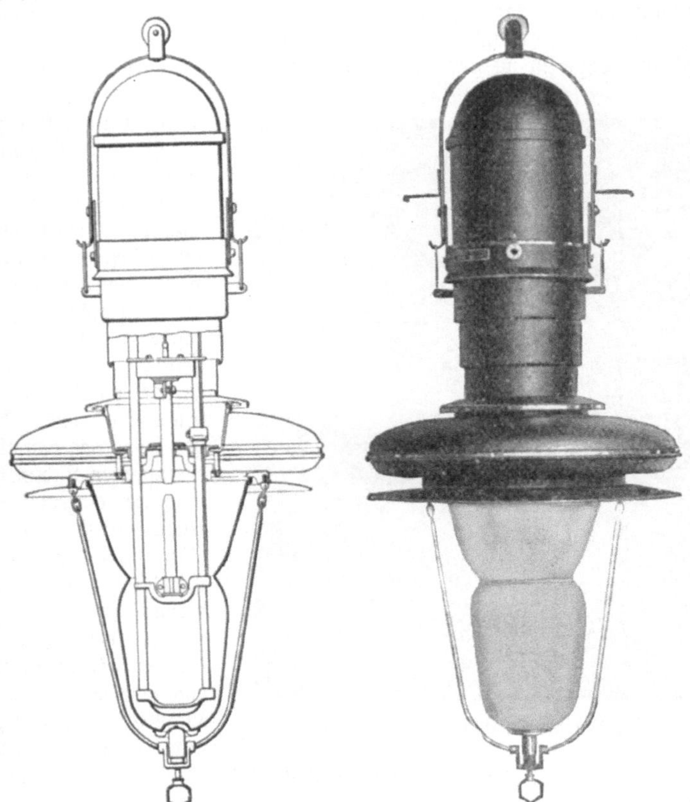

264. Kohlensparende Flammenbogenlampe mit getrennten Kondensationsräumen für die Rauchgase (Schnitt).

265. Kohlensparende Flammenbogenlampe mit getrennten Kondensationsräumen für die Rauchgase (Außenansicht).

mäßigkeit der Beleuchtung erforderlich ist, verwendet man Bogenlampen für indirekte oder halbindirekte Beleuchtung. Besitzen diese Räume gut reflektierende Decken, so können Lampen der in Abb. 266 dargestellten Bauart Verwendung finden, bei welchen fast der gesamte von ihnen ausgehende Lichtstrom nach oben geworfen wird. Um den durch diese Reflexion bedingten Lichtverlust zu vermindern, kann man den undurchsichtigen Metallreflektor der Lampe durch eine durchsichtige Glocke ersetzen. In Räumen mit schlecht reflektierenden oder mit sehr hohen Decken benutzt man Lampen mit besonderen Reflektoren.

Die Schaltung der Bogenlampen im Stromkreise und ihre Vorschaltung. Ein Lichtbogen, welcher bei einer Netzspannung von etwa 110 Volt unter Verwendung von Vorschaltwiderstand bei z. B. 45 Volt Elektrodenspannung ordnungsmäßig brennt, wird bei einer Verringerung der Netzspannung etwa durch Abschaltung von Zellen einer als Stromquelle dienenden Aktumulatorenbatterie bei Konstanthaltung der Stromstärke und des Elektrodenabstandes immer unruhiger, bis er bei einer bestimmten Netzspannung nicht mehr aufrecht zu erhalten ist, sondern beständig abreißt. Die Mindestgröße des zu ruhigem Brennen erforderlichen Vorschaltwiderstandes ist u. a. von der Stromstärke, der Elektrodenspannung, der Lichtbogenlänge sowie von den Dimensionen und der chemischen Zusammensetzung der verwendeten Kohlen abhängig. Bei Serienschaltung mehrerer Bogenlampen wird der auf jede Lampe entfallende Betrag dieser Vorschaltung mit zunehmender Lampenzahl im allgemeinen geringer. Jede Verringerung der pro Lampe erforderlichen Vorschaltung bedeutet eine Verminderung des praktischen spezifischen Effektverbrauchs der Beleuchtungsanlage. Da man nun mit gewissen, allgemein üblichen Netzspannungen der öffentlichen Elektrizitätswerke rechnen muß, und da man aus verschiedenen Gründen gewisse Lampenspannungen der einzelnen Typen nicht überschreitet, so baut man Lampe sonst gleicher Type für mehrere Normalspannungen, bei welchen sie sich in 110 Volt-Netzen, für Zwei-

266. Lampe für indirekte Beleuchtung.

oder für Dreischaltung, bei höheren Netzspannungen für entsprechende Schaltung eignen. Es gibt auch Bogenlampen, welche bei Verwendung spezieller Kohlen ohne jede Vorschaltung zu dreien an 110 Volt-Netzspannung brennen. Dieselben benötigen jedoch meistens einen besonderen Anlaßwiderstand zur Verminderung des Stromstoßes beim Einschalten, falls ihr Zündmechanismus nicht eine sehr rasche Lichtbogenbildung ermöglicht. Mit derartigen „Triplexlampen" wird eine besonders günstige Ausnutzung der elektrischen Energie erreicht. Kommt die Unterteilung der bei gegebenen elektrischen Verhältnissen erreichbaren Lichtmenge durch Verwendung mehrerer einzelner Lampen wegen zu geringer Ausdehnung der zu beleuchtenden Räumlichkeiten nicht in Frage, so kann man sich sogen. Doppelbogenlampen bedienen. Dieselben enthalten zwei selbständige Lampenwerke mit je einem Kohlepaar, welche elektrisch in Serie geschaltet und in eine einzige Armatur eingebaut sind. Beide Lichtbogen brennen gleichzeitig. Die Lichtstärke dieser Doppelbogenlampen entspricht

ungefähr derjenigen einer Einfachbogenlampe für doppelte Stromstärke und halbe Lampenspannung.

Während in Gleichstromanlagen nur „Ohmsche" Widerstände, d. h. Leiter aus Material von verhältnismäßig hohem spezifischen Leitungswiderstand als Vorschaltung in Frage kommen, können in Wechselstromnetzen außer diesen auch noch sogen. „induktive" Widerstände verwendet werden. Wie aus der Darstellung der Wechselstromerscheinungen bekannt ist, nimmt der Effektivwert des durch eine Drahtspule fließenden Wechselstromes ab, wenn man in den inneren Hohlraum der Spule Eisen einführt, der Strom wird bei Anwesenheit des Eisens gewissermaßen „gedrosselt". Bei solchen für Bogenlampenstromkreise üblichen Drosselspulen (vgl. Abb. 267) werden die erforderlichen Kupferdrahtwindungen K meistens auf zwei Spulen zu gleichen Teilen verteilt. Diese befinden sich auf Kernen, welche aus Eisenblechen zusammengesetzt sind. Die Stirnflächen dieser Eisenblechpakete werden durch ebensolche „Jochstücke" J überbrückt, welche in größerer oder geringerer Entfernung von den Kernen durch Schraubenbolzen und Muttern befestigt werden können. Durch die Größe des Zwischenraumes L zwischen Stirnfläche und Jochstück ist die von der Drosselspule bei gegebener Klemmenspannung durchgelassene Stromstärke bedingt; je geringer der Zwischenraum L ist, desto mehr drosselt die Spule. Derartige Spulen haben die für den Konsumenten meistens nicht ungünstige Eigenschaft, daß sie eine Verschiebung der Momentanwerte von Strom und Spannung, eine sogen. „Phasenverschiebung" verursachen. Bei einer solchen ist bekanntlich das Produkt der mit Amperemeter und Voltmeter gemessenen Werte von Strom und Spannung — der Volt-Amperewert — des Stromkreises größer, als der von einem Wattmeter angezeigte Energieverbrauch des Stromkreises. Da die Angaben des Elektrizitätszählers denen des Wattmeters entsprechen, so bedeutet die Verwendung von „induktiver" Vorschaltung für Bogenlampen in Wechselstromnetzen eine Stromkostenersparnis. Außerdem ist die Lichtausbeute der Wechselstromlampen mit Effektkohlen bei Verwendung von Drosselspulen infolge einer günstigen Veränderung der Form der Stromkurve auch noch wesentlich höher, als bei Benutzung induktionsfreier Vorschaltwiderstände. Eine der üblichen Anordnungen der letzteren für Bogenlampenstromkreise läßt die Abb. 268 erkennen. Die Einstellung des erforderlichen Widerstandes erfolgt durch Verschiebung des Ringes A; wird die Leitung bei B und C angeschlossen, so ist der jeweilige Betrag A B der Widerstandsspirale in den Stromkreis eingeschaltet.

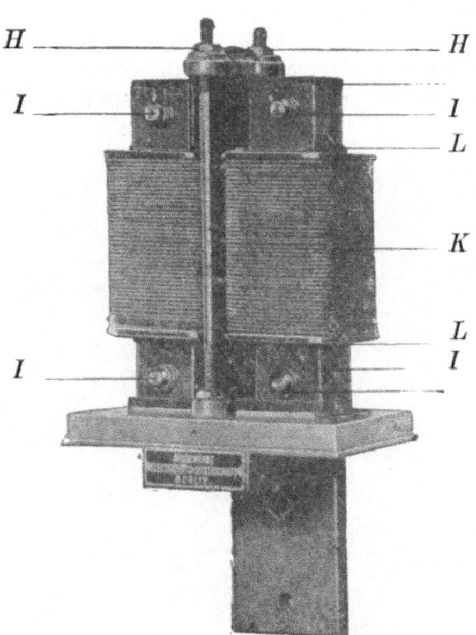

267. Drosselspule zur Vorschaltung für Wechselstrombogenlampen.

Bei größeren Serienschaltungen von Bogenlampen muß durch besondere Einrichtungen verhütet werden, daß beim Versagen einer oder mehrerer Lampen des Stromkreises alle Lampen verlöschen. Diese Bedingung wird durch „Ersatzwiderstände" erreicht, welche den einzelnen Lampen parallel geschaltet werden. Tritt dann bei einer oder mehreren Lampen eine Störung auf, so wird durch einen einfachen, durch ein Relais betätigten Schalter die Lampe durch einen Widerstand ersetzt, welcher dieselbe Energie verzehrt, wie die Lampe im betriebsmäßigen Zustande, ohne daß die übrigen Lampen der Serie beeinflußt werden.

Die mittlere räumliche Lichtstärke von Bogenlampen und ihre Bestimmung. Für die Beurteilung einer Bogenlampe als Beleuchtungskörper ist ihre mittlere räumliche Lichtstärke maßgebend.

Die Vorstellung dieses Begriffes wird durch folgende Überlegung erleichtert: Denkt man sich die Fläche, welche von der Lichtausstrahlungskurve einer Lampe (vgl. Abb. 253, S. 162) begrenzt wird, um die Lampenachse rotieren, so umschreibt die Kurve den sogen. „photometrischen Körper" der Lampe. Die Entfernung irgend eines Punktes der Oberfläche dieses Körpers von der Lampenmitte, bei Bogenlampen von der Mitte des Lichtbogens, stellt die Lichtstärke in der Richtung dieser Verbindungslinie dar. Wird nun der photometrische Körper durch eine Kugel von gleichem Rauminhalt ersetzt, deren Mittelpunkt in der Mitte der Lampe liegt, so entspricht der Halbmesser dieser Kugel der mittleren räumlichen Lichtstärke der Lichtquelle. Dieser Wert stellt also diejenige Lichtstärke dar, welche eine nach allen Richtungen des Raums gleichmäßig ausstrahlende punktförmige Lichtquelle in irgendeiner dieser Richtungen haben würde, wenn der gesamte, von dem leuchtenden Punkte ausgehende Lichtstrom gleich demjenigen wäre, welchen die betrachtete Lichtquelle aussendet.

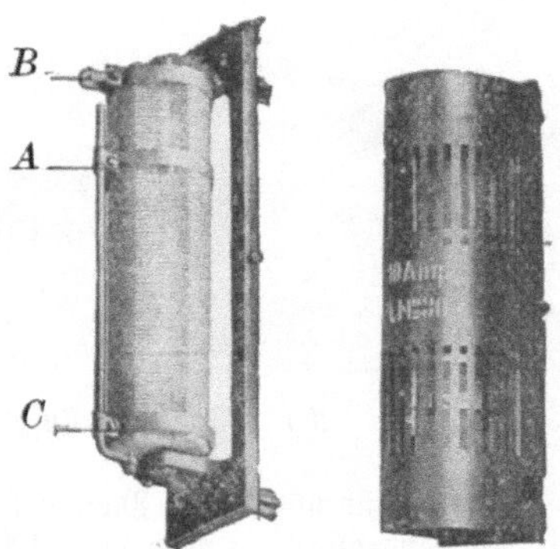

268. Vorschaltwiderstand
ohne Schutzkappe   mit Schutzkappe.

Bei Bogenlampen kommt in der Praxis nur die mittlere untere räumliche Lichtstärke in Frage, d. h. die in dem Raum unterhalb einer durch die Mitte des Lichtbogens gelegten Horizontalebene herrschende mittlere Lichtstärke. Wie die Lichtverteilungskurven auf Seite 162 zeigen, gelangt in den oberhalb dieser Ebene befindlichen Raum nur ein sehr geringer Bruchteil des gesamten Lichtstroms.

Die Ermittlung der mittleren räumlichen und mittleren unteren räumlichen Lichtstärke einer Bogenlampe ist auf verschiedene Weise möglich. Hier seien von den wichtigsten praktischen Methoden die beiden folgenden, prinzipiell voneinander verschiedenen, kurz erläutert.

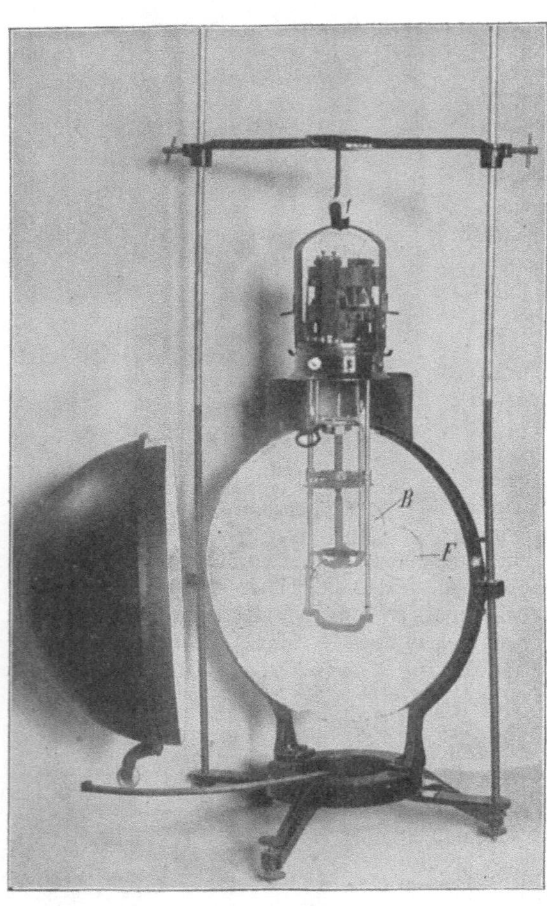

269. Ulbrichtsche Kugel.

Bei der älteren der beiden Bestimmungsarten wird aus der Lichtverteilungskurve der Lampe, welche man mit Hilfe einer der bekannten photometrischen Meßmethoden aufnimmt, durch ein rechnerisches oder graphisches Verfahren die mittlere räumliche oder mittlere untere räumliche Lichtstärke indirekt ermittelt.

Die andere moderne Methode gestattet die unmittelbare experimentelle Ermittlung der mittleren räumlichen oder auch nur der mittleren unteren räumlichen Lichtstärke durch direkte Beobachtung. Die nach ihrem Erfinder als Ulbrichtsche Kugel bezeichnete Meßeinrichtung ist auf folgende physikalische Tatsache gegründet: Befindet sich im Innern einer Hohlkugel an einer beliebigen Stelle eine Lichtquelle und ist die Innenwandung der Kugel derartig beschaffen, daß sie das auf sie auftreffende Licht nach allen Richtungen gleichmäßig („diffus") reflektiert, ohne einen Teil desselben zu absorbieren, so ist die Wandbeleuchtung durch reflektiertes Licht an allen Stellen die gleiche, so verschieden auch die direkte Beleuchtung der Kugelwandung verteilt sein mag, und zwar ist diese indirekte Beleuchtung proportional der mittleren räumlichen Lichtstärke der Lichtquelle.

Zur Ausführung dieser Meßmethode überzieht man die Innenwandung einer Hohlkugel von genügender Größe (mindestens 1,5 m D.) mit einem Anstrich, welcher die vorerwähnte Bedingung diffuser Reflexion erfüllt (z. B. Zinkweiß in Milch fein verteilt) und bringt an geeigneter Stelle etwa bei F (Abb. 269) eine Öffnung in der Wandung an, welche man mit einer Milchglasplatte verschließt. Durch einen horizontalen Kugelabschnitt von passendem Durchmesser kann die zu messende Lampe in die Kugel eingeführt werden. Zwischen der Lichtquelle und der Platte F, dem sog. Kugelfenster wird eine ebenfalls mit einem diffus reflektierenden Anstrich überzogene Blende B eingeschaltet, welche das Auftreffen direkter Lichtstrahlen von der zu messenden Lampe auf das Fenster verhüten soll. Die Beleuchtung des Fensters F, welche nach den obigen Ausführungen ein Maß für die mittlere räumliche Lichtstärke der zu messenden

Lampe darstellt, wird von außen mit Hilfe eines der bekannten Photometer bestimmt. Durch einmalige Ausführung der Messung unter Verwendung einer Glühlampe (Metallfadenlampe) als Normallampe, deren mittlere räumliche Lichtstärke durch eine der anderen bekannten Methoden, etwa durch Aufnahme und Auswertung ihrer Lichtverteilungskurve festgestellt worden ist, wird die gesamte Meßeinrichtung geeicht.

Zur Bestimmung der mittleren unteren räumlichen Lichtstärke wird die zu messende Lampe nur bis zu derjenigen Horizontalebene in die Kugel eingehängt, welche den entsprechenden Lichtkegel begrenzt

Die Glühlampe.

Einleitung. Wird ein fester Körper erwärmt, so sendet er Strahlen aus; bei geringer Erwärmung sind es langwellige Strahlen, die vom menschlichen Organismus als Wärme empfunden werden; wird die Erwärmung des Körpers stärker, so beginnt er zu glühen, zunächst dunkelrot, dann kirschrot, hellrot, gelblich und schließlich mit immer weiter gesteigerter Temperatur glüht er weiß, bis er endlich schmilzt. Der glühende Körper sendet neben den Wärmestrahlen noch Strahlen von kleinerer Wellenlänge aus, und zwar werden Strahlen in dem Wellenlängenbereich von 0,00076 bis 0,00038 mm vom menschlichen Organismus durch das Auge wahrgenommen und als Licht empfunden. Licht von der Wellenlänge von 0,00074 mm ist rotes Licht, Licht von der Wellenlänge 0,00038 mm ist violett. Die Farben orange, gelb, grün, blau entsprechen den zwischenliegenden Wellenlängen der Ätherschwingungen, welche den Lichtreiz in unserem Auge hervorrufen. Strahlt ein glühender Körper alle Wellenlängen von 0,00076 bis 0,00038 mm gleichzeitig aus, so empfindet das gesunde menschliche Auge sein Licht als reinweiß. Je niedriger die Temperatur eines glühenden Körpers ist, desto rötlicher ist sein Licht.

Die Möglichkeit, durch Wärme Licht zu erzeugen, war schon in den Anfängen der Kultur bekannt. Der Kienspan, die Pechfackel der Alten sind die ersten künstlichen Lichtquellen gewesen. Dann kam die Öllampe, in deren Flamme rotglühende Kohlenstoffteilchen die Träger des Lichtes sind. Bei allen diesen Flammen ist die Temperatur eine verhältnismäßig niedrige, daher ist das Licht dieser Lichtquellen so rötlich. Im Jahre 1789 baute Murdoch in England die erste Leuchtgasanlage mit Steinkohlengas. Auch in der offenen Gasflamme eines Schnittbrenners glühen unverbrannte Kohlenstoffteilchen; da aber die Flammentemperatur bei der Gasflamme höher als bei der Öllampe ist, erscheint eine Gasflamme gelblicher als die rötliche Ölflamme. Viele empfindsame Leute beschwerten sich in den Jahren 1810—1820, als die Gasbeleuchtung sich auf dem Kontinent auszubreiten begann, über die Helligkeit und den „kalten" Farbenton der Gasflammen, denen die warme, anheimelnde Röte der Öllampen und Kerzen fehlte. Heute erscheinen uns die offenen Gasflammen unerträglich rot, und das Ziel der siegreichen Beleuchtungstechnik ist ein reinweißes Licht; weißes Licht kann aber nur erzielt werden, wenn man einen Glühkörper einer möglichst hohen Temperatur aussetzt.

Als in der Mitte des 19. Jahrhunderts die Gasbeleuchtung immer mehr Verbreitung fand und insbesondere es gestattete, einzelne Räume nicht mit der tausendkerzigen Lichtfülle der Bogenlampe zu beleuchten, sondern dem Bedürfnis der Wohn- und Arbeitsräume entsprechend mit geringerer Lichtstärke, da war für die Elektrotechnik ein Problem gegeben, das von einer hervorragenden technischen und eminenter wirtschaftlicher Bedeutung war. Die Elektrotechnik hatte ja in dem elektrischen Strom ein einfaches Mittel, die höchsten Temperaturen zu erzeugen. Mit der Erkenntnis des Joule'schen Gesetzes, daß die in einem elektrischen Leiter entwickelte Wärmemenge proportional dem Widerstande des Leiters, der Zeit und dem Quadrate der Stromstärke wächst, war der Weg zur Schaffung einer Glühlampe gegeben. Es kam nur noch darauf an, elektrische Leiter zu finden, die einen sehr hohen Schmelzpunkt besitzen, und die oxydierende Wirkung des Sauerstoffs der Luft auf die glühenden Körper auszuschließen.

Eine Glühlampe konnte nur dann lebensfähig sein und den Wettbewerb mit anderen Lichtquellen aufnehmen, wenn sie gewissen Anforderungen wirtschaftlicher Art entsprach. Zunächst mußte sie eine gewisse Lebensdauer besitzen, da jede Neuanschaffung einer Glühlampe Geld kostet. Wichtiger aber war ihr Stromverbrauch. Eine Glühlampe ist ja ein Apparat, der Elektrizität verbraucht und dafür Licht liefert, und Elektrizität kostet Geld; je nach der Anlage und den besonderen Verhältnissen zahlt man in Deutschland zwischen 3 und 70 Pfennig für die Kilowattstunde. Es ist daher jedermann berechtigt zu fragen, wieviel Licht er für sein Geld bekommt. Der Elektrizitätsverbrauch ist mittels der auf den Seiten 88 ff. beschriebenen elektrischen Meßinstrumente leicht zu bestimmen. Er beträgt stets so und soviel Watt. Es bleibt nur noch zur Ermittelung der Wirtschaftlichkeit einer Glühlampe der von ihr gelieferte Lichtbetrag zu bestimmen.

Die Messung der Lichtstärke der Glühlampe. Früher herrschte auf dem Gebiete der Lichtmessung große Uneinigkeit; als Lichteinheit zum Vergleich mit dem Licht der Glühlampe diente hier die eine, dort die andere Kerze und jeder nannte seine Kerze „Normalkerze". Den gemeinsamen Bemühungen des Verbandes Deutscher Elektrotechniker und des Deutschen Vereins von Gas- und Wasserfachleuten ist es seit 1897 gelungen, Klarheit und Einheit in die photometrischen Verhältnisse zu bringen. Als Einheit für Lichtmessungen dient in Deutschland die Hefnerlampe, eine kleine Dochtlampe, deren Docht mit Amylacetat getränkt wird. Hefner v. Alteneck ist ihr Erfinder und sie hat in Deutschland offizielle Anerkennung gefunden. Die von der Hefnerlampe in horizontaler Richtung ausgestrahlte Lichtstärke ist die Einheit der Licht-

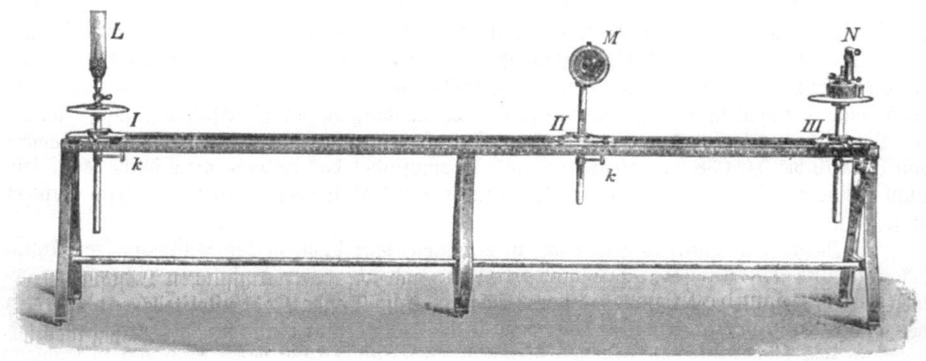

270. Photometerbank.

stärke und heißt Hefnerkerze, abgekürzt HK. Wenn man heute im Sprachgebrauch des täglichen Lebens das Wort Kerze im Sinne einer Lichtstärke gebraucht, so hat man darunter die Hefnerkerze zu verstehen. In Frankreich, England und den Vereinigten Staaten von Nordamerika ist die Einheit der Lichtstärke seit 1909 die „international candle", die 11% höher als die Hefnerkerze ist; aber auch hier ist die Einigung erfreulich, denn früher hatte jedes Land, in Deutschland sogar fast jeder Bundesstaat seine eigene Kerze, die von den anderen Kerzen in ihrer Lichtstärke verschieden war. Zur Bestimmung der Lichtstärke einer Glühlampe wird die Lichtstärke der Glühlampe mit der Lichtstärke der Hefnerlampe auf Grund einer photometrischen Messung verglichen. Die Photometrie der Glühlampen wird in den Glühlampenfabriken und in den Prüfanstalten mit großer Sorgfalt ausgeführt, da ja die Lichtstärke die Glühlampe als Lichtquelle charakterisiert. Die Bestimmung der Lichtstärke der Glühlampen erfolgt nach Vorschriften, die der Verband Deutscher Elektrotechniker ausgearbeitet hat und denen offizielle Bedeutung zukommt.

Zur Bestimmung der horizontalen Lichtstärke einer Glühlampe wird die Glühlampe auf eine Photometerbank gesetzt, die in einem Dunkelzimmer aufgestellt ist. In Abb. 270 ist eine derartige Photometerbank dargestellt. Man sieht an dem einen Ende der Photometerbank auf einem Teller die Normallichtquelle N, eine Hefnerlampe stehen, während die zu messende Lichtquelle, in dem in Abb. 270 dargestellten Falle eine Gasflamme mit Auerstrumpf, am anderen Ende der Photometerbank angeordnet ist. Zwischen diesen beiden Lichtquellen ist auf der Photometerbank verschiebbar das eigentliche Photometer M angeordnet. Das Photometer ist ein optischer Apparat, bei welchem eine Scheibe sowohl Licht von der Lichtquelle N als auch

Licht von der Lichtquelle L erhält. Jede der beiden Lichtquellen erzeugt im Gesichtsfeld des Photometers einen Lichtfleck. In Abb. 271 sieht man in den zwei schraffierten Kreisen die beiden verschiedenen, von den beiden Lichtquellen herrührenden Lichtflecke; der eine ist heller, der andere dunkler. Der Beobachter betrachtet nun das Gesichtsfeld des Photometers und verschiebt das Photometer auf der Photometerbank so lange zwischen den beiden Lichtquellen, bis beide Flecke gleich hell sind, so daß sie als eine einzige, gleichbeleuchtete Fläche erscheinen. In dieser Stellung wird das Photometer von beiden Lichtquellen gleich stark beleuchtet und man kann jetzt aus der bekannten Entfernung des Photometers von den Lichtquellen und aus der Lichtstärke der Einheitslichtquelle die unbekannte Lichtstärke der Lichtquelle L

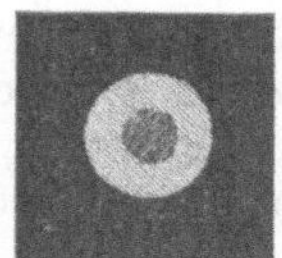

271. Gesichtsfeld des Photometers.

berechnen. War z. B. der Fleck im Gesichtsfeld des Photometers verschwunden, als das Photometer 4 m von der Lichtquelle L und 1,5 m von der Lichtquelle N entfernt war, so ist die Lichtstärke L der unbekannten Lichtquelle:

$$L = \frac{4^2}{1,5^2} \text{ mal der Lichtstärke der Einheitslichtquelle N.}$$

Da letztere gleich 1 HK ist, so ist die Lichtstärke $L = \frac{4 \cdot 4}{1,5 \cdot 1,5} \cdot 1 = 7,1$ HK. Bei der Bestimmung der Lichtstärke einer Glühlampe mißt man stets gleichzeitig ihren Verbrauch an elektrischer Energie, ihren Effektverbrauch in Watt. Man kann sich jetzt, wenn man Wattverbrauch und Lichtstärke kennt, ein Bild der Betriebskosten einer Glühlampe machen. Der Wattverbrauch einer Glühlampe betrage 56 Watt, ihre Lichtstärke sei 16 HK. Dann gibt der Bruch:

$$\frac{\text{Watt}}{\text{Kerzen}} = \frac{56}{16} = 3,5 \text{ Watt pro Hk}$$

den spezifischen Wattverbrauch der Glühlampe an, der für ihre Wirtschaftlichkeit als Stromverbraucher und Lichterzeuger maßgebend ist. Aus dem spezifischen Wattverbrauch, der heute für jede Lampenart bekannt ist, weiß man sofort, wieviel Watt man für jede erzeugte Kerze benötigt. Früher bezeichnete man den spezifischen Wattverbrauch mit dem schrecklichen und falschen Worte: „Ökonomie". Weiß man nun noch, wieviel man für jede Kilowattstunde bezahlen muß, z. B. 10 Pfennig, so kann man leicht ausrechnen, welche Kosten eine Lampenbrennstunde verursacht. Die 16kerzige Kohlenfadenlampe (die Kerzenzahl ist auf dem Sockel jeder Lampe aufgedruckt, siehe S. 187), die 3,5 Watt pro erzeugte Kerze benötigt verbraucht im ganzen $3,5 \times 16 = 56$ Watt. In einer Stunde verbraucht sie also 56 Wattstunden. Da 1000 Wattstunden (1 Kilowattstunde) 40 Pfennig kosten, so kosten 56 Wattstunden $\frac{40 \cdot 56}{1000} = 2,24$ Pfennig. Die Kohlenfadenglühlampe kostet also in der Stunde bei dem angegebenen Strompreise 2,24 Pfennig und liefert dafür 16 HK.

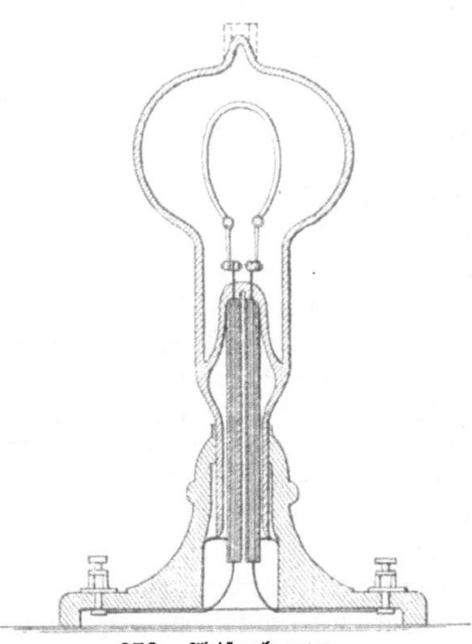

272. Edisonlampe.

Die Kohlenfadenglühlampen. Die erste Glühlampe, die marktfähig geworden war und auch heute noch viel benutzt wird, hatte einen Glühfaden aus Kohlenstoff. Es erregte kein geringes Aufsehen, als zum ersten Male auf der ersten internationalen Elektrizitätsausstellung in Paris im Jahre 1881 eine fertige Glühlampe der breiten Öffentlichkeit vorgeführt wurde. Edison hatte sie in seinem Pavillon ausgestellt. Die Vorführung der Edisonschen Kohlenfadenlampe in Paris war ein Ereignis von der größten Bedeutung für die deutsche Industrie; gab sie doch Veranlassung zur Gründung der Deutschen Edisongesellschaft, der heutigen Allgemeinen Elektrizitätsgesellschaft, eine der größten deutschen Elektrizitätsgesellschaften.

So unscheinbar und anspruchslos eine elektrische Glühlampe aussieht, eine um so größere Fülle geistreicher Ideen sind in ihr verkörpert, und es bedurfte großer Energie und großer Sachkenntnis, aus den Erfahrungen und Mißerfolgen anderer zu lernen, bis eine gebrauchsfähige Glühlampe geschaffen war. Von einer Erfindung der Glühlampe im landläufigen Sinne des Wortes kann man nicht reden; es war hier nicht ein Geistesblitz, der eine gebrauchsfähige Glühlampe schuf, sondern die Schaffung einer gebrauchsfähigen Glühlampe baute sich auf vielen Versuchen auf; die Glühlampe konnte überhaupt nur lebensfähig werden, als die übrigen Verhältnisse die nötigen Mittel zu dauernd rationellem Betriebe gewährleisteten. Diese Grundlage war mit der Konstruktion der Dynamomaschine geschaffen.

Zuerst hatte wohl Jobart im Jahre 1838 in Brüssel vorgeschlagen, ein stromdurchflossenes Kohlenstäbchen im luftleeren Raum als Lichtspender zu benutzen; der Zeit entsprechend schlug er ein Kohlenstäbchen aus Retortenkohle vor, die so hart ist, daß sie sich kaum mit Werkzeugen bearbeiten ließ und die so unrein und unhomogen im Gefüge ist, daß nie eine brauchbare Glühlampe mit diesem Material geschaffen werden konnte. Heinrich Göbel, ein Deutscher, der in Amerika lebte, hatte schon 1846 eine Glühlampe hergestellt, deren Faden aus einer verkohlten Bambusfaser bestand, die er seinem Spazierstock entnommen hatte. Es blieb bei einer technischen Spielerei, zur industriellen Reife vermochte Göbel seine Idee zu jener Zeit nicht zu führen. Edison nahm im Anfang der siebziger Jahre einen Platindraht als Glühkörper. Platin war ja damals das einzige bekannte Metall mit hohem Schmelzpunkt; doch auch eine Lampe mit Platinfaden konnte nicht lebensfähig werden. Der elektrische Widerstand des Platins ist zu klein, sein Schmelzpunkt ist für die Bedürfnisse der Glühlampentechnik zu niedrig; ebenso verhielt es sich mit dem dem Platin chemisch und physikalisch nahestehenden Metall Iridium.

Ende der siebziger Jahre war es den Fachleuten klar, daß nur der unschmelzbare Kohlenstoff als Glühfadenmaterial in Frage kommen kann. Es wurde in Amerika und in England von verschiedenen Seiten intensiv an der Schaffung der Glühlampe gearbeitet und die Namen Edison, Swan, Sawyer, Man, Maxim, Lane-Fox bedeuten Marksteine in der Entwicklung der Lampe. Jeder trug fruchtbare Ideen in die Glühlampentechnik und keiner wollte dem anderen einen Erfolg gönnen. Es entspannen sich die heftigsten Patentprozesse, die schließlich mit einer wirtschaftlichen Einigung der Beteiligten endigten. Es war die vegetabilische Faser als Glühfadenmaterial erkannt worden, die unter Luftabschluß verkohlt wurde, und dann in die Glasbirne, aus welcher die Luft ausgepumpt wurde, eingesetzt wurde. Als Glühfäden waren vorgeschlagen worden: Papierstreifen, Kartonstreifen, Baumwollfasern, Seide, Stroh, selbst Menschenhaare und Roßhaar, die verkohlt wurden. Bei diesem Wettstreit kam dann Edison mit der ersten brauchbaren Lampe in die große Öffentlichkeit, deren Faden aus verkohlter Bambusfaser bestand, wie sie schon Göbel 1846 benutzt hatte. Die geeignete Bambusfaser ließ Edison von einer besonders zu diesem Zweck nach Ostindien entsandten Kommission ermitteln. Das Bambusrohr wurde vom Mark befreit, in dünne quadratische Stäbchen zerschnitten und aus diesen Stäbchen wurde mit Hilfe eines stählernen Zieheisens ein feiner Faden mit kreisförmigem oder dreieckigem Querschnitt gezogen, der unter Luftabschluß verkohlt wurde. Die Edisonschen Glühlampen des Jahres 1881 kosteten 10 Mark pro Stück, brannten 200—300 Stunden und brauchten 5 Watt pro erzeugte Kerze. Sie gaben eine Lichtstärke von 10 oder 16 Kerzen. Da sie als Konkurrenz zu den offenen Gasschnittbrennern jener Zeit gedacht waren, die auch 10 oder 16 Kerzen ergaben, wurden sie eben in dieser Lichtstärke hergestellt. Heute noch gilt in vielen Kreisen die 16kerzige Glühlampe als die normale, was doch zu verwundern ist, da wir ja im Zeitalter des Dezimalsystems leben und der Unterschied zwischen 16 Kerzen und 20 Kerzen mit dem bloßen Auge kaum wahrgenommen werden kann; aber in der historischen Analogie zu den Gasbrennern der achtziger Jahre findet sich die Erklärung. Die Beleuchtungstechnik ging in der Folge einen expansiven, lichtspendenden Weg, das Lichtbedürfnis der arbeitenden und feiernden Menschheit stieg immer mehr; wir stehen heute noch unter dem Einfluß des Prinzips des wachsenden Lichtbedürfnisses. Daher sind heute weder beim Gas noch bei der elektrischen Glühlampe 16kerzige Lichtquellen als normale zu bezeichnen.

Vom Jahre 1882 an beginnt die Glühlampenindustrie sich mit Macht zu entwickeln. Durch die große Anzahl der entstandenen Glühlampenfabriken setzte ein scharfer Wettbewerb ein, der die Hersteller zwang mit den raffiniertesten Mitteln der rationellen Massenfabrikation zu arbeiten. So kam es, daß die Kohlenfadenlampem gar bald nicht mehr 10 Mark, sondern 50 bis 70 Pfennig kosteten, daß sie nicht mehr 200, sondern 450 Stunden brannten und daß vor allem ihr spezifischer Wattverbrauch nicht mehr 5 Watt pro erzeugte Kerze, sondern nur 3,5 Watt/HK betrug, ein Wert, der heute noch für Kohlenfadenglühlampen normal ist. Beim Erscheinen der Glühlampen waren die Aktien vieler Gasanstalten gesunken; sie fürchteten wegen der neuen Konkurrenz ihre Tore schließen zu müssen; sie bestanden aber alle weiter. Der Konkurrenz= kampf zwischen Gas und Elektrizität ist ein friedlicher und vornehmer und die Kohlenfaden= glühlampe war am allerwenigsten geeignet, der Gasindustrie den Todesstoß zu versetzen. Die= selbe Lichtstärke, durch die Kohlenfadenglühlampe erzeugt, war teurer als die durch die offene Gasschnittbrennerflamme erzeugte. Und trotzdem dieser Siegeszug der elektrischen Glüh= lampe! Vor allem bestrickte der Umstand, daß die Glühlampe keine Gase von sich gab, welche die Atmosphäre eines Zimmers verschlechtern, und daß sie keine so große Wärmemenge wie das Gas entwickelte. Auch der Umstand, daß die Glühlampe durch einen bequem zugänglichen Schalter entzündet werden konnte und sofort Licht gab, verschaffte ihr viele Freunde. Die Glühlampe besitzt dem Gas gegenüber Annehmlichkeiten und Vorteile, die sich nicht in nackten Zahlen ausdrücken lassen.

Die Herstellung des Kohlefadens. Die genannten vegetabilischen Fasern hatten den Nachteil, daß sie eine Struk= tur besaßen und nicht homogen, nicht absolut gleichmäßig in ihrer Masse waren. Daher zerstäubten sie leicht in dem luftleeren Raum unter dem Ein= fluß der Wärmewirkung des elektrischen Stromes und einige Stellen des Glüh= fadens wurden immer dünner, bis der Faden schließlich nach etwa 200 bis 300 Brennstunden durchgebrannt war.

Der größte Fortschritt lag daher darin, daß Joseph Wilson Swan lehrte, strukturlose Kohle herzustellen, deren Gefüge homogen und einheitlich war.

Zur Herstellung strukturloser Fäden wird Baumwolle in heißer Chlorzink= lösung aufgelöst; diese Lösung wird in Glaskolben auf etwa Sirupdicke ein=

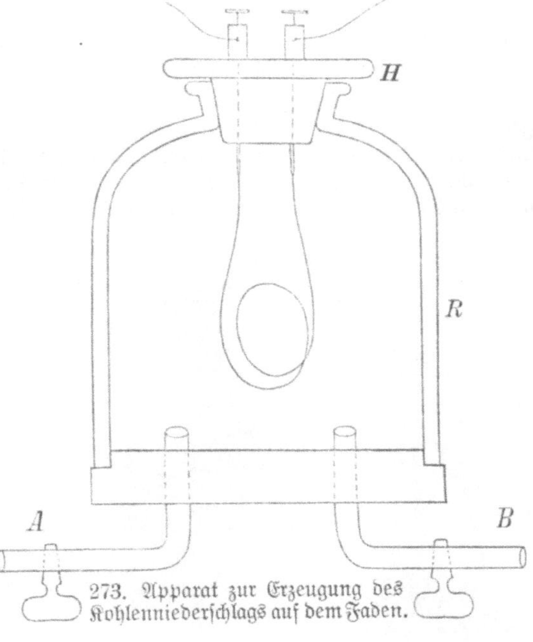

273. Apparat zur Erzeugung des Kohlenniederschlags auf dem Faden.

gekocht und durch eine feine Düse in eine mit Spiritus angefüllte Flasche gespritzt. Unter der wasserentziehenden Wirkung des Spiritus wird die aus der Düse austretende Flüssigkeit fest, der ausfließende Strahl formt sich bei der Berührung mit dem Spiritus zu einem weichen, zusammenhängenden, festen Fadenstrang. Der entstandene feste Faden wird nun aus dem Spiritus herausgenommen, in verschiedene Bäder gelegt, in denen die noch in der Faden= masse befindliche Chlorzinklösung ausgewaschen wird und dann getrocknet. Beim Trocknen verliert der Faden seine ganze Feuchtigkeit und schrumpft hierbei auf etwa ein Drittel seines ursprünglichen Durchmessers zusammen. Der Faden gleicht jetzt einem dunkelblonden Haar und zeigt einen matten Seidenglanz. Das geschilderte Verfahren zur Herstellung der Glüh= fäden dient übrigens auch zur Herstellung künstlicher Seide, die eine große praktische Bedeu= tung gewonnen hat.

Diese Rohfäden werden nun auf die erforderliche Länge zugeschnitten und in Schamotte= kasten ganz in feines Kohlenpulver eingebettet. Die Schamottekasten kommen in einen Ofen, in dem die Rohfäden allmählich verkohlen. Dieses Verfahren nennt man Karbonisieren. Die Rohfäden werden deshalb ganz fest in ein feines Kohlenpulver gebettet, damit während der

Erhitzung keine Luft an den Rohfaden herantreten kann, da sonst der Sauerstoff der Luft den aus Zellulose, also im wesentlichen aus Kohlenstoff bestehenden Rohfaden zu Kohlenoxyd bzw. Kohlendioxyd (Kohlensäure) verbrennen würde. Nachdem der Rohfaden verkohlt ist, ist er nicht mehr gelblichbraun, sondern mattschwarz geworden; seine Beschaffenheit ist vollständig verändert. Er besteht aus reinster Kohle und ist ziemlich zerbrechlich und spröde geworden.

 Betrachtet man einen verkohlten Rohfaden im Mikroskop, so zeigt der Faden noch viele Unebenheiten in seiner Gestalt. Infolgedessen ist auch sein elektrischer Widerstand an verschiedenen Stellen verschieden; wo der Faden etwas dünner ist, ist der Widerstand größer, wo er dicker ist, kleiner. Würde man einen derartigen Faden in einer Glühlampe brennen, so würde der Faden an den dünneren Stellen heller leuchten und die Kohle des Fadens würde an diesen Stellen schneller zerstäuben und so zu einem frühzeitigen Bruch des Fadens Veranlassung

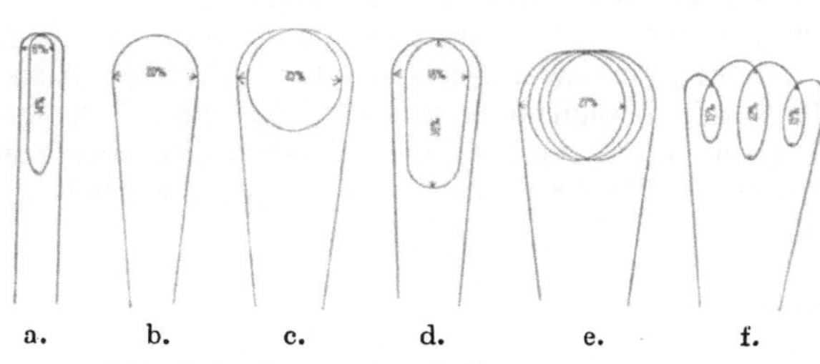

274. Fadenformen für Kohlenfadenglühlampen.

geben. Es kommt daher darauf an, dem Faden eine möglichst gleichmäßige, homogene Oberfläche, ohne jegliche Unebenheit zu geben, damit sein Querschnitt und somit auch sein elektrischer Widerstand an allen Stellen gleich wird. Dieses Verfahren nennt man Präparieren, eine Erfindung von Hiram Maxim.

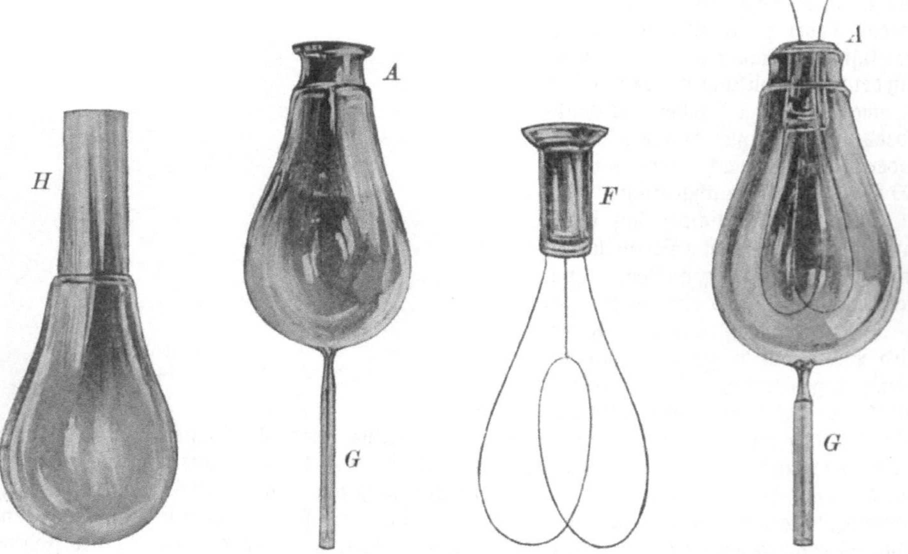

275. Hüttenfertiger   276. Kolben mit abgezogenem   277. Füßchen mit   278. Eingeschmolzenes
Glaskolben.   Hals und Pumpröhrchen.   Glühfaden.   Füßchen.

 Der Faden wird in einen Halter H (Abb. 273) gesetzt, durch den ihm Strom zugeführt werden kann, dann bringt man ihn unter einen Rezipienten R, in dem zunächst die Luft durch eingeleitetes Kohlenwasserstoffgas ersetzt und das letztere dann durch eine Luftpumpe verdünnt wird. Abb. 273 zeigt diese Vorrichtung, in der die Röhren A und B zur Zuführung des Kohlenwasserstoffes oder zur Luftentleerung dienen. Leitet man jetzt Strom durch den Faden, so wird das Kohlenwasserstoffgas durch den elektrischen Strom in Kohlenstoff und Wasserstoff gespalten und der

Kohlenstoff schlägt sich auf dem glühenden Faden nieder, und zwar wird der Niederschlag an den Stellen am stärksten erfolgen, die am stärksten glühen. Dies sind aber die Stellen, an denen der Faden am dünnsten und der Widerstand für diese Strecken am größten ist; der Faden wird daher an solchen Stellen entsprechend verdickt. Man sieht also, daß bei diesem Verfahren zunächst alle Strecken des Fadens einen gleichen Widerstand erhalten, der Faden somit elektrisch ganz gleichförmig gemacht wird.

Nach dem Präparieren wird der Faden aus der Rezipientenglocke R herausgenommen, sein elektrischer Widerstand und seine Dicke werden bestimmt und der Faden ist nun fertig und kann in die Glasbirne eingesetzt werden.

Die am häufigsten vorkommenden Fadenformen sind in den Abb. 274 a—f dargestellt.

Die Herstellung der Glühlampe. Während der Herstellung der Fäden sind in einer anderen Station der Glühlampenfabrik die Glasglocken zur Aufnahme des Fadens vorbereitet worden. Die Glasglocken werden unter der Bezeichnung Kolben von Glashütten bezogen. Einen Glaskolben, wie er von der Glashütte kommt, zeigt Abb. 275. Man erkennt an diesem Kolben zunächst einen langen Hals H, der zum größten Teil in der Fabrik abgeschmolzen wird und

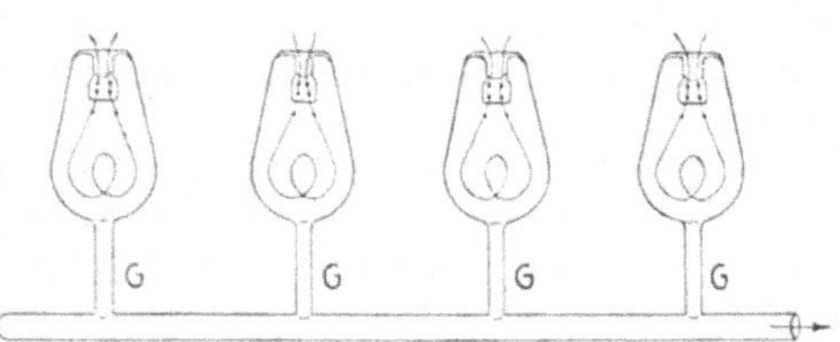

279. Die Lampen sind auf das Pumpengestell aufgeschmolzen.

dessen Ränder nach außen gebogen werden, wie es Abb. 276 bei A zeigt. In diesen Teil A des Kolbenhalses wird nämlich ein Glasfüßchen F (Abb. 277), an welchem der Glühfaden befestigt ist, hineingebracht und der überstehende Glasrand von A wird mit dem unteren Rande des Füßchens F verschmolzen, wie es Abb. 278 zeigt. In den Abb. 276 und 278 erkennt man noch an den halbfertigen Birnen ein Glasröhrchen G. Dieses Röhrchen G wird an den von der Hütte kommenden Glaskolben angeschmolzen und hat folgenden Zweck. Ist das Füßchen F mit dem Glühfaden in die Birne eingeschmolzen, so ist die Glühlampe bei A luftdicht verschlossen. Das Röhrchen G dient zur Verbindung der Glühlampe mit der Luftpumpe. Die Röhrchen G werden in eine Glasleitung B zur Luftpumpe eingeschmolzen, eine Lampe neben der anderen, wie es Abb. 279 zeigt, so daß eine größere Anzahl von Lampen gleichzeitig entlüftet werden kann. Nachdem die Luft aus den Kolben herausgepumpt ist, werden die Lampen mit einer Stichflamme am oberen Teil des Glasröhrchens G abgestochen, wobei sich die an jeder Glühlampe sichtbare Spitze bildet. In Abb. 280 sieht man die fertige Lampe.

Bei der Durchführung der Stromleitung durch das Glas muß man einen elektrisch leitenden Körper wählen, der den gleichen Ausdehnungskoeffizienten wie Glas besitzt. Ein solcher Körper ist Platin. Werden Platindrähte durch eine bestimmte Glassorte durchgeschmolzen, so bleibt die Verbindung zwischen Glas und Metall bei Erwärmung und Abkühlung stets luftdicht. Der einzige Nachteil für die Glühlampenindustrie liegt in dem hohen Preise des Platins. Der Platinbedarf der Glühlampen-

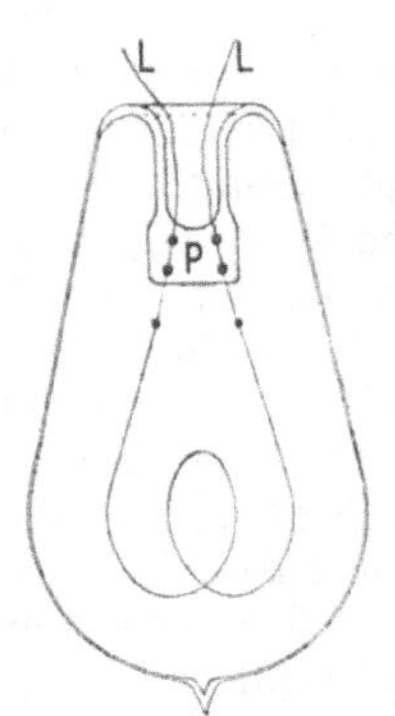

280. Fertige Lampe ohne Sockel.

industrie und anderer Industrien wird immer größer, so daß der Platinpreis andauernd in einer Aufwärtsbewegung begriffen ist. Im Jahre 1910 lag der Preis für 1 kg Platin bei 4000 $\mathcal{M}$. Man macht natürlich nur die kleine Durchführungsstelle P in Abb. 280 durch das Glas aus Platin, die übrigen stromleitenden Verbindungsstücke werden aus Kupfer hergestellt.

Die in Abb. 280 dargestellte Lampe ist nun fertig. Es wird nur noch ihre Lichtstärke bei der Spannung, bei der sie brennen soll, festgestellt und dann wird auf den Hals ein Metallsockel aufgesetzt (über Sockel s. S. 186), an den die Stromzuführungsdrähte L angelötet werden.

Wenn eine Kohlenfadenglühlampe brennt, so erleidet der Faden, auch der aus strukturloser Kohle allmählich eine Veränderung, er altert; es fliegen ganz kleine Kohlenstoffpartikelchen vom Faden an die Glasbirne, die immer dunkler wird, bis sie schließlich ganz schwarz geworden ist. Eine derartige geschwärzte Glasbirne gibt natürlich nicht mehr dieselbe Lichtstärke, welche die saubere Glasglocke im Anfang der Brenndauer gegeben hatte, da der schwarze, innere Beschlag Licht absorbiert. Der Wattverbrauch der Lampe bleibt aber während der gesamten Lebensdauer der Glühlampe derselbe, so daß man nach einiger Brennzeit für denselben elektrischen Energiebetrag wie im Anfang nicht mehr dieselbe Lichtstärke wie im Anfang erhält; die Lampe wird allmählich unwirtschaftlicher, und es tritt ein Zeitpunkt ein, bei welchem es wirtschaftlicher ist, den Anschaffungspreis für eine neue Lampe, die den Normalbetrag des Lichtes gibt, zu wagen, als die alte Lampe mit der geschwächten Lichtstärke und dem hohen Wattverbrauch weiterzubrennen. Dieser Punkt ist erreicht, wenn die Glühlampe 20% des Anfangswertes ihrer Lichtstärke verloren hat. Die Brenndauer, welche die Lampe bis zu diesem Punkte benötigt, nennt man Nutzbrenndauer der Lampe. Die Nutzbrenndauer ist bei Kohlenfadenlampen geringer als die absolute Lebensdauer der Lampe, welche so lange dauert, bis die Lampe an irgendeiner Stelle Fadenbruch erlitten hat. Diese Verhältnisse sind auch aus Abb. 285 zu ersehen.

Die Glühlampen, die in Netzen mit Spannungen bis 150 Volt verwendet werden, nennt man niedervoltige Lampen. Lampen, die zur Einzelschaltung in Netzen von 151—250 Volt bestimmt sind, nennt man hochvoltige Glühlampen. Eine hochvoltige Glühlampe für 220 Volt besitzt fast die doppelte Fadenlänge als eine niedervoltige Glühlampe von derselben Lichtstärke für 110 Volt und zwar ist ihr Faden wesentlich dünner als der der niedervoltigen Lampe. Der spezifische Wattverbrauch der hochvoltigen Lampen ist etwas höher als derjenige der niedervoltigen Glühlampen.

Anfang der neunziger Jahre des vorigen Jahrhunderts feierte die Gastechnik einen ungeheuren Triumph. Es war den langjährigen Studien des Dr. Carl Auer von Welsbach gelungen, den nach ihm benannten Glühstrumpf in praktisch brauchbarer Form herzustellen. Der Strumpf besteht aus einem Maschenskelett, das mit den Oxyden der seltenen Erden und zwar mit 99% Thoroxyd und 1% Ceroxyd getränkt ist. Wird ein derartiger Glühstrumpf von einer entleuchteten (sauerstoffhaltigen) Gasflamme bestrichen, so gelangen die Metalloxyde zu heller Weißglut. Was die Einführung des Auerstrumpfes für die Gastechnik in wirtschaftlicher Beziehung bedeutete, erkennt man am besten aus folgenden Zahlen. Der alte offene Schwalbenschwanzbrenner strahlte in seiner rötlichgelben Flamme nur 16 HK aus und verbrauchte hierzu 180 l Gas pro Stunde. Auers Glühstrumpf gab 70—80 HK und verbrauchte hierzu nur 120 l Gas pro Stunde. Also mit einer geringeren Gasmenge wurde ein Vielfaches der früheren Lichtstärke erzeugt. Dazu der weiße Glanz des Auerlichtes mit dem Stich ins Grünliche gegenüber dem rötlich-gelben Tone des offenen Gasschnittbrenners. Kein Wunder, daß sich jetzt die umgekehrte Erscheinung zeigte, als im Jahre 1881, jetzt triumphierten die Gaswerke, und die Anschlüsse von Gasflammen wuchsen bei jedem Werk. Es ist ein anerkanntes Prinzip, daß die Verbilligung des Lichtes stets den Bedarf an Licht wesentlich steigerte. Die Elektrotechnik war daher darauf bedacht, das Licht der Glühlampe zu verbessern und zu verbilligen, und es beginnen auf allen Seiten ernstliche Versuche zur Schaffung neuer Glühlampenarten.

Die Osmiumlampe. Derselbe Auer von Welsbach, welcher der Gastechnik den Glühstrumpf geschenkt hatte, griff die Versuche Edisons, eine Glühlampe mit Metallfäden herzustellen mit größerem Erfolge wieder auf. Die Chemie hatte unterdessen gelernt, daß noch andere, weit schwerer schmelzbare Metalle als Platin und Iridium rein dargestellt werden können. Auer versuchte 1898 Drähte aus dem schwerschmelzbaren Metalle Osmium zu ziehen, doch gelang ihm dies nicht, da Osmium viel zu spröde ist. Osmium gehört zur chemischen Gruppe Platin, Iridium, schmilzt jedoch erst bei 2500°, während Platin schon bei 1800° schmilzt. Osmium kommt in der Natur nur sehr selten vor als Osmium-Iridium als Begleiter der Platinerze, und Auer stellte das Osmiummetall als reines, feines Pulver her. Da sich Osmium nicht zu Drähten ziehen läßt, kein duktiles Metall wie Kupfer, Nickel, Eisen und Platin ist, stellte Auer aus dem Osmiumpulver auf ebenso einfache wie geniale Weise dennoch Drähte her, indem er einen Umweg einschlug. Er vermischte das Osmiumpulver mit einer klebrigen organischen Masse, wie Stärke, Zuckersirup oder Tragant zu einem zähen Brei und preßte aus diesem Brei durch eine dünne Edelsteindüse Fäden. Diese getrockneten Rohfäden leiteten natürlich den elektrischen Strom nicht, da das Bindemittel isolierte. Die Rohfäden wurden daher unter Luftabschluß karbonisiert, wobei sich das Bindemittel in reinen Kohlenstoff verwandelte. Jetzt leitete der Faden schon etwas den elektrischen Strom und nun mußte er noch entkohlt werden, d. h. aller Kohlenstoff des Bindemittels aus ihm entfernt werden, so daß ein reiner metallischer Faden übrig blieb. Zu diesem Zwecke wurde der karbonisierte Rohfaden in dieselbe Rezipientenglocke, wie sie in Abb. 273 dargestellt ist, eingesetzt und Strom durch ihn geschickt, so daß er erglühte. Durch die Röhren A und B wurde in den Rezipienten R ein Gemisch von Wasserstoff und Wasserdampf eingeleitet. Der Sauerstoff des Wasserdampfes trat mit dem glühenden Kohlenstoff des Rohfadens in chemische Beziehung, indem diese beiden Elemente sich zu Kohlenoxydgas vereinigten. Das Wasserstoffgas schützte den Osmiumfaden gegen Oxydation. Während der Kohlenstoff aus dem Rohfaden entwich, wurde die Stromstärke des Stromes, der durch den Rohfaden floß, andauernd gesteigert, die einzelnen Partikelchen aus Osmium sinterten und schmolzen zusammen, und es blieb ein reiner hochmetallischer Osmiumfaden übrig. Dieses Verfahren, aus nicht duktilen Metalpulvern, Metalldrähte oder Fäden herzustellen ist für die weitere Entwicklung der Glühlampentechnik grundlegend geworden; man nennt es Pasteverfahren. Die Osmiumlampe besaß einen spezifischen Wattverbrauch von etwa 1,5 Watt/HK und ergab Nutzbrenndauern von 1000 Brennstunden.

Der Osmiumfaden besaß nicht die Steifigkeit und Elastizität des Kohlenfadens; daher ließ sich die zur Herstellung einer Glühlampe notwendige Fadenlänge nicht wie der Kohlenfaden zu Schleifen winden; der fertige Osmiumfaden war zu spröde. Man konnte daher nur haarnadelartige Fadenbügel herstellen, die einzeln in eine Glühlampenglasbirne eingesetzt wurden und elektrisch miteinander in Hintereinanderschaltung verbunden wurden. Aus der Glasglocke mußte natürlich die Luft ausgepumpt werden, wie bei der Kohlenfadenlampe, da das glühende Osmiummetall sich mit dem Sauerstoff der Luft verbindet. Eine Osmiumlampe ist in Abb. 283 dargestellt. Damit die Fadenbügel beim Transport sich nicht ineinander verwickeln, sind sie durch Häckchen, die man in Abb. 283 erkennen kann, festgehalten. Diese Häckchen bestehen aus schwerschmelzbaren Stoffen z. B. Thoroxyd und sind in die Glaswandung der Birne eingeschmolzen.

Die Osmiumlampe zeigte zwei große Übelstände neben dem Vorteil des geringen spezifischen Effektverbrauches und der hohen Brenndauer. Der erste Übelstand war der Umstand, daß die Osmiumlampe nicht in jeder beliebigen Lage brennen konnte, sondern nur in senkrechter Lage, mit dem Sockel oben, der Glühlampenspitze unten. Brannte sie in schiefer Lage, so bauchten sich die unter Strom sich ausdehnenden und etwas erweichenden Fäden aus, berührten sich, es entstand Kurzschluß in der Lampe, und die Lampe war zugrunde gegangen. Der zweite Übelstand war der, daß die Osmiumlampe nur bis zu Spannungen von 37—40 Volt hergestellt werden konnte. Man mußte also in 110 Voltanlagen stets drei Osmiumlampen hintereinandergeschaltet gleichzeitig brennen, obwohl in den meisten Fällen nur das Bedürfnis für eine Lampe vorhanden war. Der Grund lag in dem geringen elektrischen Widerstand des Osmiumfadens, so daß für eine 110 Voltlampe so große Fadenlängen benötigt worden wären, daß sie nicht in einer Glasglocke, welche in ihren Dimensionen nicht zu sehr von den bei den Kohlenfadenlampen her üblichen und durch langjährigen Gebrauch geheiligten abwich, untergebracht werden konnten.

Auch die Osmiumlampe gehört heute der Geschichte an und ist durch die Wolframlampe abgelöst worden.

Die Tantallampe. Eine andere Lösung des Problems, eine wirtschaftlichere Glühlampe als die Kohlenfadenlampe zu schaffen, gelang nach langjährigen Studien den Ingenieuren der Firma Siemens & Halske. Dr. v. Bolton stellte zum ersten Male reines Tantalmetall her, und dieses Tantalmetall war duktil wie Kupfer, Nickel und Gold. Es konnte daher Anfang 1905 eine Glühlampe in den Handel gebracht werden, deren Faden aus einem einzigen langen, gezogenen Tantaldrahtstück bestand. Tantal wird in der Natur nie rein gefunden, sondern kommt mit anderen seltenen Erden vermischt in Tantaliten und Kolumbiten vor. Zuerst wird in langwierigen chemischen Prozessen Tantalpulver gewonnen, das noch etwas mit Tantaloxyd, einem weißen Pulver verunreinigt ist. Dieses Pulvergemisch wird im luftleeren Raum geschmolzen, wobei der Sauerstoff des Oxydes entweicht und ein reiner Metallklumpen aus Tantal übrig bleibt. Dieses Tantal hat ein etwas dunkleres Aussehen als Platin. In seiner

Härte kommt es dem weichen Stahl gleich, besitzt aber eine noch größere Zerreißfestigkeit als
dieser. Von den übrigen bisher zur Glühlampenfabrikation vorgeschlagenen Materialien unter=
scheidet sich Tantal dadurch, daß es sich walzen und zu sehr feinen Drähten ausziehen läßt. Sein

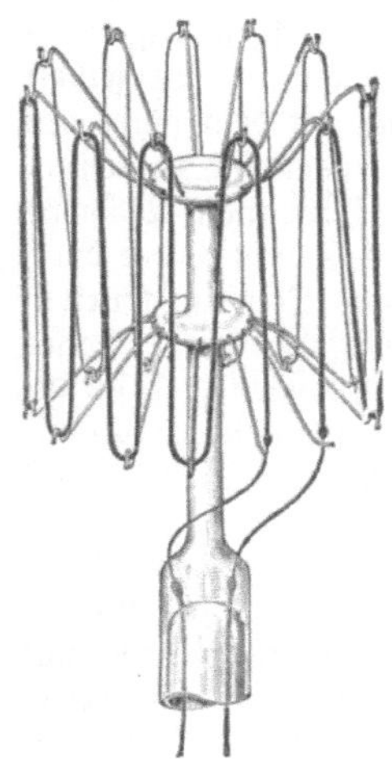

Schmelzpunkt liegt bei 2250°. Die elektrische Leitfähigkeit des Tan=
taldrahtes ist geringer als die des Osmiumfadens, aber immer noch
wesentlich besser als die des Kohlenfadens. Daher benötigt man zur
Herstellung einer 25 HK=Lampe für 110 Volt wesentlich größere
Fadenlängen als bei der Kohlenfadenlampe. Der Tantalfaden für
eine 25 HK 110 Voltlampe hat eine Länge von 650 mm und einen
Durchmesser von 0,05 mm. In äußerst geschickter Weise wurde dieser
lange Draht in einer Glasbirne untergebracht, die sich in ihren Di=
mensionen nicht von den bei Kohlenfadenlampen üblichen Glas=
birnen unterschied. Abb. 281 zeigt die Anordnung des Tantalfadens.
Von einem zentralen Glasgestell gehen radiale Trägerarme aus,
deren freie Endpunkte zu Häkchen umgebogen sind. Über diese Häk=
chen ist der ganze Tantaldraht fortlaufend geschlungen. Das Glas=
gestell wird dann wie das Füßchen der alten Kohlenfadenlampen in
die Glasbirne eingeschmolzen. Die fertige Lampe zeigt Abb. 282.

    Der Fortschritt, der durch die Tantallampe erreicht war, be=
stand darin, daß die Tantallampe einen spezifischen Wattverbrauch
von 1,5 Watt pro HK ergab und bei Gleichstrom eine Nutzbrenn=
dauer von 700—800 Stunden zeigte. Bei Wechselstrom ist die Brenn=
dauer geringer, aus Gründen, die auf S. 185 besprochen werden.

281. Drahthalter der
Tantallampe.

    Ein sehr wesentlicher Vorteil der Tantallampe ist der, daß sie mecha=
nisch äußerst stabil ist und eine rohe Behandlung vertragen kann. Erschütterungen und Stöße
vermögen den Tantaldraht nicht zu sprengen, daher hat die Tantallampe ausgedehnte Verwen=
dung dort gefunden, wo stromsparende Glühlampen an bewegten·Stellen benötigt werden,

an Zugpendeln und auf Fahrzeugen. Die Tantallampe wird
auch als Hochvoltlampe für 200—250 Volt Netze gebaut.
In solchen Fällen ist der innere Glasstengel der Abb. 282 doppelt
so lang und trägt noch einen oberen Fadenkranz, der mit dem
unteren hintereinandergeschaltet ist; natürlich ist die Glasglocke
einer derartigen Lampe größer als die einer Niedervoltlampe
von gleicher Lichtstärke.

    Die Wolframlampe. Im Jahre 1906 erschien die
Wolframlampe. Der unbestrittene Erfolg der Wolframlampe
besteht darin, daß sie die erste Glühlampe ist, die mit einem
spezifischen Wattverbrauch von nur 1,1 Watt pro HK brennt
und daher gegenüber Kohlenfadenlampen und Tantallampen
Stromersparnisse zu machen gestattet.

    Wolfram ist ein Metall, das allerdings in der Natur
nie in gediegenem Zustande vorkommt. Sein Name kommt
nicht von seinem Entdecker, sondern von einem Schmähwort.
Englische Hüttenarbeiter hatten einen Begleiter des Zinns
bemerkt, der nicht nur unschmelzbar war und in die Schlacke
ging, sondern auch mit Zinn Legierungen bildete und dessen
Schlackenbildung begünstigte oder, wie die Bergleute sagten:
„Zinn fraß". Sie nannten diesen Körper wegen seiner Ge=
fräßigkeit Wolf, Wolfert, Wolfart, woraus sich der heutige
Name Wolfram entwickelte, als Scheele im Jahre 1781 ent=
deckt hatte, daß hier ein neues chemisches Element vorliegt.

282. Tantallampe.

Wolfram kommt am häufigsten als Tungstein (wolframsaures Kalzium), oder als Wolframit
(wolframsaures Eisen und Mangan) im Erzgebirge, Böhmen, Schweden, Rußland, in den
Vereinigten Staaten von Nordamerika und in Australien vor. Die Fundstellen sind ergiebig.

Aus diesen Mineralien wird heute reines Wolfram hergestellt. 1860 kostete 1 Kilo Wolfram noch 1400 ℳ, heute ist der Preis eines Kilogramms Wolfram auf 10 ℳ gesunken. Im Gegensatz zu Osmium, das zur Familie der Edelmetalle wie Gold, Platin gehört, die sehr schwer oxydierbar sind, ist Wolfram kein Edelmetall, sondern besitzt eine große Verwandtschaft zum Sauerstoff. Erhitzt man daher metallisches Wolfram an der Luft, so entstehen die Oxydationsstufen des Wolframs, zuerst braunes Wolframdioxyd, mit weiterer Sauerstoffaufnahme blaues Wolframpentoxyd und schließlich die höchste Oxydationsstufe das gelbe Wolframtrioxyd oder die Wolframsäure. Die leichte Oxydierbarkeit konnte das Wolfram für die Glühlampenindustrie nicht besonders wertvoll erscheinen lassen; es war vielmehr der hohe Schmelzpunkt, der Wolfram zu einem so ausgezeichneten Glühfadenmaterial machte. Die Schmelzpunkte verschiedener Glühfadenstoffe und die Temperaturen, welche sie in der normal brennenden Lampe auszuhalten haben, sind aus folgender Tabelle zu ersehen:

Material	Schmelzpunkt	Gebrauchstemperatur des Fadens bei normal glühender Lampe
Kohlenfaden	3600°	1600—1700°
Platin	1800°	1600—1700°
Osmium	2500°	1900—2000°
Nernstoxyde	—	1900—2050°
Tantal	2275°	1850—2000°
Wolfram	2850—3200°	2000—2200°

Man sieht aus dieser Tabelle, daß Wolfram von den Metallen den höchsten Schmelzpunkt besitzt und daß sein Faden bei höherer Temperatur glüht als die Fäden der anderen Lampen. Dies bedeutet, daß das Licht der Wolframlampe wirtschaftlicher ist, da ein Körper bei höherer Temperatur mehr Licht ausstrahlt als bei niedrigerer und daß das Licht weißer ist. Außerdem zeigt sich, daß die Gebrauchstemperatur des Wolframfadens ziemlich tief unter seinem Schmelzpunkt liegt; hierin liegt eine Gewähr für die längere Brenndauer des Wolframfadens. Der Schmelzpunkt der Kohle ist zwar in der Tabelle zu 3600° angegeben, indessen ist dieser Wert ein angenommener Wert. Kohle ist überhaupt unschmelzbar, jedoch verflüchtigt sie sich leicht bei hoher Temperatur, daher kann der Glühfaden aus Kohle nicht höher als mit 1700° beansprucht werden.

Wolfram ist ein Metall, das sich nur auf Umwegen und in äußerst schwieriger und komplizierter Weise zu Drähten ziehen läßt. Die Glühlampentechnik wählte daher den einfacheren Weg, indem sie die Wolframfäden in Bügelform aus feinem Wolframpulver nach dem Pasteverfahren herstellte, wie es für die Osmiumfäden auf S. 180 beschrieben ist.

Der Wolframfaden besitzt nun eine ausgezeichnete elektrische Leitfähigkeit oder mit anderen Worten, sein spezifischer Widerstand ist geringer als der der anderen Glühfadenmaterialien. Dies ist eine für die Glühlampentechnik unerwünschte Eigenschaft, denn infolge des geringen Widerstandes werden wesentlich größere Fadenlängen von geringerem Durchmesser zur Erzeugung einer 110 Volt-Wolframlampe als bei den anderen Glühlampen notwendig. Diese Verhältnisse lassen sich aus der folgenden Tabelle ersehen, die Monasch in seinem Buche „Elektrische Beleuchtung" berechnet hat.

Material	Spez. Widerstand 1 qmm u. 1 m L. bei 20 °C Ohm	Fadendimensionen der 25 HK-Lampe	Volt
Kohlenfaden	0,63	0,154 mm Durchm. 258 mm Länge	110
Osmium	0,095	0,087 mm Durchm. 280 mm Länge	37
Tantal	0,165	0,05 mm Durchm. 650 mm Länge	110
Wolfram	0,07	0,03 mm Durchm. 530 mm Länge	110

Man sieht aus dieser Tabelle, daß der Wolframfaden für eine 25kerzige 110 Voltlampe nur einen Durchmesser von dreihundertstel Millimeter besitzt. Er ist also ebenso fein und dünn wie ein blondes Frauenhaar. Es war für die Glühlampentechnik nicht leicht, einen so dünnen leicht zerbrechlichen Faden von so erheblicher Länge in einer Glasbirne anzuordnen, wie sie der langjährige Gebrauch bei Kohlenfadenlampen als normal vorgeschrieben hatte. Der Kohlenfaden ist elastisch und eine Schleife mit vielen Windungen, wie sie Abb. 274 zeigte, besitzt genügend Halt in sich selbst. Der Wolframfaden ließ sich nicht in Schleifenform pressen. Man mußte die einzelnen Haarnadelbügel aus Wolfram nehmen und mehrere solcher Bügel in einer Lampe in Hintereinanderschaltung verwenden. Die konstruktiven Schwierigkeiten waren groß und haben in den Jahren 1906 und 1907 zu mancher Enttäuschung geführt.

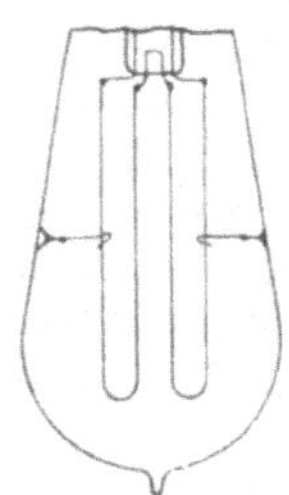

283. Fadenbügel von der Glaswand aus gehalten.

Zunächst ordnete man im Jahre 1906 die Wolframbügel so an wie bei der Osmiumlampe (Abb. 283), d. h. man ließ die Halter von der Mitte der Glaswand heraustreten. Die Fäden wurden beim Brennen weich, berührten sich, es entstand Kurzschluß, die Lampe war zugrunde gegangen; schon beim Transport verwickelten sich die Fäden ineinander. Die Lampe konnte nur in vertikaler Lage brennen. Im Jahre 1908 hatte man dann auf Grund vieler Versuche gelernt und eingesehen, daß das einfachste das beste ist. Die Konstruktion, welche sich dauernd bewährt hat, zeigt Abb. 284. Man sieht den zentralen Glassteg S, die im Scheitel gehaltenen Fadenbügel und einen Halterkranz; die unteren Halter H sind ganz fein, dünn und elastisch; sie federn und geben jeder Längsschwingung des Fadens nach. Dehnt sich der Faden beim Einschalten infolge der Erwärmung aus, so gibt der federnde Halter nach; zieht sich der Glühfaden nach dem Ausschalten zusammen, so gibt der federnde Halter wieder nach. Diese Konstruktion hat sich bewährt, und man trifft sie heute fast durchweg an. Derartige Lampen nach Abb. 284 brennen in jeder Lage, schief, vertikal, sogar mit der Spitze nach oben, ohne daß die Fäden sich berühren.

284. Wolframlampe mit zentralem Glassteg und federnden Haltern.

Die Wolframlampen werden für 100—130 Voltnetze in Lichtstärken von 16, 25, 32, 40, 50, 100, 200, 300, 400, 600 und 1000 HK hergestellt, für 200—250 Voltnetze in Lichtstärken von 25, 32, 40, 50, 100, 200, 400, 600 und 1000 HK. Die Lampen über 100 HK nennt man hochkerzige Lampen. Diese hochkerzigen Lampen haben sich als ein scharfer Gegner der Bogenlampen bis zu 1000 Hk erwiesen. Sie sind besonders in Wechselstromanlagen wirtschaftlicher als die offenen und eingeschlossenen Reinkohlenbogenlampen und haben den großen Vorteil, daß sie keiner Bedienung zum Kohlenstifteinsetzen bedürfen, wie Bogenlampen, daß kein Kohlenlager notwendig ist, daß sie keinen Reguliermechanismus besitzen, der bisweilen bei Bogenlampen zu einem Zucken des Lichtes Veranlassung gibt und keine Dämpfe oder Gerüche beim Brennen absondern.

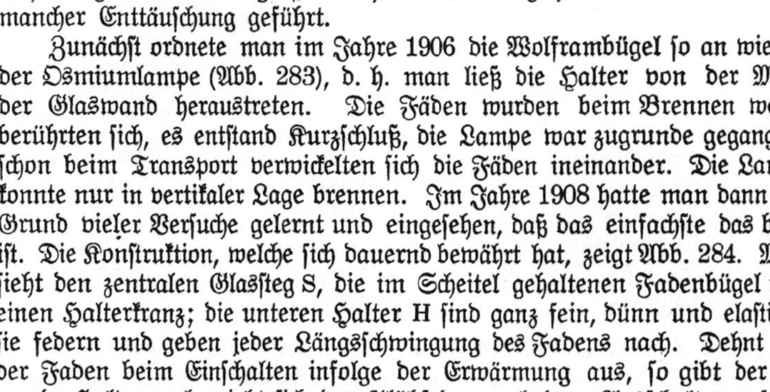

285. Abfall der Lichtstärke mit zunehmender Brenndauer.

Die praktische Brenndauer der Wolframlampen beträgt heute im Mittel 1000 Brennstunden. Meistens brennen jedoch die Wolframlampen, namentlich wenn im Netz keine starken Spannungserhöhungen auftreten und wenn die Lampen erschütterungsfrei aufgehängt sind, wesentlich länger. Es sind Brenndauern bis zu 5000 Brennstunden bekannt geworden.

Es ist interessant, das Verhalten der verschiedenen Lampenarten mit steigender Brenndauer zu betrachten. In Abb. 285 sind Kurven dargestellt, welche dem Buche von Monasch, „Elektrische Beleuchtung" entnommen sind und zeigen, wie die Lichtstärke der einzelnen Lampenarten mit steigender Brenndauer fällt. Nachdem die Lichtstärke um 20% ihres Anfangswertes gefallen ist, ist die Nutzbrenndauer erreicht; dann ist es zweckmäßig, die Lampe durch eine neue zu ersetzen. Dieser Wert ist erreicht, wenn die Kurven die Horizontallinie 80 schneiden. Man sieht, daß bei der Kohlenfadenlampe von 3,2 Watt pro HK anfänglichem spezifischen Wattverbrauch die Nutzbrenndauer schon nach 330 Stunden erreicht ist. Die Lebensdauer der Lampe reichte bis 1000 Stunden. Bei der Tantallampe ist die Nutzbrenndauer erst nach 500 Stunden erreicht gewesen, die Lebensdauer reichte bis 1000 Stunden. Bei der Wolframlampe wird die Horizontallinie 80 überhaupt nicht erreicht. Es ist eine charakteristische Erscheinung bei Wolframlampen, daß die Lichtstärke im Verlaufe der Brennzeit nur wenig fällt. Nach 1000 Brennstunden ist die Lichtstärke gewöhnlich nur 5—8% unter ihren Anfangswert gesunken. Gewöhnlich fällt daher bei Wolframlampen Nutzbrenndauer und absolute Lebensdauer zusammen. Bei dem in Abb. 285 dargestellten Versuch von Monasch wurde der Brenndauerversuch mit der Wolframlampe nach der 1500sten Brennstunde unterbrochen; bei diesen Versuchen wurden die Glühlampen mit Wechselstrom gespeist.

Die Tantallampe ergibt bei Wechselstrom eine niedrigere Brenndauer als bei Gleichstrom. Es liegt nahe, zu denken, daß auch die Wolframlampe bei Wechselstrom eine niedrigere Brenndauer als bei Gleichstrom ergibt. Man ist jedoch zu einem solchen Analogieschluß in bezug auf die Wolframlampe nicht berechtigt, denn es besteht ein prinzipieller Unterschied im Verhalten beider Fadenarten bei Wechselstrom. In Abb. 286 sehen wir nach Sharp mikroskopische Präparate von Fäden dargestellt, und zwar beziehen sich die Fäden A, B, C, D und E auf Tantalfäden. A bedeutet den Tantalfaden einer neuen Lampe, B einen solchen,

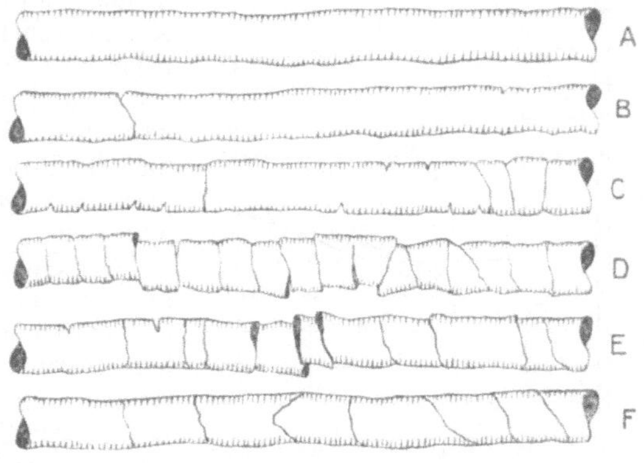

286. Mikroskopische Fadenpräparate.

der bei Gleichstrom 492 Stunden gebrannt hat. C ist ein Tantalfaden, der bei Wechselstrom von 25 Perioden 467 Stunden gebrannt hat, D ein Tantalfaden, der bei Wechselstrom von 60 Perioden 157 Stunden gebrannt hat und E ist ein Tantalfaden, der bei Wechselstrom von 130 Perioden 300 Stunden gebrannt hat. Man erkennt aus diesen Präparaten, daß bei Wechselstrom bei zunehmender Periodenzahl und zunehmender Brenndauer intramolekulare Vorgänge im Tantalfaden auftreten, welche seine Struktur verändern, ihn kristallinisch machen, die Moleküle verschieben, den Querschnitt unregelmäßig machen und dadurch den Widerstand an einzelnen Stellen erhöhen, eine Überlastung dieser Stellen des Fadens bewirken und sein frühzeitiges Durchbrennen veranlassen. Der Tantalfaden ist bekanntlich ein gezogener Draht und es ist auch bei anderen gezogenen Metalldrähten, z. B. bei Kupferdrähten in Freileitungen beobachtet worden, daß sie bei Wechselstrom leichter brüchig werden als bei Gleichstrom wegen der molekularen Vorgänge im Draht infolge der Pulsationen des Wechselstroms. Der Wolframfaden hingegen ist kein gezogener Faden, sondern ein gesinterter Faden. In Abb. 286 stellt der Faden F einen Wolframfaden dar, der bei Wechselstrom von 50 Perioden 900 Stunden gebrannt hat. Man sieht, daß dieser Faden nicht im entferntesten die Zerklüftungen zeigt, die die Tantalfäden C, D und E schon bei viel geringerer Brenndauer aufwiesen; man sieht am Wolframfaden F nach der genannten Brennzeit nur leichte Furchen an der Oberfläche des Fadens. Bei Wechselstrom erhält man ebensogroße Brenndauern von mehreren tausend Stunden mit Wolframlampen als bei Gleichstrom.

Der Anschaffungspreis der Wolframlampem ist zwar höher als der der Kohlenfadenlampen. Er liegt heute einschließlich der im Deutschen Reiche erhobenen Glühlampensteuer für die 25 HK 110 Volt-Wolframlampe bei 2,40 M, für die Kohlenfadenlampe bei 80 Pfennig. Der Stromverbrauch der Wolframlampe mit ihrem spezifischen Effektverbrauch von 1,1 Watt pro HK gegenüber 3,5 Watt pro HK der Kohlenfadenlampe ist niedriger. Es ist interessant zu verfolgen, wie es sich mit den Gesamtersparnissen verhält. In Abb. 287 ist diese Untersuchung für den Strompreis von 60 Pfennig für die Kilowattstunde dargestellt. O K bedeutet den Anschaffungspreis der Kohlenfadenlampe, O W den der Wolframlampe. Man kann den Anschaffungspreis auch als Betriebskosten in der 0ten Brennstunde auffassen. Für die späteren Brennstunden kommt noch der Stromverbrauch hinzu, den die brennende Lampe benötigt und der sich nach dem oben angegebenen Verfahren ermitteln läßt. Trägt man diesen Stromverbrauchspreis, die Stromrechnung, in den einzelnen Brennstunden zum Lampenkostenpreis hinzu, dann erhält man die in Abb. 287 sichtbaren geraden Linien, welche die Gesamtbetriebskosten der Glühlampe in Abhängigkeit von der Brenndauer darstellen. In Punkt C schneiden sich diese Linien. Dieser Punkt ist der sogenannte Amortisationspunkt und liegt in dem ge-

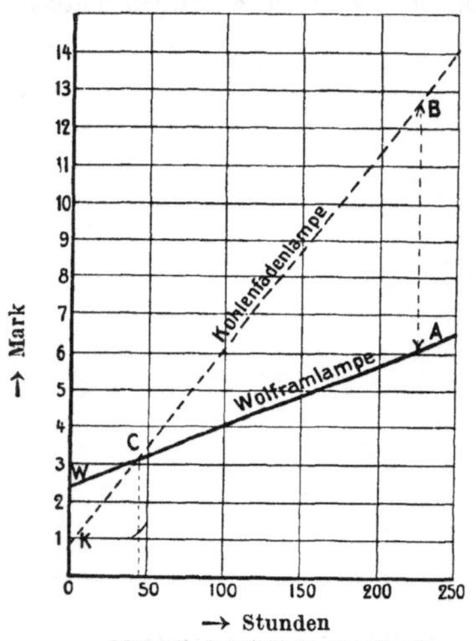

287. Betriebskostenverlauf.

wählten Beispiel in der 45. Brennstunde. Dieser Punkt bedeutet, daß in der für ihn gültigen Brennstunde die höheren Anschaffungskosten der Wolframlampe durch die Stromersparnis gegenüber der Kohlenfadenlampe ausgeglichen sind. Mit weiter zunehmender Brenndauer spart man nun erheblich an den Gesamtausgaben. Die gerade Linie AB gibt z. B. an, daß die Wolframlampe nach 225 Brennstunden 6,60 M Stromersparnisse gegenüber einer Kohlenfadenlampe von derselben Lichtstärke zu machen gestattet hat.

Die Glühlampenfassungen. Die Glühlampe muß für den Betrieb mit der Leitung verbunden sein, und selbstverständlich muß diese Verbindung so einfach bewirkt werden können, daß jeder Laie die Lampe verbinden und abnehmen kann. Zu diesem Zweck setzt man an das Ende der Leitung die Fassung und an den Hals der Lampe den Sockel mit seinen Kontaktstücken. Edison gestaltete den Sockel als eine Schraube mit groben Gängen, die aus Kupfer oder Messingblech gedrückt wurde (Abb. 288), und setzte in den vom Sockel umschlossenen Hohlraum ein zentrisches Kontaktstück ein, das also mit eingegipst wird, aus dem Gips aber um 1—2 mm herausragt. Der Sockel wird mit dem einen aus dem Glaskörper der Lampe (Abb. 280) heraustretenden Draht verbunden, das zentrische Kontaktstück mit dem anderen. Die Fassung gestaltete er so, daß sie ein aus Blech gedrücktes Mutterstück enthält, in das sich also die Lampe mit ihrem Sockel einschrauben läßt (Abb. 289). Unten am Boden der Fassung liegt eine federnde Platte, mit der das zentrische Kontaktstück in Berührung kommt, sobald man die Lampe in die Fassung schraubt. Nun ist nur noch das Muttergewinde mit dem einen Pol, die federnde Platte mit dem anderen Pol der Leitung zu verbinden, und damit ist die Stromzuführung zur Lampe bewirkt. Es war dies eine sehr geschickte und praktische Konstruktion, und sie ist heute noch eine der besten und weitverbreitet in ihrer Anwendung.

An Stelle der Schraubenbefestigung ist von Swan der Bajonettverschluß in Anwendung gebracht worden. Die Swanschen Fassungen sind besonders in England und Frankreich sehr beliebt.

Die Firma Siemens & Halske hat früher für ihre Glühlampe eine eigene Fassungsanordnung angewendet, die sogenannte Siemensfassung, die (Abb. 290) aus zwei Kontaktflügeln an der Lampe und zwei entsprechenden Kontaktstücken an der Fassung besteht; indem man die Lampe mit der Flügelachse senkrecht zur Achse der beiden Flügel an der Fassung aufsetzt und sie dann um einen rechten Winkel dreht, bringt man die Lampenflügel unter die Fassungsflügel und damit die Lampe in Kontakt und sichere Befestigung.

In den letzten Jahren hat der Verband Deutscher Elektrotechniker die Fassungsfrage normalisiert. Es war zu störend, daß man für eine Anlage, in der die Fassung nach dem Siemenssystem ausgebildet war, keine Lampe mit Edisonsockel einsetzen konnte und bisweilen erhielt man eben in der betreffenden Stadt keine anderen Lampen als solche mit nicht passenden Sockeln. Es ist vom Verband Deutscher Elektrotechniker die praktischste der Fassungen, die Edisonfassung als normal gewählt worden, die Schraubendimensionen sind genau vorgeschrieben und man erhält daher in Deutschland fast lediglich Lampen mit Edisonsockeln und die Beleuchtungskörper werden dementsprechend mit Edisonfassungen ausgerüstet.

Auf dem unteren Teile eines jeden Glühlampensockels findet man gewisse Zahlen aufgedruckt, z. B. 25/110 III. ⊕

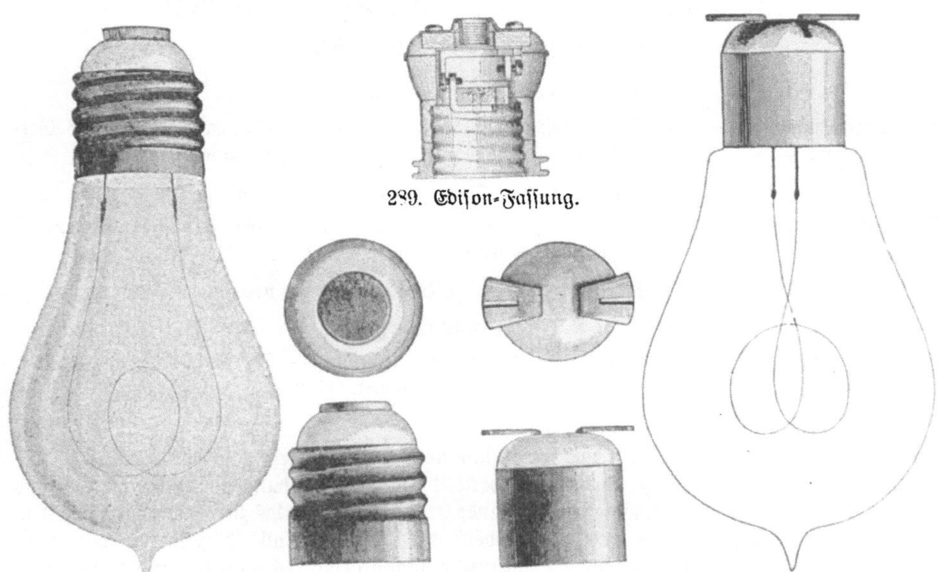

289. Edison-Fassung.

288. Glühlampe mit Kragen für Edison-Fassung.
290. Siemens-Fassung.

Die beiden ersten Zahlen bedeuten Lichtstärke der Lampe, also 25 HK und die Netzspannung, für welche die Lampe bestimmt ist, im vorliegenden Falle also 110 Volt. Man hüte sich eine 110 Volt gestempelte Lampe in einem Netze, das 150 Voltspannung hat, zu brennen; die Lampe würde in wenigen Stunden an Überlastung zugrunde gegangen sein. Umgekehrt ist es zulässig, eine mit 220 Volt gestempelte Lampe in einem 110 Voltnetze zu brennen, aber man erhält dann bei weitem nicht die auf dem Sockel verzeichnete Lichtstärke, sondern eine wesentlich kleinere. Die römische Zahl bedeutet die Steuerklasse. Im Deutschen Reiche ist seit dem 1. Oktober 1909 für jede Glühlampe eine Steuer zu entrichten, die mit dem Wattverbrauch der Lampe steigt. Das Zeichen hinter der Steuerklasse ist ein Geheimzeichen, welches den Glühlampenfabrikanten der Steuerbehörde kenntlich macht.

Die elektrischen Beleuchtungsanlagen.

Von Oberingenieur Dipl.-Ing. H. Kyser.

In diesem Abschnitte wollen wir im Zusammenhang erläutern, wie der Strom für die elektrische Beleuchtung erzeugt, fortgeleitet, verteilt und in Benutzung genommen wird, und zwar wollen wir ihn am zweckmäßigsten von seiner Erzeugungsstätte bis zur Stelle hin begleiten, wo seine Energie in Form von Licht zur Verwendung kommt, um alle Einzelheiten kennen zu lernen. Die nachfolgenden Erörterungen haben zu einem großen Teil auch für andere Anlagen, in denen der Strom erzeugt und verwendet wird, Geltung, und wir werden uns deshalb bei der Besprechung der einzelnen Teile der Beleuchtungsanlagen etwas länger aufhalten, um dann in den späteren Kapiteln auf das Gesagte zurückweisen zu können. Ferner soll mit den kleineren Anlagen begonnen und in einem weiteren Abschnitte auf die Besprechung der großen Elektrizitätswerke übergegangen werden.

Ganz allgemein ist zunächst voranzuschicken, daß solche Anlagen, in denen der elektrische Strom lediglich zu Beleuchtungszwecken erzeugt bzw. benutzt wird d. h. reine Beleuchtungsanlagen, heute namentlich in Deutschland immer seltener gebaut werden, weil man gelernt hat, den Strom auch für Kraftzwecke in einer alle anderen Arten des Antriebes weit übertreffenden Form und Ökonomie zu benutzen, und man findet infolgedessen reine Beleuchtungsanlagen nur noch z. B. für große Hotels, Warenhäuser, Restaurants, Bureaubetriebe und dergleichen. Zu nennen sind hier schließlich noch sogenante Blockstationen, worunter man elektrische Anlagen zu verstehen hat, die einen ganzen zumeist in sich geschlossenen Häuserblock mit Strom, hier allerdings ebenfalls vorwiegend für Beleuchtungszwecke, versorgen. In den Großstädten und besonders in Berlin gibt es eine ganze Reihe solcher Blockstationen oder Einzelanlagen, obgleich die großen Elektrizitätswerke vorhanden sind. Sie wurden seinerzeit angelegt, als die Stromlieferung für die Allgemeinheit noch nicht bestand, und werden weiter betrieben, weil sie zumeist Strompreise bieten, die wesentlich niedriger sind als diejenigen der Elektrizitätswerke, in der Regel wirtschaftlich und zufriedenstellend arbeiten und den Abnehmern gegenüber konzilianter sind als das oftmals bei den großen Elektrizitäts-Lieferungsunternehmungen der Fall ist. Trotz dessen werden auch sie immer seltener, denn den gesteigerten Ansprüchen, die man heute an die Elektrizitätslieferung und die Preise stellt, können nur große Unternehmungen entsprechen, die sich alle Neuerungen für eine wirtschaftliche Betriebsführung infolge des ihnen zu

Gebote stehenden Kapitales eher zunutze machen können, als kleine Einzelanlagen. Die Lei= stung der Maschinen übersteigt für die reinen Beleuchtungsbetriebe wohl selten die Höhe von 200 bis etwa 300 PS, und das sind dann verhältnismäßig kleine Werke, wenn man die großen Elektrizitätswerke gegenüberstellt, die nicht nur vereinzelt 20000 und mehr Pferdestärken an Maschinenleistung aufweisen. In Amerika findet man dagegen auch heute noch häufiger Ein= zelanlagen für kleinere Städte und Gemeinwesen, die fast ausschließlich Strom für Beleuchtung liefern, weil dort eine Verwendung des Elektromotors namentlich für das Kleinhandwerk und die Landwirtschaft merkwürdigerweise nicht annähernd so häufig ist wie bei uns in Deutsch= land.

Man unterscheidet nun bei jeder Anlage fünf Hauptteile, und zwar 1) die Antriebsmotoren, 2) die Stromerzeugungsanlagen, 3) die Vorrichtungen zur Regelung und Überwachung des elektrischen Betriebes, 4) die Leitungsanlage zur Verteilung der elektrischen Energie und 5) die Lampen zur Erzeugung des Lichtes. Die gesamte Einrichtung, in welcher der Strom erzeugt wird, nennt man die Maschinenstation oder auch Stromerzeugungsstätte und begrenzt mit dem Namen Verteilungsanlage alles das, was sich auf die Nutzbarmachung des elektrischen Stromes bezieht, also die Leitungen mit Zubehör und die Lampen.

Die Stromerzeugungsstätte.

Die Antriebsmotoren. Die Antriebsmotoren haben, wie schon die Bezeichnung er= kennen läßt, die Aufgabe, den Stromerzeugungsmaschinen (Dynamomaschinen) die mechanische Energie für den Betrieb zu liefern. In der Hauptsache kommen als Motoren bei Beleuchtungs= anlagen zur Verwendung: Dampfmaschinen, Gaskraftmaschinen, Rohölmotoren und Wasser= motoren. Von Windrädern, Heißluftmotoren, Druckluftmotoren und ähnlichen Maschinen dürfen wir absehen, da sie nur in ganz vereinzelten Fällen Anwendung gefunden haben und neuerdings für unsere Zwecke so gut wie gar nicht mehr benutzt werden.

Von den vorgenannten Antriebsmotoren sind es bis noch vor kurzer Zeit die Dampfmaschi= nen gewesen, die in elektrischen Anlagen das Feld fast vollständig beherrschten. Die rastlose Arbeit der Ingenieure hat indessen dazu geführt, daß den Dampfmaschinen in den Gaskraftmaschinen, Rohölmotoren und auch Wassermotoren Gegner erwachsen sind, die vielfach die Dampf= maschinen verdrängt haben, und das in der Hauptsache aus dem gewichtigen Grunde, weil diese Maschinen im Betriebe recht namhafte Ersparnisse im Verbrauch der Betriebsmaterialien wie Kohle, Gas, Rohöl usw. zu machen gestatten und auch in ihrem konstruktiven Aufbau, in der Raumbeanspruchung, der Wartung und Bedienung usw. besondere Vorzüge aufweisen, auf die besonders hingewiesen werden wird. Ferner kommt noch der Umstand hinzu, daß man gelernt hat, die Wasserkräfte bis zu den größten Wassermengen der Erzeugung elektrischer Energie in völlig betriebssicherer Weise nutzbar zu machen, und auch die Erbauer von Wassermotoren haben im steten Konkurrenzkampfe nicht eher geruht, als bis sie ihre Maschinen (Wasserturbinen) allen Anforderungen der Elektrotechniker angepaßt hatten. Hierauf wird jedoch erst später bei der Besprechung der großen Elektrizitätswerke ausführlicher eingegangen werden.

Die Dampfmaschinenanlagen. Wir beginnen zunächst mit der Besprechung der Dampfmaschinenanlagen und wollen dabei vorausschicken, daß sich solche Anlagen für die Erzeugung elektrischer Energie von anderen derartigen Anlagen z. B. zum Antriebe von Trans= missionen in Fabriken usw. grundsätzlich nicht unterscheiden. Sie bestehen aus Dampfkessel, Dampfleitungsrohr und Dampfmaschine.

Bei den Dampfkesseln unterscheidet man in der Hauptsache zwischen Großwasser= raumkesseln und solchen, bei denen der Wasserinhalt im Vergleich zur Heizfläche verhältnis= mäßig gering ist (Wasserröhrenkessel). Die Großwasserraumkessel haben einen großen Wasserinhalt, und infolgedessen besitzen sie in dem erhitzten Wasser eine gewisse Wärmeauf= speicherung, die besonders dann von Vorteil ist, wenn mit veränderlichen Dampfentnahmen gerechnet werden muß, wenn also die Stromerzeugung, d. h. die Belastung, starken Schwan= kungen unterworfen ist. Ihre Dampfentwicklung ist naturgemäß eine recht langsame, denn es kostet eine verhältnismäßig geraume Zeit, bis die große Wassermenge des Kessels bis zur Dampf= bildung erhitzt wird. Ein oder zwei Rohre, die Flammrohre, durchziehen den ganzen Kessel. Vorn liegt der Rost, auf welchem die Kohlen verfeuert werden, und die Heizgase durchziehen die Flammrohre, werden dann durch entsprechende Ausbildung des Kesselmauerwerkes zunächst unter den Kessel geleitet, streichen an diesem entlang, gehen nach dem oberen Kesselteile und gelangen von hier durch den Schornstein ins Freie. Auf diesem weiten Wege geben die Heizgase ihre Wärmemengen fortgesetzt an den Kessel ab und werden infolgedessen sehr gut ausgenutzt. In den hier zu behandelnden kleineren Beleuchtungsanlagen ist der Großwasserraumkessel fast kaum mehr in Verwendung, weil die Betriebsverhältnisse nicht derartig sind, daß bei normaler Feuerung mit großen schwankenden Dampfentnahmen gerechnet werden muß und weil auch die Anlagekosten, die Raumbeanspruchung und die Mauerwerke recht große bzw. kostspielige sind.

Vorteilhafter für solche elektrische Einzelanlagen ist der Wasserröhrenkessel, der sich vom Großwasserraumkessel in mancher Beziehung wesentlich unterscheidet. Er hat einen geringeren Wasserinhalt, gestattet infolgedessen eine schnellere Dampfentwicklung, ist außerdem in den Abmessungen kleiner und in den Anschaffungskosten billiger. Außerdem ist auch das Gewicht im ganzen niedriger als bei den Kesseln der ersten Art. Seiner Bauart nach zeigt er ebenfalls wesentliche Abweichungen gegenüber dem Großwasserraumkessel. Während letzterer die den ganzen Kessel durchziehende Flammrohre besitzt, besteht der Wasserröhrenkessel aus einer Anzahl enger mit einander verbundener Rohre, denen die Heizgase von dem unter ihnen liegenden Roste zuströmen. Das zu verdampfende Wasser füllt diese Rohre, und der erzeugte Dampf wird in einem sogenannten Dampfsammler aufgespeichert, um von hier aus durch die Dampfrohrleitung der Dampfmaschine zuzuströmen. Die Kessel erhalten Sicherheitsventile zur selbsttätigen Regelung des Dampfdruckes und Wasserstandszeiger zur Kontrolle des Wasserinhaltes. Außerdem müssen Speisevorrichtungen (Pumpen, Injektoren) für die Wasserzuführung und zwar stets in doppelter Anzahl vorhanden sein. Die Rohre vom Kessel zur Dampfmaschine bestehen aus Gußeisen und teilweise Schmiedeeisen und sind mit einer besonderen wärmeisolierenden Masse bekleidet, damit der Dampf an die umgebende kalte Luft nicht Wärme ausstrahlt und dadurch an Arbeitsvermögen verliert. Ventile gestatten die Regelung der Dampfmengen. Auf weitere Einzelheiten der Kesselanlage wollen wir indessen nicht eingehen und nur noch kurz bemerken, daß die Kessel heute für alle Feuerungsmaterialien wie z. B. Kohle, Kohlenstaub, Holz, Sägespäne usw. durch entsprechende Ausgestaltung des Rostes eingerichtet werden können.

Mehr Interesse als der Dampferzeuger bietet die Dampfmaschine, wie sie in elektrischen Anlagen zur Verwendung kommt. Bei der großen Mannigfaltigkeit, die bei der Ausführung der Dampfmaschinen vorhanden ist, können wir uns natürlich nicht mit allen Einzelheiten beschäftigen, weil uns das zu weit von dem eigentlichen Thema abbringen würde; es soll daher nur kurz auf die Hauptunterschiede der einzelnen Dampfmaschinenformen hingewiesen werden. Man teilt die Dampfmaschinen ein in Volldruck- und Expansionsmaschinen, Auspuff- und Kondensationsmaschinen, Einfach- und doppeltwirkende, langsam und rasch laufende, solche mit Schieber- und Ventilsteuerung und schließlich liegende und stehende. Die Volldruckmaschinen arbeiten während des größten Teiles des Kolbenhin- bzw. Rückganges im Zylinder (Hubes) mit voller Dampfspannung und haben daher auch einen hohen Dampfverbrauch. Sie kommen heute fast gar nicht mehr zur Anwendung. Die Expansionsmaschinen arbeiten nur auf einem kurzen Wege des Hubes mit Dampf von Kesselspannung, während auf dem anderen Teile des Kolbenweges im Zylinder die Ausdehnungsfähigkeit des Dampfes zur Arbeitsverrichtung ausgenutzt wird (Expansion). Bei den Zwei- und Mehrzylindermaschinen wird diese Expansion noch weiter ausgedehnt. Bei den Auspuffmaschinen tritt der Dampf nach Verrichtung der Arbeit ins Freie aus, während bei den Kondensationsmaschinen der Dampf vor dem Austritt aus den Dampfzylindern durch Wasser gekühlt (kondensiert) wird, und die dabei entstehende Volumenverminderung bzw. das hervorgerufene Vakuum saugend auf den Arbeitskolben wirkt. Schon aus diesen kurzen Erörterungen ersieht man, wie außerordentlich ökonomisch mit dem Dampfe in den modernen Dampfmaschinen verfahren wird, wie sehr man also bestrebt ist, die von den Kohlen erzeugte Wärme nutzbar zu machen. Von verschiedenen Betriebseigenschaften der Dampfmaschine wählt man heute bei den teuren Kohlenpreisen natürlich die vorteilhaftesten, und zwar kommen dieselben bei der sogenannten Expansionsmaschine mit Kondensation am günstigsten zur Geltung. Daher findet man diese Form neuerdings auch bei kleinen Anlagen fast ausschließlich. Zur Regelung des Dampfein= und Austrittes bedient man sich an den Dampfzylindern sogenannter Schieber bei kleineren und einer Anzahl von Ventilen bei großen Maschinen oder kombiniert beide Systeme.

Die Umdrehungszahlen, mit denen die Dampfmaschinen laufen, schwanken für die lang= samlaufenden etwa zwischen 60 und 75 Umdrehungen in der Minute und bei den Schnell= läufern kleinerer Leistung zwischen 250 und 350, größerer Leistung zwischen 100 und 200 Umdrehungen in der Minute. Gerade die Drehzahlen sind es nun gewesen, die seinerzeit den Dampfmaschinenbauern mit Rücksicht auf die Forderungen der Elektrotechniker für ihre

Dynamomaschinen außer= ordentliche Schwierigkeiten bereitet haben. Die Dy= namomaschine wird nämlich billiger und kleiner, wenn sie mit großer Umdrehungs= zahl betrieben wird, und be= sonders in der ersten Zeit ihrer Entstehung konnte sie günstig nur für 1000 bis 1500 Touren gebaut wer= den. Ferner verlangt sie einen sehr gleichmäßigen Gang des Motors und zwar gleichmäßig in bezug auf die minutliche Umdrehungs= zahl, wie auch hinsichtlich der Umlaufsgeschwindigkeit innerhalb des einzelnen Um= laufes. Ist die Umlaufs= geschwindigkeit nicht dau= ernd die gleiche, dann schwankt die Spannung der Dynamomaschine hin und her, und für solche Span= nungsschwankungen ist die Glühlampe leider außer= ordentlich empfindlich, weil dabei das Licht in Zuckungen gerät. Außerdem ist auch die Kraftabgabe der Dampf= maschine oft eine wechselnde, und zwar weil sofort nach dem Anzünden oder Aus= löschen von Lampen die von

291. Antrieb zweier auf Gleitschienen stehender Dynamomaschinen von einer gemeinsamen Transmission.

der Dynamomaschine herzugebende elektrische Energie steigt oder fällt. Bei all diesen Betriebs= vorkommnissen, die namentlich in größeren Beleuchtungsanlagen einen recht unangenehmen Umfang annehmen können, soll aber die Umlaufgeschwindigkeit möglichst gleich bleiben, und es war für die Dampfmaschinenbauer nicht leicht, diesen hohen Anforderungen immer in voll= kommen befriedigender Weise gerecht zu werden.

Heute indessen erfüllen die Dampfmaschinen alle diese Forderungen, und zwar weil nicht nur die Maschinen selbst, sondern auch die Regelung derselben weiter durchgebildet worden sind. Bei großen Belastungsschwankungen bedient man sich gegebenenfalls noch eines Schwung= rades, das auf die Dampfmaschinenwelle aufgesetzt wird, und das über die Augenblicke stoß= weiser Überlastungen durch Abgabe der aufgespeicherten Energie hinweghilft.

Die Verbindung der Dampfmaschine mit der Dynamomaschine erfolgt entweder mittelst Riemen oder durch direkten Zusammenbau bzw. Kupplung der beiden Maschinenwellen.

Der Riemenantrieb wurde ursprünglich wegen der großen Verschiedenheit in den Umlaufszahlen fast ausschließlich angewendet, weil man noch nicht gelernt hatte, einerseits die Dampfmaschinen für hohe und andererseits die Dynamomaschinen für niedrige Drehzahlen zu bauen. Heute hat man auch diese Schwierigkeiten überwunden und trotzdem den Riemen= antrieb für viele Fälle nicht verlassen, weil derselbe gestattet, die Drehzahlen der beiden Maschi= nen unabhängig von einander so zu wählen, daß beide die günstigsten Arbeitsbedingungen und mit Rücksicht auf die Leistungen die billigsten Preise aufweisen. Diesen schätzenswerten Vor= teilen stehen aber Nachteile gegenüber, die sowohl in dem Riemen selbst, als auch in der großen Raumerfordernis eines solchen Maschinensatzes liegen. Der Riemen gibt zu manchen Anständen Anlaß, weil er sich allmählich reckt und dann nicht mehr stramm geht, sondern auf den Riemen= scheiben zu gleiten beginnt und damit an Kraftübertragung und dem unbedingt ruhigen Laufe verliert. Man muß daher Vorkehrungen treffen, die solche Reckungen des Riemens beseitigen, ohne daß derselbe jedesmal verkürzt zu werden braucht. Zu diesem Zwecke setzt man, wie die Abb. 291 erkennen läßt, die Dynamomaschine auf zwei auf ein Fundament fest verankerte Gleit= schienen, auf denen sie mit Hilfe von Schraubenbolzen verschoben werden kann. Damit kann man dann jede gewünschte Nachspannung des Riemens leicht und sicher erreichen. Eine weitere Fehlerquelle bietet noch die Verbindung der beiden Riemenenden und zwar insofern, als daß, wenn dieselbe nicht vollständig sorgfältig hergestellt ist, in der Regel gerade zu ungelegener Zeit ein Riemenbruch auftritt. Ferner muß der Riemen an seinen Stoßstellen auf derjenigen Seite, auf welcher er auf der Riemenscheibe gleitet, vollständig eben sein, denn die Dynamo= maschine ist so empfindlich, daß sie in ihrer Spannung schwankt, wenn eine solche nicht voll= ständig ebene Stoßstelle über die Riemenscheibe gleitet. Man benutzt daher heute nicht mehr eiserne Klammern, sondern leimt die Riemenenden zusammen oder vernäht sie.

Diesen Nachteilen begegnet man bei größeren Maschinensätzen dadurch, daß man die Wellen der Dynamomaschine und der Dampfmaschine unmittelbar miteinander kuppelt oder auch den Dynamoanker auf die verlängerte Dampfmaschinenwelle aufsetzt (Abb. 292). Es ist leicht einzusehen, daß dann der Maschinensatz wesentlich geringeren Raum zur Aufstellung bean= sprucht, andererseits aber die Dampfmaschine mit höherer Drehzahl laufen muß, damit die Dynamomaschine nicht allzu groß wird, denn sonst muß man tiefe Gruben im Maschinenhaus= fußboden herstellen, weil die Dampfmaschinenwelle aus selbstverständlichen Gründen (Schwing= ungen des Rahmens) nahe dem Fußboden liegen muß. Ist der Raum in der Tiefe beschränkt, dann muß man statt der stehenden, die liegenden Dampfmaschinen wählen.

Dampfturbinen. Die hohen Umlaufsgeschwindigkeiten haben wegen der großen Reibung und der raschen Bewegungsänderung der hin= und hergehenden Teile wie Kolben, Gestänge, Schieber, Kurbeln usw. der Zylinder=Dampfmaschinen ihre Bedenken, und man suchte bald nach anderen Formen, um die hin= und hergehenden Teile zu vermeiden. Der Ingenieur de Laval war es, der als Erster eine solche Dampfmaschine konstruierte, bei der er alle Kolben und Gestänge beseitigte. Man nennt eine derartige Dampfmaschine eine Dampf= turbine, die in ihrem Prinzip auf Folgendem beruht: Läßt man z. B. Wasser, Luft, Dampf und dgl., die unter Druck stehen, aus einem engen Rohre frei ausströmen, so verliert die ent= strömte Menge ihren Druck und nimmt dafür Geschwindigkeit an, die zusammen mit dem Ge= wicht oder genauer mit der ausgeströmten Masse der Flüssigkeit Bewegungsenergie bedeutet. Trifft nun die sich bewegende Flüssigkeit auf einen beweglichen Körper, z. B. auf ein Schaufel= rad, so gibt sie einen Teil ihrer Bewegungsenergie an dieses ab, überträgt also die Bewegungs= energie auf die Welle des Rades. Eigentlich sollte es logisch erscheinen, daß man von Anfang an, um einen Dampfmotor zu konstruieren, auf eine solche Turbine verfallen wäre, denn als Vorbilder hatte man die altbekannten Motoren Windmühle und Wasserrad, die beide die wert= volle Eigenschaft besitzen, ihre Kraftleistung unter Vermeidung von Kolbenbewegungen, hin= und hergehenden Teilen und Kurbelgetrieben in Form einer unmittelbar erzeugten drehenden Bewegung abzugeben. Indessen stellen die physikalischen Eigenschaften des Dampfes wie wir weiter unten sehen werden für die Konstruktion einer brauchbaren Turbine Anforderungen an das Material und die mechanische Ausführung, denen man zur Zeit der Erfindung der Dampf=

maſchine noch nicht gewachſen war, und aus dieſen Gründen wurden zuerſt die Kolbendampf=
maſchinen gebaut. Heute hat man aber gelernt, auch den frei ausſtrömenden Dampf vollkommen
zu beherrſchen und die Schwierigkeiten in der Konſtruktion der Dampfturbine zu beheben, und
es kommt dieſe Form der Dampfmaſchine infolge ihrer beſonderen Vorzüge ſchon ſeit einer
Reihe von Jahren immer mehr und mehr zur Anwendung.

292 Liegende Kolbendampfmaſchine mit angebauter Dynamomaſchine.

Von den vielen Konſtruktionen, die naturgemäß auch für die Dampfturbinen genau ſo
wie für die Dampfmaſchinen in der kurzen Zeit ſeit ihrer Entſtehung auf dem Markte ſind, können
wir hier ſelbſtverſtändlich nicht alle beſprechen, und wir wollen uns daher wiederum darauf
beſchränken, nur kurz das Prinzip und einige der neueren Ausführungsformen zu erläutern
und dabei hauptſächlich auf die beſonderen vergleichenden Eigentümlichkeiten gegenüber der
Dampfmaſchine hinweiſen.

Bei der Turbine von de Laval stoßen die rasch heranfliegenden Dampfteilchen auf ein Schaufelrad (Abb. 293) und geben dabei den größten Teil ihrer Bewegungsenergie ab, so daß sie also die andere Seite des Rades mit einer geringeren Geschwindigkeit verlassen. Um einen Überblick zu gewinnen, wie groß die Geschwindigkeit ist, die der Dampf durch die Ausdehnung auf äußeren Luftdruck erlangt, und die zu beherrschen seinerzeit die Hauptschwierigkeit ausmachte,

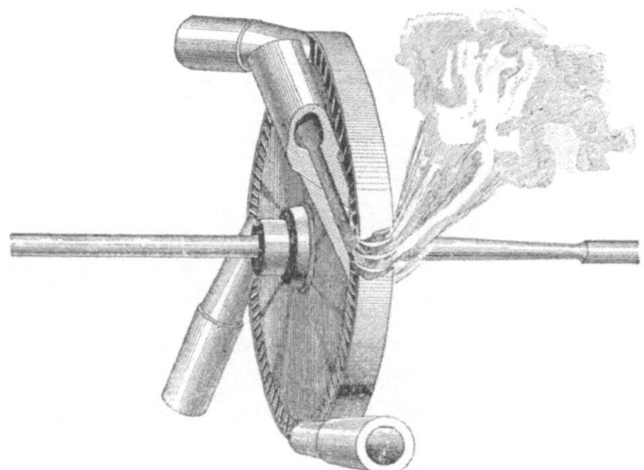

293. Wirkungsweise des Dampfes bei der Dampfturbine von de Laval.

sei erwähnt, daß z. B. Dampf von 2 Atm. Kesseldruck bei der Ausdehnung auf Atmosphärendruck eine Geschwindigkeit von 480 m in der Sekunde, bei 6 Atm. 913 m und bei 12 Atm. rund 1200 m in der Sekunde erlangt. Entsprechend diesen Geschwindigkeiten würde demnach auch das Laufrad außerordentlich schnell umlaufen. Durch lange und schwierige Versuche hat man gefunden, daß für die günstigste Wirkung die Umlaufsgeschwindigkeit ungefähr bei $1/_3$ der Dampfgeschwindigkeit liegt. De Laval konstruierte nun kleine Schaufelräder, bei welchen

der Dampf durch Düsen getrieben wurde, und die mit Umdrehungszahlen von 10000 bis 30000 in der Minute umliefen. Diese Maschine kann als die Musterleistung ersten Ranges der mechanischen Technik bezeichnet werden. De Laval hat auch mit ihr in bezug auf Wirtschaftlichkeit sehr gute Resultate erzielt, allein es ist begreiflich, daß die Maschine bei derartig hohen Umdrehungszahlen nicht zur allgemeinen Anwendung kommen konnte, weil die Fliehkraft, mit der die einzelnen Schaufeln an ihren Befestigungsstellen beansprucht werden, mit einer ganz enormen Kraft versucht, dieselben nach außen abzuschleudern. Außerdem ist die Schmierung der Welle in ihren Lagern mit großen Schwierigkeiten verknüpft und auch die elektrischen Maschinen konnten für die ihnen nunmehr allerdings zu hoch liegenden Drehzahlen nicht mehr gebaut werden. Man hat mit gutem Erfolge versucht, zwischen Turbine und elektrischer Maschine Zahnradübersetzungen und dgl. einzufügen, ist jedoch heute von dieser Turbinenkonstruktion im allgemeinen abgegangen, weil dieselbe über eine Leistung von mehr als 300 PS kaum mehr ausführbar ist.

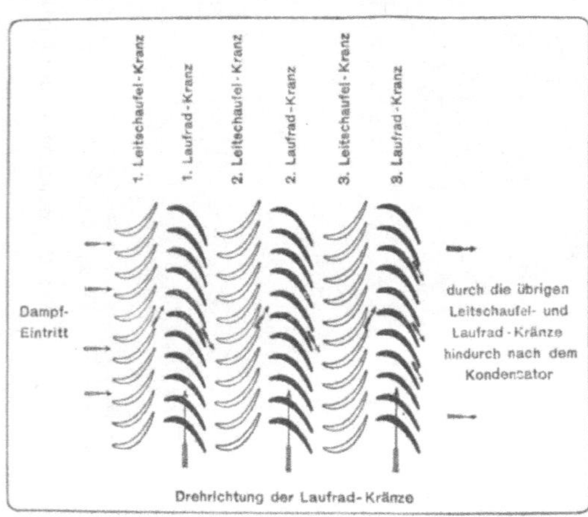

294. Schaufelstellungen bei der Parsons-Dampfturbine.

Da nun die Geschwindigkeit, die der ausströmende Dampf annimmt, naturgemäß von dem Druck abhängig ist, unter dem er das Rohr verläßt, ist es naheliegend, die Turbine so zu bauen, daß mehrere Turbinen hintereinander angeordnet werden, und daß in der ersten Turbine nur ein Teil des Druckgefälles ausgenützt wird, und in einer zweiten, dritten usw. je ein weiterer Teil. Durch eine derartige Unterteilung in einzelne Druckstufen erzielt man eine vollständige Umwandlung der im hochgespannten Dampf enthaltenen Kraft in mechanische Energie bei gleichzeitiger Herabſetzung der Umdrehungszahl, weil dann die Umfangsgeſchwindigkeit eines jeden Rades nur dem in der betreffenden Stufe aufgezehrten Druckgefälle entſpricht. In einer ſolchen Turbine mit Druckſtufen dehnt ſich der Dampf teilweiſe aus (expandiert) und gibt dann ſeine Energie durch Aktionswirkung vollſtändig an das Laufrad der erſten Stufe ab. Er verläßt die Schaufelzellen des Rades und gelangt zum zweiten, expandiert und ſo fort, bis er vollſtändig ausgenutzt entſtrömt. Beim Übergange von einem zum anderen Rade wird ihm alſo je ein Teil ſeiner Energie entzogen. Man nennt ſolche Turbinen auch Aktionsturbinen, weil ſie unter direkter Einwirkung des Dampfes arbeiten. Die Konſtruktion von Zoelly iſt z. B. derart, daß der Dampf an einem Ende der Turbine durch das Einlaßventil in eine ringförmige Kammer an der Stirnſeite eintritt und aus dieſer durch einen Leitſchaufelapparat auf das erſte Laufrad geführt wird. Hier läßt man die Expanſion vor ſich gehen und zwar ſoweit, daß das Laufrad eine beſtimmte Geſchwindigkeit annimmt. Nach Durchſtrömen des erſten Laufrades gelangt der Dampf dann in den zweiten Leitapparat und kommt im zweiten Laufrade zur Ausnutzung, und ſo ſind z. B. bei einer 500 PS Turbine zehn Stufen vorhanden.

Neben dieſer Ausführung mit Druckſtufen kann man auch Geſchwindigkeitsſtufen be-

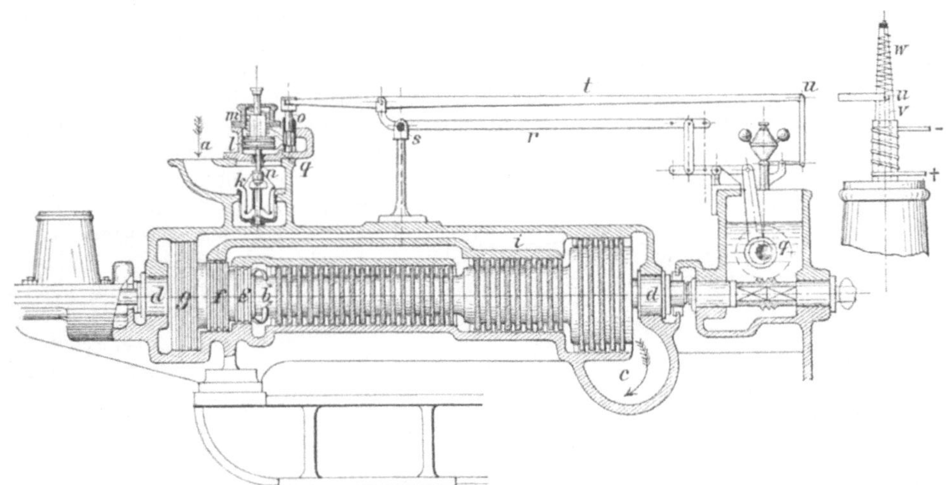

295. Durchſchnitt durch eine Brown-Boveri-Parſons-Dampfturbine.

nutzen. Hemmt man nämlich das Rad einer Aktionsturbine vollſtändig, ſo ſtrömt der Dampf durch die Schaufelzellen hindurch und tritt mit voller Geſchwindigkeit auf der Rückſeite des Rades wieder aus. Man gewinnt keine Arbeit an der Turbinenwelle. Läßt man andererſeits das Rad mit voller Geſchwindigkeit laufen, dann wird der Dampf vollſtändig ausgenützt und verläßt dasſelbe faſt ohne Geſchwindigkeit. Setzt man nun mehrere Räder hintereinander, aus denen der Dampf jedesmal mit geringerer Geſchwindigkeit austritt, dann erhält man die Dampfturbine mit Geſchwindigkeitsſtufen. Dieſe Ausführung hat zuerſt der Engländer Parſons gewählt und damit ſehr gute Reſultate erzielt. Wie bei Laval läßt auch Parſons den Dampf vor dem Eintritt in die Räder ſich vollſtändig ausdehnen, ſo daß er ſeine volle Geſchwindigkeit z. B. 800 m in der Sekunde erhält. Mit dieſer Geſchwindigkeit tritt er in das erſte Rad, an das er einen Teil ſeiner Bewegungsenergie abgibt; er verläßt dasſelbe mit der verminderten Geſchwindigkeit von 600 m und tritt in das zweite, von dieſem geht er mit 400 m in der Sekunde in das dritte und mit 200 m in der Sekunde in das vierte, welches er mit Nullgeſchwindigkeit verläßt. Auch bei dieſer Form müſſen zwiſchen den einzelnen Laufrädern Leitſchaufeln eingebaut ſein, welche dem Dampfe nach ſeinem Austritt aus dem vorhergehenden Laufrade die für den Angriff auf das folgende notwendige Richtung geben.

Die Parſonsturbine beſteht aus einer großen Anzahl hintereinander aufgeſtellter Reaktionsturbinen, die auf einer gemeinſamen Welle ſitzen. In Abb. 294 iſt die ſchematiſche Darstellung der Wirkungsweise einer solchen Dampfturbine wiedergegeben, wie sie von der Firma Brown, Boveri &Co. gebaut wird. Die Abb. 295 zeigt ferner einen Durchschnitt durch eine solche Turbine, von welcher Abb. 336 S. 231 die Ansicht wiedergibt, und zwar enthält dieselbe in drei verschiedenen Stufen von zunehmendem Durchmesser $18 + 9 + 5 = 32$ einzelne Turbinen. Der Dampf, der bei a eintritt, gelangt zunächst in den Raum b vor der ersten Stufe, durchfließt dann der Reihe nach die sämtlichen einzelnen kleinen Turbinen und verläßt die Maschine schließlich bei c. Die Axialschübe, die dabei auf die Turbinen und damit auf die Welle ausgeübt werden, werden durch die mit besonderen Vorrichtungen versehenen Entlastungskolben e, f, g ausgeglichen, deren Durchmesser demjenigen der entsprechenden Turbinensätze gleich ist. Die Räume zwischen den Kolben e und f, f und g stehen durch die Kanäle h und i mit dem entsprechenden Räumen zwischen den 3 Turbinensätzen in Verbindung. Bei d ist die Welle gelagert; die Gestänge r und t bringen den Zentrifugalregulator, der durch eine geeignete Vorrichtung von der Welle betätigt wird, mit dem Dampfeinlaßventil in Verbindung.

Von den anderen Konstruktionen seien noch erwähnt die Dampfturbinen von C. G. Curtis in New York und Riedler-Stumpf in Deutschland, die ebenfalls mit Druck- und Geschwindigkeitsstufen ausgerüstet sind.

Die besonderen Vorzüge der Dampfturbine, die zu der außerordentlich schnellen Einführung derselben geführt haben, bestehen einmal in der Vermeidung aller hin- und hergehenden Teile, die bei den großen Dampfmaschinen, damit sie jeder Zeit richtig und gut arbeiten, sehr sorgfältige Wartung und Pflege notwendig machen, und ferner in den außerordentlich geringen Abmessungen. In Abb. 296 sind die Größenverhältnisse einer Dampfmaschine und einer Curtisdampfturbine von gleicher Leistung abgebildet (vgl. auch Abb. 198, S. 130). Wir werden später bei der Besprechung der großen Elektrizitätswerke noch besonders auf diese

296. Corliß-Kolbendampfmaschine (links) und Curtis-Dampfturbine (rechts) von gleicher Leistung.

Raumbeanspruchung zurückkommen. Auch hinsichtlich des Dampfverbrauches bzw. des Kohlenverbrauchs zur Erzeugung der notwendigen Dampfmengen arbeitet die Dampfturbine gleich wirtschaftlich wie die besten Dampfmaschinen, und alle diese Vorzüge haben dazu geführt, daß neuerdings bereits in kleinen Anlagen die Dampfmaschinen durch die Dampfturbinen verdrängt werden.

Da es für die in diesem Abschnitte zu behandelnden kleineren Stromerzeugungsanlange fast regelmäßig an dem ausreichenden Raum für die Unterbringung der Maschinen mangelt, man vielmehr mit kleinen und beschränkten Gebäudeverhältnissen zu rechnen hat, so ist eine gewisse gedrängte Form der Maschinenanlage notwendig, und die Maschinenbauer sind deswegen schon frühzeitig bemüht gewesen, Maschinenanlagen zu schaffen, die diesen Verhältnissen vollauf Rechnung tragen, ohne daß sie an Zweckmäßigkeit und Wirtschaftlichkeit schlechter arbeiten als die großen Stationen. Im Laufe der Jahrzehnte ist eine ganze Reihe solcher Konstruktionen durchgebildet und zur Anwendung gekommen, und zwar gehört hierher die Dampflokomobile auf Tragfüßen, der Gasmotor und der Dieselmotor. Besondere Ausführungen über die mit Dampfturbinen zusammengebauten Dynamos siehe S. 129 ff.

Die Dampflokomobile. Die Lokomobile auf Tragfüßen bietet den großen Vorteil, daß sie Kessel- und Dampfmaschine in sich vereinigt und infolgedessen nur sehr wenig Raum für die gesamte Anlage beansprucht (Abb. 297). Sie läßt sich ohne besondere Mühe aufstellen

297. Stromerzeugungsanlage mit Dampflokomobilen.

und erfordert auch nicht das zahlreiche Bedienungspersonal wie eine komplette Dampfmaschinen=
anlage mit getrennten Kesseln und Maschinen.

Wie man aus Abb. 298 erkennt, besteht die Lokomobile aus einem Kessel, auf dem die
Dampfmaschine, d. h. Zylinder, Steuerung und Schwungrad direkt aufgesetzt ist. Sie wird
in der Fabrik stets fertig montiert und erfordert infolgedessen außer dem gemauerten Funda=
ment keine besondere Einrichtung für ihre Aufstellung. Durch den Zusammenbau von Kessel
und Dampfmaschine ist nur ein Maschinist zur Bedienung notwendig, der gleichzeitig die
Feuerung und die Maschine bedienen kann.

Die Lokomobilen haben mit der fortschreitenden Entwickelung des Dampfmaschinenbaues
gleichfalls eine stets wachsende Vervollkommnung erfahren und arbeiten heute mit einem recht
zufriedenstellenden Wirtschaftlichkeitsgrade, so daß sie in der Ausnutzung des Feuerungs=
materials den fest aufgestellten Dampfmaschinenanlagen nichts mehr nachgeben. Für kleine
Leistungen erhalten sie in der Regel nur einen Dampfzylinder und arbeiten mit Auspuff, für

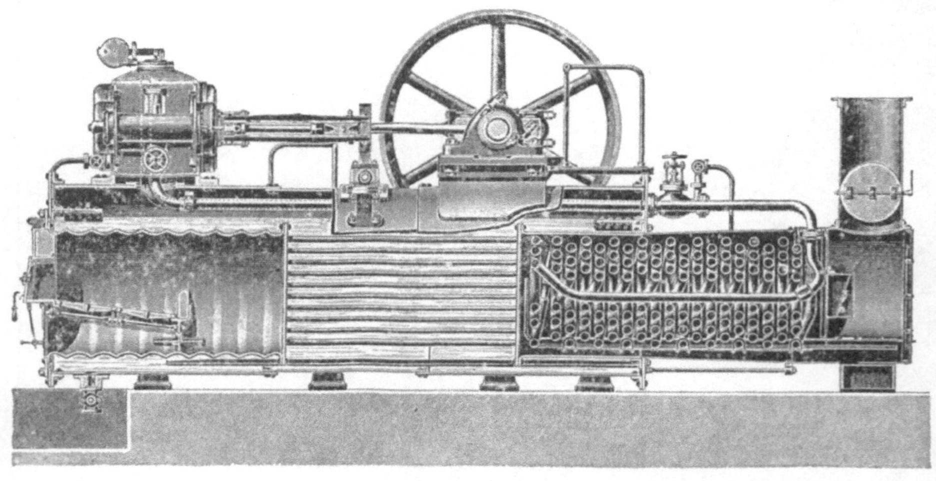

298. Längsdurchschnitt einer Patent=Heißdampf=Compound=Lokomobile von R. Wolf
in Magdeburg=Buckau.

größere Leistungen dagegen versieht man sie mit Hoch= und Niederdruckzylindern und ferner
mit einer Kondensationsanlage, so daß also auch für diese Maschinengattung die Vorteile der
Dampfmaschinentechnik voll ausgenutzt werden. Ferner verwendet die Firma Wolf in Magde=
burg für ihre Maschinen bei größeren Leistungen noch einen sogenannten Dampfüberhitzer,
der die folgende Aufgabe hat: Die Temperatur des im Kessel erzeugten (gesättigten) Dampfes
entspricht nämlich dem Betriebsdruck, mit dem der Kessel arbeitet. Mit dem Augenblick, wo
dieser Dampf in den Dampfzylinder der Maschine tritt, kommt er mit kälteren Flächen in Be=
rührung und kühlt sich an denselben ab, wobei er in Wasser übergeht. Man sagt, der Dampf
„kondensiert" und durch diese Kondensationserscheinung geht naturgemäß ein Teil des Dampfes
für die motorische Wirksamkeit verloren. Um diese Kondensation zu verhindern, bringt man
den Dampf, ohne daß sich sein Druck erhöht, auf eine höhere als die seiner Spannung an=
gemessene Temperatur, und er kann sich nun im Zylinder bis auf die letztere wieder abkühlen,
ohne durch Kondensation an Arbeitsleistung zu verlieren.

So einfach indessen, wie es hier mit wenigen Worten geschildert ist, hat sich auch diese Ver=
besserung nicht ausführen lassen, denn die notwendigen Abdichtungen der Rohrleitungen zwi=
schen Überhitzer und Kessel bzw. Dampfzylinder, die aus animalischen und vegetabilischen Stof=
fen gefertigt wurden, hielten bei der hohen Dampftemperatur auf die Dauer nicht stand. Durch
fortgesetzte Studien und Versuche ist man aber auch dieser Schwierigkeit Herr geworden und
hat seither mit den Dampfüberhitzern die denkbar günstigsten Erfahrungen gemacht. Selbstver=

ständlich finden solche Dampfüberhitzer heute fast in allen großen Anlagen mit getrennten Kesseln und Dampfmaschinen, sowie auch bei den Dampfturbinen Anwendung, weil sie wiederum die Energieausnützung des Dampfes steigern.

Die Überhitzung des Dampfes in diesen Überhitzern erfolgt in der Weise, daß man denselben durch eine Anzahl eiserner Rohre hindurchleitet, die von den Feuergasen, nachdem sie die Heizrohre des Kessels durchzogen haben und dadurch bereits abgekühlt sind, umspühlt werden. Man gewinnt damit noch den Vorteil, daß man die Feuergase, die sonst durch den Schornstein abströmen, auch weiterhin wirtschaftlich ausnutzt.

Die Arbeitsübertragung von der Lokomobile zur Dynamo erfolgt in den häufigsten Fällen mittels Riemen. Die direkte Kupplung hat sich bisher wenig eingeführt, weil die starken Erschütterungen, die die Dampfmaschine verursacht, bei dieser Anordnung unmittelbar auf die Dynamomaschine übertragen werden. Das erfordert dann komplizierte Dämpfungsvorrichtungen, ist kostspielig und auch nicht immer vollständig einwandfrei.

Der Gasmotor. Neben den Dampfmaschinen und Dampflokomobilen ist bis vor wenigen Jahren besonders der Gasmotor zum Betriebe von Dynamomaschinen zur Anwendung gekommen, und zwar deswegen, weil er für kleinere Beleuchtungsanlagen der bequemste Antriebsmotor ist, wenn sich eine Gasanstalt am Platze befindet. Er bedarf verhältnismäßig geringer Beaufsichtigung im Betriebe und kann in wenigen Minuten in Gang gesetzt werden, was natürlich bei einer Dampfanlage, wenn man das Anheizen des Kessels mit in Berücksichtigung zieht, in gleich einfacher Weise und in derselben kurzen Zeit nicht möglich ist. Ferner kommt dazu, daß der Gasmotor verhältnismäßig sehr geringen Raum beansprucht und darum in einem sonst wenig benutzten Winkel oder in einem leicht entbehrlichen Raum aufgestellt werden kann, was um so eher geschehen darf, als eine Explosionsgefahr bei ihm ausgeschlossen ist, und seine Aufstellung durch gesetzliche Bestimmungen nicht beschränkt wird. Schließlich kommt noch dazu, daß die Gasanstalten das erforderliche Gas für motorische Zwecke zu einem erheblich billigeren Preise abgeben, als für Leuchtzwecke, und dementsprechend sind die Betriebsausgaben verhältnismäßig gering. Andererseits muß aber erwähnt werden, daß ein Gasmotor infolge seines konstruktiven Aufbaues, seiner vielen Ventile und sonstigen kleinen Armaturen wie z. B. Magnetzündung usw. eine sehr sorgfältige Wartung notwendig macht, wenn er ständig zufriedenstellend arbeiten soll, und besonders dieser Grund in Verbindung mit dem benutzten Betriebsmaterial ist es gewesen, der die Maschinenbauer veranlaßt hat, nach einem noch anderen Antriebsmotor zu suchen, der gleich wirtschaftlich arbeitet, aber eine weniger sorgfältige Beaufsichtigung und Untersuchung zuläßt. Die Gasmotoren verschwinden immer mehr aus den elektrischen Beleuchtungsanlagen, und namentlich dort, wo kein Gaswerk zur Verfügung steht, werden sie heute im Gegensatz zu ihrer ersten sehr schnellen Entwicklung nur noch selten für kleinere Anlagen angewendet. Anders ist es dagegen, wenn z. B. in großen Grubenkokereien, Hütten- und Walzwerken Gas aus den Fabrikationsbetrieben in großen Mengen für fast verschwindend geringe Kosten zur Verfügung steht. Hierauf soll jedoch erst bei der Besprechung großer Anlagen eingegangen werden.

Von den vielen Konstruktionen, die es natürlich auch auf diesem Gebiete gibt, sollen hier die von einer der bedeutendsten Fabriken der Gasmotorenfabrik Köln-Deutz kurz beschrieben werden, denn es würde zu weit führen, auch nur alle besseren Gasmotoren ausführlicher zu behandeln, zumal der Gasmotor heute nicht mehr die Aufmerksamkeit hat, wie noch vor wenigen Jahren.

Die Arbeitsweise des Gasmotors ist von derjenigen der Dampfmaschine wesentlich verschieden. Während bei letzterer bei jedem Hin- und Hergang des Kolbens der dem Zylinder zugeführte Dampf eine Kraftleistung hervorruft, ist das beim Gasmotor nicht der Fall, sondern derselbe arbeitet wie man sagt im Viertakt. Beim Rückgang des Kolbens wird das Gasgemisch angesaugt, bei der darauf folgenden Vorwärtsbewegung komprimiert und, wenn der Kolben seine äußerste Stelle erreicht hat, durch eine besondere Zündvorrichtung, z. B. ein Glührohr oder durch einen elektrischen Funken zur explosionsähnlichen Verbrennung gebracht. Dann folgt der zweite Rückgang, bei dem erst die Kraftleistung infolge der Wirkung der Explosion stattfindet und die zweite Vorwärtsbewegung, bei der das verbrannte Gasgemisch ausgestoßen wird. Nun wiederholt sich das Spiel mit dem dritten Rückgange aufs neue. Man ersieht daraus, daß dem Kolben die Energie stoßweise zugeführt wird, und man mußte auf Mittel sinnen, um den dadurch hervorgerufenen unruhigen Gang des Motors zu beseitigen, der in einer solchen Form naturgemäß zum Antriebe elektrischer Maschinen unbrauchbar war. Die Ingenieure haben mit der ersten Erfindung des Gasmotors diese Nachteile sofort erkannt und sind mit Erfolg bemüht gewesen, dieselben zu beheben.

Das einfachste, aber nicht immer allein ausreichende Mittel zur Beseitigung des unruhigen Ganges ist die Verwendung eines Schwungrades auf der Welle des Gasmotors, das über die Augenblicke, in welchen keine Energie an den Kolben abgegeben wird, durch Hergabe seiner in der Zwischenzeit beim Antriebe aufgespeicherten lebendigen Kraft hinweghilft. Diese Form findet man heute fast durchweg, häufig mit der gleichzeitigen Erweiterung, daß man 2 Zylinder anordnet, bei denen die Kraftwirkungen je nach der Stellung der gegen einander versetzten Kurbeln auf Takt 1 und 2 oder auf Takt 1 und 3 stattfinden. Natürlich wird eine solche Zwillingsmaschine, wenn sie auch einen gleichmäßigeren Gang gewährt, teurer als eine Einzylindermaschine, und man hat deswegen angestrebt, auch die einzylindrige Maschine doppeltwirkend

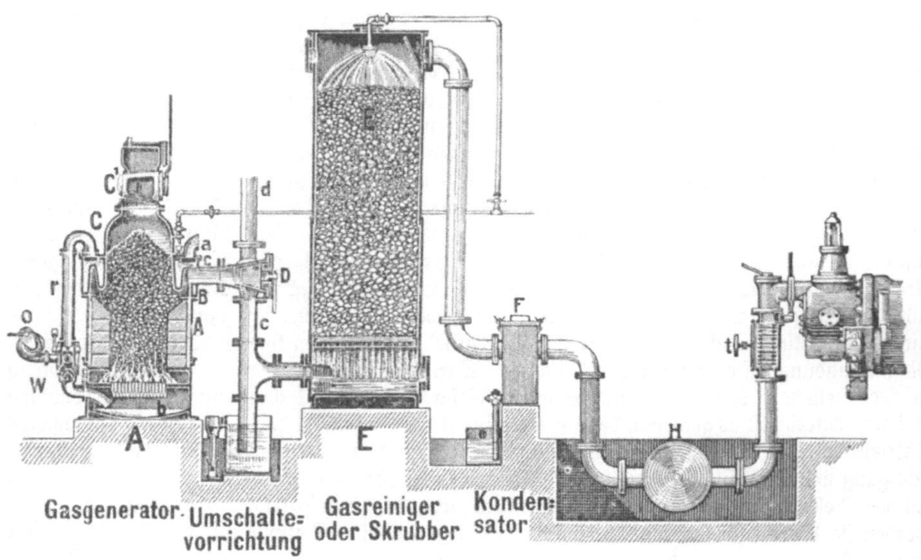

299. Einrichtung einer Sauggasanlage.

zu machen, dadurch, daß man den Zylinder für die Abgabe der Kraftleistung auf beiden Seiten des Kolbens einrichtete. Das explosible Gas= oder Luftgemisch wird je nach dem Takte durch das an der Steuerung angebrachte Einlaßventil dem vorderen oder hinteren Teil des Zylinders zugeführt und durch die auf den Zylinder angeordneten Auslaßventile nach erfolgter Explosion ausgestoßen. Aber auch hier ist noch ein schweres Schwungrad zum Ausgleich der Stoßwirkungen notwendig.

Die Gastechniker, die der Verbreitung des elektrischen Lichtes in der ersten Zeit natürlich sehr wenig sympathisch gegenüberstanden, mußten notgedrungen, da sie die Bewegung für die Einführung des elektrischen Lichtes nicht aufhalten konnten, dazu übergehen, aus dem Konkurrenten einen Konsumenten zu machen, und sie waren daher bestrebt, den Gasmotor auch in solchen Anlagen einzuführen, die mit Gaswerken nicht in Verbindung standen. Das stellte zur Bedingung, daß mit den Gasmotoren auch gleichzeitig die Gaserzeugungsanlagen zur Aufstellung kamen, und man hat solche vollständigen Einrichtungen besonders für kleinere städtische Elektrizitätswerke vielfach gebaut. Solche kleinen Elektrizitätswerke verbinden dann oftmals vorteilhaft mit der Gaserzeugung für den motorischen Antrieb der Dynamomaschinen die Ausnutzung der bei der Gaserzeugung zu gewinnenden Nebenprodukte und können unter Umständen den Betrieb infolgedessen nicht unerheblich verbilligen. Für kleinere Anlagen in einzelnen Gebäuden, Blockstationen etc., findet die Gewinnung der Nebenprodukte indessen nur selten statt, weil eine solche noch besondere Einrichtungen notwendig macht, die zu beschaffen die Größe des Betriebes nicht zuläßt. Auch ist dann zunächst das erforderliche Bedienungspersonal nicht vorhanden.

Die Sauggasanlagen. Derartige komplette Gaserzeugungseinrichtungen nennt man Sauggasanlagen, und wir wollen uns kurz auch über die Wirkungsweise dieser ein wenig unterrichten. Die Anlagen einfacherer Art bestehen aus dem sogenannten Gasgenerator, dem Gasreiniger oder Skrubber, der Umschaltvorrichtung und dem Kondensator.

Generatorgas wird erzeugt, indem man ein Gemisch von Luft und Dampf durch eine Schicht glühender Kohlen streichen läßt (Abb. 299). Die in Glut zu bringenden Kohlen befinden sich in dem sogenannten Generator, der von dem Rost aus geheizt wird. Der Generator besteht aus einem niedrigen, allseitig geschlossenen Schachtofen A, auf dessen Rost eine hohe Kohlenschicht liegt. Die Decke des oben erweiterten Schachtes wird durch einen gußeisernen Kasten B gebildet, dessen Innenraum zum Teil mit Wasser gefüllt ist und als Verdampfer dient. Über der inneren Durchbrechung der Verdampferschale ist ein Kohlenaufnehmer C gestellt und auf diesem ein Doppelverschluß C', so daß beim Einfüllen frischer Kohlen niemals heiße Gase austreten und den Wärter belästigen können. Die Decke des Verdampfers hat zwei Öffnungen, von denen die eine a direkt ins Freie mündet und die nötige Luft in den Generator zutreten läßt. Diametral gegenüber ist eine Leitung r angeschlossen, deren Ausmündung unter dem Rost des Generators liegt.

Der Arbeitsgang einer solchen Sauggasanlage ist nun der folgende. Nehmen wir an, daß die Anlage im Betriebe ist, d. h. der Skrubber E und die Rohrleitung mit Gas gefüllt und der Motor im vollen Gange ist. Bei jeder Saugperiode saugt der Motorkolben des Motorzylinders (daher der Name Sauggasanlage) eine gewisse Menge Gas aus der Leitung und erzeugt dadurch einen Unterdruck in derselben. Dieser Unterdruck teilt sich zunächst dem Gastopf H und dem Wasserabscheider F, dann dem Skrubber E und schließlich dem Generator A mit und wird durch dessen Kohlenschicht an den Aschenkasten b weitergegeben. Infolgedessen tritt Luft von außen durch den Stutzen in die Schale ein, streicht über den heißen Wasserspiegel nimmt hier infolge Verdunstung des Wassers Wasserdampf auf und gelangt mit diesem beladen durch das Verbindungsrohr r in den Aschenkasten b und durch den Rost in die glühende Brennstoffsäule des Generators, wo Luft und Wasserdampf zusammen mit der Kohle in Kraftgas umgewandelt werden. Der Motor bereitet sich also stets nur soviel Gas, als seiner augenblicklichen Belastung entspricht. Das noch heiße Gas tritt dann durch das mit einem Dreiweghahn D versehene Rohr c in den Skrubber, wo es ein mit Wasser berieseltes Koksfilter bestreichen muß und dadurch gekühlt und gereinigt wird.

Vom Skrubber gelangt das Gas durch den Wasserabscheider F und den Gastopf H zum Motor. Kurz vor Eintritt in letzteren ist nochmals ein Schlußreinigunger t angebracht, so daß das Gas also praktisch rein in den Motor kommt.

Im Betriebe haben die einzelnen Teile der ganzen Anlage die Stellung, wie sie in Abb. 299 gekennzeichnet ist. Will man die Anlage stillsetzen, so dreht man einfach den Dreiweghahn D herum, so daß die Verbindung mit dem Kamin hergestellt ist. Gleichzeitig damit wird durch diesen Dreiweghahn der Gaszufluß nach dem Skrubber abgesperrt. Die Kaminleitung verursacht dann einen natürlichen Luftzug durch den Generator, so daß die Kohlen ähnlich wie bei einem Füllofen in schwacher Glut erhalten werden können, und die Anlage demnach immer betriebsbereit ist.

Die Bedienung und Überwachung einer solchen Gasanlage ist verhältnismäßig einfach. Man hat nur nötig von Zeit zu Zeit den Generator mit Brennmaterial aufzufüllen und den Skrubber bzw. die Wasserzuflüsse zu kontrollieren.

Die Vorteile einer Sauggasanlage im allgemeinen liegen nun darin, daß man statt der teuren Kohlen Koks als Betriebsmaterial benutzen kann, das in der Regel leicht und für verhältnismäßig weniges Geld zu beschaffen ist. Ferner fallen die Raumabmessungen für die Gesamtanlage geringer aus, als wenn man Dampfmaschinen und Dampfkessel aufstellt. Schließlich ist auch noch die Bedienung und Wartung einfacher als bei Dampfmaschinenanlagen.

Der Gasmotor hat seiner Natur nach einen raschen Gang, er läuft im Mittel mit etwa 160—180 Umdrehungen in der Minute, und dieses bedeutet natürlich einen Vorteil gegenüber den Kolbendampfmaschinen bei seiner Verwendung zum Betriebe von Dynamos. Der Antrieb erfolgt in der gleichen Form wie bei den Kolbendampfmaschinen entweder mittels Riemen oder durch direkte Kupplung.

Dieselmotor. Immer mehr wird an Stelle der Gasmotoren und auch der Dampfmaschinen der sogenannte Dieselmotor benutzt, und zwar ist man zur Ausbildung dieses Motors, den wir jetzt noch näher kennen lernen werden, durch die dauernd steigenden Brennstoffpreise gezwungen worden. Seinen Namen hat dieser Motor nach dem Erfinder, dem Ingenieur Diesel, der sich die Aufgabe stellte, flüssige Brennstoffe, insbesondere die Rohöle als krafterzeugende Mittel zu verwenden. Das Verfahren nach Diesel gibt die Möglichkeit, nicht nur leicht entzündliche und raffinierte Ölsorten, sondern auch Rohöle, Rohnaphtha, Braunkohlen, Gasöl, Paraffinöl und dergleichen mit gleichem Erfolg, gleich guter Wirtschaftlichkeit und gleicher Betriebssicherheit zu benutzen. Während bei den bisher gebauten Petroleum- und Benzinmotoren ähnlich den Gasmotoren, wie wir das bereits früher kennen gelernt haben, ein Gemisch von Luft und in Gasform übergeführtem Brennstoff auf einen verhältnismäßig niedrigen Druck verdichtet und dann durch ein besonderes Zündmittel zur explosionsartigen Verbrennung gebracht wird, arbeitet der Dieselmotor auf die folgende Weise:

Ähnlich wie bei den Dampfmaschinen und Gasmotoren bewegen sich auch bei diesem Motor Kolben in Zylindern und übertragen ihre Bewegung durch Gestänge und Kurbeln auf die Welle der Maschine. Die Wirkung des Dampfes bei der Dampfmaschine bzw. des Gases im Zylinder des Gasmotors wird nun beim Dieselmotor durch die allmähliche Verbrennung von Ölen im Zylinder besorgt. Beim ersten Hub wird reine Luft in den Arbeitszylinder gesaugt, beim zweiten Hub auf ca. 30 bis 32 Atm. verdichtet und dadurch auf hohe Temperatur erhitzt. Beim dritten Hub wird nun der wie gesagt aus Rohölen bestehende Brennstoff mittels Druckluft in den Zylinder eingespritzt. Das Öl entzündet sich an der erhitzten Luft, verbrennt allmählich vollkommen und treibt arbeitleistend den Kolben vorwärts. Beim vierten Hub werden die Verbrennungsgase ausgestoßen. Der Dieselmotor arbeitet also hinsichtlich der Kraftleistung des Kolbens ähnlich den Gasmaschinen ebenfalls im einfach wirkenden Viertakt.

Die Brennstoffe, die man zum Betriebe der Dieselmotoren benutzt, richten sich je nach den Gegenden, in welchen die Beleuchtungsanlagen liegen, und zwar selbstverständlich in erster Linie danach, ob es sich um erdölreiche Länder handelt, oder solche, welche die Natur mit Erdölen nur wenig gesegnet hat. Für den zweiten Fall ist man auf die Einfuhr von Erdölen angewiesen, und man verwendet dann nur schwer entflammbare Treiböle, welche als Abfallerzeugnisse stets billig zu haben sein werden.

Als erstes ist zu nennen das Gasöl, welches aus dem rohen Erdöl durch Destillation gewonnen wird. Dieses Öl hat einen Entflammungspunkt, der etwa je nach seiner Beschaffenheit bei 65 bis 150° C liegt, und das Gasöl ist von selbst infolgedessen bei seiner Lagerung und Handhabung vor Feuers- und Explosionsgefahr gut bewahrt. Ferner kann man auch das Steinkohlenteeröl verwenden, was allerdings voraussetzt, daß die Dieselmotoren selbst für die Benutzung dieses Öles gebaut sind. Das Steinkohlenteeröl wird aus Teer in fast allen Ländern, wo Gasanstalten oder Kokereien bestehen, erzeugt, z. B. in Deutschland rund 300000 Tonnen jährlich.

In den erdölreichen Ländern, wie Amerika, Rußland, Österreich-Ungarn, Rumänien usw. benutzt man mehr das Rohöl in dem Zustande, wie man es findet, weil es dort bequemer zu beschaffen und billiger als Gasöl ist. Ferner ist hier noch besonders das Rohnaphtha in den südlicheren Teilen Rußlands zu erwähnen.

Die Dieselmotoren können nun natürlich nicht nur mit einem Zylinder ausgerüstet, sondern auch als doppeltwirkende liegender oder stehender Bauart hergestellt werden, die selbstverständlich nach dem gleichen Verfahren arbeiten wie die Einzylindermaschinen, nur mit dem Unterschiede, daß die Zylinder dann nicht offen, sondern beiderseitig geschlossen sind. Es bestehen demnach zwei Arbeitsräume, einer vor und einer hinter dem Kolben, und in jedem Arbeitsraum spielt sich der oben angegebene Arbeitsvorgang ab.

Die besonderen Vorzüge des Dieselmotors sind gegenüber dem Gasmotor und der Dampfmaschine die folgenden: Es können schwer entflammbare Öle unter Fortfall jeglicher Zündvorrichtung verwendet werden, und es besteht daher keine Feuersgefahr. Es ist kein Anheizen notwendig, da der Motor jederzeit in Betriebsbereitschaft steht; ferner bedarf er keiner Kessel- oder Generatorenanlagen und hat verhältnismäßig sehr geringen Brennstoffverbrauch. So gibt z. B. die Maschinenfabrik Augsburg-Nürnberg an, daß ihre Dieselmotoren für eine Pferdekraft in einer Stunde nur 180—200 Gramm je nach der Maschinengröße an Treiböl nötig hat, und das wären bei den heutigen Preisen für Treiböl nur 0,7 bis 2 Pfennig für 1 Pferdekraftstunde (PS Std.) bzw. bei 100 PS Leistung in der Stunde 7 bis 20 Mark Ausgaben für Brennstoff, was als recht niedrig zu bezeichnen ist. Dazu kommt noch, daß die Maschine in verhältnismäßig gedrungener Bauart ausgeführt werden kann, der Raumbedarf also gering ist, und sie auch unter bewohnten Räumen Aufstellung finden darf.

Die Wassermotoren. Die Wassermotoren finden auch für kleinere Beleuchtungsanlagen häufig Verwendung und zwar in der Regel im Anschluß an Wassermühlen. Die Mühlenbesitzer wollen natürlich die ihnen in der Regel kostenlos zur Verfügung stehende Wasserkraft soweit wie irgend möglich ausnutzen, und da sie bei offenem Licht, z. B. Petroleumlampen, Gaslampen usw. ihre Betriebe wegen der Feuersgefahr des Abends und in der Nacht und dementsprechend auch in den langen Winterabenden nicht durchführen dürfen, findet man heute elektrische Beleuchtungsanlagen mit Wassermotorenantrieb für die Dynamos in Mühlen — auch solchen kleinen Umfanges — sehr häufig. Für diese Verhältnisse ist das elektrische Licht das einzig zulässige, dann aber auch das bequemste und gefahrloseste, weil keine offene Flamme besteht. Aber nicht allein für den eigenen Betrieb wird die Wasserkraft ausgenutzt, sondern die Mühlenbesitzer wollen gerne auch noch mehr Geld aus ihrer Wasserkraft herauswirtschaften und gehen dann oftmals dazu über, den elektrischen Strom unter bestimmten Bedingungen, die ihren Mühlenbetrieb hinsichtlich der Stromlieferung nicht stören, ihren Gemeindemitgliedern zur Verfügung zu stellen. Es haben sich aus solchen kleinen Anfängen einer Stromerzeugungsanlage schon wiederholt mittlere und größere Überlandzentralen entwickelt, denen nicht nur die ganze Wasserkraft anheimfiel, sondern die dem Wachsen des Unternehmens mit zur Unterstützung für die Energielieferung Dampfmaschinen oder andere Antriebsmotoren aufstellen mußten.

Auf die Wasserturbine an sich soll erst später bei der Besprechung der großen Elektrizitätswerke näher eingegangen werden, weil sie auch für diese und namentlich in jüngster Zeit bis zu den größten Abmessungen und Leistungen (10000 PS in einer Maschine) Verwendung finden (vgl. S. 232 f. und S. 298 ff.). An den elektrischen Maschinen und an den sonstigen Einrichtungen der elektrischen Anlage wird nichts geändert.

Der elektrische Teil der Stromerzeugungsanlagen.

Die Dynamomaschinenanlagen. Da es sich in diesem Abschnitte zunächst nur um die Stromerzeugung und Verteilung für elektrische Beleuchtung handelt, sei vorweg bemerkt, daß für diese Art der Anwendung des elektrischen Stromes in der Hauptsache Gleichstrom benutzt wird und zwar in erster Linie aus dem Grunde, weil sich Gleichstrom in Akkumulatoren leicht aufspeichern läßt, und infolgedessen die Maschinen für die Stromlieferung zur Nachtzeit nicht im Betriebe gehalten zu werden brauchen. Heute wird es wohl kaum noch eine Anlage, die der elektrischen Beleuchtung dient, geben, die nicht mit einer Akkumulatorenbatterie ausgerüstet ist, selbst dann, wenn es sich um sehr kleine Anlagen handelt. Weiter ist der Gleichstrom auch noch deswegen für diese Zwecke besonders geeignet, weil in der Regel nur verhältnismäßig geringe Entfernungen zwischen Maschine und Verbrauchsstelle vorhanden sind, die selten mehr als höchstens einige hundert Meter in einfacher Länge gerechnet betragen, und dann die Leitungsanlage mit den geringsten Kosten hergestellt werden kann.

Wir wollen nun in der Besprechung der einzelnen Teile des maschinellen Aufbaues solcher Stromerzeugungsstationen fortfahren und uns zunächst mit der Dynamomaschinenanlage beschäftigen.

Die Zahl und die Größe der für eine Beleuchtungsanlage aufzustellenden Dynamomaschinen oder, wie der Elektrotechniker kurz sagt, der Generatoren, richtet sich selbstverständlich nach dem Umfange der Anlage und insbesondere danach, wieviele der angeschlossenen Lampen im Höchstfalle gleichzeitig benutzt werden sollen. Dabei ist wohl zu bedenken, daß fast in jedem Falle mehr Lampen angelegt oder, wie man sagt, installiert werden, als tatsächlich gleichzeitig brennen, und auf diesen Umstand muß man genügend Rücksicht nehmen, um die Maschinen und auch die Akkumulatorenbatterie nicht zu groß, sondern in der Leistung nur so zu wählen, daß sie wenn irgend möglich immer vollbelastet arbeiten. Die Maschinen haben, wie ohne weiteres einzusehen ist, den günstigsten Wirkungsgrad bei Vollbelastung, d. h. sie nutzen dann die Kohlen oder den sonstigen Brennstoff, aus denen ihnen die Energie zum Antrieb zugeführt wird, am vorteilhaftesten und sparsamsten aus. Im allgemeinen rechnet man für normale Verhältnisse mit etwa 50 bis 60% aller angeschlossenen Lampen für die Größe der Generatoren, doch schwankt diese Zahl ganz bedeutend z. B. wenn große Säle mit vielen Kronleuchtern, Wandarmen usw., Theaterräume u. dgl. vorkommen. Hier das Zweckmäßigste zu treffen, ist nicht ganz leicht und bedarf in jedem Falle einer sorgfältigen Prüfung und Erwägung.

Die elektrische Energie, die für eine Anlage notwendig ist, kann nun entweder von nur einer einzigen Dynamomaschine oder auch von mehreren gleichzeitig erzeugt werden. Für Anlagen mittleren Umfanges muß man schon stets das letztere wählen, also mehrere Maschinen aufstellen, die je nach Bedarf entweder einzeln oder zu mehreren zusammengeschaltet die Stromlieferung zu übernehmen haben. Hat man nur eine Dynamomaschine, so ist man von dem guten Arbeiten derselben vollkommen abhängig und setzt sich der Gefahr aus, gerade zu den Zeiten und Gelegenheiten, bei denen man die elektrische Beleuchtung in vollem Umfange benutzen will, plötzlich keinen elektrischen Strom zur Verfügung zu haben, weil die Maschine versagt. In einem solchen Falle ist man lediglich auf die Akkumulatorenbatterie angewiesen, welche die Stromlieferung übernimmt. Diese Schwierigkeit läßt den Vorteil erkennen, welchen die Verteilung der Energieerzeugung auf mehrere Generatoren bietet. Wenn auch naturgemäß die gesamten Anlagekosten bei dieser Ausführung höher sind, als bei Verwendung nur eines Generators, so können bei den Betriebskosten für Kohlen, Benzin usw. im Verhältnis doch recht namhafte Ersparnisse erzielt und der Betrieb an sich zu einem durchaus sicheren und zuverlässigen gestaltet werden. Man spart ferner eine besondere Reservemaschine, weil man, wenn eine der Maschinen unbrauchbar werden sollte, wenigstens noch den größeren Teil der Anlage mit Hilfe der intakten Maschinen und nötigenfalls unter Hinzuziehung der Akkumulatorenbatterie mit Strom versorgen kann, was natürlich in solchen Anlagen, die nur die Batterie zur Reserve haben, nicht oder nur für sehr kurze Zeit möglich ist. Denn die Batterie wird in solchem Falle nur zu bald entladen sein, ohne daß man die Möglichkeit besitzt, dieselbe wieder aufladen zu können. Hat man dagegen zwei oder mehr Maschinen und dazu eine Akkumulatorenbatterie, dann kann eine Unterbrechung oder längere Störung in der Stromlieferung nicht mehr vorkommen.

Ganz die gleichen Gesichtspunkte gelten auch für die Antriebsmaschinen der Generatoren. Früher ging man in der Regel derart vor, daß man auch hier zunächst nur eine große Antriebsmaschine wählte, diese mittelst Riemen auf eine Transmission arbeiten ließ, und die einzelnen Dynamomaschinen von dieser Transmission antrieb. Das hat aber, wie der Leser sofort zugeben wird, natürlich wiederum die großen Nachteile, daß die Antriebsmaschine bei geringer Belastung unwirtschaftlich arbeitet, und bei einer Maschinenstörung die ganze Anlage außer Betrieb gesetzt werden muß, und man ist daher schon bald ebenfalls dazu übergegangen, auch die Leistung der Antriebsmaschine auf mehrere Maschinen zu unterteilen und jede Dynamomaschine von ihrem eigenen Antriebsmotor bewegen zu lassen.

Bei einer Leistung bis etwa 100 PS kommt man in der Regel mit dem einfachen Riemen als Verbindungsglied zwischen Antriebsmaschine und Dynamomaschine aus und hat damit den Vorteil, daß die Dynamomaschinen, weil sie mit hoher Drehzahl betrieben werden können, billiger werden. Der ziemlich erhebliche Zug des Riemens auf die Antriebscheibe und damit auf den Generator selbst erfordert dabei, daß die Dynamomaschine gut befestigt wird, infolgedessen muß man sie wie auch die Antriebsmaschine auf besondere sorgfältig hergestellte Fundamente stellen. Eine solche Fundamentierung wird schwierig, wenn die Dynamomaschine nicht auf gleicher Höhe mit der Antriebsmaschine steht, wenn vielmehr der Riemen unter einem Winkel gegen die Horizontale läuft, also z. B. eine der beiden Maschinen gegen die andere in einem oberen oder unteren Stockwerke steht. In der Regel sind die Decken bzw. die Fußböden der Gebäude nicht ohne weiteres geeignet, die bei solchen Antriebsverhältnissen auftretende Zugkräften auszuhalten, und es muß daher beim Neubau von Stromlieferungszentralen dafür Sorge getragen werden, daß die Fundamente genügend widerstandsfähig und dauernd sicher sind. Vorteilhafter ist es jedenfalls immer, den

oder die Maschinensätze im Keller oder zum mindesten in Höhe des Straßenniveaus und wenn irgend angängig beide Maschinen in annähernd gleicher Achsenhöhe aufzustellen. Zur Spannung des sich mit der Zeit im Betriebe lockernden Riemens dienen die früher bereits erwähnten Gleitschienen. Einen Nachteil hat diese Antriebsweise noch, der darin besteht, daß die Maschinen recht viel Platz nötig haben, der oftmals entweder gar nicht zur Verfügung steht, oder nur für teueres Geld beschafft werden kann. In letzterem Falle tut man besser, die Maschinen unmittelbar zu kuppeln, wie das früher bereits besprochen worden ist.

Eine jederzeit gute und gefahrlose Beaufsichtigung macht es ferner notwendig, daß die Maschinen von allen Seiten leicht zugänglich sind, und sie müssen infolgedessen rings herum einen freien Gang erhalten, von dem aus der Zutritt zu allen Stellen möglich ist. Riemen sind durch Drahtgitter, Geländer oder sonstige Vorrichtungen gegen Berührung zu schützen. Der besseren Zugänglichkeit wegen werden auch die

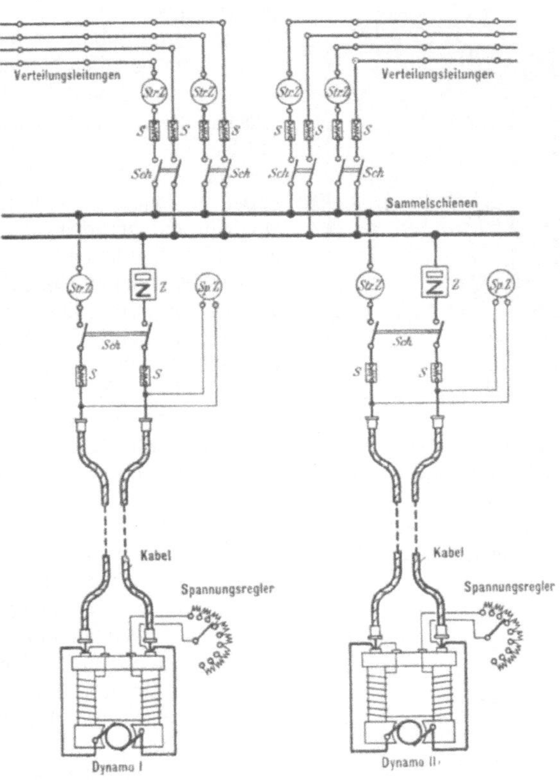

300. Schaltungsschema einer kleinen Gleichstromzentrale.

Drähte, die den Strom von der Maschine zur sogenannten Schalttafel führen, entweder von den auf dem oberen Teile der Maschine angebrachten Klemmen senkrecht in die Höhe bis zur Decke gezogen und unter derselben weitergeleitet, oder aber man verlegt sie vorteilhafter in besondere Kanäle im Fußboden des Maschinensaales und gewinnt dadurch ein wesentlich schöneres Bild der ganzen Anlage. Damit nun Wasser und Schmutz z. B. bei der Reinigung des Fußbodens nicht in diese Kanäle dringt und die Leitungen beschädigt, muß man besonders isolierte Kabel verwenden, und die Kanäle durch Platten abdecken.

Wir wollen nun einmal an Hand des Schaltbildes (Schaltungsschemas) Abb. 300, das in jeder Anlage vorhanden sein und dem Maschinenwärter Aufschluß über die ganze Einrichtung seiner Station geben muß, den Verlauf des Stromes von den Maschinen zur Schalttafel und von dort zu den einzelnen Verbrauchsorten verfolgen. In Abb. 300 ist angenommen, daß 2 Maschinen vorhanden sind, und 4 besondere Stromkreise gespeist werden sollen.

Das Schaltungsschema. Der Strom tritt von den Klemmen der Dynamomaschinen in die Kabel, fließt durch dieselben nach der Schalttafel und wird von hier aus verteilt. Um die Maschinenkabel nicht in viele einzelne Zweige entsprechend der Zahl der abgehenden Leitungen aufteilen zu müssen, nimmt man stets für jeden Pol eine Kupferschiene, die sogenannte Sammelschiene, schließt an diese die starken Hauptmaschinenkabel an und verbindet auch die einzelnen abgehenden Stromkreise mit derselben. Dadurch gewinnt man eine vorzügliche Übersicht über den ganzen Stromverlauf und hat weiter den großen Vorteil, daß der Strom aller Maschinen an einer Stelle gesammelt und nun beliebig verteilt werden kann. Sind z. B. in allen Stromkreisen nur wenig Lampen eingeschaltet, so genügt vielleicht die Energie einer Maschine, um den Strombedarf zu decken, und die Sammelschienen vermitteln und verteilen den gelieferten Strom ganz nach Bedürfnis. Auf der Schalttafel, hinter welcher die Sammelschienen liegen, werden dann die einzelnen Instrumente zur Überwachung und Messung des elektrischen Stromes aufgebaut (Abb. 300 u. 304) und gleichfalls die Regelungsapparate untergebracht. Über die einzelnen Meßinstrumente wollen wir uns erst in einem späteren Abschnitt ausführlicher unterhalten, während die Regelung der elektrischen Maschinen schon hier besprochen werden soll.

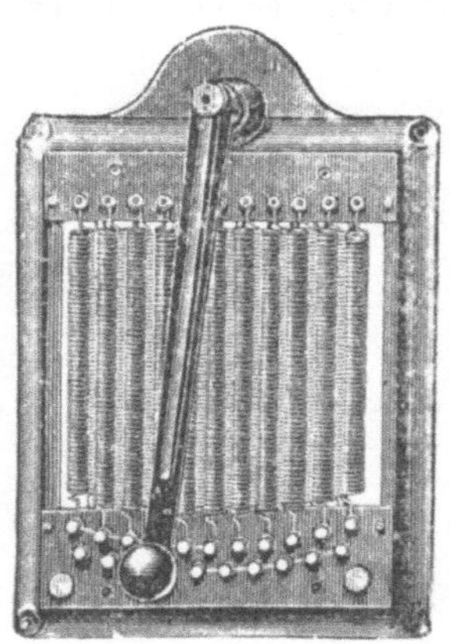

301. Spannungsregler für
Dynamomaschinen.

Die Regelung und Parallelschaltung der Dynamomaschinen. Will man mehrere Dynamomaschinen gemeinsam auf die Sammelschienen arbeiten lassen, so ist zunächst dafür Sorge zu tragen, daß alle Maschinen die gleiche Spannung haben. Wäre das nicht der Fall, würde also eine Maschine eine geringere Spannung haben als die anderen, so würde sie statt Strom an die Sammelschienen abzugeben, solchen aus diesen aufnehmen und als Elektromotor betrieben werden, der seinerseits auch die Antriebsmaschine anzutreiben versuchen würde. Dieser Betriebszustand ist natürlich unzulässig, und es geht daraus hervor, daß jede Maschine und zwar durch ihren Regler zunächst auf die Spannung der Sammelschienen der Schalttafel gebracht werden muß, bevor sie an dieselben mit Hilfe der Schalter Sch angeschlossen werden kann; aber dieses genügt noch nicht, um die zuzuschaltende Maschine auch an der Stromlieferung teilnehmen zu lassen, denn die Dynamomaschine kann selbst bei richtiger Spannung noch untätig bleiben, wenngleich sie dann keinen Strom fortnimmt. Um sie schließlich zu zwingen, ihrerseits ebenfalls Strom in das Verteilungsnetz abzugeben, ist es notwendig, ihre Spannung ein wenig über die Sammelschienenspannung mit Hilfe der Regelungsvorrichtung zu erhöhen, bis der eingeschaltete Stromzeiger (Str. Z.) (Ampermeter) anzeigt, daß sie nunmehr ebenfalls belastet ist. Zu all diesen Spannungsmessungen dient ein Spannungszeiger (Voltmeter), der in Abb. 300 mit Sp. Z. bezeichnet ist. Die Sicherungen S, die zum Schutze

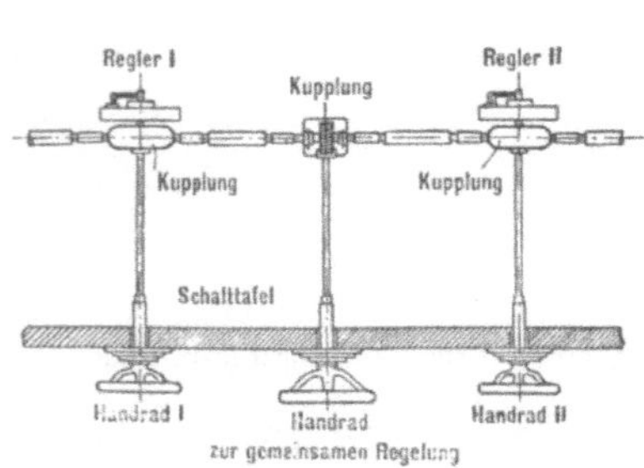

302. Kupplungsvorrichtung für mehrere
Maschinenregler.

der Maschinen vor unzulässigen Überlastungen dienen, die Schalter (Sch.), mit deren Hilfe das Zu= oder Abschalten der Generatoren erfolgt, und den Zähler (Z.) vervollständigen die elektrischen Apparate jedes Maschinenstromkreises.

Die Regelungsvorrichtungen. Am einfachsten gestaltet sich die Regelung bei den Nebenschlußgeneratoren, die auch in der Abb. 300 angenommen sind. Der Strom, der die Wicklungen der Magnete durchfließt und sie erregt, wird über einen eingeschalteten veränderlichen Widerstand, der für gewöhnlich durch Drähte aus besonderem Material (Nickelin, Manganin, Konstantan usw.) gebildet wird, geleitet. Durch Verstärkung oder Schwächung dieses Stromes mittels des Widerstandes wird die elektromotorische Kraft der Maschine vergrößert oder vermindert bzw. die Spannung an den Klemmen des Generators erhöht oder herabgesetzt und damit die Leistungsabgabe je nach den Verhältnissen in einfachster Weise geändert. Anders dagegen ist der Vorgang bei der Inbetriebsetzung, denn hier nimmt die Spannung des Generators zunächst mit wachsender Drehzahl der Antriebsmaschine allmählich selbsttätig zu, bis sie einen bestimmten Wert bei voller normaler Umdrehungszahl erreicht hat. Dieselbe Regelung wird auch bei den Gleichstrom-Compoundmaschinen angewendet, die einer wenn auch beschränkten Nachhilfe zur Einstellung der bestimmten Spannung und damit einer verlangten Leistungsabgabe nicht entbehren können, wenngleich bei diesen Maschinen je nach den Belastungsverhältnissen auch eine in vielen Fällen ausreichende selbsttätige Spannungs- bzw. Leistungsregelung durch das Zusammenwirken der Haupt- und Nebenschlußwicklung auf den Magneten erzielt werden kann. Für reine Beleuchtungsanlagen kommen derartige Generatoren indessen nur selten zur Anwendung. In Abb. 301 ist der in Abb. 300 nur mit wenigen Linien angedeutete Regeler in seiner praktischen Ausführung dargestellt. Bei diesem Regler geht der Strom durch den Hebel nach dem Kontaktstück, auf das der Hebel eingestellt ist, weiter dann durch die links von dem betreffenden Kontaktstücke liegenden Drahtspiralen, die er der Reihe nach durchfließt und am Ende der letzten Spirale verläßt. Wird der Hebel um ein Kontaktstück nach rechts oder nach links verstellt, so werden dadurch entweder eine oder mehrere Drahtspiralen zu- oder abgeschaltet und dementsprechend die Stromstärke geändert. Es tritt also je nach dem Zu- oder Abschalten dieser einzelnen Drahtspiralen eine Erhöhung oder Verminderung des zusätzlich eingeschalteten Widerstandes ein.

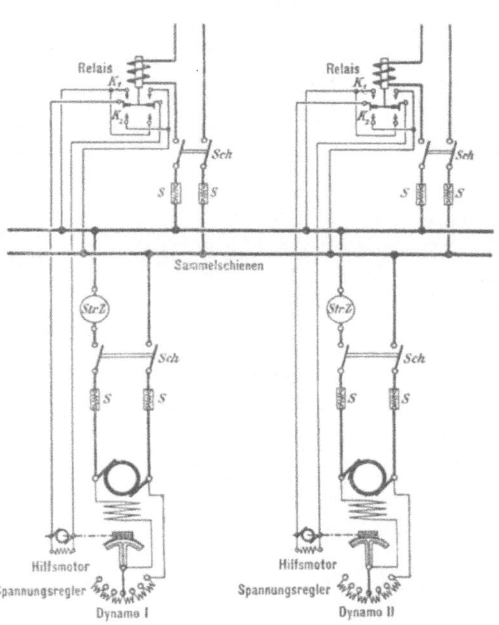

303. Schaltungsschema für die selbsttätige Spannungsregelung bei Gleichstromdynamos.

Diese Art der Spannungsregelung ist die heute fast ausschließlich angewendete; sie hat allerdings den Nachteil, daß der Maschinenwärter bei starken Schwankungen in der Belastung, also bei häufigem Zu- und Abschalten von Lampen dauernd den Hebel des Reglers im einen oder anderen Sinne verstellen muß, um die Spannung stets auf gleicher Höhe zu halten, denn wenn dieses nicht der Fall wäre, würde ein Zucken der Glühlampen beim Zu- oder Abschalten einer größeren Anzahl anderer Lampen eintreten, was einmal natürlich auf das Auge unangenehm wirkt, bald zu Klagen führt und schließlich auch die Lebensdauer der Lampen nicht unerheblich beeinträchtigt, wenn es häufiger auftritt. Wenn sich dieser Übelstand bei nur einer im Betriebe befindlichen Maschine auch noch im allgemeinen zufriedenstellend beheben läßt, so ist es bei mehreren Maschinen nicht mehr gut durchführbar. Um in solchem Falle nun nicht jeden Regler für sich bedienen zu müssen, werden die Regler für die im Betriebe befindlichen Generatoren mechanisch gekuppelt und dann alle nur mittelst eines Handrades gleichzeitig verstellt. Jede neu zuzuschaltende Maschine wird nach dem vorhergesagten zunächst in Betrieb gesetzt, auf die Sammelschiene zugeschaltet, und der Regeler dieser Maschine dann ebenfalls mit den anderen mechanisch verbunden. Die Abb. 302 zeigt diese Anordnung, wie sie von den Siemens-Schuckert-Werken ausgeführt wird.

Wenn damit für den Schalttafelwärter auch bereits eine große Erleichterung geschaffen ist, so reicht das in größeren Anlagen noch nicht aus, um den Betrieb zu einem vollständig einwandsfreien zu machen, und man bedient sich dann eines sogenannten selbsttätig arbeitenden Reglers, der durch besondere zwischengeschaltete Relais gesteuert wird. Auch dort, wo namentlich in kleinen Stationen die ständige Aufsicht zu kostspielig ist und infolgedessen umgangen werden soll, oder wo überhaupt mit einer sorgfältigen Aufsicht nicht zu rechnen ist, sind solche automatischen Regelungsvorrichtungen zu verwenden. In Abb. 303 ist das Schaltungsschema einer derartigen Anordnung in einfachen Linien dargestellt. Der elektrische Strom, der von den Maschinen über die Sammelschienen in die abgehenden Stromkreise fließt, wird über besondere kleine Magnete (Relais) geleitet, die aus einem Eisenkern bestehen, der sich in einer Drahtspule frei auf= und abwärts bewegen kann. Beim Stromdurchgang durch die Drahtspulen werden die Eisenkerne so weit gehoben, bis ihre Anker in der Schwebe zwischen je zwei oberhalb und unterhalb derselben angebrachte Kontaktplättchen K_1 und K_2 stehen. Steigt nun die Stromstärke in dem betreffenden Stromkreise, dann werden die Eisenkerne weiter in die Drahtspulen

304. Schalttafel mit zwei selbsttätigen Spannungsreglern für die Dynamomaschinen.

hineingezogen, und die Anker kommen mit den oberen Kontaktplättchen K_1 in Berührung. Dadurch wird der Stromkreis eines kleinen Elektromotors, der den Regler der betreffenden Dynamomaschine antreibt, geschlossen, und dieser Motor in Gang gebracht. Hat der Motor in der Regel mit Rücksicht auf seine große Drehzahl unter Vermittelung eines Rädergetriebes die Kurbel des Spannungsreglers auf den Kontaktknopf vor= oder zurückgeschoben, auf welchem die Spannung den erforderlichen Wert erreicht, dann ist die Stromstärke soweit gesunken, daß der Anker des Eisenkerns wieder zur Schwebe kommt und damit den Stromkreis des Elektromotors unterbricht. Fällt umgekehrt die Stromstärke also die Belastung in dem äußeren Stromkreise, dann kann der Elektromagnet des Relais den Anker nicht mehr in der Schwebe halten, derselbe fällt vielmehr ab und zwar auf die unteren Kontaktplättchen K_2 und schließt damit abermals den Stromkreis des den Regler antreibenden Motors, aber nunmehr so, daß dieser Motor in einem dem vorherigen entgegengesetzten Drehsinne läuft. Die Kurbel des Reglers wird wiederum so lange selbsttätig verstellt, bis die normale Betriebsspannung des Generators erreicht ist, und so wiederholt sich das Spiel fortgesetzt je nach den Belastungsschwankungen im äußeren Netze. In ähnlicher Weise kann natürlich auch die vorher erwähnte Anordnung zur Kupplung

der Regeler mehrerer Maschinen durch den Regelmotor angetrieben werden, und man spart dann an Relais und an motorischen Antrieben. Diese Vorrichtung zwingt also die Dynamomaschinen nach jeder Überschreitung oder Unterschreitung der normalen Spannung in die Grenze, in der sich die Spannung halten soll. Selbstverständlich ist für jeden Stromkreis, dessen Spannung stets auf gleicher Höhe gehalten werden soll, eine solche Relaisanordnung notwendig, und die Kupplun gder Regler darf nicht stattfinden. Die Abb. 304 zeigt eine kleine Schalttafel mit zwei solchen Reglern.

In anderer Weise ließe sich die Dynamomaschine noch durch die Änderung der Umlaufszahl in ihren Spannungsverhältnissen beeinflussen. Man hat hierfür selbsttätig wirkende Dampfmaschinenregler benutzt, die in ähnlicher Weise durch den elektrischen Strom betätigt werden wie die Magnetregler und den Dampfzufluß entweder vermindern oder vergrößern, indessen haben sich derartige Vorrichtungen bisher keinen Eingang in die Praxis zu verschaffen gewußt, weil die elektrische Reglung einfacher und betriebssicherer arbeitet.

Schließlich sei der Vollständigkeit wegen auch noch das letzte Mittel zur Regelung der Spannung im äußeren Stromkreise erwähnt, das darin besteht, in die einzelnen Stromkreise Widerstände einzuschalten, die in ihrer Größe je nach den Spannungsverhältnissen geändert werden. Dieses Mittel ist das schlechteste und auch unwirtschaftlichste, weil in den Widerständen bei der Regelung elektrische Energie einfach in Wärme umgesetzt wird. Dieser Energieverlust muß aber von den Dynamomaschinen geleistet also erzeugt und demnach bezahlt werden, ohne daß man irgend eine praktische Ausnutzung hat. Nur in besonderen Fällen und zwar in solchen, wo der Energieverlust der Kürze der Zeit wegen oder aus anderen Gründen keine wesentliche Rolle spielt, macht man daher von dieser Regelungsart Gebrauch und zwar, wie wir kurz erwähnen wollen, z. B. zum Inbetriebsetzen von Gleichstromelektromotoren, vereinzelt beim Laden von Akkumulatoren und bei galvanotechnischen Anlagen.

Anwendung der Akkumulatoren in Beleuchtungsanlagen.

Es wurde bereits auf die großen Vorteile hingewiesen, die in der Aufspeicherung der elektrischen Energie in den Akkumulatoren besonders für Beleuchtungsanlagen liegt, und wir hatten dabei auch erwähnt, daß als Stromart nur Gleichstrom in Frage kommt. Es sei daher hier nur kurz nochmals wiederholt, daß in Gleichstromanlagen und in erster Linie in solchen, die in der Hauptsache zur Erzeugung des elektrischen Stromes für Beleuchtungszwecke dienen, die Dynamomaschinen nur zur Deckung des Hauptlichtbedürfnisses in den Abend- und im Winter in den Frühstunden im Betriebe zu halten sind, während an den Vormittags- und in den Nachtstunden nach Stillsetzen des Maschinenbetriebes die Akkumulatorenbatterie die Energielieferung zu übernehmen hat.

So ganz einfach, wie man nach diesen wenigen Worten vielleicht zu glauben geneigt ist, gestaltet sich indessen die Anwendung der Akkumulatoren nicht. Es sind dabei vielmehr doch eine ganze Reihe von Betriebsbedingungen zu beachten, die wir nunmehr eingehender behandeln wollen, und die erfüllt werden müssen, wenn einmal die Stromlieferung einwandfrei sein und andererseits die Akkumulatorenbatterie dauernd in gutem und zuverlässigem Zustande erhalten werden soll.

Um die Vorgänge bei der Benutzung der Batterie leichter verstehen zu können, wollen wir annehmen, daß dieselbe gebrauchsfähig und zunächst mit Hilfe eines einfachen Schalters nach Außerbetriebsetzung der Maschinen an die Sammelschienen angeschlossen worden ist. Die Batterie sei also geladen und soll Strom liefern. Die erste Hauptbedingung ist nun die, daß die Spannung der Batterie für die ganze Zeit ihrer Entladung auf der gleichen durch die angeschlossenen Lampen bedingten Spannung bleibt. Setzen wir zum Beispiel eine Beleuchtungsanlage voraus, die eine Spannung an den Lampen von 100 Volt und unter Hinzurechnung des Verlustes in den Leitungen 105 Volt an den Klemmen der Sammelschienen der Schaltanlage erfordert. Jede Zelle des geladenen Akkumulators hat zu Beginn der Entladung eine Spannung von etwas über 1,9 Volt, so daß wir also für die notwendige Sammelschienenspannung $105 : 1,9 = 55$ Zellen brauchen, die alle hintereinander geschaltet sein müssen, damit sich die einzelnen Spannungen addieren. Die Spannung sinkt nun bei der Stromentnahme in etwa 2 bis 3 Stunden um 5 bis 6% für jede Zelle und damit natürlich auch für die ganze Batterie.

Nehmen wir an, daß sie etwa in anderthalb Stunden um 2 Volt gefallen ist, in der weiteren Stunde ebenfalls um 2 Volt, in der nächsten halben Sunde nochmals um diesen Betrag, dann würde die Lampenspannung unter der Voraussetzung, daß die Zahl der eingeschalteten Lampen inzwischen nicht geändert worden ist, auf 98, 96, 94 Volt gefallen sein, und die Lampen würden immer dunkler brennen. Das ist aber, wie schon wiederholt erwähnt, ein Übelstand, den sich kein Abnehmer gefallen lassen wird, und man muß daher zu dem sehr einfachen Mittel greifen, die Zahl der Zellen jedesmal durch Zuschaltung von Zellen so zu erhöhen, daß die verlangte normale Spannung vorhanden ist. Die Gesamtzahl der Zellen darf aber nur so hoch sein, daß, wenn die Gesamtspannung der ganzen Batterie, also Stammbatterie plus Zusatzzellen bei der Entladung auf die geforderte Sammelschienenspannung gesunken ist, die Spannung jeder einzelnen Zelle auf den Betrag herabgegangen sein darf, bei dem man mit der Entladung des Akkumulators aufzuhören hat, wenn man ihn nicht schädigen will. Also sind Dauer der Entladung und Zellenzahl von den Batterieverhältnissen abhängig. Die Zellenzahl richtet sich ferner noch nach dem Verluste an Spannung, der in den Leitungsanlagen auftritt.

Die über die in unserem Beispiel genannte Zahl von 55 Zellen mehr aufzustellenden etwa 4 oder 5 Zellen waren seinerzeit mit den übrigen geladen. Beim Einschalten der Batterie auf die Lampen wäre bei 59 oder 60 Zellen die Spannung aber für die erste Zeit der Entladung zu hoch, und es müssen demzufolge von der ganzen Reihe zuerst 55 Zellen abgenommen werden, um die verlangte Spannung von 105 Volt zu erhalten. Nach einiger Zeit der Entladung ist dann die Gesamtspannung dieser 55 Zellen z. B. auf 104 Volt gefallen; nun schalten wir eine der Zusatzzellen ein und haben dann etwas mehr Spannung als wir unbedingt nötig haben. Auch diese vermehrte Batterie fällt allmählich in ihrer Spannung ab, und wenn sie wiederum auf 104 Volt angekommen ist, schalten wir eine neue Zusatzzelle zu und so fort, bis sämtliche Zusatzzellen an der Stromlieferung teilnehmen.

Um diese Schaltungen in einfachster, gefahrloser und vor allen Dingen richtiger Weise vornehmen zu können, sind besondere Apparate durchgebildet worden, die den Namen Zellenschalter haben. Diese Zellenschalter bestehen aus einzelnen, von einander isolierten Kontaktstücken, die entweder im Kreise oder übereinander auf einer isolierenden Grundplatte aufgebaut sind, und über denen ein Kontaktarm K schleift. Der letztere kann nach Belieben mit einem der Kontaktstücke in leitende Verbindung gebracht werden, indem man ihn auf dieses einstellt. In Abb. 305 ist der Zellenschalter zunächst nur in Verbindung mit der Akku-

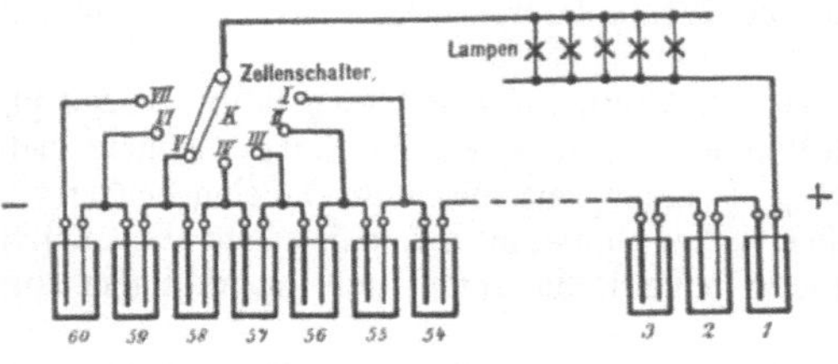

305. Prinzip des Zellenschalters.

mulatorenbatterie und den zu speisenden Lampen dargestellt und zwar, um das Verständnis nicht zu beeinträchtigen, in einfachen Linien. Wird der Kontakt= hebel K des Zellenschalters auf eins der Kontaktstücke, z. B. auf V, eingestellt, so ist die Batterie vom 1. bis zum Element das in unserer Abbildung rechts von der Verbindung nach V liegt eingeschaltet, es sind also in unserem Beispiel die Zellen 1 bis 58 im Betriebe. Die letzten

2 Zellen sind ausgeschaltet. Je nachdem nun der Kontakthebel von V auf VI oder von V auf IV geschaltet wird, wird jedesmal ein neues Element entweder in den Stromkreis eingeschaltet oder außer Betrieb gesetzt, und man kann infolgedessen mit Hilfe eines solchen Apparates die Spannung innerhalb der durch die Zahl der Zusatzzellen festgelegten Grenze abstufen. Beim Beginn des Entladens der Batterie steht der Kontakthebel K auf I, und es sind dann nur die 54 Hauptzellen eingeschaltet. Mit sinkender Spannung der Batterie werden mehr und mehr Zellen von Kontakt zu Kontakt zugeschaltet, bis schließlich auch die letzte, die sechzigste Zelle, im Stromkreise liegt. Sinkt in dieser letzten Stellung die Spannung unter den verlangten Normalgrad, dann darf die Batterie nicht weiter entladen werden, weil sie sonst Schaden nehmen würde.

Mit Hilfe eines solchen einfachen Zellenschalters sind wir aber weiter auch in der Lage, die Beleuchtungsanlage gleichzeitig von der Dynamomaschine und der Batterie aus zu speisen, und zwar kann dieser Fall eintreten, wenn die Leistung der Dynamomaschine, die nach dem vorher Gesagten nicht für die ganze angeschlossene Lampenzahl bemessen ist, nicht mehr allein ausreicht, um die verlangte Energie zu erzeugen. Man muß dann die Batterie mit zur Stromlieferung heranziehen oder wie man sagt, sie zur Dynamomaschine parallel schalten. Ein derartiger Betrieb wird indessen nur bei kleineren Anlagen eintreten, in denen nur eine Dynamomaschine vorhanden ist. Es besteht dabei der Nachteil, daß die Batterie schon während noch die Dynamomaschine arbeitet, entladen wird, und sie dann nach Stillsetzen der Maschine für die Nacht= und Frühstunden nicht mehr mit voller Energie zur Verfügung steht. Man müßte in einem solchen Falle entweder die Dynamomaschine des Nachts länger laufen lassen oder morgens schon frühzeitig mit dem Maschinenbetrieb beginnen, um allen Anforderungen des Lichtbedürfnisses entsprechen zu können und die Batterie vor unzulässig starker Entladung zu schützen. Ein solcher Betrieb ist daher keineswegs besonders günstig und hat auch nicht den Vorteil, etwa Maschine und Batterie besser auszunutzen, sondern im Gegenteil werden die Betriebskosten um ein Beträchtliches erhöht, weil mehr Brennmaterial verbraucht wird. Das Schaltungsschema zeigt die Abb. 306. Nach Schließen des Schalters Sch bei Punkt B können sowohl Dynamomaschine als auch Batterie Strom an die Sammelschienen abgeben. Wir werden auf dieses Schema weiter unten nochmals zurückkommen. Da ferner bei schwankender Belastung eine Regelung der Spannung an den Sammelschienen eintreten muß, ist naturgemäß nicht nur die Dynamomaschinenspannung durch Verstellen des Maschinenreglers, sondern auch die Batteriespannung durch Verstellen des Zellenschalters zu ändern.

Die Ladung der Batterie ist nun nicht ganz so einfach wie die Entladung, und zwar weil dabei zu unterscheiden ist, ob während der Zeit der Ladung die Maschine, wenn wir zunächst nur eine solche annehmen — nur zur Aufladung der Batterie benutzt wird, oder ob gleichzeitig noch Strom in die Verteilungsleitungen abgegeben werden muß, demnach also während der Ladezeit die Energielieferung für das Netz nicht unterbrochen werden darf. Der Grund für diese Unterscheidungen liegt darin, daß die Maschinenspannung mit fortschreitender Ladung allmählich erhöht werden muß, und dieses nicht zulässig ist, wenn Lampen gleichzeitig brennen. Naturgemäß ändern sich die Verhältnisse sofort, wenn mehrere Maschinen aufgestellt sind, von denen dann die eine die Ladung zu übernehmen hat, während die anderen die Stromlieferung in die Verteilungsanlage besorgen.

In kleineren Anlagen mit nur einer Dynamomaschine geht das Laden der Batterie, wenn das Netz gleichzeitig keine Energieabgabe erforderlich macht, mit Hilfe des Einfachzellenschalters nach Abb. 306 in der Weise vor sich, daß die ganze Batterie einschließlich Zusatzzellen mit dem Zellenschalter Z. Sch. eingestellt wird, und man nun die Dynamospannung mit fortschreitender Ladung allmählich durch den Maschinenregler Reg erhöht. An einem Spannungszeiger Sp. Z. ist der Fortschritt der Ladung zu

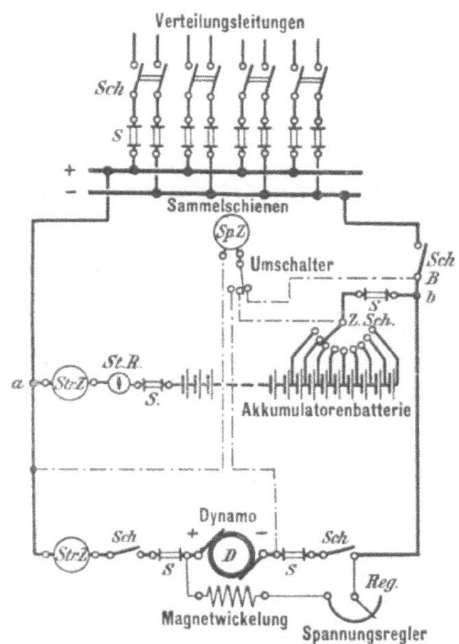

306. Laden der Akkumulatorenbatterie (Betrieb der Beleuchtungsanlage gleichzeitig nicht möglich).

erkennen. Der Strom der Dynamomaschine D geht vom positiven Pol (+) der Maschine durch die Schmelzsicherung S und einen einfachen Hebelschalter Sch., ferner durch einen Stromzeiger Str. Z., der uns die Stärke des Stromes anzeigt, nach dem Verteilungspunkte a, wo er einmal nach der Batterie und ein anderesmal nach den Sammelschienen abzweigt. Sind in den Verteilungsleitungen keine Glühlampen eingeschaltet, dann kann der nach den Sammelschienen fließende Strom nicht weiter, weil ihm die Verbindung nach dem negativen Pol fehlt, und er muß daher seinen Weg durch die Batterie nehmen, passiert den Zellenschalter Z. Sch., wiederum eine Sicherung S und gabelt sich beim Punkte B nach den Sammelschienen und nach der Maschine. Ist der Stromkreis bei B nach den Sammelschienen durch den Schalter Sch. unterbrochen, wie in Abb. 306 angenommen, dann ist der Stromweg Pluspol-a, Batterie-b, Minuspol hergestellt, und die Maschine ladet die Batterie. Ist der Schalter bei B eingelegt, so kann die Batterie auf das Netz arbeiten, wenn die Maschine durch die Schalter Sch. abgeschaltet ist oder aber auch parallel mit der Maschine die Stromversorgung übernehmen, wenn letztere in Betrieb genommen wird. Ist der Schalter Sch. bei B geöffnet, so ist man nicht in der Lage, Lampen in den Verteilungsleitungen brennen zu können, weil der Strom nicht nach der Maschine zurückkehren kann. Ein gleichzeitiger Betrieb ist demnach bei dieser Schaltung ausgeschlossen.

Ist eine solche Arbeitsweise nicht möglich, muß vielmehr, wenn nur eine Maschine vorhanden ist, auch während der Ladeperiode Strom in das Beleuchtungsnetz abgegeben werden, dann kann man auf zweierlei andere Arten vorgehen; entweder so, daß man eine zweite, allerdings wesentlich kleinere Dynamomaschine zu der Hauptmaschine aufstellt, die dann zur Spannungs= erhöhung benutzt wird, oder aber indem man zwei Einfachzellenschalter verwendet, die man zu einem sogenannten Doppelzellenschalter zusammensetzt. Die Ladung mit Unterstützung der kleinen Hilfsmaschine (Zusatzmaschine) verlangt etwas mehr Aufmerksamkeit bei der Bedienung, erfordert auch größere Kosten für die Gesamtanlage, und man greift daher zu diesem Mittel in kleineren Beleuchtungsanlagen nur selten. Das Schaltungsschema zeigt die Abb. 307. Verfolgen wir dasselbe, so sehen wir bei der gezeichneten Lage der Schalter, daß der Maschinenstrom ohne weiteres nach den Sammelschienen geht. Außerdem verzweigt er sich nach der Zusatz= dynamo Z. D., durchfließt dieselbe und gelangt über den Umschalter u nach der Batterie. Im

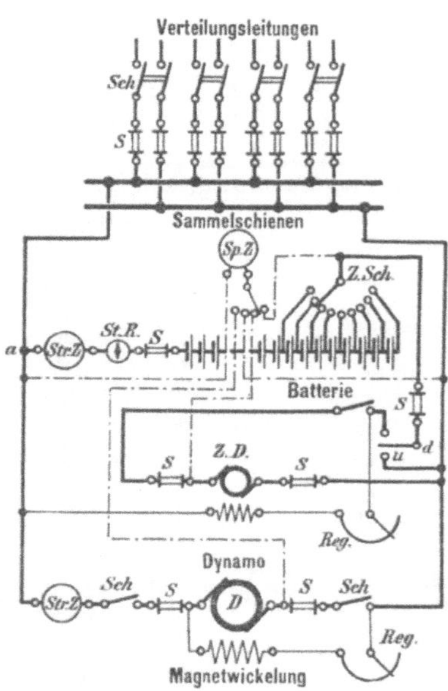

307. Laden der Akkumulatorenbatterie durch Zusatzmaschine.

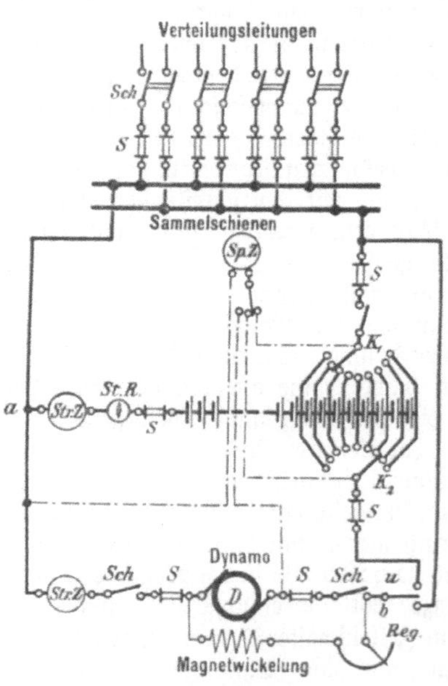

308. Gleichstromanlage mit Akkumulatoren und Doppelzellenschalter.

Punkte a kommt er mit dem von den Sammelschienen kommenden Strome zusammen und kehrt zur Maschine zurück. Die Spannungserhöhung durch die Zusatzmaschine beeinflußt also die Maschinenspannung nicht. Legt man den Umschalter auf den unteren Kontakt, dann ist die Batterie mit den Sammelschienen verbunden bzw. mit der Hauptdynamomaschine parallel geschaltet.

Einfacher ist die andere Methode, sich eines Doppelzellschalters zu bedienen, und zwar geht dann die Ladung nach der Abb. 308 in der folgenden Form vor sich. Der Strom der Dy= namomaschine kann wiederum durch einen Umschalter u entweder auf die Sammelschienen oder die Batterie umgeschaltet werden. Mit Hilfe der Kontakthebel K_1 und K_2 des Doppel= zellenschalters wird nun die Batterie geladen und dem Strom gleichzeitig ein Weg gegeben, um auch noch in das äußere Netz zu gelangen. Die Maschinenspannung kann dann mit Hilfe des Regulators erhöht werden, ohne daß dabei auch die Spannung an den Sammelschienen steigt, weil die letztere durch den Kontakthebel K_1 des Zellenschalters geregelt wird.

Gruppenschaltung. Schließlich kann man die Ladung auch mit Hilfe der sogenannten Gruppenschaltung durchführen.

Bei derselben wird die Batterie in zwei Hälften geteilt, beide Hälften werden parallel geschaltet und dann gemeinsam durch die gleichzeitig auf die Sammelschienen arbeitende

Dynamomaschine geladen. Da die Spannung der beiden parallelgeschalteten Batteriehälften jedoch wesentlich geringer ist als die der normalen Netzspannung entsprechende Maschinenspannung, so muß die Spannungsdifferenz von einem Vorschaltwiderstande aufgenommen werden, welcher entsprechend dem jeweiligen Ladezustande der Batterie reguliert wird.

Nach vollendeter Ladung werden die beiden Batteriehälften wieder in Serie geschaltet; die Batterie kann alsdann wieder allein oder parallel zu der Dynamo auf die Sammelschienen arbeiten.

Diese Gruppenschaltung, bei welcher nur ein Einfachzellenschalter erforderlich ist, hat den Nachteil, daß sie einen Energieverlust in dem erwähnten Vorschaltwiderstand bedingt, und daß die Ladung längere Zeit in Anspruch nimmt als bei den übrigen Schaltungen.

Schließlich wollen wir uns noch kurz mit der Konstruktion solcher Zellenschalter beschäftigen. Würden wir den Schalter derart einrichten, daß die Stromabnahmebürste beim Übergang von einem Kontaktstück auf das nächste das erstere bereits verlassen hat, wenn sie mit dem zweiten in Berührung kommt, so würde bei jedem Kontaktübergang der Stromkreis unterbrochen werden und zwischen der Bürste und dem Kontaktstück, das dieselbe verläßt, entstände ein starker Flammenbogen, der, obgleich er nur von sehr kurzer Dauer ist, doch schon zerstörend auf die Kontaktstücke wirkt.

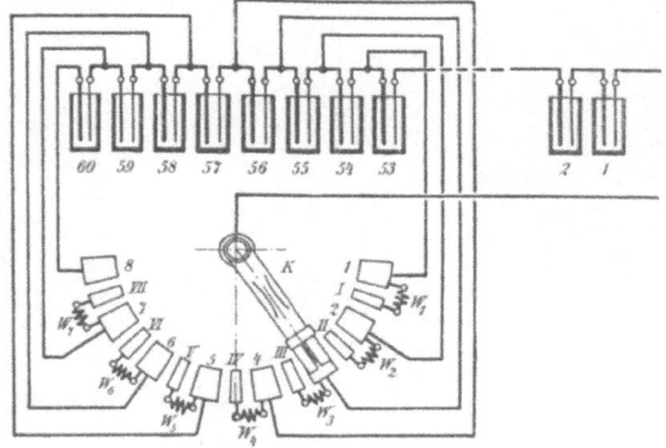

309. Zellenschalter mit Zwischenstücken und Zwischenwiderständen.

Wäre andernfalls der Übergang der Bürste derart eingerichtet, daß sie das eine Kontaktstück noch berührt, wenn sie mit dem nächsten bereits in Kontakt kommt, so wären für diesen Augenblick die zwischen den beiden Kontakten liegenden Zellen der Batterie (Abb. 305) kurzgeschlossen, und sie würden unter sehr starker Stromentwicklung entladen bzw. beschädigt werden. Um diesen Übelständen zu begegnen, wird die Konstruktion der Zellenschalter in der Weise ausgeführt, daß man zwischen die Kontaktstücke noch je ein gleiches etwas schmäleres legt und jedes mit dem vorhergehenden Hauptkontaktstück durch einen kleinen Widerstand w aus Draht verbindet (Abb. 309). Gleitet jetzt unser Kontakthebel von dem Kontaktstück 3 auf das Kontaktstück 4, so gelangt er zunächst nach Zwischenstück III und kommt mit 4 erst in Berührung, wenn er 3 ganz verlassen hat. Bei dem Übergange von 3 auf 4 wird allerdings auch hier die dazwischenliegende Zelle kurzgeschlossen, indessen ist der Wider-

310. Doppelzellenschalter.

stand, der zwischen den Kontakten liegt, derart bemessen, daß er den Entladestrom der betreffenden Zellen unter der gefährdeten Stärke hält. Auf weitere Einzelheiten der Konstruktionen, denen das eben geschilderte Prinzip in dieser oder jener Form immer zugrunde liegt, wollen wir nicht weiter eingehen.

Die Abb. 310 zeigt einen Doppelzellenschalter entsprechend den heutigen Ausführungen und sie läßt erkennen, daß die beim Kontaktübergange einzuschaltenden Widerstände nicht mit den Kontaktplatten, sondern mit den Schalthebeln verbunden sind. In einem solchen Falle sind dann nicht Haupt- und Hilfskontakt fest, sondern sie werden durch zwei Bürsten des Schalthebels gebildet. Einen Doppelzellenschalter, welcher in großen Zentralen Verwendung findet, zeigt Abb. 355, S. 249.

Auch über die Akkumulatorenräume selbst wollen wir noch einiges bemerken. Die Abb. 311 zeigt eine Akkumulatorenanlage und man erkennt aus diesem Bilde, daß die Leitungen frei nach der Decke hochgezogen, unter derselben entlang und dann durch die Mauer hindurchgeführt sind, um nach der Schalttafel zu gelangen, auf der der Zellenschalter befestigt ist.

Da die Akkumulatorzellen, wie im Kapitel über die Akkumulatoren ausführlicher dargestellt wird, schwefelsaure Dämpfe entwickeln, muß ferner dafür Sorge getragen werden, daß der Raum stets gut gelüftet ist, weil andernfalls sehr unliebsame Erscheinungen auftreten und Explosionsgefahr hervorgerufen werden kann. Aus letzterem Grunde darf nach Vorschrift der Aufsichtsbehörde ein Akkumulatorenraum nur mit elektrischen Glühlampen beleuchtet werden, welche sich noch in besonderen, möglichst luftdicht abschließenden Glocken befinden. Damit

311. Akkumulatorenraum mit Zellenschalterleitungen.

schließlich die Leitungen, die in der Regel aus blanken Kupferdrähten oder rechteckigen Kupferschienen bestehen, durch die Säuredämpfe nicht angegriffen werden, werden sie stets mit weißem Emaillelack gestrichen und der besseren Isolation wegen auf besonders hohen Porzellanisolatoren verlegt.

Die Leitungsanlage.

Die Schaltung der Stromverbraucher.

Von der positiven Sammelschiene (Abb. 303 u. 312) geht der elektrische Strom nun bildlich gesprochen durch die eine Leitung nach den Stromverbrauchern (Glühlampen und Bogenlampen) und kehrt, nachdem er in denselben seine Aufgabe erfüllt, also Licht gespendet hat, durch die zweite Leitung wieder zur Sammelschiene und von da zur Maschine zurück. Wenn wir die Abb. 313 u. 314 für die Lage der einzelnen Glühlampen im Stromwege betrachten, dann fällt uns in denselben auf, daß die Lampen in Abb. 313 alle hintereinander in der Leitung liegen, während sie in Abb. 314 alle parallel zueinander, also nebeneinander angeordnet sind, und in diesen beiden Schaltungen liegt das Wesentliche für die Leitungsanlage und den Betrieb der Stromverbraucher.

Die Hintereinander- oder Serienschaltung, wie man die Anordnung der Lampen im Stromkreise nach Abb. 313 kurz nennt, hat den leicht einzusehenden Vorzug, daß man einen Raum nur mit einer Leitung zu durchziehen hat und infolgedessen die geringste Menge an Leitungsmaterial braucht. Diesem Vorzuge steht aber der ganz bedeutende Nachteil gegenüber, daß beim Ausschalten oder Defektwerden einer Lampe der Stromweg vollständig unter-

brochen wird, also alle anderen Lampen ebenfalls erlöschen. Man kann diesen Übelstand dadurch beseitigen, daß man zu jeder Lampe noch einen kleinen Widerstand parallel legt, der
beim Ausschalten der Lampe an die Stelle derselben tritt und so die Verbindung im Stromkreise aufrecht erhält. Indessen darf dieser Widerstand nicht mehr Energie verbrauchen als die
Lampe, die er ersetzen soll, denn sonst erhalten die übrigen Lampen nicht mehr die für sie notwendige Energie oder besser gesagt Spannung, und sie werden dunkler brennen. In Abb. 315
ist dieses im Bilde dargestellt. Soll die Lampe brennen, dann liegt der Leitungsverbinder
(Schalter) Sch auf dem unteren Kontakte und der Strom geht durch die Lampe. Soll die
Lampe ausgeschaltet werden, ohne daß die anderen Lampen gestört werden, so muß der Schalter

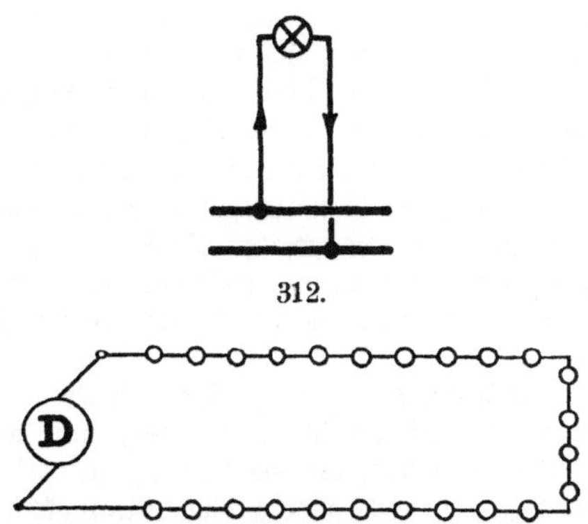

312.

313. Verteilung des Stromes: Reihenschaltung
von Lampen.

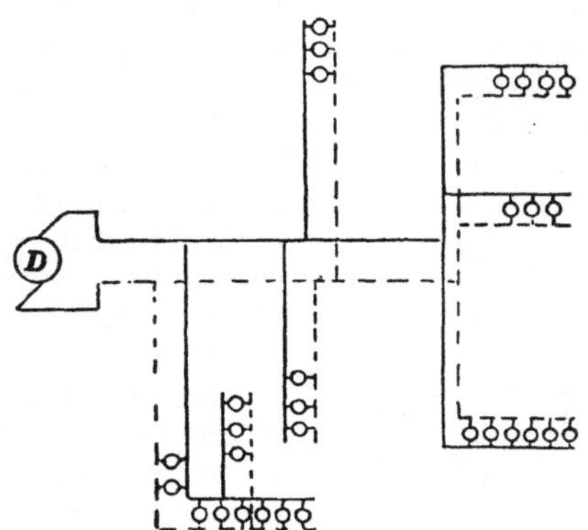

314. Verteilung des Stromes: Parallelschaltung von Lampen.

auf den oberen Kontakt gestellt werden, und der Strom fließt nun über den Widerstand W
weiter (Abb. 316). Brennt aber plötzlich eine Lampe in der in Abb. 315 dargestellten Schaltung durch, dann erlöschen alle anderen Lampen so lange, bis der Schalter der defekten
Lampe umgelegt ist. Ein weiterer Nachteil der Hintereinanderschaltung liegt noch darin, daß
die Spannung, die die Dynamomaschine zu erzeugen hat, gleich sein muß der Summe der
Spannungen aller Lampen des Stromkreises, und man muß daher, abgesehen von der Höhe,
die diese Spannung bei großer Lampenzahl erreichen kann, bei mehreren von den Sammel-

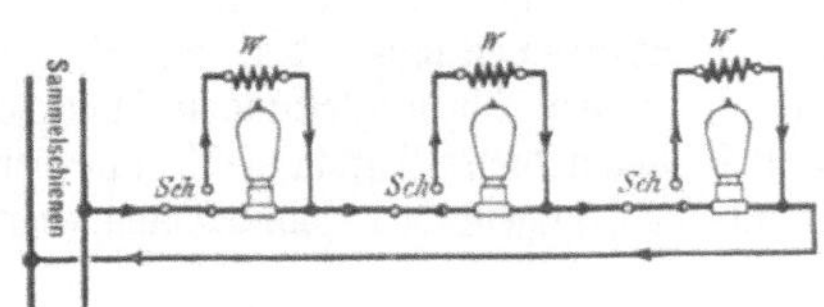

315. Reihenschaltung von Lampen.

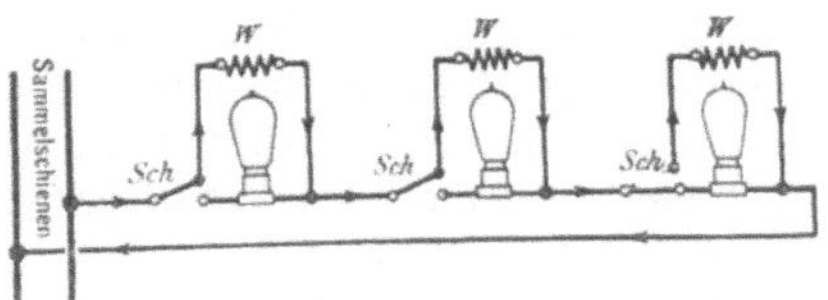

316. Reihenschaltung von Lampen.

schienen abgehenden Stromkreisen alle entweder mit der gleichen Lampenzahl versehen, was
praktisch nicht möglich ist, oder in den Stromkreisen mit wenigeren Lampen Widerstand einschalten, weil ja die Maschinen nur eine bestimmte Spannung erzeugen können. Ein solcher
Betrieb ist somit recht umständlich und außerdem insofern auch teuer, als man die elektrische
Energie, die dann anstatt in der Lampe in Licht in diesem Widerstande in Wärme umgesetzt
wird, bezahlen muß, ohne einen Nutzen davon zu haben. Man benutzt daher die Hintereinanderschaltung nicht für Glühlampenbeleuchtung, sondern nur für Bogenlampen aus
Gründen, die bereits im Abschnitte über letztere erörtert worden sind, vgl. S. 169f.
    Verfolgen wir dagegen den Leitungsplan für die Parallelschaltung nach Abb. 314 und
317, so sehen wir ohne weiteres, daß, wenn eine oder mehrere der angeschlossenen Glühlampen

durch Unterbrechen des Schalters Sch (Abb. 317) ausgeschaltet werden, der elektrische Strom ungehindert seinen Weg durch die noch eingeschalteten Lampen nehmen kann, ja man kann bei dieser Anordnung sogar ganze Stromkreise abschalten, ohne für die anderen Stromkreise irgend etwas an dem Stromwege zu ändern. Dieser große Vorzug, den die Parallelschaltung gegenüber der Hintereinanderschaltung besitzt, hat denn auch dazu geführt, sich allgemein für die Parallelschaltung zu entschließen und mit Rücksicht auf den einfacheren und besseren Betrieb die Mehrkosten für die größeren Leitungen zu bezahlen.

Wir können diese Art der Stromverteilung passend mit einer Bewässerungsanlage ver= gleichen, in welcher zunächst ein großer Kanal aus einem Flusse das gesamte Bewässerungs= wasser an das zu berieselnde Gebiet führt. Von diesem Kanal zweigen kleine Kanäle zu den einzelnen Teilen ab und verästeln sich weiter, um immer kleiner werdenden Gebietsteilen die erforderliche Wassermenge zuzuführen. Ganz gleiche Verzweigungen, wo dem Ast der Zweig, dem Zweig das Reis, dem Reis der Stiel entspricht, finden wir auch bei Wasser= und Gasanlagen. Wir wählten aber das obige Beispiel, weil es sich auch auf die Rückleitung des Stromes anwenden

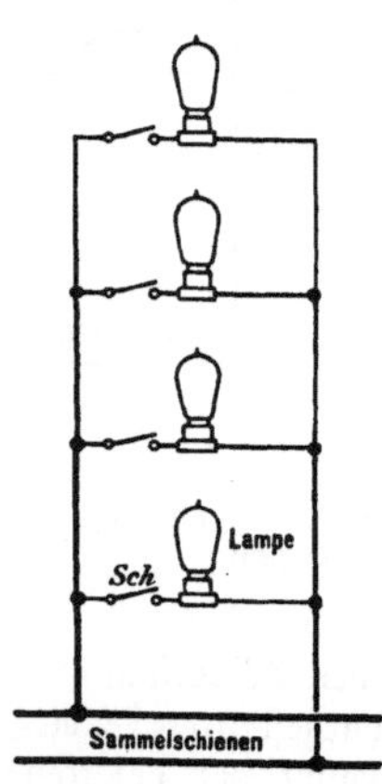

317. Parallelschaltung
von Lampen.

läßt. Das über das Land gelaufene Wasser wird in kleinen Rinnen ge= sammelt, die sich zu mehreren in größeren Wasserläufen, diese wiederum zu Kanälen und so fort vereinigen, bis die gesamte Wassermenge in einen großen Sammelkanal zusammenströmt, aus welchem dem Flusse an einer tiefer gelegenen Stelle das entnommene Wasser wieder zu= geführt wird.

Die Leitungsführung. In Tafel 1 ist ein größeres Wohnhaus, das für elektrische Beleuchtung eingerichtet ist, abgebildet, und wir wollen uns einmal auf den Weg begeben, um die Leitung zu verfol= gen. Wir werden dabei gleichzeitig noch andere Eigentümlichkeiten einer solchen Leitungsanlage besprechen. Die Hauptleitung, die z. B. in Form eines starken Kabels das Maschinenhaus verlassen hat, tritt im Keller des Hauses ein und gelangt zunächst zu einer Schalttafel mit Sammelschienen. Diese Schalttafel, der wir den Namen Hauptver= teilungstafel geben wollen, dient wiederum dazu, zunächst den einzel= nen Hauptsträngen den Strom zu übermitteln und die Sicherungen, die sie vor unzulässig hoher Belastung schützen sollen, aufzunehmen. Ferner sind hier Schalter vorhanden, mit denen die einzelnen Strom= kreise zwecks Untersuchung unterbrochen werden können. Die Haupt=

verteilungstafel steht unter Verschluß des Portiers und ist von diesem des öfteren nachzusehen. Die abzweigenden Hauptverteilungsstränge gehen durch die verschiedenen Treppenhäuser oder durch sonst geeignete Stellen des Hauses, und zwar vom Keller ansteigend bis zum Dach und führen den verschiedenen Stockwerken durch sogenannte Abzweigleitungen den elektrischen Strom zu. In jedem einzelnen Stockwerke befinden sich bei den Abzweigleitungen ähnliche Verteilungstafeln wie im Keller, und von den Sammelschienen dieser Tafeln geht nun der Strom durch einzelne dünne Leitungen zu den Deckenbeleuchtungen, den Wandarmen, den Tisch= und Hängelampen usw.

Entsprechend der Stärke des verlangten Stromes, d. h. entsprechend der Anzahl der an jede Abzweigleitung angeschlossenen Glühlampen werden die einzelnen Teile der Leitungsanlage im Drahtquerschnitt immer dünner wenn die Lampenzahl abnimmt, denn die Stärke des Drahtes richtet sich nach der Stärke des durchzuleitenden Stromes, außerdem aber auch nach der Weglänge, worauf wir gleich eingehen wollen.

Der Energieverlust in den Leitungen bedingt es, daß die Spannung von der Dynamo= maschine bis zu den einzelnen Abnahmestellen sinkt und dieses um so stärker, je länger die Leitung ist. Dieser Spannungsverlust ist durch die Stromstärke und den Widerstand der Leitungen, die die Dynamomaschine mit den Glühlampen verbinden, bedingt (vgl. S. 22). Ziehen wir auch hierfür unser Beispiel mit dem Wasserstrom zum Vergleich heran, so ist leicht einzusehen, daß das Wasser mit um so höherem Druck zur Verfügung stehen muß, je länger die Ver= teilungsstrecken sind und je engere Querschnitte die Kanäle oder Rohre besitzen, weil ein, wenn auch geringer Teil des Druckes durch Reibung des Wassers an den Rohrwandungen verloren

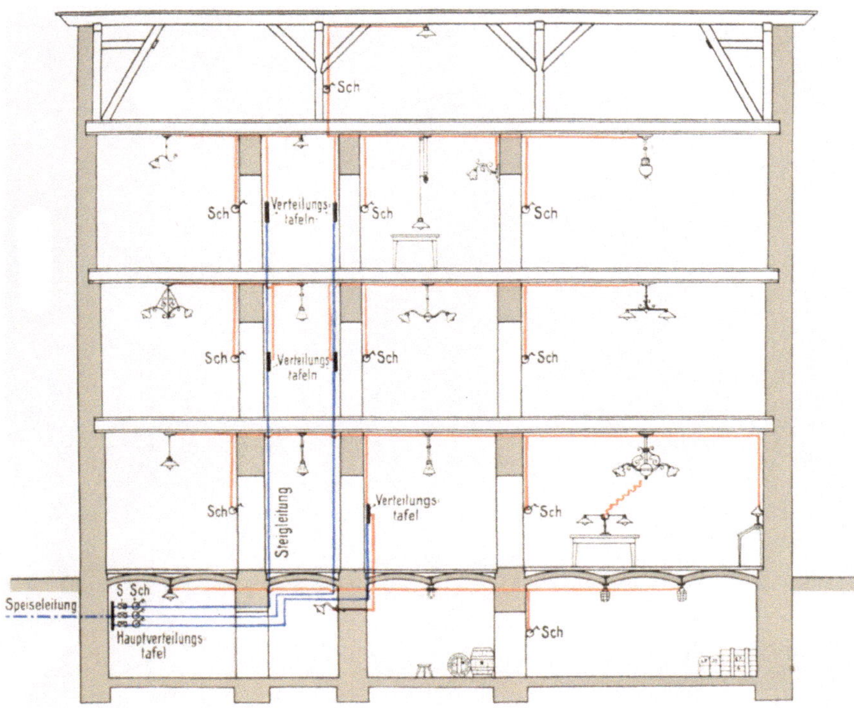

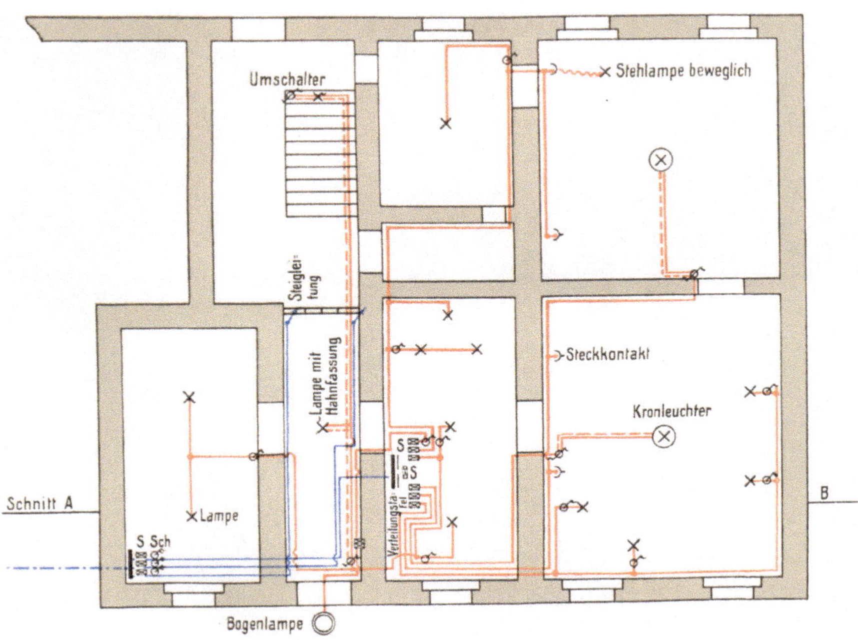

Tafel 1. Elektrische Beleuchtungsanlage in einem Wohnhause.

Witte, Elektrizität.

geht. Nun verlangt die Glühlampe eine gewisse Spannung, für die sie gebaut ist, um die garantierte Lichtstärke zu liefern (vgl. S. 180f.), und wenn wir für jede Glühlampe gleicher Größe denselben Leitungsquerschnitt für die Zu= bzw. Abführung des Stromes verwenden würden, dann würde diejenige Lampe, die sich unmittelbar an der Maschine befindet, wesentlich heller brennen als die mehrere 100 m entfernte Lampe, und die am weitesten von der Dynamomaschine befindliche so wenig Licht geben, daß man sie nicht gebrauchen könnte. Der Elektrotechniker muß also den Widerstand der Leitungen so bemessen, daß der Spannungs= abfall für alle Lampen, gleichgültig wo sie sich in einer Anlage, ob nah oder entfernt von der Dynamomaschine befinden, tunlichst der gleiche wird, denn nur dann werden auch alle Lampen gleich hell brennen. Daraus erkennt man, daß der Querschnitt der Leitungen, der zusammen mit der Länge derselben den Widerstand bedingt, so berechnet sein muß, daß dieser verlangte gleichmäßige Spannungsabfall erzielt wird. Derselbe hängt schließlich noch von dem Material der Leitung ab.

Ferner hat der projektierende Ingenieur bei der Bemessung auch noch auf einen anderen Umstand Rücksicht zu nehmen und zwar auf den Verlust selbst, der in den Leitungen auftritt. Bei größerem Verlust können die Leitungen dünner, bei kleinerem Verlust müssen sie wesent= lich stärker ausgeführt werden, und es wird im ersteren Falle an Leitungsmaterial, also an den Kosten für die Anlage gespart. Diese Ersparnis ist aber in der Regel mit einer dauernden Mehr= ausgabe verbunden, weil natürlich der Verlust in den Leitungen von den Besitzern der Be= leuchtungsanlage an das Elektrizitätswerk als verbrauchte Energie bezahlt werden muß. Man hat daher durch eingehende Berechnungen festgestellt, wieviel Verlust man in den Leitungen, zulassen, d. h. welcher Leitungsquerschnitt gewählt werden kann, um einmal die dauernde Ausgaben für diese Verluste und andererseits die Anlagekosten möglichst niedrig zu gestalten.

Nachdem wir so die allgemeineren Gesichtspunkte für die Ausführung der Leitungsanlage kennen gelernt haben, gehen wir weiter in der Behandlung derselben und kommen nun zu= nächst zu der Besprechung der Leitungsverlegung. Das Material der Leitungen ist bei Beleuchtungsanlage stets Kupfer, das je nach den Räumlichkeiten oder den sonstigen örtlichen Verhältnissen entweder isoliert oder blank in Form von massiven Drähten oder Seilen verlegt wird. Die blanken Leitungen kommen für Beleuchtungsanlagen nur in besonderen Fällen zur Anwendung. Die Regel bilden die isolierten, d. h. solche Leitungen, deren Kupferdraht oder Seil mit bestimmten Stoffen, wie Gummi, Baumwolle u. dgl., umgeben ist. Für die Verlegung der Leitungen kommt als wesentlichster Punkt in erster Linie die Art der Isolation in Betracht, die man bei den verschiedenen Gelegenheiten zu wählen hat, und zwar sind in der Hauptsache zwei grundsätzlich verschiedene Fälle zu unterscheiden: ob es sich um trockene oder feuchte Räume handelt.

In trockenen Räumen kommen entweder isolierte Einzeldrähte oder sogenannte Litzen= leitungen zur Anwendung. Bei den letzteren werden die beiden Kupferdrähte der Hin= und Rückleitung aus sehr vielen ganz feinen Drähtchen hergestellt, durch eine dünne Gummihülle und Seiden= oder Baumwollumspinnung gegeneinander isoliert und miteinander verdrillt, wie aus Abb. 321 ersichtlich. Sie sind teurer als die einfachen massiven Drähte, und infolgedessen wählt man den isolierten Draht für alle solche Räume, die untergeordneter Bedeutung sind, bzw. bei denen es auf besondere geschmackvolle Ausführung nicht ankommt, wie z. B. Lagerräume, Keller, Maschinenräume usw. Die Leitungen werden in der Regel auf der Wand, seltener an der Decke auf kleinen Porzellanrollen befestigt und sind, damit sie vor Berührung oder mutwilliger Zerstörung geschützt sind, oben an der Wand oder der Mauer zu führen. Die Porzellanrollen werden in der Regel zu zwei, drei oder mehreren Stück je nach der Zahl der Leitungen auf eine eiserne Platte aufgeschraubt, die in der Mitte einen gußeisernen, nach dem Ende zu stärker werdenden Fuß besitzt. Zur Befestigung dieses Fußes in der Wand wird mit einem sogenannten Rohrbohrer in dieselbe ein Loch gestemmt so groß, daß der eiserne Fuß gut hineingesteckt werden kann. Dann wird das Loch mit Gips verschmiert; wenn der Gips erkaltet ist, sitzt der Fuß fest. Durch eine solche Anordnung mehrerer Rollen auf einer sogenannten Traverse erreicht man den Vorteil, daß man jedesmal nur ein Loch in die Wand zu stemmen hat. Es wird infolgedessen an Arbeitskosten recht erheblich gespart.

In Wohnräumen u. dgl. verwendet man heutzutage noch hin und wieder die obengenannte Leitungslitze. Man hat bei der Benutzung einer solchen Litze die Vorteile, daß nur eine Reihe der zur Befestigung an der Decke oder an den Wänden notwendigen Porzellanknöpfe erforderlich ist und daß man ferner die Umspinnung der Litzen verschiedenfarbig herstellen und sie damit der Farbe der Wände, Decken usw. anpassen kann.

Für die Befestigung der früher Holzdübel, die in die Schalter, Abzweigdosen usw. Form bietet die Unbequementsprechend großes und tiefes die Zimmer durch Kalk und wurden. Heute wendet man Porzellanrollen in Wohnräumen nahm man Wände eingesetzt und auf die dann auch die mit Holzschrauben aufmontiert wurden. Diese lichkeiten, daß jedesmal für den Dübel ein Loch in die Wand gestemmt werden mußte, daß Gips verschmutzt und die Tapeten verletzt beim Verlegen der Leitungen in fertigen Bauten dagegen das von dem verstorbenen Ingenieur Peschel angegebene Installationssystem an, bei welchem ein Stahldübel als Befestigungsmittel dient. Dadurch wird die Arbeit auf ungefähr den zehnten Teil vermindert und die Sicherheit für Haltbarkeit um ein gutes Stück vergrößert. Außerdem fällt auch das lästige Arbeiten mit Gips ganz fort.

Der Peschel=Dübel ist eine kurze, viereckige Stahlstange, deren Ende sich verjüngt, nicht aber in eine scharfe Spitze, sondern flach abgestumpft ausläuft. Schlägt man diesen Dübel in eine Steinwand ein, so zertrümmert die stumpfe Spitze das unter ihr liegende Material, und der nachfolgende Teil preßt sich unter starkem Druck in das ausgesprengte Loch. Der glückliche technische Gedanke der Erfindung liegt in der stumpfen Spitze, denn wäre die Endfläche scharf zugespitzt, so würde sie nicht das vor-

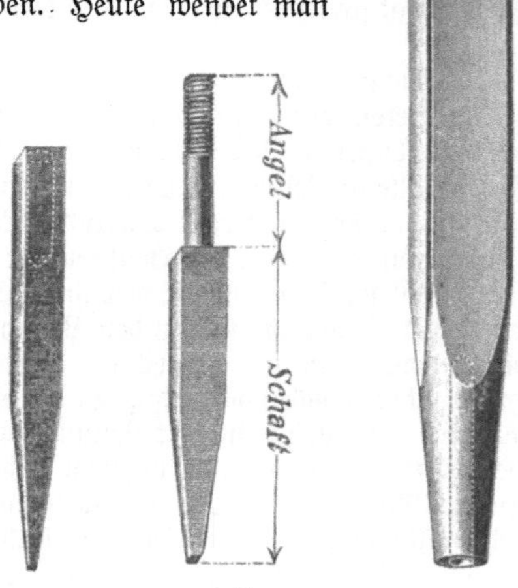

Pescheldübel mit   Pescheldübel mit   Setzeisen für
Innengewinde.   Gewindeangel.   Pescheldübel.

liegende Material zertrümmern, sondern die Spitze würde sich umbiegen, wenn das Material vor ihr nicht weicht. Ein solcher Stahldübel in seiner einfachen Form ist in Abb. 318 abgebildet. Derselbe hat entweder einen Kopf mit einem Schraubenschaft, oder im Kopf ist eine zylindrische Bohrung mit einem Gewinde vorhanden, in die eine Schaftschraube eingeschraubt wird.

Um den Stahldübel beim Eintreiben in die Wand nicht zu verletzen, d. h. also um das Gewinde nicht aufzustauchen, muß man ein besonderes Setzeisen verwenden (Abb. 318), das auf den Kopf des Dübels aufgesetzt wird, und auf dessen oberem Ende der Schlag des Hammers erfolgt.

Für alle Abzweigungen zu den einzelnen Schaltern, Ansteckdosen u. dgl. müssen die Leitungen an der Wand heruntergeführt werden; sie sind dann nach den Vorschriften des Verbandes Deutscher Elektrotechniker mit einem besonderen Metallschutzrohr zu umgeben, um zu verhindern, daß sie beschädigt werden.

An Stelle der Porzellanrollen zur Befestigung der Leitungen hat man früher Porzellanklammern und in allererster Zeit einfache Holzleisten benutzt. Die letzteren haben aber den bedeutsamen Nachteil, daß sie leicht feucht werden und dann bei der Entstehung von Isolationsfehlern in der Leitung, d. h. bei Beschädigungen der isolierenden Umhüllung der blanken Kupferdrähte den Zündwirkungen des elektrischen Stromes Nahrung geben. Aus diesen Gründen hat man die Verwendung der Holzleisten heute ganz aufgegeben, zumal die Vorschriften des Verbandes Deutscher Elektrotechniker, welche bei der Beurteilung der Schuldfrage bei Unglücksfällen, Betriebsstörungen oder dgl. maßgebend sind, die Anwendung derselben untersagen. Auf einen Umstand bei der Leitungsausführung soll noch besonders hingewiesen werden. Man findet nämlich, wenn isolierte Einzeldrähte, deren Umhüllung immer schwarz ist, oder auch Litzen benutzt werden, daß dieselben vom Maler beim Abputzen der Decken und Wände mit weißer Kalkfarbe überstrichen werden, um sie dem Auge zu entziehen. Vor einer solchen Behandlung ist nicht genug zu warnen, denn meist hat die Kalkfarbe eine Reihe schädlicher Bestandteile, die die Leitungsisolation mit der Zeit zerstören, und dadurch können dann leicht an solchen Stellen, wo die Leitungen zusammen liegen, bzw. verdrillt sind, also in unmittelbare Berührung miteinander kommen, Kurzschlüsse, also Defekte der ganzen Anlage hervorgerufen werden.

Mit der fortschreitenden Einführung elektrischer Beleuchtung ist man bald dazu gekommen, die Leitungen ähnlich den Gasrohrleitungen in Rohre zu verlegen und zwar nicht nur außen an den Wänden, sondern, um sie überhaupt unsichtbar zu machen, unter dem Putz. Wenn man auch damit den Vorteil besitzt, daß man namentlich in Räumen mit besonderer Innendekoration von den elektrischen Leitungen nichts mehr sieht, so ist damit aber auch ein großer Nachteil verbunden, der darin liegt, daß man nicht jederzeit an die Leitungen herankommen kann, um sie zu untersuchen, auszubessern und dergleichen. In neueren Häusern wird aber trotz dessen diese Verlegungsart fast ausschließlich gewählt, obgleich es, wie wir weiter unten sehen werden, noch eine andere Form der Leitungsausführung gibt, die dieser verdeckten Anordnung doch vorzuziehen ist, wenn dabei die Rohre auch offen auf den Wänden liegen. Handelt es sich dagegen um solche Räume, in denen vorübergehend mit Feuchtigkeit zu rechnen ist, dann muß man allerdings die Verlegung in Rohre wählen, weil die offene Ausführung der Leitungen auf die Dauer nicht vorteilhaft ist, und sonst des öfteren Ausbesserungen, Untersuchungen usw. vorgenommen werden müssen.

Wir wollen, bevor wir die Rohranlagen kennen lernen, noch ein wenig bei der Verlegung der Leitungen verweilen und uns einmal über die Art und Weise unterhalten, wie man elektrische Leitungen sichtbar auf den Decken und Wänden anordnet, ohne daß dieselben dabei unschön wirken. Zum Beispiel soll in jeder eleganten Wohnung das geschmackvolle Gesamtbild der inneren Räume nicht durch die elektrische Leitungsanlage gestört werden, und obgleich die Architekten zumeist die Bedingung stellen, daß die Leitungen in Rohre unter dem Mauerputz zu verlegen sind, so kann man diesen Wünschen bei Räumen, die erst nachträglich mit elektrischer Beleuchtung versehen werden sollen, nicht ohne weiteres entsprechen, denn die Herstellung der Kanäle im Mauerwerk verursacht gegenüber dem Gesamtobjekt der elektrischen Einrichtungen zumeist so hohe Kosten, daß an die Ausführung nicht gedacht werden kann. Hier kommt uns nun eine neue Leitungsausführung gut zu statten, die von dem Ingenieur Kuhlo angegeben worden ist. Die Leitung an sich oder, wie Kuhlo sie bezeichnet, die Rohrdrähte sind derartig gefertigt, daß 2 oder 3 Leitungen je nach der Stromart und dem Verwendungszweck gemeinsam mit einer isolierenden Schutzhülle umgeben sind, über die ein Bleirohr fest gepreßt ist. Diese Leitungen erhalten dadurch nicht nur den geringsten Durchmesser, sondern gestatten die Verwendung in jeglichem Raume, und das Rohr gibt einen vorzüglichen Schutz gegen Beschädigungen der Leitungsdrähte selbst.

Bei der Verlegung solcher Leitungen über Putz ist nun so zu verfahren, daß durch dieselben keinerlei neue Linien oder eine neue Gliederung der Fläche, auf der sie verlegt werden, geschaffen wird, sondern man muß mit den Leitungen den vorhandenen Linien, wie Tapetenleisten, Stuckleisten, Scheuerleisten und Ecken folgen. Architektonisch betont man sie gleichsam dadurch stärker. Anstatt z. B. die Leitung, die nach dem Schalter führt, dicht an den Türpfosten zu verlegen, was allerdings etwas Mühe macht, findet man oft die Montage derart, daß die Leitung mitten auf der Wand liegt. Als zweite Regel für die Anordnung von Leitungen gilt die, daß aufsteigende Leitungen und Deckenleitungen stets im Schatten oder in solchen Ecken, Winkeln und Flächen geführt werden, die bei Tageslicht am wenigsten beleuchtet sind. Schließlich sei noch erwähnt, daß man nach der Mitte der Decke (zu den Kronleuchtern) immer vom Fenster und nicht von der Tür gehen soll, weil die Leitung, wenn sie von der Fensterseite herkommt, am wenigsten auffällt, denn sie liegt dort meist im Schatten.

In feuchten Räumen befestigt man die Leitungen, wenn es sich nur um solche Räume handelt, in denen die allgemeine Feuchtigkeit der Außenluft herrscht, in ähnlicher Weise wie oben bei der Verlegung der Drähte besprochen wurde, nur wird die Leitung selbst durch eine besondere Isolierung gegen das Eindringen von Feuchtigkeit geschützt. Als ein hierher gehörender Fall ist auch die Durchführung einer Leitung durch eine Mauer zu betrachten. Da fast jede Mauer mehr oder weniger Feuchtigkeit enthält, jedenfalls aber auf alle Fälle nach dieser Richtung hin Vorsicht gebietet, so hat man den durchzuführenden Leitungsstücken einen besonderen Schutz zu geben. Ein wasserdichtes Stück Leitung in den Strang einzufügen wäre umständlich, und man setzt deswegen in die Mauer ein Glas=, Porzellan=, oder Hartgummi= rohr ein und zieht die Leitung durch diesen Schutzkanal.

Ist mit mehr Feuchtigkeit in den Räumen zu rechnen, wie z. B. in der Waschküche, im Keller, oder aber ist die Leitung in Ställen zu verlegen, in denen die Luft mit chemischen Produkten in der Regel stark durchsetzt ist, dann kann man auch bestisolierte Leitungen ohne weiteres nicht benutzen, weil sie zu teuer in der Anschaffung und zu teuer in der Unterhaltung sein würden. Hier ist ganz besonders die Verlegung in Rohre am Platze, obgleich der Verband deutscher Elek= trotechniker auch für diese Leitungen trotzdem besonders gute Gummiisolation vorschreibt. Wohl als erste haben die Bergmann=Elektrizitätswerke ein solches Rohrsystem für elektrische Anlagen durchgebildet. Neben den Bergmann=Isolierrohren gibt es nun noch ein zweites gleichwertiges, unter Umständen sogar vorteilhafteres Rohr für die Zwecke der Leitungsverlegung, das von dem Ingenieur Peschel angegeben worden ist und sich heute immer größerer Beliebtheit erfreut. Wir wollen der Vollständigkeit wegen beide Rohrsysteme besprechen.

Die Bergmann=Rohre (Abb. 319) werden aus getränktem Papier gefertigt, das auf Maschi= nen über einen Dorn gerollt wird, wobei jede Windung durch eine Klebmasse mit der unter= und überliegenden vereinigt wird. Auf diese Weise entstehen Rohrstücke von mehreren Metern Länge, die eine starke, wasserdichte und gut gegen äußere Einflüsse schützende Wand haben. Da solche Rohre im allgemeinen auch unter Putz zu verlegen sein müssen, der im Mörtel zuweilen befindliche Zement aber die Papiermasse angreift, so wird bei den Bergmannrohren noch eine weitere Sicherung zum Schutz der Rohre gegen Zerstörung und damit der Leitungen angebracht, die darin besteht, daß man sie mit einem Messingrohr oder in besonderen Fällen mit einem Stahlmantel umpreßt. Diese Ausführung genügt dann auch für alle anderen Fälle, in denen mit starkem Feuchtigkeitszutritt zu rechnen ist.

Ein vollständiger Rohrweg wird bei diesem System aus einzelnen Rohren in der Weise hergestellt, daß man dieselben durch besondere Muffen verbindet. Für Winkel und sonstige Richtungsänderungen werden in der Regel besondere entsprechend gebogene Stücke angefertigt, die man ebenfalls mittels Muffen in die Rohrleitung einfügt. Wird das so gebildete Rohrnetz nicht in das Mauerwerk eingelegt, dann befestigt man die Rohre mit eisernen Schellen an die Wand. Erst wenn das ganze Rohrnetz fertiggestellt ist, werden die Leitungen eingezogen. Zu diesem Zwecke wird ein Stahlband, das am vorderen Ende eine kleine Messingkugel trägt, in das Rohr geschoben. An der nächsten offenen Stelle, z. B. bei einer Abzweigdose, zieht man dann das Stahlband, an dessen hinterem Ende das Leitungsende in einer Öse befestigt ist, heraus, wobei die angehängte Leitung nachfolgt. Hat man die Leitung auf diese Weise durch einen Teil der Rohranlage hindurchgezogen, dann schiebt man das Stahlband von der Dose aus weiter bis zur nächsten offenen Stelle und kann auf diese verhältnismäßig sehr einfache und bequeme Art die Leitungen nach und nach vollständig in das Rohrnetz einziehen. Die Abb. 319 läßt ein Stück eines solchen Rohrnetzes mit einer eingeschalteten Abzweigdose erkennen.

Besser als das Isolierrohr aus Papier ist das vorher bereits erwähnte Peschelrohr, ein Stahlrohr ohne Isolierauskleidung mit einem über die ganze Länge versehenem Schlitze. Der Erfinder dieses Rohrsystems, der Ingenieur Peschel, wurde zur Entwickelung desselben durch die Erscheinung veranlaßt, daß die isolierten Leitungen in den wasseraufsaugenden und wasserdurchlässigen Papierrohren unzuverlässig geschützt seien, und wie wir bereits erwähnt haben, hat auch der Verband Deutscher Elektrotechniker neuerdings sehr strenge Vorschriften dahin erlassen, daß in Isolierrohren nur vorzüglich isolierte Leitungen verlegt werden dürfen. Auch die dünne Umkleidung der Isolierrohre aus Messingblech kann, wie jahrelange Versuche bewiesen haben, mit der Zeit der zerstörenden Wirkung des Kalkes und des Mörtels nicht widerstehen, und die Rohrisolation selbst erweist sich z. B. bei Kurzschlüssen zwischen zwei

Leitungen nicht als isolierender Schutz, sondern als schwelender, brennbarer Zündstoff. Das Stahlrohr nach Peschel vermeidet diesen Nachteil vollkommen, weil dasselbe innen keine Isolierauskleidung besitzt, ferner eine gewisse Luftzirkulation für das Rohrinnere durch den Schlitz zuläßt, wobei indessen der Wassereintritt infolge der Überlappung der Blechenden verhindert ist, und die Befestigung von Muffen, Zwischenstücken usw. durch die Federkraft des geschlitzten Rohres vorzüglich schließend hergestellt werden kann. Außerdem hat dasselbe große mechanische Festigkeit und Dauerhaftigkeit und ist daher zur Installation in Fabriken, landwirtschaftlichen Betrieben, Speichern, Theatern, Ställen usw. ganz besonders geeignet.

Blanke Drähte werden zum Schutz gegen den Einfluß der umgebenden Luft in der Regel ähnlich wie die blanken Akkumulatorenleitungen mit einem weißen Emaillelack überstrichen.

319. Bergmann-Isolierrohr mit Abzweigdose.

Kabel wird man zumeist nicht benutzen, weil die Kosten für eine solche Anlage zu erhebliche sind.

Es interessiert uns ferner noch, in welcher Weise die Abzweigung von Leitungen von einem Hauptstrange auszuführen sind. Früher wurde eine solche Abzweigung einer schwächeren von einer anderen stärkeren Leitung zumeist in der einfachen Weise bewirkt, daß das freigelegte Ende der abzweigenden Leitung um die Hauptleitung, die für diesen Zweck auf ein kurzes Stück von ihrer Isolationshülle entblößt wurde, mit einigen Windungen geschlungen, die Verbindungsstelle gelötet und dann der blanke Teil sorgfältig mit Isolierband umwunden wurde, wie das aus Abb. 320 zu erkennen ist. Die maßgebenden Sicherheitsvorschriften des Verbandes Deutscher Elektrotechniker haben dieses Montageverfahren aber neuerdings untersagt, da die Lötung keine dauernde Sicherheit bietet, und die Stromüberleitung bei Lockerung der Lötverbindung einen hohen Widerstand erhält, durch den eine starke Erhitzung der Drähte an der Verbindungsstelle und eine Brandgefahr hervorgerufen werden kann. Heute verwendet man für diese Abzweigungen Backen oder Schellenklemmen, oder stellt die Verbindung innerhalb besonderer kleiner Porzellandosen her, um durch letztere zu verhindern, daß selbst beim Bruch einer solchen Verbindungsstelle eine Berührung der beiden Leitungen eintreten kann. Abb. 321 zeigt eine solche kleine Verbindungsdose aus Porzellan. Die freien Enden der zusammenzuschließenden beiden Leitungen werden mit Kupferschrauben festgeklemmt und kommen dadurch in die verlangte elektrische Verbindung. Auf diese Dose wird ein Porzellandeckel gesetzt und die ganze Dose auf einen in die Mauer geschlagenen Stahldübel, dessen freies Ende ein Gewinde trägt, aufgesteckt. Mittels einer Mutter wird dann Deckel und Dose festgeschraubt.

Für stärkere Leitungen genügt die Ausführung nach Abb. 321 indessen noch nicht. Man benutzt deswegen in solchen Fällen eine starke Klemme, die bereits erwähnte Backenoder Schellenklemme (Abb. 322), die aus einer Unterplatte aus verzinntem Messing mit Rinnen besteht, mit der sie an die Hauptleitung A angelegt wird. Auf die Abzweigleitung B kommt eine ähnlich geformte Platte oder Schelle, und dann werden die zwei Platten mit 4 Schrauben angezogen, so daß sie sich fest an die Leitungen anpressen. Damit aber eine allseitige Anpressung der Leitungen erzielt wird, ist zwischen Haupt- und Abzweigleitung noch eine dritte

Platte gelegt, durch die die Anzugsschrauben hindurchtreten. Auf diese Weise wird ein fester, gut und stets sicher leitender Kontakt hergestellt. Die ganze Klemme wird dann in eine Porzellandose (Abb. 323) gelegt und so vor Berührung usw. geschützt.

Die Sicherungen. Nach unserem Schaltungsbilde (vgl. Abb. 300) muß der elektrische Strom, bevor er von den Sammelschienen des Elektrizitätswerkes weitergeleitet wird, Sicherungen S und Schalter Sch passieren, und das gleiche gilt für alle Stellen, an denen eine Verzweigung des Stromes eintritt (vgl. Tafel I).

Den Leitungen gibt man, wie bereits gesagt, einen solchen Querschnitt, daß einerseits der Verlust nicht zu groß wird, andererseits aber auch eine zu starke Erwärmung derselben nicht eintreten kann. Besonders der letzte Umstand ist derjenige, der bei Hausinstallationen durchaus vermieden werden muß, denn durch allzu starke Erwärmung der Leitung kann eine Zündwirkung des elektrischen Stromes hervorgerufen werden. Durch irgendwelche Vorkommnisse in der Leitungs=

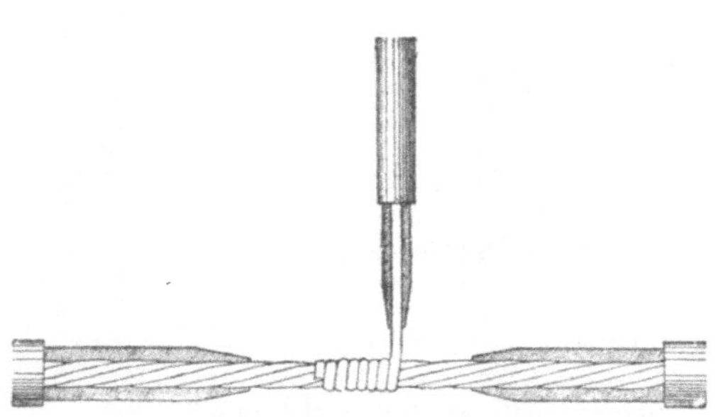

320. Abzweigung mit Lötstelle.

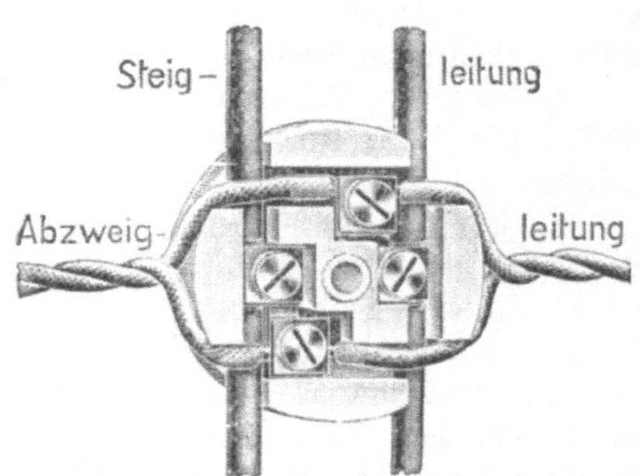

321. Leitungsabzweigung.

anlage, auf die wir sogleich noch näher eingehen werden, kann es nun aber doch geschehen, daß die Leitung von einem stärkeren Strome durchflossen wird, als zulässig ist, und zwar ist das dann möglich, wenn, wie man sagt, ein Kurzschluß in der Leitungsanlage auftritt. Da besonders die Tageszeitungen bei Mitteilungen über Brände nur zu oft und wie festgestellt leider auch manchmal ohne jede Begründung den Kurzschluß für die Ursache des Feuers hinstellen, soll kurz erwähnt werden, was man unter einem Kurzschluß zu verstehen hat. Zu diesem Zwecke betrachten wir einen einfachen Leitungsstrang, an

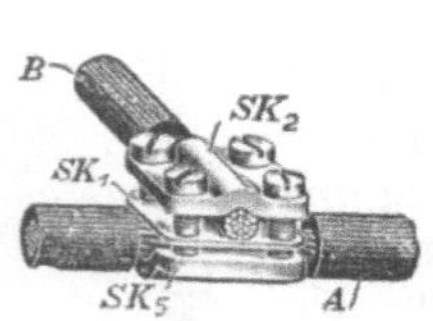

322. Backen= oder Schellenklammer.

323. Porzellangehäuse.

dessen Ende eine Glühlampe eingeschaltet ist. Beträgt die Spannung für die Glühlampe 100 Volt und der innere Widerstand des Kohlenfadens der Lampe etwa 200 Ohm, so wird ein Strom von $^1/_2$ Ampere die Leitungen durchfließen. Durch irgend einen Fehler in der Lampenfassung oder z. B. durch Mutwilligkeit sollen nun die beiden Leitungen direkt in Berührung gebracht werden, so daß also der Strom nicht mehr durch die Glühlampe, sondern unmittelbar von einer Leitung zur anderen geht, dann wird der Widerstand des die Lampe speisenden Leitungszweiges plötzlich von 200 Ohm auf etwa 1 oder $^1/_2$ Ohm herabgemindert, und es geht nunmehr durch den Draht die 200 bis 400fache Stromstärke. Da derselbe hierfür nicht berechnet ist, wird er glühend und kann dann in gefährlicher Weise zündend wirken, etwa dadurch, daß er die ihn umkleidende Isolation oder sonstige Verkleidungen, wie Holz usw. in Brand steckt. Man nennt nun dieses ungewollte Berühren zweier Drähte den Kurzschluß und zwar aus dem Grunde, weil die Leitungen wie man sagt einfach kurzerhand zusammengebracht werden, ohne daß der sie passierende Strom z. B. die Lampe durchfließt.

Es müssen, um den Gefahren des Kurzschlusses mit voller Sicherheit vorbeugen zu können, Einrichtungen getroffen werden, die den Stromkreis sofort unterbrechen, wenn die Stromstärke eine bestimmte Höchstgrenze, die durch den Leitungsquerschnitt festgelegt ist, überschreitet,

und die Elektrotechniker haben schon von vornherein auf solche Vorrichtungen ihr Hauptaugen=
merk gerichtet. Diese Sicherungsvorrichtungen sind heute bis zu einer solchen Vollkommenheit
durchgebildet, daß man mit ziemlicher Gewißheit über die Zeitungsmitteilungen, Brände seien
durch Kurzschlüsse entstanden, hinweglesen kann, weil das in der Regel nicht zutrifft. Dazu
kommt noch als weiterer Umstand der, daß heute alle Anlagen auch selbst die bescheidensten
Umfanges nach den Sicherheitsvorschriften des Verbandes Deutscher Elektrotechniker aus=
geführt werden, und die Elektrizitätswerke, die den Strom liefern, die Anlagen auch eingehendst
untersuchen, bevor sie sie in Betrieb setzen.

Zur Sicherung des Stromes hat man nun eine einfache und sinnreiche Vorrichtung er=
dacht, die den bestimmten Zweck nach jeder Richtung erfüllt. Man fügt am Anfange der Leitung
nahe an der Stelle, wo sie entweder von den Sammelschienen fortgeht, oder wo sie sich verzweigt,
Bleistreifen oder kleine Silberstreifen in dieselbe ein. Diese werden so bemessen, daß sie bei
den normalen Stromstärken (in unserem Falle war es $^1/_2$ Ampere) den Strom ungehindert
durchlassen. Wächst dann die Stromstärke an, oder wie man sagt, tritt Überstrom ein, so wird
zunächst der Blei= oder Silberstreifen, den wir kurz mit
Sicherungsstreifen bezeichnen wollen, erhitzt und schmilzt
dann schließlich, und der Stromweg ist unterbrochen. Der
Strom kann nun nicht mehr in die Leitung, und der Siche=
rungsstreifen wird beim Neueinsetzen solange schmelzen, bis
die Ursache des Überstromes festgestellt und beseitigt ist.

Es ist selbstverständlich, daß die Sicherung so konstruiert
sein muß, daß man keine beliebig starken Blei= oder Silber=
streifen einsetzen kann, sondern man muß gezwungen sein,
stets nur die richtige Abmessung des Sicherungsstreifens
wählen zu können. Um das in einfacher Weise zu erzielen,
kleidet man heute den Sicherungsstreifen in einen Por=
zellanstöpsel ein, der ein Gewinde trägt und verschieden
lang ausgeführt ist. Dieser Porzellanstöpsel wird in einen
kleinen Porzellankasten eingeschraubt; Abb. 324 zeigt ein

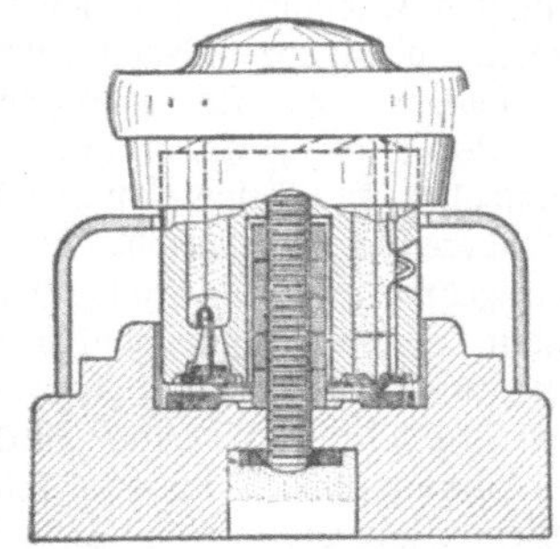

324. Porzellansockel mit
Sicherungspatrone.

derartiges Sicherungselement. In den Porzellankasten ist eine kleine Metallplatte eingesetzt,
die von dem Gewinde, in welches der Porzellanstöpsel (Patrone) eingeschraubt wird, je
nach der Stromstärke einen verschiedenen Abstand hat. Der Stromweg wird nun dadurch ge=
bildet, daß man die Leitung aufschneidet, das eine Ende zu dem Kontaktblättchen im
Porzellankörper führt und das zweite Ende an das Metallgewinde für die Patrone anschließt.
Der Sicherungsstreifen ist mit der Spitze des Sicherungsstöpsels, der ebenfalls mit einem
Metallblättchen versehen ist, und dem Gewinde verbunden, und wenn der Stöpsel richtig
ist, d. h. wenn der Sicherungsstreifen dem zu schützenden Leitungsquerschnitte entspricht,
dann kann man den Stöpsel soweit einschrauben, daß die Unterbrechung des Stromweges
aufgehoben wird. Ist dagegen der Stöpsel zu klein oder auch zu groß, dann kann die Unter=
brechung des Stromweges nicht überbrückt werden. Da der Sicherungsstreifen außerdem
in den Porzellanstöpsel eingegipst ist, kann derselbe schmelzen, ohne daß man eine Gefahr
zu befürchten hat.

Diese Sicherungen werden von den verschiedenen Firmen mehr oder weniger
verschieden hergestellt, beruhen aber fast alle auf dem gleichen, oben geschilderten Prinzip und
unterscheiden sich zumeist, abgesehen von der äußeren Form, nur darin, daß die Einstell=
barkeit der Stromstärke bzw. das Einschrauben der Sicherungsstöpsel verschieden vorge=
nommen wird.

Diese Sicherungen bilden einen außerordentlich wertvollen Teil jeder elektrischen Anlage,
und sie sind infolgedessen, da sie häufig verwendet werden, so niedrig im Preise, daß man sie
überall dort, wo es notwendig ist, ohne große Kosten einbauen kann. Man legt deshalb auch
in jeden Zweig eines Stromkreises eine solche Sicherung und zwar für jede einzelne Leitung.

Für größere Stromstärken und höhere Spannungen kommen diese einfachen Porzellan=
sicherungen nicht mehr zur Verwendung, man benutzt vielmehr für Beleuchtungsanlagen dann
sogenannte Streifensicherungen. Die spätere Abb. 343 zeigt eine solche, und man erkennt aus der

Abbildung, daß die beiden Enden der aufgeschnittenen Leitung zu zwei Klemmen geführt sind, zwischen denen wiederum ein in eine Porzellanpatrone eingeschlossener Sicherungsstreifen eingesetzt wird. Die Klemmen sind auf einer Grundplatte fest montiert und es kann demnach zwischen dieselben stets nur eine Patrone bestimmter Länge eingelegt werden, die nach der Stromstärke bemessen ist.

Dort, wo sich mehrere Leitungen verzweigen, werden die Porzellansicherungen auf einer Schalttafel oder Verteilungstafel vereinigt und zwar aus dem Grunde, um beim Versagen eines Stromkreises nicht erst im ganzen Hause oder in der ganzen Anlage herumsuchen zu müssen, um die Sicherung zu finden, sondern um sie geschlossen vor Augen zu haben. In Tafel I sind solche Verteilungstafeln eingezeichnet.

Die Schaltvorrichtungen. Nachdem wir kennen gelernt haben, wie der Strom verteilt und gesichert wird, müssen wir es nun auch in der Hand haben, den elektrischen Strom ganz nach unserem Belieben benutzen oder abschließen zu können, und hierzu dienen die sogenannten Schaltvorrichtungen oder, wie man kurz sagt, Schalter. Sie werden in den mannigfaltigsten Ausführungen geliefert, und es wird uns hier daher nur interessieren, unterrichtet zu sein, wie solche Schalter beschaffen sein müssen, um gut zu funktionieren, und wie man mit solchen Schaltern die einzelnen Lampen in und außer Betrieb setzt.

Bevor wir hierzu übergehen, wollen wir vorausschicken, daß der Elektrotechniker für das Einschalten und Abschließen des Stromes von den Lampen oder sonstigen Stromverbrauchern besondere Bezeichnungen hat, und zwar im umgekehrten Sinne, als wie man diese Bezeichnungen sonst gebraucht. Wird nämlich der Stromkreis geschlossen, so kann der Strom in der zu einer ununterbrochenen Bahn geschlossenen Leitung zirkulieren. Öffnet man dagegen den Stromkreis, so ist der Stromweg oder die Bahn unterbrochen. Den „Stromkreis schließen" heißt also, dem Strom den Weg eröffnen, und umgekehrt bedeutet den „Stromkreis öffnen" einen Verschluß des Stromweges. Die von den Elektrotechnikern benutzten Bezeichnungen Öffnen und Schließen beziehen sich also auf die Strombahn, nicht auf den Weg.

Die Schaltvorrichtungen sind in einfachster Form, wie uns die Schaltungsbilder zeigen, derart auszuführen, daß man einen Teil der Strombahn beweglich macht, und diesen beweglichen Teil je nach Bedürfnis mit dem Ende des festen Teiles in Berührung bringt. Man kann diesen Vorgang auch damit vergleichen, daß man den beweglichen Leitungsteil als eine Art Brücke ansieht, die nach Belieben aufgezogen oder niedergelassen wird. Solche Vorrichtungen bezeichnet man ganz allgemein mit dem Sammelnamen Schaltvorrichtungen, weil sie eben das Ein= und Ausschalten des Stromes gestatten. Soll der Strom statt eines bisher begangenen Weges einen anderen gehen, so wird ihm durch einen Umschalter der erste Weg versperrt und der neue eröffnet.

Wie ohne weiteres einzusehen ist, werden sich solche Schalter in ihren Abmessungen zunächst danach richten, wie stark der Strom ist, der durch sie hindurchgeht, und man unterscheidet nun dabei sogenannte Installationsschalter, Hebelschalter, selbsttätig wirkende Schalter und Ölschalter. Ferner wird ihre Ausführung bedingt sein durch die verschiedene Zahl der Stromwege, die mit ihnen geschaltet werden soll. Hier interessieren uns indessen nur die Installationsschalter und die kleineren Hebelschalter, während wir auf die großen Schalter bei der Besprechung der Elektrizitätswerke kurz eingehen werden (vgl. S. 239 f.).

Wir kennen alle die normalen kleinen Ein= und Umschalter bei Haustelephonen und Klingelanlagen. Diese kleinen Schalter können nun der hohen Spannung wegen, die bei den Hausinstallationen für die Lampen notwendig sind, nicht mehr verwendet werden, und auch die Stromstärke ist zu groß, als daß die kleinen Abmessungen dieser Schalter dem Stromdurchgange dauernd standhalten könnten. Sie würden sich zu stark erwärmen und damit die Gefahr bilden, daß sich an ihnen leicht brennbare Stoffe entzünden könnten. Hieraus ersieht man schon, daß die Installationsschalter, wenn sie auch noch so klein sind, und nur für 1 oder 2 Lampen dienen, ganz bestimmten Bedingungen entsprechend ausgeführt werden müssen, um stets gut und sicher zu funktionieren und starke Erwärmungen nicht aufkommen zu lassen. In Abb. 325 ist nun ein solcher Installationsschalter abgebildet. Wir ersehen aus der Abbildung, daß ein Brückenstück mit seinem einen Ende drehbar gelagert ist, während das andere Ende auf einer Metallplatte schleift. Drehen wir mit Hilfe eines Knopfes das eine

Ende, so wird der auf der Metallplatte schleifende Teil von letzterer entweder abgezogen oder auf dieselbe geschoben, und damit der Stromweg geöffnet oder geschlossen. An die Kontaktplatten werden die beiden Enden der Leitung angeschraubt, und die Metallbrücke verbindet oder trennt dieselben. Um jederzeit einen guten Stromübergang zu erhalten, müssen die Kontaktplättchen stets sauber gehalten werden, und das erreicht man in einfachster Weise dadurch, daß man den kleinen Kontaktsteg (die Kontaktbrücke) auf denselben mit etwas Druck federnd schleifen läßt.

Bei Umschaltern benutzt man statt des einfachen Hebels einen doppelarmigen, der mit seinen beiden Enden in Berührung mit den beiden zu verbindenden Kontaktplatten und dadurch mit den Drahtenden kommt.

Auf einen Umstand ist bei der Ausführung der Schalter besonders Rücksicht zu nehmen. Es ist nämlich dafür Sorge zu tragen, daß die Enden der kleinen Schalthebel, wenn sie von den Kontaktplatten getrennt sind, der Schalter also ausgeschaltet ist, möglichst weit von diesen stehen, damit kein Lichtbogen zwischen Kontakthebel und Kontaktplatte, der beim Ausschalten auftreten könnte, stehen bleibt und damit beide verletzt oder auch andere Gefahren verursachen könnte. Um dies nun sicher zu verhindern,

325. Ausschalter mit doppeltem Kontakt.

gibt man dem Ausschalter eine kleine mechanische Hilfsein-richtung, die es unmöglich macht, daß der Kontakthebel in einer anderen Stellung sowohl beim Einschalten als auch beim Ausschalten stehen bleiben kann, als der für den Schalter günstigsten. Diese Hilfseinrichtungen sind recht mannigfaltiger Art. Sie sind stets derart durchgebildet, daß, wie gesagt, Zwischenstellungen nicht eintreten können, und andererseits der Schalterknopf stets nur in einem Sinne gedreht werden kann. Dieser Drehsinn ist im Sinne des Uhrzeigers gesehen rechts. Wollte man aus Versehen oder aus Unkenntnis den kleinen Hebel nach links drehen, dann ist entweder eine solche Drehung überhaupt nicht möglich, ohne den Schalter zu zerstören, oder aber der Schaltknopf läuft leer herum, ohne den Kontakthebel zu fassen und dann zu schalten. Es kann also jedesmal mit dem Schalter nur im richtigen Sinne und entweder nur vollkommen ein-oder vollkommen ausgeschaltet werden. Bei größeren Schaltern ist es aber weiter noch notwendig, die möglichst kurzzeitige Bewegung des Schalthebels ganz unabhängig von der bedienenden Hand zu machen, und zu diesem Zwecke wird zwischen dem Handgriff und dem eigent-lichen Kontakthebel eine Feder eingelegt, die durch Be-wegen des Kontakthebels gespannt wird und bei Über-

326. Momenthebelschalter

schreiten einer gewissen Spannkraft den eigentlichen Kontakthebel von der Kontaktfläche selbsttätig abzieht. Handhebel und Kontakthebel sind infolgedessen zum Teil unabhängig von-einander. Durch die gespannte Feder erfolgt das Abreißen des Kontakthebels von der Kontakt-platte fast momentan.

Solche Schalter größerer Ausführung kommen nur im Elektrizitätswerk selbst auf der Hauptschalttafel und vereinzelt an den Hauptverteilungstafeln zur Anwendung. Die Abb. 326 zeigt einen solchen Hebelausschalter für größere Stromstärke, wie er in den Maschinenstationen benutzt wird (Sch. in Abb. 300).

Kehren wir zu unseren Installationsschaltern, wie sie in jedem elektrisch eingerichteten Wohnraume zu finden sind, zurück, so wollen wir noch auf zwei weitere Punkte aufmerksam machen und zwar einmal auf das Material der Grundplatte und die Verdeckung des eigent-lichen Schalters. Die Grundplatte machte man früher aus Holz, hat aber wie überhaupt ganz allgemein mit Holz in elektrischen Starkstromanlagen auch hier böse Erfahrungen gemacht und ist heute dazu übergegangen, Porzellan zu benutzen, das für die Durchführungen der Drähte, für die Befestigungsschrauben und für den Aufbau der Kontaktflächen usw. besondere Löcher erhält. Zur Verdeckung des Schalters nimmt man eine Kapsel aus Metall, zuweilen auch aus

Porzellan, wenn es sich um solche Räume handelt, in denen das Metall durch Dünste usw. angegriffen wird, und bezeichnet auf dieser Kapsel die Drehrichtung des Schalthebels mit einem Pfeil oder mit besonderen Aufschriften.

Die Umschalter in elektrischen Beleuchtungsanlagen, die also dem Strom verschiedene Wege geben können, sind genau so konstruktiv durchgebildet wie die Ausschalter, erhalten also auch Kontakthebel und Kontaktplatten in einer derartigen gegenseitigen Anordnung, daß die gewünschten Strombahnen hergestellt werden.

Um dem Leser zu zeigen, wie die verschiedenen Schaltungen der Lampen auszuführen sind, um mit Hilfe eines solchen Umschalters z. B. bei einer Krone abwechselnd eine oder drei oder alle vier Lampen brennen zu lassen, in Treppenhäusern die Lampen beim Betreten des Korridors einschalten und auf einem bestimmten Treppenabsatze wieder ausschalten zu können, um schließlich in Hotels die Lampen beim Betreten des Zimmers zum Erleuchten zu bringen und vom Bette auslöschen zu können, sind in den Abb. 327 bis 330 vier charakteristische Schaltungen wiedergegeben. Die Umschaltung in Abb. 327 ist eine sogenannte Gruppenschaltung; man kann mit dem einpoligen Umschalter entweder den Stromkreis 1 oder den Stromkreis 2 ein- und ausschalten. Der elektrische Strom tritt in die Kontaktplatte a oder b ein, und wird durch die Federn des Schalters (die Kontakthebel) entweder nach c oder nach d geleitet, nimmt seinen Weg durch die Lampen und durch die für letztere gemeinsame Rückleitung zur Sammelschiene zurück.

Die Umschaltung nach Abb. 328 nennt man eine Kronenschaltung, weil sie für größere Kronen mit mehreren Lampen häufig gewählt wird. Hier dient der Umschalter dazu, stufenweise die beiden Stromkreise einzuschalten. Die Abb. 329 zeigt ferner die sogenannte Hotelschaltung, und zwar sind hierbei 2 Schalter notwendig, weil abwechselnd der Strom von 2 Stellen ein- bzw. ausgeschaltet werden soll. Eine interessante Schaltung ist schließlich noch die sogenannte Treppenschaltung (Abb. 330), bei der in jedem Stockwerke nur ein Umschalter notwendig ist, die allerdings für das unterste und oberste Stockwerk anders ausgeführt sein müssen als für die Zwischenstockwerke. Zum besseren Verständnisse der dargestellten Schaltungen sei noch bemerkt, daß die gebogenen Federn der einzelnen kleinen Umschalter die Wege darstellen, die der Strom durch jeden Schalter nimmt. Wir wollen uns mit der Wiedergabe der besprochenen Schaltungen begnügen.

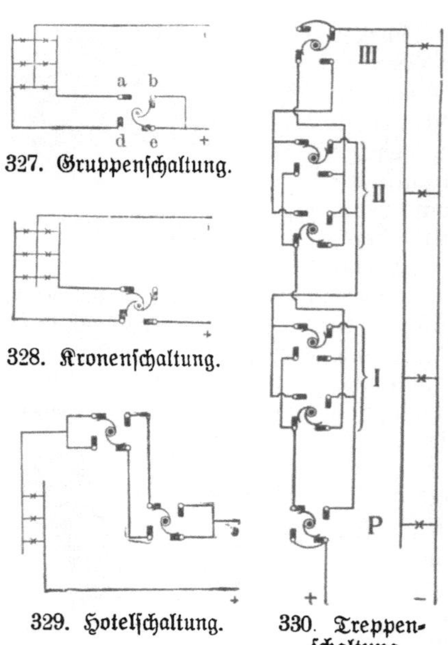

327. Gruppenschaltung.

328. Kronenschaltung.

329. Hotelschaltung.   330. Treppenschaltung.

Da man es bei den Gasflammen gewöhnt ist, den Hahn unmittelbar unter der Flamme zu haben, hat auch der Elektrotechniker eine solche Ausführung durchgebildet und seine sogenannten Glühlampenfassungen, d. h. diejenigen Teile an den Beleuchtungskörpern, die zur Aufnahme der Glühlampen dienen, mit kleinen Ausschaltern unmittelbar zusammengebaut. Die Abb. 331 und 332 zeigen solche Fassungen mit Ausschalter (Hahnfassung). Durch Drehen des kleinen Schalthebels wird der Strom ein- oder ausgeschaltet.

Ein besonderer Vorzug der elektrischen Beleuchtung ist es schließlich, daß man mit den Glühlampen leicht überall hinkommen, sie also in bequemster Weise tragbar herrichten kann. Dazu muß aber noch eine Vorrichtung vorhanden sein, die es gestattet, die Leitung einer solchen tragbaren Lampe mit der an der Wand verlegten in Verbindung zu bringen. Hierfür benutzt man die sogenannten Steckkontakte und Anschlußdosen.

Die Zähler. In jeder Stromerzeugungsanlage und auch an jedem Verbrauchsorte müssen natürlich Instrumente vorhanden sein, die einerseits den von den Maschinen gelieferten elektrischen Strom, andererseits den Verbrauch desselben in der Hausanlage messen. Man bezeichnet ein solches Instrument mit dem Namen „Zähler", weil dasselbe mit einem Uhrwerke ausgerüstet ist, das, wie wir weiter unten sehen werden, durch den elektrischen Strom in Gang gesetzt wird. Dieses Uhrwerk steht mit einer Anzahl von Zeigern oder Nummernwalzen in Verbindung, die fortlaufend je nach der Bauart entweder die Höhe der den Apparat passierenden Stromstärke oder auch die hindurchgegangene elektrische Energie mit Berücksichtigung der Verbrauchszeit unmittelbar registrieren. Die ersteren nennt man Amperestundenzähler, die letzteren Wattstundenzähler, weil sie das Produkt aus Stromstärke und Spannung = Watt anzeigen.

Die Durchbildung der Zähler hat eine große Menge Arbeit und Überlegung gekostet, bevor man soweit war, behaupten zu können, ein nach jeder Richtung zufriedenstellendes Meßinstrument zu besitzen, und zwar ist naturgemäß gerade der gute Zähler ein Haupterfordernis in einer Anlage, weil er dem Produzenten und dem Konsumenten anzuzeigen hat, welche Energiemengen erzeugt bzw. verbraucht sind, und wie sich demnach die Begleichung der Rechnungen zu gestalten hat. Es ist für beide Teile nicht gleichgültig, wie ein solcher Zähler arbeitet, denn entweder hat das Elektrizitätswerk mehr Strom geliefert, als ihm vergütet wird, oder der Konsument hat weniger Strom verbraucht, als er bezahlen muß. Die Elektrizitätsfirmen sind heute in der Lage, ihre Zähler vollständig zuverlässig zu bauen, und die gesetzlichen Prüfanstalten stellen so hohe Anfor

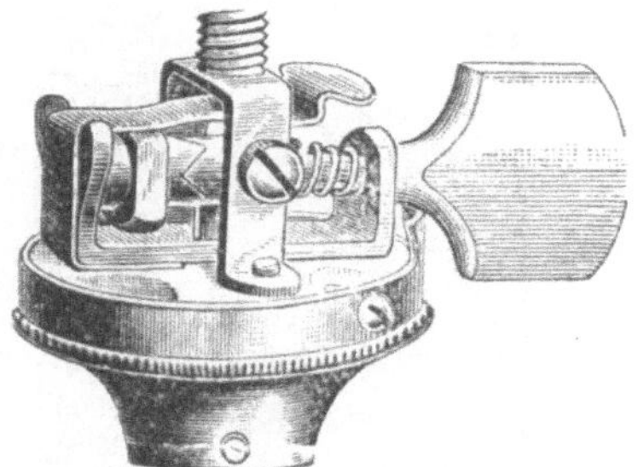
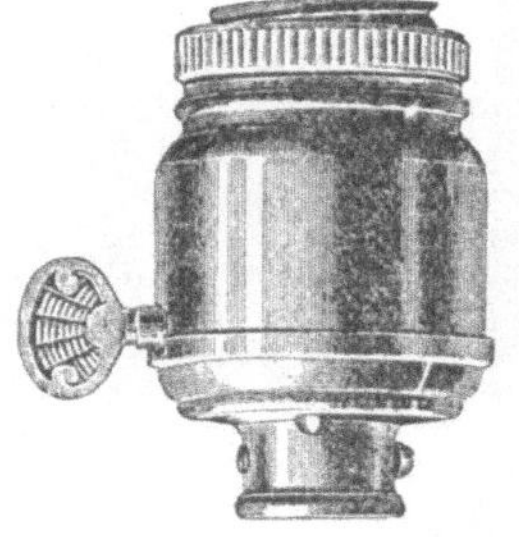
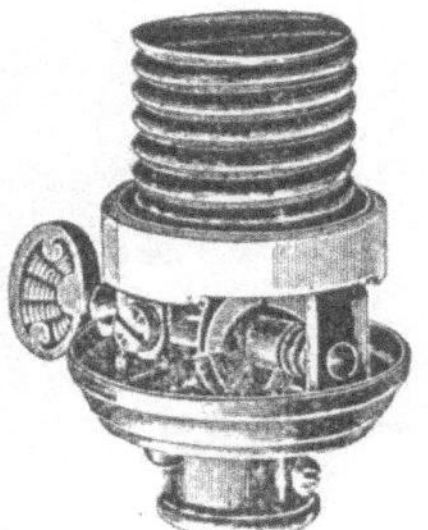

331. Ausschalter für Glühlampenfassung.　　332. Fassung mit Ausschalter (sog. Hahnfassung).

derungen an die Genauigkeit dieser Zähler, daß dauernd ordnungsmäßiges Arbeiten gewährleistet ist.

Die ersten Zähler wurden von Dr. Aron gebaut, und die Berliner Elektrizitätswerke haben diese Zähler noch bis in die jüngste Zeit verwendet. Das Prinzip dieses Zählers ist sehr einfach und beruht auf der Beeinflussung der Schwingungszeit eines unveränderlich langen Pendels durch den Strom. Lassen wir auf ein Pendel eine besondere Kraft wirken, die die Wirkung der Schwerkraft verkleinert oder vergrößert, so wird dasselbe schneller oder langsamer schwingen. Verbindet man das Pendel mit einer Uhr, dann wird diese entsprechend der beeinflußten Schwingungszahl des Pendels nach oder voreilen.

Dr. Aron benützte nun für diese besondere Kraft diejenige, die eine stromdurchflossene Drahtspule auf einen Magneten ausübt. Befestigt man nämlich an dem Ende des Pendels einen Magnetstab, und stellt man unter denselben eine stromdurchflossene Drahtspule, so wirkt diese wie ein Magnet, stößt also, wenn der Magnetstab z. B. einen Südpol hat, diesen ab oder zieht ihn je nach der Stromrichtung an. Dadurch wird also die auf das Pendel wirkende Anziehungskraft der Erde (Schwerkraft) vermindert oder vermehrt, und dasselbe muß schneller bzw. langsamer schwingen. Der langsamere oder schnellere Gang steht also im Zusammenhange mit der Stromstärke. Nach umfangreichen Versuchen wurde das mit dem Pendel verbundene Zählwerk so eingerichtet, daß die Angaben desselben dem Stromdurchgange entsprechen und zwar nach der Stärke des Stromes, also nach der Zahl der eingeschalteten Lampen. Nach oben Gesagtem ist dieses demnach ein Amperestundenzähler.

Diese ersten Zähler sind natürlich in der Reihe der Jahre wesentlich verbessert und so umgeändert worden, daß sie nicht nur den Strom, sondern, wie bereits erwähnt, die verbrauchten Watt messen, also unmittelbar Angaben machen über die durchgeleitete Energie. Diese Wattstundenzähler sind heute die am häufigsten benützten. Auch die Konstruktion ist vollständig gegenüber der von Aron geändert worden, und zwar benützt man heute zum Antriebe des

Zählwerkes in der Mehrzahl der Fälle einen kleinen Elektromotor (Motorzähler), welcher auf einem ähnlichen Prinzip beruht, wie die auf S. 93 f. behandelten elektrodynamischen Wattmeter. Die Abb. 333 zeigt einen solchen Motorzähler. In einer Magnetspule bewegt sich der aus sehr vielen ganz dünnen Drähtchen bestehende Anker, dessen Achse mit dem Uhrwerke zusammengebaut ist. Damit nun keine großen Verlust durch die Reibung der Achsenenden in den Lagern entstehen, der Zähler also sehr leicht läuft, sind die Lager mit fein polierten und geschliffenen Achatsteinen ausgefüttert. Je nach der Höhe der verbrauchten Energie läuft der Motor langsamer oder schneller; die Zählerangaben sind infolgedessen von der Umdrehungszahl abhängig. An Stelle des kleinen Elektromotors nach elektrodynamischem Prinzip kommen in Wechselstromanlagen auch Zähler zur Verwendung, welche auf dem auf S. 62 erwähnten und auf S. 98 ausführlicher behandelten Prinzip der Ferraris- oder Induktionsinstrumente beruhen. Bei

333.   334.   335.

Wattstundenzähler (Motorzähler).

diesen Zählern wirkt ein System von Elektromagneten auf eine leicht drehbare Metallscheibe oder -trommel, deren Bewegungen durch Dauermagnete in der auf S. 98 f. angedeuteten Weise gedämpft werden.

Die Zählwerke sind heute sogenannte Scheibenzählwerke, deren Zahlen sprungweise erscheinen und sofort erkennen lassen, wieviel Energie verbraucht worden ist. Der ganze Mechanismus des Zählers wird gegen äußere Beschädigungen mit einer Blechschutzhaube abgedeckt, die für das Ablesen der Zahlen mit einer Glasscheibe ausgerüstet sind. Die Abb. 335 läßt einen solchen betriebsfertigen Zähler in seiner äußeren Ansicht erkennen.

Außer diesen Wattstundenzählern sind nun noch eine ganze Reihe ähnlicher Verbrauchsmesser in Benutzung, von denen hier nur kurz der Elektrizitäts-Selbstverkäufer erwähnt sein mag. Dieser Apparat gestattet, nach Einwurf eines bestimmten Geldstückes eine nach darauffolgender Betätigung des angebauten Schalters der Hauptstromzuführungsleitung eine gewisse Elektrizitätsmenge zu entnehmen. Ist diese verbraucht, so wird der Strom so lange unterbrochen, bis wieder ein Geldstück eingeworfen worden ist. Die Bauart ist ähnlich derjenigen der Motorzähler.

Die Elektrizitätswerke.

Von Oberingenieur Dipl.-Ing. H. Kyser.

Schon mit der ersten Einführung des elektrischen Lichtes in das private und öffentliche Leben
ist man sehr bald auf den Gedanken gekommen, an Stelle vieler kleiner Einzelanlagen größere
Unternehmungen zu gründen mit der Aufgabe, den elektrischen Strom nur in einer solchen Zen-
tralstelle zu erzeugen und von hier aus auf ein größeres Gebiet zu verteilen. Es entstanden daher
schon frühzeitig größere Anlagen, die man mit dem Namen „Elektrische Zentralstationen" oder
auch „Elektrizitätswerke" bezeichnete.

Bevor wir uns nun wie bei den Einzelanlagen auch mit den technischen Einzelheiten solcher
Elektrizitätswerke eingehender vertraut machen, wollen wir einen kurzen Rückblick einschalten
über die erste Stromerzeugungsanlage für die öffentliche Abgabe elektrischer Energie zu Beleuchtungszwecken.

Die Amerikaner waren die ersten, die den Plan faßten, Zentralanlagen für die Stromerzeugung mit der Bestimmung zu bauen, Lichtabnehmern Strom zu liefern und sie auf diese Weise
von der Selbsterzeugung des Stromes zu befreien.

Bereits vor der Einführung der Glühlampe hatten die Amerikaner Zentralen für Bogen-
lichtanlagen errichtet, aus denen Strom für Beleuchtung an einzelne Abnehmer gegeben wurde.

Als Edison nun seine Glühlampe zu praktischer Brauchbarkeit gebracht hatte, faßte er den
Plan, ein Elektrizitätswerk zu bauen, und dieser Plan fand schon im Jahre 1882 für die Holborn
Viadukt Station in London seine Verwirklichung. Die Dynamomaschinen und die ganze
elektrische Einrichtung stammten aber aus Amerika, aus den Fabriken Edisons.

Nach diesem Erfolge beschlossen unternehmende Finanzleute, in Amerika ein Elektrizitätswerk zur Lieferung von Strom für Glühlichtbeleuchtung zu errichten, und sie kauften zu diesem
Zwecke im Mai 1881 ein Grundstück an der Pearl Street in New York. Bereits zu Beginn
des September 1882 kam dieses Elektrizitätswerk mit sechs Edisonschen Maschinen von je 125
Pferdekräften in Betrieb. Das Beleuchtungsgebiet des ersten Unternehmens war naturgemäß
klein, etwa 2,5 qkm groß. Für dieses erste Elektrizitätswerk fehlte es noch gänzlich an Vorbil-
dern und an Erfahrungen, und wir müssen anerkennen, daß Edison trotz dieses Mangels doch
eine Anlage schuf, in der auch die in ihrer Gesamtwirkung so mächtigen Kleinigkeiten, die Strom-
leitungsanlagen und ihre Isolation, die Schalter, die Abzweigungen, die Sicherungen usw.
sofort in praktisch brauchbarer Form ausgeführt waren. Diese große technische Leistung vermag

nur der zu würdigen, der jemals die Schwierigkeiten bei der Überführung einer Idee in die Wirklichkeit und die „Tücke des Objekts", wie es Vischer so treffend nennt, kennen gelernt hat. Auf diesem Gebiet hat Edison sein Ingenium für die praktische Gestaltung bewiesen, wie auf jenen anderen Gebieten, die dem großen Publikum besser bekannt sind, z. B. bei der Glühlampe und dem Phonographen.

Später erbaute die Gesellschaft noch weitere fünf Werke und hat jetzt für Glühlicht=, Bogenlicht und Motorbetrieb einen Anschluß, der in Glühlampen ausgedrückt rund 2 000 000 Glühlampen von 16 Normalkerzen gleichkommt. Insgesamt sind 80 000 000 Mark für die Errichtung dieser Werke mit ihren Zuleitungen aufgewendet worden, welche sich in den guten Dividenden bestens verzinst haben. Auf diese Anlage werden wir weiter unten noch einmal zu sprechen kommen.

Die Errichtung der Elektrizitätswerke im allgemeinen. Die Vereinigung der Stromerzeugung für ein größeres Gebiet in einer einzigen Station hat die großen Vorteile, daß einmal die Maschinen am besten ausgenutzt werden können, weil die Anzahl der in Betrieb zu nehmenden Generatoren dem jedesmaligen Strombedürfnisse leichter angepaßt werden kann, und ferner eine völlige Unterbrechung der Stromlieferung dadurch, daß die einzelnen Maschinen unter sich die notwendige Reserve bilden, vermieden wird. Ferner kommt dazu, daß sich die Bedienung der Gesamtanlage erheblich vereinfachen läßt und infolgedessen mit wesentlich geringeren Kosten verbunden ist, als wenn man z. B. 10 Einzelanlagen zu betreiben hätte, die insgesamt für das gleiche Stromversorgungsgebiet die gleiche elektrische Energie liefern müßten. In der großen Zentralstation sind bei gleicher Maschinenleistung nur verhältnismäßig wenige Mannschaften zum Heizen der Kessel und ein oder zwei Leute für die Bedienung der Maschinen und der Schaltanlage erforderlich, während in den 10 Einzelanlagen, wenn wir von den Heizern absehen, jedesmal mindestens ein Mann zur Bedienung der maschinellen Einrichtungen vorhanden sein muß. Außerdem läßt sich die Beschaffung der Betriebsmaterialien wie z. B. der Kohlen, des Schmieröles usw. wesentlich ökonomischer erreichen, denn ein Elektrizitätswerk ist ein geschäftliches Unternehmen und kann deswegen nicht unerheblich günstiger einkaufen als das den Besitzern von kleinen Einzelanlagen möglich ist. Dazu kommt noch, daß bei größerem Bezuge von Materialien naturgemäß die Einkaufspreise beträchtlich billiger sind, als wenn nur kleine Mengen angeschafft werden.

Neben diesen Vorteilen betriebstechnischer und materieller Art für die Stromerzeugungsstation spielen aber auch die Leitungen zur Verteilung der elektrischen Energie eine große Rolle, weil sie so disponiert werden können, daß das in ihnen investierte Kapital durch eine möglichst große Zahl von Anschlußstellen und damit infolge der wesentlich günstigeren Ausnutzung besser verzinst wird. Schließlich ist noch zu erwähnen, daß es nur großen Elektrizitätswerken möglich ist, sich alle Hilfseinrichtungen für einen sicheren und zufriedenstellenden Betrieb zunutze zu machen, weil die Anschaffung in bezug auf die Gesamtanlagekosten des Werkes in der Regel als verschwindend gering anzusehen ist mit Rücksicht auf den wirtschaftlichen Wert, den sie infolge von Ersparnissen besitzen, die sie an Betriebsunkosten zu machen gestatten. Bei Einzelanlagen ist dieses günstige Moment in der Regel auch nicht annähernd zutreffend, weil eben die Ausgaben relativ zu groß sind.

Alle diese Vorzüge haben schon mit dem Beginn der Elektrizitätsentwickelung für Beleuchtungs= und Kraftzwecke dazu geführt, namentlich für die Städte größere Anlagen zu errichten, und man ist heute fast vollständig davon abgegangen, insbesondere für Beleuchtungsanlagen kleine Einzelstationen zu bauen. Anlagen für große Fabrikbetriebe scheiden allerdings hiervon aus, weil letztere in der Regel von vornherein mit großen Dampfmaschinenanlagen zum Antriebe der Transmissionen und dgl. ausgestattet sind, die dann gleichzeitig zum Betriebe der Dynamomaschinen herangezogen werden. Aber auch hier geht man immer mehr dazu über, die Dampfmaschinen nur zur Erzeugung elektrischer Energie zu verwenden und die Transmissionen oder auch die Arbeitsmaschinen unmittelbar durch Elektromotoren antreiben zu lassen, weil der Betrieb einfacher und billiger wird.

Die Elektrizitätswerke gliedern sich nun genau so, wie wir das bei den Einzelanlagen erwähnt haben, in die Stromerzeugungsanlagen, d. h. Antriebsmaschinen und Dynamomaschinen mit Regulierung und Schaltanlagen, ferner in die Leitungsanlagen zur Verteilung der Energie und den Anschluß für die einzelnen Konsumenten.

Die Stromerzeugungsanlage. Als Antriebsmaschinen kommen naturgemäß ebenfalls Dampfmaschinen, Dampfturbinen und neuerdings vielfach Wasserturbinen zur Anwendung. Über die Dampfmaschinen und Dampfturbinen haben wir Näheres schon bei den Einzelanlagen kennen gelernt, und wir können infolgedessen auf das dort Gesagte verweisen (vgl. S. 189f.). Nur so viel soll hier noch nachgetragen werden, daß man bei den Elektrizitätswerken für ausgedehnte Vorsorgungsgebiete selbstverständlich mit wesentlich größeren Leistungen zu rechnen hat, als das bei den Einzelanlagen der Fall ist. Mit der Größe der Maschinenleistung wird aber namentlich in Städten die Beschaffung des erforderlichen Grund und Bodens außerordentlich schwierig. Man hat oftmals mit Bodenpreisen zu rechnen, die ins Unermeßliche gehen und dadurch die Rentabilität eines solchen Unternehmens so stark beeinflußen, daß der elektrische Strom entweder nur verhältnismäßig teuer an die Kon-

336. Kombinierte Dampfturbine Brown-Boveri-Parsons von 6000 PS bei 1500 Umdreh.-Min. direkt gekuppelt mit einem Drehstrom-Generator von 4000 KW bei 5500 Volt und 50 Perioden. (Aufgestellt im Städt. Elektrizitätswerk Rheydt.)

sumenten abgegeben werden kann, oder aber ganz auf die Ausführung der Anlage verzichtet werden muß. Um trotz dieses Übelstandes dennoch dem heute wohl fast in allen Kreisen bestehenden Wunsche nach elektrischem Lichte und elektrischer Kraft entsprechen zu können, findet man neuerdings vielfach an Stelle der großen Dampfmaschinen die ebenso ökonomisch arbeitenden Dampfturbinen, die in ihren Raumabmessungen bei gleicher Leistung wesentlich kleiner sind, so daß die Baulichkeiten infolgedessen auch an Umfang stark eingeschränkt werden können. Dazu kommt weiter, daß die Dampfturbinen wesentlich geringeres Gewicht besitzen als die Dampfmaschinen gleicher Leistung (vgl. S. 130 u. 196) und durch den Fortfall aller schwingenden Teile, wie Kurbeln, Kolbenstangen usw. so gut wie keine Fundamentierung nötig haben. Aus diesen Gründen ist man in der Lage, bei sehr teuren Grundstückspreisen die Maschinen in einem über dem Kesselhause gelegenen Stockwerke aufzustellen, was bei Dampfmaschinen nicht erreicht werden kann. Auch hierdurch kann somit an Grundfläche wesentlich gespart werden. Wir werden weiter unten und besonders bei der Besprechung der Berliner Elektrizitätswerke auf diesen Umstand noch ausführlicher eingehen, und kennen lernen, welch außerordentliche Vorteile in großen Anlagen die Dampfturbine besitzt.

Dampfturbinen werden heute bereits zum Antriebe von Drehstromdynamos für eine normale Leistung von 20 000 KVA gebaut (A. E. G.). Abb. 336 zeigt eine Drehstromturbodynamo, welche von der Brown, Boveri & Cie. Aktiengesellschaft für das städtische Elektrizitätswerk Rheydt geliefert worden ist.

Auch die Kesselanlagen großer Elektrizitätswerke unterscheiden sich von denen, die für Einzelanlagen in Frage kommen, ganz wesentlich. Man muß natürlich, wie bereits in der Einleitung erwähnt, bei großen Elektrizitätswerken bestrebt sein, sich alle Errungenschaften der neuzeitigen Technik zunutze zu machen, um die Selbsterzeugungskosten für den elektrischen Strom soweit als irgend möglich herabzudrücken. Das dadurch erforderliche größere Anlagekapital wird sich immer bezahlt machen, wenn man vermöge der abnehmenden Selbsterzeugungskosten die Strompreise für die Konsumenten weiter herabsetzt; denn man erreicht dadurch, daß die Zahl der Anschlüsse dauernd wächst, weil in diesem Falle nicht nur die reichen Leute sich den Luxus des elektrischen Lichtes gestatten können, son-

337. Wasserturbinen direkt gekuppelt mit Drehstromgeneratoren.

dern auch die mittleren und weniger begüterten Klassen zur Einrichtung elektrischer Beleuchtung schreiten. Es ist bisher noch immer für die Elektrizitätswerke von wirtschaftlichem Nutzen gewesen, die Stromabgabepreise niedrig zu halten, denn die Zahl der Anschlüsse hat sich in der Regel in wenigen Jahren verdoppelt, verdreifacht, oder ist sogar noch weiter gestiegen. Ganz besonders die Kesselanlagen sind es in erster Linie, die eine stete Beaufsichtigung durch die Betriebsleiter nötig machen, weil die Ausgaben für das Feuerungsmaterial und die Heizer in der Regel neben der Verzinsung und Amortisation des Anlagekapitals den größten Teil der Selbsterzeugungskosten ausmachen. Es ist also vornehmlich an diesem Teil der Anlage zu sparen, und das erreicht man z. B. durch die Anwendung automatischer Kohlenbeschickungsanlagen für die Feuerung, automatischer Kohlenbeförderung und dergleichen mehr. Die ersteren Einrichtungen arbeiten zumeist in der Weise, daß sich an der Decke des Kesselhauses große Kohlenbunker befinden, von denen aus durch Trichter den einzelnen Feuerungen das Brennmaterial automatisch zugeführt wird. Auf beweglichen Kettenrosten kommt dasselbe unter den Kesseln zum Abbrand und die Kohlenmenge, sowie die Bewegung des Kettenrostes kann je nach dem Grade der Feuerung so eingestellt werden, daß der Kohlenverbrauch die beste Ausbeute ermöglicht.

Die Ausgaben für die Heizer fallen bei solchen Einrichtungen vollkommen fort. Die verfeuerte Kohlenmenge ist unabhängig von der Hand und dem Willen des Heizers und kann so eingestellt werden, daß sie dem erzeugten Dampfquantum entspricht.

Wasserturbinen. Neben den Dampfmaschinenanlagen ist man in den letzten Jahren dazu übergegangen, auch die großen Wasserkräfte, die auf dem Kontinente, namentlich in der Schweiz, in Bayern, in Schweden und Norwegen bisher unbenutzt dahinflossen, zur Erzeugung elektrischer Energie nutzbar zu machen, und es sind Stationen entstanden, die bis 100000 PS in einem Maschinenwerke vereinigen. Die größten Anlagen nach dieser Richtung sind heute wohl in Amerika am Niagara-Fall vorhanden, auf die wir in einem späteren Kapitel (vgl. S. 297 f.) noch besonders zurückkommen werden.

Auf die Einzelheiten der Wasserturbine können wir hier nicht näher eingehen. Wir wollen indessen erwähnen, daß man zwischen Turbinen für Niedergefälle (bis 3 m), für Mittelgefälle (bis ca. 10 m), für Großgefälle (bis ca. 100 m) und für Hochgefälle (über 100 m) unterscheidet. Bei den Turbinen für Niedergefälle wird eine große Wassermenge mit geringem Gefälle in mechanische Leistung umgewandelt, bei den Turbinen für Hochgefälle umgekehrt ist großes Gefälle und geringe Wassermenge notwendig.

Die Verbindung zwischen den Generatoren und den Turbinen erfolgt wiederum entweder durch Riemen oder vorteilhafter durch direkte Kupplung beider Maschinenwellen. Die letztere Ausführung ist heute diejenige, die fast ausschließlich angewendet wird. Abb. 337 zeigt eine solche Turbinen-Station mit 3 Wasserturbinen von je 2400 PS ausgeführt von Briegleb, Hansen & Co., Gotha.

Ferner unterscheidet man noch hinsichtlich der Bauart der Turbinen zwischen solchen mit horizontaler und solchen mit vertikaler Welle. Dadurch haben die Antriebsmaschinen den Vorteil, daß sie sich wesentlich leichter den jeweiligen baulichen Verhältnissen anpassen können, als das in gleich einfacher Weise bei den Dampfmaschinen, Dampfturbinen oder auch Dieselmotoren usw. der Fall ist.

Der elektrische Teil der Stromerzeugungsanlagen, die Stromart und Spannung.

Wenn wir bei den Einzelanlagen zu Beginn der Betrachtungen erwähnten, daß als Stromart am vorteilhaftesten Gleichstrom zu benutzen ist, so trifft das für die großen Elektrizitätswerke nicht mehr zu. Die Stromart richtet sich in diesen Fällen nach der Höhe der abzugebenden Energie, nach der Ausdehnung der Leitungsanlage für den ersten Ausbau und nach den im Laufe der Jahre zu erwartenden Erweiterungen, und es ist nicht immer leicht, von vornherein anzugeben, welche Stromart, nämlich Gleichstrom oder mehrphasiger Wechselstrom (Drehstrom) die vorteilhaftere ist. Es sind für die Entscheidung dieser Frage vielmehr sehr eingehende Untersuchungen und umfangreiche Berechnungen notwendig.

Noch vor wenigen Jahren war es hauptsächlich der Gleichstrom, der auch für große Elektrizitätswerke so gut wie allein dominierte, und das lag daran, daß man noch nicht gelernt hatte, den Wechselstrom zu beherrschen und durch Maschinen auf gleichgünstige Weise zu erzeugen wie den Gleichstrom. Um in den kleineren Anlagen, aus denen später die großen Elektrizitätswerke hervorgingen, die Antriebsmaschinen, wie schon bei den Einzelanlagen erwähnt, nicht ständig in Betrieb halten zu müssen, also auch die Kessel nicht dauernd zu feuern, wie das bei Wechselstrombetrieb unbedingt notwendig ist, besitzt man beim Gleichstrome in der Akkumulatorenbatterie den großen Vorzug, elektrische Energie aufzuspeichern und jeder Zeit betriebsfertig zur Verfügung zu haben. Damit ist dann auch die ganze Betriebsführung verbunden, und die Maschinen werden nur für die Hauptlichtperiode und in den Morgenstunden zum Aufladen der Batterie verwendet. Umspannt man mit den Leitungen nun aber ein größeres Konsumgebiet, so wird naturgemäß die Zeit für die Stromlieferung zu Beleuchtungszwecken gegenüber derjenigen bei den Einzelanlagen wesentlich verschieden sein, und man muß mehr oder weniger doch einen Teil der Maschinen vollständig in Betrieb halten, wenn andererseits nicht Akkumulatoren mit sehr großen Abmessungen zur Aufstellung kommen sollen. Diese Betriebsform wäre nun aber immerhin noch kein hinderlicher Grund gewesen, den Gleichstrom nicht auch weiter für sehr große Anlagen zu verwenden, wenn nicht ein anderer Nachteil auftreten würde, der für die Benutzung dieser Stromart ein großes und sehr schwerwiegendes Hemmnis bildet. Dieses Hemmnis liegt in der Spannung, mit welcher der Gleichstrom für die Zwecke der Beleuchtung und Kraftübertragung auf größere Gebiete erzeugt werden kann. Die Höhe dieser Spannung darf für reine Beleuchtungsanlagen im allgemeinen 250 Volt nicht übersteigen, da über diese Grenze die Glühlampen nicht mehr einzeln oder in Parallelschaltung an die Verteilungsleitung angeschlossen werden können, wie wir letzteres als einen besonderen Vorzug schon früher erwähnten. Die Spannung von 250 Volt ist aber bei großen Leistungen, also bei hohen Stromstärken, so niedrig, daß es, um mit dieser große Energiemengen auf weite Entfernungen zu übertragen, nötig ist, sehr starke Leitungsquerschnitte zu verlegen. Damit kommen wir auf den Punkt bei der Anlage von Elektrizitätswerken, der von ganz besonderer Bedeutung ist.

Die Leitungen verschlingen in der Regel mindestens $^1/_3$ bis $^2/_5$ der gesamten Anlagekosten eines ausgedehnten elektrischen Unternehmens, und sie sind infolgedessen von großer wirtschaftlicher Bedeutung für die Rentabilität des Werkes. Wir können nun Leitungen, die Niederspannungsstrom führen, eben infolge der verhältnismäßig geringen Spannung nicht beliebig lang machen, können durch sie also nicht Gebiete beliebiger Ausdehnung mit Strom aus einer Erzeugungsstätte versorgen, weil mit der Länge der Leitung der unvermeidliche Verlust wächst und entweder zu groß wird, oder, wenn man ihn durch die Wahl größerer Leitungsquerschnitte herabmindert, die Gesamtanlage so verteuert, daß die Verzinsung des Werkes mit allem Zubehör die Einnahmen aus der Stromlieferung unter Umständen vollständig aufzehren könnte. Weiter spielt die Erweiterungsfähigkeit solcher Gleichstromanlagen mit 250 Volt eine wesentliche Rolle, denn man darf nicht denken, daß man bei wachsender Ausdehnung des Beleuchtungsgebietes nur einfach einige Dampf- und Dynamomaschinen mehr im Werke aufzustellen und einige Leitungen an das vorhandene Netz anzufügen hat, sondern man muß dabei auch überlegen, daß die bereits vorhandenen Leitungen unter Umständen nicht mehr ausreichen, ohne daß der in ihnen auftretende Verlust die wirtschaftliche Grenze übersteigt.

Der Leser wird nun wohl fragen, ob man den Verlust in den Leitungen nicht auf eine andere Weise herabmindern kann als dadurch, daß man größere Leitungsquerschnitte, also mehr Kupfer, verwendet, und die Elektrotechniker haben auf diese Frage einfach durch Verhältnisse gezwungen sehr bald eine Reihe befriedigender Antworten gefunden. Der Hauptgedanke aller dieser Lösungen liegt darin, die Spannung zu erhöhen, ohne daß mit wachsender Entfernung zwischen Stromerzeugungs- und Verbrauchsstelle die Möglichkeit unterbunden wird, Glühlampen auch in Einzel- oder Parallelschaltung benutzen zu können.

Wie wir schon früher bei den Einzelanlagen kurz erwähnt hatten, ist der Leitungsquerschnitt abhängig von dem zuzulassenden Spannungsverluste und damit natürlich auch von der Höhe der Spannung, denn wenn man den Verlust zu 10% annimmt, so beträgt die in der Leitung aufgezehrte Spannung bei 250 Volt 25 Volt und bei 440 Volt 44 Volt. Das folgende Beispiel möge die Ersparnisse an Leitungsmaterial durch Erhöhung der Netzspannung zeigen.

Es betrage die zu übertragende Leistung durch einen Leitungsstrang (Abb. 338) 250 KW; dann berechnet sich die Stromstärke aus

$$\frac{\text{Kilowatt} \times 1000}{\text{Spannung}}$$

bei 250 Volt zu

$$\frac{250 \times 1000}{250} = 1000 \text{ Ampere,}$$

bei 500 Volt zu

$$\frac{250 \times 1000}{500} = 500 \text{ Ampere.}$$

Bei der Länge der Leitung von 4000 m, d. h. 2 × 2000 m für Hin- und Rückleitung, und einem Spannungsverluste von 10% müßte der Querschnitt nach der Formel:

$$\frac{\text{Stromstärke} \times \text{Länge}}{\text{Leitfähigkeit} \times \text{Spannungsverlust}}$$

betragen bei 250 Volt

$$\frac{1000 \times 4000}{57 \times 25} = 2800 \text{ qmm,}$$

bei 500 Volt

$$\frac{500 \times 4000}{57 \times 50} = 700 \text{ qmm.}$$

Da nun eine Kupferleitung 1 qmm Querschnitt bei 1000 m Länge 9 kg wiegt, so wären die Ausgaben für die Leitungen bei Mk. 1,60 pro kg

$$4 \times 9 \times 2800 \times 1,60 = 162\,000,-\ \text{Mk.}, \qquad 4 \times 9 \times 700 \times 1,60 = 40\,200,-\ \text{Mk.},$$

also im ersteren Falle viermal so hoch, und das ist naturgemäß von schwerwiegender Bedeutung.

Wir sehen hieraus, daß mit der Erhöhung der Spannung, ohne daß die Energie kleiner wird, die Stromstärke abnimmt und damit auch der Verlust in der Leitung, und wir haben also hierdurch ein einfaches Mittel gefunden, die Leitungen unserer Elektrizitätswerke weiter ausdehnen zu können. Aber auch hierbei müssen wir nun leider gleich wieder mit einer Einschränkung bei den Gleichstromanlagen hervortreten, die in nichts anderem liegt, als wiederum in der Beschränkung der Ausdehnungsfähigkeit des Versorgungsgebietes, denn wir sind mit der Spannung von 500 Volt so ziemlich am Ende der benutzbaren Spannung bei Gleichstromanlagen gekommen.

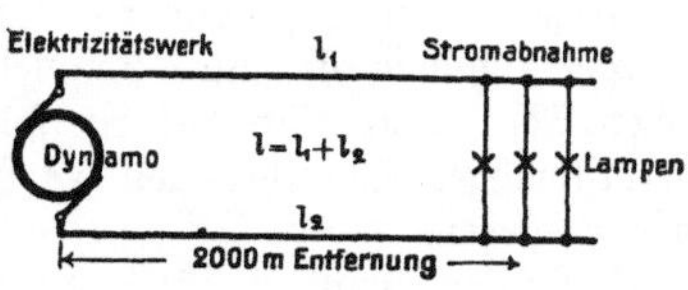

338. Zweileiteranlage.

Diese 500 Volt können nicht ohne weiteres den Glühlampen zugeführt werden, denn erstlich werden die Glühlampen für diese Spannung im allgemeinen nicht gebaut, und ferner sind 500 Volt schon eine so unangenehm hohe Spannung, daß man sie an die Beleuchtungskörper nicht gerne heranführt. Der Verband deutscher Elektrotechniker hat denn auch mit Rücksicht auf die Gefährlichkeit dieser hohen Spannung bestimmt, daß Beleuchtungskörper im Höchstfalle an 250 Volt angeschlossen werden dürfen. Aber dennoch können wir die 500 Volt benutzen, wenn wir zwischen die beiden Leitungen für den Strom-Hin- und Rückgang eine dritte Leitung legen und die Lampen nun zwischen diese dritte — sogenannte Mittel- oder Nulleitung —

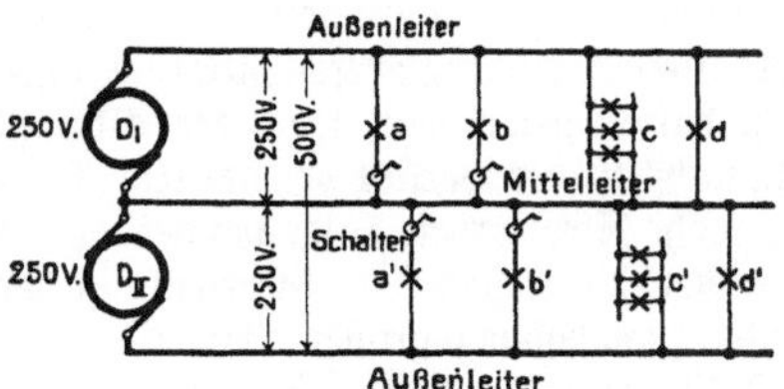

339. Gleichstrom-Dreileiteranlage.

und eine Außenleitung schalten. Eine solche Anordnung wird uns sofort klar, wenn wir die Abb. 339 betrachten. Man benutzt einfach zwei Gleichstrom-Dynamomaschinen D I und D II, die jede für sich eine Spannung von 250 Volt erzeugen, schaltet den Pluspol der einen

Maschine mit den Minuspol der zweiten Maschine zusammen und verbindet die beiden Leitungen für die Energieübertragung mit den beiden andern Maschinenpolen. Man erhält auf diese Weise das sogenannte Dreileitersystem, das nun, da die beiden Maschinen in Hintereinanderschaltung liegen, sich ihre Spannungen also addieren, mit zwei Spannungen arbeiten kann und zwar 250 + 250 = 500 Volt zwischen den sogenannten Außenleitern und 250 Volt je zwischen einem Außenleiter und dem Mittelleiter. Dieser Mittelleiter wird solange

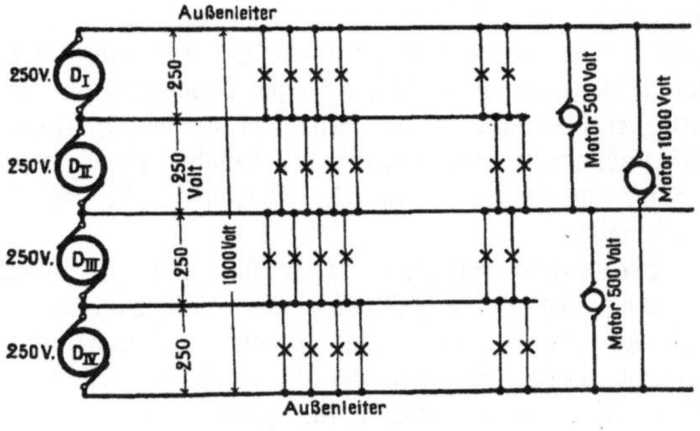

340. Gleichstrom-Fünfleiteranlage.

keinen Strom führen, als die Zahl und die Größe der eingeschalteten Glühlampen in jeder Netzhälfte gleich ist. Das erklärt sich einfach aus dem Grunde, weil dann tatsächlich je zwei Glühlampen (in Abb. 339 z. B. a a' bezw. b b', usw.) hintereinandergeschaltet sind. Dabei begibt man sich aber nicht des Vorteiles, jede Lampe für sich ausschalten zu können. Tritt das letztere ein, dann erst wird ein Strom im Mittelleiter fließen, der gleich ist der Differenz der Ströme jeder Netzhälfte. Dieser Fall wird allerdings in größeren Verteilungsnetzen stets eintreten, weil die Belastung der beiden Netzhälften nie vollständig gleich sein wird.

Da wir nun die Spannung auf den doppelten Wert erhöht haben, können wir, gegenüber einer 250 Volt-Anlage, entweder bei unveränderter Leitungslänge, unverändertem Querschnitte und gleichem prozentualen Verlust die gleiche Leistung auf die vierfache Entfernung übertragen, oder bei gleicher Leistung nur den vierten Teil des Leitungsquerschnittes nehmen. Dazu käme nur noch eine dritte im allgemeinen etwa nur $1/3$ so stark bemessene Leitung wie die Außenleiter dazu, und man wird erkennen, daß infolgedessen an Kosten für das Leitungsmaterial recht bedeutend gespart werden kann.

Dieses Dreileitersystem hat sich sofort nach seinem Bekanntwerden sehr schnell eingebürgert, und so ist zum Beispiel auch die Anlage der Berliner Elektrizitätswerke zum großen Teil nachträglich auf ein solches Dreileitersystem umgebaut worden, weil gegenüber den erstmaligen Ausführungen die Erweiterungen dazu zwangen, mit der Spannung in die Höhe zu gehen.

Es sind nun noch eine Reihe anderer Systeme für die Erhöhung der Spannung in Vorschlag gebracht worden, die aber mehr oder weniger nur den Elektrotechniker direkt interessieren und infolgedessen hier nicht weiter besprochen werden sollen. Nur ganz kurz sei noch darauf hingewiesen, daß man versucht hat, an Stelle von zwei Maschinen zum Beispiel vier Maschinen hintereinander zu schalten (Abb. 340) und dadurch ein sogenanntes Fünfleitersystem herzustellen. Indessen ist eine solche Anlage im praktischen Betriebe nicht weiter ausgebaut worden. Schließlich hat man auch probiert, die einzelnen Leitungsstrecken bei Erweiterungen von einander zu trennen, hohe Spannungen für besondere Speiseleitungen anzuwenden und in den einzelnen Stadtteilen Akkumulatorenbatterien aufzustellen, doch ist man auch von dieser Ausführung sehr bald abgekommen, weil der Akkumulator die Maschine nicht ohne weiteres ersetzen kann. Zunächst ist der Verlust bei der Umsetzung durch die Akkumulatoren sehr erheblich, so daß etwa $1/4$ mehr Stromarbeit aufgewendet werden muß, als an die Teilnehmer abgegeben wird. Dazu kommen die Kosten der Unterhaltung der Akkumulatoren und endlich die immerhin nicht einfache Handhabung großer Batterien, wie sie in einer sogenannten Beleuchtungsanlage aufgestellt werden müssen. Schießlich ist auch die dauernde Stromlieferung aus solchen Batterien nur dann möglich, wenn zwei Batterien in jeder Station vorhanden sind, von denen abwechselnd die eine geladen wird, während die andere Strom abgibt und umgekehrt, denn andernfalls müßte die Stromlieferung während der Ladezeit unterbrochen werden, was natürlich nicht angängig ist.

Dem Vorteile des oben beschriebenen Gleichstrom-Mehrleitersystems stehen als Nachteil die verwickelten Schaltungsverhältnisse gegenüber; Verteilungs-Vorrichtungen und Abzweigungen werden komplizierter, bei denen leichter Fehler vorkommen können, und auch ein einigermaßen guter Ausgleich zwischen den einzelnen Netzhälften, d. h. also eine möglichst gleichmäßige Belastung ist in großen Anlagen kaum zu erreichen. Außerdem ist man natürlich auch bei 500 Volt in der Ausdehnung der Leitungsnetze beschränkt, und man hat daher nach anderen Mitteln gesucht, die bestehenden Anlagen zu vergrößern, ohne daß die Kosten für die Erweiterungen und die Ausgaben für den Betrieb selbst die wirtschaftliche Grenze überschreiten.

Wechselstromanlagen. Hier kam nun der Wechselstrom bzw. eine Abart desselben, der mehrphasige Wechselstrom oder auch Drehstrom genannt (Dreiphasenstrom) zur Hilfe (vgl. S. 132), und die Erfindung dieser Stromart ist mit eine der bedeutendsten, die jemals gemacht worden ist, denn der Wechselstrom versetzt uns in die Lage, mit Hilfe der Transformatoren nunmehr auch die größten Entfernungen mit den dünnsten Leitungen und mit ökonomischen Kosten zu überbrücken. Bezüglich Spannungs- und Stromverteilung in Wechselstrommehrphasenleitungssystemen vgl. S. 132 f.

Umformeranlagen. Um bei dem allmählichen Ausbau der großen elektrischen Zentralanlagen zu verbleiben, wollen wir zunächst noch bei solchen Elektrizitätswerken verweilen, die von vornherein nur den Gleichstrom an die Konsumenten abgaben, und wir werden sehen, daß auch diesen Elektrizitätswerken in der Verwendung von Drehstrom die Möglichkeit gegeben worden ist, die Gleichstromversorgung auch auf die Stadtgebiete auszudehnen, die bislang von der Zentrale zu weit entfernt gelegen waren und infolge der hohen Ausgaben für die Leitungsanlagen und die Einrichtungen zur Spannungserhöhung an die vorhandenen Gleichstromnetze nicht mehr angeschlossen werden konnten. Diese Forderung wird folgendermaßen erfüllt: Für die Stromlieferung an die entfernteren Punkte werden in dem Elektrizitätswerke Drehstrom-Dynamomaschinen aufgestellt; der Drehstrom wird mit hoher Spannung entweder unmittelbar in den Maschinen erzeugt oder gegebenenfalls unter Zwischenschaltung von Transformatoren nach den Hauptspeisepunkten der neuen Stromversorgungsstellen geleitet und dort durch rotierende Umformer in Gleichstrom umgeformt. Man bezeichnet eine solche Anlage als eine

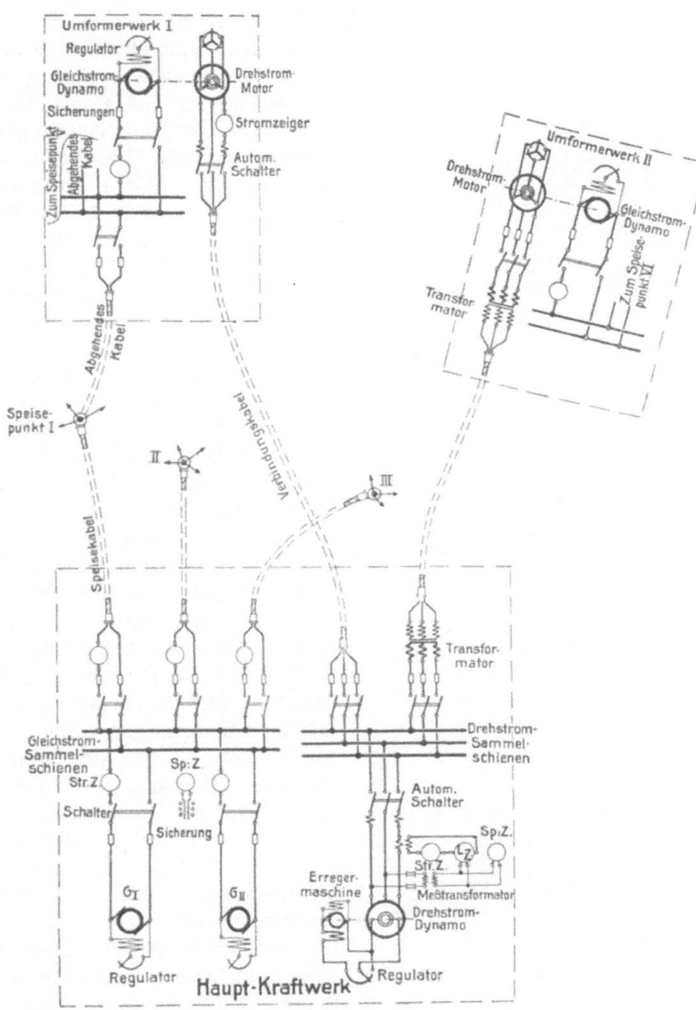

341. Gleichstrom-Elektrizitätswerk mit angeschlossenen Umformerstationen.

Umformeranlage, und das Schaltungsbild (Abb. 341) läßt den Betrieb ohne weiteres erkennen. Neben den Gleichstrommaschinen GI und GII, die das alte Stromversorgungsgebiet unmittelbar mit Gleichstrom versorgen, ist noch die Drehstrommaschine vorhanden, deren Spannung von vornherein so hoch gewählt war, daß man mit derselben die Stromlieferung nach dem Speisepunkte V ohne Transformierung auf höhere Spannung noch wirtschaftlich durchführen konnte. An diesem Speisepunkte V wird nun ein Drehstrommotor angetrieben, der mit einer Gleichstromdynamo gekuppelt ist. Man erhält also auf diese Weise für die Stromableitung von V Gleichstrom. Ferner ist in (Abb. 341) angenommen, daß nach längerer Zeit noch der Speisepunkt VI

hinzugekommen ist. Für diesen war die Spannung der Drehstrommaschine nicht mehr hoch
genug, und es mußten Transformatoren einmal zur Erhöhung im Kraftwerke und dann wieder zur
Herabsetzung der Spannung im Umformerwerke bei VI eingeschaltet werden. Als Umformer
dienen dann wieder die sogenannten Motorgeneratoren. So geht demnach der Drehstrom durch
den Transformator und wird hier zum Beispiel von 3500 auf 10000 Volt herauftransfor-
miert. Von den Hochspannungsklemmen des Transformators führt die Leitung, die in den
Städten für derartig hohe Spannungen in der Regel als Kabel im Straßenpflaster verlegt
ist, zu dem Speisepunkte VI des neueren Stadtviertels und wird nun hier wiederum in Gleich-

342. Strecken-Transformatorenstation.

strom dadurch umgewandelt, daß der Drehstrom zunächst einem Transformator zur
Übersetzung von 10000 auf 500 Volt und
dann einem Drehstrommotor zugeführt, durch
letzteren in mechanische Leistung umgesetzt
und so an die Welle einer Gleichstrommaschine abgegeben wird. Die Verluste, die
bei einer derartigen Umformung auftreten,
sind in der Regel nicht von besonderer Bedeutung, und insbesondere sind die Anlagekosten für eine solche Ausführung wesentlich geringer, als wenn an den Speisepunkten V und VI neue Gleichstrom-Kraft-
werke errichtet werden würden. Auch der
erforderliche Raum für solche Umformer ist
wesentlich kleiner und die Bedienung der
Maschinen unvergleichlich einfacher, als bei
Dampfkessel- und Dampfmaschinenanlagen,
und es kann somit auch an Ausgaben für
Grunderwerb, Errichtung und Bedienung
bedeutend gespart werden. Bei Gleichstrom
läßt sich eine derartige Umformung auf
gleich einfache und mit geringen Verlusten
verbundenen Weise nicht erreichen, denn
erstlich müßten die Gleichstromdynamos für
sehr hohe Spannungen gebaut werden, was
mit Rücksicht auf den Kommutator und die
Bürsten nicht möglich ist. Dann fehlt aber
weiter noch der Transformator, den man
bei Gleichstrom nicht herstellen kann.

Gleichstrom-Elektrizitätswerke in Verbindung mit Drehstrom-Gleichstrom-Um-
formung sind heute in den größeren Städten,
in denen von vornherein Gleichstromanlagen
bestanden, fast stets vorhanden, so zum Beispiel in Berlin, Hamburg, Leipzig, Hannover

usw. und wir werden später bei der Besprechung der Berliner Elektrizitätswerke noch Näheres
über solche Ausführungen kennen lernen.

Reine Drehstromanlagen. Bei neueren städtischen Anlagen und insbesondere dann,
wenn es sich darum handelt, den elektrischen Strom von einer entfernt gelegenen Kraftquelle
z. B. von einem guten Rohöllager, einer Wasserkraft, einer Grube usw. über ein ausgedehntes
Industrie- oder ländliches Gebiet zu verteilen, wählt man von vornherein den Drehstrom und
vermeidet wenn irgend möglich natürlich die Umformung, denn wie schon oben gesagt, ist dieselbe stets mit Verlusten verbunden. Solche Drehstrom-Kraftübertragungsanlagen, die in diesem Kapitel indessen weiter unten nur kurz beschrieben werden sollen, sind schon vor einer Reihe
von Jahren in Amerika und neuerdings auch in Deutschland entstanden und haben Ausdeh-

nungen angenommen, die z. B. in Norwegen bis 150000 PS in einem Kraftwerke gehen. Der=
artige Anlagen arbeiten heute mit Spannungen über 100000 Volt, und die Elektrotechniker
sind in der Lage, allen Anforderungen hinsichtlich der Gefahrlosigkeit, der leichten Bedienung,
der Betriebssicherheit usw. zu entsprechen. Wir werden später bei der Besprechung einzelner
größerer Zentralstationen noch besonders auf Anlagen dieses Charakters hinweisen.

Mit den vorhererwähnten 100000 Volt oder auch z. B. mit 40000 oder 50000 Volt werden
aber zumeist nur die Hauptleitungen, die größere Konsumgebiete mit den Elektrizitätswerken
verbinden, gespeist, während die Verteilung des elektrischen Stromes innerhalb der Gebiete
selbst mit einer sogenannten Mittelspannung, also z. B. mit 10000 oder 15000 Volt erfolgt.
Auch diese Mittelspannung wird dann für die angeschlossenen Städte, Dörfer, Fabriken usw.
noch weiter und zwar auf die eigentliche Gebrauchsspannung von 250 oder 500 Volt herab=
transformiert.

Zur Transformierung der Spannung auf einen höheren oder niedrigeren Wert der Ma=
schinen dienen, wie bereits gesagt, Transformatoren, die entweder in besonderen Häusern
mit den notwendigen Schalt= und Meßapparaten auf der Strecke oder in den einzelnen ange=
schlossenen Gebäuden aufgestellt werden. Die Abb. 342 zeigt eine solche Strecken=Transforma=
torenstation. Sie besteht in der Regel aus einem Backsteinturm, in welchem unten zu ebener
Erde der oder die Transformatoren stehen, während die Hochspannungsleitungen an der Spitze

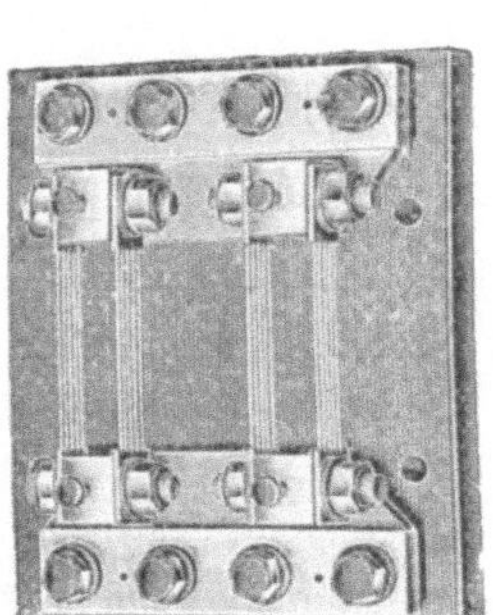

343. Streifensicherung für
größere Stromstärken.

344. Hebelschalter für größere Stromstärken.

des Turmes eingeführt werden, die Schaltapparate passieren, dann an den Transformator
angeschlossen sind und von der Unterspannungsseite des letzteren ebenfalls als Freileitung
das Transformatorenhaus verlassen. In den Städten bildet man häufig die Transformatoren=
stationen auch als Plakatsäulen aus oder gibt ihnen sonst eine geschmackvolle, dem Straßen=
bilde angepaßte Form.

Sicherungen. Die Sicherung des Stromes erfolgt bei Gleichstromanlagen auch grö=
ßeren Umfanges vielfach noch durch die einfache Schmelzstreifensicherung, wie wir sie für kleinere
Stromstärken bei den Einzelanlagen bereits kennen gelernt hatten, und wie sie die Abb. 343 für
größere Stromstärken zeigt.

Bei sehr großen Stromstärken und namentlich in Wechsel= bezw. Drehstrom=Anlagen sind
diese Sicherungen aber aus verschiedenen, hier weniger interessierenden Gründen nicht beson=
ders zu empfehlen, bei hohen Spannungen sogar unter Umständen direkt gefährlich, weil sie
mit lautem Knall beim Durchschmelzen explodieren, der auftretende Lichtbogen Schaden an=
richten kann usw. Man ist daher dazu übergegangen, die Schalter, mit denen man die Ver=
bindung zwischen Maschine und Sammelmaschinen herstellt, so auszubilden, daß sie mit den
Sicherungen kombiniert sind und selbsttätig den Stromkreis unterbrechen, wenn Gefahr oder
Ursache hierfür vorliegt.

Schalter. Bevor wir zur Beschreibung solcher selbsttätigen Schalter übergehen, wollen
wir nur ganz kurz erwähnen, daß die einfachen Hebelschalter, wie wir sie bereits kennen gelernt

hatten, auch bei großen Gleichstromanlagen, allerdings in etwas geänderter Form Verwendung finden und auch bei Drehstromanlagen bis etwa zu einer Spannung von 500 Volt in Gebrauch sind. Bei den großen Stromstärken, die bei hoher Leistung und niedriger Spannung vorhanden sind, müssen die Messer des Schalters, die zum Ein= bezw. Ausschalten dienen, gegebenenfalls aus mehreren Teilen zusammengesetzt werden; die Abb. 344 zeigt einen solchen Schalter.

Führt man nun die Schalter derart aus, daß ihre Schaltmesser beim Einschalten von einer Klinkvorrichtung festgehalten werden, und gibt man dieser Klinkvorrichtung die Form eines Ankers, der von einem Elektromagneten (A in Abb. 345) angezogen werden kann, dann erhält man auf diese Weise einen selbsttätig wirkenden Schalter. Die Magnete werden vom Strome durchflossen. Übersteigt dieser Strom eine bestimmte, vorher eingestellte Stärke, so daß Gefahr für den Stromkreis bzw. die angeschlossenen Maschinen, Transformatoren und Apparate besteht, so wird der Anker der Klinkvorrichtung angezogen. Er gibt dann die Sperrung frei, und eine Feder bzw. eine andere zweckentsprechende Hilfseinrichtung zieht die Schaltmesser aus den Kontakten und unterbricht dadurch den Stromkreis. In Abb. 345 ist dieser Schalter schematisch dargestellt, und die Abb. 346 zeigt eine praktische Ausführung der Siemens=Schuckert=Werke. Durch solche Schalter werden also die

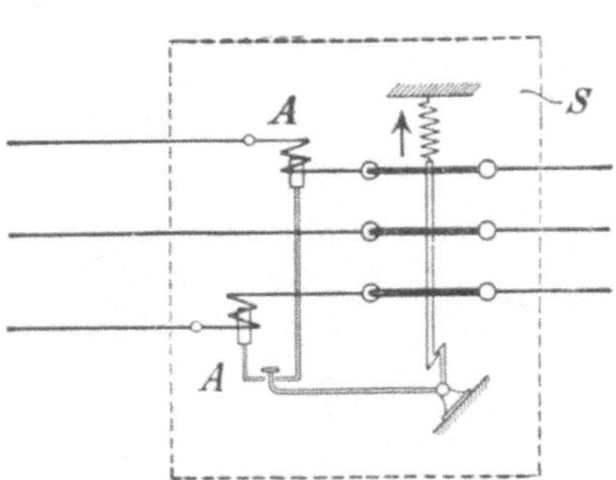

345. Schaltung eines 3 poligen selbsttätig
wirkenden Ausschalters.

346. Praktische Ausführung
eines selbsttätigen Schalters.

Sicherungen ersetzt. Sie haben den großen Vorzug, vollständig zuverlässig zu arbeiten und vermeiden den jedesmaligen Ersatz von Schmelzstreifen. Außerdem sind sie sofort nach dem Ausschalten stets wieder betriebsfertig und aus diesen Gründen in heutigen modernen Anlagen fast durchweg anzufinden.

In großen Drehstromstationen mit sehr hohen Spannungen sind aber die in Abb. 344 abgebildeten sogenannten Luftschalter nicht brauchbar, weil sie neben besonderen unerwünschten elektrischen Erscheinungen den Nachteil haben, daß der Lichtbogen zwischen den Kontakten stehen bleiben kann. In solchen Fällen setzt man die Schaltmesser unter Öl, läßt also den Lichtbogen unter Öl auftreten, wodurch er sofort, da Öl ein gutes Isolationsmittel ist, vernichtet wird, und erhält auf diese Weise die sogenannten Ölschalter. Derartige Ölschalter, von denen wir einen in Abb. 347 zeigen, sind für Spannungen bis 100000 Volt bereits ausgeführt worden, haben dann allerdings Abmessungen, die ungefähr $1^1/_2$ m in der Höhe und mehr betragen. Die Bedienung dieser Schalter erfolgt dann nicht mehr einfach von Hand aus, sondern mit Hilfe eines kleinen Elektromotors, der mittels Druckknopf von der Schaltbühne gesteuert wird. Das Unterbrechen des Stromkreises in Gefahrsfällen erfolgt in ähnlicher Weise wie in Abb. 346 ebenfalls automatisch.

Wie nun die einzelnen Apparate und Instrumente auf der Schalttafel, bzw. in dem hinter der Schalttafel gelegenen Raume anzubringen sind, werden wir bei der Besprechung einzelner größerer Elektrizitätswerke kennen lernen, und wir werden dabei auch auf die besonders interessanten Punkte, soweit sie in den Rahmen dieses Buches passen, hinweisen.

Die Stromleitungen. Für die Fortleitung des elektrischen Stromes von der Erzeugungs-
stelle, d. h. von dem Elektrizitätswerke, zu den einzelen Konsumenten benutzt man bei
elektrischen Zentralstationen inner-
halb der Städte heute fast ausnahmslos gepanzerte Bleikabel.
Nur in kleineren Städten findet
man noch vereinzelt das oberirdische
Leitungssystem, bei welchem die
Kupferleitungen an Isolatoren auf
eisernen oder hölzernen Masten
oder an Mauerauslegern befestigt
sind.

Das unschöne Aussehen, das
das Straßenbild durch die oberirdische Leitungsanlage erhält, veranlaßt die städtischen Verwaltungen
immer mehr, die unterirdische
Leitungsführung von den Elektrizi-
tätswerksbesitzern zu verlangen, und
diesem Wunsche wird auch mehr
und mehr Rechnung getragen, weil
mit der Ausdehnung des Strom-
versorgungsgebietes naturgemäß
auch die Leitungsanlage weiter
ausgebaut werden muß, eine größere Anzahl von Drähten auf den
Masten zu liegen kommt, und dadurch der Anblick noch weiter ver-
schlechtert wird. Dabei spielt auch
noch der verschiedene Durchhang,
den die einzelnen Drähte mit der
Zeit erhalten, eine Rolle, und
schließlich bildet die oberirdische Leitungsanlage, wenn sie in der Nähe
der Gebäude vorbeiführt, bei einem
Hausbrande eine nicht zu unter-
schätzende Gefahr für die Bedrohten
und für die Feuerwehr.

In Berlin hat man von vornherein die unterirdische Stromverteilung mittelst Kabel gewählt, und
naturgemäß von Beginn der Berliner Elektrizitätswerke an bis zum
heutigen Tage fortgesetzt das höchste
Augenmerk auf die Leitungsanlage
gerichtet, denn sie ist als das Verbindungsglied zwischen Stromerzeugung und Stromabnahme mit
der wichtigste Teil der Gesamtanlage. Die Elektrotechniker hat es
einen beträchtlichen Aufwand von
Zeit, Geld und Überlegung gekostet, um die Kabel an sich und ihre Verlegung so zu gestalten,
daß sie allen Anforderungen, die für einen ordnungsmäßigen und gesicherten Betrieb gestellt
werden müssen, dauernd entsprechen.

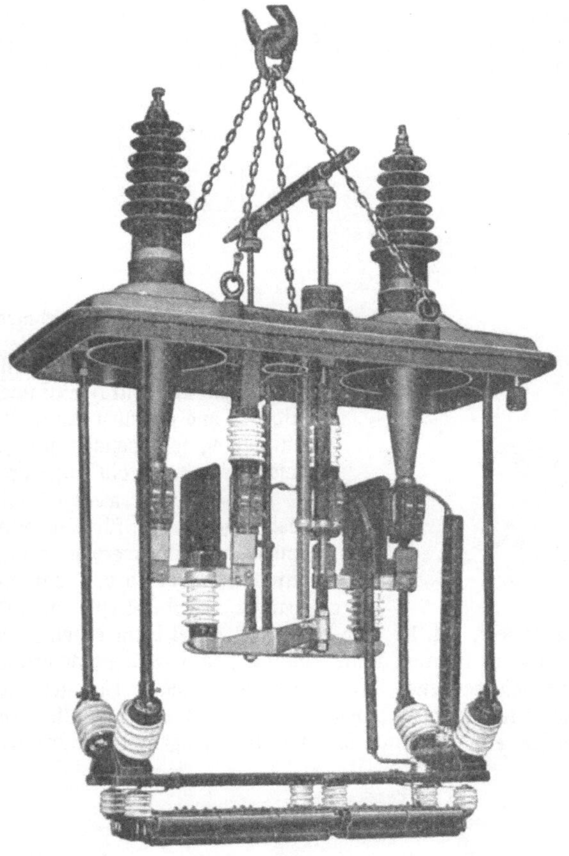

347. 60000 Volt Ölschalter

Die Panzerung der Kabel ist auch heute noch nicht völlig frei von Nachteilen, da der Panzer nicht unbedingt allen mechanischen und chemischen Einflüssen auf die Dauer widerstehen kann. Wenn man heute auch in der Lage ist, gepanzerte Kabel herzustellen, die nicht nur einer hohen Betriebsspannung standhalten, sondern auch den chemischen Einflüssen Widerstand leisten, wie z. B. bei Flußkabeln, so bedarf dennoch die Kabelanlage einer fortgesetzten und sorgfältigen Prüfung, um Fehler von ihr fern zu halten. Dieser Umstand tritt natürlich in gleichem Maße

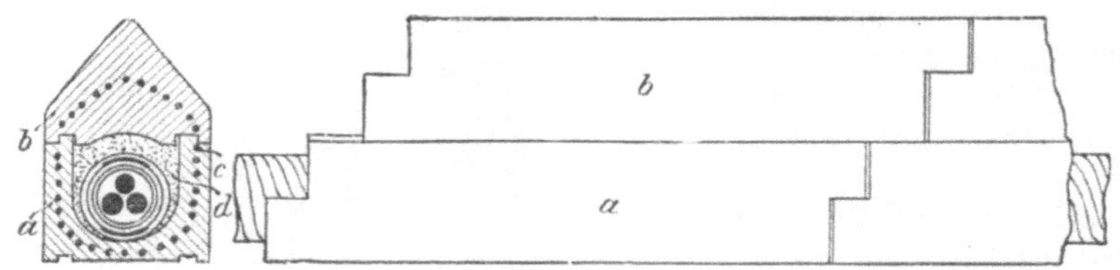

348. Schutzkästen für Erdkabel.

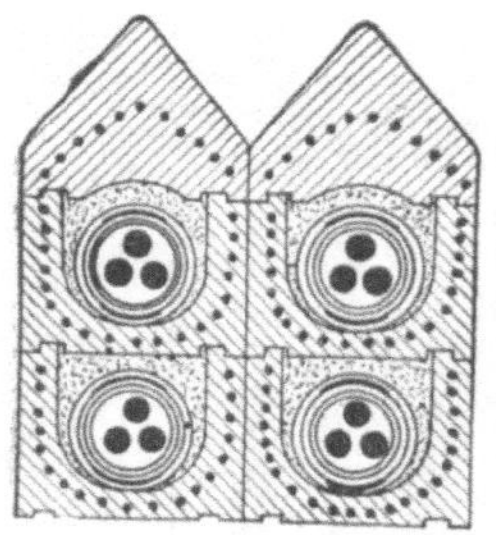

nicht ein bei Freileitungen, weil man hier ja alle Leitungen stets vor Augen hat und durch einfaches Begehen der Strecke Fehler leicht entdecken und abstellen kann. Bei Kabelanlagen müssen zur Fehler= bestimmung sehr genaue und umständliche Messungen vorgenom= men werden, die ein außerordentlich geübtes Personal erfordern.

Für Strecken weniger wichtigen Charakters, wie kleine Ab= zweigungen, oder für Hauptstränge, die durch parallel laufende Linien unterstützt werden, nimmt man die Verlegung der Kabel in einfachster Weise so vor, daß man im Erdboden einen Kanal aus= schachtet, das Kabel einzieht und über letzteres eine Schicht Ziegel= steine legt. Die letzteren sollen das Kabel beim erneuten Aufbrechen des Kabelkanals schützen und zwar in erster Linie vor den Hacken= und Spatenstichen der Arbeiter. In solchen Anlagen indessen, bei denen mit einer verhältnismäßig häufigen Auswechselung der Kabel infolge von Erweiterungen zu rechnen ist, wie das z. B. in allen Großstädten der Fall ist, kann man dieses einfachste und billigste Verlegungsmittel nicht ohne weiteres anwenden, wenn man

349. Verteilungskästen für Erdkabel.

die Leitungsanlage als eine erstklassige bezeichnen will. Man benutzt dann vielmehr für die im Erdboden her= gestellten Kabelkanäle, be= sondere Rohre oder Kabel= schutzhüllen aus Steingut (Abb. 348), Betumenmasse, Zement oder gebranntem und glasiertem Ton, und zieht in diese besonderen Schutzvorrichtungen die Kabel ein.

Solche Kabelkanäle gewähren den großen Vorteil, daß man das gesamte Rohrsystem, in welches die einzelnen Kabel zu liegen kommen, erst fertigstellen und dann die Kabel nach= träglich einziehen kann. Außerdem ist jedes Kabel ohne weiteres und ohne beträchtliche Kosten und Mühe herausnehmbar und durch ein anderes infolgedessen leicht ersetzbar. Diese Kabel= verlegung entspricht in erweitertem Sinne der Leitungsanlage in Rohren, wie wir sie bereits bei den Hausanlagen kennen gelernt haben, mit dem Unterschiede naturgemäß, daß Material und Abmessungen wesentlich andere sind. An den Stellen, an denen in unseren Hausan= lagen die Abzweigdosen saßen, werde hier bei den Kabelanlagen Einsteigschächte hergestellt oder auch nur einfache Kabelverteilungskästen benutzt, wie ein solcher in Abb. 349 dar= gestellt ist.

In Deutschland hat man bisher fast ausschließlich die gepanzerten Kabel verwendet, d. h. solche Kabel, die über den Umhüllungen aus isoliertem Material einen Bleimantel haben, der noch mit zwei gegenläufigen Spiralen aus Eisenblech und über diese mit einer Juteumspinnung

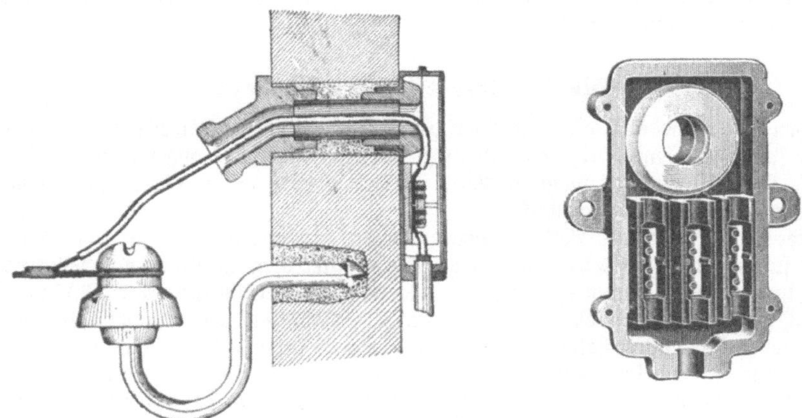

350. Herstellung eines Hausanschlusses bei Freileitung.

versehen sind. In England hingegen, wo gerade mit den Leitungsanlagen viel versucht und viel gewechselt worden ist, wendet man heute in überwiegendem Maße Kabeltröge oder Kabelkanäle und Rohrsystem aus Zement oder ähnlichem Material an. Oftmals findet man noch Kabeltröge aus Holz, die für unsere deutschen Begriffe als nicht zweckmäßig bezeichnet werden müssen.

Der Hausanschluß. Die Ausgestaltung eines Hausanschlusses richtet sich selbstverständlich nach der Art der Leitungsverlegung im Netze des Elektrizitätswerkes. Sind Freileitungen vorhanden, so zweigt man mittelst isolierter Leitungen von dem Hauptstrange der Straße unter Zwischenschaltung von Freileitungssicherungen ab, befestigt diese Abzweigleitungen an Isolatoren (Abb. 350), die in die Gebäudewand eingegipst werden, und geht von hier aus durch Porzellantüllen in die Wohnung zur Hauptverteilungstafel, von der aus dann die Abzweigungen nach den einzelnen Räumen vorgenommen werden.

Handelt es sich dagegen um den Anschluß an ein Kabelnetz, so wird das Kabel an der Abzweigstelle freigelegt, das Schutzrohrsystem aufgeschnitten und mit einem T-Stück versehen, und die Verbindungsleitung an das Kabel angeschlossen. Die Abzweigleitung muß dann natürlich ebenfalls als gepanzertes Kabel hergestellt werden, und wird in der Regel in den Keller des Wohnhauses eingeführt, wie wir das schematisch auf der Tafel I (Einzelanlagen) sahen. Damit nun dieses Abzweigkabel an der Stelle, an der es an die Hauptverteilungstafel angeschlossen wird, ebenfalls vor Feuchtigkeit bewahrt bleibt, umgibt man dasselbe mit einem Kabelendverschluß. In Abb. 351 geben wir einen solchen Hausanschlußkasten, der in einfacheren Fällen nur mit Sicherungen und bei größeren Anlagen auch mit Ausschaltern versehen wird.

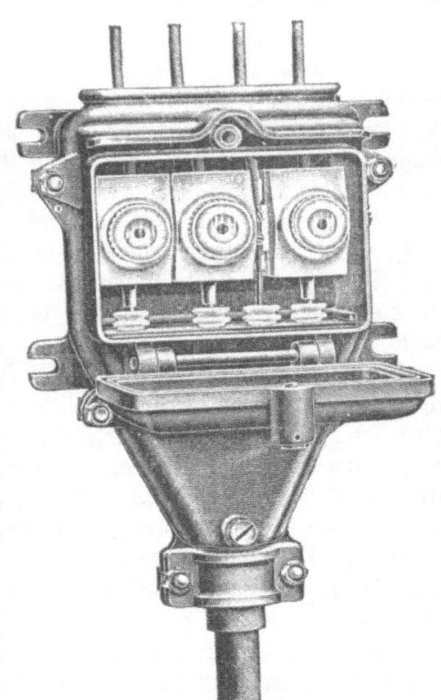

351. Herstellung eines Hausanschlusses bei Kabelanlagen.

Wir wenden uns nun zu der Beschreibung einzelner größerer Elektrizitätswerke, und werden das namentlich über die Ausgestaltung der Maschinenstation Gesagte noch in Wort und Bild weiter erläutern, um den Lesern Gelegenheit zu geben, einen Einblick in solche großen elektrischen Betriebe zu erhalten. Wir beginnen mit der in Deutschland größten Anlage und zwar mit den Berliner Elektrizitäts-Werken.

Die Berliner Elektrizitätswerke.

Schon kurz nachdem Edison den Plan gefaßt hatte, Elektrizitätswerke zu errichten, griff auch der Ingenieur Emil Rathenau diesen Gedanken auf und zwar angeregt durch die Internationale Elektrizitäts-Ausstellung in Paris im Jahre 1881. Hier wurden zum erstenmale von Edison Glühlampen vorgeführt.

Unter der Beihilfe von Berliner Finanzmännern entstand im Mai 1883 die Edison-Gesellschaft für angewandte Elektrizität. Einige Jahre später verwandelte diese Gesellschaft ihren Namen in den wohl bekannten „Allgemeine Elektrizitäts-Gesellschaft" (A. E. G.), und dieser steht auch heute noch der Geheime Baurat Dr. Ing. Rathenau als Generaldirektor vor.

Die junge Gesellschaft hatte sich zunächst als Aufgabe gestellt, Berlin selbst mit elektrischem Licht zu versehen, und sie schloß mit der Stadtverwaltung im Februar 1884 einen Vertrag, wodurch sie das Recht erhielt, in einem Bezirk der mittleren Stadt, der einen Kreis von 800 m Radius bildet, unter Benutzung der städtischen Straßen für die Kabellegung Strom zu liefern. Ein Vierteljahr später wurde dann die „Aktiengesellschaft städtische Elektrizitätswerke" mit 3000000 Mark Kapital gegründet, die in den Vertrag der A. E. G. eintrat. Der Name der Gesellschaft ist bald nachher in den heutigen „Berliner Elektrizitäts-Werke" (B. E. W.) umgeändert worden.

Das Recht, das die Stadt Berlin der Gesellschaft hinsichtlich der Stromlieferung und Kabelverlegung gewährte, ist zuerst nicht als ein ausschließliches gegeben worden, vielmehr mußte die Gesellschaft dasselbe mit großen Gegenleistungen teuer erkaufen. Eine verhältnismäßig sehr hohe Abgabe an die Stadt, scharfe Bedingungen für den Bau, die Energielieferung und die Betriebsführung, Haftpflicht und Sicherung der Vertragsbestimmungen durch Kautionen, Abhängigkeit gewisser technischer und geschäftlicher Maßnahmen von der Genehmigung des Magistrates, der sich ein Übereignungs- und Heimfallrecht vorbehielt, waren die Bedingungen, mit denen die B. E. W. in den Anfangsjahren zu rechnen hatten.

Dem Vertrage von 1884 entsprach der Bau der Zentralen Markgrafen- und Mauerstraße, und zwar wurden im Werk Markgrafenstraße 6 Dampfdynamos zu je 150 PS und im Werk Mauerstraße 3 Maschinen ebenfalls von je 150 PS aufgestellt. Am 15. August 1885 kam das erste mit der Beleuchtung des Königlichen Schauspielhauses und im Mai 1886 das zweite in Betrieb.

Schon bald nach der Aufnahme des Betriebes zeigte es sich, daß auch außerhalb des vertraglich festgelegten Gebietes der elektrische Strom für Lichtzwecke verlangt wurde, und es wurden daher im Jahre 1888 die Werke Spandauer Straße und Schiffbauerdamm errichtet. Ein Zusatzvertrag von 1890 beendete die Reihe dieser Innenwerke, begrenzte zugleich ihre Leistungsfähigkeit auf 28000 PS, gab aber die Möglichkeit mit jeweiliger Zustimmung des Magistrates auch über das früher bezeichnete Gebiet hinaus Strom zu liefern.

Die fortschreitende Entwickelung der gesamten Elektrotechnik machte aber auch diesen Vertrag insofern bald nicht mehr erfüllbar, als das Verlangen nach elektrischer Energie stetig wuchs. Insbesondere waren es die verbesserten Glüh- und Bogenlampen, die sich im Publikum immer größerer Beliebtheit erfreuten. Dazu kamen die von Jahr zu Jahr vervollkommneteren Elektromotoren, deren Anwendung so große Vorteile gegenüber den Gas- und Benzinmaschinen bzw. den Dampfmaschinen boten, daß die B. E. W. erneut an den Magistrat herantreten mußten, um die Stromlieferung auch auf weitere Gebiete ausdehnen zu können. Ferner gingen auch die Berliner Straßenbahngesellschaften dazu über, ihre Anlagen mehr und mehr zu elektrifizieren, und auch diese Stromlieferung wurde den B. E. W. übertragen. Die Innenwerke konnten die gewaltigen Energiemengen nicht mehr liefern, und auch Akkumulatoranlagen versagten. So schritten denn die B. E. W., wie wir das auch in der Einleitung zu diesem Kapitel bereits des näheren ausgeführt haben, dazu, das alte Stromerzeugungssystem, das bisher mit Gleichstrom gewählt war, zu durchbrechen und Anlagen zu errichten, die außerhalb Berlins gelegen waren. In diesen mußte nun nach unseren früheren Erörterungen hochgespannter Drehstrom erzeugt,

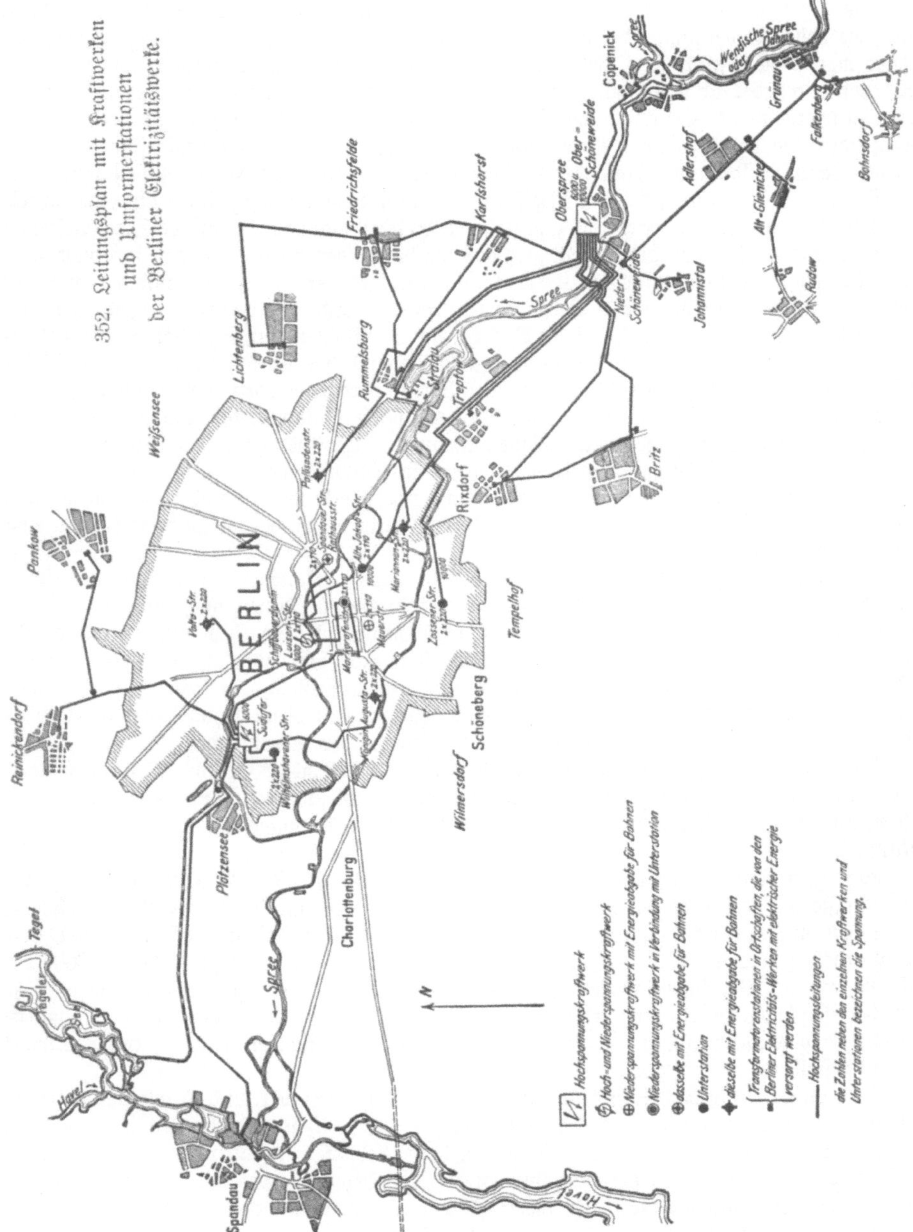

den einzelnen Stationen innerhalb des Weichbildes von Berlin in dieser Form zugeführt, dort durch rotierende Umformer in Gleichstrom verwandelt und der so gewonnene Gleichstrom dem vorhandenen Kabelnetze zugeleitet werden, weil der reine Gleichstrombetrieb mit Rücksicht auf die großen zu überbrückenden Entfernungen und die gewaltigen Energiemengen nicht mehr durchführbar war. So wurde denn die zugestandene Höchstleistungsfähigkeit der Kraftwerke in dem vorletzten Vertrage mit 42500 KW für die in der Stadt gelegenen Werke und mit 37000 KW für die Außenwerke festgesetzt.

Die Verlegung eines Teiles der Stromerzeugung außerhalb der Stadt Berlin war bedingt durch die hohen Bodenpreise, die für die Errichtung der Maschinenhäuser in Frage kamen, und ferner machte die Anfuhr der Betriebsstoffe und ihre umständliche Lagerung, sowie die Zu- und Abführung der großen Wassermengen für die Kondensationsanlage der Dampfmaschinen kaum zu überwindende Schwierigkeiten. Endlich mußte auch mit den Unzuträglichkeiten gerechnet werden, die mit derartigen Großbetrieben innerhalb der Stadt verknüpft sind wie z. B. mit der Geräuschbildung der laufenden Maschinen, mit dem Kohlefahren, der Aschenabfuhr usw.

Wenn wir oben sagten, daß der Magistrat Berlin die Leistungsfähigkeit der einzelnen Werke der B. E. W. begrenzte, so waren bis zum Jahre 1906 die Anforderungen an die Stromlieferung für Licht- und Kraftzwecke derart gestiegen, daß die vorhandenen Einrichtungen sich nicht mehr als leistungsfähig genug erwiesen. Es ergab sich infolgedessen die Notwendigkeit, ein neues Vertragsverhältnis mit der Stadt Berlin herbeizuführen, und diese Verhandlungen kamen im Jahre 1907 derart zum Abschluß, daß die B.E.W. sich verpflichten mußten, Elektrizität für Licht- und sonstige, insbesondere auch Kraftzwecke, zu liefern und die Werke dementsprechend zu erweitern, daß sie jeglichen im Weichbilde von Berlin hervortretenden Bedürfnissen genügen können. In Abb. 352 geben wir einen Plan der Kraftwerke, Unterstationen und Hochspannungsleitungen, der dem Leser zeigen wird, welche außerordentliche Ausdehnung die Anlagen besitzen.

Nach diesen allgemeinen Bemerkungen über die Entwickelung der B. E. W. wollen wir uns nun zu der technischen Ausgestaltung der einzelnen Werke wenden und dabei naturgemäß nur einzelne charakteristische Merkmale hervorheben, denn es würde uns zu weit führen, eine Beschreibung aller Werke zu geben.

Die ersten Dampfmaschinen vom Jahre 1883 waren stehende Verbundmaschinen, sogenannte Schnelläufer, mit 210 Umdrehungen pro Minute, bei denen noch die Riemenübertragung zur Anwendung kam. Das als Riemenscheibe ausgebildete Schwungrad trieb gleichzeitig 3 Dynamos an. Diese Maschinen sind indessen nicht sehr lange im Betriebe gewesen, und bereits im Jahre 1888 wurden Verbundmaschinen aufgestellt, bei denen die Dynamos mit den Dampfmaschinen unmittelbar gekuppelt waren. Mit dieser Umwälzung ist die Riemenübertragung aus dem Betriebe der B. E. W. für immer verschwunden.

Die ersten Dampfdynamos hatten eine Leistung von 300 bis 350 PS bei 80 Umdrehungen in der Minute. Schon im folgenden Jahre wurde die Maschinenleistung wesentlich heraufgesetzt, und stehende Verbundmaschinen von 1000 bis 1200 PS aufgestellt, mit je 2 Dynamos gekuppelt.

Es folgten dann Maschinen von je 2000 PS und solche mit 3000 PS, z. B. im Kraftwerke Luisenstraße, die 11,6 m hoch waren, gegenüber einer Höhe von nur 2,6 m der ersten Maschinen.

Schon im Jahre 1902 trug man sich mit dem Gedanken, die Maschinenleistungen noch weiter zu erhöhen, und stellte in den folgenden Jahren Dampfdynamos von je 5000 bis 6000 PS auf, die von den Maschinenfabriken Gebrüder Sulzer in Ludwigshafen, der Aktiengesellschaft Görlitzer Maschinenbau-Anstalt und Eisengießerei in Görlitz und den Vereinigten Maschinenfabriken Augsburg-Nürnberg geliefert wurden. Diese 3 Maschinen wurden im Kraftwerk Moabit installiert.

So groß nun auch der Fortschritt mit derartigen Maschinen war, und so vorzüglich die erzielten Ergebnisse hinsichtlich des Dampfverbrauches ausfielen, so mußte man sich doch mit der fortschreitenden Erweiterung der Werke mit dem Gedanken tragen, nach anderen Maschinenantrieben zu suchen, weil die Abmessungen und die Bedienung derartig großer Dampfmaschinen außerordentlich wuchsen. Zu dieser Zeit kamen nun die ersten Dampfturbinen auf, und die B. E. W. begrüßten mit Freuden diesen Fortschritt.

Die Dampfturbinen sind, wie wir das bereits früher ausgeführt haben, den Kolbendampfmaschinen in vielen Beziehungen überlegen. Die gedrängten Abmessungen bringen wesentliche Raumersparnis, wodurch natürlich die Ausgaben für Grunderwerb und Baukosten erheblich herabgehen. Die Bedienung einer Dampfturbine ist die denkbar einfachste, weil sie sich nur auf das

Anwärmen, Anlassen und Wiederabstellen beschränkt. Ist die Maschine erst im Betriebe, so hat der Maschinist fast nichts mehr zu tun. Zwei bis drei Maschinen können von einem Mann leicht beaufsichtigt werden. Ganz anders ist dies bei den großen Dampfmaschinen, bei denen 3 Mann für jede Maschine die größte Aufmerksamkeit anwenden müssen, um die vielen Schmiergefäße zu übersehen und um alle gleitenden und umlaufenden Teile zu befühlen, ob sie nicht warm laufen.

Bei der Vergrößerung der Anlagen der B. E. W. handelte es sich in den letzten Jahren lediglich um den weiteren Ausbau der Außenwerke in Moabit und Oberspree. Beide waren 1907 bereits vollständig mit Maschinen besetzt, und man mußte daher die Errichtung ganz neuer Kraftwerke ins Auge fassen. Dieses war für das Werk Moabit nicht mehr ohne weiteres durchführbar, weil ein geeigneter Baugrund nicht gefunden werden konnte, und man versuchte daher auf einem Platz, der für eine weitere Kolbendampfmaschine bestimmt war, Turbodynamos aufzustellen. Die Berechnungen führten zu einem günstigen Resultate, und man konnte anstelle einer Kolbenmaschine von 5000 PS drei Turbodynamos von je 3000 KW ohne Schwierigkeit

353. Kraftwerk Moabit der Berliner Elektrizitätswerke (im Vordergrunde 2 Dampfturbinen von je 3000 KW = 4500 PS, im Hintergrunde liegende Kolbendampfmaschinen mit einer Leistung von je ebenfalls 4500 PS).

auf derselben Bodenfläche unterbringen. Nachdem einmal dieser Weg gefunden war, ging man weiter dazu über, eine andere 3000 PS Kolbendampfmaschine zu entfernen, und erhielt Raum zur Unterbringung von 3 weiteren Turbodynamos. Die Abb. 353 zeigt uns nun den Maschinensaal des Kraftwerkes Moabit. Dieses Werk enthält zurzeit 6 Kolbendampfmaschinen und 6 Turbodynamos mit einer Gesamtleistung von 34750 KW entsprechend 55100 PS und 41 Kessel mit 13190 qm Heizfläche. Es sei hierbei erwähnt, daß die Feuerung sämtlicher Kessel der B. E. W.=Anlagen aus leicht erklärlichen Gründen automatisch vor sich geht.

Das Kraftwerk Oberspree wurde im Jahre 1906 vollständig ausgebaut. In diesem Werke wurden bei Einführung der Dampfturbinen zunächst eine 1000 KW=Turbine der A. E. G. und drei je 5000 KW Turbogeneratoren von Brown, Boveri & Cie. in Mannheim=Baden aufgestellt. Wegen der plötzlichen Steigerung des Stromverbrauches mußte schon 1906 eine Erweiterung vorgenommen werden, die dazu führte, noch 2 weitere 1000 KW=Turbinen in Betrieb zu nehmen. Auch hier ging man schließlich dazu über, eine 3000 PS Kolbendampfmaschine zu entfernen und an deren Platz Turbodynamos einzubauen. Dieses Werk hat nun 8 Kolbendampfmaschinen und 8 Turbodynamos von zusammen 31800 KW, entsprechend 47200 PS und 44 Kessel von ca. 14500 qm Heizfläche.

Um dem gesteigerten Kohlenbedarf der Kesselanlage jederzeit gerecht zu werden, ging man ferner dazu über, besondere Kohlenfördereinrichtungen den beiden Werken Oberspree und Moabit zu geben. In weitsichtigster Weise waren nämlich beide Werke von vornherein unmittelbar am Wasser angelegt, so daß ihnen also die Kohle im Kahn, d. h. auf die billigste Art zugeführt werden kann. Zur Förderung der Kohle aus dem Schiff an die Kessel, in die Bunker oder auf den Lagerplatz sind nun mechanische Fördereinrichtungen geschaffen und mit der Zeit immer mehr erweitert und vervollkommnet worden.

Bei dem Werke Oberspree ist am Ufer ein ursprünglich feststehender Turm mit anschließender Abwurfbahn errichtet worden. Die Kohle wurde vom Schiff in Kübel eingeschaufelt, durch ein Förderwerk gehoben und am Ende des Hubes in einen Bunker gestürzt. Unter dem Bunker stand ein Wagen, der nach Füllung auf die mit Gefälle zum Kesselhaus angelegte Brücke abgeschoben wurde. Er lief dann selbsttätig ins Kesselhaus, entleerte sich dort und kehrte infolge eines Gegengewichtsausgleiches selbsttätig zum Füllort zurück. Nunmehr sind diese Anlagen

354. Maschinensaal der Umformerstation Koppenplatz.

infolge der Vergrößerung des Kohlenplatzes ebenfalls wesentlich umgestaltet worden und zwar dadurch, daß die feststehende Brücke beseitigt und eine drehbare Brücke von 60 m Spannweite errichtet wurde, die mit dem Turm in Verbindung gebracht ist. Hiermit wurde erreicht, daß mit dem selbsttätigen Betriebe nicht nur das Kesselhaus wie früher bedient, sondern auch der größte Teil des Kohlenhofes unmittelbar mit Kohle belegt werden kann. Auch anstelle des früheren Betriebes mit Kübel wurde ein selbsttätiger Betrieb mit Greifer eingerichtet.

Es sei nur noch erwähnt, daß die B. E. W. neuerdings auch in Rummelsburg ein Kraftwerk errichtet haben, das die östliche Hälfte Berlins gemeinsam mit dem Werk Oberspree mit elektrischer Energie zu versorgen hat. Auch dieses Kraftwerk hat eine besondere Kohlenförderanlage.

Wie bereits oben erwähnt, wird der in den drei Kraftwerken Oberspree, Moabit und Rummelsburg erzeugte hochgespannte Drehstrom in Umformerwerken innerhalb der Stadt Berlin in Gleichstrom von vorwiegend 2 × 220 Volt für Licht und 550 Volt für Bahnbetrieb umgewandelt. In den alten Dampfkraftwerken in Berlin wird nur Gleichstrom von 2 × 110 Volt erzeugt. Es mußten infolgedessen die für diese Gebiete neu angelegten Umformer- oder Unterstationen für diese Spannung gebaut werden.

In Abb. 354 zeigen wir den Maschinensaal der Umformerstation Koppenplatz, bei der sogenannte Einankerumformer zur Aufstellung gekommen sind, d. h. solche Maschinen, die in ihrem rotierenden Teile Drehstrom zugeführt erhalten und Gleichstrom abgeben. Weil die Umformung in nur einem sogenannten Anker, wie man den rotierenden Teil der Maschine nennt, vor sich geht und nicht durch zwei Maschinen, einen Drehstrommotor und eine Gleichstromdynamomaschine bewirkt wird (Motorgenerator), hat man derartige Umformer mit dem Namen Einankerumformer belegt.

Von besonderen Einrichtungen sei schließlich noch erwähnt, daß von den B. E. W. naturgemäß auch Akkumulatoren verwendet werden, die recht bedeutende Abmessungen haben, so ist z. B. die Gesamtkapazität der Akkumulatorenanlage 18600 KW.

Für die Bedienung und die Regelung dieser großen Akkumulatoren können nun aus leicht erklärlichen Gründen die einfachen Zellenschalter, wie wir sie bei den Einzelanlagen kennen gelernt haben, nicht mehr verwendet werden, weil die Stromstärken und auch die Spannungen zu hoch sind. Man mußte dazu übergehen, die sogenannten geraden Zellenschalter zu benutzen und zwar sind bei denselben die Kontakte, an die die einzelnen Akkumulatorenzellen angeschlossen werden, übereinander auf gradlinigen Bahnen angeordnet. Unsere Abb. 355 zeigt einen solchen Doppelzellenschalter, dessen Schaltung wir schematisch schon in Abb. 308 gesehen haben. Über dem Lade- und Entladeschlitten bewegen sich durch Spindeln angetrieben die Bürsten, die dem Hebel in Abb. 308 entsprechen. Diese Spindeln sind bei sehr großen Apparaten unter Benutzung von Kurbeln mit Elektromotoren zusammengebaut und werden demnach elektrisch gesteuert. Das Ein- und Ausschalten der Motoren geschieht entweder durch kleine Schalter bzw. Druckknöpfe, oder auch durch Relais, ähnlich wie bei

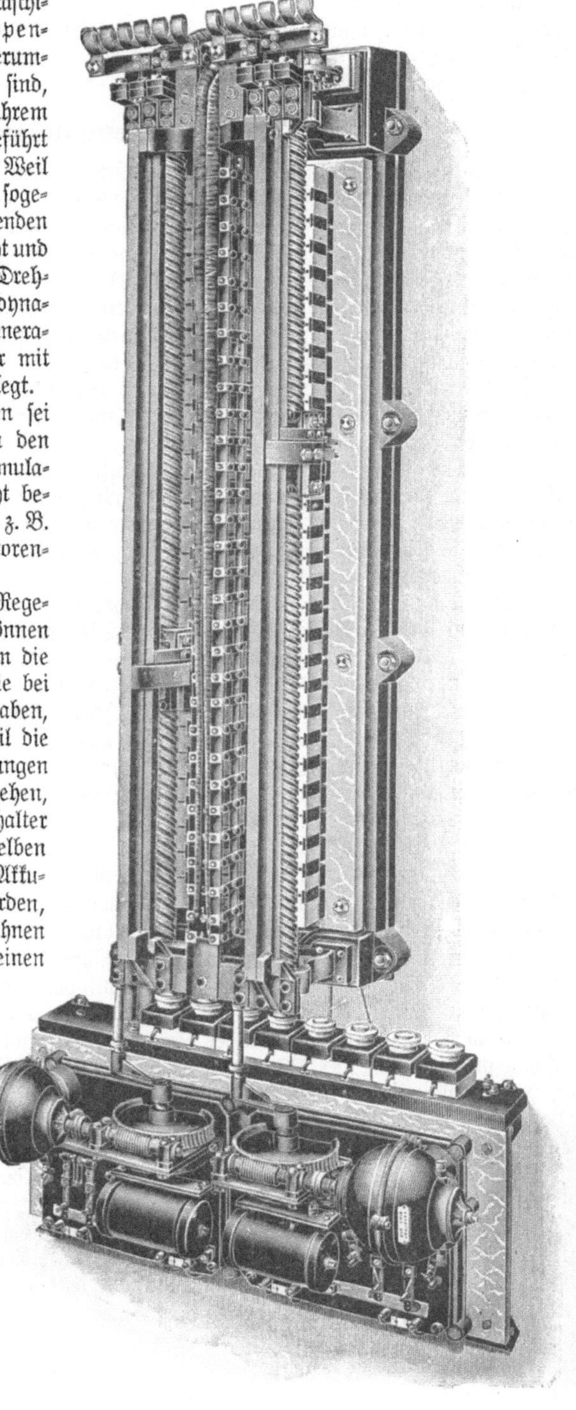

355. Doppelzellenschalter mit Funkenentziehvorrichtung für Fernsteuerung und mit selbsttätigem Antriebe von Dr. Paul Meyer A.-G.

den automatischen Antrieben der Dynamoregulatoren, die wir bei den Einzelanlagen gesehen haben. Dadurch gewinnt man den großen Vorteil, daß die Zellenschalter dicht bei den Batterien montiert werden können und ein Teil der Länge der starken Kupferleitungen für die Kontaktanschlüsse fortfällt.

Drehstrom-Elektrizitätswerke.

Nur wenige Elektrizitätswerke gibt es heute in Deutschland noch, die auf reinen Gleichstrombetrieb angewiesen sind, und zwar liegt der Grund hierfür in ähnlichem wie bei den Berliner Elektrizitätswerken, weil die dauernde Zunahme der Benutzung elektrischer Energie dazu zwingt, auch die weiter gelegenen Gebiete einer Stadt mit elektrischem Strom zu versorgen. Es reichen die Gleichstromspannungen bis 500 Volt selbst dann, wenn das Dreileitersystem angewendet wird, nicht mehr aus, und die Erweiterungen werden infolgedessen heute fast durchweg mit Drehstrom vorgenommen, der, falls durch die bestehenden Anlagen erforderlich, in Umformerwerken in Gleichstrom umgewandelt wird.

Die Besitzer vieler Elektrizitätswerke sind dagegen von vornherein dazu übergegangen, Drehstrom nicht nur zu erzeugen, sondern auch unmittelbar zu verteilen, und wir nennen hierfür z. B. das Elektrizitätswerk Charlottenburg.

Eine recht hübsche Anlage dieses Charakters ist auch das Elektrizitätswerk Mainz. Erbaut wurde dieses Werk im Jahre 1899, und zwar von der Elektrizitäts-Aktiengesellschaft vormals Schuckert & Co. in Nürnberg, die heute zusammen mit der Siemens & Halske-Aktiengesellschaft die Siemens-Schuckertwerke G. m. b. H. bilden. Für den Bauplatz wurde ein auf der Ingelheimer Aue gelegenes Grundstück gewählt, das unmittelbar an den Rhein stößt. Wir finden also auch hier wieder die vorteilhafte Ausnutzung der Wasserstraßen für die An- und Abfuhr der Betriebsmaterialien. Hinsichtlich der Stromart entschied man sich zu dem hochgespannten Dreiphasen- oder Drehstrome, weil einmal das Elektrizitätswerk etwa 5 km von der Stadt entfernt angelegt werden mußte, und weil man weiter die nicht unberechtigte Hoffnung auf einen baldigen befriedigenden Stromabsatz hatte. Mit Rücksicht auf die große Entfernung mußte die Spannung auf 3200 Volt festgesetzt werden. Daß man soweit von der Stadt entfernt den Bau des Maschinenhauses errichtete, hatte weiter auch noch darin seinen Grund, daß die zukünftige Ausdehnung der Stadt Mainz von der Stadtverwaltung in der Richtung Rheinabwärts angestrebt wurde.

Das Gebäude bedeckt eine Grundfläche von etwa 3200 qm und gliedert sich in das Maschinenhaus, das Kesselhaus mit dem Schornsteine, die Kohlenlagerräume mit den Reparaturwerkstätten und das Mannschaftswohnhaus. In letzterem sind in den unteren Räumen auch die Pumpenanlagen für die Kesselspeisung untergebracht.

Die maschinellen Einrichtungen. Im Jahre 1899 stellte man zunächst 3 Dampfdynamos mit 4 Wasserrohrkesseln und 3 Speisepumpen auf. Schon 1901 mußte eine 1000 PS Dampfdynamo mit 2 Wasserrohrkesseln von je 287 qm Heizfläche installiert werden, und 1905 ging man zu einem zweiten Ausbau des Werkes über. Man wählte wiederum eine Kolbendampfmaschine und zwar von 1500 PS. Im Jahre 1908 folgte dann in der Erkenntnis der großen Vorzüge der Dampfturbinen ein 3600 PS Turboaggregat mit einer Dampfturbine nach System Zoelly, geliefert von den Siemens-Schuckertwerken G. m. b. H., Berlin, so daß nunmehr die heutige Leistungsfähigkeit bis auf 4000 PS gestiegen ist.

Die zuerst aufgestellten Dampfmaschinen waren liegende Kompound-Dampfmaschinen mit den Dampfzylindern in Tandemanordnung. Sie hatten je eine Leistung von 500 PS bei 86 Umdrehungen in der Minute. Die Erweiterungen bis zum Jahre 1905 bestanden in ebenfalls liegenden Kompoundmaschinen mit hintereinander liegenden Zylindern. Alle diese Maschinen sind mit den Drehstrom-Generatoren unmittelbar zusammengebaut, indem der rotierende Teil der Dynamos direkt auf die Welle der Dampfmaschine aufgesetzt ist. Der Durchmesser der großen Drehstrommaschinen beträgt ca. 6,5 m, die Maschinen gehören also nicht gerade zu den Zwergen elektrischer Dynamos. Das liegt aber lediglich daran, daß in diesem Falle der Dampfmaschinen wegen die Umdrehungszahl außerordentlich niedrig gewählt wurde, denn mit höheren Drehzahlen nehmen die Abmessungen der elektrischen Maschinen ganz bedeutend ab (vgl. Turbodynamos, S. 130 und 196).

Zur Erregung der Drehstromgeneratoren sind besondere Umformer vorgesehen, die den Drehstrom in Gleichstrom umformen, und zur Reserve für diese ist eine Akkumulatorenbatterie von 67 Zellen mit einer maximalen Entladestromstärke von 300 Ampere vorhanden. Außerdem ist an diese Batterie die Notbeleuchtung für die Zentrale angeschlossen, so daß beim Versagen einer augenblicklich im Betriebe befindlichen Drehstrommaschine bzw. eines Umformers für die Erregung die Zentrale trotz dessen Licht hat, um Reparaturen usw. sofort unter voller Beleuchtung vornehmen zu können.

Mit ganz besonderer Sorgfalt wurde die Schaltanlage ausgeführt. Sie ist in zwei Etagen angeordnet. Im unteren Stockwerke sind die Apparate zur Verteilung des Stromes auf die Speisepunkte nach der Stadt und nach einer Umformerstation für die Straßenbahn montiert. In der oberen Etage ist die Verteilung der Generatorenleitungen vorgenommen, und zwar sind dort auch die Antriebe für die Schalter, die Regulatoren usw. untergebracht.

356. Maschinensaal der Elektrizitätswerke St.-Denis, Paris.

Die eigentliche Schalttafel, von der der Maschinist die Regelung und Überwachung des Betriebes vornimmt, ist ganz aus Marmor und Eisen hergestellt und in 9 Felder eingeteilt, auf denen sich die einzelnen Meßinstrumente, Schaltergriffe, Handräder usw. befinden.

Von der Schalttafel geht nun der Strom bei den Anlagen des Elektrizitätswerkes Mainz durch Kabel nach den einzelnen Speisepunkten im Innern der Stadt, die in diesem Falle nicht Umformerstationen, sondern Transformatorenstationen sind.

Die französischen Elektrizitätswerke.

Im gleichen Maße wie in Deutschland hatten naturgemäß auch alle Großstädte des europäischen und des amerikanischen Kontinents mit der Einführung der Elektrizität für Beleuchtungs- und Kraftzwecke begonnen, große elektrische Zentralanlagen zu errichten. Es würde uns nun aber natürlich zu weit führen, wenn wir auch nur annähernd die große Zahl dieser Werke beschreiben würden, und wir wollen uns daher hier zunächst auf die Anlagen für die Stadt Paris beschränken.

In der französischen Hauptstadt ist die Elektrizitätslieferung nicht im gleichen Maße einheitlich durchgeführt, wie z. B. in Berlin. Es gibt in Paris eine ganze Reihe von Elektrizitätswerken, die ein bestimmt begrenztes Gebiet mit Strom versorgen dürfen, und unter diesen Elektrizitätswerken sind es namentlich die Société d'Electricité de Paris und die Compagnie Generale de Distribution d'Energie Electrique, deren Anlagen von besonderer Bedeutung sind.

Die erstgenannte Gesellschaft hat ihr Hauptkraftwerk in Saint=Denis; die Abb. 356 zeigt einen Blick in den Maschinensaal. Wir erkennen, daß in demselben ebenfalls Turbogeneratoren zur Aufstellung gekommen sind, und zwar sind dieselben von der Brown, Boveri & Cie. Aktiengesellschaft geliefert worden. Es befinden sich dort 4 Dampfturbinen zu je 9000 PS bei 750 Umdrehungen in der Minute, die die Drehstromgeneratoren direkt antreiben, ferner eine Turbodynamo als Erregeraggregat zu 450 PS bei 2700 Umdrehungen in der Minute und 2 Motorgeneratoren. Die Drehstrommaschinen erzeugen eine Spannung von 10500 Volt bei einer Periodenzahl von 25 per Sekunde. Die Gleichstromspannung beträgt 220 Volt.

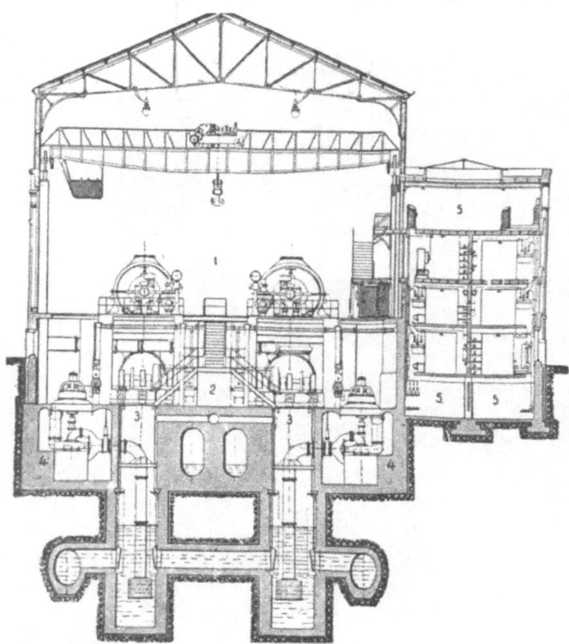

357. Querschnitt durch das Maschinenhaus des Elektrizitäts=
werkes St.=Denis.

In Abb. 357 ist ein Querschnitt durch das Maschinenhaus des Kraft=werkes St.=Denis wiedergegeben. Wie man aus derselben erkennt, sind die Dampfturbinen fast zu ebener Erde aufgestellt. Unter ihnen befinden sich (mit 2 bezeichnet) die Oberflächenkondensatoren mit den mit 3 bezeichneten Naßluftpumpen; letztere sind mit Gleichstrommotoren direkt gekuppelt. Bei 4 sind die Kühlwasserpumpen aufgestellt, deren Antrieb durch Elektromotoren mit vertikaler Welle erfolgt.

Der mit 5 bezeichnete Teil des Maschinenhauses enthält die gesamte Schaltanlage, die in verschiedenen Stockwerken untergebracht ist. Im unteren Stockwerke befinden sich die Ölschalter und die Hauptsammel=schienen, im mittleren Stockwerke sind weitere Apparate für die Ma=schinen montiert, und im III. Stock=werke liegen wiederum Sammel=schienen für die Verteilung. In letzterem sind ferner die Schaltpulte aufgestellt, auf denen alle Meßin=strumente für die Regelung der Maschinen und für die Beaufsichtigung der Stromlieferung angeordnet sind. Von der Schaltanlagenbedienungsbühne aus, zu welcher eiserne Treppen führen, ist der ganze Maschinensaal leicht zu übersehen.

Damit man auf der Gleichstromschalttafel nichts mit den Hochspannungsanlagen zu tun hat, ist erstere vollständig von dem Hochspannungsraume getrennt unterhalb der Treppen=anlage zu der Schaltbühne aufgestellt. Diese Schalttafel besteht aus einem Marmorfelde, an welchem die Meßinstrumente, Schaltergriffe usw. montiert sind, und aus einer unteren Blechverkleidung, die zur Aufnahme der Handräder für die Regulatoren dient.

Das Kraftwerk Saint=Denis liefert den elektrischen Strom an eine Reihe von Pariser Straßenbahnunternehmungen, darunter auch an die Untergrundbahn „le Metropolitain", deren Betrieb wir in dem Kapitel über die elektrischen Bahnen kennen lernen werden (vgl. S. 336). Der hochgespannte Drehstrom wird für diese Zwecke in Umformerwerken in Gleichstrom umgeformt. Die Leitungsanlage ist in Kabeln hergestellt, die wiederum im Straßenpflaster liegen. Mit Rücksicht auf die elektrischen Verhältnisse ist die Periodenzahl der Drehstrommaschinen zu 25 in der Sekunde gewählt worden, weil diese Periodenzahl für den Betrieb der Umformer günstiger ist als die sonst bei Beleuchtungsanlagen notwendige

Periodenzahl von 50 in der Sekunde. Nach dem vollen Ausbau wird das Werk 12 Turbogeneratoren zu je 9000 PS mit den erforderlichen Erregerturbogruppen aufweisen.

Die zweite oben erwähnte Gesellschaft hat ihr Kraftwerk bei Vitry-sur-Seine. Auch dieses Werk ist nach modernen Grundsätzen errichtet und liefert Drehstrom mit einer Spannung von 13200 Volt bei 25 Perioden. Es dient gleichfalls zur Energielieferung für Bahnbetrieb, namentlich für die Straßenbahnen im Bannkreise der Stadt Paris und für die Nord-Süd-Bahn.

Der hochgespannte Drehstrom wird in unterirdischen Kabeln verteilt und in Umformerwerken in 600 Volt-Gleichstrom umgewandelt.

Im Kraftwerke sind zurzeit 2 je 9000 KW Turbogeneratoren aufgestellt. Es soll indessen in Kürze bereits auf 4 je 9000 KW Maschinen erweitert werden, während die Gesamtanlage von vornherein derart ausgeführt ist, daß die Leistung des Kraftwerkes auf insgesamt 70000 KW gesteigert werden kann.

Die Lage des Kraftwerkes an der Seine ermöglicht ebenfalls eine billige Kohlenzufuhr und Aschenabfuhr auf dem Wasserwege, doch ist auch ein Eisenbahngleis vorgesehen, damit in Fällen der Gefahr, z. B. im Winter, die Zufuhr der Kohle per Bahn bewirkt werden kann. Außerdem sind noch große Kohlenlagerplätze vorhanden, auf denen ein genügender Kohlenvorrat aufgespeichert werden kann. Über dem Kesselbedienungsgange befinden sich kleine Kohlentaschen zur unmittelbaren Beschickung der selbsttätigen Rostfeuerung. An Dampfkesseln befinden sich dort zunächst 2 Gruppen von je 6 Kesseln, die im vollen Ausbau um 2 weitere Gruppen von je 7 Kesseln erweitert werden können.

Die Schaltanlage ist hier ähnlich der Anlage in Saint-Denis ebenfalls in 3 Stockwerken aufgebaut. Im untersten Teile stehen die Gleichstrom- und Drehstrom-Niederspannungsschaltfelder für die Erregung der Drehstromgeneratoren und für Hilfsantriebe. Im II. Stockwerk befinden sich die Hochspannungssammelschienen und die von ihnen abzweigenden Speiseleitungen mit ihren Ausführungen. Im III. Stockwerke schließlich sind die Hochspannungsölschalter eingebaut.

Mit Rücksicht auf die großen Leistungen und die hohen Spannungen für die Wechselstromanlagen sind sämtliche Abteilungen mit Zwischenwänden in armiertem Beton hergestellt.

Das Hauptschaltbrett mit allen Meßinstrumenten, Schalterhebeln usw. ist auch hier wiederum auf einer Galerie untergebracht.

Die englischen Elektrizitätswerke.

Die Engländer hatten sich bei dem Aufblühen der Elektrotechnik ebenfalls mit großem Eifer an die Ausgestaltung größerer elektrischer Anlagen gemacht, zumal ihnen ja die ersten Ausführungen von Edison, wie wir sie im Eingange dieses Kapitels erwähnt haben, zur Verfügung standen. Ein gut gemeintes aber schlecht gemachtes Gesetz stellte sich indessen dem kräftigen Anlauf entgegen und schädigte die englische Elektrotechnik in schwerer Weise. Dadurch wurde die Errichtung von Elektrizitätswerken eine Reihe von Jahren hindurch verzögert, doch sind die Anlagen heute naturgemäß auf der gleichen Höhe wie die deutschen. Dazu beigetragen haben nicht zum geringsten die deutschen Elektrizitäts-Großfirmen, die Werke unter englischem Namen und mit englischen Leitern erbauten und ihre Erfahrungen auf diese Weise der englischen Technik zur Verfügung stellten. Während in Deutschland schon frühzeitig das Prinzip, wenige aber große, unmittelbar angetriebene Dampfdynamos aufzustellen, Geltung gewann, blieb man in England und zwar länger als in Amerika dabei, viele kleine Maschinen in die Anlagen zu setzen, wobei teilweise sogar noch der Riemenbetrieb beibehalten blieb. Erst bei den neueren Einrichtungen hat man mit diesem veralteten Betriebe gebrochen, und diese mit großen Einheiten ausgerüstet.

Die amerikanischen Elektrizitätswerke.

Wie wir bereits bei den Berliner Elektrizitäts-Werken erwähnten, ist die Beschaffung von Grund und Boden für die Errichtung von Elektrizitätswerken innerhalb der Städte oftmals mit ungeahnten Schwierigkeiten, nicht nur in pekuniärer Beziehung, sondern auch in betriebstechnischer Hinsicht (Rauchentwickelung, Ascheabfahren usw.) verknüpft, und besonders sind es die amerikanischen Großstädte, die nach dieser Richtung gewissermaßen mustergültig sind, d. h. leider aber im entgegengesetzten Sinne und zwar insofern, als hier in vielen Fällen fast unerschwingliche Preise für das Quadratmeter Bodenfläche zu zahlen sind. Das beweisen uns im wahrsten Sinne des Wortes am deutlichsten die „Wolkenkratzer" mit ihren 30 oder 40 oder noch mehr Stockwerken. Die Amerikaner sind also oftmals gezwungen, die Grundfläche der Maschinenhäuser auf das alleräußerste Maß zu beschränken und nicht in die Länge und Breite, sondern in die Höhe zu bauen, demnach wie das zu Eingang dieses Abschnittes auch angedeutet wurde, die Kessel- und Maschinenanlage übereinander anzuordnen. Besonders instruktiv für eine derartige Bauweise ist das beistehende Bild (Abb. 358) welches uns den Querschnitt durch das Kraftwerk der Fort Wayne and Wabash Valley Traction Co. darstellt. Es kommen dann natürlich für die Antriebsmaschinen der Dynamos nur Dampfturbinen in Frage, weil bei Dampfmaschinen wegen der hin- und hergehenden Massen die Fundamentierung in einem

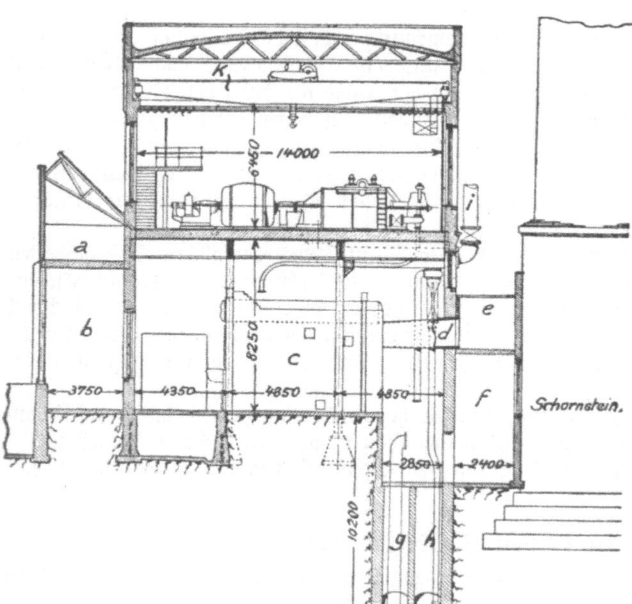

358.[1]) Querschnitt durch das Kraftwerk der Fort Wayne and Wabash Valley Traction Co.

höheren Stockwerke als zur ebenen Erde nicht durchführbar ist.

Diese Anordnung, den Maschinenraum über den Kesselraum zu legen, findet man in Amerika in einer ganzen Reihe von Werken mittlerer Leistung, und man erhält bei einer solchen Bauart nicht nur verhältnismäßig sehr geringe Anlagekosten für die gesamten Einrichtungen, sondern auch gute Betriebsergebnisse, weil die gesamten Rohrleitungen für die Dampfzuführung von den Kesseln zu den Maschinen recht kurz und damit die Dampfverluste naturgemäß reduziert werden. In unserer Abb. 358 bezeichnet a die Kohlenbunker, b den Vorwärmeraum, c die Kesselanlagen mit dem Verbindungskanal d und dem Fuchs e, der zum Schornsteine führt. In dem Raume unterhalb des Fuchses sind die Kondensationspumpen bei f aufgestellt. Die Rohrleitungen g sind für das Mischwasser, diejenigen h für das Kondenswasser der Dampfturbinen bestimmt. Die Ableitung des Dampfes aus den Dampfturbinen ist durch ein besonderes Ventil so umschaltbar, daß sie einmal mit Kondensation und andererseits auch mit Auspuff arbeiten können, worunter man das direkte Abführen des verbrauchten Dampfes ins Freie versteht. Diese Auspuffleitung ist bei i angegeben. Zur Bestreichung des Maschinensaales ist ferner noch ein 20 t Laufkran k installiert.

Die Gesamtleistung der Dynamomaschinen in diesem Elektrizitätswerke beträgt 3500 KW, und zwar Wechselstrom mit einer Spannung von 2300 und 390 Volt für Bahn- und Lichtbetrieb.

Als eines der besonderen Merkmale der Betriebsführung amerikanischer Elektrizitätswerke sei die vielseitige und ausgiebigste Anwendung des Telephons für die Betriebs-

---

[1]) Die Abbildungen 358, 420, 423, 448, 449 und 480 sind der Zeitschrift „Elektrische Kraftbetriebe und Bahnen" (Verlag von R. Oldenbourg, München und Berlin) entnommen.

führung erwähnt, wie wir sie in deutschen Zentralstationen zurzeit noch nicht antreffen. Man legt bei sehr großen Kraftwerken in Amerika den Raum für die Schaltanlage und die Bedienungsbühne für die Meßinstrumente, Schaltergriffe, Handräder usw., kurz alles, was zur Führung des Außenbetriebes notwendig ist, gerne in Gebäuden an, die räumlich vollständig von dem Maschinensaale getrennt sind. Die Gründe hierfür sind einmal die, daß das Schalttafelbedienungspersonal mit den Maschinen nicht unmittelbar in Berührung kommen soll, ferner eine größere Aufmerksamkeit einerseits des Maschinenpersonals, andererseits der Leute an der Schalttafel und drittens Behebung der Zerstörungsgefahr bei Feuersbrünsten innerhalb der Schaltanlage für das gesamte Maschinenhaus.

Die Amerikaner geben in solchen Fällen ihren Betriebsingenieuren von den Maschinen- und Schaltanlagen ganz getrennte Räume mit einer Anzahl von Telephonen, den notwendigen Meßinstrumenten und einer Reihe von kleinen Tastschaltern, mit denen Signale den Maschinenwärtern und dem Schalttafelpersonal übermittelt werden. Diese Telephonanlagen der Ingenieure sind dann auch mit den Unterwerken, Umformerstationen, Transformatorenstationen usw. teilweise durch direkte Leitungen oder auch über das städtische Telephonamt verbunden, so daß auch hier gegenseitig ein schneller Nachrichtenaustausch möglich ist. Von hier aus werden alle Weisungen bei Betriebsunfällen und Störungen jeder Art gegeben, ferner bestimmt, welche Maschinen in Betrieb zu nehmen sind, wie die Stromverteilung auf die einzelnen Stromkreise, Speisepunkte etc. vorzunehmen ist und dergleichen mehr.

Das New York Edison Waterside Kraftwerk besteht aus zwei Teilen und zwar einem älteren Teile I, in welchem 9 je 4000 KW Kolbendampfmaschineneinheiten und fünf je 5000 KW Dampfturbinenaggregate untergebracht sind, die alle 6000 Volt Drehstrom mit 25 Perioden liefern, und dem neuen Teile II. In diesem befinden sich sechs je 8000 bis 10000 KW und eine 14000 KW Turbodynamos, die eine Spannung von 6600 Volt mit 25 Perioden unmittelbar erzeugen. Im Kraftwerke II ist ferner noch ein 14000 KW Turbosatz mit 60 Perioden und 7500 Volt aufgestellt, sowie zwei weitere 7500 KW Einheiten. Im allgemeinen wird der Drehstrom mit 25 Perioden zu Unterwerken mittels unterirdisch verlegter Kabel geleitet und hier durch Einankerumformer in Gleichstrom von 120 oder 240 Volt umgewandelt. Akkumulatorenbatterien bilden die genügende Reserve gegen Stromunterbrechungen in den Speiseleitungen. Der 60 Perioden-Drehstrom wird dagegen nach den äußeren Teilen der Stadt geleitet, dort durch Transformatoren auf Niederspannung transformiert und so in unveränderter Stromart benutzt.

Im Jahre 1910 versorgten die beiden Kraftwerke 26 Unterstationen mit Strom. Die Zahl der angeschlossenen Lampen zu 16 Normalkerzen betrug über sechs Millionen bei 75000 Abnehmern, und die zu speisenden Motoren hatten zusammengerechnet die Höhe von 205373 PS erreicht.

Die Ausdehnung der Leitungsnetze ist natürlich in den großen Städten wie New York, Chicago, Philadelphia, Boston usw. ganz gewaltig und übersteigt an Länge ganz erheblich die in Deutschland vorzufindenden. Es würde uns indessen zu weit führen, noch näher auf diese Anlage einzugehen, und wir wollen daher hiermit diesen Abschnitt beschließen. Später werden wir dann noch bei der Behandlung großer Kraftübertragungsanlagen Gelegenheit haben, andere amerikanische Verhältnisse kennen zu lernen (vgl. S. 297).

Die Elektromotoren und ihre Anwendung.

Von Privatdozent Dr.-Ing. A. Brückmann.

Gleichstrommotoren.

In dem Abschnitt über Gleichstrommaschinen hat der Leser die Entstehung der elektrischen Energie aus mechanischer kennen gelernt. Dabei mußte dem Anker ein bestimmtes Drehmoment erteilt werden, um eine Spannung und damit Strom hervorzurufen, da nach dem Gesetz von der Erhaltung der Energie der Anker sich mit einem gleichen Drehmoment der Bewegung zu widersetzen sucht. Wir können nun schon ohne Schwierigkeiten erkennen, daß, wenn wir der Maschine als Motor Strom gleicher Richtung zuführen, das sich entgegensetzende Drehmoment überwiegen muß, d. h. die Maschine bei gleicher Stromrichtung und umgekehrter Bewegungsrichtung imstande sein muß, mechanische Energie abzugeben.

Wir erkennen, daß wegen der in den Motoren ausgenutzten Wirkung von Feld auf Strom kein grundsätzlicher Unterschied zwischen Dynamo und Motor besteht. Nehmen wir z. B. den Fall an, daß einige Motoren parallel auf eine große Transmission arbeiten, so kann durch verschiedene, im Betrieb gegebene Belastungen der Fall eintreten, daß einem Motor Energie durch die Welle zugeführt wird, d. h. daß er als Generator auf das Netz zurückarbeitet. Im nächsten Augenblick jedoch hat die Welle an Geschwindigkeit verloren und entnimmt nun wieder der als Motor laufenden Maschine mechanische Energie. Der Leser kann sich diesen Vorgang am leichtesten an dem Bilde zweier gekuppelten Lokomotiven veranschaulichen. Zunächst müssen beide mit gleicher Geschwindigkeit laufen, da sie Teile eines Zuges sind, dagegen ist noch nicht ersichtlich, welcher von beiden Teilen antreibender oder Generator und welcher getriebener oder Motor ist. Dazu ist es erforderlich, die Beschleunigungsdrücke zu kennen; sind diese gleich, und sind die Maschinen gleicher Bauart, so nimmt ihre Geschwindigkeit mit gleicher Belastung gleichmäßig ab, und beide werden Antreiber oder Generatoren bleiben. Verringert nun einer der Führer die Dampfzufuhr, so wird dadurch die Beschleunigung seiner Maschine vermindert, z. B. so lange, bis sie gerade noch zur Aufbringung der eigenen Verzögerung ausreicht, d. h. die Maschine wird leer mitlaufen. Stellt der Führer den Dampf ganz ab oder gibt er sogar Gegendampf, so muß seine Maschine von der andern gezogen werden, sie ist mit andern Worten vom Generator zum Motor (getriebener Teil) geworden. Genau das Gleiche liegt bei dem Elektromotor und dem Generator vor. Was in unserm Beispiel Beschleunigungsdruck war, ist hier Spannung. Haben wir zwei gleiche Maschinen in Parallelschaltung auf gleiche Spannung erregt, so fließt zwischen ihnen kein Strom, beide können aber als Generatoren nach außen Strom in das Netz abgeben. Vermindern wir nun den Beschleunigungsdruck einer Maschine, d. h. verringern wir ihre Spannung, so wird sie sich der Stromlieferung mehr und mehr entziehen, bis ihre elektromotorische Kraft so weit herabgesetzt ist, daß sie gleich der Netzspannung ist. In diesem Augenblick ist der Strom in ihrem Anker gleich Null, da Druck und Gegendruck sich das Gleichgewicht halten, und es vollzieht sich der Übergang vom Generator zum Motor.

Schwächen wir die Erregung noch so weiter, so wird nun der Gegendruck kleiner als die aufgedrückte Spannung, und er muß sich durch einen entsprechenden Ankerstrom, der einen der Differenz gleichen Spannungsabfall im Anker hervorruft, wieder auf die Netzspannung ergänzen. Wir entnehmen diesem Beispiel gleichzeitig, auf welche Weise der Ankerstrom in einem im Betrieb befindlichen Anker zustande kommt. Während sich bei dem Generator die elektromotorische Kraft aus der Klemmenspannung und dem Spannungsabfall im Anker zusammensetzt, wird beim Motor der aufgedrückten Klemmenspannung durch die Summe aus Gegen-EMK und Spannungsabfall im Anker das Gleichgewicht gehalten. Wir erhalten also bei einem mit einem Generator zusammen arbeitenden Motor die Gleichung:

$$E_g - i\,w_a = K = E_m + i\,w_a\,,$$

worin E_g die elektromotorische Kraft des Generators, E_m die des Motors und i und w_a die als gleich angenommenen Größen des Stromes und der Widerstände bedeuten.

Wenden wir uns nun dem normalen Betriebsfall zu, daß ein Nebenschlußmotor, der an eine konstante Klemmenspannung von beispielsweise 110 Volt angeschlossen ist, in Betrieb gesetzt werden soll. Nach obiger Gleichung muß stets der aufgedrückten Spannung durch elektromotorische Kraft und Spannungsabfall das Gleichgewicht gehalten werden. Wir werden daher zunächst die Erregerwicklung mit möglichst starkem Strom versorgen, d. h. ohne alle Vorschaltwiderstände an die Spannung von 110 Volt legen, da die elektromotorische Kraft eine Funktion der Kraftlinienzahl oder des Erregerstromes ist. Nun ist sie auch eine Funktion der Tourenzahl, die im ersten Augenblick Null ist, und wollten wir den Anker auch direkt an die Spannung von 110 Volt legen, so würde nach dem Ohmschen Gesetz der Ankerstrom, da der Ankerwiderstand klein ist, Werte annehmen, die eine Beschädigung der Wicklung, mindestens aber ein Abschmelzen der Sicherung (vgl. S. 227 f.) oder ein Auslösen des automatischen Ausschalters (vgl. S. 239 f.) zur Folge haben würden.

Um beides zu vermeiden, müssen wir den Ankerwiderstand vorübergehend durch den Anlasser auf einen Wert vergrößern, der bei Stillstand eine die zulässige Stromstärke bei Dauerlast nur um ein Geringes überschreitende Stromstärke nach dem Ohmschen Gesetz zuläßt. Infolge der Wirkung von Feld und Ankerstrom wird sich der Anker anfangen zu drehen, und nun kann sich infolge der Bewegung der Leiter im Feld eine elektromotorische Kraft entwickeln, die den Ankerstrom kleiner und kleiner werden läßt. Die Beschleunigung hält so lange an, bis die Gleichheit von Druck und Gegendruck wiederhergestellt ist unter der Berücksichtigung, daß jetzt der Ankerwiderstand durch den vorgeschalteten Anlasser vergrößert ist. Ist der Strom gesunken, so können wir den Ohmschen Spannungsabfall im Ankerstromkreis verkleinern, ohne daß dabei der zulässige Anlaufstrom überschritten wird. Der höhere Strom bedingt eine weitere Beschleunigung, die zur Erhöhung der elektromotorischen Kraft dient und so fort, bis die Geschwindigkeit so groß geworden ist, daß die elektromotorische Kraft und der Spannungsabfall im Anker allein ohne Vorschaltwiderstand der aufgedrückten Spannung das Gleichgewicht hält. Der Motor ist dann angelassen, sein Anker liegt ohne verlustbringende Vorschaltwiderstände an der Spannung von 110 Volt und kann zur Arbeitsleistung herangezogen werden.

Durch diesen Anlaßvorgang ist dem Leser auch die Erscheinung klar geworden, weshalb in einem Anker bei Lauf trotz konstanter aufgedrückter Spannung verschiedene Stromstärken fließen können, mit andern Worten, weshalb ein Motor ohne Änderung von außen jede ihm abgeforderte Leistung selbsttätig übernimmt. Er hat nämlich erkannt, daß allein zur Erzeugung einer bestimmten Geschwindigkeit der größte Teil der Spannung erzeugt wird, während ein kleiner Rest zur Aufbringung des Ankerstromes dient. Wird also ein Motor belastet, d. h. wird ihm ein erhöhtes Drehmoment abgefordert, so läßt naturgemäß seine Geschwindigkeit nach, und damit erhöht sich sein Ankerstrom und seine Zugkraft selbsttätig. Die Verzögerung des Ankers wird solange dauern, bis sich das geforderte und das vom Motor entwickelte Drehmoment das Gleichgewicht halten.

Charakteristisch für die drei Schaltungsarten der Motoren, die ebenso wie die Generatoren in Hauptstrom, Nebenschluß und Compoundschaltung in Anwendung kommen, ist nun die Veränderung der Tourenzahl bei verschiedenen Belastungen der verschiedenen Typen. Das Drehmoment ist, wie dem Leser aus früherem bekannt (vgl. S. 58), das Produkt aus Ankerstrom und Feld. Bei einem Nebenschlußmotor liegt nun die Feldwicklung direkt oder über einem Nebenschlußregulator (s. Abb. 359) an der vom Netz gelieferten praktisch konstanten Spannung, ist mithin ebenfalls praktisch konstant. Die Zugkraft wird demnach proportional dem Ankerstrom wachsen, eine Überlastung des Motors würde uns keinen wesentlichen Zuwachs an Zugkraft liefern. Deshalb werden die Nebenschlußmotoren für Traktionszwecke und für Hebezeuge nur selten angewandt.

Ihre spezifische Eigenschaft ist die geringe Variation der Umdrehungsgeschwindigkeit bei veränderlicher Last. Wie oben erwähnt setzt sich die Klemmenspannung aus elektromotorischer Kraft und Spannungsabfall im Anker zusammen, wobei die elektromotorische Kraft eine Funktion der Tourenzahl und des Feldes ist. Bleibt nun das Feld konstant wie in dem vorliegenden Fall und ändert sich der Spannungsabfall i m Anker, der als Verlust stets klein gehalten wird, so ändert sich die Tourenzahl nur wenig, da sie durch ihre Veränderung nur die kleine Spannungsänderung im Anker auszugleichen hat. Für alle Zwecke, in denen es auf im wesentlichen gleichbleibende Geschwindigkeit auch bei völliger Entlastung ankommt, wie z. B. beim Antrieb von Werkzeugmaschinen, Webstühlen und dgl. wird der Nebenschlußmotor wegen seiner gleichbleibenden Geschwindigkeit in Anwendung kommen.

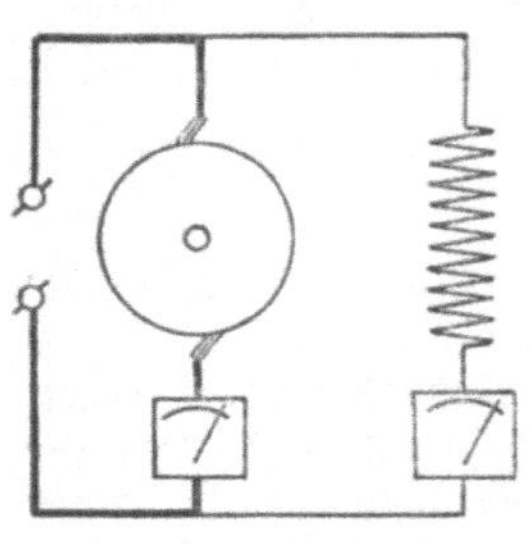

359. Schema eines Nebenschlußmotors.

Neben der fast konstanten Tourenzahl besitzt er ferner eine ökonomische Regulierfähigkeit. Haben wir bei dem Nebenschlußgenerator bemerkt, wie durch Feldregulierung bei konstanter Tourenzahl die Spannung rationell reguliert werden konnte, so ist uns in dem Feldregulator des Nebenschlußmotors ein Mittel an die Hand gegeben, bei konstanter Spannung die Tourenzahl zu verändern. Erhöhen wir den Widerstand des Feldregulators, so schwächen wir damit den Erregerstrom und das Feld, infolgedessen muß bei gleichbleibender abgegebener Leistung die Tourenzahl steigen, um das Produkt aus Feld und Tourenzahl wieder auf den gleichen Wert zu bringen, der dem stärkeren Felde entsprach. Umgekehrt können wir durch Feldverstärkung eine Tourenverminderung aus gleichen Gründen hervorbringen.

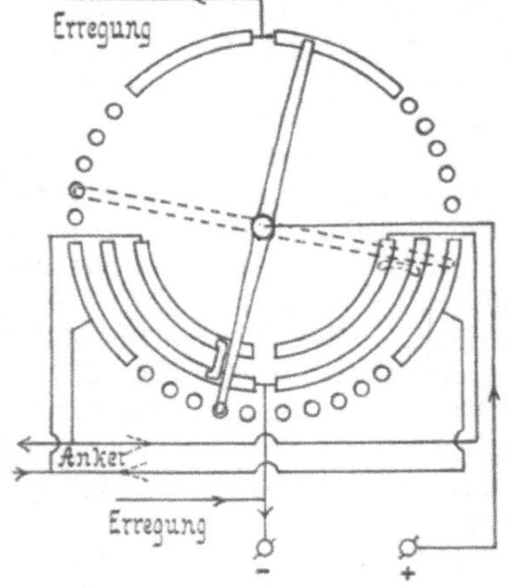

360. Wendeanlasser.

In vielen Fällen wird eine Umsteuerbarkeit, d. h. Umkehr der Drehrichtung verlangt. Wir haben nun bemerkt, daß beim Übergang vom Generator zum Motor bei gleicher Bewegungsrichtung der Strom seine Richtung umkehrte. Wenden wir daher nochmals den Ankerstrom, so wird die Maschine Motor bleiben, aber mit entgegengesetzter Drehrichtung arbeiten. Den gleichen Erfolg hätten wir durch Umkehrung des Erregerstromes erzielen können, doch wird dies Mittel wegen der beim Umschalten des Feldes unvermeidlichen Öffnungsfunken und des notwendigen Feldwechsels durch Null nicht angewandt. In vielen Fällen werden für umsteuerbare Motoren Wendeanlasser oder Reversierschalter angeordnet, die in einem Schalthebel die beiden Anlasser und den Feldregulator für beide Drehrichtungen enthalten. Das Schaltungsschema eines solchen Apparates ist in Abb. 360 wiedergegeben. Die eingezeichneten Pfeile deuten die Stromrichtung in den einzelnen Teilen bzw. die Bewegungsrichtung an. Die ausgezogene Stellung des Schalthebels ist eine Anlaßstellung für Linkslauf, die gestrichelte eine Betriebsstellung für Rechtslauf mit erhöhter Tourenzahl, da der Nebenschlußregulator vollständig in den Erregerkreis eingeschaltet ist.

Im Gegensatz zum Nebenschlußmotor wächst das Drehmoment des Hauptschlußmotors mit zunehmendem Ankerstrom mehr als proportional. Auch für diesen Motor gilt der Satz, daß das Drehmoment das Produkt aus Ankerstrom und Feld ist. Hier ist jedoch das Feld, da es von dem Ankerstrom hervorgerufen wird, entsprechend der Magnetisierungskurve des Motors, annähernd proportional dem Ankerstrom, mithin wird die Zugkraft annähernd mit dem Quadrat des Ankerstromes wachsen. Während beim Nebenschlußmotor eine Erhöhung des Ankerstromes auf das Doppelte nur eine doppelte Zugkraft lieferte, gibt der Hauptstrommotor bei doppeltem Ankerstrom die vierfache Zugkraft. Nun können wir aber nicht erwarten, daß der Motor uns diese vervielfältigte Zugkraft bei gleichbleibender Geschwindigkeit liefert, denn die Leistung, die sich aus Zugkraft und Geschwindigkeit zusammensetzt, wächst bei konstanter Klemmenspannung höchstens proportional mit dem Ankerstrom, und in der Tat wird durch den erhöhten Ankerstrom auch das Feld verstärkt, da es durch ihn hervorgerufen wird. Damit wird im Motor nicht nur der Betrag des Spannungsabfalles im Anker vergrößert, d. h. der für die elektromotorische Kraft übrigbleibende Teil der Klemmenspannung verkleinert, sondern auch in dem die elektromotorische Kraft darstellenden Produkt: Feld mal Geschwindigkeit das Feld vergrößert, so daß der Motor nur noch mit geringer Geschwindigkeit laufen kann. Andrerseits wird bei Entlastung der Motor infolge Feldschwächung seine Tourenzahl soweit steigern, daß eine Beschädigung des Ankers durch mechanische Beanspruchung durch Fliehkräfte zu befürchten ist.

Gerade die starke Veränderlichkeit der Tourenzahl bei Veränderung des Drehmomentes macht den Hauptstrommotor für Fahr= und Hebezeuge besonders brauchbar. Nehmen wir als Beispiel einen Kranbetrieb an, so soll zunächst der leere Zughacken schnell gesenkt werden können, was beim Hauptstrommotor, der in diesem Fall nur durch das Getriebe des Windwerkes belastet ist, ohne weiteres möglich. Soll nun der Kran eine Last heben, so ist ein schnelles Anziehen oder auch Heben der Last nicht erwünscht, da sonst infolge der großen zu übertragenden Beschleunigung die Seile zerreißen würden. Auch hier erfüllt der Hauptstrommotor die gestellte Bedingung, da er belastet nur noch mit geringer Geschwindigkeit arbeitet.

Die Umsteuerung wird ebenso wie beim Nebenschluß=motor durch Umschaltung des Ankerstromes erreicht, wogegen die Geschwindigkeitsregulierung meist durch erhöhte oder verminderte Spannungsdrosselung der dem Motor aufgedrückten Spannung durch Vorschaltwiderstände im Hauptstrom bewerkstelligt wird. In einzelnen Fällen wird diese Widerstands=änderung durch Serien= oder Parallelschaltung der einzelnen Feldspulen bewirkt.

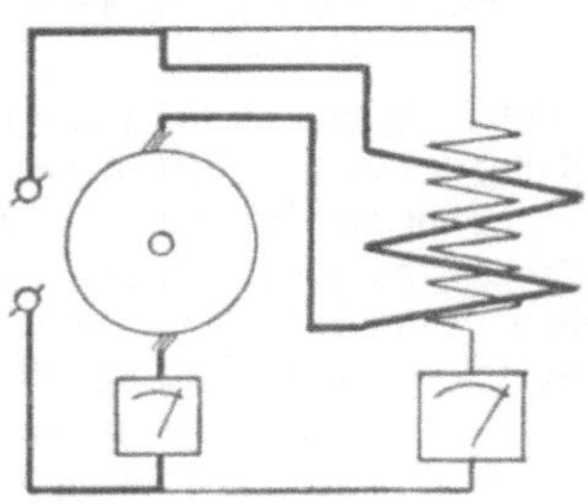

361. Schema eines Compound=motors.

Für bestimmte Zwecke kommt schließlich Compoundschal=tung, nach Abb. 361, in Anwendung, die entweder bei Belastung den Tourenabfall des Motors verstärkt, dadurch daß eine hauptstromdurchflossene Wicklung die Feldwicklung unterstützt, d. h. das Feld verstärkt und damit dann auch die Zug=kraft des Motors erhöht, wie das bei Walzenzugmaschinen und Schwungradumformern für Fördermaschinen erwünscht ist, oder auch noch den geringen Tourenabfal des reinen Neben=schlußmotors dadurch ausgleicht, daß die Hauptstromwicklung der eigentlichen Feldwicklung entgegenarbeitet und so bei Belastung das Feld soweit schwächt, daß auch dann die Touren=zahl konstant bleibt. Auch eine Steigerung der Geschwindigkeit bei Belastung läßt sich auf diesem Wege dadurch erreichen, daß man die Feldschwächung noch weiter wie bis zur Aufrecht=erhaltung konstanter Tourenzahl erhöht. Derartige Motoren kommen aber nur in seltenen Fällen in Anwendung und erfordern eine genaue Berechnung, da sonst der Fall eintreten kann, daß bei einer bestimmten Belastung ohne äußere Änderungen die Feldschwächung mehr und mehr zunimmt, der Motor also schneller und schneller läuft und seine Tourenzahl bis zur Gefährdung der Wicklung durch Strom und mechanische Beanspruchung steigert.

Während die Schaltungsarten der Motoren die gleichen wie die der Generatoren sind, ist ihre Konstruktion in wesentlichen Punkten verschieden. In den weitaus meisten Fällen wird es sich um Generatoren größerer und größter Leistung handeln, während Motoren gerade in kleineren Typen zur Anwendung gelangen. Der Leser wird die Notwendigkeit dieser Grup=pierung leicht erkennen können, wenn er sich vergegenwärtigt, daß die Elektrizität als solche keine Kraftquelle, sondern eine Energieübertragung darstellt. Ebenso wie bei einem zentralen Kraftmaschinenantrieb einer Fabrik die Kraft zunächst durch eine starke Seilscheiben= oder Zahnradtransmission auf die Welle übertragen und von dort durch zahlreiche schmale Riemen und Schnurläufe abgenommen wird, wird in der elektrischen Übertragung die Energie mit

Hilfe eines oder mehrerer Generatoren großer Leistung dem Netz zugeführt und diesem durch zahlreiche Motoren kleiner Leistung entnommen.

Schon aus dem Unterschied der Leistung erklärt sich ein Unterschied der Konstruktion. Während der Generator mit besonders ausgearbeitetem Fundamentrahmen ausgeführt wird, fehlt ein solcher bei den meisten Motoren. Sie werden derart mit Füßen ausgerüstet, daß sie ohne Rücksicht auf Platzbedarf möglichst ohne Rücksicht auf ihre Lage überall da zur Aufstellung gelangen können, wo sie für die angetriebene Maschine am wenigsten im Wege sind. Um die gedrängte Bauart noch weiter auszubilden, ist man in den letzten Jahren von der Anordnung besonderer Lagerböcke abgegangen und führt die Motoren mit Lagerschildern aus. Ihr Gehäuse, in dem die Magnetpole, wie in Abb. 362 zu erkennen ist, angegossen oder mittels Schrauben befestigt sind, wird äußerlich rund und ohne Kanten gehalten, so daß sich die abgedrehten Lagerschilder, in denen Ringschmierlager oder Kugellager zentrisch befestigt sind, in eine eingedrehte Nut einfügen. In dem auf der Kollektorseite befindlichen Schild ist die Bürstenbrücke untergebracht. Auf diese Art erreicht man eine billige Fabrikation, da der Motor nur aus wenigen Einzelteilen, dem Gehäuse, dem Anker mit Welle, den beiden Lagerschildern und der Riemenscheibe besteht.

362. Gleichstrommotor des Sachsenwerkes, Niedersedlitz, offene Type.

Man hat ferner die Möglichkeit, dem Motor derselben Type den verschiedenen Anforderungen, die an ihn gestellt werden, anzupassen. In der Abb. 362 dargestellten offenen Type kann er nur in trockenen, staubfreien, nicht allgemein zugänglichen Räumen Verwendung finden. Soll seine Aufstellung dagegen an exponierter Stelle stattfinden, so müssen alle rotierenden Teile sorgfältig gegen zufällige Berührung geschützt werden. Es werden dann in die Öffnung der beiden Lagerschilder nach Abb. 363 Drahtnetze oder gelochte Bleche eingesetzt, so daß aus

363. Gleichstrommotor des Sachsenwerkes, halbgeschlossene Type.

364. Gleichstrommotor des Sachsenwerkes, gekapselte Type.

dem abgeschlossenen Motor nur noch die Riemenscheibe als bewegter Teil hervortritt. In vielen Fällen, wie im Müllereibetrieb, in Zementwerken und dgl. muß der Kollektor und die Wicklung nicht nur vor Berührung, sondern auch vor eintretendem Staub geschützt werden. Das geschieht dadurch, daß die Öffnungen nach Abb. 364 in den Lagerschildern mit Blechen vollständig abgeschlossen werden, während die zur Kühlung erforderliche Luft dem Motor durch Leitungen von staubfreien Räumen aus zugeführt wird. Man gelangt so zu der eigentlichen Kapseltype, bei der der Motor dem Namen entsprechend mit Ausnahme der Riemenscheibe vollständig in einer dichten Kapsel eingeschlossen ist.

Die allgemeine Brauchbarkeit des Elektromotors hat es nun mit sich gebracht, daß der Konsument weitergehende Anforderungen an den Motor stellte. Er sollte auf der Laufkatze des Werftkrans Wind und Wetter trotzen, er sollte im Bergwerk bei Wassereinbrüchen die Pumpe ohne Unterbrechung weiter bedienen und er durfte vor Ort durch etwa am Kollektor auftretende Funken keine Schlagwettergefahr hervorrufen. Alle diese Aufgaben sind durch Spezialkonstruktionen heute als gut gelöst zu betrachten.

Als Kranmotoren kommen stets Hauptstrommotoren mit starkem, nach außen vollkommen abgeschlossenem Gehäuse in Anwendung, wie einen solchen des Sachsenwerkes Abb. 365 zeigt. An Stelle der Riemenscheibe tritt hier ein Zahnrad oder eine Schnecke, da meist wegen des großen Kraftbedarfs die für den Motor günstige Geschwindigkeit stark nach unten übersetzt werden muß.

Für Bergwerke wird in gut bewetterten Pumpenkammern, die

365. Kranmotor des Sachsenwerkes

als schlagwettersicher anzusehen sind, meist ein ventiliert gekapselter Motor aufgestellt. Er besitzt, wie der in Abb. 364 dargestellte, abschließende Bleche mit Öffnungen und einen mit dem Anker verbundenen Ventilator, der eine durch die Kapseltype bedingte stärkere Kühlung hervorruft. Um den im Bergwerk unvermeidlichen Staub, zumal den gefährlichen Kohlenstaub von Kollektor und Wicklung fernzuhalten, werden vor den Öffnungen solcher Motoren Luftfilter nach Abb. 366 angeordnet, die aus gespannten Filtertuchflächen bestehen, durch die die Luft hindurch gesaugt und dabei durch die engen Maschen und die aufliegende wollige Schicht von Staub befreit wird.

Schließlich wird überall da, wo Schlagwettergefahr besteht, von der Bergbehörde ein vollkommen schlagwettersicherer Motor verlangt.

366. Ventiliert gekapselter Motor für Bergwerke
(Chr. Weuste & Overbeck).

Durch Funken am Kollektor oder durch eine gelockerte und deshalb stark erhitzte Verbindung in der Zuleitung entsteht leicht Entzündungsgefahr. Es ist nun dafür zu sorgen, daß der Motor die zur Kühlung erforderliche Luft zugeführt bekommt, ohne daß im Motorinnern entstehende Zündungen sich nach außen fortsetzen können. Das Prinzip des Plattenschutzes, den solche Motoren erhalten, beruht auf dem bekannten Prinzip der im Bergwerk häufig verwandten Sicherheitslampen. Es wird, wie Abb. 367 zeigt, durch schmale Öffnungen der zuströmenden, entzündliche Gase enthaltenden Luft beim Eintritt und Austritt eine erhöhte Geschwindigkeit gegeben, so daß das Fortschreiten der Entzündungstemperatur weniger schnell erfolgen kann als das Fortschreiten der Luft. Mit andern Worten werden die im Motorinnern entzündten Gase an den metallischen Flächen des Plattenschutzes derart abgekühlt, daß die Flamme vor Austritt aus dem Gehäuse gelöscht ist.

Wenden wir uns nun der Anwendung der Gleichstrommotoren zu, so können wir ihre Verwendung als Gruppenantriebe oder als Einzelantriebe unterscheiden. Für Gruppenantrieb, bei dem ein Motor größerer Leistung eine Anzahl Werkzeugmaschinen oder dgl. antreibt, kommen die gleichen Regeln wie bei Transmissionsantrieb in Betracht. Der Motor arbeitet mittels Riemen oder Zahnradübertragung auf eine Transmission, auf der für jede angetriebene Werkzeugmaschine eine Arbeits= und eine Leerscheibe aufgebracht ist. Durch geeignete Wahl der Gruppen läßt sich ein erhebliches Teil von Leerlaufarbeit ersparen, indem einzelne Gruppenantriebe zeitweise ganz stillgesetzt werden können, während in andern durch gemeinsame Belastung des Motors der Wirkungsgrad der Kraftübertragung gesteigert wird.

In vielen Fällen ist aber gerade die Möglichkeit des Einzelantriebes von großem Vorteil und zwar grundsätzlich immer dann, wenn kurze Arbeitsabschnitte für die angetriebene Maschine in Frage kommen oder wenn die angetriebene Maschine für sich eine individuelle Geschwindigkeitsregelung erfordert. Man hat bei Einzelantrieben außerdem noch den Vorteil, daß jeder Riemen und jede Transmission fortfällt, so daß die Werkstatt heller und betriebssicherer wird und der Raum meist besser ausgenutzt wer-

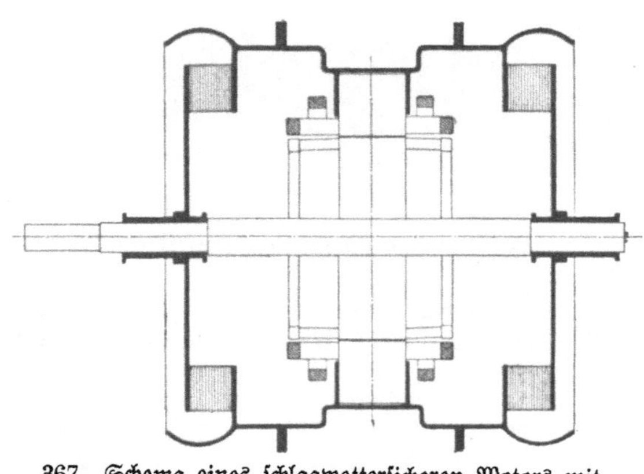

367. Schema eines schlagwettersicheren Motors mit Plattenschutz.

den kann. Der Einzelantrieb kann nun der Maschine ganz individuell angepaßt werden. Ab und zu kommt noch Riemenantrieb in Anwendung, doch geht man mehr und mehr dazu über den Motor konstruktiv mit der angetriebenen Maschine zu verschmelzen. Im folgenden soll nun die mannigfache Anwendung, die der Elektromotor gefunden hat, an einzelnen Beispielen aus verschiedenen Gebieten gezeigt werden.

In Abb. 368 ist der Antrieb einer Zwillingsrotationsmaschine für Buch= und Zeitungsdruck wiedergegeben. Während früher die Aufstellung solcher Druckerpressen von einer Kraftquelle abhängig war, ist dies bei Anwendung des elektrischen Antriebes nicht mehr der Fall. Die Maschinen können in beliebigen Räumen aufgestellt werden, da nur die Verlegung der Zuleitungskabel erforderlich ist. Ein weiterer Vorteil dieser Antriebsart ist ihre Geräuschlosigkeit, wodurch die Genehmigung zur Aufstellung auch in bewohnten Gebäuden erteilt werden kann. Ein wesentlicher Vorteil ist ferner der, daß die Regulierfähigkeit dieses Antriebs umfassender und bequemer ist als die eines der früher gebräuchlichen, denn je nach Festigkeit des Papieres und Beschaffenheit der Farbe muß die Geschwindigkeit der Rotationspresse einzustellen sein, um ihre Leistungsfähigkeit in jedem Falle voll auszunutzen. Neben der erhöhten Regulierfähigkeit bietet sich aber auch der Vorteil, daß die Presse bei Betriebsstörungen, Falten des Papiers oder Anhaften einer Type, von verschiedenen Stellen aus stillgesetzt werden kann. Es geschieht dies durch ein mittels Druckknopf betätigtes Relais, das ein erneutes Einschalten erst dann wieder gestattet, wenn der Anlasser des Motors in die Anfangslage zurückgebracht worden ist.

Von besonderer Bedeutung ist der Elektromotor in der Textilbranche geworden. Es handelt sich dort um die Verarbeitung von feinerem und feinstem Material auf Maschinen, die nicht wie die menschliche Hand das Gefühl für Kraftaufwand und Nachgiebigkeit besitzen. Um daher ein rationelles Spinnen und Weben zu ermöglichen, muß der Antrieb sehr empfind-

368 Rotationsdruckmaschine mit elektrischem Antrieb (S.-S.-W.)

lich gegen jede Änderung im Betriebszustand der Maschine gemacht werden, so daß keine Verluste durch Betriebsstörungen wie Faden- oder Kettenbrüche entstehen. Bei solchen Maschinen liegt es auf der Hand, daß nur der Einzelantrieb angewandt werden kann, und daß dieser selbst wieder in besonderer Weise durchgebildet sein muß. Die einfachste Konstruktion ist der Antrieb durch Riemen unter gleichzeitiger Verwendung einer Riemenwippe. Durch die Federung, die in dieser Anordnung enthalten ist, wird die Riemenübertragung von Stößen beim Anlassen, Stillsetzen, und von der Unregelmäßigkeit des Materiales unabhängig gemacht so daß für gröbere Ware eine genügende Gleichmäßigkeit des Ganges und damit auch des Produktes erzielt wird. Für feinere Ware wie Seide u. dgl. sind noch besondere automatische Regulatoren erforderlich, die wir später bei der Besprechung der Wechselstrommotoren näher kennen lernen werden.

Ähnliche hohe Anforderungen werden auch in Papierfabriken an die Antriebsmaschinen der eigentlichen Papiermaschinen und der übrigen Zubereitungsmaschinen gestellt. Besonders

die Papiermaschine soll gute Erzeugnisse aus sehr verschiedenartigen Grundstoffen und in verschiedener Beschaffenheit liefern. Es ist dafür zunächst ein stoßfreies langsames Anlassen bis zu der gewünschten Geschwindigkeit, die während des Betriebes unabhängig von Kraftschwankungen innerhalb der Papiermaschine konstant bleiben muß, erforderlich. Die Dicke des hergestellten Papiers ist nun nicht allein von der Geschwindigkeit der Maschine, sondern auch von der Menge und dem Wassergehalt des zugeführten Papierstoffes abhängig. Da beide Größen vorher jedoch nicht mit genügender Genauigkeit ermittelt werden können, stellt sich meist die Notwendigkeit einer nachträglichen Regulierung der Geschwindigkeit in engen Grenzen heraus.

Soll die gleiche Maschine Papier sehr verschiedener Dicke herzustellen imstande sein, so muß die Geschwindigkeit des Antriebs in weiten Grenzen veränderlich sein. In manchen Fällen wird die Erniedrigung auf den zwanzigsten Teil der Höchstgeschwindigkeit gefordert. Als Antriebsmaschine kommt bei diesen mannigfachen Anforderungen als einfachste nur der Gleichstromnebenschlußmotor in Frage, der leicht stoßfrei anzulassen ist und mittels Nebenschlußregulator mit feinen Stufen reguliert werden kann. Zur groben Geschwindigkeitsregulierung dienen entweder auswechselbare Riemenscheiben oder eine besondere Steuerdynamo, die es gestattet, die dem Motor aufgedrückte Spannung in weiten Grenzen zu verändern. Die letzte Reguliermethode ist insofern vorzuziehen, da durch sie ein vollständig gleichmäßiger Übergang der einzelnen Geschwindigkeiten ineinander erzielt wird. Der Kraftbedarf bewegt sich je nach der Größe der Maschinen zwischen ca. 9 und 300 PS. In Abb. 369 ist eine solche Maschine mittlerer Leistung dargestellt, die durch einen Nebenschlußmotor von 55 PS mit besonderer Steuerdynamo angetrieben wird. Die Maschine kann im Verhältnis 1 : 10 reguliert werden. Der Antrieb der Steuerdynamo geschieht ebenfalls elektrisch und besteht aus einem mit ihr zu einem Umformeraggregat vereinigten Drehstrommotor.

370. Schleifmaschine mit elektrischem Antrieb (Garbe, Lahmeyer & Co.).

Wie vorzüglich sich der Elektromotor den Anforderungen, die an den Antrieb von Werkzeugmaschinen gestellt werden, anpaßt, sollen die folgenden Beispiele zeigen. Für fast alle Werkzeugmaschinen kommt nur der Einzelantrieb in Frage, da sie häufig stillgesetzt werden müssen und weitgehende Regulierung der Geschwindigkeit erfordern. Den Vorteil des Einzelantriebes gerade in diesem Fall wird der Leser leicht erkennen, wenn er eine größere Dreherei mit Transmissionsantrieb, mit ihren unzähligen Arbeits=, Leer= und Stufenscheiben und dem Gewirr von Treibriemen mit einer Anlage vergleicht, in der jede Bank ihren eigenen eingebauten Elektromotor besitzt. Die Raum= und Kraftersparnis wird in solchen Anlagen sehr wesentlich. Aber nicht nur eine Ersparnis läßt sich erzielen, sondern auch ein wirtschaftlicheres Arbeiten der einzelnen Maschinen.

Betrachten wir von diesem Gesichtspunkt aus z. B. die in Abb. 370 dargestellte Schleifmaschine, die zur Bearbeitung von Trägern und zum Abschleifen von Blechkanten dienen soll. Auf dem Support selbst ist der schnellaufende Antriebsmotor für die mit Schutzkappe versehene Schmirgelscheibe angeordnet, so daß die Kraftübertragung direkt mittels betriebssicherer praktisch verlustloser Schleifkontakte auf den bewegten Teil geschieht. Ebenso läßt sich jede Geschwindigkeitsänderung ohne Wechselräder oder ähnliche Vorrichtungen ausführen. In der in Abb. 371 wiedergegebenen doppelten Schmirgelscheibe ist der Motor auf eine Welle

371. Schmirgelscheibe mit elektrischem Antrieb
(Garbe, Lahmeyer & Co.).

mit einer Schmirgelscheibe für Naßschleifen von Werkzeugen (links) und einer solchen zur trockenen Bearbeitung von Gußstücken (rechts) nebst dem für letztere erforderlichen, den Metallstaub absaugenden Ventilator zu einem harmonischen Ganzen vereinigt. Auch die vorn sichtbaren Anlaß- und Regulierapparate sind bei geringem Raumbedarf gegen Beschädigungen durch widerstandsfähige Kapselung gesichert angebracht.

Abb. 372 zeigt den Einbau eines Motors zum Antrieb einer Hobelmaschine der die für diese Art Metallbearbeitung notwendige hin- und hergehende Bewegung selbsttätig ausführt. Bei Bänken mit Riemenantrieb werden durch eine Steuerwelle mittels Riemenleiters der Vor- und Rücklauf der Riemen abwechselnd auf Leer- oder Arbeitsscheibe geführt. Es tritt dadurch notwendigerweise starkes Gleiten und Abnutzung des Riemens auf. Diese Nachteile werden beim elektrischen Antrieb vollkommen vermieden. Der Motor arbeitet durch eine Bolzenkupplung auf eine in Öl laufende Schnecke, die die Verminderung der für rationellen Motorbetrieb

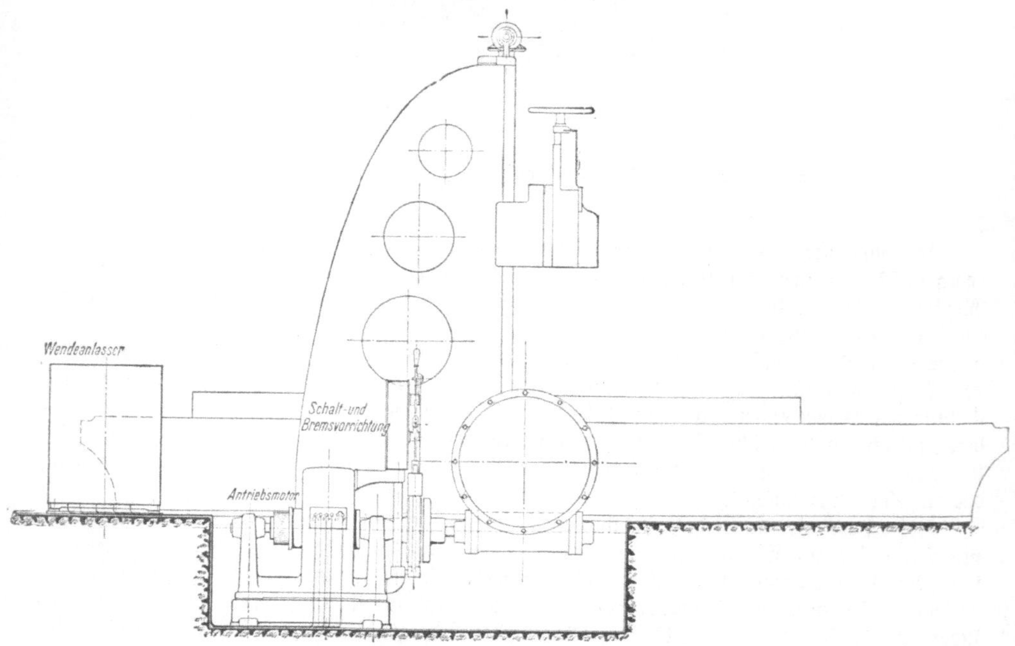

372. Elektrischer Antrieb einer Hobelmaschine (S.-S.-W.).

erforderlichen hohen Ge=
schwindigkeit auf die für den
Stichel erforderliche niedere
Geschwindigkeit allein über=
nehmen kann. Es läßt sich
ferner erreichen, daß an Stelle
der Bremsung durch Riemen=
reibung am Ende eines jeden
Hubes, das in den bewegten
Teilen enthaltene Arbeitsver=
mögen in elektrische Erergie
umgewandelt dem Netz wie=
der zugeführt wird. Die Er=
sparnis an Energieverbrauch,
die durch diese als Nutzbrem=
sung bezeichnete Anordnung
erzielt wird, kann sich bis auf
50% gegenüber dem Antrieb
durch Riemen belaufen. Zur
Umsteuerung dient neben
einem an den Führungen
der Maschine seitlich ange=
brachtem Kontaktapparat,
dessen Betätigung je nach
der Größe des Werkstückes
und der entsprechenden Hub=
größe durch verstellbare An=
schläge verändert werden

373. Schützen zum Wendeanlasser der Hobelmaschine.

kann, ein elektromagnetischer Wendeanlasser, dessen Stufen von der in dem Kontaktapparat
enthaltenen Kontrollerwalze betätigt werden. Mit Hilfe dieses Kontrollers wird auch der
leere Rückgang des Stichels mit geschwächtem Feld, d. h. mit erhöhter Geschwindigkeit ausgeführt,

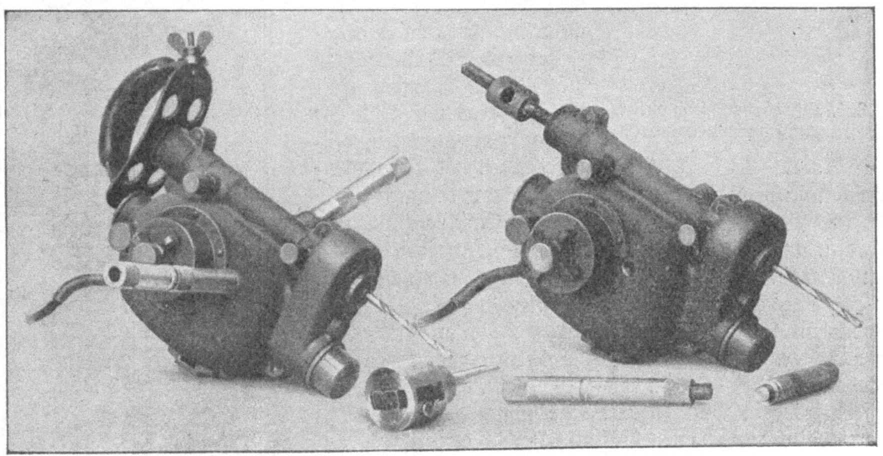

374. Handbohrmaschine der Siemens=Schuckert=Werke.

so daß das Verhältnis der für Arbeit und nur für toten Rückgang verbrauchten Zeit im Inter=
esse eines wirtschaftlicheren Betriebes günstig beeinflußt wird. Den geöffneten Wendeanlasser,
der abseits von der Bank oder unter der Decke an einer in der Nähe befindlichen Säule Platz
finden kann, mit den elektrischen Schützen gibt Abb. 373 wieder.

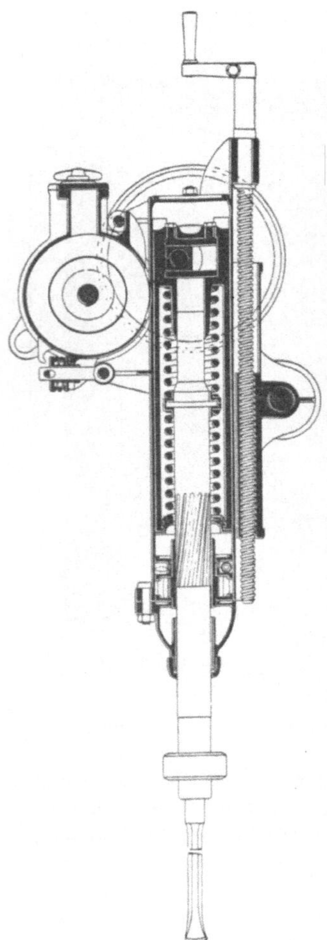

375. Stoßbohrmaschine der
Siemens-Schuckert-Werke

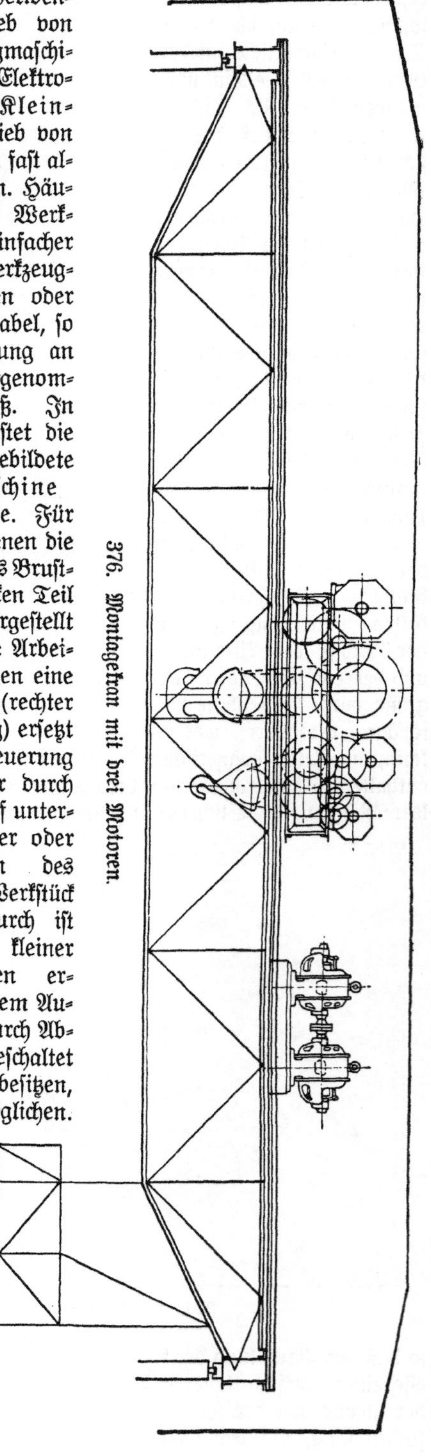

376. Montagekran mit drei Motoren.

Neben der Verwendung zum Antrieb von großen Werkzeugmaschinen finden wir den Elektromotor auch als Kleinmotor zum Betrieb von Handapparaten in fast allen Fabrikbetrieben. Häufig läßt sich das Werkstück nicht in einfacher Weise auf eine Werkzeugmaschine befestigen oder ist nicht transportabel, so daß die Bearbeitung an Ort und Stelle vorgenommen werden muß. In solchen Fällen leistet die in Abb. 374 abgebildete Handbohrmaschine vorzügliche Dienste. Für leichtere Arbeit dienen die Handgriffe und das Brustschild, wie im linken Teil der Abbildung dargestellt ist. Für schwerere Arbeiten können sie gegen eine Zuspannschraube (rechter Teil der Abbildung) ersetzt werden. Die Steuerung geschieht entweder durch einen im Handgriff untergebrachten Schalter oder durch Aufdrücken des Bohrers auf das Werkstück selbsttätig. Dadurch ist die Verwendung kleiner Hauptstrommotoren ermöglicht, die in dem Augenblick, in dem die Belastung durch Bruch oder durch Abheben des Bohrers fast auf Null zurückgeht, ausgeschaltet werden, andererseits aber auch die nötige Zugkraft besitzen, um auch ein Bohren in hartem Material zu ermöglichen.

Bei Bearbeitung von Gesteinen ist der Rotationsbohrer nur für weiches Material verwendbar. Für harte Gesteine tritt an seine Stelle der Stoßbohrer. Er besteht aus einem sich nach jedem Schlag durch eine einseitig gesperrte Mutter um einen bestimmten Winkel um seine Achse drehenden Meißelbohrer, der nach Abb. 375 in den eigentlichen Stoßkolben eingesetzt wird. Der Motor treibt ein kleines Schwungrad an, das durch eine Kurbelschleife einen Schlitten hin- und herbewegt, in den die beiden Arbeitsfedern eingespannt sind, die wechselseitig auf einen Bund des Stoßkolbens arbeiten, durch die Kurbel wird die Vorwärtsbewegung des Bohrers von Hand bewirkt. Bei einer Leistung des Antriebsmotors von 1 PS läßt sich in hartem Gestein, z. B. Granit bei 35—40 mm Lochweite, ein Bohrloch von 5—10 cm Tiefe ausführen in der Minute.

Fast ausschließliche Verwendung findet der Elektromotor zurzeit auf dem Gebiet der Hebezeuge. Wir erwähnten schon bei der Beschreibung des Hauptstrommotors, daß dieser die Anforderungen eines Kranbetriebes, große Zugkraft und hohe Leergeschwindigkeit geradezu ideal erfüllt. Neben dem eigentlichen Hubmotor befindet sich auf der Katze meist noch ein Motor zur Bewegung der Laufkatze auf dem Kranträger und ein Motor zur Fortbewegung des Kranträgers auf den ihn stützenden Schienen, die längs der Wand auf Säulen angeordnet oder im Boden verlegt sind, je nachdem der Kran als Laufkran, Halb- oder Vollportalkran ausgebildet ist. Um dem Kranführer die Steuerung des Krans möglichst zu erleichtern sind Kontroller oder Anlasser mit „sympathischer" Bewegung konstruiert worden. In dem Fall, daß wie in Abb. 376 drei Motoren ein Fahrmotor, ein Hubmotor und

377. Doppelkontroller der Allg. Elektrizitäts-Gesellschaft.

ein Motor für die Katze zu bedienen sind, steuert der Führer mit der linken Hand den Motor für die Katze an einem senkrechten Hebel, dessen Verstellung nach vorn oder rückwärts der gleichen Bewegung der Katze entspricht. Für die beiden andern Motoren kommt ein in Abb. 377 dargestellter Doppelkontroller in Anwendung, den der Führer mit der rechten Hand bedient. Wie aus der Abbildung ersichtlich, betätigt der Hebel durch einen geschlitzten Bügel ein vertikales Zahnsegment, das seine Bewegung durch ein Kegelrad auf den Kontroller rechts überträgt, der bei Heben und Senken des Hebels den Hubmotor die entsprechende Funktion ausführen läßt. Daneben überträgt der Hebel auch jede ihm erteilte horizontale Bewegung durch ein horizontales Zahnrad auf den zweiten

378. 150-Tonnen-Kran der kaiserlichen Werft in Kiel

Kontroller, der den Fahrmotor betätigt, wodurch der ganze Kran, je nach der Stellung des Hebels nach rechts oder links in der wagerechten Ebene verschoben wird. Für einen Drehkran kommt diese Einrichtung in der Weise in Anwendung, daß der Schwenkmotor von der in horizontaler Richtung ausgeführten Bewegung betätigt wird. Einen Schwimmkran von bedeutender Leistung führt uns Abb. 378 vor Augen. Der mechanische Teil ist von Bechem & Keetmann, der elektrische von den Siemens-Schuckert-Werken ausgeführt. Er ist für die kaiserliche Werft in Kiel bestimmt und besitzt ein Hubwerk von je zwei Motoren von 35 PS, das imstande ist 150 t 1,1 m in der Minute zu heben. Neben diesem großen Hubwerk ist noch eine kleine Hilfswinde von 30 t Tragfähigkeit eingebaut.

Auch für Traktionszwecke findet der Elektromotor mit Vorteil Anwendung. Zum Zusammenstellen von Zügen auf Bahnhöfen oder zum Verholen großer Schiffe in Schleusen und im Hafen werden die schon sehr alten Spills verwandt. Ein solches elektrisches Spill moderner Bauart

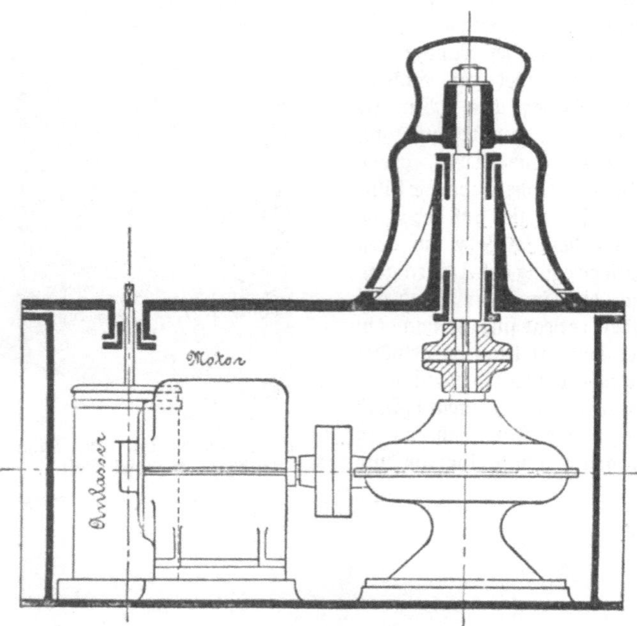

379. Elektrisches Spill der Allgemeinen Elektrizitäts-Gesellschaft.

380. Tropf- und regensicherer Pumpenmotor (Chr. Weuste & Overbeck).

besteht, wie Abb. 379 zeigt, aus einer Seiltrommel, die glockenförmig über den Erdboden hervorragt und einem in gußeisernen Kasten untergebrachtem in die Erde versenkten Windwerk. Das Anlassen des Windwerkes geschieht durch einen den Kontroller betätigenden Steckschlüssel

ober durch einen be=
sonderen Fußtritt=
anlasser, der dem
Arbeiter beide Hände
zum Bedienen des
Seiles frei läßt.

Während für He=
bezeuge der in den
Touren stark verän=
derliche Hauptstrom=
motor durchweg in
Anwendung kommt,
eignet sich für Pum=
pen und Venti=
latoren und für
Kompressorenan=
trieb der mit kon=
stanter Geschwindigkeit arbei=
tende Nebenschlußmotor. Abb.
380 gibt die Anordnung eines
tropfwasser= und regensicher
gekapselten Motors wieder,
der direkt mit einer Zentrifugal=
pumpe gekuppelt ist. Das Ag=
gregat läuft mit 3000 Touren in
der Minute. Solche Pumpen
werden beim Entwässern von
Bauplätzen und beim Schleusen=
bau vielfach benutzt und zeichnen
sich durch ihre Leistungsfähig=
keit bei geringen Ansprüchen
auf Wartung aus.

Elektrische Zentrifugal=
ventilatoren als Gebläse=
maschinen für Schmiedefeuer
zeigt Abb. 381. Ein Ventila=
tor für mittleren Druck von
ca. 250 mm Wassersäule führt
den Feuern den Wind zu,
während ein zweiter mit ge=
ringem Überdruck die Abgase
durch eine Rohrleitung ins
Freie absaugt. Die Anwendung
elektrischer Ventilatoren ist auf
die verschiedensten Gebiete aus=
gedehnt worden. Im Hütten=
betrieb werden sie zum Anbla=
sen der Kupolöfen und als Kom=
pressoren für die Konverter be=
nutzt. Im Bergwerksbetrieb die=
nen sie zur Hauptbewetterung
und zur Bewetterung einzelner
Strecken, für die die Haupt=
bewetterung nicht ausreicht.

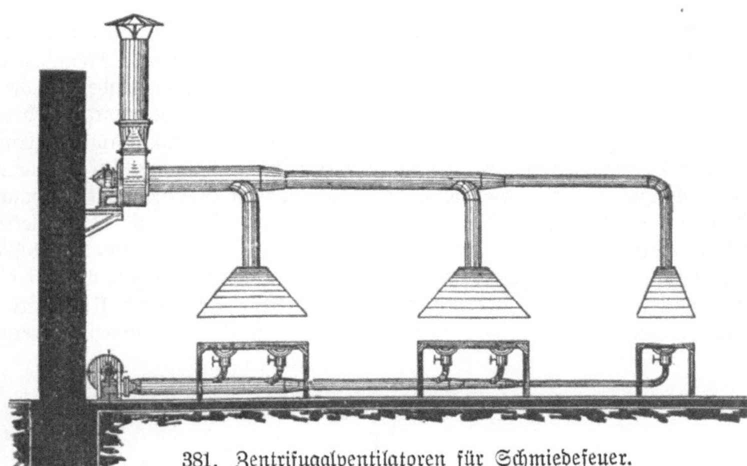

381. Zentrifugalventilatoren für Schmiedefeuer.

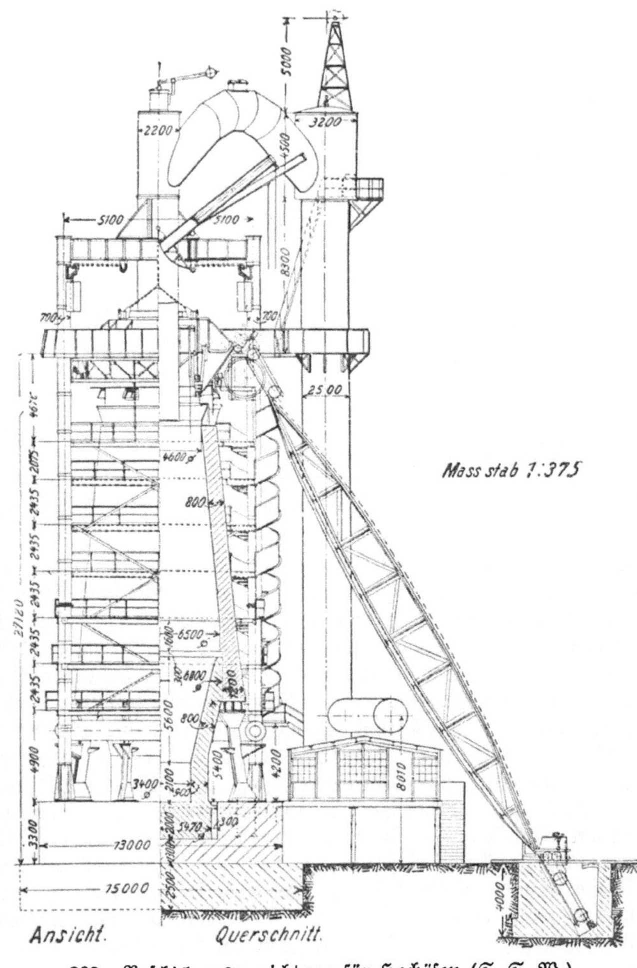

382. Beschickungsvorrichtung für Hochöfen (S.=S.=W.).

Auf allen Gebieten, die gefährliche Arbeiten verlangen oder durch umfangreiche Arbeit kostspielig werden, ist die Technik bemüht, die Arbeitskraft des Menschen durch die selbsttätig wirkenden Maschinen zu ersetzen. So geschieht das in zunehmendem Maße in den elektrischen Beschickungsvorrichtungen für Hochöfen. Dem Leser wird es bekannt sein, daß ein in Betrieb gesetzter Hochofen Tag und Nacht fortarbeiten muß, um ein „Einfrieren" und damit völlige Unbrauchbarkeit des Ofens zu vermeiden. Während bei Bedienung durch Arbeiter das Gichtgut auf den Verschluß der hochliegenden Gichthaube von Hand aufgeschüttet und dann in den Hochofen befördert wird, besorgt diese Arbeit beim elektrischen Betrieb der Elektromotor, dessen Betrieb in den meisten Fällen noch besonders billig ist, da er an die selten voll ausgenutzte Gaskraftzentrale des Werkes angeschlossen werden kann. Abb. 382 gibt eine solche elektrische Beschickung wieder. Auf dem Ober= und Untergurt des linsenförmigen Trägers laufen zwei Wagen mit Plattformen, die die eigentlichen Fördergefäße für Koks und

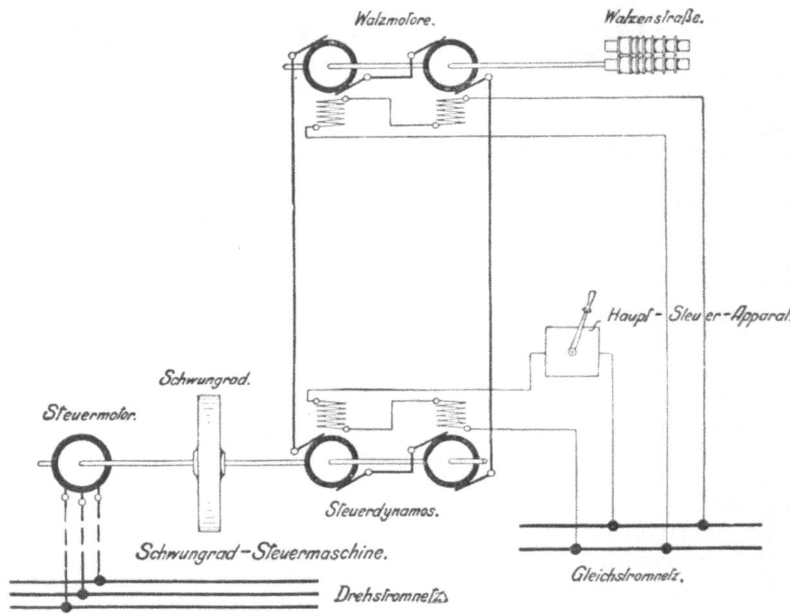

383. Leonardschaltung für Walzenstraßen.

Erz aufnehmen. Sie kippen ihren Inhalt in den Schütttrichter des doppelten Gichtverschlusses, der nach jeder Schüttung um einen kleinen Winkel von einem besonderen Windwerk verdreht wird, so daß jedes Gefäß eine neue Stelle des Trichters beschickt. Ist dieser ringsum gefüllt, so senkt sich die Oberglocke als Verschluß auf den Trichter, und die Unterglocke hebt sich, so daß das Gut in den Ofen fällt. Das mittlere Rohr stellt den Gasabzug dar, der das Gichtgas durch Reinigungsapparate hindurch der Zentrale zuführt. Auch Beschickungsvorrichtungen, bei denen das Fördergefäß selbst den Abschluß bildet, sind mit Erfolg durchgeführt worden. Das erblasene Gut wird im Stahlwerk zu Stahl oder Schmiedeeisen verarbeitet und gelangt dann in das Walzwerk, wo es zu handelsgängigen Blechen und Profilen umgestaltet werden soll.

Auch hier tritt der Elektromotor meist in größeren Einheiten und in besonderer Form in Aktion. Für Reversierstraßen, auf denen große Gewichte bearbeitet werden sollen, bei Panzerplatten z. B. Gewichte bis zu 20 t und darüber, kommt die Leonardschaltung mit besonderer Steuerdynamo in Anwendung. Aus Abb. 383 sind die beiden in Serie geschalteten Motoren und Generatoren eines solchen Antriebes ersichtlich. Die Wahl zweier Maschinen ist durch möglichst gering zu haltende Eigenträgheit des Antriebes bedingt. Die Motoren sind fremd und konstant erregte Nebenschlußmotoren, deren Drehrichtung und Tourenzahl durch Umkehr bzw. Änderung der Ankerspannung der ebenfalls fremderregten Steuerdynamos geändert wird. Zum Antrieb der Steuerdynamos mit konstanter Tourenzahl dient ein Drehstrommotor mit großer Schwungmasse. Walzenstraßen nur einer Drehrichtung, wie sie für kleinere Gewichte, deren Verarbeitung in zwei Ebenen keine Schwierigkeit macht, die, wie man zu sagen pflegt, „umgesteckt" werden können, erfordern an Stelle der momentanen Umsteuerung im Gegensatz

384. Fördermotor der Allgemeinen Elektrizitäts-Gesellschaft.

ein großes Schwungmoment, so daß sie auch bei Belastung mit annähernd gleicher Geschwindigkeit weiterarbeiten. Um einem solchen Motor die Energie des Schwungrades zu Hilfe kommen zu lassen und seine Zugkraft zu vergrößern, wird er meist als Compoundmotor ausgeführt, der bei Belastung seine Geschwindigkeit vermindert, wodurch dem Schwungrad Arbeitsvermögen entzogen wird und die Zugkraft des Motors selbst durch Feldverstärkung erhöht wird. Bei Entlastung nimmt er wieder die höhere Tourenzahl an und erteilt durch Beschleunigung dem Schwungrad wieder die vorher abgegebene Energie. Die Stöße werden so durch das Schwungrad, wenn auch nicht beseitigt, so doch wesentlich gemildert.

Die zunehmende Beliebtheit, deren sich der Elektromotor im Bergbau erfreuen konnte, ermöglichte, nachdem Herz und Lunge des Bergbaues, die Wasserhaltung und die Bewetterung, elektrischen Antrieb erhalten hatten, schließlich auch den elektrischen Betrieb des Hauptorgans des Bergbaues, der Schachtfördermaschine. Erst langsam und allmählich konnte sie der erprobten und langbewährten Dampffördermaschine den Boden abgewinnen. Auch hier eroberte sich der Elektromotor durch seine bequeme Steuerung und nicht zuletzt durch höhere Ökonomie das Feld. Die mechanische Ausführung der Schachtförderung, ob Zylindertrommel mit auf- und ablaufendem Seil oder Köpescheibe mit hin- und hergehendem, in sich geschlossenem Seil kommt für den Fördermotor nicht in Frage. Im Prinzip besteht jede elektrische Förderung aus dem Windwerk mit direkt gekuppeltem Fördermotor, den Steuerungsorganen, dem Geschwindigkeitszeiger und dem Teufenzeiger. Für Gleichstrom kommt meist das in dem Kapitel „Umformer" erwähnte Ilgner Schwungradaggregat (vgl. S. 146) in Anwendung, das die mit dem Förderbetrieb notwendig verbundenen Belastungsstöße von der Zentrale fernhält. Bemerkenswert ist besonders die selbsttätige Regelung der Geschwindigkeit durch eine mit der Trommel oder der Köpescheibe verbundene, am Teufenzeiger angebrachte Kurvenscheibe. Mittels einer auf dieser Scheibe gleitenden Hebelübertragung auf den Steuerorganismus wird dem Führer nur beim Einhängen und Umsetzen des Förderkorbes ein geringer Spielraum für willkürliche Betätigung des Motors überlassen. Ist der Förderkorb dagegen einmal in Fahrt, so wird die Geschwindigkeit und Bremsung durch die Kurvenscheibe bestimmt. Die Ansicht einer solchen Förderanlage gibt Abb. 384 wieder. Es ist eine Ausführung mit Köpescheibe senkrecht über dem Schacht. Rechts im Bild ist der Geschwindigkeitszeiger in der Mitte vor der Köpescheibe der Teufenzeiger mit Gestänge zum Steuerapparat sichtbar. Am Führerstand befinden sich Kontroll- und Signalapparate nebst Sprachrohr.

Daß sich nicht nur in industriellen Betrieben der Elektromotor eingeführt und bewährt hat, sollen unsere folgenden Beispiele zeigen. In Abb. 385 sehen wir einen elektrischen Pflug, der zur Bearbeitung großer Flächen ebenso wie ein Dampfpflug verwendet wird, dagegen den Vorteil hat, an beliebiger Stelle an die Leitung einer Überlandzentrale angeschlossen werden zu können. Ein derartiger Großbetrieb findet sich auf deutschem Boden nicht allzuhäufig, wohl dagegen in Amerika, Ungarn und Ägypten. Besonders für Tiefkulturen ist der Maschinenpflug jedem andern überlegen.

Auch im kleinen findet der Elektromotor mehr und mehr Anhänger unter den Landwirten. Er bewährt sich da als eine anspruchslose überall betriebsbereite Kraft zum Dreschen,

385. Elektrisches Pflügen mit Aderwagen (AEG.)

Häckſelſchneiden, zum Antrieb von Schrotmühlen, Kreisſägen, Milchſeparatoren, Getreidereinigungsmaſchinen, und ſchließlich übernimmt er ſogar die Arbeit des Melkens, indem er eine Vakuumpumpe antreibt, die durch Schlauchleitung mit dem eigentlichen Melkapparat verbunden iſt, der durch ſinnreiche Mechanismen die Melkbewegung der Menſchenhand nachahmt.

Auch im Haushalt macht ſich der Elektromotor ſtets unentbehrlicher. Während früher in Orten ohne Wasſerleitung das Wasſer Tag für Tag mühſam in einen Hochbehälter gepumpt werden mußte, enthebt uns die in Abb. 386 wiedergegebene elektriſch betriebene Hauswasſerpumpe jeder Sorge um die Wasſerfrage. Das Haus wird mit einer Wasſerleitung verſehen, deren Hähne als Schalter für den im Keller aufgeſtellten Pumpenmotor ausgebildet ſind. Beim Öffnen eines Hahnes ſetzt ſich der Motor in Bewegung, um beim Schließen ſelbſttätig mit Pumpen aufzuhören.

Damit ſind die Anwendungsgebiete unſeres Arbeitwilligen aber längſt nicht erſchöpft. Er treibt Nähmaſchinen, Mesſerputzmaſchinen, er übernimmt die Arbeit des Beſens in verbesſerter Form als Vakuumreiniger. Wie aus Abb. 387 erſichtlich, übernimmt er das Glockenläuten in der Kirche. Als Lunge der Orgel dient ein einfacher Ventilator, wogegen für das elektriſche Geläute ein komplizierter Mechanismus erforderlich iſt.

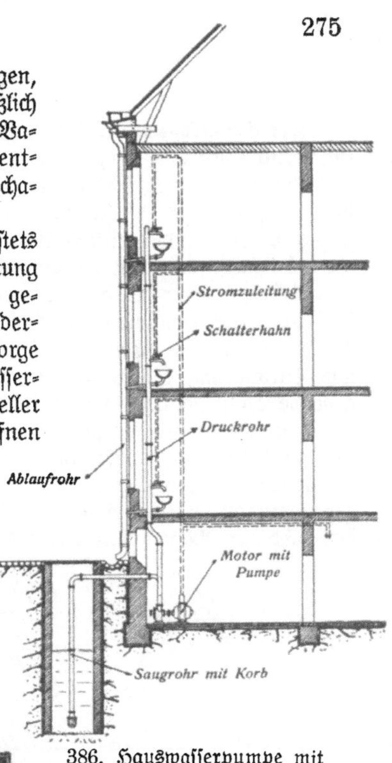

386. Hauswasſerpumpe mit Schalterhähnen (S.-S.-W.).

387. Elektriſches Läutewerk für Kirchen (Bockelmann & Kuhlo).

Solch ein Geläute ſoll natürlich klingen, frei von dem Rhythmus einer Spieluhr. Man muß deshalb, um das Läuten von Hand nachzuahmen, darauf bedacht ſein, die Schwingungsdauer der Glocken ſelbſt zur Betätigung des Läutewerkes heranzuziehen. In der Tat beſitzt jede Glocke ein Zugſeil mit Seilſcheibe, die in beſtimmter Stellung der Glocken von dieſen ſelbſt mit der vom Motor angetriebenen mit Schwungrad ausgerüſteten Welle gekuppelt werden. Das Anläuten geſchieht von Hand, indem durch die in Abb. 387 ſichtbaren Hebel die Kupplung der Seilſcheiben vollzogen wird. Ein ſolches elektriſches Geläute iſt von dem althergebrachten Läuten von Hand nicht zu unterſcheiden und der Leſer wird ſchon manchem Geläute gelauſcht haben, ohne daß ihm desſen elektriſcher Antrieb zum Bewußtſein kam.

Wechselstrommotoren.

Der Synchronmotor. Ähnlich wie der Übergang zwischen Gleichstromdynamo und Motor sich durch Änderung der Stromrichtung bei gleicher Drehrichtung, d. h. Übergang der positiven Leistung in negative vollzog, läßt sich auch jeder Wechselstromgenerator durch Änderung der abgegebenen Wechselstromleistung zum Motor machen. Ein wesentlicher Unterschied hierbei ist jedoch der, daß die zeitliche Änderung von Strom und Spannung in Betracht zu ziehen ist, die bei Gleichstrom nicht vorhanden war.

Nehmen wir z. B. an, daß ein Wechselstromgenerator induktionsfrei belastet liefe, so ist Strom und Spannung in Phase, d. h. einem positiven Strom entspricht stets eine positive Spannung, einem negativen Strom entspricht eine negative Spannung, und das Produkt aus Strom und Spannung ist in beiden Fällen positiv. Die sich für diesen Fall ergebende Leistungskurve ist in Abb. 388 eingezeichnet. Die schraffierte Fläche stellt die Summe der vom Generator abgegebenen elektrischen Arbeit dar. Belasten wir nun den Generator mit reinem induktiven Strom, d. h. lassen wir den Strom der Spannung 90° nacheilen, so treten für die Leistungskurve Strecken ein, in denen der Strom positiv die Spannung dagegen negativ und umgekehrt, die Spannung negativ, der Strom positiv ist. Das Produkt aus den jeweiligen Momentanwerten, das uns auch für Wechselstrom die momentane Leistung dar-

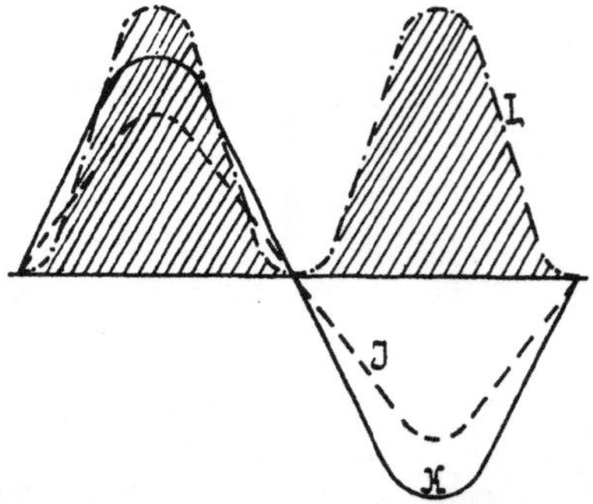

388. Leistungskurve eines Wechselstromes.

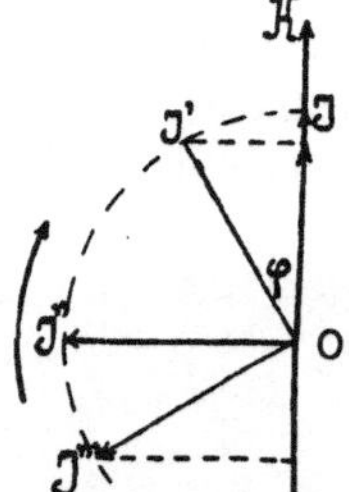

389. Diagramm zum Übergang eines Motors zum Generator.

stellt, wird mithin streckenweise negativ, also wird auch die Arbeit für diese Abschnitte negativ, d. h. in ihnen muß der Maschine elektrische Energie zugeführt werden, sie muß als Motor laufen. Für den Fall der Phasenverschiebung von 90° wird die Summe der Fläche oberhalb und unterhalb der Nullinie gerade gleich Null, d. h. die Maschine gibt im ganzen weder Leistung ab, noch wird ihr welche zugeführt, sie läuft leer mit. Die Leistungsgleichung ist erfüllt, da $\cos\varphi$ für $\varphi = 90°$ Null wird. Daß bei weiterer Verzögerung der Phase des Stromes die Stromrichtung unter dem Pol umkehrt, geht am anschaulichsten aus der graphischen Darstellung in Abb. 389 hervor. O K sei der Vektor der aufgedrückten oder erzeugten Spannung und O I der Vektor konstanten Stromes mit veränderlicher Phasenverschiebung. Der Drehsinn des Diagrammes sei der des Uhrzeigers. Die Spitze des Stromvektors bewegt sich dann auf einem Kreis mit dem Radius O I. Fällt die Strecke O I mit der Richtung O K zusammen, so ist das Maximum der Leistung für diesen Strom, nämlich induktionsfreie Last gegeben. Bleibt der Strom nun um einen gewissen Winkel φ hinter der Spannung zurück, so wird das Produkt aus der Projektion des Stromes auf den Spannungsvektor dem „Wattstrom" und der Spannung zwar noch positiv, aber kleiner als im ersten Fall, die Leistung sinkt. Ist $\varphi = 90$ geworden, so ist die Projektion von O I″ auf O K gleich Null, die Leistung demnach auch gleich Null. Wandert nun der Vektor O I noch weiter zurück, so entsteht eine negative Wattkomponente des Stromes, und somit wird auch das Leistungsprodukt negativ, aber noch immer klein. Die Maschine arbeitet jetzt als Motor mit schwacher Belastung und großer Phasenverschiebung, und aus der Phasennacheilung ist jetzt eine Phasenvoreilung innerhalb des Motors geworden. Zeichnen wir uns nach Abb. 390 den Stromverlauf auf, so ergibt sich die Stromwelle als zeitlich vor der Spannungswelle verlaufend. An der Stelle, an der der Vektor OI in gleicher Richtung mit OK liegt, aber entgegengesetzten Sinn hat, tritt das Maximum der negativen Leistung auf, die Maschine läuft dann als vollbelasteter Synchronmotor. Wir erkennen also, daß der Übergang vom Wechselstromgenerator zum Synchronmotor sich unter Berücksichtigung der Eigenheiten des Wechselstromes ebenso vollzieht wie der Übergang des Gleichstromnebenschlußgenerators zum Motor. Wir bemerken aber ferner, daß, wenn der Generator mit einer bestimmten Tourenzahl läuft, um eine bestimmte Periodenzahl zu geben, der Motor, wenn er mit derselben Periodenzahl betrieben werden soll, ebenfalls mit dieser Tourenzahl laufen muß, da sonst Spannungs- und Stromvektor nie in eine bestimmte Lage zueinander kommen könnten, d. h. der Motor zeitweise sein Drehmoment umkehren würde und aus dem Tritt fiele. Es ist eine typische Eigenschaft der Synchronmotoren, die ihnen auch den Namen gegeben hat, daß sie unabhängig von der Belastung mit stets gleich bleibender Tourenzahl, die von der Periodenzahl und der Polpaarzahl bestimmt wird, arbeiten müssen, oder daß sie, wenn ihnen dies aus noch näher zu erörternden Gründen unmöglich wird, sofort stehenbleiben, wie man zu sagen pflegt, aus dem Tritt fallen. Dieses Außertrittfallen ist bei guter Kurvenform in der Praxis nicht zu befürchten, da die Motoren stets so bemessen werden, daß auch eine über die normale hinaus gehende Belastung sie noch nicht an ihre Leistungsgrenze bringt.

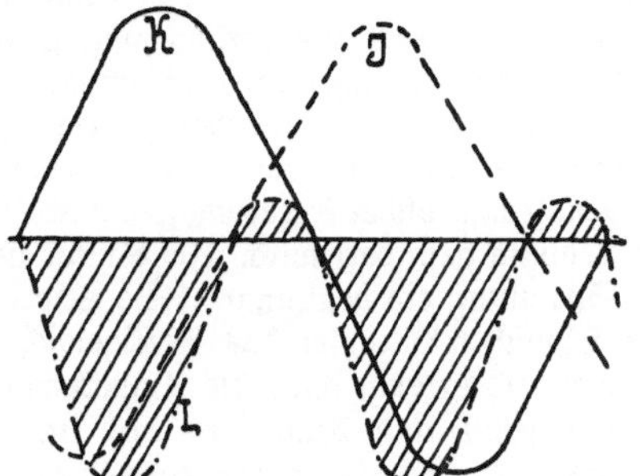

390. Leistungskurve in einem Synchronmotor.

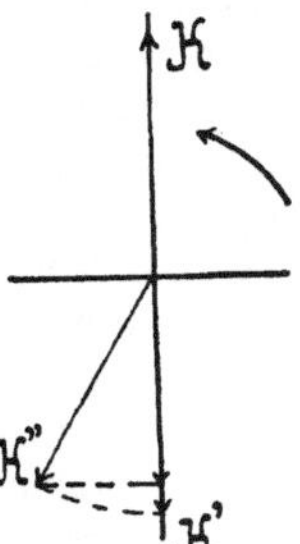

391. Stromaufnahme eines Synchronmotors.

Ebenso wie wir bei dem Gleichstrommotor beobachteten, daß die selbsttätige Aufnahme der Belastung durch Sinken der Tourenzahl und damit Verringerung der elektromotorischen Kraft im Anker bewirkt wurde, müssen wir hier fragen, wie der Synchronmotor ohne äußere Eingriffe sich bei verschiedenen Belastungen und damit verschiedenen Strömen verhält. Eins ist dabei als feststehend zu beachten, daß ein Sinken der Touren nicht möglich ist. Es ist dies aber auch gar nicht erforderlich, denn betrachten wir in Abb. 391 wieder ein ähnliches Diagramm wie früher, in dem die Wirkungsweise eines Generators und eines Motors dargestellt sind, so drückt der Generator mit einer Spannung K und der Motor mit einer entgegengesetzten Spannung K', die beide von der konstanten Erregung und der unveränderlichen Tourenzahl abhängig sind. Für den Fall, daß die beiden Vektoren gleiche Größe und entgegengesetzte Richtung besitzen, halten sie sich in jedem Moment das Gleichgewicht, d. h. es fließt kein Strom, Motor und Generator laufen leer, wobei der Motor ebenfalls wie der Generator angetrieben werden muß, da ihm keine elektrische Energie zugeführt wird. Dieser Zustand des Synchronismus wird nach Abb. 392 durch Überbrückung des später zu schließenden Schalters mit Lampen festgestellt. Ist die Spannung der beiden Maschinen in jedem Augenblick entgegengesetzt und gleich, so brennen die Lampen mit der Spannung Null, d. h. sie verlöschen. Nun können wir ohne Bedenken die beiden Punkte, zwischen denen keine Spannung herrscht, mit Hilfe der Messer des Schalters kurzschließen. Der Motor ist angelassen oder synchronisiert. Wird nun der Motor belastet, so muß er Wattstrom aufnehmen, und zwar kann er das infolge des zeitlichen Wechsels zwischen Strom und Spannung dadurch, daß er die Phase zwischen der aufgedrückten und der im Anker induzierten Spannung ändert. Die Folge der Maxima im Stator ist durch die Periodenzahl bestimmt, die Lage der im Stator von der Gleichstrom erregten Magnetwicklung erzeugten Maxima ist durch die Lage der Polmitte bestimmt. Bleibt das Magnetrad etwas zurück, so entsteht eine Spannungsdifferenz zwischen aufgedrückter und induzierter Spannung, die durch Stromaufnahme gedeckt werden muß. Der Synchronmotor verhält sich also ähnlich wie ein Gleichstrommotor, doch mit dem Unterschied, daß nur für einen Augenblick die Geschwindigkeit herabgesetzt wird, daß er aber dann sofort wieder

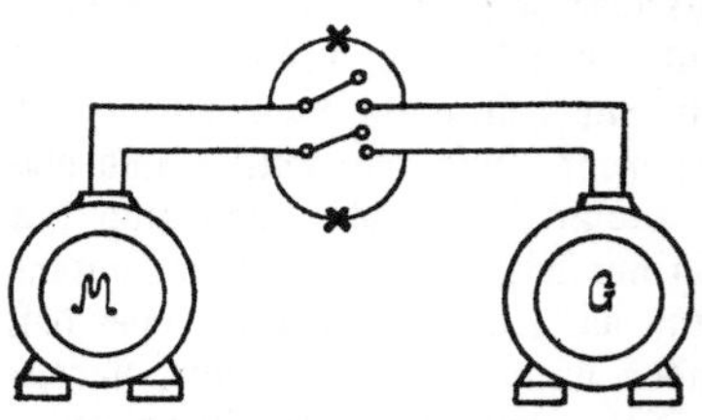

392. Synchronisierschaltung für Synchronmotoren.

mit der früheren synchronen Tourenzahl weiter läuft. Weiter wie elektrisch 90° kann das Magnetrad nicht zurückbleiben, da sich dann die Richtung des Drehmomentes umkehren würde, der Motor aus dem Tritt fiele.

Der Leser wird die Unbequemlichkeiten, die ein Synchronmotor in sich birgt, empfunden haben. Ein Motor, der erst durch äußeren Antrieb auf Touren gebracht werden muß, noch dazu auf kleinste Bruchteile von Sekunden genau und ferner als Wechselstrommotor einer besonderen Gleichstromerregung bedarf, ist kein für normale Betriebe brauchbarer Antrieb.

Trotzdem hat sich der Synchronmotor behaupten können, einmal wegen seiner bei konstanter Periodenzahl absolut konstanten Tourenzahl, gänzlich unabhängig von der von ihm geforderten Leistung und durch seine Eigenschaft, in größeren Netzen die Phasenverschiebung zu korrigieren. Bei unseren bisherigen Betrachtungen haben wir nur die Wechselstromerscheinungen im Motor beachtet unter stillschweigender Voraussetzung, daß der Motor die erforderliche Gleichstromerregung habe. Diese läßt sich aber auch in gewissen Grenzen variieren, ohne daß der Motor in seinem Betriebe gestört wird, und es fragt sich nun, was die Folge solcher Änderung sein wird. Betrachten wir einen Fall, in dem vom Motor konstante Leistung gefordert wird. Im Stator ist dann für

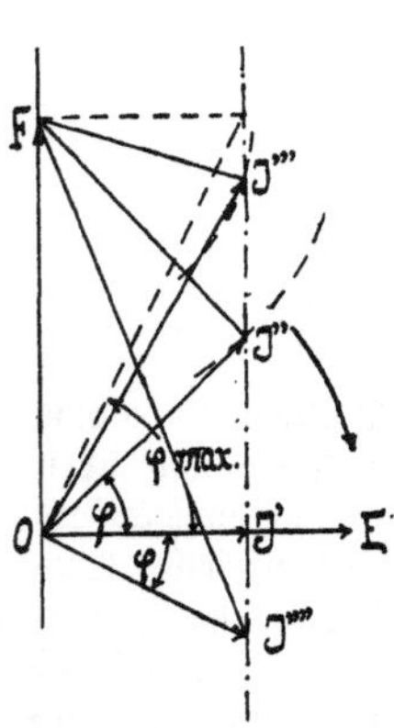

393. Betriebsdiagramm eines Synchronmotors bei veränderlicher Erregung.

konstante aufgedrückte Spannung ein bestimmtes Feld erforderlich, das ihr, abgesehen von den Ohmschen Verlusten das Gleichgewicht zu halten imstande ist. Dieses Feld wird erzeugt durch die Amperewindungszahl des Stromes im Stator selbst und denjenigen des im Magnetrad erzeugten Gleichstromfeldes. In Abb. 393 sei OF das für die Spannung OE erforderliche Feld, das ihr, wie in dem Kapitel Transformatoren erwähnt ist, um 90° nacheilt. Soll der Motor gleiche Leistung abgeben, so muß das Produkt aus Spannung und Wattkomponente OI' des Stromes konstant bleiben, mithin der Strom im Stator stets mit seiner Spitze sich auf einer Senkrechten im Punkt I' bewegen. Vom Magnetrad werden nun eine gegebene Anzahl Amperewindungen FI'' erzeugt, dann müssen sich Statorstrom und Magnetrad-Amperewindungszahlen zu der Amperewindungszahl OF geometrisch addieren. Mit anderen Worten, da der Strom auch stets die Wattkomponente OI' besitzen muß, ergibt sich das Dreieck $OI''F$, dessen Spitze durch den Schnittpunkt des Kreises mit FI'' als Halbmesser um F gegeben ist. Ändern wir nun den Vektor FI, indem wir ihn verkleinern in FI''', so wird der Statorstrom OI''' größer und erhält eine andere Phase zu der Spannung OE, der Winkel φ wird größer bis zu dem Punkt, in dem

FI gleich OI' wird. Schwächen wir die Erregung weiter, so fällt der Motor aus dem Tritt. Verfahren wir umgekehrt und verstärken die Erregung des Magnetrades, so wird φ kleiner, desgleichen auch OI, bis der Vektor OI gleich OI' geworden ist, der Motor läuft dann mit kleinstem Strom und dem Leistungsfaktor $\cos\varphi = 1$. Gehen wir mit der Erregung im Magnetrad noch weiter hinauf, beispielsweise auf FI'''', so wächst OI zu OI'''' und φ wird größer. Während jedoch vorher der Strom der Spannung nacheilte, eilt er jetzt vor und mit Hilfe dieses voreilenden Stromes ist man, wenn er im Vergleich zur Netzbelastung nicht zu klein ist, imstande, eine Phasennacheilung im Netz für die Leitung und die Generatoren zu kompensieren, wodurch die Leistungsfähigkeit der Generatoren durch Steigerung des Leistungsfaktors bis zur Einheit voll ausgenutzt wird. Erforderlich für solche Phasenkorrektur ist, daß die Größe der Erregung des Synchronmotors vom Werk aus geändert werden kann. Es ist somit gegeben, daß in Umformerstationen von Straßenbahnen die Umformung von Wechselstrom in Gleichstrom durch Magnetgeneratoren mit synchronem Antrieb erfolgt, da dort eine in die Wagschale fallende Leistung vorhanden ist und das Personal leicht auf sachgemäße Einstellung der Erregung der Synchronmotorgeneratoren geschult werden kann.

Der Asynchronmotor. Die weite Verbreitung, die der Mehrphasenstrom in seiner besonderen Art des Drehstromes gefunden hat, ist erst durch die Erfindung eines Motors ermöglicht worden, der die Bedingungen eines Antriebsmotors, wie sie vom Gleichstrommotor bekannt sind: Anlauf unter Last, geringer Tourenabfall und Regelbarkeit der Geschwindigkeit, besitzt. Der Asynchron- oder Induktionsmotor, meist unter dem allgemeineren Namen Drehstrommotor bekannt, weist diese Eigenschaften, wenn auch nicht in aller Vollkommenheit, so doch in hinreichendem Maße auf, so daß mit seiner Einführung in die Elektrotechnik der Wechselstrom die Führung anstelle des Gleichstromes übernahm. Um seine Wirkungsweise zu verstehen, müssen wir uns zuerst klar machen, welche Felder sich in dem mit Mehrphasenstrom beschickten Stator eines Synchronmotors, dessen Magnetrad entfernt ist, ausbilden. Betrachten wir der Übersichtlichkeit wegen zunächst einen Stator, der mit Zweiphasenstrom, der um 90° verschoben ist, beschickt ist. Wie wir früher erwähnten (vgl. S. 131 f.) , besitzt ein solcher Stator in der einfachsten Ausführung zwei um räumlich 90° gegeneinander versetzte Wicklungen. In Abb. 394 sei eine solche Wicklung schematisch dargestellt. Die Spulen 1 und 2 sind in Serie geschaltet und wirken magnetisch in demselben Sinn. Ebenso sind 3 und 4

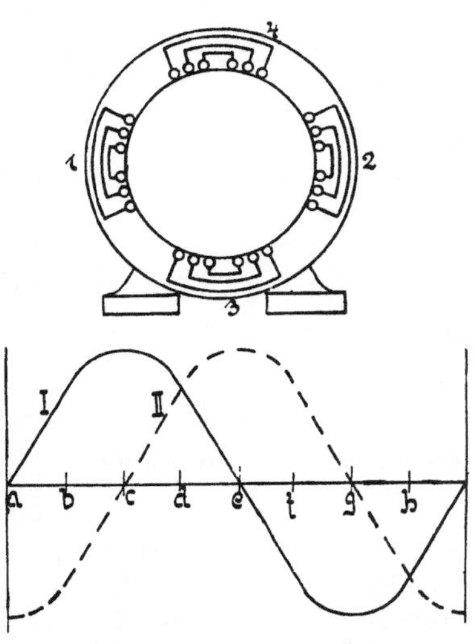

394. Zweiphasenwicklung bei Induktionsmotoren.

elektrisch und magnetisch in Serie geschaltet, so daß zu den vier Spulen zwei aufeinander senkrecht stehende Feldachsen gehören. Beschicken wir nun die Spulengruppe 1 und 2 mit einer Phase I und die Spulengruppe 3 und 4 mit der zweiten um 90° verschobenen Phase II, so ändern sich in dem System die magnetischen Drücke mit dem sich zeitlich ändernden Strom, und damit ändert sich auch das Feld in den beiden Achsen entsprechend der in jedem Augenblick herrschenden, praktisch nur annähernd sinoidal veränderlichen Amperewindungszahl. Verfolgen wir nun an Hand der Kurven beider Phasen I und II die einzelnen Felder, die jeweils ihren Momentanwerten zugeordnet sind, beginnend vom Zeitpunkt a. In diesem Augenblick ist die Amperewindungszahl in Phase I Null. Wir erhalten demnach in der ihr zugeordneten Feldachse kein Feld, dagegen hat die Phase II ihr negatives Maximum und entwickelt deshalb ein bestimmtes maximales Feld, je nach dem Wicklungssinn, beispielsweise nach unten gerichtet. Im Zeitpunkt b hat Phase I einen positiven Wert, beispielsweise nach rechts wirkend, der der Größe nach gleich dem negativen Wert der Phasen II in diesem Augenblick ist. Wir erhalten demnach jetzt im Stator zwei Felder in beiden Achsen, die sich, da sie nebeneinander

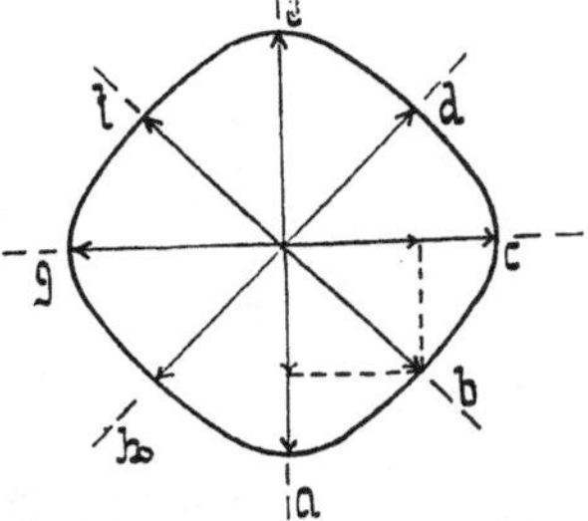

395. Drehfeld eines Zweiphasenstromes.

nicht existieren können, zu einem der geometrischen Summe aus beiden entsprechenden resultierenden Feld zusammen setzen. Im Zeitpunkt c hat die Phase I ihr positives Maximum nach oben wirkend erreicht, wogegen die Phase II die Nullinie schneidet. Wir erhalten somit ein nach oben gerichtetes Feld von der Phase I. Fahren wir so fort, so bemerken wir, daß das Feld oder der es darstellende Feldvektor sich entgegen dem Drehsinn des Uhrzeigers fortbewegt, dabei allerdings in seinen verschiedenen Lagen verschiedene Größen aufweist. Ein solches

Feld wird wegen seiner Rotation „Drehfeld" genannt. In Abb. 395 sind die Konstruktionen des Feldvektors in den verschiedenen Zeitpunkten a, b, c, d, e, f, g, h ausgeführt und die Spitze der Vektoren durch eine Kurve verbunden. Wie der Leser bemerkt, variiert die Feldstärke noch ziemlich stark. Führen wir nun einem dreiphasig gewickelten Stator Dreiphasenstrom, der um 120° verschoben ist, von der gleichen Kurvenform wie vorher zu, so erhalten wir ebenfalls ein Drehfeld, das sich jetzt aber jedesmal aus mindestens zwei Feldern zusammensetzt und dadurch, wie die Konstruktion in Abb. 396 zeigt, eine viel geringere Schwankung in der Feldgröße auf=

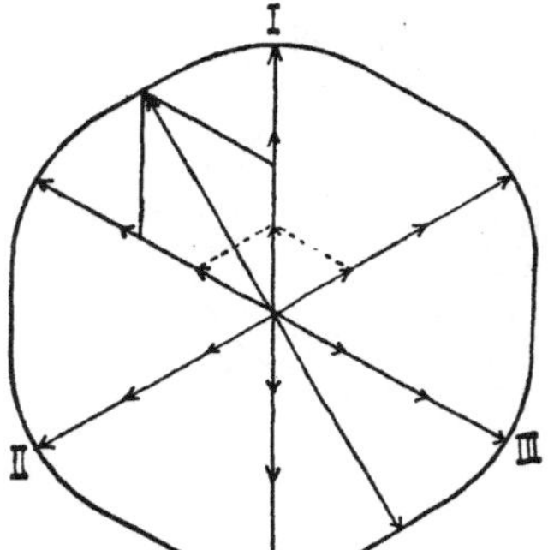

396: Drehfeld des Dreiphasen=
stromes.

weist, als bei Zweiphasenstrom. Dieses fast kreisförmige Drehfeld hat dem um 120° verschobenen Dreiphasenstrom den üblichen Namen „Drehstrom" gegeben.

Wir besitzen also in einem solchen Stator einen Appa=rat, der in ruhenden Wicklungen ein drehendes Feld von annähernd gleicher Stärke erzeugt, dessen Wirkungen ähn=liche sein müssen, wie die eines mechanisch in Rotation versetzten Gleichstromfeldes. Wir wissen nun von früher, daß mit jedem Kraftlinienschnitt eine EMK. verbunden ist, die sich unter der Voraussetzung von geeigneten Strompfaden in Strömen äußert. Bringen wir in den oben beschriebenen Stator einen massiven Ankerkörper, einen sog. Rotor, so wird das Drehfeld in ihm Ströme hervorrufen, die nach denselben Gesetzen verlaufen werden, wie die Ströme in den Leitern des Ankers eines Gleichstrommotors. Wir sahen, daß beim Gleichstrommotor der Strom von außen zugeführt wurde und

sich dann der Anker im ruhenden Feld zu drehen begann. Hier erhält der Anker an Stelle von Konduktion, d. h. durch direkte Zuführung durch leitende Teile wie Bürsten und Kollektor den Strom durch magnetische Verkettung oder Induktion zugeführt. Die Ströme, die dabei von der Geschwindigkeit des Kraftlinienschnittes abhängig sind, werden bei ruhendem Anker (Rotor) sehr kräftig sein, da die Differenz der Ankergeschwindigkeit und der durch die Periodenzahl gegebenen Drehfeldgeschwindigkeit ihr Maximum hat. Der Anker wird daher beschleunigt, und zwar so lange, bis er praktisch synchron mit dem Drehfeld läuft, d. h. kein Kraftlinienschnitt mehr in ihm stattfindet, da sich der massive Kern in relativer Ruhe zu dem Drehfeld befindet, so daß sich keine Ströme und keine mit diesen verbundenen Beschleunigungen mehr einstellen können. Wir sagten ausdrücklich praktisch synchron, denn tatsächlich muß stets auch bei gleichförmiger Geschwindigkeit

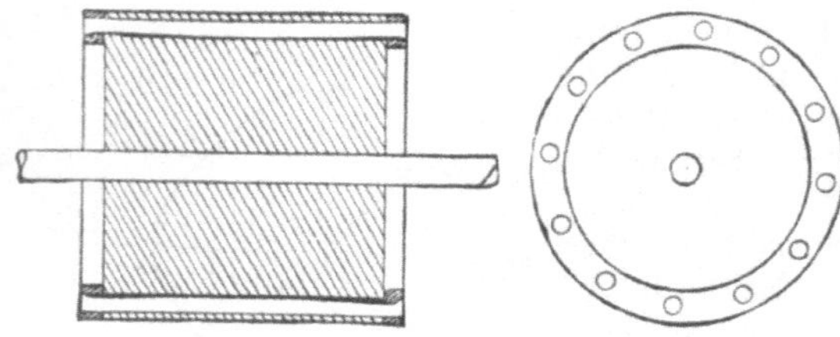

397. Drehstromanker (Kurzschlußanker).

des Ankers eine gewisse Beschleunigung vorhanden sein, die der durch mecha=nische und elektrische Verluste entstehenden Verzögerung das Gleichgewicht hält, d. h. der Rotor oder Läufer bleibt dauernd in seiner Geschwindigkeit etwas hinter der des Drehfeldes zurück, daher die Be=zeichnung Asynchronmotor. Wir erkennen aber auch sofort, daß es, um diese Leer=laufsenergie möglichst klein zu machen, notwendig ist, die Verluste gering zu

halten. Wir werden deshalb, um Hysteresisverluste der Ummagnetisierung, die bei theo=retisch synchronem Lauf allerdings gleich Null würden, da keine Ummagnetisierung stattfindet, mit abnehmender Ankergeschwindigkeit aber wachsen, klein zu halten, den Eisenkörper nicht massiv ausbilden, sondern ihn, wie auch bei den früheren Maschinenankern lamellieren. Ferner werden wir aber auch den Strömen, die sich ausbilden sollen, um mit dem Drehfeld zusammen ein Dreh=moment zu ergeben, gut leitende Pfade und nützliche Richtungen anweisen. Während wir beim Gleichstromgenerator die im Anker entstehenden Ströme in Leitern fassen und sie durch die Bür=sten und den Kollektor an das Netz abzapfen, können wir hier auf ein Abzapfen verzichten, da wir ja die Ströme im Anker selbst verwerten wollen. Wir können somit den Kollektor durch einen Kurzschlußring ersetzen und kommen so zu dem Kurzschluß= oder Käfiganker, der aus dem geblätterten, mit gestanzten Löchern versehenen Eisenkörper besteht, in dessen Nuten nach Abb. 397 Kupferstäbe eingezogen werden, deren Enden durch Ringe aus Bandkupfer verbunden sind. Die Einfachheit des Aufbaues und die Beschaffung einer Antriebsmaschine ohne Schleifringe, Bürsten und ähnliche empfindliche Teile hatte etwas außerordentlich Bestechendes, trotzdem werden aber solche Motoren mit Kurzschlußankern nur für kleine Leistungen angewandt, während für große Leistungen nur in Ausnahmefällen, bei denen es vor allem auf Betriebssicherheit ankommt und bei denen die Motoren nicht häufig stillgesetzt und wieder angelassen zu werden brauchen, Motoren mit Kurzschlußanker zur Aufstellung gelangen.

Die mit dem Kurzschlußanker verbundenen Nachteile werden uns klar werden, wenn wir einen solchen Anker bei Belastungsänderungen beobachten. Wir bemerkten schon, daß die Leerlaufstourenzahl eines solchen Motors nahe an der synchronen Tourenzahl, die durch die Periodenzahl und die Polpaarzahl bestimmt ist, liegt. Bei gegebener Periodenzahl beispielsweise, der von 50 in der Sekunde, werden demnach bestimmte Grundumdrehungszahlen für die Motoren gegeben sein, die je nach der Polpaarzahl 1, 2, 3, 4, 5, 6 usw. sich auf fast 3000, 1500, 1000, 750, 600, 500 usw. belaufen. Über den Zusammenhang zwischen Umdrehungszahl, Zahl der Polpaare und Periodenzahl vgl. S. 127.

Nach einem Bilde aus der Mechanik, in dem der Anker durch Reibung mitgenommen wird, bezeichnet man den Betrag des Zurückbleibens des Ankers hinter dem Drehfeld, wie wir ihn z. B. schon für Leerlauf festgestellt haben, als „Schlüpfung". Der Rotor schlüpft oder gleitet unter dem Drehfeld hinweg, und zwar dauernd um soviel, als zur Aufbringung des erforderlichen Drehmomentes notwendig ist. Wir erkennen nun auch die Art der Belastungsaufnahme eines solchen Motors. Angenommen, der Motor befindet sich im Leerlauf, und es wird ihm durch Einrücken einer Kupplung ein erhöhtes Drehmoment abgefordert, so wird zunächst der Rotor seine Geschwindigkeit verringern. Dadurch wird die Differenz zwischen Drehfeldgeschwindigkeit und Ankergeschwindigkeit mit anderen Worten die Schlüpfung größer, es entsteht ein vermehrter Kraftlinienschnitt damit ein erhöhter Strom und mit diesem ein erhöhtes Drehmoment. Der Motor wird somit unter der geforderten Leistung mit verringerter Geschwindigkeit weiter laufen. In den elektrischen Eigenschaften des Motors ist es begründet, daß das Drehmoment zu Beginn der Belastung proportional mit der Schlüpfung wächst, dann aber einen Umkehrpunkt zeigt und trotz zunehmender Schlüpfung abnimmt. Arbeitet der Motor in der Nähe dieses kritischen Punktes, so wird durch zufälliges Überschreiten des Scheitelpunktes der Drehmomentskurve eine Betriebsstörung zu befürchten sein. Man läßt deshalb die Motoren meist mit Schlüpfungen von nur 5—7% bei Vollast arbeiten, so daß die Tourenzahl der oben angeführten Motoren von 1, 2, 3, 4, 5 und 6 Polpaaren bei Vollast ca. 2820, 1410, 940, 705, 564 und 470 werden.

Unser Motor erfüllt somit die Bedingung geringen Tourenabfalles. Es erhebt sich nun noch die Frage des Anlassens und der Regulierbarkeit. Für kleine Motoren unter 0,5 PS ist direktes Einschalten ohne besondere Anlaßvorrichtung möglich. Im ersten Augenblick ist die Schlüpfung 100%, der Motor nimmt einen hohen Strom auf, weil er mit hoher Schlüpfung auf den Anker arbeitet, der Stromstoß wird jedoch bei Motoren der vorbezeichneten kleinen Leistung so gering, daß er für die Umgebung der Anschlußstelle nicht fühlbar wird. Anders ist es bei Motoren größerer Leistung. Dort würde ein direktes Einschalten eine Spannungsschwankung in dem benachbarten Netz hervorrufen, die im Interesse der angeschlossenen Lichtkonsumenten nicht mehr statthaft ist. Man muß deshalb Mittel ersinnen, diesen Stromstoß bei Anlauf zu verringern. Bei mäßig großen Motoren bis 5 PS läßt sich unter Beibehaltung des Kurzschlußankers das Anlassen mit reduzierter Spannung durch Vorschalten eines dreiphasig gekuppelten, abgestuften Vorschaltwiderstandes im Statorkreis vollziehen. Für größere Motoren und für direkt an Hochspannung anzuschließende Motoren dagegen führt dieses Verfahren nicht mehr zum Ziele. Sollen solche Motoren geringe Anlaufstromstärken besitzen, so muß man in den Sekundärkreis (Rotorstromkreis) des im Ruhezustand einen einfachen Transformator darstellenden Asynchronmotors einen Widerstand einschalten. Man geht dann von dem einfachen Kurzschlußanker zu dem mit Wicklung ähnlich der des Stators versehenen Phasen- oder Schleifringanker über. Die Dreiphasenwicklungen werden in Stern verkettet und die drei freien Enden durch Schleifringe von außen zugänglich gemacht. Es ist dadurch ein Mittel an die Hand gegeben, den Widerstand des Rotorkreises durch Einschalten dreier, gemeinsam veränderlicher Flüssigkeitswiderstände, die ihrerseits wieder in Stern verkettet sind, oder dreier gleichen Metallwiderstände in die Phasen des Rotors zu erhöhen. Damit wird die Anlaufsstromstärke geringer und gleichzeitig das Anlaufsmoment erhöht. Beginnt der Rotor sich zu drehen, so wird Stufe für Stufe des Anlassers ausgeschaltet, bis schließlich der Anker durch die Kurzschlußkontakte des Anlassers wieder kurzgeschlossen ist. Um auch die Verluste in den Zuleitungen zum Anlasser und den doppelten Übergangswiderständen an den Schleifringen und im Anlasser zu vermeiden, wird, wie Abb. 398 zeigt, eine Einrichtung angebracht, die nach vollendeter Anlaßperiode die Schleifringe kurzschließt und die Bürsten abhebt.

Die Regelung der Tourenzahl ist bei Asynchronmotoren nicht in der gleichen wirtschaftlichen Weise wie bei Gleichstrommotoren möglich. Bei diesen wird die EMK. beeinflußt durch Änderung des Magnetisierungsstromes. Hier entspricht aber die Tourenzahl einer bestimmten Schlüpfung und dieser wiederum eine bestimmte EMK. Wir müssen demnach hier das Mittel anwenden, das auch bei Gleichstromserienmotoren benutzt wird, nämlich mittels

398. Drehstrommotor mit Kurzschließer und Bürstenabhebevorrichtung (B. B. C.).

des Betriebsstromes die dem Anker zur Verfügung stehende Spannung drosseln. Es geschieht dies dadurch, daß der in den Rotorkreis eingeschaltete Anlasser, der als solcher elektrisch hoch beansprucht sein darf, da er nur während der kurzen Anlaufsperiode belastet ist und sich dann wieder abkühlen kann, so groß dimensioniert wird, daß er dauernd die Betriebsstromstärke ohne Schaden verträgt. Es wird dann aber ein erheblicher Teil der dem Rotor zugeführten Energie in Wärme umgesetzt, die als Verlust in den Raum ausgestrahlt wird. Wir werden später sehen, daß bei den neuesten Drehstromkollektormotoren dieser Übelstand vermieden ist.

Durch Widerstand im Rotorstromkreis ist die Tourenzahl wegen des Umkehrpunktes des Drehmomentes abhängig von der Schlüpfung nur bis auf annähernd die Hälfte der synchronen herabzumindern. Soll sie in noch weiteren Grenzen geändert werden, so ist Polumschaltung anzuwenden, die es gestattet, durch Änderung der Polzahl von beispielsweise zwei auf vier die Tourenzahl auf die Hälfte, von vier auf sechs um zweidrittel zu erniedrigen und so fort. Diese Methode erfordert aber ziemlich komplizierte Wicklungen und Schaltapparate und findet deshalb selten Anwendung.

Schließlich ist die Kaskadenschaltung zweier oder mehrerer Motoren ein Mittel, das beim Anlassen und Regulieren in großen Stufen zum erwünschten Ziele führt. Wir haben gesehen, daß in dem im Rotorstromkreis eingeschalteten Anlaßwiderstand ein Teil der elektrischen

Energie in Wärme umgesetzt wird. Statt dessen können wir auch diesen Teil einem Apparat zuführen, der ihn nicht in Wärme, sondern in mechanische Energie umsetzt, mit anderen Worten einem zweiten Asynchronmotor und gelangen so zu der Kaskadenschaltung, bei der in den Rotorkreis des ersten Motors durch Schleifringe der Stator des zweiten Motors etngeschaltet ist, dessen Rotor auf gleicher Welle mit dem des ersten montiert ist, während der zweite Motor einen Kurzschlußanker oder einen Phasenanker mit Anlaßwiderstand oder nochmals zwischengeschaltetem Stator eines dritten Motors besitzt. Ein solches Aggregat besitzt die Eigenschaft, daß es normalerweise mit der halben synchronen Tourenzahl läuft, da im Anker des ersten Motors stets der Statorwiderstand des zweiten Motors eingeschaltet bleibt, der eine Schlüpfung von 50% im ersten Rotor hervorruft, demnach selbst mit halber Periodenzahl arbeitet und, da sein Anker kurzgeschlossen ist, nahezu synchron mit seiner Periodenzahl laufen muß. Durch Kurzschließen des ersten Rotors und Parallelschalten der beiden Statoren kann die Tourenzahl bei beiden auf die 50 Perioden entsprechende nahezu synchrone, d. h. doppelte Tourenzahl gebracht werden.

Fassen wir nochmals die Eigenschaften des asynchronen Drehstrommotors zusammen, so sehen wir in ihm eine gegen Störungen sehr unempfindliche, in der Fabrikation billige Antriebsmaschine, die sich sowohl für Antriebe hoher Zugkraft wie für Antriebe mit im wesentlichen konstanter Tourenzahl eignet, die in gewissen Grenzen allerdings nicht wirtschaftlich regulierbar ist. Der wesentliche Vorteil ist die Verwendbarkeit als direkten Hochspannungsmotor, da infolge der Transformatorwirkung zwischen Stator und Rotor der letztere nur Niederspannung führt.

Einphasenmotoren. Durch Zufall wurde entdeckt, daß, wenn bei einem solchen Motor eine Leitung unterbrochen wird, er trotzdem unverändert weiter läuft und zwar, da mit der einen Leitung zwei Phasen abgeschaltet werden, nunmehr als Einphaseninduktionsmotor. Bei näherer Untersuchung eines solchen Einphasenmotors stellte es sich jedoch heraus, daß er nicht von selbst anlaufen kann, da das zum Betrieb erforderliche Drehfeld beim Anlauf nicht vorhanden ist. Erst wenn dem Motor eine bestimmte Geschwindigkeit in einer beliebigen Richtung erteilt ist, läuft er weiter, da sich nun durch die Rückwirkung des Ankers auf den Stator ein Zweiphasendrehfeld ausbildet. Trotz dieser unbequemen Eigenschaft haben die Einphaseninduktionsmotoren eine ziemlich weite Verbreitung in einphasigen Netzen, die vorwiegend für Beleuchtung bestimmt waren, gefunden, da man es verstand, den Anlauf durch eine Hilfsphase zu erzwingen. Wird der Stator eines solchen Motors mit einer zweiten, sogenannten Hilfswickelung versehen, welche unter Vorschaltung einer Drosselspule der Hauptwickelung parallel geschaltet wird, so besteht zwischen den Strömen, welche in dieser an ein und dieselbe Wechselspannung angelegten Verzweigung fließen, eine Phasenverschiebung. Diese verzweigte Wickelung wirkt also als Zweigphasenwickelung, und damit sind die Bedingungen zum Zustandekommen eines Drehfeldes gegeben. Mit diesem läuft der Motor an, und ist er erst im Betrieb, so kann die Kunst- oder Hilfsphase abgeschaltet werden, da der Motor nun ohne sie normal weiter arbeitet. Ist ein besonders gutes Anlaufen erforderlich, so läßt man auch den Motor als Dreiphasenmotor in einer von Steinmetz angegebenen Schaltung an, indem man drei räumlich versetzte Wicklungen im Stator anordnet und der einen die Spannung direkt, der zweiten durch Zwischenschaltung einer Drosselspule und der dritten durch Vorschalten einer Kapazität zuführt. Als betriebsmäßige Kondensatoren werden meist Flüssigkeitskondensatoren oder die spezielle Form der im Abschnitt über Gleichrichter erwähnten Elektrolytkondensatoren angewandt.

Der rastlose Fortschritt der Technik machte aber bei den nicht einfach regelbaren Induktionsmotoren, insbesondere bei den nur unter erschwerenden Umständen anlaufenden Einphasenmotoren nicht Halt. Der Betrieb elektrischer Bahnen nahm immer größeren Umfang an. Die zu beherrschenden Entfernungen innerhalb der Großstädte wuchsen mehr und mehr, und schließlich legte der allgemeine Drang zu weiterer Steigerung der Verkehrsgeschwindigkeit und der Bequemlichkeit des Reisens den Gedanken nahe, auch den bisher mit Dampfkraft versehenen interurbanen Verkehr durch elektrischen Betrieb zu ersetzen, für den in Anbetracht der großen Entfernungen nur noch hochgespannter Wechselstrom oder Drehstrom in Frage kommen konnte. Im asynchronen Drehstrommotor besaß die Technik wohl eine an sich für Bahnbetrieb geeignete Antriebskraft. Er erforderte aber als Drehstrommotor drei Zuleitungen, mithin mindestens

zwei Fahrdrähte, wenn die Schiene als dritte Leitung benutzt werden soll. Für einfache Strecken=
führung bot dies keine Schwierigkeit, in Bahnhöfen mit zahlreichen Weichen und Geleisen
komplizierte sich aber die Oberleitungsführung ins Ungemessene. Man sann deshalb auf Mittel
und Wege, den Einphasenstrom dem Bahnbetrieb dienstbar zu machen, und erinnerte sich der
lange bekannten Tatsache, daß der gewöhnliche Gleichstromserienmotor auch mit Wechselstrom
betrieben lief, ohne seinen Charakter wesentlich zu ändern. Ein Gleichstromnebenschlußmotor
läßt sich mit Wechselstrom nicht betreiben, da die Selbstinduktion in der Feldwicklung erheblich
höher ist als die im Anker. Die Folge davon ist, daß das Feld fast 90° hinter dem Ankerstrom
in der Phase zurückbleibt, so daß ein Drehmoment nicht entstehen kann. Das Produkt aus Anker=
strom und Feld, das uns in jedem Augenblick das Drehmoment ergibt, ist infolge davon, daß Strom
und Feld senkrecht aufeinander stehen, fast stets gleich Null. Hat der Strom sein Maximum,
so ist das Feld Null, und umgekehrt bei Feldmaximum geht der Strom durch Null hindurch.
Anders ist es beim Serienmotor, dort kann die Selbstinduktion des Feldes und des Ankers ziemlich
gleich gehalten werden, so daß zwar Strom und Feld gegen die Spannung verschoben werden,
da sie aber gleich viel verschoben werden, trotzdem in Phase bleiben. Damit kommen wir nun
auf eine typische Eigenschaft aller Wechselstrommotoren, nämlich auf den Leistungsfaktor, bzw.
den Kosinus des Phasenverschiebungswinkels zwischen Strom und Spannung (vgl. S. 47 u. 276).
Es muß angestrebt werden, diesen Leistungsfaktor der Einheit gleichzumachen, da dann das Kup=
fer sowohl im Motor, wie in dem antreibenden Generator und der Leitung am besten ausgenutzt
wird. Man mußte deshalb darauf bedacht sein, die einzelnen Phasenverschiebungen durch Kom=
pensationswicklungen zu beseitigen. Beim Serienmotor läßt sich das Ankerfeld durch eine Deri=
wicklung, wie wir sie auch bei Gleichstrommaschinen kennen lernten (vgl. S. 124 f.), vernichten. Mit
der Ankerfeldvernichtung wird auch die Phasenverschiebung im Anker auf Null reduziert. Ein Schnitt
der Leiter durch die von ihnen selbst erzeugten Kraftlinien kann nicht mehr stattfinden, da eine
entgegengesetzt magnetisierende Wicklung aufgebracht ist, die die magnetische Wirkung der Anker=
drähte aufhebt. Dagegen muß die Selbstinduktion des Feldes als notwendiges Übel mit in
Kauf genommen werden, denn wollten wir diese auch noch beseitigen, so müßten wir das ganze
Erregerfeld beseitigen, wodurch ein Drehmoment nicht mehr zustande kommen könnte. Die
Einphasenwechselstromserienmotoren unterscheiden sich demnach von den Gleichstrommotoren
mit Ankerkompensation nur dadurch, daß ihr Feldsystem, da es ein Wechselfeld führen soll, ebenso
wie der Anker geblättert ist. Sie laufen mit Gleichstrom oder Wechselstrom annähernd gleich
wirtschaftlich, können aber wegen der nicht vollkommen kompensierten Selbstinduktion nicht mit
hoher Periodenzahl betrieben werden, da sonst der Leistungsfaktor zu gering werden würde.

Eine besondere Eigenschaft sämtlicher Kollektormotoren ist ferner die, daß in den durch die
Bürsten kurzgeschlossenen Windungen, die vom vollen Feld durchflossen werden, eine der Pe=
riodenzahl und dem Feld entsprechende Spannung erzeugt wird, die auf den Kurzschlußkreis
wirkend zusätzliche, verlustbringende Ströme hervorruft, die ihrerseits wieder eine Rückwirkung
auf den Stator ausüben, wodurch der Energieverbrauch des Motors ohne Steigerung des Dreh=
momentes erheblich wächst. Um diese schädlichen Kurzschlußströme gering zu halten, hat man zu=
nächst dafür zu sorgen, daß die Windungszahl pro Kurzschlußkreis klein bleibt. So wird fast stets
nur je eine Windung an zwei Kollektorsegmente angeschlossen. Ferner muß der Widerstand
im Kurzschlußkreis vergrößert werden, ohne daß dadurch der Widerstand im Nutzstromkreis er=
heblich geändert wird. Man erreicht dieses Ziel durch Einbau von Widerstandsverbindungen
zwischen Spulenenden und Kollektorfahnen und durch Anwendung harter schmaler Bürsten
von Kohle mit hohem spezifischen Widerstand. Die Widerstandsverbindungen werden nach einem
Patent der Siemens=Schuckert=Werke in den Anker eingebettet und tragen dadurch zur Er=
höhung des Drehmomentes bei, wie die aktiven Ankerleiter.

Schließlich ist noch eine Eigenschaft der Wechselstromkollektormotoren von erheblicher Be=
deutung, nämlich die, daß bei erfolgtem Anlauf in den Ankerleitern elektromotorische Kräfte
durch Kraftlinienschnitt der Bewegung im Gegensatz zu ruhender Induktion erzeugt werden.
Sie entstehen wie bei Gleichstrom durch die Bewegung der Leiter im Feld, doch ist zu beachten,
daß hier das Feld selbst ein Wechselfeld ist. Die Wellenlänge bzw. die Periodenzahl der elektro=
motorischen Kräfte der Rotation ist demnach durch die Periodenzahl des Feldes gegeben, da bei
Feld Null, einerlei wie groß die Geschwindigkeit der Leiter ist, keine Rotations=EMK. entstehen

kann. Die Schwingungsweite ist dagegen abhängig von der Tourenzahl und proportional dieser. Betrachten wir nun die Zusammensetzung der elektromotorischen Kräfte und Spannungsabfälle in einem solchen Serienmotor, so setzt sich die aufgedrückte Spannung zusammen aus einem Vektor der Selbstinduktionsspannung und einem Vektor, der sich aus Ohmschem Abfall und aus Rotations-EMK. zusammensetzt. Je größer der Beitrag an Rotations-EMK. wird, um so kleiner wird der Phasenverschiebungswinkel, und um so größer wird der Leistungsfaktor. Es ist demnach vorteilhaft, die Serienmotoren mit hoher Tourenzahl arbeiten zu lassen.

Neben dem Serienmotor war schon früher von Thomson und Atkinson der sogenannte Repulsionsmotor angegeben worden. Es ist nämlich bei Wechselstrom, wie wir schon beim Drehstrommotor bemerkten, möglich, an Stelle der Konduktion eine magnetische Verkettung oder Induktion treten zu lassen. Abb. 399 und 400 sollen den Übergang von dem einen zum anderen System zeigen. Nehmen wir für einen Serienmotor im Feld F, Anker A und Kompensationswicklung K gleiche Win-

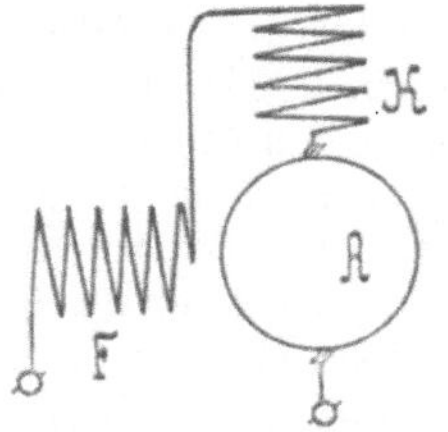

399. Schema eines Wechselstrom-Serienmotors.

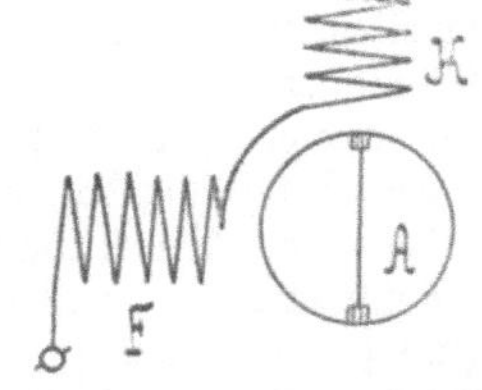

400. Schema eines Wechselstrom-Repulsionsmotors nach Atkinson.

dungszahlen an, so haben wir in diesen drei, in Serie geschalteten Wicklungen gleiche Amperewindungszahlen. Betrachten wir nun das Schema der Abb. 400, das nur den Unterschied aufweist, daß keine Zuleitungen zum Anker vorhanden sind, sondern dessen Bürsten durch eine Verbindung geringen Widerstandes kurzgeschlossen sind, so erkennen wir, daß an der Verteilung der Amperewindungszahlen nichts geändert ist, somit auch dem Prinzip nach ein solcher Motor sich ähnlich wie ein Serienmotor verhalten muß. Die Wicklungen K und A bilden nämlich zusammen einen Transformator mit gleicher primärer und sekundärer Spule. Abgesehen von den Verlusten wird demnach primär und sekundär derselbe Strom nach Größe und Phase fließen. Da nun die Primärseite mit der F-Wicklung in Serie geschaltet ist, muß in allen drei Wicklungen wieder der gleiche Strom wie im Serienmotor fließen. Statt der beiden Wicklungen läßt sich auch, wie in Abb. 401 dargestellt ist, nur eine anwenden, die gegen die Bürstenachse um einen bestimmten Winkel verschoben ist. Die Wirkung dieser Wicklung läßt sich ähnlich, wie wir es bei der Ankerrückwirkung von Gleichstrommaschinen kennen gelernt haben, in zwei aufeinander senkrechte Komponenten zerlegen, deren eine in Richtung der Bürstenachse dem Anker durch Induktion mit Strom versorgt, während die andere das zur Erzeugung des Drehmomentes erforderliche Feld herstellt. Wir erkennen nun aber auch, daß die Bürstenachse nicht beliebig eingestellt werden darf. Steht sie nämlich zu der Wicklung des Stators senkrecht, so besitzt das Statorfeld keine induzierende Komponente mehr, der Motor wird kein Drehmoment entwickeln können, sondern sich wie eine gewöhnliche Drosselspule verhalten.

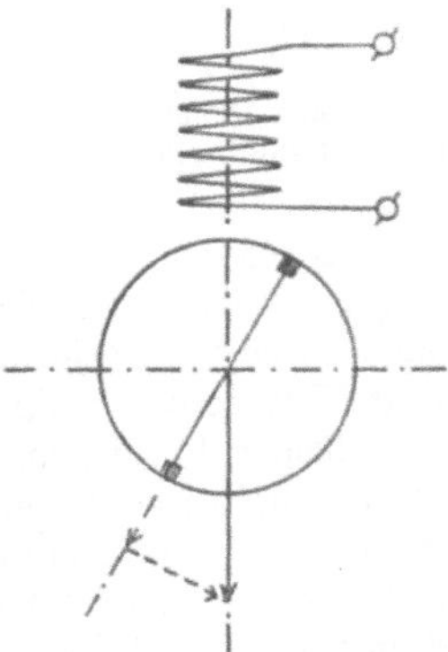

401. Schema eines Repulsionsmotors nach Thomson.

Drehen wir dagegen die Bürstenachse in Richtung der Feldachse, so würde zwar eine starke Induktion des Ankers stattfinden, d. h. der Motor wie ein kurzgeschlossener Transformator wirken, aber wieder kein Drehmoment entwickeln, da nun die Feldwicklung keine Komponente senkrecht zur Bürstenachse besäße. Aus dem vorher Gesagten geht hervor, daß der Repulsionsmotor ohne Anlaßwiderstände in Gang gesetzt werden kann, und diese hervorragende Einfachheit in der Bedienung und in der Stromzuführung, die durch zwei Leitungen zum Stator bewirkt wird, hat ihm viele berechtigte Freunde gesichert. Stellen wir nämlich die Bürstenachse senkrecht zur Feldachse, so können wir den Stator einschalten, ohne einen erheblichen Stromstoß zu bekommen. Mit wachsendem Bürstenverstellungswinkel wird die dem Anker zugeführte Spannung größer und größer, das Drehmoment wächst ungefähr quadratisch an, und der Motor wird sich zu drehen beginnen. Nun tritt hier noch eine weitere Eigenschaft des Kollektors für die mit ihm ausgestatteten Wechselstrommotoren in Erscheinung. Würde nämlich wie beim Asynchronmotor die Periodenzahl im Rotor von seiner Umbrehungszahl abhängig sein, so könnte, wie leicht verständlich, dieser Strom mit veränderlicher Periodenzahl mit dem Feld von konstanter Periodenzahl kein Drehmoment entwickeln. Der Kollektor aber wandelt den rotierenden Anker trotz seiner Bewegung in bezug auf die magnetische Verkettung in eine im Raum ruhende Spule um, deren Achse durch den Bürstenverstellungswinkel gegeben ist. Wohl treten Leiter der einen Hälfte in die andere über, wohl schneiden diese Leiter das Wechselfeld, so daß in ihnen eine EMK. der Rotation erzeugt wird, aber die dem Wechselfeld zur Verfügung stehende Windungszahl ist stets die gleiche, so daß sich der Rotor in dieser Beziehung genau wie die Sekundärseite eines Transformators verhält, die auch nur Strom von der gleichen Periodenzahl wie die Primärseite führen kann.

Die Einführung der Induktion an Stelle der Konduktion ermöglichte es, den Stator ebenso wie bei einem Drehstromasynchronmotor mit Hochspannungswicklung zu versehen, während der Rotor nur die im Verhältnis der Windungszahlen reduzierte Niederspannung führt. Im Gegensatz zum Wechselstromserienmotor, der mit einem Wechselfeld arbeitet, bildet sich im Repulsionsmotor durch die Rückwirkung des Ankers ein Drehfeld aus, so daß man bei ihm von einer synchronen Tourenzahl reden kann, die jedoch bei Änderung des Bürstenwinkels in eine über-

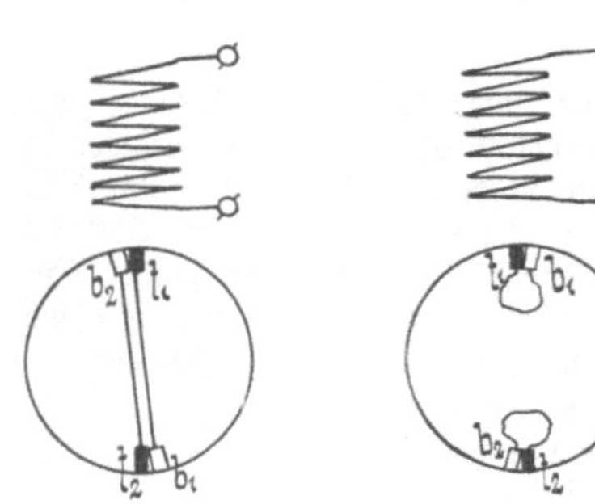

402. Schema eines Repulsionsmotors nach Deri.

403. Anlaßstellung des Derimotors.

oder untersynchrone geändert werden kann. In der synchronen Tourenzahl läuft der Anker im Feld ohne Kraftlinienschnitt und ohne Ummagnetisierung, so daß die Hysteresis- und Wirbelstromverluste gleich Null werden. Während der Serienmotor mit ausgeprägten Polen gebaut werden kann, ist es für die Ausbildung des Drehfeldes bei Repulsionsmotoren günstig, sie mit gleichverteiltem Eisen im Stator auszuführen. Die Ankerfeldkompensation wird dadurch erleichtert, so daß der $\cos \varphi$ auch bei höherer Periodenzahl noch nicht erheblich von der Einheit abweicht. Die Umsteuerung geschieht dadurch, daß die Spannung im Anker gewendet wird, indem die Bürsten im entgegengesetzten Sinn durch die Anlaßstellung hindurch verschoben werden. Es entsteht dadurch ein entgegengesetzt wirkendes Drehmoment, das auch zur Bremsung des Motors benutzt werden kann. Von dem bisher beschriebenen Thomsonmotor mit einem Bürstenpaar pro Polpaar unterscheidet sich der von Brown, Boveri & Co. gebaute Derimotor prinzipiell nur wenig. Er besitzt an Stelle des einen Bürstenpaares je zwei kurz geschlossene Bürstenpaare pro Polpaare, deren eine Bürste f_1 bzw. f_2 fest angeordnet ist, während die zugehörigen Bürsten b_1 und b_2 beweglich sind und miteinander gemeinsam verschoben werden können. Deckt sich nach Abb. 402 f_1 mit b_2 und f_2 mit b_1, so haben wir den gleichen Fall wie beim Thomsonmotor bei Bürstenverstellung von 90°, nämlich den als kurzgeschlossene Sekundärseite wirkenden Rotor. Deckt sich dagegen nach Abb. 403 f_1 mit b_1 und f_2 mit b_2, sind mithin gegen vorher die Bürsten um 180° verschoben, so haben wir im Rotor keine kurzgeschlossene Achse mehr, der Stator kann ohne Stromstoß eingeschaltet werden. Wir erkennen daraus den wesentlichen Vorteil des Derimotors gegenüber dem Thomsonmotor, daß für gleiche Wirkung an Stelle von fast 90° der doppelte Verstellungswinkel von fast 180° zur Verfügung steht, so daß die Tourenregelung durch Bürstenverstellung in kleineren Stufen erfolgen kann.

Schließlich ist in dem von Winter und Eichberg und unabhängig von diesen von M. Latour in Frankreich konstruierten Motor die Erregung des Motors auf den Rotor gebracht worden, wodurch eine weitgehende Phasenkompensation erreicht wird. Diese, deshalb auch als kompensierte Repulsionsmotoren bezeichneten Motoren besitzen, wie Abb. 404 schematisch zeigt, ein auf dem Stator angeordnete Ankerwicklung, das bedeutet, daß diese Wicklung den Arbeitsstrom führt, während ihr Feld durch eine mittels kurzgeschlossenen Bürstenpaares, dessen Achse mit der der Statorwicklung gleichgerichtet ist, auf dem Rotor geschaffenen Kompensationswick-

lung vernichtet wird, so daß keine Selbstinduktion in dieser gemeinsamen Bifilarwicklung entstehen kann. Für die zur Erzeugung eines Drehmomentes erforderliche Felderregung wird
die Ankerwicklung dadurch benutzt, daß der Hauptstrom durch ein senkrecht aufgesetztes Bürstenpaar zur Achse der Statorwicklung dem Rotor zugeführt wird. Es tritt nun hier der Vorteil
der EMK. der Rotation deutlich hervor. Bei den bisherigen Motoren war die Feldwicklung
stets ruhend angeordnet, mußte demnach auch mit unausgeglichener Selbstinduktion behaftet
sein. Auch hier haben wir naturgemäß auf eine Selbstinduktionsspannung zu rechnen, da wir
es mit einem Wechselfeld, das nicht kompensiert werden darf, zu tun haben. Der Unterschied ist
aber der, daß nun eine zweite EMK. im Rotor durch Kraftlinienschnitt in einem auf der Erregerachse senkrecht stehenden „Querfeld" einzuführen ist. Ist diese EMK. der Phase der
Selbstinduktionsspannung entgegengesetzt, so wirkt sie phasenkompensierend, wie ein Kondensator auf das Feld, und der Leistungsfaktor des Motors wird der Einheit gleich zu machen
sein. Ausgehend von der Phase des Hauptstromes, die auch die des Hauptfeldes ist, liegt die
Spannung der Selbstinduktion zu ihr um 90° nach rückwärts verschoben. Hat das Feld sein
Maximum, so ist die Kraft der Linienänderung und damit der Kraftlinienschnitt Null, d. h. die
Spannung der Selbstinduktion geht durch Null. Im Augenblick des Felddurchganges durch Null

hat die Kraftlinienänderung und
damit auch die Selbstinduktion
ein Maximum. Wenden wir
wieder die Methode der gerichteten Größen an und stellen in
Abb. 405 O I den Hauptstrom
nach Größe und Phase dar, so
haben wir als Selbstinduktionsspannung eine Größe O E_s 90°
hinter O I nacheilend einzuzeichnen. Bei Rotation tritt
aber eine EMK. der Rotation
O E in dem Hauptfeld O F ein,
die notwendigerweise in Phase
mit ihm sein muß und der Größe

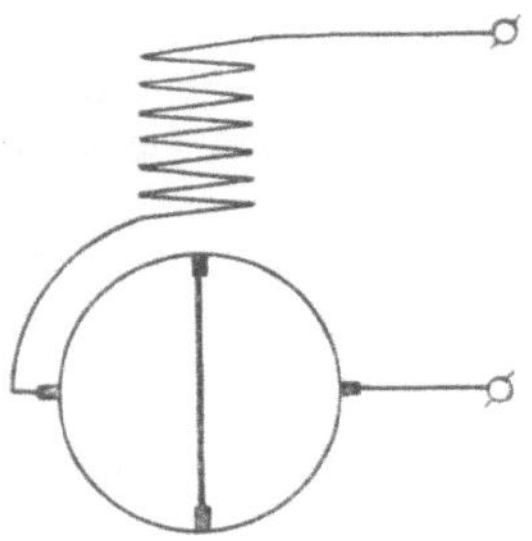

404. Schema eines kompensierten Repulsionsmotors
nach Winter-Eichberg.

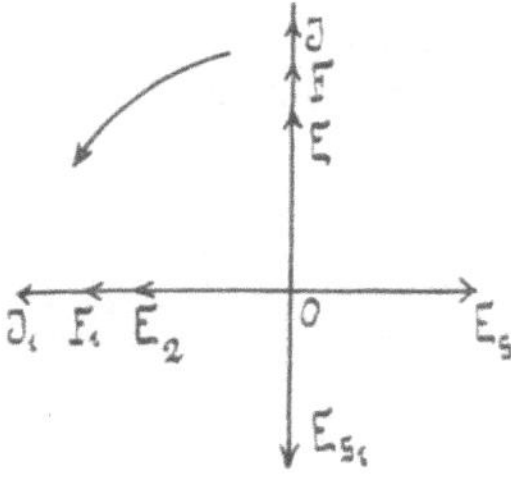

405. EMK. im Anker eines
kompensierten Repulsionsmotors.

nach proportional der Geschwindigkeit und dem Hauptfeld ist. Dieser muß nun durch eine in
Richtung der Kurzschlußachse im Rotor entstehende EMK. der Selbstinduktion das Gleichgewicht
gehalten werden, wodurch ein Strom O I_1 und ein Feld O F_1, das der Spannung der Selbstinduktion um 90° nacheilt, erzeugt wird. In diesem Feld wird nun durch Rotation eine zweite
EMK. erzeugt, die in Phase mit ihm ist, so daß sie in die Richtung O E_2 fällt, d. h. die
Selbstinduktionsspannung O E_s bei einer bestimmten Tourenzahl und einem bestimmten Strom
kompensieren kann, da beide Größen dann im Werte gleich und der Phase nach entgegengesetzt
sind. Bei abweichender Tourenzahl überwiegt entweder die Komponente O E_s oder die Komponente O E_2, so daß der Anker bei erhöhter Tourenzahl als Kondensator, bei niedrigerer Tourenzahl als Drosselspule wirkt. Mit Hilfe des phasenvoreilenden Stromes ist es möglich, auch alle
weiteren im Motor auftretenden Phasenverschiebungen zu kompensieren, so daß er innerhalb
bestimmter Grenzen mit einem der Einheit nur sehr wenig abweichenden Leistungsfaktor arbeitet. Es ist daher möglich, diesen Motortyp mit der normalen Periodenzahl von 50 Perioden
zu betreiben, um so mehr, als auch die Kommutationsverhältnisse für ihn günstiger liegen als
für die beiden vorher erwähnten Gattungen. Der Vorteil des Repulsionsmotors, direkte Hochspannungswicklung aufbringen zu können, geht allerdings durch die Zuführung des Hauptstromes zum Kollektor verloren. Es steht dagegen nichts im Wege, den Motor, der in der bisher
erwähnten Schaltung mit Seriencharakteristik arbeiten muß, mit Nebenschlußcharakteristik,
d. h. mit konstantem Feld arbeiten zu lassen. Die Tourenregelung und das Anlassen geschieht
genau wie bei einem Gleichstrommotor durch Änderung der Ankerspannung und des Feldes,
nur macht man sich die leichte Regulierbarkeit der Wechselspannung durch Transformatoren zu
nutze, indem man an Stelle der Widerstände Stufentransformatoren anwendet. Abb. 406
zeigt die komplette Schaltung eines Winter-Eichberg-Seriemotors. Zum Transformieren der

Spannung und zum Anlassen dient ein Stufentransformator, dessen Sekundärseite auf den Stator und die Primärseite eines Serientransformators arbeitet. Der Serientransformator speist sekundär das auf dem Rotor angeordnete Feld. Die Tourenregelung kann hier wirtschaftlich durch Spannungsänderung am Feld geschehen, da bei der magnetischen Verkettung des primären und sekundären Stromes beide durch Änderung des Übersetzungsverhältnisses unabhängig von einander werden. Die Charakteristik des Motors bleibt die eines Hauptstrommotors, da Feld und

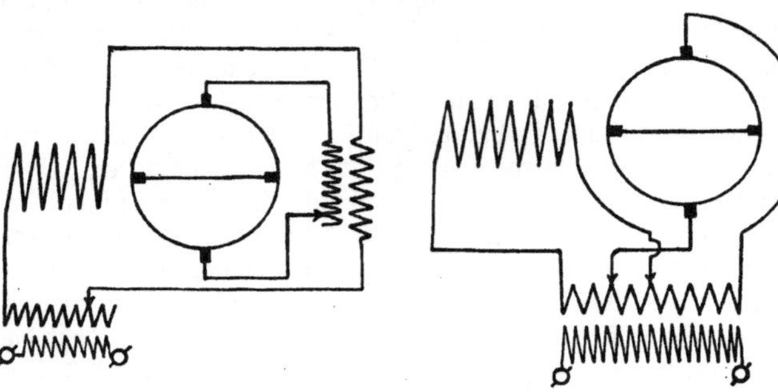

406. Schaltung eines Hauptstrommotors nach Winter-Eichberg.

407. Schaltung eines Nebenschlußmotors nach Winter-Eichberg.

Stator von demselben bzw. einem Bruchteil desselben Stromes durchflossen werden. Das Schaltungsschema eines Nebenschlußmotors zeigt Abb. 407. Ein gemeinsamer Transformator mit zwei Stufenschaltern dient zum Anlassen, indem die Statorschaltung erhöht wird, und zur

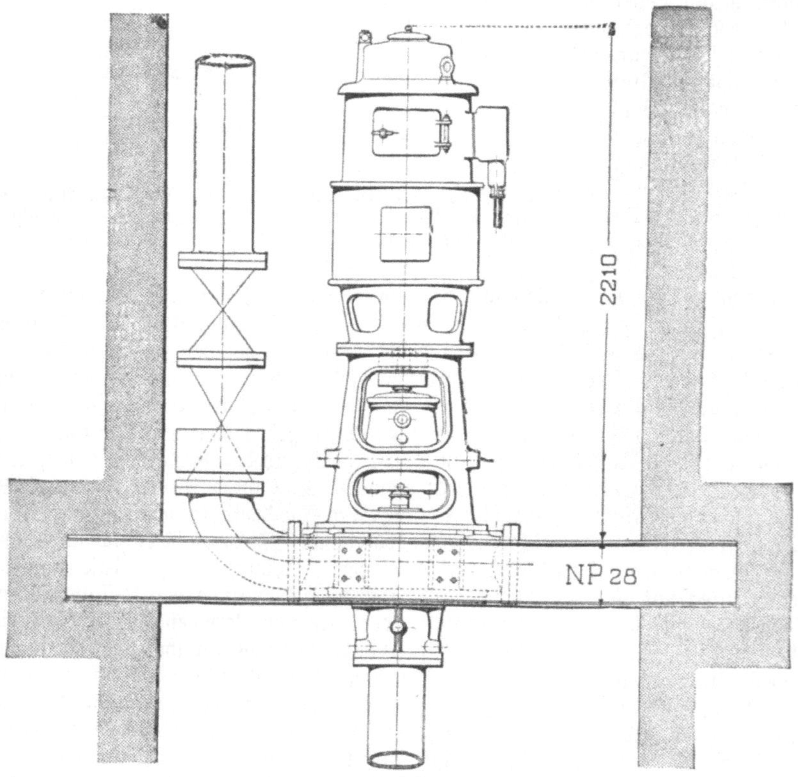

408. Vertikalpumpe mit elektr. Antrieb (AEG.).

Regulierung, indem die Spannung an den Feldstrom führenden Bürsten geändert wird. Ein solcher Motor läuft, da seine Feldspannung unabhängig vom Ankerstrom ist, mit der Charakteristik eines Nebenschlußmotors, d. h. fast gleichbleibender Tourenzahl, unabhängig von der Belastung.

Die Schwierigkeiten, die sich im Anfang bei den Einphasen=
kollektormotoren herausstellten, und die sich besonders darin
äußerten, daß ein funkenfreier Lauf nur mit Mühe zu erzielen
war, können heute als beseitigt angesehen werden. Welches der
drei Systeme das beste ist, läßt sich nur von Fall zu Fall ent=
scheiden.

Die schnelle Aufnahme, die den Einphasenmotoren zuteil
wurde, ermutigte sogar die Konstrukteure, auch für Mehrphasen=
strom Kollektormotoren zu bauen, trotzdem sie infolge des Kol=
lektors teuer und empfindlicher ausfallen mußten, wie der be=
reits eingehend erwähnte Drehstromasynchronmotor. Die oben=
erwähnte unzulängliche Regulierbarkeit großer Asynchronmotoren
für Förderanlagen, Walzenzugsmaschinen und dergleichen drängte
dazu, die früher im Regulierwiderstand vernichtete Energie in
elektrischer oder mechanischer Form wiederzugewinnen. Man
kann entweder, wie Krämer vorschlägt, die im Rotorwiderstand
vernichtete Energie in Form eines in den Dimensionen nicht
erheblich großen und deshalb unschwer auszuführenden Kollektor=
motors, der auf die gleiche Welle wie der Hauptmotor arbeitet,
als mechanische Energie wiedergewinnen, oder man ergänzt einen
nur elektrisch mit dem Hauptmotor verbundenen Kollektormotor
zu einem Hilfsumformer, dessen zweite Maschine wieder eine
Kollektormaschine sein kann, und liefert die Energie ins Netz zu=
rück. Die zweite von Scherbius vorgeschlagene Methode empfiehlt
sich für vorhandene Asynchronmotoren, deren Regulierung wirt=
schaftlich gesteigert werden soll. Es tritt dann einfach an Stelle
des Widerstandes im Rotor ein aus Kollektormotor und Gene=
rator bestehendes Regulieraggregat. Ein näheres Eingehen auf
die verschiedenen Möglichkeiten der Dreiphasenkollektormotoren
würde den Rahmen des vorliegenden Buches überschreiten. Es
sei nur erwähnt, daß prinzipielle Unterschiede zwischen Einphasen=

409. Abteufpumpe (A. E. G.). 410. Drehstrommotor mit Plattenschutz (S.=S.=W.).

19

und Mehrphasenkollektormotoren nicht bestehen, daß aber infolge der Kombinationsmöglichkeiten der verschiedenen Phasen die Frage der Phasenkompensation und des funkenfreien Ganges gut gelöst werden können.

Die Anwendungsgebiete der eigentlichen Wechselstrommotoren sind die gleichen wie die der Gleichstrommotoren. Es sollen jedoch einige Beispiele für Sondergebiete noch vorgeführt

411. Webstuhlmotor mit Riemenwippe (Oerlikon)

werden. Infolge der einfachen Schaltungsart und der fast vollständigen Unverwüstlichkeit hat sich der Asynchronmotor für Drehstrom im Bergbetrieb sehr gut eingeführt. Abb. 408 zeigt eine stationäre Vertikalpumpe, bei der Motor und Zentrifugalpumpe direkt miteinander gekuppelt sind. Sie dient zur Entwässerung der Sohlen bzw. des Sumpfes im Bergwerk. Handelt es sich darum, das in den Schacht beim Abteufen eindringende Wasser zu beseitigen, so lassen sich stationäre Pumpen nicht mehr verwenden, da mit dem Fortschreiten der Teufe die maxi-

male Saughöhe bald überschritten würde. Man ordnet dann das Pumpenaggregat in einem Gestell an, das wie ein Fördergestell in den Schacht hinabgelassen werden kann. In Abb. 409 ist die Ansicht einer solchen Abteufpumpe wiedergegeben. An den unten sichtbaren Saugkorb schließt sich die doppelte Saugleitung, die zur Pumpe mit senkrecht darüber befindlichem Motor führt. Die beiden Druckleitun-
gen vereinigen sich in einer Tra-
verse am Kopf des Gestelles, an der auch die Rolle für das Förderseil angebracht ist. Das Druck-
rohr führt dann zwischen dem Förderseil senkrecht hinauf.

Wie früher erwähnt, müssen Motoren in Bergwerken schlag-
wettersicher gekapselt sein. Da an Drehstrommotoren die einzige Stelle, an der Funken auftreten können, die Schleifringe sind, werden diese nach Abb. 410 aus dem Gehäuse herausgezogen und mit Plattenschutz versehen. Abb. 411 zeigt einen kleinen Webstuhlmotor einfachster Bauart mit Riemenwippe, wie er zu Hunderten in den mechanischen

412. Spinnereimotor von Brown, Boveri & Co.

Webereien zum Einzelantrieb zur Verwendung kommt.

Für Spinnereien hat es sich als vorteilhaft erwiesen, mit veränderlicher Tourenzahl zu arbeiten. Das Gespinst wird auf eine Spule aufgespult, die je nach dem Fortschreiten des Prozesses größere oder kleinere Durchmesser besitzt, je nachdem viel oder wenig Garn aufgespult

413. Spinnereimaschine mit Kollektormotorantrieb (B. B. C.).

ist. Da nun eine bestimmte Ware nur mit einer ihrer Festigkeit entsprechenden maximalen Geschwindigkeit gesponnen werden kann, so ergibt sich, daß beim Spinnen mit konstanter Tourenzahl in Rücksicht auf die größeren Durchmesser und den mit diesen verbundenen größeren Ge-
schwindigkeiten auf kleinere Durchmesser langsamer gesponnen werden wird, als es das Material verlangt, d. h. ein solcher Spinnstuhl ist nicht voll ausgenutzt. Abb. 412 zeigt nun den von

Brown, Boveri & Co. in den Handel gebrachten Deri=Repulsionsmotor mit automatischer Spezialregulierung für Spinnen mit gleicher Fadengeschwindigkeit und veränderlicher Touren=zahl. Der oben am vorderen Lagerschild sichtbare Hebel dient zur Bürstenverstellung von Hand beim Anlassen. Nachdem eine bestimmte Grundtourenzahl erreicht ist, klinkt der Hebel in eine Kulisse ein, die von Profilscheiben, die auf den links sichtbaren, von der Spinnmaschine selbst betätigten Zahnradwellen aufgekeilt sind, hin und her bewegt wird. Es ist nunmehr ein leichtes, die Profilscheiben so auszubilden, daß sich die Regelung des Motors, ganz wie es der Spinn=prozeß verlangt, selbsttätig und sicher einstellt. Abb. 413 zeigt den Motor mit dem Automaten an der Spinnmaschine montiert. Auch in dieser Abbildung ist der Anlaßhebel mit Kulisse zu erkennen. Der Motor ist wegen des in Spinnereien unvermeidlichen Staubes gekapselt. Bei größeren Spinnereien ist die gleichmäßige Belastung eines Drei=phasennetzes mit Einphasenmotoren durch gleiche Verteilung der Motoren auf die einzelnen Phasen leicht zu erreichen. Für größere Leistungen werden, um eine gleichmäßige Belastung der Phasen zu erhalten, Doppelkollektormotoren in Anwendung gebracht, die aus zwei Einphasenmotoren, die in demselben Stator und Rotor untergebracht sind und mit 90° Phasenver=schiebung gegeneinander arbeiten, bestehen. Nach der Skottschen Schaltung, die in Abb. 414 wiedergegeben ist, läßt sich nämlich jedes Dreiphasennetz in ein unsymmetrisches Zweiphasensystem mit 90° Phasenverschiebung umwandeln. Es ist dabei nur erforderlich, daß die zweite Phase für eine Spannung von

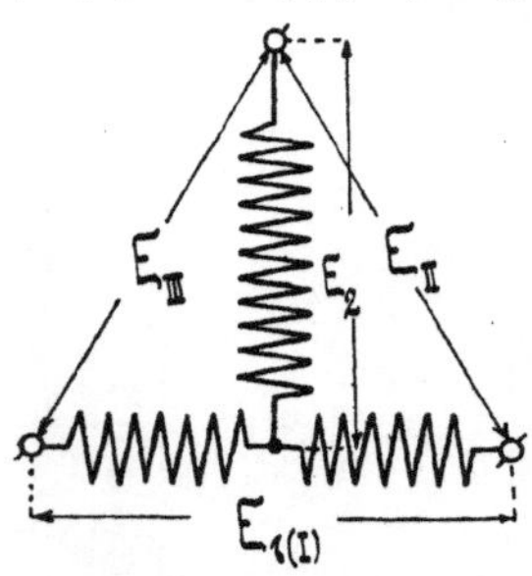

414. Umwandlung von Drei=phasenstrom in Zweiphasen=strom nach Skott.

$\frac{1}{2}\sqrt{3}$ fachem Wert der Dreiphasenspannung gewickelt ist. Die beiden Statorwicklungen werden dann so verbunden, daß das Ende der Phase kleinerer Spannung mit der Mitte der Wicklung für die Phasenspannung verbunden wird, so daß drei freie Enden übrigbleiben, die mit dem Drehstromnetz verbunden werden.

Die elektrische Kraftübertragung.

Die hervorragende Übertragungsfähigkeit der elektrischen Energie mittels Fortleitung lenkte schon frühzeitig die Aufmerksamkeit des Elektrotechnikers auf die Anwendung derselben zur Kraftübertragung, und schon bald, nachdem die Dynamomaschine vervollkommnet war, ver=suchte man, elektrische Motoren auf größere Entfernungen durch Dynamomaschinen zu be=treiben. Man erkannte nun aber, daß es galt, mit wachsender Übertragungsentfernung die Spannung zu steigern, damit die Stromstärke, die den Verlust in den Leitungen bedingt, tunlichst klein gehalten werden konnte. Die Erzeugung, Behandlung und Umsetzung der hoch=gespannten Ströme erwies sich aber als verwickelter, als man anfangs gedacht hatte, und so zeigten die anfänglichen Versuche für Übertragung auf größere Strecken wenig ermutigende Erfolge. Allein mit der Zeit lernte man die Schwierigkeiten überwinden, und so sehen wir die rationelle Übertragungsweite von Jahr zu Jahr wachsen.

Einer der ersten, der systematische Versuche für die Übertragung auf größere Entfer=nungen hin anstellte, war Marcel Deprez, dem das Haus Rothschild ganz bedeutende Geld=mittel hierfür zur Verfügung gestellt hatte.

Deprez hatte bereits auf der Elektrischen Ausstellung in Paris im Jahre 1881 eine kleine Kraftübertragungsanlage vorgeführt, bei der allerdings nicht so sehr die Übertragung auf weitere Strecken, als die Kraftverteilung von einer Zentraldynamo aus zur Schau gebracht wurde. Es kam damals zunächst auch nur darauf an, die Übertragung und Verteilung als praktisch anwendbar zu zeigen, und dies gelang Deprez in ziemlich vollkommener Weise. Er benutzte dafür eine von ihm konstruierte Gleichstrommaschine, aus der dann später die Verbundmaschine hervorgegangen ist. Der Unterschied zwischen der damaligen Deprez=schen und der heutigen Verbundmaschine bestand darin, daß Deprez für die Speisung der Nebenschlußwicklung eine besondere Dynamomaschine anwendete, während die heutige Ver=bundmaschine diesen Strom von ihren eigenen Klemmen abnimmt.

Auf dem Internationalen Elektrikerkongresse, der bei Gelegenheit dieser Ausstellung stattfand, sprach Deprez es aus, daß es möglich sei, eine Leistung von zehn Pferdekräften auf einem gewöhnlichen Telegraphendrahte von 4 mm Durchmesser unter Aufwand von 16 Pferdestärken an der stromerzeugenden Dynamo auf 50 km zu übertragen. Um diese rechnerisch nachgewiesene Möglichkeit zu erproben, lud ihn der Ausschuß der Münchener Elektrischen Ausstellung, die im folgenden Jahre stattfand, zu einer Ausführung des Versuches ein. Zu diesem Zwecke war in Miesbach, einem Orte bei München, eine Wasserkraft zur Verfügung gestellt. Die Leitungsentfernung zwischen Dynamo und Motor betrug 57 km, so daß der Strom, Hin- und Rückleitung zusammengenommen, über 100 km Leitungsweg hatte. Leider kam diese Anlage nur wenige Male in Betrieb, da verschiedene Störungen den Betrieb mehrmals unterbrachen und endlich ein Unglücksfall den Motor zerstörte. Sichere Messungen sind nicht erzielt worden, und man war etwas geneigt, die Sache als Mißerfolg anzusehen. Aber das ist sie nicht gewesen. Es ist, wenn man zunächst von der Frage der Ökonomie absieht, in diesem Versuche eine erhebliche Kraftleistung zum erstenmal auf eine größere Entfernung übertragen worden. Waren nun auch wirklich die Verluste damals erheblich, so lag dies daran, daß in jenen Zeiten die elektrische Kraftübertragung ein neugeborenes Kind war. Jene Mängel sind aber im Laufe des Jahrzehntes durch den Fortschritt der Elektrotechnik beseitigt worden, und so nimmt diese Entwicklungsreihe ihren Ausgang von den Pariser und Münchener Versuchen Deprez'. Entsprechend dem großen Widerstand in der Telegraphenleitung hatte Deprez hohe Spannung und kleine Stromstärke anwenden müssen und war mit der ersteren schon bis auf 1300 Volt am Stromerzeuger gegangen.

Deprez ging nun auf dem eingeschlagenen Wege weiter und benutzte, indem er sein Ziel verfolgte, wie bei den vorhin genannten Versuchen, Gleichstrom. Wir werden sehen, wie gerade daran seine großartigen Versuche scheiterten, und erst andere Forscher Erfolge erreichten, als sie an Stelle des Gleichstromes Wechselstrom verwendeten.

Wir übergehen einige kleinere Versuche und wenden uns der Beschreibung des großen Versuches zwischen Paris und Creil zu, auf welchen von Deprez viel Zeit, Arbeit und Geld verwandt worden ist, und der doch mit einem Mißerfolg geendet hat.

Deprez hatte sich anfangs vorgesetzt, 250 Pferdekräfte, nutzbar am elektrischen Motor erhalten, auf 50 km zu übertragen, für die an der stromerzeugenden Dynamo 500 Pferdestärken aufgewendet werden sollten; später goß er etwas Wasser in seinen Wein und verminderte die Leistung auf eine Übertragung von 300 Pferdekräften an der Welle der Betriebsdampfmaschine, die an den drei Motoren mit zusammen 150 Pferdekräften nutzbarer Leistung erscheinen sollten. Zuerst gedachte er 7500 Volt Spannung zu benutzen, tatsächlich ist aber die Spannung bei diesen Versuchen erheblich unter diesem Grade geblieben und hat zwischen 5000 und 6000 hin und her geschwankt; immerhin für damals eine außerordentliche und auch noch für heutige Zeiten eine erhebliche Größe. Die Stromstärke sollte 25 Ampere betragen, ist aber nur an etwa 10 Ampere herangekommen. Die Abmessungen der elektrischen Größen, wie sie Deprez in Verwendung nehmen wollte, waren so ungewöhnliche, daß die damalige Technik noch keine Maschinen von solcher Leistung kannte, und Deprez beging den Fehler, aus eigenem Wissen und Können Maschinen für solche Leistungen zu konstruieren, ohne sich an die Praktiker zu wenden. Er hätte nun bei den Amerikanern Maschinen, die annähernd die hohe Spannung und Kraftleistung hergaben, finden können, allein die Kommutatormaschinen sagten ihm nicht zu, und er baute Dynamos mit Gramme-Ring, die sich in der Konstruktion als verfehlt erwiesen.

Die Leitung hatte rund 100 Ohm Widerstand und bestand zum Teil aus Bleikabel, war also keineswegs billig; allein dieser Punkt ist vorläufig nebensächlich, da es zunächst nur auf die ökonomische Übertragung der großen Energiemenge ankam.

Die Mängel der Dynamomaschine wie der Motoren ließen den großartig unternommenen Versuch fast vollständig fehlschlagen. Von den 150 Pferdestärken, die von der Dampfmaschine geleistet wurden, sind noch nicht 50 Pferdestärken nutzbar an den Motoren wieder erschienen, ganz abgesehen davon, daß die Anlage selbst eine solche unökonomische Übertragung nur für kurze Zeit zu leisten vermochte.

Daß Deprez den erstrebten Erfolg hätte erreichen können, wenn er zweckmäßige Maschinen angewendet hätte, wies ihm im Jahre 1886 der französische Elektriker Hippolyte

Fontaine nach, dem die „Compagnie Electrique" in Paris die benötigten Maschinen und Anlagen in zwei Monaten fertig stellte. Fontaine nahm für seinen Versuch die Bedingungen an, die sich Deprez gestellt hatte, die Übertragung von 100 Pferdestärken auf 50 km mit rund 50% Nutzeffekt, aber er versuchte nicht, eine Maschine für 6000 Volt zu bauen, sondern nahm vier Dynamos, für 1500 Volt jede, und schaltete sie hintereinander, womit er die benötigten 6000 Volt erreichte. In gleicher Weise verband er drei Motoren durch eine gemeinsame Welle und schaltete diese ebenfalls hintereinander, vermied also auch hier die allzu hohe Spannung in der einzelnen Maschine. Auf einer Leitung, die wie die zwischen Paris und Creil 100 Ohm Widerstand hatte, erhielt er mit seiner Anlage von 96 Pferdekräften, die den stromerzeugenden Dynamos übermittelt wurden, rund 50 Pferdekräfte nutzbar an seinem zusammengesetzten Motor, womit er den Beweis erbracht hatte, daß man tatsächlich eine derartige Leistung mit einem Verlust von etwa 50% auf 50 km übertragen kann.

Das Mißlingen der Deprezschen Versuche hatte die Weitübertragung zunächst in Mißkredit gebracht. Es erregte deshalb das Interesse der elektrischen Welt, als die Maschinenfabrik „Oerlikon" eine für dauernde Verwendung berechnete Übertragungsanlage aufstellte und mit bestem Erfolg in Betrieb brachte. Es war dies eine Kraftübertragungsanlage zwischen Kriegstetten und Solothurn, die allerdings in der Weite und übertragenen Leistung gegen die Versuche von Deprez zurücktritt, denn bei ihr wurden nur 50 Pferdekräfte auf 8 km übertragen, aber eine große Bedeutung dadurch erhalten hat, daß sie mit einem Nutzeffekt von rund 70% und in dauerndem Betriebe arbeitete. Die angewendete Spannung war 2500 Volt, die Stromstärke 18—20 Ampere.

Diese hohe Spannung ist nun aber unbequem, wenn eine größere Anzahl Motoren von verschiedenen Abmessungen betrieben werden sollen, und man wird es für solche Fälle vorziehen, den hochgespannten Strom erst in Niederspannungsstrom umzuwandeln, um ihn auf dieser harmlosen Stufe besser verteilen zu können.

Einen neuen Aufschwung gewann die elektrische Weitübertragung, als man den Wechselstrom zu Hilfe nahm. Ist schon die direkte Erzeugung hochgespannter Wechselströme durch eine Wechselstrommaschine leichter zu erzielen, als durch eine Gleichstrommaschine, weil, wie wir früher sahen, der Wechselstrom ohne jeden Schleifkontakt aus den induzierten Spulen in die Leitung abgegeben werden kann, so wird dieses für die Wechselstrommaschine günstige Verhältnis noch vermehrt, wenn man die Hochspannung nicht unmittelbar in der stromerzeugenden Dynamo hervorbringt, sondern einem Transformator für aufsteigende Umwandlung überläßt. Hierbei wird die stromerzeugende Maschine einen Strom von niedriger Spannung erzeugen, was für den Bau und den Betrieb der Dynamo vorteilhafter ist, und dieser Niederspannungsstrom wird in einem Transformator zu einem Hochspannungsstrom umgewandelt, geht über die Fernleitung und kann am Orte des Motors nach Bedarf wieder in einen ungefährlichen Niederspannungsstrom transformiert werden. Die gefährdende Spannung bleibt also aus dem eigentlichen Maschinenbetriebe ausgeschlossen und nur auf die Leitungsanlage beschränkt, die genügend gegen Berührung gesichert werden kann.

Die Schwierigkeit, die anfangs der Verwendung des Wechselstromes entgegenstand, war darin begründet, daß man noch keine zuverlässig und ökonomisch arbeitenden Wechselstrommotoren besaß. Die Erfindung des Induktionsmotors beseitigte dieses Hindernis, und durch ihn war der Einführung der Weitübertragung und Großverteilung von Energie der Weg geöffnet. In wenigen Jahren entwickelte sich die neue Technik, und jetzt stehen wir vor einer Ausbreitung der Kraftübertragungsanlagen, deren künftige Größe und Bedeutung kaum geahnt werden kann. Das Verdienst, diese Entwicklung eingeleitet zu haben, fällt in erster Reihe der Allgemeinen Elektrizitäts-Gesellschaft und ihrem Leiter, E. Rathenau, zu und mit ihnen der Maschinenfabrik Oerlikon und ihrem damaligen Konstrukteur Brown.

Die Kraftübertragung Lauffen-Frankfurt a. M. Zehn Kilometer von Heilbronn entfernt liegt am Neckar ein freundliches Örtchen, Lauffen, von dem früher wohl niemand gedacht hatte, daß es in der Geschichte der Technik einen großen Namen gewinnen würde. Allda ist eine Zementfabrik, und diese Zementfabrik besitzt eine schöne Wasserkraft aus dem sprungfrohen Neckar. Von dieser brauchte sie einen Teil für sich selbst, den größeren Teil aber mußte sie ungenutzt lassen, und ihre Direktion kam auf den Gedanken, die überschüssige Energie zu verwerten. Nun waren damals, Ende der 80er Jahre, die erſten gelungenen Verſuche mit elektriſcher Weitübertragung gemacht worden, und die Leiter der Zementfabrik verfielen auf die richtige Idee, die Energie ihrer Waſſerkraft nach dem betriebſamen Heilbronn hin zu verkaufen, indem ſie dieſelbe als Strom dorthin leiteten. Dabei dachten ſie anfangs an eine Übertragung durch Gleichſtrom; Oskar v. Miller, der ſpätere Erbauer der Anlage, ſchlug ihnen aber vor, das Drehſtromſyſtem, das damals zuerſt von ſich reden machte, zu wählen, und darauf ging die Direktion ein.

Für die Energiegewinnung aus dem Gefälle waren drei Turbinen zu je 300 Pferdeſtärken vorgeſehen.

Während nun die Vorbereitungen für die Kraftgewinnungsanlage getroffen wurden, entſtand im Herbſt 1890 der Plan, dieſe Anlage für einen großartigen Verſuch zu benutzen, nämlich zu einer Kraftübertragung von Lauffen nach Frankfurt a. M., über eine Strecke von 175 km. Das war eine Entfernung, auf die hin Energiemengen noch nicht übertragen worden waren, wenn wir von den winzigen Übertragungen, wie ſie bei der Telegraphie vorkommen, abſehen. Auch war die geplante Übertragungsmenge eine ganz erhebliche, nämlich die Lei-

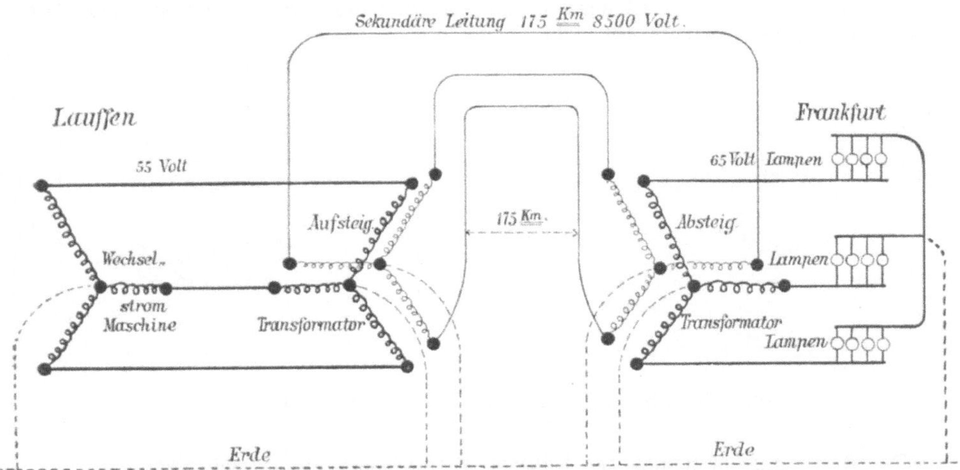

415. Schaltungsſchema der Verſuchsanlage Lauffen=Frankfurt a. M.

ſtung einer der drei Turbinen, welche über 300 Pferdeſtärken beträgt. Die Urheberin dieſes großen Projektes war die Allgemeine Elektrizitätsgeſellſchaft, die ſich zur Ausführung desſelben mit der Maſchinenfabrik Oerlikon bei Zürich verband.

Die Übertragungsleitung beſtand aus drei Kupferdrähten, die an 8 m hohen Stangen befeſtigt und durch beſonders konſtruierte ſehr große Porzellaniſolatoren iſoliert war.

Die für gewöhnlich angewendete Spannung betrug 8500 Volt, die aber nicht von der unten zu beſchreibenden Drehſtrommaſchine, ſondern durch einen zwiſchen Leitung und Maſchine geſchalteten Transformator für aufſteigende Transformation erzeugt wurde. Dieſe 8500 Volt wurden durch einen abſteigenden Transformator in Frankfurt auf 65 Volt herabgebracht, und mit dieſem tertiären Strom wurden die Lampen und Motoren auf der Ausſtellung betrieben. Die Verbindung der verſchiedenen Maſchinen und Transformatoren iſt in Abb. 415 dargeſtellt.

Wir ſehen zunächſt links die drei in Sternſchaltung verbundenen induzierten Stromkreiſe der Drehſtrommaſchine in Lauffen, welche eine Spannung von 55 Volt erzeugen und durch drei Leitungen mit dem aufſteigenden Transformator verbunden ſind. Dieſer verwandelt die 55 primären Volt in 8500 ſekundäre. Mit dieſer Spannung und einer etwa um das 150fache verringerten Stromſtärke geht der Strom über 175 km lange Dreifachleitung nach Frankfurt, wird dort im abſteigenden Transformator auf 65 Volt herabgebracht und ſpeiſt hier die Lampen und Motoren. Von der bei Lauffen durch die Dynamo aufgenommenen Energie erschienen in Frankfurt rund 70% nutzbar wieder. Das ist, wenn man die Übertragungsstrecke und den Versuchscharakter der Anlage in Rücksicht zieht, ein glänzendes Ergebnis gewesen und hat auch in der Folge die weitesttragenden Wirkungen gehabt.

Die bei dem Versuche angewendete Dynamo, die auch jetzt noch mit einer Schwester in der Lauffener Anlage für die Versorgung von Heilbronn dient, besteht aus einem feststehenden Anker, der als Außenkranz den radförmigen, umlaufenden Feldmagnet umschließt. Dieser Ankerring ist aus dünnen Blechringen, welche aus einzelnen Segmenten zusammengesetzt sind, aufgebaut; die Blechringe sind voneinander isoliert. Ein gußeiserner Rahmen hält den Ring zusammen. Dicht an dem inneren Umfange dieses Ringes sind 96 kreisrunde Löcher von 33 mm Durchmesser in Abständen von 60 cm eingebohrt, und in diese sind Kupferstäbe von 29 mm Durchmesser mit einer isolierenden Asbesthülle eingesetzt. Je der 1., 4., 6. usw. dann der 2., 5., 8. usw. und der 3., 6., 9. usw. Stab sind zu drei fortlaufenden Windungen verbunden, so daß die gleichzeitige Induzierung des 1., 4., 7. usw. Stabes beim Vorbeigang der Magnetpole Wechselströme in denselben erzeugt, die sich zu einem Strom zusammensetzen. Haben die Pole 1, 4, 7 usw. passiert, so induzieren sie 2, 5, 8 usw. und darauf 3, 6, 9 usw., so daß die drei Windungen nacheinander periodische Wechselströme aussenden, die um eine $\frac{1}{3}$ Periode verschoben sind.

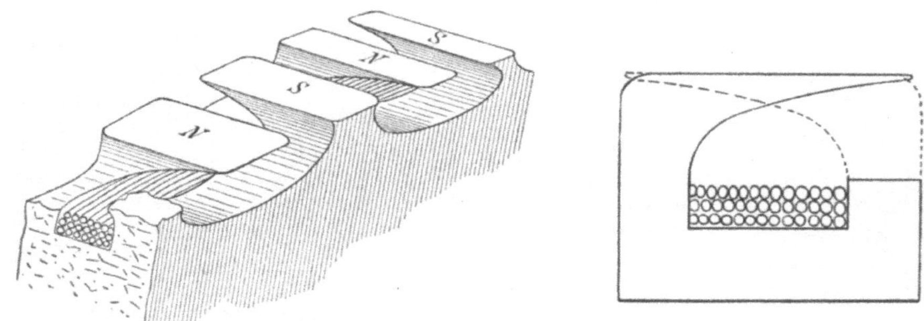

416. Konstruktion des Feldmagneten der Lauffener Dynamos.

Der Feldmagnet muß nach den früheren Ausführungen auf je drei Windungen (oder Stäbe) einen Pol haben, hat also in unserem Falle 32 Pole. Brown konstruierte nun diesen vielpoligen Magnet in folgender Form. Er setzte auf die Welle eine Art starker Riemenscheibe von Gußeisen und gab ihr eine tiefe Außennut, die mit 496 Windungen eines 5 mm starken, isolierten Kupferdrahtes bewickelt wurde. Leitet man durch diese Windungen einen angemessenen starken Strom, so wird der kurze Eisenzylinder, den die Riemenscheibe darstellt, magnetisch und der eine Nutenrand Nordpol, der andere Südpol. Nun setzte Brown abwechselnd auf den einen und auf den anderen Rand Polschuhe, deren Form man am besten aus Abb. 416 erkennt. Diese Vorsprünge werden also abwechselnd Nord- und Südpole sein. Der Vorteil der Konstruktion liegt darin, daß der Magnet nur eine Spule erhält und, da der Kern in einem Stück gegossen ist, billig in der Herstellung wird. Als Zuleitungen zu der Magnetspule dienen zwei Schleifringe, über die endlose Kupferschnüre laufen; diese letzteren gehen über zwei isolierte Kupferrollen, von denen jede mit einem Pol einer Gleichstromdynamo verbunden ist, und übermitteln so die Überleitung des Erregungsstromes.

Das Gelingen des Lauffener Versuches hatte unerwartet große Erfolge. Man lernte dadurch den hohen Wert der Kraftübertragung durch Elektrizität gegenüber allen anderen Kraftübertragungssystemen kennen. Der Leser möge sich hier nochmals vergegenwärtigen, daß wir es bei unseren elektrischen Maschinen heutzutage noch nicht mit eigentlichen Kraftquellen zu tun haben, d. h. solchen Maschinen, die uns bisher unzugängliche Naturkräfte nutzbar machen. Die heutige Aufgabe der Elektrotechnik ist die keineswegs undankbare, die in großen Mengen an geeigneten Stellen gewonnene Energie auf weiteste Entfernungen hin zu verteilen. Auf den ersten Blick mag die Lösung dieser Aufgabe nicht sehr dringend erscheinen. Vergegenwärtigen wir uns jedoch, daß die Hauptenergiequelle unserer Zeit, die Kohle, nur auf absehbare Zeit den Bedarf decken kann, so tut vom volkswirtschaftlichen Standpunkt aus größte Sparsamkeit dringend not. Es ist mithin keineswegs einerlei, ob in zahlreichen kleinen Einzelanlagen unverhältnismäßig viel Kohle verfeuert wird oder ob in einigen großen, dadurch an sich schon wirtschaftlicheren und gut geleiteten Zentralen die Kohle bei geringen Transportkosten aufs höchste ausgenutzt wird. Ein besonders treffendes Beispiel zeigt in Deutschland das Rheinisch-Westfälische Elektrizitätswerk in Essen, das die aus eigenem Schacht geförderte Kohle direkt unter den Kesseln seiner Riesenzentrale verfeuert und die so gewonnene Energie im ganzen Industrierevier verteilt.

Aber nicht nur der Vorteil großer Sparsamkeit ist mit elektrischen Kraftübertragungen verbunden, sondern es ist durch sie auch möglich, lokale Kraftquellen, die in unbewohnten Gegenden liegen, die nicht transportfähig sind oder deren Energiegehalt zu klein ist, um den Transport zu verlohnen, deren Umgebung aber nur kleinen Kraftbedarf besitzt, nutzbar zu machen. Die Art dieser Kraftquellen richtet sich nach der Natur des Landes. Die bekanntesten sind die Wasserkräfte. Jahrhundertelang flossen Unmengen von Wasser ungenutzt von den Bergen herab, wurden von der Sonnenwärme wieder in Wolkenform gehoben und begannen als Regen auf die Berge fallend ihren Kreislauf von neuem. Erst in neuester Zeit hat der Mensch erkannt, welch ungeheure Mengen Energie in diesen Wasserkräften enthalten sind und hat sie seinen Zwecken dienstbar zu machen gewußt.

Kraftwerke am Niagarafall. Als Beispiel mögen die kanadischen Wasserkräfte dienen. Dieses glückliche Land besitzt $25^1/_2$ Millionen PS an Wasserkräften, von denen zurzeit nur 0,3 Millionen ausgenutzt werden. Als Eigentümlichkeit und auf das Wesen der elektrischen Kraftübertragung ein helles Licht werfend, werden von der gewonnenen Energie 35% in Form von elektrischer Energie nach den Vereinigten Staaten exportiert. Daraus kann man erkennen, wie wichtig und gewinnbringend für einen Staat die elektrische Kraftverteilung sein kann. Weitere besonders große Wasserkräfte finden sich auf der skandinavischen Halbinsel, in der Schweiz, in Süddeutschland, in Amerika und in Afrika. Neben den Wasserkräften werden durch die elektrische Kraftübertragung aber auch Quellen erschlossen, die bisher nicht beachtet oder als der Ausnutzung nicht lohnend angesehen wurden. Die Gichtgase der Hochöfen, die bis vor kurzem in dem freien Raum entlassen wurden, treiben heute mächtige Gasmotoren, die ihrerseits wieder in Generatoren elektrische Energie erzeugen. Ja sogar die großen Moore der Norddeutschen Tiefebene, die bisher als schwer kultivierbare Gebiete galten, werden heute in Moorzentralen ausgenutzt und werden den Energiebedarf ganzer Provinzen auf Jahrhunderte hinaus decken können.

Wir befinden uns zurzeit in einem Zustand schnellster Entwicklung auf allen Gebieten, und es wird, aufbauend auf den heutigen großen Kraftübertragungen durch Leitungsnetze, vielleicht in absehbarer Zeit gelingen, die drahtlose Übertragung der elektrischen Energie, die heute schon dazu dient, auch die entferntesten Schiffe durch unsichtbare Fäden mit dem Heimatsort zu verbinden, derart durchzubilden, daß die Übertragung großer Energiemengen auf gleichem Wege möglich wird. Daß dann ein neues Zeitalter und eine Umwälzung der gesamten Technik eintreten wird, steht zu erwarten, wie weit sich aber ein solcher Zukunftsplan verwirklichen läßt, wird erst die Zeit lehren.

Das geeignetste Verteilungssystem kann nur an Hand jedes einzelnen Falles ermittelt werden. Für Gleichstromfernübertragung, die die Vorteile des Gleichstromes: höchsten Leistungsfaktors, guter Regulierfähigkeit und einfacher Leitungsführung mit sich bringt, kommt nur die Serienschaltung mit hoher Spannung in Frage. Sämtliche Maschinen, Motoren und Apparate sind in Serie geschaltet; es gibt daher bei einem solchen System keine Ausschalter, da sonst die Reihenschaltung unterbrochen werden würde, sondern nur Kurzschließer, die die Klemmen des außer Betrieb zu setzenden Motors durch einen kleinen Widerstand überbrücken, so daß dem Motor keine Spannung mehr zugeführt wird.

Weit mehr wie Gleichstromfernübertragungen sind Drehstromanlagen in Aufnahme gekommen. Wir müssen uns nun fragen, wie verhält sich wirtschaftlich die Übertragung der elektrischen Leistung durch Drehstrom, der drei Leitungen erfordert, zu der durch Gleichstrom. Mit anderen Worten, wieviel Kupfer, in neuerer Zeit auch Aluminium, müssen wir in beiden Fällen unter Annahme gleicher Spannung, gleicher Leitungslänge und gleicher Energieübertragung bei gleichen Verlusten in der Leitung aufwenden. Zunächst ist nach früherem die Gleichstrom-leistung $i_g \cdot k$ und die Drehstromleistung bei einem der Einheit gleichen Leistungsfaktor $\sqrt{3} \cdot i_w \cdot k$, mithin wird unter obigen Voraussetzungen $i_g = \sqrt{3} \cdot i_w$ oder $i_g^2 = 3 \cdot i_w^2$. Die Verluste in der Leitung werden unter der Voraussetzung, daß W der Widerstand eines Drahtes ist, für Gleich-strom $i_g^2 \cdot 2 W_g$, für Drehstrom $i_w^2 \cdot 3 W_w$, da drei Leitungen vorhanden sind. Wir erhalten somit $3 \cdot i_w^2 \cdot 2 \cdot W_g = i_w^2 \cdot 3 W_w$ oder $2 W_g = W_w$, ersetzen wir darin die Widerstände durch die Querschnitte, so ergibt sich $2 \dfrac{sl}{q_g} = \dfrac{sl}{q_w}$ oder da s und l der spezifische Widerstand und die Länge der Leitung für beide Fälle gleich angenommen sind, wird das Verhältnis der Quer-schnitte $\dfrac{q_w}{q_g} = \dfrac{1}{2}$. Um die Kupfermengen zu erhalten, müssen wir beachten, daß der Dreh-stromquerschnitt dreimal, der Gleichstromquerschnitt dagegen nur zweimal verlegt zu werden braucht. Bezeichnen wir daher mit G und den entsprechenden Indizes die Kupfergewichte, so erhalten wir $\dfrac{G_w}{G_g} = \dfrac{3 \cdot q_w}{2 \cdot q_g} = \dfrac{3}{4}$, d. h. zur Übertragung gleicher Leistung bei gleichen Ver-lusten in der Leitung brauchen wir für Drehstromübertragung nur drei Viertel der Kupfermenge wie für Gleichstrom. Ganz so günstig wird sich in Wirklichkeit das Gewichtsverhältnis nicht stellen, da wir nicht mit dem Leistungsfaktor 1, sondern meist nur mit 0,85 rechnen müssen. Die Leistungs-gleichung ist dann auf der rechten Seite mit 0,85 zu multiplizieren und ebenso ist die Gleichung für die Quadrate der beiden Ströme auf der rechten Seite mit dem Quadrat des Leistungs-faktors zu multiplizieren. Für die Gewichte ergibt sich dann:

$$\frac{G_w}{G_g} = \frac{3}{2}\,\frac{1}{2 \cdot 0{,}85^2} = \frac{3}{2{,}9},$$

so daß bei dem angenommenen Leistungsfaktor der Kupfermengen ungefähr für beide Verteil-lungssysteme die gleichen werden. Wir erkennen demnach, daß die Kraftverteilung durch Dreh-strom unter Umständen sogar geringere Kupfermengen erfordert als solche für Gleichstrom. Außerdem ist die Erzeugung einer fast beliebig hohen Spannung bei Drehstrom unter Anwendung von Transformatoren unschwer zu erreichen, während hochgespannter Gleichstrom infolge des Kollektors in einer Maschine betriebssicher nur bis etwa 1000 Volt erzeugt werden kann, wo-von, um eine zur Fernübertragung brauchbare Spannung zu erhalten, mehrere Maschinen in Serie geschaltet werden müssen.

Von den früheren Spannungen von einigen Tausend Volt ist man jetzt zu Span-nungen übergegangen, mit denen noch vor wenigen Jahrzehnten Anlagen auszuführen für unmöglich gehalten wurde. Besonders die Vereinigten Staaten haben uns gezeigt, daß Spannungen von 50 000—100 000 Volt keineswegs für Kraftübertragungen unbrauchbar seien. Infolge der Größenausdehnung ihres Landes und angespornt insbesondere durch die reichen Wasserkräfte des Niagarafalles, mußten die Amerikaner, um die erheblichen Energien voll auszunutzen, zu solch hohen Spannungen greifen. Allgemein kann man für je 1000 Volt etwa 0,6—2 km Aktionsradius rechnen, womit jedoch nicht gesagt werden soll, daß nicht auch größere Strecken bewältigt werden können. So beträgt der Aktionsradius des Niagarafalles 800 km und die höchste bisher dort angewandte Spannung 100 000 Volt.

Einen Lageplan der Werke am Niagarafall und der Oberwasserzuführungen zu den Werken zeigt Abb. 417. Zur Orientierung des Lesers seien einige technische Daten für das älteste Werk der Niagara Falls Power Co. angeführt. Der in den Felsen eingearbeitete Turbinenschacht hatte zu Anfang 54 m Tiefe bei einer Länge von 42 m und einer Breite von 5,5 m. Er war bestimmt, drei Turbinen aufzunehmen. Sehr bald stellte sich infolge großer Nach-frage die Notwendigkeit einer Erweiterung der Anlage auf 10 Turbinen heraus, wodurch eine Verbreiterung des Schachtes erforderlich wurde. Die Anordnung der Turbinen im Schacht ist in Abb. 418 wiedergegeben. Man erkennt die Zuleitungsrohre, die den unten eingebauten Turbinen, den eigentlichen Kraftmaschinen, das Wasser zuführen. Von den Turbinen führt

die senkrechte Welle im Schacht aufwärts und wird in ihrer Länge durch Lager geführt, die
von Galerien, die im Schacht angeordnet sind, zugänglich sind. Am oberen Ende der Welle
erkennt man die Generatoren mit vertikaler Achse. Die Turbinen sind als Doppelturbinen
nach Abb. 419 von der Firma Färsch & Piccard in Genf ausgeführt und zwar so, daß der
einem Gefälle von 41,5 m entsprechende Wasserdruck von ungefähr 4 kg pro Quadratzentimeter
sowohl nach oben auf das obere Laufrad, wie nach unten auf das auf gleicher Welle befestigte
untere Laufrad wirkt, so daß das Drucklager der Turbine entlastet ist. Durch Vergrößerung der
oberen Laufradfläche ist sogar erreicht, daß das Gewicht der Welle und des Magnetrades durch
einen größeren nach oben wirkenden Druck ebenfalls ausgeglichen wird. Die Leistung jeder
Turbine beläuft sich
auf 5000 PS.

Wenden wir uns
nun den näher gelege-
nen, großen Kraftüber-
tragungen in Europa
zu. Hier hat man aus
dem Beispiel Amerikas
vieles gelernt. Die
neuerdings auf elektri-
schem Wege gelungene
Stickstoffgewinnung
aus der Luft hat allent-
halben den Gedanken
erwachsen lassen, die
nur teilweise belasteten
Wasserkraftwerke in
den stillen Stunden
durch Herstellung die-
ses von der Landwirt-
schaft als künstlichen
Dünger sehr geschätzten
Produktes während
der ganzen Arbeits-
periode voll zu belasten
oder wie in Norwegen
besondere Werke für
Herstellung des Stick-
stoffes unter Heran-
ziehung von Wasser-
kräften in bevölke-
rungsarmen Gegenden
zu errichten. Derartige
Anlagen bieten, abge-
sehen von ihren meist

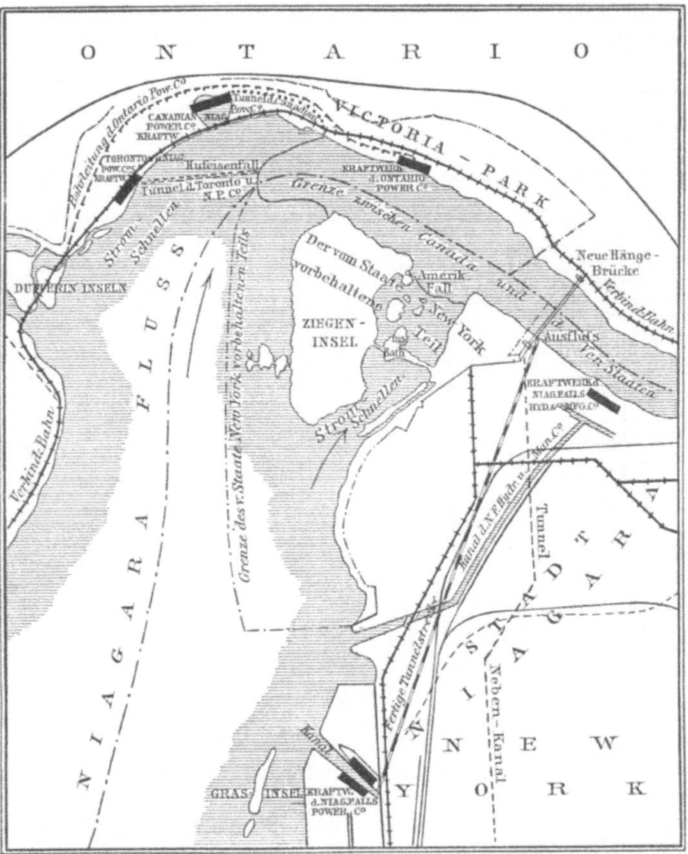

417. Lageplan der fünf Kraftwerke am Niagara.

sehr großen Dimensionen, in bezug auf ihren elektrischen Teil wenig Neues. Den Leser werden
die Überlandzentralen, die weite, dicht bevölkerte Strecken unseres Vaterlandes mit elektrischer Kraft versorgen, mehr interessieren.

Nachdem mit fortschreitender Erfahrung die Sicherheit der Hochspannungsanlagen eine
einwandfreie geworden ist, ging man in neuester Zeit auch in Deutschland dazu über, Kraftverteilung mit Spannungen in der Größenordnung von 50 000—100 000 Volt vorzunehmen.

Das Uppenbornkraftwerk. Als erstes Kraftwerk, das Spannungen derartiger Höhe
in Anwendung brachte, ist das Uppenbornkraftwerk der Stadt München zu nennen.
Der Bau wurde Ende 1905 begonnen und bezweckte die Ausnutzung der Isarwasserkraft bei
Moosburg. Die Konzession, die bereits vorher den Bayerischen Elektrizitätswerken München-

Landshut erteilt worden war, wurde von diesen durch Ankauf übernommen. Infolge verschiedener Schwierigkeiten im Bau und in der Bodenerwerbung für die Freileitung konnte erst Ende 1906 die Anlage im Bau fertiggestellt werden. Der Probebetrieb begann bereits Anfang 1907, und seit Juli 1907 arbeitet das Werk mit drei Turbinen nach München. Einen Lageplan des Werkes mit der Stauwehranlage und dem Oberwasser= und Unterwasserkanal zeigt Abb. 420. Die Entfernung des Werkes von München beträgt rund 55 km. Die bisher zur Ausführung gelangten Turbinen sind Doppel=Zwillings=Francisturbinen mit liegender Welle, von je fast 2000 PS Leistung. Die Anordnung von vier Turbinen auf gemeinsamer Welle ist durch die relativ hohe Tourenzahl von 150 Umdrehungen pro Minute bei einer Gefällhöhe von nur 7,9 m und einer Wassermenge von über 80 cbm bedingt. Die Regulierung der vier Turbinen erfolgte gemeinsam durch Verstellung eines Kranzes an jeder Turbine, an dem Finksche Drehschaufeln angeordnet sind. Diese Drehschaufeln gestatten es, den Wasseraustritt aus dem Leit-

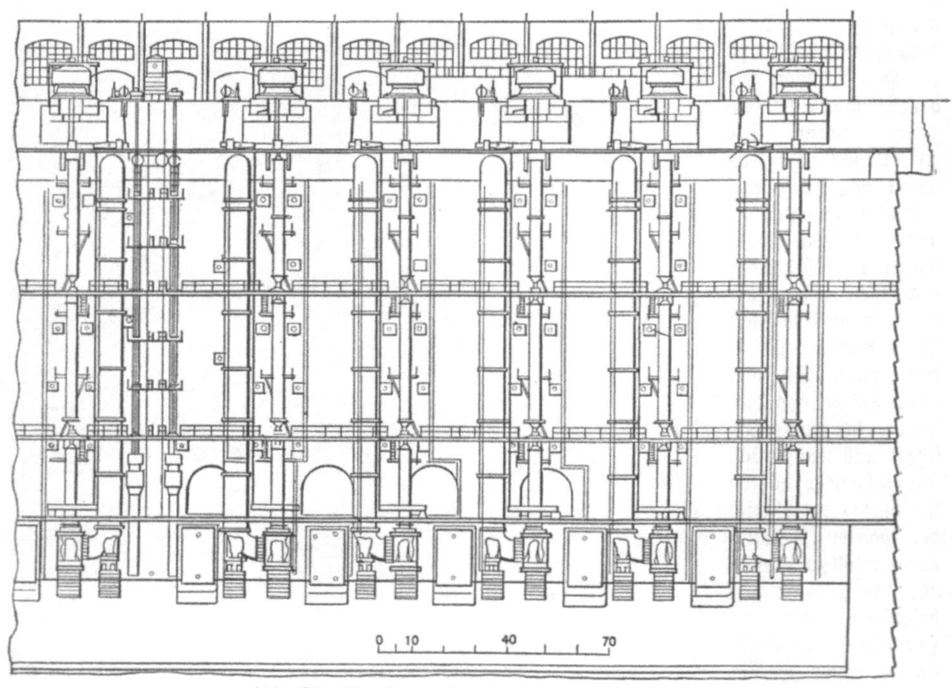

418. Die Anordnung der Turbinen im Schacht.

apparat zu verringern oder zu vergrößern, je nachdem die Schaufeln zwischen sich, klappenartig wirkend, eine engere oder weitere Öffnung freilassen. Die Betätigung der Regulierkränze geschieht von einer Welle aus, die von einem Regulator mit Hilfsmotor im Generatorenraum angetrieben wird. An dem Regulator ist ferner eine Verstellung der Regulierung durch einen besonderen kleinen vom Schaltpult aus zu betätigenden Motor angebracht, die zur Parallelschaltung zweier Turbinen erforderlich ist. Wir sahen ja, daß beim Anlassen eines Synchronmotors zunächst der Motor als Generator angetrieben werden mußte und erst eingeschaltet werden konnte, wenn die Tourenzahl beider elektrisch zu kuppelnder Maschinen gleich war. Ob nun die zugeschaltete Maschine zum Generator oder Motor wird, ist nur von dem an ihrer Welle wirkenden Drehmoment abhängig. Ist dies negativ, d. h. wird von der Maschine ein Drehmoment gefordert, so wird sie zum Motor, ist es positiv, d. h. wird der Maschine von der Turbinenwelle in unserm Fall ein erhöhtes Drehmoment geliefert, so wird sie zum Generator. Sowohl zur Abstimmung der Tourenzahl ist der obenerwähnte kleine Motor bestimmt, der es gestattet, die Turbine in kleinen Stufen langsamer oder schneller laufen zu lassen wie auch

zur Verteilung der Belastung, in dem das Kraftangebot des mehr zu belastenden Maschinen=
satzes gesteigert und damit auch die von ihm übernommene Leistung erhöht wird.

Der elektrische Teil der Anlage ist von dem wasserbautechnischen wie üblich räumlich ge=
trennt angeordnet. Die Turbinenwellen durchdringen die Wand des Maschinensaales und
setzen sich in den mit ihnen durch Flanschkupplungen verbundenen Generatorenwellen fort.
Abb. 421 zeigt den Blick in den Maschinensaal. Die drei dort sichtbaren Maschinen sind bei
der für elektrische Maschinen kleinen Umbrehungszahl von 150 pro Minute mit der stattlichen
Zahl von 40 Polen aus=
gerüstet. Sie leisten je 1400
KVA. bei einer Sternspan=
nung von 5000 Volt und 50
Perioden. Die Maschinen
besitzen je eine eigene Er=
regergleichstrommaschine
mit fliegendem Anker auf
der Hauptwelle, wie aus
unserer Abbildung an der
vorderen Maschine zu er=
kennen ist. Die drei Ge=
neratoren arbeiten ge=
meinsam auf Sammel=
schienen, an denen zwei
Transformatoren von je
2000 KVA. angeschlossen
sind, die die Spannung
von 5000 auf 50 000 Volt
erhöhen. Die sämtlichen
Schalteinrichtungen befin=
den sich in der 5000 Volt=
anlage, während in der
50 000 Voltseite nur
Trennschalter, die nur zur
Betätigung bei stromlosem
Leiter bestimmt sind, an=
geordnet wurden. Damit
werden keineswegs die
von dem Verband Deut=
scher Elektrotechniker als
Mindestmaß geforderten
Sicherheitsmaßregeln,
daß keine Hochspannung
führenden Teile auf der
Vorderseite der sonst ab=
geschlossenen Schalttafel

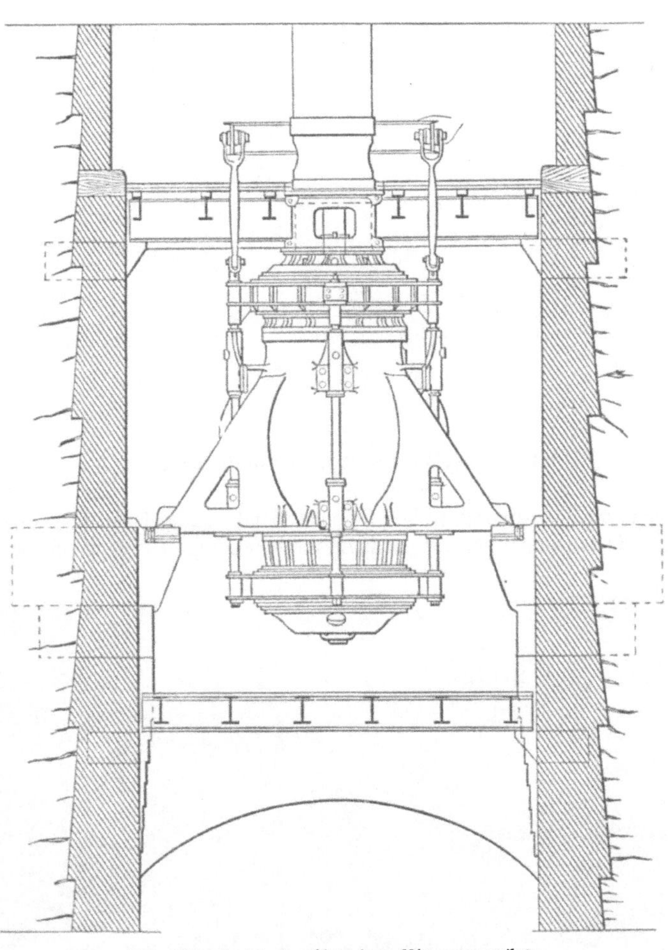

419. Die Doppelturbine des Niagarawerkes.

zugänglich sein sollen, hinfällig. Dagegen wird erreicht, daß die gesamte Isolation und alle
erforderlichen Meßtransformatoren nur für 5000 Volt zu berechnen sind. In der vorliegenden
Anlage ist von der häufig angewandten Ringsammelschiene Abstand genommen. Ein solches
Sammelschienensystem, wie es in Abb. 422 schematisch für drei Maschinen und vier Transfor=
matoren gezeichnet ist, besitzt den Vorteil, daß jeder Maschinensatz unabhängig von dem anderen
einschließlich des zugehörigen Sammelschienenstückes zu etwaiger Reparatur spannungslos
gemacht werden kann. Im allgemeinen wird der Ring geschlossen sein, jedoch kann er bei Ab=
trennung einer Maschine oder eines Transformators auch an beliebiger Stelle unterbrochen
werden, wodurch die Anlage auf das System der einfachen Sammelschiene zurückgeführt wird.
In der 5000 Voltseite der Anlage ist zur Erfüllung der obenerwähnten Vorschrift, das erst

in neuerer Zeit von der Allgemeinen Elektrizitätsgesellschaft und anderen Firmen ausgeführte Schaltwagensystem in Anwendung gelangt. Die Sammelschienen sind dabei mit dem Gerüst der Schalttafel fest und isoliert verbunden, während sämtliche Meß= und Schaltapparate eines Maschinenfeldes in einem ausfahrbaren Gerüst, wie in Abb. 423 erkennbar, angeordnet sind. Die Zuleitung zu den Apparaten geschieht durch Feder=kontakte, die ebenfalls in der Abbildung auf der rechten Seite sichtbar sind. Ist nun an einem sol=chen Feld eine Kontrolle, Reinigung oder Reparatur vorzunehmen, so werden beim Ausfahren, bevor die hinter der abschließenden Vorderwand liegenden Apparate zugänglich sind, die Federkontakte gelöst, d. h. die ganzen Appa=rate des Schaltwagens

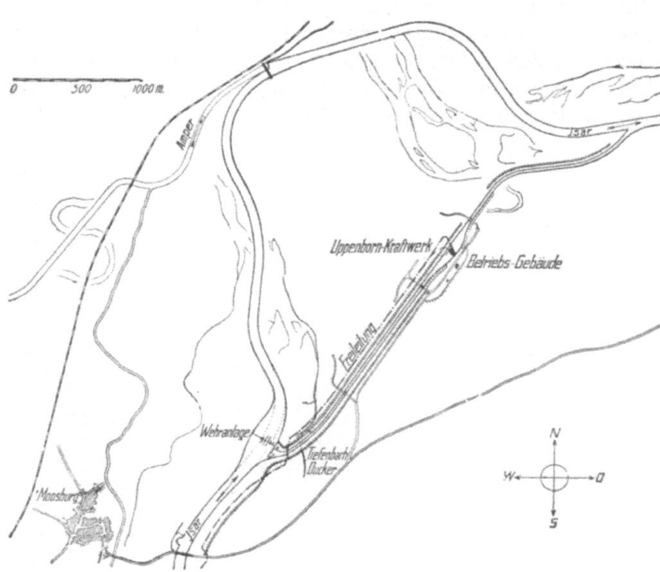

420. Lageplan des Uppenbornkraftwerkes.

spannungslos gemacht, so daß sie ohne Gefahr nachgesehen oder ausgewechselt werden können. Ebenso wird auch der Wagen beim Wiedereinfahren erst, wenn die Vorderwand fast ganz ab=

421. Maschinensaal des Uppenbornkraftwerkes

schließt, mit den Sammelschienen verbunden. Das Schaltfeld eines Generators enthält je einen von Hand und automatisch zu betätigenden Ölschalter mit Relaisauslösung nebst den zu=

gehörigen Stromwandlern und ferner je einen Stromwandler für den Strommesser und die Stromspule des Leistungsmessers, und einen Drehstromtransformator für die Synchronisier=vorrichtung, an den auch die Spannungsspule des Leistungsmessers angeschlossen ist.

Eine besondere Aufmerksamkeit muß der Sicherung einer solchen Anlage vor Überspan=nung zugewandt werden. Infolge Änderung der atmosphärischen Elektrizität, durch Blitzschläge, durch Reibung der Luft an der Freileitung und durch unbeabsichtigte Vorgänge innerhalb des Netzes, durch die ähnlich wie bei Tönen durch Resonanz=wirkung, d. h. Übereinstimmung mehrerer Schwingungen, eine Verstärkung der ursprünglichen Schwingungen her=vorgerufen wird, können gefährliche Spannungen auf=treten. Die Elektrotechnik, die bereits in den Abschmelz=sicherungen bahnbrechend vorgegangen ist, indem sie die Gefahr auf eine bestimmte Stelle beschränkte und nach Beschädigung eine leichte Wiederherstellung gewährleistete, hat auch dieses Prinzip des „Bruchstückes", das neuerdings auch im Maschinenbau mit Vorteil angewandt worden ist, auf die Überspannungssicherung ausgedehnt. Als Blitz=

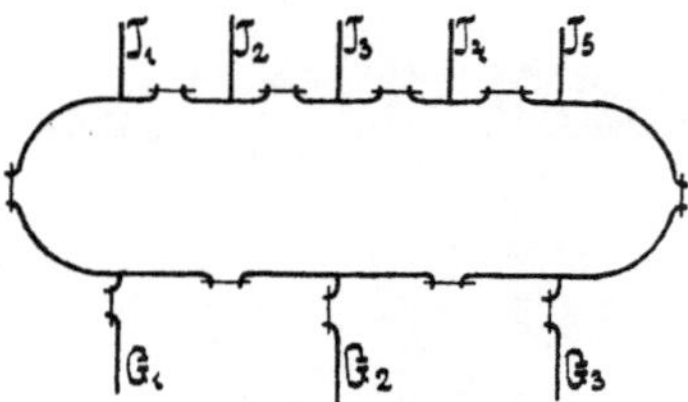

422. Schema einer Anlage mit Ringsammelschiene.

schutz dient zunächst eine Drosselspule mit wenigen Windungen und eine Funkenstrecke zwischen zwei hörnerartig gebogenen Drähten. Der Blitz, der einen Wechselstrom hoher Frequenz darstellt, findet in der Selbstinduktion der Drosselspule derartig hohen Widerstand, daß ihm der Weg über die Funkenstrecke zur Erde bequemer erscheint. Die Überspannung fließt, ohne die Drosselspule zu überschreiten und die dahinter befindlichen Maschinen und

Apparate zu gefährden zur Erde ab. Durch den Metallteilchen führenden und deshalb gut leitenden Lichtbogen würde nun auch die Maschine Strom senden können, was einen dauernden Verlust mit sich brächte und deshalb vermieden werden muß. Zu dem Zweck werden in die Erdleitungen große Widerstände eingebaut, die einen beträchtlichen Teil der Maschinenspan=nung aufzehren, so daß der Rest nicht mehr aus=reicht, um den Lichtbogen zu unterhalten. Er reißt ab, und der Hörnerblitz=ableiter ist zur Ableitung des nächsten Blitzschlages bereit. Häufig wird die Leitung selbst durch einen über jedem Draht ver=

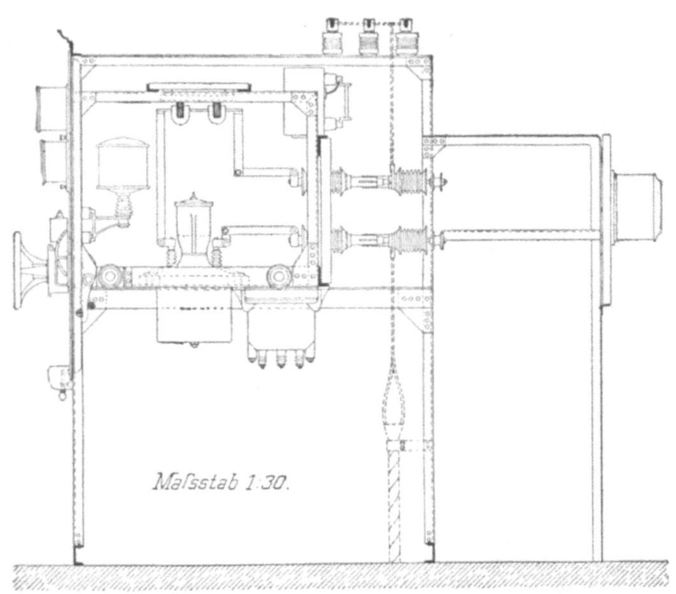

423. Schaltwagen des Uppenbornkraftwerkes.

legten geerdeten Eisendraht vor direkten Blitzschlägen geschützt. Außer dieser Überspannungs=sicherung befindet sich in der Anlage noch der weitverbreitete Wasserstrahlerder. Es ist dies ein sehr einfacher Apparat, bei dem alle drei Drähte der Freileitung über einen dünnen Wasserstrahl dauernd geerdet werden. Je nach der Leitfähigkeit des vorhandenen Wassers geht dabei stets eine, wenn auch kleine Energiemenge zur Erde über. Dafür bildet der Wasserstrahl einen Weg zum Ausgleich aller in der Leitung auftretenden Überspannungen ohne Ansprechen der Funkenstrecken. Der Ausgleich wirkt somit dauernd und daher beruhigend im Betriebe der Anlage. Besitzt die Anlage in der Nähe kein reines, d. h. schlechtleitendes Wasser, so wird ein Gefäß mit Zirkulationspumpe vorgesehen. Der durchschnittliche Strom, der in jedem Wasserstrahl zur Erde abfließt, ist 0,1 Ampere, kann aber auch unter diese Größe durch Verringerung des Querschnittes des Wasserstrahles gebracht werden. Bei einer Spannung von 100 000 Volt verbraucht ein solcher Apparat mithin die nicht unerhebliche Energie von etwa 17 KW. oder bei dauerndem Betrieb im Jahr 152 000 KW.-Stunden. Bei einem Herstellungspreis von beispielsweise 3 Pf. pro KW.-Stunde würden sich seine Betriebskosten auf rund 4500 *M* stellen. Der Nutzen, den ein solcher Apparat mit sich bringt, rechtfertigt jedoch diese Ausgabe, die in den meisten Fällen nicht zu der genannten Höhe anwachsen wird.

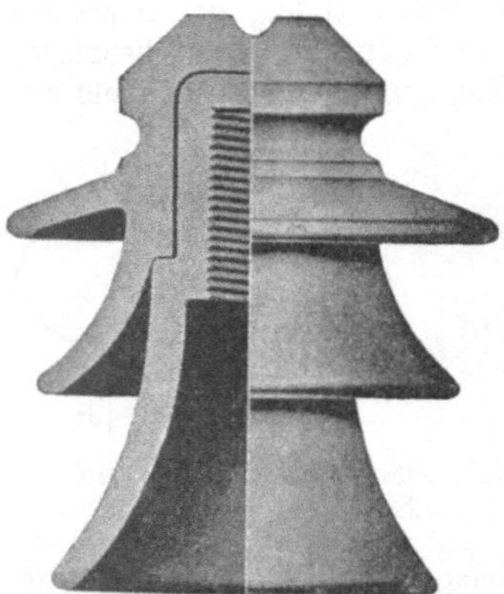

424. Hochspannungsisolator.

Eine wichtige Rolle spielen bei Hochspannungsanlagen die Isolatoren. Um die Betriebssicherheit der Anlage zu gewährleisten, müssen sie nicht nur die Betriebsspannung in trockenem Zustand sicher isolieren, sondern auch so konstruiert sein, daß selbst bei starken Regenfällen ein Überschlagen von der Leitung zur Isolatorstütze ausgeschlossen ist. Ferner sollen sie gegen mechanische Zerstörung durch unauffällige Farbe und derbe Konstruktion geschützt sein. Um die erste Bedingung zu erfüllen, werden die Isolatoren, wie Abb. 424 zeigt, mit dachförmiger Haube versehen und als Doppelglockenisolatoren ausgebildet. Um vor schadhaften Stellen, die beim Brennen entstehen, gesichert zu sein, werden die Glocken aus zwei ineinander geschobenen Teilen zusammengesetzt.

Kraftwerke in Spanien. Neben der vorerwähnten deutschen Hochspannungsanlage sei eine von den Siemens-Schuckert-Werken in Spanien ausgeführte Anlage mit 66 000 Volt Fernleitungsspannung erwähnt. Bei dieser Anlage handelt es sich darum, seitens der Sociedad Hidroelectrica Española von Molinar am Jucar 30 000 PS nach Madrid, Cartagena, Valencia und Alcoy zu verteilen. Die Entfernung der genannten Städte findet der Leser in dem Lageplan (Abb. 425) angegeben. Auf der Strecke Molinar-Madrid entfallen dabei auf 1000 Volt 3,6 km,

425. Lageplan der Kraftanlage Molinar.

gegenüber der vorbeschriebenen Anlage, bei der auf je 1000 Volt nur 1,1 km kommen. Die Querschnitte der Leitung nach Madrid sind dementsprechend groß. Um die Verluste nicht zu stark anwachsen zu lassen, sind zweimal drei Drähte von 50 qmm Querschnitt verlegt. Das in dieser Leitung allein an Kupfer investierte Kapital beträgt bei einem Preis von 2 *M* pro

Kilogramm und einem Gesamtgewicht von 640 t rund 1,3 Millionen Mark. Die fünf Generatoren sind in Einheiten von 5625 KVA. bei je 6600 Volt Spannung und 428 Umdrehungen ausgeführt. Entsprechend der gegen die Anlage der Stadt München wesentlich höheren Tourenzahl sind die Abmessungen der Generatoren trotz vierfacher Leistung nicht erheblich größer. Die Erregung für sämtliche Generatoren wird von einem durch eigene Turbine angetriebenen Erregeraggregat geliefert. Die Erhöhung der Generatorspannung auf das Zehnfache geschieht in fünf parallel arbeitenden Transformatoren von je 5750 KVA. Leistung. Es sind Manteltransformatoren mit künstlicher Kühlung durch zirkulierendes, wassergekühlte Schlangen durchfließendes Öl. Wie Abb. 426 zeigt, wird die Zirkulation durch eine besondere Zentrifugalpumpe bewirkt.

Zum Schluß dieses Kapitels sei noch ein deutsches Projekt erwähnt, in dem die Fernübertragung mit einer Spannung von 110 000 Volt betrieben werden soll. Unter gleichen Vor-

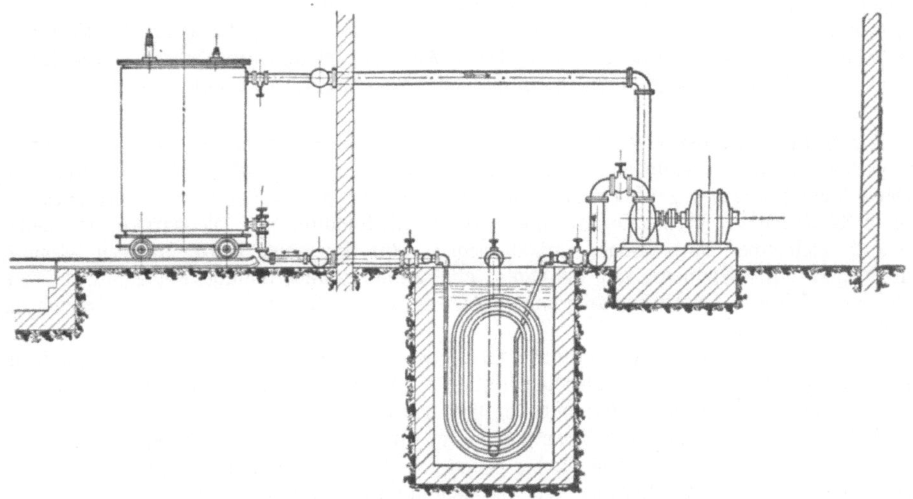

426. Transformator der Kraftanlage Molinar.

aussetzungen wie bei der vorbeschriebenen Anlage ließe sich damit etwa die doppelte Entfernung mithin rund 450 km bewältigen, so daß für ein solches Werk ein Gebiet von 900 km Randabstand in Frage käme. Der Leser wird erkennen, daß diese Entfernung in der Größenausdehnung bereits an die des Deutschen Reiches herankommt, so daß es mit einer solchen Spannung keine Schwierigkeit hätte, durch ein von verschiedenen günstig gelegenen Stellen des Reiches gespeistes Netz ganz Deutschland mit Licht und Kraft zu versorgen. Einer derartigen Zentralisation stehen andere berechtigte Bedenken gegenüber, doch gibt das Beispiel ein gutes Bild, was mit den heutigen Mitteln erreicht werden kann. Es handelt sich in dem vorliegenden Fall, um die Ausnutzung von Braunkohlenlagern des Eisen= und Stahlwerkes Lauchhammer A.=G. in Lauchhammer. Die Energie wird bei vollem Ausbau 50 000 PS betragen, die auf einer 50 km langen Leitung nach Gröditz übertragen werden und von denen ein erheblicher Teil an die sächsische Überlandzentrale Gröditz abgegeben werden wird. Es ist mit dieser Anlage der Anfang gemacht, die zahlreichen einzelnen Überlandzentralen zu einer großen wirtschaftlichen Anlage zu verschmelzen.

Die elektrischen Bahnen.

Von Oberingenieur Dipl.-Ing. H. Kyser.

Die Entwicklung der elektrischen Bahnen. — Stromzuführung. — Die oberirdische Stromzuführung. — Teilleitersystem. — Unterirdische Stromzuführung. — Stromzuführung durch dritte Schiene. — Schienenverbindung. — Der Wagen. — Der Elektromotor. — Die elektrische Steuerung der Wagen. — Die Straßenbahnen. — Der Akkumulatorenbetrieb. — Die Hoch- und Untergrundbahnen. — Die Vorort- und Überlandbahnen. — Die Elektromobile und die gleislosen Bahnen.   S. 306.

Die Entwicklung der elektrischen Bahnen. Die ersten Versuche, den elektrischen Strom zur Fortbewegung von Fahrzeugen zu verwenden, gehen bis auf das Jahr 1835 zurück. In diesem Jahre führte der Schmied Thomas Davenport auf der Ausstellung in Springfield im Staate Massachusetts (Nordamerika) eine elektrische Lokomotive vor, die dazu dienen sollte, mit Hilfe elektrischer Kraft Wagen fortzubewegen. Zur Erzeugung des elektrischen Stromes wurden galvanische Elemente und als Motor eine einfache, unvollkommene Magnetomaschine verwendet. Diese Lokomotive wurde dann später auch in Boston auf einer kleinen Rundbahn im Betriebe gezeigt.

Dieses erste elektrische Fahrzeug und noch einige andere konnten für praktische Zwecke keine Verwendung finden, weil die notwendige kräftige Stromquelle nicht zur Verfügung stand, und auch die Motoren nicht im entferntesten brauchbar waren.

Erst mit der Erfindung der Dynamomaschine und des Elektromotors gewann die Verwendung des elektrischen Stromes für die Zwecke der Beförderung von Fahrzeugen praktische Bedeutung. Schon auf der Berliner Gewerbeausstellung 1879 führte Siemens eine elektrische Lokomotive vor, welche drei kleine Wagen für etwa 20 Personen mit einer Geschwindigkeit von etwa 12 km in der Stunde beförderte, und er gab damit den ersten Anstoß für den Bau elektrisch betriebener Fahrmittel. Dieses erste elektrische Fahrzeug (Abb. 427) verdankt somit deutschem Erfindungsgeiste seine Entstehung. Im Anschluß an die Ausstellungsbahn baute dann die Firma Siemens & Halske im Mai 1881 eine elektrische Straßenbahn für den öffentlichen Verkehr zwischen dem Kadettenhause in Lichterfelde, einem Vororte von Berlin, und dem Bahnhofe Lichterfelde, die noch heute — natürlich der fortgeschrittenen Entwicklung entsprechend umgestaltet — ihren Dienst versieht. Dabei wurde ein Fortschritt dadurch gemacht, daß an Stelle der Lokomotive der Wagen selbst mit dem Motor versehen wurde, der eine Leistung von etwa 10 Pferdekräften hatte und 4800 kg zu ziehen vermochte. In den folgenden Jahren wurden dann von derselben Firma elektrische Straßenbahnen zwischen Frankfurt a. M. und Offenbach und in Mödling bei Wien erbaut, und die elektrische Bewegung von Fahrzeugen auch auf einige Grubenbahnen ausgedehnt.

Alle diese Bahnen hatten schon damals den Charakter der heutigen Straßenbahnen. Während bei der Siemensschen Ausstellungsbahn der elektrische Strom durch eine besondere Schiene zu- und durch die Fahrschiene abgeführt wurde, verließ man dieses System für die Lichterfelder Bahn und benutzte die Fahrschienen sowohl für die Stromhin- als auch -rückleitung, was nach den heutigen Begriffen als ein Rückschritt bezeichnet werden muß. Werner v. Siemens erkannte aber schon damals, daß eine solche Stromzuführung nur unvollkommen war, und bemühte sich bei den Staatsbehörden um die Genehmigung, besondere oberirdische Leitungen anlegen zu dürfen, von denen aus der Strom durch besondere Abnehmer in die Motoren gelangen sollte. Da alle diese Bemühungen scheiterten, geriet in Deutschland der elektrische Bahnbau ins Stocken.

Mitte der achtziger Jahre des verflossenen Jahrhunderts nahmen aber die Amerikaner diese deutsche Erfindung auf und beschäftigten sich in der Erkenntnis der großen Vorzüge für das

427. Die erste elektrische Straßenbahn, ausgeführt von Werner v. Siemens auf der Berliner Gewerbeausstellung 1879.

gesamte Wirtschaftsleben intensiv mit dem praktischen Ausbau derselben, und da man drüben nicht ebenso engherzig und ängstlich war, wie in Deutschland, gelang es den amerikanischen Ingenieuren bald, die oberirdische Stromzuführung einzuführen und damit die Grundlage für das gesamte elektrische Bahnwesen, wie es heute durchgeführt wird, zu schaffen. Insbesondere die von der Sprague Company am 2. Februar 1888 in Richmond in Betrieb gesetzte Straßenbahn war die erste bedeutende Anlage in Amerika und gab den Anlaß zu dem beispiellosen Aufschwung, den der elektrische Straßenbahnbetrieb in den folgenden Jahren nahm. Diese Bahn war unter recht schwierigen Verhältnissen erbaut, weil sich die Straßen der Stadt zu damaliger Zeit in einem grenzenlos schlechten Zustande befanden; ganz besonders zur Regenzeit stand ein großer Teil derselben vollständig unter Wasser. Der Erbauer der Bahn — Ingenieur Sprague — erzählt über die ersten Probefahrten, daß er nach jeder Steigung anhalten mußte, um Zeit zu gewinnen, damit die Motoren sich wieder abkühlen konnten. Dem schaulustigen Publikum nannte er indessen wohlweislich diesen Grund für den Stillstand nicht, sondern lud sie, um die Pause möglichst unauffällig lange ausdehnen zu können, zur Besichtigung der Wageneinrichtungen ein. Nach Überwindung der letzten Steigung war mit dem Wagen aber nichts mehr anzufangen, denn die Motoren wollten weder vorwärts noch rückwärts laufen, ja sie hatten keine Lust mehr, sich überhaupt noch zu rühren. Sprague sagte daher dem Publikum daß eine kleine Störung eingetreten wäre, schickte offenkundig seinen Gehilfen nach der Zentrale, um Instrumente zu holen und legte sich selbst in dem Wagen zur Ruhe in der Voraussetzung, daß die Zuschauer sich aus Langerweile entfernen würden. Das taten ihm die Leute aber nicht zu Gefallen, und als der Gehilfe nach zwei Stunden wiederkam, brachte er die Instrumente, nämlich vier kräftige Maulesel, die den Wagen in die Wagenhalle zurückzogen.

Diese anfänglichen Schwierigkeiten sind durch rastloses Vorwärtsstreben und unter Opferung ganz bedeutender Geldsummen für Untersuchungen, Probeausführungen usw. bald überwunden worden.

Die fortschreitende Entwicklung dieses Zweiges der Elektrotechnik hat denn heute in dem verhältnismäßig kurzen Zeitraum von etwa 32 Jahren das auf keinem anderen Gebiete auch nur annähernd so großartige Ergebnis gezeitigt, daß man sich bereits allen Ernstes auch in Deutschland mit der Umwandlung der mit Dampf betriebenen großen Staatseisenbahnlinien in solche für elektrischen Betrieb trägt, und schon eine Reihe grundlegender Versuche und Versuchsbahnen sind zur Verwirklichung dieses Gedankens durchgeführt worden. Aber auch hier ist uns Amerika, bis heute wenigstens noch, voraus, weil dort die großen Bahngesellschaften entweder in der Erkenntnis der außerordentlichen Vorteile des elektrischen Betriebes oder unter dem Zwange der öffentlichen Meinung bezw. der Behörden schon früher einen Teil ihrer Bahnen von Dampf in solche für Elektrizität umgewandelt haben. In Deutschland dagegen, oder besser gesagt in dem nördlichen Europa hegt man gegen die Elektrisierung der Staatseisenbahnen doch auch heute noch gewichtige Bedenken insbesondere für die großen Linien des internationalen Verkehrs, und zwar mit Rücksicht auf die militärtechnische Seite. Von den Kriegsministerien Deutschlands, Frankreichs und Rußlands wird als Grund angegeben, daß es im Falle kriegerischer Verwicklungen der Feind leichter hat, einen großen Teil des Bahnbetriebes, also auch des Truppen- und Munitionstransportes und -ersatzes, durch Zerstörung der stromliefernden Elektrizitätswerke zu verhindern. Trotz dessen sind einzelne Binnenstrecken in Deutschland, Italien und der Schweiz bereits elektrisch umgebaut oder zurzeit in der Umänderung begriffen, und besonders das Bayerische Verkehrsministerium hat sich von Staats wegen die großen Wasserkräfte des Bayerischen Hochgebirges gesichert, um sie zur Erzeugung elektrischen Stromes für Bahnzwecke später zu benutzen. Ähnlich ist auch der Schwedische Staat vorgegangen, bei dem allerdings noch die Ursache hinzukommt, daß Kohlen für den Dampfbetrieb im Lande nur verschwindend wenig gewonnen werden, und ein gut Teil Staatsvermögen infolgedessen ins Ausland wandert. Hier ist der elektrische Betrieb eine staatswirtschaftliche Notwendigkeit.

Bevor wir uns nun mit elektrischen Bahnen an sich bezw. den verschiedenen Systemen beschäftigen, wollen wir zunächst auf die Einzelheiten in der Anlage eingehen und die wichtigste Frage, nämlich die Zuführung des elektrischen Stromes zu den Wagen und Lokomotiven, etwas näher behandeln.

Stromzuführung. Wie schon erwähnt, benutzte Werner v. Siemens für seine erste Bahn die dritte Schiene und später die Laufschienen sowohl für die Hin= als auch für die Rückleitung des elektrischen Stromes. Letztere ist jedenfalls die einfachste und billigste, aber auch schlechteste und ungenügendste Anordnung, weil der elektrische Strom von Schiene zu Schiene übergeht. Das Erdreich, auf welchem die Schienen liegen, wird durch Feuchtigkeit zu einem guten Stromleiter, und infolgedessen sind die Verluste an elektrischer Energie unter Umständen recht bedeutend. Der Verlust kostet aber Geld und hat auch sonst noch einige andere recht unerwünschte Erscheinungen im Gefolge, auf die weiter unten besonders hingewiesen werden wird, und man

versuchte es deswegen zunächst bei der Mödlinger= und Offenbacher Bahn, deren Gleise außerhalb der Stadt lagen, mit der oberirdischen Stromzuführung mittelst geschlitzter Röhren (Abb. 428) und bei der ersten städtischen Straßenbahn mit der unterirdischen Stromzuführung; Siemens & Halske bauten 1889 eine solche Straßenbahn in Budapest.

Derartige unterirdische Stromzuführungen verteuern aber die Bahnanlage bedeutend, und deshalb bemühte man sich auch in Deutschland, für die Straßenbahnen die oberirdische Leitung einzu=

428. Erste elektrische Straßenbahn in Offenbach a. M. mit oberirdischer Stromzuführung mittels geschlitzter Röhren.

führen. Die Allgemeine Elektrizitäts=Gesellschaft konnte als erste die Genehmigung zum Bau einer mit dem oberirdischen Stromzuführungssystem ausgerüsteten Vorstadtbahn in Halle a. Saale erhalten. Während der Bremer Industrie=Ausstellung hatte die Thomson=Houston= Gesellschaft, die spätere Union (die heute nicht mehr existiert, sondern in die A. E. G. über= gegangen ist), eine Versuchslinie zur Verbindung der Stadt mit dem Ausstellungsplatze errichtet, bei der ebenfalls das oberirdische Leitungssystem zur Verwendung kam, und durch diese ersten Anlagen haben die elektrischen Straßenbahnen auch in Deutschland Eingang gefunden.

Die Stromzuführungsanordnungen sind aber mit diesen beiden Formen noch nicht erschöpft. Man versuchte vielmehr, den Strom auch durch eine besondere dritte Schiene oder von beson=

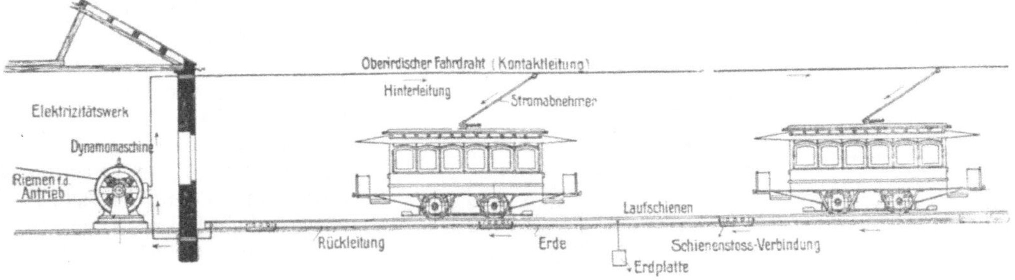

429. Gesamtanordnung der Stromzuleitungen einer elektrischen Bahn.

deren im Straßenpflaster angeordneten Kontakten aus den Wagen zuzuführen, um die stets auf den heftigsten Widerstand von seiten der Behörden und des Publikums stoßende Ober= leitung zu vermeiden, und hat hierfür teilweise recht befriedigende und auch heute noch im Gebrauch befindliche Konstruktionen erfunden.

Die oberirdische Stromzuführung soll uns nun zunächst beschäftigen. Diese Form, den von einem Elektrizitätswerk erzeugten und durch blanke Kupferleitungen fortgeleiteten elektrischen Strom den Wagenmotoren zuzuführen (Abb. 429), besteht darin, daß die Stromleitungen (Fahrdraht, Trolley, Kontaktdraht) über die Mitte der Gleise oder an den Seiten derselben verlegt werden, an denen der sogenannte Stromabnehmer der Motorwagen entlang läuft. Für diese Stromabnehmer sind von den einzelnen Elektrizitätsfirmen eine Reihe von Konstruktionen auf den Markt gebracht worden, die hauptsächlich in zwei Klassen einzuteilen sind, und zwar in die Klasse der Kontakt=stangen oder Ruten, und diejenige der Kontaktbügel.

So einfach nun auch heute diese Stromabnahme zu sein scheint, so hat ihre praktische Durchbildung doch große Schwierigkeiten bereitet, und zwar mit Rücksicht auf die richtige, betriebssicherste und doch einfachste Konstruktion, denn die Hauptbedingung für eine sichere und genügende Stromabnahme liegt in einem dauernd guten Kontakte zwi= schen Stromabnehmer und Fahrdraht. Daß das nicht so einfach ist, ist leicht einzusehen, wenn man überlegt, daß der Wagen fährt, also auch stark vibriert, und die Entfernung zwischen Fahrdraht und Erd= oberfläche wechselt, weil der Draht zwischen je zwei Masten nicht als gerade Linie gespannt werden kann, sondern infolge seines Gewichtes und infolge Schneebelastung durchhängt, im Winde schwankt usw. So versuchten Siemens & Halske bei ihrer ersten elektrischen Bahn mit oberirdischer Zuleitung, um den genannten Schwierigkeiten zu begegnen, wie bereits er= wähnt, geschlitzte Eisenröhren anzuwenden, die längs der Bahnstrecke an Masten geführt waren, und in denen ein me= tallenes Schiffchen mit federn= den Armen lief (Abb. 428). Dieses Schiffchen wurde an einem Arm vom Wagen mit= tels der Zuleitungsschnur nach= gezogen. Eine der ältesten Ausführungen ähnlicher Art zeigt Abb. 430, wie sie von Schuckert in Nürnberg für das Sägewerk in Rosenheim 1883 ausgeführt worden ist.

430. Elektrische Bahn mit Oberleitung auf dem Sägewerk in Rosenheim.

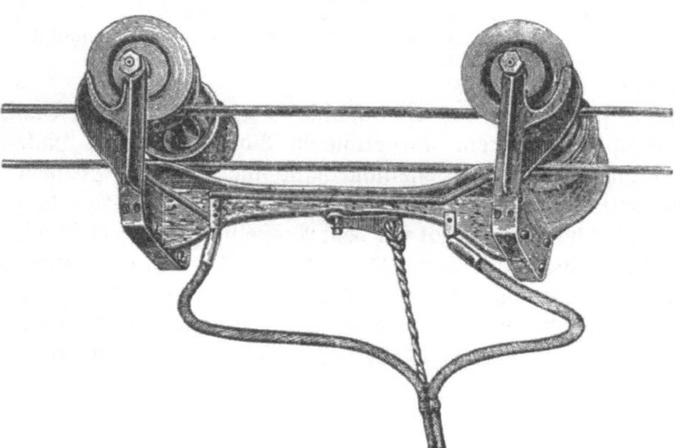

431. Kontaktwagen für oberirdische Zuleitung.

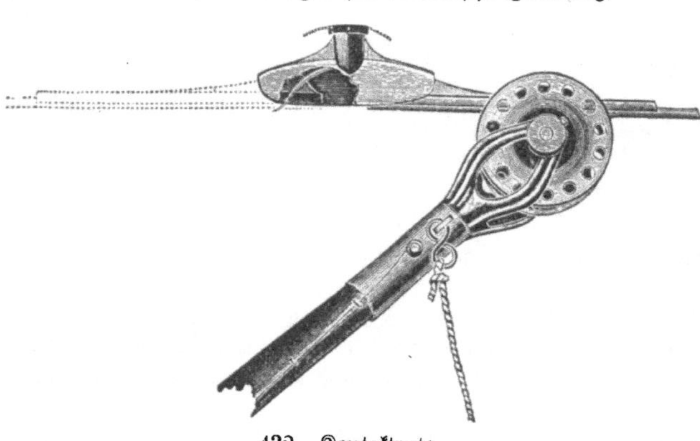

432. Kontaktrute.

Hier sind Hin= und Rückleitung, da die Bahn nicht auf sorgfältig verlegten Schienen läuft, in Form von rechteckigen Kupferschienen an Isolatoren oberirdisch montiert und durch ein Holz= dach gegen Regen und Schnee geschützt. Die Stromabnehmerrollen laufen auf diesen Kontakt=

schienen und sind hier an einer hölzernen Stange befestigt. Die Führung solcher Rohre oder Schienen an Masten oder anderen Stützpunkten bot aber so große Schwierigkeiten, und die Leitungsanlage war so ausgesprochen unschön, daß man deswegen auf eine einfach zwischen Masten gespannte Drahtleitung überging und nun zunächst versuchte, den Kontakt durch Laufrollen zu bewirken, die ebenfalls auf den Drähten liefen. Unsere Abb. 431 zeigt eine solche Laufrolle für Doppelleitung.

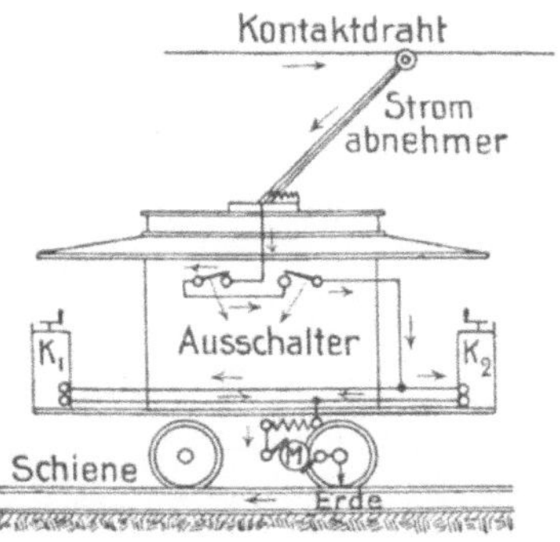

433. Stromlaufschema für einen Straßenbahnwagen mit oberirdischer Stromzuführung.

Alle diese und ähnliche Konstruktionen befriedigten aber nach keiner Richtung, und da waren es wiederum die Amerikaner, die die beste Lösung fanden, indem sie dazu übergingen, die Rolle nicht auf dem Kontaktdrahte laufen zu lassen, sondern dieselben von unten an den Fahrdraht anzupressen (Abb. 432). Die Vorzüge dieser Form wurden schnell erkannt, und noch heute gehört sie zu den besten und bei Straßenbahnen am häufigsten angewendeten, weil sie nebenher auch ein recht elegantes Aussehen hat.

Dieser sogenannte Rollenstromabnehmer oder die Rute (Rutenstromabnehmer, Kontaktstange) besteht aus einem leichten Stahlrohre, das auf dem Wagen federnd angebracht ist und am oberen Ende eine drehbar gelagerte Rolle trägt. Die Metallrolle rollt an der unteren Seite des Fahrdrahtes und übermittelt durch ein im Rohr verlegtes Kabel den elektrischen Strom nach den Motoren des Wagens. Das Stromlaufschema ist in Abb. 433 dargestellt. Vom Fahrdrahte aus nimmt der Strom seinen Weg über die Sicherheits- und Schaltapparate und die Anlasser K_1 und K_2 (auf jeder Wagenstirnseite bei Straßenbahnen je ein Anlasser) nach dem Motor M und geht schließlich zu den Laufschienen, die auch heute noch, aber nur zur Stromrückleitung, benutzt werden.

434. Rutenstromabnehmer.

Die gefederte Befestigung der Rute auf dem Wagendach (Abb. 434 und 435) hat den Zweck, die Rolle, die mit einer tiefen Nut versehen ist, in der der Fahrdraht läuft, mit einem bestimmten Druck stets gegen die Kontaktleitung anzupressen, und dadurch für alle Höhenlagen des Fahrdrahtes eine gute Stromabnahme zu gewährleisten.

Man sieht aus Abb. 435, daß das untere Ende in einem Gelenk steckt, das sich an einem festen Ständer bewegt. Der zweite Arm dieses Gelenkes wird durch die Feder nach unten gezogen, und dadurch das obere Ende der Stange nach oben an den Draht gedrückt.

435. Lagerbock des Rutenstromabnehmers.

Die Rute ist um die vertikale Achse drehbar und gestattet dadurch, die Fahrleitung auch seitlich der Gleise zu verlegen, wie das Abb. 436 erkennen läßt. Mittelst einer am oberen Ende der Rute befestigten Schnur bzw. einem Riemen kann der Stromabnehmer durch den

Wagenführer von der Fahrleitung abgezogen werden. Bei der Umkehr der Fahrrichtung ist der Stromabnehmer umzulegen, denn er muß im Bilde gesprochen dem Wagen stets nacheilen, um sicher zu arbeiten.

Diese Konstruktion stammte gleichfalls in ihren Anfängen von den Amerikanern, und Siemens & Halske, die damals auf dem Gebiete des elektrischen Bahnbaues größte deutsche Firma, sah sich von den Amerikanern überflügelt. Sie trachtete infolgedessen danach, auch ihrerseits neue Konstruktionen zu schaffen und erfand als Konkurrenz gegen die Rute den sogenannten Bügelabnehmer. Bei diesem ist die Rute durch einen federnden Drahtbügel ersetzt, der an der unteren Kante des Fahrdrahtes schleift. Die Abb. 437 läßt diese einfache Vorrichtung leicht erkennen. Die Vorteile, die der Bügel gegenüber der Rute besitzt, liegen einmal darin, daß ein Entgleisen des Stromabnehmers vom Fahrdrahte ausgeschlossen ist. Beim Wechsel der Fahrtrichtung ist ferner das Umlegen des Bügels — denn auch bei diesem muß die Kontaktbahn dem Wagen stets nacheilen — nicht notwendig, da er sich selbsttätig umstellt oder, wie man sagt, „durchschlägt".

436. Schräg gestellte Trolley-Stangen.

Bei der ersten Ausführung war der Bügel aus einem einfachen Eisendrahte hergestellt. Da aber Eisen bekannterweise ein härteres Material als Kupfer ist, beobachtete man, daß der Fahrdraht in kurzer Zeit stark abgeschliffen wurde. Man begegnete diesem Übelstande dadurch, daß man in das obere Stück des Bügels — die sogenannte Gleitbahn — ein besonderes Metall (Weißmetall) einfügte, das weicher ist als das Kupfer des Fahrdrahtes, und verlegte dadurch die Abnutzung auf dieses Stück des Bügels, das jederzeit und mit wenigen Kosten ausgewechselt werden kann.

Wenn wir zunächst noch bei der Betrachtung dieser oberirdischen Stromzuführung bleiben, so wollen wir weiter auch die heutigen Formen derselben für größere Bahnen betrachten. Mit der stetig steigenden Höhe der Spannung des elektrischen Stromes und der zu übertragenden bzw. von den Wagen und Zügen verlangten größeren Leistung, schließlich auch durch die geforderte größere Reise-

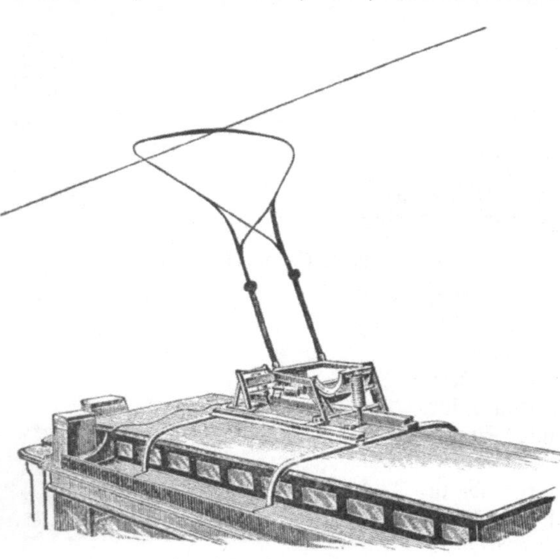

437. Bügelstromabnehmer.

geschwindigkeit sah man sich bald gezwungen, die einfache Rute bezw. den einfachen Bügel durch besondere Konstruktionen auch für diese Zwecke herzurichten, und benutzt heute für Überland- und Vollbahnen immer mehr eine besonders durchgebildete Form des Bügels, weil der

Rollenstromabnehmer bei größeren Geschwindigkeiten zu wenig elastisch ist und eine außerordentlich sorgfältige Verlegung der Fahrleitung nötig macht, um Betriebsstörungen durch Entgleisen der kleinen Rolle zu vermeiden. Die später gegebenen Abbildungen elektrischer Lokomotiven, elektrischer Wagen für Vollbahnen und dergleichen zeigen, auf welche Formen man heute gekommen ist. Sie bestehen neuerdings im wesentlichen darin, daß man den Bügel in seinem unteren Teil trapezförmig oder scherenartig ausbildet, um ihm bei größerer Wagengeschwindigkeit die genügende Elastizität zu geben. Eine hochinteressante Bügelkonstruktion ist in der Abb. 438 dargestellt, und zwar wie sie für die Schnellbahnversuche auf der Strecke Marienfelde—Zossen bei Berlin 1903, die den deutschen Ruf im elektrischen Bahnbau seinerzeit über die ganze Welt verbreitete, benutzt wurde. Die Wagen erreichten hier eine Geschwindigkeit von 205 km in der Stunde und wurden sowohl von Siemens & Halske als auch von der Allgemeinen Elektrizitäts-Gesellschaft durchgebildet. Der Fahrdraht war dabei einmal mit Rücksicht darauf, daß die Versuchsstrecke der Staatsbahn gehört, und der Betrieb durch die Verlegung der Leitungen nicht gestört werden durfte, und schließlich einer besseren Stromabnahme bei der großen Ge-

438. Stromabnehmer bei dem Schnellbahnwagen der Siemens & Halske A. G. für Marienfelde—Zossen.

schwindigkeit wegen seitlich zu dem Schienenwege angeordnet. Drei senkrecht untereinander liegende Drahtbügel gleiten an den drei Drähten entlang und werden durch eine Anzahl von Stahlfedern in dauerndem Kontakt mit der Fahrleitung gehalten.

Wenn wir hier erwähnen, daß der Dampfbetrieb z. B. auf den Strecken der Staatseisenbahn beim Übergange auf den elektrischen Betrieb durch die Leitungsverlegung in der Zwischenzeit nicht gestört werden darf, so hat das der Maschinenfabrik Oerlikon in der Schweiz Veranlassung gegeben, nach einem anderen, diesen Bedingungen entsprechenden Stromabnehmer zu suchen, und sie hat eine Konstruktion herausgebracht, die allen Anforderungen auch hinsichtlich leichter Unterhaltung und bequemer Reparatur nach dieser Richtung genügt.

Dieses in Abb. 439 abgebildete Stromzuführungssystem hat den Vorzug der größten Einfachheit und damit auch verhältnismäßig großer Billigkeit. Die Stromabnehmer auf dem Dache der Lokomotiven oder der Motorwagen sind leichte, schwachgebogene Stahlrohre, ebenfalls mit auswechselbaren Einsatzschleifstücken und liegen quer zur Achse des Gleises. Sie werden auf Isolatoren drehbar montiert und mit Federkraft an den Fahrdraht gedrückt. Die Konstruktion ist so getroffen, daß diese Stromabnehmer mehr als einen Halbkreis um ihre Befestigungsstelle beschreiben können,

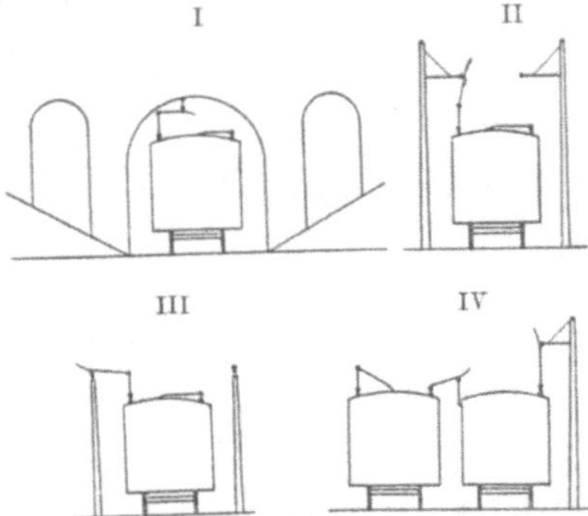

439. Oberirdisches Stromzuführungssystem mit seitlich angeordnetem Fahrdrahte nach Oerlikon.

und dadurch ist ein Bestreichen des Fahrdrahtes nach Abb. 439 von unten (bügelartige Stellung I), von der Seite (Stellung II) und von oben (Stellung III) möglich. Naturgemäß sind aber auch alle Zwischenstellungen ausführbar; wie z. B. die Stromzuführung über einen zweiten Wagen auf dem Nachbargleise bewerkstelligt werden kann, zeigt Stellung IV.

Die Fahrleitungen, die entweder aus Rund- oder bei großen Stromstärken aus Profilkupfer bestehen, werden sowohl bei der Rute als auch beim Bügel entweder in der Mitte oder seitlich zu den Gleisen verlegt. Im ersteren Falle hängt man sie an Stahldrähten, die an Masten oder bei Straßenbahnen auch an den Häusern mittelst besonderer gefällig durchgebildeter Haken befestigt werden, oder auch an eisernen Auslegern auf, im zweiten Falle kommen nur Ausleger zur Verwendung. Die Abb. 440 zeigt einige solcher Leitungsverlegungen. Der Fahrdraht muß gegen die Aufhängung bestens isoliert sein, um unliebsame Störungen und auch Stromverluste zu vermeiden, und zu diesem Zwecke wird derselbe sowohl von dem Tragdrahte, als auch letzterer gegen seinen Befestigungspunkt isoliert. Die Befestigung des Kontaktdrahtes am Tragdrahte geschieht durch einen besonders konstruierten Isolator, der aus

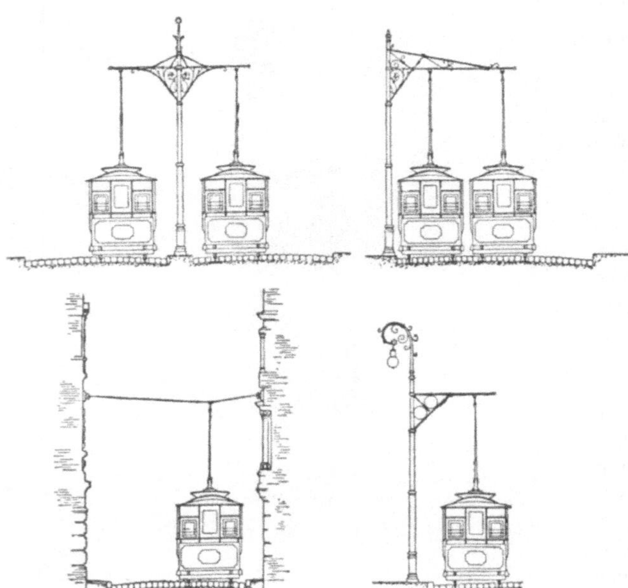

440. Verschiedene Fahrdrahtbefestigungsarten.

einem Metallkopf mit seitlich angesetzten Armen besteht (Abb. 441). Die Arme verhindern das Drehen des Kopfes; an ihnen werden die Enden des Tragdrahtes befestigt. In dem Metallkopf befindet sich das eigentliche Isolatorstück, ein Isolator aus Hartgummi. Der Tragdraht wird an seinem zweiten Ende in der Gabel eines Isolierstückes befestigt, das seinerseits in eine Hartgummihülse eingeschraubt ist (Abb. 442). Letztere sitzt wiederum in einem Metallkopf mit starker Öse, der an einem kräftigen Haken entweder am Mast (Abb. 443), oder an einer Mauer-

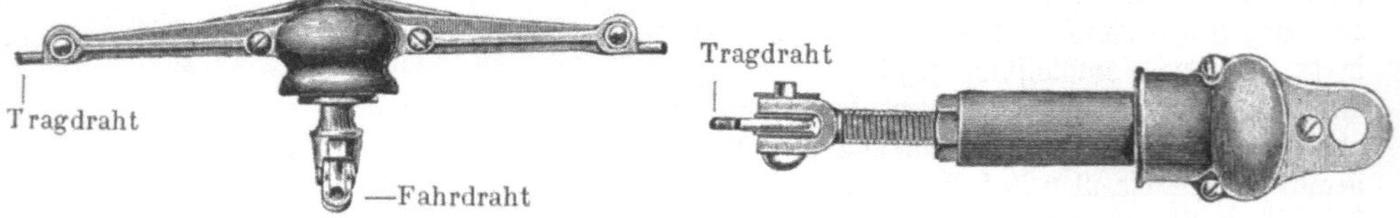

441. Verbindung des Fahrdrahtes mit dem Tragdraht.

442. Verbindung des Tragdrahtes mit dem Befestigungspunkte.

rosette (Abb. 444) aufgehängt wird. Die Befestigung an den Mauern der Gebäude hatte in erster Zeit auch wiederum zu Klagen Veranlassung gegeben, weil das Geräusch der vorbeifahrenden Wagen durch den Tragdraht und die metallenen Teile der Aufhängung bis in die Wohnungen störend übertragen wurde. Aber auch diesem Übelstande hat man bald abgeholfen, indem man besondere Schalldämpfer aus Hartgummi zwischen Befestigungsstück und Rosette einschaltete.

Um das Entgleisen der Rolle zu verhindern, muß der Fahrdraht sehr sorgfältig verlegt sein und in Weichen und Kreuzungen besondere Zwischenstücke erhalten, die die Rolle führen (Abb. 445). Beim Bügel ist das nicht notwendig, da die große Gleitbahn eine Kontaktunterbrechung verhindert. In Kurven ist der Fahrdraht durch die erwähnten Tragdrähte nach den Seiten eines Polygons auszulegen, und auch hier ist der Bügel der Rute überlegen, weil der

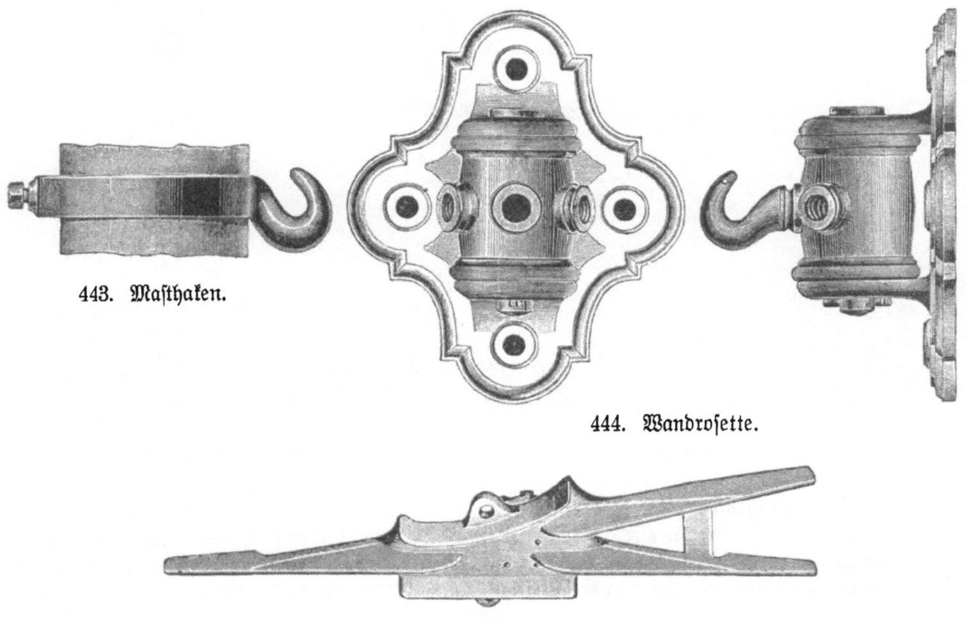

443. Masthaken.

444. Wandrosette.

445. Luftweiche.

Kontaktdraht nicht so genau der Gleisachse angepaßt zu werden braucht. Dadurch kann die Entfernung der Unterstützungspunkte größer genommen, also die Zahl der Maste beschränkt werden. Die Abb. 446 und 447 zeigen solche Leitungsabspannungen noch deutlicher. Um auf Vollbahnstrecken an Masten, Isolatoren, Befestigungen usw. zu sparen, ist man heute dazu über=

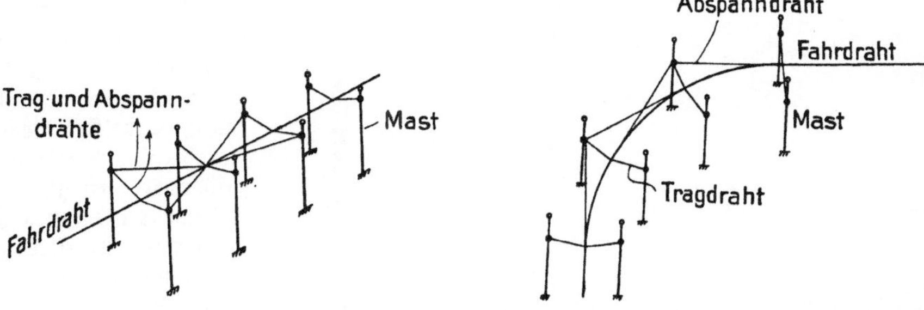

446. Aufhängung des Fahrdrahtes auf gerader Strecke.

447. Aufhängung des Fahrdrahtes in einer Kurve.

gegangen, die sogenannte Vielfachaufhängung zu wählen, die in den Abb. 448 und 449 dargestellt ist und ihrem Wesen nach darin besteht, daß über dem eigentlichen Fahrdrahte der Länge nach ein Tragdraht gezogen wird, der von einem über demselben ausgespannten Stahlseile durch eine Reihe von Zwischenstücken gehalten wird. Durch dieses Stahlseil soll verhindert werden, daß der Fahrdraht zu stark zwischen zwei Masten durchhängt.

448. Vielfachaufhängung des Fahrdrahtes bei amerikanischen Vollbahnstrecken.

Über die Leitungsanlage bezw. die Stromzuführung vom Kraftwerk soll noch kurz einiges erwähnt werden. Der Strom wird der Fahrleitung von einem oder mehreren längs der Linie ober- oder unterirdisch verlegten Speisekabeln zugeführt. Um im Bedarfsfalle einzelne Strecken für Reparatur oder Untersuchung ausschalten zu können, ohne die ganze Bahnlinie stromlos zu machen, werden sogenannte Streckenschalter eingebaut, die in eiserne verschlossene Schutzkasten an den Masten befestigt werden. Dadurch erreicht man eine ausgezeichnete und auch unbedingt notwendige Elastizität in der ganzen Betriebsführung.

Teilleitersystem. Wenn wir so von den Straßenbahnen ausgehend kennen gelernt haben, in welcher Weise die oberirdische Stromzuführung erfolgt, so wollen wir uns nun noch mit den anderen Stromzuführungssystemen bekannt machen und zunächst eines erwähnen, das indessen nur für Straßenbahnen Anwendung finden kann und, wie vorweg betont sein möge, heute fast vollständig verlassen worden ist. Es ist das das soge-

449. Vielfachaufhängung des Fahrdrahtes bei der elektrischen Vollbahn Blankenese-Ohlsdorf.

nannte Teilleitersystem, wie es auf einer Versuchsstrecke in Nürnberg und in Paris vor einigen Jahren in Benutzung war. Bei diesem System sind eine Reihe von sogenannten Kontaktknöpfen im Straßenpflaster zwischen den Gleisen angeordnet, die durch besondere Relais mit der Speiseleitung bezw. der Stromleitung, die unterhalb dieser Kontaktknöpfe im Straßenniveau liegt, in Verbindung stehen. Der Schienenstrang wird durch diese Kontaktknöpfe in eine Anzahl Blocks geteilt, von denen aber nur der betreffende mit der Stromleitung in Verbindung gebracht wird, über dem sich der Wagen augenblicklich befindet. Eins der bekannteren Systeme dieser Art ist das von Dolter; dasselbe arbeitet, wie die Abb. 450 zeigt, in der Weise, daß ein Magnet (Stromabnahme Str), der am Wagen befestigt ist, jedesmal den Kontaktknopf K_I, K_{II}, K_{III} usw., über welchem der Wagen gleitet, anzieht (in Abb. 450 ist K_{II} angezogen) und dadurch den elektrischen Strom von der Kontakt-

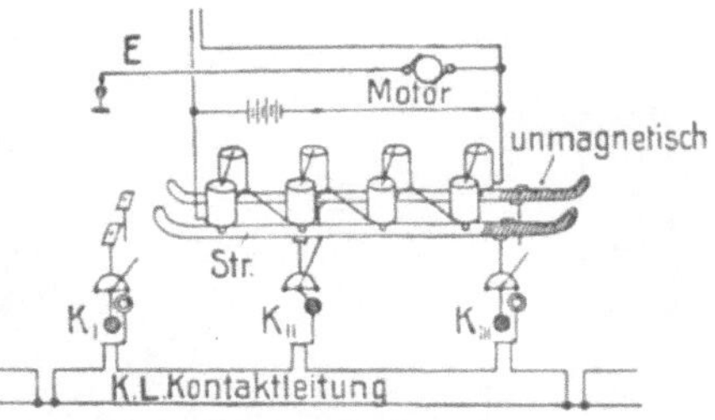

450. Teilleiter-Stromzuführungssystem nach Dolter.

leitung KL dem Motor zuführt, der dann bei E zur Schiene und damit zur Erde, also Rückleitung, geht. Der Magnet ist auf seiner Gleitbahn am hinteren Ende mit einem unmagnetischen Stück versehen, zu dem Zwecke, um den Kontakt, noch bevor derselbe durch den Wagen freigegeben wird, abzuschalten (in Abb. 450 K_{III}) und damit gefahrlos zu machen.

Dieses System hat sich deswegen in der Praxis nicht einzubürgern vermocht, weil einmal die Ausbildung der Relais und der Kontakte große Schwierigkeiten macht, das Straßenpflaster zwischen den Schienen besonders hergerichtet werden mußte, und es auch schließlich hin und wieder vorkam, daß durch das Nichtfunktionieren der Relais entweder der Strom für die Wagen ausblieb oder aber, wenn die Relais nach Verlassen des Wagens in eingeschaltetem Zustande blieben, Menschen und Tiere, die mit ihnen und einer Schiene in Berührung kamen, verletzt wurden.

Unterirdische Stromzuführung. Mit der oberirdischen Stromzuführung konnte man sich namentlich in Europa, wie bereits erwähnt, in der ersten Zeit gar nicht befreunden, und das Publikum sowohl wie auch die Behörden machten der Anwendung derselben recht bedeutende Schwierigkeiten. Heute klagt kein Mensch mehr über die Leitungen und Masten, weil man sich an das Bild bereits gewöhnt hat und sich namentlich in den großen Städten freut, während der Hauptverkehrszeiten überhaupt eine elektrische Bahn benutzen und schnell befördert werden zu können. Dieser Widerstand gegen die oberirdische Fahrleitung führte dazu, die Stromleitung in den Erdboden zu verlegen, sie also unterirdisch anzuordnen, und Siemens & Halske bauten 1891 ein solches System bei der Budapester Elektrischen Stadtbahn A.-G. zuerst aus. Die Anordnung ist derart, daß entweder in der Mitte zwischen den Gleisen oder an der Seite, oder aber auch unterhalb einer Schiene ein besonderer Kanal hergestellt wird, in welchem die Fahrleitung liegt. Eine besondere Kontaktvorrichtung, die am Wagen angebracht ist, schleift an dieser Leitung.

Bei der Budapester Bahn sind nach Abb. 451 im Straßenkörper in 1—2 m Abstand eiserne Rahmen aufgestellt, die zur Anbringung der Isolatoren, an denen die blanke Fahrleitung befestigt ist, dienen. Für die Stromleitung selbst sind zwei Winkeleisen benutzt, die einander gegenüberliegen. Durch die Reihe der eisernen Rahmen wird ein Kanal gebildet, dessen Wände und Boden mit Ziegelmauerwerk ausgefüllt werden. Der auf diese Weise bis auf den Zuleitungsschlitz verschlossene Kanal verdeckt in zuverlässiger Weise die beiden Leitungen. Durch den Schlitz der Kanalschiene führt eine Platte, die am Wagen befestigt ist. Diese Platte trägt die eigentlichen Schleifkontakte, sowie die Zuleitung zum Motor des Wagens.

Bei der Ausführung der Kanalanlage muß man darauf Bedacht nehmen, daß das Straßenwasser durch den Schlitz in den Kanal läuft und ihn bei starken Regengüssen ziemlich hoch füllen kann. Es ist infolgedessen nötig, nicht nur für eine gute Abführung des eingedrungenen Wassers zu sorgen, sondern auch den Kanal so geräumig zu machen, daß er größere Wassermengen aufnehmen kann, ohne daß das Wasser die Leitungen berührt. Ferner besteht bei diesem Stromzuführungssystem noch der große Nachteil, daß der Schlitz bei heftigen Schneefällen und Frost leicht zur Vereisung neigt, und damit Betriebsstörungen die Folge sind. Namentlich aus diesem Grunde und wegen der schweren Zugänglichkeit zu dem Fahrdrahte bei Untersuchungen und Reparaturen, sowie schließlich mit Rücksicht auf die hohen Anlagekosten ist man von diesem Strom-

451. Die unterirdische Zuleitung bei der Budapester elektrischen Bahn.

zuführungssystem neuerdings so gut wie vollständig abgekommen und verwendet es nur an den Stellen, an denen eine Überkreuzung aus geschmacklichen Gründen mit Oberleitung nicht möglich ist. So bestehen z. B. derartige Anlagen noch in Berlin vor dem Brandenburger Tor und auf dem Opernplatz, und man hat im Winter leider häufig darüber zu klagen, daß der Betrieb über diese Plätze nicht möglich ist, weil das Stromzuführungssystem versagt. Die Abb. 452 zeigt

452. Einbau der unterirdischen Stromzuführung vor dem Brandenburger Tor in Berlin.

den Einbau der unterirdischen Stromzuführung auf dem Platze vor dem Brandenburger Tor in Berlin. Es ist unschwer zu erkennen, wie umständlich und auch kostspielig eine derartige Anlage ist.

Stromzuführung durch dritte Schiene. Als letzte Form der Stromzuführung soll nun noch die sogenannte dritte Schiene behandelt werden, und zwar ist dieselbe nur dort anwendbar, wo die elektrische Bahn auf sogenannten Eisenbahnkörpern verkehrt, d. h. wo die Schienenwege vom Verkehr wie auf den Staatseisenbahnen vollständig abgeschlossen sind. Neben dieser Einschränkung hat aber das System noch eine zweite, und zwar darin liegend, daß die dritte Schiene nur bei Gleichstrom benutzbar ist, weil die Verluste elektrischer Natur bei Wechselstrom zu groß werden. In Abb. 453 ist das Stromlaufschema dargestellt. Wie zu erkennen ist, befindet sich neben den eigentlichen Fahrschienen noch eine besondere auf Isolatoren befestigte Schiene K L, auf der der Stromabnehmer Str gleitet. Um eine jederzeit gute Stromabnahme zu gewährleisten, wird am Wagen vor dem Stromabnehmer eine Stahlbürste angeordnet, um die Stromschiene dauernd sauber zu halten und im Winter von Eis, Rauhreif und dergleichen zu befreien. Die Ausführung von Weichen und Kreuzungen macht bei diesem System weniger Schwierigkeiten als bei der oberirdischen Stromzuführung, wenn man dem Wagen an seinen beiden Enden und zu beiden Seiten Stromabnehmer gibt, denn dann ist die Stromschiene z. B. auf Kreuzungen einfach zu unterbrechen, und der Wagen erhält seinen Strom beim Durchfahren der Kreuzungen entweder von demjenigen Teil der Stromschiene, die hinter oder demjenigen, die vor der Kreuzung liegt. Auf ähnliche Weise ist die Stromschiene zu unterbrechen, wenn es sich um Wegübergänge und dgl. handelt. Ein recht interessantes Bild für eine solche Anlage zeigt die Abb. 454 einer amerikanischen Überlandbahn mit Stromzuführung durch dritte Schiene. Die geschützte dritte Schiene ist unterbrochen. Zwischen den Gleisen sind scharfkantige Prismen aus

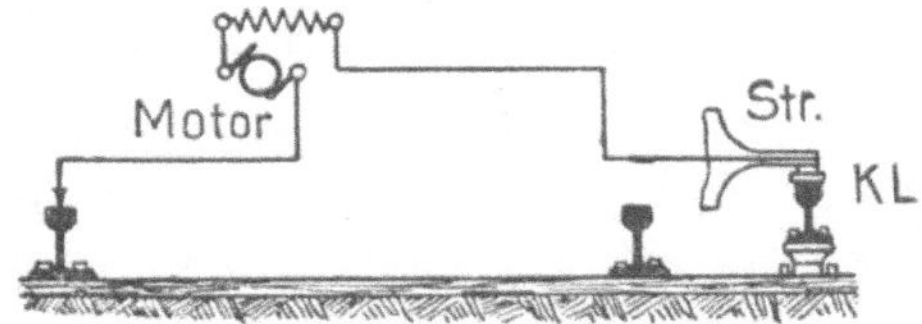

453. Stromzuführung durch dritte Schiene.

glasiertem Ton und hochkant verlegte Flacheisen eingefügt, um Publikum und Tiere von dem Betreten des Bahnkörpers abzuhalten.

In ausgedehntem Maße wird diese Art der Stromzuführung bei Hoch= und Untergrundbahnen gewählt, erstlich weil diese Bahnen stets einen vollständig abgeschlossenen, eigenen Bahnkörper besitzen, bedingt durch die großen Fahrgeschwindigkeiten, mit denen die Wagen auf einer solchen Bahn verkehren, und ferner weil die Ausführung einer oberirdischen Stromzuführung mit großen Kosten und besonderen Schwierigkeiten in diesem Falle verknüpft ist. Man denke dabei allein nur an die Überführung der Leitungen von der Tages= zur Untergrundstrecke und an die Anordnung im Tunnel bei der immer sehr beschränkten Höhe.

454. Straßenkreuzung einer Bahnanlage mit dritter Stromschiene.

Schienenverbindung. Bei allen besprochenen Arten der Stromzuleitung erfolgt die Rückleitung des Stromes zum Kraftwerk durch die Fahrschienen (Abb. 429). Die Hinleitung ist also isoliert, und wenn als Rückleitung der Schienenstrang benutzt werden soll, dann muß er entsprechend hergerichtet werden. Man darf nämlich nicht glauben, daß das Gleise ohne weiteres zur Stromleitung verwendbar ist wie das die Amerikaner zuerst taten. Sie erkannten zum eigenen und anderer Leute Vorteil aber bald, daß hier ebenfalls besondere Vorkehrungen getroffen werden müssen, um einen störungsfreien Betrieb zu erhalten, und zwar, daß es in der Hauptsache die Verbindungsstellen zwischen zwei Schienenenden — die Schienenstöße — sind, die eine gute Strombahn stark beeinträchtigen. Das liegt daran, daß der Schienenweg an diesen Stellen unterbrochen wird, und daß die in mechanischer Beziehung gute Verbindung der Schienenenden durch Flacheisenstücke (Laschen) in elektrischer Hinsicht nur unvollkommen ist und infolgedessen dem elektrischen Strome einen sehr hohen Übergangswiderstand durch Rost, Schmutz und dgl. zwischen Lasche und Schiene bezw. zwischen Befestigungsbolzen und Schiene bietet. Also besonders an den Schienenstößen ist für die gute Weiterleitung des Stromes durch sicheren und genügenden Kontakt zu sorgen, und man ist aus den vorher genannten Gründen gezwungen, eine sichere Stromüberleitung über diese Stoßstellen besonders zu schaffen. Das geschieht in der Regel in der Weise, daß man die beiden Schienenenden neben der Verlaschung noch durch einen besonderen Kupferbügel verbindet (Abb. 429 u. 455). Bei ungenügendem Kontakt besonders an diesen Stellen tritt der elektrische Strom aus den Schienen in das Erdreich und das hat beson-

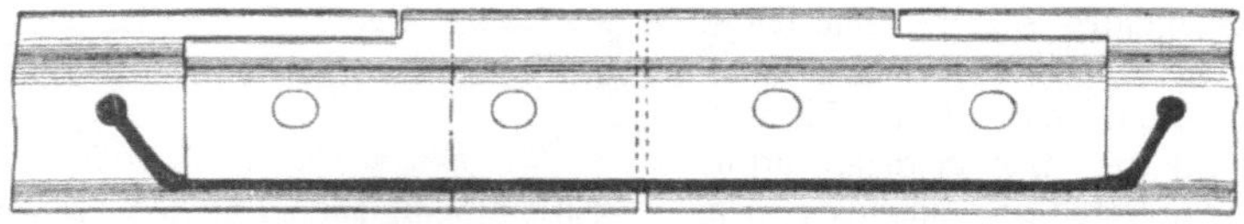

455. Elektrische Verbindung der Schienenstöße.

ders bei Gleichstromanlagen in Städten die großen Nachteile, daß nach der Abb. 456 der elektrische Strom nicht nur das Erdreich zur Rückleitung benutzt, sondern mit Vorliebe auf alle in der Nähe befindlichen metallischen Gegenstände, wie z. B. auf die benachbarten Gas- und Wasserrohrleitungen überspringt. Es können an den Flanschstellen derartige Rohrleitungen unter Umständen durch den elektrischen Strom so starke Materialbeschädigungen durch elektrolytische Wirkungen herbeigeführt werden, daß kostspielige Reparaturen notwendig werden. Infolgedessen haben schon bei Beginn des Ausbaues elektrischer Straßenbahnen die Aufsichtsbehörden diesem Punkte ganz besondere Aufmerksamkeit geschenkt und die besondere Verbindung der Schienenstöße durch Kupferleiter oder dgl. bzw. in einer anderen zuverlässigen und dauernd haltbaren Form für jede Ausführung zur Bedingung gemacht.

Wie im Kapitel über „Elektrochemie" des Näheren behandelt, zersetzt der elektrische Strom einen flüssigen Leiter und bildet an der Stelle, an der er aus dem festen Leiter in den flüssigen übertritt, Sauerstoff oder Säuren oder auch Chlor, wenn der flüssige Leiter aus Wasser oder wässerigen Salzlösungen besteht. Dieser Fall liegt eben für das feuchte Erdreich

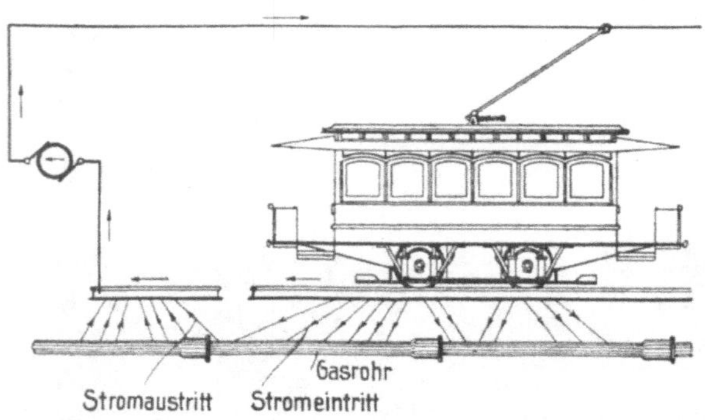

456. Verlauf der vagabundierenden Ströme bei Straßenbahnen.

vor. Wo nun der Strom z. B. eine metallische Wasserleitung benutzt, entwickeln sich die genannten Substanzen durch Zersetzung der Erdfeuchtigkeit und fressen die Austrittsstelle im Wasserrohr an.

Bei der besonderen elektrischen Herrichtung des Schienenweges, die in den meisten Fällen noch dadurch verbessert wird, daß man durch andere Kupferleiter die beiden Schienen eines Gleises etwa alle 40—50 m und schließlich noch die Schienen durch ein eigenes blankes starkes Kupferseil in der Nähe des Elektrizitätswerkes mit den Stromerzeugern verbindet, wird nun der bei weitem größte Teil des Stromes durch die Schienen zurückgeleitet. Immerhin aber läßt es sich nicht vermeiden, daß ein, wenn auch kleiner Teil noch von dem Metallwege abschweift, der sich dann über eine große Fläche im Erdreich ausbreitet. Wenn auch die Stromstärke dabei sehr gering ist und die Wasser- und Gasrohrleitungen nicht weiter gefährdet, so kann sie trotzdem noch Störungen in den Telephon- und Telegraphenleitungen nach sich ziehen. Man nennt einen solchen Strom einen vagabundierenden. Die Post- und Telegraphenverwaltungen müssen in solchem Falle, um alle Störungen auszuschließen, dazu übergehen, die Erdung des einen Poles der Schwachstromanlagen aufzuheben und durchweg isolierte Leitungen zu verlegen.

Um eine noch bessere Schienenverbindung zu erzielen und vor allen Dingen, um die Schienenstöße ganz zu beseitigen, die im Bilde gesprochen auf die darüber rollenden Wagen als direkte Stöße wirken und von der Wagenkonstruktion und den Fahrgästen sehr unliebsam empfunden werden, hat man früher zu dem Mittel gegriffen, die Schienenenden durch elektrische Schweißung

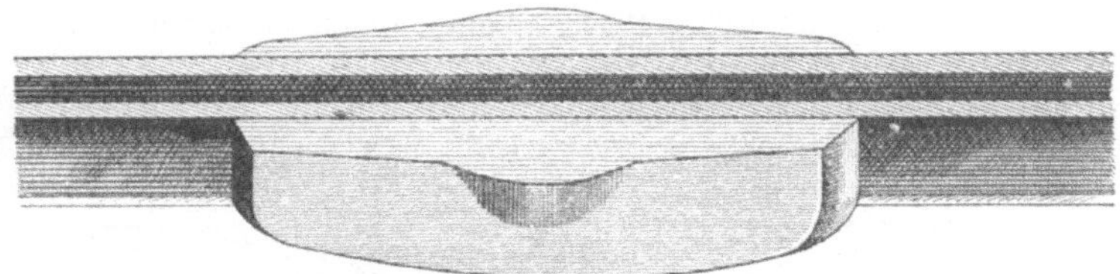

457. Falks Schienenverbindung.

zu vereinigen und also einen ununterbrochenen Schienenstrang herzustellen. Da das elektrische Schweißen aber teuer ist und besondere Apparate notwendig macht, suchte man nach einem

einfacheren Mittel, um diese elektrische Schweißung zu ersetzen, und hat ein solches denn auch bald in der Erfindung von Mr. Falk zur Verfügung gehabt. Bei dieser Methode wird der Schienenstoß mit einem dicken Eisenklotz umgossen. Zu diesem Zwecke wird die Stelle mit einer gußeisernen Form umgeben, die aus einem fahrbaren Schmelzofen mit flüssigem Eisen ausgegossen wird. Eine solche Verbindungsstelle hat dann das Aussehen der Abb. 457. Durch das Vergießen werden die Schienenenden unverrückbar zueinander zusammengefügt. Nach Erkalten der Gußstelle muß dieselbe naturgemäß auf der Schienenoberfläche geebnet werden, und zwar geschieht dies mit Hilfe elektrisch angetriebener Feilen. Der Strom wird dazu dem Fahrdrahte entnommen.

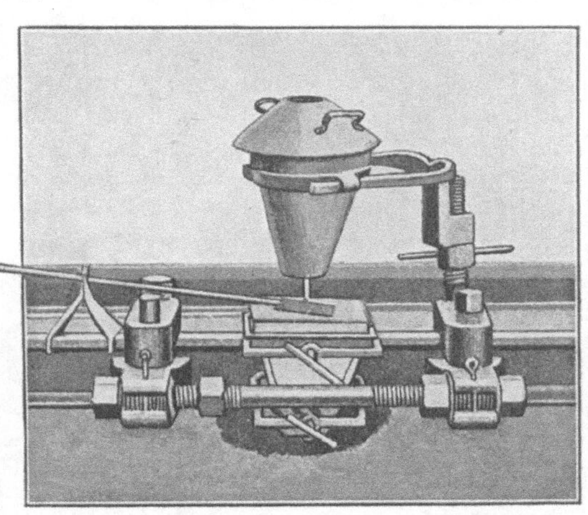

458. Vollständiger Apparat zur Schienenschweißung nach Dr. Hans Goldschmidt.

Eine noch bessere und einfachere Ausführung der Verschweißung der Schienenenden ist von Dr. Hans Goldschmidt in Essen a. d. Ruhr angegeben worden, bei welcher das flüssige Eisen durch das von ihm erfundene Thermit unmittelbar über der Schweißstelle erzeugt wird. Thermit ist in der Hauptsache ein Gemenge von Eisenoxyd und fein verteiltem Aluminium. Wird ein Quantum davon an einer Stelle angezündet, so verbindet sich das Aluminium an dieser Stelle mit dem Sauerstoff des Eisenoxyds unter starker Wärmeentwicklung, die anliegenden Mengen Thermit werden erhitzt, und die Reaktion erstreckt sich rasch auf diese Mengen und fortschreitend auf das ganze Quantum. Das reduzierte Eisen wird in der großen Hitze flüssig, und so erhält man, wenn man die Reaktion in einem Tiegel erfolgen läßt, in einigen Sekunden eine entsprechende Menge flüssigen Eisens.

Der Vorteil, den das Goldschmidtsche Verfahren bietet, ist leicht einzusehen, denn man hat bei ihm nicht mit einem fahrbaren Schmelzofen und großen Schmelzmengen zu hantieren, sondern stellt, wie bereits gesagt, die jeweils an der Schweißstelle nötige Menge flüssigen Eisens unmittelbar über derselben aus einem bequem zu handhabenden Pulver her. Die Abb. 458 zeigt den einfachen Apparat und die Abb. 459 die Arbeit auf der Strecke. Die Schienenenden werden durch eine kräftige Schraubenzwinge zusammengezogen und mit einer Gußform um-

geben, die für eine Anzahl von Schweißungen ausreicht und falls nicht mehr brauchbar für geringes
Geld neu beschafft werden kann. Der Tiegel, in dem der Schmelzprozeß stattfindet, ist aus Mag-
nesia geformt und zum Schutz mit einem Blechmantel versehen. Im Becken befindet sich ein
Magnesiastein mit einer konischen Bohrung, in der ein durchbohrter Magnesiapfropfen sitzt.

Das ganze Schmelzverfahren nimmt etwa 10—15 Sekunden in Anspruch. Mittels eines
Hebels wird der in das Abstichloch eingesetzte Eisenstift nach oben gestoßen, und dadurch der Verschluß des Abstichkanals geöffnet. Das flüssige Metall fließt dann in die den Schienenstoß umgebende Form und füllt diese aus. Nach etwa 10 Minuten kann die Gußform entfernt werden
und die Schweißstellen an der Luft erkalten.

Nach Herstellung einer solchen Schweißstelle ist auch diese sauber zu überhobeln, damit der
Schienenstrang eine glatte und ebene Oberfläche erhält. Diese besondere Verbindung der Schie-

459. Vorrichtung zur Schienenschweißung nach Dr. Hans Goldschmidt.

nenenden gibt auch elektrisch einen recht befriedigenden Kontakt und hat weiter den großen
Vorteil, daß das Befahren derselben durch die Wagen nunmehr ohne Stoß möglich ist.

Der Wagen. Wir wenden uns nun zu den Wagen selbst. Der Wagen besteht aus dem Untergestell, dem Wagenkasten und der elektrischen Einrichtung, also den Elektromotoren mit den
Schalt- und Steuervorrichtungen.

Das Untergestell wird von einem eisernen Rahmen gebildet, der auf die Radachsen aufgesetzt
ist, und besteht in der Regel aus zwei **U**- oder **I**-Eisen, die durch eiserne Querträger miteinander
vernietet sind. Die Achsen der Räder dürfen nicht fest mit dem Rahmengestell verbunden werden,
denn wenn das der Fall wäre, so würde jeder Stoß, der auf die Räder wirkt, sich ungeschwächt
auf den ganzen Wagen übertragen, und die unaufhörlichen Erschütterungen würden nicht nur
das Material außerordentlich stark beanspruchen und bald unbrauchbar machen, sondern auch den
Fahrgästen so lästig werden, daß die Bahn nicht stark benutzt werden würde. Dabei sei bemerkt,
daß in der Regel die oben beschriebene Schienenschweißung ihrer hohen Kosten wegen nicht
angewendet wird. Um die Stöße auf den Wagen zu vermeiden, müssen die Lager der Radachsen
gegen das Rahmengestell durch Blattfedern oder auch durch Spiralfedern, die weniger Raum

erfordern, abgefedert werden, wie das in Abb. 460 abgebildet ist. Um das im Untergestell auf=
tretende Geräusch nicht auf den Wagenkasten zu übertragen, werden an den Verbindungsstellen
Platten aus Gummi oder Eisenfilz eingeschoben. Ferner sind am Untergestell noch befestigt die
Bahnräumer zur Beseitigung von Hindernissen auf dem Bahnkörper und zum Schutz von Per=
sonen gegen das Überfahren und die Sandstreuer, die bei glatter Schienenoberfläche eine feine
Sandschicht auf das Gleise streuen und dadurch die Reibung zwischen Rad und Schiene erhöhen.

Für längere Wagen, insbesondere für solche für Vollbahnen und auch dann, wenn die
Wagen Kurven mit sehr kleinem Krümmungshalbmesser zu durchfahren haben, müssen die
Radgestelle drehbar gelagert sein, damit z. B. beim Einfahren in eine Kurve das Radgestell
durch den Schienenweg gezwungen wird, sich der Kurvenform anzupassen und nicht, namentlich
bei großen Fahrgeschwindigkeiten das Bestreben hat, aus dem Schienenwege herauszuspringen.
Man verfährt deswegen hier zumeist in der Art, daß man dem Wagen zwei kleine Untergestelle
gibt, auf denen sich der Wagenkasten in Zapfen oder auf Gleitbahnen drehen kann. Ferner
ordnet man bei sehr langen Wagen und großen Transportgewichten an Stelle von nur 4 Rädern

460. Untergestell eines elektrischen Straßenbahnwagens.

8 Räder an, die in der Regel zu je 2 Paaren in einem Drehgestell zusammengefaßt sind, und zwi=
schen deren Achsen sich der Elektromotor befindet.

Über den Wagenkasten selbst braucht nicht allzu viel gesagt zu werden. Er wird ganz dem
Charakter der Bahn angepaßt. Für Straßenbahnen findet man Quer= und Längssitze und an
den beiden Enden Türen, die zu Plattformen führen, von denen aus die Führung des Wagens
erfolgt. Für Überland= und Vollbahnen kommen in mehr oder weniger ähnlicher Form die Wagen
der Staatseisenbahn=Ausführung zur Benutzung. Es können auch durch eingezogene Querteile
besondere Abteile hergerichtet werden, z. B. für verschiedene Wagenklassen, zur Beförderung
von Frachtgut und dergleichen.

Der Elektromotor. Der Elektromotor soll hier zunächst ganz allgemein behandelt werden,
und zwar hinsichtlich seiner Befestigung, und es wird erst später bei der Besprechung der einzelnen
Bahnen auf die Stromart und Spannung, mit der der Motor betrieben wird, näher eingegangen
werden.

Durch die Stöße, denen der Wagen ausgesetzt ist, wird natürlich auch der Elektromotor
stark beansprucht, und es ist infolgedessen notwendig, auch diesen federnd zu befestigen oder, wie
man sich auszudrücken pflegt, federnd aufzuhängen (Abb. 461), denn der Elektromotor wird bei
Straßenbahnen stets und auch bei Vollbahnen in der Mehrzahl der Fälle unter dem Wagen=
kasten angeordnet. Durch den Platz für seine Befestigung folgt weiter, daß er gegen Regen,
Staub, Straßenschmutz usw. genügend geschützt sein muß. Zu diesem Zwecke wird er voll=

ständig eingekapselt (Abb. 462). Damit man nun das Gewicht des Motors durch eine solche Kap= selung nicht unnötig erhöht, denn wie leicht einzusehen ist, muß selbstverständlich jede unnötige Ge= wichtssteigerung vermieden werden, weil dadurch das stets mitzuführende tote Gewicht einen

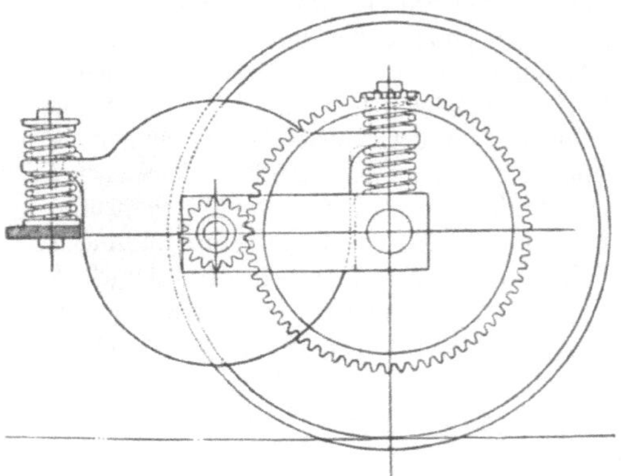

hohen eigenen Kraftverbrauch zur Beför= derung des Wagens bedingt, wird das Mo= torgehäuse gleichzeitig als Magnetjoch benutzt. Für gewöhnlich wird das Magnetgehäuse in zwei Hälften geteilt, von denen die obere aufklappbar ist, um vom Wageninnern aus auch an das Innere des Motors, wie z. B. zum Anker, Kollektor, den Bürsten usw. be= quem gelangen zu können.

Je größer die Drehzahl ist, mit der der Mo= tor läuft, um so billiger wird er, und man trach= tet daher danach, Motoren mit recht großer Tourenzahl zu verwenden. Da nun aber die hohe Drehzahl nicht ohne weiteres auf die Ach= sen übertragen werden kann, so ist es notwen= dig, eine Zahnradübersetzung zwischen Motor= welle und Wagenachse einzuschalten. In der

461. Aufhängung des Motors.

ersten Zeit versuchte man es mit Riemen oder Ketten, ist hiervon aber der Unzweckmäßigkeit, der großen Abnutzungs= und Reparaturkosten und ähnlicher Nachteile wegen bald abgekommen. Das Zahnradvorgelege ist selbstverständlich ebenfalls gegen das Eindringen von Staub und Feuchtigkeit zu kapseln. In Abb. 463 geben wir noch eine Ansicht von Motor und Radachse mit

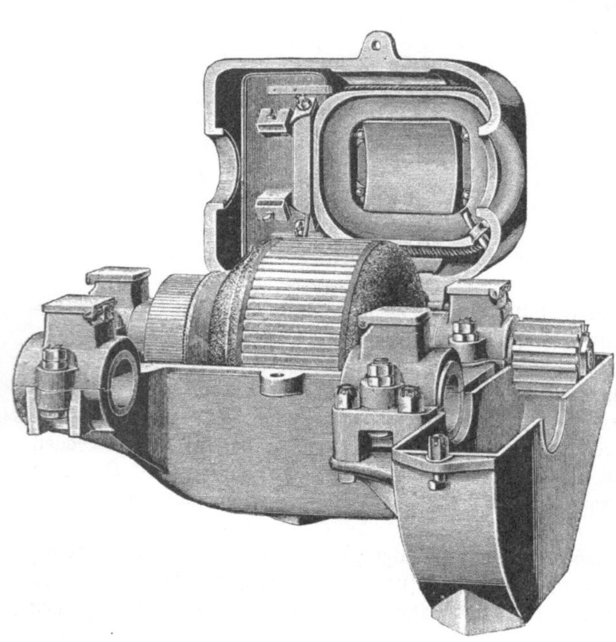

Rädern. Wie man leicht erkennt, kann bei dieser Anordnung das Räderpaar mit seinem Motor nach Abtrennung vom Rahmen unter letzterem herausgefahren und gegebenfalls durch einen Reservesatz ersetzt werden, so daß also sowohl die Untersuchung als auch die Auswechselung sehr be= quem ist. Alle solche und ähnliche Arbeiten werden stets in den dazu bestimmten Wagenschuppen vor= genommen, und zu diesem Zwecke sind die Gleise in diesen Werkstät= ten mit Bedienungsgruben ver= sehen, über die die nachzusehen= den Wagen gefahren werden.

Sind in einem Radgestell zwei Paar Räder angeordnet, dann findet der Motor in der Regel in der Mitte der beiden Achsen Platz.

Die elektrische Steuerung der Wagen. Zur Regelung des Stromes, der Fahrgeschwindig= keit und der Fahrtrichtung dienen

462. Straßenbahnmotor.

Anlasser oder sogenannte Fahrschalter oder Kontroller in Verbindung mit Widerständen, von denen bei Straßenbahnen zwei und bei Lokomotiven in der Regel nur einer benutzt wird, weil bei Straßenbahnwagen auf jeder Stirnseite des Motorwagens ein Führerstand vorhanden sein muß, während bei Fahrzeugen nach Ausbildung der Lokomotiven der Be=

dienungsraum für den Lokomotivführer in der Mitte oder wenn er nur einseitig liegt, so angeordnet ist, daß derselbe nach allen Seiten volle Übersicht und Aussicht zuläßt.

Die Fahrschalter bestehen aus einer Anzahl von Schaltern (sogenannten Kontakthämmern), die der leichteren konstruktiven Durchbildung, des geringeren Raumes und der einfacheren Bedienung wegen untereinander angeordnet sind und an einem Rahmengestell fest montiert werden. An diesen Schaltern gleiten eine Anzahl von Kontaktstücken vorbei, die auf dem Umfange einer gemeinsamen Walze befestigt sind und mittelst einer Handkurbel oder eines Handrades gesteuert werden. Durch die verschiedenen Längen der Kontaktschienen und ihre verschiedenartige Verbindung miteinander werden die Motoren allmählich in Gang gesetzt und gesteuert. Auf die recht verwickelten Umschaltverhältnisse können wir hier naturgemäß nicht vollständig eingehen, und es soll von den grundsätzlichen Schaltungen nur so viel erwähnt werden, daß bei Gleichstrom und zwei Motoren in einem Wagen die sogenannte Serienparallelschaltung angewendet wird. Ähnliches gilt für zwei Drehstrommotoren bzw. Wechselstrommotoren.

463. Motor mit Radachse und Rädern.

Für die zuletzt genannte Motorgattung — die Wechselstrommotoren — ist für größere Leistungen und höhere Spannungen am Fahrdrahte eine andere Schaltung für das Inbetriebsetzen zu verwenden. Da solche Motoren z. B. nicht für 10 000 oder 15 000 oder auch nur 6000 Volt am Fahrdrahte direkt gebaut werden können, muß ein Transformator zwischen Kontaktleitung und Motor geschaltet werden, der gleichzeitig so ausgebildet wird, daß er zum Anlassen benutzt werden kann. Die Wicklungen des Transformators auf der Niederspannungsseite werden in einzelne Stufen unterteilt, und mit dem kleinsten Werte der Spannung beginnend immer mehr durch einen Fahrkontroller zugeschaltet, so daß die Spannung am Motor von Stufe zu Stufe steigt (vgl. hierzu S. 276ff., Wechselstrommotoren).

Damit der Leser nun ein ungefähres Bild erhält, wie dieser Fahrschalter bei Gleichstrommotoren arbeitet, wollen wir den einfachsten Fall betrachten. Wir wollen annehmen, daß es sich um einen Motor handelt, der im Wagen untergebracht ist, und daß dieser Motor nur mit einer Geschwindigkeit für ganze Fahrt laufen kann. In Abb. 464 ist das Stromlaufschema für einen solchen einfachen Fall gezeichnet, und in demselben ist der in Abb. 465 dargestellte Fahrkontroller durch einfache Linien wiedergegeben. Durch die Kontaktstücke h sollen die Kontakthämmer und durch die langen Kontaktstücke k die auf der Walze befestigten Schleifflächen gekennzeichnet werden. Die Zuleitungen der Motoren, der Widerstände, des Stromabnehmers und der Erdleitung sind an die Kontakthämmer h angeschlossen und werden je nach der Drehung der Walze in gewünschter Weise zusammengeschaltet. Neben der Hauptwalze befindet sich eine zweite kleinere Walze mit besonderem Hebel, die dazu dient, bei einem Wechsel der Fahrtrichtung die Stromrichtung in dem Motoranker zu ändern. Beide Walzen sind

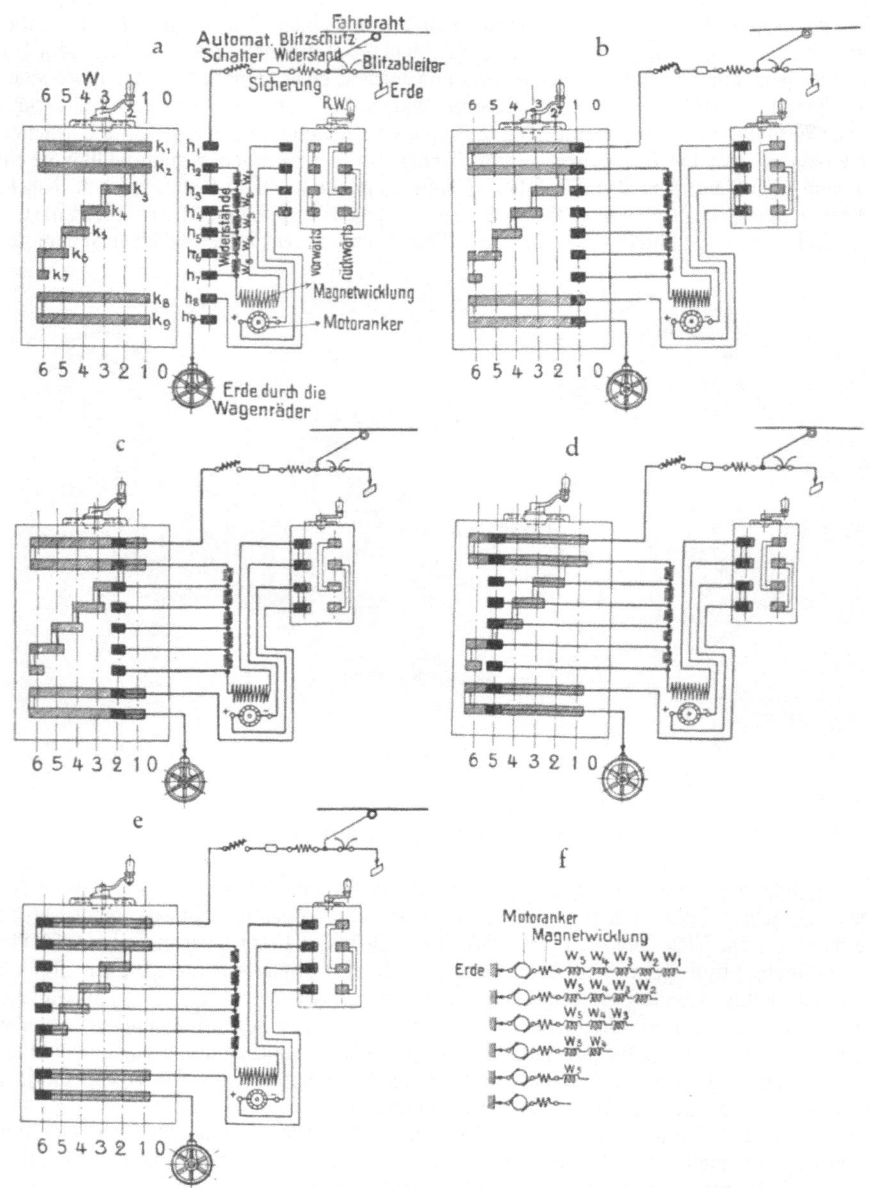

464. Schaltungsschema und Vorgang beim Anlassen eines Gleichstrombahnmotors mittels eines Kontrollers.

stets in eine derartige mechanische Abhängigkeit voneinander gebracht, daß die kleine nur dann umgesteuert werden kann, wenn die große ausgeschaltet ist, damit durch falsche Bedienung keine Betriebsstörungen hervorgerufen werden können, und infolgedessen die Bedienungsleute nach dieser Richtung keine besondere Aufmerksamkeit aufzuwenden haben. Ihre ganze Beobachtung hat sich nur auf die Strecke zu richten.

Wir verfolgen nun das Schema. Hammer h_1 ist mit der Kontaktstange oder dem Bügelstromabnehmer verbunden; zwischen den Kontakten h_2—h_7 liegen Widerstandsspulen w_1—w_5 aus besonderem Metalldraht hergestellt. Zwischen Hammer 8 und 9 ist die Magnetwicklung und der Anker des Motors geschaltet.

Da, wie gesagt, auch die Drehrichtung des Motors geändert werden soll, um rückwärts fahren zu können, sind die Motorzuleitungen noch mit der Reversierwalze R W verbunden. Durch die Drehung der Walze W werden nun die Kontaktstücke k mit den Schaltmessern in Verbindung gebracht, und es wird dadurch dem elektrischen Strome der Weg gewiesen, den derselbe für alle gewünschten Verhältnisse zu nehmen hat. Wird die Walze auf den Kontakt 1 und R W auf „vorwärts" gestellt (Abb. 464 b), dann geht der Strom von der Fahrleitung über h_1, läuft die Schienen k_1 und k_2 entlang, geht durch den ganzen Widerstand w_1—w_5, weil die anderen Schienen noch nicht auf den Kontakten liegen, nach der Magnetwicklung des Motors, von dieser durch die Reversierwalzenkontakte und Schienen nach dem Motoranker und von dort über h_8 und die Schienen k_8 und k_9 nach der Erdverbindung, die durch die Räder des Wagens mit den Schienen hergestellt wird. Dreht man die Schaltwalze auf den Kontakt 2 (Abb. 464 c), dann wird ein Teil des Widerstandes, und zwar w_1 durch k_2 und k_3 kurzgeschlossen, also ausgeschaltet, und der Motor dreht sich schneller. Durch die Drehung der Kurbel auf die weiteren Kontakte (Abb. 464 d und e) wird der ganze Widerstand stufenweise ausgeschaltet, bis schließlich nur noch die Magnetwicklung und der Motoranker eingeschaltet bleiben (Abb. 464 e), wobei der Motor dann mit voller Drehzahl, der Wagen also mit ganzer Fahrt läuft. Aus diesem Schaltvorgang ist zu ersehen, daß die Motordrehzahl stufenweise erhöht wird. Das Schema Abb. 464 f gibt den ganzen Schaltvorgang in einfachen Linien wieder und wird zum Verständnis noch beitragen.

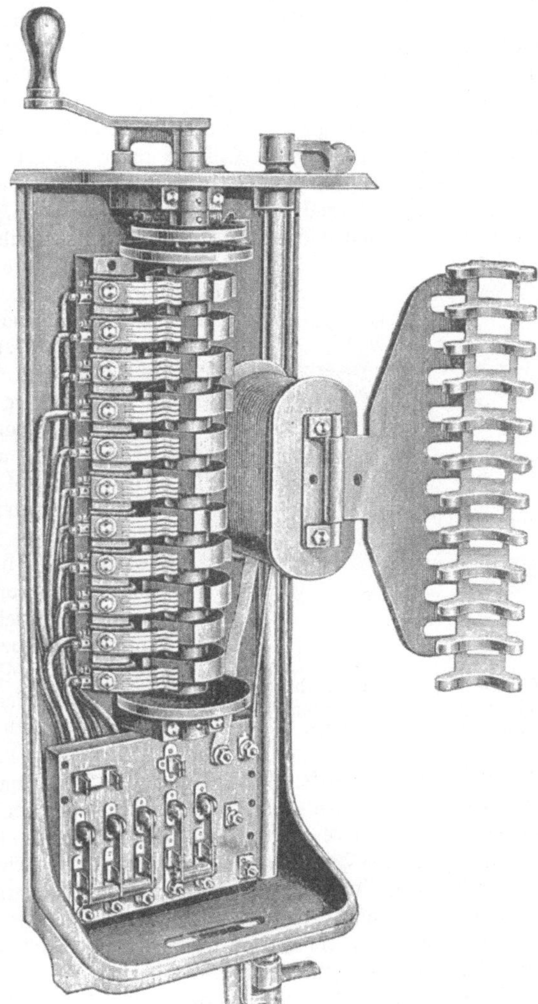

465. Wagenschalter (Kontroller, Fahrschalter) geöffnet.

Sind z. B. zwei Motoren im Wagen eingebaut, so werden zunächst ebenfalls Widerstände für den Anlauf vorgeschaltet, dann die beiden Motoren hintereinander und schließlich parallel geschaltet. Bei der Hintereinanderschaltung der Motoren ist der Widerstand im Stromkreise größer als bei der Parallelschaltung, und der Wagen läuft, weil jeder Motor nur die halbe Spannung erhält, mit der halben Geschwindigkeit. Erst auf der letzten Stufe des Kontrollers ist der ganze Widerstand im Motorstromkreise auf das geringste Maß reduziert: dann hat der Wagen, weil die Motoren jetzt in Parallelschaltung liegen, also jeder die volle Spannung erhält, die zweite oder größere Geschwindigkeit. In Abb. 466 ist der ganze Schaltvorgang in einfachen Linien zur Anschauung gebracht, und der Leser wird demselben nach dem Vorhergesagten und unter Berücksichtigung der eingetragenen Bezeichnungen ohne Schwierigkeit folgen können. Zum leichteren Verständnis ist das ähnliche Schema bei Abb. 464f gegebenenfalls zu Rate zu ziehen. Mit zunehmender Umdrehungszahl nimmt der Motor auch an Leistung zu, weil derselbe sowohl für Gleich- als auch für Wechselstrom so gebaut wird, daß er dieser Arbeitsweise entspricht. Sind erst einmal alle Widerstände bzw. bei Wechselstrom alle Transformatorstufen abgeschaltet, der Wagen somit in voller Fahrt, dann bedeutet diese Arbeitsweise des Motors nichts anderes, als daß derselbe, und zwar vollkommen selbsttätig auf ebener Strecke mit voller Geschwindigkeit und normaler geringster Leistung läuft, während er auf Steigungen durch langsameren Gang an Leistung mehr abzugeben imstande ist.

In Wirklichkeit ist dieser Schaltvorgang nicht ganz so einfach, wie er hier besprochen worden ist, weil man es einmal zumeist nicht nur mit einem, sondern mit zwei Motoren zu tun hat, ferner die Abstufung reicher ist, um ein sanfteres Anfahren zu erreichen, und schließlich auch die Höhe der Spannung und die Stromart selbst (Gleichstrom oder Wechselstrom) eine Rolle spielt.

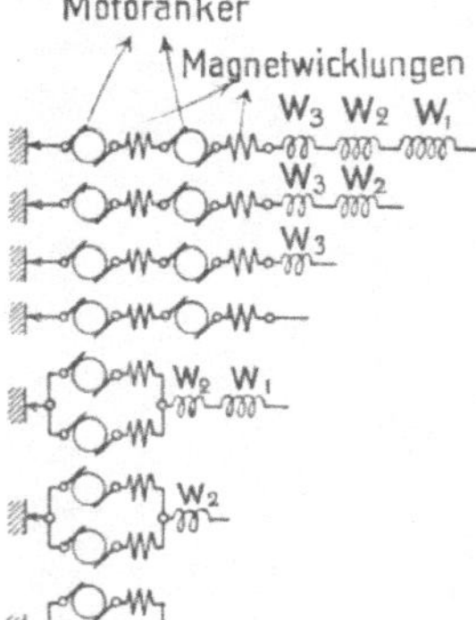

466. Stromlaufschema für die Reihen-Parallelschaltung von zwei Gleichstrommotoren.

Als besondere Nebenapparate werden noch sogenannte Maximalausschalter und eventuell Sicherungen benutzt, die beide die Aufgabe haben, den Stromkreis zu unterbrechen, wenn von dem Motor eine Leistung gefordert wird, die er nicht mehr abgeben kann, ohne daß man befürchten müßte, den Motor zu beschädigen. Schließlich ist auf dem Wagendach in der Regel noch ein Blitzableiter angeordnet, dem die Aufgabe zufällt, bei Blitzschlägen in die Kontaktleitung das Wageninnere vor Gefahren zu schützen.

Die Beleuchtung der Wagen erfolgt ebenfalls elektrisch, und zwar abgezweigt von der Fahrleitung. Steht der Stromabnehmer mit der Fahrleitung nicht in Verbindung, dann kann natürlich auch keine Lampe im Wagen brennen. Bei der Stromzuführung durch die dritte Schiene wird neben dieser vom Wagenführer zu bedienenden Beleuchtung des Zuges dieselbe beim Einfahren in den Tunnel noch selbsttätig dadurch eingeschaltet, daß die Kontaktschiene schon vor dem Tunnel etwas höher gelegt ist als auf der freien Strecke. Dadurch wird der Stromabnehmer gehoben und schließt dann einen besonderen kleinen Schalter, der die Lampen einschaltet. Beim Verlassen des Tunnels fällt der Stromabnehmer wieder ab und öffnet den Beleuchtungsstromkreis. Durch eine derartige Anordnung ist für das Wagenbedienungspersonal eine weitere große Erleichterung geschaffen, weil sie sonst stets beim Einfahren in den Tunnel die Beleuchtung von Hand ein- und umgekehrt beim Verlassen des Tunnels wieder ausschalten müßte. Die Beleuchtung von Anhängewagen wird dadurch bewirkt, daß der Strom mittels eines besonderen Kabels von dem Motorwagen nach dem Beiwagen übergeleitet wird.

Das Bremsen der Wagen erfolgt entweder durch gewöhnliche von Hand zu bedienende Kurbelbremsen einfachster Art oder durch besondere Luftdruck- und elektrische Bremsen. Für die Luftdruckbremsen wird die Preßluft von kleinen unter dem Wagen eingebauten elektrisch angetriebenen Luftpumpen erzeugt, in einem besonderen eisernen Kessel gesammelt und durch einen kleinen Steuerschalter den besonderen Apparaten zugeführt. Mit diesen Bremsen läßt sich der Wagen oder Zug außerordentlich sanft und doch in sehr kurzer Zeit zum Stillstande bringen. Für die elektrische Bremsung werden die Motoren selbst benutzt und zu diesem Zwecke durch die Kontroller, die hierfür noch besondere Kontakte erhalten, gesteuert.

Wir wenden uns nun zu der Besprechung einzelner ausgeführter elektrischer Bahnanlagen, die von besonderem Interesse sind, und wollen zunächst die Straßenbahnen behandeln.

Die Straßenbahnen. Wie eingangs bereits erwähnt, trugen schon die ersten elektrischen Bahnen den Charakter von Straßenbahnen und hatten die Aufgabe, den bis dahin mit Pferden durchgeführten Betrieb elektrisch zu bewirken. Neben diesen Straßenbahnen gibt es nun aber noch eine ganze Reihe von anderen Möglichkeiten der Beförderung von Personen und Gütern, und die mannigfaltigen Ausführungen können nach ihrem besonderen Beförderungscharakter und der Anlage an sich in die folgenden Hauptkategorien eingeteilt werden:

Straßenbahnen, Hoch- und Untergrundbahnen, Vorortbahnen, Vollbahnen und Industriebahnen. Man unterscheidet weiter noch je nach der Art des elektrischen Stromes, der zum Betriebe der Motoren Verwendung findet: Gleichstrombahnen, Wechselstrombahnen und Drehstrombahnen.

Unter Straßenbahnen sind solche, neuerdings nur mechanisch fortbewegte Fahrzeuge zu verstehen, die in den Straßen einer Stadt und ihrer nächsten Umgebung auf Schienen verkehren. Die Wagen dienen gleichzeitig zur Aufnahme der Motoren mit ihren Nebenapparaten, der Wagenführer und der Fahrgäste. Die Veranlassung dazu, den Pferdebahnbetrieb in elektrischen umzuwandeln, war einerseits die Verringerung der Betriebskosten, andererseits der Umstand, daß der Elektromotor die Bewältigung eines Massenverkehrs und eine erhöhte Fahrgeschwindigkeit ohne Schwierigkeit und ohne größere Unkosten gegenüber dem tierischen oder Dampfbetriebe zuläßt. Bei stärkerem Verkehr hängt man an den sogenannten Motorwagen noch einen zweiten Wagen (Anhänge- oder Beiwagen) an, der indessen keinen Elektromotor erhält.

Das Gebiet der Straßenbahnen hat heute der Elektromotor völlig erobert. Als Stromart kam und kommt auch heute noch der Gleichstrom mit einer Spannung bis etwa 500 Volt zur Anwendung, der zumeist in den Elektrizitätswerken, die die Stadt auch sonst mit Strom für Beleuchtung und Kraft versehen, gleichzeitig erzeugt wird. Die Stromzuführung ist in der Regel die oberirdische mittelst Rute oder Bügel.

Der Akkumulatorenbetrieb. Da besonders zu Anfang der Elektrisierung der Pferdebahnen die oberirdische Stromleitung nicht gewünscht wurde und die unterirdische Kontaktschiene den Gesellschaften oder der Stadtverwaltung ein fast unerschwingliches Anlagekapital verursachte, schlug man vor, jedem Wagen die Stromerzeugungsstation in Form von Akkumulatoren unmittelbar beizugeben. Mit großer Freude stürzte man sich daher auf dieses „Nonplusultra" und glaubte damit allen Sorgen enthoben zu sein und allen Ansprüchen und Bedingungen Genüge geleistet zu haben. Doch bald mußte man leider erkennen, daß auch durch diese Form die einfache oberirdische Stromzuführung nicht übertrumpft werden konnte. Erstlich waren es die Akkumulatoren selbst, die infolge ihres subtilen Aufbaues den schweren Betriebsbedingungen auf die Dauer nicht gewachsen waren. Sie wurden bald defekt und erforderten eine so große Geldausgabe für Unterhaltung, Reparatur und Ersatz, daß die Rentabilität der Anlage stark vermindert wurde. Das große Gewicht, das die Wagen durch das Mitführen der Akkumulatoren erreichen, macht ferner einen besonders starken und soliden Unterbau und schwerere Schienen notwendig, und durch die Stöße wurde nicht nur letzterer, sondern auch die Batterie in kurzer Zeit so stark mitgenommen, daß man sich gezwungen sah, von dieser Betriebsweise Abstand zu nehmen und endlich zur oberirdischen Stromzuführung überzugehen. So hat besonders die Große Berliner Straßenbahn, die Straßenbahn in Leipzig und Halle und viele andere diesen Betrieb aufgeben müssen.

Heute kommen Akkumulatorenbahnen nur für Verschiebelokomotiven auf Güterbahnhöfen, für Tunnelstrecken und ähnliche Anlagen als Ergänzung für den Dampfbetrieb ernsthaft in Frage.

Die Hoch- und Untergrundbahnen. Mit der wachsenden Ausdehnung der Städte stieg das Bedürfnis nach einer schnelleren und vom Straßenverkehr unabhängigen Bahnverbindung zwischen den entfernteren Teilen der Stadt und dem Zentrum bzw. den Hauptarbeitsstätten, und man ging dazu über, besondere Hoch- und Untergrundbahnen zu bauen. Hier den Dampf als Antriebskraft der Personenwagen zu verwenden, ist in der ersten Zeit namentlich in Amerika versucht worden, und man mußte, weil die Vollbahnen bis in das Herz der Städte hineingeleitet wurden, zur Verlegung der Gleise unter das Straßenniveau übergehen, um den Straßenverkehr nicht zu stören. Die lästige Rauchplage, die nicht nur auf den Straßen, sondern auch in den Tunnels den Aufenthalt fast unerträglich machte, gab die Veranlassung dazu, den Dampf- oder Benzinbetrieb für derartige Strecken zu verwerfen und sich des bequemeren Elektromotors zu bedienen. Auch hier hat dann die Elektrizität sofort nach der ersten Eroberung dieses neuen Gebietes mit außerordentlicher Schnelligkeit (aber für alle Teile nur in vorteilhaftem Sinne) um sich gegriffen und beherrscht dasselbe ausschließlich, oder besser gesagt, hat der

Elektromotor diese Form der Verkehrseinrichtungen zu dem gemacht, was sie sein sollen, d. h. eine schnelle, sichere und bequeme Fahreinrichtung.

Die erste Ausführung einer solchen Bahn und zwar als Untergrundbahn wurde im Jahre 1894 von Siemens & Halske in der elektrischen Untergrundbahn in Budapest in Angriff genommen. Am 2. Mai 1896 war der Bau beendet, und die Bahn konnte dem Betriebe übergeben werden.

Diese Bahn beginnt als normalspurige zweigleisige Untergrundbahn am Gisellaplatz in der Mitte der Stadt, führt unter dem Waitzner Ring und der Andrassystraße entlang und geht erst kurz vor dem Stadtwäldchen zur Oberflächenbahn über. Sie hat eine ganze Länge von etwa 3,7 km, wovon 3,2 km als Untergrund- und 0,5 km als Oberflächenbahn ausgeführt sind. Von den 11 Haltestellen sind 9 als Tunnel- und 2 als Oberflächenhaltestellen ausgebildet.

Der Tunnel wurde mit einer lichten Höhe von 2,75 m und einer lichten Breite von 6 m zweiteilig ausgeführt, so daß zwischen den beiden Gleisen eine Säulenreihe steht.

Die Bahnsteige der Haltestellen liegen seitlich der Gleise und dienen somit, ebenso wie die Gleise selbst, nur für die eine Fahrtrichtung. Sie werden durch eine Treppe vom Bürgersteige aus betreten.

Dieser Untergrundbahn folgten dann in England, Frankreich, Amerika und schließlich auch in Deutschland andere Untergrundbahnen, die gleichzeitig auf einer längeren Strecke auch als Hochbahnen ausgeführt wurden. Man erkannte sehr bald die außerordentlichen Vorzüge solcher Bahnen für den geschäftlichen Verkehr und für die Entlastung der in den Großstädten stetig zunehmenden oberirdischen Verkehrsdichte von Fahrzeugen und Fußgängern, und es war schon eine Lieblingsidee Werner v. Siemens' im Jahre 1880, ein solches Unternehmen auch für Berlin ins Leben zu rufen. Aber das Berliner Polizeipräsidium versagte die Genehmigung, und das geplante Werk versank für 10 Jahre in einen tiefen Schlaf. Die Firma Siemens & Halske hatte indessen dieses Projekt keineswegs aufgegeben, sagte vielmehr „aufgeschoben ist nicht aufgehoben" und arbeitete in der Stille neue und umfassende Pläne aus, mit denen sie Anfang 1891 wieder an die Öffentlichkeit trat. Nach vielen Verzögerungen und Änderungen wurde das Projekt endlich Anfang 1893 genehmigt, und der König von Preußen erteilte seine Zustimmung am 22. April 1893. Nach weiteren 3 Jahren waren die Verhandlungen und Verträge so weit gediehen, daß die staatliche Genehmigung zum Bau und Betrieb der Bahn gegeben und der erste Spatenstich am 10. September 1896 auf der Oststrecke getan werden konnte. Der Beginn des regelmäßigen Probebetriebes fiel auf den 18. Februar für die Oststrecke, auf den 11. März für die Weststrecke und auf den 25. März für die Durchgangsstrecke. Die Hochbahn ist seitdem ein notwendiger Teil der Berliner Verkehrseinrichtungen geworden, und man konnte schon nach kurzer Betriebszeit dazu übergehen, einen Teil der für die Verlängerung in Aussicht genommenen Projekte zu verwirklichen. Während der erste Ausbau die Linien Warschauerstraße—Zoologischer Garten, Zoologischer Garten—Potsdamer Platz, Potsdamer Platz—Warschauerstraße umfaßte, wurde die Weststrecke schon im Jahre 1902 bis zum Knie verlängert, und heute führt uns die Hochbahn bereits in den Grunewald hinaus und zwar bis zum Reichskanzlerplatz einerseits bzw. in das Herz Berlins hinein bis zum Spittelmarkt. Die Abb. 467 zeigt die Linienführung der Berliner Hoch- und Untergrundbahn. Die Nachbargemeinden Berlins haben bereits Anschlußbahnen an dieses wichtigste Verkehrsmittel Berlins gebaut. So konnte die Stadtgemeinde Schöneberg bereits im Jahre 1911 die Strecke Hauptstraße—Nollendorfplatz in Betrieb nehmen, während die Linie Rastätter Platz—Wittenbergplatz der Wilmersdorfer Gemeinde zurzeit im Bau begriffen ist.

Die ursprüngliche Absicht, diese Bahn durchweg als Hochbahn auszuführen, ist nicht verwirklicht worden. Vom Nollendorfplatz aus, der etwa in der Mitte zwischen der Überführung über die Potsdamer Bahn und der Haltestelle Zoologischer Garten liegt, ist die Bahn bis zum Reichskanzlerplatz unterirdisch geführt, auch am Leipziger Platz (wie heute die ehemalige Haltestelle Potsdamer Platz umgetauft worden ist) geht die Hochbahn in die Untergrundbahn über und zwar, weil die überlasteten Straßen des Inneren Berlins nicht den notwendigen Platz für die Aufstellung der Hochbahnviadukte aufweisen.

Die Bahn ist durchweg zweigleisig angelegt und hat normale Spur, damit, wenn das in der Zukunft einmal notwendig werden sollte, auch die Wagen der Vollbahnen auf die

Gleise der Hoch= und Untergrundbahn übergeführt werden können. Zurzeit besitzt die Stamm=
linie 35 Haltestellen, für die man natürlich die verkehrsreichsten Punkte aussuchte. Soweit die
Bahn Hochbahn ist, hat man für die Aufstellung des Viaduktes zum großen Teil ziemlich breite
Straßenzüge benutzen können und den Viadukt in der Mitte der Straßen auf einen für Fuß=
gänger bestimmten Promenadenstreifen gestellt, der infolgedessen durch den Viadukt seiner
Bestimmung nicht entzogen wurde. Die Abb. 468 zeigt den Viadukt und einen solchen Prome=
nadenweg in der Bülowstraße. Auf der Strecke vom Halleschen Tor bis zur Station Möckern=
straße steht der Viadukt auf einem 7 m breiten Rasenstreifen, der zwischen dem Landwehrkanal
und der Uferstraße liegt. Wasserstraßen werden viermal überschritten, und zwar erst die Spree
auf der Oberbaumbrücke (Abb. 469), dann das Wassertorbecken, darauf der Landwehrkanal
in der Nähe des Kraftwerkes und endlich von der Zweigstrecke zum Leipziger Platz noch
einmal der Landwehrkanal. Über die Gleise der Staatsbahn führt die Hochbahn zweimal,
nämlich beim Anhalter Bahnhof und beim Potsdamer Bahnhof (Abb. 470). Bei den zahl=
reichen Straßenkreuzungen mußte die Anlage so hoch gelegt werden, daß zwischen Straßen=

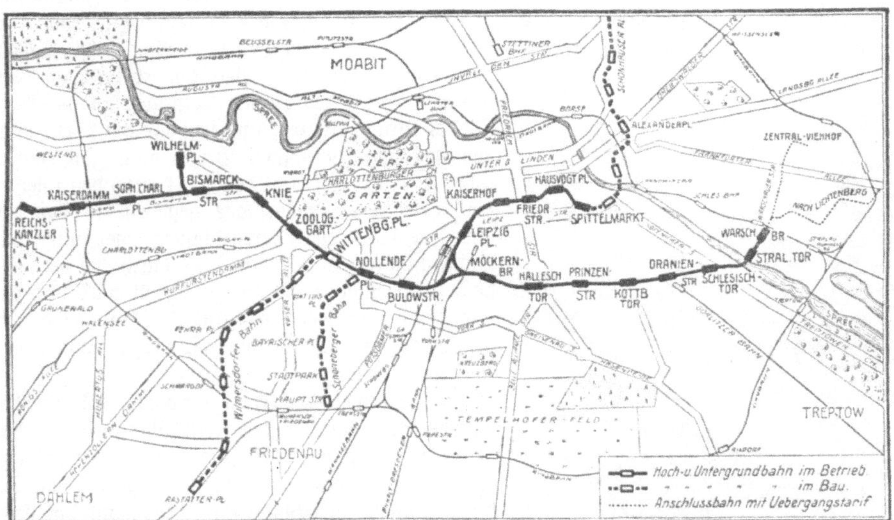

467. Plan der Berliner Hoch= und Untergrundbahnen.

oberkante und der Hochbahnbrücke eine lichte Höhe von 4,55 m bleibt, während die Schienen=
oberkante der Unterpflasterstrecke 4,4 m unter der Straße liegt.

Bei dem Wechsel von Hochbahn zu Untergrundbahn und bei der erheblichen Höhe, zu
der das später noch zu beschreibende Anschlußdreieck ansteigt, wechselt die Höhenlage der Bahn
recht beträchtlich, und zwar beträgt der Höhenunterschied zwischen dem tiefsten und dem höchsten
Punkte der Bahn nahezu 20 m, obwohl das Gelände, das die Bahn durchfährt, so gut wie eben ist.

Der Viadukt besteht aus einer Doppelreihe von Stützen, die oben durch Träger verbunden
sind. Je zwei nebeneinanderstehende Stützen sind in der Richtung quer zur Stützenreihe durch
Stäbe verbunden. Die Träger jeder zweiten Öffnung sind aber mit den zugehörigen Stützen
nicht fest verschraubt, vielmehr sind die Träger, die die vorhergehende und nachfolgende Öffnung
überspannen, um ein bestimmtes Stück über ihre Stütze hinausgeführt, und auf diesen über=
stehenden Enden ist der Träger der anderen Öffnungen beweglich aufgelagert. Es kann sich
hier — und das ist der Zweck — die Längenänderung durch Wärmeunterschiede ausgleichen.
Die beiden Schienenreihen sind derart angeordnet, daß das Gewicht eines Zuges von der unter
ihm befindlichen Längsträgerreihe getragen wird. Zwischen den beiden Schienenreihen liegen
die beiden Stromschienen (Abb. 471).

Von den weiteren oberirdischen Bauten, zu deren Ausgestaltung nicht nur die Technik,
sondern auch der Architekt wesentliches beigetragen hat, und die infolgedessen einen durch=

468. Berliner Hochbahn-Viadukt in der Bülowstraße.

weg sympathischen Eindruck machen, interessiert namentlich noch das Anschlußdreieck.

Das Anschlußdreieck entstand aus der Notwendigkeit, die Abzweigungen nach dem Leipziger Platz und Zoologischen Garten derart anzulegen, daß die Züge sich nicht im gleichen Niveau kreuzen, denn bei einer solchen Kreuzung wäre die schnelle Zugfolge, wie sie geplant wurde und wie sie auch heute durchgeführt ist, wegen der Gefahr des Zusammen-stoßes eine Unmöglichkeit geworden. Wie man aus dem Bilde der Gleisführung (Abb. 472) erkennt, muß ein Zug, der vom Zoologischen Garten nach dem Leipziger Platz fährt, sowohl

das Parallelgleis nach Warschauerbrücke als auch das eine Gleis der Strecke Leipziger Platz—Warschauer Brücke kreuzen, und in ähnlicher Weise auch der Zug von Warschauer Brücke nach Zoologischer Garten. Man hat nun den sich kreuzenden Gleisen eine verschiedene Höhenlage gegeben, so daß der eine Zug über den anderen hinweg- oder unter ihm hindurchfahren kann. Wie dies durch die verschiedenen Höhenlagen der Gleise erzielt wird und die Kreuzungen erfolgen, das ersieht der Leser besser aus der Skizze, als wir es ihm mit kurzen Worten beschreiben können.

Die Tunnels der Untergrundbahn haben recht-eckigen Querschnitt mit starken Betonwandungen, die man durch parallel gelegte eiserne Träger und da-zwischen angebrachte Betonkappen abgedeckt hat. Da diese Tunnels im Grundwasser liegen, und das Ein-dringen von Wasser verhindert werden muß, ist die Außenwand des Tunnelprofils mit einer wasser-dichten Decke umkleidet, die aus einer mehrfachen Schicht Asphaltfilz besteht. Die Herstellung geschah in folgender Weise. Nach Aushebung der Baugrube wurde zunächst als Unterlage für die Asphalthülle

469. Strecke Oberbaumbrücke der Berliner Hoch- und Untergrundbahn.

eine dünne Betonschicht auf die Sohle der Grube gelegt. Auf diese kam dann die wasserdichte Unterlage, die aus einer dreifachen Lage Asphaltfilz besteht, auf diese wurde ferner die starke

Sohlenschicht aufgebracht. Die Seiten-wände der Baugrube wurden schließ-lich durch Spundwände eingefaßt, und dann als Schutzdecke für die Asphalt-filzumhüllung eine dünne Rabitzwand hergestellt. Auf diese wurde die Isolierschicht gelegt und nun nach innen die eigentliche Tunnelwand in Stampfbeton hergestellt. Um die Bau-grube bei diesen Arbeiten vom Grund-wasser frei zu halten, wurden längs derselben eine Anzahl Brunnen ab-

470. Überführung der Hochbahngleise über die Staatsbahn.

gesenkt, und aus diesen das zufließende Wasser andauernd mittels besonderer, elektrisch an=
getriebener Pumpen herausgepumpt.

Für den Betrieb der Bahn wird Gleichstrom von 750 Volt verwendet. Die Stromzu=
führung geschieht, wie bereits erwähnt, durch eiserne Schienen, die neben dem Gleis auf Hart=
gummiisolatoren befestigt sind (System der dritten Schiene). Die Zuführung des Stromes
zu den Stromschienen erfolgt durch isolierte Kabel (sogenannte Speiseleitung).

Die Züge sind in der Regel aus 3 Wagen und bei starkem Verkehr aus 5—6 Wagen zu=
sammengesetzt, von denen zumeist der vordere und hintere Wagen mit Motoren ausgerüstet
sind. Die Steuerung der Motoren indessen erfolgt nur vom vorderen Führerstande aus, und
zwar werden von diesem Platze aus alle Schaltungen, das Anlassen, Abstellen, Bremsen, Rück=
wärtsfahren usw. besorgt. Das Untergestell eines Wagens besteht aus 2 Drehgestellen mit
einem Mittenabstand von 7,5 m. Die zulässige Höchstgeschwindigkeit beträgt ca. 50 km in
der Stunde. Die Wagenkasten sind für III. und II. Klasse eingerichtet, in letzteren mit gepol=
sterten Sitzen und einer reicheren Ausstattung.

Die Hochbahn hat sich so schnell als ein notwendiges Verkehrsmittel für das Berliner
Publikum eingeführt, daß bald nach der Eröffnung der ersten Strecken zahlreiche Projekte

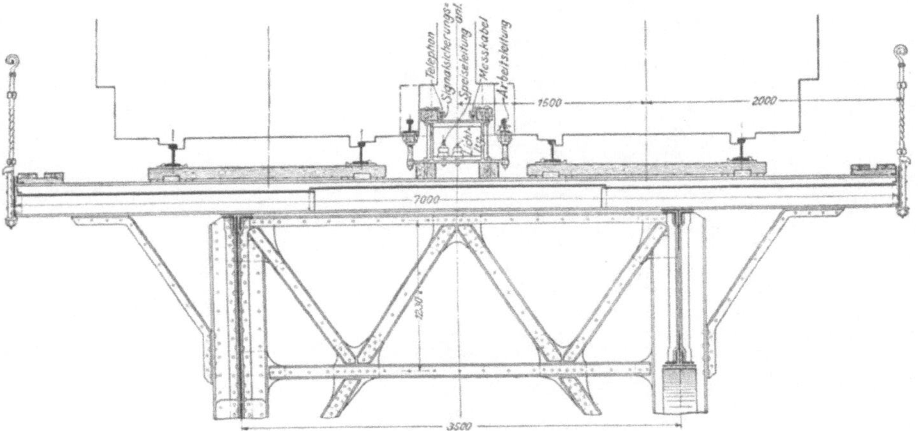

471. Querschnitt durch den Viadukt in der Gitschinerstraße.

neuer Hoch= und Untergrundbahnstrecken ausgearbeitet wurden, welche die Genehmigung der
Aufsichtsbehörden erhielten. Von diesen projektierten Linien sind einige bereits fertiggestellt,
während sich andere noch im Bau befinden und ihrer Vollendung entgegengehen.

Wir wollen uns nun noch kurz zu den elektrischen Untergrundbahnen wenden, die in London,
Paris und New York vorhanden sind.

Von den Londoner Untergrundbahnen seien hervorgehoben die London Central
Railway und die große Londoner Untergrundbahn, die aus der Vereinigung dreier Gesell=
schaften hervorgegangen ist.

Die Abb. 473 zeigt den Lageplan des Eisenbahn= und Straßenbahnnetzes in London. Die
Bodenverhältnisse in London sind für den Bau von unterirdischen Tunnels wesentlich günstiger
als z. B. in Berlin. Die Untergrundbahnen konnten infolgedessen unabhängig von den Straßen=
zügen gebaut werden und beeinträchtigten somit bei ihrer Anlage den Straßenverkehr bei
weitem nicht in dem Maße, wie es sonst im allgemeinen während des Baues von Unter=
pflasterbahnen notwendig ist. Weiter sei erwähnt, daß infolge dieses Umstandes auch die ganze
Bauausführung wesentlich von derjenigen in Berlin angewendeten abweicht.

Das Unternehmen der Londoner Untergrundbahn entstand im Jahre 1897 mit der Er=
laubniserteilung an die Brompton und Piccadilly Circus Railway Co. für den Bau
einer elektrischen Untergrundbahn zwischen Brompton und Piccadilly. Im Jahre 1899 wurde
der Great Northern und Strand Railway Co. zu dem Bau der Linie Finbury Park—Strand

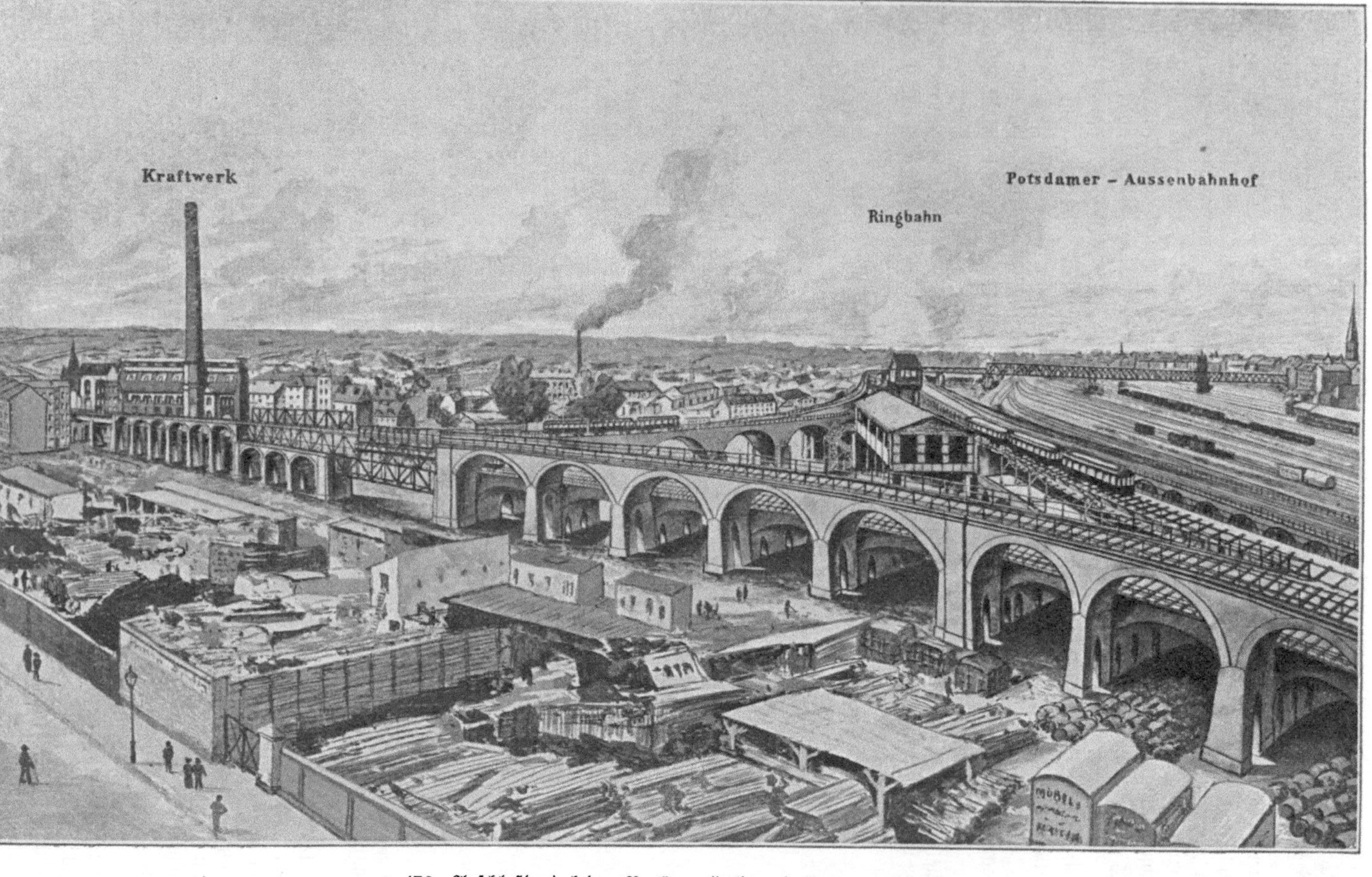

472. Anschlußdreieck der Berliner Hoch- und Untergrundbahn.

ermächtigt. 1902 genehmigte das Parlament der vereinigten Great Northern und Piccadilly=
Gesellschaft die Weiterführung der Linien.

Um einige Zahlen für die Baukosten zu nennen, sei erwähnt, daß bis Ende Juni 1906
rund 117 000 000 M. verausgabt waren. Die Gesamtausgaben sind auf 147 000 000 M. ver=
anschlagt. Für einen Kilometer betragen die Kosten etwa 10 150 000 M. Der Betrieb wurde
im März 1906 aufgenommen, und die Zahl der in den ersten 6 Monaten beförderten Passa=
giere belief sich auf 9 930 000. Die Gesamtlänge der Bahn beträgt 14,5 km; hierzu kommen
etwa noch 640 m der Strecke Holborn—Strand. Die Ausführung der Tunnels ist bei allen
Strecken nahezu die gleiche. Für jedes Gleis wurde ein eigener Tunnel angelegt, der auf

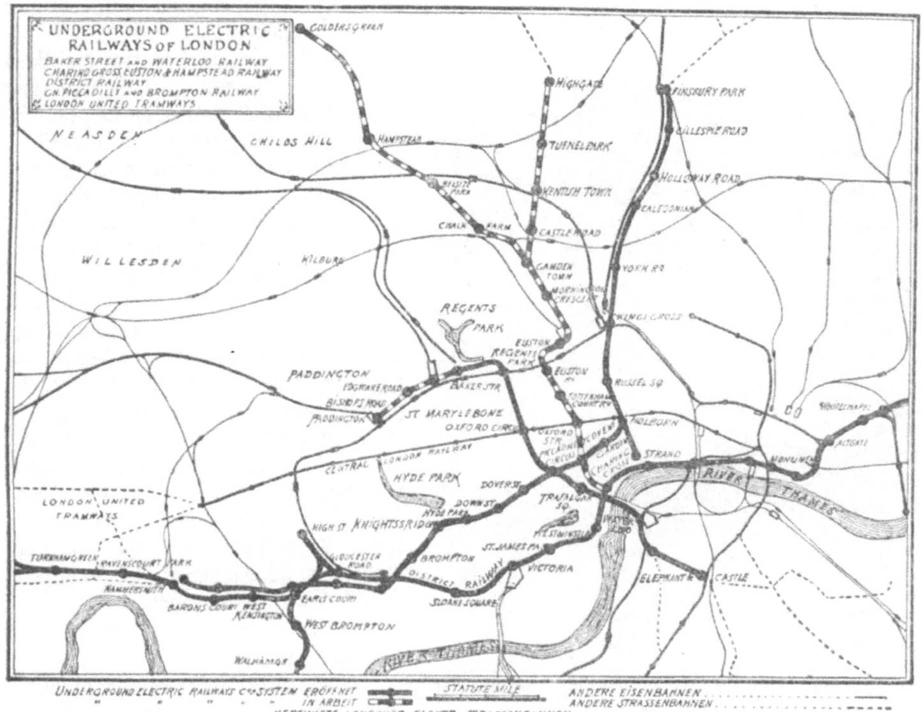

473. Schienennetz der Londoner Untergrundbahnen.

gerader Strecke einen Durchmesser von 3,56 m, in Kurven über 200 m Radius 3,66 m und
in den schärferen Kurven 3,81 m hat. Der Tunnelkörper besteht aus gußeisernen Segmenten.
Bei der Ausführung der Untertunnelung der Themse wurde das sogenannte Schildverfahren
angewendet. Dasselbe besteht darin, daß ein kurzer Stahlzylinder mit dem Durchmesser, den
der Tunnel erhalten soll, durch 7 oder 8 hydraulische Pressen gegen den festen Boden gepreßt
wird. Der Stahlzylinder hat an der Vorderkante einen scharfen Zylinderring, der bei jedem
Vorstoß etwa 50 cm in den Lehm hineingeht. Nach jedem Ruck vorwärts wurde das aus=
geschachtete Erdreich auf besonders angelegten Feldbahnen entfernt und die ebenfalls 50 cm
breiten eisernen Segmente für das Tunnelrohr eingesetzt. Auf diese Weise wurden ungefähr
24 m pro Woche fertig. Nur an den Haltestellen sind die Tunnelrohre entsprechend erweitert.

Die Fahrschienen liegen auf feuersicherem australischen Karriholz. Als Stromzuführung
ist wiederum die dritte Schiene benutzt, hier aber mit dem Unterschiede, daß sowohl für die
Stromhin= als auch für die Stromrückleitung ein besonderer Schienenstrang verlegt worden
ist. Der positive Leiter liegt nahe der Tunnelwand, der negative in der Mitte zwischen den
Laufschienen.

Die Haltestellen sind auf einem Teil der Strecke in rotglasierter Terrakotta ausgeführt. Bei ihrer Auswahl wurde Wert darauf gelegt, durch direkte Zugänge Anschluß an Stationen anderer Bahnen zu bekommen, um dadurch den Fahrgästen den Umsteigeverkehr zu erleichtern. Der Zugang zu den Haltestellen erfolgt durch eine Reihe von Aufzügen und zwar zwischen zwei und fünf Stück. Das Fassungsvermögen der Aufzüge beträgt ca. 70 Personen. Außer diesen Aufzügen sind für alle Haltestellen noch Stahltreppen vorhanden. Die Abb. 474 veranschaulicht den Bahnhof bei der Piccadillykreuzung mit den Zu= und Abgängen. In der Hollowayhaltestelle ist für einen der Fahrstühle ein neues System in Anwendung gekommen und zwar in der Form einer fortlaufenden bewegten doppelten Wendeltreppe, die zur selben Zeit mit einer Geschwindigkeit von 0,5 m in der Sekunde Fahrgäste auf= und abbefördert. Für die Ventilation der Tunnels sind eine ganze Reihe von Exhaustoren an den verschiedensten Stellen aufgestellt.

Die Gesamtzahl der für die Bahn vorhandenen Wagen ist 216, und zwar sind hiervon 72 Motorwagen und 144 Anhänger. Alle Wagen sind ganz aus Stahl, wiederum ein wesentlicher Unterschied gegenüber der deutschen Ausführung und zwar aus dem Grunde der Feuersgefahr, die zu größeren Unglücken bei dieser Untergrundbahn führen kann als in Berlin, weil die Ausgänge sehr beschränkt sind gegenüber der Berliner Ausführung. Die innere Auskleidung der Wagen besteht aus Mahagoni auf Asbestpappe. So gering auch die in Anwendung gekommene Holzmenge ist, so ist doch alles durch besonderen chemischen Prozeß feuersicher gemacht worden. In den Wagen sind Quer= und Längssitze vorgesehen. Jeder Motorwagen hat 65 und jeder Anhänger 52 Sitzplätze. Ein normaler Zug besteht aus 6 Wagen, davon je ein Motorwagen vorn und hinten und 4 Beiwagen.

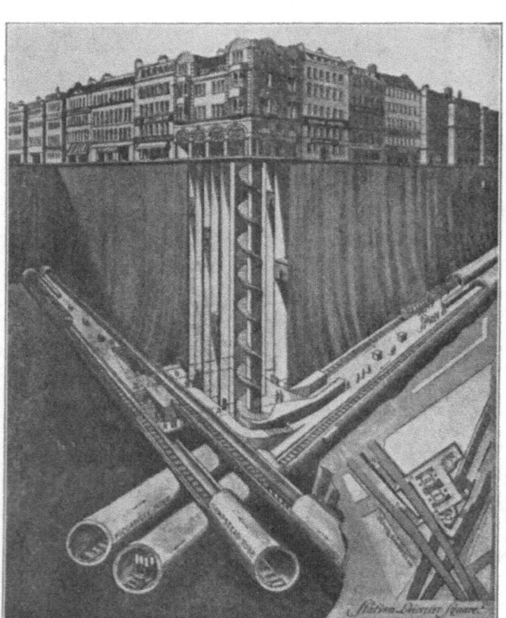

474. Haltestellen= und Tunnelausführung der Piccadilly Circus Co. in London.

Während die Untergrundbahn Motorwagen benutzt, verwendet die Central Railway Lokomotiven zur Beförderung der Züge auf ihren Strecken. Eine solche Lokomotive ist in der Abb. 475 abgebildet. Die Züge haben eine Zeitfolge von 2 Minuten; sie bestehen aus einer Lokomotive und 7 Wagen und können je 336 Fahrgäste befördern.

Die Pariser Stadt= und Untergrundbahn gehört ebenfalls zu den Unternehmungen, die das berechtigte Interesse der Kapitalisten und Fachleute in höchstem Maße in Anspruch nehmen können. Man nennt diese Untergrundbahn die Métropolitain oder kurz Métro. Von den 170 km Gleislänge des Gesamtnetzes sind bis heute rund 50 km im Betriebe, während an den noch in Bau befindlichen Linien mit regem Eifer gearbeitet wird. Als Gesamtfertigstellungstermin für das Unternehmen gilt das Jahr 1914.

Von besonderem Interesse ist die schwierige Gründung des Tunnels unter der Seine. Sie hat die bauausführende Gesellschaft Unsummen von Geld gekostet. In Abb. 476 sind einige Details aus der Bauperiode dieses Tunnels wiedergegeben. Die Unterführung des großen Armes der Seine erfolgt in einer Tiefe von 9 m unter der Flußsohle. Es wurden für diesen Teil der Untergrundstrecke unter Druckluft versenkte Caissons eingebaut und zwar im großen Seinearm drei gekrümmte Stücke und im kleinen Seinearm zwei gerade Stücke verschiedener Länge. Die Montierung geschah folgendermaßen: Die Caissons wurden seitlich in die Seine geschoben und durch Schlepper an ihren Bestimmungsort gebracht, wo die Versenkungsarbeiten im großen Seinearm vom Oktober 1905 bis November 1906 und im kleinen Arm vom November 1906 bis April 1907 dauerten.

Die Flußsohle wurde zuerst auf 5 m unter dem Mittelwasserstand horizontal ausgebaggert, und die Sicherung durch Leitpfähle vorgenommen. Die Fundamentierung erfolgte pneumatisch. Die Verbindung der Caissons miteinander nach der Versenkung geschah in der folgenden Weise. Es wurde zwischen je 2 Caissons ein Zwischenraum von 1,5 m ausgespart, und derselbe seitlich sowie oberhalb abgeschlossen. In diesem hohlen Raum erfolgte dann die Verbindung durch Betongewölbe.

Die 60 m lange Teilstrecke zwischen dem kleinen Seinearm und der Station Place St. Michel, die spitzwinkelig von der Orleansbahn gekreuzt wird, wurde zuerst mittels des Gefrierverfahrens zur Ausführung gebracht, dadurch, daß künstlich erzeugte Kälte in die wasser=

475. Elektrische Lokomotive der London Central Railway.

haltigen Bodenschichten eingeführt wurde. Als Kältemittel diente Chlorcalciumlauge, die im ständigen Kreislauf durch Röhren zirkulierte. Später wurde von der Orleansbahn mit Rücksicht auf das verhältnismäßig doch immerhin unsichere Verfahren verlangt, daß diese Strecke mit Rücksicht auf die Sicherheit der darüberführenden Eisenbahnlinien umgebaut und auf Fels abgestützt wurde.

Zum Schluß der Mitteilungen über Hoch= und Untergrundbahnen wollen wir noch kurz die Tunnelanlage der Hudson= und Manhattanbahn betrachten. Dieser Teil der Untergrundbahn liegt unterhalb des Hudson und zwar zwischen New York und New Jersey. Der Vorteil dieser Unterwassertunnelverkehrsgelegenheit tritt ganz besonders im Winter und im Frühjahr während der vorherrschenden Schneestürme und dichten Nebel auf dem Hudson auf, weil dann der bisher auf die Fährboote angewiesene Verkehr zwischen New York und den auf der New Jerseyseite gelegenen Wohn= und Industriestätten fast vollständig unterbunden war, so lange das schlechte Wetter anhielt. Die Abb. 477 läßt die Bauart des gleichfalls in Röhrenform ausgebildeten Tunnels erkennen, die aus Gußeisensegmenten zusammengesetzt und zum Teil mit Beton bekleidet sind.

Mit welchen enormen Zahlen für das zu befördernde Publikum die New Yorker Untergrundbahn zurechnen hat, geht aus folgender kleinen Statistik hervor: Es wurden befördert

1905: 72 722 800; 1906: 137 919 632; 1907: 166 363 611; 1908: 200 439 770. Um biesen gewaltigen Verkehr zu bewältigen, sind Expreßzüge mit zehn Wagen und Lokalzüge mit sechs Wagen eingerichtet und die Bahnsteige verlängert worden. Allein diese letzte Arbeit hat der Stadt New York 1 000 000 Dollar (4 200 000 $M.$) gekostet.

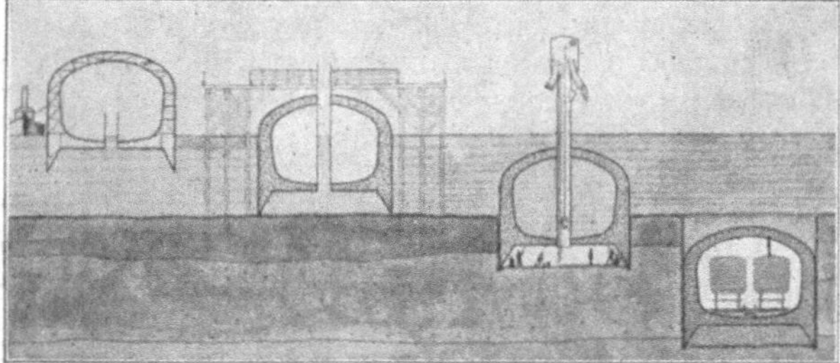

476. Bauperioden für die Tunnelherstellung unter der Seine der Pariser Untergrundbahn.

Die Vorort- und Überlandbahnen. Neben den Hoch- und Untergrundbahnen sind als ein Zwischending zwischen diesen Stadt- und den direkten Vollbahnen die sogenannten Vorort- und Überlandbahnen zu erwähnen. Abgesehen von den Straßenbahnen, die in größeren Städten selbstverständlich auch bis in die Vororte hinaus geleitet werden, sollen hier diejenigen Bahnen ein wenig näher betrachtet werden, die nur als Vorortbahnen auf eigenem Bahnkörper verkehren. Dabei ist noch zu unterscheiden, ob der Betrieb mittels Motorwagen oder mit Lokomotiven durchgeführt wird.

Für geringere Verkehrsdichten und insbesondere dort, wo die Vororte mit der Stadt selbst gewissermaßen zusammengeschmolzen sind, werden die Straßenbahnen benutzt, wobei damit allerdings bei größeren Entfernungen die Beschränkung eintritt, daß man den in fast allen Fällen für das Innere der Stadt benutzten Gleichstrom aus wirtschaftlichen Gründen nicht mehr verwenden kann, weil entweder die Leitungen zu kostspielig oder die Stromverluste zu groß werden würden. Doch auch hier hat die moderne Elektrotechnik Rat zu schaffen gewußt, dadurch, daß durch spezielle elektrische Ausgestaltung der Motoren die Wagen für die entfernter gelegenen Strecken statt mit Gleichstrom mit Wechselstrom betrieben werden können, der durch Umformung in festen Unterstationen gewonnen wird. Welche Vorteile der Wechselstrom hierbei gegenüber dem Gleichstrom hat, ist in dem Kapitel „Elektrizitätswerke" bereits ausführlich behandelt worden.

Sind zwischen den Vororten und den Hauptverkehrsplätzen der Stadt größere Entfernungen zurückzulegen, und handelt es sich darum, namentlich während der Geschäftszeit eine schnelle und in kurzen Zwischenräumen verkehrende Verbindung zu erhalten, die auch dem Güterverkehr dienen kann, oder sind zwei Städte miteinander zu verbinden, dann muß man dazu übergehen, derartige Bahnanlagen mit einem besonderen Bahnkörper zu versehen. Das ist notwendig, um mit größerer Fahrgeschwindigkeit arbeiten zu können und

477. Tunnelausführung der Hudson und Manhattan Railway in New York.

eventuell die Gleisanlage auch zur Befahrung durch die Staatsbahnen geeignet zu machen (Güterverkehr). Eine nach dieser Richtung sehr interessante Kleinbahn ist die zwischen den Städten Düsseldorf—Krefeld von der Siemens & Halske-Aktiengesellschaft im Jahre 1897 gebaute Bahn mit Oberleitungsbetrieb.

Die Wichtigkeit einer unmittelbaren Verbindung und die dabei notwendige feste Rheinbrücke hatte man der hervorragenden Industrie und des bedeutenden Handels der beiden Städte wegen bereits in den fünfziger Jahren des vorigen Jahrhunderts erkannt und diesen Plan nach längerem Zögern und nach Überwindung großer Schwierigkeiten endlich im März 1896 durch die Gründung der Rheinischen Bahngesellschaft zur Verwirklichung gebracht. Mit zu den Hauptbedingungen für die neuzuschaffende Bahn gehörte die, daß die erforderliche Fahrzeit so bemessen sein mußte, daß sie jedenfalls nicht länger war als die damals bestehende für die Fahrt über Neuß auf der Staatsbahn. Hieraus ergab sich die Notwendigkeit, auf der freien Strecke eine für Vorort- bzw. Kleinbahnen sehr erhebliche Fahrgeschwindigkeit von 40 km in der Stunde zugrunde zu legen, so daß auf die Mitbenutzung öffentlicher Straßen auf der freien Strecke von vornherein verzichtet werden mußte. Aus diesem Grunde ist auch die Bahn nicht in die an der Strecke liegenden Ortschaften hinein, sondern in möglichster Nähe an ihnen vorbeigeführt worden. Sind also für solche Vorort- bzw. Kleinbahnen größere Fahrgeschwindigkeiten vorgeschrieben, so ist es, wie bereits gesagt, notwendig, einen eigenen Bahnkörper herzustellen, der genau so auszuführen ist, wie für die Staatseisenbahnen und also dem Fuhrverkehr und dem Publikum nicht zugänglich sein darf. Die Bahn nimmt in Düsseldorf an der Haraldstraße ihren Anfang, geht in gerader Linie über den Kasernenplatz und später in mäßigem Bogen nach der Rheinbrücke. Bei dem Empfangsgebäude des Staatsbahnhofes Oberkassel ist eine Haltestelle. Die Bahn geht dann über Heerdt—Lörrick, Büderich, Haus Meer usw. nach Krefeld und endet dort an der Rheinstraße. Die Gesamtlänge der normalspurigen Bahn beträgt 22,2 km, wovon 16,8 km auf freier Strecke liegen. Die Bahn ist auf dieser freien Strecke eingleisig ausgeführt mit Ausweichen, jedoch ist eine solche Breite des Bahnkörpers vorgesehen, daß bei Bedarf jederzeit ein zweites Gleis zugelegt werden kann.

Die Anlage ermöglichte einen halbstündigen Verkehr zwischen den beiden Städten; für den Lokalverkehr Düsseldorf—Oberkassel ist ein 6—8 Minuten- und für den in Krefeld ein 10 Minutenverkehr eingerichtet.

Es werden zweierlei Motorwagen verwendet und zwar solche für den Lokal- und solche für den Fernverkehr. Die ersteren sind zweiachsig mit 16 Sitz- und 14 Stehplätzen und können offene bzw. geschlossene Beiwagen erhalten. Die Motorwagen für den Fernverkehr sind dagegen mit Rücksicht auf ein ruhiges Fahren bei den hohen Fahrgeschwindigkeiten vierachsig mit je zwei zweiachsigen Drehgestellen, von denen jedes einen Motor enthält. Sie sind für 34 Sitz- und 16 Stehplätze eingerichtet. Das Innere hat Abteilungen für II. und III. Klasse. Gleichzeitig können mit Hilfe besonderer Güterwagen Frachtgüter usw. befördert werden.

Nicht immer jedoch werden bei solchen Überland- und Kleinbahnen als Beiwagen besondere Güterwagen benutzt, sondern man hilft sich dort, wo der Güterverkehr nicht sonderlich umfangreich ist oder nur nebenher betrieben wird auch dadurch, daß man die Motor-Personenwagen in verschiedene Räume einteilt, von denen der eine für Personen und der andere für Güterbeförderung bestimmt ist. Eine nach dieser Richtung sehr interessante Straßenbahn ist die zwischen Niedersedlitz—Lockwitz—Kreischa verkehrende, die gleichzeitig auch Postsachen, Güter u. dgl., allerdings nur in beschränktem Maße mitnehmen kann. In den Personenabteilen sind hier die Sitze aufklappbar eingebaut, und je nach Bedarf wird dann ein solcher Raum zur Mitnahme von Frachten hergerichtet. Auf diese Weise läßt sich eine recht gute und günstige Ausnutzung des Motorwagens oder des Zuges erreichen, und infolgedessen sinken damit auch die eigenen Unkosten für den Betrieb in recht beachtenswertem Maße.

Von ganz besonderem Werte ist der elektrische Betrieb auf den sogenannten Stadt- und Vorortbahnen der Großstädte, auf welchen eine möglichst rasche Zugfolge in den Zeiten des Hauptverkehrs dringend erforderlich ist. Der elektrisch betriebene Zug gestattet nämlich u. a. eine wesentlich raschere Anfahrt, als der durch eine Dampflokomotive gezogene und zwar hauptsächlich deshalb, weil der Elektromotor keinerlei Kurbelgetriebe besitzt.

Von elektrisch betriebenen Vorortbahnen in Deutschland seien besonders erwähnt die im Jahre 1903 eröffnete elektrisch betriebene Strecke Berlin (Potsdamer Ringbahnhof)—Groß-Lichterfelde (Ost) und die 1908 eröffnete Stadt- und Vorortbahn Blankenese—Ohlsdorf bei Hamburg.

Schon im Jahre 1896 faßte die Königliche Eisenbahndirektion Berlin den Entschluß, auf der Wannseebahn versuchsweise einen elektrischen Zug mit Stromzuführung durch dritte Schiene einzuführen. Die Wannseebahn ist eine Vorortbahn, die im wesentlichen dem Verkehr zwischen Berlin und seinen Vororten dient. Sie nimmt ihren Anfang vom Wannseebahnhof dicht am

Potsdamer Fernbahnhof, geht dann nach den Vororten Friedenau, Steglitz, Groß-Lichterfelde bis nach Zehlendorf.

Im August 1900 wurde der erste elektrische Zug auf dieser Strecke dem öffentlichen Verkehr übergeben. Dieser Versuchszug bestand aus zwei sogenannten Triebwagen, von denen sich der eine vorn, der andere hinten am Zug befand, und mehreren, bei den normalen Vorortzügen üblichen Personenwagen. Die Triebwagen waren ebenfalls Personenwagen, in welche die elektrische Ausrüstung (Motoren, Schaltvorrichtung, Stromabnehmer) eingebaut worden waren. Die Führung des Zuges erfolgte von der jedesmaligen Stirnseite des vorderen Triebwagens aus.

Der Gleichstrom von 750 Volt Spannung wurde den Motoren der Triebwagen durch „dritte Schiene" zugeführt.

Dieser Versuchszug war nur verhältnismäßig kurze Zeit im Betrieb.

Im Jahre 1903 wurde die elektrisch betriebene Vorortstrecke Berlin (Potsdamer Ringbahnhof)—Groß-Lichterfelde (Ost) dem öffentlichen Verkehr übergeben, welchem sie auch heute noch dient. Die Betriebsart ist derjenigen des Versuchszuges auf der Wannseebahn sehr ähn-

478. Berliner Vorortbahn mit elektrischem Betrieb.

lich; die den Triebwagen durch dritte Schiene zugeführte Gleichstromspannung beträgt 550 Volt.

Wesentlich verschieden von der soeben beschriebenen Berliner elektrischen Vorortbahn, von welcher Abb. 478 einen Zug zeigt, ist die Betriebsart der Stadt- und Vorortbahn Blankenese—Ohlsdorf. Die letztere Bahn wird nämlich durch einphasigen Wechselstrom betrieben, welcher dem Zuge durch Oberleitung zugeführt wird. Abb. 479 zeigt diese Bahn. Interessant sind daran die Form der Stromabnehmer, die als Scherenstromabnehmer ausgebildet sind, und die Vielfachaufhängung der Fahrleitung. Die Spannung von 6000 Volt wird durch einen im Wagen mitgeführten Transformator auf 780 Volt herabgesetzt. In den alten Wagen sind drei Motoren zu je 115 PS, in den neuen nur zwei Motoren mit der gleichen Gesamtleistung eingebaut; dadurch wird die Schaltung einfacher, die Apparate werden leichter, billiger und in der Anzahl geringer. Die Heizung erfolgt ebenfalls auf elektrischem Wege durch 1 KW Heizkörper. Jeder Personenabteil hat 3, jeder Gepäckraum 2 und jeder Führerstand 1 Heizkörper unter den Sitzbänken angeordnet und mit perforiertem Blech abgedeckt.

Sowohl auf der Berliner elektrischen Vorortbahn, wie auf der Blankeneser Bahn sind je zwei Wagen zu einem Doppelwagen kurz gekuppelt. Jede Hälfte (dreiachsig) eines solchen Doppelwagens ist natürlich trennbar. Zur Zeit besteht der Wagenpark bei der Blankeneser Bahn aus 110 Stück Triebwagen.

In Amerika sind die elektrischen Überlandbahnen mit dem Charakter der Vorortbahnen sehr stark ausgebildet. So stark wie dort sind wir in Deutschland vorläufig noch nicht mit elektrischen Überlandbahnen versehen, jedoch interessiert sich auch die Königliche Eisenbahnverwaltung in Preußen für die immer weitere Einführung des elektrischen Betriebes, und es ist zu hoffen, daß wir in wenigen Jahren gleichfalls mit einem reicheren Netze elektrischer Bahnen zur Verbindung von Städten und zur Unterstützung der Staatseisenbahnen eingerichtet sein werden.

Für alle diese Vorort= oder Überlandbahnen werden eine Reihe von Personenwagen mit Motoren ausgerüstet; sie werden dadurch also zu sogenannten Motorwagen gemacht und mit einem besonderen Führerstand an der Kopfseite versehen. Das ist natürlich dann von besonderem Vorteil, wenn es sich in der Hauptsache um Personenbeförderung handelt, weil man in dieser Form den Motorwagen auch gleichzeitig für die Beförderung des Publikums mitbenutzen kann. Handelt es sich dagegen um gemischten Personen= und Güterverkehr oder um reine Beförderung von Frachten, dann tut man besser, anstelle der Motorwagen elektrische Lokomotiven zu benutzen und das in der Hauptsache aus dem Grunde, um den großen Rangierbetrieb mit der leichteren Lokomotive, bei der alles unnötige tote Gewicht vermieden ist, in bequemer und billiger Weise durchführen zu können. Die Abb. 480 zeigt eine solche elektrische Lokomotive für die genannten Zwecke.

479. Zugeinheit der Vorortbahn Blankenese—Ohlsdorf.

Eine nach dieser Richtung recht interessante Anlage ist die staatliche elektrische Güterbahn, die von Dresden in südwestlicher Richtung in dem industriereichen Weißeritztal parallel zur Dresden—Chemnitzer Hauptbahn verläuft. Die Betriebseröffnung erfolgte im Anfange des Jahres 1906. Die Güterbahn hat ihren Ausgangspunkt in dem Straßenbahnhof, der etwa 9 km von Dresden entfernt in dem Orte Deuben angelegt worden ist. Sie steht in unmittelbarem Zusammenhange mit der Dresden—Freiberger Eisenbahn und mit der elektrischen Straßenbahn im Plauenschen Grunde. Ihr Hauptzweck ist der, die im Verkehrsbereiche der Straßenbahn belegenen industriellen Anlagen mit der Staatsbahn zu verbinden und zwar in der Weise, daß die Hauptbahngüterwagen unter Benutzung der Straßenbahngleise den einzelnen Fabrikhöfen zugeführt und von dort auch wieder abgeholt werden können. Der große Vorteil dieser Bahn liegt darin, daß das Umladen der Güter auf dem Hauptbahnhof und die Benutzung von Fuhrwerken zur Anfuhr bzw. Abholung der Frachtgüter fortfallen. Da die Straßenbahn nur Meterspurweite, hat und außerdem die Güterwagen der Staatsbahn der Größe ihrer Radflanschen und der in den Straßen vorhandenen scharfen Krümmungen wegen nicht ohne weiteres auf den Straßenbahngleisen laufen können, sind Zwischenbeförderungsmittel, sogenannte Tafelwagen, eingeschaltet worden. Diese Tafelwagen (Abb. 480) bestehen aus je zwei gleichen, zweiachsigen Drehgestellen und einem besonderen Tragwerke. Das Überladen der Güterwagen auf diese Tafelwagen wird an kleinen Rampen, die wie die Tafelwagen 400 mm hoch sind, vorgenommen. Sind mehrere Güterwagen abzufahren, so werden entsprechend viele Tafelwagen an die Rampe geschoben und dicht aneinander gefahren. Die Tragschienen der Tafelwagen bilden dann die direkte Verlängerung des Hauptbahngleises und der erste Güterwagen kann so bis auf den vordersten Tafelwagen vorgeschoben werden; dann wird dieser nach Feststellung des Güterwagens abgezogen, und so geht es fort, bis alle Güterwagen aufgerollt sind.

Die unbeladenen und beladenen Tafelwagen werden von elektrischen Lokomotiven rangiert; das Verschieben der Güterwagen auf den Vollspurgleisen sowie das Überschieben auf die Tafelwagen geschieht zurzeit noch von Hand. Es ist indessen in Aussicht genommen, auch hierfür die elektrischen Lokomotiven zu benutzen, die dann mittels Zugseilen, die über Umlenkrollen laufen, den Rangierbetrieb usw. durchführen.

. Die Verwendung der elektrischen Lokomotiven, gleichgültig ob sie von einer Oberleitung oder mittels Akkumulatoren betrieben werden, hat gegenüber dem Betrieb mit Dampflokomotiven die Vorzüge, daß einmal eine jederzeit dienstbereite Zugkraft zur Verfügung steht, deren Arbeitszeit beliebig lang bemessen werden kann, ohne daß Untersuchungen, Beschaffung von Kohle und Wasser usw. notwendig sind und ferner, daß das Anfahren und die Rangierung der Wagen in leichterer Weise erfolgen kann. Rauchbelästigungen, die in den Straßen kaum zu dulden wären, sind ausgeschlossen.

Daß man mit den elektrischen Bahnen auch in der Lage ist, sehr starke Steigungen zu überwinden, für die der Dampfbetrieb nur mit großen Schwierigkeiten durchgeführt werden kann,

480. Elektrische Lokomotive mit angehängten Güterwagen auf sogen. Tafelwagen aufgesetzt.

beweisen die vielen Ausführungen, die für Gebirgsbahnen erstellt worden sind, so z. B. für die Jungfraubahn, für die Gornergratbahn, die Vesuvbahn und viele andere mehr.

Die Vollbahnen. Neben den bisher beschriebenen Überlandbahnen ist man namentlich in Amerika schon frühzeitig dazu übergegangen, auch Vollbahnen zu elektrisieren und hat unzweifelhaft auch heute noch dort einen großen Vorsprung gegenüber den deutschen Einrichtungen, wenn man auch in der Neuzeit bei uns bereits dazu übergeht, Vollbahnen mit Elektrizität zu betreiben. Eine der grundlegenden Ausführungen nach dieser Art bilden die auf der Strecke Marienfelde—Zossen im Jahre 1900 durchgeführten Schnellbahnversuche, die von der Siemens & Halske-Aktiengesellschaft und der Allgemeinen Elektrizitäts-Gesellschaft vorgenommen wurden. Die Resultate dieser Versuche haben den deutschen Ruf s. Zt. über die ganze Welt verbreitet, und zwar weil man anstandslos in der Lage war, eine Fahrgeschwindigkeit bis zu 208 km pro Stunde zu erreichen. In der Abb. 481 ist eine Schnellbahnlokomotive der Siemens & Halske-Aktiengesellschaft abgebildet. Als Stromart kam Drehstrom zur Anwendung mit einer Leitungsspannung von 10 000—12 000 Volt. Die Länge der Schnellbahnwagen betrug zwischen den Puffern gemessen 23 m, die Breite 2,94 m und das Leergewicht rund 90 t. Der Antrieb erfolgte durch vier unmittelbar auf den Achsen sitzende Motoren von je 250 PS Normal- und 750 PS Höchstleistung. Die Hochspannung von 12 000 Volt wurde von 2 Transformatoren auf 1150 Volt herabgesetzt.

Die Versuche haben sich aber nicht nur auf die Geschwindigkeitsprüfung, sondern vor allen Dingen auch darauf erstreckt, festzustellen, ob man erfolgreich derartig hohe Betriebsspannungen verwenden und insbesondere auch die Fahrzeuge und Motoren für derartig große Leistungen und Be-

anspruchungen bauen
kann, und gerade diese
letzten Untersuchungen
sind es, die in erhöh=
tem Maße das Inter=
esse der Eisenbahn=
fachleute erregt haben
und zwar vor allem
mit Rücksicht auf die
Einführung des elek=
trischen Betriebes bei
unseren bestehenden
Vollbahnen, bei denen
es sich ja ebenfalls
um ungewöhnlich hohe
Leistungen mit bedeu=
tenden nur mit Hoch=
spannung zu betrei=
benden Streckenlängen
handeln wird.

481. Schnellbahnlokomotive der Siemens & Halske=A.=G.

Als Stromart wurde, wie bereits gesagt, Drehstrom benutzt, und zwar weil man damals
noch nicht soweit war, den einfacheren Wechselstrommotor in der für Bahnzwecke erforderlichen
Arbeitsweise zu bauen. Aber auch diese letzte Schwierigkeit ist heute vollkommen überwunden,
und so hat der Drehstrom, der bei einer ebenfalls sehr interessanten Vollbahnstrecke der Valtelin=
talbahn von Ganz & Co., Budapest, zur Anwendung gekommen ist, heute nicht mehr die Be=
deutung für Bahnzwecke wie noch vor wenigen Jahren. Man muß dabei bedenken, daß, wenn
auch der Drehstrommotor dem Einphasen=Wechselstrommotor nicht direkt unterlegen ist, die
Kontaktleitungen bei ersterem aus 2 Drähten gegenüber 1 Draht bei Wechselstrom bestehen,
und selbstverständlich werden dadurch die Anlage= und Unterhaltungskosten wesentlich größer
als bei Wechselstrombetrieb.

Da es interessant ist, auch zu erfahren, was in bezug auf den Vollbahnbetrieb die
anderen Staaten bisher unternommen haben, so sollen hier noch einige Bemerkungen über
die Königlich Schwedische Staatseisenbahn und die charakteristischen amerikanischen Anlagen
eingeflochten werden.

Da in Schweden so
gut wie gar keine Kohle
vorkommt, sondern die=
ses teure Brennmaterial
für Dampflokomotiven
aus dem Auslande, zu=
meist aus England, be=
zogen werden muß, an=
dererseits aber Wasser=
kräfte mit außerordentlich
großen Leistungen billig
zur Verfügung stehen, ist
der Schwedische Staat
schon im Jahre 1905 dazu
übergegangen, auf der
Strecke Tomteboda—
Wärtan bei Stockholm
eingehende Versuche mit
elektrisch angetriebenen
Vollbahnfahrzeugen an=

482. Elektrische Vollbahnlokomotive der Siemens=Schuckert=Werke.

zustellen. Diese Versuche verdienen vor allem deshalb besondere Beachtung, weil sie als Vor-
studium für die vom Staat auf seinen sämtlichen Linien geplante Einführung des elektrischen Betriebes aufzufassen sind. An diesem Versuche haben sich nicht nur deutsche, sondern auch amerikanische Firmen beteiligt, und die Abb. 482 zeigt die von den Siemens-Schuckertwerken, G.m.b.H.,
gelieferte Vollbahnlokomotive. Diese Lokomotive hat ein Gewicht von 35 t und ist vorerst
bestimmt, Güterzüge mit einer Geschwindigkeit bis zu 45 km in der Stunde in der Ebene
und von ungefähr 24 km pro Stunde auf Steigungen bis 10% zu befördern. Es ist auch
vorgesehen, die Geschwindigkeit später durch Änderung der Zahnradübersetzung auf 65 km pro
Stunde zu erhöhen. Der Führerstand ist bei dieser Lokomotive nur einseitig angeordnet
und mit verschiedenen Dreh- und Schubfenstern versehen, die einen freien Überblick über die
Strecke nach allen Seiten gewährleisten.

Es sind drei Triebachsen vorhanden, die von je einem Wechselstrommotor angetrieben werden.
Die Leistung der Motoren beträgt je 110 PS. Die Stromabnahme erfolgt durch Bügel, die in
scherenförmigen Gestellen auf dem Lokomotivdach angeordnet sind.

Eine der größten Vollbahnlokomotiven, die bisher zur Ausführung gekommen sind, ist
diejenige auf der Strecke der New York—New Haven und Hartford-Bahn verkehrende (Tafel II).

483. Grubenlokomotive der A E G. Berlin.

Die Stromart ist einphasiger Wechselstrom, die Spannung hat eine Höhe von 11 000 Volt.
Die Länge der Strecke beträgt etwa 53 km und hat je einen 15 mm starken Fahrdraht; auf ihr
laufen 4 Gleise nebeneinander. Für die Fahrdrahtaufhängung ist die Vielfachaufhängung nach
Abb. 448 bzw. 449 angewendet worden. Nach einer Reihe von Versuchen mit dieser Aufhängung
ist man indessen dazu übergegangen, deutsche Ausführungen mitzubenutzen und zwar diejenigen
der Siemens-Schuckertwerke G. m. b. H. Die Eisenbahnzüge dieser Bahn werden mittels
41 elektrischen Wechselstromlokomotiven von etwa je 1000 PS Stundenleistung und 88,6 t
Gewicht nach New York hineingefahren. Diese Lokomotiven sind besonders deswegen noch
interessant, weil sie auf den Außenstrecken mit hochgespanntem Wechselstrom und auf dem
innerhalb der New Yorker Stadtgrenze befindlichen Gebiete mit 650 Volt Gleichstrom betrieben
werden. Die eigenartigen Motoren, von denen je 4 zu je 250 PS in einer Lokomotive vorhanden
sind, sitzen federnd auf den 4 Achsen der beiden zweiachsigen Drehgestelle. Transformatoren
auf den Lokomotiven transformieren die Fahrdrahtspannung auf 250 Volt herab. Die Stromabnahme erfolgt mittels zweier Metallbügel, die an pantographförmigen Rohrgestellen befestigt
sind und es ermöglichen, daß die Höhe des Fahrdrahtes über Schienenoberkante in weiten
Grenzen veränderlich sein kann (z. B. bei Chausseeüberführungen usw.).

Die Bahngesellschaft trägt sich mit dem Gedanken, ihre ganze 350 km lange Strecke Boston—
New York auf elektrischen Betrieb umzubauen, und sie ist auch mit eine der ersten in Amerika
gewesen, die hochgespannten Wechselstrom als Betriebsart gewählt hat.

Additional information of this book

(Die Elektrizität; 978-3-662-24170-7) is provided:

http://Extras.Springer.com

In Deutschland besitzen wir leider z. Zt. derartig große Bahnanlagen noch nicht, doch steht nach allem, was bisher aus den Eisenbahnministerien der verschiedenen Staaten durchgesickert ist, zu erwarten, daß man die große Reserve gegen die Einführung des elektrischen Betriebes in absehbarer Zeit fallen lassen wird. Von den europäischen größeren Bahnanlagen seien jedoch noch genannt Rotterdam—Haag—Scheveningen, Blankenese—Ohlsdorf, Murnau—Oberammergau, Wiesentalbahn der Großh. Badischen Staatseisenbahn, Bitterfelder Versuchslokomotiven der Preußischen Staatsbahn, Seebach—Wettingen.

Amerika ist uns wohl mit aus dem Grunde in dem Bau von Vollbahnen überlegen, weil das Land außerordentlichen Reichtum an Wasserfällen besitzt, mit denen sich der elektrische Strom billiger herstellen läßt als mit Kohle. Leider sind wir in Deutschland bzw. in Europa nach dieser Richtung nicht so reich gesegnet.

Die Grubenbahnen. Nur kurz soll noch erwähnt werden, daß man sich die elektrische Triebkraft auch für Industriebahnen schon frühzeitig zunutze gemacht hat. Hier sind zu nennen die kleinen Verschiebelokomotiven auf großen Fabrikgrundstücken und in allererster Linie die Grubenlokomotiven. Wie schon zu Eingang dieses Abschnittes erwähnt wurde, kamen bereits 1883 die ersten Grubenlokomotiven in Betrieb, und sie sind selbstverständlich bis heute derart vervollkommnet worden, daß sie nicht nur allen technischen Ansprüchen im vollsten Maße genügen, sondern vor allen Dingen auch eine wesentlich gesteigerte Ausbeute im Grubenbetriebe ermöglicht haben. In Abb. 483 ist eine derartige Grubenlokomotive abgebildet.

Einer der größten Vorteile für die Verwendung derselben namentlich im Bergwerksbetriebe ist derjenige, daß keinerlei Teile, die zu irgendwelcher Feuersgefahr Veranlassung geben könnten, freiliegen, sondern derart eingekapselt sind, daß ohne große Kompliziertheit die völlige Gefahrlosigkeit auch mit Rücksicht auf die Entzündung von schlagenden Wettern usw. gewährleistet ist. Dabei gestattet die elektrische Ausrüstung noch weiter, der ganzen Lokomotive derartig kleine Abmessungen zu geben, daß sie auch in beschränkten Stollengängen noch Verwendung finden kann.

Die Elektromobile und die gleislosen Bahnen. Außer den bisher besprochenen Bahnen, die alle besondere Gleisanlagen notwendig machen, und die gezeigt haben, daß ganz besonders bei den Straßenbahnen der Ersatz der tierischen Zugkraft durch den Elektromotor nicht nur in hygienischer und technischer Beziehung, sondern hauptsächlich auch aus wirtschaftlichen Gründen von besonderem Vorteil ist, ist man erst vor nicht allzu langer Zeit dazu übergegangen, auch für diejenigen Verkehrsmittel, die die Landstraße beherrschen und zwar für den Personenomnibus und Lastenverkehr den Elektromotor einzuführen. Letzteres bezieht sich vor allem auf die Gegenden, die weniger dicht bebaut sind, und in denen Kleinbahnen nicht verkehren. Zwar hat es nicht an Versuchen gefehlt, auch auf der Landstraße das Pferd durch motorische Zugkraft abzulösen — die ersten Dampfwagen sind bald nach Erfindung der Dampfmaschine entstanden — doch sind diese Versuche wohl zum Teil an der unentwickelten Technik der damaligen Zeit gescheitert und später in Vergessenheit geraten.

Erst das in neuerer Zeit entwickelte Selbstfahrerwesen hat auch diese Frage einer Lösung entgegengebracht, nachdem Sportgefährte wie Automobile, Omnibusse und kleine Lastwagen die Wirtschaftlichkeit des motorischen Betriebes selbst mit dem verwickelten Benzin- oder Dampfmotor erwiesen haben. Infolgedessen ist man auch dazu übergegangen, die alten Omnibusse durch elektrisch betriebene neue Gefährte zu ersetzen, und der Grund für diese Änderung der Verkehrsmittel auf der Landstraße liegt zum größten Teil darin, daß z. B. zur Verbindung kleinerer Städte oder Dörfer untereinander oder mit einem Bahnhof heute in unserer rastlos dahineilenden Zeit mehr denn je solch ein Omnibusverkehr sich als notwendig herausgestellt hat. Es werden dadurch einmal dem Kleinbauer und Landwirte wesentliche Kosten für seine Gespanne erspart, die durch den Fortfall der Milch- und anderen Fuhren für die Feldarbeiten in größerem Maße verfügbar werden, und ferner ist auch den Landbewohnern ein schnelleres Erreichen der Stadt ermöglicht. Schließlich ist der Besuch vieler landschaftlich schöner Punkte, Ausflugorte u. dgl. in lohnender und bequemer Weise sowohl für die Besucher als auch für die Inhaber der Erholungswirtschaften erst durch solche schnellen Verkehrsmittel in richtiger Weise ermöglicht worden.

Die Kosten für eine besondere Gleisanlage legen in der Regel für diese Fälle den beteiligten Gemeinden so hohe Steuern auf, daß man dazu übergehen mußte, die Omnibusse und ähnliche Fahrzeuge auf den Landstraßen ohne Gleise verkehren zu lassen, und besonders der Ingenieur Schiemann hat nach dieser Richtung hin die ersten Versuche angestellt, die günstig ausfielen und bereits zur Ausführung einer Reihe von Anlagen geführt haben. Man nennt solche Verkehrsmittel gleislose Bahnen oder aber auch, falls die Wagen die Form unserer Automobile haben, Elektromobile.

Wir wollen nun aber gleich vorausschicken, daß heute der Betrieb der Elektromobile gegen den außerordentlich vervollkommneten Benzinmotor nicht mehr gut aufkommen kann, und zwar sind daran zwei Umstände schuld. Der eine Umstand liegt in dem großen Gewicht der Akkumulatoren, die den Strom für den Motor herzugeben haben und also vom Wagen dauernd mitgeschleppt werden müssen. Das Gewicht einer solchen Batterie für etwa 60 bis

484. Elektrischer Postpaketwagen der Allgemeinen Betriebsaktiengesellschaft für Motorfahrzeuge in Köln a. Rh.

80 km Fahrt macht $1/3$ des Gesamtgewichtes des Wagens aus, und der Wagen braucht infolgedessen zunächst schon zu seiner Eigenfortbewegung, ohne Nutzlast mitnehmen zu können, einen recht namhaften Teil der Energie. Aus diesem Grunde haben sich die Elektromobile für den Omnibusverkehr nicht einbürgern können, und heute benutzt man sie nur noch in Großstädten und dort auch mit Vorteil nur auf asphaltierten Straßen, weil die Akkumulatoren, wie auch bei den elektrischen Bahnen bereits erwähnt, den Erschütterungen auf die Dauer nicht standhalten können.

Der zweite Grund für die wenige Anwendung des Elektromobils liegt in dem geringen Aktionsradius, den die Batterie zuläßt. Im allgemeinen kann man für mittlere Verhältnisse ein solches Elektromobil 40 bis höchstens 50 km mit einer Ladung der Akkumulatoren unterwegs halten, und wenn man dann das Pech hat, nicht schon wieder zu Hause zu sein, oder sich gar auf freier Landstraße befindet, dann ist, sofern keine Ladestation in der Nähe ist, und dazu gehört Gleichstrom, der heute auf dem Lande infolge der großen Überlandzentralen nur noch sehr vereinzelt zu finden ist, die Heimreise nur mittels Gespannen möglich.

Sollte Edison, der große Erfinder der Akkumulatoren, seine erst in jüngster Zeit herausgebrachte Type wirklich so erfunden haben, daß sie bei wesentlich reduziertem Gewicht und größere Aufnahmefähigkeit für den elektrischen Strom einen größeren Aktionsradius zu befahren gestatten, dann ist es nicht ausgeschlossen, daß auch das Elektromobil zu neuer Blüte emporkommt.

Spielen diese Nachteile keine so große Rolle, dann ist der elektrische Wagen jedenfalls dem Benzinauto vorzuziehen. In erster Linie besteht hier die außerordentliche Befähigung des Elektromotors zur Geschwindigkeitsveränderung; ein weiterer Vorteil liegt darin, daß man jedes der angetriebenen Räder unmittelbar mit einem Elektromotor zusammenbauen kann, was bei dem Benzinmotor bekanntlich praktisch nicht durchführbar ist. Bei letzterem wird vielmehr die bewegende Kraft an einer Welle erzeugt und muß von dieser auf die beiden angetriebenen Räder (in der Regel die Hinterräder) verteilt werden. Damit nun die beiden Räder nicht voneinander in ihrer Bewegung abhängig sind, ist es notwendig, einen besonderen Mechanismus in die verbindende Radachse einzuschalten, der die verschiedenen Umlaufgeschwindigkeiten in Kurven ermöglicht. Bei der Ausrüstung jedes Rades mit einem besonderen Elektromotor — und es können dieses zwei, die Vorder- oder die Hinterräder oder alle vier Räder sein — ist jedes Rad vom anderen mechanisch ganz unabhängig. Der Benzinmotor erfordert ferner für die Geschwindigkeitsänderung die Einschaltung eines sogenannten Wechselgetriebes zwischen Motorwelle und angetriebener Radachse, während bei dem elektrischen System die Änderung der Fahrgeschwindigkeit auf rein elektrischem Wege, ähnlich wie das bei den Straßenbahnen näher beschrieben wurde, bewirkt wird, so daß also hier nur wenige bewegte Teile ins Spiel kommen, nämlich nur der Motoranker, die Übertragungseinrichtung und endlich das angetriebene Rad. Es wird hierbei nicht nur an Kraft gespart, die in den vielen Mechanismen des Benzinwagens verloren geht, sondern es werden auch der Betrieb des Wagens und seine Betriebsvorrichtungen sehr vereinfacht.

Schließlich muß auch noch die Geräuschbildung erwähnt werden, die beim Benzinauto in wesentlich stärkerem Maße vorhanden ist als beim Elektromotor. Es wird sich schon mancher davon überzeugt haben, daß man ein Elektromobil auf dem Asphalt überhaupt nicht hört. Auch die stete Betriebsbereitschaft des Elektromobils ist besonders zu erwähnen, natürlich unter der Voraussetzung, daß die Akkumulatorenbatterie Strom hat.

Auf die zahlreichen Elektromobilsysteme können wir ja natürlich nicht näher eingehen, und es ist in Abb. 484 nur ein Wagen nach System Krieger, der in Deutschland von der Allgemeinen Betriebs-Aktiengesellschaft für Motorfahrzeuge in Köln a. Rh. gebaut wird, abgebildet. Wie man aus dieser Abb. 484 ersehen kann, ist jedes Vorderrad durch einen Elektromotor unter Zwischenschaltung einer Zahnradübersetzung angetrieben. Hier erhalten also die Vorderräder den Antrieb, während man heute fast durchweg dazu übergegangen ist, die Hinterräder anzutreiben, was jedenfalls ein besseres und leichteres Fahren des Wagens gestattet. Die Bedienung des Motors erfolgt durch einen Anlasser, der mit dem Lenkrade der Vorderräder unmittelbar zusammengebaut ist. Man sieht in der Abb. 484 den Anlasserhebel unterhalb des Steuerrades der Lenkvorrichtung.

Die Akkumulatorenbatterie ist in einem Kasten unter dem Wagen eingebaut; sie besteht aus 42 Zellen von 185 Amp.-Std. Kapazität. Bei normalem Betriebe sind nach Angabe der Fabrik 15 KW erforderlich, und der Energieverbrauch wird mit 0,2 Kilowattstunden für 1 km Fahrt angegeben. Demnach kann, wenn der Wirkungsgrad ca. 80% beträgt, der Wagen rund 60 km zurücklegen.

Neben diesem Elektromobilbetriebe ist der vorher bereits genannte Ingenieur Schiemann dazu übergegangen, die Omnibusse ähnlich den Straßenbahnen für die Zuleitung des Stromes durch oberirdisch verlegte Leitungen auszuführen, und hat auf diesem Gebiete recht gute Erfolge erzielt. Dabei sind nicht nur Personenomnibusse in dieser Form entstanden, sondern ganze Schleppzüge, die damit einen guten Ersatz für Kleinbahnen u. dgl. bieten.

Da bei diesen gleislosen Bahnen die metallische Rückleitung für den Strom durch die Schienen fehlt, so ist es notwendig, eine doppelte oberirdische Leitung zu verlegen und entsprechend auch zwei Stromabnehmer zu verwenden. Die Herstellung einer solchen Doppelleitung macht keine Schwierigkeiten, nur muß dafür Sorge getragen werden, daß die beiden Leitungen sich bei

Schwankungen im Winde nicht berühren können. Als Stromabnehmer kommen Rutenstromabnehmer oder besondere Kontaktwagen zur Verwendung, die für die Leitungsanlage bei zwei Leitungen den geringsten Platz erfordern und die vor allen Dingen auch eine große Länge zwischen Fahrdraht und Wagendach zulassen. Letzteres ist besonders notwendig, da die Höhen zwischen Straßenniveau und Leitungen recht großen Schwankungen unterworfen sind, und um beim Ausweichen eines entgegenkommenden Schleppzuges möglichst nahe an diejenige Stelle zu kommen, an der der Stromabnehmer getrennt und umgelegt werden muß.

Der leichteren Entgleisungsmöglichkeit des Rollenstromabnehmers wegen benutzt Schiemann neuerdings nicht eine einfache Rolle, wie sie in Abb. 432 abgebildet war, sondern eine schleifende Kontaktvorrichtung, einen sogenannten Schleifschuh, der am oberen Ende der Stange drehbar befestigt ist. Auch hier ist es selbstverständlich, daß der Schuh aus einem weicheren als dem Metall der Leitungen hergestellt sein muß, so daß die Abnutzung beim Schleifen auf dem Draht nicht auf diesen entfällt, sondern auf den Schuh, der leicht repariert bzw. durch einen neuen ersetzt werden kann.

Werden Rutenstromabnehmer gewählt, die in der Regel hintereinander angeordnet werden, dann müssen sie natürlich leicht um eine Vertikalachse drehbar sein, um dem Wagen die Möglichkeit zu geben, sich dem Straßenverkehr anzupassen, also anderen Fuhrwerken auszuweichen. Dabei müssen sich die Stangen auch zur Seite legen können. Dafür, daß auch hierbei der Kontakt nicht unterbrochen wird, muß eben ein solcher Kontaktschuh oder eine ähnliche Konstruktion angewendet werden.

Bei Begegnung zweier Wagen muß man natürlich einen der Wagen halten lassen, die Kontaktstange von dem Fahrdrahte abheben, den entgegenkommenden Wagen erst vorbeifahren lassen, und kann dann erst wieder zur Fortsetzung seiner Fahrt Strom bekommen. Das ist allerdings ein kleiner Übelstand, der aber nicht schwer ins Gewicht fällt. In genau der gleichen Weise wird verfahren, wenn ein schneller fahrender Personenwagen einen langsamer fahrenden Güterwagen zu überholen hat.

Für den Lastenverkehr wird in der Regel auch eine besondere Lokomotive, die entweder eine Anzahl Loren oder aber auch die Lastenwagen selbst schleppen kann, benutzt. So ist beispielsweise bei Grevenbrück i. W. eine solche gleislose Schiemannsche Bahn eingerichtet worden, die für den Transport von Kalksteinen nach dem Bahnhof dient.

Es soll noch einer anderen gleislosen elektrischen Omnibuslinie Erwähnung getan werden und zwar der Bahn Klosterneuburg—Weidling der K. K. Staatsbahn Österreich, die 10 km von Wien entfernt liegt und nach dem Orte Weidling Oberleitungs-Automobilomnibuslinien nach dem System Stoll unterhält. Auf die besonderen Einzelheiten dieses Systems soll hier nicht weiter eingegangen werden. Eigentümer der neuen Linie ist die Gemeinde Weidling, welche den Verkehr der vielen tausend Sommergäste in das reizende Weidlinger Tal bisher durch einige sehr unmoderne pferdebespannte Stellwagen aufrecht erhielt. Die 3,8 km lange Linie wird nunmehr in 14 Minuten Fahrzeit bewältigt.

Die erste derartige in Österreich geschaffene gleislose Linie war die von Gmund Stadt nach Gmund Bahnhof und hat eine Länge von 2,7 km. Recht interessant sind die Ziffern der mutmaßlichen Frequenz und der tatsächlich erreichten Personentransportzahlen. Im Voranschlage waren s. Zt. 24 000 Fahrgäste Jahresfrequenz und 7200 Kr. Betriebseinnahme eingestellt, welche Ziffern damals als viel zu hoch gegriffen erschienen, da bisher der Pferdeomnibus dreimal täglich zum Bahnhof und wie man leicht verstehen kann, in der Regel fast stets leer fuhr. Nach vierteljährigem Betriebe der gleislosen Oberleitungslinie vom 16. Juli bis 15. Oktober 1907 waren bereits 34 204 Personen befördert, also viel mehr als die berechnete Jahresfrequenz, im ersten Halbjahr 45 000 Fahrgäste und nach neunmonatigem Betriebe 70 000 Passagiere, und man sieht aus diesen Zahlen mit voller Deutlichkeit, daß die Fahrlust des Publikums durch die Möglichkeit, bequemer und schneller von einem zum anderen Orte zu gelangen, ganz wesentlich gehoben wird. Diese Erfahrungen haben wir nicht nur bei den elektrischen Bahnen, sondern auch bei solchen gleislosen Bahnen zu wiederholten Malen machen können.

Elektrochemie.

Von Dr. A. Neuburger.

Die Entwicklung der Elektrochemie und ihrer Theorien (theoretische Elektrochemie).

Die Anfänge der Elektrochemie. Eines der wichtigsten Anwendungsgebiete des elektrischen Stromes ist seine Verwendung in den verschiedensten Zweigen der Chemie, wo man ihn dazu benützt, um durch Zersetzung von Körpern sowohl, wie durch Vereinigung verschiedener Stoffe neue, entweder in wissenschaftlicher oder in technischer Hinsicht wertvolle Produkte zu bilden. Die vorstehend gekennzeichnete Aufgabe ist es, deren Lösung sich die Elektrochemie gestellt hat, die insbesondere in der neuesten Zeit ganz hervorragende Erfolge erzielte, denen sowohl in wissenschaftlicher wie auch in technischer und wirtschaftlicher Hinsicht eine hervorragende Bedeutung zukommt.

Die ersten Anfänge elektrochemischer Erkenntnis fallen zeitlich ungefähr mit dem Beginn der Entwicklung der eigentlichen Chemie zusammen. Bekanntlich können wir die letztere von dem Zeitpunkte an datieren, wo der französische Chemiker Lavoisier durch Einführung der Wage eine wissenschaftliche Grundlage in das System chemischer Forschung brachte (Ende des achtzehnten Jahrhunderts). Die Chemie und die Elektrochemie sind also ziemlich gleichaltrig.

Wenn trotzdem die Chemie eine viel raschere und umfassendere Entwicklung aufweist, als die Elektrochemie, deren Erfolge, wie wir schon andeuteten, fast sämtlich erst aus den jüngsten Jahrzehnten stammen, so liegt dies in der Eigenart der von ihnen verwendeten Hilfsmittel begründet. Die Chemie vermochte sich von alters her frei und unabhängig zu entwickeln, denn das hauptsächlichste Mittel, das ihr zur Einleitung und Durchführung der Reaktionen zur Verfügung steht, die Wärme, war in ihren verschiedenen Anwendungsformen schon seit Menschengedenken bekannt, und schon zu Lavoisiers Zeiten, also am Ende des 18. Jahrhunderts, vermochte man ziemlich hohe Hitzegrade zu erzeugen. Anders bei der Elektrochemie! Ihre Entwicklung stand mit der Entwicklung der Elektrotechnik im engsten Zusammenhang und nur in dem Maße, wie die letztere fortschritt, vermochte auch sie selbst Fortschritte zu machen. So sehen wir denn zwischen den Erfolgen der Elektrotechnik einerseits und denen der Elektrochemie andererseits die engsten Wechselbeziehungen entstehen. Bereits die einfachsten Kenntnisse über die Reibungselektrizität und den Galvanismus führen zu ebenso einfachen und grundlegenden Kenntnissen elektrochemischer Natur. Und als man den galvanischen Strom mit Hilfe der Voltaschen Säule zu verstärken lernt, zieht dieser Fortschritt auch sogleich einen auf elektrochemischem

Gebiete nach sich, indem Davy die Alkalien zu zerlegen lehrt. Als aber Werner Siemens
die erste praktische Anwendung des elektrodynamischen Prinzipes durch Konstruktion von Dynamomaschinen schuf, und als infolge dieser so bedeutungsvollen Tat jenes große Gebiet sich zu entwickeln begann, für das Siemens selbst die Bezeichnung „Elektrotechnik" prägte, da beginnt auch
die Entwicklung der technischen Elektrochemie, der elektrochemischen Großindustrie. Aber auch
während dieser Entwicklung läßt sich stets erkennen, wie sehr die Elektrochemie von der Elektrotechnik abhängig ist. So gelingt ihr z. B. die Lösung gewisser Probleme erst dann, als die Fortschritte der Elektrotechnik sie in den Stand setzen, Hitzegrade von früher unbekannter Höhe in
ihren Dienst zu stellen, und es kann wohl keinem Zweifel unterliegen, daß auch in Zukunft aus
den Erfolgen der Elektrotechnik neue Erfolge der Elektrochemie erstehen werden.

485. Das elektrochemische Laboratorium von Priestley. (Aus Priestley, Experiments and observations.)

Wann und wo die ersten Beobachtungen elektrochemischer Natur gemacht wurden, läßt
sich heute wohl kaum mehr feststellen. Sicherlich haben bereits manche Völker des Altertums
einzelne Kenntnisse besessen, die, streng genommen, als elektrochemische angesprochen werden
müssen. So war es z. B. schon bei den alten Ägyptern bekannt, daß eiserne, in Kupferlösung
gelegte Gegenstände sich mit einer Kupferschicht überziehen. Die Schriften des Mittelalters
und insbesondere die der Alchimisten enthalten eine Fülle von Beobachtungen ähnlicher Natur.
Diese Beobachtungen dürfen uns nicht wundernehmen, spielten doch gerade die schwefelsauren
Verbindungen der Metalle, die sogenannten „Vitriole", bei der alchimistischen Tätigkeit eine
große Rolle, und besitzen doch gerade diese Vitriole in hervorragendem Maße die Eigenschaft,
daß sich aus ihren Lösungen das Metall abscheidet, sobald diese Lösung mit zwei Metallen, ja
unter Umständen nur mit einem einzigen Metall in Berührung kommt. Aber auch die in der
zweiten Hälfte des 18. Jahrhunderts so beliebten Versuche mit der Reibungselektrizität haben
verschiedentlich zu Ergebnissen geführt, die wir als elektrochemische ansprechen müssen. So erfand, um nur ein Beispiel anzuführen, im Jahre 1776 Alessandro Volta die „elektrische Pistole",

bei der ein mittels einer Elektrisiermaschine oder einer Leidenerflasche erzeugter elektrischer Funke durch eine Pulverladung hindurch schlägt und diese zur Explosion bringt. Hier wird also in ähnlicher Weise durch eine Art von winzigem elektrischem Lichtbogen ein chemischer Prozeß eingeleitet, wie dies auch heutzutage noch in der elektrochemischen Großindustrie in natürlich bedeutend vergrößertem Maßstabe geschieht. Die Entzündung von Naphtha, Spiritus usw. durch den elektrischen Funken ist gleichfalls als ein schon in den Zeiten der Reibungselektrizität bekannter elektrochemischer Prozeß aufzufassen.

Trotz dieser und ähnlicher Versuche kann man den Beginn der wissenschaftlich durchgeführten elektrochemischen Beobachtungen und damit die Entwicklung der Elektrochemie selbst in das Jahr 1775 verlegen. Damals beobachtete Priestley, daß Wasser, das er mit Lackmus oder Orseille-farbstoff gefärbt hatte, eine Veränderung erfuhr, sobald er den elektrischen Strom hindurch-gehen ließ. Das Verhalten des Farbstoffes deutete darauf hin, daß sich eine Säure gebildet haben mußte. Dem englischen Chemiker Cavendish blieb es vorbehalten, die Ursachen, die den von Priestley beobachteten Erscheinungen zugrunde lagen, richtig zu erkennen, indem er nach-wies, daß beim Überschlagen des Funkens von einem oberhalb der Wasseroberfläche befindlichen Draht nach dem Wasser aus den Bestandteilen der Luft, nämlich aus Stickstoff und Sauerstoff, Salpetersäure gebildet worden war.

Im Jahre 1785 ließ Berthollet elektrische Funken durch Ammoniakgas hindurchschlagen, wodurch eine Raumvergrößerung des Gases entstand, als deren Ursache er ermittelte, daß unter dem Einflusse des Funkens eine Zerlegung des Gases in seine Bestandteile stattgefunden hatte. Wichtiger jedoch als diese Beobachtung, ja die wichtigste unter allen Entdeckungen, die die Elektrochemie der Periode vor der Entdeckung des Galvanismus verdankt, ist die Erkenntnis von der Zerlegbarkeit des Wassers durch Elektrizität. Die grundlegenden Untersuchungen zu diesem Erfolg rühren eigentlich von Lavoisier und Laplace her (1781). Ihre Forschungen, die infolge der Stürme der Revolution zuerst teilweise übersehen wurden, und erst später wieder durch das Verdienst Biots die ihnen gebührende Beachtung fanden, bezogen sich auf das Ver-halten verschiedener Metalle beim Auflösen in verdünnten Säuren. Es gelang ihnen, als sie ihre Versuche im Jahre 1782 in Gegenwart Voltas wiederholten, mit Hilfe des Voltaschen Kondensators den Nachweis des Entstehens von Elektrizität zu führen. Diese merkwürdige Tat-sache wurde, wie schon erwähnt, wenig beachtet, und erst, nachdem die Wogen der Revolution sich geglättet hatten, deren Stürme auch bekanntlich Lavoisier zum Opfer fiel, wurde man wieder auf seine Versuchsanordnungen aufmerksam, die er geschaffen hatte, um die Theorie der Bildung des Wassers aufzuklären. Die beiden holländischen Chemiker Deimann und Paets van Troostwyk erkannten 1789, daß die Lavoisierschen Versuche noch keine genü-gende Erklärung für die Art und Weise der Bildung des Wassers abgaben, und bei ihren weiteren Bemühungen, jene Versuche zu vervollständigen, gelang ihnen zuerst eines der wichtigsten elektrochemischen Experimente, nämlich die Zerlegung des Wassers in seine Bestandteile mit Hilfe des elektrischen Stromes. Freilich vermochten sie aus ihren Beobachtungen noch nicht die richtigen Schlüsse zu ziehen, und insbesondere erkannten sie nicht, daß es der elektrische Strom war, der das Wasser zersetzt hatte. Sie schrieben diese Zersetzung vielmehr dem Einflusse des Lichtes zu, das der elektrische Funke ausstrahlte. Elf Jahre später, im Jahre 1800, kon-struierte Volta seine berühmte Voltasche Säule, die noch im gleichen Jahre zum erstenmal in den Dienst der Elektrochemie gestellt wurde, und schon bei diesen ersten Anwendungen des galvanischen Stromes auf elektrochemischem Gebiete eine wichtige Erkenntnis zutage förderte. Der englische Forscher Nicholson, der Besitzer einer weltberühmten Erziehungsanstalt in Lon-don und Herausgeber des „Journal of natural Physical chemistry and the natural arts" schloß am 2. Mai 1800 zusammen mit dem Physiker Carlisle in einer mit Korkstöpseln versehenen Röhre Wasser ein, durch das sie den elektrischen Strom einer Voltaschen Säule hindurchleiteten. Es entstand sofort ein Strom feiner Luftblasen, den sie richtig als Wasserstoff erkannten. Zugleich bemerkten sie aber, daß an beiden Polen eine Gasansammlung eintrat, und zwar sammelte sich an dem einen Wasserstoff und an dem anderen Sauerstoff. Diese Entdeckung überraschte sie im ersten Momente sehr; sie sprachen jedoch damals bereits den richtigen Grundsatz aus, daß hier ein allgemeines Gesetz der Wirkung der Elektrizität bei chemischen Vorgängen vorzu-liegen scheine. Das große Verdienst, den Vorgang der elektrochemischen Wasserzersetzung vollkommen und bis in seine kleinsten Einzelheiten richtig aufgeklärt zu haben, gebührt jedoch dem Berliner Professor Simon, dem es mit Hilfe eines $2^1/_2$ Monate langen Dauerversuches gelang, so viel Gas aus zersetztem Wasser anzusammeln, daß er genaue Messungen vornehmen konnte (1802).

Diese Wasserzersetzung und ihre Erklärung durch Simon sind es, die in der Folgezeit für die Entwicklung der modernen elektrochemischen Theorien eine ungeheure Bedeutung erlangen sollten. Zunächst wies Davy darauf hin, daß zwischen den elektrisch leitenden Flüssigkeiten und gleichfalls elektrisch leitenden Metallen insofern ein großer Unterschied besteht, daß die ersteren durch den elektrischen Strom in ihre Bestandteile zerlegt werden, die letzteren hingegen nicht. Bei elektrisch leitenden Flüssigkeiten wirkt also der Strom der chemischen Verwandtschaft, der

486. Michael Faraday.

Affinität, entgegen. Er trennt, was diese zu vereinigen strebt. Wir werden bald bei Betrachtung der Untersuchungen von Kohlrausch sehen, daß die Ansicht Davys nur unter gewissen Voraussetzungen als richtig angesehen werden kann; jedenfalls hat sie lange Zeit hindurch der elektrochemischen Theorie als Grundlage gedient, und es gelang ihr, sich später auch gegenüber den Ansichten von Berzelius erfolgreich durchzusetzen. Die Grundzüge der Davyschen Theorie der elektrischen Zersetzung sind im wesentlichen die folgenden: Berührt man ein Metall mit einer geriebenen Schwefelstange, so wird das Metall positiv, der Schwefel hingegen negativ elektrisch. Die positive und die negative Elektrizität suchen sich anzuziehen. Da nun auch bei der Zersetzung von Flüssigkeiten das eine Zersetzungsprodukt von dem einen Pol, das andere hingegen von dem anderen angezogen wird, so müssen also auch diese Zersetzungsprodukte eine elektrische Ladung besitzen, und zwar dasjenige, das nach dem negativen Pole geht,

eine positive Ladung, dasjenige hingegen, das nach dem positiven geht, eine negative. Diese Ladung ist bereits in den Atomen vorhanden, und wenn sich zwei Atome berühren, so nehmen sie entgegengesetzte elektrische Ladungen an. Das Zustandekommen einer chemischen Verbindung hängt einesteils von der Stärke der chemischen Verwandtschaft, andernteils von der Stärke dieser elektrischen Ladungen ab, deren Anziehungskraft eine so starke sein muß, daß die Atome sich unter Überwindung aller entgegenstehenden Widerstände zu vereinigen vermögen.

Faradays Gesetz der elektrochemischen Äquivalenz. Unter dem Einflusse dieser Davyschen elektrochemischen Theorie hat dann der englische Physiker Michael Faraday eine Anzahl wichtiger Gesetzmäßigkeiten für die Zersetzung von Flüssigkeiten durch den elektrischen Strom aufgefunden. Von Faraday rühren auch alle diejenigen Ausdrücke her, die wir heute noch in der Elektrochemie ständig gebrauchen und mit denen sich jeder, der ihre Methoden und Verfahren verstehen will, unbedingt vertraut machen muß. Diese Ausdrücke wurden von Faraday im Verein mit Whewell, dem berühmten Verfasser der „Geschichte der induktiven Wissenschaften" festgestellt, und sind die folgenden: Wird eine Flüssigkeit dem Durchgange und damit auch dem Einfluß des elektrischen Stroms unterworfen, so nennt man diese Flüssigkeit „Elektrolyt". Die beiden Pole, durch die der Strom in die Flüssigkeit ein= oder austritt, heißen „Elektroden", und zwar heißt der positive Pol „Anode", der negative „Kathode". (Von den griechischen Wörtern: $\dot{\alpha}\nu\dot{\alpha}$ = hinwärts und $\varkappa\alpha\tau\dot{\alpha}$ = wegwärts, $\delta\delta\delta\varsigma$ = Weg). Die Teilchen, die bei der Zer= setzung abgeschieden werden, nannte er Jonen (vom griechischen $\iota\acute{\varepsilon}\nu\alpha\iota$ = gehen), und zwar nannte er dasjenige Jon, das nach der Anode wanderte, das „Anion" dasjenige, das nach der Kathode wanderte das „Kathion" oder, wie wir es jetzt richtiger schreiben, das „Kation".

Schon ehe Faraday diese aus dem Jahre 1834 stammenden Bezeichnungen geschaffen hatte, hatte er, und zwar im Jahre vorher, ein wichtiges Gesetz entdeckt, das Gesetz von der elektro= chemischen Äquivalenz, das sich kurz dahin zusammenfassen läßt, daß die von einem Strom zersetzte Menge des Elektrolyten stets der hindurchgegangenen Elektrizitätsmenge proportional ist und daß des Weiteren bei verschiedenen Elektrolyten bei gleicher Elektrizitätsmenge die Zersetzung stets in chemisch=äquivalenten Verhältnissen erfolgt. Durch dieses Gesetz, dessen Gültigkeit und Richtigkeit Faraday in einer Reihe bewunderungswürdig durchgeführter Experimentalunter= suchungen bewiesen hat, wird die ganze Elektrochemie in allen ihren Zweigen auf eine sichere rechnerische Grundlage gestellt. Es lassen sich in jedem einzelnen Fall, ganz gleich ob es sich um eine wissenschaftliche Untersuchung, oder um die Herstellung galvanoplastischer Überzüge oder um die Abscheidung von Metallen aus ihren Erzen handelt, genaue Rechnungen darüber anstellen, wie viel Metall durch eine bestimmte Elektrizitätsmenge oder Stromstärke abgeschieden oder wieviel Flüssigkeit mit Hilfe einer zur Verfügung stehenden Menge elektrischer Energie zersetzt werden kann. Was das Ohmsche Gesetz für die Elektrotechnik bedeutet, das bedeutet das Faradaysche für die Elektrochemie, sagt es uns doch, daß zwischen der verwendeten Elektrizitäts= menge und der zersetzten Stoffmenge ganz bestimmte in der Natur der Sache begründete und unveränderliche Gesetzmäßigkeiten obwalten!

Die Jonentheorie. Nächst Faraday sind es in erster Linie Hittorf und, wie schon erwähnt, Kohlrausch, die sich um die weitere Ausbildung der Theorie der Elektrolyse ganz hervorragende Verdienste erworben haben, wobei wir bemerken, daß auch der Ausdruck „Elektrolyse" von Faraday herrührt und den Vorgang der Zersetzung einer Flüssigkeit durch den elektrischen Strom bezeichnet. Die Hittorfschen Arbeiten über die Wanderung der Jonen sowie über die Ge= schwindigkeit derselben sind eine direkte Fortsetzung der Faradayschen Untersuchungen. Sie begannen im Jahre 1853. Wie wir oben gesehen haben, stellt sich Faraday, entsprechend der Davyschen Theorie, den Vorgang der Elektrolyse so vor, daß bei der Zersetzung des Elektrolyten die vorher vereinigten Jonen getrennt werden: Das Kation wandert nach der Kathode, das Anion nach der Anode. Das Kation wandert also mit dem positiven Strom, das Anion mit dem negativen. Nun gibt es aber Jonen sehr verschiedener Art, sehr schwere, wie z. B. die des Platins, und sehr leichte, wie z. B. die des Wasserstoffs. Beide können schon wegen ihres Gewichtsunter= schiedes nicht gleich schnell wandern, und in der Tat fand Hittorf, daß die Wanderungsgeschwin= digkeit der Jonen eine außerordentlich verschiedene ist. Um aber Störungen des elektrischen Gleichgewichts zu verhüten, muß in jedem mittleren Querschnitt der Flüssigkeit die Zahl der positiven und die Zahl der negativen Jonen stets die gleiche sein. Die Art und Weise wie die Jonen mit verschiedener Geschwindigkeit und doch unter Aufrechterhaltung der elektrischen Neutralität im mittleren Teil der Flüssigkeit wandern, kann man sich am besten in folgender Weise anschaulich machen.

Es seien, wie dies in unserer beistehenden Abbildung dargestellt ist, eine Anzahl positiver und eine gleiche Anzahl negativer Jonen in je einer langen Kette hintereinander angeordnet und beide Ketten seien parallel.

4 3 2 1 a

b 1 2 3 4 5 6

Nun verschieben wir, wie dies in der nächsten Abbildung schematisch wiedergegeben ist, beide Ketten mit verschiedener Geschwindigkeit gegeneinander. Dann liegen im mittleren Teil der Kette immer noch positive und negative Jonen nebeneinander, so daß hier die elektrische

Neutralität gewahrt ist. Nur am Ende jeder Kette befinden sich freie, nicht neutralisierte Jonen, und infolgedessen kommen auch hier die Unterschiede der Geschwindigkeit zur Geltung. Denkt man sich eine mittlere Querschnittslinie a b und zählt man vor und nach der Verschiebung die

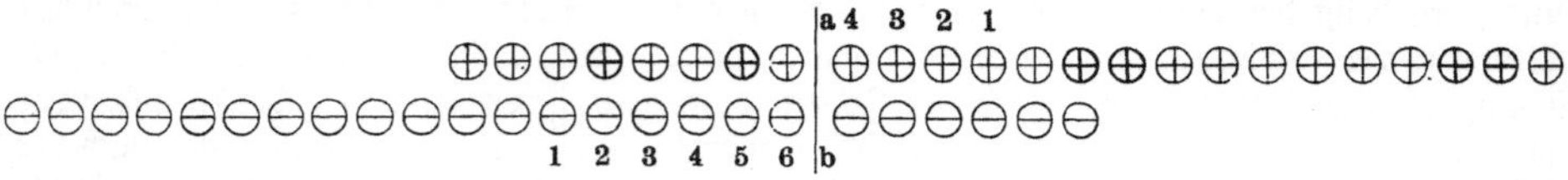

$$a\ 4\quad 3\quad 2\quad 1$$

$$\oplus\oplus\oplus\oplus\oplus\oplus\oplus\oplus\ \Big|\ \oplus\oplus\oplus\oplus\oplus\oplus\oplus\oplus\oplus\oplus\oplus\oplus\oplus\oplus$$
$$\ominus\ominus\ominus\ominus\ominus\ominus\ominus\ominus\ominus\ominus\ominus\ominus\ \Big|\ \ominus\ominus\ominus\ominus\ominus$$

$$1\quad 2\quad 3\quad 4\quad 5\quad 6\ \ b$$

Zahl der rechts und links von ihr befindlichen Jonen, so wird man nach der Verschiebung stets eine Differenz auffinden, die eine Folge der verschiedenen Wanderungsgeschwindigkeiten ist. Rechts von der Linie a b werden immer mehr Jonen von der einen Art, links immer mehr von der anderen Art vorhanden sein. Eine einfache Überlegung sagt uns, daß, wenn auf der einen Seite des Elektrolyten mehr Jonen der einen Art, auf der anderen hingegen mehr der anderen Art sich befinden, daß dann auf beiden Seiten eine verschiedene Konzentration herrschen muß. Es entstehen also infolge der verschiedenen Wanderungsgeschwindigkeiten der Jonen bei der Elektrolyse an den Elektroden Verschiedenheiten der Konzentration.

Haben, wie dies nach unserer zweiten Abbildung der Fall ist, infolge der Verschiedenheit der Wanderungsgeschwindigkeiten innerhalb eines bestimmten Zeitraumes 6 Anionen und 4 Kationen die Linie a b passiert (in der ersten und zweiten Abbildung mit den Zahlen 1—4 resp. 1—6 bezeichnet), so werden rechts von a—b 6 Moleküle Salz zersetzt, links hingegen nur 4. An der Anode ist also der Anteil der Zersetzung, der Verlust durch die Elektrolyse geringer. Das Verhältnis der Verluste 6 : 4 entspricht dem Verhältnis der Bewegungsgeschwindigkeit. Diese Verluste dividiert durch die Zahl der abgeschiedenen Jonen nennt man „Überführungszahlen". Es wurden bei unserem Beispiel im ganzen 10 Jonen abgeschieden, davon 4 auf der einen, 6 auf der anderen Seite. Somit sind die Überführungszahlen (n) = $^4/_{10}$, resp. $^6/_{10}$ oder 0,4 resp. 0,6.

Es dürfte nun hier wohl der Ort sein, einige in der Elektrochemie gebrauchte Bezeichnungen, die sich ständig wiederholen, kennen zu lernen.

Wir schreiben das Atom Chlor nach seiner chemischen Formel gewöhnlich mit den Buchstaben Cl; und das Metall Blei Pb. Wollen wir jedoch ausdrücken, daß wir kein Atom im chemischen Sinne, sondern ein Jon im elektrochemischen Sinne vor uns haben, so schreiben wir, je nachdem es sich um ein negatives oder um ein positives Jon handelt, das Zeichen — oder + an das chemische Zeichen hin. Das negative Chlorion schreiben wir also $\overline{\text{Cl}}$, das positive Bleiion hingegen schreiben wir, da es chemisch zweiwertig ist und sich mit zwei Jonen verbindet, mit zwei ++ Zeichen, also $\overset{++}{\text{Pb}}$. Da jedoch der Drucker derartige, über den Buchstaben stehende Bezeichnungen nur schlecht zu drucken vermöchte, so hat man sich auf folgende Schreibart geeinigt: Pb¨ und Cl'.

Noch eine weitere Bezeichnungsart, die in der Elektrochemie viel verwendet wird, müssen wir uns merken. Wenn wir z. B. eine Lösung von schwefelsaurem Kupfer der Elektrolyse zwischen Kupferelektroden unterwerfen, so schlägt sich auf der negativen Elektrode Kupfer nieder. Es wird also durch den Strom zunächst ein positiv geladenes Kupferion in Freiheit gesetzt, das dann nach der negativen Elektrode wandert und sich auf dieser niederschlägt, wobei es dann natürlich seine elektrische Ladung abgibt, die durch die Leitung zur Stromquelle fließt. Es findet also an der Kathode eine Entladung des Kupferions statt, ein Vorgang, den wir folgendermaßen ausdrücken können:

$$\text{Cu}^{\cdot\cdot} + 2\ominus = \text{Cu}\ ,$$

d. h. ein positiv geladenes zweiwertiges Kupferion wird durch die negative Ladung der Kathode neutralisiert, entionisiert. Man kann jedoch auch folgendermaßen schreiben:

$$\text{Cu}^{\cdot} = \text{Cu} + 2\oplus\ ,$$

d. h. ein geladenes Kupferion gibt seine Ladung ab. Beide Male entsteht ein ungeladenes Kupferatom, die Wirkung ist also die gleiche, und es ist deshalb gleich, ob man so oder so schreibt. Will man hingegen den Übergang des Atoms in den Jonenzustand, also die Ladung ausdrücken, so muß man folgendermaßen schreiben:

$$\text{Cu} + 2\oplus = \text{Cu}^{\cdot\cdot}\ .$$

Die Dissoziation. Wir haben oben schon angedeutet, daß Kohlrausch uns weitere wichtige Aufschlüsse über den Vorgang der Elektrolyse verschafft hat. So hat er z. B. gezeigt, daß eine Elektrolyse, also eine Zersetzung durch den Strom nur dann vor sich gehen kann, wenn der Elektrolyt ein Leiter der Elektrizität ist. Reines Wasser leitet den Strom fast gar nicht, und deshalb wird ganz reines Wasser, das frei ist von allen sonstigen Bestandteilen oder Verunreinigungen durch den Strom auch nicht zerlegt. Die Wasserzersetzung durch Elektrolyse ist, wie Kohlrausch gezeigt hat, stets nur ein sekundärer Vorgang, der nur dann eintritt, wenn das Wasser noch irgendwelche andere Stoffe enthält. Das Endresultat ist freilich, infolge bestimmter Umsetzungen bei der Elektrolyse, durch die sich Wasserstoff und Sauerstoff bilden, genau das gleiche, als ob Wasser durch den Strom zerlegt werden könnte. Wir werden auch überall da, wo wir es der Elektrolyse unterwerfen, eine Zersetzung in Wasserstoff und Sauerstoff finden, denn es hält außerordentlich schwer, absolut reines Wasser darzustellen und selbst dieses nimmt z. B. aus Glasgefäßen noch Stoffe auf, die das Zustandekommen der Elektrolyse bewirken. Arbeitet man jedoch unter besonderen Vorsichtsmaßregeln mit absolut reinem Wasser, so erhält man keine Zersetzung mehr. Das Zustandekommen der Elektrolyse hängt also wesentlich von der Leitfähigkeit des Elektrolyten gegenüber dem Strom ab, und es ist das große Verdienst von Kohlrausch, in jahrzehntelanger Arbeit im Verein mit seinen Mitarbeitern die Leitfähigkeit fast aller bekannten Elektrolyte und ihre Abhängigkeit von der Temperatur und Konzentration bestimmt zu haben. Aber noch eine wichtige Tatsache ergab sich aus den Kohlrauschschen Arbeiten, nämlich die Bestätigung der 1886 von Arrhenius aufgestellten Theorie von der Dissoziation der Lösungen.

Schon 1857 folgerte der berühmte, um die Wärmetheorie so hoch verdiente Physiker Clausius aus einer Anzahl von Tatsachen, daß in einer leitenden Salzlösung stets unverbundene Jonen vorhanden sein müssen, also Jonen, die gewissermaßen — um ein rohes Bild zu gebrauchen — frei darin herumschwimmen. Um die gleiche Zeit wurde auch Hittorf zu der Annahme von freien Jonen im Elektrolyten genötigt, also zur Annahme von Jonen, die sich freiwillig abgespalten hatten, die im Elektrolyten verteilt oder, wie man sich ausdrückt, „elektrolytisch dissoziiert" waren. Infolge der Arbeiten von Kohlrausch vermochte jedoch Hittorf im Jahre 1878 auf Grund von Bestimmungen der Leitfähigkeit darzulegen, daß die besten Leiter diejenigen sind, die die stärkste chemische Verwandtschaft zeigen. Diese sind am stärksten befähigt, bei der Lösung in einer Flüssigkeit in ihre Teile zu zerfallen, zu dissoziieren. Mit jeder Lösung ist also gleichzeitig eine Dissoziation, ein Zerfall, verbunden. Je größer die Leitfähigkeit eines Elektrolyten ist, desto größer ist die Zahl der in ihm enthaltenen dissoziierten, also freien Jonen, desto größer der Dissoziationsgrad. Löst man also Kochsalz, Chlornatrium, in Wasser, so zerfallen fast alle Chlornatriummoleküle in Natriumionen und in Chlorionen, wohl gemerkt, nicht in Natriumatome und in Chloratome! Das ist es ja, was die Chemiker nicht begreifen konnten, und was Arrhenius, als er seine Dissoziationstheorie aufstellte, von ihrer Seite Hohn und Spott eintrug, daß nämlich in einer Lösung zwei so reaktionsfähige Körper, wie Natrium und Chlor in freiem Zustande vorhanden sein sollten. Es sind aber nicht Natrium und Chlor, also nicht gewöhnliche Natriumatome und gewöhnliche Chloratome vorhanden, sondern elektrisch geladene Atome also Natriumionen und Chlorionen.

Die Dissoziationstheorie von Arrhenius hat zu neuen Ansichten über die Natur der Lösungen sowohl, wie auch über die der Jonen und der Elektrolyse und somit zur modernen Jonentheorie geführt. Die wässerige Lösung irgend eines Stoffes enthält demnach mindestens vier verschiedene Körper: zunächst einmal das Lösungsmittel, dann Teile des nicht dissoziierten Salzes, ferner freie Kationen und endlich freie Anionen. Manchmal verbindet sich aber auch einer der zuletzt genannten drei Bestandteile mit dem Wasser, und dann entsteht ein fünfter, ja oft sogar ein sechster Bestandteil der Lösung, den man, da er eine Verbindung mit dem Lösungsmittel, dem Wasser, darstellt, Hydrat nennt. Es kommt jedoch auch vor, daß unter gelösten Molekülen, die man „Komplexe" nennt, Verbindungen eintreten. Durch Verbindungen dieser Moleküle, der Komplexe, entstehen dann „ternäre Salze". Die Hydrate wie die Komplexe, wie die ternären Salze können aber wieder in Jonen zerfallen, so daß man drei Arten von Jonen unterscheidet, die zuerst entstandenen einfachen Jonen, dann die aus den Komplexen entstandenen komplexen Jonen und endlich die aus den Hydraten entstandenen Jonenhydrate.

Jedes Jon wirkt unabhängig und für sich. Die Eigenschaft einer Lösung ist deshalb ein additives Produkt aus den Eigenschaften der verschiedenen, darin enthaltenen Jonen. Diese Tatsache macht es erklärlich, warum die Eigenschaften einer Lösung in erster Linie von ihrem Dissoziationsgrad herrühren. Die Wirkung eines Mineralwassers ist z. B. eine direkte Folge seines Dissoziationsgrades, d. h. sie hängt davon ab, wie groß die Fähigkeit der darin enthaltenen Salze ist, in Jonen zu zerfallen. Ebenso hängt natürlich auch das Verhalten bei der Elektrolyse in erster Linie vom Dissoziationsgrad ab, und Nernst hat gezeigt, daß auch die Wirkung unserer galvanischen Elemente lediglich eine Folge des Dissoziationsgrades der bei ihnen verwendeten Lösungen ist. Er hat zu diesem Zwecke Methoden zur Berechnung der Jonenkonzentration aus der Beobachtung der elektromotorischen Kräfte von zwei verschieden konzentrierten Salzlösungen mit gleichen Elektroden gegeneinander geschaffen. Derartige Elemente der eben beschriebenen Art, die in der wissenschaftlichen Elektrochemie zur Bestimmung der Jonenkonzentration verwendet werden, nennt man Konzentrationsketten.

Das Verhalten einer Lösung in chemischer, physiologischer, elektrischer und elektrochemischer Beziehung hängt also, wie wir gezeigt haben, in erster Linie vom Dissoziationsgrad ab. Deshalb ist es sehr wichtig, diesen zu kennen. Es hat sich gezeigt, daß diejenigen Körper, die chemisch am stärksten wirken, die höchsten Dissoziationsgrade aufweisen. So ist z. B. die Salzsäure in sehr verdünnter Lösung zu 91 Prozenten dissoziiert, die Essigsäure hingegen in gleicher Konzentration nur zu 1,3 Prozent, woraus sich der Unterschied ihres Verhaltens erklärt. Die Kalilauge ist z. B. zu 90 Prozent gespalten usw. Sehr gering ist, wie wir schon andeuteten, die Dissoziation und deshalb auch die Leitfähigkeit beim absolut reinen Wasser. Von einem Liter Wasser sind nur 0,001 mg in Jonen zerlegt!

Ein ähnliches Verhalten, wie es die Jonen in den Lösungen zeigen, ist auch für andere, nicht gelöste Körper denkbar. Die Salze spalten in den Lösungen, wie wir gesehen haben, Jonen ab, also elektrisch geladene Teilchen. Auch die Metalle vermögen elektrisch geladene Teilchen oder sogar freie Elektrizität abzuschleudern, eine Eigenschaft, die z. B. dadurch bewiesen wird, daß aus luftleer gemachten Glasröhren, in denen sich Metallelektroden befinden, Kathodenstrahlen austreten. Diese abgegebenen elektrischen Teilchen, die, wie wir eben gesehen haben, gewisse Analogien mit den Jonen zeigen, nennt man „Elektronen". Sie stellen gewissermaßen die Atome der Elektrizität dar. Geht ein elektrischer Strom durch ein Stück Metall, so findet von Teilchen zu Teilchen eine Wanderung der Elektronen statt. Sie werden von Metallatomen abgegeben und von den nächstliegenden Metallionen aufgenommen, wodurch wieder neutrale Atome entstehen. Ebenso wie die Leitfähigkeit einer Lösung von der Zahl der in ihr vorhandenen freien Jonen abhängt, so ändert sich auch die Leitfähigkeit der Metalle mit der Zahl der aus ihnen abspaltbaren Elektronen. Man kann daher mit demselben Recht wie bei den Lösungen auch hier von einer Dissoziation sprechen. Bei dieser Dissoziation der Metalle findet eine Zerspaltung in positive Jonen und Elektronen statt, doch zeigen sich zwischen der elektrolytischen und der metallischen Dissoziation gewisse Unterschiede: Bei der elektrolytischen Dissoziation ändert sich, wie wir gesehen haben und wie Kohlrausch festgestellt hat, die Leitfähigkeit mit der Temperatur, ein Umstand, der, wie wir wissen, von der durch die Temperaturänderung veränderten Geschwindigkeit der Jonen herrührt. Die Elektronen hingegen verändern mit der Temperatur ihre Geschwindigkeit nicht. Infolgedessen wird die Leitfähigkeit der Metalle mit steigender Temperatur eine geringere, während sie bei den Elektrolyten zunimmt.

Diese Elektronentheorie und ihre Ergebnisse sind im späteren Kapitel behandelt; hier sei nur auf sie hingewiesen und der Übergang von der Jonentheorie auf die Elektronentheorie angedeutet.

Die vorstehend wiedergegebenen Theorien der Elektrochemie beruhen, wie man sieht, auf sehr feinen und zum Teil geradezu geistreich zu nennenden Gedankengängen. Es sei jedoch, um Mißverständnisse zu verhüten, erwähnt, daß ihnen teilweise ein mehr hypothetischer als theoretischer Charakter zukommt: sie dienen zum Teil mehr der Erklärung von Vorgängen, als daß sie als bis in ihre kleinsten Einzelheiten für bewiesen gelten können. Sie sind vielleicht am besten der bekannten chemischen Benzoltheorie Kekulés an die Seite zu stellen, die für gewisse organische chemische Verbindungen die Existenz eines sechseckigen Benzolkerns annimmt, dessen wirkliches Vorhandensein aber noch niemals bewiesen werden konnte, ja sogar unwahrscheinlich ist, da ihm die dreidimensionale Ausgestaltung der körperlichen Gebilde fehlt. Aber trotzdem lassen sich durch ihn weite Gebiete der organischen Chemie in vorzüglichster Weise erklären und anschaulich machen. Wegen dieses teilweise hypothetischen Charakters der modernen theoretischen Elektrochemie sind ihre Lehren auch noch nicht überall, insbesondere nicht im Auslande, anerkannt. Es muß sich hier zweifellos noch vieles klären. Besonders sei noch bemerkt, daß diese modernen Theorien auf die in jüngster Zeit so schnelle Entwicklung der technischen Elektrochemie ohne merkbaren Einfluß gewesen sind. Gerade die elektrochemische Technik ist, ohne sich viel um diese Theorien zu kümmern, ihren Weg gegangen, der sie von Sieg zu Sieg führte, unbekümmert um die Erklärungen, die später von seiten der Theoretiker für ihre Erfolge gegeben wurden. So zeigt sich heute in der modernen Elektrochemie die eigenartige Tatsache, daß Theorie und Technik einander zunächst noch verhältnismäßig wenig zu verdanken haben, daß sich vielfach Theoretiker und Techniker geradezu gegenüberstehen, und daß die Technik fortschreitet, ohne von den neuen Hypothesen und Theorien wesentlichen Gebrauch zu machen.

Die Akkumulatoren.

Die Entwicklung des Akkumulators. Ein Akkumulator ist seinem Wesen nach nichts anderes, als ein galvanisches Element. Er unterscheidet sich von den gewöhnlich gebrauchten galvanischen Elementen jedoch durch eine einzige und sehr wichtige Eigenschaft: Das galvanische Element liefert ebenso wie der Akkumulator Strom. Es erschöpft sich hierbei genau wie dieser mit der Zeit, und dann hört seine Fähigkeit, Strom zu liefern, auf. Während in diesem Momente die Rolle des gewöhnlichen galvanischen Elementes gewissermaßen ausgespielt ist, braucht man den Akkumulator nur eine Zeitlang mit elektrischem Strom zu behandeln, Strom in ihn hineinzusenden, um ihn von neuem in den Stand zu setzen, abermals Strom zu liefern. Dieser Vorgang des Ladens läßt sich beim Akkumulator beliebig oft wiederholen. Während also das galvanische Element nur Strom ausgibt, nimmt der Akkumulator auch Strom auf. Man hat ihn deshalb mit Recht als „umkehrbares Element" bezeichnet. Die gewöhnlichen Elemente, die keinen Strom aufzunehmen, sondern nur zu liefern vermögen, nennt man auch „Primärelemente" im Gegensatz zum Akkumulator, den man deshalb „Sekundärelement" nennt, weil seine Wirkung auf dem sekundären Vorgang beruht, den man als „Polarisation" bezeichnet (vgl. S. 13).

Die ganze Wirkung der Akkumulatoren beruht lediglich auf der Entstehung eines Polarisations- oder Sekundärstromes. Schon kurz nachdem im Jahre 1801 Gautherot die Beobachtung des Polarisationsstromes gemacht hatte, versuchte der deutsche Physiker Ritter aus ihr dadurch Nutzen zu ziehen, daß er ein Sekundärelement, einen Akkumulator konstruierte.

Nach ihm haben noch viele andere gleichfalls Akkumulatoren zu bauen oder zu verbessern gesucht. Das Verdienst jedoch, einen brauchbaren Akkumulator hergestellt zu haben, gebührt dem französischen Physiker Gaston Planté.

Sein Akkumulator ist in der Abb. 487 dargestellt. Er bestand aus zwei Bleiplatten (vgl. Abb. 488), zwischen die, um ihre Berührung zu verhindern, einige Kautschukbänder eingelegt wurden (Abb. 489). Dann wurde das Ganze über einen Holzkern zu einem Zylinder resp. zu einer Spirale zusammengerollt. Damit diese Spirale ihre Form behielt, wurden auf sie oben und unten zwei erwärmte Guttaperchastäbe kreuzweise aufgepreßt. Diese Spirale wurde in ein mit verdünnter Schwefelsäure gefülltes Gefäß hineingestellt (die Schwefelsäure war 10prozentig) und durch zwei Bunsenelemente aufgeladen. Wurden nach der Ladung die Bunsenelemente entfernt, so gab das Element, der Akkumulator, längere Zeit hindurch einen kräftigen Strom von sich. Es war gar nicht nötig, diesen Strom sofort zu entnehmen. Man konnte den Akkumulator auch eine Zeitlang ruhig stehen lassen, ohne daß er dadurch wesentlich an Wirksamkeit verlor. Immerhin hatte er einen großen Fehler, der darin bestand, daß die Haltbarkeit der Bleiplatten keine sehr große war. Dieser Umstand veranlaßte Planté schließlich, seine Versuche zunächst aufzugeben, die er erst später, im Jahre 1868, von neuem aufnahm. Da er auch bei diesen neuerlichen Versuchen nicht die gewünschten Erfolge zu erzielen vermochte und da insbesondere die Ladung aus Primärelementen sich sehr teuer stellte und die Platten nur geringe Haltbarkeit aufwiesen, so stellte Planté seine Bemühungen abermals ein und veröffentlichte im Jahre 1879 die Ergebnisse seiner Arbeiten. Bereits im Jahre 1881, als zu Paris der erste Internationale Elektrotechnikerkongreß stattfand, konnte Troubé auf der Seine ein von Akkumulatoren getriebenes Boot fahren lassen. Wichtiger jedoch als dieser Erfolg waren die Verbesserungen, die man an den Akkumulatoren vorzunehmen verstand.

In bezug auf diese Verbesserungen wirkte vor allem Faure bahnbrechend, dem wir die Grundzüge der heute noch gebräuchlichen Art und Weise zur Schaffung brauchbarer Akkumulatoren verdanken. Vom Jahre 1878 an beschäftigte er sich eingehend mit der Erfindung eines Akkumulators und schon 1879 hatte er ein Verfahren zur Herstellung von Bleiplatten für Akkumulatoren gefunden, das sich von dem Plantés wesentlich unterschied. Planté führte das Blei dadurch in Bleischwamm über, daß er glatte Bleiplatten einer monatelangen immer wechselnden Ladung und Entladung aussetzte. Auch durch teilweise Lösung des Bleis in Salpetersäure suchte er seinem Ziele, ein möglichst poröses, chwammiges Blei zu erhalten, näher zu kommen.

Faure hingegen nahm ein Verfahren wieder auf, das eigentlich von einem Schüler Plantés, namens Metzger herrührt, der es bereits am Anfang der 60er Jahre des vorigen Jahrhunderts entdeckte, ohne daß es ihm gelungen wäre, es in die Praxis einzuführen. Faure stellte seinen Bleischwamm dadurch her, daß er einen Bleikern nahm, der mit Durchbrechungen versehen war. In diesen Bleikern schmierte er eine Paste ein, die aus einem Gemenge von Mennige oder einem anderen Bleioxyd mit einem in der Flüssigkeit des Akkumulators unlöslichen Bleisalz bestand. Beim

487. Planté-Akkumulator.   488. u. 489. Herstellung eines Planté-Akkumulators aus Bleiplatten.

Laden wird nun die Schicht der einen Platte zu Bleisuperoxyd oxydiert, während die andere durch den Wasserstoff zu Bleischwamm reduziert wird. So entsteht also beim Laden aus der einen Platte unter der oxydierenden Wirkung des Sauerstoffs eine sehr sauerstoffreiche Verbindung, das Bleisuperoxyd, während aus der anderen, unter der reduzierenden Wirkung des Wasserstoffs Bleischwamm resp. eine niedere Oxydationsstufe des Bleis gebildet wird. Das Bleisuperoxyd sowohl wie der Bleischwamm sind porös und können daher ziemlich große Massen von Gasen binden. In demselben Jahre, in dem Faure den Akkumulator in der eben geschilderten Weise so wesentlich verbesserte, wurde von Volckmar und Sellon eine weitere sehr bedeutungsvolle Verbesserung desselben geschaffen. Wir haben gehört, daß Faure seine Masse, die „Paste" auf einem Bleikern aufschmierte, der mit Vertiefungen versehen war. Volckmar und Sellon gaben diesem Bleikern eine äußerst praktische Form, die sich in der Folgezeit in jeder Hinsicht bewährt hat. Sie schufen das sogenannte „Bleigitter", das aus einer dünnen Bleiplatte besteht, die sich aus gitterförmig sich kreuzenden Längs- und Querstreifen zusammensetzt (vgl. Abb. 490). Eine derartige Platte läßt sich nicht nur verhältnismäßig leicht gießen, sondern sie hat auch den Vorteil, daß in ihren Zwischenräumen und Maschen, sowie in den Furchen der Gitterstäbe die aktive Masse des Akkumulators, die Paste, sehr gut und in großen Mengen sowie in haltbarer Weise durch einfaches Hineinschmieren untergebracht werden konnte. Die mit der Masse beschickten Gitter (vgl. Abb. 491) hielten die Masse auch während der Ladung des Akkumulators zum Zwecke der Bildung von Bleischwamm einerseits und Bleisuperoxyd andrerseits, also während des sogenannten „Formierungs"vorganges, sowie nachher noch sehr fest.

Trotzdem brachte Faure im Anfang noch einen Überzug von Zeug an den Platten an, um das Abfallen der Masse zu verhindern. Später, als man die Stäbe des Gitters mit Röhren und Furchen versah, als man des weiteren eine gute Zusammensetzung der Paste gefunden hatte, und als man endlich immer weitere Erfahrungen in bezug auf das Einschmieren derselben in die Gitter und auf das Formieren gesammelt hatte, konnte dieser Überzug aus Zeug wegbleiben.

Durch die eben geschilderten Verbesserungen erhielt der Fauresche Akkumulator seine erste brauchbare Gestalt, die sich später durch ständige Verbesserungen an den Gittern, durch Vergrößerung der Oberfläche der verwendeten Paste, durch Ausbildung der Formierungsverfahren usw. usw. allerdings in den zahlreichen Variationen änderte — sind doch aus dem Faure-Akkumulator geradezu unzählige Typen von Akkumulatoren der verschiedensten Art entstanden — deren Grundzüge jedoch trotz so vielfacher Abänderung der Einzelheiten immer dieselben geblieben sind, wie wir sie in den vorstehenden Zeilen geschildert haben. Der Fauresche Akkumulator bestand aus parallelen Bleiplatten, die dicht nebeneinandergesetzt und abwechselnd verbunden waren, so daß je eine Elektrode der einen Art zwischen zweien der anderen stand, die Endplatten ausgenommen, von denen eine positiv, die andere negativ war. Um das Abfallen der Masse zu verhindern, waren die Platten, wie schon erwähnt, mit Zeug überzogen.

Die Faureschen Akkumulatoren zogen alsbald die Aufmerksamkeit der Elektrotechniker auf sich, da sie im Verhältnis zu ihrem Gewicht und Umfang ganz bedeutende Menge von Energie

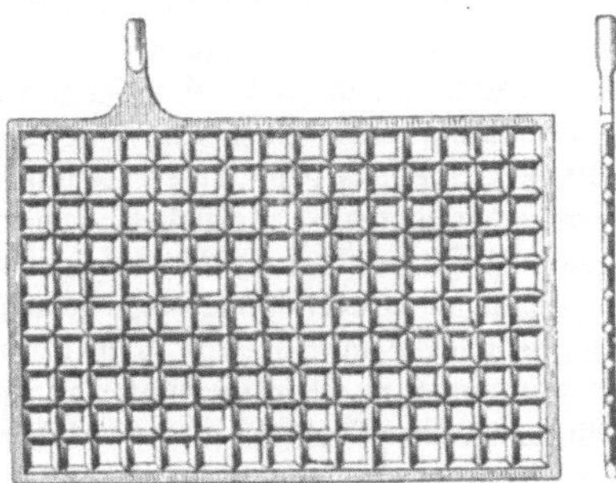

490. Das Voldmar-Gitter.

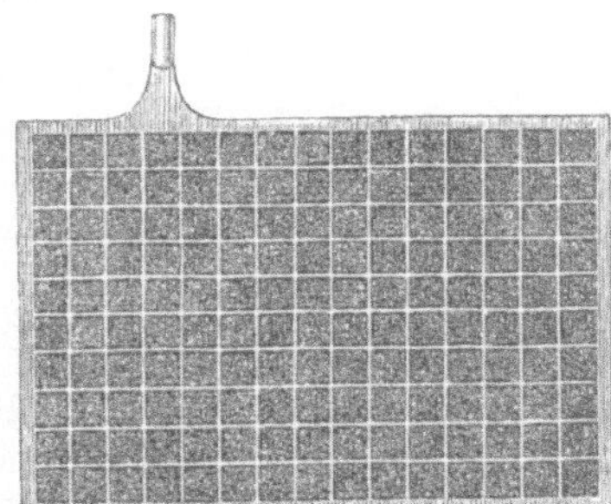

491. Fertige Platte nach Faure-Sellon-Voldmar.

aufzuspeichern vermochten. Besonderes Aufsehen erregte es, als Faure einen geladenen Akkumulator nach England schickte, der dort noch fast die volle Ladung hergab, obwohl ihn die mißtrauische englische Zollbehörde, die in dem verschlossenen Kasten eine Dynamitmaschine mutmaßte, anfänglich nicht einlassen wollte und seine Reisezeit verlängerte.

Wie es immer mit jungen, vielversprechenden Erfindungen geht, so wurde auch hier ihre Bedeutung gewaltig übertrieben. Ganz so schnell ging die Entwicklung doch nicht vor sich, und es fragt sich, ob überhaupt der Akkumulator sobald Eingang gefunden hätte, wenn nicht von der englischen „Electrical Power Storage"-Gesellschaft, die die Patente Faures erworben hatte, viel Zeit und sehr viel Geld geopfert wäre, den Akkumulator sicher und leistungsfähig zu machen. In der ersten Hälfte der achtziger Jahre hatte sich die Meinung der Fachwelt für Akkumulatoren sehr abgeschwächt, erst von der Mitte des verflossenen Jahrzehntes ab beginnt der Akkumulator Aufnahme in der Praxis zu finden, anfangs langsam, dann aber überraschend schnell. Zu dieser schnellen Verbreitung des Akkumulators hat eine Anzahl besonderer Umstände wesentlich beigetragen: Zunächst einmal die Erfindung der sogenannten „Großoberflächenplatte" durch de Kabath, die sich von der eben beschriebenen ursprünglichen Faureschen Platte dadurch unterscheidet, daß bei ihr eine große Menge aktiver Masse aufgebracht und gebildet werden kann, die nach einem verbesserten elektrolytischen Planté-Verfahren formiert wird. Die erste Großoberflächenplatte bestand wiederum aus einer Bleiplatte, die aber nicht gitterförmig ausgestaltet war wie die Fauresche, sondern in der Weise hergestellt wurde, daß an eine Schiene parallele vertikale Bleistreifen angelötet wurden, von denen jeder zweite hin- und hergebogen, also gewellt war. Eine wesentliche Verbesserung der Großoberflächenplatte schufen die Gebrüder Tudor im Jahr 1884, und als dann weiter Huber im Jahre 1889 ein neues Verfahren zur Verbesserung der Porösität der aktiven Masse angegeben hatte und als endlich auch die Formierungsverfahren noch des weiteren verbessert waren, da war durch alle diese Fortschritte die Basis geschaffen, auf der sich dann eine ständig wachsende Verbreitung des Akkumulators entwickeln konnte. Zu dieser Verbreitung trug der Umstand wesentlich bei, daß sich nun auch große Betriebe mit der Herstellung von Akkumulatoren zu befassen begannen. Zunächst war es die Electric Power Storage = Company in London, die im Jahre 1882 mit der Fabrikation des Faure=, Sellon=, Volckmarschen Akkumulators (vgl. Abb. 492) begann. Die Tudorplatte wurde die Grundlage der Entwicklung der Aktiengesellschaft für Akkumulatorenfabrikation in Berlin=Hagen, die es verstand, ihren Akkumulatoren eine herrschende Rolle auf dem europäischen Kontinent zu verschaffen. Neben diesen beiden großen Firmen entstanden noch eine ganze Anzahl weiterer, die alle Akkumulatoren herstellten oder herstellen, welche sich zwar nicht in ihren Grundzügen, wohl aber in verschiedenen Einzelheiten unterscheiden. Da es unmöglich ist, auf die Hunderte und aber Hunderte von existierenden Akkumulatorenkonstruktionen einzugehen, so seien hier jedoch nur die chemischen und elektrolytischen Vorgänge im Akkumulator einer näheren Betrachtung unterzogen.

Die Vorgänge im Akkumulator. Über die Vorgänge, die sich während der Ladung und Entladung in den Akkumulatoren abspielen, war man sich lange Zeit hindurch ziemlich im unklaren. Wir haben oben bei der Betrachtung der Sekundär= oder Polarisationsströme darauf hingewiesen, daß sich während der Ladung eines Sekundärelementes Wasserstoff und Sauerstoff bilden und daß diese infolge ihrer Spannungsdifferenz den Sekundärstrom erzeugen. Dann haben wir bei unseren Betrachtungen über die Entwicklung des Akkumulators gesehen, daß es nicht nötig ist, reinen Wasserstoff oder reinen Sauerstoff zu erzeugen, um ein Sekundärelement zu erhalten, sondern daß diese beiden Gase auch in Form ihrer Verbindungen insbesondere ihrer Bleiverbindungen Anwendung finden können. Diese Erklärung ist richtig, wenigstens kann sie als Grundlage für das Verständnis der Vorgänge im Bleiakkumulator dienen, in dem sich aber die Vorgänge in Wirklichkeit in viel komplizierterer Weise abspielen.

Auch Planté stellte sich die Umsetzungen im Akkumulator in der eben geschilderten einfachen Weise vor. Er nahm zunächst an, daß durch den Strom das Wasser in seine Elemente zerlegt werde:

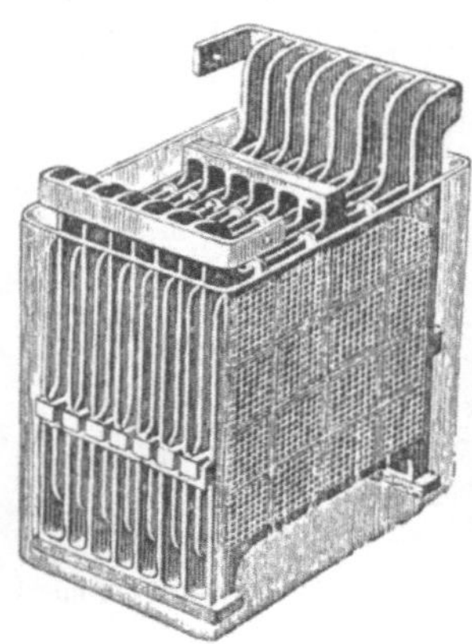

492. Eine E. P. S.=(Elektrical Power Storage Co.)Zelle.

$$H_2O \;=\; 2\,H \;+\; O$$

Wasser   Wasserstoff   Sauerstoff.

Der Wasserstoff geht bei der Entladung an die positive Elektrode und bildet dort aus dem in der aktiven Masse, der Paste, befindlichen Bleisuperoxyd ein niedrigeres Oxyd, nämlich Bleioxyd.

Für die Bildung des Bleioxyds an der positiven Elektrode stellt er dann folgende Gleichung auf:

$$PbO_2 \;+\; 2\,H \;=\; PbO \;+\; H_2O$$

Bleisuperoxyd   Wasserstoff   Bleioxyd   Wasser.

An der negativen Elektrode bildet sich dann unter der Einwirkung des Sauerstoffs während der Entladung gleichfalls Bleioxyd

$$Pb \;+\; O \;=\; PbO$$

Blei   Sauerstoff   Bleioxyd.

Bei der Ladung findet der umgekehrte Vorgang statt.

Daß diese Ansicht Plantés nicht ganz richtig sein kann, ergibt sich aus einer sehr einfachen Überlegung: Wie man aus der ersten Gleichung erkennt, wird zunächst Wasser zersetzt, und wie dann aus der zweiten Gleichung hervorgeht, wird an der positiven Elektrode wieder genau ebensoviel Wasser gebildet. Infolgedessen müßte die Konzentration der Lösung des Akkumulators, also der verdünnten Schwefelsäure, und damit natürlich auch ihr spezifisches Gewicht immer genau dieselbe bleiben. Da dies nicht der Fall ist, so können sich die Vorgänge im Akkumulator auch nicht in der von Planté angenommenen einfachen Weise abspielen.

Wie die beiden englischen Elektrochemiker Gladstone und Tribe nachgewiesen haben, nimmt auch die Schwefelsäure an den Umsetzungen im Akkumulator teil, und es bildet sich als Zwischenprodukt schwefelsaures Blei, sogenanntes Bleisulfat. Diese sogenannte „Sulfat= theorie" von Gladstone und Tribe ist heute die allgemein als richtig angesehene und durch zahlreiche Arbeiten über die gebildeten Zwischenprodukte usw. usw. bestätigte.

Nach ihr entsteht bei der Entladung des Akkumulators an beiden Elektroden Bleisulfat und zwar an der positiven Elektrode unter der gleichzeitigen Einwirkung von Wasserstoff und Schwefelsäure nach folgender Gleichung

$$PbO_2 + H_2 + H_2SO_4 = PbSO_4 + 2\,H_2O \qquad (1)$$
Bleisuperoxyd Wasserstoff Schwefelsäure Bleisulfat Wasser.

An der negativen Elektrode verbindet sich der durch Zersetzung der Schwefelsäure unter Ein= wirkung des Stroms entstandene Säurerest mit dem Blei gleichfalls zu Bleisulfat.

$$Pb + SO_4 = PbSO_4 \qquad (2)$$
Blei Säurerest Bleisulfat.

Dies sind die Vorgänge bei der Entladung, die wir aus bestimmten Gründen, nämlich zur Erleichterung des Verständnisses hier vorwegnehmen mußten. Zieht man diese beiden Gleichungen, 1 und 2, indem man sie addiert, in eine einzige zusammen, so wird der Entlade= vorgang ohne weiteres noch klarer. Es zeigt sich nämlich dann sofort, daß der an der positiven Elektrode wirksam gewordene Wasserstoff gleichfalls durch Zersetzung der Schwefelsäure ent= standen ist und daß der Säurerest dieser an die negative Elektrode gegangen ist. Durch Addition der beiden Gleichungen entsteht in der Tat, indem man diese beiden durch die Elektrolyse ge= trennten und nach verschiedenen Seiten gewanderten Zersetzungsprodukte der Schwefelsäure wieder zusammen addiert, ein neues Molekül, Schwefelsäure. Die an der positiven sowohl wie an der negativen Elektrode bei der Entladung sich abspielenden Vorgänge lassen sich dem= nach durch eine einzige, durch die folgende Gleichung ausdrücken.

$$PbO_2 + Pb + 2\,H_2SO_4 = 2\,PbSO_4 + 2\,H_2O \qquad (3)$$
Bleisuperoxyd Blei Schwefelsäure Bleisulfat Wasser.
(+ Elektrode) (– Elektrode)

Wird nun der Akkumulator geladen, so tritt durch die Wirkung des Stromes eine Zer= setzung der Schwefelsäure in der uns schon bekannten Weise ein, indem sie in Wasserstoff und den Säurerest gespalten wird. Der Wasserstoff geht an die negative Elektrode und reduziert dort das dort gebildete Bleisulfat nach folgender Gleichung

$$PbSO_4 + H_2 = Pb + H_2SO_4 \qquad (4)$$
Bleisulfat Wasserstoff Blei Schwefelsäure.

An der positiven Elektrode hingegen bildet sich durch die Einwirkung des Säurerestes auf das Bleisulfat unter gleichzeitiger Mitwirkung von Wasser Bleisuperoxyd und Schwefelsäure

$$PbSO_4 + SO_4 + 2\,H_2O = PbO_2 + 2\,H_2SO_4 \qquad (5)$$
Bleisulfat Säurerest Wasser Bleisuperoxyd Schwefelsäure.

Wie wir es vorhin bei der Betrachtung der Entladevorgänge gemacht haben, so machen wir es auch hier, wir addieren die beiden Gleichungen 4 und 5: Wir erhalten dann folgende Gleichung für den ganzen Ladevorgang:

$$2\,PbSO_4 + 2\,H_2O + H_2SO_4 = Pb + 3\,H_2SO_4 \qquad (6)$$
Bleisulfat Wasser Schwefelsäure Blei Schwefelsäure.

Wir sehen, daß wir auf beiden Seiten dieser Gleichungen je ein Molekül Schwefelsäure zu streichen vermögen, so daß wir also als Endgleichung für den ganzen Ladevorgang die folgende aufstellen können

$$2\,PbSO_4 + 2\,H_2O = PbO_2 + Pb + 2\,H_2SO_4 \qquad (7)$$
Bleisulfat Wasser Bleisuperoxyd Blei Schwefelsäure.

Wenn wir nun die beiden Endgleichungen für den Entlade= und für den Ladevorgang, nämlich Gleichung 3 und Gleichung 7, in eine einzige zusammenziehen, so erhalten wir eine Gleichung nachstehender Art:

$$PbO_2 + Pb + 2\,H_2SO_4 \rightleftarrows 2\,PbSO_4 + 2\,H_2O \qquad (8)$$
Bleisuperoxyd Blei Schwefelsäure Bleisulfat Wasser.

Lesen wir diese Gleichung von hinten nach vorn, wie dies der untere Pfeil andeutet, so gibt sie uns den Ladevorgang wieder. Wir ersehen dann, daß bei der Ladung Wasser verbraucht wird und daß sich dabei Schwefelsäure bildet. Es muß somit, während der Ladung die Konzentration der Schwefelsäure steigen, und dies ist in der Tat der Fall. Lesen wir die Gleichung aber von vorne nach hinten, also in der Richtung des oberen Pfeils, so gibt sie uns Aufschluß über den Entladungsvorgang. Wir ersehen, daß bei diesem unter Verbrauch von Schwefelsäure die Bildung von Wasser eintritt. Es muß also während der Entladung die Konzentration der Schwefelsäure abnehmen und auch dies ist, wie sich durch Bestimmung des spezifischen Gewichts leicht nachweisen läßt, immer der Fall, so oft ein Akkumulator entladen wird. Es stehen somit diese Gleichungen und Vorgänge mit den tatsächlichen Verhältnissen in viel besserem Einklang, als die von Planté seiner Zeit aufgestellte und oben am Eingang unserer Betrachtungen über die Vorgänge im Akkumulator wiedergegebene Theorie, nach der sich, wie wir darlegten, die Konzentration der Säure niemals ändern dürfte. Daß diese Sulfattheorie in jeder ihrer Einzelheiten vollkommen richtig ist, ist durch zahlreiche Isolierungen von Zwischenprodukten, durch Analyse derselben, durch Bestimmungen der Leitfähigkeit in verschiedenen Phasen der einzelnen Vorgänge, durch Untersuchung der Säurekonzentrationen usw. usw. bewiesen. Keine der noch mehrfach aufgestellten anderen Theorien trägt so allen Verhältnissen Rechnung, wie die Sulfattheorie von Gladstone und Tribe.

Ein einziger Punkt an derselben dürfte jedoch vielleicht unsern Lesern noch nicht ganz klar sein oder doch wenigstens zu Zweifeln Veranlassung geben. Wir haben mit der Erörterung der Entladevorgänge begonnen und daran die Erörterung der Ladevorgänge angeschlossen. Bei diesen letzteren haben wir sowohl an der positiven wie an der negativen Elektrode eine Einwirkung des Säurerestes resp. von Wasserstoff auf Bleisulfat beobachtet. Woher kommt nun — und das ist, was vielleicht unsern Lesern nicht ganz klar sein dürfte — bei einem Akkumulator der doch erst geladen werden soll, an den beiden Elektroden Bleisulfat? Diese Verbindung verdankt ihre Entstehung einem Prozeß, den man die „Selbsttätige Sulfatierung" des Bleiakkumulators nennt. Tauchen wir Bleiplatten oder Bleioxyde oder Bleisuperoxyde in verdünnte Schwefelsäure, so entsteht auch dann, wenn kein Strom durch sie hindurchgeschickt wird, auf ihrer Oberfläche stets eine dünne Schicht von Bleisulfat. Diese Schicht beginnt sich in der Regel da zu bilden, wo die eben erwähnten Stoffe mit der Schwefelsäure und der Luft zugleich in Berührung stehen, also an der Flüssigkeitsoberfläche. Etwas später tritt dann auch die Bildung im Innern der Flüssigkeit ein, die darauf beruht, daß die zuerst über den Bleiplatten resp. den Bleioxyden lagernde Luft- oder Gashaut, die zunächst als schützende Hülle wirkt, ins Innere der Flüssigkeit diffundiert oder durch eine Anzahl weiterer Vorgänge entfernt wird. Ist die Schwefelsäure nicht in der richtigen Weise zusammengesetzt, so kann diese Sulfatierung eine so starke werden, daß sie schädlich wirkt, indem unter Bildung sehr dicker Sulfatschichten ein Zerfressen des Bleis resp. der Platten eintritt. Eine geringe Sulfatierung muß ja vorhanden sein, damit, wie wir aus unsern Gleichungen 4 und 5 gesehen haben, eine richtige Einleitung des Ladevorgangs Platz greifen kann. Die Sulfatierung darf jedoch aus den eben erwähnten Gründen nicht zu stark werden. Sie ist am geringsten in der sogenannten „Normalsäure", einer Schwefelsäure vom spezifischen Gewichte 1,18.

Wir haben oben auch schon auf den sogenannten „Formierungsprozeß" hingewiesen. Auch dieser Prozeß wird uns, nachdem wir an der Hand unserer Gleichungen die Lade- und Entladevorgänge aufmerksam verfolgt haben, ohne weiteres klar werden. Unter „Formierung" versteht man eine abwechselnde Ladung und Entladung der in die Schwefelsäure eintauchenden Bleiplatten. Beim Eintauchen überziehen sie sich zunächst infolge der „Sulfatierung" mit einem Überzug von schwefelsaurem Blei. Bei der Ladung resp. Entladung entstehen dann, entsprechend unseren Gleichungen auf den Bleiplatten Überzüge von Bleischwamm, resp. Bleisuperoxyd. Da diese beide porös sind, und da auch der Überzug von schwefelsaurem Blei porös ist, so kann die Schwefelsäure durch diese Überzüge hindurch immer wieder zu dem darunterliegenden Blei hinzutreten und damit neues schwefelsaures Blei bilden, das wiederum bei weiter fortgesetzter Ladung und Entladung, also „Formierung" in Bleischwamm, resp. Bleisuperoxyd übergeführt wird. Die gebildeten Sulfatschichten sind natürlich außerordentlich dünn. Sie stellen gewissermaßen einen sehr feinen Hauch dar. Allmählich wächst jedoch durch die Formierung die Dicke der Bleischwamm= resp. Bleisuperoxydschichten und nach Verlauf einer entsprechenden Zeit, die aber immer Monate beträgt, hat sich durch die Formierung, also durch die wechselnde Ladung und Entladung auf den ursprünglichen Bleiplatten ein Überzug von Bleisuperoxyd, resp. Bleischwamm gebildet, der sehr fest haftet und der eine Dicke bis zu einem Millimeter erreichen kann.

So bildet sich also durch die Formierung an der negativen Elektrode Bleischwamm, an der positiven hingegen Bleisuperoxyd. Wie man aber sieht, ist die Formierung ein langwieriger und infolge des Stromverbrauchs auch ziemliche Kosten verursachender Prozeß. Deshalb um= geht man ihn in der Praxis und erreicht dieselbe Wirkung, indem man metallisches Blei oder Bleioxyde oder Bleisuperoxyde, ja sogar schwefelsaures Blei oder auch Gemische von diesen Substanzen in Form einer Paste in die Bleigitter, die also das Gerüst des Akkumulators dar= stellen, resp. in ihre Maschen und Zwischenräume hineinstreicht, wie wir dies auch oben schon erörtert haben. Geht man in dieser Weise vor, so genügt zur Formierung in der Regel eine einzige Ladung und Entladung und es ist für die Wirkung dieser, wie wir wiederum aus unseren Gleichungen erkennen können, vollkommen gleichgültig, was man in die Maschen des Gitters

hineingestrichen hat, ob fein verteiltes Blei oder Bleioxyd (Bleiglätte) oder Bleisuperoxyd oder Mennige oder schwefelsaures Blei. Schon nach einmaliger Ladung und Entladung sind diese Stoffe infolge der Sulfa= tierung (die bei Verwendung von schwefelsaurem Blei ja schon vor= weggenommen ist), nach den in unseren Gleichungen geschilderten Vorgängen an der negativen Elektrode in Bleischwamm, an der positiven hingegen in Blei= superoxyd übergeführt, die ja, wie wir wissen, die eigentlichen wirksamen Bestandteile des Akku= mulators darstellen, der also, um es zum Schlusse dieser unserer

493. Bleigitter von Correns.

Betrachtungen nochmals zu wiederholen, aus positiven und negativen Elektroden besteht, die wechselweise in verdünnte Schwefelsäure eintauchen. Die positiven Elektroden sind mit Bleisuperoxyd, die negativen mit Bleischwamm überzogen. Diese beiden Substanzen erhalten ihren Halt durch ein Bleigitter (Abb. 493), das entweder aus reinem Blei oder aus Bleilegie= rungen besteht. Alle Bleigitter gehen oben, wo sie aus der Schwefelsäure herausragen in eine Art von Ausläufer über, die man die „Nasen" oder „Fahnen" des Gitters resp. der Platte nennt. Alle positiven und alle negativen Nasen und dadurch natürlich auch die ent= sprechenden Gitter der Platten sind an je einem Bleistreifen angelötet, so daß also alle positiven und alle negativen Platten miteinander außerhalb der Flüssigkeit in leitende Verbindung gesetzt sind. Die Endplatte ist auf der einen Seite eine positive, auf der anderen eine negative. Um das Herausfallen der aktiven Massen aus den Gittern zu verhüten, überzog man diese früher mit Stoffen, wie Leinewand und dgl. Später brachte man durchlöcherte Zelluloidplatten darauf an. Heutzutage hat man durch die Erfahrung derartige Formen von Gitter und Zusammensetzungen der Pasten gefunden, daß solche Hilfsmittel nicht mehr nötig sind. Die Platten stehen ohne Überzüge in der Säure und sind nur ev. durch dazwischengestellte Glasstäbe getrennt, die den Zweck haben, die Berührung benachbarter positiver und negativer Platten zu verhindern. Meist stehen die Platten so, daß sie den Boden des Gefäßes, in dem sie sich befinden, nicht berühren. Fällt dann einmal etwas von der Masse heraus, so fällt es in den Raum zwischen dem Boden und den unteren Enden der Platten, so daß zunächst kein Kurzschluß dadurch herbeigeführt werden kann. Ein solcher wird auch vermieden, wenn man die herausgefallenen Massenteilchen, immer regelmäßig entfernt. Nur wenn dies unterbleibt, und die Teilchen zuletzt so hoch sich ansammeln, daß sie benachbarte Platten berühren, kann der den Akkumulator schädigende Kurzschluß entstehen.

Die Konstruktionen von Akkumulatoren, die im Laufe der letzten Jahrzehnte geschaffen wurden, sind außerordentlich zahlreich. Es ist unmöglich, sie nur einigermaßen erschöpfend aufzuzählen oder zu besprechen. Ihre Zahl dürfte sich wohl in die Tausende belaufen. Eine erschöpfende Beschreibung erübrigt sich aber aus dem Grunde, weil das Wesen des Akkumulators, wie wir es in den vorstehenden Ausführungen gekennzeichnet haben, stets dasselbe bleibt. Die Abänderungen beziehen sich bei den einzelnen Typen auf die Gestalt und das Material des Gitters, die Zusammensetzung der Paste, die Art und Weise der Einbringung derselben usw.

Die sogenannten „leichten" Akkumulatoren. Der Umstand, daß die Akkumulatoren aus dem spezifisch so schweren Blei und Bleiverbindungen bestehen und infolgedessen alle ein hohes Gewicht haben müssen, hat schon lange den Wunsch rege werden lassen, Akkumulatorentypen zu schaffen, in denen das Blei durch andere leichtere Metalle ersetzt ist. Bereits im Jahre 1887 hat Commelin darauf hingewiesen, daß ein bekanntes galvanisches Element, das Lalandeelement ebenso wie der Bleiakkumulator die Eigenschaft der Umkehrbarkeit habe und daß es sich daher gleichfalls als Akkumulator verwenden lassen müsse. In der Tat schuf Commelin noch im gleichen Jahre einen Akkumulator, der aus einem abwechselungsweise geladenen und entladenen Lalandeelement bestand und trieb damit ein Unterseeboot. Der Nutzeffekt dieses Akkumulators war jedoch sehr gering, außerdem war die Kupferelektrode nicht in dem Maße unlöslich, wie es wünschenswert gewesen wäre. Infolgedessen wurden die Versuche wieder eingestellt. 1890 gelang es Waddell-Entz das aus Zink, Kalilauge und Superoxyd bestehende Element weiter zu verbessern, und es als Akkumulator zu verwenden. Um die Mitte der 90er Jahre des vorigen Jahrhunderts hat dann Darrieus durch ausführliche Arbeiten die Möglichkeit weiterer zu leichten Akkumulatoren geeigneter Kombinationen dargelegt und insbesondere darauf hingewiesen, daß sich die von uns bereits erwähnten Gasketten zur Herstellung derartiger Akkumulatoren besonders eignen müßten. Auch Cailletet und Collardot versuchten die Grovesche Batterie zu einem Akkumulator auszugestalten, und ebenso hat sich auch der bekannte aus Deutschland gebürtige englische Großindustrielle Ludwig Mond des längeren mit diesem Problem befaßt. Alle diese Versuche haben das gewünschte Ergebnis nicht gezeitigt. Da meldete am 20. November 1900 Edison in England einen Akkumulator zum Patent an, der auch in diesem Staate am 12. Januar 1901 unter Nr. 20 960 patentiert worden ist. Dieser erste Edisonsche leichte Akkumulator war weiter nichts, als eine Modifikation des Lalande-Elementes, in dem die von uns schon erwähnte Löslichkeit des Kupferoxyds dadurch vermieden werden sollte, daß es durch Kupfer ersetzt wurde. Das Zink im Lalande-Element ersetzte er ferner durch Natrium. Beide Metalle befanden sich in Behältern aus Nickel oder anderen Metallen, besonders aus nickelplattiertem Eisen. Dies war der erste Edison-Akkumulator, der aber bald wieder von der Bildfläche verschwand, auf der er eigentlich nie so recht greifbar erschienen war.

Im Jahre vorher, nämlich 1899, hatte der Schwede Jungner ein Patent auf einen alkalischen Akkumulator erhalten, der als Elektroden Silber und Kupfer enthielt. In weiterer Ausgestaltung dieses Akkumulators, der eine Zeitlang von den Kölner Akkumulatorenwerken hergestellt wurde, entstand ein Typus, dessen negative Elektrode aus Eisenpulver bestand, das mit Kadmiumoxyd gemengt und in ein Stahlgerüst eingepreßt wurde. Die positive Elektrode bestand aus Nickeloxydhydrat, das mit einem Pulver aus Graphit und Nickel vermengt zu Briketts gepreßt und dann in einer feinen Hülle von durchlöchertem Stahlblech untergebracht war. Der Elektrolyt bestand aus 20prozentiger Kalilauge.

Eine ähnliche Konstruktion wurde auch im Jahre 1901 von Edison geschaffen, der seinen Akkumulator am 5. Februar 1901 in England zum Patente anmeldete, wo er ihn am 24. April unter Nr. 2490 patentiert erhielt. Auch seine Zelle ist ein Nickeleisenelement, bei dem als Elektrolyt Kalilauge verwendet wird.

Edison hat seinen Akkumulator seitdem in ununterbrochener Arbeit fortwährend verbessert und umgestaltet und hunderte von Patenten, die er in allen Ländern der Erde genommen hat, zeigen von der Rastlosigkeit seiner Bemühungen. Insbesondere ist es ihm gelungen, den mechanischen Teil des Aufbaus seiner Zelle in vorzüglicher Weise durchzuführen und zahlreiche Typen für die verschiedenartigsten Zwecke zu schaffen (vgl. Abb. 494).

Der neueste Typus soll wieder bedeutend verbessert sein, und es soll insbesondere gelungen sein, die Leistungsfähigkeit dadurch zu verbessern, daß dem aus Kalilauge bestehenden Elektrolyt

494. 8 Edisonzellen für Elektromobilbetrieb, eingebaut in Holzträger.

etwas Lithiumhydrat zugesetzt wurde. Die positiven Elemente wurden früher aus Nickeloxyd und Graphit in flachen rechteckigen Taschen hergestellt, aus denen aber der oxydierte Graphit wieder entfernt war. Jetzt sind an die Stelle dieser Taschen runde Röhren von 10 cm Länge und der Dicke eines gewöhnlichen Bleistifts getreten, die aus Stahl bestehen und durch acht Stahlringe gehalten werden. Der Graphit ist gänzlich ausgemerzt und durch elektrochemisch gewonnene Flocken von reinem Nickel ersetzt worden. Jedes positive Element besteht aus 30 solcher Röhren; die negativen aus 24 flachen rechteckigen Taschen in einem nickelartig plattierten Gitter (vgl. Abb. 495a u. b).

Trotz aller dieser Bemühungen Edisons erscheint es uns zweifelhaft, daß die sogenannten „leichten" Akkumulatoren den Bleiakkumulator jemals vollkommen verdrängen werden. Sie sind zwar leichter als dieser, leisten dafür aber auch weniger, so daß man zur Erzielung höherer Leistungen entsprechend mehr Zellen nehmen muß, wodurch das Gewicht wieder erhöht wird.

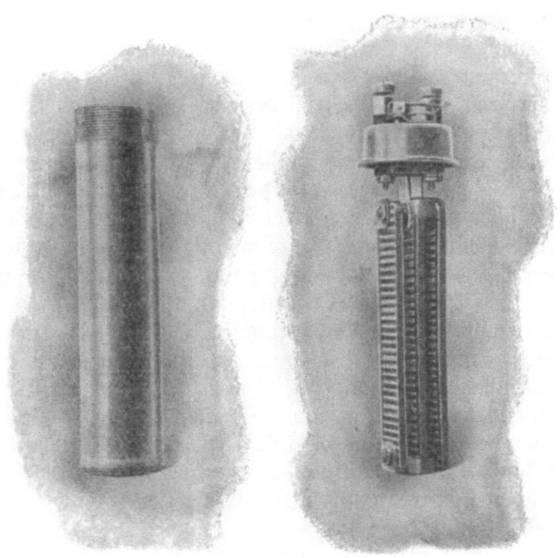

495a u. b. Edisonzelle Type Kf 3; links äußere Kanne, rechts Deckel mit Plattensatz.

Man kann dies vielleicht so ausdrücken, daß man sagt, der leichtere Akkumulator sei „relativ schwerer" als der Bleiakkumulator. Da er für gleiche Leistungen auch mehr Raum wegnimmt, so kann man auch sagen, daß er „relativ voluminöser" sei. Andrerseits ist aber dem Edison-Akkumulator eine Anzahl von Vorzügen nicht abzusprechen, unter denen die absolute Geruchlosigkeit, die größere Anpassungsfähigkeit an die verschiedenartigsten in der Praxis sich ergebenden Verhältnisse, verschiedene günstigere Umstände beim Laden, Stehenlassen und Entladen usw. usw. in erster Linie zu nennen sind. Diese und auch verschiedene andere Eigenschaften befähigen den Edison-Akkumulator in gewissen

Fällen den Bleiakkumulator zu ersetzen. Wie weit diese Ersatzfähigkeit geht, läßt sich heute, wo die Erfahrungen mit dem Nickeleisenakkumulator noch nicht als abgeschlossen erscheinen, noch nicht sagen. Daß er aber jemals den Bleiakkumulator vollkommen oder auch nur wesentlich verdrängen wird, erscheint uns nicht sehr wahrscheinlich.

Technische Elektrochemie.

Die chemischen Wirkungen, die der elektrische Strom hervorzubringen vermag, sind die Grundlagen, auf der sich eine mächtige, wirtschaftlich hoch bedeutsame und noch in voller Weiterentwicklung befindliche Industrie aufbaut. Aber auch die zersetzenden Wirkungen elektrischer Entladungen, sowie die Wärmewirkungen des elektrischen Stromes werden von dieser Industrie, der elektrochemischen Großindustrie, nach den mannigfachsten Seiten hin ausgenützt. Infolgedessen greift die Technik der Elektrochemie in die verschiedensten anderen Gebiete über, in die Chemie, die Industrie der Gase, in das Hüttenwesen, in die Hygiene, in die Metallindustrie usw. usw. Die chemischen Wirkungen des elektrischen Stromes werden dabei sowohl in wässrigen Elektrolyten, wie auch in feurigflüssigen zur Anwendung gebracht, die elektrischen Entladungen werden in ihren verschiedenartigsten Erscheinungsformen ausgenutzt. Die Zahl der gewonnenen Produkte ist eine außergewöhnlich große, so daß also hier sich ein Gebiet von solcher Vielseitigkeit erschließt, wie es wohl kaum irgendwo sonst ein zweites Mal gefunden werden dürfte.

Darstellung von Wasserstoff. Beginnen wir unsere Betrachtungen über die technische Elektrochemie mit der einfachsten, uns schon aus den Ausführungen über die theoretische Elektrochemie bekannten Reaktion, mit der Zersetzung des Wassers.

Die Apparate, deren sich die Elektrochemie dabei bedient, sind zum Teil, wie z. B. die zur Selbstbereitung von Wasserstoff und Sauerstoff für die Zwecke des Lötens und Schweißens sehr klein, zum Teil aber wieder, wie z. B. da, wo es sich um die Herstellung von Ballongasen handelt, sehr groß. Das Prinzip ist bei allen dasselbe, indem in einem geeigneten Apparat Wasser mit Hilfe des elektrischen Stromes in seine beiden Bestandteile Wasserstoff und Sauerstoff zerlegt wird. Die beiden Gase werden dann getrennt aufbewahrt. Wir werden daher zur Erläuterung eines solchen Wasserzersetzungsapparates den Typus des Systems Schuckert benutzen, der schon vor Jahren von der Deutschen Heeresverwaltung zur Gewinnung des Wasserstoffgases für die Militärballons verwendet wird. Den wichtigsten Bestandteil einer solchen Anlage bildet der eigentliche Zersetzungsapparat, der sogenannte „Elektrolyseur".

Die Elektrolyseure arbeiten am rationellsten, d. h. mit der geringsten Spannung, wenn der Elektrolyt (20prozentige Kalilauge), von dem durchgehenden Strom allmählich auf eine Temperatur von 60—70° C gebracht ist, was ca. 6 Stunden nach Einschalten des Stromes erreicht wird. Bei dieser Temperatur der Elektrolyseure erfordert die Erzeugung von 600 cbm Wasserstoff einen Energieaufwand von 160 Kilowatt mal 24 Stunden. Das ist für 1 cbm Wasserstoff ein Energieverbrauch von 6,4 Kilowattstunden. Um die Elektrolyseure vor Wärmeabgabe nach außen möglichst zu schützen, sind sie in mit Sand gefüllte Holzkasten eingebettet. Zum Auffangen der an den Elektroden entwickelten Gase dienen eiserne Glocken, die in eiserne Gefäße isoliert eingehängt sind.

Die Elektrolyseure, die mit Ausnahme der kupfernen Stromzuleitungen und des Isoliermaterials ganz aus Eisen bestehen, sind äußerst stabil und betriebssicher. Diaphragmen, die im Betriebe sehr leicht defekt werden und dadurch Anlaß zu explosiven Gasmischungen geben können, vermeidet der Schuckertsche Elektrolyseur ganz. Einer Erneuerung bedürfen nur die eisernen Anodenbleche und eventuell die Gummidichtungen, und zwar etwa einmal im Jahr. Für Anodenerneuerung sind für 100 cbm erzeugten Wasserstoffs rund 2 kg Eisenblech zu rechnen. Die Elektrolyseure erfordern keine besondere Wartung: nur das sich während des Betriebes zersetzende Wasser ist von Zeit zu Zeit nachzufüllen.

Die Gase werden unter einem Druck von 80 mm Wassersäule und in einer Reinheit von 97—99% gewonnen, sind also vollständig explosionssicher. Sie entweichen durch eiserne Rohrstutzen und Isolierrohre nach den über den Elektrolyseuren angeordneten Gasrohrleitungen.

Während der Sauerstoff, auf dessen Verwertung fürs erste noch verzichtet worden ist, direkt ins Freie geleitet wird, gelangt der Wasserstoff durch einen für die drei Elektrolyseurgruppen gemeinsamen Hauptrohrstrang nach den Wäschern, in denen die vom Gas mitgerissenen Laugeteilchen zurückgehalten werden. Die Waschapparate bestehen aus einem Tellerwäscher, in dem das Gas über eine große Wasserfläche streicht, und einem Skrubber, in dem das Gas durch eine mit Wasser berieselte Koksschicht strömt. Das mit Lauge angereicherte Waschwasser kann den Elektrolyseuren wieder zugeführt werden. In den Wasserstoffrohrleitungen zwischen dem Wäscher und den Elektrolyseuren sind Druckvorgelege eingeschaltet, die, wie Sicherheitsventile wirkend, das Gas bei zu hohem Druck ins Freie entweichen lassen.

Aus den Waschapparaten gelangt der Wasserstoff durch eine Rohrleitung in den Gasometer und kann von da direkt in den Ballon abgefüllt werden.

Um Wasserstoff vorrätig zu haben und im Bedarfsfalle an bestimmte, für den Ballonaufstieg in Aussicht genommene Punkte transportieren zu können, wird das Gas in Stahlzylindern komprimiert.

Die Erzeugung von Ozon. Das Ozon ist eine eigenartige Modifikation des Sauerstoffes, die immer dann entsteht, wenn dunkle elektrische Entladungen durch die Luft oder den Sauerstoff hindurchgehen. Dann verwandelt sich ein Teil der zweiatomigen Sauerstoffmoleküle in dreiatomige, die man „Ozon" nennt. Reines Ozon konnte man bisher noch nicht darstellen. Man erhält immer nur ein Gemenge von Luft resp. Sauerstoff mit Ozon, dessen Ozongehalt im höchsten Falle 6% beträgt. Dieses Gemisch wird in der Technik als „Ozon" bezeichnet und zu den verschiedenartigsten Zwecken zur Anwendung gebracht. Das Ozon ist ein vollkommen farbloses Gas, das beim Einatmen die Schleimhäute heftig reizt und stark giftig ist. Es tötet kleinere Tiere schnell und wirkt stark bleichend. Selbst sehr beständige Farbstoffe werden dadurch rasch entfernt. Außerdem gibt es leicht Sauerstoff an andere Körper ab, und hierauf beruht eine andere seiner Wirkungen, von der man jetzt ausgedehnten Gebrauch macht, nämlich seine starke Desinfektionskraft. Der Sauerstoff vernichtet Bakterien und zerstört Fäulnisstoffe.

Zur Darstellung des Ozons verwendet man jetzt allgemein die sogenannten „dunklen" Entladungen, elektrische Entladungen, bei denen der Ausgleich zweier entgegengesetzter Elektrizitäten ohne das Auftreten von Funken oder Flammenerscheinungen stattfindet. Auch der elektrische Funke bildet Ozon, wie wir an dem Blitze, der ja nur ein Funken von ungeheuerer Länge ist, sehen. Das Ozon entsteht hierbei jedoch nur in ziemlich geringer Menge und ist außerdem stark mit anderen Gasarten verunreinigt. Unter dem Einfluß dunkler elektrischer Entladungen bildet sich hingegen reines Ozon.

Es gibt kaum einen zweiten Körper, der eine so vielseitige technische Anwendung findet. Man bleicht mit Ozon Lein- und Palmöl und verwendet es in den Linoleumfabriken, um das Linoleum zu steifen. Durch Behandlung mit Ozon wird der Lebertran geruch- und geschmacklos gemacht, und in der Parfümeriefabrikation stellt man den künstlichen Heliotropgeruch damit her. Auch das Surrogat für die Vanille, das Vanillin, wird unter Verwendung von Ozon gewonnen.

Die Apparate, die zur Darstellung des Ozons dienen, kann man in solche mit einer und in solche mit zwei elektrischen Schichten einteilen. Als „Dielektrikum", als nichtleitende, zwischen die elektrischen eingeschaltete Schicht, wird fast durchweg Glas verwendet, doch finden sich vereinzelt auch Konstruktionen, bei denen andere Nichtleiter, wie z. B. Kautschuk usw. Verwendung finden. Der erste, der einen technisch brauchbaren Ozonapparat konstruierte, war Werner Siemens. Sein Apparat war nicht nur für die noch heute in großem Maßstabe verwendeten Siemensröhren, sondern überhaupt für fast alle später konstruierten Ozonapparate grundlegend.

Es ist ein Apparat mit zwei dielektrischen Schichten und besteht aus zwei konzentrischen Röhren, von denen die äußere an der inneren oben angeschmolzen ist und ein Rohr zur Zuleitung des Sauerstoffes oder der Luft und ein zweites zur Ableitung des ozonisierten Gases besitzt. Die engere Röhre ist innen, die weitere außen mit Staniol belegt und die Belegungen sind mit je einem Pole des Induktionsapparates verbunden. Es findet dann in dem Raume, zwischen den beiden Röhren die dunkle Entladung und damit die Ozonisierung des durchgeleiteten Sauerstoff- oder Luftstromes statt.

Dieser Apparat ist, wie erwähnt, heute noch grundlegend und erfuhr erst verhältnismäßig spät eine Anzahl von Verbesserungen, die den Zweck hatten, einige bei seinem Gebrauche aufgetretenen Mißstände zu beseitigen. Da die eben angedeutete Schaltung, die darin besteht, daß zwischen zwei Belegungen von entgegengesetzter elektrischer Ladung eine oder zwei elektrische Schichten und die zu ozonierende Gasschicht gestellt werden, bei zylinderförmiger Gestalt der Ozonröhre die Herstellung einer leitenden Verbindung von der Innenbelegung nach außen erforderlich machte, was zu Übelständen, namentlich Isolationsfehlern, Veranlassung gab, ging man zu folgender Schaltung über. Es wurden beide Belegungen außen oder auf dieselbe Seite der dielektrischen Schicht gelegt. Der infolgedessen nötig werdende dritte leitende Körper lag dann auf der anderen Seite der elektrischen Schicht, war isoliert und ohne Verbindung mit den Belegungen. Ferner wurden als dielektrische Körper außer den bisher verwendeten, Glas und Glimmer, alle möglichen nicht leitenden Substanzen, wie Porzellan, Ton, Gelatine, Emaille, mit Isolationsmasse getränktes Papier und Holz, Papiermaché, Zelluloid, Guttapercha, Gummi, Horngummi usw. in Vorschlag gebracht. Bei denjenigen der genannten Stoffe, die durch Ozon angegriffen werden, sollte als Schutz eine Paraffinschicht Verwendung finden, wie ja auch heute noch das Paraffin allgemein an Ozonapparaten überall da mit Vorteil zur Anwendung gelangt, wo es sich darum handelt, einzelne Teile derselben, insbesondere die durch das Ozon leicht zerstörbaren Kautschukbestandteile zu schützen. Bei einem richtig konstruierten Ozonapparat sollten derartige Teile aber überhaupt vermieden werden.

Aus der einzelnen Ozonröhre entwickelte sich dann durch Zusammenstellung einer größeren Anzahl solcher Röhren die Ozonbatterie, andrerseits aber wurden die Röhren auch durch belegte und hürdenförmig übereinanderstehende Glasplatten ersetzt, zwischen deren Zwischenräumen die Luft hindurchstreicht. Als Belegungen wurden auch feste Körper in fein zerteiltem Zustande verwendet, wie Eisenfeile, Zinn- und Kupferspäne, Graphitpulver usw., die den Zweck hatten, die büschelförmige Entladung zu begünstigen und dadurch die Ozonisierung zu verstärken.

Die wichtigste Verwendung des Ozons ist die zur Wassersterilisation, d. h. zur Befreiung schlechten Trinkwassers von seinen schädlichen Keimen. Dr. Erlwein entnahm aus einem Teil der Spree Wasser, das im Kubikzentimeter 100 000 bis 600 000 Keime enthielt. Dieses passierte zunächst einen Sandschnellfilter und gelangte dann auf einen mit kleinem Kies gefüllten Turm, indem es, durch Brausen verteilt, herniederrieselte und dem von unten aufsteigenden Ozonstrom entgegenfloß. Beim Austritt aus dem Turm war das Wasser entweder ganz steril, oder es enthielt nur noch 2—9 Keime im Kubikzentimeter, während die praktisch zulässige Grenze 100 Keime beträgt.

Die Reinigung und Ozonisierung des Trinkwassers kann entweder durch kleine Hausapparate oder in großen Anlagen geschehen, die das Wasser ganzer Städte in gutem Zustande liefern.

In vielen Städten hat man sogenannte „Ozonwasserwerke" eingerichtet, die ein vorzügliches Trinkwasser liefern, so z. B. in Paris, Wiesbaden, Schierstein a. Rh., in Paderborn, in Schiedam, in Blankenberghe usw. Das Kaiserliche Gesundheitsamt äußerte sich über die Ozonwasserreinigung dahin, „daß durch die Behandlung des Wassers mit Ozon eine beträchtliche Vernichtung der Bakterien eintrete; in dieser Hinsicht übertrifft das Ozonverfahren im allgemeinen die Abscheidung der Bakterien durch zentrale Sandfiltration."

Aus Paderborn ist seit Einrichtung des Ozonwasserwerkes der Typhus vollkommen verschwunden, der vorher stets endemisch geherrscht hatte.

Man hat in jüngster Zeit die Lösung des Problems, den Stickstoff der Luft nutzbar zu verwenden, mit Hilfe der Elektrochemie nach verschiedenen Methoden probiert. Gewöhnlich sucht man dabei mit Hilfe des elektrischen Flammenbogens eine Vereinigung des Stickstoffs und Sauerstoffs der Luft herbeizuführen und aus der gebildeten Salpetersäure künstlichen Salpeter zu erzeugen. Es existieren auch bereits verschiedene Fabriken, die nach diesen Grundsätzen arbeiten. Sie lassen meist in besonderen Öfen die Luft durch einen elektrischen Flammenbogen hindurchstreichen und fangen die durch die dabei stattfindende Vereinigung des Stickstoffs und Sauerstoffs gebildeten Gase in Kalkwasser auf, wodurch Kalksalpeter entsteht, der in den Handel kommt.

Noch nach einer anderen Methode versucht man den Luftstickstoff in für landwirtschaftliche Zwecke brauchbare Formen überzuführen, nämlich dadurch, daß man sogenannten „Kalkstickstoff" herstellt. Die Grundlage seiner Gewinnung bildet ein schon seit länger bekanntes elektrochemisches Verfahren, das uns einen für die Beleuchtungstechnik sehr wichtigen Körper, das Kalziumkarbid liefert. Wir müssen deshalb zuerst dessen Herstellung kennen lernen, um daran anschließend die Erzeugung des Kalkstickstoffs zu besprechen.

Kalziumkarbid. Im Jahre 1862 berichtete der berühmte deutsche Chemiker Wöhler, daß er eine Verbindung von Kalzium und Kohlenstoff entdeckt habe, die er Kalziumkarbid nannte. Diese Verbindung, die er aus einer Mischung von metallischem Kalzium mit Zink und Holzkohle bei sehr hoher Temperatur gewonnen hatte, zeigte die merkwürdige Eigenschaft, Wasser unter Entwicklung eines azetylenhaltigen Gasgemisches zu zersetzen. Diese Entdeckung, die von Berthelot weiter verfolgt wurde, hatte damals nur ein wissenschaftliches Interesse, und niemand ahnte wohl, daß dreißig Jahre später das Kalziumkarbid eine ganz hervorragende technische und industrielle Bedeutung erhalten sollte.

Den Anlaß dazu gab der Zufall. Der Amerikaner Th. Willson wollte im Jahre 1891 durch Reduktion von Kalk mit Kohle im elektrischen Ofen Kalzium gewinnen, erhielt aber nicht

das Metall, sondern eine schwarze Masse, mit der er nichts anzufangen wußte. Zu seinem Erstaunen sah er, daß sich daraus starke Gasmassen entwickelten, die angezündet mit helleuchtender Flamme brannten. Jetzt besah er sich das Erzeugnis näher, und es wurde festgestellt, daß es mit dem Kalziumkarbid identisch sei. Gleichzeitig und unabhängig von Willson hatte auch der bekannte französische Elektrochemiker Moissan die Bildung von Kalziumkarbid im elektrischen Ofen beobachtet.

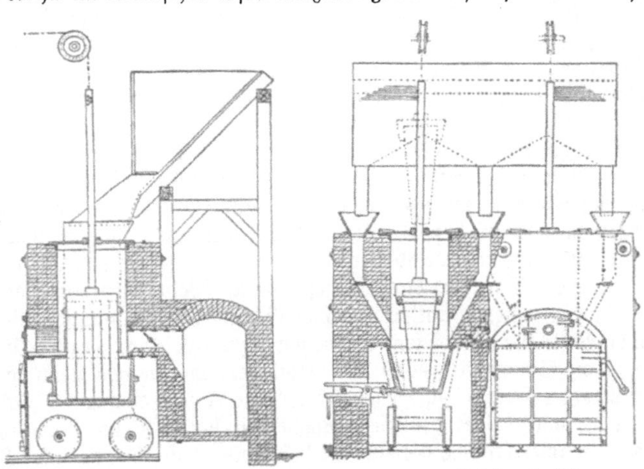

496. Elektrischer Ofen zur Erzeugung von Kalziumkarbid.

Das erste Werk zur Herstellung des Karbids wurde im Jahre 1895 von der Willson Aluminium Co. errichtet. In rascher Folge entstanden dann zahlreiche andere Werke dieser Art sowohl in Amerika wie in Europa.

Das Kalziumkarbid entsteht, wenn kohlensaurer Kalk, also gewöhnlicher Kalkstein ($CaCO_3$) mit Kohle gemischt auf eine sehr hohe Temperatur gebracht wird. Es bildet sich dann Kohlenoxyd und Kalziumkarbid. Der Kalk, kohlensaurer Kalk, wird hierbei zunächst in Kalziumoxyd CaO verwandelt und dann erfolgt die Umwandlung

$$CaO + 3\,C = CaC_2 + CO\,.$$

Das Karbid ist ein schwarzgrauer Körper von kristallinischer Struktur. Wird es in Wasser gebracht, so zersetzt es sich und dieses. Der entstehende Sauerstoff bildet mit dem Kalzium Kalkhydrat, und der Wasserstoff verbindet sich mit der freiwerdenden Kohle zu Azetylen. Die chemische Formel dieses Vorganges ist

$$CaC_2 + 2\,H_2O = Ca(OH)_2 + C_2H_2$$

Kalziumkarbid Wasser Kalkhydrat Azetylen.

In der Hauptsache dient das heute erzeugte Kalziumkarbid zur Erzeugung von Azetylen, das seinerseits fast ausschließlich zur Beleuchtung verwendet wird. Es eignet sich hierfür, weil es bei seinem großen Kohlenstoffgehalt eine stark leuchtende weiße Flamme gibt. Die Erzeugung des Azetylens aus Karbid zeichnet sich ihrerseits durch große Einfachheit aus, denn außer dem Karbid bedarf man dazu nur des Wassers.

Zur Fabrikation des Karbides dienen ungelöschter Kalk und Koks, die beide zerkleinert und im Verhältnis von 100 Gewichtsteilen Kalk zu 65 Teilen Koks gemischt werden. Diese Mischung wird nun im elektrischen Ofen erhitzt. Die Konstruktion dieser Öfen weist eine große Mannigfaltigkeit auf, aus der wir nur einen Typ herausgreifen wollen. Es ist dies der Ofen der „Acethylene Light, Heat & Power Co." in Philadelphia. Der Ofen besteht aus einem viereckigen gußeisernen Kasten, welcher etwas über 1 m lang, 70 cm hoch ist und 25 mm Wandstärke hat. Derselbe bildet die Bodenplatte des eigentlichen Heizraumes und ist zu diesem Zwecke in einem schachtförmigen Herd eingemauert (Abb. 496).

Da der eiserne Boden gleichzeitig als die eine Elektrode dient, so ist er, um ihn gegen die Wirkung des Flammenbogens zu schützen, etwa 30 cm hoch mit Kohlenstaub bedeckt. Die zweite Elektrode bildet ein rechteckiger Kohlenklotz, der aus einzelnen Kohlenplatten zusammengesetzt und durch eine metallene Kopffassung an einer eisernen Stange befestigt ist. Diese hängt an einer über eine Rolle geführten Kette und kann mit dem Kohlenkörper um etwa 4 m gehoben und gesenkt werden. Die Verbindung des Kohlenklotzes mit dem Pol der Dynamo wird durch biegsame Kupferseile, welche an der Eisenstange befestigt sind, bewirkt.

Soll nun der Ofen in Betrieb genommen werden, so wird der Kohlenklotz durch Niedersenken mit dem Boden in Berührung gebracht und gleich darauf etwas gehoben, so daß zwischen Klotz und Bogen ein Flammenbogen entsteht. Nunmehr wird durch die seitlichen Trichter das Gemisch aus feingepulvertem Koks und gebranntem Kalk eingeschüttet und fällt in den Lichtbogen, welcher es in Karbid umwandelt. Nach und nach wird der Kohlenklotz gehoben und neues Material zugeführt. Dabei bildet sich in 1—3 Stunden zwischen Boden und Klotz eine wachsende Säule von Karbid, die man auf $^2/_3$—2 m anwachsen läßt, worauf dann der Strom abgestellt wird und der Ofen für 1—2 Stunden zur Abkühlung stehen bleibt. Alsdann wird er ausgeräumt und das Karbid herausgenommen, das man erkalten läßt und dann in Blechfässer packt. Der Ofen wird dann in geschilderter Weise wieder in Betrieb gebracht, und so geht das Verfahren seinen ununterbrochenen Gang. Die Spannung, mit der man im Mittel arbeitet, ist 65 Volt. Da jeder Ofen, von denen je zwei gleichzeitig unter Strom stehen, 500 PS gebraucht, so ist die Stromstärke etwa 5000 Ampere. Die tägliche Leistung eines Ofens wird mit $2^1/_2$ t = 2500 kg Karbid angegeben, so daß die Fabrik demnach täglich 5000 kg von dem Stoff erzeugen kann. Über die Gestehungskosten liegen sichere Nachrichten noch nicht vor. Die erwähnte amerikanische Gesellschaft behauptet, daß 1000 kg etwa 90 Mark Erzeugungskosten erfordern.

Wesentlich bei der Konstruktion der elektrischen Öfen für die Karbidgewinnung ist, daß man das umzuwandelnde Material in den Lichtbogen bringt, da es nur in seiner Temperatur vollständig umgewandelt wird. Es muß weiter dafür gesorgt werden, daß das umgewandelte Material sofort nach der Umwandlung der nunmehr nutzlosen Wirkung des Lichtbogens entzogen und rasch durch neue Materialmengen ersetzt wird, damit man einen möglichst sparsamen Betrieb gewinnt. Diese Forderungen bedingen die Verbesserungen, die man bei der Konstruktion anderer Öfen zu erreichen gesucht hat, wobei dann natürlich auf die sich im Betriebe ergebenden Hindernisse, Verzögerungen und Störungen, überhaupt auf alle störenden Nebenwirkungen Bedacht zu nehmen gewesen ist, an denen gerade die elektrochemischen Verfahren so reich sind.

Über die relative Aufwendung von elektrischer Energie zur Erzeugung des Kalziumkarbides schwanken die Angaben, was jedenfalls mit der besseren oder schlechteren Konstruktion der Öfen zusammenhängt. Im Mittel dürfte die Ausbeute etwa 1 kg Karbid für 6 Kilowattstunden betragen.

Kalkstickstoff. Das Kalziumkarbid hat in den letzten Jahren eine Anwendung gefunden, die seine Bedeutung sehr gehoben hat. Wird nämlich das Karbid bei hoher Temperatur mit Stickstoff zusammengebracht, so bindet der in ihm enthaltene Kohlenstoff den Stickstoff. Es entsteht dann die Verbindung Cyanamid, die 21% Stickstoff enthält. Wird diese Verbindung in den Boden gebracht, so verbindet sie sich mit dem Wasser, und es entsteht auf der einen Seite kohlensaurer Kalk und auf der anderen Ammoniak, das sich mit den Säuren des Bodens zu stickstoffhaltigen Salzen verbindet.

Die Herstellung des Kalkstickstoffs vollzieht sich nun in sehr einfacher Weise, indem Kalzium=
karbid in Retorten erhitzt und reiner Stickstoff darüber geleitet wird.

Das Karborundum. Kommt dem Kalziumkarbid eine große Bedeutung für die Beleuch=
tungsindustrie zu, so ist ein anderes gleichfalls im elektrischen Ofen hergestelltes Produkt eines
der in neuester Zeit am häufigsten gebrauchten und wegen seiner großen Härte geschätztesten
Schleif= und Poliermittel geworden. Es ist dies das sogenannte „Karborundum", eine Verbin=
dung von Kohlenstoff mit Silizium.

Der amerikanische Elektrotechniker Acheson beabsichtigte aus Quarzsand Silizium zu
gewinnen, indem er ihn mit Kohle vermischte und im elektrischen Ofen erhitzte. Zu seinem
Erstaunen fand er aber kein Silizium, sondern ein schwach grünliches Pulver, das aus kleinen
plattenförmigen Kristallen zusammengesetzt war. Die Analyse ergab, daß die Masse eine Ver=
bindung von Silizium mit Kohlenstoff, ein Siliziumkarbid war, das Acheson unter Zusammen=
ziehung der beiden Bezeichnungen Carbo und Korund, welcher Halbedelstein sich durch seine
Härte auszeichnet und dem das Siliziumkarbid in dieser Hinsicht gleichkommt, als „Karborundum"
bezeichnete. Dieses Karborundum erwies sich nun von einer ganz hervorragenden Härte, die
es zum Schleifmittel besonders geeignet macht. Aber nicht nur die Härte allein, die nur der
des Diamantes nachsteht, befähigt es für diesen Zweck, sondern noch eine andere wertvolle

Eigenschaft, die dem älteren
Mitbewerber, dem Schmirgel
abgeht. Die kleinen Karborun=
dumkristalle sind nämlich scharf=
kantig und behalten diese
Eigenschaft auch bei der Be=
nutzung bei, während die
Schmirgelkörner in ihrer
Schleiftätigkeit ihre anfänglich
scharfen Kanten verlieren und
somit an Schleifkraft abnehmen.
Es kann zudem wie der
Schmirgel durch ein Binde=
mittel unter Anwendung von
großem Druck in Schleif=
scheiben, =stäben usw. ausge=
preßt werden.

497. Ofen zur Herstellung des Karborundums.

Für die Herstellung des Karborundums werden Koks, Sand, Salz und Sägespäne benutzt.
die entsprechend zerkleinert in abgemessenen Gewichtssätzen miteinander vermischt werden,
Dieses Gemisch wird nun in den Ofen gebracht, dessen Äußeres allerdings wenig Elektrisches
an sich hat. Er (s. Abb. 497) ist nämlich aus Ziegeln ohne jedes Bindemittel nach Art der alten
Pelasgermauern aufgebaut und sieht demnach aus wie ein verfallener Backofen uralter Kon=
struktion, wie er als Ruine zuweilen noch in den Dörfern zu finden ist. An beiden Enden sind
Bronzeplatten eingesetzt, die die nach innen ragenden Kohlenelektroden tragen. Die letzteren
sind Kohlenstäbe von 75 mm Durchmesser und etwa 60 cm Länge. Ihre Zahl beträgt 60 für
jede Bronzeplatte. Mit den beiden Platten werden dann die beiden Zuleitungen durch starke
Kupferseile verbunden.

Der Ofen wird nun mit der Masse beschickt und zwar mit nicht weniger als 10 000 kg
für jede Ladung. In die Mitte der Masse wird ein zylindrischer Kern aus Kokskörnern eingelegt,
der die Kohlenelektroden beider Seiten miteinander verbindet. Alsdann wird der Strom an=
gelassen, der aus dem zugeführten Hochspannungsstrom als Niederspannungsstrom transformiert
wird. Der Ofen erfordert 1000 el. PS, die 24 Stunden hindurch wirken, so daß jede Ladung
24 000 el. PS=Stunden für ihre Fertigstellung erfordert.

Etwa zwei Stunden nach Beginn der Einwirkung des Stromes treten Gase aus den Lücken
des Ofens aus, die angezündet werden und mit blauer Flamme verbrennen.

Mit den weiteren Fortschritten der Erhitzung werden die Wände und die Decke des Ofens
warm, und die letztere wird nach 12 Stunden rotglühend. Wenn der Wärter nach 24 Stunden

24*

erkennt, daß der Prozeß vollendet ist, so schaltet er den Ofen aus und einen neuen Ofen ein, der mittlerweile beschickt worden ist.

Ein hochinteressantes Bild zeigt sich, wenn der Ofen nach seiner Abkühlung geöffnet wird. Der Kohlenkern erscheint unverändert, nur ist seine Masse von allen Unreinigkeiten durch Verdampfen befreit worden und hat dadurch etwa ein Viertel an Gewicht verloren. Bei näherer Besichtigung zeigt sich, daß die Masse mit Graphitkörnern durchsetzt ist, was auf eine sehr hohe Temperaturwirkung schließen läßt.

Um den Kohlenkern liegt konzentrisch ein Zylinder von kristallinischer Beschaffenheit, dessen Kristallkörner zu einer im Inneren festen, nach außen hin loser werdenden Masse zusammengebacken sind.

Dieser Zylinder hat etwa 40 cm Wandstärke. Es folgt dann eine weitere konzentrische Schicht, die sich aus einem amorphen, weißgrauen Material zusammensetzt und etwa 5 cm stark ist. Dann kommt die übrige Masse, die schwarz ist und aus der ursprünglichen Mischung besteht, nur daß diese durch das geschmolzene Salz zu einer bröckeligen Masse zusammengebacken ist.

Der kristallinische Stoff, wie auch die weißgraue amorphe Masse sind Karborundum, von dem der Ofen etwa 2000 kg hergibt. Es wird nun herausgenommen, gemahlen, mit Wasser und Säuren gewaschen, um es von Unreinigkeiten zu befreien, dann gesiebt und gesichtet, um darauf als fertiges Produkt verpackt zu werden.

Metallgewinnung und Metallreinigung. Eine außerordentlich wichtige Rolle spielt die Elektrochemie auf dem Gebiete der Gewinnung und der sogenannten „Raffination" von Metall, d. h. der Reinigung resp. Darstellung reiner Metalle aus unreinen, also noch andere Stoffe enthaltenden Metallgemischen. Bei diesem Verfahren wird teils die hohe Temperatur des elektrischen Lichtbogens, teils die beim Durchgang des Stromes auftretende Erhitzung, teils die Elektrolyse in wässrigen oder feurig flüssigen Elektrolyten zur Anwendung gebracht. Unter den verschiedenen Verfahren hat in jüngster Zeit ganz besonders die Gewinnung resp. Raffination des Eisens auf elektrischem Wege große Fortschritte gemacht und eine hervorragende Bedeutung erlangt.

Die Gewinnung von Eisen und Stahl. Die Methoden. Bereits am Beginne der 70er Jahre des vorigen Jahrhunderts hat Werner Siemens darauf hingewiesen, daß es mit der Zeit gelingen müsse, alle Metalle und darunter in erster Linie das Eisen auf elektrischem Wege darzustellen. Er erkannte also bereits vor nunmehr rund 40 Jahren mit klarem Blicke die Hauptvorteile der elektrischen Verfahren, nämlich die größere Billigkeit und vor allem die größere Reinheit der gewonnenen Produkte. In der Tat hat es sich in der Folge gezeigt, daß alle elektrisch gewonnenen Metalle reiner und billiger sind, als die nach den alten rein thermischen Methoden ausgebrachten, und es sind durch die Entwicklung der Elektrometallurgie ganz bedeutende Verschiebungen hinsichtlich der Produktionsorte und der Marktlage geschaffen worden. Während aber die meisten Metalle sich verhältnismäßig leicht auf elektrischem Wege herstellen ließen, widerstand gerade das wichtigste derselben, das Eisen, am längsten allen dahinzielenden Bestrebungen. An zahlreichen Versuchen hat es niemals gefehlt, und bereits Ende der 70er Jahre des vorigen Jahrhunderts beschäftigte sich Wilhelm Siemens eingehend mit diesem Gegenstand.

Sein erster Ofen wurde im Jahre 1880 bei einem Vortrage: Über die Anwendung des dynamoelektrischen Stroms zur Schmelzung schwerflüssiger Stoffe in beträchtlichen Mengen" der „Society of Telegraph Engineers" in London vorgeführt. Wenn er auch längst der Vergangenheit angehört, so müssen wir doch kurz auf seine Konstruktion eingehen, weil wir gerade an ihm alle diejenigen Fehler klar zu erkennen vermögen, die der Entwicklung der Elektrometallurgie des Eisens Jahrzehnte lang hindernd entgegenstanden und auf deren Vermeidung es bei den heutigen Methoden in allererster Linie ankommt, wenn sie ein günstiges Resultat ergeben sollen. Der Ofen bestand aus einem Graphittiegel T (Abb. 498), der in ein Gefäß eingesetzt war; der Zwischenraum zwischen beiden war mit einem die Wärme schlecht leitenden Stoffe H ausgefüllt. Im Boden des Tiegels befand sich eine Elektrode aus Eisen, deren Höhe durch ein Schraubengewinde reguliert werden konnte. Die andere Elektrode hing von oben in den Tiegel hinein und bestand aus einem Kohlenstab. Für diese Elektrode war im Deckel des Tiegels eine Durchbohrung angebracht. Da damals ausschließlich Gleichstrom zur Verfügung stand, so mußte der Lichtbogen in der Weise erzeugt werden, daß man die Elektroden einander näherte, resp. sie unter sich oder mit der Beschickung in Berührung brachte, und daß man sie wieder voneinander entfernte. Da die Kohlenelektrode im Laufe des Prozesses abschmolz, so vergrößerte sich während desselben der Elektrodenabstand immer mehr, und zuletzt erlosch der Lichtbogen. Um dieses Erlöschen zu vermeiden, brachte Siemens an seinem Ofen eine selbsttätige Regulierung an. Die Kohlenelektrode war an dem einen Hebelende eines Wagebalkens A B aufgehängt, während sich am anderen Ende ein Stab befand, der durch ein Gewicht G ausbalanciert war. Dieser Eisenstab ragte in ein Solenoid S hinein, das von dem den Lichtbogen erzeugenden Strom durchflossen war. Wenn die Elektrodenentfernung im Tiegel sich vergrößerte, wuchs auch der Widerstand, und infolgedessen änderte sich die Stromstärke in den Windungen des Solenoides. Der Eisenstab wurde — und zwar in der Zugrichtung von unten nach oben — tiefer in das Solenoid hineingezogen, wodurch sich die Kohlenelektrode wieder senkte.

Das Eisen, das Siemens mit diesem Ofen erzeugte — es gelang ihm in der Tat bereits bei seinen ersten Versuchen Eisen zu erhalten — war ein graues Roheisen von außerordentlich starkem Kohlenstoffgehalte und daher von sehr schlechter Qualität. Außerdem waren seine Herstellungskosten sehr hoch. Alle Versuche, die Siemens im nächsten Jahre anstellte, um es zu verbessern, hatten das gleiche ungünstige Resultat. Erst, als es im Jahre 1900 gelang, die Fehler, die sowohl Siemens wie seine Nachfolger auf dem Gebiete der Elektrometallurgie des Eisens gemacht hatten, zu vermeiden, begann jener Aufschwung der elektrischen Eisenindustrie, in dessen so viel versprechender Anfangsperiode wir uns eben befinden.

Welches waren nun die erwähnten Fehler? Siemens brachte in den beschriebenen Tiegel zwischen die beiden Elektroden die Beschickung, die in gleicher Weise zusammengesetzt war, wie diejenigem, die im Hochofen verwendet wird. Sie bestand aus Eisenerz, aus einem Zuschlage von Kalk sowie aus Kohle. Unter dem Einflusse des elektrischen Lichtbogens schmolz diese Beschickung und unter der Einwirkung der glühenden Kohle resp. des aus ihr entstandenen Kohlenoxydes trat eine Reduktion des Erzes zu me-

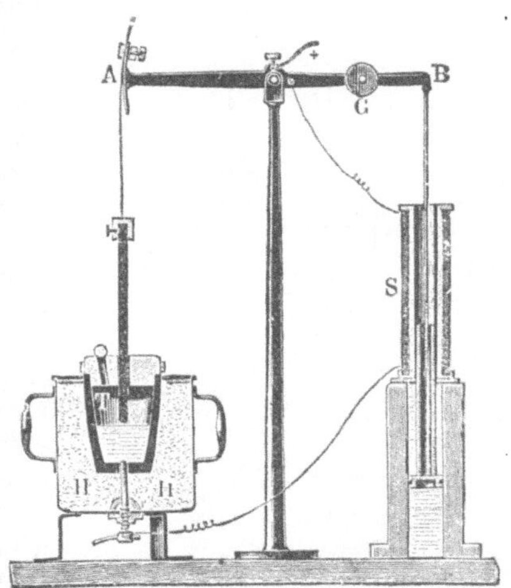

498. Werner von Siemens' erster elektrischer Ofen.

tallischem Eisen ein. Zwischen den beiden Elektroden befand sich nun das ausgeschmolzene Metall und über ihm die spezifisch leichtere Schlacke. Da der Inhalt des Tiegels heftig aufwallte und kochte, so kam das Metall in fortwährende Berührung mit der Kohlenelektrode, und da flüssiges Eisen ein ausgezeichnetes Lösungsmittel für Kohlenstoff ist, so löste sich die Elektrode rasch in dem gebildeten Eisen auf. Dieses wurde dadurch stark kohlenstoffhaltig, und damit von schlechter Qualität. Außerdem trat ein erheblicher Verbrauch an Elektrodenmaterial ein. Verteuerte schon dieser Elektrodenverschleiß den Prozeß um ein Erhebliches, so wurde dieser noch weiter dadurch verteuert, daß über dem Metalle die Schlacke schwamm. Diese hat einen hohen elektrischen Widerstand und erhöht dadurch den Stromkonsum und damit die Kosten.

Bei einer rationellen Eisenerzeugung auf elektrischem Wege, die ein gutes, billiges Produkt liefern soll, waren daher die genannten Fehler zu vermeiden, und es handelte sich darum:

    1. jede Berührung zwischen dem fertiggebildeten Metall und den Kohlenelektroden hintanzuhalten und somit ein kohlenstoffarmes Eisen zu erzeugen, sowie den Elektrodenverschleiß auf ein Minimum zu reduzieren, und ferner

    2. die gebildete Schlacke möglichst schnell aus dem Strombereiche zu entfernen.

Es dauerte, wie bereits erwähnt, volle zwei Jahrzehnte, bis es — trotz vielfacher Bemühungen — gelang, diese Fehler teils zu erkennen, teils zu vermeiden. Erst das Jahr 1900 sollte das Geburtsjahr der modernen Elektrometallurgie des Eisens werden. Es sind nicht weniger als drei Erfinder, die — vollständig unabhängig voneinander arbeitend — im Jahre 1900 jeder für sich nach einer vollkommen eigenartigen Methode gutes und billiges Eisen auf elektrischem Wege darstellten. Diese Pioniere der elektrischen Eisendarstellung sind der italienische Geniehauptmann Ernesto Stassano in Rom, der im Anfange des Jahres 1900 in seiner Versuchsanlage zu Darfo am Lago d'Iseo in Oberitalien zum ersten Male vorzügliches Eisen erschmolz, ferner der Dr. ing. h. c. Paul Héroult in La Praz in Savohen, der den 12. Dezember 1900 als den Geburtstag der elektrischen Eisendarstellung bezeichnet, da er an diesem Tage den ersten Waggon elektrisch gewonnenen Stahls an die bekannte Firma Schneider & Co. in Creuzot absandte und der für seine Verdienste um die elektrische Aluminium= und Eisendarstellung vor kurzem von der französischen „Société d'encouragement" mit der großen goldenen Medaille ausgezeichnet wurde. Der dritte der genannten Erfinder ist der schwedische Ingenieur Kjellin, der nach seiner eigenen Angabe am 18. März 1900 den ersten elektrischen Stahl gewann.

Von den Verfahren der genannten drei Erfinder möge zunächst das von Stassano besprochen werden.

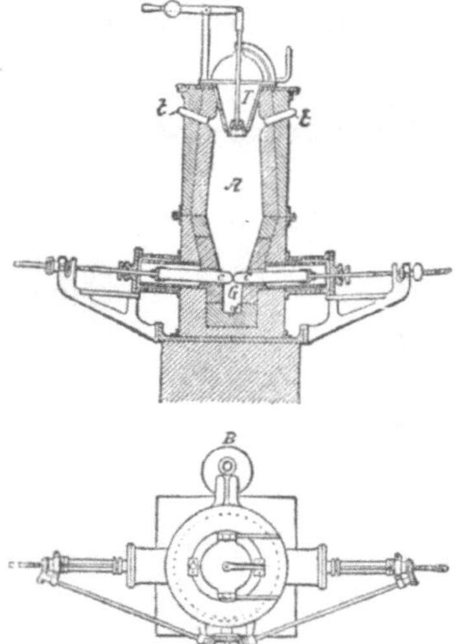

499. Erster Ofen von Stassano.

Der Ofen, den Stassano zuerst zu seinen Versuchen verwendete, war genau dem Hochofen nachgebildet (vgl. Abb. 499; nur an der Stelle, wo beim Hochofen die Gebläsedüsen angebracht sind, befanden sich Elektroden CC, die fast wagerecht, also mit geringer Neigung, in den Ofen hineinragten. Auf diesen Elektroden sackte sich die Beschickung, und sie verweilte auch deshalb ziemlich lange in der Nähe derselben, weil sich der Ofen gerade nach der Stelle hin, wo die Elektroden angebracht waren, am meisten verjüngte. Die Folge war wieder ein ziemlich stark gekohltes Eisen, sowie — da auch die Schlacke nicht schnell genug aus der Verengung abfließen konnte — ein hoher elektrischer Widerstand. Bessere Ergebnisse erreichte Stassano erst mit seinem zweiten Ofen (vgl. Abb. 500), bei dem die dem ersten anhaftenden Fehler vermieden sind. Im Gegensatz zu dem ersten Ofen, der ein Schachtofen war, ist dieser zweite Ofen ein Flammofen. Die Beschickung wird durch einen seitwärts von der Mittelachse des Ofens befindlichen Einfülltrichter zugegeben und fällt dann durch einen langen schmalen Schacht, der sich plötzlich stark zum Flammraum erweitert, in diesen nieder. Durch diesen

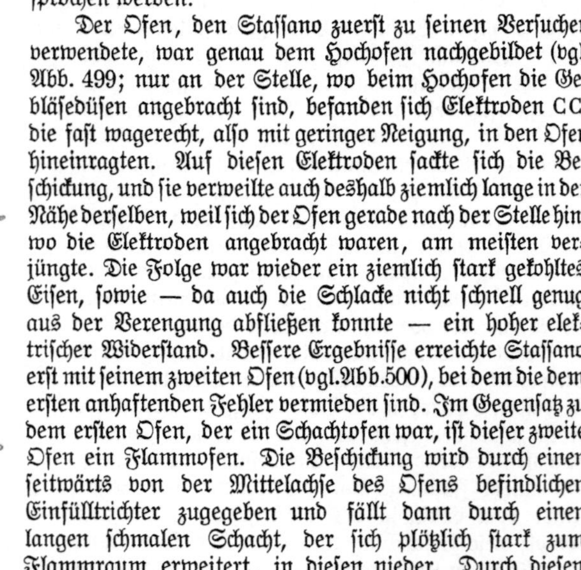

Schacht entweichen auch die heißen Gase aus dem Flammenraum und wärmen so die Beschickung vor. Die Elektroden sind, damit sich die Beschickung auf ihnen nicht ansammeln kann, stärker geneigt, als beim ersten Ofen, und außerdem sind sie, um den Verschleiß noch mehr zu verringern und das Abschmelzen möglichst zu verhindern, mit einer Wasserkühlung versehen. Ihre Bewegung erfolgt auf hydraulischem Wege. Es ist ohne weiteres einzusehen, daß die durch die heißen Gase vorgewärmte und teilweise geschmolzene Beschickung rasch und senkrecht zwischen den Elektroden durchfällt und so, ohne mit diesen in längerer Berührung zu stehen, durch die Hitze des Flammenbogens in Eisen und Schlacke umgesetzt wird.

Dieser Ofen, mit dem Stassano ziemlich gute Resultate erzielte, hatte aber einen Nachteil, der darin bestand, daß man das Erz und den Zuschlag und die Kohle brikettieren mußte. Hierdurch wird das Verfahren verteuert. Trotzdem in Italien die Arbeitskräfte sehr billig sind, und es nicht allzu viel ausmacht, ob man die Beschickung vorher brikettiert oder nicht, so würde die Brikettierung doch in anderen Ländern einen beträchtlichen Posten im Etat ausmachen, und Stassano hat sich deshalb bemüht, dieselbe zu vermeiden, und zwar durch eine andere Ofenkonstruktion, durch einen rotierenden Ofen (vgl. Abb. 501), der im Königlichen italienschen Schmelzwerk zu Turin aufgestellt ist. Auch hier ist wieder die seitwärts angebrachte Gicht mit dem Einfülltrichter, der Flammenraum, und von beiden Seiten ragen die Elektroden hinein.

Auch dieser Ofen zeigt die Grundform des Flammofens, nur unterscheidet er sich dadurch von dem vorher erwähnten, daß er um eine schiefe, zur Senkrechten geneigte Achse drehbar ist. Unter dem Boden des Ofens befindet sich das Rollenlager, auf dem der Ofen während des ganzen

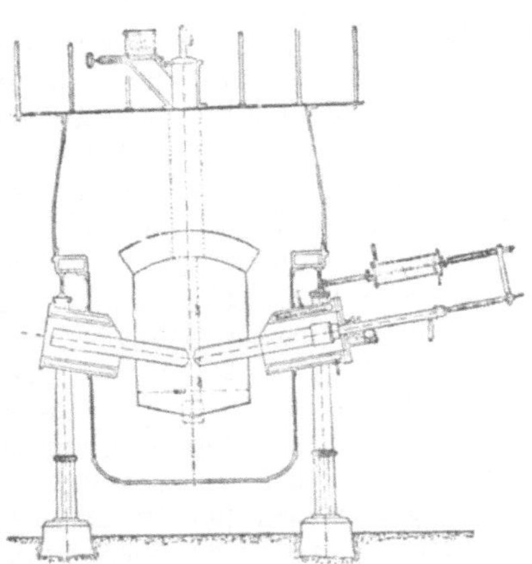

500. Zweiter Ofen von Stassano.

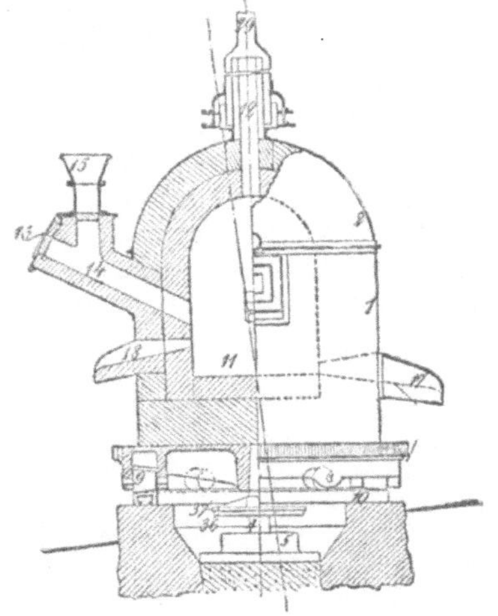

501. Dritter Ofen von Stassano.

Prozesses gedreht werden kann. Dieses Drehen des Ofens in Verbindung mit der Wirkung einer geneigten Herdsohle soll vermeiden, daß die Beschickung sich während des Prozesses

502. Die Héroultsche elektrische Bessemerbirne im Betrieb.

entmischt. Es sei noch besonders erwähnt, daß bei den jetzigen, aus feuerfestem und nicht kohlehaltigem Material bestehenden Ofen der Lichtbogen über dem geschmolzenen Metall und der Schlacke spielt. Er kommt also mit beiden überhaupt nicht in Berührung, und die Schmelzung erfolgt durch die auf den engen Ofenraum konzentrierte und allerseits von den Ofenwänden zurückgestrahlte enorme Hitze. Die im Innern des Ofens herrschende Temperatur schätzt Stassano selbst auf etwa 2000°. Dem Abbrennen der Elektroden wird auch hier dadurch vorgebeugt, daß sie mit Wasser gekühlt werden. So verringert sich der Elektrodenverschleiß außerordentlich, trotz des starken zur Erzeugung des Lichtbogens verwendeten Wechselstroms, der bei einer Spannung von 170 Volt mit 2000 Ampere in den Ofen eintritt.

Lehnte sich Stassano bei seinen ersten Versuchen an den Hochofen an, so machte Héroult das gewöhnliche Bessemerverfahren, sowie das zur Aluminiumdarstellung zum Ausgangspunkt seiner Experimente. Bei dem Bessemerverfahren wird bekanntlich der Kohlenstoff aus dem Eisen in der Weise entfernt, daß man durch die geschmolzene Eisenmasse einen Luftstrom hindurchbläst, der ihn verbrennt. Ähnliches beabsichtigte auch Héroult. Bald sah er jedoch ein, daß man bei elektrischem Verfahren überhaupt ohne jede Gebläseluft auskommt, und jetzt besteht sein Ofen (Abb. 502) aus einem Gefäß, in das von oben die Elektroden senkrecht hineinragen.

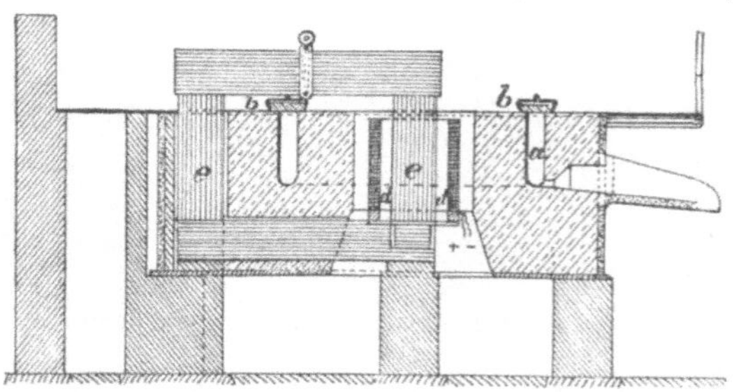

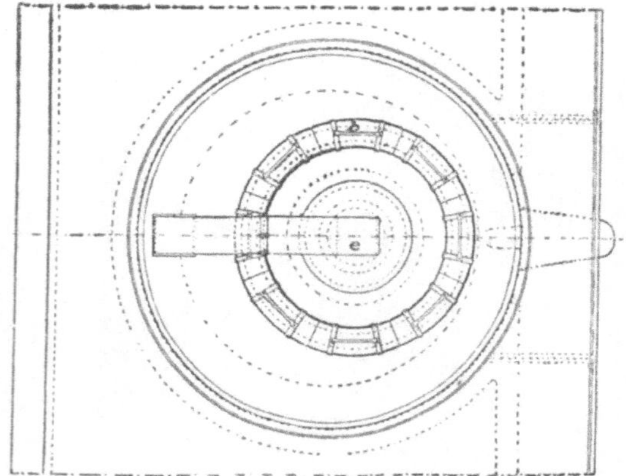

503. Ofen von Kjellin.

Zeigt schon das Héroultsche Verfahren eine glückliche Lösung der Frage, wie die Kohlung des fertigen Eisens vermieden werden kann, so ist das jetzt zu besprechende Kjellinsche Prinzip noch eigenartiger, und es bedeutet eine wahrhaft geniale Lösung des erwähnten Problems. Die Anlage Kjellins befindet sich in Gysinge in Schweden, und das von ihm erdachte Prinzip ist ebenfalls von einer Reihe von Elektrometallurgen in mehr oder minder modifizierter Form angenommen worden.

Die Vorrichtung, die Kjellin benutzt, ist ein Ofen, für den sich inzwischen die Bezeichnung „Transformatorofen" eingeführt hat und der hier wiedergegeben ist (Abb. 503). In starkem Mauerwerke ist eine verhältnismäßig schmale Rinne a von kreisförmiger Form ausgespart, die mit Deckeln b zugedeckt werden kann. In der Mitte der Rinne befindet sich ein Eisenkern e, der sich außerhalb des Ofens zu einem Rechteck fortsetzt und ungefähr in der Weise in die Rinne eingreift, wie ein Glied einer Kette in das andere. Dieser Eisenkern ist an einer seiner Seiten von einer Spule isolierten Kupferdrahtes d, d umschlossen, die mit den Klemmen eines Wechselstromgenerators verbunden ist. Die ganze Vorrichtung zeigt also die Ausgestaltung eines Transformators, dessen Primärspule sich bei d d befindet und dessen Sekundärspule durch die Rinne gebildet wird. Das Transformationsverhältnis ist so gewählt, daß der in die Primärspule geschickte Strom von 10 000 Volt und niedriger Amperezahl in der Sekundärspule mit 30 000 Ampere und niedriger Voltzahl zur Wirkung gelangt. Die Sekundärspule, also die Rinne, wird mit Erz, Eisenabfällen und Zuschlag beschickt, die infolge der hohen Stromstärke ins Glühen geraten und sich unter der Einwirkung des Stromes erhitzen, so daß dieselbe chemische Umsetzung, wie im Hochofen, unter Bildung von Eisen und Schlacke stattfindet. Es kommen bei diesem Ofen also überhaupt keine Elektroden zur Verwendung, und es kann deshalb eine Kohlung aus ihnen nicht stattfinden. Da ferner, wie ja bei den meisten anderen Prozessen auch — mit Ausnahme des Héroultschen — keine Gebläse vorhanden sind und der Prozeß in ruhig glühendem Bade vor sich geht, so hat das erzielte Produkt ein sehr dichtes und gleichmäßiges Gefüge, und es

ist vollkommen frei von Gaseinschlüssen. Es übertrifft in bezug auf Qualität den feinsten Tiegel-
gußstahl, und diese Qualität ist es auch, die die Rentabilität des Verfahrens bewirkt; denn die
Gestehungskosten des Eisens sind bei demselben höher, als bei irgendeinem anderen Verfahren.
Dies hat darin seinen Grund, daß bei der Transformation durch magnetische Streuung ziemlich
beträchtliche Mengen des verlorenen Stromes verloren gehen. Kjellin selbst gibt die Kosten
des von ihm erzeugten Produktes mit 171 M. pro Tonne an, und diese Zahl wurde auch seitens
der kanadischen Kommission bestätigt, die sie in ungefähr gleicher Höhe feststellte. Der Stahl
hat aber so wertvolle physikalische Eigenschaften, daß für ihn allenthalben Liebhaberpreise
gezahlt werden.

Die nachstehende Abbildung 504 zeigt den Kjellinschen Ofen im Betriebe. Man sieht auf
der Arbeitsgalerie deutlich die mit Deckeln zugedeckte Rinne.

Die Gewinnung von Aluminium. Der erste, der Aluminium auf elektrochemischem
Wege darstellte, war der berühmte Heidelberger Chemiker Robert Bunsen. Sein Verfahren

504. Der Ofen von Kjellin im Betrieb.

bestand darin, daß er geschmolzenes Natriumaluminiumchlorid mit Hilfe des elektrischen Stromes
zersetzte. Er erhielt auf diese Weise reines Aluminiummetall. Nachdem Bunsen so den Weg
gezeigt hatte, versuchte bald darauf Le Chatelier das Aluminium fabrikmäßig herzustellen. Er
nahm im Jahre 1861 das erste Patent auf die elektrolytische Gewinnung dieses Metalls, doch
beginnt die fabrikmäßige Erzeugung erst im Jahre 1883, da sich die technischen Schwierigkeiten nur langsam und allmählich überwinden ließen. In diesem Jahre fing man in der
Aluminium- und Magnesiumfabrik zu Hemelingen an, Aluminium nach den Patenten
von Graetzel darzustellen. Bald darauf (1885) erzeugte man in Amerika nach dem Verfahren von E. H. und A. H. Cowles Aluminiumlegierungen. Dieses Verfahren bestand
darin, daß man geschmolzene Tonerde der Elektrolyse unterwarf.

Die eigentliche Aluminiumgroßindustrie gründet sich jedoch auf das Verfahren von Héroult,
das zuerst in Froges und gleichzeitig von der „Schweizerischen Metallurgischen Gesellschaft"
ausgeübt wurde und in seinen ersten Grundlagen ein Verfahren zur Herstellung von Aluminiumlegierungen war. Erst später, als sich aus der „Schweizerischen Metallurgischen Gesellschaft"
die „Aluminiumindustrie-Aktiengesellschaft" zu Neuhausen gebildet hatte, wurde es,
und zwar unter wesentlicher Unterstützung Kilianis, zu einem Verfahren zur Darstellung

von reinem Aluminium ausgebildet, das zuerst im Jahre 1890 in größeren Mengen in den Handel gebracht wurde. Gegenwärtig besitzt die Aluminiumindustrie-Aktiengesellschaft mehrere Werke. Auch in Frankreich, in Schottland usw. wird nach dem Héroult-Kilianischen Verfahren, wie man es wohl mit Recht nennen darf, da sehr wesentliche Verbesserungen desselben von dem leider allzu früh verstorbenen Dr. Kiliani herrühren, gearbeitet.

Dieses Verfahren selbst wird strengstens geheim gehalten. Das Wenige, was man darüber weiß, werden wir weiter unten anführen, doch wird es zum Verständnis nötig sein, zuerst das ursprüngliche Héroultsche Verfahren zu betrachten, da nur auf Grund der Kenntnis seiner Einzelheiten ein Verständnis der Kilianischen Verbesserungen möglich ist.

Beim ursprünglichen Héroultschen Verfahren werden die Wärmewirkung und die zersetzende Wirkung des Stromes gleichzeitig angewendet, indem der Strom die zu zersetzende Masse in Fluß bringt und erhält und elektrolysiert. Der bei diesem Verfahren angewendete Zersetzungsapparat ist in Abb. 505 dargestellt. Ein rechteckiger eiserner Kasten A ist mit einer dicken Ausfütterung B aus Kohlenplatten versehen, die als negative Elektrode dienen und durch eine geeignete Zuleitung mit der Dynamomaschine verbunden sind. Die positive Elektrode besteht aus einem Bündel paralleler Kohlenplatten, die leitend miteinander verbunden sind; diese wird durch eine geeignete Vorrichtung bis zur benötigten Tiefe in den Schmelzraum eingesenkt. Soll nun in dieser Vorrichtung Aluminiumbronze erzeugt werden, so wird der Boden des Schmelzraumes mit Kupferstücken bedeckt und die positive Elektrode so weit gesenkt, bis sie die Kupferschicht berührt. Der starke Strom bringt das Kupfer zum Schmelzen, und es wird nun Tonerde und ein geeignetes Lösungsmittel in den Schmelzraum gebracht. Durch eine entsprechende Hebung der positiven Elektrode entsteht ein starker Flammenbogen zwischen dem flüssigen Kupfer und

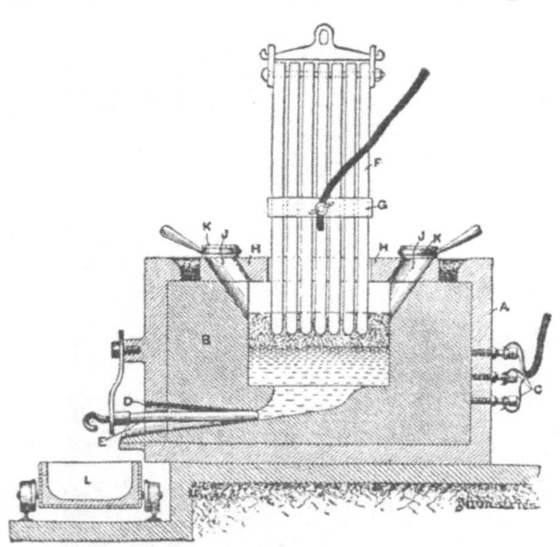

505. Zersetzungsvorrichtung zur Gewinnung von Aluminium nach dem Héroultschen Verfahren.

der positiven Elektrode, welcher die Tonerde schmelzt. Im geschmolzenen Zustande leitet die Tonerde den Strom, sie wird also, da sie jetzt das geschmolzene Kupfer bedeckt, vom Strom durchflossen und zersetzt. Das freiwerdende Aluminium legiert sich mit dem Kupfer, und der am positiven Pol entstehende Sauerstoff verbrennt die positive Kohlenelektrode unter Bildung von Kohlenoxydgas, das entweicht. Entsprechend der Verminderung der Masse werden Tonerde und Kupfer nachgefüllt, so daß der Prozeß ununterbrochen weitergeht. Das sich im Schmelzraum ansammelnde Metall wird durch das Stichloch D in eine Gießform abgelassen. Um Reinaluminium nach diesem Verfahren zu erzeugen, hat man nur die Beigabe von Kupfer zum Schmelzgut zu unterlassen und ausschließlich Tonerde in den Herd einzuführen.

Als Stromstärke kamen hierbei 13 000 Ampere und als Spannung 12—15 Volt zur Verwendung.

In Neuhausen wurde in der Weise gearbeitet, daß eine 300pferdige Turbine zwei Dynamomaschinen von je 6000 Ampere und 16 Volt trieb. Der Strom wurde durch dicke Kupferkabel dem Tiegelschmelzofen zugeleitet. Der Prozeß selbst wurde dann in der eben beschriebenen Weise eingeleitet und durchgeführt.

Dieses Verfahren stand, wie erwähnt, erst bei der Schweizerischen Metallurgischen Gesellschaft in Betrieb und wurde dann von der Aluminiumindustrie-Aktiengesellschaft übernommen, die es ebenfalls eine Zeitlang weiter ausübte, bis Héroult und Kiliani in gemeinsamer Arbeit ein neues Verfahren ausarbeiteten, das man wohl mit Recht als das Verfahren Héroult-Kiliani bezeichnen kann.

Genau wie beim Héroultschen Verfahren, so wird auch hier ein eiserner Kasten mit Kohleplatten dicht bekleidet, der den Elektrolyten aufnimmt. Durch den Boden dieses Kastens geht die Kathode, die bewegt werden kann. Die Anode besteht aus dem bekannten starken Kohlenbündel, und sie wird, während ein Handrad ihre Höher- oder Tieferstellung bewerkstelligt, in ständiger Rotation erhalten, wozu wahrscheinlich eine Schneckenwelle verwendet wird, die an der die Anode haltenden metallenen Brücke befestigt ist.

In das Bad wird zuerst der Kryolith eingetragen und geschmolzen und dann die Tonerde zugesetzt, die sich löst, durch den Widerstand glühend und dann durch Elektrolyse zersetzt wird. Das sich am Boden abscheidende Aluminium bildet nunmehr selbst die Kathode. Die Wände des Schmelzgefäßes werden gekühlt, um eine Lösung derselben durch den heißen Kryolith zu vermeiden. Bei der Leitung des Prozesses kommt es in erster Linie darauf an, die Temperatur der Schmelze so niedrig als möglich zu halten, und zwar nur ebenso hoch, daß sie flüssig bleibt, da sonst ein unökonomischer Stromverbrauch eintritt. Der Zusatz von Tonerde muß ebenfalls unter Innehaltung sehr genauer Kautelen erfolgen, denn wenn der Gehalt des Elektrolyten an ihr zu hoch steigt, so friert er ein und es müssen wiederum zu hohe Stromdichten verwendet werden, um dies zu vermeiden.

Das Verfahren der Aluminiumgewinnung gründet sich auf die Verwendung eines feurigflüssigen Elektrolyten oder, wie z. B. die Gewinnung des Eisens, auf die Hitzewirkung des elektrischen Stroms. Nun gibt es aber eine ganze Anzahl weiterer Verfahren, bei denen das gewünschte Endprodukt durch Zersetzung eines wässerigen Elektrolyten erhalten wird, bei denen also die Darstellung eines zu zersetzenden Schmelzbades wegfällt. Es wird vielmehr eine Lösung hergestellt, in der sich das zu gewinnende Endprodukt in Form eines seiner Salze gelöst befindet. Aus dieser Lösung wird es dann durch Elektrolyse abgeschieden. Während bei der Schmelzflußelektrolyse, wie wir gesehen haben, aus dem Rohmaterial direkt die Metalle entstehen, ist es bei der Elektrolyse mit wässerigen Elektrolyten möglich, noch ein Zwischenprodukt, eben das zu zersetzende Salz herzustellen. Es wird also gewöhnlich aus dem Erze resp. sonstigen Rohmaterial auf nicht elektrolytischem, sondern auf hüttenmännischem Wege ein unreines Metall gewonnen. Dieses Metall wird dann in ein Salz übergeführt, welches in Lösung durch den Strom zersetzt wird. Auf diese Weise wird aus dem unreinen Zwischenprodukt ein reines Metall erhalten. Die Elektrolyse in wässeriger Lösung eignet sich deshalb ganz besonders zur Gewinnung von sehr reinem Metall aus unreinen Zwischenprodukten, also zur Reinigung oder, wie man es nennt, zur „Raffination" der Metalle.

Eines der wichtigsten und im größten Maßstab ausgeübte derartige Raffinationsverfahren ist die elektrolytische Kupferreinigung.

Bei dieser wird im allgemeinen in folgender Weise verfahren: Das zu reinigende Rohkupfer wird in Platten gegossen, und diese Platten werden als Anode in ein Bad gebracht. Sie lösen sich hier im Verlaufe des Prozesses auf, weshalb sie auch „Lösungsanoden" genannt werden. Durch die Lösung dieser Anoden entsteht der zu zersetzende Elektrolyt. Dieser Elektrolyt besteht aus einer Kupfervitriollösung, aus der durch die Elektrolyse das Kupfer auf der Kathode niedergeschlagen wird, die aus einer Kupferplatte besteht, welche durch das sich an ihr ansetzende Kupfer dicker und schwerer wird. Der Elektrolyt würde nun infolge des Umstandes, daß aus ihm ständig Kupfer auf der Kathode niedergeschlagen wird, mit der Zeit immer kupferärmer werden, wenn nicht eben durch die ständige Lösung neuen Kupfers auf der Anode sein Kupfergehalt auf der gleichen Höhe gehalten würde. Da sich jedoch aus der Anode auch noch andere Bestandteile als Kupfer lösen, so wird der Elektrolyt allmählich verunreinigt, so daß er von Zeit zu Zeit erneuert werden muß. Das durch die Raffination erhaltene Kupfer, das sogenannte „Elektrolytkupfer", zeichnet sich durch seine besonders große Reinheit aus. Es kann so vorzüglich raffiniert werden, daß es einen Reinheitsgrad von 99,9% aufweist.

Goldauslaugungsverfahren. Gleichfalls ein Raffinationsverfahren ist die sogenannte „Goldlaugerei", die den Zweck hat, das in den verschiedenartigsten Mineralien eingesprengte

Gold in reinem Zustande zu gewinnen. Die älteren Verfahren arbeiteten mit großen Verlusten und die Mengen des bei ihrer Anwendung verloren gehenden Goldes waren in Anbetracht des hohen Wertes dieses Metalles sehr beträchtlich. Dies änderte sich mit der Einführung des im Jahre 1887 von Siemens erfundenen Cyanidprozesses zur Goldgewinnung, durch den es gelingt, die in einem Mineral vorhandenen Mengen Goldes bis auf den letzten Rest zu gewinnen. Dieser Cyanidprozeß gelangte im Jahre 1890 in Transvaal zuerst zur Einführung und verbreitete sich von hier aus dann über die ganze Welt.

Früher wurden die goldhaltigen Erze durch Maschinen zerpocht und weiter zerkleinert, worauf sie mit Quecksilber behandelt wurden. Dieses löste die feinen, in dem zerkleinerten Gestein befindlichen Goldblättchen auf, und es bildete sich ein Goldamalgam, aus dem das Gold durch Abdestillieren des Quecksilbers gewonnen wurde.

Dieses Verfahren war umständlich und unsicher. Erst als Siemens & Halske das galvanische Niederschlagsverfahren unter Verwendung einer Cyankaliumlauge eingeführt hatten, gewann die Auslaugungsmethode die erforderliche praktische Form und wird jetzt in Südafrika und in anderen Golddistrikten in ausgedehnter Weise angewendet.

Bei dem Verfahren von Siemens & Halske wird die Goldcyanidlösung in hölzerne Fällungskasten geleitet, in denen abwechselnd Eisenbleche und auf Holzrahmen gespannte dünne Bleibleche parallel in geringem Abstand aufgestellt sind. Die miteinander verbundenen Eisenbleche stellen die Anoden dar, während die ebenfalls untereinander verbundenen Bleibleche als Kathoden den Niederschlag des Goldes erhalten. Ist dieser Niederschlag genügend dick geworden, so werden die Bleibleche herausgenommen und durch neue ersetzt. Die herausgenommenen Bleche werden eingeschmolzen, und das Blei wird nach bekannten metallurgischen Verfahren abgetrieben, so daß das Gold zurückbleibt.

Die vom Gold befreite Lauge wird aufs neue über die goldhaltigen Mineralien geleitet und kehrt mit Goldcyanid angereichert zum Fällungskasten zurück, so daß der Auslaugungs- und Fällungsprozeß ununterbrochen weitergeht.

Der Vorzug der Cyanidlaugerei, deren Grundzüge wir in vorstehenden Zeilen geschildert haben und die in ihren Einzelheiten von verschiedenen Elektrochemikern, wie z. B. von Sherard-Cowper-Coles, von Pelatan-Cerici, Keith usw. usw. je nach der Art der Erze einzelne im allgemeinen aber unwesentliche Abänderungen erfahren hat, besteht darin, daß, wie schon erwähnt, das Gold sehr vollständig erhalten wird. Nach Versuchen von Sharwood erhält man durch Elektrolyse fast 100% des Goldgehalts einer Lösung, während alle anderen Methoden nur 95 bis höchstens 98% liefern.

Die Gewinnung verschiedener Metalle auf elektrischem Wege. Außer den vorstehend angeführten werden noch eine ganze Anzahl anderer Metalle teils durch Schmelzflußelektrolyse, teils durch Elektrolyse auf nassem Wege gewonnen. Da jedoch die Methoden immer wieder auf dieselben, in den vorstehenden Ausführungen gekennzeichneten Grundlagen sich aufbauen, so erübrigt es sich, sie im einzelnen zu beschreiben. Es sei deshalb nur nochmals zusammenfassend erwähnt, daß die Gewinnung dieser Metalle entweder auf der Hitzewirkung des elektrischen Bogens beruht, wobei gleichzeitig durch Zusatz von Kohle eine Reduktion stattfindet, oder daß Verbindungen der Metalle entweder geschmolzen oder gelöst und dann mit Hilfe des elektrischen Stroms zersetzt werden. Bei manchen Metallen werden zur Gewinnung verschiedene Methoden angewendet, so daß manche Fabriken nach der einen, andere wieder nach der anderen arbeiten. Dies ist z. B. bei Mangan und beim Chrom der Fall, die man beide, sowohl durch die Hitzewirkung des Flammenbogens, wie auch durch wässerige Lösung, wie auch durch Schmelzflußelektrolyse gewonnen hat. Im allgemeinen kann man, wenn man von der Frage der Rentabilität absieht, wohl behaupten, daß das Wort von Werner Siemens heutzutage zur Wahrheit geworden ist, das er bereits im Jahre 1879 aussprach, „daß es nämlich mit der Zeit gelingen müsse, alle Metalle auf elektrischem Wege zu gewinnen."

Die elektrische Alkaliindustrie. Das große Gebiet der elektrischen Alkaliindustrie, die sich innerhalb verhältnismäßig kurzer Zeit zu einem bedeutenden Faktor des auf die Verwendung der Elektrizität begründeten Wirtschaftslebens fast aller Länder aufgeschwungen hat, zerfällt in eine Anzahl von scharfgetrennten Sondergebieten. Unter diesen Sondergebieten kann man in der Hauptsache zwei große Abteilungen unterscheiden: die erste, eine Großindustrie im vollsten

Sinne des Wortes, stellt in gewaltigen Betrieben dadurch, daß sie Kochsalz durch den elektrischen Strom zerlegt, einerseits Chlor und andrerseits Ätzalkali, vor allem Ätznatron dar. Das Chlor wird zum größten Teil auf Chlorkalk verarbeitet oder in neuerer Zeit auch verflüssigt. Das Ätzalkali wird entweder als solches in den Handel gebracht, oder in Soda, Pottasche und ähnliche Produkte umgewandelt. Die zweite Abteilung der elektrischen Alkaliindustrie steht der ersteren in bezug auf Konsum an elektrischem Strom und infolgedessen an wirtschaftlicher Bedeutung vielleicht nicht nach. Sie tritt jedoch nicht in Form von Großbetrieben in Erscheinung, sondern ist in zahlreichen kleinen Einzelbetrieben vertreten. Der Zweck ihrer Verfahren ist der, gleichfalls Kochsalz in Chlor und Ätznatron zu zerlegen. Die beiden werden jedoch nicht sorgfältig getrennt, sondern zu einem neuen Produkt, zur sogenannten Bleichlauge vereinigt, die dann in zahlreichen Betrieben zum Bleichen Anwendung findet. Zu diesen Betrieben gehören Bleichereien, Papierfabriken, Webereien, Waschanstalten usw. Diese zweite Abteilung der elektrischen Alkaliindustrie bringt überhaupt keine chemischen Produkte in den Handel. Ihre Vertreter beschäftigen sich vielmehr damit, die Apparate zur Herstellung von Bleichlaugen an die Interessenten zu liefern, die sie dann selbst nach gegebener Anleitung in Betrieb setzen und sich so ihre Bleichlaugen darstellen.

Der Begründer der elektrischen Alkaliindustrie ist der Ingenieur Karl Höpfner, einer der genialsten Elektrochemiker der Neuzeit, der, ein Bahnbrecher für verschiedene heute noch bedeutsame Zweige der Elektrochemie, das Erfinderlos in seiner ganzen Bitterkeit auskosten mußte. Er starb fern von der Heimat, ohne jemals aus seinen zahlreichen bedeutsamen Erfindungen irgendeinen nennenswerten Nutzen gezogen zu haben. Im Jahre 1884 erhielt er auf ein Verfahren zur Elektrolyse von Halogensalzen das D. R. P. Nr. 30 222, das als die Grundlage unserer modernen Alkaliindustrie angesehen werden muß. Dieses Verfahren, auf dessen Einzelheiten einzugehen sich hier erübrigt, wurde zuerst von drei deutschen chemischen Fabriken, die sich zu gemeinsamen Versuchen vereinigt hatten, aufgenommen. Zu diesen Fabriken gehörte auch die chemische Fabrik Griesheim am Main, die im Jahre 1888 mit der Errichtung der ersten Fabrik zur Elektrolyse von Chlornatrium begann, welche 1890 in Betrieb genommen wurde. Ihr folgten bald weitere Betriebe in allen Ländern, und es entfaltete sich mit der Zeit eine so rege Tätigkeit auf dem Gebiete der Alkaliindustrie, daß wir heute über eine Anzahl von ihrem Wesen nach grundverschiedenen Verfahren verfügen, so daß innerhalb der Industrie selbst, je nach dem gearbeitet wird, eine ganze Anzahl von besonderen Gruppen zu unterscheiden ist.

Der charakteristische Unterschied zwischen den Verfahren früherer Zeit und den heutigen besteht darin, daß man früher bei der Durchführung der elektrolytischen Zersetzung des Alkalichlorids den mannigfachsten Zufällen ausgesetzt war, während man jetzt auf Grund zahlreicher wissenschaftlicher Arbeiten, langjähriger Erfahrungen und unendlich vieler Ausprobungen neuer patentierter Verfahren endlich so weit gelangt ist, daß man den Prozeß tatsächlich so zu leiten vermag, wie man ihn verlaufen zu sehen wünscht. Theoretisch erscheint er ja ganz außerordentlich einfach. Man brauchte nur Chlornatrium oder Chlorkalium durch den elektrischen Strom nach der Gleichung

$$NaCl = Na + Cl$$
Chlornatrium Natrium Chlor

in Natrium und Chlor zu zerlegen. Das Natrium geht an die Kathode, das Chlor an die Anode. Da die Zerlegung in wässeriger Lösung stattfindet, so setzt sich das Natrium an der Kathode mit dem Wasser in Ätzalkali um, wobei Wasserstoff entbunden wird:

$$Na + H_2O = NaOH + H$$
Natrium Wasser Ätznatron Wasserstoff.

Ein einfacherer und glatterer Prozeß läßt sich wohl kaum denken, und doch: welche Schwierigkeiten ergaben sich in der Praxis, um ihn durchzuführen! Je nach der Stromdichte, d. h. nach der für einen Quadratdezimeter Kathodenoberfläche verwendeten Stromstärke verlief der Prozeß bald so, bald so. Es entstanden Nebenreaktionen der verschiedensten Art und auch die Temperatur übte einen weitgehenden Einfluß aus. Es entstanden bald Chlorate, bald Perchlorate, daneben wieder Hypochlorite, das Chlor trat mit dem Sauerstoff in Reaktion — kurzum, es ergab sich

eine so unendliche Mannigfaltigkeit von Fehlerquellen, die zu gar nicht vorauszusehenden Zu=
fällen führten, daß der Begründer der Industrie, Höpfner selbst, noch im Jahre 1891 davon
abriet, überhaupt Chlorkalien zu zersetzen.

Die beiden Endprodukte der Alkalielektrolyse, das Chlor und die wässerige Ätznatron=
lösung wirken nämlich sehr leicht unter Bildung von Hypochlorit aufeinander ein, beruht doch
auf dieser Einwirkung die ganze elektrische Alkalikleinindustrie, die sich mit der Herstellung von
Bleichlaugen beschäftigt. Wollte man daher für die Großindustrie die Produkte Chlor und Ätz=
alkali jedes für sich erhalten, so war es nötig, ihre gegenseitige Einwirkung zu verhüten, sie
vom Momente ihrer Entstehung an sofort zu trennen. Da sich, wie schon erwähnt, das Alkal
an der Kathode, das Chlor hingegen an der Anode abscheidet, so läßt sich diese Trennung am
besten durch Einfügung einer Zwischenwand zwischen Kathodenraum und Anodenraum herbei=
führen, die aus leicht begreiflichen Gründen zwar durchlässig sein, aber doch eine Vereinigung
der beiden Endprodukte verhüten mußte. Auf der Anwendung einer solchen Scheidewand,
des Diaphragmas, beruht eine der großen Gruppen, in die man, wie weiter oben schon
ausgeführt, unsere moderne Alkaligroßindustrie einteilen kann, beruht die Entwicklung aller jener
Betriebe, die nach irgendeinem der verschiedenen sogenannten „Diaphragmenverfahren" arbeiten.

In der Hauptsache bestehen die jetzt verwendeten Diaphragmen aus Asbest oder aus Asbest
in Verbindung mit Zement oder aus Zementmasse, die an und für sich ja nicht porös ist, der
man aber dadurch die Eigenschaft der Porosität verleiht, daß man den Zement anstatt mit reinem
Wasser mit einer Salzlösung ansetzt und binden läßt. Ist er erhärtet, so wird das Salz mit Wasser
ausgelaugt und die zurückbleibende Zementmasse ist porös. Die Diaphragmenverfahren selbst
werden von einer ganzen Anzahl von Fabriken ausgeübt, die aufzuzählen vollkommen un=
möglich ist.

Seit noch nicht allzulanger Zeit ist den früher allgemein angewendeten Diaphragmen=
verfahren eine lebhafte Konkurrenz in den sogenannten „Quecksilberverfahren" entstanden,
deren wesentlichstes Moment darin besteht, daß die Bildung des Ätzalkalis, die, aus dem durch
die Elektrolyse gebildeten Natrium nach der Gleichung

$$Na + H_2O = NaOH + H$$

erfolgt, verhütet wird. Das Natrium wird vielmehr dadurch gewonnen, daß man es in seine
Quecksilberverbindung, in das Natriumamalgam überführt. Diese Überführung läßt sich leicht da=
durch erreichen, daß man als Kathode Quecksilber verwendet. Es bildet sich dann ohne weiteres
das Amalgam, das dann in einem besonderen Verfahren durch Wasser zersetzt wird. Hierbei
entsteht durch die Einwirkung des Natriums auf das Wasser wieder Ätznatron, während
gleichzeitig das Quecksilber wieder zurückgewonnen wird, so daß es von neuem Verwendung
finden kann.

Während also der Diaphragmenprozeß in einem einzigen Tage verläuft, unterscheidet sich
der Quecksilberprozeß von ihm dadurch, daß noch eine Zwischenverbindung, das Natrium=
amalgam, eingeschoben wird. Auch in elektrotechnischer Hinsicht weisen die Quecksilberverfahren
gegenüber den Diaphragmenverfahren wesentliche Unterschiede auf, indem bei ihnen durchweg
mit außerordentlich hohen Stromdichten gearbeitet wird, die bis zu 5000 Ampere auf einen
Quadratmeter ansteigen. Diese hohen Stromdichten sind deshalb nötig, weil das Chlor dem
Amalgam gegenüber als Depolarisator wirkt.

Seit etwa sieben Jahren ist zu den beiden bisher besprochenen Gruppen von Verfahren
der elektrischen Alkaligroßindustrie, den Diaphragmen und den Glockenverfahren, noch eine
dritte hinzugekommen, die gleichfalls rasch und in sehr großen Betrieben Eingang gefunden
hat. Es ist dies das sogenannte „Glockenverfahren", das, nachdem es glänzende Beweise
seiner Brauchbarkeit abgelegt hat, anfängt, den altbewährten Diaphragmenverfahren, sowie den
Quecksilberverfahren Konkurrenz zu machen und sich immer weiter auszubreiten. Insbesondere
ist es eine Anzahl deutscher Firmen, die an Stelle ihrer älteren elektrolytischen Anlagen das
Glockenverfahren einführten. Im Vergleich mit der noch verhältnismäßigen Kürze seiner Exi=
stenz muß die Verbreitung des Glockenverfahrens als eine rasche bezeichnet werden.

Es leuchtet auf den ersten Blick ein, daß trotz ihrer großen Verbreitung weder das Dia=
phragmen= noch das Quecksilberverfahren in jeder Hinsicht ideale zu nennen sind. Die dem ersteren

anhaftenden Nachteile sind verschiedener Art, bei dem letzteren ist es hauptsächlich die hohe Strom=
dichte und dann die Schwierigkeit der Bewegung größerer Quecksilbermengen und der hierfür
zu leistende Kraftaufwand, die trotz aller Erfolge in bezug auf die Einheit der Produkte und
die glatte Durchführung der Reaktionen als ungünstig bezeichnet werden müssen. Besser und
zweckentsprechender müssen von vornherein solche Verfahren erscheinen, bei denen jede me=
chanische Trennung der durch die Elektrolyse gebildeten Zersetzungsprodukte verworfen ist und
wo an Stelle dieser mechanischen Trennung eine gewissermaßen natürliche tritt, die auf irgend=
welche physikalische Eigenschaften, also z. B. auf den Unterschied der spezifischen Gewichte,
auf der Wanderungsgeschwindigkeit der Jonen und dergleichen sich aufbaut. Auf derartigen
Prinzipien beruhen die Glockenverfahren, um deren Ausbildung sich zuerst Bein große Ver=
dienste erworben hat.

Wie wir in den vorstehenden Zeilen gezeigt haben, hat sich die elektrolytische Alkaliindustrie
zu einer Industrie von ganz hervorragender Bedeutung entwickelt und sie spielt infolge der
Größe ihrer Anlagen, sowie der großen Mengen der von ihr konsumierten elektrischen Energie
auch für das Gebiet der Elektrotechnik eine wichtige Rolle. Dabei hat diese Industrie, wie man
gestehen muß, immer noch mit gewissen ungünstigen Verhältnissen zu kämpfen und sobald es
ihr gelungen sein wird, diese zu überwinden, so unterliegt es keinem Zweifel, daß dann ihr
Aufschwung ein noch viel größerer und gewaltigerer sein wird. Diese ungünstigen Verhältnisse
werden hauptsächlich dadurch bedingt, daß man das produzierte Chlor nicht so recht unterzu=
bringen vermag. Die bisherigen Absatzquellen für das Chlor sind in Anbetracht der gestiegenen
Produktion nicht mehr genügend. Der Chlorkalk wird in so großen Mengen auf den Markt
gebracht, daß hierdurch die Nachfrage erschöpft wird und die Verflüssigung des Chlors bewirkt
einen Preis für dasselbe, der nur für wenige Verwendungszwecke angebracht ist. Man sieht
deshalb gegenwärtig nach neuen Verwendungsarten für dieses Produkt der elektrischen Alkali=
industrie, deren sich im gegenwärtigen Augenblicke einige eröffnen, die sehr aussichtsvoll er=
scheinen. Zu diesem gehört vor allem die Entzinnung der Weißblechabfälle nach den neuen
Chlorierungsverfahren, ferner die Gewinnung verschiedener organischer Chlorverbindungen wie
Chloroform, Tetrachlorkohlenstoff, Äthylchlorid, endlich aber, und dies dürfte vielleicht die wich=
tigste Verwendung werden, die gleichzeitige Darstellung von Salzsäure und Schwefelsäure
mit Hilfe von Chlor. Man läßt bei diesem Verfahren Chlor und schweflige Säure bei Gegenwart
von Wasser oder Salzsäure aufeinanderwirken, wobei sich neue gasförmige Salzsäure und gleich=
zeitig Schwefelsäure bildet. Wie weit sich diese letzteren Verfahren in der Praxis einbürgern
werden, steht gegenwärtig noch nicht fest, hingegen verbraucht aber die erstgenannte heute bereits
in ständig steigendem Maße Chlor, und es ist zu hoffen, daß durch ihren Konsum, sowie durch die
Angliederung neuer Chlor verbrauchender Industrien eine weitere Entwicklung der elektrischen
Alkaliindustrie in die Wege geleitet wird.

Ein anderer Zweig der elektrischen Alkaliindustrie ist die schon erwähnte sogenannte „elek=
trolytische Bleiche“, bei der eine Bleichlösung hergestellt wird, die durch Einwirkung des
Chlors auf die bei der Elektrolyse entstandene Natronlauge sich bildet. Diese Bleichlauge wird
dann in Bleichereien, Papierfabriken usw. usw. zum Bleichen verwendet. Wie schon oben er=
wähnt wurde, kommt bei dieser zweiten Art der elektrischen Alkaliindustrie ein Apparat, der
sogenannte „Bleichelektrolyseur“ zur Verwendung, mittels dessen sich die Fabrikanten ihre Bleich=
lauge selbst erzeugen.

Die elektrische Heizung.

Von Oberingenieur **A. Wille †**.

Die Wirtschaftlichkeit der elektrischen Heizung. — Die Konstruktion der elektrischen Heizapparate. — Verschiedene Typen von elektrischen Heiz- und Hitzvorrichtungen. S. 384.

Wie die Physikalischen Grundlagen gelehrt haben, setzt sich die fortgeleitete elektrische Energie auf ihrem ganzen Wege in Wärme um, und das hier geltende Gesetz ist das auf S. 18 f. erwähnte Joulesche Gesetz. Im allgemeinen ist die Umsetzung ein Nachteil. Denn es wäre erwünschter, wenn wir die elektrische Energie ohne den durch die Umsetzung bedingten Verlust und ohne die dabei auftretenden störenden Wirkungen, Erhitzung der Leitungen, Brandwirkungen u. a. fortleiten könnten. Es gibt aber auch Fälle, in denen die Umsetzung der elektrischen Energie die bezweckte Wirkung ist. Zwei solcher Fälle haben wir bereits in der Bogenlampe und in der Glühlampe kennen gelernt. Hier wird das Licht durch das vom Strom bewirkte Erglühen der leuchtenden Teile erzeugt.

Der elektrothermische Vorgang, d. h. die Erzeugung von Wärme durch den Strom wird aber auch für andere Zwecke verwendet, von denen hier als die hauptsächlichste die elektrische Heizung dargestellt werden soll.

Die Wirtschaftlichkeit der elektrischen Heizung. Die Wärmeerzeugung durch den Strom können wir zur Erwärmung unserer Wohn- und anderer Räume benutzen, und wäre bei dieser Anwendung des Stromes nicht ein leider entscheidender Mangel, so wäre die elektrische Heizung das Ideal der Heizung. Denn sie ist, sofern das Haus seinen Anschluß an eine Elektrizitätsleitung hat, alle Tage im Jahre und zu jeder Stunde für die Tätigkeit bereit. Eine kleine Bewegung am Schalter läßt den elektrischen Ofen Wärme spenden oder stellt ihn kalt, und es hat keine Schwierigkeit, die Wärmeabgabe selbsttätig zu regeln, so daß der elektrische Ofen von selber die Temperatur auf dem beliebig gesetzten Grad hält. Der elektrische Ofen ist von bescheidener Größe und von mäßigem Gewicht, kann also in jedem sonst nicht verwendbaren Winkel stehen, ist unschwer zu entfernen und ebenso leicht wieder aufgestellt. Wie wir sehen werden, kann er auch so eingerichtet werden, daß er dem Zimmer dauernd reine Außenluft angewärmt zuführt.

Allein alle diese und andere Vorzüge können der elektrischen Heizung keine allgemeine Verwendung schaffen. Denn diese scheitert an dem erwähnten Nachteil: die elektrische Heizung ist zu teuer. Nach Heepke[1]), dem wir hier folgen, kostet die elektrische Heizung rund zwanzigmal soviel wie die mit Steinkohle bei gleicher Leistung. Ein solcher Preis verbietet die elektrische Heizung, wenn nicht besondere Umstände die Kostenfrage ausschalten.

Unter besonderen Umständen kann allerdings die elektrische Heizung auch den Kosten nach verwendbar werden, dort etwa, wo elektrische Energie besonders billig aus Wasserkraft gewonnen wird, das Brennmaterial aber teuer ist. In anderen vereinzelten Fällen kann die außerordentliche Überlegenheit der elektrischen Heizung, die auch in der Einfachheit der Stromleitung gegenüber von Dampfleitungen usw. besteht, die Anwendung der elektrischen Heizung ermöglichen. Z. B. auf den großen Dampfern und bei den elektrischen Bahnen.

Allgemein bleibt aber die Anwendung der elektrischen Heizung heute noch beschränkt und ehe nicht die Erzeugung der elektrischen Energie eine neue Stufe gewonnen hat, ist an ihre Verbreitung nicht zu denken.

---

[1]) Die elektrische Zimmerheizung. Von W. Heepke, Ingenieur. 1903.

Nach Heepke kann man bei der üblichen Bauart unserer Häuser und unter Annahme eines Temperaturunterschiedes zwischen Innenraum und Außenluft von 23° C., wo 18° C. für die Zimmertemperatur und — 5° C. für die Außenluft angenommen worden ist, für jedes Kubikmeter einen Energiebedarf von 65 bis 80 Watt rechnen, den kleineren Wert für kleine geschützt liegende Räume, den höheren für größere, gut gelüftete Räume. Bei kleineren Temperaturunterschieden gehen diese Zahlen hinab, bei größeren herauf. Der angesetzte Temperaturunterschied entspricht aber den mittleren winterlichen Verhältnissen. Ein üblicher Zimmerraum hat etwa 4 × 5 m Bodenfläche bei 3,5 Höhe. Das macht also 70 cbm aus, deren elektrische Beheizung unter genannten Umständen also 4550—5600 Watt erfordern würde. Um dafür die PS-Zahl zu setzen, dividieren wir durch 736 (s. S. 18 u. 64) und erhalten demnach rund 6 und 7,6 PS.

Da sich der Preis der Kilowattstunde von Ort zu Ort ändert, da ferner zwar Heizstrom billiger abgegeben wird als Lichtstrom, aber dann die Aufstellung eines besonderen Zählers erforderlich wird, der Miete kostet, so lassen sich die Kosten nicht allgemein gültig angeben. Verwendet man die elektrische Heizung nur als zeitweilige Aushilfe in den Tagen oder Stunden, wo die Zentral- oder Ofenheizung noch nicht oder nicht mehr betrieben wird, so wird man den Lichtleitungsstrom verwenden. In Friedenau bei Berlin, das sich vergleichsweise billiger Stromkreise erfreut, kostet die Kilowattstunde 18 Pf. Mit diesem Strom das genannte Zimmer zu beheizen, würde also 18 × 4,55 = rund 82 Pf. in der Stunde oder bei dem höheren Werte rund 1,— ℳ kosten. Das ist viel, ist zuviel selbst bei gelegentlicher Verwendung. Denn ist diese eine seltene und kurzzeitige, so wird die auf die Verwendungszeit zu rechnende Amortisation oder Miete des elektrischen Ofens ziemlich hoch. Die wirtschaftliche Anwendbarkeit würde erst bei einem Fünftel oder Sechstel dieser Preise beginnen, und selbst 20 oder 15 Pf. für das Zimmer und die Stunde sind noch recht hoch, zumal die Anschließung des Ofens und die Verlegung der Leitung sowie die Amortisation in Frage kommen.

Die Fälle, wo die elektrische Heizung wirtschaftlich möglich erscheint, werden also nicht eben häufig sein. Indes, es gibt solche Gelegenheiten, wo irgend eine große Wasserkraft angebaut worden ist und den Strom vergleichsweise billig liefert.

Auf diese Möglichkeit gründet sich die heutige elektrische Heizung und ihre nicht eben große Industrie.

Daneben bestehen aber auch noch andere Gelegenheiten, wo der Wärmebedarf klein, die Ausgabe für Strom also an sich schon gering ist, wo aber die elektrische Erzeugung der Wärme so überragende Vorteile bietet, daß jede andere umständlicher und darum teurer ist. Es gibt beispielsweise jetzt elektrische Wärmkissen für Heilzwecke. Die Anbringung an den Körper ist überaus einfach, die dauernd gleichmäßige Wärmeerzeugung so sehr der anderen umständlicheren durch Umschläge mit warmem Brei oder warmem Wasser überlegen, daß dagegen die geringen Stromkosten nicht ins Gewicht fallen.

Wir wollen es bei dieser kurzen Erörterung der wirtschaftlichen Verhältnisse der elektrischen Heizung bewenden lassen. Unser kleines Beispiel hat gezeigt, in welcher Größenordnung sich unter üblichen Verhältnissen die Kosten hierbei bewegen. Mit Bedauern wird der Leser erkannt haben, daß diese wahrhaft ideale Heizung zur Zeit bis auf besondere glückliche Gelegenheiten wirtschaftlich unmöglich ist. Da nun aber doch hier und da solche Gelegenheiten bestehen, so können wir uns mit den elektrischen Heizkörpern befassen, wo dann die stille Hoffnung aufkeimen wird, daß in einer Zukunft mit verbesserten Elektrizitätserzeugungsverfahren die elektrische Heizung dereinst ein Gemeingut werden wird.

Die Konstruktion der elektrischen Heizapparate. Die Wärmeerzeugung mittels Strom ist die einfachste aller Anwendungen der Elektrizität. Denn sie bedarf keiner bewegten Teile, keiner chemischen Vorgänge, nicht einmal der Rücksicht auf das Schmelzen des Leiters, wie die an sich auch recht einfache Glühlampe. Es genügt die Anordnung eines passenden Leiters von dem erforderlichen Widerstande, in dem sich die Stromenergie in Wärme umsetzt. Immerhin, gewisse Rücksichten sind doch zu beobachten. Der Widerstandsleiter darf nämlich nicht zu groß sein, damit der Heizapparat seine angenehme kleine Form erhält und darf auch nicht zu klein sein, weil er dann zu heiß werden würde. Es muß ferner auf die gute Abgabe der erzeugten Wärme geachtet werden, die entweder durch Ausstrahlung vermittelt wird oder durch Überleitung auf die herantretende Luft; im letzteren Falle muß darauf geachtet werden, daß die mit

Wärme geladene Luft entsprechend abgeführt und neue herangeführt wird. Endlich kommt auch noch die unerläßliche Rücksicht auf die Isolation hinzu.

Abgesehen davon kommen bei Heizkörpern, die nicht die Zimmerluft erwärmen sollen, sondern Gegenstände, wie z. B. Kochtöpfe, oder Flüssigkeiten, wie z. B. das Badewasser noch die besonderen Bedingungen hinzu, die einerseits aus der raschen Überführung der Wärme an den zu erhitzenden Körper hervorgehen, andererseits aus der verständlichen Forderung, daß ein möglichst hoher Betrag der erzeugten Wärme auf den zu erhitzenden Körper übertragen wird und möglichst wenig durch unerwünschte und nutzlose Erhitzungen verloren geht. Diese Forderungen bedeuten den Wirkungsgrad der elektrischen Heizvorrichtung.

Bei elektrischen Zimmeröfen geht fast die gesamte erzeugte Wärme auf den zu erhitzenden Raum über, und hier kann man den Wirkungsgrad mit 100% ansetzen. Aber bei Kochapparaten und dergleichen Vorrichtungen wird ein Teil der Wärme in der für den Zweck unnützen Erwärmung der Luft verloren gehen, und dann ist hier der Wirkungsgrad nicht 100%. Ihn diesem Werte möglichst nahe zu bringen, ist die Aufgabe des Konstrukteurs.

Bei den elektrischen Heizöfen können wir nun drei Arten des wärmeerzeugenden Leiters unterscheiden. Bei den beiden ersten gilt es in der Hauptsache, die Wärme durch Leitung auf die anliegende Luftschicht zu übertragen, die dann in stetem Wechsel erneuert wird. Bei der dritten Art verwendet man die Ausstrahlung der Wärme zur Erwärmung des Raumes.

In den Ofen der ersten Form kommt der Widerstandsleiter in unmittelbare Berührung mit der zu erwärmenden Luft, und hier benutzt man am einfachsten Spiralen eines Drahtes, der aus einem Metall mit möglichst hohem spezifischen Widerstand [1] hergestellt wird. Solche Metalle sind Neusilber mit einem spezifischen Widerstand von 0,25—40, Nickelin 0,42, Nickelkupfer 0,48, Thermotan 0,58, Kruppin 0,85, 30% Mangankupfer 0,85. Noch besser wäre dem spezifischen Widerstande nach Kohle, die einen spezifischen Widerstand von 100 bis 1000 hat. Allein die sichere Einfügung von Kohlenstäben in die Leitung ist sehr viel umständlicher als bei Metalldrähten und die letzteren sind mechanisch erheblich haltbarer als Kohlenstäbe. Die hier genannten Legierungen Nickelin, Neusilber und Thermotan haben den Vorteil, daß die Änderung ihres spezifischen Widerstandes mit der Temperatur vergleichsweise gering ist und bei der Anwendung für den vorliegenden Zweck vernachlässigt werden kann.

Wir haben nun aber auch noch Rücksicht auf die Temperatur der Heizdrähte zu nehmen. Abgesehen davon, daß die Erhitzung nicht bis an den Schmelzpunkt der Metalle gehen darf, wird man auch der Feuersicherheit wegen eine zu hohe Temperatur vermeiden. Ferner ist unvermeidlich, daß sich auf den Heizdrähten, die ja der Luft zugänglich sein müssen, Staub ablagert, der bei zu hoher Temperatur der Heizdrähte versengt und einen nnangenehmen Geruch hervorruft. Diese Bedingungen führen dazu, daß man den Querschnitt der Heizdrähte nicht zu klein nimmt, was natürlich zur Folge hat, daß dementsprechend die Länge vergrößert werden muß. Dies wiederum bewirkt, daß der Ofen eine gewisse Größe nicht unterschreiten kann. Aufgabe der Konstrukteure ist demnach, hier das richtige Mittelmaß zu finden.

Bei den Ofen der zweiten Art wird die erzeugte Wärme nicht unmittelbar auf die anliegende Luft, sondern auf einen vermittelnden Metallkörper übertragen. Dieser wirkt dann in doppelter Art, nämlich durch Ausstrahlung und durch Erwärmung der anliegenden Luft auf dem Wege der Wärmeleitung. Man ersieht sofort, daß bei diesen Heizkörpern der Heizdraht von dem zu erhitzenden Metallkörper isoliert sein muß. Aber das Isolationsmaterial darf nicht wärmeisolierend sein, sondern muß die Wärme gut fortleiten. Der Vorzug dieser Heizkörper vor den Freidrahtheizkörpern besteht hauptsächlich darin, daß sie als Einzelteile angefertigt und dann als feste Körper mit einheitlichen Anschlußvorrichtungen in die verschiedenen Ofen in verlangter Zahl eingesetzt werden können.

Ein wenig spielt hier das gewissermaßen ästhetische Verlangen des Technikers mit, der einen festen gut bearbeiteten Körper als Teilorgan der wabbernden Drahtspirale vorzieht. Doch daneben werden wir z. B. bei den Helbergerschen Ofen auch sehen, daß diese Formen einem starken Luftwechsel günstig sind, weil sie die Luft zwangsläufig führen und z. B. der dauernden Zuführung von reiner Außenluft angepaßt werden können.

---

[1] Der spezifische Widerstand ist der Widerstand eines Stabes des betreffenden Stoffes von 1 m Länge und 1 qmm Querschnitt in Ohm.

Verschiedene Typen von elektrischen Heiz= und Hitzvorrichtungen. Ein durchaus eigen=
artiges System von Heizkörpern ist das der Fabrik elektrischer Koch= und Heizapparate Prome=
theus G. m. b. H. in Bockenheim bei Frankfurt a. M. In diesen wird der entsprechende Wider=
stand durch eine außerordentliche Verminderung des Querschnittes des Leiters erreicht, der
sich als eine ganz dünne Haut darstellt. Einer solchen fehlt allerdings durchaus, was man als
die mechanische Selbständigkeit bezeichnen könnte, und sie muß daher mit einer festen
Unterlage verbunden sein.

Die Erfinder Vogt und Häffner im gleichen Orte, die später ihre Sache auf den Prome=
theus übertragen haben, verwendeten nun eine dünne Metallschicht aus Edelmetall, Gold,
Platin und andere Edelmetalle, die wie die Vergoldung des Porzellanes auf eine nichtleitende
Unterlage gelegt wird. Nach den in der Keramik üblichen Verfahren wird die Edelmetallösung
mit dem Pinsel oder in anderer Weise auf die Unterlage gebracht und dann zu einer zusammen=
hängenden überaus dünnen Metallhaut reduziert, die sich im Ofen innig mit der Unterlage ver=
bindet. Diese Haut stellt nun den Hitzleiter dar, wenn sie an zwei Stellen mit den Leitungen ver=
bunden wird.

Die Vorzüge dieses Systemes sind ersichtlich. Man erhält in ihm einen sehr wirksamen Hitz=
leiter, der sich jeder Form anpaßt, und der sehr wenig Raum beansprucht, zudem wegen seines
Stoffes sehr haltbar ist und auch durch die Wärmewirkung nicht zerstäubt oder in seinem Zu=
sammenhange getrennt wird.

Bei den ersten primitiven Heizvorrichtungen nach dem Prometheussystem war der Edel=
metallbelag an dem zu erhitzenden Gefäße selber angebracht und damit allerdings in seinem
Leben an den immerhin gefährdeten Bestand dieses Gefäßes aus Porzellan oder dgl. ge=
bunden.

Jetzt verfährt die Fabrik anders. Sie stellt besondere Hitzkörper her, die nun nach Belie=
ben zu Öfen, Heiz=, Hitz= und Kochapparaten zusammen gebaut werden.

Das Element dieser Apparate ist ein etwa 0,1 mm starkes Glimmerblättchen, auf das die
Edelmetallhaut aufgebracht wird. Ist diese Metallhaut eingebrannt, so kommt ein zweites
Glimmerblättchen als Schutzdecke darauf. Das Ganze wird durch eine isolierte Metallfassung
zusammengehalten und nun werden 6—18 solcher Elemente zu einem Satze bereinigt, der von
einem Rahmen zusammengehalten wird. Die Zuleitung zu jedem Elemente erfolgt in der Weise,
daß die beiden isolierten Seitenschienen des Rahmens je mit einer Seite der Metallhaut leitend
verbunden wird. Die Elemente sind also in dem Satze parallel gestaltet.

Da das System eine weitgehende Abstufung der Ohmzahl bei den Elementen ermöglicht,
so kann es für Voltzahlen von 65—500 hergestellt werden. Es ergibt dies, daß sämtliche Sätze
wie die Elemente selber parallel geschaltet werden. Man kann also bei der Voltzahl, für die der
Heizapparat eingerichtet ist, beliebig viele der vorhandenen Sätze einschalten und also die Wärme=
leistung in entsprechender Abstufung regeln.

Nun kommt es nur noch darauf an, das in dem Vorgenannten beschriebene einheitliche
Konstruktionselement für die verschiedenen Zwecke zu verwenden und in die Konstruktionsfor=
men einzupassen. Daß hierbei die einheitliche Form der Elemente ein Vorteil ist, liegt auf der
Hand. Diese Einheitlichkeit hindert nicht den Reichtum an äußeren Formen und an Gestaltungen
für die verschiedensten Zwecke, und die Prometheusfabrik bietet eine große Anzahl der
verschiedensten Heiz= und Hitzapparate, in denen das erwähnte Konstruktionselement ver=
wendet ist.

Unser Raum verbietet allerdings, auf diese Fülle einzugehen, und wir wollen uns auf zwei
Fälle beschränken, auf die Konstruktion eines elektrischen Kochtopfes und auf den elektrischen
Zimmerofen.

Der Wasserkocher Abb. 504 besteht aus dem metallenen Kochgefäß, das aus einem Stück
gezogen wird, so daß es auch bei einem Trockengehen nicht undicht werden kann. und dem dar=
unter am Boden befestigten ringförmigen Heizelemente. Die Befestigung geschieht mittels
zweier Schräubchen, so daß die Auswechselung leicht bewirkt werden kann. Es wird dann die
rechtsstehende Schutzkappe übergezogen, die die Zuleitungen von außen aufnimmt. Diese Zu=
leitungen sind wasserdicht eingesetzt, so daß der ganze Topf behufs Reinigung in Spülwasser ge=
bracht werden kann.

Die freiausstrahlenden Zimmeröfen werden in der Regel so hergestellt, daß die Rückwand, die die Heizkörper trägt, unabhängig von der Ausführung und Form der äußeren gehalten wird, also in einen beliebigen ornamentalen Ofen eingepaßt werden kann.

Die vorbeschriebenen Heizrahmen werden in entsprechender Anzahl auf der Rückwand montiert und können also mit dieser aus dem Ofen herausgenommen werden. Abb. 505 zeigt diese Anordnung. Es ist dies ein Rahmen mit sieben Heizelementen, wie deren zwei in dem Ofen Abb. 506 verwendet sind.

Hinter dem Heizrahmen können Glühlampen angebracht werden, deren Licht von der kupferplattierten Rückwand reflektiert wird und also den Schein des Feuers vortäuscht.

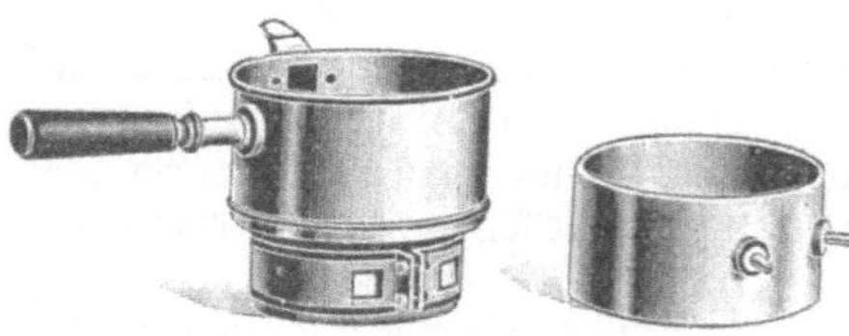

504. Prometheus-Wasserkocher.

Die in diesen und ähnlichen Apparaten verwendeten Glimmerelemente halten eine Höchsttemperatur von 450° C. aus, eine längere Überlastung mit Strom, der ihnen eine höhere Temperatur gibt, wird sie zerstören. Da nun für manche Zwecke eine höhere Temperatur erforderlich ist, sei es, daß eine solche erreicht werden muß oder daß man eine raschere Hitzwirkung verlangt, so hat sich die Prometheusfabrik bemüht, ein anderes Widerstandsmaterial zu finden, das höhere Temperaturen verträgt. Es bot sich ihr dafür allerdings schon im Beginn das Platin. Aber Hitzkörper aus diesem Edelmetall sind, wenn größere Wärmewirkungen, also höhere Energieaufwendungen und also stärkere Abmessungen des Platindrahtes oder -streifens in Frage kommen, ziemlich teuer und bei etwaigen Brüchen nur umständlich auszubessern.

Der Prometheus fand einen guten Ersatz in dem von F. Bölling hergestellten Silundum. Es ist dies silizierte Kohle, die man erhält, wenn man Kohle bei einer Temperatur von etwa 1800° C. der Einwirkung von Siliziumdampf aussetzt. Das Silizium geht bei dieser Temperatur in Dampf über

505. Rahmen mit
Prometheus-Heizelementen.

506. Elektrischer Zimmerofen,
Prometheus-System.

und verbindet sich mit der Kohle. Die Herstellung ist vergleichsweise einfach. Nach Bölling werden Kohlenstücke in amorphes Karborundum (Siliziumkarbid, s. S. 371) oder auch in eine Mischung von Kohle und Sand gelegt und im elektrischen Ofen geglüht. Das Silizium des Karborundums oder Sandes verdampft und dringt in die Kohle ein, die es dadurch in Silundum überführt.

Dieser neue Widerstandsstoff hat sehr gute Eigenschaften. Er leitet die Elektrizität, hat aber einen hohen spezifischen Widerstand, ist sehr hart und hält hohe Temperaturen aus. Aus Silundumstäbchen werden nun Roste zusammengestellt, in denen die Stäbe einen zickzackförmigen Stromweg bilden und die an den Berührungspunkten durch ein hitzebeständiges Lötmittel miteinander verbunden sind. Abb. 507.

Mit diesem Material lassen sich in solcher Weise Heizkörper und Hitzvorrichtungen zusammenbauen, bei denen die erzeugte Temperatur erheblich höher als die übliche Siedehitze geht. Wir wollen hier zwei Silundumapparate kurz beschreiben, die die Art dieser Vorrichtungen erkennen lassen.

Den Einbau eines Silundumhitzleiters wie er beschrieben, lassen die Abb. 508 u. 509 erkennen. Der in einen Rahmen mit Zuleitung gefaßte Hitzleiter ist in einem eisernen Untersatze montiert, der den bekannten Gaskochern in seiner Äußerlichkeit ähnelt. Zwei wärmeisolierende Griffe an den Seiten gestatten ihn anzufassen, wenn er im Betriebe ist. Auf diesen kleinen Ofen können nun die zu erhitzenden Gefäße usw. gestellt werden; die durch die Schlitze strahlende Wärme und ebenso die Berührung mit der heißen Platte teilt dem Boden die erzeugte Wärme mit. Unsere Abb. 509 zeigt diese Verwendung an einer Glasretorte.

507. Silundum-Heizkörper.

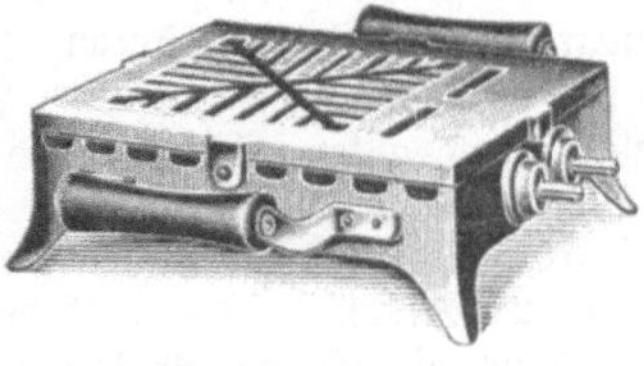

508. Silundum-Heizapparat.

509. Retortenheizer mit Silundum-Heizkörper.

Hugo Helberger in München-Thalkirchen benutzt Drähte als Heizleiter und zwar aus Kupfernickel, Nickel, Eisen und anderen Metallen. Zur Isolierung dienen aufgereihte Glasperlen aus schwer schmelzbarem Glase, die die Wärme verhältnismäßig gut leiten. Solche Drähte werden auf ein 75 cm langes und 5 cm weites Messingrohr gewickelt und mit einem erhärtenden Isolierkitt umgeben, der die Heizdrähte luftdicht abschließt. Unsere Abb. 510 u. 511 zeigen diese Anordnung. Das Messingrohr erwärmt sich unter der Wirkung des Stromes und teilt die

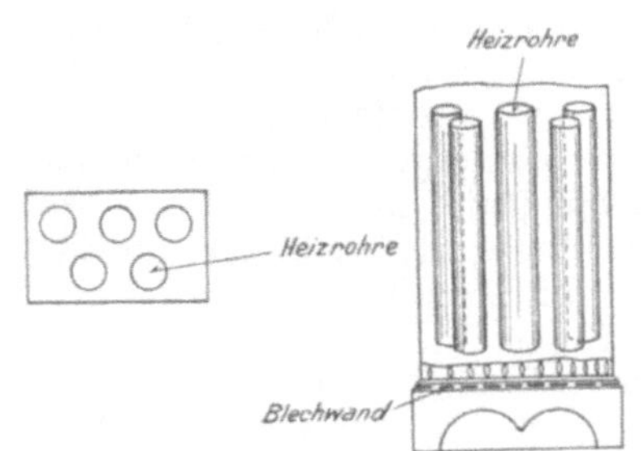

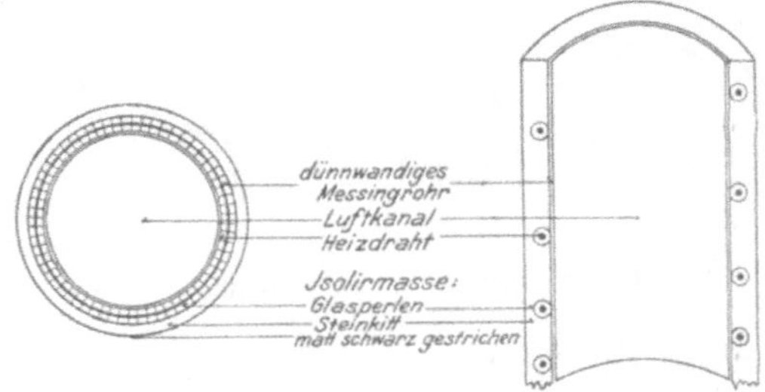

510. Heizrohr von Helberger.

511. Verbindung mehrerer Helberger Rohre zu einem Ofen.

Wärme der umschlossenen Luftsäule mit. Bei senkrechter Anordnung des Rohres wird die erwärmte Luft emporsteigen und an ihre Stelle tritt von unten kalte Luft, die in gleicher Weise erwärmt wird. Es findet also ein andauernder Luftfluß durch das Rohr statt, der die erzeugte Wärme rasch in den zu beheizenden Raum überführt. Die Temperatur der Luft, die oben den Zylinder verläßt, beträgt etwa 100° C., die des Heizelementes geht bis etwa 200° C.

Für einen Ofen werden nun mehrere solcher Elemente parallel nebeneinander gesetzt und zwar in ihrer Zahl entsprechend der verlangten Heizleistung. Das Einzelelement wird für 5,10 und mehr Amperes gebaut und für die normale Spannung von 100—110 Volt. Will man höhere Spannungen verwenden, so genügt die Reihenschaltung der Elemente diesem Zwecke.

Um bei dem Luftfluß durch die Heizrohre zu verhindern, daß die eintretende Luft vom Boden des Zimmers entnommen wird, wo sich leicht Staub ansammelt, wird die Luftzuführung in den Ofen derart angeordnet, daß sie etwa 30 cm über dem Fußboden ihren Eingang hat.

Damit wird die Zuführung des Staubes vermieden, der, wie schon gesagt, in den heißen Röhren leicht versengt wird und dann einen häßlichen Geruch verbreitet.

Man erkennt leicht, daß das System anstelle der Luftdurchführung auch eine solche von Wasser ermöglicht. Man hat hierfür nur eine Anzahl von Heizrohren zu einer Heizschlange zu verbinden und das zu erhitzende Wasser hindurchzuleiten. Bei der innigen Berührung des Wassers mit den Rohrwandungen und bei der verhältnismäßig großen Heizfläche geht die entwickelte Wärme glatt in das Wasser über.

Helberger baut nach diesem System Wasserschlangen für die Heizung des Badewassers, für die Warmwasserversorgung der Küchen usw.

Zweifellos ist das Heizelement von Helberger nicht so fügsam wie die Plattenelemente des Prometheus, weil es einen größeren Raum in Anspruch nimmt und bei der Luftheizung die senkrechte Aufstellung erfordert. Es hat aber den Vorzug, daß es einen raschen Luftzufluß bei rascher Erwärmung der durchgeführten Luft bewirkt und daß es nach außen hin keine Wärme abgibt, also einen guten Schutz gegen unerwünschte Wärmewirkungen gewährt.

Die Helbergerschen Öfen können nun auch derart angeordnet werden, daß die zugeführte Luft von außen durch ein Einlaßrohr kommt. Das ermöglicht die andauernde Zufuhr von erwärmter Frischluft und also eine höchst wirksame andauernde Lüftung des Zimmers. Wir kommen damit an das Ideal der Zimmerheizung heran und um so größer muß unser Bedauern sein, daß die hohen Kosten die allgemeine Verwendung der elektrischen Heizung verbieten. Bedenkt man, welche Bedeutung die richtige Heizung und Lüftung unserer Wohnräume hat, so wird man mit uns darin übereinstimmen, daß die Verbilligung der elektrischen Heizung durch verbesserte Stromerzeugungsverfahren geradezu einen Kulturfortschritt und eine soziale Errungenschaft bedeuten wird, die die der elektrischen Beleuchtung noch übertrifft.

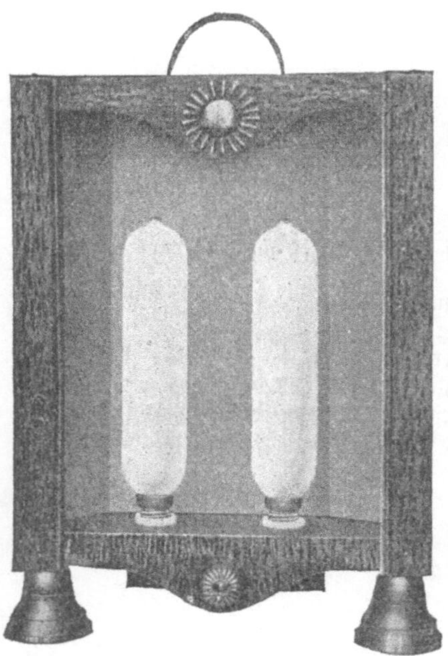

512. Glühlampen-Ofen der A. E. G.

Die Allgemeine Elektrizitätsgesellschaft verwendet zwei Formen von Heizkörpern und zwar in Platten- und in Patronenform. Bei der ersteren liegt eine Widerstandsschicht zwischen zwei Mikanitplatten, die durch einen Klebstoff zusammengehalten und zwischen zwei Metallplatten gepreßt werden. Die Patronenheizer, die in Teekesseln und Wasserwärmern zur Verwendung gelangen, bestehen aus Mikanithülsen mit umwickelten Widerstandsdrähten, die in ein mit Mikanit gefüttertes Messingrohr gelegt werden.

Diese Rohrheizkörper liegen in der zu erhitzenden Flüssigkeit, während die Plattenheizer unter dem Boden des zu erhitzenden Körpers liegen.

Wir wollen noch kurz eine andere Art elektrischer Öfen erwähnen, deren Heizkörper erheblich höher erhitzt werden als bei den beschriebenen Vorrichtungen. Es sind dies Öfen mit großen schwachglühenden Glühlampen, wie sie in Abb. 512 dargestellt sind. Ihre Bedeutung liegt mehr im Ästhetischen als im Technischen. Sie gewähren mit ihrem dunkelroten Feuerschein den Eindruck eines brennenden Kamines, an den sich, weniger bei uns als in England, das Gemüt geheftet hat. Sie sind also für das Auge. In ihrer Heizwirkung stehen sie gegen die früheren Konstruktionen zurück und die nicht eben große Lebensdauer der Heizglühlampen macht ihren Betrieb auch in dieser Hinsicht teurer.

Die weiteren Anwendungen der elektrischen Heizung und Hitzung können wir nur mit einer kurzen Erwähnung bedenken. Sie hat sich so ziemlich auf alle Fälle erstreckt, wo man Heizung und Hitzung gebraucht, mit einer Grenze, die nur durch das Maß der erlangten Wärme setzt, so daß bei großen Wärmemengen — nennen wir hier einmal den Herdofen — die elektrische Heizung wegen der Kosten notwendig versagen muß. Innerhalb dieser Grenze ist die Verwendung aber eine erstaunlich vielseitige und wir wollen hier nach den Preislisten der Fabriken nur eine Auswahl in bunter Reihe bringen: Elektrische Bügeleisen, Badetuchwärmer, Leimtöpfe, Brennscheren, Wasserbäder (Marienbäder), Lötkolben, Brennkolben, Thermostate, Kaffeeröstapparate, Speisewärmer, Zigarrenanzünder, elektrische Präge- und Tuchpressen, Sterilisierapparate, Schmelztöpfe für Zinn, Blei, Siegellack u. a. m., Siegelapparate, Fußwärmer, Schaufensterwärmer. Wir könnten die Reihe leicht verlängern. Aber der Leser wird sich danach selber die ausgedehnten Verwendungsmöglichkeiten vorstellen können.

Telegraphie.

Von Oberingenieur G. Schmidt.

Die Anfänge der Telegraphie. Telegraphie im weitesten Sinne ist jede nach unserem
Willen erzeugte Wirkung in die Ferne, die zur Verständigung, zur Übertragung von
Nachrichten auf größere Entfernungen dient, als sie die physischen Mittel des einzelnen
unbewaffneten Menschen, die Stimme und die Geste, überwinden können.

Das Bedürfnis einer solchen telegraphischen Verständigung ist uralt und mußte sich
naturgemäß aus dem Verkehr der Menschen entwickeln; so sehen wir denn auch die tele=
graphische Benachrichtigung schon in alten Zeiten angewendet.

Die älteren und gelegentlichen Anwendungen der Telegraphie dürfen wir an dieser Stelle
übergehen und können ihre Entwickelungsgeschichte mit dem Zeitpunkte beginnen lassen, als
man Einrichtungen schuf, um beliebige Nachrichten in einem regelmäßigen Betriebe zu
übermitteln, und dies geschah gegen Ende des achtzehnten Jahrhunderts, als man die erste
optische Telegraphenlinie nach dem System Chappe in Betrieb nahm und 1794 Paris
mit Lille verband, eine Linie, die erst 1840 durch den elektrischen Telegraphen ersetzt worden
ist. Aus dieser Einrichtung hat sich das Telegraphenwesen entwickelt, das freilich erst dann
seine Bedeutung für den Verkehr der Menschheit erlangen konnte, als der sehr viel zuver=
lässigere und leistungsfähigere elektrische Strom diesem Zwecke dienstbar gemacht wurde.

Der erste elektrische Telegraphenapparat war der des Anatomen Dr. Thomas von
Sömmering, der auf der Gasentwicklung bei der Zersetzung von Wasser durch den
elektrischen Strom beruhte.

Der praktische Wert dieser Erfindung war nicht sehr groß. Trotzdem ist Sömmerings
Erfindung nicht nutzlos gewesen, denn in ihr nimmt, wie wir gleich sehen werden, die Ent=
wickelung unseres elektrischen Telegraphen ihren Anfang.

Mit Sömmering war der russische Staatsrat Schilling von Cannstadt befreundet,
der sich für die Sömmeringsche Erfindung lebhaft interessierte und einen solchen Telegraphen
mit nach Rußland nahm, um ihn dem Zar vorzuführen. Die Idee, den elektrischen Strom
zur telegraphischen Verständigung zu benutzen, ließ ihn nicht mehr los und beschäftigte ihn
zwanzig Jahre hindurch.

Mittlerweile hatte nun Oersted die Ablenkung der Magnetnadel, Ampère die elektro=
dynamischen Wirkungen entdeckt und Schweigger den Multiplikator erfunden, und diese
Entdeckungen gaben dem Baron Schilling ein ganz neues Mittel in die Hand, Wirkungen
in die Ferne durch den Strom für die telegraphische Übermittelung zu erzielen, nämlich die
Ablenkung der Magnetnadel durch den Strom. Auf diese Erscheinung gründete
Schilling seinen Nadeltelegraphen, den er Anfang der dreißiger Jahre erfunden hatte
und im Herbste 1835 auf der Naturforscherversammlung in Bonn vorzeigte.

Auch Schillings Telegraph gelangte nicht zur praktischen Verwendung, aber er wurde
der unmittelbare Anlaß zu der Einführung der Telegraphie, und dies trug sich
folgendermaßen zu. Der Heidelberger Professor Muncke hatte ein Exemplar seinen Hörern
vorgeführt. Unter diesen befand sich nun ein junger Engländer, der über die interessante
Vorführung mit einem jungen Landsmanne sprach und dieser, William Fothergill
Cooke, wurde durch die Mitteilung seines Freundes veranlaßt, in Munckes Vorlesung zu
kommen, um sich den rätselhaften Apparat anzusehen. Mit dem praktischen weitblickenden

Verständnis, das seine Landsleute auszeichnet, begriff der junge Cooke sofort, daß diese Erfindung eine außerordentliche Bedeutung gewinnen könne, und er beschloß, sich der praktischen Gestaltung und Einführung der Erfindung zu widmen. Er wandte sich an Wheatstone, der auf seinen Vorschlag einging, mit ihm zusammen die Erfindung auszuarbeiten. Schon wenige Monate später reichten sie ein Gesuch um Schutz ihrer Erfindung beim Patentamt und bald nachher (Ende 1837) die regelrechte Patentanmeldung ihres Fünfnadeltelegraphen ein.

Vor diesen beiden Männern hatten aber bereits Gauß und Weber, die beiden berühmten deutschen Gelehrten, eine praktisch betriebene Telegraphenlinie unter Zuhilfenahme

513. Wellenschrift durch hin und her gehende transversale Bewegung eines Schreibstiftes
auf einem sich bewegenden Papierstreifen.

des von ihnen erfundenen Spiegelgalvanometers angelegt, die das physikalische Laboratorium in Göttingen mit der Sternwarte verband. Sie ist als die erste elektrische Telegraphenanlage der Welt anzusehen, da Cooke und Wheatstone erst vier Jahre später mit ihren Anlagen Versuche gemacht haben.

Durch die beiden Göttinger Forscher angeregt, vervollkommnete Karl August Steinheil den Telegraphen und gab ihm zwei fundamentale Verbesserungen, nämlich die Fixierung der Zeichen und die Erdleitung.

Cooke und Wheatstone brachten ihren Telegraphen bald in praktischen Betrieb. Aber ihr Telegraph hatte den Mangel, daß er die Zeichen nicht aufschrieb. Diesen Mangel beseitigte der Maler Samuel Morse durch seinen Schreibtelegraphen, der auch heute noch verwendet wird und mit dem wir die Beschreibung der Telegraphentechnik beginnen wollen.

Die Verkehrstelegraphie. Der Schreibtelegraph von Morse hat infolge seiner Einfachheit die weiteste Verbreitung gefunden. Obgleich es als feststehend gilt, daß Morse die Anregung zu dem nach ihm benannten Telegraphen von dem Bostoner Universitätsprofessor Dr. Charles Jackson gelegentlich der gemeinsamen Rückreise an Bord des Paketschiffes Sully im Jahre 1832 erhielt, so bleibt es doch zweifellos Morses Verdienst, die Idee in die Praxis umgesetzt und durch rastloses Weiterarbeiten zur allgemeinen Einführung gebracht zu haben.

Morse benutzte die hin- und hergehende Bewegung eines von einem Elektromagneten beeinflußten Ankers zur Erzeugung von fixierten Zeichen.

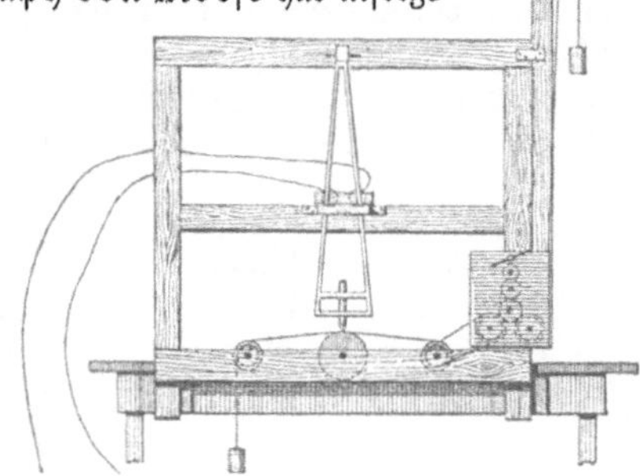

514. Morses erster Schreibtelegraph.

Nehmen wir einen Bleistift, so wird dieser bei der Hin- und Herbewegung auf einem Blatt Papier gerade übereinanderliegende Striche hervorbringen, mit denen aber unterschiedene Zeichen sich nicht darstellen lassen. Verschiebt man dagegen das Papierblatt senkrecht zur Bewegung des Bleistiftes, dann erhält man statt der übereinanderliegenden Striche eine Wellenlinie (s. Abb. 513). Denken wir uns nun den Bleistift an einem Elektromagnetanker befestigt und das Papier durch ein Uhrwerk mit gleichmäßiger Geschwindigkeit vorwärts bewegt, diese Anordnung gab Morse seinem ersten Schreibtelegraphen (Abb. 514), dann wird der Bleistift, während der Anker seine Ruhestellung einnimmt, eine fortlaufende gerade Linie schreiben, die Nullinie. Wird dagegen der Anker durch einen Strom angezogen und wieder losgelassen, so wird auch der Bleistift von der Nullinie abweichen und eine Kurve aufzeichnen. Auf diese Weise können durch entsprechende Anzahl Stromimpulse beliebige Zeichen gebildet werden, wie die Abb. 515 zeigt. Morse bildete aus der Zahl der aufgezeichneten

Kurven, indem er sie einzeln oder zu Gruppen anordnete, Ziffern, welche durch einen Schlüssel erst in Worte übersetzt werden mußten (s. Abb. 515), die das erste Telegramm, das Morse mit seinem Apparat übermittelte, darstellt. Diese Art der Zeichengebung war sehr umständlich, weshalb Morse die Anwendung dieses Schlüssels bald aufgab und aus kürzeren und längeren Abweichungen des Schreibstifts von der Nullinie, Buchstaben, Zahlen und Interpunktionszeichen zusammenstellte. Durch eine zweckmäßige Änderung des Apparates gelang es ihm bald, die Zeichen nicht durch seitliche Abweichungen von der Nullinie hervorzubringen, sondern

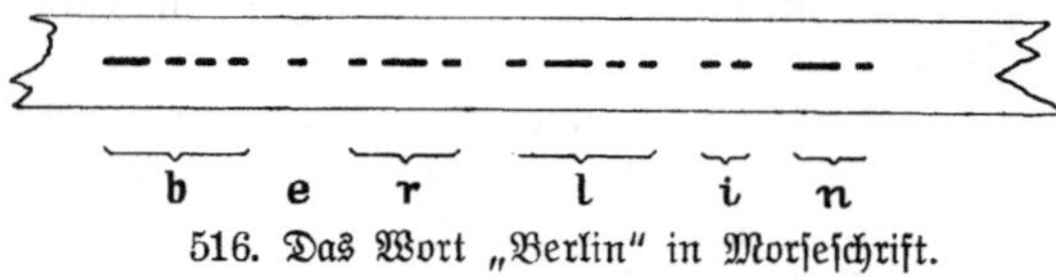

515. Morses erste Zickzackschrift.

214	successful (gelungener)
36	experiment (Versuch)
2	with (mit)
58	telegraph (dem Telegraph)
112	september
04	4
01837	1837

durch einzelne Punkte und Striche, indem er den Schreibstift nicht mehr dauernd auf dem Papierstreifen hin- und herschob, sondern ihn in Ruhe dicht über dem Papier schweben ließ und nur beim Schreiben gegen das Papier drückte. Diese Anordnung ist auch bei den modernen Morseapparaten beibehalten worden.

Läuft der Papierstreifen gleichmäßig weiter und der Anker wird kürzere oder längere Zeit angezogen, so wird dementsprechend auch der Schreibstift sichtbare Zeichen von entsprechender Länge hervorbringen. Aus diesen Elementarzeichen Punkt (.) und Strich (—) ist nun die Morseschrift gebildet. Punkte und Striche werden zu entsprechenden Gruppen zusammengestellt und bilden so Buchstaben des Alphabets, Zahlen, Interpunktionszeichen, Dienstzeichen usw. Der Strich ist dreimal so lang als ein Punkt, der Zwischenraum zwischen je zwei Zeichen soll 1, zwischen je 2 Buchstaben 3, und zwischen zwei Worten 6 Punkte lang sein (Morsealphabet (Abb. 517). Abb. 516 zeigt das Wort „Berlin" in Morseschrift.

516. Das Wort „Berlin" in Morseschrift.

Im Jahre 1843 gelang es Morse, seinen Apparat so weit zu verbessern, daß ihm von der Regierung der Vereinigten Staaten die Genehmigung zur Herstellung einer Telegraphen-

A .—	G ——.	M ——	S ...	Y —.——
B —...	H	N —.	T —	Z ——..
C —.—.	I ..	O ———	U ..—	Ae .—.—
D —..	J .———	P .——.	V ...—	Oe ———.
E .	K —.—	Q ——.—	W .——	Ue ..——
F ..—.	L .—..	R .—.	X —..—	CH ————

517. Das Morsealphabet.

linie zwischen Washington und Baltimore, behufs praktischer Erprobung seines Telegraphen erteilt wurde. Dieser in Abb. 518 dargestellte Apparat war noch äußerst schwer gebaut, erwies aber doch seine Brauchbarkeit für den telegraphischen Verkehr.

Da die Verwendung eines Bleistiftes für die Hervorbringung der Zeichen sich bald als ungenügend herausstellte, weil die Spitze sehr oft erneuert werden muß, wurde ein Schreibstift mit Stahlspitze benutzt, dessen Spitze sich beim Schreiben in das Papier eindrückt und so die Zeichen plastisch erscheinen läßt (Reliefschrift, daher der Name Reliefschreiber). Die Abb. 519 gibt die Anordnung eines modernen Reliefschreibers wieder. Der Papierstreifen wird von der Papierrolle P durch ein Federlaufwerk mit gleichmäßiger Geschwindigkeit abgewickelt und durch die Schreibvorrichtung hindurch gezogen. Diese besteht aus zwei geriefelten Walzen, die durch das Laufwerk in Bewegung gesetzt den Papierstreifen P vorwärts bewegen. Die eine der beiden Walzen besitzt eine ringsum laufende Nut, unterhalb deren sich die Spitze des Schreibstiftes befindet. Dieser ist in dem linken Ende eines zweiarmigen Hebels, des Schreibhebels, derart angebracht, daß in Ruhe der Schreibstift das Papier nicht berührt. Das rechte Ende des Schreib= hebels trägt den Anker der unmittelbar über den Polen des Elektromagneten schwebt. Eine

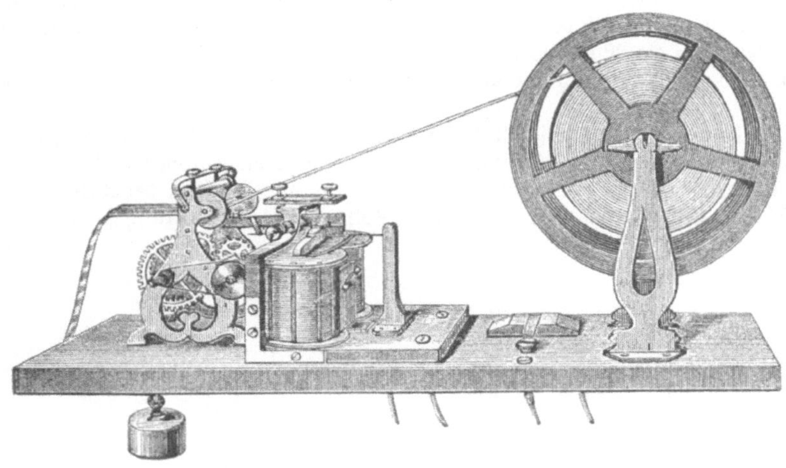

518. Morseschreiber von 1843.

regulierbare Abreißfeder dient dazu, den Anker von dem Elektromagneten abzuziehen und da= durch den Schreibstift in die Ruhelage zu bringen. Die Bewegung des Schreibhebels wird be= grenzt durch zwei Stellschrauben, die sich in dem sogenannten Anschlagständer befinden. Sobald der Strom die Elektromagnetwindungen passiert, wird der Anker angezogen, der Schreibstift ge= hoben und seine Spitze in den Papierstreifen eingedrückt.

Zur leichten und exakten Hervorbringung der erforderlichen Stromimpulse dient der Taster oder Schlüssel, der durch leichten Druck der Hand den Stromkreis schließt.

Die telegraphischen Zeichen können auf mannigfache Weise hervorgebracht werden, je nach Art der Anlage. Hat man beispielsweise nur zwei Stationen durch eine Leitung mitein= ander verbunden, dann wählt man vorteilhaft den Arbeitsstrom, d. h. eine Schaltung, bei der die Zeichen wie vorbeschrieben durch den Strom erzeugt werden, indem durch Drücken des Tasters der Kontakt c geschlossen und so die

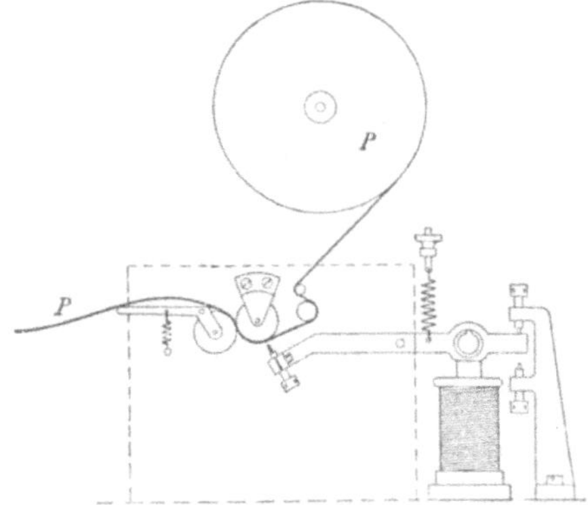

519. Reliefschreiber.

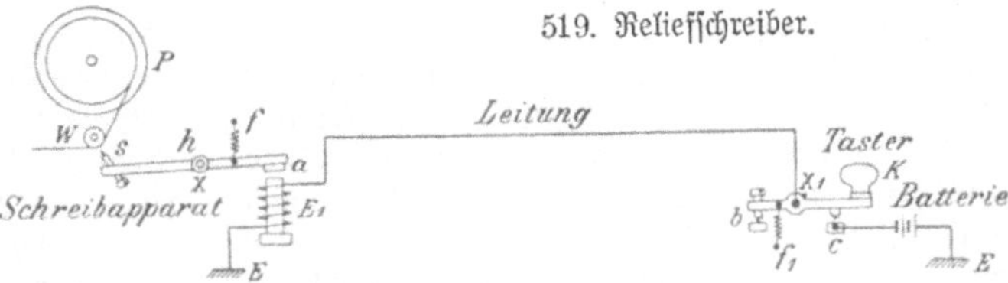

520. Morseschaltung für Arbeitsstrom.

Batterie eingeschaltet wird (Abb. 520). Jede Station erhält eine so große Batterie, daß ihre Spannung ausreicht, um dem empfangenden Apparat noch eine genügende Stromstärke zuzuführen.

Werden dagegen viele Stationen in eine Leitung geschaltet, dann wählt man den Betrieb mit deutschem Ruhestrom (Abb. 521). Die zum Betrieb erforderliche Batterie wird über die ganze Linie verteilt, die Teilbatterien werden hintereinandergeschaltet, und wirken stets zusammen. In Ruhe ist der Stromkreis geschlossen und wird nur beim Druck auf den Taster unterbrochen. Der Schreibhebel ist gebrochen, d. h. mit einem Gelenk versehen, so daß im Ruhezustande, wenn der Anker auf dem Elektromagneten aufliegt, der Schreibstift vom Papierstreifen entfernt ist und sich erst beim Unterbrechen des Ruhestromes dem Papierstreifen nähert, weil der Anker durch die Abreißfeder f von den Polen des Elektromagneten abgezogen wird. Die Schrift wird also nicht durch den Ankeranzug, sondern durch die Wirkung der Abreißfeder hervorgebracht.

Eine ähnliche Schaltungsweise ist die mit amerikanischem Ruhestrom (Abb. 522), welche eine Kombination des Arbeitsstromes mit dem deutschen Ruhestrom darstellt. Der Tasterhebel liegt auf dem vorderen Kontakt auf, der Linienstrom ist geschlossen, der Anker angezogen und der Schreibstift gegen das Papier gedrückt. Soll telegraphiert werden, so wird zunächst

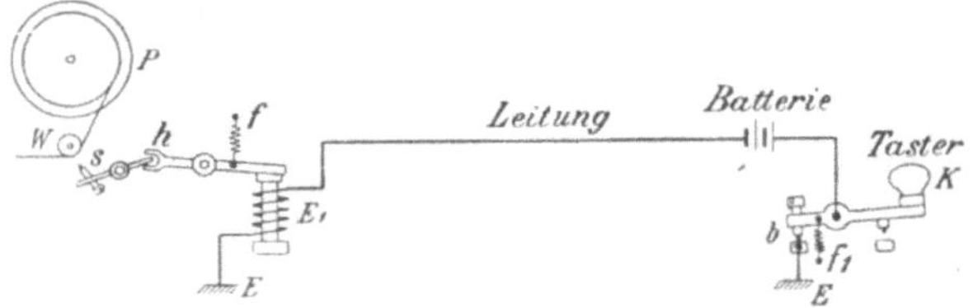

521. Morseschaltung für deutschen Ruhestrom.

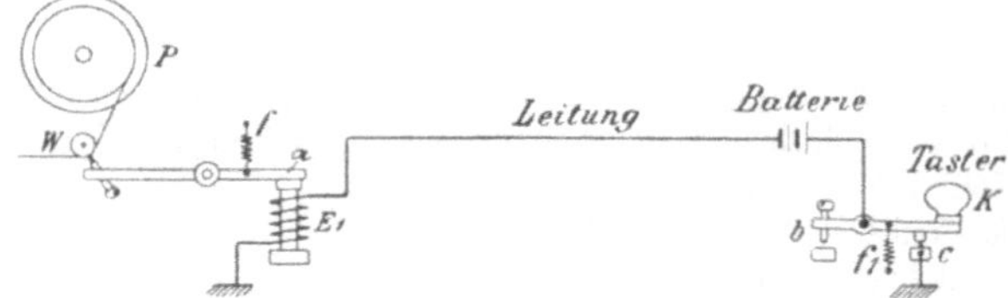

522. Morseschaltung für amerikanischen Ruhestrom.

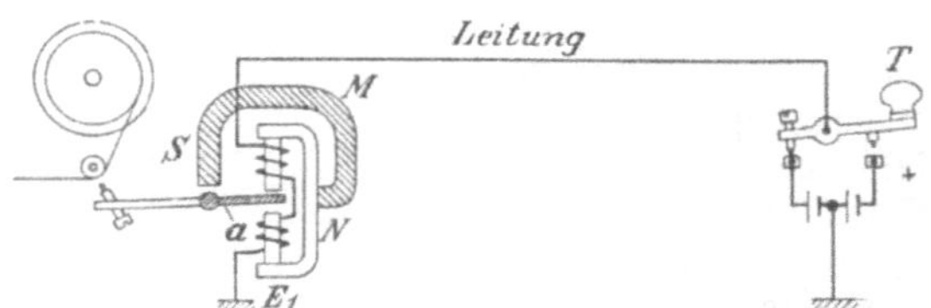

523. Schaltung eines polarisierten Morseschreibers.

der Tasterknopf gehoben und der Stromkreis unterbrochen, der Schreibhebel fällt ab, und der Schreibstift entfernt sich von dem Papier. Jetzt wird der Taster gedrückt, der Stromkreis geschlossen und so das Zeichen hervorgebracht. Es fließt sowohl in Ruhe als auch beim Geben eines Zeichens der Strom durch die Leitung und Apparate.

Es kann aber auch durch Wechsel der Stromrichtung telegraphiert werden. Zu diesem Zweck wird der Telegraphenapparat mit einem sogenannten polarisierten Elektromagnetsystem (Abb. 523) versehen, der Schreibhebelanker a sowohl als auch der Elektromagnet E_1 wird durch einen permanenten Magneten M dauernd magnetisiert. An den Taster T ist eine Batterie derart angeschlossen, daß in Ruhe der Strom in der einen Richtung fließt, wobei der Anker und damit der Schreibhebel die gezeichnete Stellung einnimmt, während bei gedrücktem Taster der Strom in umgekehrter Richtung fließt, dadurch den Elektromagneten umpolarisiert, den Schreibhebel umlegt, der nun den Schreibstift gegen das Papier drückt.

Die abgebildeten Schaltungen zeigen nur den einseitigen Betrieb, indem die Station an dem einen Ende der Leitung einen Schreibapparat, die Station an dem anderen Ende einen

Taster enthält. In Wirklichkeit muß natürlich jede Station geben und empfangen können, d. h. Schreibapparat und Taster besitzen. In der Abb. 524 ist nun eine solche vollständige Anordnung dargestellt für den Betrieb mit Arbeitsstrom und zwar Station B im Moment des Gebens, Station A während des Empfangens. Man sieht in B den Taster gedrückt, in A den Schreibhebel angezogen. Der eigene Apparat in B schreibt nicht mit, da sein Elektromagnet bei gedrücktem Taster durch die Unterbrechung des Ruhekontaktes ausgeschaltet ist.

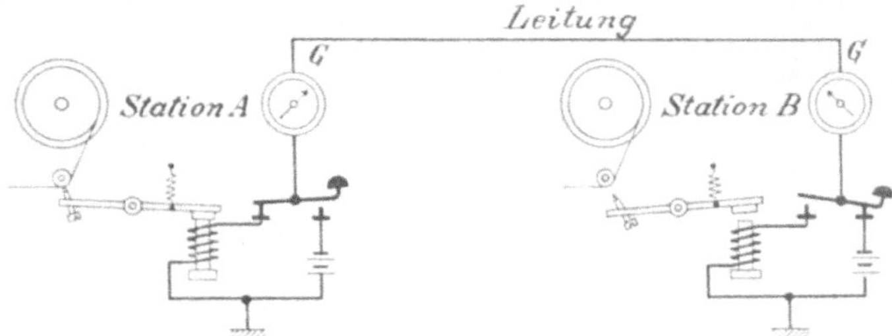

524. Schaltung einer Morsetelegraphenanlage.

Zur Kontrolle über den abgehenden und ankommenden Strom dienen die auf A und B in die Leitung geschalteten Galvanoskope G.

Dem Reliefschreiber haften einige Nachteile an, die darin bestehen, daß das Lesen der Schriftzeichen sehr anstrengend ist, weil dieselben nur dann gut sichtbar sind, wenn das Licht unter einem bestimmten Winkel auf den Papierstreifen fällt, ferner ein verhältnismäßig starker Strom erforderlich ist, den Schreibstift genügend tief in das Papier zu drücken. Man war deshalb bestrebt, diese Übelstände zu beseitigen, was zur Konstruktion des Farbschreibers führte, der die Morsezeichen in blauer Farbe auf weißem Grunde wiedergibt. Die bekannteste Konstruktion ist die des Normalfarbschreibers von Siemens & Halske, der nicht nur bei der Deutschen Telegraphenverwaltung, sondern auch bei den meisten Telegraphenbehörden des Auslandes Verwendung gefunden hat, weshalb hier eine etwas eingehendere Beschreibung gegeben sei.

Auf einem hölzernen Grundbrett G (Abb. 525), das eine nach vorn herausziehbare Schublade K enthält, in der sich, leicht drehbar gelagert, die horizontale Papierrolle befindet, ist der eigentliche Farbschreiber montiert. Er besteht aus einem kräftigen Laufwerk, das in einem staubdicht schließenden Metallgehäuse untergebracht ist und seinen Antrieb durch eine von vorn zugängliche Federtrommel F erhält. Ein Windfang sorgt für den gleichmäßigen Ablauf des Werkes, so daß der Papierstreifen mit gleicher Geschwindigkeit vorwärts bewegt wird.

Die eigentliche Schreibvorrichtung besteht aus einem kastenförmigen Farbgefäß J, in dessen Öffnung eine kreisrunde Metallscheibe S, das Farbrädchen (siehe Abb. 526 u. 527) eintaucht. Dieses Farbrädchen steht in direktem Eingriff mit

525. Normalfarbschreiber.

dem Laufwerk, nimmt also an der Drehung der Papiertransportwalze teil. Bei der Drehung des Farbrädchens wird die Farbe an seinem Umfang mitgenommen, so daß der Rand stets mit Farbe bedeckt ist. Wie aus Abb. 527 ersichtlich, ist die Achse des Farbrädchens andererseits in dem Schreibhebel gelagert, so daß bei Bewegung des letzteren das Farbrädchen gehoben und dem Papierstreifen genähert wird. Die Bewegung des Schreibhebels ist jedoch so begrenzt, daß bei gehobenem Farbrädchen dasselbe nicht unmittelbar das Papier berührt, sondern nur die auf dem Umfang haftende Farbe an das Papier abgibt, so daß eine Reibung zwischen Papier und Farbrädchen nicht eintreten kann. Daraus geht klar hervor, daß die Erzeugung der Schriftzeichen, weil eine größere mechanische Arbeit nicht zu leisten ist, mit verhältnismäßig schwachem Strom erfolgen kann.

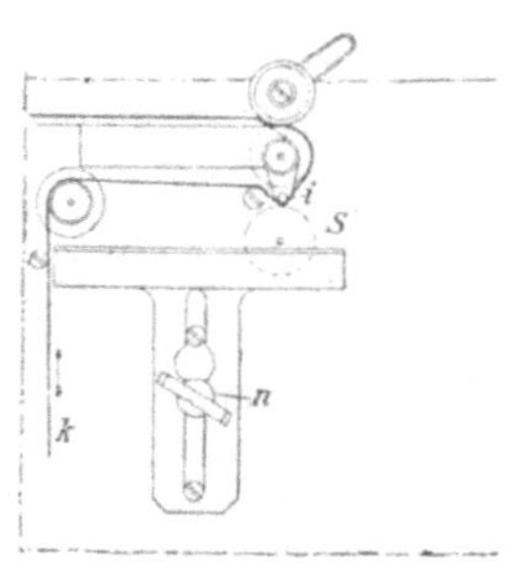

526. Papierführung am Normalfarbschreiber.

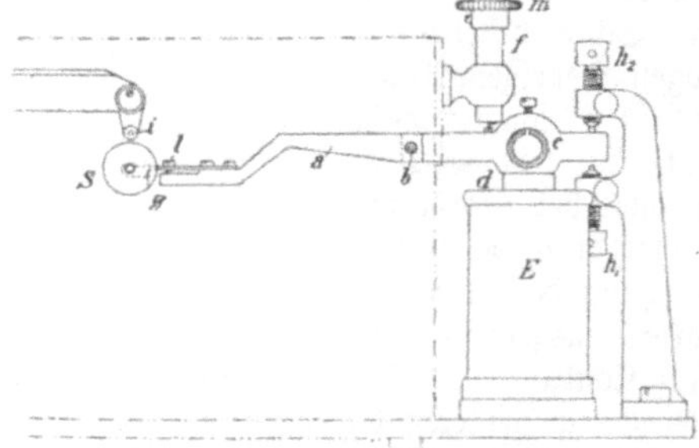

527. Schreibvorrichtung am Normalfarbschreiber.

Um beim Herausnehmen des Farbgefäßes das Farbrädchen nicht zu beschädigen, ist die Einrichtung so getroffen, daß das Farbgefäß erst soweit gesenkt werden muß, bis das Farbrädchen vollständig aus dem Farbgefäß herausgetreten ist, dann erst kann durch geeignete Drehung der Flügelschraube n letzteres von dem Laufwerk abgenommen werden (s. Abb. 526).

Die Abreißfeder ist in dem Federspanner f untergebracht, eine Regulierschraube m gestattet die Feder mehr oder weniger zu spannen. Der Anschlagständer A besitzt die beiden Anschlagschrauben h_1, h_2, mit deren Hilfe die Bewegung des Schreibhebels eingegrenzt wird. Der Anker c, der über den Polen des Elektromagneten E schwebt, ist rohrförmig ausgebildet. Um die Empfindlichkeit der Schreibvorrichtung noch steigern zu können, ist eine sogenannte Magnetstellung angebracht, bei der durch Drehen der Schraube w (s. Abb. 525) der Elektromagnet gehoben bzw. gesenkt werden kann, um den Abstand zwischen seinen Polschuhen und dem Anker verringern oder vergrößern zu können, ohne daß die Bewegung des Schreibhebels dadurch geändert wird.

Auf dem hölzernen Grundbrett sind noch Klemmen für den Anschluß der Elektromagnetwicklungen vorgesehen, ebenso befindet sich ein kleines kreisrundes Fenster in der oberen Fläche, um von außen beobachten zu können, ob sich noch genügend Papier auf der Papierrolle befindet.

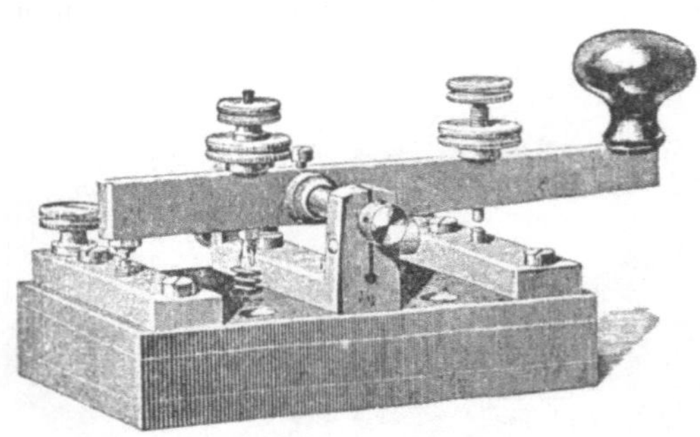

528. Der Morsetaster.

Ein besonderer, nach vorn aus dem Laufwerk herausragender Hebel gestattet das Laufwerk in Gang zu setzen bzw. nach Empfang des Telegramms zu arretieren.

Der zum Geben der Telegraphierimpulse erforderliche Morsetaster ist in der Abb. 528 dargestellt. Ein zweiarmiger Hebel ist in einem metallenen Bock gelagert, der längere Arm trägt einen Hartgummiknopf, der beim Telegraphieren von der Hand umfaßt wird. Zwei messingene Kontaktschienen werden als vorderer und hinterer Anschlag für den Tasterhebel benutzt. Die hintere Messingschiene, auf welche sich der Hebelarm infolge Zuges einer Spiralfeder in Ruhe auflegt, ist der Ruhekontakt, während die vordere Schiene den Arbeitskontakt bildet. Die Bewegung des Hebels kann durch die vordere Kontaktschraube verschieden eingestellt werden.

Zur Kontrolle darüber, ob die Leitung bzw. die Stromquelle in Ordnung ist, dient ein Galvanoskop, dessen Zeiger über einer Skala spielt, der Ausschlag des Zeigers gibt ein ungefähres Bild über die in die Leitung gesandte Stromstärke. Da aber die einfachen Galvanoskope in ihrer Funktion von verschiedenen Zufälligkeiten abhängig sind, so wird man nie eine zuverlässige Angabe der wirklichen Stromstärke erhalten können, deshalb verwendet man in neuerer Zeit ein Instrument, welches die wirkliche Stromstärke, die meist sehr gering ist, an einer Skala ablesen läßt. Ein derartiges Instrument wird Stromfeinzeiger oder Milliamperemeter genannt, weil die Skala in Milliampere eingeteilt ist.

Es sei noch erwähnt, daß der vorgenannte Normalfarbschreiber meist mit einer Stromstärke von 0,010—0,020 Ampere betrieben wird.

Die Relais. Man kann sich leicht vorstellen, daß der elektrische Strom, wenn er eine lange Leitung zu passieren hat, am Ende so weit geschwächt ankommt, daß er nicht mehr imstande ist, die erforderliche Arbeit zu leisten; eine unbeabsichtigte Erhöhung des Leitungswiderstandes, vor allem aber die unvermeidlichen Ableitungen des Stromes unterwegs zur Erde tragen daran die Schuld. Um diesem Übel zu begegnen, benutzt man ein Mittel, das, ebenso wie

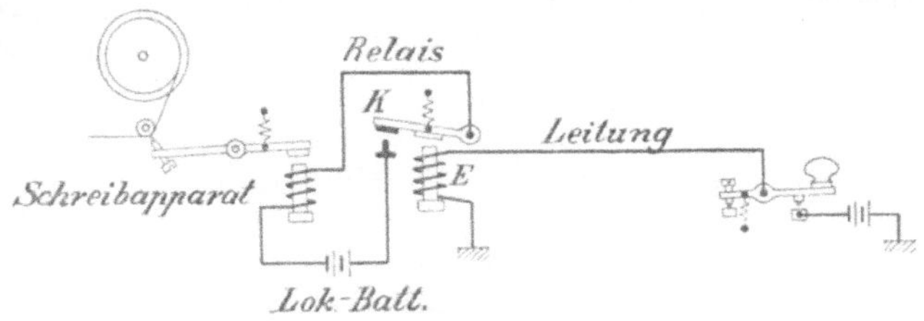

529. Betrieb des Morseschreibers durch ein Relais.

die Post in früherer Zeit durch Wechseln der Pferde auf den sogenannten Relaisstationen für eine ungestörte schnelle Beförderung des Postwagens sorgte, die Möglichkeit gibt, den geschwächt ankommenden Strom durch einen von normaler Stärke zu ersetzen. Dieses Mittel nennt man Relais. Es wirkt wie ein aus der Ferne betätigter Taster, der zur Einschaltung einer neuen Stromquelle dient. Man ersieht hieraus, daß der ankommende schwache Strom allerdings noch eine Arbeit leisten muß, jedoch ist die Konstruktion des Apparates so gewählt, daß zu seiner Betätigung ein sehr schwacher Strom eben noch genügt. Das Schema (Abb. 529) zeigt eine derartige Relaisanordnung. Das Relais besitzt einen Elektromagneten E, dessen Anker an einem Kontakthebel befestigt ist. Der ankommende Strom zieht nur den Hebel herab. Hierbei schließt sich der Kontakt k,

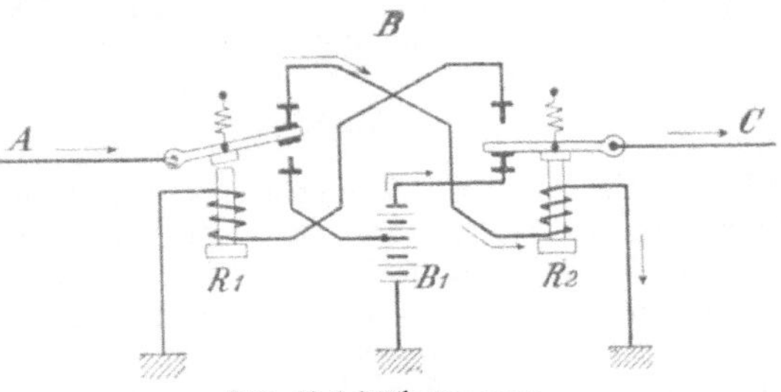

530. Relaisübertragung.

der den Lokalstromkreis einschaltet, in dem der Schreibapparat und die zu seiner Betätigung notwendige Lokalbatterie liegt.

Dem vorstehend angeführten Beispiel der früher bei der Fahrpost üblichen Relaisstationen ganz entsprechend, sind die in langen Telegraphenleitungen eingerichteten Relaisübertragungsstationen. Eine Leitung, die zu lang wäre, um ein direktes Arbeiten zu ermöglichen, wird in mehrere Teilstrecken zerlegt, an den Punkten, wo diese zusammentreffen, werden dann Übertragungsstationen errichtet. Die schematische Darstellung (Abb. 530) läßt die Wirkungsweise leicht erkennen. Die Leitung ist in zwei Teilstrecken A—B und B—C zerlegt, in B, der Übertragungsstation, befinden sich zwei Relais R_1, R_2 und die Batterie B_1. Die Schaltung ist so gewählt, daß nach C die ganze, nach A nur ein Teil der Batterie benutzt wird, weil angenommen ist, daß die Strecke B—C länger ist als die Strecke A—B. Die eingezeichneten Pfeile zeigen den Stromlauf, wenn von A nach C mit Hilfe der Übertragungsvorrichtung telegraphiert wird. Das Relais R_1 bleibt in der Ruhestellung, der von A kommende Strom läuft über den Ruhekontakt des Relais R_1 durch die Elektromagnetwindungen des Relais R_2 zur Erde. Dieses zieht seinen Kontakthebel an und schaltet dadurch die ganze Batterie B_1 ein, deren Strom über den Arbeitskontakt des Relais R_2 durch die Leitung nach C und durch die Erde zurück nach B läuft. Beim Telegraphieren von C nach A bleibt das Relais R_2 in Ruhe, während das Relais R_1 betätigt wird und den Strom der Teilbatterie B_1 von B nach A sendet. Die Einrichtung kann natürlich auch so getroffen werden, daß an Stelle der Relais Schreibapparate verwendet werden, deren Schreibhebel mit Übertragungskontakten versehen sind.

Die Konstruktion der Relais wird dem Betrieb angepaßt, im wesentlichen unterscheidet man zwei Arten: die neutralen Relais, bei denen die Bewegung des Ankers in der einen Richtung durch den elektrischen Strom, in der anderen durch eine Abreißfeder bewirkt wird und die polarisierten Relais, bei denen eine Abreißfeder in Fortfall kommt, dagegen der Elektromagnet sowohl als auch der Anker durch einen permanenten Magneten polarisiert ist und die Bewegung des Ankers nur durch Änderung der Stromrichtung hervorgebracht wird. Die polarisierten Relais können aber auch so eingestellt werden, daß der Anker durch die Kraft des permanenten Magneten in der Ruhestellung festgehalten wird und nur durch den Strom, wenn

531. Klopfer.

derselbe in einer bestimmten Richtung die Elektromagnetwindungen durchfließt, in die Arbeitslage gebracht werden kann. Nach Aufhören des Stromes wird der Anker durch den Einfluß des permanenten Magneten wieder in die Ruhelage zurückgeführt.

Das Klopfersystem. Da bei der Benutzung des Morsetelegraphen das Telegramm auf der empfangenden Station zweimal geschrieben werden muß, d. h. einmal in Morseschrift durch den Schreibapparat und dann nochmals in Schreibschrift durch den Beamten, um dem Empfänger ein lesbares Telegramm übermitteln zu können, hat man mit einem gewissen Zeitverlust zu rechnen, um so mehr, als der Morseapparat verhältnismäßig langsam arbeitet. Um die Leistung zu steigern, benutzt man häufig Telegraphenapparate, die die ankommenden Morsezeichen nicht aufschreiben, sondern nur dem Ohre in Gestalt von Klopftönen fühlbar machen. Die Amerikaner haben schon länger die Tatsache, daß geübte Telegraphisten das einlaufende Telegramm an dem durch den Schreibhebel verursachten Klopfen erkennen, also mit dem Gehör aufnehmen, benutzt, um statt des Morseapparates einen Apparat zu verwenden, bei dem das durch das Telegraphieren hervorgebrachte Geräusch als deutliches Klopfen wahrnehmbar ist. Der Beamte hat dann nur nötig, die einzelnen ankommenden Zeichen sofort auf ein Telegrammformular niederzuschreiben, wodurch viel an Zeit gewonnen wird. Das hierfür in Betracht kommende Klopfersystem besteht aus dem eigentlichen Klopfer und einem kleinen sehr leicht zu handhabenden Taster. Hinzu kommt noch eine Schallkammer, in welcher der Klopfer aufgestellt wird, damit das Klopfgeräusch von den benachbarten Beamten abgehalten und nur dem empfangenden Beamten zugeleitet wird.

Die Konstruktion des Klopfers geht aus Abb. 531 hervor, die das namentlich in den Vereinigten Staaten von Nordamerika verwendete Modell zeigt. Ein Elektromagnet wirkt auf einen leicht drehbar gelagerten Ankerhebel, der mit seinem freien Ende sowohl bei der Abwärts- wie Aufwärtsbewegung gegen einen Metallbock schlägt, der auf einer als Resonanzboden wirkenden Grundplatte angebracht ist, wobei ein gut hörbares Klopfen entsteht. Der Taster in der Ausführung, wie ihn die Deutsche Telegraphenverwaltung benutzt, ist in Abb. 532 dargestellt.

Steht dem Beamten zur Niederschrift des Telegramms eine Schreibmaschine zur Ver=
fügung, dann kann die Leistungsfähigkeit noch weiter gesteigert werden. In Amerika hat man
derartige Schreibmaschinen so ausgebildet, daß mit ihnen auch die
Abgabe der telegraphischen Zeichen möglich ist und so die Ver=
wendung eines besonderen Tasters sich erübrigt.

Die Drucktelegraphen. Unter Drucktelegraphen versteht man
solche Telegraphenapparate, die das Telegramm bereits in gut
lesbarer Druckschrift auf einem Papierstreifen wiedergeben, so daß
der empfangende Beamte den Telegrammstreifen nur auf das
dem Adressaten auszuhändigende Formular aufzukleben hat.

Der bekannteste Drucktelegraph ist der nach seinem Erfinder
benannte Hughes=Apparat. Vorweg sei bemerkt, daß dieser

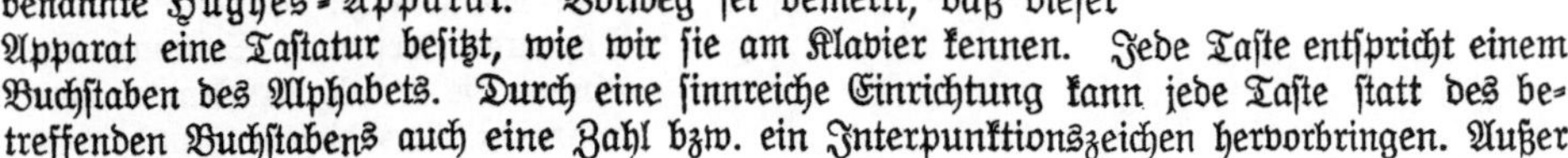

532. Klopfertaste.

Apparat eine Tastatur besitzt, wie wir sie am Klavier kennen. Jede Taste entspricht einem
Buchstaben des Alphabets. Durch eine sinnreiche Einrichtung kann jede Taste statt des be=
treffenden Buchstabens auch eine Zahl bzw. ein Interpunktionszeichen hervorbringen. Außer

der Tastatur besitzt
der Hughesapparat
ein durch Gewicht
oder Elektromotor
angetriebenes Lauf=
werk, das das am
Umfange mit Buch=
staben, Zahlen und
Interpunktions=
zeichen versehene
Typenrad und die
eigentliche Druckvor=
richtung in Bewe=
gung setzt.

Um ein klares

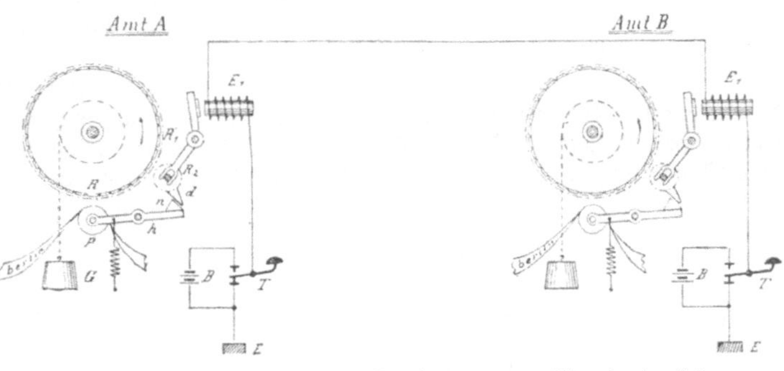

533. Zusammenwirken zweier Hughesapparate (Grundgedanke).

Bild von der Wirkungsweise des Hughesapparates zu erhalten, betrachten wir die
schematische Darstellung (Abb. 533). Auf den Ämtern A und B ist je ein Hughesapparat
aufgestellt, die beide durch eine Leitung miteinander in Verbindung gebracht sind. R stellt

das durch ein Gewicht G in Drehung gesetzte
Typenrad vor, auf dessen Achse das Zahnrad R_1 sitzt;
die Druckrolle p, über welche der Papierstreifen
geführt ist, sitzt an dem zweiarmigen Druckhebel h,
der durch die Spiralfeder in der gezeichneten Ruhe=
stellung gehalten wird. E_1 ist der Elektromagnet,
mit dessen Hilfe der Druckhebel so mit dem Laufwerk
in Verbindung gebracht wird, daß die Druckrolle
und mit ihr der Papierstreifen gegen den Umfang
des Typenrades gedrückt und die entsprechende
Type zum Abdruck gebracht wird.

Denken wir uns, daß die Laufwerke und in=
folgedessen auch die Typenräder beider miteinander
arbeitenden Hughesapparate sowohl was die Touren=
zahl als auch die Stellung der Typenräder anbetrifft,
absolut übereinstimmend laufen. Wird nun auf dem
Amt B die Taste kurz niedergedrückt, so werden beide

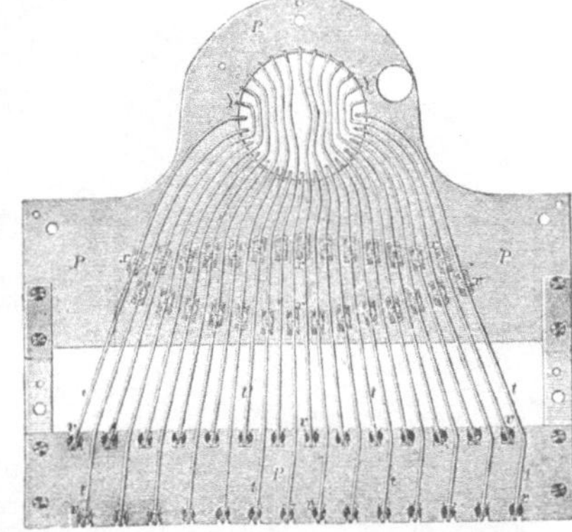

534. Anordnung der Tastenhebel im
Hughesapparat.

Elektromagnete Strom aus der Batterie in B empfangen, sie ziehen ihre Anker an und bringen
sowohl in A als auch in B das Kupplungsrad R_2 mit dem umlaufenden Zahnrad R_1 in Eingriff.
Das Kupplungsrad R_2 macht eine Umdrehung, an welcher der auf der Radachse sitzende
Daumen d teilnimmt. Der Daumen schlägt herum, drückt auf die Nase n des Druckhebels h,

26

hebt dadurch die Druckrolle und drückt gleichzeitig den Papierstreifen gegen das Typenrad, wobei das gerade über der Druckrolle befindliche Zeichen des Typenrades auf dem Papierstreifen abgedruckt wird. Im nächsten Moment gleitet das Kupplungsrad wieder aus den Zähnen des Rades R_1 heraus, weil der Elektromagnet den Anker losläßt. Der Druckhebel geht in die Ruhelage zurück. Dieser Vorgang hat sich gleichzeitig auf beiden Ämtern abgespielt.

Es leuchtet ein, daß es höchst schwierig wäre, die Taste gerade in dem Moment zu drücken, wo das Typenrad diejenige Stellung einnimmt, die der abzudruckenden Type entspricht. Aus diesem Grunde wird eine Kontaktvorrichtung benutzt, die gleichzeitig mit dem Typenrad rotiert. Durch Druck auf eine der vorerwähnten Klaviaturtasten wird die Entsendung eines Stromimpulses bewirkt. Die Tasten sitzen an den vorderen Enden von zweiarmigen Hebeln, deren andere Enden durch Schlitze in eine zylindrische Metallbüchse führen. Diese Anordnung ist in der Abb. 534 dargestellt, welche die Form der Hebel gut erkennen

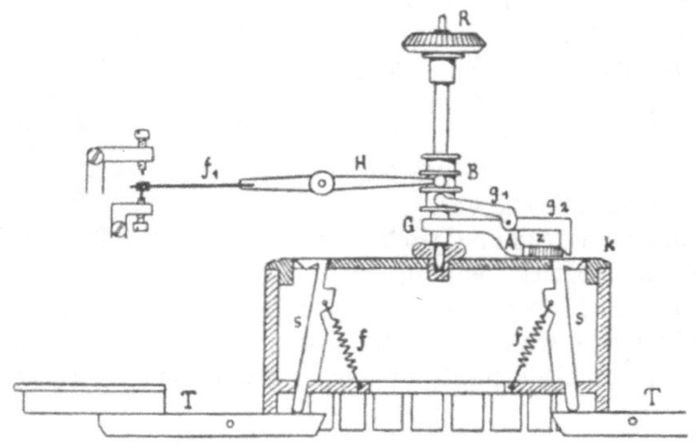

535. Kontaktvorrichtung am Hughesapparate.

536. Hughesapparat von Siemens & Halske.

läßt. In der Metallbüchse (Abb. 535) stehen im Kreise ebensoviel Stahlstifte, als Tasten vorhanden sind, auf den Tastenhebeln. Wird eine Taste gedrückt, so wird der dazugehörige Stift gehoben und so in den Bereich der umlaufenden Kontaktvorrichtung gebracht. Diese

Kontaktvorrichtung besteht aus einer vertikalen Achse, die durch eine konische Zahnrad=
übersetzung R von der Thpenradachse angetrieben wird, also mit dieser übereinstimmend
rotiert. Auf der Achse ist ein Schlitten G fest angebracht, an dem sich um den Punkt A
leicht beweglich gelagert, ein zweiarmiger Hebel g_1, g_2 befindet. Das Ende g_1 greift in die
ringförmige Nut einer Gleitbüchse B, während das Ende g_2 unmittelbar über den
Stahlstiften s rotiert. In eine zweite ringförmige Nut der Gleitbüchse B greift der Kontakt=
hebel H ein, der auf der anderen Seite die Kontaktfeder f_1 trägt, mit deren Hilfe die
Stromgebung bewirkt wird. Rotiert nun die Schlittenachse und wird ein Stahlstift s durch
Druck auf seine Taste gehoben, so wird auch das Hebelende g_2 gehoben, wenn es auf diesen
Stahlstift aufgleitet, während sich das andere Ende g_1 senkt. Dadurch wird die Gleitbüchse B
herabgezogen und der Kontakthebel so weit bewegt, daß sich die Feder f_1 gegen den Arbeits=
kontakt legt und die Batterie einschaltet. Da nun der Schlitten G mit dem Thpenrad überein=
stimmend läuft, so wird nur gerade in dem Moment die Kontaktgabe erfolgen, wo die der ge=
drückten Taste entsprechende Thpe des Thpenrades über dem Papierstreifen steht. Selbst=
verständlich ist hierbei die zur Bewegung des Druckhebels erforderliche Zeit mitberücksichtigt.
Eine sinnreiche Einrichtung bewirkt, daß der durch die Drucktaste gehobene Stahlstift s, nach=
dem einmal die Kontaktgabe erfolgt ist, oben seitwärts gleitet und so aus dem Bereich des
umlaufenden Kontaktschlittens G kommt, um zu vermeiden, daß bei nicht rechtzeitigem Loslassen
der Klaviaturtaste das Zeichen nochmals gedruckt wird.

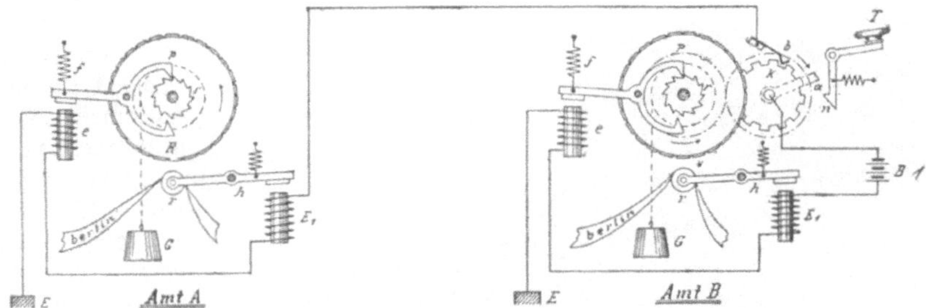

537. Zusammenwirken zweier Ferndrucker (Grundgedanke).

Wichtig für die Funktion des Hughesapparates ist, daß beide, d. h. der gebende und emp=
fangende Apparat vollkommen übereinstimmend laufen, also in einem synchronen Gang
gehalten werden. Es ist infolgedessen notwendig, daß die Laufwerke ganz gleichmäßig laufen.
Dies wird erzielt durch Anwendung eines sehr präzise wirkenden Regulators, mit schweren
Schwungkugeln, s. Abb. 536, welche die Oberansicht eines kompletten Hughesapparates zeigt.
Wie bereits erwähnt, geschieht der Antrieb entweder durch Gewicht oder durch einen Elektro=
motor. Der in Abb. 536 dargestellte Apparat besitzt beide Antriebsmöglichkeiten, er kann nach
Wahl entweder durch ein Gewicht oder durch Elektromotor angetrieben werden. Die Be=
dienung des Apparates erfordert naturgemäß eine große Fertigkeit, wenn seine Leistungs=
fähigkeit richtig ausgenutzt werden soll.

Der Ferndrucker. Ein auch von Laien leicht zu bedienender Apparat, der sich infolge seiner
Vorzüge an vielen Orten Eingang verschafft hat, ist der Ferndrucker von Siemens & Halske.
Seinem Verwendungszweck entsprechend mußte seine Konstruktion so gehalten werden, daß
die zur Erzielung eines synchronen Ganges des gebenden und des empfangenden Apparates
die bei dem Hughesapparat notwendigen Manupulationen vollkommen wegfallen. Infolgedessen
ist die Einrichtung so getroffen, daß der gebende Apparat nicht nur den empfangenden selbst=
tätig in Bewegung setzt, sondern auch dauernd in synchronem Gang erhält. Wie dies erreicht
wird, wollen wir an der Hand der schematischen Darstellung (Abb. 537) erklären. Wir schicken
voraus, daß naturgemäß beide Apparate vollkommen gleich ausgebildet sind, d. h. stets als
Geber oder Empfänger verwendet werden können; nur des besseren Verständnisses wegen
ist in der Abb. 537 der Apparat in B in der Funktion als Geber, der andere in A als Empfänger
gezeichnet.

26*

Die Typenräder beider Apparate stehen unter dem Einfluß eines Laufgewichts G; in Wirklichkeit werden die Apparate durch kleine Elektromotoren angetrieben. Die Drehung der Typenräder R wird geregelt durch ein elektromagnetisches Echappement, welches aus einem Elektromagnet e, einem zweiarmigen Hebel, der einerseits den Anker, andererseits zwei Paletten p trägt und in der einen Stellung durch die Feder f gehalten wird, besteht. Die Paletten p des Echappements greifen während des Ganges abwechselnd in die Zähne eines auf der Typenradachse befindlichen Sperrades r ein. Sobald nun die Elektromagnete e von einzelnen Stromstößen durchflossen werden, wird das Echappement sich dementsprechend senken und heben und so vermittels der Paletten das Sperrad und damit auch das Typenrad schrittweise freigegeben, so daß eine Drehung des Typenrades erfolgt. Da die Stromstöße von dem gebenden Apparat ausgehen, so werden beide Apparate gleichmäßig laufen. Um dauernd eine Korrektur zu haben, laufen die Apparate immer in eine bestimmte Ruhestellung. Wird der Apparat in Gang gesetzt, so bewegt sich (vgl. den Apparat auf Amt B) eine Kontaktscheibe k, die zwangsläufig mit dem Typenrad verbunden ist. Diese Kontaktscheibe k dreht sich in der Pfeilrichtung und schließt und unterbricht abwechselnd den Strom der Batterie B_1. Die Typenräder in beiden Apparaten drehen sich nun schrittweise weiter und zwar so lange, bis die Nase n einer gedrückten Taste T den mit der Kontaktscheibe k umlaufenden Arm a festhält. In diesem Augenblick bleiben beide Typenräder stehen, und der Druck der Type kann n erfolgen, dadurch, daß die Elektromagnete E_1 die Druckhebel h anziehen und damit die Druckrolle e heben, welche den Papierstreifen gegen das Typenrad drückt. Man sieht in der Abb. 537, daß sowohl die Echappement-

538. Ferndrucker von Siemens & Halske.

elektromagnete e als auch die Druckelektromagnete E_1 hintereinander geschaltet in demselben Stromkreis liegen. Die Druckhebel h besitzen aber eine so große Trägheit, daß die kurzen Stromimpulse, die zur schrittweisen Vorwärtsbewegung der Typenräder genügen, nicht ausreichen, den Druckhebel in Bewegung zu setzen, erst wenn durch die Drucktaste T die Kontaktscheibe festgehalten wird und dadurch der Stromkreis längere Zeit geschlossen wird, vermögen die Druckhebel zu folgen und den Abdruck der Type zu bewirken. Abb. 538 zeigt den kompletten Ferndrucker. Wir erkennen die Tastatur und das Typenrad mit dem darunter liegenden Papierstreifen. Wie schon erwähnt, wird der Apparat durch einen Elektromotor angetrieben. Damit der Elektromotor nicht dauernd läuft, ist die Anordnung so getroffen, daß derselbe nur eine Feder aufzieht, die auf die Typenradachse wirkt. Ist die Feder genügend gespannt, so bewirkt eine Kontaktvorrichtung die Ausschaltung des Motors. Die auf jedem Amt vorhandene Telegraphierbatterie wird gleichzeitig zur Betätigung des Motors verwendet.

Die Gesellschaft elektrischer Ferndrucker besitzt in Berlin eine Zentrale nach Art eines Fernsprechvermittelungsamtes, an welche eine große Zahl Ferndruckerabonnenten, beispielsweise Zeitungsredaktionen, Bankhäuser usw. angeschlossen sind. Der Verkehr der Ferndruckerabonnenten untereinander kann vermittels der Zentrale genau so stattfinden, wie die der öffentlichen Fernsprechteilnehmer. Auch die Reichstelegraphenverwaltung macht ausgiebigen Gebrauch von dem Ferndrucker, indem sie z. B. in Berlin den gesamten Stadttelegrammverkehr damit abwickelt.

Die Feuerwehrtelegraphen. Bei Ausbruch eines Brandes ist jede Sekunde wertvoll, die bei dem Heranholen der Löschmannschaften gewonnen wird, es lag daher nahe, auch hierfür die Elektrizität nutzbar zu machen, da zwischen der Abgabe einer Meldung und deren Eintreffen auf der Feuerwache bei Verwendung des elektrischen Stromes eine Zeitdifferenz praktisch nicht auftritt. Sind dauernd Mannschaften auf der Wache, so kann ein Ausrücken in kürzester Zeit erfolgen, so daß, wenn der Weg zur Brandstätte nicht allzulang ist, der erste Löschzug innerhalb einiger Minuten an Ort und Stelle sein kann. Es spielt also neben der elektrischen Einrichtung die Organisation der Feuerwehr eine große Rolle. Größere Städte verfügen deshalb über vorzüglich organisierte Feuerwehren. Kleinere Gemeinden können sich aus wirtschaftlichen Gründen eine Berufswehr nicht halten, sie sind vielmehr gezwungen bei Einlauf einer Brandmeldung erst die einzelnen an ihren Arbeitsstätten weilenden Mitglieder der freiwilligen oder Pflichtfeuerwehr so schnell wie möglich nach der Wache zu rufen. Hier ist also nicht nur die sofortige Meldung des Brandes nach dem Spritzenhaus, sondern auch gleichzeitig die Alarmierung der einzelnen Feuerwehrleute nötig. Auch in großen Warenhäusern, Magazinen usw.,

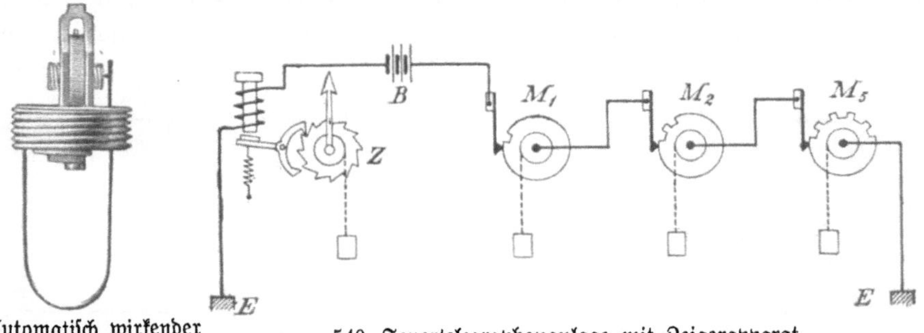

539. Automatisch wirkender
     Feuermelder.

540. Feuertelegraphenanlage mit Zeigerapparat.

wo der Ausbruch eines Brandes unter Umständen viele Menschenleben und große Werte in Gefahr bringen kann, ist das Vorhandensein einer absolut sicher wirkenden Feuermeldeeinrichtung unerläßliche Bedingung.

Die primitivste Feuermeldeeinrichtung ähnelt dem elektrischen Haustelegraphen. Sie besteht aus einer Anzahl über die Ortschaft verteilter Druckknöpfe (Meldestellen), die durch einzelne Leitungen mit der Feuerwehr (Spritzenhaus) verbunden und dort an ein Tableau angeschlossen sind, welches soviel Nummernklappen enthält, wie Druckknöpfe (Meldestellen) vorhanden sind. Das Fallen einer Klappe zeigt die Nummer der meldenden Stelle an, ein Wecker ertönt gleichzeitig, um das Einlaufen der Meldung sofort bemerkbar zu machen. Die für die Meldestellen verwendeten Druckknöpfe werden meist, um sie gegen mißbräuchliche Betätigung zu sichern, mit einer Glasscheibe versehen, die erst zertrümmert werden muß, ehe eine Meldung abgegeben werden kann. Für Warenhäuser, die häufig eine eigene Feuerwache besitzen, ist eine solche Einrichtung, namentlich bei einem sorgfältig verlegten Leitungsnetz, sehr wertvoll.

In großen Magazinen, die seltener betreten werden, so daß der Ausbruch eines Brandes nicht sofort beobachtet werden kann, werden in den Räumen automatisch wirkende Feuermelder in genügender Anzahl angebracht, die bei Erhöhung der Temperatur selbsttätig in Funktion treten und so auf der Wache melden, daß in dem betreffenden Raum die Temperatur auf eine gefährliche Höhe gestiegen ist. Aus der Abb. 539 ist die Konstruktion eines selbsttätig wirkenden Feuermelders ersichtlich.

Ein Blechstreifen, gebildet aus zwei verschiedenen, aufeinandergewalzten Metallen, krümmt sich bei Erwärmung infolge der ungleichen Ausdehnung beider Metalle. Wie die Abbildung zeigt, berührt das obere Ende des als Feder wirkenden Metallstreifens im Ruhezustand einen Kontakt an der durch ein Stellrädchen einstellbaren Schraube und vermittelt auf diese Weise einen Stromübergang. Steigt die Temperatur, so biegt sich die Feder auf, und der Kontakt wird unterbrochen. Durch Drehung der Kontaktschraube läßt sich der Apparat dahin beeinflussen, daß die Trennung des Kontaktes und damit die Feuermeldung bei verschiedenen der jeweiligen Einstellung entsprechenden Temperaturgraden erfolgt. Eine Skala der Meldetemperaturen ist auf dem Stellrad angebracht.

Die einzelnen Feuermelder werden durch Leitungen mit einem Klappentableau verbunden.

Alle die vorbeschriebenen einfachen Feuermeldeeinrichtungen erfordern viel Leitungsmaterial, da von jeder Meldestelle ein Draht nach der Zentrale führen muß, sie können deshalb nur verwendet werden, wenn kleinere Entfernungen in Frage kommen. Aus dem gleichen Grunde wird man auch die Zahl der Meldestellen nicht wesentlich erhöhen können. Nun ist es aber wichtig, daß der Weg zur nächsten Meldestelle möglichst kurz bemessen wird, um nicht unnütz Zeit zu verlieren, infolgedessen ist man gezwungen, eine große Zahl Feuermelder in kleinen Abständen über die Ortschaft oder Stadt zu verteilen, um jedoch mit wenig Leitungen auszukommen, trifft man die Anordnung so, daß in eine Leitung eine Anzahl Meldestellen eingeschaltet werden, die bei Betätigung durch den Meldenden ein Zeichen, das für jede Meldestelle anders gewählt ist, nach der Wache senden. Beispielsweise würde Stelle 1 einen Stromimpuls, Stelle 2 zwei, Stelle 3 drei usw. Stromimpulse nach der Wache senden, wo sie von einem Apparat aufgenommen werden, und sofort erkennen lassen, von welcher Stelle aus die Meldung erfolgte. Da aber die exakte Abgabe der richtigen Zeichen durch das Publikum

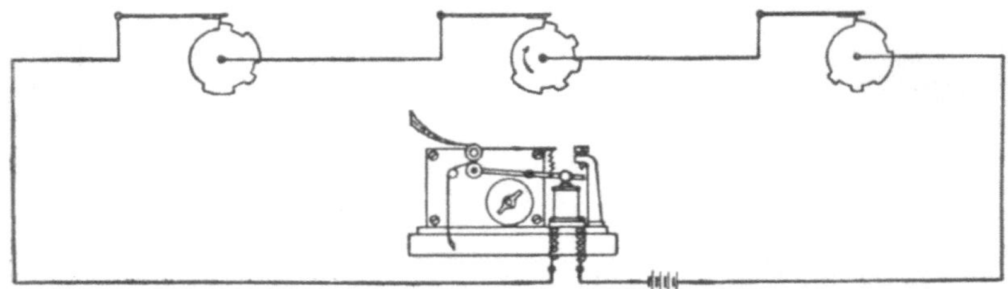

541. Feuertelegraphenanlage mit Morseschreiber.

nicht erreicht werden kann, hat man die Meldeapparate so ausgebildet, daß der Meldende an dem Apparate nur eine einfache Manipulation vorzunehmen hat, entweder ein Uhrwerk durch einen Griff aufzuziehen oder ein vorher durch die Feuerwehr aufgezogenes Uhrwerk auszulösen. Läuft das Uhrwerk ab, so setzt es eine Kontaktscheibe in Bewegung, die in Verbindung mit einer Kontaktfeder die für den Melder gewählte Zahl von Stromimpulsen nach der Wache gibt. Auf diese Weise ist eine zweifelsfreie Meldung möglich. Die auf diesem Prinzip beruhenden Feuermeldeeinrichtungen zerfallen in drei Systeme:

        a) das Zeigersystem;
        b) das Morsesystem;
        c) das Einschlagglockensystem.

Bei dem Zeigersystem wirken die einzelnen vom Melder ausgehenden Stromimpulse auf den als Empfänger dienenden Zeigerapparat derart, daß jeder ankommende Stromimpuls den Zeiger um einen Schritt vorwärtsbewegt. Auf dem Zifferblatt befinden sich die Zahlen 1—18, entsprechend 18 Meldestellen, die in einer gemeinsamen Leitung, besser noch Schleifenleitung mit metallischer Rückleitung liegen. Der Zeiger wandert schrittweise über das Zifferblatt, bis er auf einer Zahl stehen bleibt, die die Nummer des betreffenden Melders anzeigt. Die Abb. 540 zeigt eine schematische Darstellung, die die Wirkungsweise des Zeigersystems erkennen läßt.

Da auch bei der Verwendung des Zeigersystems die Zahl der Meldestellen in einer Leitung noch begrenzt ist, so benutzt man in größeren Städten das Morsesystem. Ein Morseapparat auf der Feuerwache wird mit einer beliebigen Zahl von Feuermeldern durch eine Schleifenleitung, vgl. Abb. 541, verbunden, bei Betätigung eines Melders werden nicht die üblichen Morsezeichen, sondern einzelne Punkte auf einen Papierstreifen niedergeschrieben; durch geeignete Gruppierung der Punkte kann die Nummer des Feuermelders dann sehr leicht festgestellt werden; denken wir uns, daß zunächst 3 Punkte auf dem Streifen erscheinen und nach einer kleinen Pause 5 weitere Punkte, so lesen wir die Zahl 35, indem die erste Gruppe als Zehner, die zweite als Einer betrachtet wird.

Hat man die Zahl der in einer Schleifenleitung liegenden Meldestellen erhöht, so liegt natürlich die Gefahr vor, daß einmal zwei Melder gleichzeitig betätigt werden, infolgedessen die Zeichen auf dem Papierstreifen des Morseapparates zusammenlaufen und so verstümmelt werden; um dieser Möglichkeit, die unter Umständen zu schweren Schäden führen würde, zu begegnen, wurde früher jeder Melder mit einer Arretierung versehen, die ihn erst dann frei gibt, wenn auf derselben Leitung keine weitere Meldung läuft. Einfacher und zuverlässiger ist die bekannte Morsesicherheitsschaltung von Siemens & Halske. Die Wache erhält für jede Melderschleifenleitung zwei hintereinandergeschaltete Morseapparate. Wird nur ein Melder betätigt, so unterbricht und schließt abwechselnd die auf dem Umfange der Kontaktscheibe schleifende Kontaktfeder den in der Schleife vorhandenen Strom (Ruhestrom). Beide Morseapparate schreiben das entsprechende Zeichen auf. Um das gleichzeitige Einlaufen zweier Meldungen zu erreichen, besitzt nun jeder Melder noch eine zweite Kontakteinrichtung, die bewirkt, daß während der durch die Kontaktscheibe hervorgerufenen Stromunterbrechungen (Strompausen), der zwischen den beiden betätigten Meldern liegende Teil der Schleifenmeldung an Erde gelegt wird. Gleichzeitig werden auch beide auf der Wache befindliche Morseapparate einer Melderschleife durch einen geeigneten Schalter an Erde gelegt, so daß zwei getrennte Stromkreise entstehen, in denen je ein Melder einen Morseapparat betätigt.

Das Einschlagglockensystem. Um die Zeit vom Einlaufen einer Feuermeldung auf der Wache bis zur Alarmierung der anwesenden Mannschaften noch zu verkürzen, hat man das Einschlagglockensystem eingeführt, bei dem in den Mannschaftsräumen die Nummer der betreffenden Feuermeldestelle beim Einlaufen der Meldung unmittelbar durch Glockenschläge angezeigt wird. Dieselben Gruppensignale wie bei dem Morsesystem werden auf lauttönenden Glocken gegeben, z. B. 2 Schläge, dann 3 Schläge, dann 7 Schläge, welche zusammen die Zahl 237 darstellen. Die Glockenschläge sind scharf abgegrenzt und deshalb mit dem Ohre gut wahrnehmbar. In der Zentrale befindet sich auf einer Schalttafel noch ein Lichttableau, welches die entsprechende Zahl hell aufleuchten läßt, um auf diese Weise die ankommende Meldung noch besonders sichtbar zu machen. Derartige Lichttableaus können auch an geeigneten Stellen der Wache zur Aufstellung gelangen.

Während der Nachtzeit wird beim Einlaufen der Meldung gleichzeitig die elektrische Beleuchtung eingeschaltet. Um für später eine Kontrolle zu haben, schreibt ein Morseapparat die einlaufende Meldung sofort nieder. Außerdem ist ein elektrischer Zeitstempelapparat vorhanden, der den Zeitpunkt des Einlaufens der Meldung registriert. Ein Papieraufwickler nimmt den beschriebenen Morsestreifen auf.

Sämtliche Morseapparate für Feuermeldezwecke besitzen eine automatische Auslösevorrichtung, so daß beim Einlaufen einer Feuermeldung der Morseapparat von selbst in Tätigkeit tritt, also nicht erst die Mitwirkung einer Person hierzu nötig ist.

Häufig werden den Feuermeldeeinrichtungen noch Fernsprecher beigegeben, mit deren Hilfe eine weitere Verständigung zwischen Melder und Feuerwache möglich ist.

Die Fernsprechapparate.

Von Oberingenieur **G. Grabe.**

Das Prinzip des Telephons. — Ältere Telephone. — Die heutigen Mikrophone. — Die Fernsprechapparate. — Die Umschaltvorrichtungen. — Die Linienwähler. — Vielfachschaltung. — Selbstanschlußämter. — System für 100 Anschlüsse. S. 408.

Das Telephon oder, wie wir heute in Deutschland sagen, der Fernsprecher beruht auf
Vorgängen, die in den Physikalischen Grundlagen (S. 31 ff.) als Elektromagnetismus und
Magnetinduktion beschrieben worden sind. Wir wollen nun zeigen, durch welche Mittel es gelingt,
die mechanischen Vorgänge, die der Ton darstellt, in eine entsprechende Folge von elektrischen
Stößen und diese am entfernten Orte in die Luftwellen zu verwandeln, die unser Ohr als Ton
vernimmt.

Das Prinzip des Telephons. Wenn wir dem Pol eines Magneten einen Eisenanker nähern,
so verstärken wir den Magnetismus des Magneten, oder mit anderen Worten durch die Annäherung des Eisenstückes wird der Weg der aus dem Pole aus-
tretenden Kraftlinien verbessert, und es treten dadurch mehr
von diesen Linien aus dem Pole heraus. Entfernen wir das
Eisenstück, so muß entsprechend die Zahl der Kraftlinien abnehmen. Setzen wir nun auf den Pol des Magneten einen
kurzen runden Eisenstab, der mit einer Drahtspule umgeben ist,
so wird durch das Abreißen des Ankers die Zahl der Kraftlinien,
die von Pol zu Pol des Stahlmagneten durch den Eisenkern
der Spule und den vorgelegten Eisenanker gehen, vermin-
bert und infolgedessen in der Spule ein Stromstoß entstehen.
Legen wir den abgerissenen Anker wieder an das freie
Ende des Eisenkernes an, so wird der Weg für die Kraftlinien
verbessert, ihre Zahl nimmt wieder zu, und es entsteht

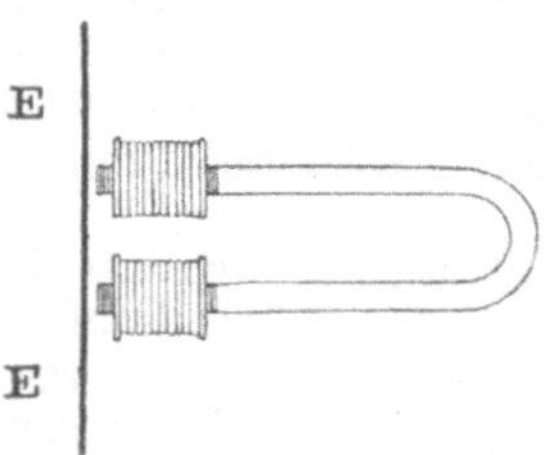

542. Erzeugung von Stromwellen
durch eine schwingende Eisenmembran.

durch dieses Anschwellen ein neuer Stromstoß in der Spule, aber von der entgegengesetzten Richtung des vorigen, der beim Abreißen des Ankers erzeugt worden war.
Wenn wir nun in rascher Folge abreißen und wieder anlegen, so schickt der Apparat eine Folge
von Stromstößen mit wechselnder Richtung aus. Wir leiten nun diese Wechselstöße durch die
Spulen eines zweiten gleichen Apparates. Offenbar werden nun die Stromstöße der einen
Richtung den Eisenkern der Spule dieses Apparates derart magnetisieren, daß sie den durch
den Stahlmagnet erzeugten Magnetismus im Polschuh verstärken, während ihn die anderen
Stromstöße schwächen müssen. Denken wir uns nun an dem Anker des zweiten Apparates
eine Abreißfeder angebracht, die stark genug ist, die Anziehung der Pole zu überwinden, wenn
der Magnetismus durch einen Stromstoß geschwächt ist, aber den Anker nicht zurückhalten
kann, wenn der durch den Stromstoß der anderen Richtung verstärkte Magnetismus ihn
anzieht, so wird die rasche Folge der Stromstöße bewirken, daß der Anker des zweiten Apparates
bald von dem Pole angezogen, bald durch die Feder abgerissen wird, und er wird sich in demselben Rhythmus bewegen wie der Wechsel der Stromstöße, also wie der Anker des ersten stromerzeugenden Apparates. Hätte der letztere eine so rasche Bewegung, daß er einen musikalischen
Ton erzeugt, so würde auch der gleich schnell bewegte Anker der zweiten Maschine denselben

Ton erzeugen. Denken wir uns die beiden Apparate in einer größeren Entfernung voneinander aufgestellt und durch Leitungen verbunden, so hätten wir das einfachste Beispiel der elektrischen Übertragung eines Tones vor uns.

Die telegraphische Übermittelung eines Tones würde aber eine sehr unvollkommene sein, wenn wir die Bewegung des Ankers des Senders mit der Hand oder durch einen Mechanismus bewirken wollten, es ist vielmehr notwendig, daß der zu übermittelnde Ton selbst den Anker, und zwar genau mit der Geschwindigkeit, die seiner eigenen Schwingungszahl entspricht, in Bewegung setzt und die Änderungen dieser Geschwindigkeit ebenso rasch wie die Änderungen des Tones erfolgen. Daß dies bei dem schweren Eisenanker von vornherein unmöglich ist, bedarf keines Nachweises, und wir sehen uns deshalb vor die Aufgabe gestellt, einen Eisenanker zu konstruieren, der genau wie der zu übermittelnde Ton schwingt und von diesem in Bewegung gesetzt wird.

Betrachten wir nun, wie der Ton einen Eisenanker in Schwingungen setzen und dadurch Stromstöße in derselben Geschwindigkeit wie seine eigenen Schwingungen hervorbringen kann.

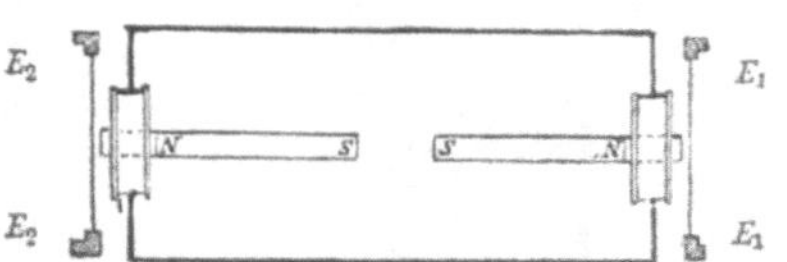

543. Prinzip der telephonischen Lautübertragung.

Wir wissen aus der Akustik, daß elastische Platten, die von einem Ton getroffen werden, in Schwingungen geraten; diese Erscheinung benutzen wir für unsere Zwecke. Wir spannen eine Platte aus dünnem Eisenblech EE in einen festen Rahmen (Abb. 542). Sie wird dann, wenn ein Ton sie von der einen Seite trifft, durch die einzelnen Verdichtungen und Verdünnungen der Luft, die der Ton hervorruft, nach der einen und anderen Seite hin ausgebogen werden und entsprechend der Tonhöhe schwingen. Stellen wir ihr jetzt auf der Rückseite einen Magnetpol gegenüber, der mit einem Polschuh aus weichem Eisen und darauf geschobener Drahtspule bewehrt ist, so wird die Bewegung der Platte die aus dem Pol austretenden Kraftlinien in ihrer Zahl an- und abschwellend machen, und dieser Vorgang wird Stromstöße in der Spule hervorrufen. Freilich werden diese Stromstöße sehr klein sein, aber sie genügen, um in einem zweiten gleichartigen Apparate, der durch Leitungen mit dem ersteren verbunden ist, den Magnetismus stärker und schwächer werden zu lassen, in derselben Art, wie wir es oben bei den beiden miteinander verbundenen Apparaten erläutert

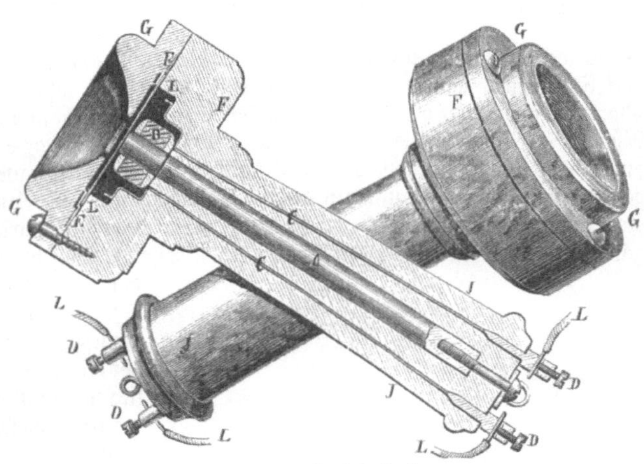

544. Das Bell-Telephon.

haben. Wenn nun in dem zweiten Apparate (Abb. 543) die Anziehung des Magneten zunimmt, so biegt sich die Mitte der Eisenplatte E_2E_2 nach dem Pole des Magneten hin; läßt die Anziehung nach, so bewirkt die Elastizität der Platte, die Ausbiegung kleiner wird, und so sehen wir, daß entsprechend dem Wechsel der Stromstärke die Mitte der Platte E_2E_2 hin und her schwingen wird. Da nun die Platte E_1E_1 mit derselben Zahl wie der Ton, der sie trifft, schwingt und demzufolge auch ebenso rasch die wechselnden Stromstöße erfolgen, so wird auch die Platte E_2E_2 mit der Platte E_1E_1 in Übereinstimmung schwingen, und da diese letztere auf die umgebende Luft wirkt und dieser ihre Schwingungen mitteilt, so wird sie denselben Ton erzeugen, der bei der Wirkung auf die Platte E_1E_1 tätig ist.

Auf diese Weise haben wir die elektrische Übertragung eines Tones erzielt.

Ältere Telephone. Das Bell-Telephon (Abb. 544) besteht aus einem zylindrischen Holzkörper, der als Hülse und Griff dient. In der zentrischen Bohrung liegt ein gerader Stahl-magnet, auf dessen oberes Ende ein Polschuh aus weichem Eisen gesetzt ist; über den letzteren wird dann die kleine Drahtspule geschoben und mit den Zuleitungsdrähten, die durch das Holz des Griffes an die Klemmschrauben geführt sind, verbunden. Der Kopf des Griffes ist so weit ausgedreht, daß noch ein sechs bis zehn Millimeter breiter Rand stehen bleibt, auf den die Membran gelegt wird. Das auf den Kopf geschraubte Mundstück preßt die Membran fest und gibt ihr die nötige Spannung. In der Mitte des Mund-stückes liegt die Schallöffnung, die sich nach außen hin trichterförmig erweitert, um den hineingesprochenen Ton zu kon-zentrieren und auf die Mitte der Mem-bran zu leiten. Für die Eisenmembran benutzt man Eisenblech von etwa zwei bis vier Zehntel Millimeter Stärke, das zum Schutze gegen Feuchtigkeit des Hauches an der Außenseite lackiert wird; zuweilen findet man auch Weißblech als Material für die Membran angewendet, das aber wegen seiner geringeren Elastizität we-niger geeignet ist.

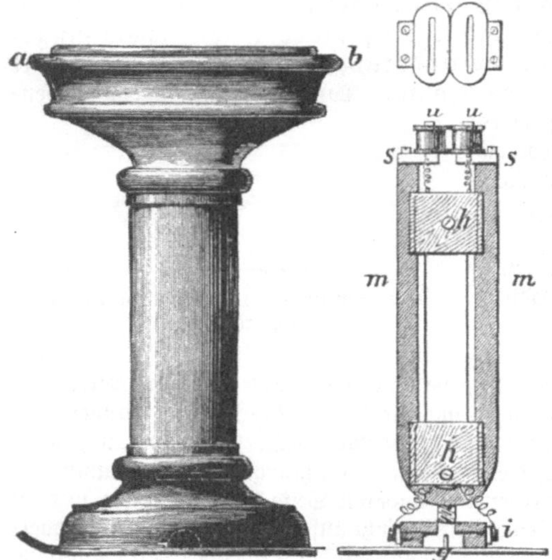

545 u. 546. Das Siemens-Telephon.

Um den Magnetismus und seine Schwankungen zu verstärken, setzte Wer-ner Siemens an Stelle des einen Poles deren zwei und zwar entgegengesetzte, indem er statt des Stabmagneten einen Hufeisenmagnet anwendete. Unsere Abb. 545 u. 546 lassen die Konstruktion dieses Tele-phons erkennen. Auf die Pole eines Hufeisenmagneten m m sind zwei kleine Winkel aus weichem Eisen S S geschraubt, die die Polschuhe bilden und zwei flache Drahtspulen u u tragen. Die Zuleitungen zu den Spulen werden durch zwei an den Magnet geklemmte Holzstückchen h h gehalten und führen am unteren Ende des Magneten zu den Klemmschrauben, an die die Enden der Leitungen befestigt werden. Siemens verwendete auch stärkere Membranen als seine Vor-gänger, weil bei diesen die Kraftlinien einen besseren Weg haben und daher die Bewegungen der Membran stärkere Stromwirkungen erzeugen werden. Dieser Vorteil wird natur-gemäß zum Teil durch die größere Starrheit der dickeren Membran wettgemacht, was sich namentlich dann als unvorteilhaft geltend machen wird, wenn das Telephon als Empfänger dient, indem die mechanische Einwirkung auf die Membran kleiner ist als im Sender.

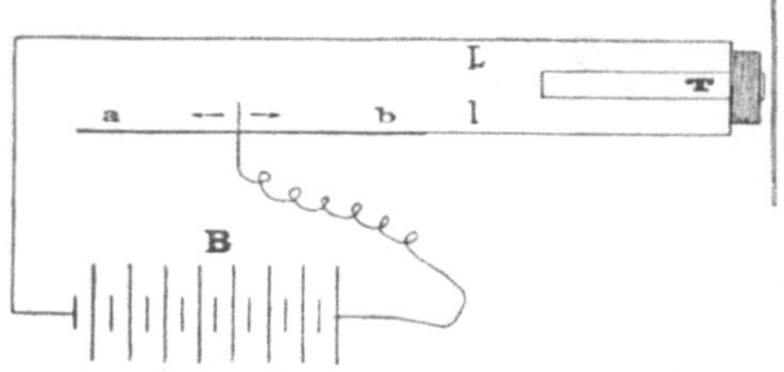

547. Erzeugung von Stromwellen durch
Widerstandsänderungen.

Diese beiden Telephone, das einpolige und das zweipolige, stellen die beiden Grundformen dar, die mit den entsprechen-den Vervollkommnungen auch heute noch verwendet werden. Nur ist das einpolige Telephon von dem stärker wirkenden doppelpoligen fast ganz verdrängt worden.

Bei der Verwendung des Telephones als Sender und Empfänger, wie wir es geschildert haben, wird von der aufgewendeten Energiemenge nur wenig an das Ohr des Zuhörers am an-deren Telephon gelangen.

Das Telephon ist mehr geeignet, Stromwellen in Lautwellen umzusetzen, als umgekehrt Lautwellen in elektrische zu verwandeln. Es ist deswegen das Telephon als Sender durch einen anderen Apparat ersetzt worden, durch das Mikrophon, das nicht selber elektrische Stöße erzeugt, sondern die Stromstärke eines vorhandenen Stromes rhythmisch ändert.

Haben wir einen Stromkreis von einem bestimmten Widerstand vor uns, und wirkt in ihm eine elektromotorische Kraft von einem bestimmten Grade, so wird auch die Stromstärke eine bestimmte Größe haben. Wenn wir nun durch irgendwelche Mittel den Widerstand sich in gewissen Grenzen nach oben und unten ändern lassen, so muß auch die Stromstärke ins Schwanken kommen: sie wird für wachsenden Widerstand kleiner, für abnehmenden größer werden. Tragen wir nun Sorge, daß sich der Widerstand in Übereinstimmung mit den Tonwellen ändert, so werden in dem Stromkreise Schwankungen entstehen, die denselben Rhythmus wie die Tonwellen haben, und leiten wir einen solchen schwankenden Strom durch ein Telephon, so muß sich die Membran mit der gleichen Schwingungszahl bewegen, also einen Ton von der gleichen Höhe erzeugen, wie ihn der Ton hat, der die Widerstandsschwankungen hervorgebracht hat.

Es sei eine Batterie B (Abb. 547) mit einem Telephon T verbunden. In die eine Leitung l haben wir ein blankes Drahtstück a b eingeschaltet und berühren dieses mit dem Zuleitungsdraht des einen Poles der Batterie. Fahren wir mit dem Ende des Zuleitungsdrahtes auf dem blanken Drahtstück hin und her, so wird von diesem Stücke bald ein größerer, bald ein kleinerer Teil eingeschaltet sein, und dementsprechend ändert sich auch der Widerstand des vom Drahtstück in den Stromkreis eingeschalteten Teiles. Da der Widerstand des übrigen Leitungskreises unverändert bleibt, so muß entsprechend der Verschiebung des berührenden Drahtendes auf dem blanken Draht a b nach links oder rechts der Gesamtwiderstand des Stromkreises zu= oder abnehmen, es müssen Stromschwankungen entstehen, die Membran des Telephons muß sich also bewegen.

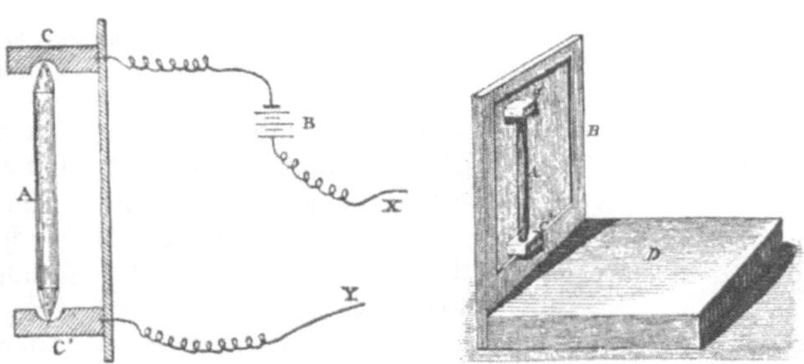

548 u. 549. Das Hughes-Mikrophon; älteste Form.

Im Mikrophon wird nun diese Widerstandsänderung in sehr einfacher Weise hervorgebracht. Wenn sich zwei Leiter lose berühren, so hat die Berührungsstelle einen gewissen Übergangswiderstand, und dieser ändert isch mit der Größe des Druckes, der die beiden Leiter gegeneinander drückt.

Ein derartiges Instrument ist das erste von Hughes konstruierte Kohlenmikrophon, das in Abb. 548 und 549 dargestellt ist. Auf einem senkrecht stehenden Brettchen B aus Resonanzbodenholz sind senkrecht übereinander zwei Kohlenstückchen C und C′ befestigt, in deren zugekehrten Seiten halbkugelförmige Vertiefungen angebracht sind. Zwischen die Kohlenstückchen stellt man in die Vertiefungen einen an beiden Enden zugespitzten Kohlenstab A und verbindet die Kohlenstückchen mit dem Stromkreis, in den eine Batterie und ein Telephon eingeschaltet sind. Spricht man gegen die Resonanzplatte, so hört man im entfernten Telephon deutlich die gesprochenen Worte.

Die induktive Übertragung der Stromwellen. Wir haben bisher angenommen, daß das sendende Mikrophon und das empfangende Telephon zusammen in einem Stromkreis liegen, wie dies das Schema in Abb. 547 gezeigt hat. Nun läßt sich leicht übersehen, daß die Stärke der Wirkungen, die die Stromschwankung hervorrufen, im Zusammenhange mit dem Gesamtwiderstand der Leitung stehen wird. Haben wir im Stromkreis einen Gesamtwiderstand von zehn oder zwanzig Ohm, und betragen die Widerstandsänderungen im Mikrophon ein bis zwei Ohm nach oben und unten, so werden Stromwellen erzeugt werden, die im Verhältnis zur mittleren Stromstärke groß sind, sich also deutlich im Telephon hörbar machen werden. Wächst der Gesamtwiderstand auf hundert und mehr Ohm, so werden die Wellen kleiner werden, da sich die Widerstandsschwankungen im Mikrophon nicht ändern. Es würde dabei nichts nützen, wenn wir die Wellen durch Vergrößerung der Stromstärke vergrößerten, denn ihr Verhältnis zur mittleren Stromstärke bliebe das gleiche.

Wir besitzen nun aber ein einfaches Mittel, die Stromwellen aus dem beeinflußten Strom auszuscheiden und sie allein dem Telephon zuzuschicken, können dabei auch den Widerstand des Mikrophonstromkreises auf verhältnismäßig geringer Größe halten. Dies erreichen wir in sehr einfacher Weise, indem wir die Stromwellen durch einen Transformator auf die zum Telephon führende Leitung übertragen. Zu diesem Zwecke benutzen wir unsere einfache, in Abb. 548 u. 549 gegebene Vorrichtung und schalten noch eine Spule in den aus Batterie und Mikrophon gebildeten Stromkreis ein (Abb. 550). Die durch die Widerstandsänderungen hervorgerufenen

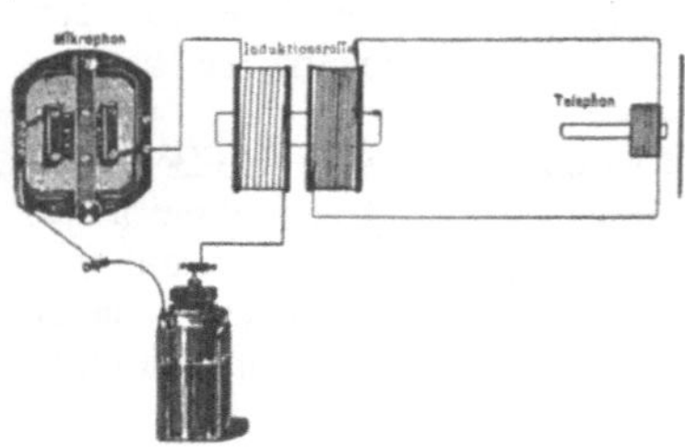

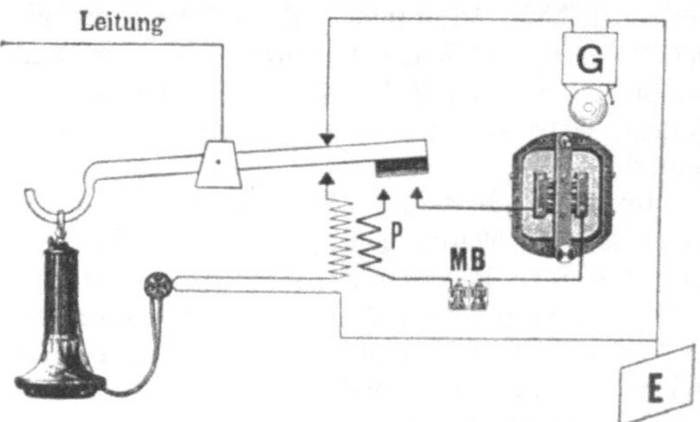

550. Induktive Übertragung der Stromwellen.

551. Umschaltung bei Anwendung der induktiven Übertragung.

Stromschwankungen werden bewirken, daß die im Eisenkern der Spule erzeugten Kraftlinien zu- und abnehmen, und zwar im selben Rhythmus wie die Stromstärke. Die Stromwellen wirken also gerade wie Wechselströme und erzeugen demnach in der zweiten Spule Wechselströme, die zum Telephon gehen. Da wir durch entsprechende Bemessung der Windungszahl der zweiten Spule die Spannung der sekundären Ströme erhöhen können, so dürfen wir ein Telephon mit vielen Windungen anwenden und vermeiden bei dieser Anordnung, daß ein erheblicher Teil der ausgesendeten Energie in der Leitung verloren geht.

Bei dieser Anordnung hängt die Stromstärke im Mikrophon nicht von der Länge der Leitung zum Telephon ab, und bei dem verhältnismäßig kleinen Widerstand des Mikrophonstromkreises kommen die Widerstandsänderungen in den Kohlenkontakten als große Stromwellen zur Geltung.

Der Transformator, den wir bei diesen Übertragungen anwenden, ist sehr einfacher Art und besteht aus einer kurzen, etwa 6—8 cm langen Spule, auf die zunächst als primäre Leitung, die in den Mikrophonstromkreis eingeschaltet wird, ein mit Seide umsponnener Draht von etwa 0,5—0,6 mm Durchmesser in 200 Windungen und über diesen ein dünnerer, in gleicher Weise isolierter Draht von 0,15 mm in 1500—1800 Windungen gelegt wird. Als Eisenkern dient ein Bündel feiner Eisendrähte, das in den Hohlraum der Spule gesteckt wird.

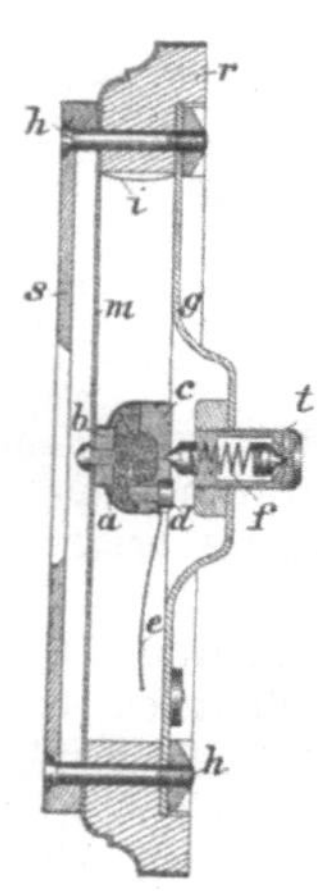

552. Beutelmikrophon von Siemens & Halske.

Die Einfügung des Mikrophones in den Fernsprechapparat hebt die klassische Einfachheit der Schaltung auf, wie sie in Abb. 550 dargestellt ist, und der moderne Fernsprechapparat ist in seiner Schaltung eine recht verwickelte Vorrichtung geworden. Auf diese Einzelheiten können wir hier nicht eingehen, wollen aber doch das Grundprinzip der Schaltung des heutigen Fernsprechapparates kurz darstellen. Es sind in Abb. 551 zwei getrennte Stromkreise vorhanden, der Mikrophonstromkreis und der Telephonstromkreis, die beide im Induktionsapparate induktiv miteinander verbunden sind. Der Mikrophonkreis muß durch einen Umschalter beim Abhängen des Telephons geschlossen werden. Wir sehen zunächst Mikrophon M, Mikrophonbatterie MB und den primären Draht P der Induktionsspule zu einem Kreis vereinigt, der bei Abnehmen des Telephons durch die beiden zugehörigen Kontakte am Umschalterhebel geschlossen wird. Die sekundäre Wickelung des Induktionsapparates ist mit dem einen Ende an die Erdplatte gelegt, und in diesem Zweig ist das Telephon eingeschaltet, das andere führt nach dem zugehörigen Kontakt am Umschalter und bei abgenommenem Telephon weiter zur Leitung. Die vom Mikrophon erzeugten und durch den Induktionsapparat übertragenen Stromwellen gehen somit in die Leitung zur nächsten

553. Das Lorenz-Mikrophon.

Station und kehren durch die Erde über das Tele=
phon nach dem Induktionsapparat zurück.

Die heutigen Mikrophone. Die in neuerer
Zeit zur Anwendung gekommenen Mikrophone
unterscheiden sich von den früher üblichen Kon=
struktionen hauptsächlich dadurch, daß die die
Schwankung der Betriebsstromstärke bewirkende
Kontaktstelle eine möglichst große Zahl Berüh=
rungspunkte enthält. Auf diese Weise wird eine
individuellere und möglichst gleichbleibende Sprach=
übertragung erzielt. Die Kontaktstelle wird gebildet
aus Kohlenkörnern, Kohlengrieß oder kleinen
Kohlenkugeln, die gegen die Membrane mit
leichtem Druck anliegen. Einige der Körner= oder
Grießmikrophone besitzen eine Dämpfung zur Ver=
minderung der Nebengeräusche, beispielsweise das
Beutelmikrophon von Siemens & Halske (Abb. 552).

Ein wesentlicher Vorteil der Körner= bezw.
Kugelmikrophone besteht darin, daß das eigentliche
Mikrophon in Gestalt einer kleinen Kapsel her=
gestellt werden kann, die sich leicht in das den
Sprechtrichter tragende Gehäuse einsetzen läßt. Auf
diese Weise ist der Ersatz eines unbrauchbar ge=
wordenen Mikrophons ohne große Kosten und sehr
einfach zu bewirken.

Aus der Fülle der Konstruktionen sei hier
das Kugelmikrophon von Lorenz erwähnt. In
Abb. 553 sehen wir in der geöffneten Kapsel ein
rundes Kohlenstück mit 7 trichterförmigen Mul=

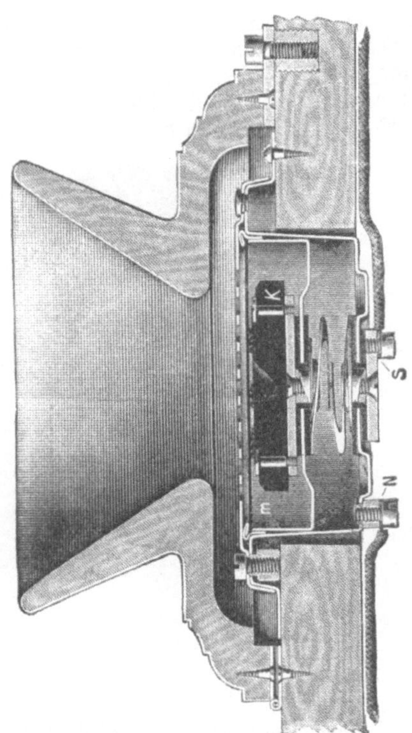

554. Schnitt durch das Lorenz-Mikrophon.

den, in denen sich je eine Anzahl kleiner Kohlekugeln befinden, die sich durch ihr Gewicht gegen
die aus Kohle gefertigte Membrane legen. Die Rückseite der Kapsel (Abb. 553) enthält eine iso=
lierte Kontaktfeder für die Zuleitung der Mikrophonbatterie. Der andere Pol dieser Batterie
steht mit der Membrane durch die Metallkapsel in Verbindung. Durch die Schwingungen

der Membrane werden die Kohlekugeln erschüttert, ändern also fortwährend den Kontaktwiderstand, wodurch auch die Stromstärke der Mikrophonbatterie die erforderlichen Schwankungen erhält. Abb. 554 gibt einen Schnitt durch das komplette Mikrophon; wir sehen in dem Gehäuse die Mikrophonkapsel m mit dem Kohlestück K, das durch die isolierte Feder mit der Klemme S

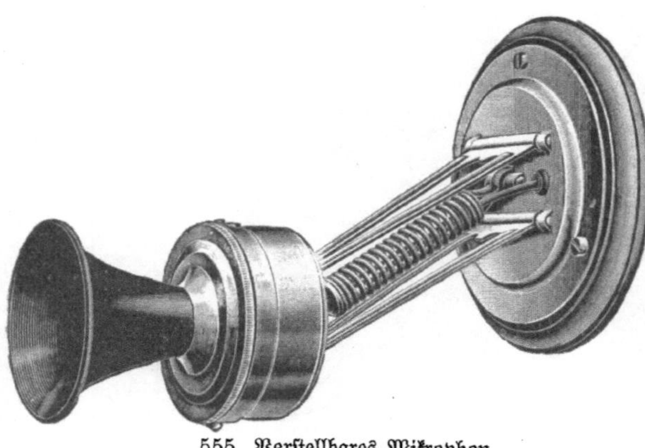

555. Verstellbares Mikrophon.

der Mikrophonbatterie verbunden ist, während der andere Pol vermittelst der Klemmschraube N mit der Kapsel in Verbindung steht.

Wichtig für eine gute Sprachübertragung ist es, daß der Mund des Sprechenden in der richtigen Entfernung von dem Schalltrichter des Mikrophons sich befindet. Da die Größe der telephonierenden Personen aber sehr verschieden ist, wird die Fernsprechstation so aufgehängt, daß das Mikrophon sich in Mundhöhe einer Person von mittlerer Größe befindet.

Um sich aber der verschiedenen Größe der Telephonierenden richtig anzupassen, werden die modernen Apparate häufig mt einem verstellbaren Mikrophon ausgerüstet (s. Abb. 555), welche eine passende Höheneinstellung des Mikrophons gestattet. Bei der dargestellten Konstruktion ist besonders darauf Rücksicht genommen, daß bei jeder Stellung die Mikrophonmembran stets senkrecht steht, um die Wirkungsweise nicht zu beeinträchtigen.

556. Fernsprech-Wandstation für Batterieanruf.　　　557. Fernsprechwandstation (geöffnet).

Die Fernsprechapparate. Die Vereinigung der Sprech-, Hör-, Anruf- und der erforderlichen Umschalteeinrichtung zu einem Ganzen bildet die Fernsprechstation. Die genannten Teile werden in zweckentsprechender Weise in bezw. an einem Gehäuse aus Holz oder Blech montiert, so daß sie nur, soweit erforderlich, bequem zugänglich, im übrigen aber gegen Staub und Beschädigung geschützt sind.

Die einfachsten Telephoneinrichtungen sind die sogenannten Haustelephone, die in die elektrischen Hausklingelanlagen eingeschaltet werden. Für den Anruf dient die vorhandene Klingel, deren Batterie für den Betrieb des Mikrophons mitbenutzt wird, und zwar in direkter Schaltung ohne Verwendung einer Induktionsrolle.

Eine wesentlich solidere Konstruktion weist die Fernsprechstation für Batterieanruf (Abb. 556 und 557) auf, die für indirekte Sprachübertragung, also mit Induktionsrolle, eingerichtet ist.

Die Deutsche Reichspost-Verwaltung verwendet für die meisten kleineren Ortsfernsprechanlagen, die in den Abb. 558 und 559 dargestellte Fernsprechwandstation in Pultform, mit verstellbarem Mikrophon und Induktoranruf, weil bei diesem die Unterhaltung einer Weckbatterie

<table>
<tr><td>558. Fernsprechwandstation, Modell
der deutschen Reichspost</td><td>559. Fernsprechwandstation, Modell
der deutschen Reichspost (geöffnet).</td></tr>
</table>

in Fortfall kommt. In der Abb. 559 sehen wir sämtliche Einzelteile der Station auf der Rückwand montiert. Links den Hakenumschalter, darüber die Induktionsrolle, in der Mitte den Wechselstromwecker, darunter den dreilamelligen Anrufinduktor und oben das verstellbare Mikrophon. Die oben in dem Schild sichtbare Bezeichnung bedeutet: „Stadtfernsprechgehäuse, Modell 1904“. Bei Inbetriebnahme wird in das obere Schild ein Stück Karton mit der Nummer des Teilnehmers geschoben.

Eine bequeme Handhabung am Schreibtisch gestattet die Induktor-Tischstation (Abb. 560), die ebenfalls für den gleichen Zweck von der deutschen Reichspost-Verwaltung verwendet wird. Bei ihr sind Mikrophon und Telephon zu einem Ganzen, dem sogenannten Mikrotelephon, vereinigt. Dieses ruht auf einer oben auf dem Gehäuse angebrachten Metallgabel, welche beweglich ist und durch das Auflegen des Mikrotelephons die Umschaltevorrichtung betätigt. Wie aus der Abb. 560 ersichtlich, besitzt der Apparat zwei Kurbeln, um eine gemeinsame Benutzung von den beiden Seiten des Schreibtisches aus auf bequeme Weise zu ermöglichen. In größeren Ortsfernsprechnetzen verwendet die deutsche Verwaltung in neuerer Zeit Fernsprechämter mit Zentralbatteriebetrieb, über welche an anderer Stelle näheres gesagt ist.

Da bei diesem System keinerlei Stromquellen sowohl für den Anruf als auch für das Sprechen beim Teilnehmer erforderlich sind, können die entsprechenden Apparate verhältnismäßig klein und einfach ausgebildet sein. Der Zentralbatteriebetrieb gestattet den Anruf des Amtes durch einfaches Abnehmen des Hörers vom Haken bzw. des Mikrotelephons von der Gabel des Tischapparates. Der Anruf des gewünschten Teilnehmers geschieht vom Amt aus mittels einer dort befindlichen Wechselstromquelle. Die Abb. 561 zeigt das in neuerer Zeit vielfach zur Anwendung gekommene Fernsprechgehäuse in Metallkasten mit verstellbarem Mikrophon. Eine dazu passende Tischstation ist in Abb. 562 dar-

560. Fernsprechtischstation, Modell der deutschen Reichspost.

gestellt, sie ist wesentlich kleiner, als die vorher beschriebene, der Anrufwecker ist in einem besonderen Gehäuse untergebracht, das an der Wand, in der Nähe des Schreibtisches montiert wird.

Die Konstruktion der Fernsprechstationen ist eine mannigfache, da sie immer dem jeweiligen Verwendungszweck angepaßt wird. Wir sehen in Abb. 563 eine Fernsprechstation für die Verwendung im Freien bzw. in Bergwerken. Sämtliche Teile sind

561. Fernsprechwandstation für
Zentralbatteriebetrieb.

562. Fernsprechtischstation für Zentralbatteriebetrieb.

so weit es möglich in einem gas- und wasserdicht schließenden Gußeisengehäuse untergebracht. Das Gehäuse sowohl wie die dem Bedienenden zugänglichen Teile sind so ausgebildet, daß sie der robusten Behandlung ohne weiteres standhalten.

Um von der Strecke aus nach den Stationen einen telephonischen Verkehr zu ermöglichen, benutzt man transportable Fernsprechapparate, wie ein solcher in Abb. 564 dargestellt ist. Alle Teile sind in einem wetterfesten Holzkasten mit Tragriemen untergebracht, die Kurbel des Induktors wird bei Inbetriebsetzung aus dem Kasten herausgenommen und auf die Achse des Induktors aufgeschraubt. Der Schall des im Innern des Kastens enthaltenen Wechselstromweckers kann durch ein perforiertes Schutzblech nach außen dringen.

Bei der Eisenbahn hat der Fernsprecher immer mehr Eingang gefunden, zum Teil sogar als Ersatz für den Morseapparat, zu dessen Bedienung immerhin eine gewisse Übung erforderlich ist. Aus der großen Zahl der für die Eisenbahn besonders konstruierten Fernsprecher wollen wir nur den auf den Schnellzugsstrecken der vereinigten preuß.-hess. Staatsbahnen allgemein in Verwendung stehenden Streckenfernsprecher erwähnen, der speziell dazu dient, einen telephonischen Verkehr zwischen den einzelnen Posten einer Bahnstrecke zu ermöglichen. Richtungsweiser in Gestalt kleiner weißer Pfeile an den Telegraphenpfosten zeigen an, in welcher Richtung der nächstgelegene Streckenfernsprecher zu finden ist. Die Bude oder das Gebäude, welches einen Streckenfernsprecher enthält, ist mit einem weit sichtbaren „**F**"

563. Grubenfernsprechstation von Siemens & Halske.

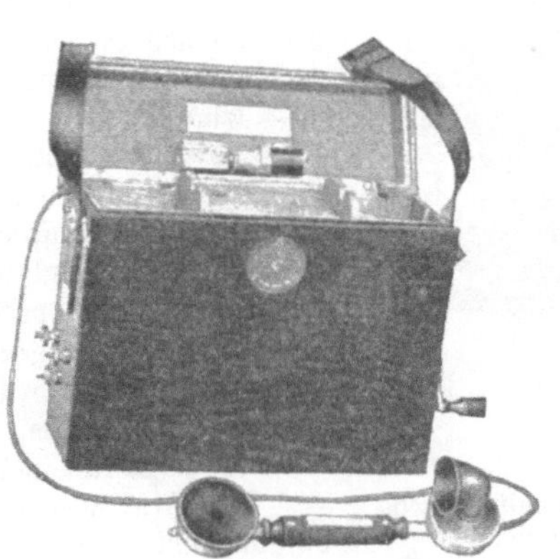

564. Tragbare Fernsprechstation.

bezeichnet. Sobald ein die Strecke revidierender Beamter irgend eine Unregelmäßigkeit an der Gleisanlage findet, eilt er nach dem nächsten Streckenfernsprecher und berichtet von dort aus über das Gesehene an die nächste Station, um auf diese Weise einen evtl. Unglücksfall zu verhindern und für schleunigste Abhilfe Sorge zu tragen. Auf die Konstruktion des Apparates hier näher einzugehen, würde zu weit führen, nur so viel sei gesagt, daß für den Betrieb Ruhestrom dient, der nicht nur eine Überwachung des Zustandes der Leitung gestattet, sondern auch zur Speisung der Mikrophone verwendet wird. Für den Anruf wird ein kräftiger Kurbelinduktor benutzt, der aber nicht, wie allgemein üblich, Wechselstrom liefert, sondern Gleichstrom, damit bei zufälliger Berührung der Fernsprechleitung mit einer Block-leitung der Induktorstrom beim Anruf nicht etwa unbeabsichtigterweise den Blockapparat be-einflussen kann, was unter Umständen eine Katastrophe herbeiführen würde.

Eine ähnliche Konstruktion weist auch der auf den sächsischen Schnellzugstrecken in Gebrauch befindliche Streckenfernsprecher auf, bei dem der Anruf aber mittelst Wechselstrom-Induktors geschieht, weil der Betrieb auf einer reinen Doppelleitung, also ohne Benutzung der Erde, statt-findet, so daß eine zufällige Berührung mit der Blockleitung keine Folgen haben kann.

Die Bemühungen, die Lautübertragung der Sprache zu steigern, führten zur Konstruk-tion der sogenannten Lautsprecher. Auch hier gibt es, dem verschiedenen Verwendungszweck

entsprechend, eine große Zahl von Konstruktionen. Der Effekt hängt natürlich von der Länge
der Leitung ab. Man verwendet sie deshalb nur für verhältnismäßig kurze Strecken, z. B. auf
Schiffen, in geräuschvollen Fabrikräumen, in Bergwerken usw. Abb. 565 zeigt eine solche laut=
sprechende Fernsprechstation in kräftigem, wasserdicht schließendem Metallgehäuse, wie sie auf
Schiffen und in Bergwerken gebraucht wird.

Die Wirkungsweise beruht in der Hauptsache auf der Verwendung einer höheren Strom=
stärke für das Mikrophon und eines sehr kräftigen Telephons. Der in der Abb. 565 dargestellte
Apparat besitzt im Innern ein großes Telephon, welches mit den seitlichen Hörrohren, die mit
Gummipolstern am Ende versehen sind, in Verbindung steht. Durch Aufklappen der Hörrohre
in die wagerechte Stellung wird die Sprechbatterie eingeschaltet; um anzurufen, ist es nur
nötig, ein Hörrohr aus der wagerechten Lage etwas nach oben zu bewegen, wodurch der
Weckerstromkreis geschlossen wird, nach Zurücklegen in die wagerechte Lage kann das Gespräch
stattfinden.

Die Umschaltevorrichtungen. In vielen Fällen ist der telephonische Verkehr nicht auf
zwei Stellen beschränkt. Bei der Eisenbahn, wo naturgemäß immer eine ganze Anzahl Fern=
sprechstationen in einer Leitung liegen, hilft man sich dadurch, daß man
für den Anruf der einzelnen Stationen unterschiedliche Anrufzeichen
analog den Morsezeichen benutzt, indem man durch mehrmaliges
Kurbeldrehen einen längeren, durch ein einmaliges Drehen einen
kürzeren Ton erzeugt und diese Töne zu Gruppen zusammenstellt. Die
so erhaltenen Signale sind äußerst markant, können aber nur da an=
gewendet werden, wo man ein mit der Bedienung vertrautes Personal
hat. Ein Nachteil bei einer derartigen Anlage ist es jedoch, daß,
während zwei Stationen miteinander sprechen, die Leitung besetzt
ist, also von anderen Stationen nicht benutzt werden kann.

Soll der Fernsprecher voll und ganz seinen Zweck erfüllen, so
muß eben die Möglichkeit einer sofortigen Verbindung mit der ge=
wünschten Station vorhanden sein. Diesem Zweck dienen die U m =
s c h a l t e v o r r i c h t u n g e n.

Die Umschaltevorrichtungen zerfallen in zwei Arten, das sind:
die Linienwähler,
die Zentralumschalter.

565. Lautfernsprech=
station von
Siemens & Halske.

Die Linienwähler gestatten von jeder Stelle aus die Ver=
bindung mit einer beliebigen Station, ohne daß die Hilfe einer dritten
Person benötigt wird, während bei der Benutzung eines Zentralum=
schalters eine besondere Bedienung erforderlich ist, dafür wird aber in letzterem Falle wesent=
lich an Leitungsmaterial gespart.

Die Linienwähler. Man gibt jeder Station einen Umschalter, beispielsweise einen
einfachen Stöpselumschalter (Abb. 566) mit so viel Schaltklemmen, als Anschlüsse vorkommen.
Die Abbildung zeigt deren sechs. Der Stöpsel ist an den eigenen Apparat angeschlossen, vgl.
Station 1 in der schematischen Darstellung Abb. 567. Wird nun der Stöpsel in eine der Schalt=
klemmen eingesteckt, so ist die Verbindung mit der an diese angeschlossenen Station hergestellt.
Die Linienwähler können auch als Kurbelumschalter ausgebildet werden, wie die Stationen
2—4 in der Abb. 567 darstellen. Die Stationen 3 und 4 besitzen Linienwähler mit je 2 Kurbeln $K_2 K_1$,
welche der sogenannten Geheimschaltung dienen, indem durch geeignete Stellung beider Kur=
beln auf beiden Stationen von der Benutzung der gemeinsamen Rückleitung Abstand genommen
und aus Leitung 4 und 3 ein Stromkreis mit metallischer Hin= und Rückleitung gebildet wird.

In neuerer Zeit werden die Linienwähler der bequemen Handhabung wegen als Hebel=
oder Druckknopflinienwähler gebaut und derart mit den eigentlichen Fernsprechstationen kom=
biniert, daß sie bei Beendigung des Gespräches durch Anhängen des Hörers oder Auflegen
des Mikrotelephons selbsttätig in die Ruhelage zurückgehen, wodurch ein falscher Anruf vermie=
den wird. Die Abb. 568 zeigt eine Tischstation mit Druckknopflinienwähler für 20 Anschlüsse.
Wir haben aus dem Vorstehenden entnehmen können, daß nach jeder Station so viel Leitungen
geführt werden müssen, als Verbindungsmöglichkeiten vorgesehen sind.

Zentralumschalter. Sobald die Zahl der Teilnehmer eine gewisse Höhe erreicht, wird man zweckmäßig zur Verbindung derselben einen Zentralumschalter verwenden. Von jeder Teilnehmerstation führt eine einfache bezw. eine Doppelleitung nach dem Zentralumschalter und endigt hier in einer Fallklappe, mit der eine Schaltklinke unmittelbar in Verbindung steht. Der Fernsprechumschalter enthält also so viel Klappen und Klinken, wie Teilnehmer vorhanden sind. Sobald ein Teilnehmer eine Verbindung wünscht, ruft er den Zentralumschalter an, wobei hier die entsprechende Klappe fällt und so dem Bedienenden zeigt, daß und von wem gerufen worden ist. An Hand der schematischen Darstellung Abb. 569 lassen sich die einzelnen Vorgänge sehr leicht verfolgen.

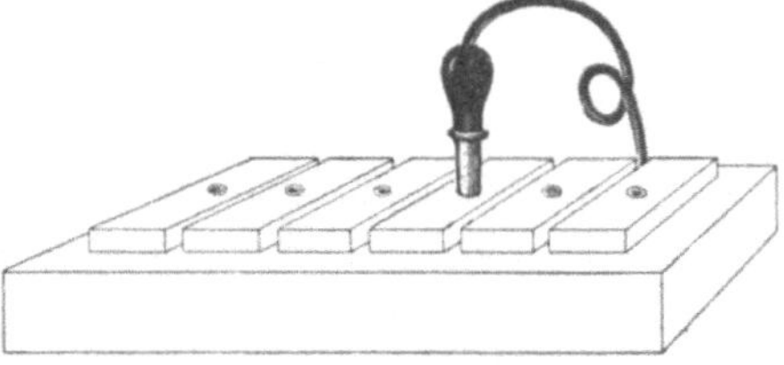

566. Einfachster Stöpselumschalter.

A zeigt die Ruhestellung. B: der Teilnehmer 2 ruft, indem er die Ruftaste drückt, der Strom aus seiner Batterie läuft durch die Leitung nach dem Zentralumschalter, passiert die Windungen des Klappenelektromagneten e, dieser zieht einen Anker a an, der Hebel h hebt sich, und die daran befindliche Nase n gibt die metallene Fallklappe k frei. Diese fällt durch ihre Schwere nach vorn, macht die bis dahin verdeckte Nummer sichtbar, berührt den Kontakt c, wodurch ein Lokalstromkreis geschlossen wird, in dem der Wecker W_1 und die Weckbatterie W B liegt, der Wecker ertönt und ruft den Beamten. In C sehen wir, wie der Beamte, nachdem

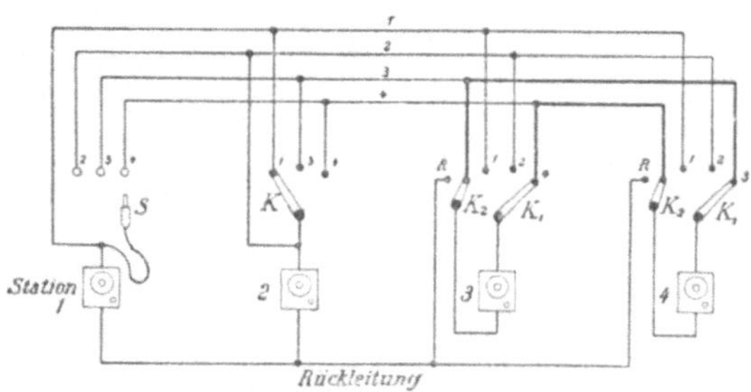

567. Schaltung einer Linienwähleranlage.

er die Klappe wieder aufgerichtet hat, seinen Abfrageapparat a_1 durch Einstecken des Stöpsels s in die Klinke f mit der Leitung und dem Teilnehmer 3 in Verbindung bringt und dessen Wunsch entgegen nehmen kann. D zeigt uns die Verbindung zwischen den Teilnehmern 4 und 5 durch Verwendung einer Verbindungsschnur mit zwei Stöpseln. Der Teilnehmer 4 spricht über die Klappe Stöpsel s, Verbindungsschnur Stöpsel s_1, Klinkenbuchse b mit dem Teilnehmer 5. Die Klappe des Teilnehmers 5 bleibt dabei ausgeschaltet, indem sie durch die eigenartige Form des Kontaktstückes des Stöpsels s_1 vermittelst der Feder f kurzgeschlossen wird. Dies hat den Zweck, die Sprache so wenig wie möglich zu dämpfen, jedes Elektromagnetsystem besitzt bekanntlich eine gewisse Selbstinduktion, die gerade bei der hohen Wechselzahl der Telephonströme sehr hinderlich ist. Das eine Klappensystem, und zwar das des rufenden Teilnehmers muß aber eingeschaltet bleiben, damit es für die Entgegennahme des Schlußrufes, der

568. Tischfernsprecher mit automatischen Druckknopflinienwählern.

die Beendigung des Gespräches am Zentralumschalter anzeigen soll, bereit ist. Die Abb. 570, 571 und 572 zeigen ein Klappensystem, die Klinke und den Stöpsel eines modernen Zentralumschalters. Die Schaltung eines einfachen Klappenschrankes ist aus Abb. 573 ersichtlich.

Um bei größeren Zentralanlagen die Bedienung des Zentralumschalters möglichst zu vereinfachen, rüstet man letzteren mit besonderen Sprechumschaltern (Abb. 574) und Schlußklappen aus (s. das Schema Abb. 575).

27*

Mit den Sprechumschaltern wird abgefragt, mitgehört und unter Verwendung einer Batterie bezw. eines Induktors der gewünschte Teilnehmer vom Zentralumschalter aus angerufen. In der Durchsprechstellung, d. h. wenn zwei Teilnehmer miteinander verbunden sind,

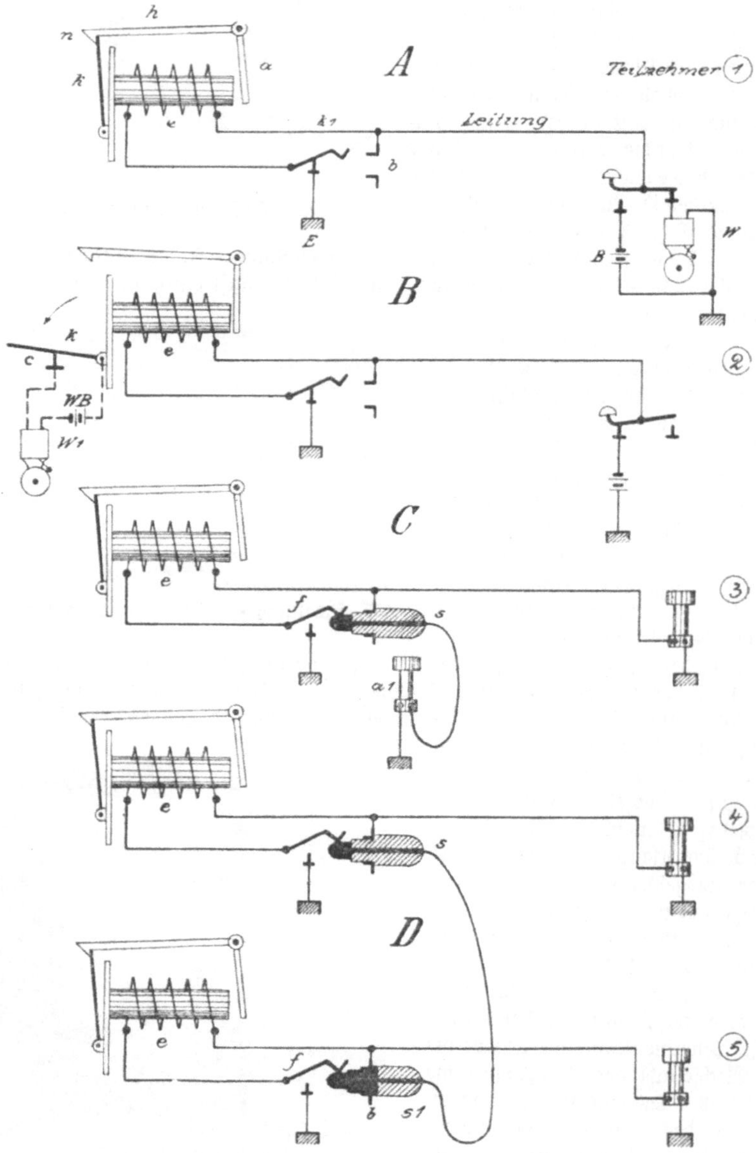

569. Schematische Darstellung der einzelnen Vorgänge bei Bedienung eines Fernsprechzentralumschalters.

liegt die Schlußklappe parallel zur Leitung, ihre Selbstinduktion kommt infolgedessen für die Telephonströme nicht störend in Betracht. Die Teilnehmerfallklappen sind dagegen ausgeschaltet. Die Stöpselschnüre werden durch Rollgewichte gespannt gehalten. Die Konstruktion eines derartigen Zentralumschalters ist in Abb. 576 dargestellt.

Häufig werden statt der Fallklappen sogenannte Schauzeichen oder kleine Glühlampen angewendet, die eine besondere Bedienung seitens des Zentralbeamten nicht notwendig machen, weil sie bei Herstellung der Verbindung von selbst verschwinden bzw. verlöschen.

Für den schnellen störungsfreien Betrieb einer Zentralfernsprechanlage ist es unbedingt erforderlich, die Beendigung eines Gespräches sofort kenntlich zu machen, damit die bestehende Verbindung wieder gelöst werden kann. Bei der vorerwähnten Benutzung von Schlußklappen wird man stets von dem pünktlichen Schlußruf der Teilnehmer abhängig sein, man hat deshalb eine Anordnung getroffen, die selbsttätig den Schluß des Gespräches anzeigt, wenn der Teilnehmer seinen Hörer anhängt. Man benutzt hierfür an Stelle der Schlußklappen kleine Galvanoskope, die von einer bei dem Zentralumschalter aufgestellten Batterie Strom empfangen, wenn der Teilnehmer den Hörer angehängt hat. Während eines Gespräches kann der Strom nicht wirken, weil vor den Hörer der sprechenden Teilnehmerstationen ein Kondensator eingeschaltet ist, der dem Gleichstrom ein Hindernis entgegensetzt; erst wenn durch Anhängen des Hörers

570. Anrufklappe

571. Stöpselklinke.

572. Verbindungsstöpsel.

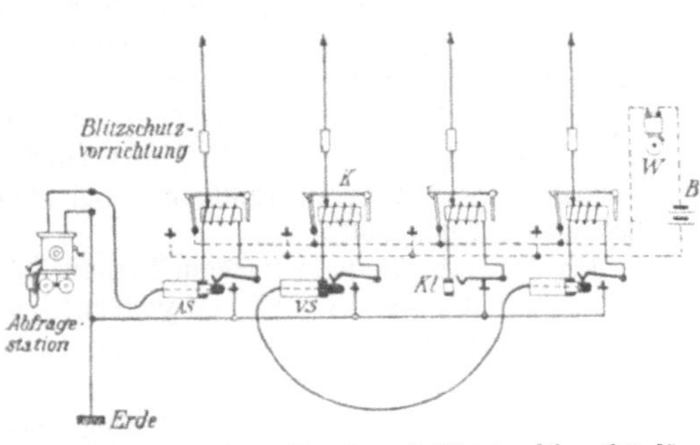

573. Schaltung eines Fernsprech-Klappenschrankes für
Einfachleitung.

574. Sprechumschalter.

der Kondensator ausgeschaltet und der Wecker wieder eingeschaltet wird, kann der Schlußzeichenstrom über die Leitung fließen und so das Schlußzeichengalvanoskop betätigen. Die Batterie wird jedesmal erst bei Herstellung einer Verbindung durch das Einstecken der Verbindungsstöpsel in die Teilnehmerklinken mit der Leitung in Verbindung gebracht.

Vielfachschaltung. Die vorgenannten Schalteinrichtungen sind nur für die Bedienung einer beschränkten Anzahl von Anschlüssen verwendbar. Je nach der Intensität des Betriebes, d. h. der Zahl der Gespräche pro Tag und Anschluß bzw. der Zahl der herzustellenden Verbindungen in der stärksten Betriebszeit können mit einem Klappenschrank etwa 100—200 Anschlüsse bedient werden. Denkt man sich zwei solcher Schränke mit je einem Arbeitsplatz nebeneinander angeordnet, so wird für die Teilnehmer eines Arbeitsplatzes eine Verbindung von dem Platz aus auch in das Feld des benachbarten Schrankes hinein noch ohne Mühe vorgenommen werden können.

Anders liegen die Verhältnisse, wenn die Zahl der Plätze größer ist, weil dann beispielsweise ein am ersten Platz einlaufender Anruf nicht ohne weiteres vom Platz aus mit einem, z. B. auf Platz 7 liegenden Teilnehmer verbunden werden kann. Für diesen Fall müßten zwei Personen (Verbindungsbeamte) für die Bedienung in Anspruch genommen werden.

Der erste fragt ab, verständigt sich durch Zuruf oder vermittels einer weiteren Telephonverbindung mit dem zweiten Beamten, und der zweite Beamte stellt dann die Verbindung zum gewünschten Teilnehmer her. Für die Verbindung vom ersten zum siebenten Platz wird eine hierzu vorgesehene Verbindungsleitung VL benutzt (s. Abb. 577).

Dieses komplizierte Verbindungsverfahren wurde bald durch die Vielfach-(Multiplex-)Schaltung überflüssig gemacht (s. Abb. 578). Bei dieser Multiplexschaltung sind in jedem Schrank sämtliche Teilnehmerleitungen zu Kontaktstellen geführt, so daß bei einem vorliegenden Anruf von jedem Platz aus direkt die Verbindung ohne Zuhilfenahme eines zweiten Beamten erfolgen kann. Hierbei muß auf irgendeine Weise dem bedienenden Beamten erkennbar sein, ob der gewünschte Anschluß nicht anderweitig schon von einem anderen Beamten verbunden worden ist. Zu

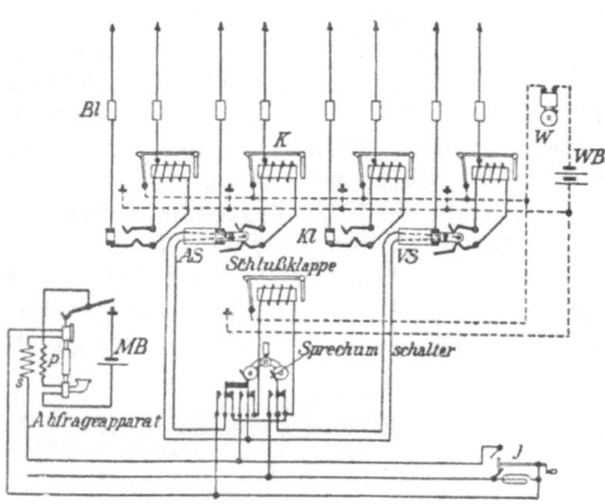

575. Schaltung eines Fernsprech-Klappenschrankes für Doppelleitung.

dem Vielfachsystem gehört also die unentbehrliche Prüfeinrichtung (Prüfschaltung) oder Kontrolleinrichtung. Die Kontrolle oder das Prüfen auf Besetztsein besteht fast ausschließlich in der Feststellung von seiten des Beamten, ob bei Berühren der Vielfachleitung durch die Stöpselspitze ein Knacken im Beamtenfernhörer bemerkbar ist. Dieses Knacken wird in der einfachsten Weise dadurch erzeugt, daß beim Stecken einer Abfrage- oder Vielfachklinke ein Potential (Batterie) angelegt wird.

Um die Anrufklappe von jedem Platz aus der Wirkung des Rufstromes entziehen zu können, ist die Teilnehmerleitung in jeder Klinke über einen Unterbrechungskontakt geführt.

In Abb. 579 ist die Vielfachschaltung dargestellt, zum leichteren Verständnis aber im Schnurpaar selbst Abfrage- und Prüfschaltung des Beamtensprechapparates fortgelassen. Der Hergang der Verbindung würde folgender sein: Der Teilnehmer T_1 dreht seinen Induktor, die Klappe K fällt, der Stöpsel S_1 wird in die zur Klappe K_1 gehörige Abfrageklinke $A K_1$ gesteckt. Die Beamtin ist so mit dem Teilnehmer verbunden. Man denke sich mit dem Stöpsel einen Abfrageapparat, Mikrophon und Telephon, in Verbindung. Die Beamtin erfährt die Nummer des verlangten Teilnehmers, berührt die Klinke des gewünschten Teilnehmers mit der Stöpselspitze, prüft damit auf Besetztsein und steckt den Stöpsel S_2 in die Vielfachklinke Vk des gewünschten

576. Moderner Fernsprech-Klappenschrank.

Teilnehmers und fordert den anrufenden Teilnehmer auf, seinen Induktor zu drehen, d. h. zu rufen. Dies geschieht, und das Läutesignal ertönt bei dem angerufenen Teilnehmer T_2. Damit durch diesen Rufstrom die Klappe K_2 nicht zum Fallen kommen kann, sind die Kontakte der

Klinken A k und V k durch die Stöpsel abgehoben. Die Leitungen beider Teilnehmer sind durch
die Batterie B besetzt gemacht. Wird an irgendeiner anderen Klinke der besetzten Leitungen
eine Klinke mit der Stöpselspitze berührt, wie in Abb. 579 punktiert dargestellt, so fließt ein Strom
von Erde, Batterie B durch den steckenden Stöpsel S_1 an die Klinkenleitung b und weiter durch
die Spitze des Stöpsels der prüfenden Beamtin, durch deren Fernhörer F nach Erde zurück und
erzeugt in diesem ein Knacken.

Diese Vielfachschalter mit Induktoranruf sind auch heute noch für kleinere Ämter
in Betrieb. Mit dem Anwachsen der Telephonnetze mußten die Einrichtungen vergrößert werden,
und hier liegt eine weitere Schwierigkeit für den Konstrukteur vor. Diese besteht darin, daß
die bedienende Person (zurzeit fast ausschließlich Beamtinnen) bei großen Fernsprechämtern

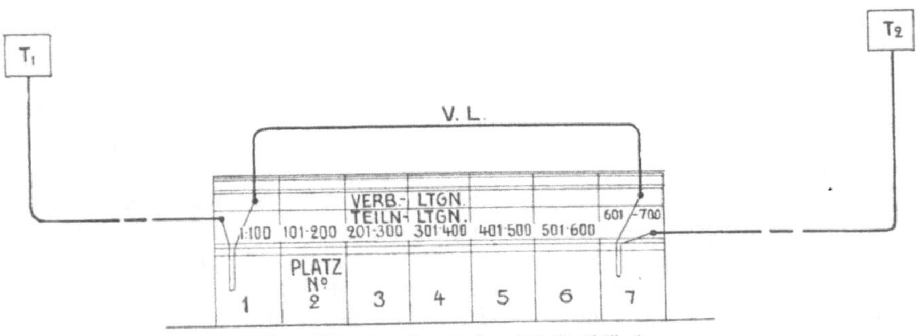

577. Fernsprechamt ohne Vielfachklinken.

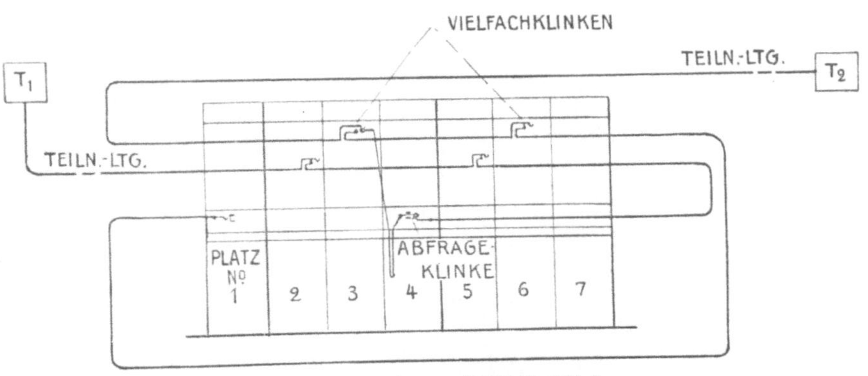

578. Fernsprechamt mit Vielfachklinken

von ihrem Platz aus nur eine bestimmte Reichweite besitzt, d. h. mit dem Arm nur in einer
gewissen Breite und Höhe des Bedienungsraumes die Klinken erreichen kann. Damit ist der
Raum für die Unterbringung der Klinken begrenzt. Die Zahl der in der Reichweite der Beamtin
unterzubringenden Klinken wird aber durch die Rücksichten auf die Leitungsanlagen beeinflußt.
Bei Vergrößerung der Leitungsnetze werden auch die Anschlußlängen der Kabel so groß, daß
man über eine bestimmte Anzahl von Anschlüssen in einem Amt nicht gut gehen kann. Die
größte Zahl von in einem Multiplexfeld untergebrachten Anschlüssen beträgt in Deutschland
24 000. Die Schalteinrichtungen sind hierbei aber dermaßen klein und empfindlich, daß man
in Deutschland von einer solchen Kapazität abgekommen ist und in größerer Zahl nur Ämter
von 20 000 ausgeführt hat. Das Optimum in bezug auf die Leitungslänge und Betriebskosten
wird im allgemeinen bei einer Kapazität von 14 000 Anschlüssen in einem Netz erzielt. Die
schwedische Industrie geht trotzdem mit der Kapazität noch erheblich höher.

Den größten Gewinn an Raum brachten bei der Durchbildung der Schrankkonstruktion
die von den Amerikanern eingeführten Lampen als Anruf- und Schlußzeichensignale

welche durch Relais in Betrieb gesetzt werden. Von der Tischform ist man allgemein abgekommen und führt neuere Bauten nur noch in Schrankform aus. Ein solcher Schrank ist in Abb. 581 dargestellt. Der Schrank ist 1,80 m breit und enthält drei Arbeitsplätze. Die höchste Klinke befindet sich im allgemeinen 1,80 m über dem Stand der Beamtin. Das Vielfachklinkenfeld V enthält, über die drei Arbeitsplätze verteilt, die Klinken von 1—10 000 bzw. von 1—20 000. Darunter befindet sich das Abfragefeld A mit den Anruflampen und Abfrageklinken der Teilnehmer. Je nach der Lebhaftigkeit des Verkehrs werden 60—300 Anrufzeichen pro Platz angeschlossen. Unter dem Abfragefeld setzt ein wagerechtes Feld konsolartig an. Auf diesem sind

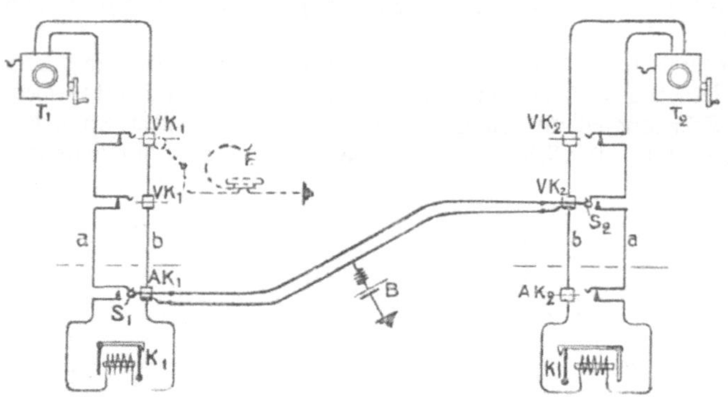

579. Vielfachschaltung für kleine Fernsprechämter.

die Stöpsel S, die Sprechumschalter S p und die Schlußlampen S L untergebracht. Laufgewichte L halten die nicht benutzten Stöpsel auf ihrem Sitz und die gesteckten Schnüre straff. Hinter dem Vielfachfeld V liegt der Kabelraum K, welcher mit eng aneinander geschichteten Kabeln angefüllt

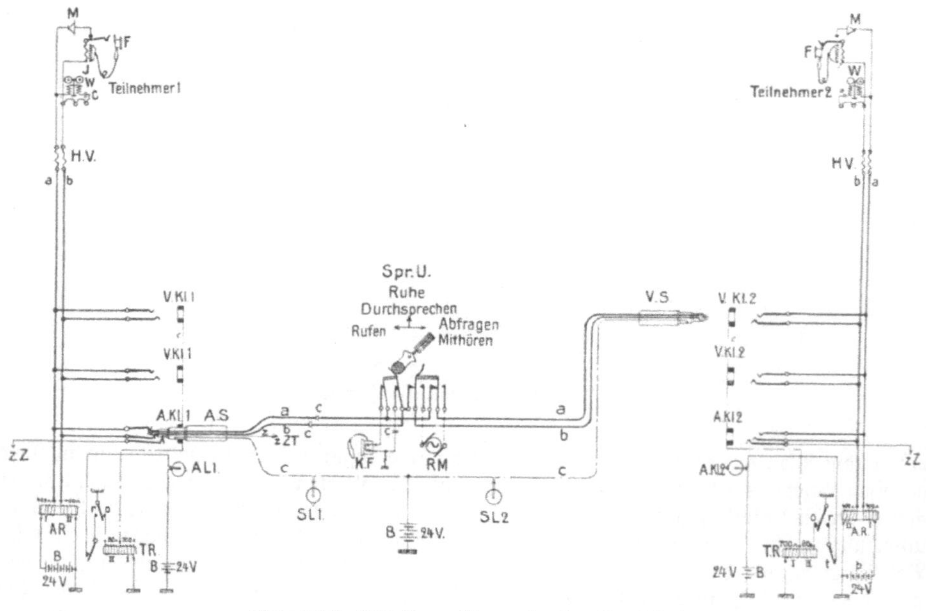

580. Vielfachschaltung für große Fernsprechämter.

ist. Für ein 20 000=er Amt sind 1000 Kabel zu 20 Doppeladern bzw. Dreifachadern erforderlich. Die Anzahl der Plätze ist gleich der Anzahl der in der stärksten Betriebszeit notwendigen Telephonistinnen, die Anzahl der Schränke ⅓ hiervon. Die vorgeschilderten Apparate sind nach Abb. 580 verbunden.

An der Hand einer ausgeführten Verbindung soll das Zusammenwirken der Apparate erklärt werden. Bei angehängtem Fernhörer ist der Wecker eingeschaltet. Im Weckerstromkreis befindet sich ein Kondensator C, welcher den Wechselstrom durchläßt, aber den Gleichstrom nicht. Beim Abheben des Fernhörers wird anstatt des Weckers das Mikrophon M des Teilnehmers eingeschaltet, und es fließt nunmehr ein Strom von Erde, 24 Voltbatterie B, Wicklung I des Anrufrelais A R, Leitung a_1, Mikrophon, Leitung b, Wicklung II des Anrufrelais A R, nach Erde zurück. Das Anrufrelais spricht an und schaltet die Lampe AL_1 ein. Strom über Batterielampe, Kontakt t von Trennrelais, Kontakt r vom Anrufrelais, Erde. Der Stöpsel wird ein-

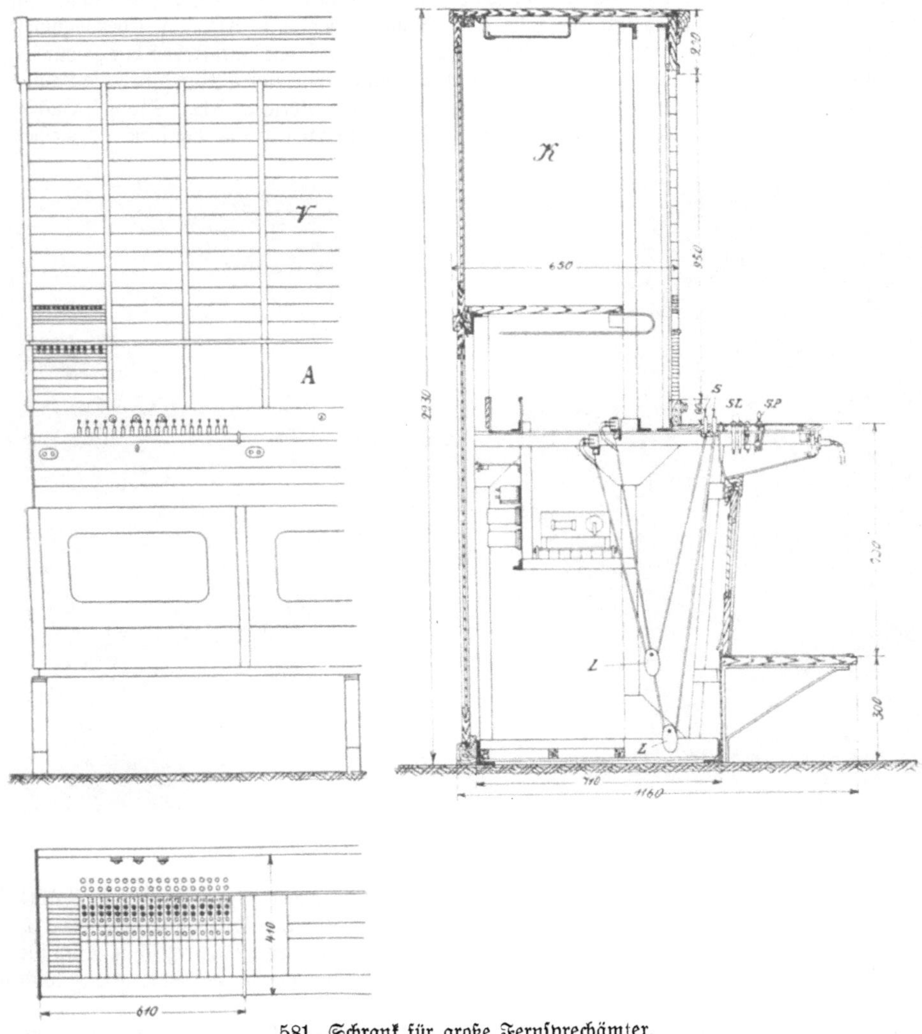

581. Schrank für große Fernsprechämter.

geführt, um abzufragen. Das Relais TR erhält Strom von Erde, Batterie B, Schlußzeichen-lampe SL_1, Buchse, Leitung c, Wicklung I von TR, Erde; t öffnet sich infolge Anzugs von TR, die Anruflampe erlischt. Der Widerstand der Wicklung I von TR ist so groß, daß die Schluß-zeichenlampe SL_1 nicht brennen kann. Die Beamtin meldet sich, nachdem der Sprechumschalter Sp umgelegt ist, wie Abb. 581 zeigt, der Teilnehmer nennt seine Nummer.

Den Strom für das Mikrophon bezieht der Teilnehmer vom Amt (über das Anrufrelais). Diese Speisung des Teilnehmermikrophons wird Zentralbatterieschaltung genannt. Eine besondere Batterie beim Teilnehmer ist hierdurch überflüssig. Die Beamtin prüft, ob die gewünschte Leitung frei ist, durch Berühren der Buchse des gewünschten Teilnehmers. Stromlauf bei besetzter Leitung: von dem irgendwo steckenden Stöpsel, Erde, Batterie B, Lampe SL_1 oder SL_2, Stöpsel, Klinkenleitung c, bis zum Ort des Prüfens, hier Stöpselspitze, Schnur, Fernhörer der Beamtin, Erde. Bei nicht besetzter Leitung fehlt die Batterie; die Beamtin führt den Stöpsel ein und ruft, indem sie ihren Sprechumschalter Sp in die Rufstellung legt. Dadurch wird Wechselstrom in die Leitung des anzurufenden Teilnehmers gesandt. Nach dem Rufen läßt die Beamtin den Schalter los, und derselbe stellt sich selbsttätig in die Durchsprechstellung. In der zweiten Schnur befindet sich ebenfalls eine Schlußzeichenlampe SL_2 zur Überwachung, ob der gewünschte Teilnehmer sich meldet. Die Lampe brennt, weil das Anrufrelais des gewünschten Teilnehmers noch nicht angezogen hat und infolgedessen ein stärkerer Strom durch die Lampe fließt, wie weiter vorn beschrieben, und zwar von Erde über Batterie B, SL_2, Stöpsel, Buchse, c-Ader und nun parallel durch beide Wicklungen b_1 und b_2 des Trennrelais, Wicklung 2 desselben

582. Fernsprechamt I in Berlin System Siemens & Halske.

hat einen sehr geringen Widerstand. Wenn der Teilnehmer sich gemeldet hat, wird der Kontakt O geöffnet und die Wicklung mit niedrigem Widerstand ausgeschaltet. Die Überwachungslampe SL_2 erlischt also. Bei Schluß des Gespräches hängen beide Teilnehmer an. Dadurch schließt sich für beide der Kontakt O der Anrufrelais AR, beide Schlußlampen brennen, die Verbindung wird getrennt.

Abb. 582 zeigt einen Teil des Fernsprechamtes I im Betrieb. Einzelne Apparatteile sind in Abb. 583—586 abgebildet. Abb. 583 Klinkenstreifen mit steckendem Stöpsel, Abb. 584 Relais AR und TR, Abb. 585 Sprechumschalter, Abb. 586 den Lampenstreifen. Die Aufstellung der Schränke in einem Fernsprechamt ist aus folgendem Grundriß, Abb. 587, des Saales des Vermittelungsamtes I in Berlin zu erkennen.

Ein wichtiger Zubehörteil zu einem solchen Fernsprechamt ist der Hauptverteiler. Dieser dient zur Verbindung der Leitungen des Multiplexfeldes im Fernsprechamt mit den Außenleitungen. Wenn ein Teilnehmer seine Wohnung wechselt, d. h. in einen anderen Bezirk desselben Amtes zieht, so möchte er selbstverständlich seine Nummer beibehalten, seine Leitung tritt aber jetzt an einer ganz anderen Stelle in das Amt ein. Da sowohl die Außenleitungen als auch die Vielfachleitungen des inneren Amtes (Klinkenleitung) an feste Punkte x, y geführt sein müssen, so ergibt sich von selbst, daß diese festen Punkte in geeigneter Weise an einem Hauptverteiler untergebracht werden, welcher eine beliebige Verbindung dieser festen Punkte untereinander ermöglicht, so daß jede beliebige Leitung des Außennetzes mit jeder beliebigen Leitung des inneren Fernsprechamtes verbunden werden kann. Abb. 588 zeigt eine schematische Darstellung und Abb. 589 ein Bild eines kleinen Abschnittes dieses Hauptverteilers.

Selbstanschlußämter. In den vorstehenden Kapiteln ist unter Linienwähler eine Schaltungseinrichtung dargestellt, bei welcher jeder Teilnehmer zu jedem anderen hin sich ohne Vermittelung von Personal verbinden kann. Das Selbstanschlußamt (automatische Fernsprecheinrichtung) unterscheidet sich von einer Linienwähleranlage dadurch, daß nicht die Leitung jedes

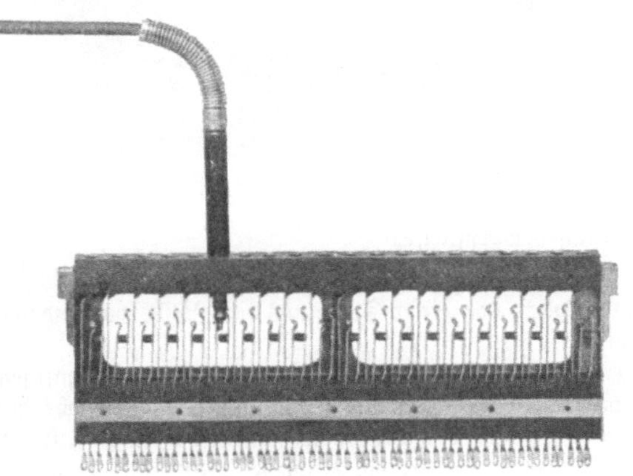

583. Klinkenstreifen.

585. Sprechumschalter.

584. Relais.   Klappe zum Relais.

Teilnehmers einer Anlage zu der Schalteinrichtung jedes anderen Teilnehmers hingeführt ist, sondern daß jeder Teilnehmer nur zu einem Zentralpunkt mit einer einzelnen Leitung, und zwar einer Doppelleitung, verbunden ist. Die in die Zentrale einmündenden Leitungen werden dann durch zentral angeordnete Schaltapparate miteinander verbunden, wobei eine Verbindung zu einem bereits besetzten Teilnehmer durch sinnreiche Einrichtungen vermieden wird. In Anlehnung an das einzige System, welches bisher in der Praxis Verbreitung gefunden hat: das System von Strowger, soll in einfacher Weise der Mechanismus und die Verbindung dargestellt werden.

Jeder Apparat, mit dem sich nach dem Willen einer Person in der Entfernung ein Zeiger bewegen läßt, ist geeignet, Fernschaltungen vorzunehmen, genügende Kräfte und Sicherheit im Funktionieren des Apparates vorausgesetzt. Strowger wählte hierfür den Schrittmechanismus, welcher in Abb. 590 bzw. in Abb. 591 in primitivster Form dargestellt ist. Der Übersichtlichkeit wegen ist für die Abb. 590—594 Einfachleitung zur Verbindung der Teilnehmerstelle mit dem Amt angenommen; in der Praxis ist aber Doppelleitung angewandt. E ist ein Elektromagnet, Z ein Zahnrad, S eine Schaltklinke. Der Elektromagnet E ist an der Teilnehmerleitung L angeschlossen, ebenso der Hebel H. Will der Teilnehmer L sich mit einem der anderen Teilnehmer L_1—L_4 verbinden, so gibt er eine entsprechende Anzahl von Kontakten von seiner Station aus und läßt den Elektromagneten ebenso oft seinen Anker anziehen und zurückfallen. In primitivster Weise könnte diese Kontaktgabe durch eine Taste erfolgen. Bei jedesmaligem Anzug des Ankers bewegt die Schaltklinke S das Sperrad Z und damit den Hebel H einen Schritt vorwärts, bis der Hebel auf der entsprechenden Leitung, beispielsweise L_4 angekommen ist. Dann ist der Teilnehmer T mit der Leitung L_4 und eventuell mit einem entsprechenden Empfangsapparat verbunden. Man kann sich denken, daß hier irgendeine Anzeigevorrichtung, beispielsweise ein Galvanoskop, den Anruf anzeigt und daß der so gerufene Teilnehmer sich meldet. Ein Gespräch ist möglich von der Teilnehmerstation T aus auf dem Stromweg: Erde, Kondensator, Ruhekontakt der Taste, Teilnehmerstation T, Hebel H, Kontakt 4, T_4, Kondensator, Erde. Nach Vollendung des Gespräches müßte der Teilnehmer in die Leitung L so viel Kontaktstöße geben, daß der Hebel H auf O weiterbewegt wird.

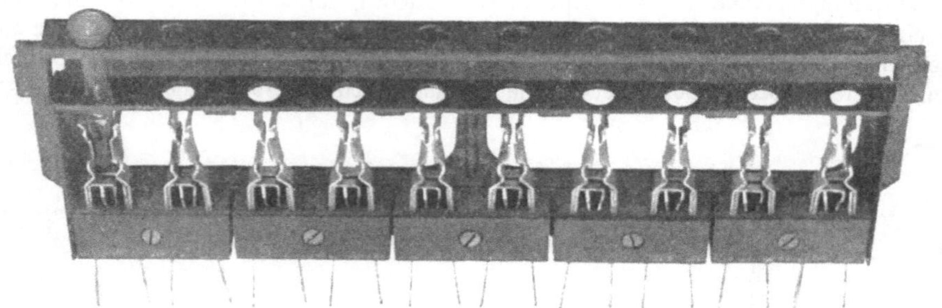

586. Anruf=Lampenstreifen.

Mit dieser Einrichtung wäre es nur möglich, von einer Stelle aus eine Reihe von anderen Stellen anzurufen, nicht aber umgekehrt.

Abb. 592 zeigt eine Einrichtung, bei welcher jeder Teilnehmer den anderen anrufen kann. Hierbei ist gleich schematisch eine automatische Schalteinrichtung für die Abgabe der Kontakte gezeichnet, die im Prinzip der Stromgerscheibe entspricht. R ist ein gezähntes Kontaktrad. Wenn dieses Rad bewegt wird, so wird der Kontaktarm C durch die Zähne bei jedem Schritt des Rades von der durch einen Kondensator gegen Gleichstromdurchfluß undurchlässig gemachten Erdleitung abgehoben und gegen die direkte Erdverbindung gedrückt. Bei jedem Zahnschritt wird also ein Kontaktschluß und Öffnen bei C eintreten. Dadurch wird der Elektromagnet E und der dazugehörige Hebel H entsprechend bewegt. Das Rad R müßte in diesem Falle vom Teilnehmer langsam eingestellt werden, damit der Elektromagnet E folgen kann. An Stelle dieser primitiven Schaltungseinrichtung tritt in der Praxis die unten (Abb. 595) näher beschriebene Fingerscheibe. Auf dem Schaltamt ist die Leitung nicht nur an den Elektromagneten, sondern auch an

587. Aufstellungsplan vom Fernsprechamt I Berlin.

Schaltkontakte V geführt und diese sind wie bei den Handfernsprechämtern vielfach geschaltet.

Bei dieser Einrichtung würde nun der Fehler vorliegen, daß störende Mehrfachverbindungen eintreten können, wenn mehrere Teilnehmer ein und dieselbe Stelle wünschen. Aus diesem Grunde führt man, wie beim Handsystem, eine Prüfleitung parallel zu den Sprechleitungen durch die Vielfachschaltung und sieht solche Einrichtungen vor, die ein Durchschalten zu dem gewünschten Teilnehmer unmöglich machen, falls dieser schon anderweitig in Verbindung ist. Abb. 593 a u. b zeigen ein derartiges Schaltsystem. Der Elektromagnet E schaltet wieder den

Verbindungshebel H, diesmal aber auch den Prüfhebel H_1 zugleich über die in Vielfachschaltung geführten Kontakte V. Ist die gewünschte Leitung frei, so würde der Prüfelektromagnet P seine Kontakte p_1, p_2 anziehen und über p_1 die Leitung zum Gespräch durchschalten. Der Stromweg für den Anzug dieses Elektromagneten P ist: Erde, Batterie, durch beide Wicklungen von P, den Hebel H^1, den betreffenden Kontakt der Vielfachleitung V, durch den Widerstand W nach Erde. Die Wicklung 1 von P hat einen sehr niedrigen, die Wicklung 2 einen sehr hohen Widerstand. Durch Schließen von p_2 wird der hohe Widerstand der Wicklung 2 fast kurzgeschlossen. Kommt nun auf diese Verbindung ein Dritter, so würde sich dessen Relais P mit sehr hohem Widerstand parallel zu dem nunmehr sehr niedrigen Widerstand des Prüfrelais der sprechenden Leitung

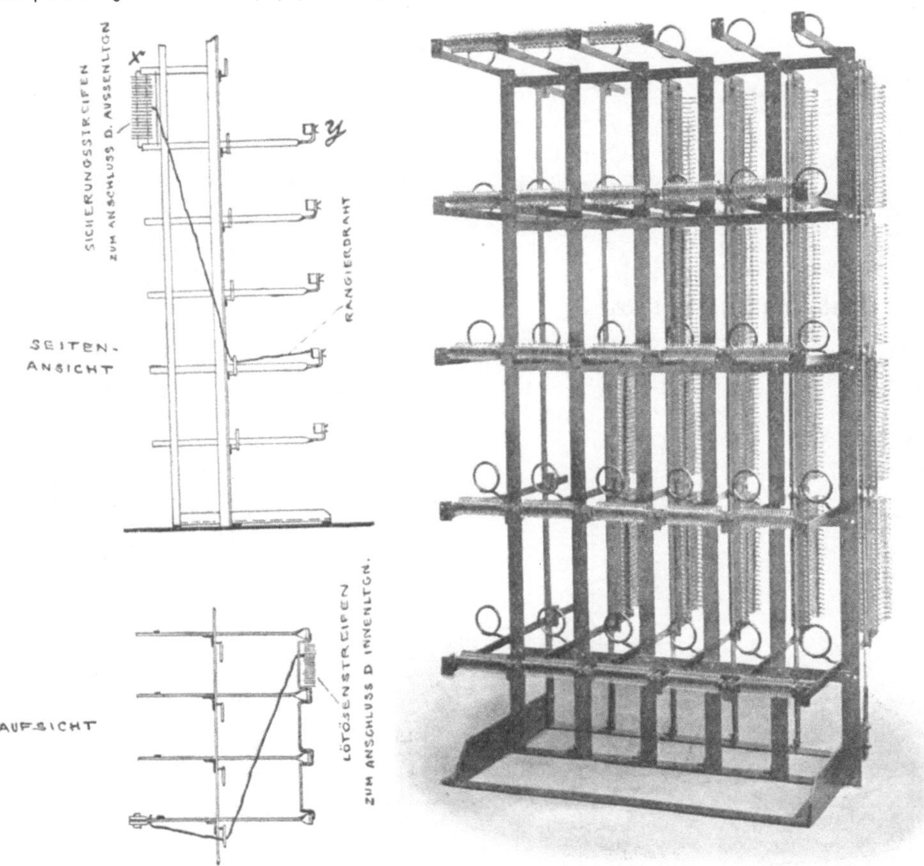

588. Hauptverteiler.   589. Hauptverteiler.

legen. Der Strom, der das prüfende Relais dann durchfließt, wird so gering sein, daß das Relais nicht ansprechen und die Verbindung nicht durchschalten kann. Die bestehende Sprechverbindung kann also nicht gestört werden. Damit der Dritte weiß, daß er auf eine bestehende Verbindung gekommen ist, wird ihm ein Summersignal gegeben (s. Abb. 593a). Spricht P nicht an, so wird ein Selbstunterbrecher U Summerströme in die betreffende Leitung hineingeben. Dieser Unterbrecher U wird erst dann eingeschaltet, wenn der ganze Apparat aus seiner Nullstellung bewegt wird. Die Einrichtung näher zu beschreiben, wäre zu kompliziert.

Es sei hier noch erwähnt, daß die Rückstellung auf 0 bei allen Schaltapparaten nicht dadurch geschieht, daß eine weitere Manipulation an der Fingerscheibe des Teilnehmers vorgenommen wird, sondern es sind besondere Mechanismen, sogenannte Auslöseelektromagnete vorgesehen, welche beim Anhängen des Fernhörers ansprechen und die Schaltklinken der Schaltapparate ausheben, so daß der Schaltapparat, einer Federkraft oder einem Gewicht folgend, in seine Ruhestellung zurückfällt.

Die einfachen Apparate (Abb. 590—593) sind nur für eine geringe Anzahl von Anschlüssen geeignet. Bei größeren Teilnehmerzahlen, beispielsweise 100, müßte man den Schaltapparat über sehr viel Kontakte hinwegführen, wenn ein Teilnehmer mit höherer Rufnummer angerufen werden soll. So müßte beispielsweise der Apparat, um den Teilnehmer 99 zu erreichen, 99 Schritte machen. Man kam deswegen sehr bald auf Einrichtungen, bei denen die Schrittzahl erheblich verringert ist, so daß, um die Nummer 99 zu erreichen, nur 18 Schritte nötig sind.

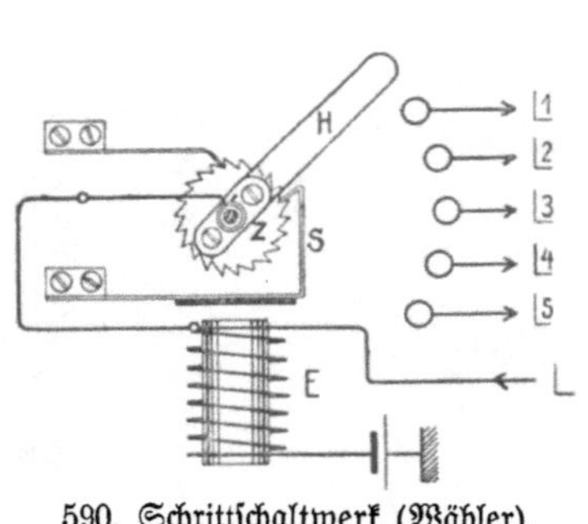

590. Schrittschaltwerk (Wähler).

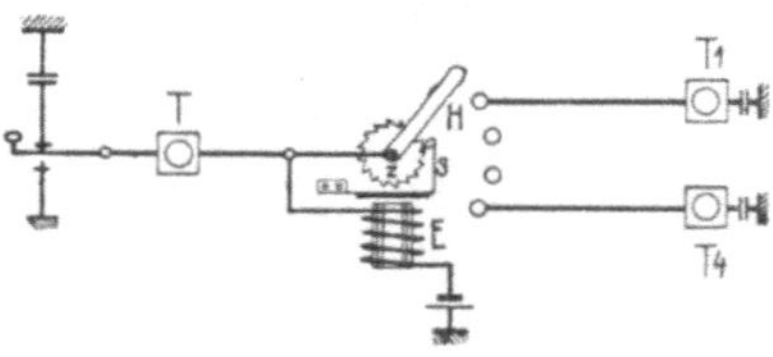

591. Stromlauf zum Schrittschaltwerk.

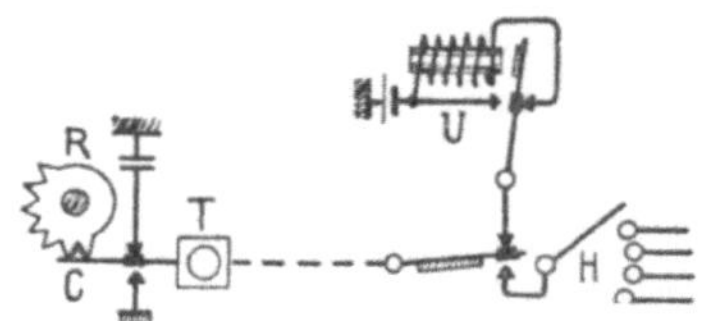

593 a. Wähler mit Besetzsignal.

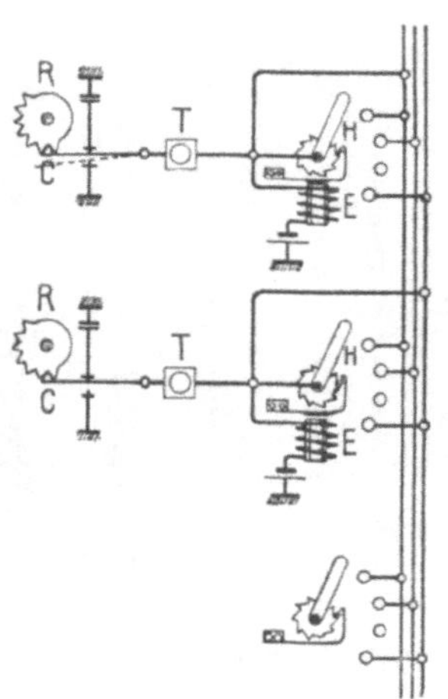

592. Vielfachschaltung für Wähler.

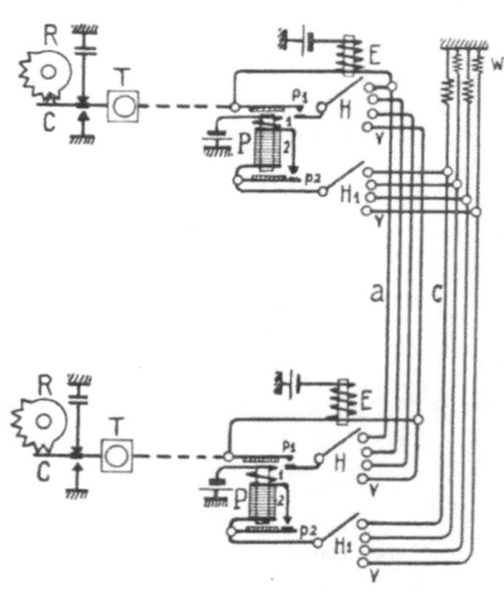

593 b. Wähler mit Prüfschaltung.

Um dies zu erreichen, ließ man den Apparat nicht in einer Richtung drehen, sondern eine Schaltwelle erst steigen und dann drehen (Näheres bei Beschreibung der Abb. 596). Aber auch diese Einrichtung war unzureichend, sobald es sich um Anschlußzahlen über 100 handelte, weil man mehr als 10 Schritte steigen und 10 Schritte drehen praktisch nicht gut ausführen, d. h. nicht über 100 Kontakte gehen konnte. Hier nun entwickelte sich das wichtige Prinzip der Gruppenbildung, mit nur 100-kontaktigen Apparaten beliebig hohe Anschlußzahlen (100 000 bis 1 000 000) möglich zu machen. Zum Verständnis dieser weiter unten beschriebenen Einrichtung ist es nötig, sich mit einem Bewegungsvorgang und einem Mechanismus nach Abb. 594 bekanntzumachen.

Soll eine Anzahl von Stellen (man stelle sich statt der zwei gezeichneten z. B. 100 vor) zu einer kleineren Anzahl von Punkten geführt werden, z. B. zu weiteren 10 Schalthebeln G W,
so müßte der Hebel H automatisch einen Kontakt aufsuchen, der zu einer durch andere noch nicht besetzten Leitung führt. Dies geschieht so, daß außer dem Hebel H ein zweiter Hebel H_1, entsprechend dem oberen Hebel H von Abb. 593 b, gleichzeitig sich dreht und auf den Leitungen c auf Besetztsein prüft. Der Drehelektromagnet E wird beim Abheben des Fernhörers durch den Kontakt a_1 eingeschaltet und erhält über den Kontakt p_1 Strom vom Unterbrecher U. Die Hebel H_1, H_2 drehen sich, das Prüfrelais P wird hierbei bei jedem Schritt des Drehelektromagneten Leitung für Leitung c abprüfen, ob dieselben besetzt sind oder nicht. Sind die besetzten Leitungen nun beispielsweise unterbrochen, die unbesetzten aber geschlossen, so wird P bei Berührung einer unbesetzten Leitung ansprechen, den Kontakt p_1 öffnen, der Drehvorgang wird unterbrochen und die Hebel H_1, H_2 bleiben auf der freien Leitung stehen. Sofort nach diesem Vorgang öffnet sich durch einen besonderen Vorgang bei G W der Kontakt c_1 und die Leitung erscheint nunmehr besetzt. Damit der Kontakt p_1 sich nicht wieder schließt und den Drehvorgang einleitet, sind besondeer Vorkehrungen getroffen; beispielsweise eine solche, bei der P sich über einen Selbsthaltekontakt p_3 und einen zweiten Kontakt a_2 nach Erde schließt. Mit der Kenntnis dieser Elemente ist es leicht, die wichtigsten Erscheinungen in dem automatischen System zu verstehen.

System für 100 Anschlüsse. Teilnehmerapparat. Der Apparat enthält außer dem bei jedem Zentralbatterieapparat vorgesehenen Telephon, Mikrophon, Hakenumschalter, Wecker usw. die für die Einstellung der Wähler erforderliche Fingerscheibe (Abb. 595). Die Fingerscheibe enthält nur je zehn Ziffern von 1—0, da das in Abb. 596 dargestellte Prinzip der Wähler mit zwei Bewegungsrichtungen angewandt wird. Diese Fingerscheibe wird wie folgt betätigt:

Zum Einstellen einer beliebigen Zahl, beispielsweise 59, wird der Finger in das mit „5" bezeichnete Loch gesteckt und die Scheibe in der Pfeilrichtung bis gegen den Anschlag A gedreht,

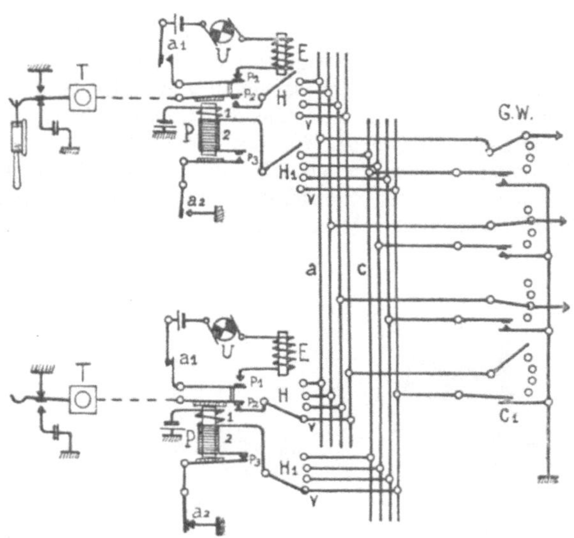

594. Selbsttätige Auswahl freier Wähler.

595. Fingerscheibe.

dann losgelassen, bis die Scheibe zurückgelaufen ist. Alsdann wird der Finger in das mit „9“ bezeichnete Loch gesteckt und der Vorgang wiederholt. Die Scheibe läuft sehr schnell, etwa in einer Sekunde ab.

Was geschieht nun auf dem Amt mit den Wählerapparaten, und wie sehen diese aus?

Beim Abheben des Fernhörers, bevor die Fingerscheibe noch gedreht wird, wird ein kleiner 10-kontaktiger Apparat, der sogenannte Vorwähler, durch ein in der Zeichnung nicht dargestelltes Relais, welches an der Teilnehmerleitung liegt, über dessen Kontakt a_1 eingeschaltet und dreht sich nach dem Prinzip der Abb. 594 solange, bis er einen Hauptwähler = Leitungswähler mit 100 Kontakten gefunden hat. Die für 100 Teilnehmer vorgesehenen Vorwähler sind vielfach geschaltet. Nach den Betriebserfahrungen sind nur 10 Leitungswähler mit 100 Kontakten für 100 Teilnehmer erforderlich, weil nicht mehr als 10 Verbindungen gleichzeitig bestehen.

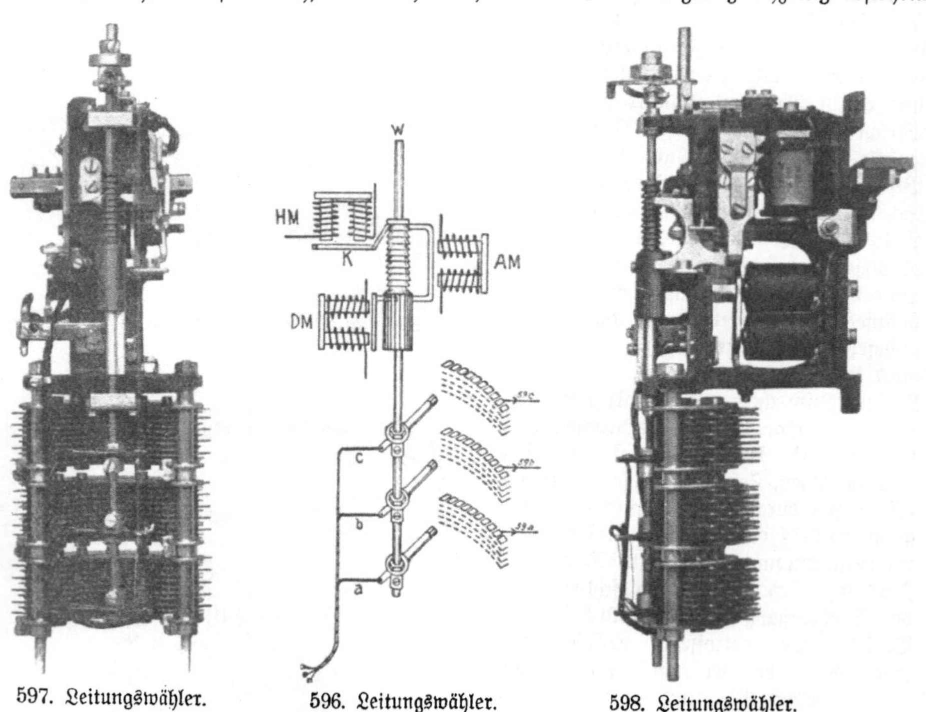

597. Leitungswähler.   596. Leitungswähler.   598. Leitungswähler.

Die 100 Kontakte sind ebenfalls in Vielfachschaltung miteinander verbunden, so daß jeder der zehn in Multiplex geschalteten Apparate jeden Teilnehmer erreichen kann.

Der Leitungswähler, welcher jetzt beim Ablaufen der Fingerscheibe eingestellt werden soll, ist in Abb. 596, 597 und 598 dargestellt, in Abb. 596 schematisch. Die Bewegung ist eine zweifache, die Schaltwelle W wird für die Einstellung der Zehner gehoben und danach für die Einstellung der Einer gedreht. Die von der Fingerscheibe im Amt einlaufenden Kontaktstöße lassen also zunächst für die Zehner den Hubelektromagneten HM abwechselnd seinen Anker anziehen und abfallen. Infolgedessen wird die Schaltklinke K sich bei jedem Abfall unter die Steigzähne der Schaltwelle W des Wählers setzen und bei jedem Anzug Zahn für Zahn die Schaltwelle heben. Bei jedem Schritt wird also die Schaltwelle W vor einer anderen Kontaktreihe des Leitungswählers zu stehen kommen. Jede Reihe entspricht einem Zehner. Also nacheinander Zehner — Zwanziger — Dreißiger — Vierziger — und beim fünften Schritt auf die Fünfziger. Damit ist die Fingerscheibe, welche ja auf 59 eingestellt werden sollte, das erstemal für die Zehner abgelaufen, und macht am Schluß ihres Ablaufs einen solchen Kontakt, daß an Stelle des Hubelektromagneten der Drehelektromagnet DM eingeschaltet wird. Dieser Drehelektromagnet ist nunmehr an Stelle des Hubelektromagneten auf die Leitung geschaltet. Wenn der

Teilnehmer jetzt zum zweitenmal seine Fingerscheibe und zwar von neun an aufzieht, erhält der Drehelektromagnet die Schaltströme. Der Drehelektromagnet ist dazu da, die gehobene Schaltwelle W herumzudrehen. In diesem Fall, da 59 gewünscht war, bis zum 9. Kontakt in der

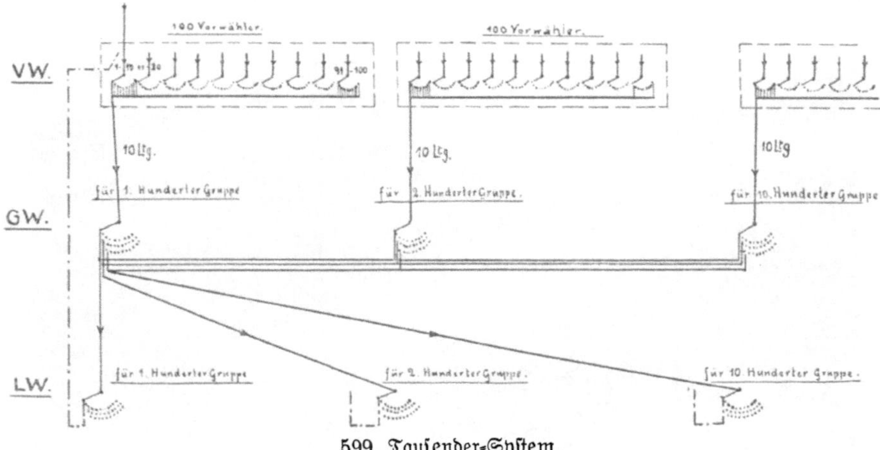

599. Tausender=System.

5. Reihe. Damit ist der gewünschte Teilnehmer erreicht. Es sind nun noch Vorrichtungen vorgesehen, um im Moment des Auftreffens auf eine Leitung prüfen zu können, ob diese Leitung besetzt ist oder nicht. Dies geschieht in der Art, wie in Abb. 594 beschrieben, vermittels eines

600. Automatisches Amt München.

P=Relais, welches ein Aufschalten auf eine besetzte Leitung verhindert und dem Teilnehmer durch ein Summersignal zu gleicher Zeit anzeigt, daß die gewünschte Leitung besetzt ist. An dem Leitungswähler ist noch ein Auslöseelektromagnet AM vorgesehen, welcher beim Auflegen des Fernhörers von seiten des Teilnehmers durch eine besondere Kontaktkombination Strom erhält. Bei seinem Anzug wird eine Gegensperrklinke aus den Zähnen der Schaltwelle W her

ausgehoben und letztere schnellt, infolge einer Federkraft sich drehend, zunächst aus der Kontaktreihe heraus und fällt dann durch ihr Gewicht in ihre unterste Lage zurück.

        An dem Leitungswähler (Abb. 596—598) sehen wir nun drei Kontaktsätze übereinander be-
festigt, ebenso sind drei Arme zu erkennen. Wie früher bemerkt, hat man zur Verbindung der

601. Wählergestelle im automatischen Amt.

Teilnehmerstation mit dem Amt eine Doppelleitung. Hierfür sind die beiden Kontaktsätze a,
b vorgesehen; ein dritter c enthält die Prüfkontakte. Infolgedessen sind für jeden dieser Arme a,
b und c 100 Kontakte, also im ganzen 300 für jeden Leitungswähler erforderlich, die dann durch
10 Leitungswähler hindurch vielfach geschaltet sind.

Das Gruppensystem. Wie kann es nun erreicht werden, daß mit nur 100-kontaktigen Apparaten beliebig große Teilnehmerzahlen miteinander verbunden werden können unter einem verhältnismäßig kleinen Aufwand von Apparaten?

Abb. 599 zeigt die Verbindung für ein 1000er-System. Ähnlich würden auch, nur komplizierter, 10 000er- und 100 000er-Systeme zu denken sein. Die Teilnehmerleitung L geht zunächst an den Vorwählerhebel, um die Leitung über den Vorwähler, Gruppenwähler, Leitungswähler hinweg mit dem gewünschten anderen Teilnehmer zu verbinden. Ein zweiter Abzweig von L geht an einen Leitungswählerkontakt, um dort von Anschluß suchenden anderen Teilnehmern gefunden zu werden.

Hundert Teilnehmer sind zu einer Vorwählergruppe zusammengefaßt. Von je 100 vielfach geschalteten Vorwählern laufen 10 Leitungen zu 10 Gruppenwählern, welche in sich aber auch noch mit Gruppenwählern der anderen Hunderter vielfach geschaltet sind. Die Multiplexleitungen der Gruppenwähler laufen nun zu den entsprechenden Leitungswählern. Die zehn Kontaktreihen der Gruppenwähler sind mit wenigen punktierten Viertelkreisen dargestellt; man hat sich an Stelle der drei punktierten Viertelkreislinien deren zehn vorzustellen. Die oberste Linie entspricht der Kontaktreihe, welche durch den ersten Schritt erreicht wird, die unterste entspricht derjenigen, welche durch den zehnten Schritt erreicht wird. Diese Schritte werden selbstverständlich wiederum durch die Fingerscheibe herbeigeführt. Beispielsweise sei die Nummer 259 zu finden. Der Teilnehmer gibt mit der Fingerscheibe die Zahl 2 und damit zwei Kontakte in den Hubelektromagneten HM des Gruppenwählers. Der Gruppenwähler wird sich also vor die zweite Kontaktreihe, in unserem Schema auf die zweite durchlaufende Linie von oben stellen. Da die erreichbaren Kontakte der Gruppenwähler aber vielen Teilnehmern zugänglich sind, so muß man auch mehrere Leitungen für alle zusammen zur Verfügung stellen, von denen dann freie nach Art des Wahlvorganges, wie in Abb. 593 oder 594 prinzipiell dargestellt, auszuwählen sind; d. h. es wird beim Gruppenwähler in dem Moment, wo die Fingerscheibe abgelaufen ist, durch eine entsprechende Umschaltung, wie beim Leitungswähler vorbeschrieben, an Stelle des Hubelektromagneten der Drehelektromagnet eingeschaltet und die Schaltwelle drehen, nur daß letzterer diesmal nicht von dem Willen des Teilnehmers beeinflußt wird, sondern selbsttätig dreht, bis er von den in Multiplex geschalteten 10 Leitungen einer Kontaktreihe eine freie Leitung gefunden hat. Nun ist der Teilnehmer beim betreffenden Hunderterapparat, dem Leitungswähler, angelangt. Wenn jetzt die Ziffer 5 und 9 gedreht wird, geschieht dasselbe wie vorbeschrieben unter Leitungswähler beim 100er-System.

Welchen Eindruck macht nun das gesamte Amt? — Dem manuellen System gegenüber hat das Bild eines Betriebssaales (Abb. 600 und 601) sich vollständig verändert. Im manuellen Betriebe eine Unzahl von klein konstruierten Schaltapparaten, welche im Bereich der Beamtinnen untergebracht sind, davor lebhaft arbeitende Beamtinnen auf sehr beengtem Raum dicht aneinander gedrängt vor den Schränken, ein Gewirr von Schnüren, welche durch dauernd in die Felder hineingreifende Hände der Beamtinnen gesteckt und wieder gelöst werden. Hier im automatischen Amt ein ruhiger feststehender Mechanismus, der mit der größten Exaktheit und Gleichmäßigkeit schnarrt und klappert, in seinen Dimensionen so bemessen, wie es das gute Arbeiten der Apparate erfordert, in dem großen Betriebssaal für 10 000 Teilnehmer 10 Mechaniker vom Dienst, die durch 10 andere abgelöst werden für andere Tageszeiten, hiervon ein Teil auf Kontrollgängen begriffen, um das Amt prophylaktisch zu pflegen, ein Teil von ihren Sitzen aus horchend oder die Signale beobachtend, ob sie eventuell einzugreifen haben, weil sie etwas Unregelmäßiges im Gange der Apparate hören, oder besondere vorgesehene Signale ihnen die Notwendigkeit sofortigen Eingreifens anzeigen. Gerade diese Signale sind großartig durchgebildet und zwingen den Mechaniker zur Aufmerksamkeit, wenn derselbe etwa deswegen einmal unaufmerksam sein sollte, weil lange Zeit sein Eingreifen überflüssig war. Aus dem Aufstellungsplan des Amtes ist leicht zu erkennen, wie die verschiedenen Wählerapparate in Reihen aufgestellt sind. Außerordentliche Ersparnisse werden in bezug auf Räumlichkeiten dadurch erzielt, daß erstens die automatischen Apparate weniger Platz in Anspruch nehmen, die Räume sehr bescheiden ausgestattet sein können, nur die Hälfte der Höhe derjenigen manueller Ämter in Anspruch nehmen und daß auf Nebenräume für das zahlreiche Personal, auf die bisher besonderer Wert zu legen war, gänzlich verzichtet werden kann. Die rasche Entwicklung der automatischen Fernsprechämter in Amerika und neuerdings auch in Europa läßt darauf schließen, daß eine Wendung in der Fernsprechtechnik eingetreten ist.

Elektromagnetische Schwingungen und drahtlose Telegraphie.

Von Oberingenieur **Dr. W. Hechler.**

Die elektromagnetischen Schwingungen.

Die Theorie der elektrischen Fluida. — Faradays Kraftlinien-Theorie. — Methoden zur Erzeugung von Wechselströmen hoher Periodenzahl. — Elektrische Vorgänge bei der Entladung von Kondensatoren. — Der elektrische Schwingungskreis, Einfluß der Gestalt und Größe desselben auf die Schwingungszahl. — Dämpfung der Schwingungen. — Ungedämpfte Schwingungen. — Ähnlichkeiten zwischen elektrischen und mechanischen Schwingungen. — Die Zwischenschicht und die Vorgänge in derselben während der Kondensatorentladung. — Maxwells elektromagnetische Theorie. — Fortpflanzungsgeschwindigkeit von Licht und Elektrizität. — Undurchlässigkeit der Metalle für schnelle elektrische Schwingungen. — Die Natur des Widerstandes des Dielektrikums. — Vergleich der elektrischen Vorgänge mit verwandten Erscheinungen aus der Mechanik. — Schnelle elektrische Schwingungen zur Überwindung des Dielektrikums — Die verschiedenen Bereiche der zurzeit bekannten Schwingungen. — Ausstrahlung der elektrischen Energie. — Periodische Kondensatorladung und deren Mittel; Dauer der Ladung und Entladung. — Die Hertzschen Versuche. — Die Erreger. — Der Resonator. — Akustische und mechanische Resonanz. — Untersuchung der Schwingungsdauer bei der Fortpflanzung der Schwingungen längs Drähten. — Schwingungsbäuche und -knoten; Wellenlänge. — Wellenlänge in der Luft. — Brechbarkeit und Reflexion Hertzscher Wellen. S. 436.

Drahtlose Telegraphie.

Geschichtlicher Überblick. — Der Marconische Sender. — Die gekoppelte Antenne. — Verschiedene Arten der Antennen-Erregung; Stärke der Koppelung. — Abstimmung zwischen geschlossenem Schwingungskreis und Antenne. — Induktorium; Energiequellen. — Unterbrecher. — Wechselstromtransformator. — Resonanztransformator. — Energieschaltung. — Serienfunkenstrecke. — Ungedämpfte Schwingungen. — Drahtlose Telephonie. — Die Antenne. — Erdung und Gegengewicht. — Die Empfangsanordnungen. — Welleninindikatoren. — Elektrolytische Zelle und Kontaktdetektoren. — Abstimmung. — Wellenmesser. — Einrichtung der Stationen für den praktischen Betrieb. — Verhältnis der Reichweite zur Primärenergie und Antennenhöhe. — Neueste Fortschritte und Anwendungsgebiete. S. 446.

I. Teil. Die elektromagnetischen Schwingungen.

Die Theorie der elektrischen Fluida. Nach der Vorstellung der Physiker zu Anfang des 18. Jahrhunderts beruhten die elektrischen Erscheinungen auf der Verteilung und Bewegung äußerst feiner Substanzen, der sogenannten Fluida; nach der Theorie Benjamin Franklins genügte die Annahme eines einzigen derartigen Fluidums.

Bei der Darstellung der Erscheinungen während des Durchgangs der Elektrizität durch Gase werden wir ausführlicher auf diese Theorien zurückkommen. Dieselben haben der mathematischen Entwickelung der Gesetze, nach welchen elektrisch geladene Körper aufeinander wirken, wesentliche Dienste geleistet. Gerade für die rein theoretischen Untersuchungen der Mathematiker eignen sie sich vorzüglich, weil sie verhältnismäßig einfache Ansätze für die Berechnung zulassen. Dem Physiker dagegen widerstrebt ihre Annahme, weil die Fluiditätstheorien eine unvermittelte Fernwirkung voraussetzen. Sie geben keinerlei Auskunft über das Verhalten der Ladungen während ihrer Wanderung von einem Körper auf den anderen, sie geben lediglich Aufschluß über die Größe der Kraftwirkung bei gegebener räumlicher Verteilung und Ausdehnung der geladenen Massen; über die einzelnen Phasen dieser Kraftwirkung sagen sie nichts. Gewiß war man seit Newtons Entdeckung der Fallgesetze an die Vorstellung unvermittelter

Fernwirkungen gewöhnt. Diese bildeten für den Physiker aber nur so lange einen Notbehelf, bis sie durch eine umfassendere Erklärung der elektrischen Erscheinungen ersetzt werden konnten.

Faradays Kraftlinien=Theorie. Faraday, der Entdecker der Induktionswirkungen veränderlicher Ströme (vgl. Seite 37) schuf die Grundlagen für eine solche umfassende Erklärungsweise. Angeregt durch die Betrachtung der regelmäßigen Verteilung, welche Eisenpulver in der Umgebung von Magneten erfährt, und gestützt durch die Beobachtung der Wechselwirkungen zwischen elektrischen Strömen und Magneten sowie zwischen Strömen untereinander, gelangte er zu der Annahme, daß auch von elektrisch geladenen Körpern Kraftlinien ausgehen, und daß die Umgebung stromdurchflossener Leiter von solchen Kraftlinien durchfurcht wird. Für Faraday waren diese Linien aber nicht nur mathematische Begriffe, sondern sie haben nach seiner Ansicht körperliche Existenz, sie sind ausgestattet mit physikalischen Eigenschaften. In ihrer Längsrichtung wirkt ein Zug wie in einer gespannten Feder, infolgedessen sie sich zu verkürzen streben; gegenseitig stoßen sie sich ab.

Die Übertragung elektrischer Energie von einem Stromkreis, welcher von veränderlichen Strömen (Wechselströmen) durchflossen wird durch Induktion auf einen zweiten, von dem ersten vollkommen isolierten Leiter, haben wir bereits in den technischen Transformatoren kennen gelernt (vgl. S. 136 ff.). Allerdings sind dabei die beiden Leiterkreise so nahe wie möglich zu einander angeordnet. Bei der drahtlosen Telegraphie handelt es sich aber darum, von einem sogenannten Primärsystem aus elektrische Energie auf Tausende von Kilometern entfernte sekundäre Leitersysteme zu übertragen. Wie wir sehen werden, sind sehr schnelle Änderungen der elektrischen Strömung in dem Primärsystem die Hauptbedingung für das Zustandekommen von Induktionswirkungen auf größere Entfernungen.

Methoden zur Erzeugung von Wechselströmen hoher Periodenzahl. Ströme, deren Richtung und Stärke sich in regelmäßiger Weise ändern, können durch die Bewegung von Leitern in Magnetfeldern erzeugt werden (vgl. S. 39 ff). So wird z. B. in einer Drahtschleife bei ihrer Drehung in einem gleichmäßigen Magnetfelde eine elektromotorische Kraft erzeugt, welche in einem geschlossenen Stromkreise einen Strom hervorruft. Derselbe ist während einer Umdrehung nicht konstant, wie der Strom im Schließungsdrahte einer galvanischen Kette; vielmehr ändert er bei gleichbleibender Umdrehungsgeschwindigkeit der Schleife allmählich sowohl seine Stärke als auch seine Richtung. Die jeweilige Stärke und Richtung sind durch die Stellung der Schleife zu den Magnetpolen bedingt; sie lassen sich nach den Faradayschen Gesetzen der Wirkung von Magnetfeldern auf Leiter, welche in ihnen bewegt werden, genau angeben. Während einer Umdrehung einer rechteckigen Drahtschleife in einem, zwischen zwei Magnetpolen gebildeten gleichmäßigen Magnetfelde wird in der Schleife eine elektromotorische Kraft von dem in Abb. 602 dargestellten Verlaufe induziert. Bei einer zweiten Umdrehung ergibt sich genau derselbe Verlauf. Der Zeitraum,

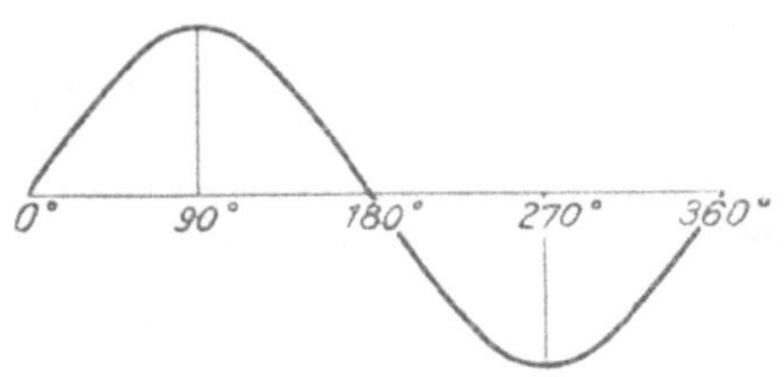

602. Sinusförmige Wechselspannung.

innerhalb dessen sich ein einziger derartiger Verlauf der Änderung vollzieht, wird als Periode oder analog der Bezeichnungsweise bei den Pendelschwingungen als Schwingungsdauer bezeichnet. Die Zahl der Perioden pro Sekunde bildet ein Charakteristikum für den Wechselstrom; dieselbe ist bedingt durch die Zahl der Umdrehungen der Schleife pro Sekunde und durch die Anzahl der Polpaare, deren Kraftfelder die Drahtschleife bei einer Umdrehung schneidet, und zwar ist die Periodenzahl gleich dem Produkte aus der Zahl der Umdrehungen pro Minute, und aus derjenigen der Polpaare (vgl. S. 127).

Wie wir sehen werden, sind für die drahtlose Telegraphie Wechselströme von mindestens 30 000 Perioden oder Schwingungen pro Sekunde erforderlich. Die unmittelbare Erzeugung derselben durch Wechselstrommaschinen der auf S. 125 ff. beschriebenen Bauart ist z. Zt. nicht erreichbar. Selbst bei den größten, praktisch möglichen Umlaufsgeschwindigkeiten wären derartig viele Polpaare erforderlich, daß dieselben bei der erforderlichen Mindestgröße auf dem Umfange von Maschinen von praktisch ausführbaren Abmessungen nicht untergebracht werden können.

Durch eine geſchickte Anwendung beſonderer elektriſcher Reflexionserſcheinungen iſt es in den letzten Jahren R. Goldſchmidt in Darmſtadt gelungen, Hochfrequenzſtröme von beträchtlicher Intenſität durch Maſchinen zu erzeugen, welche bereits in der drahtloſen Telegraphie und beſonders in der drahtloſen Telephonie mit gutem Erfolg verwendet worden ſind.

Elektriſche Vorgänge bei der Entladung von Kondenſatoren. Feddersen hat bereits 1858 den von Helmholtz und von Thomſon vorausgeſagten Schwingungscharakter der durch einen Funken ſtattfindenden Entladung von Leidener Flaſchen dadurch nachgewieſen, daß er das Bild des bei einer ſolchen Entladung auftretenden Funkens in einem rotierenden Spiegel photographierte, alſo eine Art kinematographiſcher Aufnahme von demſelben machte. Dieſe Funkenbilder (vgl. Abb. 603) zeigen eine abwechſelnde Folge heller und dunkler Streifen, welche von den beiden Polen der Funkenſtrecke ausgehen. Bei genauer Betrachtung des Bildes erkennt man, daß dem von dem einen Pol ausgehenden hellen Strei-

603. Funkenbild im rotierenden Spiegel.

fen jedesmal ein dunkler Streifen an dem anderen Pol gegenüberſteht; der helle Streifen geht alſo von beiden Polen der Funkenſtrecke abwechſelnd aus, d. h. die elektriſche Strömung wechſelt während der Entladung wiederholt ihre Richtung, ſie hat alſo den Charakter eines Wechſelſtroms, oder, wie man ſagt, ſie oſzilliert, die Entladung iſt eine oſzillatoriſche.

Aus dem mittleren Abſtande der von demſelben Pol ausgehenden gleichartigen Streifen, alſo entweder der hellen oder der dunklen und aus der Umdrehungsgeſchwindigkeit des Spiegels kann man die Dauer einer ſolchen Schwingung berechnen; bei einigen Verſuchen von Feddersen betrug dieſelbe etwa $^1/_{20000}$ Sekunde.

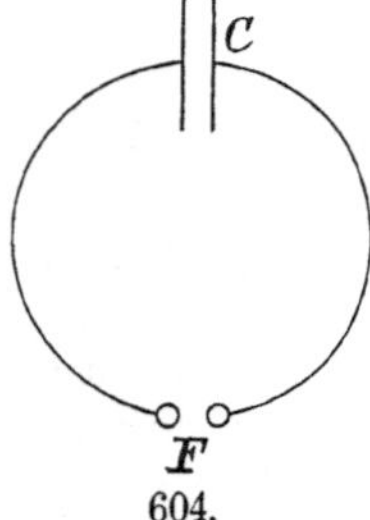

604.
Schwingungskreis.

Der elektriſche Schwingungskreis, Einfluß der Geſtalt und Größe desſelben auf die Schwingungszahl. Man nennt ein Syſtem, in welchem elektriſche Schwingungen auftreten können, einen Schwingungskreis. Ein ſolcher beſteht aus einem Kondenſator C (vgl. Abb. 604), z. B. einer oder mehrerer Leidener Flaſchen, dem metalliſchen Leiter, welcher die beiden Belegungen des Kondenſators miteinander verbindet, und der dieſen Leiter unterbrechenden Funkenſtrecke F, zwiſchen deren, meiſt als Kugeln ausgebildeten Polen die Entladung ſtattfindet. Infolge des Kondenſators beſitzt der Schwingungskreis eine gewiſſe, von der Größe der Belegungen desſelben, von ihrem gegenſeitigen Abſtand uſw. abhängige Kapazität; der Verbindungsdraht andererſeits verleiht dem Syſtem Selbſtinduktion, welche durch Einſchaltung von Drahtſpiralen vergrößert werden kann. Sind dieſe beiden elektriſchen Größen des Schwingungskreiſes, Kapazität und Selbſtinduktion, bekannt, ſo läßt ſich im voraus berechnen, wie groß die Dauer der Schwingungen iſt, welche bei der Entladung des Kondenſators durch die in den Schwingungskreis eingeſchaltete Funkenſtrecke auftreten. Feddersen hatte bereits mit Hilfe der Funkenbilder feſtſtellen können, daß die Schwingungsdauer unter ſonſt gleichen Umſtänden der

Quadratwurzel aus der Kapazität proportional ist; das Entsprechende gilt, wie später nachgewiesen wurde, für die Selbstinduktion, so daß also die Schwingungsdauer der Quadratwurzel
aus dem Produkte Kapazität mal Selbstinduktion proportional ist. Um also eine möglichst
kleine Schwingungsdauer zu erhalten, muß man kleine Kondensatoren verwenden, und dem
Kreise eine möglichst geringe Selbstinduktion geben.

Nun ist die elektrische Energie, welche ein Schwingungskreis aufzunehmen vermag, der
Kapazität des Kondensators proportional. Um eine möglichst große nutzbare Energieabgabe
des Primärsystems und damit eine möglichst starke Wirkung auf das Sekundärsystem zu erreichen, ist natürlich eine große Aufnahmefähigkeit des Schwingungskreises für elektrische Energie
erforderlich. Man kann daher eine gewisse Größe des Kondensators in der Praxis nicht unterschreiten und auch die Selbstinduktion muß von einer gewissen Mindestgröße sein.

Dämpfung der Schwingungen. Wie oben bereits erwähnt wurde, betrug die Schwingungsdauer bei den Feddersenschen Versuchen etwa $^1/_{20000}$ Sekunde. Es sind also 20000 Schwingungen in der Sekunde möglich. Tatsächlich treten aber nur etwa die ersten 10 von diesen 20000
möglichen Schwingungen auf; während dieser wenigen nimmt das Maximum, welches die
elektrische Strömung im Verlaufe jedes Wechsels erreicht, die sogenannte Amplitude, beständig
ab, bis sie im vorliegenden Falle nach 10 Schwingungen auf Null gesunken ist. Der Grund
für diese als Dämpfung bezeichnete Erscheinung ist im Widerstand des Schwingungskreises
zu suchen, und zwar vor allen Dingen in demjenigen des Funkens selbst. Den Einfluß des Leitungswiderstandes des Kreises konnte bereits Feddersen nachweisen. Sobald derselbe eine gewisse Größe überschreitet, geht die Schwingungsentladung in eine kontinuierliche, eine sogenannte
aperiodische Entladung über; die Strömung steigt bis zu einem einzigen Maximalwert und sinkt
von da auf Null, ohne ihre Richtung umzukehren.

Ungedämpfte Schwingungen. Die Wirkung auf das Sekundärsystem ist am günstigsten, wenn möglichst viele Schwingungen bei einer Entladung eines Schwingungskreises
auftreten, wenn die Schwingungen möglichst wenig gedämpft sind. Den Idealfall stellen die
sogenannten ungedämpften Schwingungen dar, deren Amplitude konstant ist. Praktisch sind
solche Schwingungen z. Zt. nur durch direkte Erzeugung mit Maschinen zu erreichen. Die in
der Starkstromtechnik benutzten Wechselströme sind ungedämpfte Schwingungen. Wir werden
später noch eine interessante Möglichkeit zur Erzeugung ungedämpfter Schwingungen kennen
lernen, welche besonders für die drahtlose Telephonie große Bedeutung hat, deren praktische
Ausnutzung aber auf gewisse noch zu besprechende Schwierigkeiten stößt.

Ähnlichkeiten zwischen elektrischen und mechanischen Schwingungen. Bevor wir
uns nun der Entwickelung zuwenden, welche die Auffassung von den elektrischen Vorgängen
infolge der wichtigen Ergänzung der Faradayschen Kraftlinientheorie durch den englischen
Physiker Maxwell erfahren hat, und vor allen Dingen der glänzenden experimentellen Bestätigung der Maxwellschen Anschauungen durch den deutschen Physiker Hertz, wollen wir kurz
die Ähnlichkeiten einiger bisher besprochener elektrischer Schwingungserscheinungen mit bekannten Vorgängen aus der Mechanik vergleichen.

Entfernt man ein Pendel aus der Gleichgewichtslage und überläßt es sich dann selbst,
so kehrt dasselbe nicht einfach in die Gleichgewichtslage zurück, sondern es überschreitet dieselbe
und erhebt sich jenseits derselben bis etwa zur gleichen Höhe, welche es einnahm, bevor es sich
selbst überlassen wurde; dann kehrt es wieder zurück, ebenfalls die Gleichgewichtslage überschrei-
tend und so fort, bis es nach einer Anzahl von Schwingungen zur Ruhe kommt. Die Zeit, welche
zwischen zwei Durchgängen des Pendels in derselben Richtung durch die Gleichgewichtslage verfließt, wird als Schwingungsdauer bezeichnet; ihr entspricht derselbe Begriff bei der
elektrischen Schwingung. Der maximale Ausschlag, welchen das Pendel bei einer Schwingung
von der Gleichgewichtslage aus gerechnet erreicht, wird als Schwingungsweite bezeichnet;
ihr entspricht die Amplitude der elektrischen Schwingung.

Die Pendelschwingungen sind gedämpft, d. h. die Schwingungsweite nimmt mit jeder
folgenden Schwingung ab. Die Schwingungsdauer ist aber sowohl bei mechanischen als auch
bei elektrischen gedämpften Schwingungen im wesentlichen konstant, d. h. bei demselben Pendel
oder demselben Schwingungskreis dauert eine Schwingung von geringer Amplitude ebenso
lang, wie eine solche von großer Amplitude. Außer den Pendelschwingungen werden uns in

diesem Kapitel gelegentlich noch die Schwingungen gespannter Saiten und diejenigen von Stimmgabeln beschäftigen.

Die bei der oszillierenden Entladung von Kondensatoren auftretenden Erscheinungen haben eine gewisse Ähnlichkeit mit den Vorgängen, welche man beobachten kann, wenn man die Verbindung zwischen einem gefüllten und einem leeren Wasserbehälter etwa durch ein möglichst nahe über dem Boden in beide Behälter mündendes Rohr herstellt. Das Wasser stürzt aus dem gefüllten Reservoir durch das Rohr in das leere, dabei sinkt der Wasserspiegel in dem vollen Behälter, während derjenige in dem sich füllenden steigt. Die Bewegung hört nun nicht in dem Augenblicke auf, in welchem beide Flüssigkeitsspiegel gleichhoch stehen, also Gleichgewicht vorhanden ist, sondern das Wasser steigt in dem vorher leeren Behälter über die Gleichgewichtslage hinaus bis zu einer, von der ursprünglichen Niveaudifferenz, dem Querschnitt der Behälter und vor allen Dingen dem Querschnitt des Verbindungsrohres abhängigen Höhe und strömt dann in den ersten Behälter zurück, wobei sich ein ähnlicher Vorgang wiederholt. Nach einigem Hin= und Herströmen kommt das Wasser in der Gleichgewichtslage zur Ruhe.

Der ursprüngliche Niveauunterschied in den beiden Behältern ist der Spannungsdifferenz der Belegungen des Kondensators vor Beginn der Entladung vergleichbar, die in Bewegung gesetzte Wassermenge entspricht der dem Kondensator zugeführten elektrischen Energie. Von Interesse ist der Grenzfall, bei welchem das Verbindungsrohr im Verhältnis zu den sonstigen Abmessungen der Anordnung sehr eng und lang ist. In diesem Falle gleichen sich die ursprünglichen Niveauunterschiede allmählich aus. Diese Verhältnisse entsprechen einem Schwingungskreis mit großem Widerstand der äußeren Strombahn, bei welchem, wie oben ausgeführt wurde, eine kontinuierliche Entladung stattfindet und keine oszillatorische.

Ganz ähnliche Vorgänge, wie bei dem eben geschilderten Niveauausgleich (bei weitem Verbindungsrohr) spielen sich bei der Entladung von Kondensatoren ab. Bei einer solchen tritt im Schwingungskreise ein Strom auf, welcher beständig wächst, während die Spannungsdifferenz der Belegungen abnimmt; der Strom hat im Augenblick der Spannungsgleichheit seinen größten Wert. In diesem Augenblick kommt die Strömung nicht zum Stillstand; dieselbe fließt vielmehr in derselben Richtung weiter. Dadurch werden die Kondensatorbelegungen wieder auf entgegengesetzte Potentiale geladen, deren maximale Höhe ungefähr derjenigen zu Beginn der Entladung gleich ist. In dem Augenblick, in welchem die Spannungsdifferenz den höchsten Wert erreicht, ist der Strom null. Nun wiederholt sich der Entladungsvorgang in entgegengesetzter Richtung in einer, der soeben geschilderten ganz ähnlichen Weise. Zu beachten ist, daß bei einer Kondensatorentladung der Strom im Schwingungskreis stets null ist, wenn die Spannung an den Belegungen ihren maximalen Wert besitzt, und daß andererseits in dem Augenblick, in welchem diese Spannungsdifferenz verschwindet, der Strom den Höchstwert besitzt. Es besteht also eine Phasenverschiebung von 90° zwischen Strom und Spannung bei der Kondensatorentladung, und zwar hat die Spannung gegen den Strom eine Voreilung (vgl. S. 54).

Die Zwischenschicht und die Vorgänge in derselben während der Kondensatorentladung. Bekanntlich werden die beiden metallischen Belegungen eines Kondensators durch eine Zwischenschicht aus Luft, Glas, Glimmer, Ebonit oder dergl. voneinander getrennt; dieses sind Stoffe, welche man nach dem gewöhnlichen Sprachgebrauch als Nichtleiter oder Isolatoren bezeichnet. Wenn man in einen Stromkreis also einen Kondensator einschaltet, so unterbricht man ihn nach der Ansicht der Elektriker vor und zu Faradays Zeiten durch einen Isolator, an dessen Begrenzungsflächen die elektrische Strömung Halt macht. Findet eine Entladung des Kondensators durch eine Funkenstrecke hindurch statt, so geht nach Faradays Ansicht die elektrische Strömung lediglich in der metallischen, durch die Funkenstrecke unterbrochenen äußeren Verbindung der beiden Kondensatorbelegungen vor sich; die Zwischenschicht zwischen den Belegungen ist nach Faradays Meinung an dem Vorgange unbeteiligt. Man bezeichnete wegen dieser vermeintlichen Unterbrechung Ströme, welche in Stromkreisen mit Kondensatoren fließen, als offene Ströme, im Gegensatz zu den geschlossenen, welche in bekannter Weise etwa bei der metallischen Verbindung der Pole eines Elements auftreten. Als Ursache für die scheinbare Stromunterbrechung betrachtete man den gegenüber dem Widerstand elektrischer Leiter enormen Widerstand der für die Zwischenschicht benutzten Materialien.

Nun hatte aber Faraday selbst festgestellt, daß die Natur dieser isolierenden Zwischen=
schicht einen ganz bestimmten, meßbaren Einfluß auf die elektrischen Eigenschaften eines Kon=
densators hat. Er hatte gefunden, daß die Kapazität eines Kondensators unter sonst gleichen
Verhältnissen, d. h. bei gleicher Spannungsdifferenz seiner Belegungen, gleicher Größe und glei=
chem Abstande dieser letzteren von der Natur dieser Zwischenschicht abhängig ist. So ist die Ka=
pazität bei Verwendung von Glas je nach der Sorte 4—7 mal größer als bei Luft.

Maxwells elektromagnetische Theorie. Dieser offenbare Einfluß der Natur der Zwi=
schenschicht veranlaßte den englischen Physiker Maxwell, die Annahme „offener" Ströme zu
verwerfen. Nach Maxwell sind alle Ströme geschlossen, auch diejenigen, welche in Stromkreisen
mit Kondensatoren fließen; im letzteren Fall nämlich über die Zwischenschicht, das sogenannte
Dielektrikum, hinweg.

Wenn aber in diesem Dielektricum elektrische Ströme auftreten und sich fortpflanzen können,
dann gewinnt auch die weitere Annahme Maxwells große Wahrscheinlichkeit, daß das Licht
elektrischer Natur ist, das Licht der Sonne sowohl, wie das einer Bogenlampe und einer Stearin=
kerze, daß es elektrische Schwingungen sind, welche auf der Netzhaut des Auges den Eindruck
des Lichtes hervorrufen, elektrische Schwingungen außerordentlich hoher Periodenzahl. Der
Umstand, daß sich das Licht durch sogenannte Nichtleiter wie Luft und Glas fortpflanzt, war
ja eben der Hauptgrund dafür, warum man vor Maxwell trotz der bekannten, weiter unten näher
zu besprechenden Beziehungen zwischen Licht und Elektrizität nicht daran dachte, beide Erschei=
nungen dem Wesen nach für identisch zu halten. Daß das Licht auf einem Schwingungs=
vorgang im Äther beruht, war durch die klassischen optischen Untersuchungen von Young,
Fresnel, Foucault u. a. bewiesen.

Der experimentelle Nachweis für die Richtigkeit der Maxwellschen Anschauungen wurde
erst 20 Jahre nach ihrer ersten Aufstellung durch den deutschen Physiker Hertz erbracht.

Fortpflanzungsgeschwindigkeit von Licht und Elektrizität. Wie bereits erwähnt,
war schon zu Maxwells Zeiten ein überraschender Zusammenhang zwischen optischen und elek=
trischen Erscheinungen bekannt. Es war nämlich durch verschiedene Methoden festgestellt worden,
daß die Fortpflanzungsgeschwindigkeit elektrischer Ströme längs metallischer Leiter gleich der
Lichtgeschwindigkeit ist, eine Beziehung, welche Helmholtz aus seinen theoretischen Untersu=
chungen vorausgesagt hatte.

Undurchlässigkeit der Metalle für schnelle elektrische Schwingungen. Der Wider=
spruch, welcher für die Maxwellsche Theorie scheinbar darin besteht, daß sich das Licht nicht
längs Drähten fortpflanzt, was doch der Fall sein müßte, wenn es eine elektrische Erschei=
nung wäre, erklärt sich folgendermaßen. Es ist nachgewiesen, daß sich künstlich erzeugte Wechsel=
ströme von einer weit geringeren Periodenzahl als derjenigen des Lichtes ganz ähnlich verhalten,
wie Licht. Dieselben dringen nämlich nur in eine etwa $^1/_{100}$ mm dicke Schicht eines Leiters ein,
und verbreiten sich nicht wie ein Gleichstrom gleichmäßig über den ganzen Querschnitt desselben.
Das ist schon nicht bei den in der Starkstromtechnik üblichen Wechselströmen niederer Frequenz
der Fall, deren Intensität von der Achse des Leitungsdrahtes aus nach der Oberfläche desselben
hin zunimmt. Die Metalle sind also schon für Schwingungen weit geringerer Frequenz als der=
jenigen des Lichtes undurchlässig.

Die Natur des Widerstandes des Dielektrikums. Der Grund für diese Erscheinung
ist der, daß elektrische Ströme in Metallen einen Widerstand ganz anderer Art finden, als
im Dielektrikum. Früher nahm man an, daß das Dielektrikum nur einen bedeutend größeren
Widerstand besitze, als die schlechtesten metallischen Leiter; daher die Unterscheidung in Leiter und
Nichtleiter. Nach der Maxwellschen Auffassung liegt aber der Grund für den Unterschied des
Verhaltens von Leiter und Dielektrikum nicht in der verschiedenen Größenordnung ihrer Wider=
stände, sondern, wie gesagt, in der verschiedenen Natur derselben. Bei der Überwindung
des Widerstandes der Metalle ist eine Arbeit zu leisten, welche den Charakter einer Reibungs=
arbeit hat, während die Bewältigung des Widerstandes der Dielektrika eine Arbeit bedingt,
welche der zur Spannung elastischer Federn erforderlichen ähnlich ist.

**Vergleich der elektrischen Vorgänge mit verwandten Erscheinungen aus der
Mechanik.** Bewegt man einen Körper durch eine Masse, welche seiner Bewegung einen Wider=
stand entgegensetzt, etwa durch eine ruhende, zähe Flüssigkeit, — welche gleiches spezifisches

Gewicht mit dem Körper hat — so bleibt der Körper an derjenigen Stelle, welche er im Augenblicke des Verschwindens der ihn bewegenden Kraft einnimmt; er kehrt nicht etwa zu seinem Ausgangspunkt zurück. Die zu seiner Fortbewegung aufgewendete Arbeit ist zur Überwindung des Reibungswiderstandes verbraucht und in Wärme verwandelt worden. Spannt man dagegen eine Feder, so schnellt dieselbe in dem Augenblick zurück, in welchem die spannende Kraft verschwindet; die zur Spannung aufgewendete Arbeit kann dabei zurückgewonnen werden. Der Reibungswiderstand bleibt bei fortschreitender Bewegung des Körpers konstant, wenn die auf den letzteren wirkende Kraft sich nicht ändert; der elastische Widerstand, welchen eine Feder einer sie spannenden konstanten Kraft entgegensetzt, wächst dagegen mit der erreichten Spannung.

Ähnlich verursacht der Widerstand, welchen die Metalle einem elektrischen Strome entgegensetzen, eine Umwandlung elektrischer Energie in Wärme; hört die Energielieferung von der Stromquelle auf, so ist auch die elektrische Energie im Leiter verschwunden. Die von dem Dielektrikum aufgenommene elektrische Energie wird dagegen infolge seines elastischen Widerstandes an die benachbarten Schichten weitergegeben, sobald die Energielieferung von der Energiequelle aufhört.

Schnelle elektrische Schwingungen zur Überwindung des Dielektrikums. Diese von Maxwell als Verschiebungsströme bezeichnete Wanderung elektrischer Energie durch das Dielektrikum wird aber nur bei den sehr schnellen und wiederholt erfolgenden Anstiegen der elektrischen Kraft bemerkbar, welche bei hochfrequenten elektrischen Schwingungen stattfinden. Selbst die bei den Feddersenschen Flaschenentladungen auftretenden Schwingungen von 20000—200000 Perioden sind noch zu langsam, um in größerer Entfernung von ihrem Erreger nachweisbaren Induktionswirkungen hervorzurufen; aus diesem Grunde sind ja diese Ströme im Dielektrikum solange verborgen geblieben.

Die verschiedenen Bereiche der zurzeit bekannten Schwingungen. Für die etwa von der Sonne ausgehenden elektrischen Schwingungen hoher Frequenz — die Lichtschwingungen — besitzen wir ein besonderes Beobachtungsorgan, das Auge. Die Empfindlichkeit desselben beginnt bei Schwingungen von 400 Billionen Perioden (äußerstes Rot) und reicht bis zur doppelten Schwingungszahl, 800 Billionen (ultraviolett). Jenseits dieser beiden Grenzen bedürfen wir besonderer Hilfsmittel zur Beobachtung, welche eben für das betreffende Schwingungsgebiet empfindlicher sind, als die Netzhaut unseres Auges. So untersucht man die Wirkung von Schwingungen von mehr als 800 Billionen Perioden mit Hilfe der photographischen Platte, diejenigen von weniger als 400 Billionen Perioden bis herab auf etwa 12 Billionen, das die sogenannten Wärmestrahlen umfassende Schwingungsgebiet u. a. mit Thermozellen. Ein großes, bisher unbekanntes Gebiet trennt die langsamsten Wärmeschwingungen von den schnellsten, bisher künstlich erzeugten elektrischen Schwingungen, deren Schwingungszahl 50000 Millionen beträgt. Von dieser Zahl abwärts können wir heute elektrische Schwingungen jeder beliebigen Periode herstellen.

Die Eigenschaften der für die drahtlose Telegraphie in Betracht kommenden elektrischen Schwingungen aus dem letztgenannten Bereich, die Methoden ihrer Erzeugung und ihres Nachweises werden wir im folgenden kennen lernen.

Ausstrahlung der elektrischen Energie. Die Spannung, auf welche ein Kondensator bestimmter Größe in einem Schwingungskreise aufgeladen werden kann, ist von der Entfernung der Elektroden der Funkenstrecke abhängig; je größer dieselbe ist, um so höher kann die Spannungsdifferenz der Kondensatorbelegungen sein, vorausgesetzt natürlich, daß der Kondensator selbst diese Spannung aushält ohne durchzuschlagen, d. h. daß das Dielektrikum einen direkten Spannungsausgleich zwischen den Belegungen verhindert. Sobald die Spannungsdifferenz eine Höhe erreicht, welche genügt, um die Funkenstrecke zu überbrücken, setzen die Schwingungen ein, die so lange dauern, bis das gestörte elektrische Gleichgewicht wieder hergestellt ist, d. h. bis die dem Kondensator bei der Ladung durch eine äußere Energiequelle zugeführte elektrische Energie aus dem Schwingungskreise entwichen ist. Wo ist dieselbe geblieben, ist die naheliegende Frage? Sie kann ja nur in andere Energieformen verwandelt worden sein. Zweifellos hat sich ein großer Teil im Funken in Wärme und Licht umgesetzt. Ein Teil ist aber auch in Gestalt elektromagnetischer Wellen in den Raum hinausgewandert. Diese Bezeichnung deutet die Gesamtheit der Vorgänge bei der Strahlung an. Elektrische Schwingungen sind nämlich stets von magnetischen begleitet; da überall, wo sich elektrische Energie in Bewegung befindet, ein magnetisches Kraftfeld vorhanden ist. Die elektromagnetische Schwingung besteht also aus zwei Komponenten, einer elektrischen und einer magnetischen; dieselben stehen stets senkrecht aufeinander und senkrecht auf der Fortpflanzungsrichtung. Derartige Schwingungen, welche senkrecht zur Fortpflanzungsrichtung verlaufen, werden als transversale bezeichnet zum Unterschied von den longitudinalen, welche in der Fortpflanzungsrichtung selbst stattfinden, wie die Schallschwingungen.

Periodische Kondensatorladung und deren Mittel; Dauer der Ladung und Entladung. Infolge der Ausstrahlung der dem Kondensator zugeführten Energie und der

605. Oszillator nach Hertz.

Umwandlung derselben in Wärme verlöschen die Schwingungen, wie bereits ausgeführt wurde, in sehr kurzer Zeit. Um bei gedämpften Schwingungen eine Energiestrahlung über einen beliebigen Zeitraum zu erreichen, muß man daher den Schwingungsvorgang in möglichst kurzen Zeitabständen immer wieder von neuem einleiten.

Diese periodische Aufladung geschieht entweder durch Vermittelung von technischen Transformatoren von einer Wechselstromquelle aus, oder mit Hilfe sogenannter Rühmkorffscher Funkeninduktorien (das sind Transformatoren mit meistens nicht geschlossenem Eisenkern). Ihre Primärwickelung von verhältnismäßig wenig Windungen wird an die primäre Energiequelle angeschlossen, während die Sekundärwickelung, welche zur Erreichung der erforderlichen Spannung meistens eine enorme Windungszahl besitzt, mit den Belegungen des Schwingungskondensators in Verbindung steht. Der primäre Stromkreis wird durch geeignete, im folgenden Abschnitt näher zu besprechende Vorrichtungen abwechselnd geschlossen und unterbrochen. Durch diese dauernden Stromimpulse in der Primärspule wird in der Sekundärspule eine elektromotorische Kraft induziert, welche die Ladung des Kondensators bewirkt. Dieselbe erreicht im Augenblicke der Unterbrechung des Primärkreises ihren Höchstwert, da in diesem die Kraftlinienänderung am stärksten ist. Dieser Maximalwert bewirkt die Überbrückung der Funkenstrecke im Schwingungskreis.

Um bei verhältnismäßig langsamen Schwingungen von etwa $^1/_{100000}$ Sekunde Schwingungsdauer eine möglichst ununterbrochene Folge von einzelnen Schwingungszügen zu erreichen, wären unter der Voraussetzung, daß bei jeder Entladung infolge der Dämpfung nur 10 Schwingungen auftreten, 10000 Aufladungen in der Sekunde erforderlich. Dabei ist jedoch vorausgesetzt, daß die Aufladung des Kondensators augenblicklich vollendet ist, sobald die Spannung den Belegungen zugeführt wird. Das ist nun nicht der Fall. Die Aufladung erfordert eine meßbare Zeit, welche unter Umständen mehrere Sekunden dauern kann. Dieselbe ist bedingt durch die Kapazität des Kondensators und den Widerstand des Kreises, durch welchen dem Kondensator die Spannung zugeführt wird, d. h. praktisch den Widerstand der Sekundärwickelung des Induktoriums. So muß z. B. ein Kondensator, welcher eine Kapazität von ein Hundertstel Mikrofarad besitzt, bei einem Widerstand der Sekundärspule des benutzten Induktoriums von 10000 Ohm mindestens $^1/_{1000}$ Sekunde lang mit der Spannungsquelle verbunden bleiben, um seine volle Ladung zu erhalten. Diese Zeitdauer wächst mit der Größe des als Zeit

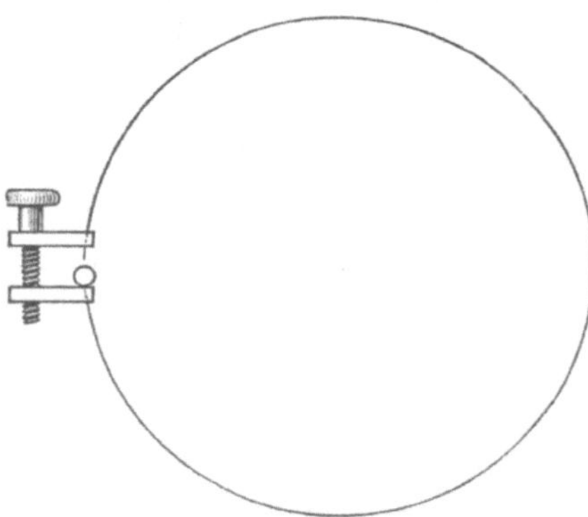

konstante bezeichneten Produktes von Kapazität des Kondensators und Widerstand des Ladungskreises. Man kann diese Zeit nur durch Verringerung des Widerstandes verkürzen, da die Größe des Kondensators in der Praxis durch die beabsichtigte Reichweite der Station gegeben ist.

Die Funkenfolge ist also schon allein durch die elektrischen Eigenschaften des Schwingungserregers begrenzt. Bei den älteren Systemen der drahtlosen Telegraphie war die Funkenfolge auf 20 pro Sekunde beschränkt. Bei dem später zu besprechenden „System der tönenden Funken" geht man allerdings bis auf 2000 Unterbrechungen pro Sekunde.

Die Hertzschen Versuche. Induktionswirkungen in Leitern, welche sich in größerer

606. Hertz' Resonator.

Entfernung vom Erreger befinden und in keiner metallischen Verbindung mit ihm stehen, wurden zuerst von dem deutschen Physiker Hertz einwandfrei nachgewiesen. Hertz hatte damit den unmittelbaren Beweis für die nach der Maxwellschen Theorie zu erwartende Energiestrahlung erbracht und gleichzeitig die praktische Grundlage für die drahtlose Telegraphie geschaffen.

Die Erreger. Zu seinen klassischen Versuchen verwendete Hertz hauptsächlich zwei verschiedene Schwingungserreger. Der eine derselben, der sogenannte „große Erreger" (vgl. Abb. 605), bestand aus zwei, 150 cm voneinander entfernten Metallkugeln von je 30 cm Durchmesser; dieselben waren durch einen geraden Draht verbunden, in dessen Mitte eine Funkenstrecke eingeschaltet war. Die Spannung wurde den beiden Polen derselben von der Sekundärspule eines Induktoriums zugeführt. Die Kugeln ersetzten die Belegungen der Leidener Flasche bei den Versuchen von Feddersen. Bei einigen Untersuchungen verwendete Hertz anstelle der Kugeln quadratische Platten. Der „kleine Erreger" bestand aus zwei von jedem Pol der Funkenstrecke ausgehenden 15 cm langen geraden Drähten, auf welchen sich die elektrische Ladung verteilte. Der große Erreger lieferte 50 Millionen, der kleine 500 Millionen Schwingungen pro Sekunde.

Der Resonator. Zum Nachweis der von den Erregern ausgehenden elektromagnetischen Wellen in Luft oder längs Drähten benutzte Hertz meistens einen einfachen, kreisförmig gebogenen Draht (vgl. Abb. 606), welcher eine verhältnismäßig kleine einstellbare Funkenstrecke enthielt. Wird dieser sogenannte Resonator in geeigneter Stellung in den Wirkungsbereich eines in Tätigkeit befindlichen Erregers gebracht, so springen an seiner Unterbrechungsstelle kleine Fünkchen über. Die Länge derselben ist bei gegebener Entfernung zwischen Resonator und Erreger von der Stellung der beiden zueinander abhängig. Außerdem konnte Hertz einen Einfluß der Gestalt und Größe des Resonators auf die Funkenlänge feststellen. Er fand, daß für jeden Erreger eine kritische Gestalt und Größe des Resonators bestand, bei welcher die induzierte Wirkung unter sonst gleichen Verhältnissen am stärksten war, nämlich dann, wenn die elektrischen Größen des Resonators (Kapazität und Selbstinduktion) der Schwingungsdauer der vom Erreger ausgesandten Wellen entsprechen, wenn Resonanz zwischen dem induzierten Kreise und dem Erreger vorhanden war.

Akustische und mechanische Resonanz. Diese Erscheinung, welche für die drahtlose Telegraphie von enormer Wichtigkeit ist, hat verschiedene Ähnlichkeiten auf dem Gebiete der Akustik und Mechanik.

Bereits im Altertum war bekannt, daß man Saiten dadurch zum Tönen bringen kann, daß man in der Nähe befindliche gleichgestimmte in Schwingungen versetzt. Sehr anschaulich läßt sich die Resonanz mit zwei möglichst gleichartigen, auf Resonanzkästen befindlichen Stimmgabeln nachweisen. Werden dieselben in einiger Entfernung voneinander aufgestellt, so gerät die zweite ebenfalls in Schwingungen, wenn die erste angeschlagen wird. Sie tönt weiter, wenn die erste plötzlich zur Ruhe gebracht oder weit von ihr entfernt wird. Wird aber die zweite Stimmgabel durch Aufsetzen eines Gewichtes auf einen Zinken verstimmt, so verschwindet die Resonanzwirkung.

Resonanz ist zwischen einem Erreger und einem schwingungsfähigen System dann vorhanden, wenn sich die vom Erreger ausgehenden Impulse, welche das System in Schwingungen versetzen, in einem solchen Zeitpunkt des Schwingungsverlaufs wiederholen, daß die Schwingungsamplitude des Resonators vergrößert wird. So kann man z. B. die Ausschläge eines schweren Pendels durch ganz schwache regelmäßige Stöße beständig vergrößern, wenn man ihm dieselben etwa im Augenblick der Umkehr aus seiner weitesten Entfernung von der Gleichgewichtslage erteilt, und zwar in derjenigen Richtung, in welcher sich das Pendel in dem betreffenden Augenblicke zu bewegen strebte. Werden die Stöße dem Pendel in Zeitabständen erteilt, welche kürzer oder länger sind, als seine Schwingungsdauer, so wirken sie der Bewegung des Pendels entgegen, und die Folge ist eine Verringerung der Schwingungsamplitude bis zum Stillstand des Pendels. Will man bei gegebener Impulsfolge Resonanz erreichen, ein Fall, der den praktischen Verhältnissen bei der drahtlosen Telegraphie entspricht, so muß man die charakteristischen Größen des schwingungsfähigen Systems — d. h. beim Pendel die Länge, beim elektrischen Schwingungskreis Kapazität oder Selbstinduktion oder beide zusammen — derart ändern, bis seine Schwingungsdauer der Impulsfolge entspricht.

Untersuchung der Schwingungsdauer bei der Fortpflanzung der Schwingungen längs Drähten. Zur Untersuchung der Art der Fortpflanzung der elektrischen Schwingungen längs Drähten verwendete Hertz einen Erreger, welcher statt der Kugeln quadratische Platten besaß, denen in passendem Abstande isoliert von ihnen gleiche Platten gegenüberstanden. Mit den letzteren waren Drähte verbunden, welche senkrecht zu den Platten und parallel zu einander isoliert aufgehängt waren. Wird ein solcher Erreger in Tätigkeit gesetzt, so werden in den ihm am nächsten befindlichen Drahtenden Schwingungen induziert, welche sich längs der Drähte fortpflanzen und an ihrem entfernten Enden reflektiert werden. Bei geeigneter Länge der Drähte kann man erreichen, daß die reflektierten Wellen die direkt vom Erreger kommenden durch „Interferenz" verstärken; man erhält auf diese Weise sogenannte stehende Wellen, welche sich zur Untersuchung der Schwingungsvorgänge sehr gut eignen.

Wird der oben beschriebene Resonator den Drähten entlang geführt, während sich der Erreger in Tätigkeit befindet, so ändert sich die an seiner Unterbrechungsstelle erreichbare Länge der Funken periodisch von einer Stelle der Drähte, an welcher gar kein Funken im Resonator auftritt, bis zu einer solchen, bei welcher eine maximale Länge derselben festgestellt werden kann; von diesem Maximalwert nimmt die Funkenlänge allmählich wieder bis auf Null ab. Dieses Verhalten des Resonators beweist das Vorhandensein von Höchst- und Nullwerten der elektrischen und magnetischen Kräfte längs der Drähte.

Schwingungsbäuche und -knoten; Wellenlänge. Wegen der Ähnlichkeit, welche die geschilderte Verteilung der elektrischen und magnetischen Intensität mit der Verteilung der Schwingungsintensität längs tönender Saiten besitzt, bezeichnet man auch bei den elektrischen Schwingungen die Intensitätsmaxima als Schwingungsbäuche und die Minima als Knoten, und den doppelten Abstand zweier Minima oder Knoten als „Wellenlänge". Dieselbe stellt den Weg dar, welchen die Schwingung während einer Periode zurücklegt. Multipliziert mit der Anzahl der Perioden ergibt die Wellenlänge den von der Schwingung in einer Sekunde zurückgelegten Weg, mit anderen Worten die Fortpflanzungsgeschwindigkeit. Da die letztere für die elektrische Strömung längs Drähten gleich der Lichtgeschwindigkeit gefunden wurde, so läßt sich aus der mit Hilfe des Resonators zu ermittelnden Wellenlänge die Periode der Schwingungen längs der Drähte bestimmen. Dieselbe ist gleich der Fortpflanzungsgeschwindigkeit dividiert durch die Wellenlänge.

Wellenlänge in der Luft. Von ganz besonderer Bedeutung sind die Hertzschen Versuche zur Bestimmung der Wellenlänge der von einem Erreger ausgehenden Schwingungen in Luft geworden. Das Ergebnis gerade dieser Versuche war entscheidend für die Maxwellsche Theorie. Nach der alten Fernwirkungstheorie pflanzt sich eine elektrische Strömung augenblicklich fort, nach der Maxwellschen dagegen mit einer endlichen Geschwindigkeit, nämlich derjenigen des Lichtes. Daß die elektrische Strömung mit Lichtgeschwindigkeit den Drähten entlang fließt, war nach den vorstehenden Ausführungen bereits festgestellt worden. Wurde nun noch nachgewiesen, daß die Wellenlänge der von ein und demselben Erreger ausgehenden Schwingungen in Luft ebenso groß war, wie längs Drähten, so war der Beweis dafür erbracht, daß sich die Schwingungen auch in Luft — einem Dielektrikum — mit Lichtgeschwindigkeit ausbreiteten. Hertz lieferte diesen entscheidenden Beweis für die Richtigkeit der Maxwellschen Theorie.

Indem er die von dem Erreger ausgehenden Schwingungen durch einen Metallspiegel reflektierte, erzeugte er stehende Wellen in Luft, deren Knotenabstand er mit Hilfe des Resonators bestimmen konnte. Hertz fand, daß der Knotenabstand derselbe war, wenn sich die von einem Erreger ausgehenden Wellen längs Drähten oder frei durch die Luft fortpflanzten. Dieses Resultat wurde von anderen Forschern auch bei den mannigfaltigsten Abänderungen der Versuchsanordnungen bestätigt.

Brechbarkeit und Reflexion Hertzscher Wellen. Hertz konnte auch nachweisen, daß sich die elektrischen Wellen genau wie Lichtwellen durch ein Prisma ablenken lassen, daß sie den Reflexionsgesetzen folgen, kurz, daß sie sich wie Lichtwellen verhalten, soweit man das von ihnen erwarten kann.

Die Größe der Wellenlänge, welche bei dem großen Hertzschen Erreger 6 m, bei dem kleinen 60 cm betrug, machte bei dieser Nachprüfung der Gesetze der Optik, durch welche die Maxwellsche Theorie erst ihre volle Bestätigung erhielt, die Verwendung sehr großer Prismen und sehr großer Metallspiegel erforderlich. Diese Untersuchungen liefern nämlich nur dann einwandfreie Resultate, wenn die Größe der Beobachtungsmittel in einem gewissen Verhältnis zur Wellenlänge steht. Diese erforderliche Mindestgröße ist bei den Versuchen mit Lichtschwingungen, deren Wellenlänge nach Zehntausendsteln Millimetern zählt, leicht zu erreichen; bei Wellen von einigen Metern Länge werden die Beobachtungsmittel jedoch schon ziemlich umfangreich.

Eine Verschiedenheit besteht allerdings zwischen den Hertzschen und den Lichtschwingungen. Die letzteren können in allen möglichen Ebenen senkrecht zur Fortpflanzungsrichtung schwingen; man kann dieselben zwar durch geeignete Mittel zwingen, nur in einer einzigen Ebene zu schwingen, man kann sie „polarisieren". Die Hertzschen Wellen sind von vornherein polarisiert; ihre Schwingungsrichtung ist immer der Achse des Erregers parallel, von welchem sie ausgehen.

II. Teil. Drahtlose Telegraphie.

Geschichtlicher Überblick. Bald nach dem Bekanntwerden der bahnbrechenden Hertzschen Versuche wandten sich die bedeutendsten Physiker mit begreiflichem Interesse dem neu erschlossenen Untersuchungsgebiete zu. Die Vorrichtungen zur Erzeugung elektromagnetischer Schwingungen wurden vervollkommnet, und die Anordnungen zu ihrem Nachweis wurden wesentlich verfeinert.

So schuf der italienische Physiker Righi einen besonders wirksamen Erreger für Schwingungen kleiner Wellenlängen. Branly bildete den von ihm als Radiokonduktor, von Lodge als Kohärer, später in Deutschland als Fritter benannten außerordentlich empfindlichen Apparat zum Nachweis elektromagnetischer Wellen aus. Im Jahre 1895 verwendete Prof. Popoff an der Forstakademie in Kronstadt diesen Branlyschen Fritter zur Anzeigung und Registrierung luftelektrischer Entladungen, indem er ihn in einen geerdeten Blitzableiter einschaltete. Die gesamte Anordnung Popoffs war im wesentlichen identisch mit dem ersten, von Marconi benutzten Empfangssystem.

Der frei in die Luft ragende, über den Kohärer hinweg mit der Erde verbundene Auffangedraht der Popoffschen Anordnung bildete später bei allen Stationen einen wichtigen Bestandteil, den Luftleiter, die sogenannte „Antenne". Denselben auch für die Sendestation übernommen zu haben, ist das Verdienst Marconis, welches ihn zu dem populären „Erfinder der drahtlosen Telegraphie" machte.

Der Marconische Sender. Der Sender, mit welchem Marconi im Mai 1897 die ersten Versuche im Bristolkanal zwischen Lavernock-Point und Fleat Holm (5,3 km) und bald darauf zwischen der ersteren Station und dem 14 km entfernten Brean Down ausführte, bestand im wesentlichen aus einer Funkenstrecke f (Abb. 607), an welche einerseits der 20 m lange, von der Erde isolierte Luftdraht L angeschlossen war, während ihre andere Elektrode zur Erde E abgeleitet war. Die Schwingungen wurden von einem Rühmkorffschen Induktor J erregt, welchem eine Akkumulatorenbatterie B von 8 Zellen die primäre Energie lieferte.

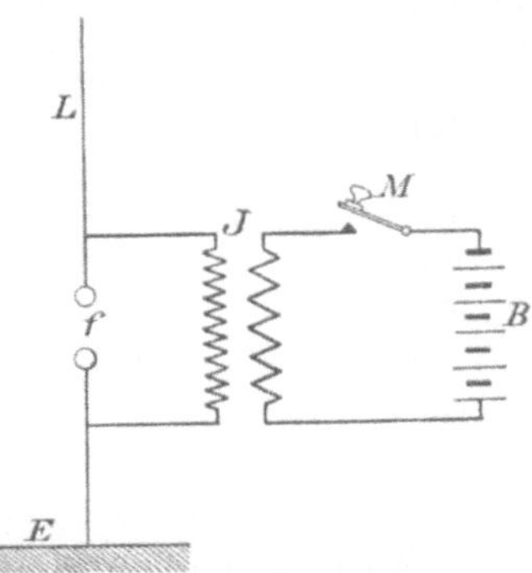

607. Der offene Schwingungskreis (Marconi).

Durch diese erfolgreichen Versuche hatte Marconi die Überlegenheit seines Systems über verschiedene, zu jener Zeit bereits bekannte Anordnungen zur Übertragung von Nachrichten zwischen einige Kilometer entfernten Stationen ohne direkte Drahtverbindung durch Induktion und Influenz, bewiesen. Marconi erkannte bald, daß die Höhe der Luftleiter bei sonst gleicher Anordnung der Stationen auf die Reichweite derselben einen wesentlichen Einfluß hat. Mit zäher Ausdauer vervollkommnete er seine Einrichtungen und vergrößerte allmählich die überbrückbaren Entfernungen.

Das bereits erwähnte Mittel hierzu, die Verlängerung der Antenne, erreichte natürlich bald eine praktische Grenze durch die erforderliche Höhe der Maste oder Türme, an welchen die Antenne aufgehängt werden muß; vorübergehend kann man zwar bei Verwendung von Luftballons oder Drachen mehrere hundert Meter lange Luftdrähte benutzen.

Die Vergrößerung der Reichweite einer Sendestation ist nun aber außer durch Verlängerung ihres Luftleiters auch durch Vermehrung der Schwingungsenergie möglich, welche von der Antenne ausgestrahlt wird. Der Marconische Sender stellt einen sogenannten offenen Schwingungskreis

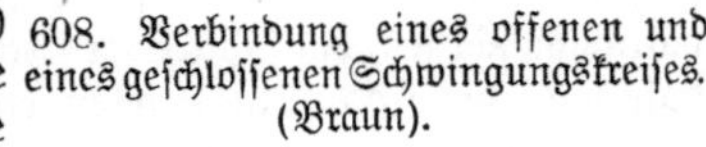

608. Verbindung eines offenen und eines geschlossenen Schwingungskreises. (Braun).

dar, dessen Energiespeicher von der Antenne selbst gebildet wird. Die Energieaufnahme der letzteren läßt sich durch Erhöhung der Entladespannung der in die Antenne eingeschalteten Funkenstrecke vermehren. Hierzu ist eine Verlängerung des Funkens und die Verwendung eines Induktoriums oder eines anderen Spannungswandlers geeigneter Größe erforderlich.

Nun bewirkt aber die in die Antenne eingeschaltete Funkenstrecke eine starke Dämpfung der Schwingungen, welche mit der Länge der Funkenstrecke beträchtlich zunimmt. Ferner stößt die erforderliche Isolierung der Antenne gegen Erde bei hohen Funkenspannungen bald auf enorme Schwierigkeiten, so daß bei weiterer Spannungserhöhung eine nutzlose Ableitung der elektrischen Energie durch den die Antenne tragenden Mast und die Haltedrähte unvermeidlich wird. Durch diese beiden Umstände war die Reichweite des ursprünglichen Marconisenders praktisch verhältnismäßig eng begrenzt.

Die gekoppelte Antenne. Eine bahnbrechende Neuerung, durch welche die erwähnten Schwierigkeiten glänzend überwunden wurden, bedeutet die von Prof. Dr. Ferd. Braun in Straßburg im Jahre 1898 zuerst in die drahtlose Telegraphie eingeführte Verbindung der Antenne mit einem geschlossenen Schwingungskreis (Abb. 608). In dem letzteren können beträchtliche Energiemengen aufgespeichert werden, wenn man den Kondensator groß genug wählt. In der Funkenstrecke des geschlossenen Schwingungskreises geht die Umsetzung dieser Energie in elektromagnetische Schwingungen vor sich. Diese werden durch eine Spulen= anordnung, welche eine gewisse Ähnlichkeit mit einem Transformator besitzt, auf die Antenne übertragen und von dieser ausgestrahlt. Die Antenne wird durch die Spulen= anordnung mit dem geschlossenen Schwingungskreis „gekoppelt".

Verschiedene Arten der Antennen=Erregung; Stärke der Koppelung. Je nach der Art der Energieübertragung von dem geschlossenen Schwingungskreis auf die Antenne unterscheidet man die direkte, die induktive und die gemischte Erregung. Werden die Zuleitungen zur Antenne und Erde direkt an die Selbstinduktionsspule des geschlossenen Schwingungskreises angelegt, so spricht man von direkter Erregung der Antenne. Wird zwischen Antenne und Erde eine besondere Spule, eine sogenannte Koppelungsspule, eingeschaltet, welche derartig

609. Funkeninduktor.

angeordnet ist, daß die von der Selbstinduktionsspule des geschlossenen Schwingungskreises erzeugten magnetischen Kraftlinien Ströme in der Antennenspule induzieren, so handelt es sich um eine induktive Erregung. Eine Vereinigung der beiden vorerwähnten Erregungsarten führt zur gemischten Erregung. Gehen möglichst alle von der Primärspule erzeugten magne= tischen Kraftlinien durch die Antennenspule, so ist die Koppelung sehr fest, im entgegen= gesetzten Fall ist dieselbe lose. Im allgemeinen ist die Koppelung bei direkter Erregung ver= hältnismäßig fest, bei induktiver Erregung kann sie dadurch in weiten Grenzen geändert werden, daß man die Koppelungsspulen entweder in geeignete Entfernung voneinander bringt, oder indem man sie passend zueinander anordnet.

Abstimmung zwischen geschlossenem Schwingungskreis und Antenne. Die günstigste Energieübertragung von dem geschlossenen Schwingungskreis auf die Antenne wird er= reicht, wenn die durch Kapazität und Selbstinduktion bestimmte Eigenschwingung der An= tenne der Periodenzahl der Schwingungen im geschlossenen Schwingungskreis entspricht, wenn Resonanz zwischen beiden besteht, oder, wie man in der Praxis sagt, wenn Ab= stimmung vorhanden ist. Man kann die Eigenschwingung der Antenne durch Ab= und Zu= schaltung von Windungen einer in dieselbe eingeschalteten Selbstinduktionsspule ändern; man kann aber auch bei gegebener Eigenschwingung der Antenne den geschlossenen Schwingungs= kreis auf dieselbe abstimmen und zwar entweder durch Veränderung seiner Selbstinduktion oder durch eine solche seiner Kapazität. Die Änderung der letzteren läßt sich leicht mit Hilfe sogenannter Drehplattenkondensatoren ausführen, welche einen festen und eine um eine

Achse drehbaren Plattensatz enthalten. Je weiter die beweglichen Platten zwischen die von ihnen sorgfältig isolierten, fest eingebauten Platten gedreht werden, desto größer ist die Kapazität des Kondensators, welche durch diese Anordnung kontinuierlich verändert werden kann.

Induktorium; Energiequellen. Zur Erzeugung der Schwingungsenergie auf der Sendestation benutzte man früher meistens den mit unterbrochenem Gleichstrom gespeisten Ruhmkorffschen Funkeninduktor (vgl. Abb. 609). Ein solcher besteht aus einer „Primärspule" mit wenig Windungen dicken Drahtes und einer „Sekundärspule" mit vielen Windungen dünnen Drahtes. Beide sind auf einem Eisenkern angeordnet. Die Primärwickelung wird von einer Batterie oder einer anderen Gleichstromquelle passender Spannung gespeist; der in ihr fließende Strom wird durch eine geeignete Vorrichtung in kurzen Zwischenräumen unterbrochen. Durch die hierbei in der Primärspule auftretenden Stromimpulse werden in der Sekundärspule Wechselspannungen induziert, welche bei geeigneter Amplitude den Übergang eines Funkens zwischen den Kugeln der Funkenstrecke und damit das Einsetzen elektromagnetischer Schwingungen bewirken.

Unterbrecher. Für die Unterbrechung des Primärstroms kommen in der drahtlosen Telegraphie hauptsächlich der Hammerunterbrecher und der Quecksilber-Turbinen-unterbrecher in Frage. Der erstere, nach seinem Erfinder Wagnerscher Hammer genannt, besteht aus einer Messingfeder, welche an ihrem freien Ende ein Weicheisenstück trägt; dasselbe ist meistens dem Kern des Induktors gegenüber angeordnet und wird von diesem angezogen, sobald Strom durch die Primärspule fließt. Dabei werden zwei in die Zuleitung zwischen Batterie und Primärspule eingeschaltete kräftige Platinkontakte getrennt, wodurch der Primärstrom unterbrochen wird. Infolgedessen hört die Anziehung zwischen Eisenkern und Weicheisenstücke auf, und die Messingfeder schnellt in ihre Ruhelage zurück. Sobald die Platinkontakte dabei wieder zur Berührung kommen, wiederholt sich der ganze Vorgang. Mit dem Hammerunterbrecher können bis zu 12 Unterbrechungen pro Sekunde erreicht werden.

Eine weit größere Unterbrechungszahl liefert der Quecksilber-Turbinenunterbrecher (vgl. Abb. 610). Dieser besteht aus einem, z. T. mit Quecksilber gefüllten gußeisernen Gefäß, in welches eine, von einem besonderen Motor angetriebene kleine Turbine eingebaut ist. Während ihrer Rotation hebt diese letztere beständig einen Teil des Quecksilbers und schleudert dasselbe in horizontalem Strahle gegen die Innenwand des Gefäßes sowie gegen Metallsegmente, welche in dem letzteren isoliert angeordnet sind. Da das Quecksilber an den einen Pol der primären Stromquelle angeschlossen ist, während die Segmente über die Primärspule des Induktoriums hinweg mit dem anderen Pol in Verbindung stehen, so ist der Primärkreis stets so lange geschlossen, als der Quecksilberstrahl von der Turbine gegen ein Segment geschleudert wird. Die Unterbrechungszahl läßt sich in weiten Grenzen (5—400 pro Sekunde) durch die Zahl der Segmente und die Umdrehungsgeschwindigkeit der Turbine ändern.

Wechselstromtransformator. Zur Umsetzung großer Energiemengen ist der mit unterbrochenem Gleichstrom betriebene Induktor infolge des hohen Widerstandes seiner Sekundärspule wenig geeignet. Man verwendet deshalb einen von Wechselstrom gespeisten technischen Transformator (vgl. S. 136 ff.), welcher derart gewickelt ist, daß er die zur Durchschlagung der Funkenstrecke erforderliche Maximalspannung liefert. Da der Strom auf der Primärseite bei jedem Wechsel nach Erreichung des Maximalwertes naturgemäß von selbst auf Null zurückfällt, so ist ein primärer Unterbrecher überflüssig. Bei Verwendung eines Wechselstromtransformators erhält man wenigstens eine der Wechselzahl des Primärstroms gleiche Anzahl von Funkenentladungen im Schwingungskreis. Man kann aber auch je nach der Einstellung der Funkenstrecke mehrere Funken pro Wechsel erreichen.

Resonanztransformator. Verschiedene Nachteile des einfachen Wechselstromtransformators umgeht man dadurch, daß man durch geeignete Anordnung und Größe der Spulen des Transformators Resonanz zwischen dem aus seiner Sekundärspule, dem Kondensator und der Selbstinduktionsspule gebildeten Kreise und der Wechselzahl des Maschinenstroms in der Primärspule des Transformators herstellt. Die Spannung an der Funkenstrecke erreicht in diesem Fall bedeutend höhere Maximalwerte, als sie dem Übersetzungsverhältnis des Transformators entspricht. Man kann deshalb die Windungszahl der Sekundärspule wesentlich geringer wählen, als bei Verwendung eines normalen Transformators. Da bei Resonanz die

Energie in dem Sekundärkreis nach Erreichung des Maximalwertes verhältnismäßig schnell auf einen geringen Betrag abfällt, so ist die sehr nachteilige Bildung von Lichtbögen zwischen den Elektroden der Funkenstrecke ausgeschlossen, welche bei Verwendung eines Transformators der in der Wechselstromtechnik üblichen Bauart nach dem Übergang eines Funkens leicht stehen bleiben.

Energieschaltung. Auch in dem geschlossenen Schwingungskreis verursacht die Funkenstrecke eine Dämpfung, welche mit wachsender Länge derselben beträchtlich zunimmt. Man kann diese Dämpfung durch Verwendung der sogenannten Energieschaltung wesentlich verringern. Bei dieser besteht der gesamte Schwingungskreis aus mehreren parallelgeschalteten Einzelkreisen, von denen jeder Funkenstrecke, Kondensator und Selbstinduktionsspule enthält. Jede dieser letzteren ist mit je einer in die Antenne eingeschalteten Spule gekoppelt; die Antennenspulen sind unter sich in Serie geschaltet. Diese Energieschaltung leistet in den Fällen gute Dienste, wo in einer Sendestation die Sekundärspannung des Transformators nicht die Höhe erreicht, welche zur Erzeugung der für die Überbrückung einer bestimmten Entfernung erforderlichen Schwingungsenergie notwendig ist. Allerdings ist diese Schaltung ziemlich verwickelt und erfordert viel Platz.

Serienfunkenstrecke. Liefert der Transformator aber die erforderliche Sekundärspannung, so verringert man heute allgemein die durch die Funkenstrecke bedingte Dämpfung dadurch auf ein Mindestmaß, daß man sie in eine Anzahl hintereinandergeschalteter gleicher Einzelfunkenstrecken von geeigneter Größe unterteilt (vgl. Abb. 611, bei welcher die Elektroden der Funkenstrecke aus Kupfer oder Silberplatten bestehen). Bei Verwendung einer solchen Serienfunkenstrecke ist die erreichbare Funkenspannung nur noch durch die Isolationsfähigkeit der Antenne beschränkt.

610. Quecksilberturbinenunterbrecher.

Ungedämpfte Schwingungen. Zur Erreichung möglichst scharfer Resonanz zwischen Sende- und Empfangsstation und der dadurch bedingten Vorteile ist die Verwendung ungedämpfter Schwingungen wünschenswert. Wie bereits ausgeführt wurde (vgl. S. 437) ist die direkte Erzeugung derartiger Schwingungen von der für die drahtlose Telegraphie erforderlichen Schwingungszahl z. Zt. nur in gewissen Grenzen möglich. Man ist aber der Verwirklichung des Problems der ungedämpften Schwingungen dadurch näher gekommen, daß man unter Benutzung einer von Duddell zuerst verwendeten Schaltung die Funkenstrecke im Schwingungskreis durch einen Gleichstrom-Lichtbogen ersetzte. Diese Anordnung ist von dem dänischen Physiker Waldemar Poulsen dadurch wesentlich verbessert worden, daß er den Lichtbogen zwischen einer künstlich gekühlten positiven Kupferelektrode und einer negativen Kohle-Elektrode in einer Wasserstoffatmosphäre erzeugte, und ihn außerdem der Wirkung eines starken magnetischen Gebläses aussetzte. Doch sind die mit dieser Anordnung erreichbaren Schwingungen bei der praktischen Verwendung auch nicht ungedämpft, sondern lediglich kontinuierlich, d. h. die einzelnen Wellenzüge folgen sich ohne größere Zwischenpausen.

Wenn dieser „Lichtbogengenerator" nun für die drahtlose Telegraphie auch nicht die gewaltigen Umwälzungen gebracht hat, welche man bei seiner Einführung in die Praxis erhoffte, so hat er doch die erste Übertragung des gesprochenen Wortes mit Hilfe elektromagnetischer Schwingungen der in der drahtlosen Telegraphie üblichen Wechselzahl ermöglicht.

Drahtlose Telephonie. Zur Ausführung der drahtlosen Telephonie schaltet man meistens in die von kontinuierlichen elektromagnetischen Schwingungen erregte Antenne der Sendestation ein Mikrophon oder eine Kombination von Mikrophonen. Die Widerstandsschwankungen, welche in den Mikrophonen beim Hineinsprechen auftreten, rufen Stromstärkeschwankungen in der Antenne der Sendestation und demgemäß auch in derjenigen der Empfangsstation hervor. Auf der letzteren werden dieselben mit Hilfe eines geeigneten Indikators (einer elektrolytischen Zelle oder eines Kontaktdetektors vgl. weiter unten) in Verbindung mit einem Telephon in Schallschwingungen der Membran des letzteren umgesetzt und können wie bei der Leitungs= telephonie abgehört werden.

Die Fortschritte, welche auf diesem Gebiete in den letzten Jahren erreicht wurden, sind aus der zunehmenden Entfernung zu erkennen, über welche eine befriedigende Verständigung erzielt worden ist. Im Dezember 1906 erreichte die Gesellschaft für drahtlose Telegraphie die Übertragung der Sprache mit Hilfe elektromagnetischer Schwingungen auf 40 km. Diese Ge= sellschaft benutzt eine, von dem erwähnten Poulsenschen Lichtbogengenerator etwas verschiedene Anordnung zur Erzeugung kontinuierlicher Schwingungen, nämlich mehrere in Serie geschaltete Lichtbogen, welche unter verminderter Luftzufuhr zwischen einem von Wasser durchflossenen Kupferrohr als positiver Elektrode und einer negativen Elektrode aus Kohle brennen. Abb. 612 zeigt eine Sendestation dieses Systems. Im September 1907 wurde von einer nach dem Poulsensystem eingerichteten Station der Amalgamated Radio Telegraph Co. in Weißensee bei Berlin eine gute telephonische Verständigung mit einer 70 km entfernten fahrbaren

611. Serienfunkenstrecke.

Militärstation erreicht. Im November 1908 gelang dem italienischen Physiker Majorana mit Hilfe eines von ihm erfundenen Mikrophons für starke Ströme eine Übertragung der Sprache auf etwa 270 km.

Trotz dieser offensichtlichen Fortschritte, welche sich in der Überbrückung immer größerer Entfernungen kundgeben, stehen der praktischen Ausnutzung der drahtlosen Telephonie in grö= ßerem Maßstabe doch noch recht beträchtliche Hindernisse im Wege, deren teilweise Beseitigung vielleicht die fernere Zukunft bringt.

Die Antenne. Die Antenne, welcher die Aufgabe zufällt, die elektromagnetischen Wellen auszustrahlen oder aufzufangen, wird in den verschiedensten Formen ausgeführt. Von dem in der ersten Zeit der drahtlosen Telegraphie benutzten einfachen Luftdraht, dessen Kapazität evtl. durch an seinem freien Ende angebrachte Metallmassen (Bleche oder auch Drahtnetze) vergrößert wurde — sogenannte Käfig=Antennen — bis zu den ausgedehnten Drahtgebilden großer Stationen findet man die verschiedenartigsten Anordnungen, welche der Eigenart der betreffenden Station entsprechend einen besonderen Vorteil gewähren.

So bildeten die einzelnen Drähte der Antenne einer Versuchsstation der Gesellschaft für drahtlose Telegraphie im Kabelwerk Oberspree bei Berlin die Mantelfläche einer mit der Spitze

nach unten gerichteten vierseitigen Pyramide (vgl. Abb. 613), desgl. diejenige der transatlan=
tischen Marconi=Station bei Poldhu in Irland (Abb. 614). Die Drähte einer sogenannten
Fächerantenne liegen alle in einer Ebene; sie gehen nach oben strahlenförmig auseinander,
während sie unten in einem Punkt zusammenlaufen. Bei einer Schirmantenne breiten sich die
einzelnen Drähte schirmartig von der Spitze eines hohen Mastes oder Turmes aus; eine der=
artige Antenne besitzt die noch näher zu besprechende Station Nauen (vgl. S. 458). Bei klei=

612. Kleine Station für drahtlose Telephonie.

neren Stationen findet man sogenannte T-Antennen, welche aus mehreren, möglichst horizontal
ausgespannten parallelen Drähten bestehen, deren Mitte mit der Koppelungsspule ver=
bunden ist.

Erdung und Gegengewicht. Für die Reichweite einer Station ist die gute Erdung
ihrer Antenne von großer Bedeutung. Liegt der Grundwasserspiegel in nächster Nähe der
Station nicht zu tief, so verbindet man den Fußpunkt der Antenne mit Metallplatten ge=
eigneter Größe, welche in das feuchte Erdreich vergraben sind, oder welche in einen in der=

Nähe der Station befindlichen Brunnen versenkt sind, dessen Wasserspiegel die Platten stets bedeckt. Die einfachste und sicherste „Erdung" ist natürlich bei Schiffsstationen gegeben.

Bei beweglichen Landstationen, bei welchen die Herstellung der erforderlichen Erdung zuviel Zeit und Umstände in Anspruch nimmt, und bei festen Stationen, bei welchen die Bedingungen für eine gute natürliche Erdung fehlen, verwendet man sogenannte Gegengewichte; das sind ausgedehnte Drahtnetze, welche über den Boden ausgespannt, oder bei festen Stationen in denselben vergraben werden. So besteht z. B. das Gegengewicht der Station Nauen (vgl. S. 458) aus 108 Eisendrähten, welche strahlenförmig auseinanderlaufen und von denen sich jeder in drei Drähte verzweigt. Die gesamte, von diesem Gegengewicht umspannte Fläche beträgt 126000 qm.

Die Empfangsanordnungen. Eine dem praktischen Nachrichtenaustausch dienende Station muß ebensowohl zur Aufnahme wie zur Absendung von Nachrichten befähigt sein. Sie bedarf also gewisser Vorrichtungen zum Nachweis der von der Sendestation ausgehenden elektromagnetischen Schwingungen.

Wellenindikatoren. Seit den ersten Versuchen Marconis hat der sogenannte Fritter oder Kohärer unter den Wellenindikatoren einen hervorragenden Platz eingenommen. Derselbe beruht auf der von Branly zuerst praktisch ausgenutzten Erscheinung, daß sich der elektrische Widerstand von Metallpulver wesentlich erniedrigt, wenn dasselbe unter der Einwirkung elektromagnetischer Schwingungen steht. Dieser Zustand hoher Leitfähigkeit hält auch nach dem Aufhören der Schwingungen an, und wird erst durch Erschütterung des Pulvers beseitigt. Die Konstruktion der Fritter ist außerordentlich mannigfaltig. Die von der Gesellschaft für drahtlose Telegraphie benützten Kohärer besitzen meistens eine Füllung aus Nickelfeilicht zwischen Silberelektroden in einer evakuierten Glasröhre. Die Zuleitungen zu den Elektroden endigen außen in Metallkappen. Der Fritter wird entweder direkt in die Antenne eingeschaltet, wie bei den ersten Versuchen Marconis, oder er befindet sich in einem mit der Antenne gekoppelten Schwingungskreis. Die Wirkung von Schwingungen auf den Fritter wird in folgender Weise

613. Luftleiter.
Kabelwerke Oberspree in Oberschönweide.

bemerkbar gemacht. Von seinen Elektroden zweigt ein besonderer Stromkreis ab, in welchen ein Element und die Wickelung eines empfindlichen Relais eingeschaltet sind. Ein zur Betätigung des letzteren genügender Strom fließt aber nur dann durch den Kreis, wenn der Fritter unter der Einwirkung elektromagnetischer Schwingungen in den Zustand hoher Leitfähigkeit versetzt ist. In diesem Falle schließt der Anker des Relais einen zweiten Hilfsstromkreis mit Batterie, Morseschreiber und Klopfer. Durch den letzteren wird der hohe Widerstand des Fritters wieder hergestellt, sobald eine längere oder kürzere Einwirkung die Wellen (entsprechend einem Punkt oder Strich im Morsealphabet) stattgefunden hat.

Man hat auch dem Branlyschen Fritter im Prinzip ähnliche Wellenindikatoren konstruiert; welche sofort nach dem Aufhören der Schwingungen in den nichtleitenden Zustand zurückkehren, doch haben dieselben keine allgemeine Verbreitung gefunden.

Elektrolytische Zelle und Kontaktdetektoren. Von besonderer Bedeutung für den Nachweis elektromagnetischer Schwingungen sind außer dem Fritter die sogenannte elektrolytische Zelle und die Kontaktdetektoren geworden. Die erstere besteht aus einem kleinen Glasgefäß mit verdünnter Schwefelsäure, in welche zwei ungleich große Platin-Elektroden eintauchen. Dieselben sind mit einer Gleichstromquelle verbunden, deren Spannung derart

reguliert wird, daß ein mit der Zelle in Serie geschaltetes empfindliches Galvanometer nur einen
geringen Strom anzeigt, solange keine elektromagnetischen Schwingungen auf die Zelle treffen;
sobald dieselbe aber von solchen durchlaufen wird, wächst der Ausschlag des Galvanometers
entsprechend ihrer Intensität. In der Praxis wird an Stelle des Galvanometers das viel emp-
findlichere und weniger träge Telephon benutzt (vgl. Abb. 615). Die einen Punkt oder Strich
darstellende Funkenreihe der Sendestation macht sich im Telephon als charakteristisches Geräusch
von kürzerer oder längerer Dauer bemerkbar. Noch einfacher als mit der elektrolytischen Zelle
gestaltet sich der Empfang mit Kontaktdetektoren, da diese keine Hilfsstromquelle benötigen,
wie die Zelle. Sie bestehen meistens aus einem Mineral, z. B. Bleiglanz, welches sich mit einem

614. Station Poldhu.

Metallstückchen oder mit einer Graphitspitze in Berührung befindet. Die elektrolytische Zelle
sowohl wie die Kontaktdetektoren sind sofort nach jedem Schwingungsdurchgang wieder emp-
fangsbereit. Sie eignen sich aber nicht zum Schreibempfang mit Relais und Morseschreiber
wie der Fritter.

Der Hörempfang hat vor dem Schreibempfang den Vorzug größerer Einfachheit; auch
läßt sich bei dem ersteren eine wesentlich höhere Telegraphiergeschwindigkeit erreichen, als bei
dem letzteren. Dafür ist der Schreibempfang aber zuverlässiger und von subjektiver Täuschung
des aufnehmenden Telegraphisten frei. Der Fritter ermöglicht ferner einen verhältnismäßig einfachen Anruf einer auf Empfang stehenden Station von einer Sendestation
aus. Zu diesem Zwecke wird im Empfangssystem an Stelle des Morseschreibers eine
gewöhnliche elektrische Klingel geschaltet, welche in Tätigkeit tritt, sobald die Antenne
der Station Schwingungen derjenigen Wellenlänge auffängt, auf welche sie abgestimmt ist.

Abstimmung. Eine wesentliche Bedingung für einen guten und möglichst störungs=
freien Empfang bildet eine scharfe Abstimmung der Schwingungskreise der Empfangs=
station auf die Wellenlänge der von der Sendestation
ausgehenden elektromagnetischen Schwingungen. Denn
nur in diesem Falle läßt sich die Steigerung der
Wirkung in einem Empfangssystem ausnutzen, welche
wir als Resonanzeffekt kennen gelernt haben. Auch
ist bei scharfer Abstimmung die zufällige Störung
durch fremde Stationen, welche Schwingungen ähn=
licher Wellenlänge aussenden, weit geringer.

Die Einstellung der Empfangsstation geschieht
ganz ähnlich wie diejenige der Sendestation durch
Änderung der Windungszahl der in die Antenne und
in den geschlossenen Schwingungskreis eingeschalteten
Spulen, sowie durch Änderung der Kapazität der
Kondensatoren, welche entsprechend der sehr geringen,
im Empfangssystem fließenden Ströme wesentlich
kleiner und schwächer dimensioniert sind, als diejenigen
der Senderanordnung.

Wellenmesser. Zur Einstellung der Sende=
oder Empfangsstation auf eine bestimmte Wellen=

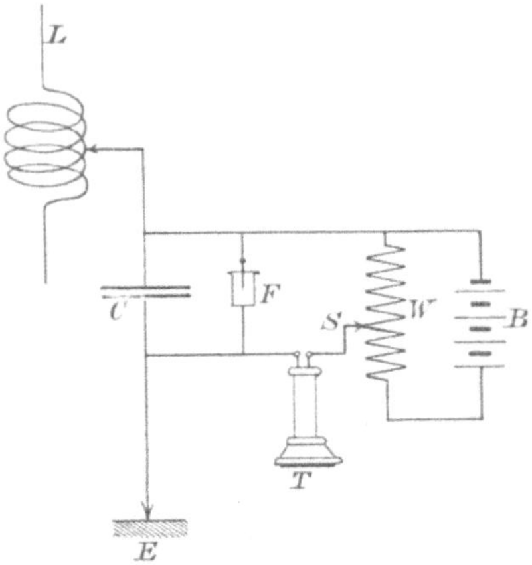

615. Elektrolytischer Empfänger.

länge bedient man sich der Wellenmesser (vgl. Abb. 616). Diese sind möglichst gedrungen
zusammengebaute, leicht transportable geschlossene Schwingungskreise mit auswechselbaren

616. Wellenmesser.

Selbstinduktionsspulen verschiedener Größe und einem variablen Drehplattenkondensator.
Die der jeweiligen Einstellung entsprechende Wellenlänge läßt sich aus den Werten der einge=
schalteten Kapazität und Selbstinduktion berechnen; meistens werden diese Apparate aber von
einer offiziellen Prüfstelle, z. B. der „Physikalisch=Technischen Reichsanstalt" mit Hilfe von

617. Großstation Nauen.

618. Sendereinrichtung der Station Nauen.

absoluten Normalien geeicht, so daß man aus einer Tabelle einfach die einer bestimmten Einstellung entsprechende Wellenlänge entnehmen kann.

Der Wellenmesser ist auf Entfernungen von einigen Metern als Empfänger und als Sender von Schwingungen benutzbar. Im ersteren Falle läßt man ihn durch die Koppelungsspulen

619. Sendestation nach dem System der tönenden Funken.

620. Fahrbare 2 KW-Station nach dem System der tönenden Funken.

des im Betriebe befindlichen Senders ganz schwach erregen; ein geeigneter Indikator, meistens ein in den vom Wellenmesser gebildeten Schwingungskreis eingeschaltetes Hitzdrahtinstrument zeigt dann durch seinen größten Ausschlag im Resonanzfalle an, daß die Wellenlänge des

Sendersystems der Einstellung des Wellenmessers entspricht. Bei der Abstimmung der Empfangsstation verwendet man den Wellenmesser als Sender, indem man mit Hilfe einer einfachen Un-
terbrechervorrichtung schwache Schwingungen der gewünschten Wellenlänge in ihm erzeugt,
welche man auf das Empfangssystem der Station einwirken läßt. Die Einstellung des letzteren
wird solange geändert, bis mit einem der gebräuchlichen Indikatoren (elektrolytische Zelle,
Kontaktdetektor) in Verbindung mit einem Telephon die maximalste Energie im Empfangssystem festgestellt wird.

Einrichtung der Stationen für den praktischen Betrieb. Der Zusammenbau der
im vorstehenden einzeln beschriebenen Anordnungen in einer größeren Station sei im folgenden an der in Abb. 618 dargestellten Großstation Nauen in der Nähe von Berlin erläutert.

Die sechs Hochspannungstransformatoren im Vordergrunde rechts werden von dem in
einem besonderen Maschinenhaus aufgestellten Einphasen-Wechselstromgenerator gespeist,
welcher von einer Dampflokomobile angetrieben wird. Der geschlossene Schwingungskreis besteht aus einer Kapazität von 360 großen Leidener Flaschen (im Hintergrunde links der Abb. 618), der aus versilbertem Kupferrohr gebildeten Selbstinduktionsspule mit Zuführungen für die Antenne und aus der Funkenstrecke. Die Zeichengebung geschieht durch Kurzschluß zweier, im Primärkreis der Transformatoren liegender Drosselspulen (vgl. Abb. 618 vorn rechts von den Transformatoren) resp. durch Öffnen desselben mit Hilfe eines im Empfängerraum der Station montierten Tasters unter Vermittelung eines besonderen Tasterrelais.

Die Empfangsapparate befinden sich in einem besonderen Raum des Stationshauses zu ebener Erde.

Die Einrichtung einer kleinen Sende-station für 2 KW Primärenergie nach dem neuen „System der tönenden Funken" der Gesellschaft für drahtlose Telegraphie zeigt die Abb. 619). Die Funkenstrecke besteht aus mehreren Teilfunkenstrecken zwischen Kupfer- oder Silberplatten (vgl. Abb. 611 und Abb. 619 in der Mitte über dem Kasten).

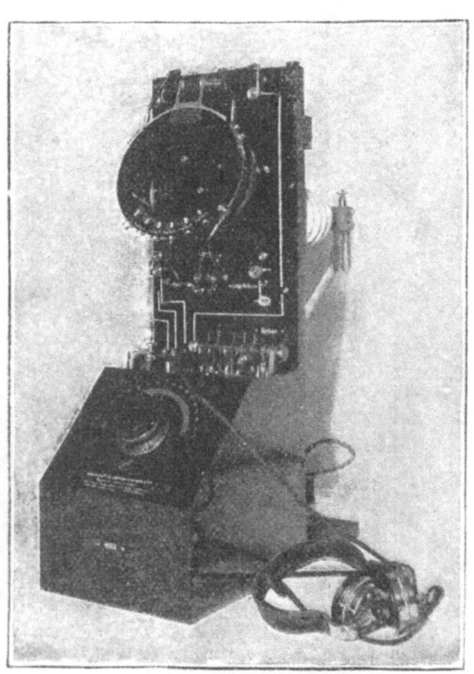

621. Station für Hörempfang.

Dieses System ermöglicht u. a. die Verwendung der im Verhältnis zu Leidener Flaschen bedeutend weniger umfangreichen Papierkondensatoren (dieselben befinden sich in dem Kasten
unterhalb der Funkenstrecke). Von besonderer Konstruktion sind die Selbstinduktions- und
die Koppelungsspulen des geschlossenen Schwingungskreises und der Antenne. Ein Teil
derselben ist stufenweise veränderlich (Spulengruppe rechts in Abb. 619), der andere ist in
sogenannten Variometern (vgl. Abb. 619 links oben hinter der Funkenstrecke) angeordnet.
Diese letzteren ermöglichen durch die veränderliche Stellung zweier Spulengruppen zueinander
eine kontinuierliche Änderung der Selbstinduktion des geschlossenen Schwingungskreises resp.
der Antenne.

Abb. 620 zeigt den Einbau einer solchen 2 KW-Station in den Karren einer fahrbaren
Militärstation, mit welcher bei 45 m Masthöhe der Antenne eine sehr gute Verbindung zwischen
Berlin und Wien hergestellt wurde.

Eine Station für Hörempfang nach dem System der tönenden Funken ist in Abb. 621
dargestellt. Vorn in dem Pult ist der Drehplattenkondensator untergebracht, oben an der Wand

die veränderlichen Koppelungs- und Selbstinduktionsspulen. Außerdem enthält diese Empfangsstation einen Kontaktdetektor, welcher sich mit den Anschlüssen für das Telephon und für
verschiedene Hilfsapparate auf einen horizontalen Absatz des Pultes befindet.

Verhältnis der Reichweite zur Primärenergie und Antennenhöhe. Einen Überblick über
die Reichweiten, welche mit kleineren und größeren Stationen zu erzielen sind und die dazu
erforderliche primäre Energie sowie die notwendigen Masthöhen bietet die folgende Zusammenstellung. Die Angaben gelten für Stationen, welche nach dem modernsten System gebaut sind,
nämlich demjenigen der tönenden Funken der Gesellschaft für drahtlose Telegraphie.

Primär-energie	Mast-höhe	Reich-weite	
KW	m	km	
1,5	20	200	über Land
1,5	30	350	" " } mit viel Gebirge
1,5	45	550	" "
1,5	35	600	" See
8,0	60	2500—3000 } über flaches Land oder See.	
20,0	85	3500—4500	

Neueste Fortschritte und Anwendungsgebiete. Die ständig fortschreitende Vervollkommnung der Einrichtungen der drahtlosen Telegraphie zielt einerseits auf eine Vergrößerung der Reichweite bei Verringerung des primären Energiebrauchs ab, andererseits auf eine
Vermehrung der Empfangssicherheit. In beiden Beziehungen bedeutet das im vorstehenden
mehrfach erwähnte „System der tönenden Funken", welches von der Gesellschaft für
drahtlose Telegraphie in den letzten Jahren praktisch ausgestaltet wurde, einen wesentlichen
Fortschritt.

Die alten Bestrebungen, die Energie einer Sendestation zum weitaus größten Teil in eine
bestimmte Richtung zu lenken, so daß in allen übrigen Richtungen eine wesentlich geringere
Ausstrahlung stattfindet, haben in den letzten Jahren in einer eigenartigen Antennen-Anord-
nung von Bellini und Tosi eine praktische Lösung gefunden, welche in manchen Fällen mit
Vorteil verwendet werden kann.

Von neueren Anwendungsgebieten der drahtlosen Telegraphie sind der für die Seeschiff-
fahrt wichtige funkentelegraphische Zeitdienst und der funkentelegraphische Wetterdienst besonders zu erwähnen. Durch den ersteren wird den auf dem Meere befindlichen Schiffen täglich
die Normalzeit einer Sternwarte bekannt gegeben, der letztere dient zur Verbreitung von Sturm-
zeitwarnungen.

Wie die Ausführungen dieses Abschnittes zeigen, hat sich die drahtlose Telegraphie überraschend schnell aus rein wissenschaftlichen Laboratoriumsversuchen zu einem wichtigen Zweige
der Technik entwickelt. Ohne die Nachrichtenübermittelung durch Leitung entbehrlich zu machen,
bildet die drahtlose Telegraphie eine wesentliche Ergänzung derselben.

Elektrizitätsdurchgang durch Gase und Radioaktivität.

Von Oberingenieur **Dr. W. Hechler.**

Erscheinungen beim Durchgang der Elektrizität durch Gase. — Kathodenstrahlen. — Röntgenstrahlen. — Becquerelstrahlen. Radioaktive Substanzen. — Die Elektronentheorie der Elektrizität. S. 460.

Erscheinungen beim Durchgang der Elektrizität durch Gase. In den vorstehenden Kapiteln dieses Werkes wurden die verschiedenen Erscheinungsformen der Elektrizität geschildert. Es wurde gezeigt, wie ihre mannigfaltigen Wirkungen praktisch ausgenutzt werden, um uns gewaltige Energievorräte der Natur in passender Form dienstbar zu machen, zum Antrieb von Arbeitsmaschinen, zum Bewegen von Lasten, zur Beleuchtung und zur Übertragung von Nachrichten.

Im folgenden soll nun eine kurze Darstellung der gegenwärtig herrschenden Anschauung von dem inneren Wesen der elektrischen Vorgänge gegeben werden, eine Antwort auf die Frage: was ist Elektrizität? soweit die gegenwärtig bekannten Tatsachen diese Beantwortung ermöglichen.

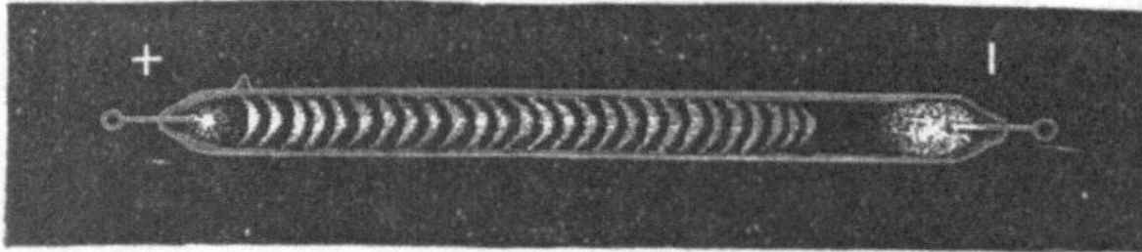

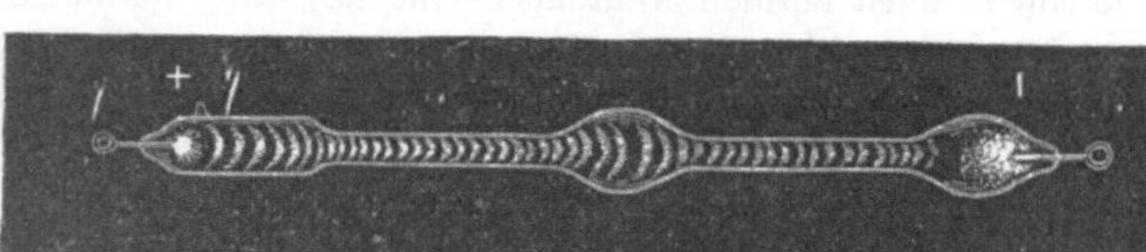

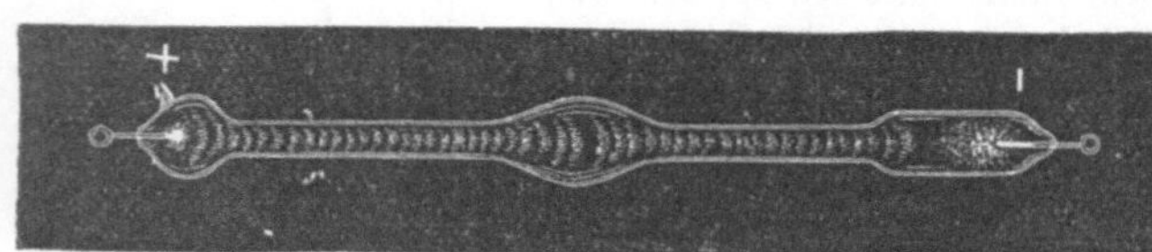

622 a—c. Geißlersche Röhren.

Die Erscheinungen, auf welche sich die heutige Anschauung gründet, wurden zum Teil bereits im Jahre 1869 von Prof. Hittorf und im Jahre 1874 von dem englischen Forscher Crookes beschrieben. Dieselben können an langgestreckten zylindrischen Glasröhren der in Abb. 622 a—c dargestellten Form beobachtet werden. Eine derartige Röhre enthält zwei, meistens an gegenüberliegenden Stellen in die Wandung eingeschmolzene Platindrähte, welche im Innern der Röhre kleine Aluminiumplatten als Elektroden tragen. Der Gasinhalt der Röhre kann durch ein Ansatzrohr mit Hilfe einer geeigneten Luftpumpe entfernt werden; hierdurch kann der Gasdruck in der Röhre beliebig verringert werden.

Verbindet man die Elektroden des Rohres mit einer Gleichstromquelle genügend hoher Spannung, so treten bei einem Gasdrucke von etwa 10 mm eigenartige Leuchterscheinungen in dem Rohr auf. Dieselben füllen den Zwischenraum zwischen den beiden Elektroden nicht etwa gleichmäßig aus. Vielmehr erstreckt sich von der mit dem positiven Pol der Spannungsquelle verbundenen Elektrode, der Anode, eine Lichtsäule bis in die Nähe der negativen Elektrode, der Kathode, während an dieser eine Leuchterscheinung bedeutend geringerer Ausdehnung, das sogenannte negative Glimmlicht auftritt. Das letztere ist durch einen Zwischenraum, den sogenannten Faradayschen dunklen Raum von der „positiven Lichtsäule" getrennt. Bei weiterer Verminderung des Gasdrucks in der Röhre teilt sich die positive Lichtsäule in hellere und dunklere Schichten, wird dann allmählich immer lichtschwächer, und tritt gleichzeitig mehr und mehr zurück; das negative Glimmlicht breitet sich dagegen zunächst über die ganze Kathode aus, nimmt an Ausdehnung immer mehr zu, und löst sich schließlich von der

Kathode ganz ab. An dieser erscheint nun eine neue Glimmschicht, welche von der ersteren durch einen zweiten dunklen Raum, den sogenannten dunklen Kathodenraum getrennt ist, — nicht zu verwechseln mit dem bereits erwähnten „Faradayschen dunklen Raum". Bei einem Gasdruck von etwa $^1/_{1000}$ mm erreicht das zuerst von der Kathode abgetrennte Glimmlicht die gegenüberliegende Röhrenwand, welche hierdurch in Fluoreszenz gerät, in jenes eigenartige Leuchten, welches man bei manchen Mineralien z. B. bei „Flußspat" und besonders bei gewissen chemischen Verbindungen, z. B. dem sogenannten „Bariumplatincyanür" beobachten kann.

Sehr augenfällig lassen sich diese Fluoreszenz-erscheinungen mit der in Abb. 623 dargestellten Röhre zeigen. Dieselbe enthält in ihrem unteren Teile verschiedene Mineralien, welche besonders stark fluoreszieren, sobald elektrische Entladungen zwischen den Elektroden stattfinden, und zwar leuchten Rubine intensiv rot, Smaragde kar-moisinrot; von den Glassorten zeigen Natronglas gelbgrüne, Bleiglas blaue Fluoreszenz.

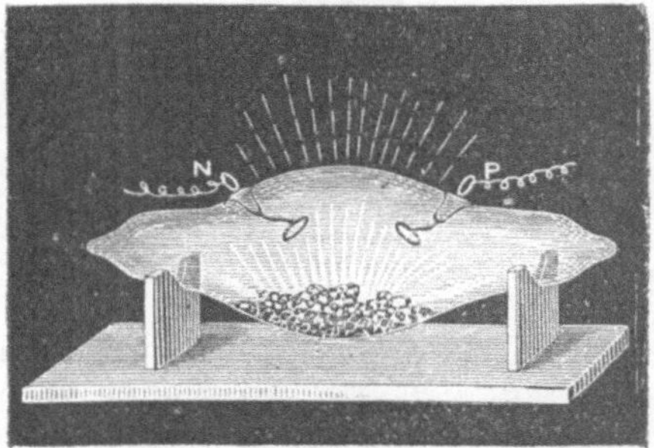

623. Fluoreszierende Mineralien in strom-durchflossenen luftverdünnten Röhren.

Kathodenstrahlen. Wie sich mit Röhren der in Abb. 624 dargestellten Art zeigen läßt, ent-stehen von allen Körpern, welche sich im Innern der Röhre vor der Kathode befinden, während der Entladung geometrische Schatten auf der Röhrenwandung, welche der Kathode gegen-überliegt. Diese Erscheinung muß ebenso wie die Fluoreszenz ihren Ursprung in der Kathode selbst haben; sie deutet auf unsichtbare Strahlen hin, welche von der Kathode ausgehen, und welche man deshalb als Kathodenstrahlen bezeichnet hat.

Dieselben üben eine enorme Wärmewirkung aus, wie sich mit der in Abb. 625 dargestellten Röhre leicht nachweisen läßt. Im Brennpunkt der hohlspiegelförmigen Kathode ist ein Platin-blech angebracht, welches in Weißglut gerät, wenn die Entladung in der hoch-evakuierten Röhre eingeleitet wird.

Die Kathodenstrahlen vermögen auch geeignet geformte leichte Körper in Bewegung zu setzen. So rollt ein kleines Flügelrad (vgl. Abb. 626) mit Glimmerflügeln auf einem Gestell von Glasstäben im Innern der Entladungs-röhre unter der Einwirkung der Ka-thodenstrahlen der Anode zu.

Eine für die Erklärung der Natur der Kathodenstrahlen sehr wichtige Er-scheinung ist ihre magnetische und elektrische Ablenkbarkeit. Die erstere kann leicht mit der in Abb. 627

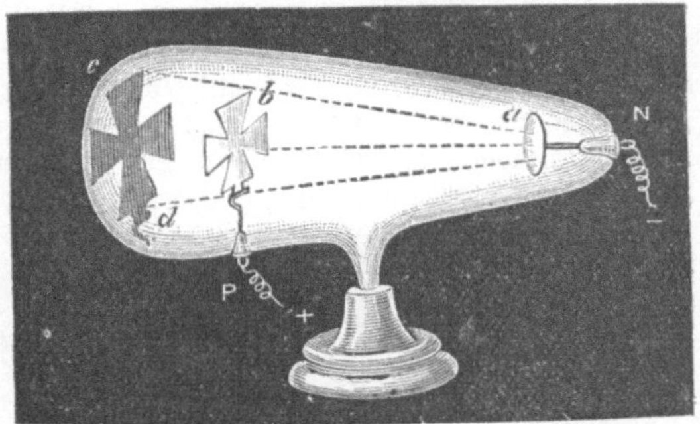

624. Schattenwirkung unter dem Einfluß von Kathodenstrahlen.

dargestellten Röhre nachgewiesen werden. Dieselbe enthält eine, parallel zu ihrer Längsachse befestigte Glimmerplatte, welche mit einer stark fluoreszierenden Substanz, etwa Barium-platincyanür, bestrichen ist. Befindet sich die Röhre außerhalb eines Magnetfeldes, so er-scheint die Röhre des von der Blende hindurchgelassenen Kathodenstrahlenbündels als gerader Lichtstreifen, welcher sich sofort krümmt, wenn man etwa einen Hufeisenmagneten der Röhre derartig nähert, daß die Strahlen in ihrem Innern von seinen Kraftlinien geschnitten werden.

Praktische Verwendung zur Untersuchung der Kurvenform von Wechselströmen niederer Frequenz findet die magnetische Ablenkbarkeit der Kathodenstrahlen in der sogenannten Braun-schen Röhre. Die von einer Blende hindurchgelassenen Kathodenstrahlen rufen auf einem Fluoreszenzschirm einen schwach leuchtenden Fleck hervor. Wird nun das Strahlenbündel der Wirkung außerhalb der Röhre geeignet angeordneter Elektromagnete ausgesetzt, welche von

Wechselstrom durchflossen werden, so wird die Kurvenform desselben von dem Fluoreszenz= fleck auf dem Schirm beschrieben.

Elektrisch geladene Metallplatten bewirken ebenfalls eine Ablenkung der Kathodenstrahlen.

Deutet dieses Verhalten, welches demjenigen stromdurchflossener Leiter sehr ähnlich ist, bereits darauf hin, daß wir es in den Kathodenstrahlen mit in Bewegung befindlichen elektrischen

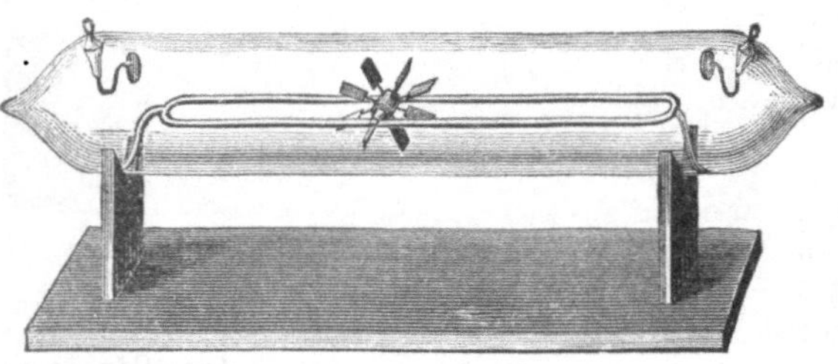

Ladungen zu tun haben, so wird diese Annahme dadurch zur Gewißheit, daß isolierte Metallzylinder im Innern der Röhren elektrische Ladung zeigen, sobald sie von Kathodenstrahlen getroffen werden. Diese Ladung ist negativ, wie sich mit Hilfe eines, mit dem isolierten Zylinder in Verbindung stehenden Elektroskops leicht nachweisen läßt.

Es liegt nun die Annahme nahe, daß dieser Elektrizitäts= transport in der Kathodenstrahlenröhre in ähnlicher Weise vor sich geht, wie bei der Elektrolyse von Flüssigkeiten (vgl. S. 353). Bei dieser wandern bekanntlich die elektrischen Ladungen mit den beiden Bestandteilen, in welche die Moleküle chemischer Ver= bindungen bei der Lösung in Wasser zerfallen, den sogenannten Jonen zu den Elektroden. Das Verhältnis der von gleich= artigen Jonen mitgeführten elektrischen Ladung zu ihrer Masse ist immer konstant. Ist der Wert dieses Verhältnisses für irgend ein Jon, also z. B. das Silberatom, einmal experimentell fest= gestellt, so kann man denselben dem Faradayschen Gesetze gemäß (vgl. S. 353) leicht mit Hilfe der aus der Chemie bekannten Verbindungsgewichte auch für irgend ein anderes Jon, z. B. das Wasserstoffatom berechnen.

Infolge der magnetischen und elektrischen Ablenkbarkeit der Kathodenstrahlen war man in der Lage, die Größe dieses Verhältnisses auch für die Träger der Ladungen festzustellen, aus welchen die Kathodenstrahlen bestehen. Diese Untersuchungen führten zunächst zu dem wichtigen Ergebnis, daß dieses Ver=

625. Wärmewirkung der Kathodenstrahlen.

hältnis immer dasselbe ist, gleichgültig, ob die Elektroden der Röhre aus Aluminium, Platin oder einem sonstigen Metall verfertigt waren, und einerlei, welcher Natur der Gasrest war, welcher sich noch in der Röhre befand. Wir werden weiter unten die überraschende Erklärung kennen lernen, welche dieses Ergebnis gefunden hat. Hier sei nur bemerkt, daß die Kathoden= strahlen aller Wahrscheinlichkeit nach aus negativ geladenen Teilchen be= stehen, den sogenannten Elektro= nen, deren Masse nur etwa den tausendsten Teil derjenigen eines Wasserstoffatoms, also des leich= testen chemischen Elements, beträgt, während ihre Ladung ebenso groß ist, wie diejenige, welche ein Wasser= stoffatom bei der Elektrolyse mit= führt.

626. Wirkung der Kathodenstrahlen auf leicht bewegliche Körper.

Diese Elektronen, welche die Entladungsröhren mit einer enormen Geschwindigkeit durchfliegen, durchdringen dünne Metallbleche; stoßen sie jedoch auf Massen, welche sie in ihrem Fluge jäh aufhalten, z. B. stärkere Metallteile oder die Wandungen der Entladungsröhre, so erzeugen sie die von Prof. Röntgen im Jahre 1896 entdeckten, nach ihm benannten Strahlen.

Röntgenstrahlen. Zur Erzeugung der Röntgenstrahlen für praktische Zwecke sind Entladungsröhren der mannigfaltigsten Formen im Gebrauch. Die wesentlichsten Bestand= teile einer solchen Röhre sind aus Abb. 628 zu erkennen. Die von der hohlspiegelförmigen Kathode aus Aluminiumblech ausgehenden Kathodenstrahlen treffen auf eine besondere Elektrode

aus starkem Platinblech — die sogenannte Antikathode —. Dieselbe ist mit der Anode außer=
halb der Röhre leitend verbunden. Von der Antikathode gehen die Röntgenstrahlen aus, sobald
die Entladung zwischen
Kathode und Anode ein=
geleitet wird.

Die erforderliche
Betriebsspannung wird
meistens von einem Fun=
keninduktorium geeigne=
ter Form und Größe ge=
liefert, mit dessen sekundä=
ren Polen die Elektroden

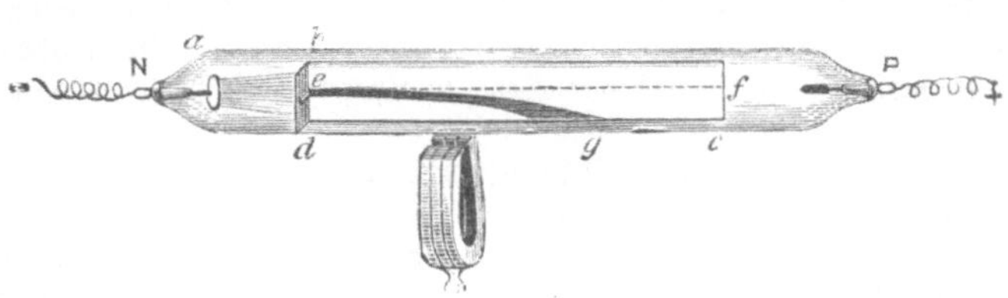

627. Ablenkbarkeit der Kathodenstrahlen.

der Röhre verbunden sind (vgl. Abb. 629). Besondere Einrichtungen sind erforderlich, um die ein=
seitige Stromrichtung in der Röhre zu gewährleisten, bei welcher während der Entladung die Anode
und mit ihr die Antikathode den positiven Pol bilden. Sobald nämlich die letztere während der
Entladung zur Kathode wird, gehen von ihr die Kathodenstrahlen aus; es tritt die in der Röntgen=
technik als „Schließungslicht" bekannte und
gefürchtete Erscheinung auf, welche u. a.
eine Zerstäubung des Platins der Anti=
kathode zur Folge hat. Abgesehen von
der hierdurch bedingten schnellen Zer=
störung der letzteren, bewirkt diese Zer=
stäubung eine allmählich immer mehr
zunehmende Verminderung des Gas=
druckes in der Röhre, da sich die vor=
handenen Gasreste mit dem zerstäubten
Metall der Antikathode auf den Innen=
wandungen der Röhre niederschlagen,
dort gewissermaßen von den äußerst fein
verteilten Metallteilchen eingebettet wer=
den. Die Zerstäubung der normalen
Kathode wird dadurch wesentlich ver=

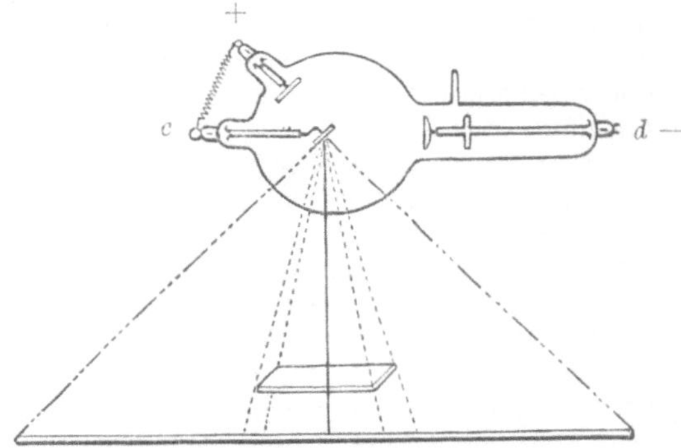

628. Röntgenröhre mit Antikathode.

zögert, daß man sie aus Aluminium herstellt. Dieses ist das einzige Metall, welches unter
normalen Betriebsverhältnissen nur wenig zerstäubt wird; für die Antikathode eignet es sich
deshalb nicht, weil dieselbe unter der Einwir=
kung der Kathodenstrahlen sehr stark erwärmt
wird (vgl. S. 461), so daß man Röntgenröhren
für manche Zwecke selbst bei Verwendung des
schwer schmelzbaren Platin=Iridium=Metalls
mit der künstlichen Wasser= oder Luftkühlung
der Antikathode einrichtet.

Die Röntgenstrahlen durchdringen auch für
Licht undurchlässige Körper und zwar um so
leichter, je geringer die Dichte der durchstrahlten
Substanz ist. Die Durchdringungsfähigkeit der
Röntgenstrahlen hängt ferner mittelbar von
dem Gasdrucke ab, welcher in der Röhre herrscht,
von welcher sie ausgehen. Röhren mit be=
sonders niedrigem Gasdruck — sogenannte
„harte" Röhren — liefern durchdringendere
Strahlen, als Röhren mit höherem Druck —

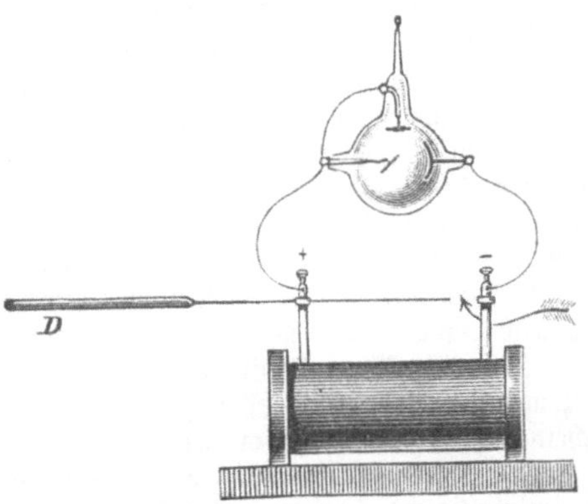

629. Röntgenstrahlen mit parallel geschalteter
Funkenstrecke.

sogenannte „weiche" Röhren. — Die Strahlen der letzteren lassen die Teile verschiedener
Dichte eines Körpers auf einem Fluoreszenzschirm oder auf der photographischen Platte
deutlicher unterscheiden, als die Strahlen harter Röhren.

Die allmähliche Abnahme des Druckes in den Röntgenröhren infolge der Zerstäubung des Kathodenmetalls bei normalen Betriebsverhältnissen kann dadurch rückgängig gemacht werden, daß man zwischen zwei in einem Ansatzrohr angeordneten Elektroden aus besonderem Material Funken überschlagen läßt. Hierbei geben die Elektroden ein indifferentes Gas ab, z. B. Kohlensäure, so daß der Druck in der ganzen Röhre entsprechend der Dauer des Funkenübergangs steigt.

Becquerelstrahlen. Radioaktive Substanzen. Die Entdeckung der Röntgenstrahlen veranlaßte viele Forscher zu suchen, ob vielleicht noch andere Strahlenarten existierten, von denen man bisher keine Kenntnis hatte. Bei diesen Bemühungen stellte der Franzose Becquerel fest, daß die chemischen Verbindungen des Elements Uran Strahlen aussenden, welche ähnliche Eigenschaften besitzen, wie die Röntgenstrahlen; dieselben wirken durch lichtdichte Umhüllungen hindurch auf photographische Platten, machen die Luft leitend und dergl. Diese Strahlen bezeichnet man nach ihrem Entdecker als Becquerelstrahlen, Substanzen, welche dieselben aussenden als radioaktiv, und das ganze Gebiet dieser Erscheinungen als diejenige der Radioaktivität. Von dem Ehepaar Curie in Paris und anderen wurden später chemische Elemente entdeckt und isoliert, welche wesentlich radioaktiver sind, als Uran, nämlich Polonium und besonders Radium. Das letztere wird als chemische Verbindung mit Chlor durch langwierige Trennungsmethoden aus den Rückständen der Joachimsthaler Pechblende gewonnen, von welcher eine Tonne etwa 2—3 Dezigramm Radiumchlorid liefert. Außer den erwähnten beiden Substanzen hat noch das sogenannte Actinium eine besonders starke Radioaktivität.

Von den genannten Substanzen ist das Radium die interessanteste. Es sendet dauernd Strahlen verschiedener Art aus, welche sich vor allen Dingen dadurch von einander unterscheiden lassen, daß man die Wirkung von Magneten und elektrischen Ladungen auf dieselben untersucht. Dabei ergibt sich, daß ein Teil derselben — die sogenannten β-Strahlen — wie die Kathodenstrahlen aus Elektronen — also aus winzigen, negativ geladenen Partikelchen — besteht, welche mit enormer Geschwindigkeit abgeschleudert werden. Ein anderer Teil — die α-Strahlen — werden in einem Magnetfelde, welches auf die β-Strahlen anziehend wirkt, abgestoßen; die Teilchen, aus welchen diese Strahlen gebildet werden, müssen darnach entgegengesetzte Ladung besitzen, als die Elektronen, sie müssen positiv sein. Die Bestimmung der Masse der α-Strahlen-Teilchen ergab, daß dieselbe bedeutend größer ist, als diejenige der Elektronen und zwar etwa gleich derjenigen der Wasserstoffatome, d. h. daß die α-Teilchen von der Größe der positiven Atomreste, der positiven Jonen sind. Die dritte Strahlenart — die γ-Strahlen sind den Röntgenstrahlen sehr ähnlich und werden wie diese durch magnetische und elektrische Kraftfelder überhaupt nicht beeinflußt.

Außer diesen verschiedenen Strahlen senden Radium und andere radioaktive Körper beständig eine gasähnliche Substanz aus — die Emanation —. Dieselbe hat ein eigenes, ziemlich schnell abnehmendes Strahlungsvermögen, erhöht die Leitfähigkeit der Gase, welchen sie beigemengt ist, schlägt sich auf anderen Körpern nieder und teilt diesen ihre Strahlungsfähigkeit vorübergehend mit. Das Vorhandensein der Emanation in verschiedenen Quellwässern sowie in der aus dem Erdboden angesaugten Luft macht es wahrscheinlich, daß die Erdrinde überall geringe Mengen radioaktiver Substanzen enthält.

Bei der Aussendung der Strahlen erwärmt sich das Radium beständig, so daß seine Temperatur immer etwas höher ist, als diejenige seiner Umgebung.

Die radioaktiven Stoffe üben auch eine starke Wirkung auf den Organismus aus. Sie erzeugen im gesunden Zellensystem schmerzhafte und schwer heilbare Wunden; andererseits scheinen sie die Heilung von Krebs und ähnlichen Krankheiten zu begünstigen.

Die Elektronentheorie der Elektrizität. Die eingehenden Untersuchungen der mannigfaltigen Erscheinungen, von welchen in diesem Abschnitte eine kurze Übersicht gegeben wurde, haben zu Ergebnissen geführt, welche einiges Licht in jene Gebiete unseres Naturerkennens werfen, welche noch vor wenigen Jahren in undurchdringliches Dunkel gehüllt schienen.

Während nun die Frage nach dem inneren Wesen der elektrischen Erscheinungen wenigstens zum Teil eine befriedigende Lösung gefunden hat, ist ein anderes Problem in den Vordergrund getreten, nämlich die Ergründung des Zusammenhangs zwischen Elektrizität und Materie, und schließlich die Erklärung des Wesens der Materie selbst.

Sind die ca. 80 verschiedenartigen „Elemente", aus welchen das Universum nach den Lehren der Chemie aufgebaut ist, wirklich als elementare Bausteine zu betrachten, welche nicht weiter teilbar sind, oder aber sind die Atome alle nur mehr oder weniger komplizierte Gebilde aus Einheiten eine und derselben Grundsubstanz?

Nach den bisher beim Durchgang der Elektrizität durch Gase beobachteten Erscheinungen und nach dem Verhalten der radioaktiven Stoffe ist diese letztere Auffassung wohl zulässig. Durch Experimentaluntersuchungen auf scheinbar ganz verschiedenartigen Gebieten der Physik ist bisher festgestellt worden, daß von materiellen Atomen unter besonderen Verhältnissen — z. B. bei der elektrischen Entladung in verdünnten Gasen — Teile abgespalten werden, welche negative Ladung besitzen; der nach der Spaltung zurückbleibende Atomwert erweist sich als positiv geladen. Die Träger der negativen Ladung — die Elektronen — besitzen nur den tausendsten Teil der Masse eines Wasserstoffatoms, also des leichtesten bekannten Elements; sie werden als die Einheit der negativen Elektrizität betrachtet.

Der positive Atomrest, das sogenannte positive Jon, hat ungefähr die Masse eines Wasserstoffatoms; es ist also ganz bedeutend viel größer, als das Elektron. Positive Einheitsladungen von geringerer Masse sind bisher nicht beobachtet worden. Es ist aber wohl möglich, daß das Jon selbst aus einem Schwarm von Elektronen besteht, welche sich in verhältnismäßig großem Abstande von einander befinden, und welche sich gegenseitig doch derartig anziehen, daß ihre Trennung aus dem Gesamtverbande mit den uns z. Zt. zur Verfügung stehenden Mitteln nicht möglich ist.

Bei den radioaktiven Substanzen geht die Spaltung der elektrisch neutralen Atome in Elektronen (β-Strahlen) und positive Atomreste (α-Strahlen) ohne erkennbare Zuführung äußerer Energie mit explosionsartiger Gewalt vor sich. Infolge des gelegentlichen Zusammenpralls von Elektronen mit Jonen oder mit neutralen Atomen werden einige Elektronen plötzlich angehalten; dabei geraten sie in Schwingungen und senden γ-Strahlen — Röntgenstrahlen — aus. Bei einem Zusammenstoß der bedeutend massereicheren positiven Teilchen, — der Jonen — mit den Atomen, können diese letzteren derartig erschüttert werden, daß sie zerfallen, wobei die erwähnte gasförmige Emanation frei wird.

Es ist selbstverständlich, daß bei diesem beständigen Zerfall eine bestimmte Menge einer radioaktiven Substanz mit der Zeit verschwinden muß, ihr Gewicht muß allmählich abnehmen. Allerdings ist die Zeit, während welcher man das Verhalten der radioaktiven Substanzen kennt, viel zu kurz, um den Gewichtsverlust einer bestimmten Menge mit Hilfe der allerempfindlichsten Wage festzustellen.

Man kann die Dauer des Zerfalls einer radioaktiven Substanz aber indirekt aus der Abnahme der elektrischen Wirkung der von ihr ausgesandten Strahlen feststellen, und so ihre „Lebensdauer" bestimmen; man versteht darunter die Zeit, während welcher die Wirkung einer bestimmten Menge auf die Hälfte des Anfangswertes gesunken ist. Bei dem radioaktiven Element Uran beträgt diese Zeit etwa 600 Millionen Jahre, bei dem Thor ist sie 4000 mal so groß. Radium hat dagegen eine Lebensdauer von „nur" 1300 Jahren, die bei seinem Zerfall entstehende Emanation hat eine solche von 4 Tagen.

Wahrscheinlich sind alle Körper radioaktiv, gewisse Erscheinungen deuten darauf hin. Infolgedessen müssen sie auch allmählich zerfallen. Aber ihre Lebensdauer ist noch ungeheuer viel größer, als diejenige des Thors.

Die Vorgänge bei den drei charakteristischen Strömungen der Elektrizität — in Gasen, Flüssigkeiten und festen Leitern — stellen sich nun nach den heutigen, auf die geschilderten Erscheinungen gegründeten Anschauungen folgendermaßen dar.

Unter dem Einfluß sogenannter „Jonisatoren" — z. B. Strahlen radioaktiver Substanzen, Röntgenstrahlen, ultraviolettes Licht — zerfallen die Moleküle der Gase, welche normalerweise Nichtleiter der Elektrizität sind, in Elektronen und positive Jonen. Befindet sich ein solches „ionisiertes" Gas zwischen Elektroden, welchen eine genügend hohe elektrische Spannung zugeführt wird, so entsteht zwischen diesen Elektroden eine elektrische Strömung; die Elektronen, also die Träger der negativen Ladung wandern der positiven Elektrode zu, die positiven Jonen dagegen wandern zur Kathode. Hierbei erlangen besonders die Elektronen ganz enorme Geschwindigkeiten, so daß neutrale Atome, mit welchen sie auf ihrem Wege zusammenstoßen, selbst wieder in Jonen und Elektronen gespalten werden. Diesen Vorgang bezeichnet man als „Stoßionisierung".

Bei den im Eingang dieses Abschnittes beschriebenen Erscheinungen handelt es sich hauptsächlich um solche Stoßionisierung. Der in den Glasröhren noch vorhandene Gasrest ist stets, wenn auch nur in ganz geringem Maße ionisiert. Die vorhandenen Elektronen genügen zur Einleitung einer, wenn auch nur schwachen elektrischen Strömung, welche infolge der ständigen Bildung neuer Elektronen und Jonen bis zu einer gewissen Grenze wächst.

Bei dem Elektrizitätsdurchgang durch Flüssigkeiten, d. h. bei der Elektrolyse, wandern die elektrischen Ladungen mit den körperlichen Bestandteilen, in welche die Moleküle der Substanz bei der Lösung zerfallen, zu den Elektroden, an welchen sie dieselben wieder abscheiden.

In festen Leitern — den Metallen — werden die Elektronen bereits unter dem Einfluß der allergeringsten Spannungsdifferenz von den Metallatomen losgelöst und in Bewegung gesetzt. Die Elektrizitätsleitung in festen Körpern besteht in der Bewegung von Elektronenschwärmen. Die einzelnen Elektronen wechseln dabei lediglich die Molekül- und Atomreste, mit welchen sie verbunden sind.

Bei den Nichtleitern, den Jsolatoren, werden die Elektronen in den neutralen Molekülen und Atomen derartig festgehalten, daß sie nur unter dem Einfluß besonders hoher Spannungen befreit werden können.

Das Verhalten der Elektronen verleiht also allen elektrischen Vorgängen das charakteristische Gepräge. Was sind nun diese Träger der negativen Elektrizität? Es ist festgestellt worden, daß ihre Masse mit der Geschwindigkeit wächst, mit welcher sie sich bewegen, sobald sie sich in Freiheit befinden. Dieses Verhalten ist nur verständlich, wenn man annimmt, daß die Masse des Elektrons elektrischer Natur ist, daß das Elektron selbst — Elektrizität ist! Bekanntlich wirkt das von einem veränderlichen Strom erzeugte Magnetfeld derartig auf den Strom zurück, daß das Anwachsen des Stromes verzögert wird. Ähnliche Verhältnisse treten auch bei freien elektrischen Ladungen auf, welche sich mit zunehmender Geschwindigkeit fortbewegen, wie die unter dem Einfluß elektrischer Spannungen stehenden Elektronen.

Besteht nun der Atomrest welcher bei der Spaltung der neutralen Atome durch irgend einen Jonisator noch verbleibt, aus Elektronensystemen, wie nach der oben angedeuteten Hypothese angenommen wird, so gelangen wir zu einem überraschend einheitlichen Naturbild, wenigstens soweit es den Aufbau der Substanz betrifft.

Sachregister.

A = Abbildung.

Lichtstärke von Bogenlampen, Bestimmung 171 f.; — von Glühlampen 174; — Abfall mit zunehmender Brenndauer A 184.
Lichttheorie, elektromagnetische, von Faraday-Maxwell 441.
Lichtverteilungskurven von Bogenlampen verschiedener Type 162, A 162; — eines Wechselstromlichtbogens zwischen Reinkohlen, A 163.
Linienwähler 418, 419; — Hebel-L. 418; — Druckknopf-L. 418, 419.
Linienwähleranlage, Schaltung 419.
Lokomobile, Patent-Heißluft-Kompound- von R. Wolf 198; — A 198.
Lokomotiven, elektrische 337, 344; — für Grubenbahnen 344; — der London Central Railway 337; — A 337.
London Central Railway 333; — elektrische Lokomotive 337.
Londoner Untergrundbahnen 333 f.; — Schienennetz der 335, A 335; — Haltestellen und Tunnelführung der Piccadilly Circus Co. 336; — Aufzüge für den Zugang zu den Haltestellen 336.
Lorenz-Mikrophon 413, A 413; — Schnitt durch dass. A 413.
Luftfilter, Verwendung von L. bei Turbogeneratoren 129; — gekapselter Elektromotoren für Bergwerke 261.
Luftleiter (Antenne) 451; — Kabelwerke Oberspree 453, A 453.
Luftthermometer von Rieß 19.
Luftweiche 315, A 315.

Magazinlampen 166.
Magnete, künstliche und natürliche 26 f.; — permanente 27; — künstliche Alterung von Magneten 27; — armierter natürlicher A 26; — Rotation eines M. unter dem Einfluß eines stromdurchflossenen Leiters A 31.
Magnetinduktion 37 f.
Magnetische Menge 28; — Feldstärke 28; — Kreis 36; — Widerstand 36; — Moment 28; — Pole A 27; — Feld einer stromdurchflossenen Spule A 35.
Magnetische Messungen mit Hilfe der Wismutspirale 84.
Magnetisierungsfähigkeit 36.
Magnetisierungskonstante 29.
Magnetisierungskurve einer Dynamomaschine 117; — A 117.
Magnetisierungsstrom bei Transformatoren 140.
Magnetnadel, Ablenkung durch den Strom 31.
Magnetomotorische Kraft 36.
Mangan, elektr. Gewinnung 380.
Manteltransformator 142, A 143; — der A. E. G. A 142; — Schema A 142.
Marconis offener Schwingungskreis als Sender 447.
Maßeinheiten, absolute 63 f.
Maßsystem, absolutes 63 ff.; — elektromagnetisches 34; — elektrostatisches 34.

Masthaken für die Befestigung der Oberleitung elektr. Bahnen 315, A 315.
Maximalausschalter in elektr. Straßenbahnwagen 328.
Maxwells elektromagnetische Theorie 441; — Verschiebungsströme 442.
Meidinger-Element 14, A 14.
Meridian, magnetischer 30.
Meßbrücke, Universal-M. von Kohlrausch 71.
Meßtransformatoren 89 f., 144.
Metallgewinnung und Metallreinigung auf elektrochem. Wege (Raffination) 372 f., 379.
Métropolitain vgl. Pariser Stadt- u. Untergrundbahn.
Mikrophon 411; — Hughes-M. 411; — Kugel-M. 413; — Lorenz-M. 413; — Beutel-M. von Siemens & Halske 412; — verstellbares 414, A 414.
Mittelleiter in Mehrleiterverteilungssystemen 235.
MMK vgl. magnetomotorische Kraft.
Moissan, Herstellung von Kalziumkarbid im elektr. Ofen 369.
Momenthebelschalter 225, A 225.
Mond, L., Versuche zur Herstellung eines leichten Akkumulators 364.
Morse-Apparat 393 f.; — erster Schreibtelegraph 393, A 393; — erste Zickzackschrift 394; — einfacher Schreiber 395; — polarisierter Morseschreiber 396; — Alphabet 394; — Taster 398, A 398; — Verbindung zweier Stationen 397; — Schreiber von 1843 395, A 395; — Morseschaltung für Arbeitsstrom 395, A 395; — für deutschen Ruhestrom 395, 396; — für amerikanischen Ruhestrom 396, A 396; — Morsesystem bei Feuerwehrtelegraphen 406; — Morseschreiber, Betrieb durch ein Relais A 399.
Motoren, die elektrischen und ihre Anwendung 256 ff., vgl. auch Elektromotor; — Gleichstrom-M. 256 ff.; — Konstruktion, Regelung 256 ff.; — Anwendung 260 ff.; — in Bergwerken 261 ff.; — Wechselstrommotoren 276 ff.; — synchrone 276; — Prinzip 276; — Induktionsmotor 279; — Diagramm zum Übergang eines M. zum Generator A 276; — mit Radachse und Rädern für Straßenbahnwagen A 325; — Schema eines schlagwettersicheren M. mit Plattenschutz A 262.
Motorgenerator 146.
Motorzähler 228.
Multiplexschaltung in Fernsprechanlagen vgl. Vielfachschaltung.
Multizellularvoltmeter 101; — von Hartmann & Braun A 101.
München, automatisches Fernsprechamt 433.

Nacheilung zwischen Spannung und Strom 48.

Nadelgalvanometer 86 f.
Nadeltelegraphen 393.
Natrium, elektrochemische Gewinnung 381.
Nauen, Großstation für drahtlose Telegraphie 456, 458, A 456.
Nebenschluß zu Meßinstrumenten (Shunt) 91.
Nebenschlußlampe 158.
Nebenschlußmaschine, Schema der 119, A 119; — Belastungscharakteristik d. 119; — Leerlaufcharakteristik der 120; — Spannungsregulierung der 121; — Schaltungsschema der N. mit Regulator 122, A 122; — automatische Betätigung des Regulators der 122; — Stromverlauf im Anker der 123; A 123.
Nebenschlußmotor 258; — Schema eines 258, A 258; — Schaltung eines Wechselstromnebenschlußmotors nach Winter-Eichberg A 288.
Negative Elektrizität, Einheit der 465.
Neutrale Zone eines Magneten 26; — des Ankers 108, 123.
New York Hudson- & Manhattanbahn 337; — Tunnelausführung der 338.
Niagarakraftwerk 297 ff.; — Lageplan der fünf Kraftwerke 299; — Anordnung der Turbinen im Schacht 300; — Doppelturbinen der 299, 301.
Niveaufläche 28.
Nobilisches Galvanometer 86, A 86.
Normalelemente 17; — von Clark 17; — von Weston 17.
Normalfarbschreiber 397; — Papierführung am N. 398; A 398; — Schreibvorrichtung am 398; — A 397.
Normalflüssigkeit für die Bestimmung der Widerstandskapazität v. Gefäßen 74.
Normalgefäß zur Bestimmung des Widerstandes von Flüssigkeiten A 73.
Nulleiter bei Drehstromanlagen in Sternschaltung 134; — bei Gleichstrommehrleitersystemen 235.
Nutzbrenndauer von Glühlampen 180.

Oberleitung für elektrische Bahnen 309 f.
Oberschwingungen in der Kurvenform der Wechselstromgeneratoren 128.
Oersted, Nachweis der Ablenkung einer Magnetnadel durch den elektr. Strom 31.
Ofen, elektrischer O. zur Erzeugung von Kalziumkarbid A 369; — zur Herstellung des Karborundums A 371; — von Kjellin A 376, im Betrieb A 377; — erster O. von Staffano A 374; — zweiter O. von Staffano A 375; — dritter O. von von Staffano A 375.
Ohm 21.
Ohmsches Gesetz 20; — für Magnetismus 36; — für Wechselstrom 53; — vollständiges O. G. für Wechselstrom 54; — Diagramm zu diesem A 54.
Ölschalter 240; — für 60 000 Volt 241, A 241.

Öltransformator 143; — von B. B. C. mit Kühltaschen A 144; — von B. B. C. mit Wasserkühlung A 145.
Osmiumlampe von Auer 180; — Herstellung der O. nach dem Pasteverfahren 181.
Oszillator nach Hertz 443, A 443.
Oszillierende Entladungen von Kondensatoren 438; — Nachweis durch Beobachtung des Funkenbildes im rotierenden Spiegel nach Feddersen 438.
Ozonerzeugung, elektr. 367.
Ozonisierung des Trinkwassers 368.
Ozonwasserwerke 368.

Pacinotti-Gramme-Ring 107.
Panzer-Galvanometer nach Du Bois-Rubens A 87.
Papiermaschine mit elektrischem Antrieb (S.-S.-W.) A 264.
Parallelschaltung in Beleuchtungsanlagen 215, 216; — von Bogenlampen 169.
Paramagnetische Körper 29.
Pariser Stadt- und Untergrundbahn 336 f.; — Bauperioden des Seine-Tunnels für die 338.
Parsons Dampfturbine 195.
Pasteverfahren zur Herstellung von Metallfäden für Glühlampen 181.
Periode des Wechselstroms 40.
Periodenzahl 127.
Permeabilität 29.
Pescheldübel 218; — mit Innengewinde, mit Gewindeangel, Setzeisen für P. A 218.
Peschelrohr für Leitungsführung in Beleuchtungsanlagen 220.
Pflug, elektr. betriebener 274; A 274.
Phasengleich 47.
Phasenverschiebung 47 f., 276, 284; — Beseitigung der Ph. in Wechselstrommotoren durch Kompensationswicklungen 284; — beim Serienmotor durch eine Deriwicklung 284; — bei Kondensatorentladungen 440.
Photometer 174; — Gesichtsfeld A 175.
Photometerbank zur Messung der Lichtstärke von Glühlampen 174; — A 174.
Photometrie von Bogenlampen 171.
Photometrischer Körper von Bogenlampen 171.
Pixiis magnetelektrische Maschine A 103.
Planté, Herstellung des ersten brauchbaren Akkumulators 357, 358; A 358.
Plattenkondensator 11; — Schema A 11.
Plattenschutz für Elektromotoren für Bergwerke 262; — Schema eines schlagwettersicheren Motors mit Plattenschutz 262; — Elektromotor mit 289.
Polarisation der galvanischen Elemente 13; — EMK der 13.
Poldhu Station 454, A 454.
Polonium 464.
Polrad und Turbogenerator gleicher Leistung (B. B.) A 130.

— Verwendung des T. zur Erregung des Schwingungskreises von Sendestationen für drahtlose Telegraphie 449; Resonanztransformatoren 449; — mit Anzapfungen der Wickelungen, zur Änderung des Übersetzungsverhältnisses 142; Spar- oder Autotr. 145; — Strekkentransformatorstationen in Kraftverteilungsanlagen von Wechselstrom-Elektrizitätswerken 238.

Transformatorofen von Kjellin zur elektrochem. Gewinnung von Eisen 376 f.

Treppenschaltung von Beleuchtungskörpern 226 A 226.

Trockenelemente 16.

Trolley (Kontaktrolle) 312; — vgl. auch Ruten- (oder Rollen-) stromabnehmer.

Trommel mit Schleifenwicklung A 113.

Trommelanker 110, A 114; — Vorteile des T. vor dem Ringanker 112, 115; — Stromrichtungen in den Stäben des 112; — Schaltung 113; — Abrollen der Trommeloberfläche 113, A 113; — Trommelmaschine von Siemens & Halske mit stehenden Magneten und mittelständigem Anker 115, A 115; — Edison-Maschine, unterständiger Anker 116.

Tunnelanlage der Hudson und Manhattanbahn in New York 338, A 338; — Bauperioden der T. der Pariser Untergrundbahn unter der Seine 338, A 338.

Turbinen vgl. Dampfturbinen Wasserturbinen.

Turbinenanlage am Niagarafall 300; — Anordnung der Turbinen im Schacht 300, A 300.

Turbogeneratoren 129 f.; — Größenverhältnis der T. zu Wechselstrommaschinen mit Antrieb durch Kolbendampfmaschinen 130; — Wirkung geringer Schwerpunktverschiebungen aus der Drehachse von 130; — Lagerschmierung bei 130.

Typendruckapparate 401 f.; — von Hughes 401 f.

Überführungszahlen bei der Elektrolyse von Salzlösungen 354.

Überlandbahnen, elektr. 338 f.

Ulbrichtsche Kugel zur Bestimmung der mittleren räumlichen und mittleren unteren räumlichen Lichtstärke 172, A 172.

Umformer 146 f.; — EinankerU. 147; — Kaskaden-U. 148.

Umformeranlagen in den Kraftverteilungssystemen v. Wechselstrom-Elektrizitätswerken 236 f.

Umformerstation Koppenplatz, der BEW., Maschinensaal A 248.

Umformung elektr. Energie 136 ff.; — der Frequenz 145; — der Spannung 136 ff.; — der Stromart 145 f.; — von Wechselstrom in Gleichstrom 147.

Umschalter für Beleuchtungsanlagen 224 f.; — für Gruppenschaltung, Kronenschaltung, Hotelschaltung, Treppenschaltung 226.

Umschaltung bei Anwendung der induktiven Übertragung A 412.

Umsteuerung von Nebenschlußmotoren 258; — von Hauptstrommotoren 259.

Universalgalvanometer 71, A 71.

Universalmeßbrücke nach Kohlrausch 71, A 70.

Untergrundbahn 329; — in Budapest 330; — London, vgl. London; — New York (Hudson- und Manhattanbahn) vgl. diese; — Pariser Stadt- und Untergrundbahn (Métropolitain) vgl. diese; — vgl. auch Hochbahn.

Uppenbornkraftwerk 299 f.; —Lageplan des 300, 302; A 302; — Maschinensaal 301, 302, A 302; — Sammelschienensystem 301; 303; — Schaltwagen 302, 303.

Vagabundierende Ströme 320; — Verlauf bei Straßenbahnen 320, A 320.

Variatoren 22.

Vektor 49.

Vektordiagramm 48. A 49

Verbindungsstöpsel i. Zentralfernsprechanlagen 421, A 421.

Verbundgenerator (Compoundgenerator) 122; — Belastungscharakteristik des 122.

Verkehrstelegraphie 393.

Verkettete Spannung bei Sternschaltung 133; — Strom bei Dreieckschaltung 133.

Verkettung der Phasen bei Drehstrom 132 f.; — magnetische zwischen Stator und Rotor beim Drehstrommotor 280.

Vermittelungsamt I in Berlin 426.

Verschiebungsströme Maxwells 442.

Vertikalpumpe mit elektr. Antrieb (AEG.) A 288.

Vielfachaufhängung des Fahrdrahtes elektr. Bahnen 315.

Vielfachschaltung in Fernsprechanlagen 421, 422; — mit Induktoranruf 423; — für große Fernsprechämter (Schaltungsschema) A 424; — für kleine Fernsprechämter A 424.

Volckmar-Gitter 359, A 359.

Vollbahnen, elektr. Komteboba-Värtan 343; — Versuche betr. el. V. Marienfelde-Zossen 342.

Vollbahnlokomotiven 343 f.; — der New York-New Haven und Hartford-Bahn 344; — der SiemensSchuckert-Werke A 343.

Volt 5.

Voltameter 77.

Voltmeter, elektrostatisches v. Siemens & Halske zur direkten Messung von Spannungen bis zu 10 000 Volt A 100; — dynamometrisches Präzisions-V. von Weston A 96.

Volt- und Amperemeter, kombiniertes elektromagnetisches von Siemens & Halske A 89.

Voreilung zwischen Spannung und Strom 48.

Vorort- und Überlandbahnen, elektr. 338 f. — BerlinGroß-Lichterfelde 339; — Blankenese-Ohlsdorf 339.

Vorschaltwiderstand für Bogenlampen 171, A 171.

Vorwähler in Selbstanschlußämtern 432.

Wagen elektr. Straßenbahnen 322 f.; — Untergestell der 323; — Bahnräumer und Sandstreuer der 323; — Maximalausschalter 328; — Blitzableiter 328.

Wagenschalter elektr. Straßenbahnen, geöffnet 327, A 327; — Schaltungsschema 326.

Wähler, selbsttätige Auswahl freier A 431; — mit Besetzsignal A 430; — mit Prüfschaltung A 430.

Wählergestelle im automatischen Amt A 434.

Waltenhofensches Pendel 61, A 62.

Walzenbrücke für Widerstandsmessungen 72.

Walzwerke mit elektr. Antrieb 272.

Wanderung der Jonen, Gesetze von Hittorf 353.

Wandrosette 315, A 315.

Wasserhaltung, elektr. betriebene 274.

Wassermotoren in elektrischen Anlagen 203.

Wassersterilisation durch Ozon 368.

Wasserstoff, elektr. Gewinnung von 366.

Wasserstrahlerder 303.

Wasserturbinen für Stromerzeugungsanlagen von Elektrizitätswerken 232 f.; — für Niedergefälle, Mittelgefälle, Großgefälle, Hochgefälle 232 f.; — Verwenbung in den Kraftwerken am Niagarafall 297 f.; — Doppelturbine des Niagarawerkes 301; — direkt gekuppelt mit Drehstromgeneratoren A 232.

Wasserzersetzungsapparat, System Schuckert 366.

Watt 18.

Wattkomponente des Stroms 52.

Wattloser Strom 52; — Komponente des Stroms 52.

Wattmeter, Schaltung in einer Drehstromanlage bei zugänglichem Nullpunkt und gleichbelasteten Phasen A 96.

Wattsekunde 19.

Wattstunde 18.

Wattstundenzähler (Motorzähler) 227, A 228.

Webstuhlmotoren 290; — mit Riemenwippe (Oerlikon) A 290.

Wechselspannung 40.

Wechselstrom 40; — Erzeugung von W. hoher Periodenzahl 437.

Wechselstrom-Differentiallamp'e Regelwerk A 158.

Wechselstrommaschinen 125 ff. — Außenpoltype 126; — Innenpoltype 126; — mit ruhenden Magneten von Siemens & Halske 126; — mit rotierenden Magneten von Gramme 126; — langsam laufende Schwungradmaschinen 127; — mit Innenpolen 128; — mit mittlerer Umlaufszahl für Wasserturbinen 127; — für hohe Umlaufszahl als Turbogeneratoren 127; — Induktortype 127; — Mehrphasen-W. 131; — Form der Polschuhe in W. verschiedener Type 129; — mit vertikaler Welle für Wasserturbinen 129.

Wechselstrommeßbrücke A 82.

Wechselstrommotoren 276; — Synchronmotoren 276; — Einfluß der Phasenverschiebung 276; — Leistungskurve in 277; — Stromaufnahme von 277; — Induktionsmotor, Asynchronmotor, Drehstrommotor 279; — Wirkungsweise des Asynchronmotors 279; — Einphasenmotoren 283; — Einphaseninduktionsmotoren 283; — Serienmotor 284, — Schema eines Wechselstrom-Serienmotors 285, A 285; — Repulsionsmotor nach Atkinson 285, A 285; — nach Thomson 285; — nach Deri 286; — Kompensierte Repulsionsmotoren von Winter und Eichberg und von Latour 286 f.; — Schema eines kompensierten Repulsionsmotors von Winter und Eichberg 287; — Winter-EichbergSerienmotor 287, 288; A 288; — MehrphasenstromKollektormotoren 289; — Dreiphasenkollektormotoren 289; — Anwendungsgebiete der 290 f.; für Abteufpumpen 289; — Zentrifugalpumpen 288; — für Webstühle 290; — für Spinnereimaschinen 291.

Wedekindsche Elemente 16.

Weicheiseninstrumente 88; — Anordnung der festen Spule und des beweglichen Systems A 88; — Schematische Darstellung des beweglichen Systems eines solchen A 88.

Wellen, die elektrischen 443 f.; — stehende W. infolge von „Interferenz" 445; — Wellenlänge 445; — Brechbarkeit und Reflexion 446; — Wellenindikatoren 453; — Fritter, Kohärer, elektrolytische Zelle, Kontaktdetektoren 453.

Wellenmesser 455, A 455.

Wellenschrift 393; — durch hin und her gehende transversale Bewegung eines Schreibstiftes auf einem sich bewegenden Papierstreifen A 393.

Wellenwicklung 114, A 113.

Wendeanlasser 258, A 258.

Wendefeld 125.

Wendepolmaschinen 125.

Wendespannung 125.

Werkzeugmaschinen mit elektr. Antrieb 265.

Wheatstonsche Brückenschaltung zur Widerstandsvergleichung 69.

Wheatstones und Cookes Nadeltelegraph 393.

Widerstand 21; — innerer W. der Stromquelle 23; —

Wertvolle Bücher für die Hausbibliothek

Buch berühmter Ingenieure.

Große Männer der Technik, ihr Lebensgang und ihr Lebenswerk. Von **Dr. Richard Hennig**. Mit 43 Abbildungen im Text. Geheftet 5 Mark, gebunden Mark 6.50.

Inhalt: William Siemens, ein Universalingenieur — James Buchanan Eads, der Ingenieur des Mississippi — John Ericssohn, ein Bahnbrecher im Schiffbau — Ferdinand von Lesseps, der Vater des Suezkanals — Alfred Nobel, der Dynamitkönig — Henry Bessemer, der Stahlkönig — John Fowler, der Schöpfer der Londoner Untergrundbahn und der Forth-Brücke — Nikolaus Riggenbach, der Vater der Bergbahnen — Otto Intze, der Talsperrenerbauer — Max Eyth, der Dichteringenieur.

Im Zeitalter der Technik zweifellos ein zeitgemäßes Buch! Es bietet eine Anzahl Biographien von Männern, die durch Tatkraft und Unternehmungsgeist schwierige und bedeutende Werke der Ingenieurtechnik durchgeführt haben und somit als Vorbild und Ansporn, vor allem für die reifere Jugend, gelten können. Es ist dabei besonderer Wert darauf gelegt worden, nur dem modernen Empfinden nahestehende Persönlichkeiten zu behandeln, andererseits aber solche Männer von vornherein auszuscheiden, deren Lebensgeschichte in bereits vorhandenen allgemeineren Biographiensammlungen ständig wiederzukehren pflegt.
Um die Allgemeinverständlichkeit zu wahren, sind technische Erörterungen auf ein Minimum beschränkt. Dafür war der Verfasser bemüht, in den großen Männern zugleich auch die Menschen in ihrer außerberuflichen Tätigkeit, im Familienleben, im Freundeskreise usw., zu veranschaulichen, wie auch die Folgen der einzelnen Leistungen für das allgemeine Kulturleben unserer Tage in den Vordergrund zu stellen und damit den Blick des Lesers zu schärfen für die großen Erfolge und für die noch größeren Ziele des Lebens der Gegenwart.

Buch der Erfindungen.

Ausgabe in einem Bande. Unter Mitwirkung von Professor Lassar-Cohn und Hauptmann a. D. Castner bearbeitet von **Wilhelm Berdrow**. Zweite Auflage. Mit 705 Textabbildungen und 8 teils mehrfarbigen Tafeln. Geheftet 8 Mark, geb. 10 Mark.

Für den weitesten Kreis der nach Bildung Strebenden, insbesondere für die heranwachsende Jugend, fehlte bisher ein Buch, das, flott geschrieben, in übersehbarem Umfange und in großen Zügen das Wesentliche aus all dem vielgestaltigen Betriebe unseres gewerblichen und industriellen Lebens gab. Ein solches liegt hiermit vor. Der Verfasser hat, klaren Blicks und fester Hand das Wesentliche vom Unwesentlichen trennend, in einem etwa 90 Bogen umfassenden Bande eine Übersicht über die Entwicklung und gegenwärtige Gestaltung unserer gesamten Gewerbe und Industrien unter Berücksichtigung aller Errungenschaften gegeben, wie sie in solcher Gediegenheit nirgends existiert. Die Illustration ist ungewöhnlich reichhaltig und wird den allerhöchsten Ansprüchen gerecht. Dem Industriellen wie dem Kaufmann, dem Lehrer und dem Künstler wird das Buch unentbehrlich sein. Insbesondere sei es auch als Geschenkwerk für die heranwachsende Jugend empfohlen, für welche es keinen besseren Lese- und Belehrungsstoff gibt.

Der Weltverkehr und seine Mittel.

Mit einer Übersicht über Welthandel und Weltwirtschaft. Bearbeitet von Ing. **C. Merckel**, Geh. Oberpostrat **Münch**, Reg.-Baumeister **Nestle**, **Dr. R. Riedl**, Oberpostrat **C. Schmücker**, Kaiserl. Oberbaurat **Tjard Schwarz**, Königl. Wasserbau-Inspektor **Stecher** und Professor **L. Troske**, Königl. Eisenbahnbau-Inspektor a. D. Zehnte Auflage. Mit 844 Textabbildungen sowie 14 teils farbigen Tafeln. Geheftet Mark 12.50. In modernem Einbande 15 Mark.

Ein Buch, das den modernen Weltverkehr und seine Mittel schildert, ist für jedermann interessant. Es ist unentbehrlich in der Bücherei des Kaufmanns wie des Industriellen, des Offiziers und des Gelehrten. Der Verkehr zu Lande und zur See, der Bau von Straßen, Brücken, Viadukten, das große Gebiet des Eisenbahnwesens, Verkehr und Anlage von Wasserstraßen, Fluß- und Seekanäle, das hochinteressante und jetzt aktuelle Kapitel vom Schiffbau sind von hervorragenden Fachmännern behandelt. Insbesondere eignet sich das Buch auch für die heranwachsende Jugend.

Verlag von Otto Spamer in Leipzig